Analyse der Metalle

Dritter Band · Probenahme

Zweite neubearbeitete Auflage

Herausgegeben vom Chemikerausschuß
der GDMB Gesellschaft Deutscher Metallhütten-
und Bergleute e. V., Clausthal-Zellerfeld

1975

Springer-Verlag Berlin · Heidelberg · New York

Verlag Stahleisen m. b. H. Düsseldorf

Herausgeber:
Chemikerausschuß
der GDMB Gesellschaft Deutscher Metallhütten- und Bergleute e. V.,
Clausthal-Zellerfeld

Redaktionsausschuß:
ENSSLIN, F., Dr. phil., Bad Harzburg (Obmann)
ANDRAE, W., Dipl.-Ing., Clausthal-Zellerfeld.
BENSCH, H., Dr., Bonn
HAASE, H.-W., Dr., Hamburg
ROTHMANN, H., Dr., Nürnberg

Mit 242 Abbildungen

ISBN-13: 978-3-642-65871-6 e-ISBN-13: 978-3-642-65870-9
DOI: 10.1007/978-3-642-65870-9

Library of Congress Catalog Card Number 67-470.

Softcover reprint of the hardcover 2nd edition 1975

Verzeichnis der Mitarbeiter

Amm, E., Metallhüttentechniker, Hanau, NUKEM GmbH.
Andrae, W., Dipl.-Ing., Clausthal-Zellerfeld.
Bach, E., Dipl.-Chem., Nürnberg, Ges. für Elektrometallurgie mbH.
Becker, K., Dr., Nürnberg, Ges. für Elektrometallurgie mbH.
Bensch, H., Dr., Bonn, Vereinigte Aluminium-Werke AG.
Bilberg, E., Laborleiter, Porsgrunn (Norwegen), Norsk Hydro Porsgrunn Fabrikker.
Böhmer, W., Dr., Datteln, Westf. Ruhrzink GmbH.
Bruhn, H., Ing. (grad.), Hamburg, Norddt. Affinerie.
Brusdeylins, A., Dr., Essen, Th. Goldschmidt AG.
Buckeley, A., Dr., Essen, Magnesiumges. mbH.
Dommermuth, K., Dr., Stolberg, „Berzelius" Metallhütten GmbH., Bleihütte Binsfeldhammer
Drost, H., Dr. rer. nat., Selbständiger Vereidigter Probenehmer, Hart an der Alz.
Eisen, J., Dipl.-Chem., Osnabrück, Kabel- und Metallwerke Gutehoffnungshütte AG.
Ensslin, F., Dr. phil., Bad Harzburg.
Engels, J., Laborleiter, Eschweiler, Ges. für Elektrometallurgie mbH, Elektrowerk Weisweiler.
Finze, W., Dipl.-Ing., Essen-Kray, Steinkohlenbergbauverein.
Fischer†, W., Dr., Essen, Fried. Krupp AG, Zentralinst. für Forschung und Entwicklung.
Fröhlich, M., Dipl.-Chem., Lünen, Hüttenwerke Kayser AG.
Godesberg, R., Betriebsassistent, Langelsheim, Metallges. AG, Hans-Heinrich-Hütte.
Grube, H.-L., Dr.-Ing., Hanau, W. C. Heraeus.
Haase, H.-W., Dr., Hamburg, Norddt. Affinerie.
Hennies, J., Dr.-Ing., Geschäftsführer, Düsseldorf, Barbara Erzbergbau GmbH., Barbara-Rohstoffbetriebe.
Herrmanns, G., Dr.-Ing., Goslar, Hermann C. Starck Berlin, Werk Goslar.
Hesse, E., Dr.-Ing., Bonn-Beuel, Dr. L. C. Marquart GmbH.
Hirschfeld, D., Dr., Essen, Fried. Krupp AG. Zentralinst. für Forschung und Entwicklung.
Kahlert, E., Ing., Selbständiger Vereidigter Probenehmer, Karlsruhe.
Kaletka, G., Betriebsassistent, Langelsheim, Metallges. AG, Hans-Heinrich-Hütte.
Kilian, W., Dipl.-Ing., Homberg/Nrh.
Klencz, P., Dr., Betriebsleiter, Knapsack, DEGUSSA, Werk Knapsack.
Kreller, F., Dipl.-Berging., Mülheim (Ruhr), Siebtechnik GmbH.
Krone, W., Nürnberg, Ges. für Elektrometallurgie mbH.
Lassner, E., Dr., Reutte/Tirol, Metallwerk Plansee.
Lechner, K., Dr., Krefeld, Deutsche Edelstahlwerke AG.
Lenhardt, K., Dipl.-Chem., Laborleiter, Braubach, „Berzelius" Metallhütten GmbH, Blei- und Silberhütte.
Marach, K., Laborleiter, Langelsheim, Metallges. AG, Hans-Heinrich-Hütte.
Möhring, H., Dipl.-Ing., Betriebsleiter, Duisburg-Wanheim, „Berzelius" Metallhütten GmbH, Zinnhütte.
Paatsch, W., Dr.-Ing., Berlin, Bundesanstalt für Materialprüfung.
Pickhardt, W., Dr. rer. nat., Essen-Kray, Steinkohlenbergbauverein.
Pilgenröther, A., Dr., Hanau, NUKEM GmbH.
Reinmann, R., Dr., Abteilungsleiter, Neuhausen (Schweiz), Schweizerische Aluminium AG, Forschung und Entwicklung.
Renner, H., Dr., Frankfurt/M., DEGUSSA.
Rinkens, H., Dr., Eschweiler, Ges. für Elektrometallurgie mbH., Elektrowerk Weisweiler.
Rolf, E., Dr., Laborleiter, Frankfurt/M., DEGUSSA.
Roth, H., Dr. rer. nat., Kassel, Kali und Salz AG.
Rothmann, H., Dr., Nürnberg, Ges. für Elektrometallurgie mbH., Zentrale Forschung.

Salzmann, G., Dr.-Ing., Prokurist i. R., Köln.
Schmidt, W., Dr. phil., nat., Frankfurt/M., Metallges. AG.
Scholz, A., Dipl.-Ing., Essen, Ruhrkohle AG, Qualitätsstelle.
Schulz, K., Ing., Söllingen, Fried. Krupp GmbH.
Schulze, V., Dipl.-Ing., Hamburg, Hamburger Gaswerke GmbH, Hauptlaboratorium.
Spitzer, H., Dr., Duisburg, Duisburger Kupferhütte.
Steuer, E., Dr.-Ing., Bonn, Vereinigte Aluminium-Werke AG.
Teichmann, W., Kapitän, Hamburg, Vereidigte nautische Sachverständige in Hamburg.
Voigt, R., Dr., Duisburg, Duisburger Kupferhütte.
Wagner, F., Dr., Trostberg, Süddt. Kalkstickstoffwerke.
Weckerle, H., Dr., Direktor i. R., Wiesbaden, Didier-Werke AG.
Wilke, A., Dr.-Ing., o. Professor, Berlin, TU Berlin, Inst. für Lagerstättenforschung.
Wunderlich, E., Dr. rer. nat., Laborleiter, Goslar, Preussag AG Metall.
Zettler, H., Dr. rer. nat., Hamburg, Norddt. Affinerie.

Mitarbeiter am Kapitel „Eisen"

a) Sachliche Mitarbeiter

Grisar, U., Dr. rer. nat., Georgsmarienhütte, Klöckner-Werke AG, Hüttenwerke.
Koch, K.-H., Dr. rer. nat., Dortmund, Hoesch Hüttenwerke AG.
Roeder, K. P., Dr. rer. nat., Duisburg-Ruhrort, August-Thyssen-Hütte AG.
Schmitz, L., Dr. phil., Dortmund, Hoesch Hüttenwerke AG.
Stricker, F., Dr. rer. nat., Hüttental-Geisweid, Stahlwerke Südwestfalen AG.
Thierig, D., Dr. rer. nat., Witten, Edelstahlwerke Witten AG.
Willmer, T.-K., Chefchemiker, Bochum, Fried. Krupp Hüttenwerke AG.
Zimmermann, K., Dr. rer. nat., Bochum, Fried. Krupp Hüttenwerke AG.
Zischka, B., Dr., Dipl.-Chem., Sulzbach-Rosenberg, Eisenwerk-Gesellschaft Maximilianshütte mbH.

b) bei Redaktionsfragen, z. T. auch sachliche Mitarbeit

Thomich, W., Dr., techn., Düsseldorf-Oberkassel, Gebr. Böhler & Co. AG.
Dobner, W., Dipl.-Chem., Duisburg-Hamborn, August-Thyssen-Hütte AG.
Lechner, K., Dr.-Ing., Krefeld, Deutsche Edelstahlwerke GmbH.
Ohls, K., Dr.-Ing., Dortmund, Hoesch Hüttenwerke AG.
Schmitz, K.-H., Dr. rer. nat., Duisburg-Huckingen, Mannesmann AG, Hüttenwerke.
Spitzer, H., Dr. rer. nat., Duisburg, Duisburger Kupferhütte.
Wünsch, H., Dr.-Ing., Düsseldorf, Verein Deutscher Eisenhüttenleute.

Vorwort zur zweiten Auflage

Seit dem Erscheinen der 1. Auflage im Jahre 1956 hat die Entwicklung der Verfahren zur Probenahme von Materialien für die metallurgische und chemische Industrie Fortschritte gemacht. Hier ist vor allem die Probenahme mit mechanisch arbeitenden Vorrichtungen hervorzuheben, deren Entwicklung noch nicht abgeschlossen ist, sowie die Konstruktion neuer und die Verbesserung bekannter Probenahmegeräte.

Verbindliche Probenahmevorschriften fehlen meist noch. Zur Zeit werden von der International Organization for Standardization (ISO) Empfehlungen für die Probenahme bestimmter Materialien auf internationaler Basis ausgearbeitet. Diese Arbeiten, z. T. bereits vor Jahren begonnen, werden noch einen längeren Zeitraum bis zu ihrem Abschluß beanspruchen.

Soweit bereits Empfehlungen der ISO zur Probenahme vorliegen, werden sie in diesem Buch berücksichtigt.

Auf mathematischer Statistik beruhende Probenahmevorschriften sind in Japan in den „Japanese Industrial Standards" veröffentlicht worden. Es wird noch viel Arbeit erforderlich sein, um für alle Materialien ähnliche Probenahmevorschriften auszuarbeiten. Aus diesem Grunde war es nicht möglich, dem Probenehmer auf der Statistik beruhende Angaben über die zu entnehmende Rohprobemenge zu geben. Die diesbezüglich gemachten Angaben beruhen daher auf langjährigen Erfahrungen von Fachleuten.

Die wichtigsten Begriffe der Probenahme werden erläutert und für die Schlagworte die englischen und französischen Bezeichnungen angegeben. Die dabei auftretenden Schwierigkeiten einer einheitlichen Nomenklatur sind beispielsweise an dem Begriff „Rohprobe" deutlich gemacht, der verschieden verstanden und angewendet wird.

Im „Allgemeinen Teil" werden wie schon in der 1. Auflage — um Wiederholungen im „Speziellen Teil" möglichst zu vermeiden — die wichtigsten Verfahren der Probenahme sowie die zur Probenahme erforderlichen Geräte und Einrichtungen beschrieben. Alle Kapitel wurden überarbeitet und zum großen Teil neugefaßt.

Ein besonderer Abschnitt ist wieder der Anwendung der mathematischen Statistik bei der Probenahme gewidmet. Sie gibt Anweisungen zur Berechnung der bei der Probenahme auftretenden Fehler und zur Ermittlung der zur sicheren Erfassung eines Materialdurchschnitts erforderlichen Mindestprobemenge.

Bei der Einteilung des Buches haben wir in der 2. Auflage die Numerierung nach DIN 1421 verwendet, um das Auffinden von Zitaten zu erleichtern.

Die Wichtigkeit einer einwandfreien Probenahme mag man daraus ersehen, daß eine falsche Analyse zwar durch Kontrollanalysen korrigiert werden kann, nicht aber eine fehlerhafte Probenahme, da häufig das Material ganz oder teilweise verarbeitet oder mit anderen Materialien vermischt ist.

Ein weiterer Punkt muß hervorgehoben werden: die Kosten einer Probenahme gehen in die Verarbeitungskosten des betreffenden Materials ein. Somit ist die Durchführung einer Probenahme von einem vertretbaren finanziellen Aufwand abhängig. Dies gilt insbesondere bei der Ermittlung eines Gütemerkmals kleiner Partien sehr inhomogenen und/oder billigen Materials wie z. B. bei der Probenahme von Akku-Schrott. Aber auch bei mittleren Partien mit sehr niedrig bewerteten Gütemerkmalen kann der finanzielle Aufwand für eine exakte Probenahme zu

hoch werden. In solchen Fällen muß man das Probenahmeverfahren unter Inkaufnahme von gewissen Unsicherheiten abkürzen.
Im Gegensatz zur Herausgabe der ersten Auflage erscheint diese zweite Auflage nicht mehr als Gemeinschaftsband mit dem Chemikerausschuß des Vereins Deutscher Eisenhüttenleute. Dem Chemikerausschuß des VDEh sei für die Zur-Verfügung-Stellung des Kapitels „Eisen“ gedankt.

Unser besonderer Dank gebührt allen Fachkollegen innerhalb und außerhalb unseres Ausschusses, die durch Überlassen ihrer Erfahrungen auf dem Gebiet der Probenahme das Erscheinen dieses Buches ermöglichten. Der Redaktionsausschuß hat darauf verzichtet, die Bearbeiter der einzelnen Kapitel besonders herauszustellen. Ihre Namen sind in einem Verzeichnis zusammengestellt.
Der Chemikerausschuß ist weiterhin allen Firmen, die ihren Mitarbeitern die Erlaubnis zur Zusammenstellung der Kapitel gegeben haben, zu großem Dank verpflichtet. Der Physikalisch-technischen Bundesanstalt in Braunschweig dankt er für die Stellungnahme zum Kapitel „Feststellen der Masse (des Gewichts) durch Wägen“.

Dem Stifterverband Metalle, Düsseldorf, dankt der Chemikerausschuß für die finanzielle Unterstützung der redaktionellen Arbeiten an diesem Buch, dem Springer-Verlag für die Fortsetzung der angenehmen Zusammenarbeit.

Clausthal-Zellerfeld, im März 1975 **Der Herausgeber**

Vorwort zur ersten Auflage

Die Chemikerausschüsse der Gesellschaft Deutscher Metallhütten- und Bergleute und des Vereines Deutscher Eisenhüttenleute haben in eigenen Buchreihen die in der Metall- und Eisenindustrie laufend durchgeführten Analysenverfahren beschrieben.
Der Wert der analytischen Ergebnisse ist unmittelbar abhängig von der Sachkenntnis und Sorgfalt, mit denen das zu untersuchende Probegut genommen wurde. Daher machen Probenahme und Analyse nur gemeinsam das chemisch-analytische Prüfverfahren aus. Sie sind also unabänderlich miteinander verbunden. Es ist daher zur Abrundung der oben angeführten analytischen Werke erforderlich, daß auch die Probenentnahme und die Probenzubereitung in ihrer Handhabung eine eingehende Beschreibung erfahren.
Weil nun die jeder Analyse vorausgehende Durchführung der Probenahme bei der Erzeugung von Eisen und Metall sehr viel Gemeinsames aufweist und bislang keine zusammenfassende Darstellung gefunden hat, kamen beide Ausschüsse überein, ihre Erfahrungen auf dem Gebiet der Probenahme in einem gemeinsamen Band niederzulegen und diesen jeweils als 3. Band ihren beiden Buchreihen zuzuordnen.

Beide Ausschüsse haben sich schon seit langem mit den Problemen der Probenahme beschäftigt. So war bereits im Jahre 1931 im Selbstverlag der Gesellschaft Deutscher Metallhütten- und Bergleute ein Bändchen über Probenahme erschienen. In den Bänden 1 und 2 des Handbuches für das Eisenhüttenlaboratorium hat sich auch jeweils ein Kapitel mit dem Aufgabengebiet der Probenahme beschäftigt. In einer im Jahre 1950 herausgegebenen Denkschrift haben sich beide Chemikerausschüsse gemeinsam an die interessierten Kreise gewandt und auf die Bedeutung und die Aufgaben des Probenehmers hingewiesen. Weiterhin wurden, ebenfalls gemeinsam, von beiden Ausschüssen Probenahmetagungen in Clausthal und Essen in den Jahren 1952 und 1953 veranstaltet, in denen die wesentlichen Probleme eingehend erörtert wurden. Die Ergebnisse dieser Tagungen, die weiteren Erfahrungen der Fachleute sowie den derzeitigen Stand der Technik auf der apparativen Seite hoffen wir in diesem Buch erfaßt zu haben.

Das nun vorliegende Werk beschränkt sich bewußt nur auf die Probenahmeverfahren für die chemische Untersuchung. Die Probenahme für die mechanisch-technologische Werkstoffuntersuchung wurde nicht berücksichtigt. Es wäre jedoch wünschenswert, wenn die hierfür üblichen Verfahren von zuständiger Seite ebenfalls zusammenfassend beschrieben würden.

Die Abbildungen sind zu einem großen Teil von einer Reihe Firmen freundlichst zur Verfügung gestellt worden.

Wir möchten ihnen hiermit unseren besten Dank dafür aussprechen, ebenfalls allen den Fachleuten, die an diesem Bande mitgearbeitet haben und ihre Erfahrungen zur Verfügung stellten.

Weiter gilt unser Dank den Firmen, die durch Bereitstellen von Mitteln das Erscheinen dieses Buches ermöglichten.

Goslar und Düsseldorf, im Oktober 1955 **Die Herausgeber**

Inhaltsverzeichnis

Spezieller Teil

(Den mit einem * versehenen größeren Kapiteln ist eine Inhaltsübersicht vorangestellt)

Probenahme bei speziellen Metallen und anderen Elementen

Probenahme von Hilfs- und sonstigen Stoffen

Einführung

Erläuterung der mit der Probenahme verknüpften Begriffe

Die mit der Probenahme verknüpften Begriffe werden nachfolgend, eingeteilt in:

1. Probenahmearten,
2. Probenarten,
3. Sonstige Begriffe,

kurz erläutert und in einigen Fällen durch Beispiele aus der Praxis ergänzt.

Die *Probenahme* (engl. sampling; franz. échantillonnage) ist die nach festgelegten Richtlinien vorzunehmende Entnahme von Teilmengen aus durch ihre Massen, ihr Volumen oder ihre Anzahl definierten Gesamtmengen. Sie beinhaltet auch die nachfolgende Bearbeitung (Probenbearbeitung, siehe in diesem Abschnitt 3.9) der vereinigten Teilmengen bis zur Endprobe (2.4) bzw. Analysenprobe (2.1), in der mindestens ein Gütemerkmal (3.2) verbindlich und ohne systematische Abweichung bestimmt bzw. gemessen wird.

Der früher übliche, sich auf „Muster" (2.5) gründende Begriff „Bemusterung" ist nicht kennzeichnend für die Probenahme und sollte in diesem Sinne nicht mehr verwendet werden.

Unter *Proben* (engl. sample; franz. échantillon) werden stoffliche Teilmengen aus einer Gesamtmenge — definiert durch Masse, Volumen oder Anzahl — verstanden, die mindestens hinsichtlich *eines* Gütemerkmals dieselbe Zusammensetzung aufweisen wie die Gesamtmenge, aus der sie stammen. Die Probe muß hinsichtlich des betreffenden Gütemerkmals für die Gesamtmenge „repräsentativ" sein.

Das gilt für die nachstehend erläuterten Probenarten „Analysenprobe" (2.1), „Bohrprobe" (2.2), „Endprobe" (2.4), „Nässeprobe" (2.6), „Rohprobe" (2.8), „Sägeprobe" (2.9) und „Zwischenprobe" (2.14).

Nicht repräsentativ sind „Einzelproben" (2.3), „Schlag(Aushieb-)proben" (2.11) sowie „Stecherproben" (2.13), da aus ihnen erst durch Vereinigung eine repräsentative Sammelprobe hergestellt wird.

1. **Probenahmearten** (in alphabetischer Reihenfolge)

1.1 Band-Probenahme (engl. belt sampling; franz. échantillonnage sur le flux) ist die Entnahme von Proben vom laufenden oder stehenden Transportband bzw. an Abwurfstellen des Bandes oder an Übergabestellen zwischen zwei oder mehreren Bändern.

1.2 Doppelte Probenahme (engl. duplicate sampling, auch multi sampling; franz. échantillonnage double) ist eine zweimalige, zeitlich getrennte Entnahme von Proben aus derselben Materialmenge, die getrennt zu zwei Endproben verarbeitet werden. Sie dienen beide zur Ermittlung derselben Gütemerkmale.

1.3 Hand-Probenahme (engl. hand sampling; franz échantillonnage manuel) ist die Entnahme von Proben ohne maschinelle Hilfsmittel durch den Probenehmer, z. B. mit Schaufeln oder Stechern.

1.4 Kontinuierliche Probenahme (engl. continuous sampling; franz. échantillonnage continu) ist die ständige Entnahme eines Teilstroms aus einem Gesamt-Materialstrom zur Gewinnung der Probe. Diese Probenahme wird vorzugsweise bei Flüssigkeiten angewendet.

1.5 Massenproportionale Probenahme (engl. mass-proportional sampling; franz. échantillonnage proportionel à la masse) ist die Entnahme von Proben in einem bestimmten Massenverhältnis zur Gesamtmasse des zu probenden Materials.

1.6 Mechanische Probenahme (engl. mechanical sampling; franz. échantillonnage mécanique) ist sowohl die Entnahme von Einzelproben als auch deren Weiterverarbeitung mit mechanischen Geräten ohne direktes Eingreifen des Probenehmers. Sich selbst steuernde Probenahmevorrichtungen mit mechanischen Hilfsmitteln ermöglichen eine „*automatische Probenahme*".

1.7 Schieds-Probenahme (engl. umpire sampling; franz. échantillonnage pour analyses d'arbitrage) ist die Probenahme durch einen unabhängigen Sachverständigen, der von Käufer und Verkäufer beauftragt wird.

1.8 Zeitproportionale Probenahme (engl. time proportional sampling; franz. échantillonnage proportional au temps) ist die Entnahme von Einzelproben in bestimmten, festgelegten Zeitabständen beim Ent- bzw. Verladen. Diese Probenahme ist bei einem gleichmäßigen Materialstrom identisch mit der massenproportionalen Probenahme, nicht aber bei einem ungleichmäßigen.

1.9 Zufalls-Probenahme (engl. random sampling; franz. échantillonnage statistique) ist die Auswahl von Teilen einer Lieferung, meist von Behältnissen, aus denen willkürlich oder nach der Zufallszahlentabelle (im Anhang, 65.7) Einzelproben entnommen werden.

2. **Probenarten** (in alphabetischer Reihenfolge)

2.1 Die *Analysenprobe* (engl. final assay sample; franz. échantillon pour analyse) ist das Endprodukt der Probenahme. Sie dient zur Bestimmung von mindestens einem Gütemerkmal im Laboratorium.

2.2 Die *Bohrprobe* (engl. drill sample; franz. échantillon obtenu par forage) ist die bei der Probenahme von Lagerstätten in Gestalt von Bohrklein oder Bohrkernen bzw. beim Bohren von Metallen oder Legierungen zum Zwecke der Probenahme in Form gröberer oder feinerer Metallspäne erhaltene Probe.

2.3 Die *Einzelprobe* (engl. increment; franz. échantillon partiel) ist die Menge Material, die einer Gesamtmenge (Partie, Los, Lieferung, ausgewählte Pack- oder Löscheinheit o. ä.) in einem einzigen Probenahmevorgang entnommen wird.

2.4 Die *Endprobe* (engl. final sample; franz. échantillon final) ist die Probe, aus der die Analysenproben entnommen werden.

2.5 Das *Muster* (engl. specimen; franz. spécimen) stellt — im Gegensatz zu der nach bestimmten Richtlinien gezogenen Probe — lediglich einen nicht repräsentativen, zufällig entnommenen und mengenmäßig in der Regel sehr geringen Anteil aus einer nicht immer definierten Gesamtmenge dar. Das Muster erlaubt zwar qualitative Hinweise, nicht aber quantitative Rückschlüsse auf die Eigenschaften der Gesamtmenge.

2.6 Die *Nässeprobe* (engl. sample for moisture determination; franz. échantillon pour détermination de l'humidité) ist eine nach besonderen Richtlinien entnommene und bearbeitete Probe, in der ausschließlich der Wassergehalt des Materials bestimmt wird.

2.7 Der *Probensatz* (engl. total sample set; franz. l'ensemble des échantillons) enthält die bei einer Probenbearbeitung anfallenden, voneinander getrennt zu haltenden Probenanteile. Diese können aus verschiedenen Kornfraktionen oder verschiedenen Materialarten bestehen. Die Analysenproben werden dann aus einem Satz von Probenanteilen erstellt, die im Verhältnis ihrer Massen zur Analyse eingewogen werden. Entsprechende Angaben müssen sich auf den Probenbehältnissen und im Protokoll befinden.

2.8 Der Begriff *Rohprobe* (engl. gross sample; franz. l'échantillon brut) — Sammel- oder Großprobe — wird in unterschiedlichem Sinne verwendet, nämlich

a) für die beim ersten Probenahmeschritt zur Entnahme der Einzelproben abgezweigte oder herausgegriffene Materialmenge,

b) für die durch das Vereinigen aller Einzelproben — direkt oder über Teil(Zwischen-)proben — erhaltene Sammelprobe.

Nach b) bleibt der erste Probenahmeschritt: die Festlegung des zur Probenahme herangezogenen Materialanteils (z. B. ausgewählte Lösch- oder Verpackungseinheiten, Materialbrocken o. ä.) bei der Probenbenennung unberücksichtigt (s. Fließbild, Tab. 1). Die Folgen dieser nicht einheitlichen Begriffsinhalte sollen an zwei Beispielen erläutert werden:

1. Wird z. B. jeder zehnte Greiferinhalt beim Entladen eines Massengutes (z. B. eines Erzkonzentrates) zur Entnahme von Einzelproben in Form von Stecherproben herangezogen, so beträgt der Rohprobenprozentsatz nach a) 10%, nach b) jedoch — unter der Annahme, daß der Stecher 0,1% des Greiferinhaltes entnimmt — nur 0,01%. Die beiden so errechneten Rohprobenprozentsätze für ein- und denselben Probenahmevorgang unterscheiden sich also um den Faktor 10^3!

2. Einer Liefermenge von 1000 Metallblöcken soll eine Probemenge von 0,1% in Form von Metallspänen entnommen werden. Das läßt sich im Extremfall sowohl dadurch erreichen, daß alle 1000 Blöcke einzeln gebohrt werden (Menge Bohrspäne = 0,1% der Blockmasse) und die Späne nachfolgend vereinigt und gemischt werden, als auch dadurch, daß man einen einzigen Block herausgreift und völlig zerspant. Nach a) beträgt der Rohprobenprozentsatz im ersteren Falle 100%, im letzteren aber nur 0,1%; nach b) in beiden Fällen einheitlich 0,1%. Hier wird besonders deutlich, daß der Rohprobenprozentsatz nach b) nur im Zusammenhang mit eindeutigen Anweisungen zur Art der Einzelprobenentnahme aus der Gesamtmenge sinnvoll angegeben werden kann.

Die zahlreichen Angaben über bei Massengütern erforderliche Rohprobenprozentsätze im Speziellen Teil dieses Buches entsprechen dem unter a) angeführten Begriffsinhalt. Finden sich extrem niedrige Rohprobenprozentsätze in Probenahmevorschriften, so z. B. bei den Ferrolegierungen, so liegt ihnen der unter b) genannte Begriffsinhalt zugrunde.

2.9 Die *Sägeprobe* (engl. saw sample; franz. échantillon de copeaux obtenus par sciure) ist die beim Sägen von Metallen oder Legierungen in Form von feinen Metallspänen anfallende Probe.

2.10 Die *Schiedsprobe* (engl. umpire sample; franz. échantillon pour arbitrage) — Siegelprobe — ist eine von Vertretern des Käufers und Verkäufers gemeinsam gezogene und versiegelte Analysenprobe. Bei treuhänderischer Probenahme weist die Schiedsprobe nur das Siegel des bearbeitenden Probenehmers auf.

Tabelle 1. Probenahme — Fließbild

Material-Einteilung	*1. Probenahme-Schritt* Zur Probenahme herangezogener Anteil des Materials	*2. Probenahme-Schritt* Entnahme von Einzelproben (Inkrementen) aus dem nach 1 entnommenen Materialanteil	*3. Probenahme-Schritt* Vereinigen der nach 2 erhaltenen Einzelproben	*4. Probenahme-Schritt* Weiterverarbeitung der nach 3 vereinigten Proben
Rohprobendefinition a: bei Massengütern übliche Bezeichnungsweise				
Partie	Los 1 — Rohprobe 1	Einzelprobe 11 Einzelprobe 12 ⋮ Einzelprobe 1 *n*	Sammelprobe Los 1	Zwischenproben Endproben Analysenproben
	Los 2 — Rohprobe 2	Einzelprobe 21 Einzelprobe 22 ⋮ Einzelprobe 2 *n*	Sammelprobe Los 2	Zwischenproben Endproben Analysenproben
	⋮			
	Los *n* — Rohprobe *n*	Einzelprobe *n* 1 Einzelprobe *n* 2 ⋮ Einzelprobe *n n*	Sammelprobe Los n	Zwischenproben Endproben Analysenproben
Rohprobendefinition b: z. B. bei Ferrolegierungen übliche Bezeichnungsweise				
Lieferung	Los 1 — Ausgewählter Materialanteil (Packeinheiten, Brocken o. ä.)	Einzelprobe 11 Einzelprobe 12 ⋮ Einzelprobe 1 *n*	Rohprobe Los 1	Zwischenproben Endproben Analysenproben
	Los 2 — Ausgewählter Materialanteil (Packeinheiten, Brocken o. ä.)	Einzelprobe 21 Einzelprobe 22 ⋮ Einzelprobe 2 *n*	Rohprobe Los 2	Zwischenproben Endproben Analysenproben
	⋮			
	Los *n* — Ausgewählter Materialanteil (Packeinheiten, Brocken o. ä.)	Einzelprobe *n* 1 Einzelprobe *n* 2 ⋮ Einzelprobe *n n*	Rohprobe Los 3	Zwischenproben Endproben Analysenproben

2.11 Eine *Schlagprobe* (engl. chip sample; franz. échantillon obtenu à la frappe) ist die beim Abschlagen von kleinen Stücken von groben Materialbrocken erhaltene Probe. Bei Metallen wird häufig der gleichbedeutende Begriff „Aushiebprobe" angewendet.

2.12 Die *Siebprobe* (engl. particle size determination sample; franz. échantillon granulométrique) wird nach bestimmten Richtlinien entnommen und dient zur Ermittlung der Korngrößenverteilung.

2.13 *Stecherproben* (engl. probe sample; franz. canne d'échantillonnage) sind die mit Probenstechern entnommenen Proben bei feinkörnigen Materialien.

2.14 *Zwischenproben* (engl. divided sample; franz. échantillon intermédiaire) — Teilproben — fallen bei der Weiterverarbeitung von Rohproben durch Verjüngen an. Sie werden weiter bearbeitet und geteilt und ergeben — evtl. über weitere Zwischenproben — die Endproben.

3. Sonstige Begriffe (in alphabetischer Reihenfolge)

3.1 Eine *Charge* (engl. charge; franz. charge) ist das mit ein und demselben Arbeitsgang erhaltene Material, wobei dieses Material sowohl eine Mischung von Vormaterialien als auch ein Erzeugnis (Produkt) sein kann. Beispielsweise werden bei der Gewinnung von Metallen nach dem aluminothermischen Verfahren sowohl die Mischung der Ausgangsstoffe — Metalloxide und Reduktionsmittel — als auch die daraus erschmolzenen Metallblöcke Chargen genannt. Andere Beispiele sind Gußchargen, wie sie beim Vergießen *einer* Schmelze zu Blöcken entstehen.

Die Streuung der Gütemerkmale innerhalb einer Charge ist in der Regel geringer als deren Streuung von Charge zu Charge. Lieferungen, die Material aus mehreren, evtl. für unterschiedliche Einsatzzwecke vorgesehenen Chargen enthalten, erfordern einen größeren Probenahmeaufwand als solche, die aus nur einer Charge bestehen. Deshalb kennzeichnet man die Zugehörigkeit zu einer Charge durch eine Farbmarkierung, eine Nummer o. ä. auf Metallblöcken oder Verpackungseinheiten.

3.2 Gütemerkmale (engl. quality characteristics; franz. indices de qualité) einer Materialmenge sind die zur Beurteilung erforderlichen Gehalte an Elementen oder Verbindungen und auch physikalische Eigenschaften wie z. B. die Korngrößenverteilung oder die elektrische Leitfähigkeit. Die für die jeweilig erforderlichen chemischen oder physikalischen Untersuchungen herangezogenen Analysen- bzw. Schiedsproben müssen hinsichtlich des betreffenden Gütemerkmals für die geprobte Gesamtmenge eine Aussage erlauben, die frei von systematischen Fehlern ist. Chemisch ermittelte Gütemerkmalswerte (Gehalte) ergeben durch Multiplikation mit dem Berechnungsgewicht (Liefergewicht) die jeweiligen Inhalte der Gesamtmenge.

3.3 Liefermenge (Lieferung; engl. consignment; franz. volume de livraison).

3.4 Los (engl. lot; franz. lot) und *Teillos* (engl. part lot; franz. lot partiel).

3.5 Partie (engl. parcel; franz. partie).

Diese vier Begriffe werden zur Einteilung (Aufteilung) und Kennzeichnung bestimmter Materialmengen verwendet, wobei verschiedene Gesichtspunkte maßgebend sind.

Eine Liefermenge (Lieferung) ist die zu einem bestimmten Zeitpunkt oder in einem festgelegten Zeitraum abgelieferte bzw. anzuliefernde Materialmenge.

Ein Los ist diejenige Materialmenge, von der eine Analysenprobe zur Bestimmung von Gütemerkmalen hergestellt wird. Die Loseinteilung richtet sich nach dem Wert des Materials und nach den technischen, häufig probenahmetechnischen Notwendigkeiten.

Teillose werden zuweilen aus arbeitstechnischen Gründen gebildet. Die von ihnen erhaltenen Teilproben vereinigt man meistens zu Sammelproben, aus denen dann die Analysenproben eines Loses gewonnen werden.

Partien werden häufig nach kaufmännischen Gesichtspunkten gebildet und dienen als Abrechnungseinheiten.

Die Begriffe „Liefermenge“, „Partie“ und „Los“ sind einander nebengeordnet, nicht über- oder untergeordnet. Eine Liefermenge kann sowohl mehrere Partien als auch viele Lose umfassen, ebenso aber Teil einer Partie bzw. eines Loses sein. Eine Partie wiederum kann Teil einer Lieferung bzw. eines Loses sein oder aber aus mehreren Lieferungen bzw. Losen bestehen, und ebenso kann ein Los Teil einer Lieferung bzw. Partie sein oder aber aus mehreren Lieferungen bzw. Partien gebildet werden.

Zwei Beispiele sollen das verdeutlichen:

1. Eine Schiffsladung von 10000 t Erzkonzentrat erreicht ein Hüttenwerk und stellt eine Lieferung dar. Technische Gründe erfordern die Bildung von 20 Losen zu je 500 t. Da die Gesamtmenge auf Grund zweier unterschiedlicher Kaufverträge über je 5000 t geliefert wird, müssen zwei Partien zu je 10 Losen gebildet werden. — In diesem Falle umfaßt eine Lieferung also 2 Partien und 20 Lose.

2. Akkuschrott wird mit Lkw angeliefert, wobei jede Wagenladung eine Lieferung darstellt. Falls Lose von 100 t gebildet werden sollen, faßt man z. B. 10 Lkw-Ladungen (= 10 Lieferungen) zu 10 t zu einem Los zusammen, das z. B. zwei Partien umfassen kann, wenn zwei Kaufverträge zu je 50 t vorliegen. — Hier umfaßt ein Los also 2 Partien und 10 Lieferungen.

3.7 Packeinheit (engl. packed unit; franz. produits emballés). Wird das Material in Containern, Kisten, Trommeln, Fässern oder Säcken, evtl. auf Paletten, angeliefert, so spricht man von „Packeinheiten". Sie können die gesamte Lieferung oder Teile davon umfassen.

3.8 Probenahme-Plan (engl. sampling sheet; franz. plan d'échantillonnage). Zur einwandfreien Durchführung einer Probenahme ist es notwendig, einen Arbeitsplan aufzustellen, der u. a. den Rohprobenprozentsatz, die Art der Entnahme und die Anzahl der Einzelproben, alle Probenbearbeitungsschritte, die maximale Korngröße der Endproben, die Zahl und Verpackung der Analysenproben, die Nässebestimmung und sonstige wichtige Einzelheiten beinhaltet.

3.9 Probenbearbeitung (-zubereitung, -vorbereitung, -präparation, fälschlich auch -aufbereitung genannt; engl. sample preparation; franz. préparation de l'échantillon). Die Probenbearbeitung umfaßt alle Arbeitsgänge, die notwendig sind, um von den entnommenen Proben zu den Analysenproben zu gelangen. Dazu gehören das Brechen, Sieben, Mischen, Verjüngen und Vereinigen, außerdem das Trocknen, Glühen und Schmelzen, ggf. mit Zusätzen.

3.10 Probenehmer (engl. sampler; franz. échantillonneur). Personen, die Probenahmen durchführen, heißen „Probenehmer". Die Ausbildung zum Probenehmer kann bei Werken („Werksprobenehmer") oder bei Probenahmefirmen erfolgen. Ein Probenehmer mit entsprechenden Kenntnissen und Erfahrungen kann nach Ablegung einer Prüfung vor einer Industrie- und Handelskammer zum öffentlich vereidigten Probenehmer bestellt werden. Es sind Bestrebungen im Gange, ein Berufsbild für die Ausbildung zum Probenehmer zu erstellen.

3.11 Probenahme-Protokoll (engl. sampling certificate; franz. compte-rendu d'échantillonnage). Für jedes Los bzw. jede Partie wird ein Probenahme-Protokoll ausgestellt, das häufig auch das Verwiegungs-Protokoll beinhaltet und von den Vertretern beider Vertragspartner unterschrieben wird. Es stellt eine Urkunde im Sinne des Gesetzes dar und muß alle wichtigen, im Zusammenhang mit der Probenahme und Verwiegung stehenden Daten aufweisen. Siehe auch Beispiele im Anhang (65.8).

3.12 Verwieger (engl. weigher; franz. peseur). Personen, die Materialien in dem die Werksgrenzen überschreitenden Verkehr verwiegen, heißen „Verwieger" (nach DIN 8120 „Waagenbau, Begriffe": Wäger). Sie müssen von staatlichen Institutionen, z. B. den Eichämtern oder von der Bundesbahn, vereidigt sein. Im innerbetrieblichen Verkehr ist das nicht erforderlich.

3.13 Verwurf (engl. rejection; franz. rejet). Das bei den verschiedenen Verjüngungsvorgängen anfallende, für die Herstellung der Proben nicht mehr benötigte Material ist der „Verwurf".

Geschichtlicher Überblick über die Probenahme

Wenn in diesem Abschnitt versucht wird, einen kurzen Überblick über die Geschichte der Probenahme zu geben, so geschieht dies in der Absicht, dem Fachmann zu zeigen, welche Entwicklung die Probenahme in der Vergangenheit durchgemacht hat und welche Folgerungen für die Zukunft sich daraus ergeben.

Die Frage nach dem Ursprung der Probenahme läßt sich verhältnismäßig einfach beantworten, weil sie — wie bereits im Vorwort zu diesem Handbuch zum Ausdruck gebracht wurde — eine notwendige Vorbedingung für chemische Analysen als Grundlage der Materialbewertung ist.

Das Aufkommen chemischer Untersuchungsverfahren in den alten Hüttenwerken mußte demnach der mittelbare Anlaß für den Beginn einer betrieblichen Probenahme gewesen sein. Es läßt sich heute nicht mehr mit Sicherheit sagen, wann und wo solche Untersuchungen erstmalig durchgeführt wurden. Die Überlieferungen deuten darauf hin, daß wir die ersten Anfänge einer technisch-chemischen Analyse bei der Gewinnung der Edelmetalle im Altertum zu suchen haben, deren hoher Wert und deren wirtschaftspolitische Bedeutung von jeher im gewissen Umfange Materialuntersuchungen bei ihrer Gewinnung und Verarbeitung unerläßlich machten. Die Gewinnung der unedlen Metalle wie Eisen, Kupfer, Blei, Zinn usw., die in der alten Metallurgie meist nach dem Grundsatz des „Ertragsrisikos" erfolgte, unterlag demgegenüber in der Regel keiner besonderen Stoffkontrolle.

Eine analytische Untersuchung edelmetallhaltiger Roh- und Fertigprodukte war im Gegensatz zu anderen analytischen Aufgaben auch in den frühesten Zeiten insofern durchführbar, als mit den dokimastischen Edelmetallproben, die ihrem Prinzip nach auf Laboratoriumsmaßstäbe reduzierte Metallgewinnungs- und Raffinationsverfahren darstellten, die Möglichkeit zu einer vollständigen und einwandfreien Trennung der Edelmetalle voneinander und von ihren Begleitern gegeben war.

Von entscheidender Bedeutung für die durch mehr als drei Jahrtausende zu verfolgende Entwicklung der Dokimasie, die hauptsächlich von der „spagyrischen" Forschung[1] und weniger von der metallurgischen Seite vorangetrieben wurde, war die Einführung der Probierwaagen und der Probiergewichte (z. B. „Karat"[2]) durch die arabischen Chemiker des frühen Mittelalters, die damit die Edelmetallproben für quantitative Bestimmungen verwendbar machten.

Die Möglichkeit, den Edelmetallgehalt beliebiger Stoffe auf analytischem Wege sicher zu ermitteln, brachte es dann mit sich, daß auch der Entnahme und Zurichtung geeigneter Proben eine besondere Aufmerksamkeit gewidmet wurde. Wir finden daher die ersten genaueren Angaben über Manipulationen zur Probenahme in den mittelalterlichen Probierbüchern, und es ist bemerkenswert, daß die bevorzugte Behandlung der Probenahme im Rahmen der dokimastischen Literatur sich — wohl aus Traditionsgründen — bis in unsere Tage fortgesetzt hat.

Die ersten Hinweise auf die Probenahme beziehen sich in der Hauptsache auf die Entnahme von Proben aus den im Zuge der Edelmetallgewinnung anfallenden Rohmetallen. Weniger Beachtung fand die Probenahme von Erzen, bei denen im Mittelalter vermutlich nur in Ausnahmefällen Proben aus dem Haufwerk genommen wurden.

---

1 Grundlagenforschung der Alchemie.

2 arab. Bezeichnung für das Samenkorn des Johannisbrotbaumes; dient als Gewichtseinheit.

Dieses wird verständlich, wenn man berücksichtigt, daß in der früheren Zeit ausschließlich reiche und nur wenig Gangart enthaltende Klaubeerze zur Verhüttung kamen. Beim Prospektieren, beim Aufschluß von Lagerstätten und Grubenbauen wurden jedoch bereits im Ausgang des Mittelalters Pick- und Schlitzproben in ähnlicher Weise wie heute entnommen (Biringuccio). Die Probenahme von Aufbereitungsprodukten erlangte hingegen erst im 16. und 17. Jahrhundert mit der stärkeren Ausweitung der Aufbereitungsverfahren ein gewisses Interesse.

Die besondere Aufmerksamkeit, die man demgegenüber schon frühzeitig der Probenahme von Metallen widmete, hatte nicht zuletzt ihren Grund in der Verwendung des Goldes und des Silbers als Münzmetalle und der dadurch bedingten strengen Produktionsüberwachung durch die Aufsichtsorgane (Bergbeamte und Wardeine). In welcher Weise diese Probenahme erfolgte, und welche Fortschritte sie bereits im 17. Jahrhundert zu verzeichnen hatte, zeigt am besten ein zeitgenössisches Probierbuch, welches ohne Angabe des Verfassers unter dem Titel „Kurze und deutliche Vorstellung der Edlen Probierkunst ... von einem dieser Kunst preiswürdig Ergebenen“ 1695 in Nürnberg bei J. Ziegers erschien. Es seien hier einige Textbeispiele dieses auch in dokimastischer Hinsicht sehr interessanten Werkes wiedergegeben. So heißt es z. B. im Kap. XXXVI, S. 180, über die Entnahme von Durchschnittsproben verschieden zusammengesetzten Metallschrottes:

„... durch das Wörtlein Pagament[1] wird verstanden allerley Müntze und Silber (darunter auch allerley verbotne Müntze und Sonsten böß verbrochen als Silber mit gemeynet wird) von welchem keine gewisse Probe gemachet werden kann, man schmeltze den alles unter einander / obgleich solchen Müntzen allerley Gattung und Gepräge wären / jedoch immerzu ein Stück reicher an Silber als das andere ist. So nun alles untereinander geschmoltzen / ...“

wird die Schmelze dann durch Reisigbesen gegossen und granuliert. Die Granalien werden entweder gleich verwogen oder man nimmt diese oder auch den ganzen Regulus

„... schlägt es dunne / schneidet es in kleine Stücklein / wiegt es dann ...“

Auch auf die Entnahme einer Tiegel- oder Planschenprobe wird hingewiesen: (S. 151)

‚Tiegelprob ist / so der Müntzmeister aus dem Tiegel nimmt ...“ (und dann auf eine Eisenplatte gießt.)

Von Planschen und Metallklumpen wurde in folgender Weise eine Probe genommen (Kap. XLI, S. 197):

„wann Du ein Stück Brandsilber probieren willst / So schlage zum ersten mit einem kleinen halbrunden Meissel das Stück oben aus / nicht gar in der Mitten / auch nicht gar am Ort und kehre dann das Stück umb und schlage es jetzt auf gemeldete Weise unten auch aus / doch also das es unten und oben nicht auf einer Seiten zeige, sondern auf welche Seiten es oben angeschlagen wird, da solle es darnach auf der anderen Seiten gegenüber geschehen. Was aber Plantschen seyen, die schlage auf der einen Seiten oben / auf der anderen unten aus / wiege nochmals von jedem Teil eine halbe Mark zu einer Probe ein ...“

Das gleiche wurde auch bei der Probenahme von Blicksilber gemacht. Jedoch wurden hierbei die einzelnen Aushiebe meist noch ausgeplattet, zerschnitten und als Gemisch verwogen, wobei von jeder Spansorte gleich große und gleich viele Streifen (meist zwei) entnommen wurden. Für seigernde Metallbarren werden auch noch andere Möglichkeiten der Probenahme angeführt. So heißt es z. B. auf S. 191 vom: „Zain-Werck-Silber“:

„... so schrote[2] erstlichem vornen am Ende ein Stücklein weg / dann sich gemeiniglich das Silber pfleget heraus zu ziehen, darnach so schrote noch ein Stücklein davon, das wiege ein. ..“

[1] d. i. Schrott.
[2] abschlagen.

oder im Kap. XXXVII, Seite 187:

„Wann man ein Werck hat . . , so hauet man dergleichen Scheibenwerck unten und oben zu halben Mitteln aus / und nimmt solche Anshiebe . . . “

Bemerkenswert sind auch Angaben über die Probenvorbereitung zur Ermittlung der Zusammensetzung auf Grund des archimedischen Prinzips. Die zu untersuchenden Legierungen wurden in Stangen gegossen und durch Zieheisen zu gleich starken Drähten verzogen, die durch Zuschneiden auf gleiche Längen gebracht wurden (S. 273). Ebenso finden sich Hinweise auf vorkommende Betrüger. So gibt der Verfasser z. B. an, daß man beim Einkauf von Quecksilber, welches mit Blei verfälscht worden ist, dieses daran erkennen kann, daß eine kleine Probe davon im Eisenlöffel erhitzt wie Kochsalz dekrepitiert.

Gegenüber der Probenahme von Metallen trat die von Erzen u. ä. Produkten jedoch auch im 17. Jahrhundert noch in den Hintergrund. Nach wie vor wurden Stückerze durch wahllose Entnahme von Stücken am Ort oder aus dem Fördergut geprobt. In dem genannten Probierbuch heißt es hierüber (Kap. XXXVII, S. 121):

„man nimmt von den Ertzen / so man probieren will / einen Stuffen oder Berg von dem Felsen oder Schacht / thut solche wohl zerstossen und klein durchsieben; von diesen nimmt man einen Probier-Centner . . .“

Über eine Verjüngung des Probegutes wird nichts gesagt. Auf feines Sieben legt der Verfasser jedoch großen Wert. Er betont immer wieder, daß „ein guter Schliech zu ziehen“ sei. Grobzerkleinert wurde auf der heute noch gebräuchlichen Reibeplatte, feingesiebt durch Haarsiebe verschiedener Maschenweite. Gröbe und Feine wurden gesondert probiert. Wahrscheinlich wurde die Durchmischung beim Sieben für ausreichend gehalten und darum auf eine besondere Verjüngung verzichtet.

Von Aufbereitungskonzentraten wurden Proben mit kleinen Schaufeln entnommen, von Lutten- und Gerinneabgängen mittels eines Schöpfgefäßes (S. 179):

„nimm des Wasser einen Topff voll / siede das ein / dass sich ein Schlamm darinnen setzt / das wiege ein . . .“

Das Füllvolumen dieses Topfes, der nur zu solchen Proben Verwendung fand, hieß „Wasserschwere“ und wurde durch Wägen ermittelt.

Merkliche Fortschritte machte die Probenahme von Erzen erst in der zweiten Hälfte des 18. Jahrhunderts. Der nähere Anlaß hierfür war einmal die sich allmählich bemerkbar machende Wertminderung der Erze — als Folge des mittelalterlichen Raubbaues — zum anderen auch die Möglichkeit, mit Hilfe naßchemischer Verfahren, für die geeignete wissenschaftliche Fundierungen gefunden wurden, weitere technisch wichtige Metalle und damit auch weitere Erzarten analytisch zu erfassen. Besondere Verdienste um die Probenahme von Erzen erwarb sich in dieser Zeit der bedeutende Freiberger Metallurge und literarische Begründer der neuzeitlichen „Metallhüttenkunde“ (als Fachbegriff) W. A. Lampadius, der den Grundregeln der Erzprobenahme ein besonderes Kapitel in seinem „Handbuch der allgemeinen Hüttenkunde“ (Göttingen 1801/04) widmete.

Dieses Handbuch galt zu Beginn des 19. Jahrhunderts als Standardwerk der Metallurgie und fand in Fachkreisen große Beachtung. Es ist daher verständlich, daß die in ihm wiedergegebene erste zusammenfassende Beschreibung der Probenahme nicht nur viel Interesse hervorrief, sondern auch zur Grundlage für ihre Weiterentwicklung wurde. Die Notwendigkeit derselben ergab sich im Zuge der Metallurgie, die in jener Zeit wesentliche Fortschritte machte und infolge der Vielzahl von Produkten, die neu oder im größeren Umfange als vorher zur Verarbeitung kamen, auch erhöhte Anforderungen an die Stoffkontrolle stellen mußte.

Die Metallurgie hatte mit der Gründung der ersten Bergakademie (Schemnitz 1765) eine neue Epoche in ihrer Entwicklung begonnen, die rein äußerlich durch das Einsetzen einer intensiven und zweckgebundenen Forschung auf allen Gebieten des Hüttenwesens gekennzeichnet war. Die alte Empirie des Mittelalters (Agricola) wurde allmählich abgelöst und — verglichen mit dem heutigen Stande — bereits in den Jahren zwischen 1830 bis 1860 (Bredberg, Berthier, Plattner, Percy) vor allem auf dem Gebiete der Erzverhüttung in wissenschaftlicher und verfahrenstechnischer Beziehung ein gewisser Höhepunkt erreicht. Weiterhin war es insbesondere durch die Arbeiten von Berzelius in dieser Zeit bereits möglich, genaue chemische Analysen der verschiedensten Hüttenprodukte durchzuführen. Hieraus ergab sich auch zwangsläufig die Forderung nach einer Vervollkommnung der Probenahmemethoden, deren Weiterentwicklung dann fast sprunghaft in den Jahren um 1850 einsetzte. Wesentlich unterstützt wurde diese durch das Aufkommen und die Verbreitung der einschlägigen, Bergbau- und Hüttentechnik gemeinsam behandelnden Fachzeitschriften, von denen hier vor allem die seinerzeit bedeutendste „Berg- und Hüttenmännische Zeitung“ (erschienen ab 1841 in Freiberg) zu nennen ist. Der dadurch einsetzende Erfahrungsaustausch führte dann zu einem schnellen Fortschritt, insbesondere auf dem Gebiete der Erzprobenahme, welcher erst gegen Ende des 19. Jahrhunderts einen gewissen Abschluß erreichte. Schon frühzeitig wurde versucht, allgemein verbindliche Richtlinien für die Probenahme von Erzen auszustellen. Das Freiberger Münzwardeinamt[1] brachte bereits 1859 ein auf den klassischen Probenahmeregeln von Lampadius beruhendes „Regulativ für den Einkauf sächsischer Erze bei den Werken der Königlichen Sächsischen Generalschmelzadministration“ heraus, das wir als erste „Normung“ von Probenahmeverfahren ansehen können.

Um den recht anmutigen Inhalt dieses „Regulativs“ zu kennzeichnen, soll hier der § 11 „Die Wegnahme der Probemehle für die Kaufproben“ als Textbeispiel wiedergegeben werden:

„Von jeder angelieferten Erzpost wird bei Gelegenheit des Verwiegens auf der Hütte eine Durchschnittsprobe von mehreren Pfunden weggenommen, und zwar so, daß von 2 Zentnern abgewogenen Erzes mittels eines gestielten, halben, hohlen Cylinders von Eisenblech aus der Mitte ein kleiner Teil von $^1/_4$ bis $^1/_2$ herausgehoben, über zwei nebeneinander stehende Probentröge A und B ausgeschüttet und damit fortgefahren wird, bis die Post verwogen ist. Hierauf werden beide Probentrögel abgestrichen und übereinander gesetzt. Aus dem oberen Probentrögel A nimmt nun sofort der Wagemeister eine verjüngte Probe zur Ermittlung der Nässe weg. Sodann nimmt aus demselben Probetrögel A der Probenstösser auf der Hütte von verschiedenen Punkten mit Hilfe eines Probenlöffels das für die von den Hüttenwerken anzufertigenden Kaufproben nötige Quantum Erz heraus und richtet es . . . vor“[2].

Die gleichen Lampadiusschen Probenahmevorschriften galten von jener Zeit ab auch auf den Oberharzer Hütten (vgl. B. Kerl, Handb. d. Oberharzer Hüttenprozesse, 2. Aufl. 1860, Clausthal, S. 194/99). Weitere Bestrebungen zur Vereinheitlichung der Probenahmemethoden, besonders für Kupfererze, erfolgten 1862 in England. Interesseshalber sei in diesem Zusammenhang erwähnt, daß in Cornwall um 1860 auch eines der bekanntesten und wichtigsten Verjüngungsverfahren, die sog. „Kreuz- oder Vier-Teilungsprobe“ („cornish quartering“) erstmalig angewandt wurde.

---

[1] Bekannt durch sein damaliges Dienstsiegelzeichen, das Gezähebündel, das heute zum Symbol des deutschen Metallhüttenwesens geworden ist.

[2] Das Erz wurde dann bei 80 °R auf einem Blech getrocknet, in einer eisernen Reibschale verrieben und durch ein „Probesieb“ gesiebt. Der Rückstand wurde jeweils so lange weiterverrieben, bis die ganze Probe durchgesiebt war.

Von besonderer Bedeutung für die apparative Entwicklung der Probenahme waren vor allem die Belange des Eisenhüttenwesens, das ab 1820 (Karsten, Hartmann) seine heutige Sonderstellung im Rahmen der allgemeinen Metallurgie zu entwickeln begann. Bereits frühzeitig trat hier das Problem der Verarbeitung und Untersuchung großer Erzmassen in den Vordergrund. Dieses führte neben wesentlichen konstruktiven Verbesserungen der überkommenen Zerkleinerungs- und Siebapparate auch zur Entwicklung der Probenteiler und der automatischen Probenehmer, von denen der erste 1882 in England, ein weiteres Modell ein Jahr später in Deutschland erschien. Diese automatischen Probenehmer wurden bald in Chile und in den USA im größeren Umfange eingesetzt. Um ihre Weiterentwicklung haben sich in erster Linie die Amerikaner (Bridgeman, Brunton, Pulsifer) verdient gemacht.

Die besonderen Probleme der Erzprobenahme waren auch der Anlaß zur Gründung spezieller Ausschüsse durch die bereits bestehenden großen Fachorganisationen. Ihre Aufgabe bestand darin, die verschiedenen Methoden der Probenahme zu überprüfen und Richtlinien für die verschiedenen Erzarten aufzustellen. Von diesen Ausschüssen sind vor allem die Fachausschüsse für Probenahme des AIME und der „Abteilung für Chemie der Bergwissenschaft des Schwedischen Technologenvereins“ zu nennen, die um 1890 als erste an die Öffentlichkeit traten. Etwa zur gleichen Zeit wurde auch vom Verein Deutscher Eisenhüttenleute eine „Kommission“ ins Leben gerufen, die sich neben ihrer Hauptaufgabe — der Ausarbeitung von Schiedsanalysen — ebenfalls der Probenahme widmete.

Die Metallprobenahme hatte in dem erörterten Zeitraum in apparativer Hinsicht gewisse Fortschritte durch eine verstärkte Anwendung von Werkzeugmaschinen zur Probenverarbeitung gemacht, während ihre Methodik sich jedoch anfänglich nur wenig änderte. Erst von etwa 1870 ab wurden auch neue metallographische Erkenntnisse (Ledebur) in größerem Umfange bei der Entnahme von Proben aus metallischen Körpern berücksichtigt und besondere Verfahren, wie z. B. das Schablonen- und Diagonal-Bohren, entwickelt. Nur wenig Beachtung fand im 19. Jahrhundert die Probenahme von Gasen und von Flüssigkeiten. Letztere hatte zwar schon mit dem Aufkommen der sog. „Chemischen Metallurgie“ (Rammelsberg, 1860) an Bedeutung gewonnen, war aber in ihrer apparativen Vervollkommnung durch die in der zweiten Hälfte des 19. Jahrhunderts nur langsam fortschreitende Entwicklung des chemischen Apparatebaues gehemmt. Das gleiche gilt auch für die Probenahme von Gasen. Bei beiden spielten Werkstofffragen für die Entnahmegeräte eine Rolle. Sie konnten erst in den ersten Jahrzehnten des 20. Jahrhunderts gewisse Fortschritte erzielen; die Gasprobenahme vornehmlich auf dem Gebiet der Entnahme heißer Reaktionsgase, von Chlor u. ä., die Flüssigkeitsprobenahme insbesondere durch die Entwicklung automatischer Probenehmer für große Mengen chemisch aggressiver Flüssigkeiten.

Die Tendenz zur Automatisierung klassischer Probenahmeverfahren, die sich vor allem auch auf dem Gebiet der Erzverarbeitung erkennen läßt, ist ganz allgemein charakteristisch für die Weiterentwicklung der Probenahme in der ersten Hälfte des 20. Jahrhunderts. Ursache hierfür ist zweifellos die in weit stärkerem Maße als früher notwendig gewordene Erfassung großer Materialmengen und die weitgehende Mechanisierung der Verarbeitungstechnik, die eine Vielzahl neuer Probleme für die Probenahme aufgeworfen haben. Wohl die wesentlichste Bereicherung, welche die Probenahme zur Meisterung dieser Probleme in der letzten Zeit erfuhr, ist die möglich gewordene Anwendung geeigneter mathematisch-statistischer Rechenmethoden, die eine wissenschaftliche Kontrolle der verschiedenen Probenahmemethoden hinsichtlich ihrer Zweckmäßigkeit und Sicherheit gestatteten und damit einen neuen Abschnitt in der Entwicklung der Probenahme eingeleitet haben.

ALLGEMEINER TEIL

1. Hilfsmittel für die Probenahme

1.1 Feststellen der Masse (des Gewichtes) durch Wägen[1]

Unentbehrliches Hilfsmittel für die ordnungsgemäße Durchführung einer Probenahme sind Waagen verschiedener Tragfähigkeit und Bauart und die ggf. dazu gehörenden Wägestücke. Der Probenehmer ist zur Ermittlung der Masse (des Gewichtes) bei An- und Ablieferungen verpflichtet, ebenso wenn sich eine Sortierung der Ware als notwendig erweist, wenn eine Änderung des Gewichtes durch Lagerung, Witterungseinflüsse, chemische oder physikalische Vorgänge oder eine Beschädigung der die Lieferung befördernden Transportmittel vermutet wird, und schließlich, wenn seitens des Auftraggebers ein besonderer Auftrag zur Masse-(Gewichts-)kontrolle vorliegt. Auch bei der innerbetrieblichen Probenahme sind Masse-(Gewichts)-feststellungen häufig notwendig, u. a. zur Verfahrenskontrolle. Außerdem ergeben sich im Verlauf der Entnahme und des Zurichtens der Probe so viele Notwendigkeiten zu Gewichtsfeststellungen, daß eine Probenahme ohne die Vornahme von Wägungen nicht möglich ist.

1.1.1 „Masse" im amtlichen und geschäftlichen Verkehr

Gesetzliche Einheiten der Masse sind nach dem Gesetz über Einheiten im Meßwesen vom 2. 7. 1969 (BGBl. I S. 709) und der dazu erlassenen Ausführungsverordnung vom 26. 6. 1970 (BGBl. I S. 981) das Kilogramm (Einheitenzeichen: kg) als die SI-Basiseinheit der Masse[2], weiterhin das Gramm (g) und die Tonne (t) sowie die unter Verwendung von Vorsätzen gebildeten dezimalen Vielfachen und Teile des Gramm bzw. der Tonne. Beispiele sind:

Tonne	1 t	$= 10^3$ kg
Dezitonne	1 dt	$= 10^2$ kg
Kilogramm	1 kg	$= 10^2$ g
Gramm	1 g	$= 10^{-2}$ kg
Milligramm	1 mg	$= 10^{-3}$ g $= 10^{-6}$ kg
Mikrogramm	1 μg	$= 10^{-6}$ g $= 10^{-9}$ kg.

Die früher gebräuchlichen Masseneinheiten Zentner und Doppelzenter sind nicht mehr zugelassen. Es gelten die Umrechnungsbeziehungen:

[1] Für eine Stellungnahme zum Abschnitt 1.1 wird der Physikalisch-Technischen Bundesanstalt, Braunschweig, gedankt.

[2] Mit den aufgeführten Rechtsvorschriften über gesetzliche Einheiten im Meßwesen ist das Internationale Einheitensystem (Système International d'Unités = SI) in Übereinstimmung mit den dafür von den Organen der Meterkonvention herausgegebenen Richtlinien in der Bundesrepublik Deutschland eingeführt worden. Ebenso ist das SI innerhalb der EWG für alle Mitgliedstaaten verbindlich. Diesem Beispiel folgen immer mehr Staaten in Europa und in Übersee. Das SI beruht auf den folgenden 7 SI-Basiseinheiten: für die Länge das Meter, für die Masse das Kilogramm, für die Zeit die Sekunde, für die elektrische Stromstärke das Ampere, für die Temperatur das Kelvin, für die Stoffmenge das Mol und für die Lichtstärke die Candela. Das frühere „Metrische System" (m-kg-s-System) ist jetzt ein Teilsystem des Internationalen Einheitensystems.

1 Zentner = 0,5 dt = 50 kg
1 Doppelzentner = 1 dt = 100 kg.

Ausschließlich für die Angabe der Masse von Edelsteinen ist das metrische Karat (Abkürzung: Kt) als auf diesen Anwendungsbereich eingeschränkte Masseneinheit zugelassen:

1 Kt = 1/5000 kg = 0,2 g.

Die früher für das metrische Karat auch gebräuchlichen Abkürzungen k und ct dürfen nicht mehr verwendet werden. Die Masse von Edelmetallen darf nur in uneingeschränkt zugelassenen Masseeinheiten angegeben werden.

Die *Masse* eines Körpers wird im allgemeinen durch Vergleich mit Körpern (Wägestücken) bekannter Masse bestimmt. Der Vergleich wird mit einer Waage ausgeführt. Im geschäftlichen Verkehr darf bei Angabe des Wägeergebnisses von Warenmengen die ermittelte Masse als *Gewicht* bezeichnet werden. Das Gewicht[1] ist in gesetzlichen Masseeinheiten anzugeben.

Die *Wägestücke,* durch die bei Wägungen die Last ausgeglichen wird, sind in Sätzen bereitzuhalten, die heute im allgemeinen nach der Zahlenfolge 1, 2, 3, 5 unterteilt sind. Handels- und Präzisionswägestücke sind in DIN 1924 Blatt 1 (1955), Feinwägestücke in DIN 1924 Blatt 2 (1954) genormt.

Zur Herstellung werden verwendet: bei Wägestücken von 1 bis 500 mg Aluminium, Platin, Neusilber; bei Gramm- und Kilogramm-Wägestücken Neusilber, Messing, Rotguß; bei Handelswägestücken ab 100 g und mehr auch Grauguß. Als Form wird zur internationalen Vereinheitlichung für Handelswägestücke von 1 g bis 10 kg ein gerader Kreiszylinder mit Knopf oder Griff als Handhabe, von 5 bis 50 kg ein Quader mit versenktem festen Stahlgriff (Blockwägestück) empfohlen. Auf Grund der Eichordnung (siehe unten) erhalten Handels- und Präzisionswägestücke sowie Feinwägestücke von 1 g und mehr eine Berichtigungskammer. Wägestücke sind nur durch Abreiben zu reinigen, nicht mit chemischen Reinigungsmitteln. Sie sind trocken aufzubewahren.

1.1.2 Waagen-Bauarten

Es gibt Waagen in verschiedenen Bauarten (s. DIN 8120 von 1971) und für verschiedene Wägebereiche zwischen Mindest- und Höchstlast (s. Eichordnung). Bei Eichung und Nacheichung wird nur für diesen Bereich die Einhaltung der zulässigen Fehlergrenzen garantiert.

Für die Probenahme kommen zunächst vor allem Waagen in Betracht, die nach dem Hebelgesetz arbeiten. Es sind hierbei folgende Gattungen zu unterscheiden: Die *einfache gleicharmige Balkenwaage.* Bei ihr sind Last- und Gewichtsarm gleich lang; das Übersetzungsverhältnis beträgt 1:1. Die oberschaligen *Tafelwaagen* besitzen außer dem gleicharmigen Hebel noch einen oder zwei Nebenhebel oder eine Parallelführung.

Die *Dezimal-* und *Zentesimalwaage.* Last- und Gewichtsarm sind verschieden lang, das Übersetzungsverhältnis beträgt 1:10 bzw. 1:100. Die Last wird durch

[1] Von dem Gewicht in der Bedeutung einer Größe von der Art der Masse eines Körpers ist die *Gewichtskraft* zu unterscheiden, die dieser Körper infolge der Fallbeschleunigung ausübt. Die Gewichtskraft ist somit das Produkt aus der Masse des Körpers und der örtlichen Fallbeschleunigung. Die Gewichtskraft ist in gesetzlichen Krafteinheiten anzugeben. Die SI-Einheit der Kraft ist das Newton (Einheitenzeichen: N). Für die noch bis zum 31. 12. 1977 zugelassene Krafteinheit Kilopond (kp) besteht die Umrechnungsbeziehung: 1 kp = = 9,806 65 N = 9,806 65 m kg s^{-2}). Über Masse, Gewicht, Gewichtskraft siehe auch DIN 1305 (neue Ausgabe in Vorbereitung).

Wägestücke im Betrage des zehnten bzw. hundertsten Teils der Last ausgeglichen. Die *Schaltgewichtswaage*. Die Last wird durch eingebaute Schaltgewichte am unveränderlichen Hebelarm ausgeglichen. Diese Gewichte werden durch ein Einstellwerk zu- oder abgeschaltet.

Die *Laufgewichtswaage*. Die Last wird durch ein eingebautes unveränderliches Laufgewicht am veränderlichen Hebelarm ausgeglichen. Das Laufgewicht wird zu dem Zweck von Hand oder durch ein Einstellwerk auf dem mit Kerben versehenen Hebelarm verschoben; es hat meist noch abgestufte Nebenlaufgewichte, die z. B. auf parallel geschalteten Laufgewichtsbalken verschiebbar sind. Bei der ähnlichen *Rollgewichtswaage* wird die Last durch Verschieben von eingebauten walzenförmigen Rollgewichten auf mehreren parallel angeordneten Hebelarmen ausgeglichen.

Die beschriebenen einfachen und zusammengesetzten Hebelwaagen haben alle *eine* Einspiellage, auf welche die Anzeigeeinrichtung, z. B. ein Zeiger über einer Strichmarke, einspielt, sobald am Hebelwerk die Last mit Hilfe von Wägestücken bzw. Lauf- oder Schaltgewichten ausgeglichen ist. Daneben gibt es die selbsteinspielenden Waagen, die unendlich viele Einspiellagen besitzen. Zu ihnen gehören:

Die *Neigungswaagen*. Bei ihnen geschieht der Lastausgleich am zweiarmigen Hebel durch den Ausschlag des Neigungshebels, mit dem das Neigungsgewicht fest verbunden ist. Neben den reinen Neigungswaagen gibt es die halbselbsteinspielenden Balken-, Tafel-, Schaltgewichts- und Laufgewichtswaagen mit Neigungsgewichtseinrichtung. Bei diesen erfolgt der Lastausgleich durch das Neigungsgewicht in Verbindung mit Wägestücken bzw. Schalt- oder Laufgewichten.

Den bisher aufgeführten Waagen mit direktem Masseausgleich (Hebelwaagen) stehen die *Waagen mit Kraftwirkungsvergleich* gegenüber. Hierzu gehören die Federwaagen, die elektromechanischen, die hydraulischen und pneumatischen Waagen. Schließlich gibt es als weitere Gruppe die radiometrischen Waagen, bei denen die Absorption der Strahlung radioaktiver Isotope zur Massenbestimmung ausgenutzt wird.

Die *Federwaagen*. Bei diesen selbsteinspielenden Waagen wird die Größe der Last aus der elastischen Verformung von Federn ermittelt, deren Längenänderung als Maß für die Last dient.

Die *elektromechanischen Waagen*. Hier wird eine mechanische Größe (z. B. Druck, Zug) in einen elektrisch erfaßbaren Meßwert umgesetzt. Für die Umformung der Eingangsgröße Kraft in eine elektrische Ausgangsgröße dienen Kraftmeßzellen, sog. Wägezellen (früher Meßdosen genannt). Je nach Ausnutzung der elektrischen Meßgröße unterscheidet man kapazitive, induktive, magnetoelastische, piezoelektrische Meßzellen und solche, die mit Hilfe von Dehnungsmeßstreifen die Änderung des elektrischen Widerstandes bei der Verformung ausnutzen.

Bei der magnetoelastischen Meßzelle wird die Abhängigkeit des Verlaufs der Magnetisierungsschleife ferromagnetischer Werkstoffe von elastischen Spannungen ausgenutzt und die auftretende Permeabilitätsänderung (Magnetoelastizität) gemessen. Die hohe Festigkeit der verwendeten Werkstoffe (Permalloy) erlaubt es, daß die gesamte zu messende Kraft auf den Meßkörper wirken kann. Die wichtigste, heute auf fast allen Gebieten der Verfahrenstechnik eingesetzte Meßzelle arbeitet mit Dehnungsmeßstreifen (DMS) wie folgt: Auf einem Stahlkörper sind 4 Dehnungsmeßstreifen derart angebracht (meist aufgeklebt), daß auf gegenüberliegenden Seiten je zwei Streifen bei Belastung gestaucht und je zwei gedehnt werden. In einer Wheatstoneschen Brückenschaltung wird die Widerstandsänderung der sehr dünnen Meßstreifen bestimmt. Mit diesen Meßzellen ist es möglich,

Objekte von 1 bis 4000 t zu wiegen. Für die Messungen komplizierter Objekte können mehrere Meßzellen kombiniert werden. DMS-Zellen lassen sich zur Lösung einer Reihe von wägetechnischen Aufgaben verwenden, z. B. beim Stofffluß auf Hüttenwerken: an Roheisen- und Gießwaagen, Gieß- und Verladekränen, Mischerkatzen, bei Behälterinhaltsmessungen, Gleis- und Plattformwaagen, Förder- und Dosierbandwaagen sowie zum automatischen Gattieren. Bei elektronischer Weiterverarbeitung der Meßwerte können diese Meßzellen auch bei der Prozeßsteuerung und Automation von Verfahrenstechniken eingesetzt werden.

Die *hydraulischen* und *pneumatischen Waagen*. Die durch die Gewichtskraft der Last bewirkte Druckänderung in einer abgeschlossenen Flüssigkeits- bzw. Gasmenge dient als Maß für das Gewicht der Last.

Weitere Unterteilungen der Waagenbauarten. Nach der Ausbildung des Hebelwerks kann man *Balkenwaagen*, bei denen die Last von einer einzigen (ein- oder mehrteiligen) Schneide getragen wird und frei an dieser Schneide hängt, von den *Brükkenwaagen* unterscheiden. Bei diesen ist der Lastträger eine Brücke (Plattform), die sich auf eine oder mehrere Schneiden oder Kraftaufnehmer stützt und von einer Lenkereinrichtung geführt wird. Im Großwaagenbau sind z. B. zusammengesetzte Laufgewichts-Brückenwaagen als Straßenfahrzeug-, Gleis- bzw. Waggonwaagen sehr verbreitet. Für kleinen Höchstlasten findet man sehr viele Bauarten besonders in Verbindung mit Neigungswaagen aller Arten.

Eine weitere Unterscheidung ergibt sich durch die Einteilung in nichtselbsttätige (handbediente) und selbsttätige (automatische) Waagen, je nachdem der Wägevorgang mit oder ohne Eingreifen von Bedienungspersonal abläuft.

Die *nichtselbsttätigen Waagen* sind in der Eichordnung unterteilt in Feinwagen, Präzisionswaagen, Handelswaagen und Grobwaagen. Die Zuordnung zu diesen vier „Genauigkeitsklassen“ auf Grund der Eigenschaften der Waagen sowie die Vorschriften für die Höchstlast, die untere Grenze der Mindestlast und die zulässigen Fehlergrenzen, denen sog. Eichwerte zugrundegelegt werden, sind in der Eichordnung festgelegt. Die für die Probenahme besonders interessierenden Handelswaagen lassen sich unterteilen in Handelswaagen mit *einer* Einspiellage, in Neigungs-, Feder- und elektromechanische Waagen. — Handbediente Waagen sind weiter u. a. *Kranwaagen* (Seilzugwaagen). Sie dienen zum Wägen der an einem Haken hängenden Last und werden als Laufgewichts-Balkenwaage, als Neigungs-, Feder- oder auch als elektromechanische Waage ausgeführt. Bei der Sonderausführung als Seilzugwaage wird das mit dem Heben und Senken der Last sich ändernde Gewicht des Seiles selbsttätig ausgeglichen.

Zu den *selbsttätigen* Waagen rechnen neben den zahlreichen Bauarten der Abfüllwaagen die *Förderbandwaagen*. Man verwendet sie in vielerlei Ausführungsarten zum fortlaufenden oder intermittierenden Wägen oder Abwägen (d. h. als Dosierwaage zum Abteilen einer vorgegebenen Materialmenge.) Als Neigungs-, Feder- oder elektromechanische Waage ausgeführt, lassen sich nach der Art der Ermittlung des Gewichtes der Materialmenge addierende und integrierende Förderbandwaagen unterscheiden.

Im Hinblick auf die verschiedenen Arten von *Anzeigeeinrichtungen* für das Wägeergebnis finden sich Waagen mit Analog- oder Digitalanzeige. Im ersten Fall bewegt sich ein Zeiger vor einer feststehenden Skala (oder umgekehrt). Bei der Digitalanzeige werden die möglichen Gewichtsangaben als Ziffern eines Zählwerks vollständig bereitgehalten.

Druckwerke dienen zum Abdruck des Wägeergebnisses, auch mit Datum, Uhrzeit und sonstigen „Beizeichen“ auf Karten, Listen oder Bandstreifen. Sie werden als Zahlendruckwerk, an Neigungs- und anderen selbsteinspielenden Waagen auch als Skalendruckwerk mit Abdruckskala ausgeführt. Die Wägekarte darf erst dann mit dem Aufdruck des Gewichtes versehen werden, wenn die Wägung beendet und die Waage wieder festgestellt ist. Nach der Eichordnung muß der Abdruck von Wägeergebnissen deutlich und dauerhaft sein.

1.1.3 Eichpflicht

Waagen und Wägestücke müssen, sobald sie im amtlichen und geschäftlichen Verkehr verwendet oder bereitgehalten werden, nach dem „Gesetz über das Eichwesen" (Eichgesetz) vom 11. 7. 1969 (BGBl. I S. 759) geeicht sein. Voraussetzung für die Eichung von Meßgeräten ist deren Zulassung zur Eichung, die hinsichtlich der Bauart von der Physikalisch-Technischen Bundesanstalt (PTB) in Braunschweig, hinsichtlich der Waagengattung vom Bundesministerium für Wirtschaft ausgesprochen wird. Die staatliche Eichbehörde prüft die Waage auf ihre Meßsicherheit, d. h. richtige Meßergebnisse und ausreichende Meßbeständigkeit (s. § 9 Abs. 2 Eichgesetz), und versieht sie mit dem Eichzeichen und der zugehörigen Jahreszahl.

Die Gültigkeitsdauer der Eichung für Waagen unter 3000 kg Höchstlast beträgt 2 Jahre, für Waagen von 3000 kg und darüber 3 Jahre. Nach einer Instandsetzung wichtiger Teile der Waage (z. B. an Schneiden, Pfannen, bei Veränderung an der Kerbeneinteilung des Laufgewichtsbalkens oder am Laufgewicht und an den Schaltgewichten) oder nach der Erneuerung wesentlicher Teile muß die Waage vorzeitig nachgeeicht werden. Die Gültigkeitsdauer der Eichung ist durch die Instandsetzung vorzeitig beendet (s. § 3 Eichgültigkeitsdauer VO vom 19. 11. 1971, BGBl. I, S. 1803).

Bei Zweifeln über die Brauchbarkeit der Waage kann man Vergleichswägungen auf einer erst kurze Zeit vorher geeichten Waage unter Benutzung einer der Höchstlast der zu prüfenden Waage entsprechenden Last vornehmen. Sollten sich Differenzen ergeben, so empfiehlt es sich, einen Fachmann (Waagenbauer) zu Rate zu ziehen oder eine Nachprüfung der Waage durch das zuständige Eichamt zu veranlassen (Befundprüfung).

Bei Wägestücken beträgt die Gültigkeitsdauer der Eichung 2 Jahre. Die Eichung verliert jedoch schon früher ihre Gültigkeit, wenn die Wägestücke offensichtlich beschädigt sind oder beim Vergleich mit Wägestücken der gleichen Größe unzulässige Abweichungen vom Sollgewicht zeigen.

1.1.4 Wägevorgang

Nullstellen der Waage (früher Tarieren genannt). Vor Beginn jeder Wägetätigkeit muß festgestellt werden, ob die Waage ohne Last genau auf Null einspielt oder ob bei Neigungswaagen der Zeiger auf Null steht. Dabei dürfen bei Balkenwaagen oder Dezimal-und Zentesimalwaagen natürlich keine Wägestücke auf den Schalen stehen, und das Hilfslaufgewicht, soweit es diese Waagen besitzen, muß in die Nullage zurückgebracht sein. Entsprechendes gilt für die Lauf- und Schaltgewichte bei Laufgewichts- und Schaltgewichtswaagen. Schwingende Schalen sind vor dem Nullstellen zur Ruhe zu bringen. Waagen, die ein Lot, eine Libelle oder eine Wasserwaage besitzen, müssen zuvor nach diesen ausgerichtet werden. Eine gegebenenfalls vorhandene Entlastungseinrichtung (Feststelleinrichtung) ist vorher mehrmals zu betätigen (jedoch nicht ruckweise oder schlagartig). Sie darf nicht in Zwischenstellungen stehenbleiben, sondern muß stets in die Endstellung gebracht werden. Ein Zurückschlagen der Kurbel oder des Entlastungshebels kann zu Verletzungen der wägenden Person führen.

Als Nullstelleinrichtungen, mit deren Hilfe die unbelastete Waage bei leerer Gewichtsschale bzw. bei Nullstellung der eingebauten Gewichte zum Einspielen zu bringen ist, dienen je nach den für die einzelnen Waagengattungen geltenden Vorschriften bestimmte Waagenteile. Die Nullstelleinrichtung wird ausgeführt als Berichtigungskammer mit Berichtigungsmaterial (Blei- oder Stahlschrot), als Schraubgewicht nach Art eines Laufgewichtes, als Ketten-Nullstelleinrichtung, als schraubbare Einrichtung zum Heben und Senken des Aufhängepunktes einer Feder, als verschiebbarer Gegenzeiger (bei Waagen mit verschiebbarer Skala) oder als Stellwiderstand (bei elektromechanischen Waagen). Ausgleichsgewichte müssen feststellbar, dürfen aber nicht abnehmbar sein. Auf alle Fälle ist zu vermeiden, mit Klein-Wägestücken oder irgendwelchem anderen Material den Ausgleich unmittelbar auf den Schalen vorzunehmen. Die Waage ist erst dann richtig auf Null gestellt, wenn beim Schwingen des Waagebalkens das arithmetische Mittel zweier Ausschläge nach der einen Seite gleich dem dazwischenliegenden Ausschlag nach der anderen Seite über und unter dem festen Gegenzeiger ist oder die Zeiger einspielen (Zeiger nicht festhalten!). Bei Neigungswaagen muß der Zeiger auf Null einspielen; bei Waagen mit Ausgleichsgewichten sind die Schrauben an den letzteren nach dem Nullstellen fest anzuziehen. Nichtbeachtung dieser Hinweise führt zu falschen Wägungen.

Durchführen der Wägung. Jede Waage darf nur bis zu ihrer zugelassenen Höchstlast belastet werden. Diese Höchstlast ist auf dem Waagebalken bzw. auf dem verdeckenden Gehäuse oder auf einem durch Stempelung gesicherten Schild und bei Neigungswaagen auf der Skala angegeben. Eine Überlastung führt zu Schädigungen und ergibt Fehlwägungen. Auf großen Waagen sollen, um den relativen Fehler des Wägeergebnisses in den zulässigen Grenzen zu halten, nicht zu kleine Lasten gewogen werden. Das Gewicht des zu wägenden Gutes muß im richtigen Verhältnis zur Höchstlast stehen, d. h. es sollte nicht unter 5% der Höchstlast liegen. Nur dann, wenn keine andere geeichte Waage zur Verfügung steht, kann man ausnahmsweise bis zu 2,5% der Höchstlast heruntergehen.

Die *Gewichtsbestimmung* ist auf mindestens 1/1000 der jeweiligen Last genau durchzuführen; Zuschläge wie Abschläge sind unstatthaft. Der Probenehmer hat die Wägeergebnisse in ein Buch einzutragen, um ggf. gegen Einsprüche gesichert zu sein.

Beim Wägen von Ware *in Behältern* muß das Gewicht dieser laufend benutzten Behälter durch Zusetzen von Gewichtsstücken oder durch Taralaufgewichte ausgeglichen werden; auf das sorgfältige Entleeren der Behälter ist jeweils zu achten. Am sichersten ist es, die Behälter nicht vor der Füllung, sondern nach der Entleerung zu wägen und so das Taragewicht festzustellen.

Zum *Schluß einer Wägung* wird die Waage entlastet, falls eine Entlastungsvorrichtung vorhanden ist, sonst nur der Gewichtshebel festgestellt und dann erst bei Brückenwaagen die Abfahrt freigegeben. Man reinigt die Brücke, prüft die Sauberkeit des Spaltes und stellt die Waage vor dem nächsten Gebrauch wieder auf Null.

Um *Fehler beim Wägen* zu vermeiden, ist weiter noch folgendes zu beachten: Bei Dezimal- und Zentesimalwaagen darf man die Wägestücke nicht auf die Schalen werfen, sondern muß sie vorsichtig aufsetzen. Man nimmt die Berechnung des Gewichtes vor, solange die Wägestücke noch auf der Schale stehen.

Bei Laufgewichtswaagen soll das Laufgewicht nicht ruckartig verschoben werden. Falls bei der Waage Kerbenschutz vorhanden ist, darf der Kerbzahn auf der Skala nicht schleifen, sondern muß sorgfältig ausgehoben werden und nach der Einstellung des Laufgewichtes *in der Kerbe, nicht daneben* sitzen. Nebenskalen sind auf die Teilstriche einzustellen. Fremde lose Gegenstände haben vom Lauf- oder Ausgleichsgewicht fernzubleiben. Bei Schaltgewichtswaagen dürfen die

Schaltgewichte nicht ruckartig ein- oder ausgeschaltet werden; die Schalthebel sind zum einwandfreien Schalten der Gewichte richtig in die Rasten zu stellen.

Bei Fahrzeugwaagen soll das Fahrzeug die Brücke möglichst in der Längsrichtung befahren und auf der Brücke nicht wenden; unnötige Stöße beim Auffahren sind zu vermeiden. Bei Waagen mit Entlastungseinrichtung muß die Brücke vor dem Auf- und Abfahren des Fahrzeugs entlastet und der Waagebalken festgestellt sein; letzteres hat auch bei Waagen ohne Entlastungseinrichtung zu geschehen. Man hat dafür Sorge zu tragen, daß sich der Schwerpunkt des Fahrzeugs mit der Last möglichst über der Brückenmitte befindet, daß auf oder unmittelbar hinter Gleiswaagen keine Hemmschuhe zum Festhalten der Fahrzeuge verwendet werden und daß die Wagen entkuppelt worden sind, weil durch Zug oder Druck Falschwägungen entstehen können. Aus dem gleichen Grunde sind Zugmaschinen abzukoppeln.

Nicht zur Last gehörende Gegenstände wie Kanister mit Betriebsstoff usw. sind vor der Ermittlung des Bruttogewichtes zu entfernen, damit sie später bei der Tarawägung nicht durch zufälliges oder absichtliches Fehlen das Nettogewicht beeinflussen können. Der Treibstofftank bei Kraftfahrzeugen muß bei der Brutto- und Tarawägung gleich hoch gefüllt sein; daher ist es empfehlenswert, beide Wägungen rasch hintereinander vorzunehmen.

Besonders achtsam muß man beim Wägen von Waggonladungen verfahren. Sind offene Eisenbahnwagen mit Planen bedeckt, so müssen diese abgenommen werden, denn sie bilden häufig Vertiefungen, in denen sich bei Regenfällen beträchtliche Wassermengen ansammeln können. Ferner wird auf die Beeinträchtigung durch Wind und Temperatureinflüsse hingewiesen. Bei Ermittlung des Nettogewichtes darf das aufgemalte Taragewicht des Wagens nicht unkontrolliert in die Berechnung eingesetzt werden, da während der Fahrt Reparaturen oder dergleichen vorgenommen worden sein können, die eine Veränderung des ursprünglichen Wagengewichtes hervorrufen. Unstimmigkeiten zwischen Bahn- und Werkswägungen sind nicht selten auf das Einsetzen solcher unrichtigen Taragewichte zurückzuführen. Es empfiehlt sich, bei festgestellten Differenzen sofort die Bahn zu benachrichtigen.

Der Waagebalken muß bei Wägungen auf Brückenwaagen frei und ruhig spielen können; bleibt er plötzlich stehen, so ist dies meistens auf Klemmungen im Spalt zwischen Brücke und Umfassungsrahmen zurückzuführen; auch eine Beeinflussung durch Dritte ist nicht auszuschließen.

Literatur zu 1.1

Gesetz über das Meß- und Eichwesen (Eichgesetz) vom 11. 7. 1969.

Gesetz über Einheiten im Meßwesen vom 26. 6. 1970 (Einheitengesetz). Kommentar von A. Strecker, Braunschweig; Berlin: Deutscher Eichverlag, jetzt Braunschweig: Vieweg & Sohn GmbH 1970.

Eichordnung vom 14. 4. 1965, mit Änderungsverordnungen. Überarbeitete Neuausgabe 1973 in Vorbereitung.

Brocki, G.; Stiller, H.: Leitfaden für Wäger. Braunschweig: Erwin-Mundt-Verlag 1971. Auf der Grundlage der Wägeanweisung vom 1. 7. 1970.

Haeder, W.; Gärtner, E.: Handel und Wirtschaft und das „Einheitengesetz". Kommentar. Hrsg. vom Deutschen Normenausschuß. Berlin–Köln–Frankfurt: Beuth-Vertrieb GmbH 1971.

Hess, E.: Waagen, Bau und Verwendung. Berlin: Deutscher Eichverlag 1963, jetzt Braunschweig: Vieweg & Sohn GmbH.

Hess, E.: Feinwaagen. Band 5 der PTB-Prüfregeln. Braunschweig: Physikalisch-Technische Bundesanstalt 1970.

Padelt, E.; Damm, H.: Wägetechnik. Handbuch der Meßtechnik in der Betriebs kontrolle hrsg. von J. Stanck. Band II. Leipzig: Akad. Verlagsges. Geest & Portig 1970.

1.2 Dichtemessungen

In DIN 1306 (1971) ist die Dichte ϱ eines Stoffes definiert als der Quotient aus der Masse (Gewicht) und dem Volumen V:

$$\varrho = \frac{m}{V}.$$

Gesetzliche Einheiten der Dichte sind z. B.: g/cm³, g/ml, kg/dm³, kg/l, t/m³. Bei Dichteangaben sind der Zustand des Stoffes (Temperatur, Druck, Feuchtigkeit) und seine etwaige Vorbehandlung (Art der Lagerung) mit zu vermerken.

Die „Dichte" als physikalische Größe[1] wird auf das Volumen des Feststoffes allein, d. h. ohne Hohl- und Zwischenräume, bezogen; der hierfür früher gebrauchte spezielle Ausdruck „Reindichte" soll laut DIN 1306 nicht mehr verwendet werden. Ist der Stoff porös, faserig oder körnig, schließt also das Volumen neben dem Feststoff noch Hohlräume (Poren) ein, so ergibt der Quotient aus der Masse (Gewicht) und dem Volumen einschließlich Porenraum die „*Rohdichte*" des Stoffes. Schließlich kann der Stoff als „Haufwerk" noch Zwischenräume enthalten; wir ermitteln dann die „*Schüttdichte*" als Quotienten aus der Masse (Gewicht) und dem Volumen einschließlich Hohl- und Zwischenräume.

Verfahren zur Dichtebestimmung sind, nur wenig voneinander abweichend, angegeben in den Normblättern DIN 51050 Blatt 2, 51057, 51065 Blatt 1, die sich auf die Prüfung keramischer Roh- und Werkstoffe beziehen, und DIN 52102, das die Prüfung von Naturstein zum Gegenstand hat. Es ist daraus folgendes zu entnehmen, wobei hinsichtlich der Einzelheiten auf die betreffenden Normblätter verwiesen wird:

Die (*Rein-*)*Dichte* körniger und pulveriger Stoffe wird in DIN 51057 (1969) und von Naturstein in DIN 52102 (1965) nach dem Pyknometerverfahren auf etwa 0,01 g/cm³ genau bestimmt. Es wird von einer bis zur Gewichtskonstanz bei 110 °C getrockneten Probe (bei Naturstein von 2 kg) ausgegangen, die bei Schiedsuntersuchungen für 4 Einzelbestimmungen ausreichen muß. Zur Dichtebestimmung von Erzen und insbesondere von Salzen ist die Trocknungstemperatur auf den Charakter der Stoffe abzustellen.

Die Probe muß im allgemeinen auf eine Korngröße unter 0,063 mm zerkleinert werden, um die Poren genügend freizulegen. An besonderen Prüfgeräten sind erforderlich: ein Pyknometer von 25 ml (bei Naturstein 50 ml) Inhalt mit eingeschliffenem, mit einer Kapillarbohrung versehenen Glasstopfen, ohne Thermometer, sowie ein Thermostat zur Einhaltung einer Temperaturkonstanz von $2 \pm 0{,}2$ °C über Raumtemperatur.

Für die Belange der Probenahme sind vor allem die Roh- und die Schüttdichte[2] wichtig.

Die (Trocken-)*Rohdichte* läßt sich nach DIN 52102 (1965) auf etwa 0,01 g/cm³ ermitteln. Als Proben dienen regelmäßig oder unregelmäßig geformte Stücke des Materials. Es sind jeweils mindestens drei möglichst gleichartige Proben zu prüfen. Die Kanten geometrisch einfach geformter Proben (Würfel, Prismen, Zylinder) sollen mindestens 40 mm lang sein. Das Gewicht der bis zur Gewichtskonstanz

---

[1] Es wird in den einschlägigen Normen empfohlen, statt des „spezifischen Gewichtes" oder der „Wichte", die als abhängig von der örtlichen Fallbeschleunigung (s. a. 1.1.1, Fußnote 1) definiert werden, nur noch den Begriff „Dichte" zu verwenden.

[2] In früheren Normen und deshalb auch in der 1. Auflage dieses Buches wird an Stelle dieser Bezeichnung vom „Raumgewicht" bzw. vom „Raummetergewicht" oder „Schüttraumgewicht" gesprochen. — In der englischen Sprache wird unterschieden: (true)density (Dichte); bulk density (Rohdichte); density of charged material (Schüttdichte.)

getrockneten Probe wird durch Wägen auf 0,1% und ihr Volumen durch Ausmessen mittels Schieblehre mit etwa 0,25% Genauigkeit festgestellt.

Unregelmäßig geformte Proben sollen bei Anwendung des Auftriebsverfahrens jeweils ein Volumen von mindestens 50 cm^3 und beim Flüssigkeitsverdrängungsverfahren von mindestens 100 cm^3 haben. Auch hier wird zunächst das Trockengewicht der Probe bestimmt. Beim Auftriebsverfahren wird zur Feststellung des Volumens die Probe 24 h in Wasser oder einem anderen flüssigen Medium gelagert und, auf diese Weise wasser- bzw. flüssigkeitsgesättigt zunächst an Luft und dann in der Flüssigkeit mittels einer hydrostatischen Waage jeweils mit einer Genauigkeit von $\pm 0{,}05$ g gewogen. Die Differenz beider Wägungen in Gramm entspricht dem Volumen der Probe in Kubikzentimetern unter Berücksichtigung der Dichte der Flüssigkeit. Beim Flüssigkeitsverdrängungsverfahren wird die mit Flüssigkeit gesättigte Probe in ein geeichtes, mit der Meßflüssigkeit gefülltes Gefäß mit einem Skalenwert von 0,1 ml getaucht. Die von der Probe verdrängte Flüssigkeit in Millilitern entspricht dem Volumen der Probe in Kubikzentimetern.

Die Bestimmung der *Schüttdichte*[1] erfolgt bei pulverförmigen Stoffen durch loses Einlaufen oder durch Einrütteln in ein Meßgerät. Man läßt im ersteren Fall das Material über eine um 45° geneigte, 49 cm lange Ebene in ein zweckmäßig 15 cm hohes, zylindrisches Litermaß von bekanntem oder festzustellendem Leergewicht einlaufen und wägt nach Abstreichen des überstehenden Materials. Der Unterschied der Gewichte des gefüllten und des leeren Litermaßes ergibt die Schüttdichte „eingelaufen" in kg/l (kg/dm^3). Das Litermaß darf während der Arbeit nicht aufgestoßen werden.

Um die Schüttdichte „eingerüttelt" zu erhalten, wird das Pulver in Mengen von jeweils 150 g in das Litermaß eingerüttelt. Das Maß wird dabei dauernd aufgestoßen und so viel Material nachgefüllt, bis ein Druck mit dem Daumen auf das eingerüttelte Material keinen Eindruck mehr hinterläßt. Auf diese Weise wird ein starkes Zusammensacken hervorgerufen, so daß das in das Litermaß „eingerüttelte" Gewicht das „eingelaufene" wesentlich übersteigt[2].

Bei stückigem Material geschieht die Bestimmung der Schüttdichte nach den Prüfverfahren für Naturstein in DIN 52110 (1935)[3]. Man verwendet verschiedene Meßgefäße, deren Inhalt sich nach der Korngröße des Materials zu richten hat:

1 l für eine Körnung bis	7 mm
5 l für eine Körnung über	7 bis 30 mm
10 l für eine Körnung über	30 mm.

Das Material wird eingefüllt, abgestrichen und die abgemessene Menge gewogen. Das Mittel aus 3 Bestimmungen ergibt nach Umrechnung die gewünschte Schüttdichte in t/m^3, auf 1/100 gerundet. Bei grobstückigem Material (Erz und Schrott) empfiehlt sich die Verwendung größerer Gefäße von etwa 1 m^3 Inhalt.

---

[1] Chem. Ztg. 82 (1958) 108ff.

[2] Ein von der Baukalk-Industrie eingeführter „Schüttgewichtsbecher" nach Böhme sowie das „Stampfvolumeter JEL ST 2" der Firma J. Engelmann, Ludwigshafen, erleichtern die beschriebenen Bestimmungen der Schüttdichte bei pulverförmigen Stoffen. (Beschreibung s. den von der Alpine AG, Augsburg, herausgegebenen Leitfaden „Feinheitsbestimmungen an technischen Stäuben" von O. Lauer, S. 101) — Für die Prüfung von Pigmenten und anderen pulverförmigen und granulierten Erzeugnissen ist die Bestimmung des „Stampfvolumeters" und der „Stampfdichte" in DIN 53194 (1967) genormt.

[3] Eine Neubearbeitung von DIN 52110 ist z. Z. in Aussicht genommen.

1.3 Schiffseiche

Die Errechnung der gelöschten oder übergenommenen Ladungsmenge bzw. deren Gewichts kann selbst mit wenigen Daten für Schiffe jeglicher Größe und Form vorgenommen werden. Auf jedem Schiff wird sich ein Lastenmaßstab befinden, von der Werft erarbeitet und berechnet und von Klassifikations- und Versicherungsgesellschaften gefordert.

Aus diesem Lastenmaßstab sind weitere Angaben über Verdrängung (displacement) und Tragfähigkeit (deadweight) in metrischen (1000 kg) oder Long-Tonnen (1016 kg) zu ersehen, auf Seewasser (Dichte bei 15 °C = 59 °F: 1,0252) bezogen, sofern nichts anderes erwähnt (bei Binnenschiffen auf 1,000). Der Lastenmaßstab wird ferner enthalten: Tiefertauchung bzw. Austauchung (emersion) für 1 cm/1 Zoll in metrischen oder Long-Tonnen bei der gleichen Dichte und das E. T. M. = Einheitstrimmoment für eine Gesamttrimmänderung (Tiefertauchung und Vertrimmung).

Nach dem Archimedischen Prinzip taucht der Schiffskörper so tief in das Wasser ein, daß der Auftrieb gleich seinem Gewicht ist.

Das Gewicht des gesamten Schiffes setzt sich aus Eigengewicht, Ladung, Bunker, Frisch- und Ballastwasser, Ausrüstung, Besatzung, Proviant usw. zusammen, wobei die letzten drei Positionen zur Vereinfachung „Konstanten" (constants) genannt werden und von der Schiffsleitung angegeben werden müssen. In der Angabe über die Konstanten sind natürlich auch unbekannte Größen wie zirkulierende Flüssigkeiten in den Rohrsystemen, Bilgenwasser, Stauholz und dergleichen eingeschlossen, die ohne Zweifel Fehlerquellen enthalten.

Im voraus sei hier eine Kontrolle genannt, um die Richtigkeit dieser schiffsseitigen Angaben zu prüfen: Die Tragfähigkeit in metrischen Tonnen eines leeren Schiffes muß gleich der Summe der an Bord befindlichen Gewichte sein, also Bunker, Frisch- und Ballastwasser, Konstanten usw.; stimmen diese Gewichte nicht mit der Tragfähigkeit überein, ist zweifellos der Fehler in der Angabe der Konstanten zu suchen.

Die Bestimmung der Tragfähigkeit bzw. der Verdrängung eines Schiffes in ruhigem Wasser ist im Beladungszustand, dann zumeist auf ebenem Kiele liegend — das ist bei Ankunft im Löschhafen der Idealfall —, ohne Probleme. Nach Bestimmung der augenblicklichen Wasserdichte und Wassertemperatur wird der Tiefgang des Schiffes an den Ahmingen, d.i. den Tiefgangsmarken, und mittschiffs an Steuerbord- und Backbord-Seite genauestens abgelesen, die Werte werden gemittelt:

$$(V\,\text{Stb.} + V\,\text{Bb.}):2 = V\text{m}$$

$$(H\,\text{Stb.} + H\,\text{Bb.}):2 = H\text{m} \qquad \frac{V\text{m} + H\text{m}}{2} = \underline{M\,1}$$

$$(M\,\text{Stb.} + M\,\text{Bb.}):2 = M\text{m} \qquad = \underline{M\,2}$$

$$\frac{M1 + M2}{2} = \underline{M3}$$

$$\frac{M2 + M3}{2} = \underline{M4}$$

V = Tiefgang vorn; H = Tiefgang hinten; M = Tiefgang mittschiffs; Stb. = Steuerbord, Bb. = Backbord;

$M1$ = Mittel aus dem gemittelten vorderen und hinteren Tiefgang;

$M2$ = Mittel aus dem Mittschiffs-Tiefgang;

$M3$ = Mittel aus $M1 + M2$ (mean of mean draught);

$M4$ = Mittel aus $M2 + M3$ (double mean draught); angewandt zwecks Berücksichtigung und Ausschaltung kleinerer Werte für Vertrimmung (Abweichung des Schiffes von der Lage auf ebenem Kiel) und/oder Hog./Sag. (Verbiegung des Schiffes; s. auch unten unter 3).

Um eine möglichst genaue Bestimmung der Ladungsmenge überhaupt zu gewährleisten, müssen aber weitere Berichtigungen angebracht werden, sofern die hierzu erforderlichen Daten vorliegen (hydrostatisches Kurvenblatt):

1. Berichtigung für die Entfernung der Ahminge von den Loten an Vor- und Hintersteven (stern and stem correction).

   Liegt das Schiff nicht auf ebenem Kiel, müssen die an den Ahmingen abgelesenen Tiefgänge auf die Lote beschickt werden, wenn nicht Lote und Ahminge zusammenfallen. Die Größe dieser Berichtigungen hängt von der Entfernung Ahminge-Lot und zusätzlich von der Trimmlage des Schiffes ab. Die Länge und der Rechnungswert müssen Werftunterlagen entnommen werden.

2. Berichtigung für die Verschiebung des Wasserlinienschwerpunktes bei Vertrimmung des Schiffes (L. C. F. correction = length of centre of floatation, in Verbindung mit dem Trimm (der richtigen Schwimmlage) des Schiffes).

   Ist das Schiff vertrimmt, d. h. vorderliche oder achterliche Trimmlage, so entspricht das Volumen seines Verdrängungskörpers nicht dem Volumen des Lastenmaßstabes, entnommen mit dem Mittel aus den Tiefgangsablesungen vorn und hinten. Durch das einfache Mitteln beider Tiefgänge wird bei Entnahme der Verdrängung oder Tragfähigkeit aus dem Lastenmaßstab ein Fehler gemacht. Die Größe des Fehlers hängt von der jeweiligen Form und der Vertrimmung des Schiffes ab. — Es ist darauf zu achten, daß für die Berechnung dieser Berichtigung der berichtigte mittlere Tiefgang und der sich daraus ergebende neue Trimm berücksichtigt werden.

3. Berichtigung für die Durchbiegung des Schiffes (deflection), bestehend aus Hog./Sag., d. h. bei Hog. ist $M1$ größer als $M2$, bzw. bei Sag. ist $M2$ größer als $M1$).

   Bei einem durchgebogenen Schiff kommt dem mittschiffs abgelesenen Tiefgang ein größerer Anteil des eingetauchten Schiffskörpers zu (Sag.) oder den vorn und hinten abgelesenen und gemittelten Tiefgängen (Hog.). Um diesen Fehler zu korrigieren, wird zu $M3$ (mean of mean draught) noch einmal $M2$ (mittlerer Mittschiffs-Tiefgang) addiert, das heißt, algebraisch ist der Wert der Berichtigung bei Hog. zu subtrahieren ($M1-M2$) bzw. bei Sag. zu addieren ($M2-M1$) oder vereinfacht zu ermitteln:

   $$\frac{(6\times M2 + V\mathrm{m} + H\mathrm{m})}{8}$$

   Wichtig auch für diese Berechnung der Berichtigung sind die unter 2 korrigierten Werte der Tiefgänge.

1.4 Ermittlung des Bezugsgewichtes bei Massengütern

1.4.1 Allgemeines

Bei praktisch allen Massengütern, die mit Seeschiffen, Flußschiffen, mit der Bahn oder mit Lkw angeliefert werden, erfolgt eine Gewichtsermittlung im Anlieferungszustand, die meistens mit dem Entladevorgang gekoppelt ist und das „Netto-Naßgewicht" (= Anlieferungsgewicht = Eingangsgewicht) ergibt.

Zur selben Zeit müssen dem Material in der Regel Proben für Nässebestimmungen entnommen werden, weil nur so eine einwandfreie Ermittlung des „Trockengewichtes" (zumeist entsprechend Bezugsgewicht = Berechnungsgewicht) sichergestellt werden kann. Ursache dafür ist das in praktisch allen Materialien vorhandene Wasser — üblicherweise als Nässe- bzw. Feuchtigkeitsgehalt definiert —, dessen Menge sich während einer Lagerung durch Witterungs- und andere Einflüsse verändert. Die Feuchtigkeit kann von Natur aus in dem betreffenden Material enthalten sein, z. B. bei Erzen, sie kann aber auch Folge technischer Verfahrensschritte sein, z. B. bei Erzkonzentraten und Schlämmen.

Die kaufmännische Bewertung erfordert für jede Partie bzw. jedes Los ein eindeutig definiertes, konstantes Bezugsgewicht, aus dem sich durch Multiplikation mit dem analytisch gefundenen Metallgehalt der vorhandene und zu bezahlende Metallinhalt ergibt. Als derartiges Bezugsgewicht gilt in der Regel das „Netto-Trockengewicht".

Die entscheidende Forderung an den Zustand des betreffenden Materials, der dem Bezugsgewicht zugeordnet ist, lautet: er muß konstant und reproduzierbar sein. Das ist notwendig, weil die analytischen Bestimmungen oft erst viel später an analysenfertig präparierten Proben ausgeführt werden können und sich diese Proben bei der analytischen Einwaage genau in demselben „Trockenzustand" befinden müssen, auf den sich das Bezugsgewicht bezieht.

In vielen Fällen läßt sich ein reproduzierbarer Zustand durch Trocknen bei einer bestimmten festgesetzten Temperatur bis zur Gewichtskonstanz erreichen. Ist das jedoch nicht möglich, wie z. B. bei Materialien mit teils flüchtigen organischen Beimengungen, so kann das Glühen des Materials bei einer bestimmten festgelegten Temperatur bis zur Gewichtskonstanz zum Erfolg führen. Kristallwasserhaltige Salze, z. B. $NiSO_4 \cdot 7\,H_2O$ oder $CuSO_4 \cdot 5\,H_2O$, können nicht bei 105 °C getrocknet werden, weil die Hydrate bereits teilweise abgebaut werden. In solchen Fällen verwendet man das Eingangsgewicht als Bezugsgewicht, verschließt die Proben luftdicht und versieht sie mit dem Aufdruck „Analysenfertige Probe, nicht nachtrocknen".

Entscheidend für die Richtigkeit des Bezugsgewichtes ist also nicht der Zustand einer absoluten Trockenheit der Materialien, sondern vielmehr die exakte Übereinstimmung der bei der Bezugsgewichtsermittlung und der analytischen Metallgehaltsbestimmung zugrundeliegenden Trocknungszustände ein und desselben Materials.

In jedem Fall kann nur dann ein richtiges Bezugsgewicht ermittelt werden, wenn sich das betreffende Material zwischen der Eingangsverwiegung und der Einwaage zur Nässe- oder Glühverlustbestimmung nicht verändert. Im Idealfall müßte demnach beides gleichzeitig erfolgen. In der Praxis bedeutet das: Die Nässe- bzw. Glühverlustbestimmung muß unmittelbar nach der Eingangsgewichtsermittlung durchgeführt werden. Die Nässeprobe muß aber auch repräsentativ für die Gesamt- oder eine bestimmte Teilmenge sein, d. h. alle Teile der Ladung müssen erfaßt werden.

1.4.2 Nässebestimmungen

Entnahme der Nässeproben

Grundsätzlich gibt es drei Verfahren zur Entnahme von Nässeproben:

a) die gesamte Rohprobe dient als Nässeprobe;
b) ein Teil der Rohprobe wird als Nässeprobe verwendet;
c) neben der Rohprobe wird eine besondere Nässeprobe gezogen.

Die Rohprobe umfaßt stets einen angemessenen Prozentsatz des zu probenden Materials, der sich nach dem Wert, der Korngröße und dem Grad der Inhomogenität richtet. Sie ist als Ganzes auch zur Nässebestimmung geeignet, wenn Nässeveränderungen vor dem Trocknen vermieden werden können. Im allgemeinen ist ihre Menge so groß, daß die Kapazität der üblichen Trockenanlagen nicht ausreicht.

Diese Methode — häufig „naß = richtig" genannt — wird in der Praxis in erster Linie auch nur bei wertvollen Materialien, z. B. bei homogenen edelmetallreichen Präzipitaten oder bei relativ kleinen Rohprobemengen, wie sie z. B. bei Stecherproben aus Säcken anfallen, angewendet.

Bei großen Probemengen muß die Nässeprobe aus der Rohprobe entnommen werden. Dazu sind ggf. umfangreiche Zerkleinerungs- und Verjüngungsarbeiten erforderlich, ehe die Probemenge auf das zur Nässebestimmung geeignete Maß reduziert worden ist, wobei Verfälschungen des Nässegehaltes durch die Verwendung geeigneter Geräte ausgeschlossen werden müssen. Diese Methode wird z. B. bei Erzkonzentraten angewendet.

Eine gesondert gezogene Nässeprobe umfaßt stets einen geringeren Prozentsatz als die Rohprobe, damit sie möglichst schnell bearbeitet werden kann. Andererseits ist mit dem im Vergleich zur Rohprobe geringeren Prozentsatz zwangsweise eine größere Unsicherheit bei der Nässebestimmung verbunden. Man wendet diese Methode in erster Linie bei Materialien mit nur geringen Nässegehalten an, wie z. B. Erzen, Steinen, Speisen und Schlacken.

Welche der drei genannten Methoden zur Nässebestimmung bei einer bestimmten Menge eines Materials, das in verpackter oder unverpackter Form angeliefert wird, zur Anwendung gelangt, muß von Fall zu Fall geprüft und entschieden werden.

In jedem Fall müssen dicht verschließbare Probengefäße (z. B. Eimer mit Deckeln) benutzt werden, um Nässeverluste durch Verdunstung bzw. Nässeerhöhung durch Regen oder Schnee zu vermeiden.

Bearbeitung der Nässeproben vor der Nässebestimmung

Nässeprobenahme und Probenvorbereitung müssen in allen Fällen in möglichst kurzer Zeit vorgenommen werden. Für die Probenvorbereitung eignet sich am besten ein kühler, nicht von der Sonne bestrahlter, ungeheizter Raum mit geschlossenen Fenstern und Türen und einem Fußboden aus dicht aneinanderliegenden Eisenplatten.

Eine Erwärmung des Probegutes darf weder bei der Zerkleinerung noch bei der Verjüngung erfolgen; deshalb scheiden alle Bearbeitungsgeräte, bei denen das Material durch Drehbewegungen oder Schleifen zerkleinert wird, als ungeeignet aus. Es ist zweckmäßig, sich durch Nässebestimmungen der Proben vor und nach jedem Verarbeitungsschritt zu vergewissern, daß die Probenteilungsfehler bezüglich der Nässegehalte auf einem vertretbaren Minimum bleiben. Wenn das nicht der Fall ist, müssen andere Aufbereitungsmethoden angewendet werden, welche diese Forderung erfüllen.

Erfahrungsgemäß bestehen zwischen der zu trocknenden Menge und der zugehörigen maximalen Korngröße folgende *Richtlinien*: Bei 5-kg-Einwaagen soll die maximale Korngröße 15 mm nicht übersteigen und bei 20-kg-Einwaagen braucht die Zerkleinerung nur bis zu einer maximalen Korngröße von 50 mm zu gehen. Man verfährt dabei so, daß man nach erfolgter Zerkleinerung auf 15 (50) mm aus dem ausgebreiteten Probenmaterial zwei gegenüberliegende Sektoren, deren Gesamtgewicht etwa 20 (100) kg beträgt, entnimmt. Diese Menge wird gekegelt und flach ausgebreitet. Aus ihr werden die 5 (20)-kg-Einwaagen mit Hilfe von

Schaufeln entnommen. Diese Richtlinien sind auf andere Einwaagen als 5 bzw. 20 kg sinnentsprechend zu übertragen.

Durchführung der Nässebestimmungen

Als Gefäße, in denen die Proben getrocknet werden, verwendet man flache Schalen aus nichtrostendem Stahl oder emailliertem Eisenblech, am besten aber aus Kunststoff (Polyäthylen, glasfaserverstärkt). Für säurehaltige Materialien werden außer Kunststoff- auch Porzellanschalen benutzt. Alle Schalen sollen mit Bezeichnungen (Nummern) versehen sein, um Verwechslungen zu vermeiden. Die Verwiegung vor und nach der Nässebestimmung muß stets mit derselben Waage und ggf. mit demselben Wägestück-Satz vorgenommen werden.

Die Schalen mit den zu trocknenden Materialien werden nach der Einwaage (auf 1 g genau, wobei es weder erforderlich noch sinnvoll ist, bei der Einwaage auf glatte Gewichte zu kommen) in Trockenschränke eingesetzt, die das Einstellen einer bestimmten Trocknungstemperatur mit Hilfe eines eingebauten Thermostaten gestatten. Heute werden allgemein elektrisch beheizte Trockenschränke benutzt, die gegenüber dampf- oder gasbeheizten Schränken eine bessere Temperaturkonstanz (etwa ± 5 °C) aufweisen. Bei den relativ großen Materialmengen, die in einem solchen Trockenschrank getrocknet werden müssen, und den damit verbundenen beachtlichen Wassermengen sind Schränke mit künstlicher Belüftung am günstigsten. Bei ihnen besorgt ein Ventilator das Abführen der mit Wasserdampf angereicherten Luft, wodurch die Trocknungszeiten verringert werden.

In Ausnahmefällen müssen elektrisch beheizte Vakuumtrockenschränke zur Anwendung kommen (Kohlenkies). Das Trocknen über der freien Flamme hingegen muß vermieden werden, weil dabei örtliche Überhitzungen oder Substanzverluste durch Verspritzen eintreten können.

Die bereits genannte Menge von 5 kg als übliche Einwaage für die Trocknung stellt einen vernünftigen Kompromiß zwischen der Forderung nach einer möglichst großen Materialmenge und einem vertretbaren apparativen Aufwand dar. Es werden aber auch größere und kleinere Mengen getrocknet. Bei feinem Material soll die Schichthöhe des zu trocknenden Gutes 30 mm nicht überschreiten. Ein Umrühren während und nach dem Trocknen führt zu Staubverlusten.

Grundsätzlich sind alle Nässebestimmungen mindestens doppelt und bis zur Gewichtskonstanz auszuführen. Die erforderlichen Trocknungszeiten sind von Material zu Material verschieden. Zur Prüfung, ob die Gewichtskonstanz erreicht ist, muß immer ein Nachtrocknen erfolgen. Lediglich bei wohlbekannten Materialien, die seit langer Zeit in gleichbleibender Qualität bezogen werden, sind Vereinfachungen zulässig. Zahlreiche Erzkonzentrate werden z. B. nur einmal 24 h lang getrocknet und haben nach dieser Zeit mit Sicherheit Gewichtskonstanz erreicht, andere Materialien, wie z. B. Schlämme oder Präzipitate, erfordern hingegen eine 48stündige Trocknungszeit. Bei allen neu bezogenen, unbekannten Materialien ist immer nachzutrocknen. Die normale Trocknungstemperatur bei Erzen und ähnlichen Materialien beträgt 105 °C (Ausnahmen s. unter „Sonderfälle"). Das Auswägen erfolgt mit wenigen Ausnahmen nach dem Abkühlen der getrockneten Proben auf Zimmertemperatur an der Luft.

Die Analysenprobe muß bei derselben Temperatur getrocknet sein, mit der bei der Nässebestimmung gearbeitet wurde. Ein vor der Einwaage notwendiges Nachtrocknen der Probe muß bei derselben Temperatur vorgenommen werden und ist auf der Probe und im Protokoll zu vermerken.

Sonderfälle

Metallblöcke, besonders Rohmetallblöcke, können Risse, Hohlräume und Krusten aufweisen und gelegentlich erhebliche Wassermengen enthalten. Ein Trocknen dieser Blöcke ist deshalb erforderlich.

Dazu werden die Blöcke mit Staplern in geeignete Kammeröfen oder auf Flachwagen in Tunnelöfen gefahren. Durch Beheizen mit Gas oder elektrischem Strom werden Temperaturen bis zu maximal 200 °C eingestellt. Die Temperatur wird so gewählt, daß einerseits das Wasser vollständig ausgetrieben und andererseits noch keine Oxidation des Metalls verursacht wird. Die Trocknungszeiten hängen von der Blockgröße ab. Normalerweise kommt man mit etwa 30 h einschließlich Aufheizen und Abkühlen aus.

Nasses Material aus Seeschiffen. Bei Seeschiffsladungen von Massengütern wie Erzen und Erzkonzentraten erfolgt für die Nässebestimmung stets eine Unterteilung in eine Anzahl von Losen. Die Losgröße richtet sich dabei nach der Homogenität und dem Wert des betreffenden Materials und liegt im allgemeinen zwischen 100 und 500 t. Sollen Teile der Ladung durch eingedrungenes Seewasser wesentlich nasser sein als das übrige Material, so müssen diese als besonderes Los behandelt werden, auch dann, wenn es sich um eine relativ geringe Menge handelt.

Materialien mit metallischen Anteilen. Die Ermittlung des Bezugsgewichts erfolgt, soweit es sich nicht um hygroskopisches Material handelt, wie bei Erzen.

Sulfidische Materialien. Bei sulfidischen Materialien kann bereits durch längeres Trocknen bei 105 °C eine Oxidation (Sulfatisierung) eintreten. Dieser Vorgang äußert sich in der Weise, daß zwar zunächst eine Gewichtsverringerung beim Trocknen durch den Verlust von Wasser eintritt, später jedoch wieder eine Gewichtserhöhung infolge der Bindung von Sauerstoff. Deswegen werden hochschwefelhaltige Materialien wie z. B. Pyrit bei niedrigeren Temperaturen getrocknet (70 bis 90 °C), ggf. im Vakuum. Die Erniedrigung der Trocknungstemperatur ist jedoch nur bei einem Teil der gehandelten sulfidischen Stoffe erforderlich.

Mehrstufiges Trocknen. Bei besonders feuchten Materialien, die sich nicht direkt zu einer Naßeinwaage verarbeiten lassen, trocknet man zunächst eine größere Probe (bis zu 100 kg) vor, wobei der Gewichtsverlust in Rechnung gestellt werden muß. Nach der Bearbeitung durch Stampfen und Verjüngen erfolgt dann die normale Nässebestimmung in der zweiten Stufe. Die Gesamtnässe errechnet sich aus beiden Trocknungsvorgängen.

Säurehaltige Materialien. Für Materialien, die freie Schwefelsäure enthalten, reicht die normale Trocknungstemperatur von 105 °C nicht aus. Vielmehr ist eine Erwärmung auf etwa 350 °C (Siedepunktsmaximum der Schwefelsäure: 338 °C) erforderlich, die mit den üblichen Trockenschränken nicht mehr erreichbar ist. Man arbeitet deswegen vielfach mit Sandbädern. Zur Prüfung, ob noch Schwefelsäuredämpfe entweichen, hält man ein mit Ammoniak-Lösung getränktes Stück Filterpapier über die Probe. Tritt keine Nebelbildung mehr auf, so ist der Trocknungsvorgang beendet. Wesentlich höhere Temperaturen als 350 °C müssen vermieden werden, weil sonst bereits eine SO_3-Abspaltung aus Sulfaten erfolgen kann, z. B. bei Fe(III)-sulfat oberhalb 400 °C.

Säurehaltige Materialien mit leichtflüchtigen Bestandteilen. Das Trocknen bei höheren Temperaturen verbietet sich, wenn die Materialien außer Schwefelsäure auch noch leichtflüchtige Bestandteile enthalten, z. B. Arsen-, Selen- oder Quecksilberverbindungen und Metallchloride, die laut Kaufvertrag positiv (Bezahlungsbestandteile) oder negativ (Strafbestandteile) bewertet werden. In solchen Fällen neutralisiert man die Säure mit wasserfreier Soda, bevor das Trocknen bei der normalen Trocknungstemperatur von 105 °C durchgeführt wird. Die zuzusetzende Sodamenge richtet sich nach dem Säuregehalt des Materials. Während des Trocknens erfolgt ein Gewichtsverlust, der auf das ursprünglich vorhandene und das bei der Neutralisation entstandene Wasser zurückzuführen ist, außerdem auch auf das abgegebene Kohlendioxid. Aus dem Gewichtsverhältnis der getrockneten Menge zur ursprünglichen Einwaage an Originalmaterial errechnet sich der auf den Analysenproben anzuführende Prozentsatz für die analytischen Bestimmungen. Dabei ist das Eingangsgewicht gleich dem Bezugs- oder dem Berechnungsgewicht.

Es ist zwar auch möglich, die Nässe des Originalmaterials zu errechnen und damit ein Trockengewicht als Bezugsgewicht zu erhalten, jedoch muß zusätzlich eine CO_2-Bestimmung im getrockneten Material vorgenommen werden, um den nicht umgesetzten Anteil Soda zu kennen und die erforderlichen Berechnungen ausführen zu können. Wegen der Ungenauigkeiten und Fehlermöglichkeiten bei den Berechnungen wird die erste Methode (Eingangsgewicht = Bezugsgewicht) durchgeführt.

Andere Verfahren zur Nässebestimmung

Die Bestimmung des Wassers ist prinzipiell nach einer ganzen Reihe physikalischer oder chemischer Verfahren möglich, z. B.:

DK-Messungen;
Messungen der Infrarotreflexion;
Ausschütteln mit Methanol und anschließende Dichtebestimmung des wasserhaltigen Methanols;
volumetrische Messung des Wassers nach Destillation zusammen mit einer mit Wasser nicht mischbaren Flüssigkeit, z. B. Xylol;
Titration mit Karl-Fischer-Lösung und elektrometrischer („deadstop") Endpunktsbestimmung;
Umsetzen mit Calciumhydrid und volumetrische Messung des Wasserstoffs;
Umsetzen mit Magnesiumnitrid und gravimetrische Bestimmung des entstandenen Ammoniaks nach dem Auffangen in Schwefelsäure;
Umsetzen mit Calciumcarbid und volumetrische Messung des Acetylens;
Umsetzen mit Calciumcarbid und Messen des Acetylendrucks („C-M-Gerät").

Alle diese für Wasser mehr oder weniger spezifischen Bestimmungsmethoden besitzen für die Ermittlung eines reproduzierbaren Bezugsgewichtes praktisch keine Bedeutung, weil sie zu umständlich und/oder unsicher sind. Das gilt auch für die Karl-Fischer-Methode, bei der Kristallwasser z. T. mit erfaßt wird und überdies Umsetzungen mit Metallionen, wie z. B. Cu^{2+}, erfolgen können, und auch für das C-M-Gerät, das allenfalls für annähernde Betriebsbestimmungen eingesetzt werden kann. Außerdem müßten alle Analysenproben vor der Analyse nach demselben Verfahren untersucht werden, was gleichfalls praktisch undurchführbar ist.

Verwendet werden hingegen manchmal spezielle Infrarot-Trockengeräte, die mit einer Waage versehen sind, an der die Nässeprozente direkt ablesbar sind. Bei ihnen muß darauf geachtet werden, daß keine Verkrustung oder Veränderung an der Oberfläche des zu trocknenden Gutes erfolgt.

1.4.3 Glühverlustbestimmung

Die Bestimmung des Glühverlustes geschieht nur dann, wenn eine normale Nässebestimmung nicht möglich ist, so bei Materialien mit organischen Beimengungen wie Öl, Fett, Holz, Lumpen, Putzwolle, Kunststoff usw.

Oft ist ein einwandfreies Verjüngen vor dem Glühen undurchführbar, so daß — verglichen mit den Nässeproben — relativ große Mengen — bis zu 1000 kg — eingesetzt werden müssen.

Der Glühvorgang hat zu Beginn sehr häufig den Charakter eines Abbrennens der organischen Stoffe. Endziel ist immer ein Material, das im Anschluß an den Glühvorgang nach den üblichen Zerkleinerungs- und Verjüngungsverfahren bis zur Analysenprobe weiterbearbeitet werden kann. Die Analysenproben selbst werden im Laboratorium vor der Ausführung der Analyse lediglich bei 105 °C nachgetrockent, um evtl. während der Bearbeitungs- und Lagerzeit aufgenommenes Wasser zu entfernen, also nicht nochmals geglüht.

Beachtet werden muß, daß beim Abbrennen und Glühen unvermeidliche Verluste an leichtflüchtigen Bestandteilen, z. B. Quecksilber-, Selen-, Arsenverbindungen und Metallchloriden, eintreten können.

Als Bezugsgewicht kann das Gewicht des geglühten Materials dienen (in Analogie zum „Trockengewicht"); man kann aber auch das Anlieferungsgewicht als Bezugsgewicht wählen und den Glühverlust im Probensatz anführen sowohl im Protokoll als auch auf den Tüten.

Zur Ausführung der „Glühverlustbestimmung" bringt man die Proben auf schwache Rotglut (600 bis 700 °C), bzw. brennt sie ab, bis die gesamten störenden Verunreinigungen verbrannt sind. Kleine Probemengen wägt man in eiserne Schalen — säurehaltige Materialien auch in Ton- oder Porzellanschalen — ein, die in einen geeigneten Ofen gestellt oder mit Gasflammen beheizt werden. Große Probenmengen können in eisernen, gasbefeuerten Kesseln in gleicher Weise behandelt werden. Das abschließende Auswägen erfolgt nach dem Abkühlen in noch handwarmem Zustand.

Den oben angeführten unvermeidlichen Verlusten an flüchtigen Materialien stehen in der Regel ebenso unvermeidliche Oxidationsvorgänge und damit Gewichtszunahmen gegenüber. Es ist immer zu beachten, daß — von Sonderfällen abgesehen — der ermittelte Glühverlust eine in der Regel unbekannte Kompensation von Gewichtsverlusten und -zunahmen beinhaltet. Die analytische Bewertung der nicht flüchtigen Substanzen wird, exakte Gewichtsermittlung vor und nach dem Glühen vorausgesetzt, dadurch nicht verfälscht. Eine analytische Bewertung der flüchtigen Substanzen (z. B. Metallchloride, Selen, Quecksilber, Arsen usw.) ist natürlich nach dem Glühen nicht mehr sinnvoll. Wenn das Material auf solche Bestandteile untersucht werden soll, ist es unvermeidlich, ungeglühte Stichproben im Anlieferungszustand zur Analyse heranzuziehen.

1.5 Ermittlung der Korngrößenverteilung und der mittleren Korngröße

Allgemeines

Die Kenntnis der Korngrößenzusammensetzung ist nicht nur für die Beurteilung eines Rohstoffes, sondern auch für die von Zwischenprodukten und Enderzeugnissen eines Verfahrens wichtig.

Die Korngrößenverteilung wird meist durch eine Siebanalyse ermittelt, soweit diese die Korngröße zu erfassen vermag. Dies hängt von der Maschenweite der Siebgewebe ab. Man stellt heute Siebe mit Öffnungen bis zu etwa 5 μm her. Wegen der Bedeutung der Prüfsiebung wurden die Prüfsiebgewebe in allen Industrieländern genormt. DIN 4188 Blatt 1 (1969) führt als feinstes Gewebe ein solches mit einer Maschenweite von 0,02 mm auf. Eine Feinheitsbestimmung unterhalb dieses Normgewebes erfolgt durch andere Verfahren wie die Sedimentations- oder Schlämmanalyse oder die Windsichtung.

Zur Bestimmung der Korngrößen, die unterhalb der Prüfsiebgrenze liegen, gibt es sowohl Naß- als auch Trockenverfahren. Sie sind nur für diese feinen Körnungen geeignet. Zu den Naßverfahren zählen die Sedimentationsanalyse (1.5.2) und die Schlämmverfahren (1.5.3). Beide ermitteln die Korngröße über die Fallgeschwindigkeit der Teilchen in einer Flüssigkeit, die dabei entweder ruht oder fließt. Die Trockenverfahren (Windsichtung, 1.5.4) bestimmen die Teilchengröße ebenfalls aus der Fallgeschwindigkeit, wie sie im Schwerefeld eintritt oder durch ein Zentrifugalfeld erzeugt wird. Die Berechnung erfolgt nach der Stokesschen Gleichung. Bei stofflich heterogener Zusammensetzung des Prüfgutes muß diese Berechnung für jede Komponente unter Einsatz von deren Dichte einzeln erfolgen. Der Mengenanteil der einzelnen Komponenten ergibt sich aus der anzuschließenden chemischen Analyse oder einem anderen stofflichen Bestimmungsverfahren.

Allen Verfahren ist gemeinsam, daß sie ein gegebenes Korngemisch, gebildet durch Teilchen verschiedener Größe, in Kornfraktionen aufgliedern, die wiederum Teilchen unterschiedlicher Größe enthalten, wobei jedoch der Größenunterschied zwischen gröbstem und feinstem Korn innerhalb der einzelnen Fraktion wesentlich geringer ist als im Korngemisch. Es ist praktisch nicht möglich, völlig gleichgroße Körner zu isolieren. Man erreicht lediglich eine Bildung von Kornklassen, auch Korngruppen genannt, deren obere und untere Begrenzung mit dem angewandten Trennmittel bewirkt werden. Die Kornklasse umfaßt alle Korngrößen zwischen den beiden gewählten Prüfkorngrößen (s. DIN 66100 von Oktober 1966). Die obere bzw. untere Prüfkorngröße einer Kornklasse bzw. Korngruppe wird gemäß DIN 4226 (Entwurf März 1968) Größtkorn bzw. Kleinstkorn genannt. Die Unterschiede zwischen beiden gelten als Kornspanne.

Probenahme. Die Korngrößenverteilung wird an einer Teilprobe bestimmt, deren Menge nach den auftretenden Korngrößen zu wählen ist. Von einem grobkörnigen Material ist für die Korngrößenanalyse eine umfangreichere Probe zu nehmen als von einem feinkörnigen Stoff.

Die ISO-Norm 2591 (1973) führt folgende Prüfgutmengen in Abhängigkeit von der Prüfsieböffnung als maximal an; sie gelten für Prüfsiebe von 200 mm Durchmesser und können entsprechend der Siebfläche bei anderen Siebgrößen geändert werden:
(Siehe Tabelle Seite 31 oben)

Um zu vermeiden, daß infolge sehr unterschiedlicher Kornverteilung im Prüfgut das einzelne Prüfsieb einen übermäßig großen Rückstand erhält, soll das Rückstandsvolumen nicht umfangreicher sein, als in der Spalte 3 angegeben ist. Man muß dann gegebenenfalls die Prüfgutmenge reduzieren. Deshalb ist es angebracht, eine Vorprüfung vorzunehmen.

Damit feindrähtige Siebgewebe nicht durch zu große Stücke belastet werden, die das Gewebe wenn nicht zerstören so doch in unzulässigem Maße deformieren könnten, empfiehlt die ISO-Norm 2591 (1973), daß die Größe eines Stückes nicht über den Wert

$$10\, w^{0,7} \text{ mm}$$

hinausgehen darf; w ist die Sieböffnung in mm. Auf ein Prüfsieb mit 2 mm Maschenweite dürfen demnach keine Stücke größer als 16,24 mm aufgegeben werden.

Für die Durchführung der Sedimentationsanalyse und für die durch Windsichtung vorzunehmende Korngrößenbestimmung werden nur recht kleine Probemengen von etwa 10 g eingesetzt. Hierbei richtet sich der Umfang der Probe nicht nur nach der Feinheit des Stoffes, sondern es spielen bei diesen Bestimmungsverfahren Vorgänge wie gegenseitige Behinderung der Teilchen, Dichteveränderung der Suspension, eine so gravierende Rolle, daß die räumliche Konzentration des Feststoffes niedrig gehalten werden muß, wodurch sich ein Probenumfang von wenigen Gramm ergibt.

1 Maschenweite *w* des Prüfsiebes mm	2 Empfohlene Siebgutmenge cm³	3 Größte zulässige Rückstandsmenge je Sieb cm³
22,4	1600	800
16	1000	500
11,2	800	400
8	500	250
5,6	400	200
4	350	150
2,8	240	120
2	200	100
1,4	160	80
1	140	70
μm		
710	120	60
500	100	50
355	80	40
250	70	35
180	60	30
125	50	25
90	40	20
63	35	17
45	30	15

1.5.1 Siebanalyse

Für das Absieben oder Scheiden der Korngrößen voneinander verwendet man je nach deren Dimensionen Siebgewebe, gewirkt aus glatten Drähten, oder Lochbleche mit runden oder quadratischen Lochquerschnitten. Neuerdings geht man von den bisher für die Prüfsiebung von gröberen Korngemischen eingesetzten Rundlochblechen ab und nimmt ausschließlich Quadratlochung, so daß man jetzt entweder Lochbleche mit Quadratlochung nach DIN 4187 Blatt 2 (1962) oder Siebböden mit Quadratmaschengewebe nach DIN 4188 Blatt 1 verwendet. Letzteres Normblatt ist bei der Neufassung vom April 1969 nach oben hin erweitert worden bis auf 125 mm Maschenweite. Die bislang vielfach vorgeschriebene Arbeitsweise, wonach die Korngrößenermittlung für Körnungen über 1 mm mit Rundlochblechen und für den Kornanteil kleiner als 1 mm mit Siebgeweben vorzunehmen ist, hat dadurch ihre Berechtigung verloren[1].

Die Drahtgewebe der Prüfsiebe haben Quadratmaschen: die einzelne Masche hat also gleiche Seitenlängen. Sie wird von einem glatten Draht umschlossen oder gebildet, dessen Stärke nach der Dimension der Masche gewählt und in DIN 4188 Blatt 1 (1969) festgelegt ist.

Bei gleichzeitiger bzw. wechselseitiger Benutzung von Quadratmaschengeweben und Rundlochblechen muß man die unterschiedliche Dimension der Sieböffnung beachten, da ein Rundloch von gleichem Durchmesser wie die Seitenlänge der Quadratmasche ein um etwa 20% kleineres (nicht kugelförmiges) Maximalkorn durchtreten läßt als die Quadratmasche. Wegen der geringeren offenen Siebfläche bei Rundlochblechen ist zudem mit einer längeren Siebdauer zu rechnen bzw. eine längere Prüfsiebdauer anzusetzen als für Quadratmaschengewebe.

Die Siebgewebe werden aus nichtrostendem Stahl, Messing, Phosphorbronze und für bestimmte Fälle aus Kunststoffaser oder Seidengaze hergestellt. Letztere wird im Müllereigewerbe bevorzugt. Für die Prüfsiebe werden diese Gewebe in Rahmen aus Metall (zumeist Messing) oder Holz straff eingespannt. Die Metallrahmen sind fast ausschließlich rund, die Holzrahmen meist quadratisch. Durchmesser bzw. Kantenlänge der Rahmen sind nicht genormt, und man findet unterschiedliche Abmessungen zwischen 100 und 1000 mm. Für die Handsiebung und die maschinell durchgeführte Prüfsiebung unterhalb 20 mm Korngröße haben sich allgemein runde Prüfsiebe von 200 bis 210 mm Durchmesser eingebürgert, mit einer Randhöhe über dem Siebgewebe von 50 mm für die Prüfsiebung von Hand und von 20 bis 30 mm für die maschinell durchgeführte Prüfsiebung.

Die lichte Öffnung (Maschenweite) der Prüfsiebgewebe ist durch Normung festgelegt. Die deutsche *Normung* begann 1926 als DIN 1171 mit der Benennung der einzelnen Siebgewebe nach Nummern, welche die Zahl der auf einen Zentimeter sich reihenden Maschen angaben. Daneben bestand als Größenangabe die Nennung der Maschenzahl je Quadratzentimeter. Eine 1934 vorgenommene Neufassung von DIN 1171 führte die Bezeichnung der Siebgröße nach der lichten Maschenweite in Millimetern ein. Die einzelnen Siebgrößen folgten sich dabei in einfach numerischer Zählweise. Dies wurde 1957 mit DIN 4188 geändert zwecks Anpassung an die international üblichen Siebreihen, indem die Prüfsiebfolge oder Abstufung nach den Normzahlreihen R 10 und R 20 der DIN 323 eingeführt wurde. DIN 4188 wurde dann 1969 nochmals bezüglich der Drahtstärken geändert. Mit dieser Abstufung nach Normzahlreihen und den nunmehr geltenden Drahtstärken stehen die deutschen Normprüfsiebgewebe in gutem Einklang mit den ausländischen Normen (s. Anhang, 65.2). Die in den Vereinigten Staaten verbreitete Tyler-Siebreihe und die ASTM-Siebreihe (der American Society of Testing Materials) bezeichnen die Maschengröße als Zahl der Maschen je laufenden Zoll, Tyler in direkter Bezeichnung, ASTM als Nummer. Die Abstufung erfolgt bei Tyler in konstantem Verhältnis $\sqrt{2}$, bei ASTM $\sqrt[4]{2}$.

Ein Prüfsieb mit z. B. 2 mm Maschenweite trägt die deutsche Normbezeichnung 2 DIN 4188.

Für die Genauigkeit der Maschenweite gelten nicht unerhebliche Toleranzen, die sich aus der Herstellungsmöglichkeit ergaben (DIN 4188 Blatt 1, S. 2). Für die Prüfung der Siebgewebe bestehen Normvorschriften in DIN 4188 Blatt 2 (1962).

Außerhalb der Norm gibt es noch feinere Siebe, die sog. *Mikrosiebe*, die Öffnungen bis herab zu 5 µm aufweisen. Sie werden nur für Naßsiebungen eingesetzt. Dabei werden sie in eine Flüssigkeit, meist Wasser, das durch Ultraschall erregt das Siebgewebe in Schwingungen versetzt, soweit eingetaucht, daß das Gewebe in der Flüssigkeitsoberfläche liegt und das auf ihm befindliche Siebgut zusätzlich bespült werden kann. Die Siebgutmenge beträgt bei diesen Mikrosieben, die auch aus preislichen Gründen meist nicht größer als mit 50 mm Arealdurchmesser ausgeführt werden, nur 2 bis 5 g je Siebung.

Durchführung der Prüfsiebung, Apparate

Die Prüfsiebung erfolgt entweder von Hand oder mittels einer Prüfsiebmaschine, und zwar vorwiegend mit trockenem Siebgut, bisweilen aber auch naß mit zusätzlichem Brausen.

Für die Ausführung der Handsiebung gibt es die deutsche Norm DIN 51704 (1950) und die internationale Norm ISO 2591 „Test Sieving“ (1973), welcher eine weitere Norm im nationalen Bereich DIN 4193 folgen soll (die 1966 schon einmal als Entwurf erschienen ist). Für die Prüfsiebung mit einer Siebmaschine bestehen keine Normvorschriften, auch sind die Prüfsiebmaschinen nicht genormt. Das hat seinen

Grund darin, daß es bislang keine Prüfsiebmaschine gibt, die über den ganzen Korngrößenbereich, wie er von den Prüfsiebgeweben umschlossen ist, eine genaue Absiebung gewährleistet. Von den vorhandenen, in ihrer Arbeitsweise sich deutlich unterscheidenden Prüfsiebmaschinen hat jede eine optimale Wirkung innerhalb eines bestimmten Körnungsbereiches.

Man unterscheidet nach ihrer Wirkungsweise zwischen Planprüfsiebmaschinen und Wurfprüfsiebmaschinen. Daneben gilt als Sonderkonstruktion das Luftstrahlsieb der Alpine AG, Augsburg.

Planprüfsiebmaschinen bewegen das Siebgut nahezu horizontal über den Siebboden (Siebgewebe). Ein typischer Vertreter ist das „*Lavib*" der Siebtechnik GmbH, Mülheim a. d. Ruhr. Bei dieser Maschine (s. Abb. 1.5/1) setzt ein fest-

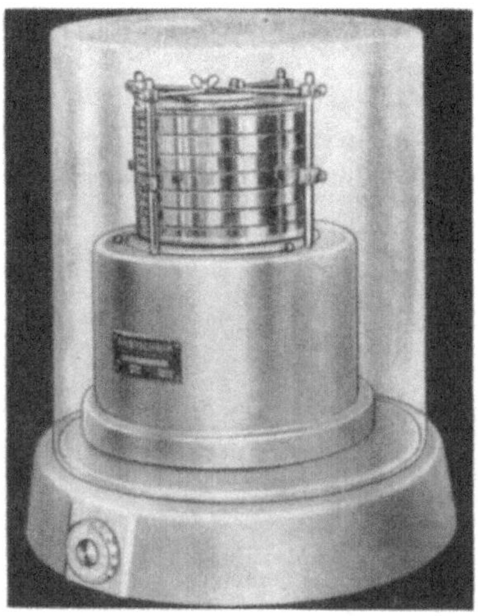

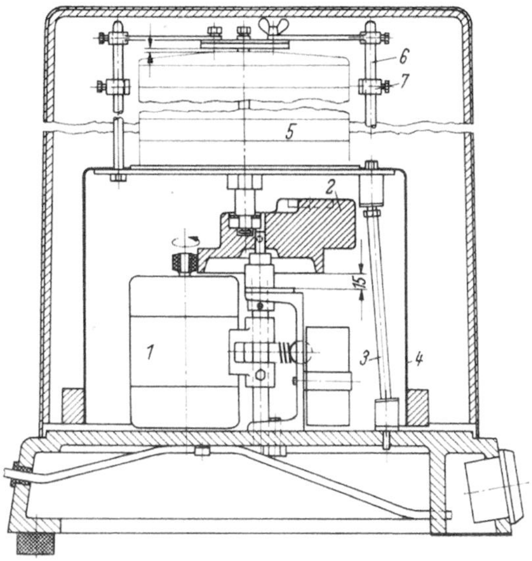

Abb. 1.5/1. „Lavib"-Prüfsiebmaschine. Ansicht und Schnitt (Siebtechnik, Mülheim/Ruhr).

stehender Motor *1* über Friktionskupplung die Ausgleichsmasse *2* in Umlauf, in die exzentrisch der auf Federn *3* abgestützte, als Haube ausgebildete Siebsatzträger *4* eingesetzt ist. Diesem wird so eine kreisende Bewegung erteilt. Der auf der Haube lose aufsitzende Siebsatz *5* rutscht dabei hin und her, stößt an die Gummiklötze *7* der Begrenzungsstäbe *6* und dreht sich zugleich langsam um seine Achse. Das Sieb führt etwa 260 Schwingungen in der Minute aus, der Prallweg des Siebsatzes beträgt etwa 20 mm. Das Gerät ist mit Schallschutzhaube und Zeitschalt-Automatik ausgerüstet.

Bei den *Wurfprüfsiebmaschinen* ist die vertikale Schwingungskomponente die ausschlaggebende Kraft für die Bewegung des Siebgutes. Das *EML-Sieb* der Firma Haver & Boecker, Oelde/Westf. (Abb. 1.5/2) erzeugt diese Kraft elektromagnetisch (*4*, *5*) und läßt sie von unten auf den federnd verlagerten, fest eingespannten Siebsatz *8* wirken. Die frequenzabhängigen Schwingungen erteilen zugleich über vier Blattfedern *10* der Haube *6* und damit dem Siebsatz kleine Nickbewegungen, die das Siebgut auf den einzelnen Sieben kreisen lassen.

Die für grobstückiges Siebgut vorgesehenen *Großanalysen-Siebmaschinen* der Siebtechnik GmbH, Mülheim a. d. Ruhr, erzeugen die Wurfbewegung durch einen Rüttelmotor, der unterhalb des federnd gelagerten Siebsatzträgers angebracht ist (Abb. 1.5/3a). Da diese Großsiebmaschinen für Siebkästen bis zu 1 m Kantenlänge

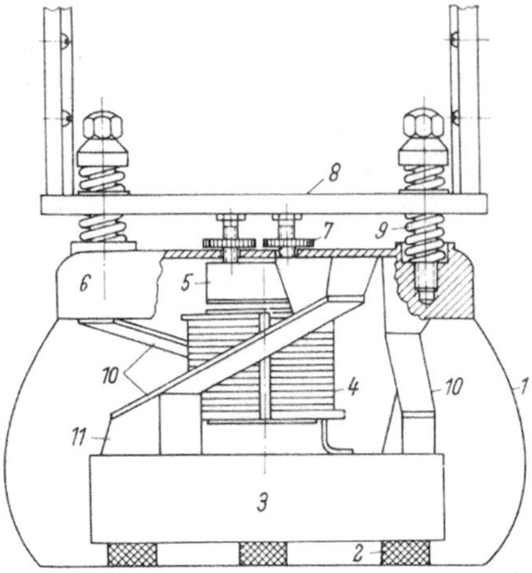

Abb. 1.5/2.
Haver-Laborsiebmaschine EML 200-67/Schema
(Haver & Boecker, Oelde/Westf.).

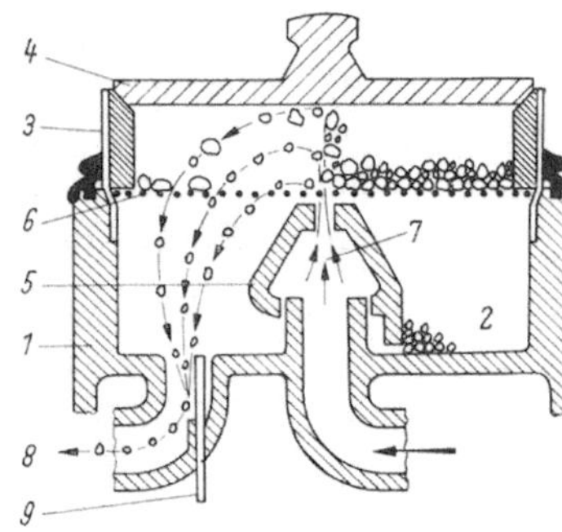

Abb. 1.5/4.
Querschnitt durch das Alpine-Labor-Luftstrahlsieb
(Alpine, Augsburg).

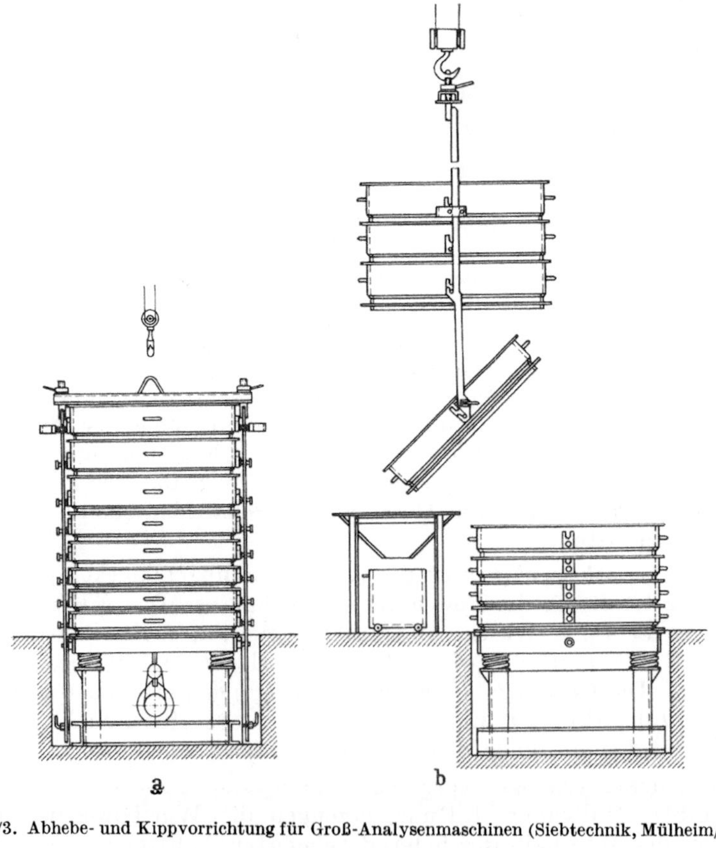

a b

Abb. 1.5/3. Abhebe- und Kippvorrichtung für Groß-Analysenmaschinen (Siebtechnik, Mülheim/Ruhr).

gebaut werden, ist die Anwendung einer Abhebe- und Kippvorrichtung oftmals nicht zu umgehen (Abb. 1.5/3b).

Bei den beschriebenen Siebmaschinentypen wird der Siebsatz und über diesen das Siebgut bewegt. Das *Luftstrahlsieb* der Alpine AG, Ausgburg, arbeitet dagegen ganz anders (Abb. 1.5/4). Hier kreist unterhalb des feststehenden Prüfsiebes *3* eine schlitzförmige Düse *5*, aus der ein Luftstrom *7* durch das Gewebe *6* hindurchdringt und so das auf dem Siebgewebe befindliche Siebgut aufwirbelt. Dieser Luftstrom wird aber sofort seitlich der Düse wieder nach unten durch das Gewebe gesaugt und nimmt dabei das Feinkorn *8*, das kleiner als die Maschenweite des Siebgewebes ist, durch dieses hindurch mit. Dieses Feingut wird in einem nachgeschalteten Filterbeutel aufgefangen. Der Luftstrom wird durch einen Ventilator erzeugt und fließt von außerhalb des Gerätes durch die Hohlwelle der rotierenden Düse zu und auf dem aufgezeigten Wege durch den Filterbeutel zum Ventilator.

Batel [1, S. 80ff.] hat die verschiedenen Prüfsiebmaschinen einer kritischen Untersuchung unterzogen und kommt zu der in Tab. 1.5/1 wiedergegebenen Beurteilung.

Tabelle 1.5/1. Beurteilung von verschiedenen Siebmaschinenbauarten (aus W. Batel [1])

Nr.		Wurfprüfsieb		Planprüfsieb		Luftstrahlsieb	
1	Siebgütegrade bei grober Körnung	sehr gut	+	gut	+	gut	+
2	Siebgütegrade bei feiner Körnung	schlecht	—	gut	+	sehr gut	+
3	Verstopfung der Siebböden	gering	+	stärker	—	gering	+
4	Beanspruchung der Siebböden	groß	—	gering	+	gering	+
5	Verteilung des Siebgutes	oft ungleichmäßig	—	gleichmäßig	+	gut	+
6	Abrieb des Siebgutes	gering	+	stärker	—	gering	+
7	Siebhilfen	schwierig	—	leicht[1]	+		—
8	Zahl der Fraktionen	mehr als 6	+	mehr als 6	+	eine (zwei)	—
9	Analyse des Durchganges z. B. des 60 µm-Siebes	möglich Genauigkeit s. Nr. 2	+	möglich Genauigkeit s. Nr. 2	+	beschränkt möglich	—

[1] z. B. auf dem Siebboden aufgelegte Gummiwürfel, überlagerte taumelnde Bewegungen usw.

Auch bei Lauer [6] findet sich (S. 77) ein interessanter „Vergleich der verschiedenen Meßgeräte im Feinheitsbereich von 1 bis 150 µm“.

Zu der Tabelle 1.5/1 ist zu bemerken, daß die Grenze zwischen „grober“ und „feiner Körnung“ bei einer vom Siebverhalten des Siebgutes abhängigen Maschenweite liegt. Ein ausgezeichnet siebfähiges Gut kann sowohl mit einer Plan- wie mit einer Wurfprüfsiebmaschine bis herab zu 0,06 mm befriedigend gesiebt werden, ggf. mit Siebhilfen wie Gummiwürfeln oder lose aufliegenden Bürsten. Erst bei siebschwierigerem Gut, bedingt z. B. durch Kornform oder Feuchtigkeitsgehalt, werden die Unterschiede in der Wirkung zwischen Plan- und Wurfsieb deutlicher. In solchen Fällen kann das Planprüfsieb bereits bei 1 mm Maschenweite versagen, während das Wurfprüfsieb dann noch bei einer Maschenweite von 0,2 mm befriedigend arbeitet. Für die Feinstsiebung unterhalb 0,1 mm ist aber das Luftstrahlsieb unbedingt die wirkungsvollere Prüfsiebmaschine. Sein Nachteil, daß es zumeist nur mit *einem* Siebboden und nur in günstigen Fällen mit zwei Siebböden arbeiten kann, dürfte bei diesen Feinheiten, die sowieso keinen weiten Siebanalysenbereich zulassen, wenig ins Gewicht fallen. Das Auffangen des Feinen in einem Filterbeutel und die dadurch nicht ganz verlustlose Erfassung dieser Fraktion dürfte in manchen Fällen schwerwiegender sein.

Eine elektrostatische Aufladung bei dazu neigendem Siebgut gefährdet bei allen Prüfsiebmaschinen deren Siebgütegrad. Hier können manchmal die genannten Siebhilfen, ein besonderes Erden des Siebgerätes, Ionisieren der Luft eine Besserung ermöglichen. Haben diese Maßnahmen keine befriedigende Wirkung, dann hilft nur die Naßsiebanalyse (s. u.).

Siebdauer

Die Siebdauer ist von dem Siebverhalten des Siebgutes abhängig. Angestrebt wird eine fehlkornfreie Kornklasse. Voraussetzung ist, daß dem Umfang der Siebprobe eine angemessene Siebfläche dargeboten wird. Grundsätzlich müßte man die Siebung so lange ausdehnen, bis kein Korn mehr durch die Siebmaschinen fällt. Man wird aber nach einer gewissen Zeit erkennen, daß der Siebdurchlauf sich aus groben Teilen und — ohne Zwischengrößen — aus sehr feinen Teilchen zusammensetzt. Das ist ein Zeichen, daß hier durch Abrieb eine Kornverkleinerung stattgefunden hat, die eigentliche Prüfsiebung jedoch beendet ist.

Eine weitere Möglichkeit, das Ende der eigentlichen Siebung zu erkennen, bietet die nach festgelegten Zeitintervallen vorzunehmende Wägung des jeweiligen Siebrückstandes und die graphische Darstellung der Ergebnisse mit dem Rückstand in Prozenten als Ordinate und der Siebdauer als Abszisse. Die erhaltene Kurve nähert sich im Verlauf der Absiebung asymptotisch der Abszisse und läßt bei fast konstantem Wert das Ende der Siebung feststellen.

DIN 4193 (Entwurf 1966) sieht den Siebvorgang dann als beendet an, wenn je Minute Siebdauer weniger als 0,1 Gew.-% der aufgegebenen Menge durch das Prüfsieb fällt. Das setzt allerdings ein abriebfestes Siebgut voraus.

Zumeist genügt eine Zeit von 5 bis 10 min. Man muß dabei darauf achten, ob das Material während des Siebens weiter zerkleinert wird. Trifft das zu, sollte man vom Einsatz einer Prüfsiebmaschine absehen und die Prüfsiebung von Hand vornehmen, da hierbei das Siebgut besser beobachtet werden kann. Natürlich muß man dann mit den einzelnen Sieben hintereinander sieben und kann nicht mit einem „Siebturm" arbeiten.

Die Zahl der zu ermittelnden Kornfraktionen bzw. Kornklassen und die zu wählenden Kornspannen richten sich nach dem Bedarfsfall. Sie können deshalb recht unterschiedlich sein. Oftmals sind sie durch Vorschriften festgelegt.

Naßsiebanalyse

Die vorstehenden Ausführungen gelten für die mit trockener Substanz durchzuführende Prüfsiebung. Manchmal aber liegt das Siebgut feucht und klebend oder naß, wenn nicht als Suspension, vor. Dann kann es vorteilhaft sein, die Siebanalyse naß durchzuführen. Man kann das Siebgut auch trocknen. In diesem Falle sollte man aber unbedingt das Feinstkorn unter 0,04 mm abscheiden, bevor man nach Trocknung das gröbere Korn einer Siebanalyse unterzieht. Das feine Korn unter 0,04 mm kann nämlich einen zementartig festen Kuchen bewirken, der nur mit Gewalt aufgelöst werden kann, wodurch die ursprüngliche Kornzusammensetzung gestört wird.

Eine Naßsiebanalyse von Hand wird durch Stauchen der einzelnen nach Maschenweite aufeinanderfolgenden Siebe in einer Flüssigkeit, gewöhnlich Wasser, vorgenommen. Die einzelnen Rückstände und der Durchlauf des letzten, feinsten Siebes werden getrocknet und gewogen.

Für die maschinelle Durchführung der Naßsiebanalyse sind wiederholt Konstruktionen vorgeschlagen und auch Geräte gefertigt worden. Sie haben aber bislang nicht so befriedigen können, daß sie die Handsiebung ersetzten. Die Abscheidung des feineren Kornes und damit die Klassierung blieben unvollkommen. Somit stellt die Siebung von Hand immer noch das einzige zuverlässige Prüfverfahren für die Naßsiebanalyse dar.

Genauigkeit der Siebanalyse

Für die Genauigkeit der Siebanalyse schreibt die ISO-Norm 2591 (1973) vor: Der Rückstand der einzelnen Prüfsiebe und der Durchlauf des feinsten Siebes sollen mit einer Genauigkeit von 0,1% der gesamten Prüfgutmenge gewogen werden. Die Summe der Gewichte der einzelnen Siebfraktionen einschließlich des Durchlaufes durch das letzte Sieb darf um nicht mehr als 2% von dem Gewicht der gesamten eingewogenen Prüfgutmenge abweichen. Um den prozentualen Gewichtsanteil der einzelnen Siebfraktionen zu bestimmen, werden die Gewichte der einzelnen Siebfraktionen auf die Summe der Gewichte der einzelnen Siebfraktionen bezogen, also nicht auf das Gewicht der gesamten eingewogenen Prüfgutmenge. Es sollen stets zwei Parallel-Siebanalysen durchgeführt werden. Die korrespondierenden Fraktionen dieser beiden Parallelbestimmungen dürfen voneinander abweichen:

$$X = Y\sqrt{F_{\min}} \leqq 2\%$$

X = größte zulässige Abweichung in %
Y = Faktor für unterschiedliche Absiebung, er ist
= 0,5 für trockene Handsiebung unter 1 mm
= 0,2 für trockene Handsiebung über 1 mm
= 0,1 für nasse Handsiebung
$F_{\min}$ = kleinster Wert (in %) der beiden korrespondierenden Siebfraktionen.

Ergibt z. B. eine Prüfsiebung von Hand für die Fraktion 4 bis 2 mm einen Gewichtsanteil von 25%, so darf die andere Prüfung nur den Wert

$$25 + 0{,}2\sqrt{25} = 26\%$$

als größeren Wert ergeben oder müßte den kleineren Wert a finden entsprechend:

$$a + 0{,}2\sqrt{a} = 25\%,$$

das ist $a = 24{,}02\%$. Das heißt: Der Anteil der Fraktion 4 bis 2 mm darf bei den beiden Parallelbestimmungen nur gefunden werden zu 25% und höchstens 26% oder zu 25% und mindestens 24,02%. Werden größere Unterschiede gefunden und wird somit die größte zulässige Abweichung X überschritten, so ist die Siebanalyse zu wiederholen. Da die Ursache dieser Diskrepanz auch in der Probenteilung zu suchen ist, sollte diese sehr sorgfältig vorgenommen werden.

1.5.2 Sedimentationsanalyse

Die klassische Methode ist das *Verfahren nach Andreasen*. Man stellt von der zu untersuchenden Probe eine Suspension von etwa 10 g im Liter einer Flüssigkeit — zumeist Wasser — her und läßt in einem zylindrischen Glasgefäß (Abb. 1.5/5) den Feststoff sedimentieren. In den Sedimentationsraum ragt eine Pipette, durch die man nach Zeitintervallen, die mit Hilfe der Stokesschen Gleichung für die Fallgeschwindigkeit einer bestimmten Korngröße errechnet werden, Proben von konstantem Volumen aus der Suspension in ein Meßkölbchen saugt. Über einen Zweiwegehahn läßt man die Probe in ein Schälchen abfließen, trocknet und wägt sie. Entsprechend der Sedimentation der rascher absinkenden gröberen Teilchen verarmen die nacheinander gezogenen Proben im Laufe der Zeit an Feststoff. Da das Volumen der einzelnen Proben aber konstant bleibt, so ergibt sich ein Rückschluß auf den im Sedimentationsraum in Schwebe gebliebenen Feststoff derart, daß man aus der Gewichtsdifferenz der getrockneten, nacheinander gezogenen Proben den Anteil der einzelnen Körnungen oder Kornklassen errechnen kann. Über Einzelheiten der Sedimentationsanalyse nach Andreasen s. auch DIN 51033 Blatt 1 (1962).

Die Durchführung einer Sedimentationsanalyse in der beschriebenen Weise ist langwierig. Die Ermittlung des Anteils einer Teilchengröße von 0,002 mm erfordert für einen Stoff von der Dichte 2,6 g/cm³ eine Meßzeit von etwa 10 bis 12 h. Durch Verkürzung der Pipette während des Sedimentationsablaufs kann man diese Zeit wesentlich abkürzen. Eine Automatisierung der Sedimentationsanalyse be-

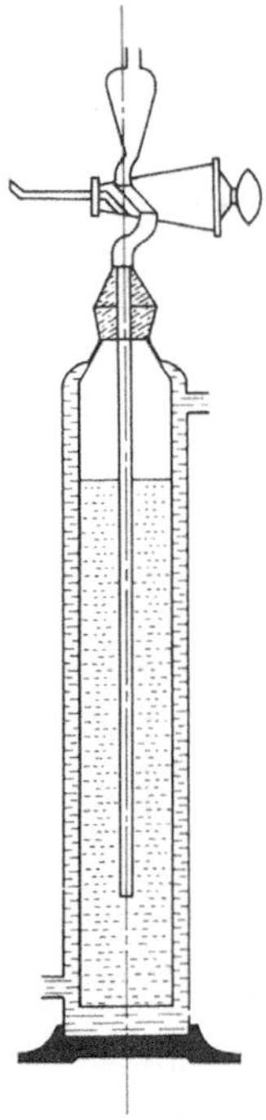

Abb. 1.5/5. Pipettengerät nach Andreasen.

wirkt die Sedimentationswaage der Firma Sartorius, Göttingen. Bei diesem Meßgerät brauchen Proben nicht gezogen zu werden. Aber auch hier ist wie bei allen Verfahren der Feinstkornbestimmung eine vollkommene Dispergierung der Feststoffteilchen Voraussetzung, denn Zusammenballungen werden als echtes Korn registriert.

Der gegenseitigen Behinderung der Feststoffteilchen, die naheliegend ist, begegnet man mit einer entsprechend geringen Feststoffkonzentration. Deshalb kann man auch nur eine kleine Probemenge analysieren und muß mehrere Paralleluntersuchungen vornehmen. Die dabei gefundenen Werte sollen von einem zu bildenden Mittelwert nicht mehr als um 2% abweichen.

Wichtig ist ferner, daß die Temperatur der Suspension über die ganze Meßdauer konstant gehalten wird, wozu der Einsatz eines Thermostaten unumgänglich ist. Auch Lichteinflüsse sollten tunlichst ausgeschaltet werden, damit keine Konvektionsströme die Messung beeinträchtigen können.

Die Messung endet etwa bei der Bestimmung der Korngröße von 0,002 mm, da hier bereits die feinsten Teilchen, die sich in Brownscher Bewegung befinden, die Messung beeinträchtigen.

Die Flüssigkeit, mit der gearbeitet wird, ist zumeist destilliertes Wasser. Wo dieses nicht angewendet werden kann, so bei wasserlöslichen Stoffen oder solchen, die in Wasser aufquellen, muß man zu einer anderen geeigneten Flüssigkeit greifen.

Bei Batel [1, S. 130/31] sind für die verschiedenartigsten Stoffe die geeigneten Flüssigkeiten aufgeführt. Die Andreasen-Methode wurde von Esenwein [1, S. 80] modifiziert.

1.5.3 Schlämmverfahren

Während bei der Sedimentationsanalyse der Prozeß der Kornscheidung in ruhender Flüssigkeit abläuft, arbeiten die Schlämmverfahren mit strömender Flüssigkeit, deren Geschwindigkeit so eingestellt wird, daß sie der Fallgeschwindigkeit einer bestimmten Korngröße entspricht, so daß die feineren Teilchen hinweggeschlämmt werden, während die gröberen im Scheideraum verbleiben.

Ein sehr einfaches aber brauchbares Gerät ist der *Apparat von Nobel* (Abb. 1.5/6). Er besteht aus mehreren hintereinandergeschalteten Glasbirnen (B_1—B_4) ver-

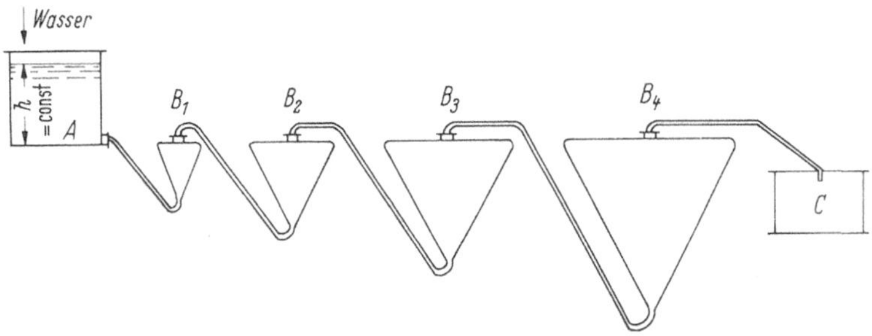

Abb. 1.5/6. Schema eines Schlämmapparates nach Nobel.

schiedener Größe. Die den zu analysierenden Feststoff enthaltende Suspension wird von einem konstanten Niveau *A* aus der ersten, kleinsten Birne zugeleitet und durchfließt den ganzen Apparat in der Weise, daß der Überlauf der vorgeordneten Glasbirne von unten in die nachgeschaltete Birne eintritt. In jeder Birne tritt dabei eine Kornscheidung entsprechend der Fließgeschwindigkeit der Suspension im größten Querschnitt der Glasbirne ein, wobei die gröberen, schwereren Teilchen in der Birne verbleiben, die leichteren, feineren weiter in die nächstfolgende Birne und die feinsten schließlich aus der letzten Birne in das Gefäß *C* gespült werden. Man spült solange, bis der Überlauf der letzten Birne keine Feststoffteilchen mehr enthält. In jeder Birne befindet sich jetzt ein Korngemisch bestimmter Kornspanne. Diese Schlämmklassen werden getrocknet und gewogen und so die Kornverteilung ermittelt. Die Schlämmdauer richtet sich nach der Feinheit des Feststoffes, aber auch nach seiner Menge, die bei diesem Verfahren größer gewählt werden kann als bei der Sedimentationsanalyse. Sie liegt zwischen 10 und 30 g, wobei für sehr feines Gut ($<10\,\mu m$) die kleinere Menge eingesetzt wird. Das Verfahren ist einfach.

Der *Schlämmapparat nach Schulze-Harkort* (Abb. 1.5/7) ist ein aufwendigeres Gerät, mit dem umzugehen etwas mehr Übung erfordert (Hersteller: Chemisches Laboratorium für Tonindustrie, Prof. Dr. H. Seger und E. Kramer KG, Berlin-Friedenau). Dafür liefert der Apparat exaktere Meßwerte. Die Kornscheidung erfolgt hier ebenfalls durch Änderung der Fließgeschwindigkeit der den Feststoff enthaltenden Suspension. Der Trennschnitt, gegeben durch die Überlaufzone *17* des Scheidetrichters *12*, bleibt andererseits konstant. Die Strömung der aus konstanter Höhe des Niveaugefäßes *3* fließenden Spülflüssigkeit wird durch auszuwechselnde Düsen variiert. Man beginnt zuerst mit der engsten Düse, um die feinsten Teilchen aus der in den Scheidetrichter *12* eingegebenen, gut suspendierten Aufschlämmung abzuscheiden, und wechselt diese Düse gegen die nächst größere dann aus, wenn die Flüssigkeit klar über den Scheidetrichter *12* bei *13* abfließt.

Mit größer werdender Düse wird die Strömung stärker, und gröberes Korn wird ausgetragen. Die nacheinander eingesetzten Düsen mit wachsendem Durchmesser bewirken eine Klassierung der zu untersuchenden Probe in Körnungen mit jeweils begrenzter Kornspanne. Das Gerät ist mit Einrichtungen versehen, die eine exakte Einstellung der Trennorgane ermöglichen. Die einzelnen ausgeschlämmten Partien werden vor jedem Düsenwechsel getrennt aufgefangen, getrocknet und gewogen.

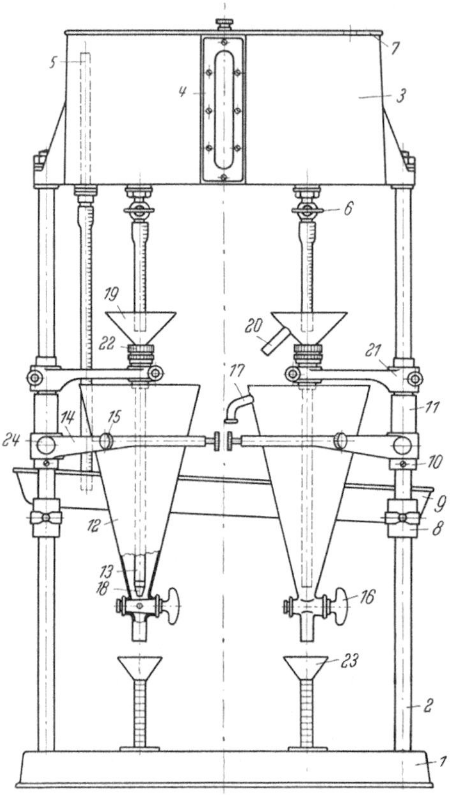

Abb. 1.5/7.
Schlämmapparat nach Schulze-Harkort.

Man benötigt für die Schlämmanalyse nach Schulze-Harkort eine Materialmenge von 20 bis 30 g und 100 bis 200 ml Wasser für die vor der Schlämmung anzusetzende Suspension. Der eigentliche Schlämmvorgang kann bis über 100 l Spülflüssigkeit (z. B. klares Wasser) erfordern. Diese Menge hängt davon ab, in wieviele Körnungsbereiche man die zu untersuchende Probe unterteilen will und wie groß deren Feinstkornanteil ist, den man ausschlämmen muß.

Die Schlämmverfahren erlauben günstigenfalls die Aufgliederung eines Korngemisches bis herab zu 0,004 mm.

1.5.4 Windsichtung

Mit Hilfe der Windsichtung läßt sich die Kornzusammensetzung feinkörniger Gemische auf trockenem Wege bestimmen. Ein bekanntes Gerät hierzu ist der *Windsichter nach Gonell* (Abb. 1.5/8, Hersteller: Chemisches Laboratorium für Tonindustrie, Prof. Dr. H. Seger und E. Kramer KG, Berlin-Friedenau). Er besteht aus drei im Durchmesser verschieden großen Sichtrohren *A*, die wechselweise in ein Stativ *F* eingesetzt werden. An dem unteren Ende der Rohre wird ein als

Zerstäuber wirkender Glasansatz *C* befestigt, in den die zu sichtende Probe eingewogen wird.

Das obere Ende eines jeden Rohres führt in eine Glasglocke *E*, die auf einem das Rohr umfassenden Teller ruht. Durch ein Gebläse *0* wird ein Luftstrom erzeugt, der durch eine Woulfsche Flasche *L* mit Druckregler *K* und Luftreiniger *M* über einen Rota-Luftmesser *H* in den Glasansatz *C* dringt und die zu analysierende Probe

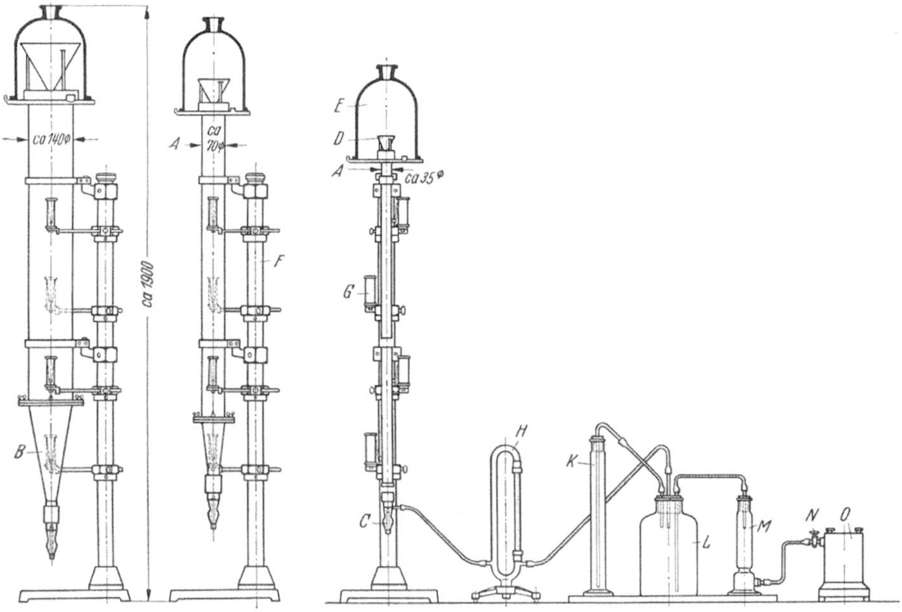

Abb. 1.5/8. Windsichter nach Gonell.

aufwirbelt. Der einzustellenden Strömungsgeschwindigkeit im Rohr entsprechend werden Teilchen einer solchen Größe, deren Fallgeschwindigkeit geringer als die Strömungsgeschwindigkeit ist, durch das Rohr nach oben getragen und von der Glasglocke *E* aufgefangen, so daß sie sich auf dem Teller absetzen. Ein Teil kann jedoch aus der Glasglocke, die nach oben offen sein muß, entweichen. Deshalb kann die Bestimmung des Feinkornanteils nur aus der Differenz der Einwaage und des Gewichtes des im Glasansatz nach der Sichtung verbliebenen Feststoffes errechnet werden.

Mehrere Rohre verschiedenen Kreisdurchmessers von 35 bis 140 mm, wachsend für kleinere Körnungen, sind erforderlich, um die laminare Strömung bei den unterschiedlichen Luftgeschwindigkeiten zu gewährleisten, die für die Sichtung eines Korngemisches in verschiedene Kornklassen notwendig sind. Die Rohre sind innen hochglanzpoliert, damit sich kein Staub ansetzen kann, und müssen geerdet sein, um elektrostatische Aufladungen zu beseitigen.

Die Sichtung erfolgt von fein nach grob. Die Einwaage der zu untersuchenden Probe beträgt 5 bis 10 g. Die Siebdauer hängt vom Probegut ab:

Kornklasse mm	Siebdauer h
unter 0,01	5
0,01 – 0,02	3
0,02 – 0,03	2

Ein anderes Gerät für die Windsichtung, das immer mehr an Bedeutung gewinnt, ist der *Bahco-Sichter* (Vertrieb: Industrie-Lufttechnik Delta Neu GmbH, Frankfurt/M.), ein Zentrifugalsichter (Abb. 1.5/9). Durch eine Aufgabespitze *5* wird die zu untersuchende Probe (Einwaage: 10 g) langsam auf einen sich mit etwa 3000 U/min drehenden Sichtteller *6* gegeben. Das von diesem abgeschleuderte

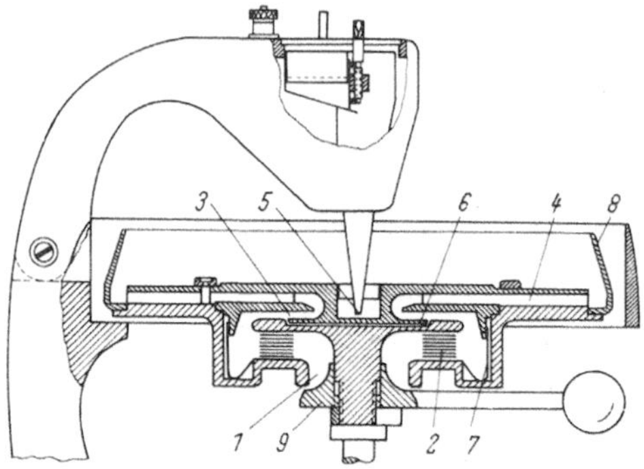

Abb. 1.5/9. Schema des Bahco-Sichters.

Gut wird im Sichtraum *3* von einem Luftstrom geschnitten, den ein Ventilator *4* erzeugt, der sich über dem Sichtteller gleich schnell wie dieser dreht. Ein Lamellensystem *2* bewirkt eine Gleichrichtung und Rotation dieser bei *1* angesaugten Luft. Die Drehzahl bleibt während der Messung konstant, der Luftstrom wird durch Änderung des Eintrittsquerschnitts *1* für die Luft durch Einschieben von Paßstücken unter die Drosselschraube *9* verändert. Je enger der Lufteintrittsspalt, um so schwächer wird der Luftstrom und um so kleiner sind die Teilchen, die von ihm an den Rippen des Ventilators vorbei in die umschließende, mit gleicher Drehzahl mit umlaufende Auffangschale *8* getragen werden. Die schwereren und, stoffliche Gleichheit vorausgesetzt, gröberen Teilchen fallen in die unterhalb des Sichttellers gleichfalls mit derselben Drehzahl mit umlaufende Auffangschale *7*. Ist das Feine abgeschieden, so wird der Apparat stillgesetzt und die grobe Fraktion gewogen. Sie wird zur weiteren Sichtung dem Bahco-Sichter wieder aufgegeben, wobei der Luftspalt bei *1* erweitert wird.

Die abgeschiedenen Fraktionen sind keine Einzelkorngrößen, sondern sie umfassen Kornbereiche, deren Aufbau sich einer Gaußschen Glockenkurve nähert, d. h. der Anteil *einer* Korngröße ist jedesmal maximal. Es ist daher angebracht, die einzelnen Kornfraktionen mittels Mikroskop auf ihre Kornzusammensetzung zu prüfen (s. 1.5.5). Da die Kornfraktionen eine enge Kornspanne umfassen, gelingt es bei einiger Übung, die Korngrößenverteilung innerhalb ihres Bereichs mit einer Genauigkeit zu schätzen, die für die Kornverteilung der Gesamtprobe nur einen Fehler von ± 2 bis 3% bewirkt.

Wichtig ist auch bei diesem Meßverfahren der vollständig dispergierte Zustand der zu untersuchenden Probe. Zusammenballungen führen im Ergebnis zu einem völlig falschen Körnungsaufbau. Gerade aus diesem Grunde sollte eine mikroskopische Nachprüfung nicht unterlassen werden.

Man kann mit dem Bahco-Sichter die Kornbestimmung von etwa 0,040 mm bis zu 0,002 mm vornehmen. Die benötigte Sichtzeit beträgt dabei etwa 3 h, woran sich die mikroskopische Nachprüfung und die Berechnung anschließen, so daß eine 7 bis 8 Kornklassen umfassende Analyse in etwa 4 h durchgeführt werden kann.

1.5.5 Optische Auszähl- und weitere Verfahren

Neben der gewichtsmäßigen Bestimmung der sedimentierenden Teilchen gibt es optische Zählmethoden, welche die Teilchen beim Durchfallen durch eine Lichtstrecke erfassen und registrieren. Ein weiteres Prinzip wendet der *Coulter-Counter* an, der aus der Veränderung der Leitfähigkeit einer kapillaren Flüssigkeitssäule, die ein Teilchen beim Durchgang durch diese Kapillare bewirkt, die Größe des Teilchens und seinen Anteil am gesamten die Kapillare passierenden Feststoff ermittelt.

Liegt das zu untersuchende feinkörnige Probegut von vornherein in trockenem Zustand vor, so wird man seine Korngrößenzusammensetzung zumeist durch ein Trockenverfahren ermitteln können. Hierzu gehören in erster Linie die *optischen Auszählverfahren*. Die Probe wird dabei mittels Mikroskop und einer geeigneten Registriervorrichtung Korn für Korn vermessen und gezählt. Das ist langwierig, und man erfaßt immer nur einen sehr kleinen Bereich, eben das vom Mikroskop begrenzte Areal. Man muß wiederholt das Objektfeld verschieben und die Auszählung möglichst oft vornehmen, um die Korngrößenverteilung sicher zu ermitteln. Diese Methode wurde dadurch erleichtert, daß man das mikroskopische Bild photographiert und die Aufnahme automatisch auswertet. Nach diesem Prinzip arbeitet das *Gerät von Nassenstein* (Hersteller: Elektrospezial GmbH, Hamburg). Genannt sei auch das *Gerät Classimat* der Firma Ernst Leitz, Wetzlar.

1.5.6 Bestimmung der mittleren Korngröße (Teilchengröße)

Einige der in den vorhergehenden Abschnitten beschriebenen Verfahren gestatten, neben der Korngrößenverteilung eine mittlere Teilchengröße zu ermitteln. Bei Feinstpulvern (unter 50 µm, insbesondere unter 10 µm) versagen jedoch diese Verfahren. In der Literatur [1, 2, 9] wird eine Reihe von Verfahren und Geräten beschrieben, mit deren Hilfe es möglich ist, auf einfache Weise die mittlere Teilchengröße zu bestimmen. Ein heute vielfach für Betriebskontrollen eingesetztes Gerät wurde von Gooden und Smith entwickelt und ist unter dem Namen *Fisher Subsieve Sizer* (FSSS) bekannt [2]. Es arbeitet nach dem Prinzip der Gasdurchlässigkeit (Permeabilität) einer Pulverprobe bei gegebenem Druckabfall und definierten Schüttbedingungen. Aus der Messung der durchströmenden Luftmenge wird die mittlere Teilchengröße bestimmt, indem sich hinter dem Durchflußmesser ein Nomogramm befindet, auf welchem die Teilchengröße abgelesen werden kann. Gute Übereinstimmung mit Meßwerten nach anderen Methoden wird bei kugelförmigen Teilchen erhalten.

1.5.7 Auswertung der Korngrößenbestimmung

Die in 1.5.1 bis 1.5.5 besprochenen Verfahren dienen der Bestimmung von Korngrößen durch Aufgliederung eines Korngemisches in mehrere korngrößenmäßig enger begrenzte Kornklassen. Diese Kornklassen, die sich augenscheinlich bei der Siebanalyse als Rückstände zu erkennen geben, können als solche auch bei den anderen Verfahren erkannt und in Prozenten der Prüfgutmenge gewertet werden. Dadurch wird die Kornverteilung zahlenmäßig wiedergegeben. Ein Beispiel für die tabellarische Erfassung einer Siebanalyse bringt das Protokoll *Prüfsiebung* im Anhang (65.4).

In vielen Fällen der Praxis genügt die zahlenmäßige Angabe der Kornverteilung. Für einen Vergleich mehrerer Korngemische, zumal wenn die Auswirkung einer veränderten Verfahrensweise erkannt werden soll, ist eine graphische Darstellung vorteilhafter. Es gibt verschiedene Möglichkeiten zur graphischen Darstellung.

Dies soll an dem Beispiel einer Siebanalyse in Tab. 1.5/2 gezeigt werden (aus „Prüfsiebung“ der Siebtechnik GmbH, Mülheim/Ruhr, 6. Aufl., 1969) [8].

Tabelle 1.5/2. Beispiel einer Siebanalyse

Kornklasse mm	Gew.-%	Add. Gew.-%	Kornklasse mm	Gew.-%	Add. Gew.-%
1	2	3	1	2	3
>31,5	0,5	0,5	3,15 – 1	22,4	88,4
31,5 – 20	3,0	3,5	1 – 0,5	6,2	94,6
20 – 10	17,5	21,0	0,5 – 0,315	2,4	97,0
10 – 6,3	20,3	41,3	0,315 – 0,1	2,0	99,0
6,3 – 3,15	24,7	66,0	<0,1	1,0	100,0

Spalte 1 nennt die Begrenzung der Siebklassen, Spalte 2 gibt die auf 100 bezogenen Gewichtsmengen wieder, und in Spalte 3 ist vom Groben zum Feinen die Addition der Gewichtsprozente aus Spalte 2 durchgeführt worden.

Die einfachste graphische Darstellung ist die des Blockdiagramms. Im Koordinatennetz übernimmt die Abszisse die Kornklassen, die Ordinate die Gewichts-

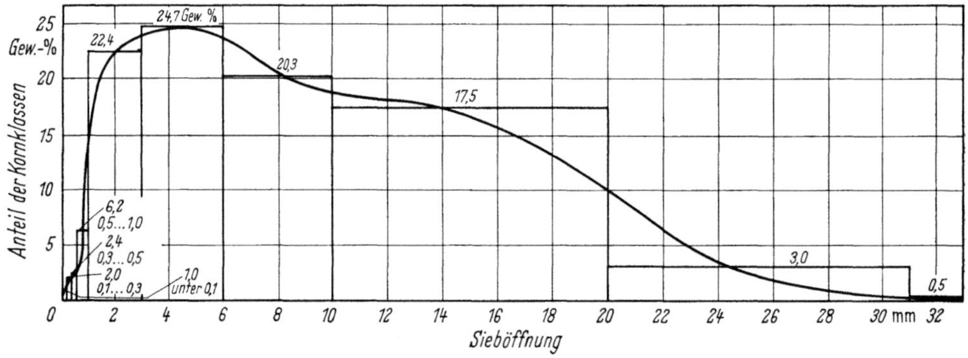

Abb. 1.5/10. Blockdiagramm zur Darstellung einer Korngrößenverteilung.

prozente. Unter den einzelnen Kornklassen werden die zugehörigen Gewichtsprozente aufgetragen, und man erhält ein *Blockdiagramm,* das sehr augenfällig den Kornaufbau veranschaulicht (Abb. 1.5/10).

Die Gefahr, die in dieser Darstellung liegt, ist eine falsche Beurteilung der einzelnen Kornklassen. In dem gewählten Beispiel wird das besonders deutlich durch die Kornklassen 20 bis 10; 10 bis 6,3; 6,3 bis 3,15 und 3,15 bis 1 demonstriert. Die Kornklasse 20 bis 10 tritt hier so flächengroß in Erscheinung, daß man ihr ohne genauere Betrachtung leicht einen überwiegenden Anteil zusprechen möchte, was aber gewichtsmäßig nicht zutrifft. Ein weiterer Nachteil dieser Darstellung liegt in der unübersichtlichen Vergleichbarkeit mehrerer Darstellungen von verschiedenen Siebanalysen. Man kann zwar durch Verbindung der Mitten einen Kurvenzug schaffen und dadurch die Vergleichbarkeit erwirken. Wie die eingezeichnete Linie aber zeigt, erhält man infolge des zu beachtenden Flächenausgleichs einen sehr unstetigen Verlauf, der wenig befriedigt.

Eine andere einfache Darstellung ergibt sich, wenn man die einzelnen Siebrückstände fortlaufend addiert, wie es in Spalte 3 der Tabelle 1.5/2 geschehen ist, und sie in das gleiche Koordinatensystem einträgt. Man erhält so die *Rückstandssummenkurve* oder *Körnungskennlinie* (Abb. 1.5/11). In dieser Weise lassen sich mehrere Siebanalysen vielfach gut vergleichen. Diese Darstellung hat aber den Nachteil, daß sie den kleinsten Korngrößen zu wenig Platz gibt und der Bedeutung, die diese feinsten Körnungen infolge ihrer großen Oberfläche für viele Vorgänge besitzen, nicht gerecht wird.

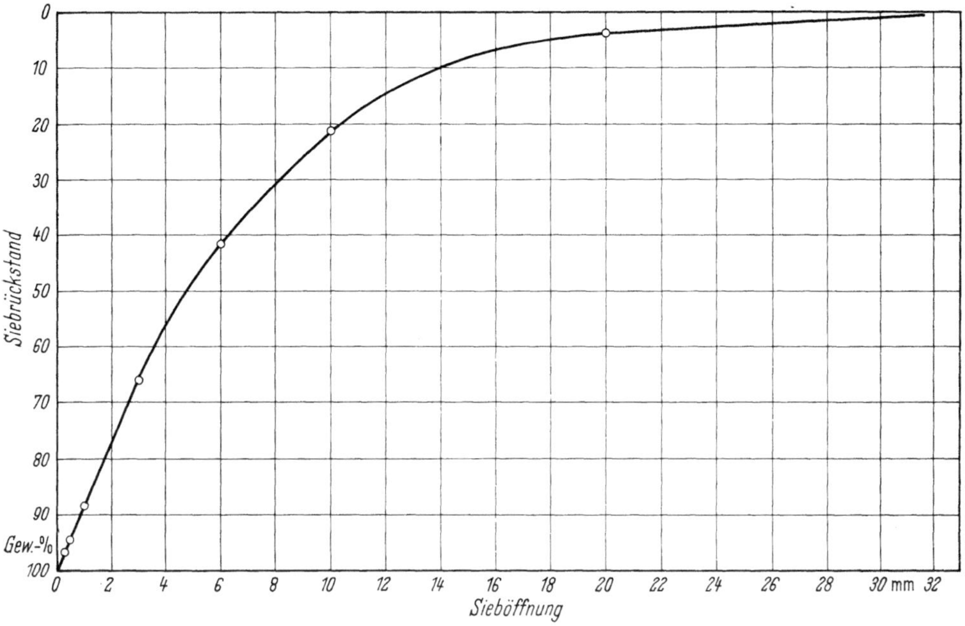

Abb. 1.5/11. Körnungskennlinie.

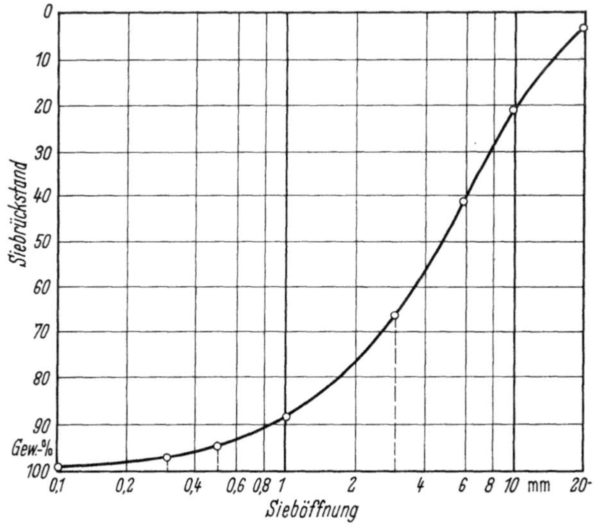

Abb. 1.5/12. Körnungskennlinie im einfach logarithmischen Koordinatensystem.

Um die Feinkornklassen stärker hervorzuheben, bedient man sich eines Koordinatennetzes, dessen Abszisse logarithmisch geteilt ist (Abb. 1.5/12). Diese Einteilung gestattet neben den groben auch die feinen Körnungen so auseinanderzuziehen, daß sie der Betrachtung zugänglicher werden.

Die besprochenen Darstellungsmöglichkeiten der Siebanalyse veranschaulichen den Aufbau eines Korngemenges, ohne ihn durch irgendeine Kennziffer zu charakterisieren. Diese für die Diskussion und Übermittlung oft gewünschte Möglichkeit bringt die doppelt-logarithmische Darstellung im *Rosin-Rammler-Sperling-Bennett-Körnungsnetz (RRSB-Netz).* Auf die Grundlagen dieser statistischen Auswertung braucht hier nicht eingegangen zu werden, da sie in den von Dr.-Ing. E. Puffe [7] geschaffenen Vordrucken (erhältlich beim Dr. Riederer-Verlag GmbH, Stuttgart, Postfach 447) in Diagrammblocks ohne mathematische Vorkenntnisse rasch und handlich ausführbar ist und zu leicht verständlichen Ergebnissen führt.

Ein weiterentwickeltes Körnungsnetz wird in DIN 4190 Blatt 1 und 2 gegeben. DIN 4190 wird in absehbarer Zeit ersetzt werden durch die vorerst im Entwurf (Januar 1970) vorliegende DIN 66156 („Darstellung von Korn- oder Teilchengrößenverteilungen; RRSB-Netz"). Das Normblatt[1] bringt eine vereinfachte Umgestaltung des Körnungsnetzes, ohne dessen grundsätzlichen Aufbau zu ändern. So bleiben auch in dem neuen RRSB-Netz Verlauf und Aussagevermögen der in Abb. 1.5/13 dargestellten und als RRSB-Gerade sich darbietenden Siebanalyse unverändert. Trägt man in das Körnungsnetz die Beispiel-Werte aus Tab. 1.5/2 ein, so ergibt sich für diese Körnung recht genau eine Interpolationsgerade, die sog. RRSB-Gerade. Infolgedessen genügen zur Kennzeichnung der Kornverteilung des entsprechenden Haufwerkes:

1. *die Korngröße d'*, die sich für den Schnittpunkt der RRSB-Geraden mit der im Netz bei $R = 36{,}8\%$ strichpunktiert eingezeichneten Horizontalen ergibt und die einprägsame Bedeutung einer statistisch gemittelten Korngröße hat. Für das Beispiel nach Tab. 1.5/2 ist an der Abszisse abzulesen: $d' = 6{,}6$ mm $= 6600\,\mu$m.

2. *die Gleichmäßigkeitszahl n* als Richtungsfaktor der RRSB-Geraden, die durch Parallelverschiebung der Körnungslinie durch den Pol P (links unten) und Einschneiden in den ersten Randmaßstab des Netzes (rechts und oben) erhalten wird. Für das Beispiel nach Tab. 1.5/2 ergibt sich die Gleichmäßigkeitszahl $n = 1{,}09$.

Für eine konstante Korngröße d' weist eine größere Gleichmäßigkeitszahl n auf ein gleichmäßigeres Korngemisch, m. a. W. auf ein gleichkörnigeres Haufwerk hin und umgekehrt. $n = \infty$ (senkrechte Gerade) bedeutet Gleichkörnigkeit (isodispers).
Es empfiehlt sich, auch Sicht- und Schlämmanalysen höherer Feinheiten in diesem Netz auszuwerten, wenn dann auch meist im Bereich einiger Mikrometer (μm) die Linien nach unten abbiegen.

Ergeben sich im Körnungsnetz geknickte Geradenzüge oder Übergänge in Kurven, so sind besondere verfahrenstechnische Überlegungen anzustellen. Es fehlen dann z. B. bestimmte Kornklassen ganz oder teilweise (Ausfallkörnungen), wie für spezielle Betonzuschläge vorgeschlagen, oder bestimmte Fraktionen sind irgendwie angereichert (Gleichkornsprung), vgl. Kießkalt [3, 4].

Die Ausführung der verschiedenen Verfahren zur Ermittlung der Korngrößenverteilung wird sehr eingehend dargelegt in der VDI-Richtlinie VDI 2031 [10].

---

[1] Das RRSB-Netz nach DIN 66145 (Entwurf 1970) führt — ebenso wie seine zuvor genannten Vorläufer — einen zusätzlichen Randmaßstab für eine „*Oberflächen-Kennzahl*" $O_V \cdot d'/f$ auf. O_V ist die idealisierte, d. h. auf eine kugelförmige Gestalt der Einzelkörner ($f = 1$) bezogene spezifische Oberfläche des Prüfguts in cm^2/cm^3. Dieser Meßwert, durch d' und die Dichte des Prüfgutes dividiert sowie multipliziert mit dem für das Prüfgut geltenden „Formfaktor" f nach Heywood (für Sand z. B. 1,4 [1]) ergibt die tatsächliche, auf die Masse (Gewicht) des Prüfgutes bezogene spezifische Oberfläche O_M in cm^2/g. Diese Bestimmung ist für viele, aber vorwiegend pulverförmige Korngemische, z. B. Zement, von größter Bedeutung. Für den Bereich, der von der Siebanalyse oberhalb 0,1 mm erfaßt wird, spielt die spezifische Oberfläche kaum eine Rolle.

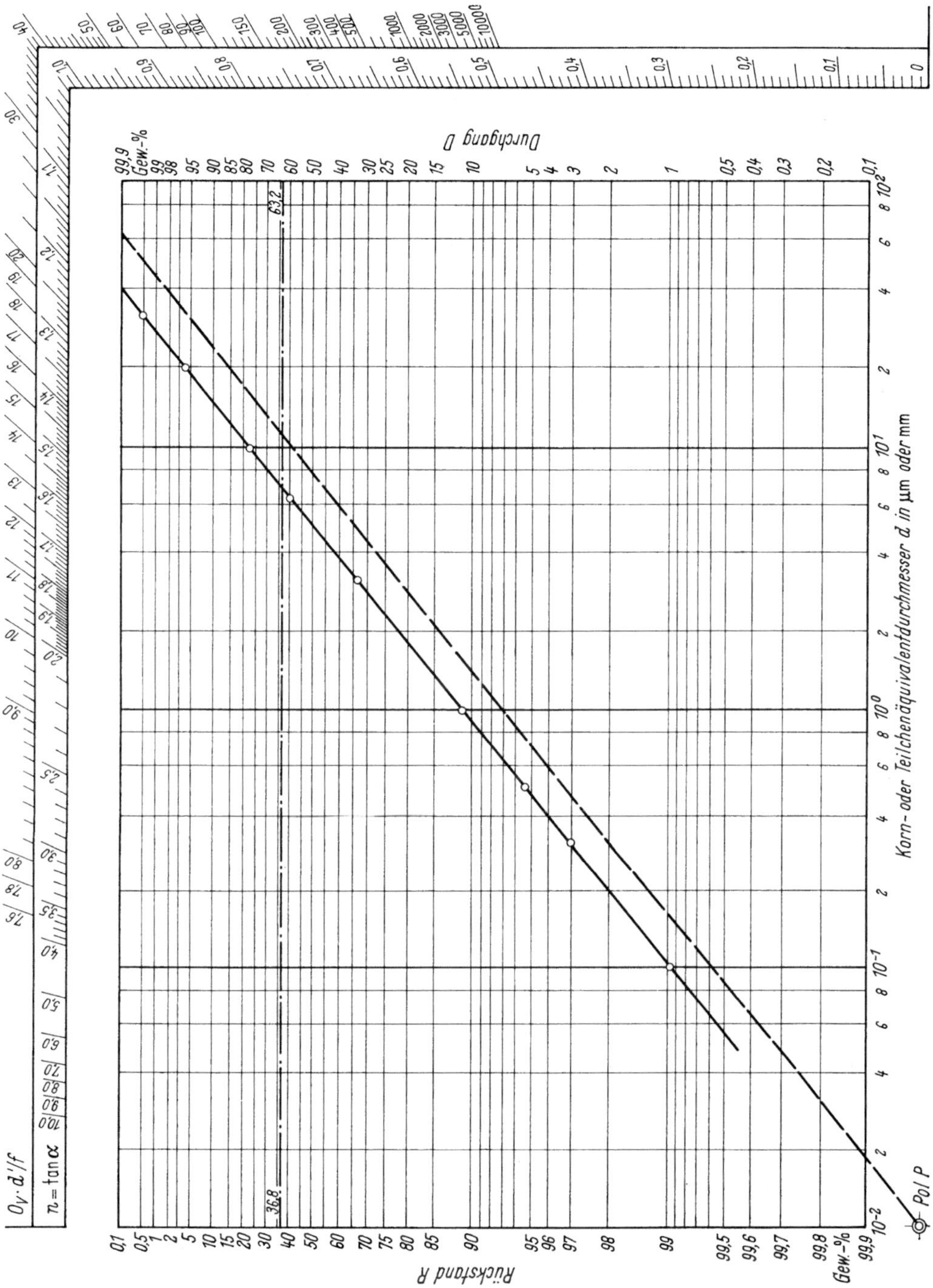

Abb. 1.5/13. Körnungsnetz nach DIN 66145, Entwurf 1970, mit eingezeichneter RRSB-Geraden für das Beispiel in Tab. 1.5/2.

Literatur zu 1.5

1 Batel, W.: Korngrößenmeßtechnik. 3. Aufl. Berlin–Heidelberg–New York: Springer 1971.
2 Cadle, R. D.: Particle Size Determination. New York u. London: Interscience Publishers 1955.
3 Kießkalt, S.: Neue Erkenntnisse über Kornverteilungsnetze und Oberflächentafeln. Z. VDI 94 (1952) 1137—1140.
4 Kießkalt, S.: Zum deutschen Normblatt für die graphische Erfassung von Kornverteilungen. Erzmetall 8 (1955). Beiheft, S. B 63—B 72.
5 Köster, E.: Granulometrische und morphometrische Meßmethoden an Mineralkörnern, Steinen und sonstigen Stoffen. Stuttgart: Enke 1964.
6 Lauer, O.: Feinheitsmessungen an technischen Stäuben. Herausgeber: Alpine AG, Augsburg 1963.
7 Puffe, E.: Graphische Darstellung und Auswertung von Siebanalysen auf Grund der Rosin-Rammler-Gleichung. Erzmetall 1 (1948), 97—103.
8 Siebtechnik, Mühlheim a. d. Ruhr (Hrsg.): Prüfsiebung. Probenahme und Siebanalyse. 6., erw. u. überarb. Aufl. 1969.
9 Ullmanns Encyklopädie der technischen Chemie. 3. Aufl., Bd. 2/1. S. 747—769. München–Berlin–Wien: Urban & Schwarzenberg 1961.
10 Verein Deutscher Ingenieure: Feinheitsbestimmungen an technischen Stäuben. VDI-Richtlinie 2031, Oktober 1962.
11 DIN-Blätter, ebenso ISO-Normen, im Text zitiert, sind zu beziehen von: Beuth-Vertrieb GmbH, 1 Berlin 30, Burggrafenstr. 4—7; Köln, Friesenplatz 16; 6 Frankfurt/M., Gutleutstr. 163—167.

1.6 Geräte zur Entnahme von Proben

Die folgenden Ausführungen umfassen nur die Hilfsmittel für die Probenahme fester Stoffe (Erze, Schlacken, Metalle). Die Hilfsmittel für die Probenahme von Gasen und Flüssigkeiten werden in den jeweiligen Sonderkapiteln angeführt.
Zu den notwendigen Hilfsmitteln bei der Entnahme von Proben gehören mannigfache Geräte und Werkzeuge, von denen hier nur die wichtigsten herausgegriffen werden sollen. Alle Geräte wie Schaufeln, Gabeln, Stecher usw. sollen, soweit in den speziellen Kapiteln nichts anderes vermerkt ist, aus nichtrostenden Stählen bestehen.

1.6.1 Probenahme von Hand

a) Schaufeln (Abb. 1.6/1). Zum Entladen des Inhaltes von Eisenbahnwagen, zum Umschaufeln der entnommenen Rohproben und zu ähnlichen Arbeiten verwendet man Schaufeln mit breitem, an den Seiten aufgebogenem Stahlblatt und längerem Stiel. Es ist besonders darauf zu achten, daß die Schaufeln stets die gleiche Größe besitzen, da ihr Inhalt häufig eine Teilungseinheit darstellt und diese Einheiten möglichst gleich sein müssen. Es darf daher das Blatt auch keine größeren Scharten aufweisen oder sonst deformiert sein. Bei kleineren Proben bedient man sich kleinerer sog. Handschaufeln verschiedener Größe, deren Seiten rechtwinklig aufgebogen sind.

b) Gabeln (Abb. 1.6/1). Bei nur grobstückigem Material werden zur Entleerung von Waggons auch Stahlgabeln, sog. Koksgabeln, verwandt, deren Enden häufig knopfartig verdickt sind.

c) Hämmer. Diese werden in den verschiedensten Größen, angefangen vom Vorschlaghammer bis zum kleinsten Fausthammer (Fäustel), zur Zerkleinerung größerer Materialbrocken im Laufe der Probenahme und Probenzubereitung benutzt.

d) Hacken. Hacken in Form von Spitzhacken gewöhnlicher Form und Größe werden zum Lockern zusammengetrockneten oder durch Druck zusammengepreßten und gefrorenen Materials verwendet.

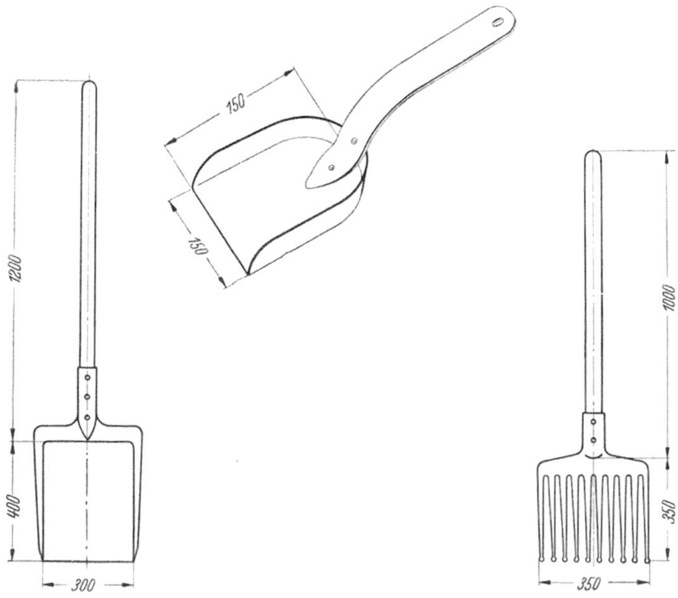

Abb. 1.6/1. Schaufeln und Gabel.

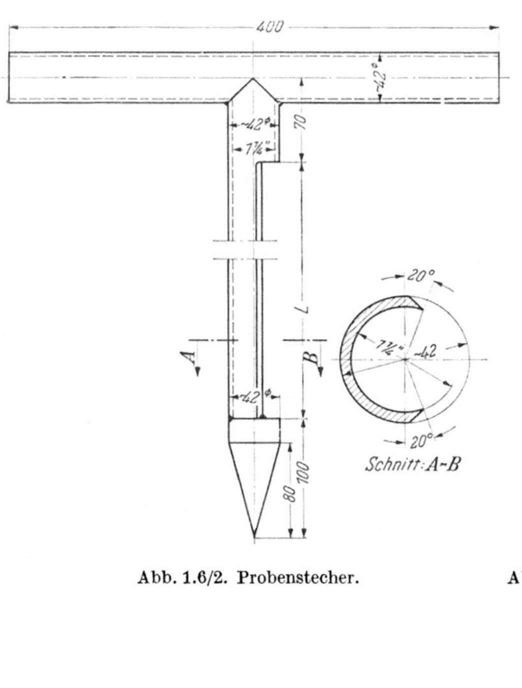

Abb. 1.6/2. Probenstecher.

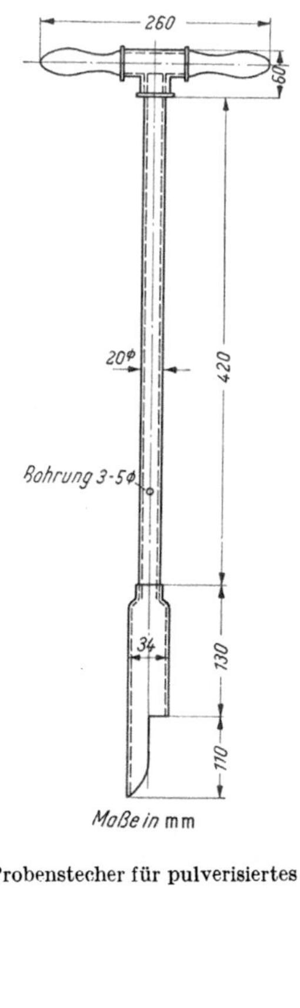

Abb. 1.6/3. Probenstecher für pulverisiertes Material.

e) Stecher. In einfachster Form als Stahlrohr von 2 bis 4 mm Wandstärke, 1000 bis 1500 mm Länge und 30 bis 50 mm lichter Weite mit einem am oberen Ende befindlichen, querstehenden Handgriff, werden die Stecher bei feinem Material gleichmäßiger Körnung bis zu 1 mm Durchmesser angewandt (Abb. 1.6/2). Da man häufig die Stecher namentlich bei in Fässern eingestampftem Material durch Hammerschläge bis auf den Gefäßboden hineintreiben muß, hat das Stechermaterial entsprechend dickwandig und widerstandsfähig zu sein. Das Herausziehen eines auf diese Weise hineingetriebenen Stechers bietet naturgemäß gewisse Schwierigkeiten, die aber meist durch geschicktes Lockern und Drehen zu beheben sind. Nach dem Herausziehen ist der Inhalt des Stechers durch Klopfen oder Einführen eines Eisenstabes vollständig in ein Sammelgefäß zu entleeren. Dabei muß man vorher nachprüfen, ob der Stecher mit Material voll gefüllt war und so den Gesamtdurchschnitt enthält. Bisweilen besteht nämlich die Gefahr, daß das Rohr sich

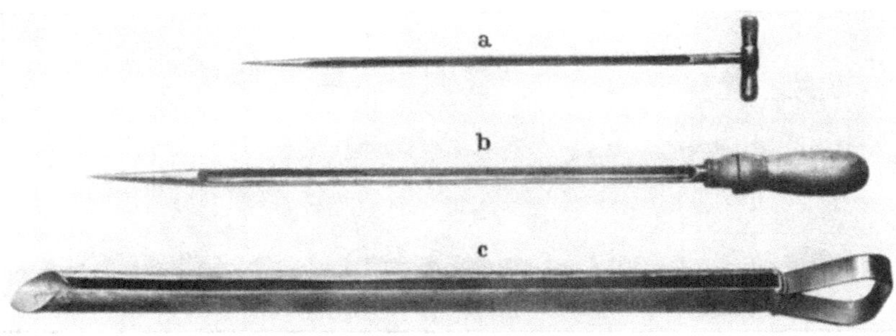

Abb. 1.6/4. Probenadeln.
a) Phosphatmehlnadel; b) Schlackennadel; c) Rinnenstecher.

zwar bis auf den Boden des Fasses treiben läßt, daß aber das Material — besonders Zinkstaub — innerhalb des Rohres nicht nachsteigt und dann der untere Teil des Faßinhaltes in der Probe fehlt. Bei Material ungleichmäßiger oder gröberer Körnung, wie z. B. bei Aufbereitungsgraupen, darf der Stecher nicht benutzt werden, da hierbei gröbere Teilchen leicht beiseite gedrückt, also nicht vollständig erfaßt werden.

Eine namentlich für pulverförmiges Material geeignete Ausführung eines Stechers ist aus Abb. 1.6/3 zu ersehen. Dieser Stecher wird geöffnet in das Material eingeführt, nach Drehen des Handgriffs geschlossen wieder herausgezogen und nach abermaligem Öffnen in das Sammelgefäß entleert. Zur Entnahme von pulverförmigem bis feinkörnigem Material aus Säcken oder flachem, leicht begehbarem Haufwerk eignen sich die in Abb. 1.6/4 wiedergegebenen Probenadeln, wie sie in Form der Phosphatmehlnadeln *a* zur Probung von Thomasmehl und Zement, der Schlakkennadeln *b* zur Probung von gleichmäßigen, feinkörnigen Schlacken und des Rinnenstechers *c* für etwas gröbere Schlacken bis zu 5 mm Korngröße dargestellt sind.

Bei Schlämmen und dergleichen werden Proben mittels des in Abb. 1.6/5 dargestellten *Schlammstechers* entnommen. Er besteht aus einem etwa 30 bis 40 mm weiten und etwa 700 mm langen Rohr *R*, einem Eisenrundstab *E* und einem auf diesem sitzenden Verschlußstück *S*. Letzteres ist an der einen Seite mit einer Spitze, an der anderen mit einem Konus versehen, der in eine entsprechende Ausfräsung des Rohrendes paßt und dieses somit dicht verschließen kann. Bei der Probenahme wird meist der Eisenstab mit dem Verschlußstück in den nassen Schlamm gesteckt, dann das Rohr nachgesetzt, nach Füllung durch Anziehen und leichtes Drehen des Stabes verschlossen und der Stecher komplett aus dem Schlamm herausgezogen.

Bei Flüssigkeiten erfolgt eine Probenahme im allgemeinen mit einem einfachen Stechheber (Abb. 1.6/5).

f) Werkzeuge zur Probenahme von zerspanbarem, metallischem Material (Sägen, Stecheisen, Meißel, Scheren, Stanzen, Bohrer, Fräser, Hobler) sind, da sie für die Zurichtung der Proben gleichfalls in Frage kommen, unter 1.7.2 beschrieben.

g) Schöpflöffel. Zur Entnahme von Metall- und Schlackenproben im feuerflüssigen Zustand bedient man sich zweckmäßig des in Abb. 1.6/6 dargestellten eisernen

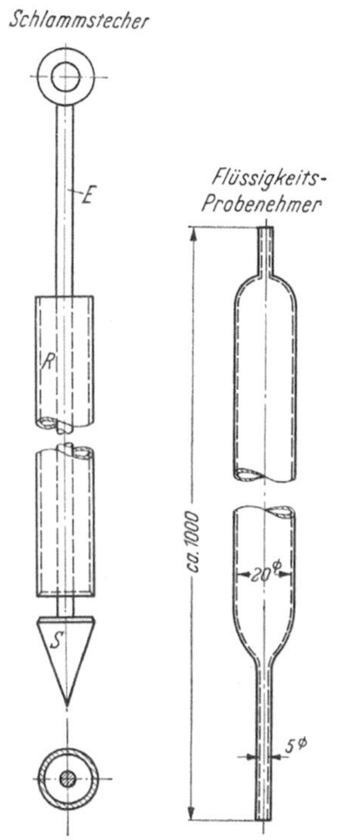

Abb. 1.6/5. Schlammstecher und Flüssigkeitsprobenehmer.

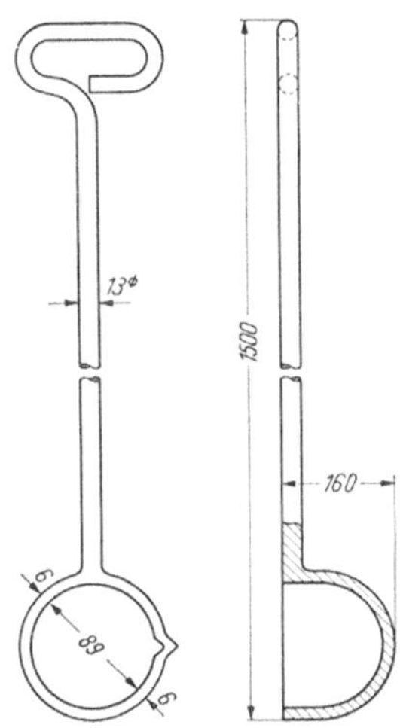

Abb. 1.6/6. Schöpflöffel.

Abb. 1.6/7. Gefäß zur Aufbewahrung der Nässeprobe.

Schöpflöffels, dessen Fassungsvermögen auch kleiner oder größer sein kann. Wird das Eisen durch das flüssige Medium angegriffen, verwendet man Löffel aus Graphit.

h) Greifer. Der Vollständigkeit halber müssen hier auch mechanisch angetriebene Greifer verschiedener Konstruktion erwähnt werden. Diese dienen meist gleichzeitig zur Entladung oder Beladung, wobei in einem gewissen Rhythmus jeweils ein Greifer als Rohprobe entnommen wird.

i) Gefäße zur Aufnahme von Nässeproben. Hierzu benutzt man durch einen Deckel verschließbare Behälter aus Eisen- oder Nichteisenmetallblech, die zum bequemen Befördern zwei Henkel besitzen und bis zu 50 kg Material fassen können (Abb. 1.6/7). Bei geringeren Probemengen von 5 bis 10 kg können auch mit Glasstopfen versehene Weithalsflaschen verwendet werden.

1.6.2 Mechanische Probenehmer und automatische Probenahme

In den letzten Jahren wurden die mechanischen Probenehmer und die vollautomatische Probenahme, bei der die Proben nicht nur selbsttätig entnommen sondern auch automatisch bis zur Analysenprobe verarbeitet werden, erheblich weiter entwickelt.

Hierbei können die Proben in regelmäßigen Zeitabständen (zeitproportional) unter Verwendung einer Relais-Schaltuhr entnommen werden oder gewichtsproportional, wobei jeweils nach Durchgang einer abgewogenen Teilmenge des Gutstroms eine Probe gezogen wird. Dieses Verfahren empfiehlt sich bei starken Mengenschwankungen. In den ISO-Empfehlungen für Eisenerze [8] sind beide Verfahren aufgeführt.

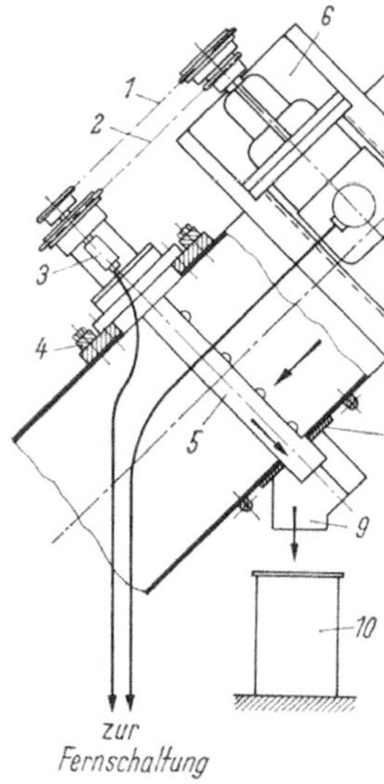

Abb. 1.6/8. Schnecken-Probenehmer (Siebtechnik, Mülheim/Ruhr).
1 Antriebskette für die Schnecke, *2* Antriebskette für den Schneckenmantel, *3* Endschalter, *4* Halterung für den automatischen Probenehmer, *5* Automatischer Probenehmer (Schnecke), *6* Getriebemotor, *7* Halterung für den Getriebemotor, *8* Dichtungsflansch, *9* Probenablaufrohr, *10* Probenaufnahmegefäß oder Probenteiler.

Die in großer Zahl auf dem Markt befindlichen Geräte dieser Art [2, 5, 6] ermöglichen eine kontinuierliche oder eine periodische Probenentnahme. *Kontinuierlich* kann durch einen Schlitz im Fördermittel, durch ein von der Seite in den Gutstrom eingeführtes Schneckenrohr (Abb. 1.6/8) oder auf andere Weise ein Teil des Gutstromes als Probe abgezweigt werden. Voraussetzung für die Anwendung ist ein genügend feinkörniges Material oder eine Trübe, da sonst der Schlitz oder die Öffnungen zu weit gemacht werden müßten und die Probe dadurch u. U. zu groß würde. Sehr verbreitet ist die *periodische* Probenahme, bei welcher aus dem Gutstrom Einzelproben gezogen werden.

Die Konstruktion der mechanischen Probenehmer paßt sich dem Entnahmeort an. Aus einem *gleitenden Gutstrom* auf Rutschen oder ähnlichen Förderern wird die Probe mittels hubbewegter Klappen, rotierender Schlitztrommeln oder Zellenräder periodisch entnommen, bei Becherwerken durch selbsttätiges Auskippen eines Bechers. Aus *Gutströmen auf Förderbändern* schlägt man quer zur Förderrichtung einen Streifen des Materials vom Band herunter, oder man zieht in Laufrichtung Proben mittels über den Querschnitt verteilter, pendelnder Löffel. Hierbei ist jedoch die Probegenauigkeit nicht immer gewährleistet [6], da auch häufig das feinste Material auf dem Band nicht erfaßt wird. Beliebig große Einzelproben lassen sich durch Hosenrutschen entnehmen, die an der Übergabestelle zweier Förderbänder zwischengeschaltet werden. Siehe auch 2.8.

Bei *fallenden Gutströmen* am Abwurf von Förderbändern, an Bunkerausläufen usw. werden Schlitzgefäße, Kübel oder Löffel pendelnd, umlaufend oder kreisend durch den Gutstrom geführt. Das kann mit Hilfe von Hebelvorrichtungen oder Gliederketten geschehen. Einen Löffelprobenehmer mit Antrieb durch ein Verstellgerät zeigt Abb. 1.6/9, einen Kettenprobenehmer mit Kübel zur Entnahme größerer Einzelproben Abb. 1.6/10. Besonders verbreitet und vor allem für grobkörniges Gut geeignet sind die Rotationsprobenehmer [2, 6]. In Abb. 1.6/11 wird der mit max. 1,2 m/sec kreisende Löffel über eine Steuerkurve zum Schließen bzw. Öffnen seiner Bodenklappe durch Drehung um E veranlaßt.

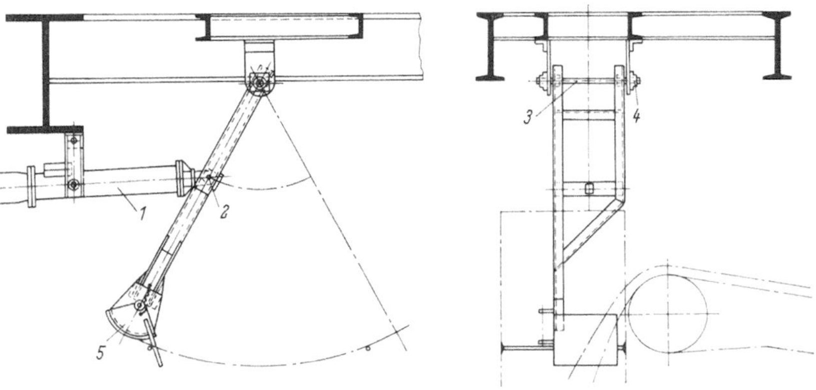

Abb. 1.6/9. Löffelprobenehmer (Humboldt Wedag, Bochum).
1 Verstellgerät, *2* Bolzen, *3* Welle, *4* Flanschlager, *5* Probenbecher.

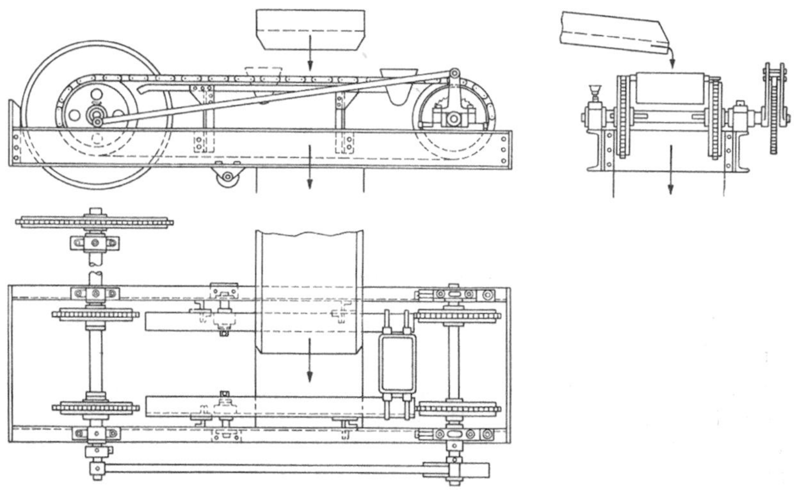

Abb. 1.6/10. Kettenprobenehmer.

Der *Antrieb* mechanischer Probenehmer erfolgt in der Hauptsache mit Hilfe von elektrischen Getriebemotoren oder Verstellgeräten, gelegentlich auch ölhydraulisch oder mit Druckluft. Eine Verriegelung mit dem Antrieb des Transportmittels setzt bei Ausbleiben des Gutstromes den Probenehmer still.

Von der International Organization for Standardization (ISO) sind für Eisenerze Empfehlungen über Ausführungsformen für Primärentnahme- und Teilungsaggregate in Bearbeitung [8].

Werden solche oder ähnliche Probenahmegeräte durch nachgeschaltete Zerkleinerungsvorrichtungen und Probenteiler (1.7.3) ergänzt, so entstehen *mehrstufige vollautomatische Probenahmeanlagen,* welche gegenüber der Handprobenahme die

Entnahme und Verarbeitung einer erheblich größeren Menge an Probegut erlauben. Solche Anlagen sind daher für die laufende Probenahme großer Lieferungen an Erzen (Konzentraten), Kohlen usw. in Betracht zu ziehen. Die Probenahmegenauigkeit kann nur von Fall zu Fall beurteilt werden, ihre Prüfung setzt vergleichende Versuche voraus. Die Kosten für Installation und Betrieb sind oft recht beträchtlich

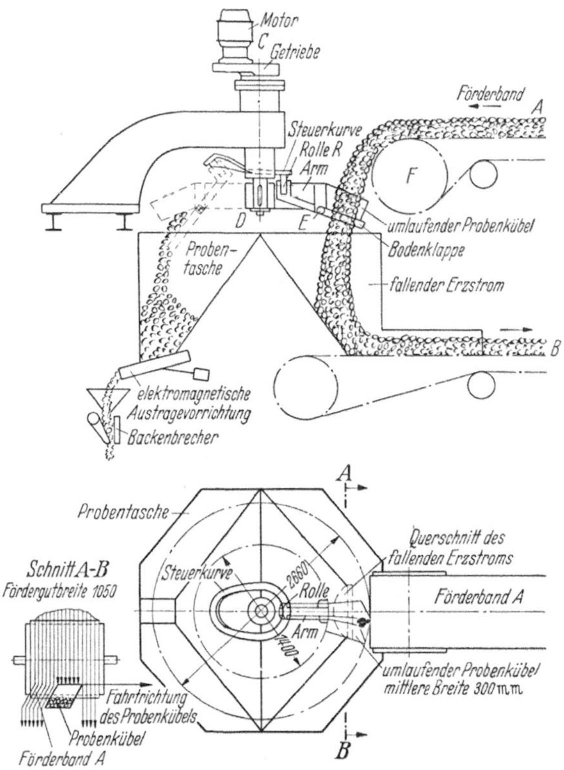

Abb. 1.6/11. Rotationsprobenehmer in Narvik.

und machen sich daher auch nur bei größeren Liefermengen bezahlt, wenn solche laufend zu proben sind.

Der in der 1. Auflage dieses Buches noch hervorgehobene Nachteil der schwierigen Reinigung automatischer Probenahmeanlagen wird heute als nicht mehr in jedem Falle zutreffend bezeichnet. So kann die Eisenerz-Umschlagsanlage Europoort in Rotterdam nacheinander verschiedene Erzarten einschließlich feuchter Konzentrate betriebssicher verarbeiten [4]. Die Reinigung kann durch Ausblasen mit Druckluft und anschließende Durchgabe eines kleinen Teils der neu zu verarbeitenden Probe, der dann zu verwerfen ist, in 15 bis 20 min geschehen. Für die Auslegung der Anlage Europoort wurden die infrage kommenden ISO-Empfehlungen [7, 9] zugrundegelegt und dabei die zu erwartenden Erzsorten berücksichtigt. Alle Anlagenteile haben inzwischen ein hohes Maß an Verfügbarkeit erreicht.

Neben Narvik und Europoort können als weitere Beispiele Port Talbot [3] in Großbritannien und japanische Anlagen angeführt werden. Da die Schwedenerze sich durch Gleichmäßigkeit und hohen Eisengehalt auszeichnen, kann bei der Schiffsverladung Narvik das erforderliche Probengewicht von 0,5% jeder Schiffsladung wesentlich geringer sein als bei eisenarmen Erzen. Ebenso ist keine so weitgehende Zerkleinerung der mit einer maximalen Stückgröße von 100 mm angelieferten Erze notwendig. Die Entnahme der Teilproben vollzieht sich fortlaufend und automatisch während der ganzen Verladezeit; die Gesamtprobe wird durch nachgeschaltete automatische Einrichtungen zerkleinert und verjüngt. Abb. 1.6/11 zeigt die Einrichtung zur Entnahme der Probe aus dem Erzstrom, Abb. 1.7/33 (im

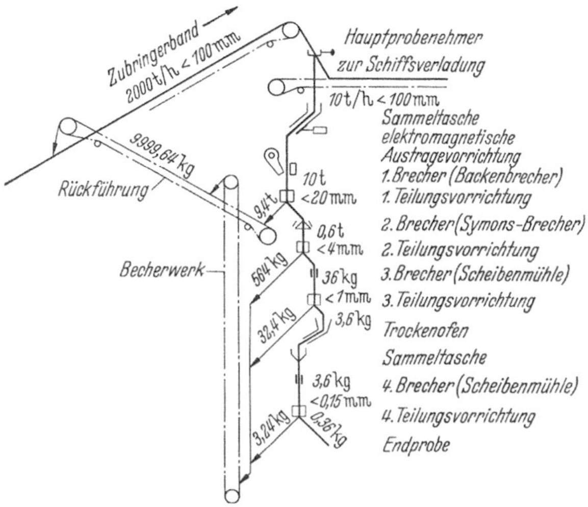

Abb. 1.6/12. Schema der automatischen Eisenerz-Probenahme in Narvik.

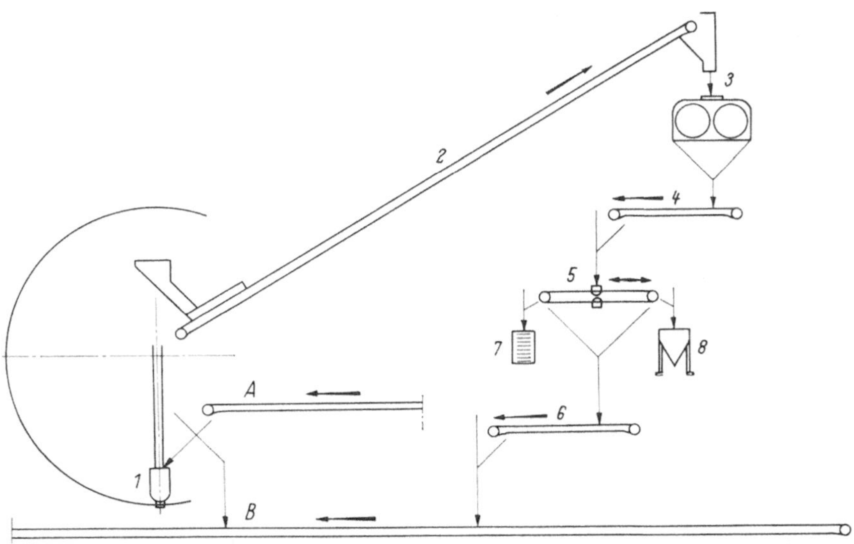

Abb. 1.6/13. Stammbaum einer Probenahmeanlage für Kupferkonzentrate (Humboldt Wedag, Bochum). *1* Löffelprobenehmer, *2*, *4*, *6* Kurzbandförderer, *3* Einwalzenbrecher, *5* reversierbarer Kettenprobenehmer, *7* und *8* Behälter für Proben, *A* und *B* Gurttransportbänder.

Abschnitt 1.7.3) einen Teilungsapparat und Abb. 1.6/12 ein Schema der gesamten Anlage.

Der Stammbaum in Abb. 1.6/13 und die Beschreibung einer *automatischen Probenahme für Kupferkonzentrat* mit Probenvorbereitung wurde uns von der KHD Industrieanlagen AG Humboldt Wedag, Bochum, zur Verfügung gestellt. Aus dem Konzentratstrom (Dichte 1,8 kg/l, Körnung 200 bis 0 mm) des ankommenden

Gurtförderers *A* von 1000 mm Gurtbreite ($v = 1{,}25$ m/sec, Leistung max. 300t/h) entnimmt der durch einen Gleichstrommotor angetriebene Probenlöffel *1* von 300 mm Becherbreite in 30 Löffelspielen $2 \times 30 = 60$ Proben je Stunde bzw. ca. 3 t/h. Die Löffelgeschwindigkeit ist stufenlos über Thyristoren-Steuerung (AEG-Minisemi 380) regelbar von 0,3 bis 0,6 m/sec, auch die Becherspaltweite ist veränderlich. Die Probenahme erfolgt gewichts- und zeitproportional. Auch die Kurzbandförderer *2*, *4* und *6* sind über Thyristoren regelbar. Im Einschwingenbrecher *3* werden die Knollen im Konzentrat auf ca. 15 bis 0 mm zerkleinert. Der Kettenprobenehmer *5* ist mit 2 Bechern ausgerüstet, die mit ca. 0,125 m/sec umlaufen; seine Förderrichtung ist reversierbar. Der Verwurf von 2,7 t/h wird dem Hauptkonzentratstrom *B* wieder zugeführt.

Literatur zu 1.6.2

1 Barrington, R. C. A., Powell, J.: Practical aspects of sampling consignments of iron ore. Papers presented at the Meeting „Sampling in the Mineral and Metallurgical Processing Industries", 2. 7. 1973, London. London: Institution of Mining and Metallurgy 1973, S. 50–55.
2 Block, E.: Einige Beispiele der automatischen Probenahme. Glückauf 101 (1965) 255–264.
3 Gale, P.: The sampling and analysis of iron ore from bulk ore carriers. MG/D. Conf. Proc. 560–69.
4 Kollmer, R.: Die Wäge- und Probenahmeeinrichtungen der Erzumschlagsanlage Europoort. Vortrag auf der Hauptversammlung der Gesellschaft Deutscher Metallhütten- und Bergleute, 21. 9. 1973, Bremen; Erzmetall 27 (1974) 77–84.
5 Schubert, H.: Aufbereitung fester mineralischer Rohstoffe, Bd. III, Leipzig: VEB Deutscher Verlag für Grundstoffindustrie 1972, S. 351ff.
6 Sporbeck, H.: Technische Hilfsmittel der Probenahme und Probenverarbeitung. Z. analyt. Chem. 209 (1965) 60–104.
7 ISO 3081–1973: Iron ores — Increment sampling — Manual method.
8 ISO/TC/102/SCL-Secretariat 100/281 E (Entwurf für Empfehlungen über Ausführungsformen von Entnahme- und Teilungsapparaturen).
9 ISO 3083–1973: Iron ores — Preparation of samples.

1.7 Geräte zum Zurichten der Proben

Das Zurichten der Probe verfolgt den Zweck, aus der gezogenen Rohprobe ein für die Arbeiten des Laboratoriums geeignetes Probegut herzustellen. Die Arbeitsgänge, die hierfür gebräuchlich sind, werden in Kap. 4 eingehend behandelt, während die hierfür in Betracht kommenden Werkzeuge und Maschinen nachstehend aufgeführt werden.

Das Zerkleinern und Verjüngen von großen Mengen gehört in die Aufgabengebiete fast sämtlicher Industriezweige. Aus der großen Zahl hierfür gebräuchlicher Geräte und Maschinen sollen hier nur diejenigen näher beschrieben werden, die sich für die Probenahmezwecke als am geeignetsten erwiesen haben. Grundbedingung für Geräte und Maschinen zu Probenahmezwecken ist die Gewähr für eine einwandfreie, gleichmäßige und verlustfreie Zerkleinerung und Verjüngung, eine leichte Reinigungsmöglichkeit und Sauberhaltung sowie eine möglichst kräftige Bauart aus verschleißfestem Material.

Man kann die Werkzeuge und Maschinen grob nach zwei Aufgabengebieten unterteilen:

1.7.1 für die Zerkleinerung spröden Materials und

1.7.2 für die Zerkleinerung zerspanbaren Materials.

Unter die Bezeichnung „sprödes Material" fallen sowohl die Erze und die nichtmetallischen Stoffe als auch ein Teil der Metalle und deren Legierungen. Bei letzteren ist im allgemeinen die Behandlung die gleiche wie bei den Erzen, mit dem Unterschied, daß meistens kleinere Probemengen zur Anwendung kommen.

1.7.1 Zerkleinerung von sprödem Material

An Zerkleinerungsmaschinen gibt es solche zur Zerkleinerung bzw. Vorzerkleinerung grobstückigen Materials auch in größeren Mengen (Brecher u. a.) und solche zur Zerkleinerung kleinerer Mengen mit kleinerer Korngröße (Scheiben- und Mörsermühlen u. a.).

Als allgemeiner Arbeitsgang für eine Zerkleinerung und Unterteilung spröder, stückiger Materialien gilt die Vorbehandlung in Brechern, Quetschwalzen, Walzenbrechern, Kollergängen und gegebenenfalls in Walzen-, Trommel- oder Kugelmühlen. Das bereits erheblich reduzierte Probegut wird dann weiter durch Reiben von Hand auf der Stampfplatte oder in Reibschalen oder auf mechanischem Wege in Mörsermühlen oder in Achatreibschalen bis auf die geforderte Analysen-

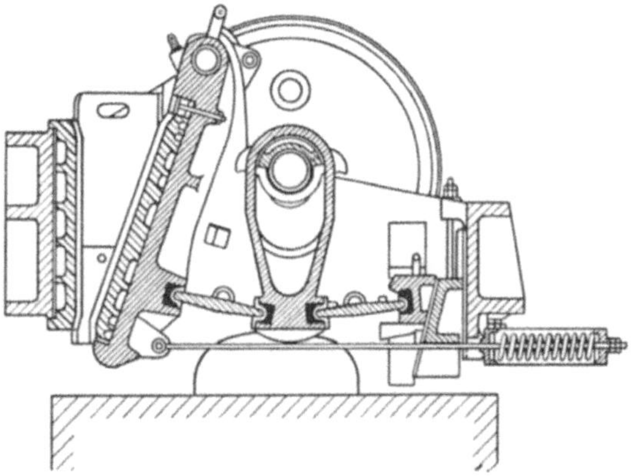

Abb. 1.7/1. Kniehebelbackenbrecher (Fried. Krupp, Rheinhausen).

feinheit gebracht. Das Material für die dem Verschleiß ausgesetzten Teile aller Zerkleinerungsmaschinen hat sich in bezug auf seine Härte, Festigkeit, Zähigkeit und sein Gefüge nach den Eigenschaften des zu zerkleinernden Stoffes, etwa auftretenden Warmbeanspruchungen und chemischen Einwirkungen zu richten.

a) Brecher. Für die Vorzerkleinerung dienen die *Stein- und Backenbrecher,* die in den verschiedensten Größen gebaut werden. Ihr Hauptbestandteil ist das Brechmaul mit Backe und Gegenbacke, von denen eine beweglich angeordnet ist. Für die Probenahme sind vor allem die Kniehebelbackenbrecher, Einschwingenbackenbrecher und der Schlagbrecher eingeführt.

Beim *Kniehebelbackenbrecher* (Abb. 1.7/1) wird die im oberen Drehpunkt aufgehängte Brechschwinge von der Kurbelwelle über eine senkrechte Stange und zwei etwas geneigte Kniehebel in schwingende Bewegung gesetzt. Der Brechhub ist im Austragsspalt am größten; dadurch wird hohe Leistung, aber ungleichmäßige Körnung erzielt. Deshalb wird dieser Typ vorwiegend zum Vorbrechen verwendet.

Der *Einschwingenbackenbrecher* (Abb. 1.7/2) hat einen bis auf Null einstellbaren Brechhub im Austragsspalt. Die Brechschwinge wird in ihrer oberen Lagerung unmittelbar von der Kurbelwelle in Kreisbewegung versetzt und stützt sich unten an einer in ihrer Schräglage einstellbaren Druckplatte ab. Bei sehr schräger Druckplatte kann der Brechhub längs der ganzen Brechschwinge annähernd gleich groß gehalten werden. Bei waagerechter Druckplatte ist der Brechhub im Austragsspalt gleich Null, dafür ist die zusätzliche mahlende bzw. reibende Bewegung in Schwingenrichtung maximal, wodurch eine große Feingutmenge erzeugt wird. Diese Brecherart ist deshalb besonders zur Erzeugung feinen gleichmäßigen Brechgutes geeignet. Kleinere Brecher werden zur besseren Reinigungsmöglichkeit auch mit aufklappbaren Rahmen hergestellt.

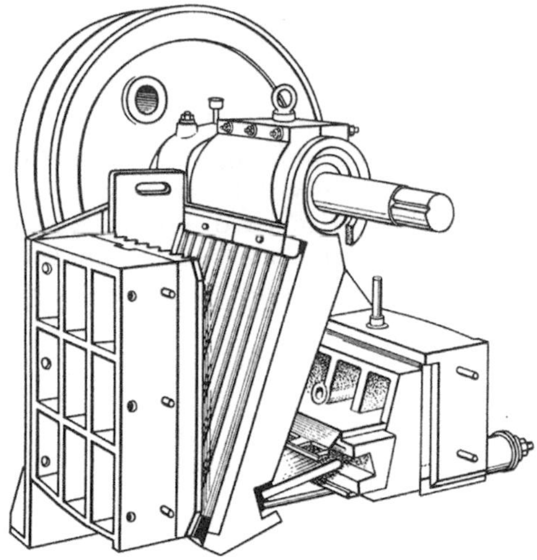

Abb. 1.7/2. Einschwingenbackenbrecher (Fried. Krupp, Rheinhausen).

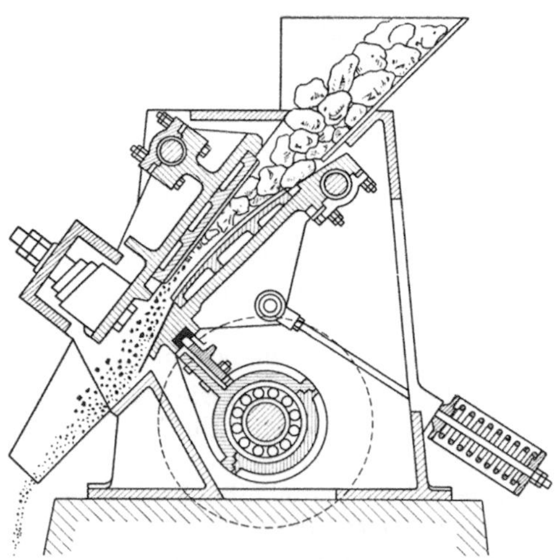

Abb. 1.7/3. Schlagbrecher.

Der *Schlagbrecher* (Abb. 1.7/3) ist auch ein Backenbrecher mit einer fest angeordneten und einer schwingenden Brechbacke. Er unterscheidet sich von den anderen Backenbrecherarten durch die starke Neigung des Arbeitsraumes und den verhältnismäßig großen Hub der schwingenden Backe an ihrem unteren Ende. Die Austragsspaltweite kann verhältnismäßig eng gestellt werden. Er liefert ein gleichmäßiges Korn bei wenig Feingut und hat sich für die Zerkleinerung von Ferrolegierungen eingeführt.

Eine Sonderform stellt der *Symons-Kegelbrecher* (Abb. 1.7/4) dar, bei dem die Zerkleinerung durch einen um seine Mittellage schwingenden Kegel erfolgt. Er ermöglicht den Durchsatz großer Materialmengen in relativ kurzer Zeit.

b) Hammermühlen. Diese haben sich zum Zerkleinern von Sondermaterialien, vor allen Dingen Schlackenbrocken u. a., gut bewährt und sind für diese Zwecke am geeignetsten. Bei diesen Zerkleinerungsmaschinen (s. Abb. 1.7/5) sind an einem Rotor Schläger beweglich aufgehängt, die sich bei der Drehung radial einstellen, das durch einen schrägen Einlauf eintretende Mahlgut zertrümmern

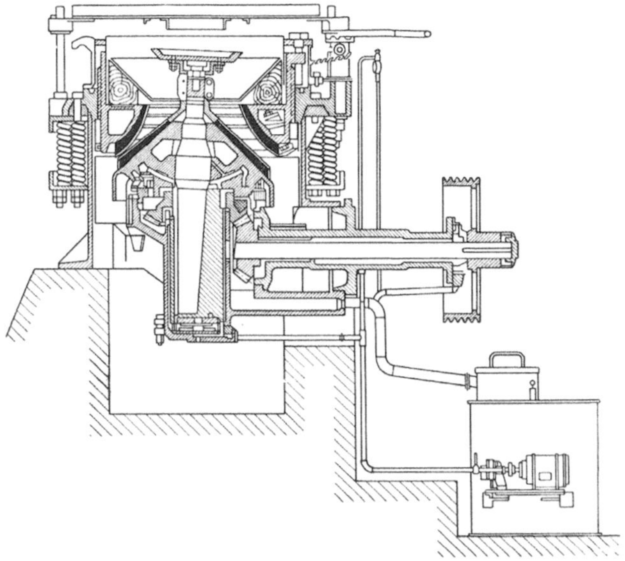

Abb. 1.7/4. Symons-Kegelbrecher (Fried. Krupp, Rheinhausen).

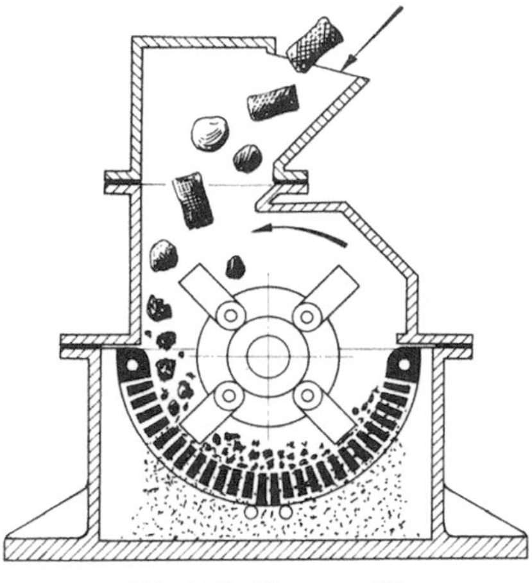

Abb. 1.7/5. Hammermühle (Siebtechnik, Mülheim/Ruhr).

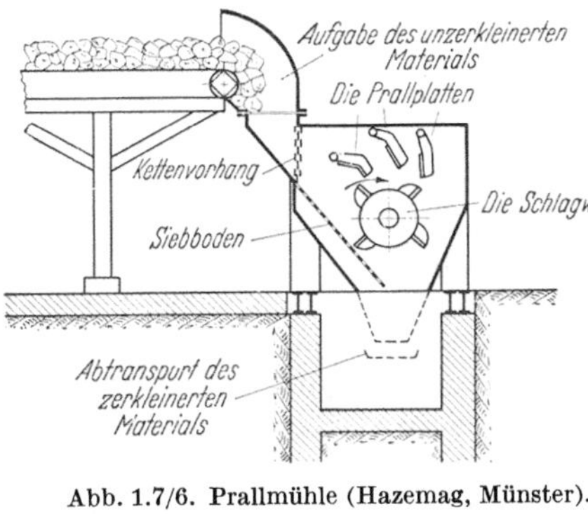

Abb. 1.7/6. Prallmühle (Hazemag, Münster).

und dann auf einem Rost und am Gehäuseumfang (Hammerprallmühle) weiter zerschlagen. Sie sind universell verwendbar für weiche und mittelharte Stoffe. Zum Grob-Vorbrechen kann auch ohne Rost gearbeitet werden, wobei dann unregelmäßig gebrochenes Gut anfällt. Es ist aber darauf zu achten, daß die Mühle abgedeckt oder mit einer Vorrichtung zum Abfangen des sich entwickelnden Staubes versehen ist, der wieder mit der gemahlenen Probe vereinigt werden muß, um Verfälschungen vorzubeugen.

c) Prallmühlen (Abb. 1.7/6). Die Prallmühlen bestehen aus einer oder zwei sich um eine waagerechte Achse drehenden Schlagwalzen, die das zu zerschlagende Material gegen ein oder mehrere ruhende Widerlager, die sog. Prallplatten, oder zum Teil auch die Stücke gegeneinander schleudern. Während bei den vorher genannten Brechern das Aufgabegut zerdrückt oder zerquetscht wird, zerspringt hierbei das Material bis zu Feingut. Die Prallzerkleinerung wird mit Erfolg bei Erzen, Schlacken, Zementklinkern und Kohlen eingesetzt und gestattet hier eine schnelle Durchsatzmöglichkeit größerer Materialmengen (etwa 30 t in 2 bis 3 h) bei einer weitestgehenden Zerkleinerung; dagegen ist sie nicht anwendbar bei plastischem Material.

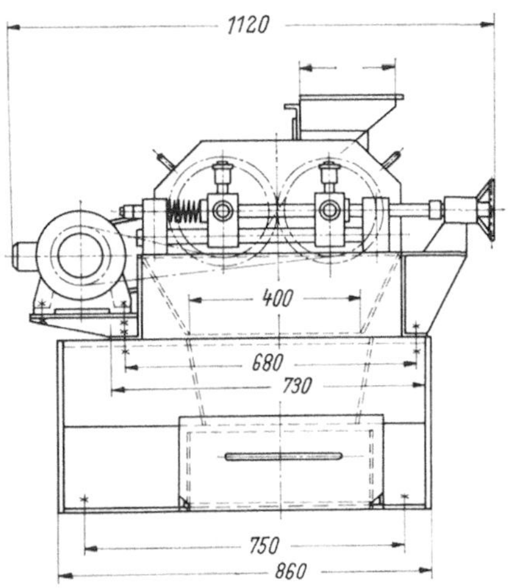

Abb. 1.7/7.
Doppelwalzenmühle (Humboldt Wedag, Bochum).

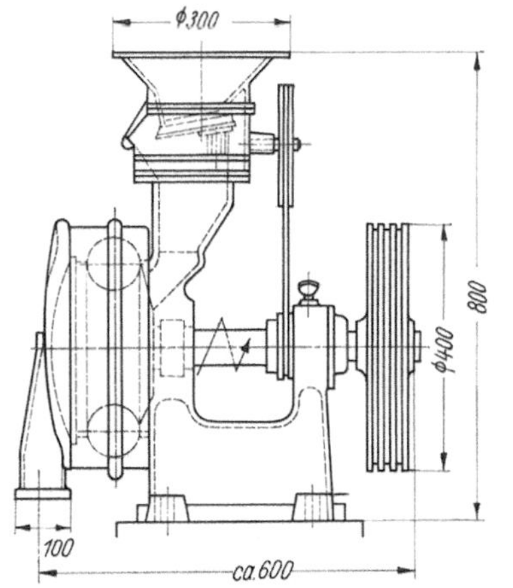

Abb. 1.7/8.
Siebkugelmühle (Humboldt Wedag, Bochum).

d) Quetschwalzen und Walzenmühlen. Ihre Hauptverwendung liegt im Feinbrechen kleinstückigen oder bereits vorgebrochenen Gutes. Die Walzenmühlen sind als Doppelwalzenmühlen und einfache Walzenmühlen im Gebrauch. Die *Doppelwalzenmühlen* (Abb. 1.7/7) bestehen aus zwei parallel laufenden Walzen gleichen Durchmessers, von denen die eine Walze in festen, die andere in verstellbaren Lagern läuft. Beide Walzen drehen sich gegenläufig. Der Walzspalt, der den Zerkleinerungsgrad bestimmt, ist von außen leicht einstellbar. Die Einstellung der Entfernungen geschieht zum Auffangen und Ausgleich etwaiger Stöße durch mit Federpufferung versehene Schraubstellvorrichtungen. Das Walzenmaterial besteht aus Schalenhartguß, Chrom- oder Manganstahlguß, bei weichen Stoffen aus normalem Hartguß. Für die Verwendung in der Probenzubereitung sollten nur Walzen mit glatter Oberfläche Verwendung finden, da diese sich am besten reinigen lassen.

Als Beispiel einer Einwalzenmühle, die kleinstückiges Material zu Pulver zerkleinert, sei die sog. *Quetschwalze* angeführt. Sie besteht aus einer elektrisch angetriebenen und durch Exzentersteuerung sich vor- und rückwärts bewegenden Hartgußwalze. Vorteilhaft wird mit der Walze ein mechanisch arbeitender Kratzer, der das zu zerkleinernde Gut immer wieder nach der Mitte zu vor die Walze bringt, gekuppelt. Sie eignet sich besonders, ebenso wie die Kollergänge (s. u.), zum Zerkleinern von Erzen und auch von granalienhaltigen Schlacken.

e) Kugel-, Scheiben- und Mörsermühlen. Die *Kugelmühlen* finden in der Probenahme bzw. -zurichtung sowohl für die Grob- als auch für die Feinzerkleinerung vielfach Verwendung. Die Arbeitsweise der Kugelmühlen beruht auf einer Zertrümmerung des Probegutes durch Herabfallen von Kugeln aus der höchsten Stellung in der rotierenden Trommel mit gleichzeitig mahlender Zerkleinerung. Der Werkstoff der Mühlen und Kugeln ist bei größeren Mühlen Stahl, bei kleineren — den namentlich für die Zerkleinerung auf Analysenfeinheit bestimmten *Schwingmühlen* von 1,5 bis 5 l Inhalt — Porzellan oder Steatit. Er muß in jedem Falle dem zu verarbeitenden Material gegenüber verschleißfest sein. Die Sieb-Kugel-

Abb. 1.7/9.
Sieblose Kugelmühle (Fried. Krupp, Rheinhausen).

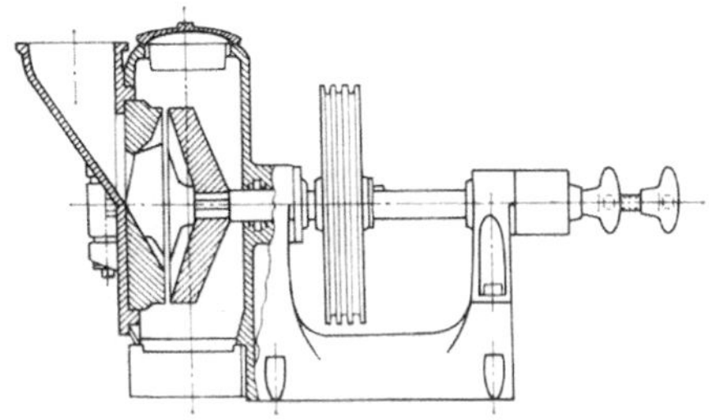

Abb. 1.7/10.
Scheibenmühle (Humboldt Wedag, Bochum).

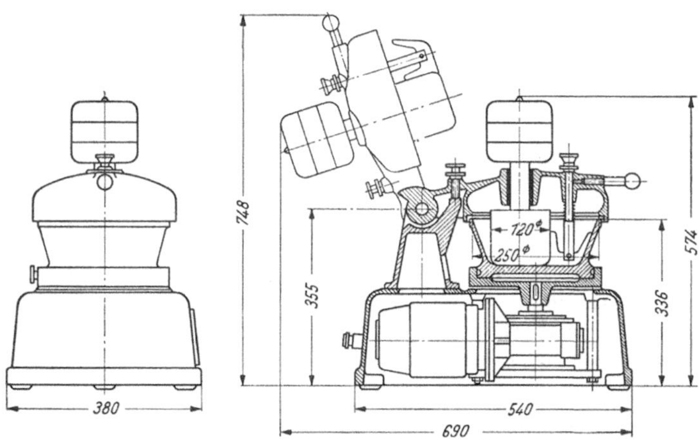

Abb. 1.7/11. Mörsermühle (Humboldt Wedag, Bochum).

mühlen (Abb. 1.7/8) eignen sich besonders zum Ausmahlen von metallhaltigen Krätzen, aber auch zum Vermahlen harten Gutes. Ein Nachteil ist der verhältnismäßig hohe Arbeitsaufwand bei der Reinigung. Durch die Kapselung der Mühlen werden Staubverluste automatisch vermieden. Im allgemeinen sind sieblose Kugelmühlen (Abb. 1.7/9) für die diskontinuierliche Aufgabe des Probegutes in Anwendung.

Ebenfalls für die Feinzerkleinerung dienen die Scheibenmühlen und die Mörsermühlen. Die Arbeitsweise der *Scheibenmühlen* (Abb. 1.7/10) besteht darin, daß das Mahlgut zwischen einer auf dem äußeren Gehäuse der Mühle festmontierten gezahnten Mahlplatte und einer um eine Horizontalachse rotierenden Mahlplatte aus Hartmanganstahl zerkleinert wird. Die Scheibenmühlen sind zur besseren Reinigung aufklappbar. Sie eignen sich nicht zur Zerkleinerung von Materialien mit metallischen Anteilen.

Die *Mörsermühlen* (Abb. 1.7/11) werden hauptsächlich zum Zerkleinern bis auf Analysenfeinheit eingesetzt. Sie bestehen aus einer Reibschale aus Hartporzellan oder Manganhartstahl, in der ein schweres Pistill aus gleichem Material exzentrisch angebracht ist. Die Schale wird durch einen Motor über ein Getriebe gedreht. Eine Gummifahne oder ein Abstreifer aus Metall führt das Mahlgut immer wieder dem Reiber zu. Durch die Drehung der Schale wird das frei bewegliche Pistill in Drehung versetzt; das bewirkt die Zerkleinerung zur Analysenfeinheit. Zur Vermeidung von Verstaubungsverlusten ist ein übergreifender Deckel angebracht.

Mit Ausnahme der Mörsermühlen haftet allen Mühlenkonstruktionen, namentlich bei der Verarbeitung schmierender und leicht klebender Materialien, der Nachteil der schlechten Reinigungsmöglichkeit an. Zur Reinigung der Mühlen muß ein

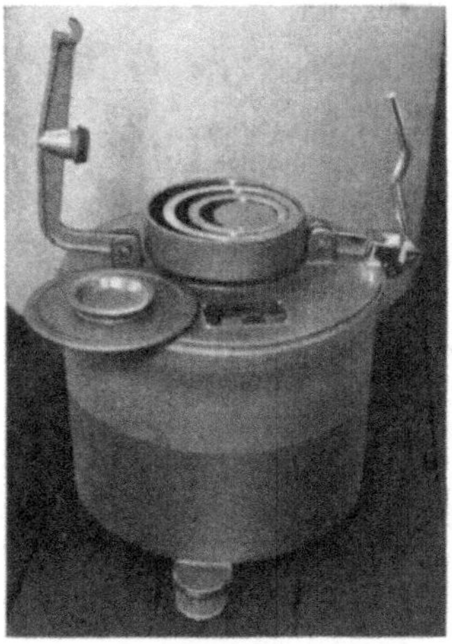

Abb. 1.7/12.
Scheibenschwingmühle (Siebtechnik, Mülheim/Ruhr).

Abb. 1.7/13.
Schlagkreuzmühle (Retsch, Haan/Rhld.).

nicht klebendes Material wie Sand oder Koks verwendet werden, das nach der Entnahme der gemahlenen Probe gemahlen wird. Selbstverständlich muß die Mühle auch davon gesäubert werden (Aussaugen mit einem leistungsfähigen Staubsauger oder Auspinseln und Auswischen!).

f) Scheibenschwingmühlen (Abb. 1.7/12) gibt es sowohl in stehender als auch in hängender Form. Sie eignen sich vor allem zur Herstellung von Analysenproben. Das Arbeitsprinzip beruht darauf, daß auf einem verhältnismäßig schweren, nach allen Seiten beweglichen Schwingkörper Mahlkapseln aufgesetzt werden, die mit jenem fest verriegelbar sind. Diese Mahlkapseln mit einem Inhalt von 10 bis 250 ml enthalten einen frei beweglichen, zylindrischen Mahlstein und je nach Größe zusätzlich einen oder zwei Ringe, die bei der Bewegung des Schwingkörpers in 1 bis 3 min das aufgegebene Material auf Analysenfeinheit zerkleinern. Das Mahlgerät und die Mahlsteine und Ringe können aus gehärtetem Chromstahl, Hartmetall, Achat oder anderen abriebfesten Materialien bestehen. Die Apparatur ist auch mit Zeitschaltgerät und verstellbarer Schwingungsgeschwindigkeit sowie in lärmisolierender Form im Handel. In der freihängenden Mühle können 6 Proben gleichzeitig zerkleinert werden. Außerdem gibt es Scheibenschwingmühlen für kontinuierlichen Betrieb, bei denen das Rohmaterial in die Mahlkapseln zentral aufgegeben und das gemahlene Gut seitlich ausgetragen wird.

g) Schlagkreuzmühlen (Abb. 1.7/13). Die Zerkleinerung in Schlagkreuzmühlen erfolgt durch Schlag-, Prall- oder Scherwirkung. Das zu zerkleinernde Material gelangt durch den Trichter in den Mahlraum, wird von dem rotierenden Schlagkreuz erfaßt und an dem gezahnten Mahleinsatz zerkleinert. Das Mahlgut verweilt nur so lange in dem Mahlraum, bis es die entsprechende Feinheit erreicht hat und mit der Luft das Bodensieb passieren kann. Die Luft entweicht durch das Filter; das Feingut wird im Auffangbehälter gesammelt.

h) Kollergänge. Sie finden in der Vor- und Feinzerkleinerung Anwendung. Die Kollergänge (Abb. 1.7/14) bestehen aus einer ebenen Mahlbahn und einer oder mehreren Mahlwalzen (Läufer) mit Belastung durch Eigengewicht. Sie werden

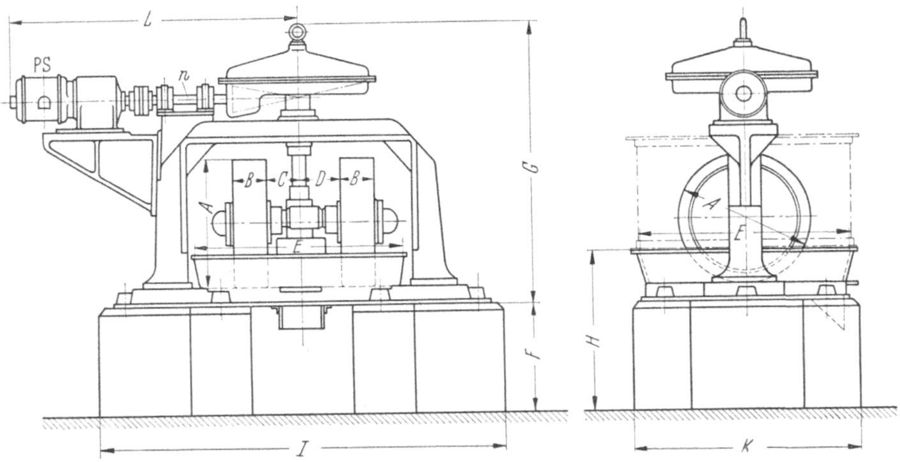

Abb. 1.7/14. Kollergang (geschlossen).

entweder mit feststehender Mahlbahn und umlaufenden Walzen oder mit umlaufender Mahlbahn und festgelagerten Läufern ausgeführt. Läufer und Mahlbahn sind für die Verwendung bei der Probenbearbeitung nur aus verschleißfestem Material wie Guß- oder Manganhartstahl herzustellen. Steinläufer dürfen jedoch nicht verwendet werden. Während des Mahlvorganges seitlich ausweichendes Probegut wird durch entsprechend eingestellte Abstreifer wieder vor die Mahlkörper gebracht. Die Korngröße des Aufgabeguts soll möglichst 50 mm nicht überschreiten. Zur Verhinderung von Materialverstaubung sind die Kollergänge mit Blech umkleidet. Die überlagerte Gleitgeschwindigkeit ist bei breiten oder mehreren nebeneinander angeordneten Läufern groß und bewirkt ein inniges Zerreiben bei gleichzeitig guter Durchmischung selbst feuchter Stoffe. Kollergänge sind vielseitig anwendbar für feuchtes und trockenes Aufgabegut wie Erze, Phosphate, Formsand usw. Besonders geeignet sind sie zum Ausmahlen metallhaltiger Aschen wie Zinkkrätze, Bleiaschen usw.

i) Natürlich kann ein Weiterzerkleinern vorgebrochenen Materials auch von Hand mittels eines *Stampfers* auf Stampfplatten verschiedener Größe von quadratischem oder rundem Querschnitt mit etwa 8 cm hohen Rändern (Abb. 1.7/15) geschehen. Der Rand hat an einer Seite eine Aussparung, so daß das zerkleinerte Gut bequem und vollständig entfernt werden kann.

k) Mörser und Stößel. Hat man mit Hämmern verschiedener Größe oder mit anderen geeigneten Werkzeugen von mehreren Stücken einer Ladung einzelne Brocken abgeschlagen, so müssen diese meist von Hand oder auf mechanischem Wege weiter zerkleinert werden. In beiden Fällen wird das Material in Mörsern mit Stößel, durch Handhämmer oder auf mechanischem Wege in Pochwerken zertrümmert. Abb. 1.7/16 zeigt einen *Abich-Mörser* mit Stößel für Hand- oder mechanischen Betrieb mit Angabe der Größenverhältnisse. Für kleinere Mengen und besonders harte Materialien benutzt man zweckmäßig den sog. *Diamantmörser*, einen Abich-Mörser aus Manganhartstahl mit Stößel aus gleichem Material.

l) Klopfhämmer und Pochwerke. Sie stellen mechanisch arbeitende Zerkleinerungseinrichtungen dar. Die einfachsten Klopfhämmer sind die holzgestielten Handhämmer verschiedener Größe und Gewichte aus Werkzeugstahl. Zum Grobzerkleinern, namentlich größerer Stücke, dienen Fallhämmer. Bei ihnen befindet sich zwischen zwei senkrecht stehenden Schienen an einem Seil oder Riemen ein

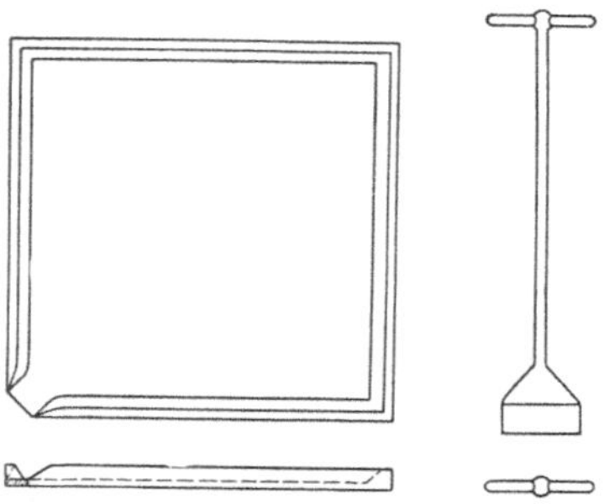

Abb. 1.7/15. Stampfplatte mit Stampfer.

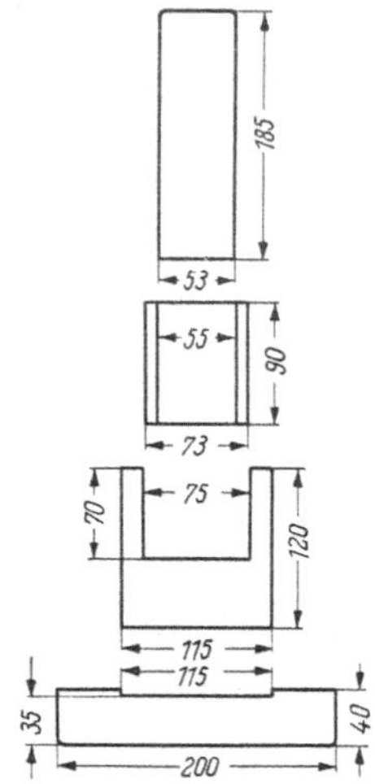

Abb. 1.7/16. Abich-Mörser.

Eisenkörper, der sog. Bär, der mittels Motorkraft in bestimmte Höhen gehoben und dort ausgelöst wird. Damit nun die zerschlagenen Stücke nicht in die Umgebung geschleudert werden, also verspritzen, ist auf einer Eisenplatte, die zur Schalldämpfung auf einem Holzklotz liegt, ein Schutzring aus starkem Eisenblech von etwa 300 mm Durchmesser und 150 mm Höhe aufzusetzen. Zur Zerkleinerung größeren Stückgutes (Masseln, gröbere Schrottanteile usw.) dienen Eisenkugeln verschiedener Größe und Gewichte, die in gleicher Weise mittels Motorkraft auf 5 m und mehr hochgezogen und ausgelöst werden (Fallbären und Fallwerke). Die Pochwerke (Abb. 1.7/17) stellen solche Fallbären dar, bei denen ein Gewichtsstück durch eine Scheibe mit angegossener Nocke in bestimmten Zeitabständen automatisch hochgedrückt und dann ausgelöst wird. Die Gewichtsstücke fallen hierbei auf Stempel, die sich mittels loser Führungsringe in den eigentlichen, das zu zerschlagende Gut enthaltenden Mörsern befinden. Diese sind im Boden des Gestells durch angebrachte Aussparungen oder Führungsnuten leicht einsetzbar bzw. herausziehbar und während des Schlagprozesses durch einen Stift gesichert. Das Ganze ist mit einem gußeisernen Schutzzylinder umgeben.

Bei völlig automatisch arbeitenden Pochwerken, genannt *Doppelklopfhammer*, fallen 2 Hämmer durch 2 Kurvenscheibenwellen wechselweise mit 60 Schlägen je Minute auf in zwei Stahlmörsern befindliche Stempel nieder. Um den dabei auftretenden Schall etwas abzudämpfen, enthält der Kopf des Stempels eine Aussparung, die mit Hartholz ausgelegt ist (Abb. 1.7/18). Der entstehende Staub kann laufend durch einen Ventilator, mit schwachem Unterdruck, abgesaugt werden.

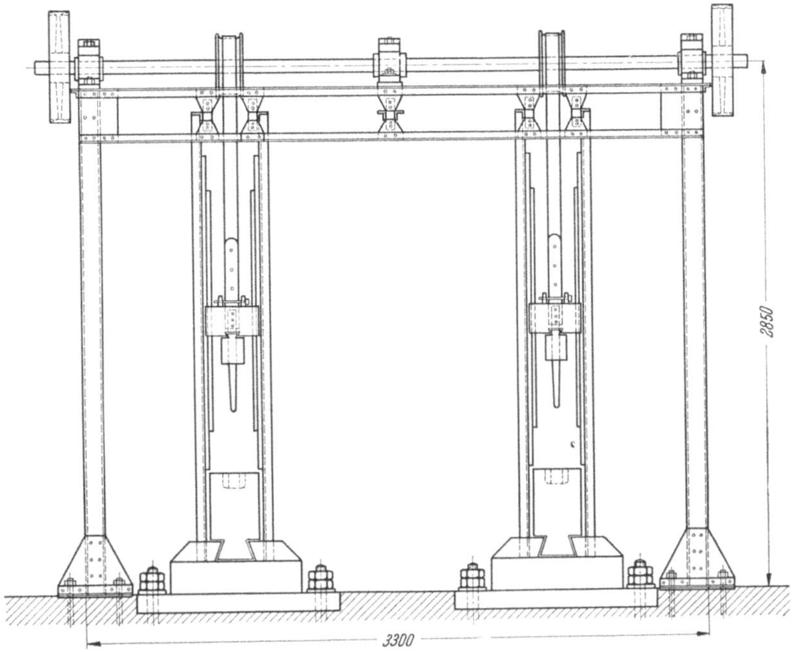

Abb. 1.7/17. Pochwerk.

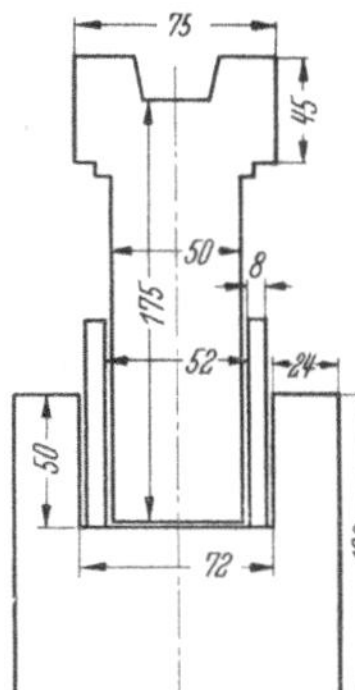

Abb. 1.7/18.
Mörser mit Stößel für Doppelklopfhammer.

Abb. 1.7/19. Drucklufthammer-Anlage.

Es ist ein Drucklufthammer entwickelt worden, der in bezug auf Bedienung, Verstaubungsschutz und Geräuschminderung erhebliche Vorteile aufweist. Bei diesem Gerät werden durch Verwendung eines Vordruckzylinders und einer oberhalb des Mörsers angebrachten Kunststoffglocke kurze Klopfzeiten erzielt. Eine Anlage für mehrere solcher Hämmer zeigt Abb. 1.7/19. Die Druckluft ist hierbei durch ein Radventil regulierbar. Die Arbeitsweise ist die gleiche wie bei den vorher beschriebenen Klopfwerken, nur daß der Bär in Form eines Schlagbolzens im Drucklufthammer leichter, dafür aber die Schlaggeschwindigkeit größer ist, und zwar beträgt sie bei weichem Material etwa zwei, bei hartem sechs Schläge je Sekunde. Hierbei ist unbedingt erforderlich, daß der betreffende Arbeiter die Schlaggeschwindigkeit für die verschiedenen Materialien in bezug auf den geringsten Verstaubungsverlust ausprobiert und genau einhält, um eine Veränderung des Probegutes durch Verstaubung zu vermeiden. Ferner ist darauf zu achten, daß das Schlaggut nicht zu warm wird, da sonst eine Aufnahme von Stickstoff und Sauerstoff aus der Luft erfolgen kann. Aus diesem Grunde wird bei hochprozentigem Ferrosilicium, vielfach auch bei hochwertigen anderen Ferrolegierungen, das Zerkleinern mit Handhämmern vorgezogen.

m) Schleifscheiben. Zur Säuberung der Oberfläche zu probender Metalle verwendet man außer größeren Spitzbohrern oder Feilen auch Schleifscheiben aus Siliciumcarbid von etwa 300 mm Durchmesser und 40 mm Dicke. Die Schleifscheiben müssen auf jeden Fall durch Schutzbleche zum Auffangen abgeschleuderter Stücke gesichert sein.

1.7.2 Zerkleinerung von zerspanbarem Material

Auch hier kann die Zerkleinerung entweder von Hand mittels Sägen, Feilen, Scheren oder Stanzen, oder auf maschinellem Wege durch Sägen, Hobeln, Fräsen oder Bohren geschehen. Für alle Maschinen und Werkzeuge, die zur Zerspanung von Metallen dienen, gilt als allgemeine Voraussetzung, daß sie kräftig gebaut sein müssen, da das Arbeiten damit nur trocken und ohne Schmierung geschehen darf.

a) Sägen.

Beim Durchsägen eines Metallstückes fallen Späne an, die als Probe verwendet werden. Die zur Probe dienenden Profile müssen stets vollständig durchgesägt werden, um alle durch Seigerungen vorhandenen Ungleichmäßigkeiten im Material zu erfassen.

Man kann sich entweder der langsam arbeitenden Handsägen, die daher in der Regel nur bei dünnwandigem Material angewendet werden, oder der elektrisch angetriebenen Sägen, wie Bandsägen, Kreis- oder Rotationssägen und Maschinensägen (Bügelsägen), bedienen. Von ihnen sind besonders die Hochleistungs-Bügelsägemaschinen mit stufenloser Drehzahlregelung und daher mit verschiedenen Schnittgeschwindigkeiten zu nennen, die langsam hin- und hergehen und ein nicht zu feines, aber gleichmäßiges Material liefern. Sie dienen sowohl für die Vorbereitung und Zerteilung größerer Metallstücke als auch besonders für die Probenahme sehr harter und zäher Legierungen, die beim Bohren lange, spiralige Späne liefern.

Ein Nachteil der Band- und Kreissägen besteht darin, daß die damit erhaltenen Sägespäne zum Teil äußerst fein anfallen und daher leicht wegfliegen können; letzteres läßt sich aber durch Anbringen geeigneter Auffangkästen vermeiden. Beim Sägen dicker Blöcke oder Stangen bevorzugt man eine kräftige Kreissäge, da die Sägeblätter der Bandsägen dafür meist zu schwach sind. Die Zahnung der Sägen soll nicht zu eng ausfallen, damit möglichst wenig Sägestaub entsteht.

b) Feilen. Als weiteres Zerkleinerungsmittel für nicht zu harte Metalle dienen Feilen verschiedener Feinheit in Form von Rund- oder Flachfeilen, die namentlich zur Entnahme von Spänen aus glatten Schnittflächen und kleineren Schmelzkönigen geeignet sind. Die Feile soll um so gröber sein, je weicher das Material ist. Für Weichblei verwendet man am besten Raspeln. Die damit erzielten Nichteisenmetallspäne müssen aber stets mittels eines Magneten nachbehandelt werden, da sie häufig eisenhaltig sind.

c) Meißel und Locheisen. Zum Abschlagen spröden, mineralischen Materials oder auch zähen Metalls sind normale Meißel in Gebrauch. Zum Herausstechen kleiner Metallstückchen, namentlich für die Kohlenstoffbestimmung in Gußeisen, finden sog. Hohlmeißel oder Stechstähle, die meist aus chromlegiertem Werkzeugstahl hergestellt werden, Anwendung. Auch hier ist wegen vom Werkzeug abgesprungener Eisenteilchen eine Nachbehandlung der Stückchen mit dem Magneten erforderlich.

d) Stanzen und Scheren. Für die Probenahme und Zerkleinerung von Blechen, namentlich auch bei plattiertem Material, verwendet man Stanzen, die durch Hammer- oder Maschinenschlag betätigt werden, ferner feststehende Blech- und Drahtscheren, letztere zur Zerteilung von Drähten.

e) Laboratoriumswalzwerke. Walzbare Metalle wie Blei, Indium, Silber usw. walzt man vorher in einem Laboratoriumswalzwerk (Abb. 1.7/20) aus und zerschneidet die entstandenen dünnwandigen Bleche dann mit der Schere.

Abb. 1.7/20. Laboratoriumswalzwerk.

Abb. 1.7/21. Hobelmaschine.

f) Hobel- und Fräsmaschinen. Um besonders gleichmäßiges Probegut zu erhalten, verwendet man auch Hobelmaschinen. Ein Nachteil des Hobelns besteht darin, daß Probenspänchen leicht wegspringen können. Bei der Entnahme durch Hobeln werden maschinell (Abb. 1.7/21) mit Hobelstählen (Abb. 1.7/22) von einer glatten Oberfläche über den ganzen Querschnitt genau wie beim Fräsen Späne entnommen, die entweder selbst oder ggf. nach Weiterzerkleinerung die Analysenprobe darstellen. Besonders geeignet ist eine Vertikalfräsmaschine (Abb. 1.7/23) wegen der besseren Auffangmöglichkeit der Späne. Man verwendet hierbei hinterdrehte Fräser (Abb. 1.7/24).

g) Bohrmaschinen. Die Entnahme der Probe durch Bohren geschieht am Werkstück selbst oder an den durch Sägen freigelegten Schnittflächen. Sind mehrere

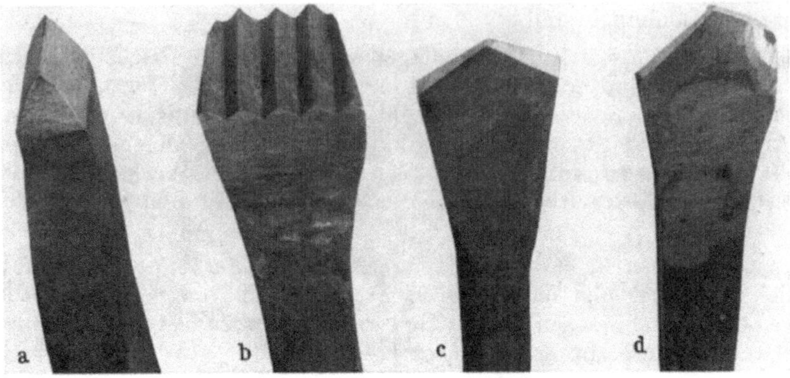

Abb. 1.7/22. Hobel- (a, b) und Bohrstähle (c, d).

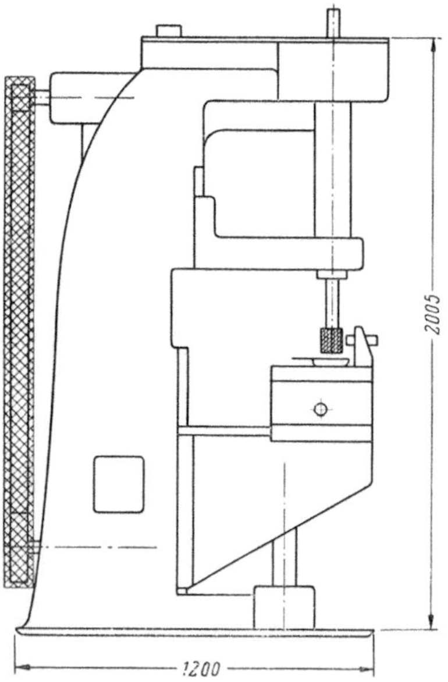

Abb. 1.7/23. Vertikalfräsmaschine.

Abb. 1.7/24. Hinterdrehter Fräser.

gleich große Stücke oder Platten zu bohren, so verwendet man zweckmäßig eine der Oberfläche der Stücke angepaßte *Lochschablone.* Damit wird erreicht, daß die Bohrlöcher gleichmäßig über die ganze Fläche verteilt sind. Außerdem braucht man nicht bei jedem Werkstück alle Löcher, sondern beispielsweise beim ersten nur das erste, vierte, siebente Loch, beim zweiten das zweite, fünfte, achte usw. Loch zu bohren, so daß bei fortlaufender Entnahme alle Stellen der Oberfläche erfaßt werden, jede Willkür in der Wahl der Bohrstelle ausgeschaltet und ein guter Durchschnitt bei Material- und Zeitersparnis erhalten wird.

Die Bohrmaschinen sollen mit automatischem Vorschub versehen und so eingerichtet sein, daß der Bohrer nach Durchbohren des Probestückes ins Leere stößt. Das Probestück ist in den meisten Fällen vollständig zu durchbohren, auf keinen Fall darf dabei aber die Unterlage mit angebohrt werden. Die Umdrehungszahl muß regelbar sein und kann je nach Art des Materials zwischen 50 und 500 U/min betragen.

Man unterscheidet zwischen Horizontal- und Vertikalbohrmaschinen. *Horizontalbohrmaschinen* (Abb. 1.7/25) haben den Vorteil, daß sich die Späne durch bequemes Unterschieben von größeren Auffangschalen besser auffangen lassen, auch

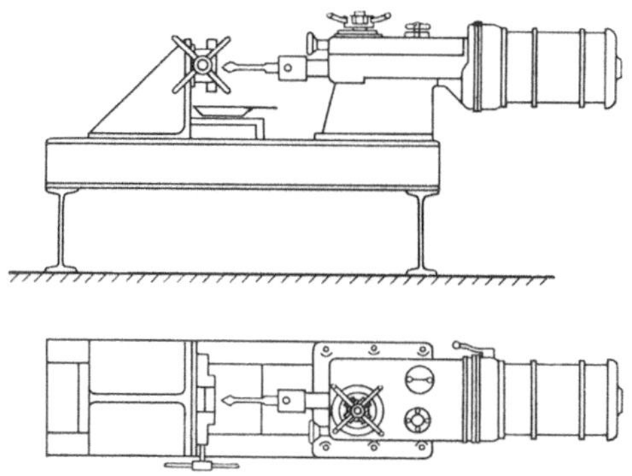

Abb. 1.7/25. Horizontalbohrmaschine.

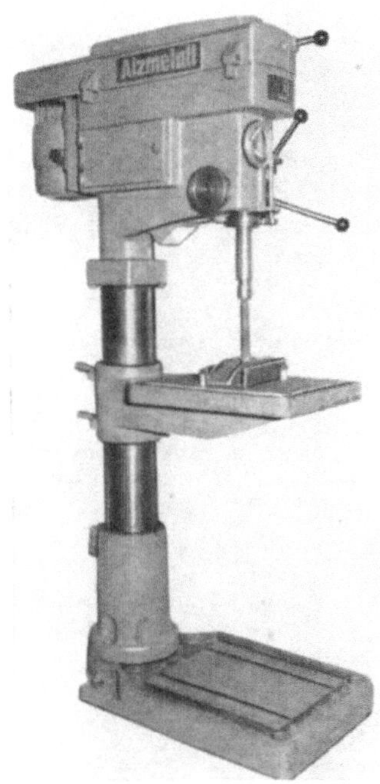

Abb. 1.7/26. Vertikalbohrmaschine.

vermeidet man das Anbohren einer Unterlage und damit eine Verunreinigung der Probe. Sehr gut läßt sich eine einfache Drehbank als Horizontalbohrmaschine herrichten, sie besitzt auch für alle Probenbohrungen die genügende Kraftreserve. Eine *Vertikalbohrmaschine* zeigt Abb. 1.7/26. Sie eignet sich nach Ausschwenken des Tisches vor allem auch zum Anbohren mehrere Tonnen schwerer Blöcke. Zu erwähnen sind ferner die elektrischen *Handbohrmaschinen*, die aber nur Verwendung finden bei der Entnahme von Spänen an Teilen, die nicht in den Probenvorbereitungsraum geschafft werden können.

Die zum Bohren allgemein verwendeten *Bohrer* sind handgeschmiedete Spitzbohrer mit einem Arbeitswinkel von 120 bis 135° (Abb. 1.7/22), wobei die Hohlkehle für weiches Material stärker, für hartes Material möglichst flach ausgebildet sein soll, einmal um den Span leicht abzuheben und ferner um ihn kurz zu brechen. Für besonders harte Materialien werden noch Bohrer mit aufgeschweißter Hartmetallauflage verwendet, die aber infolge ihrer großen Sprödigkeit vorsichtiges und stoßfreies Arbeiten erfordern, da das Material sonst leicht bricht und dadurch das Probegut verunreinigt wird. Spiralbohrer sollen in der Probenahme im allgemeinen bei weichen und zähen Metallen nicht verwendet werden, da sie zu lange Späne ergeben. Entstehen bei der Verwendung von Spiralbohrern solche zu langen Späne, so müssen diese sachgemäß zerkleinert werden, etwa durch Brechen oder Schneiden mit der Hand oder durch Stampfen in einem Mörser.

1.7.3 Geräte zum Verjüngen und Weiterverarbeiten des Probegutes

a) Probenteiler. Die Unterteilung des durch Zerkleinern erhaltenen oder bereits in feiner Form vorliegenden Probegutes geschieht entweder von Hand nach 4.1.3 oder durch mechanische Probenteiler. Zum Unterteilen von Hand kann ein Blech aus nichtrostendem Stahl oder ein Schaber aus Kunststoff oder Hartholz

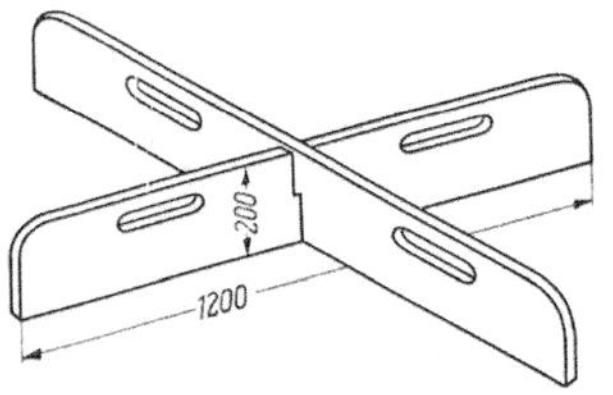

Abb. 1.7/27. Probenahmekreuz.

Abb. 1.7/28. Pyramidenförmiges Probenahmekreuz.

Abb. 1.7/29. Probenteiler nach Jones (Riffelteiler).

verwendet werden. Sehr gut haben sich hierfür die aus Abb. 1.7/27 ersichtlichen Probenahmekreuze eingeführt, deren Größe sich nach der Menge des zu verarbeitenden Gutes zu richten hat. Eine Verbesserung haben diese Kreuze dadurch erfahren, daß man sie pyramidenförmig gestaltet und mit einem Fülltrichter versehen hat (Abb. 1.7/28). Ferner sind hierbei zwei gegenüberliegende Viertel am Boden mit aufklappbaren Dreiecksblechen versehen, so daß durch Hebeldrehung das Probegut über das Mischblech entleert werden kann. Nach Entleeren schließen sich die Deckel automatisch.

Der in Abb. 1.7/29 dargestellte Riffelteiler besteht aus einem länglichen Kasten mit einer Reihe hintereinander angeordneter schmaler Trichter. Die Trichter stehen abwechselnd mit zwei Auffangrinnen in Verbindung.

Das Probegut wird im gemischten Zustand gleichmäßig über die ganze Länge des Kastens aufgegeben, worauf es durch die darunter befindlichen Trichter in zwei Hälften aufgeteilt wird. Es ist darauf zu achten, daß die einzelnen Spalte

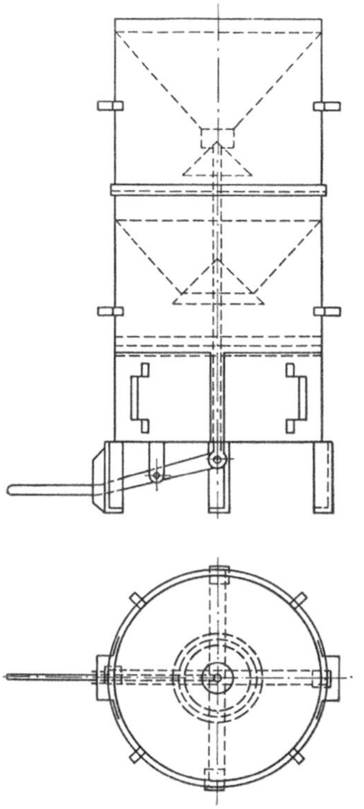

Abb. 1.7/30. Probenteiler nach Lahr.

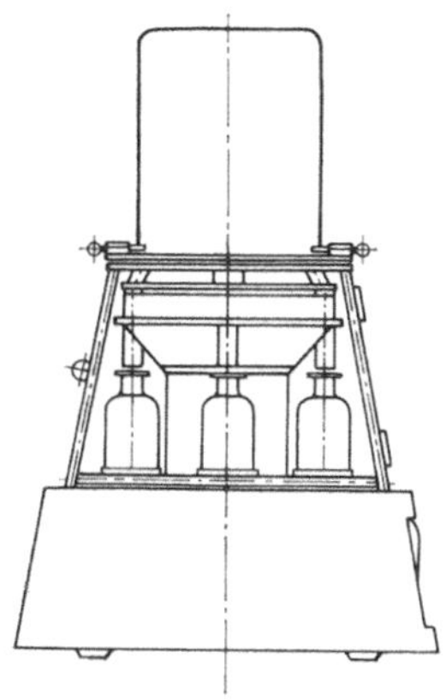

Abb. 1.7/31. Automatischer Labor-Probenteiler (Humboldt Wedag, Bochum).

sich nicht verstopfen und die Proben nicht immer auf einer Seite des Teilers entnommen werden, sondern willkürlich; auf diese Weise wird eine Einseitigkeit der Probenteilung vermieden. Die Riffler sind auf Einseitigkeit zu prüfen. Die Schlitzbreite soll das $2^1/_2$- bis 3fache der maximalen Korngröße betragen, die Anzahl der Schlitze nach jeder Seite mindestens acht.

Weiter soll der Teiler nach Lahr (Abb. 1.7/30) angeführt werden, bei dem in kürzester Zeit bei einfacher Handhabung eine objektive Probe ohne Staub- und Feuchtigkeitsverlust erreicht wird. Das Gut wird darin mehrfach über einen Kegel gemischt und darunter in vier Portionen aufgeteilt.

Andere Probenteiler werden mechanisch betrieben. Der Labor-Probenteiler in Abb. 1.7/31 setzt trockenes, rieselfähiges Gut der Körnung unter 4 mm voraus. Die Ausgangsprobe von 5 l wird aus einem oberen Mischraum mit umlaufenden Mischflügeln durch vier Öffnungen auf einen mit 27 U/min umlaufenden Teiltrichter geworfen und danach in vier mitrotierende Sammelflaschen abgefüllt.

Diese enthalten dann viermal $^1/_{20} = {}^1/_5$ der Aufgabemenge. Der Rest ($^4/_5$) wird nach unten abgeleitet.

Für größere Probemengen sind die Drehkreuz-Tellerteiler (Abb. 1.7/32) und Rotationsteiler der Siebtechnik GmbH, Mülheim (Ruhr), bestimmt. Die ersteren werden für Feingut (bis etwa 10 mm Korngröße, Teilungsverhältnis 1:50) und für Grobgut (bis etwa 150 mm 1:10, bei 20 mm Korngröße bis 1:70) etwas unterschiedlich gebaut. Mit den Rotations-Probenteilern erreicht man mit einem Gut bis etwa 10 mm Korngröße noch Teilungsverhältnisse bis 1:50. Die Drehkreuzteiler verarbeiten auch klebendes und schmierendes Material.

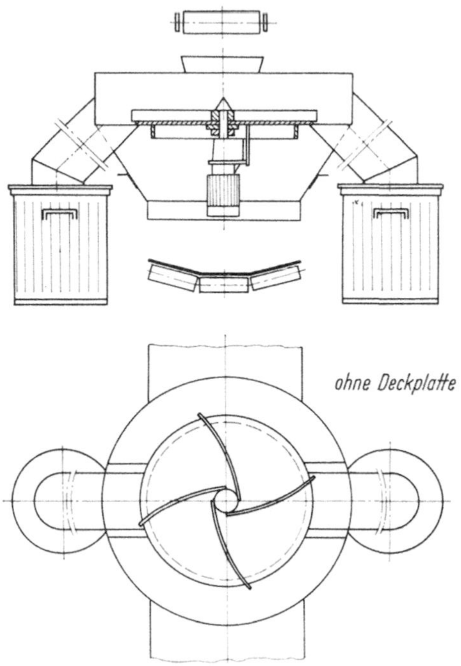

Abb. 1.7/32. Drehkreuz-Tellerteiler (Siebtechnik, Mülheim/Ruhr).

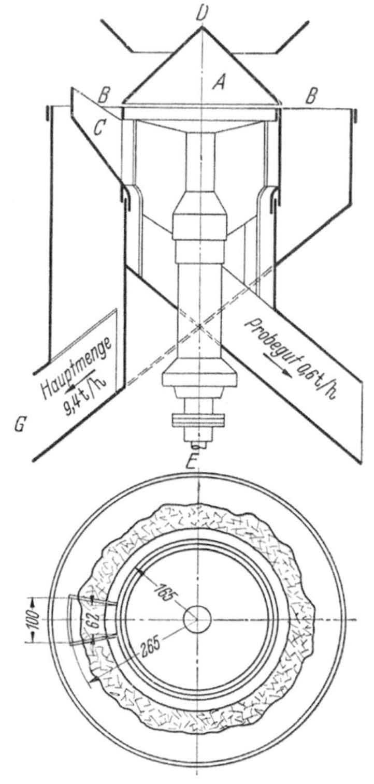

Abb. 1.7/33. Teilungsapparat in Narvik.

Einige weitere Konstruktionen, deren es eine große Zahl gibt, die aber alle nach denselben oder ähnlichen Prinzipien arbeiten, sind in der Literatur beschrieben [1, 2].

Alle Probenteiler müssen in der Waage stehen und das Probegut in vorher gut durchgemischtem Zustand zugeführt bekommen, sofern das Gerät nicht mit einem Mischungsteil kombiniert ist. Die Vorteile einer schnelleren Aufteilung können bei nicht völlig trockenem Material durch eine langwierige Reinigungsarbeit stark verringert werden. Bei allen Probenteilern ist darauf zu achten, daß keinerlei Staubverluste entstehen dürfen.

Für den Großeinsatz wie bei der Schiffsverladung Narvik ist der in Abb. 1.7/33 dargestellte Teilungsapparat geeignet. Der Teiler ist in den beiden ersten Stufen der automatischen Probenverarbeitung (s. Abb. 1.6/12) eingesetzt. Die Aufgabe beträgt 10 t/h mit max. 20 mm Stückgröße bzw. 600 kg/h mit 4 mm Korngröße. Das Erz fällt auf den kegelförmigen Ansatz *A* und verteilt sich ringförmig um diesen in den Spalt *B*. Der Probenkübel *C* von 62 mm geringster Breite beim ersten, von 20 mm beim zweiten Teiler dreht sich um die senkrechte Achse *DE* und entnimmt eine Teilmenge von 6%, während die Hauptmenge (9,4 t/h) bei *G* abläuft. Der nachgeschaltete dritte Teiler konnte wegen der geringeren Korngröße von max. 1 mm seines Vorlaufs insofern vereinfacht werden, als die Aufgabe hier nicht mehr auf der ganzen Kreisfläche, sondern nur innerhalb eines Öffnungswinkels von 120° einfließt.

Ebenso wie die letztgenannten beiden Teilungsapparate lassen sich die im Abschnitt 1.6.2 beschriebenen Probenahmegeräte teilweise zur Probenteilung verwenden, wie z. B. der Kettenprobenehmer *5* in Abb. 1.6/13. Bei feinkörnigem und nicht so stark rieselfähigem Gut wie z. B. Feinkohle erreicht man eine sichere Probenteilung mit einem sog. Taschenstecher. Dieser ist etwa 50 cm lang, zweiteilig aufgebaut und liefert jeweils eine Probe von etwa 250 g. Näheres siehe [2].

b) Waagen, Trockenschränke und Glühöfen. Zu den weiteren wesentlichen Bestandteilen einer Probenahmewerkstatt gehört neben einer Waage, am zweckmäßigsten einer Neigungswaage (vgl. 1.1.2), ein Trockenschrank zum Trocknen

Abb1.7/34. Magnetscheider.

größerer Probemengen. Es ist hierbei den elektrisch beheizbaren vor den Gas- und Dampftrockenschränken der Vorzug zu geben, da sie am besten zu regulieren und leicht mit Luftumwälzung auszustatten sind. Auch eine Vorrichtung zum Abbrennen von öligem Material in Form eines kleinen Gasofens nebst Schalen und Abzug gehört zu den Einrichtungsgegenständen einer Probenahmewerkstatt.

c) Hufeisenmagnete, Magnetscheider. Bei der Zerspanung und Zerkleinerung von Nichteisenmetallen besteht die Gefahr der Verunreinigung durch abgelöste Eisenteilchen der betreffenden Werkzeuge, so daß das Probegut stets einer Nachbehandlung mit einem kleineren Hufeisenmagneten bedarf. Bei der Entnahme und beim Zurichten granalienhaltiger Schlacken hat man Eisenmetall von nichtmagnetischen Anteilen zu trennen, was durch Auslesen, besser mittels eines Hufeisenmagneten und durch elektrische Magnetscheider geschieht (Abb. 1.7/34).

d) Siebe. Das Absieben der verschiedenen Körnungen geschieht im allgemeinen mit genormten Sieben (s. 1.5.1). Es kann sowohl von Hand als auch maschinell vorgenommen werden. Eine Anzahl gebräuchlicher Siebe ist in dem genannten Abschnitt angegeben. In jedem Falle sind verschlossene Siebe zu verwenden, um einen Verstaubungsverlust zu vermeiden. Während man bei der Feststellung der Korngröße durch Siebanalyse peinlichst darauf zu achten hat, daß während des

Siebvorganges kein Abrieb, also keine Kornzerkleinerung, entsteht, wendet man bei einem Siebvorgang bei der Probenzubereitung, namentlich bei klebenden Materialien, häufig den Kunstgriff an, dem Siebgut drei bis fünf glatte Gummikugeln zur Förderung der Siebgeschwindigkeit zuzusetzen. Selbstverständlich müssen diese nach Beendigung der Siebarbeit mit einem feinen Pinsel quantitativ gereinigt werden.

e) Separatoren. Der Steinlein-Krätze-Separator (Abb. 1.7/35) dient zum Ausscheiden des aus Krätzen und Schlacken zurückgewinnbaren Metalls. Bei diesem Separator wird die trocken aufzubereitende Krätze durch den Einwurftrichter in

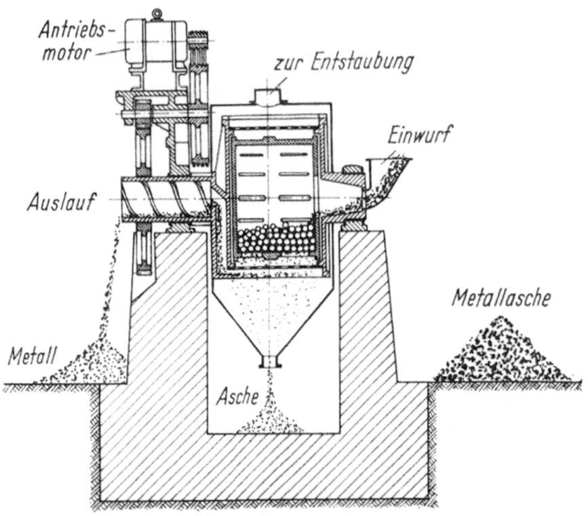

Abb. 1.7/35. Steinlein-Krätze-Separator.

den Mahlkörper (Kugelmühle) eingefüllt. Alle nichtmetallischen Teile werden in diesem von den Kugeln zermahlen und abgesiebt. Die metallischen Teile (Metallgranalien) werden im Mahlkörper zurückgehalten und im Rücklauf durch die Hohlwelle entleert. Dies geschieht durch Änderung der Drehrichtung und der Drehgeschwindigkeit mittels eines polumschaltbaren Drehstrommotors. Eisenbeimengungen können durch einen Elektromagnet-Apparat aus dem zurückgewinnbaren Metall entfernt werden. Der Elektromagnet-Apparat kommt direkt unter den Auslauf des Krätze-Separators zu stehen. Weiter läßt sich die Apparatur, mit der Proben von mehreren 100 kg verarbeitet werden können, durch eine passende Entstaubungsanlage ergänzen. Wenn die Krätze auf etwa 60 mm Korngröße vorzerkleinert ist, kann man mit dem Krätze-Separator auch vollautomatisch arbeiten.

Literatur zu 1.7.3

1 Schubert, H.: Aufbereitung fester mineralischer Rohstoffe. Bd. III. Leipzig: VEB Deutscher Verlag für Grundstoffindustrie 1972. S. 354ff.
2 Sporbeck, H.: Technische Hilfsmittel der Probenahme und Probenverarbeitung. Z. analyt. Chem. 209 (1965) 60—104, vor allem 92ff.

1.7.4 Schmelzeinrichtungen

Schmelzeinrichtungen bei der Probenahme dienen zur Erzeugung eines Schmelzbades zur Homogenisierung von metallischen Rohproben, die in Form von Stücken oder Spänen vorliegen. Sie bestehen aus einer Heizquelle, einem Schmelzofen und einem der Art des Metalls angepaßten Einsatzgefäß zur Aufnahme des Schmelzgutes.

Heizquellen sind entweder Koks — Steinkohle nur bisweilen bei Schmelzkesseln als Unterfeuerung —, Öl, Gas oder elektrischer Strom. Koks und Öl werden dort verwendet, wo Gas oder Strom nicht vorhanden sind bzw. die notwendigen Vorrichtungen für ihren Einsatz fehlen. Mit Koksfeuerung können Temperaturen bis zu 1000 °C, mit Gas- und Ölfeuerung unter Verwendung eines Gebläses solche bis zu 1200 °C und mit elektrischer Beheizung im allgemeinen bis zu 1800 °C erreicht werden.

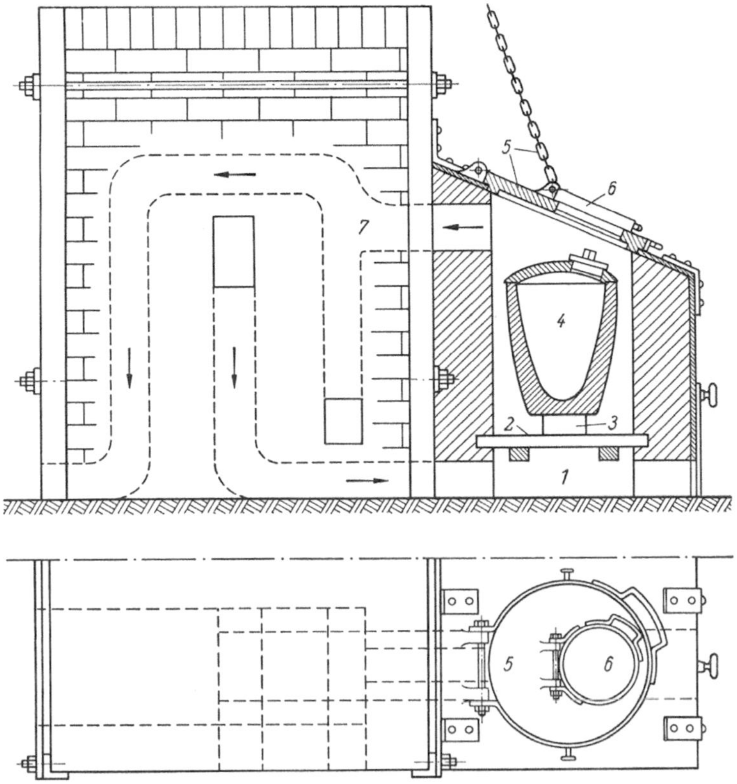

Abb. 1.7/36. Tiegelofen mit Koksbeheizung.

Bei den *Ofentypen* unterscheidet man Tiegelöfen, Muffelöfen und Hochtemperaturöfen. Die Größe und Art der Tiegelöfen, die entweder stationär oder zum Kippen gebaut sind, richten sich nach der Menge des Einsatzes und der Art der Befeuerung. Muffelöfen werden für Schmelzzwecke bei der Probenahme nur dann benutzt, wenn kleine Einsätze vorliegen; meist verwendet man sie nur zum Abbrennen von organischen Substanzen oder zum Abrösten von Probenmaterial. Hochtemperaturöfen sind zum Schmelzen von metallischen Proben mit hohem Schmelzpunkt in Gebrauch.

In Abb. 1.7/36 ist ein mit Koks zu befeuernder *Tiegelofen* abgebildet, der mit Tiegeln für beliebig hohe Einsatzmengen nach entsprechender Änderung der Konstruktion besetzt werden kann. Der Ofen besteht aus einem ummauerten Raum *1*, einem Rost *2*, der einen sog. Käse *3* trägt, auf dem der Tiegel zu stehen kommt; letzterer wird in Koks eingebettet. Während des Schmelzvorganges wird der Verschlußdeckel *6* des Ofenraumes geschlossen gehalten, so daß die Abgase durch den Fuchs abziehen können. Durch entsprechende Führung des Frischluftstromes

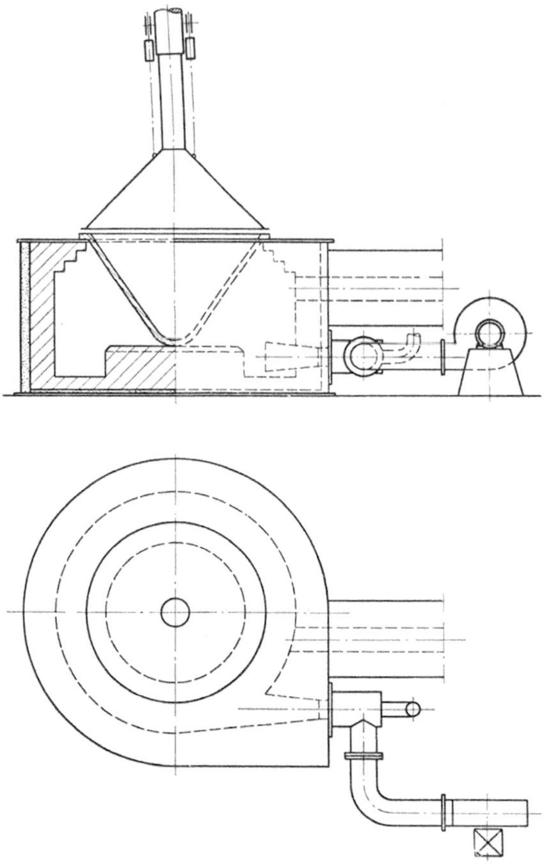

Abb. 1.7/37. Gasbeheizter Tiegelofen.

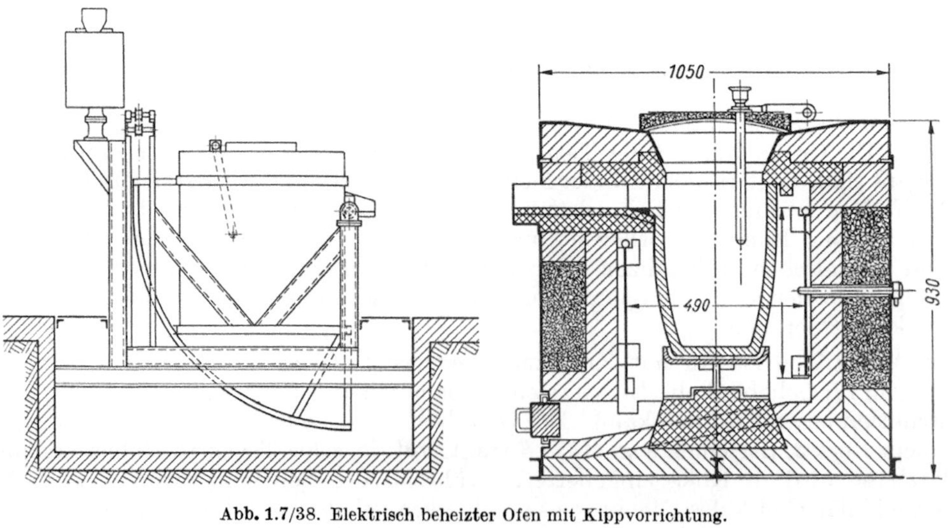

Abb. 1.7/38. Elektrisch beheizter Ofen mit Kippvorrichtung.

wird kalte Luft im Fuchs vorgewärmt und dann dem Ofenraum *1* unter dem Aschenfall zugeführt. Mit diesem Ofen erreicht man Temperaturen bis zu 1000 °C.

In Abb. 1.7/37 ist ein Gas-Tiegelofen zum Schmelzen von Blei und Bleilegierungen dargestellt. Das Einsatzgefäß besteht hier aus einem einfachen gußeisernen Schlackentopf, welcher auf den oberen Rand der Ofenmauerung aufgesetzt ist und unten auf dem sog. Käse ruht. Der Tiegelofen ist mit einem Gebläse ausgerüstet, so daß ein rascheres Aufheizen ermöglicht werden kann. Mit solchen Öfen lassen sich Temperaturen bis zu 1200 °C erreichen.

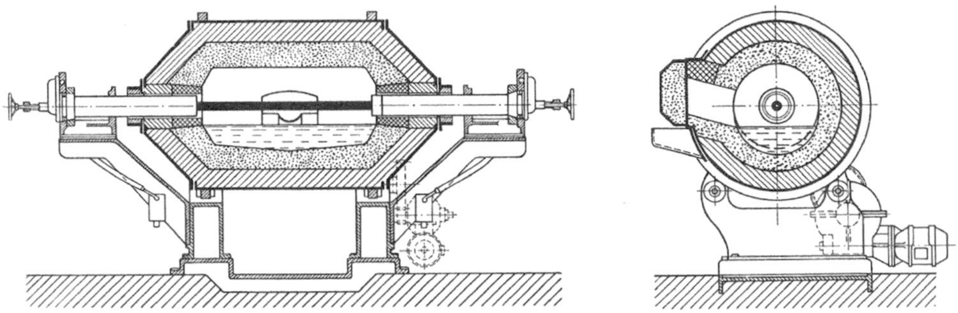

Abb. 1.7/39. Graphitstabofen.

Während diese beiden Ofentypen als ortsfeste Schmelzeinrichtungen gebaut sind, besitzt der Ofen in Abb. 1.7/38 eine Kippvorrichtung und ist elektrisch beheizbar. Die Heizung kann durch Chrom-Nickeldrahtwicklung, durch Graphit- oder Silit-Heizstäbe oder -Röhren erfolgen.

Für höhere Temperaturen können die in Abb. 1.7/39 angegebenen *Graphitstab-Trommelöfen* Verwendung finden. Diese werden für einen Einsatz von 20 bis zu 1000 kg Stahl gebaut. Der Graphitstab ist zentral durch die Trommel geführt, wo er das Einsatzgut durch Wärmestrahlung zum Schmelzen bringt. Derartige Öfen eignen sich vor allem zum Arbeiten in neutraler oder reduzierender Atmosphäre. Mit ihnen ist es möglich, Temperaturen bis zu 1800 °C zu erreichen.

Ergänzend zu den angegebenen Ofentypen möge noch der Tammann-Ofen Erwähnung finden, der bekanntlich so konstruiert ist, daß ein Graphittiegel in ein als Heizwiderstand dienendes Kohlerohr eingesetzt und erhitzt werden kann. Es lassen sich damit Temperaturen von 1800 °C und mehr erreichen. *Induktionsöfen* werden für die Probenahme nur selten verwendet.

Als *Einsatzgefäße* kommen infrage:

bei Blei, Zinn und anderen niedrigschmelzenden Metallen und ihren Legierungen, je nach Materialmenge, gußeiserne Kessel, Pfannen oder Tiegel (letztere auch aus Schamotte);
bei Zink, Aluminium und ihren Legierungen Graphit- oder Schamottetiegel;
bei Magnesium und seinen Legierungen Eisentiegel;
Bei Kupfer und Kupferlegierungen Graphittiegel;
bei Edelmetallen Graphit- oder Gekrätzeprobentiegel aus Ton.

Während Gußeisenkessel eine Aufnahmefähigkeit von mehreren hundert Kilogramm und darüber aufweisen, sind Tiegel von 100 g bis 1000 kg Fassungsvermögen in Gebrauch. Bei allen Einsatzgefäßen ist zu beachten, daß ihre Wandungen nicht oder nur geringügig mit dem Einsatzgut reagieren dürfen, um das Metallbad nicht zusätzlich zu verunreinigen; ebenso muß das Gefäßmaterial dem Angriff gegebenenfalls zugesetzter Schmelz- und Abdeckmittel standhalten können. Nicht reagieren dürfen auch die zum Umrühren des Schmelzbades erforderlichen

Stäbe sowie die Ausschöpfkellen. Soweit bei größeren Schmelzen das Abziehen von Schlacken und Oxiden an der Oberfläche erforderlich ist, geschieht dies mit sog. Lochkellen, deren Material ebenfalls die eben genannten Voraussetzungen erfüllen muß. Auch das Innere der Kokillen hat zweckmäßig eine Schutzschicht gegen Korrosion zu tragen.

Zum Herausheben schwerer Einsatztiegel aus dem Ofen bedient man sich meist mit Greifzangen versehener Flaschenzüge, die zweckmäßig über den Öfen angebracht sind. Der Gebrauch von Lederschürzen, Masken oder Schutzbrillen ist beim Auskippen, Ausgießen oder Auskellen unumgänglich.

Falls es bei ungleichmäßig zusammengesetztem Material erforderlich sein sollte, als Probe die gesamte Lieferung einzuschmelzen, erfolgt diese Arbeit in der Regel in den im Betrieb gebräuchlichen Ofeneinheiten, vor deren Benutzung durch den Probenehmer Kontrollen auf Sauberkeit der Einsatzgefäße, Werkzeuge und Kokillen vorzunehmen sind.

1.8 Hilfsmittel zum Herstellen der Endprobe

Das *Feinreiben* spröder Stoffe für die Endprobe erfolgt von Hand in Porzellan- oder Achat-Reibschalen oder in Eisenmörsern mit Pistillen aus gleichem Material.

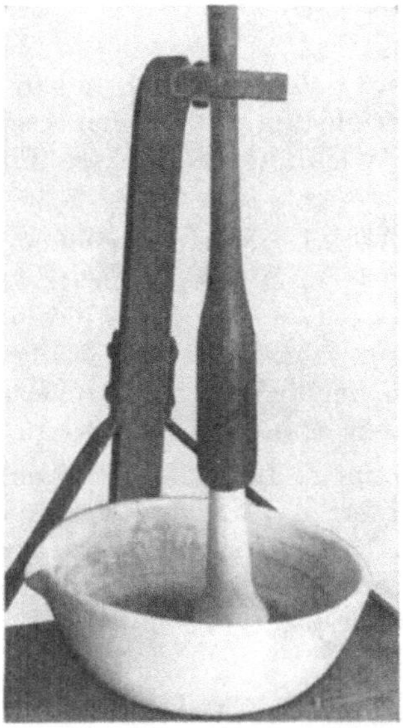

Abb. 1.8/1.
Porzellanreibschale mit geführtem Pistill.

Abb. 1.8/2.
Metallmörser mit federnd aufgehängtem Pistill.

Die Pistille werden zwecks besserer Handhabung in ausgehöhlte Holzstiele (Abb. 1.8/1), die in Führungsringen laufen, eingelassen oder federnd aufgehängt (Abb. 1.8/2).

Für die Arbeit auf mechanischem Wege haben sich die Pflugbeilschen Reibmaschinen (Abb. 1.8/3) für Einzel- und für Reihenantrieb bewährt, weiter auch die in 1.7.1 unter e) aufgeführten Mörsermühlen, die zur Vermeidung von Verstaubungsverlusten mit Gummimembranen oder übergreifenden Blechdeckeln ausgerüstet sind.

Gröbere Metallspäne können durch Nachreiben in Porzellanreibschalen oder in Eisenmörsern zu feinem, gleichmäßigem Spänematerial verarbeitet werden oder sind, wenn dabei eine Entmischung in Pulver und Späne auftreten sollte, durch Absieben in Einzelfraktionen zu zerlegen, die genau ausgewogen werden müssen. Für die geeignete Form von Schalen und Reibekolben gibt Klarmann [1] einige Anregungen.

Abb. 1.8/3. Reibschalen mit Einzelantrieb.

Metallspäne werden u. U. besser in Scheibenschwingmühlen oder Schlagkreuzmühlen weiter zerkleinert (s. 1.7.1, f und g).

Zum *Mischen* der endgültigen Probe dient ein mittelhartes, wenigstens auf einer Seite glänzendes, weißes Papier, am besten weißer Glanzkarton in ausreichender Größe, der sich von den letzten Resten Probegut leicht durch Klopfen oder Abpinseln befreien läßt. An Stelle des Glanzpapiers können besser Kunststoffdecken verwendet werden. Diese sind leicht zu reinigen und sehr haltbar, müssen aber völlig glatt sein und dürfen nicht „kleben“.

Das Mischen kann auch mit dem mechanischen Mischer nach Lödige erfolgen, der auf folgendem Prinzip beruht: In einem horizontalen, zylindrischen Behälter rotieren pflugscharähnliche Schleuderschaufeln, deren Größe, Anzahl, Anordnung, geometrische Form und Umfangsgeschwindigkeit so aufeinander abgestimmt sind, daß sie das den Produktraum nicht völlig ausfüllende Schüttgut in eine dreidimensionale Bewegung zwingen und in ein lockeres Feststoff-Luftgemisch überführen (der optimale Nutzinhalt der Mischtrommel beträgt bei Chargenmischern ca. 70%, bei Durchflußmischern ca. 50% des Trommelvolumens). Die so hervorgerufene Turbulenz unter ständiger, völliger Erfassung des Mischguts durch die Mischwerkzeuge bewirkt eine schnelle und gute Vermischung. Durch die spezielle Form der Schaufeln wird ein Quetschen der Schüttgutpartikel zwischen Trommelwand und Schleuderschaufeln vermieden und die Struktur leicht brüchiger und wärmeempfindlicher Stoffe geschont.

Als *Pinsel* haben sich breite, weiche Haarpinsel bewährt, die, um Verunreinigungen des Probegutes durch ausgehende Haare zu vermeiden, gut gefaßt sein müssen.

Zum *Einfüllen* der Endproben in die verschiedenen Behältnisse bedient man sich größerer und kleinerer Löffel aus Eisen oder Nichteisenmetall, Horn, Kunststoff, Glas und Porzellan.

Literatur zu 1.8

Klarmann, B.: Bemerkung über die Form der Reibschalen. Chemiker-Ztg. 66 (1942) 56.

1.9 Einrichtung einer Probenahmewerkstatt

In der Probenahmewerkstatt erfolgt die Verarbeitung aller Rohproben bis zur End-(Analysen-)probe. Die Rohproben werden im allgemeinen außerhalb der Werkstatt gezogen.

Die Bearbeitung metallischer Proben geschieht durch Schmelzen, Trennen, Fräsen, Hobeln, Bohren, Sägen, Klopfen usw., während die nichtmetallischen Proben durch Weiterzerkleinern, Mischen und Verjüngen zur Analysenprobe zubereitet werden.

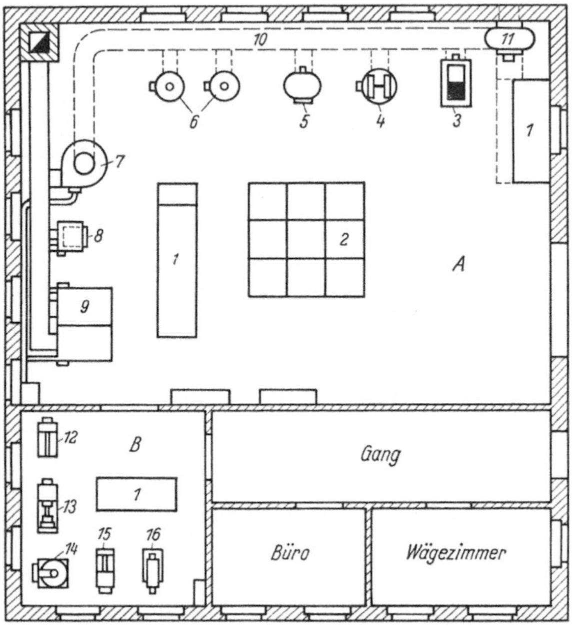

Abb. 1.9/1. Probenahmewerkstatt einer Metallhütte.

1 Arbeitstische
2 Mischplatte
3 Backenbrecher
4 Kollergang
5 Kugelmühle
6 Mörsermühlen
7 Schmelzofen
8 Schmelzofen für höherschmelzende Stoffe
9 Trockenschrank
10 Entstaubungsleitung
11 Ventilator
12 mechanische Säge
13 Drehbank
14 Bohrmaschine
15 Fräsmaschine
16 Hobelmaschine

In manchen Fällen werden neben dem Ein- bzw. Umschmelzen auch Reaktionsschmelzen durchgeführt. Bei Materialien, die aus nichtmetallischen und metallischen Anteilen bestehen, müssen beide Sorten zunächst getrennt und dann für sich weiterverarbeitet werden können.

Der Aufbau und die Ausstattung einer solchen Werkstatt müssen sich nach dem im Einzelfall gegebenen Aufgabengebiet richten, das durch die Verschiedenartigkeit der zu verarbeitenden Materialien und die dadurch wechselnde Arbeitsweise sowie durch die Menge des Probengutes bedingt ist.

Aus diesem Grund kann für die Einrichtung einer solchen Werkstatt keine allgemeingültige Norm aufgestellt werden. Hier können nur einige den modernen Arbeitsablauf der Probenbearbeitung berücksichtigende Vorschläge für den Bau einer Probenahmewerkstatt gemacht werden.

Bei kleineren Betrieben mit gleichmäßigem und begrenztem Arbeitsprogramm ist es u. U. möglich, mit einem einzigen Raum auszukommen. Es ist jedoch unbedingt empfehlenswert, dort, wo neben metallischen Stoffen auch nichtmetallische Materialien bearbeitet werden, die stark zur Staubentwicklung neigen oder deren Komponenten sehr unterschiedlich sind, mehrere getrennte Räume zu schaffen.

Ebenso ist es notwendig, für das Aufbewahren der Belegproben einen gesonderten staubfreien und trockenen Raum vorzusehen. Die Anordnung der Maschinen und Geräte, z. B. der Waagen, Trockenschränke und gegebenenfalls auch Schmelzöfen, sollte so sein, daß der erforderliche schnelle und zügige Arbeitsablauf sichergestellt ist. Da die modernen automatischen Verfahren der Spektrometrie und der Röntgenfluoreszenzanalyse sehr schnell sind, muß die Probenahmewerkstatt nach dem Prinzip der größtmöglichen Arbeitsrationalisierung aufgebaut sein. Es muß nicht nur darauf geachtet werden, daß geeignete Maschinen eingesetzt sondern auch kurze Arbeitswege eingehalten werden. Das gilt auch für die in Abb. 1.9/1 dargestellte Probenahmewerkstatt einer Metallhütte, die alle notwendigen Einrichtungen zum Aufarbeiten metallischer, nichtmetallischer und komplexer Rohproben, einschließlich der Öfen zum Einschmelzen größerer Metallmengen, aufweist.

Zweckmäßig sollte die Werkstatt durch Rohrpostanlagen mit den Betrieben und dem Laboratorium verbunden sein. Da die Beförderungsgeschwindigkeit in modernen Anlagen dieser Art 25 bis 50 m/sec beträgt, können die Proben auch über größere Entfernungen zwischen den Laboratorien und den Betrieben in entsprechend kurzer Zeit befördert werden.

Für alle Probenahmewerkstätten gilt, daß geeignete Aufenthalts-, Bade- und Waschräume für die in der Probenahme beschäftigte Belegschaft zur Verfügung stehen müssen. Bei der Handhabung von giftigen Stoffen sind die gesetzlichen Bestimmungen (Bleigesetz) zu beachten. An die Belegschaft werden hohe Ansprüche an Zuverlässigkeit und Genauigkeit bei der Ausführung aller Probenahmearbeiten gestellt. Vertreter der Lieferfirmen müssen Gelegenheit haben, alle Arbeitsgänge zu beobachten. Dafür hat sich der Einbau sog. Vertretergänge als zweckmäßig erwiesen.

Für Materialien, die stark zur Staubbildung neigen und dabei u. U. gesundheitschädigende Stäube entwickeln, ist eine besondere Entlüftungsanlage für die Bearbeitungsmaschinen erforderlich, die so beschaffen sein muß, daß zwar der Eintritt von Staub in den Raum verhindert wird, aber keine Verfälschung der Probe durch zu starkes Absaugen eintreten kann. Beim Betrieb von Trennschleifmaschinen, die sehr häufig in den Werkstätten spektrochemisch arbeitender Laboratorien eingesetzt werden, haben sich Naßentstaubungsanlagen zur Beseitigung der Geruchsbelästigungen sehr bewährt.

Die einzelnen Räume sollen groß, hoch, luftig und gut beleuchtet sein. Sie sollen ebenerdig liegen, so daß der Transport des Probengutes einfach und reibungslos erfolgen kann. Ist es unumgänglich, daß die Werkstatt im Kellergeschoß oder in einem oberen Geschoß untergebracht werden muß, so ist ein entsprechender Lastenaufzug vorzusehen.

Wände und Boden sind glatt zu gestalten. Als zweckmäßig hat sich eine Plattierung mit Fliesen erwiesen. Ferner sollen die Räume nach einer Seite oder zur Mitte hin schwaches Gefälle zeigen, mit einem Abfluß versehen und durch Türen leicht zugänglich sein.

Alle Zubereitungsmaschinen müssen den Vorschriften bezüglich der Arbeitssicherheit entsprechen. Sie sollen von allen Seiten gut zugänglich aufgestellt werden, so daß auch bei sperrigem Material keine Gefährdung der an umliegenden Maschinen Arbeitenden eintreten kann.

Maschinen, die besonderen Lärm verursachen, wie etwa Brecher, Mühlen, Pochwerke u. ä., sind auf Fundamente, die durch Schwingungselemente vom Gebäude isoliert sind, zu stellen und gegebenenfalls mit schalldämmenden Wänden zu umbauen.

2. Verfahren zur Probenahme von Erzen (Konzentraten) und ähnlichen Rohstoffen

2.1 Probenahme von Lagerstätten

Inhaltsverzeichnis

Allgemeine Grundlagen (2.1.1–2.1.3)

2.1.1 Bedeutung und Aufgaben der Probenahme von Lagerstätten

Lagerstätten sind bekanntlich geologische Körper, deren Mineralinhalt wirtschaftliche Bedeutung besitzt. Daher müssen, um Lagerstätten beschreiben und beurteilen zu können, Informationen über folgende Bereiche gewonnen werden:

die Lage im geologischen Verband,
die Formen der Mineralanreicherungen,
die Verteilung der Metall- bzw. Mineralgehalte innerhalb der Lagerstätte.

Mit anderen Worten: Die Kenntnis der *Lagerstättenvorräte* nach Lage, Menge und Eigenschaften ist die wichtigste Voraussetzung für die Bewertung, die Planung des Bergbaubetriebes und die Überwachung des Abbaues. Eine methodische Untersuchung wird wesentlich gefördert, oft erst ermöglicht durch ein Konzept über die Entstehung der Lagerstätte; deshalb sollten auch genetische Untersuchungen möglichst frühzeitig vorgenommen werden.

Bis heute ist die sicherste Methode, um die gewünschten Angaben mit der erforderlichen Genauigkeit zu erhalten, die Entnahme von Materialproben. Da die meisten Lagerstätten eine mehr oder weniger ausgeprägte Struktur aufweisen, genügt es jedoch nicht, die Proben an beliebigen Stellen zu entnehmen; die systematische Verteilung der Proben über den gesamten Lagerstättenraum ist eine Grundforderung für eine effektive Beprobung. Nun ist aber eine Lagerstätte stets nur beschränkt zugänglich, am wenigsten in den ersten Explorationsphasen und es müssen daher bei den Arbeiten zum Aufsuchen und Erschließen der Lagerstätte oftmals andere Verfahren angewendet werden als in einem laufenden Betrieb. In der folgenden Darstellung, besonders bei der Beschreibung der Technik der Probenahme, wird daher zwischen den Arbeiten bei der Prospektion, Exploration und im produzierenden Betrieb unterschieden.

2.1.2 Lagerstättentypen und Verteilung der Parameter

In den Klassifikationen, wie sie in der Lagerstättenkunde heute üblich sind, wird eine Vielzahl von Typen unterschieden, in der Hauptsache nach genetischen Gesichtspunkten. Zweifellos haben genetische Kriterien für die Gesamtbeurteilung und auch für die Probenahme von Lagerstätten grundlegende Bedeutung; für die praktische Ausführung erweisen sie sich aber als unhandlich.

Bei der Wahl der Untersuchungsmethode und der Anordnung der Probestellen sind in erster Linie die *äußere Form* und die *Gehaltsverteilung* (innerhalb der Lagerstätte) entscheidend, also Merkmale, die bei zahlreichen Lagerstätten ähnlich sind, auch wenn die genetischen Vorgänge sehr verschieden waren. (Ein Kohlenflöz, ein sedimentäres Eisenerzlager und eine magmatische Chromiterzlagerstätte sind in dieser Beziehung vergleichbar.) Man kann also für die Zwecke der Beprobung die folgende einfache Gruppierung nach morphologischen Klassen und Dispersionsformen verwenden:

2.1.2.1 Morphologische Klassen

a) *Rundliche Körper.* Dreidimensionale Erstreckung mit gleicher Größenordnung der Abmessungen in jeder Richtung (isometrische Formen). Äußere Begrenzung, soweit erkennbar, schwach gekrümmte Flächen. Streichen, Fallen und Mächtigkeit nicht unterscheidbar. *Beispiele*: Magmatische Intrusionen, „Porphyry Copper Ores“, Stockwerklagerstätten (Zinnsteinlagerstätten z. T.), Kluftnetzvererzungen und Imprägnationen.

b) *Tafelige Körper.* Überwiegend zweidimensionale Erstreckung; eine Abmessung (Mächtigkeit) viel kleiner als die beiden anderen. Begrenzung des Hangenden und Liegenden ± ebene Flächen, seitlich unscharf. Streichen, Fallen und Mächtigkeit gut definiert. *Beispiele*: Flöze, Lager, flache Linsen, großflächig vererzte Gänge, Horizonte mit feindisperser Vererzung.

c) *Säulige Körper.* Eine Dimension vorherrschend, die beiden anderen viel kleiner und untereinander ähnlich. Begrenzung deutlich, jedoch oft Übergänge zum Nebengestein. Einfallen (Einschieben) der Hauptachse gut, Streichen und Mächtigkeit weniger gut definierbar. *Beispiele*: Erzfälle (Bonanzas) in Gängen; Vererzung in Vulkanschloten (Pipes); Hohlraumfüllungen (Pockets) von Verwitterungserzen.

d) *Mischformen.* Tafelig-rundliche Formen. Tafelig-säulige Formen. *Beispiele*: Decken mit stark wechselnder Mächtigkeit (Lateritlagerstätten); Mobilisationszonen um Flöz- oder gangartige Vererzungen; Oxidationszonen (Eiserner Hut).

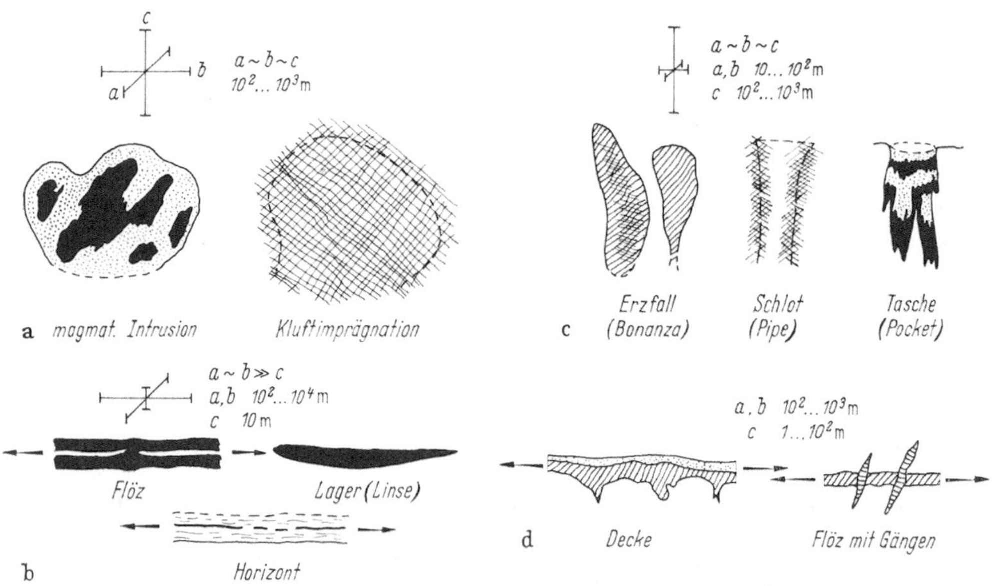

Abb. 2.1/1. Morphologische Haupttypen von Lagerstätten oder Erzkörpern (Vertikalschnitte). *a*, *b*, *c* Dimensionen in den 3 Raumrichtungen.

In Abb. 2.1/1 sind die Hauptformen in Vertikalschnitten schematisiert zusammengestellt und die Dimensionen angegeben, die heute für bauwürdige Erzkörper erwartet werden; besonders bei den flächenhaft ausgebildeten Typen ist dabei zu bedenken, daß sie nie in ihrer ganzen Erstreckung bauwürdig sind.

2.1.2.2 Dispersionsformen. Die Grobunterscheidung in homogene und inhomogene Vererzungen ist ohne Bezug auf räumliche Bereiche nicht sinnvoll, gibt es doch in jeder Lagerstätte relativ gleichförmige Abschnitte neben solchen mit stark wechselnden Gehalten. Eine erhebliche Bedeutung kommt jedoch der Art der *Gehaltsveränderung* zu, da sich in ihr Gesetzmäßigkeiten ausdrücken, die für die Untersuchung und damit für die Beprobung wichtig sein können ([11]).

Man kann unterscheiden:

1. *Kontinuierliche Veränderungen*
a) nach allen Richtungen gleichartig (isotrop)
b) in bevorzugten Richtungen (anisotrop)

2. *Diskontinuierliche Veränderungen*
a) periodisch zu- oder abnehmend
b) unregelmäßig, chaotisch.

Diese Kennzeichnung dient zur Ergänzung der morphologischen Beschreibung; die Verteilungsformen finden sich vorwiegend bei bestimmten morphologischen Klassen. Rundliche Körper haben häufig isotrope oder anisotrope Verteilungsbilder, ebenso die tafeligen Körper, jedoch nur in ihrer Flächenerstreckung. In Richtung der Mächtigkeit zeigt sich dagegen eher eine periodische Gehaltsschwankung, die aus einem rhythmischen Wechsel der Ablagerungsbedingungen zu erklären ist. Bei den säulenförmigen Erzkörpern treten gewöhnlich die stärksten Schwankungen auf und es ist klar, daß die Untersuchung dieser Lagerstättentypen einen vielfach höheren Aufwand erfordert als etwa die Beprobung eines massigen, linsenförmigen Lagers.

Bei Auswertung von Probenahmedaten mit statistischen Methoden kann zur Quantifizierung des Dispersionsgrades der *Variationskoeffizient* (relative Standardabweichung) V verwendet werden:

$$V = \frac{s}{\bar{x}} \cdot 100 \ [\%]$$

s = Standardabweichung; $\bar{x}$ = arithmetisches Mittel.

Da jedoch die Häufigkeitsverteilungen der Parameter von Lagerstätten im allgemeinen nicht der Gaußschen Normalverteilung entsprechen, sollte diese Angabe nur zur Orientierung dienen. Das gleiche gilt für die Berechnung der *Mindestprobenzahl* N bei festgesetzten Fehlergrenzen mit Hilfe des Variationskoeffizienten (vgl. [49], S. 128). Für eine zulässige Fehlergrenze P [%] ist

$$N = \left(\frac{V \cdot t}{P}\right)^2$$

t = Koeffizient für Normalverteilungen nach Student.

Tabelle 2.1/1. Dispersionsgrad und Explorationsaufwand

Dispersion	Variationskoeffizient V %	Mittlere Probenzahl N für 1 Mio t	Abstand A der Bohrungen m
1. Sehr gleichmäßig	<20	20–30	>100
2. Gleichmäßig	20–40	70–100	50–20
3. Ungleichmäßig	40–80	200–300	30–10
4. Sehr ungleichmäßig	80–100	600–900	<10

Zu 1: Sedimentäre Lagerstätten; z. B. Eisen-, Manganerze, Kohlen, Salzlager, Phosphate (vorherrschend tafelige Körper);

zu 2: Vulkanogen-sedimentäre Lagerstätten; z. B. Kieslager, Eisensteinlager; ferner Kupferschiefer, Porphyry Copper Ore (tafelige und rundliche Körper);

zu 3: Hydrothermale Gänge; z. B. Blei-, Zink-, Kupfer-, Uranerze; magmatische Differentiate: Chrom-, Nickel-, Kupfererzlager; Verwitterungserze (säulige Körper, Mischformen);

zu 4: Goldlagerstätten (Bonanza-Typ), Pegmatite, Zinnerzseifen (verschiedene Formen).

Die so errechneten Zahlen sind wesentlich niedriger als die der Tabelle 2.1/1. Die Fragen nach den optimalen Probenzahlen und Mindestabständen lassen sich heute mit geostatistischen Methoden befriedigender beantworten (s. 2.1.3.2).

In der Tab. 2.1/1 sind den aufgeführten vier Stufen der Dispersion der Lagerstättenparameter (Gehalte, Mächtigkeit) die erforderlichen Probenzahlen für 1 Million t Vorrat zugeordnet; es sind dies jedoch empirische Zahlen, die je nach Art der Lagerstätte, den Gesamtvorräten und der geforderten Genauigkeit der Vorratsberechnung abgewandelt werden müssen. Da die Tabelle für Explorationsarbeiten gedacht ist, sind die dort gekennzeichneten Vorräte als „wahrscheinlich" (z. B. drill proven ore) anzusehen. Weiterhin sind (ebenfalls empirische) Angaben über den Abstand von Bohrungen gemacht, die mit der Probenzahl nicht unmittelbar zusammenhängen. Aus einer Bohrung werden normalerweise mehrere Proben gezogen, je nach der durchbohrten Strecke im Erz (z. B. je Bohrmeter 1 Probe).

Zur einwandfreien Charakterisierung der Verteilungsformen von Lagerstätten-Parametern ist, wie gesagt, der Bezug auf räumliche Bereiche notwendig; daher müssen derartige Angaben mit markscheiderischen (geometrischen) oder geologischen Vorstellungen verbunden werden. Dies geschieht auf Profilen mit Darstellungen von Gehalten oder Mächtigkeiten, auf Grubenrissen mit „Isolinien" (Linien gleicher Parameter) und auf den Vorrats- und Abbauplänen, auf denen die Parameter von Lagerstättenblöcken erscheinen (vgl. 2.1.16).

2.1.3 Statistische Verteilungen von Lagerstättenparametern

2.1.3.1 Klassische Statistik. Die großen Datenmengen aus der Lagerstättenuntersuchung werden seit langem mit den Methoden der Statistik aufbereitet, heute weitgehend mit Hilfe elektronischer Rechner. Die klassischen Methoden (Kap. 6) weisen jedoch offensichtliche Mängel hinsichtlich der Probenauswertung auf — z. B. die Abstrahierung von der räumlichen Lage —, so daß die Diskussion über ihre Anwendungsmöglichkeiten und die Interpretation der Ergebnisse noch andauert. Der wichtigste prinzipielle Einwand beruht darauf, daß der Gegenstand der klassischen Statistik die *zufällig* entstandenen Häufigkeitsverteilungen sind; die aus der Probenahme von Lagerstätten erhaltenen Zahlenkollektive entstammen aber zweifellos *strukturierten,* also *nicht* zufälligen Verteilungen. Nicht einmal die Anordnung der Probenstellen kann als einwandfrei zufällige Stichprobenentnahme anerkannt werden. Diese Diskrepanz drückt sich u. a. in der bekannten Tatsache aus, daß Häufigkeitsverteilungen von Lagerstätten-Parametern praktisch nie den exakten Verteilungsfunktionen gleichen, auch wenn es sich um große Zahlenkollektive mit hoher Wahrscheinlichkeit handelt. Andererseits beweisen die Erfahrungen von 20 bis 30 Jahren praktischer Anwendung der Statistik, daß realistische Aussagen zu gewinnen sind, die man den Werten aus der Produktion der beprobten Lagerstättenteile gegenüberstellen kann.

Zur Erklärung dieses Phänomens mögen folgende Überlegungen beitragen: Lagerstätten können als geologische Anomalien, d. h. besondere Stoffkonzentrationen aufgefaßt werden, die durch vielfältige Einflüsse, im wesentlichen Transportvorgänge, zustande gekommen sind. War der Transportmechanismus nur wenig selektiv oder die Stoffmenge gering, so entstand eine relativ schwache, oft jedoch ausgedehnte Anreicherung, mit gelegentlichen Verdichtungen. Die daraus abzuleitende Häufigkeitsverteilung der Gehalte ist einer lognormalen Verteilung und zwar der linksasymmetrischen (positiven) Form ähnlich (Abb. 2.1/2a). Bei hoher Trennschärfe im Transportvorgang sowie bei großen Stoffmengen bilden sich dagegen Differentiate mit hohen Konzentrationen (z. B. von reinen Erzmineralen), die auch größere Räume erfüllen können. Diese Lagerstätten werden durch eine angenähert rechtsasymmetrische Lognormal-Verteilung der Gehalte gekennzeichnet (Abb. 2.1/2b). Den ersten Typ kennen wir als „Armerzlagerstätten" (low grade deposits), zum zweiten Typ rechnen wir die „Reicherzlagerstätten" (high grade deposits).

Natürlich sind wirkliche Verteilungskurven viel komplizierter als die theoretischen Idealbilder. Da sich im Laufe der geologischen Geschichte die Anreicherungsvorgänge und auch die Umlagerungen bereits vorhandener Erzminerale mehrfach

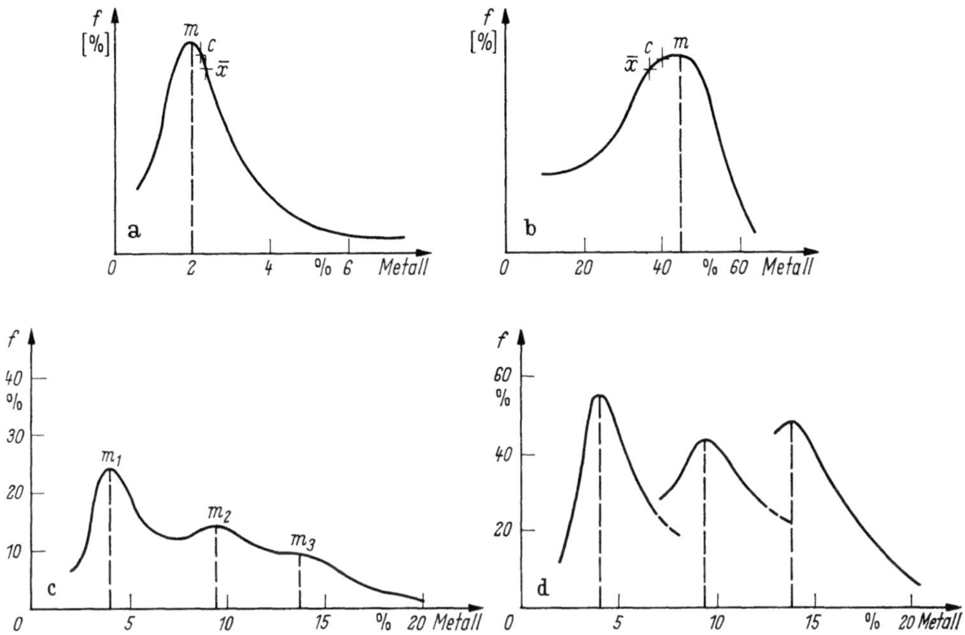

Abb. 2.1/2. Häufigkeitsverteilungen von Metallgehalten in verschiedenen Lagerstätten.
a) linksasymmetrische Verteilung, „Armerztyp"; b) rechtsasymmetrische Verteilung, „Reicherztyp"; c) mehrgipfeliges Mischkollektiv (sekundäre und tertiäre Anreicherungen); d) Auflösung von *c* in Teilkollektive, $\bar{x}$ = arithmetisches Mittel, *c* = Zentralwert (bei 50% aller Werte, auch Median, $\tilde{x}$, genannt), *m* = Modalwert (häufigster Wert).

wiederholten und überlagerten, weisen diese Kurven oftmals mehrere Maxima auf. Auf Grund metallogenetischer Überlegungen kann man diese als Sekundär- oder Tertiäranreicherungen bzw. als Mobilisationen deuten (Abb. 2.1/2c).

Durch Auflösung eines solchen komplexen Kollektivs in seine Teilkollektive erhält man mehrere, gewöhnlich einander ähnliche lognormale Verteilungskurven (Abb. 2.1/2d; vgl. nachstehendes Beispiel 1). Je größer die Probenzahl und je vollständiger die Erfassung des gesamten Vererzungsraumes, um so deutlicher wird die für die Lagerstätte typische Verteilungskurve erscheinen; dies gilt für *alle* Lagerstättenparameter. Dabei braucht sich die Ähnlichkeit mit einer theoretischen Lognormal-Verteilung keineswegs zu erhöhen.

Ideale Lognormal-Verteilungen sind im logarithmischen Häufigkeitsnetz (Abszisse logarithmisch, Ordinate nach Gaußschem Integral geteilt) gerade Linien; die Darstellungen der Probenverteilungen verlaufen aber nur im Mittelbereich einigermaßen geradlinig, die Enden sind stets abgebogen. Aber auch die ganze Kurve kann Krümmungen oder Knicke aufweisen — die Kennzeichen des Mischkollektivs (vgl. Abb. 2.1/3b).

Wegen der unvermeidlichen Lückenhaftigkeit der Probenahme wird das typische Verteilungsbild einer Lagerstätte erheblich verzerrt; bemerkenswert ist die empirische Feststellung, daß im Anfangsstadium einer Exploration die Population eher einer Normalverteilung entspricht. Hier handelt es sich aber offenbar noch nicht um die spezifische Verteilungsform, sondern um das „Trefferbild" der Probenahme (Erfassung der Vererzung als solche, nicht ihrer Struktur), also um eine echte Zufallsverteilung. Es ist einleuchtend, daß die Kennwerte der Verteilungskurve (Mittel und Standardabweichung) bei diesem Informationsstand über die tatsächlichen Parameter der Lagerstätte noch keine verwertbare Aussage erlauben. Leider werden aber doch immer wieder derartige Interpretationen von unvollkommenen Probendaten vorgenommen — manche Vorbehalte gegen die statistische Behandlung der Lagerstättenbeprobung im allgemeinen sind darauf zurückzuführen.

Aus den vorstehenden Überlegungen geht weiterhin hervor, daß die Bemühungen, andere mathematische Funktionen (z. B. bi- oder polynomiale Funktionen; Poisson-Verteilung) zur Verbesserung der Analyse von Probenverteilungen zu verwenden, erfolglos bleiben mußten. Die Notwendigkeit, exakte mathematische Ausdrücke zur Deutung der Verteilungen zu schaffen, ist andererseits infolge der breiten Anwendung der EDV nicht mehr aktuell. Schließlich ist noch zu beachten, daß die systematische und kontinuierliche Beprobung sich allgemein nur auf diejenigen Bereiche von Lagerstätten erstreckt, die im weitesten Sinne als bauwürdig angesehen werden; daher hängen die Verteilungsbilder auch von den jeweiligen bergtechnischen und wirtschaftlichen Bedingungen ab. Die Kurven beginnen mit dem „Schwellengehalt", der geringsten technisch erfaßbaren Konzentration, und enden bei Armerztypen bereits bei niedrigen Gehalten (z. B. 5%), bei den Reicherztypen können sie dagegen bis an den Metallgehalt des reinen Erzminerals reichen.

Beispiele:

Einige idealisierte Beispiele von gut untersuchten Lagerstätten sollen im folgenden typische Verteilungsbilder veranschaulichen. Dabei wurden den Häufigkeitsverteilungen der Metallgehalte in anstehenden Vorräten die Gehaltsverteilungen in Fördererzen vergleichbarer Produktionsperioden gegenübergestellt, um den Aussagewert der statistischen Bearbeitung von Probenahmen zu verdeutlichen. Weitere Beispiele werden, z. T. sehr ausführlich, in den Veröffentlichungen [2, 8, 11, 28, 44, 46, 48] behandelt.

1. *Porphyrische Kupfererzlagerstätte:* Majdan Pek in Jugoslawien (nach Donath [8] und Gross [19]. Deutlich links-asymmetrische Verteilung, „Armerztyp" (Abb. 2.1/3a, I). Neben der Primäranreicherung (0,2 bis 0,6% Cu) in Form diffuser Imprägnationen tritt auch eine Sekundärkonzentration in $\pm$ ausgeprägten Kluftnetzen hervor (1 bis 2% Cu). Schließlich erkennt man noch (lokale) Anreicherungen durch Verwitterungsbildungen (2 bis 3% Cu). Im Fördererz (Abb. 2.1/3a, II) gleichen sich die Schwankungen der Gehalte weitgehend aus, da der Abbau an verschiedenen Betriebspunkten unterschiedliche Erzsorten erfaßt; die Verteilungskurve ähnelt einer Normalverteilung, und die Standardabweichung geht auf die Hälfte gegenüber der Kurve I zurück. Durch die Darstellung der Summenhäufigkeiten im logarithmischen Häufigkeitsnetz (Abb. 2.1/3b) erhält man für beide Probenkollektive angenähert gerade Linien, besonders im Bereich von 10 bis 90%. Diese graphische Darstellung erlaubt in einfacher Weise die approximative Ermittlung der wichtigen Kennwerte Median (c) und Standardabweichung ($\pm s$). Ferner wird deutlich, daß das arithmetische Mittel ($\bar{x}$) stets zu hohe Werte liefert.

2. *Magmatische Differentiation von Sulfiderzen:* Falconbridge Mines im Sudbury-Distrikt, Ontario, Kanada (Abb. 2.1/4). Ähnliche (links-asymmetrische) Verteilung der Kupfer- und Nickelgehalte. Auch hier für Kupfererze Verringerung der Streuung in der Förderung durch planmäßige Roherzmischung (Cu II). Die Cu I-Kurve enthält die Andeutung eines zweiten Maximums, das durch Mobilisation der älteren Vererzung verursacht sein dürfte.

3. *Gebänderte Eisenerze, Itabiriterze* aus Brasilien (Abb. 2.1/5). Aus den bereits recht hohen Gehalten der Primärvererzung (30 bis 40% Fe) entstand durch Verwitterung eine doppelt höhere Anreicherung (56 bzw. 63%). Beide Maxima sind deutlich ausgeprägt. Der Abbau läßt möglichst die Armerze stehen; die Verteilungskurve des Fördererzes ist daher wieder einfacher gebaut.

4. *Flußspatgänge der Gewerkschaft Finstergrund*; Schwarzwald, 1960—63 (Abb. 2.1/6). Schematische Zusammenstellung der Probenahme von anstehenden Vorräten aus mehreren

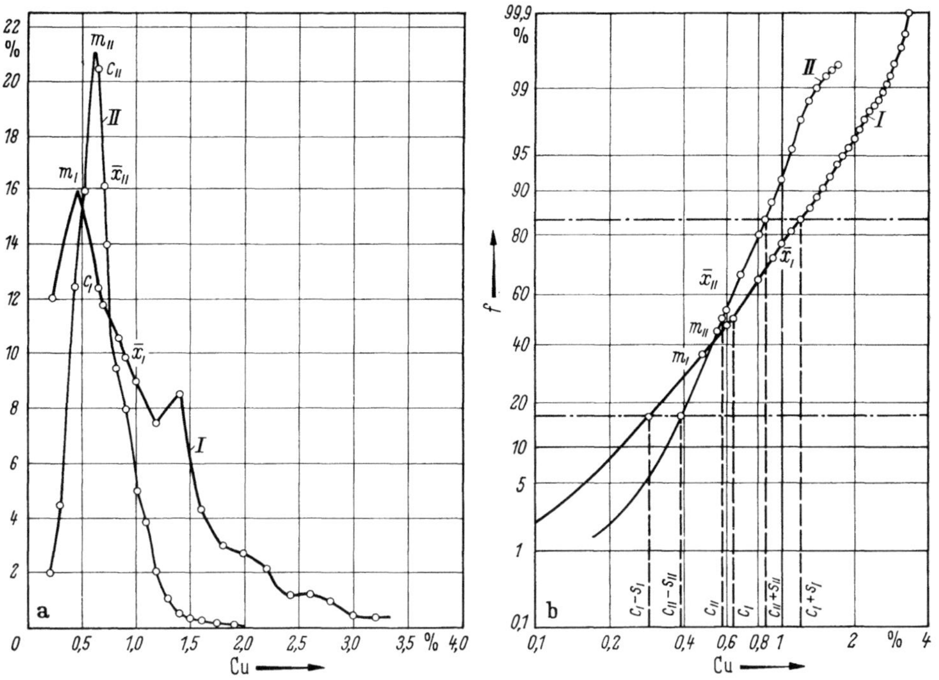

Abb. 2.1/3. Häufigkeitsverteilung der Metallgehalte einer „Porphyr-Kupfer-Lagerstätte" (Majdan Pek, Jugoslawien nach M. Donath 1960 und M. Gross 1968).

I ca 2500 Proben aus den Aufschlußarbeiten, *II* Förderung 1966/67.
3a Linearnetz, 3b logarithmisches Häufigkeitsnetz.

Parameter zu I: $m_{\text{I}} = 0{,}48$; $c_{\text{I}} = 0{,}64$; $s_{\text{I}} = {+0{,}60 \atop -0{,}35}$; $\bar{x}_{\text{I}} = 0{,}92$.

Parameter zu II: $m_{\text{II}} = 0{,}55$; $c_{\text{II}} = 0{,}58$; $s_{\text{II}} = {+0{,}28 \atop -0{,}19}$; $\bar{x}_{\text{II}} = 0{,}69$.

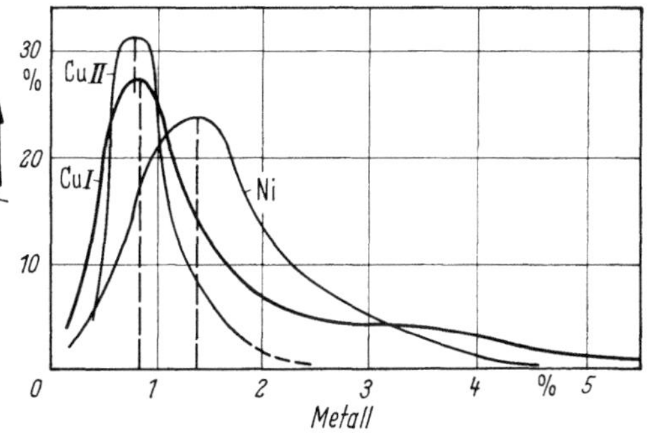

Abb. 2.1/4.

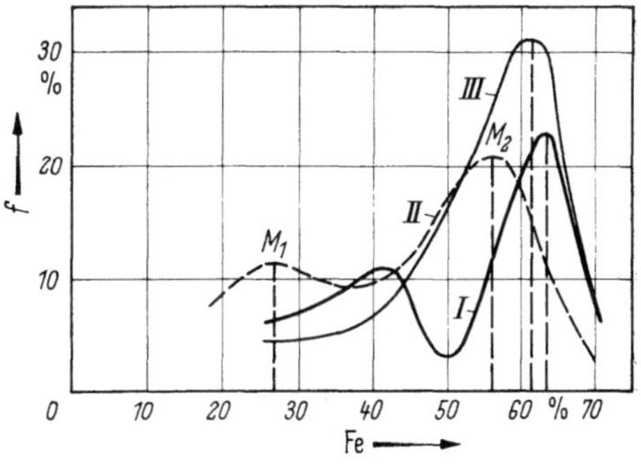

Abb. 2.1/5.

Abb. 2.1/4. Häufigkeitsverteilung der Cu- und Ni-Gehalte in einer magmatischen Differentiationslagerstätte, schematisch. (Beispiel: Falconbridge Mines, Sudbury Basin, Kanada). *Cu I* = Erzvorräte, *Cu II* = Grubenförderung.

Abb. 2.1/5. Häufigkeitsverteilung der Fe-Gehalte in gebänderten Eisenerzen (Typ Itabiriterze Brasilien). *I* Reicherze (Vorräte), *II* Normale Vererzung, *III* Fördererz. M_1 Bereich primärer Fe-Konzentration im Itabirit. M_2 Verwitterungsanreicherungen (Canga-Erz).

Gängen, die in Abbau standen (I). Die sehr breite Streuung der Gehalte ist verursacht durch den Vererzungscharakter und die wechselnde Mächtigkeit der Gänge. Die Fördererzkurve für etwa den gleichen Zeitraum (II) zeigt, wie mittels Handklaubung im Abbau das Rohhaufwerk vorangereichert und homogenisiert wird; dessen Verteilungsbild entspricht daher einer rechts-asymmetrischen „Reicherzkurve".

5. Die bekannte Entwicklung des Erzbergbaus in den vergangenen Jahrzehnten, die laufende Verringerung der Gehalte in der Förderung, verbunden mit der Vergrößerung der Betriebseinheiten, drückt sich auch in den *veränderten Gehaltsverteilungsbildern der Erzvorräte* aus. Der amerikanische Kupfererzbergbau bietet dafür gute Beispiele (Abb. 2.1/7). Man kann dort nach Gehalt und Erzcharakter drei Perioden unterscheiden: 1. eine Reicherzperiode, in der vorwiegend oxidische Erze für direkte Verhüttung oder Laugung gewonnen wurden; 2. die Periode der oxidisch-sulfidischen Mischerze, gekennzeichnet durch die Einführung der Flotation (für Sulfiderz), und 3. die aktuelle Periode, in der im ganzen ärmere Erze gefördert werden, die nur noch in Großbetrieben mit Vollflotation wirtschaftlich abbaufähig sind. Die Kurven zeigen eine signifikante Verringerung der Streuung von der I. bis zur III. Periode; dabei gewinnen geringe Schwankungen ($\pm 0{,}1\%$) grundlegende Bedeutung ([24], Engineering and Mining Journal und World Mining, verschiedene Jahrgänge).

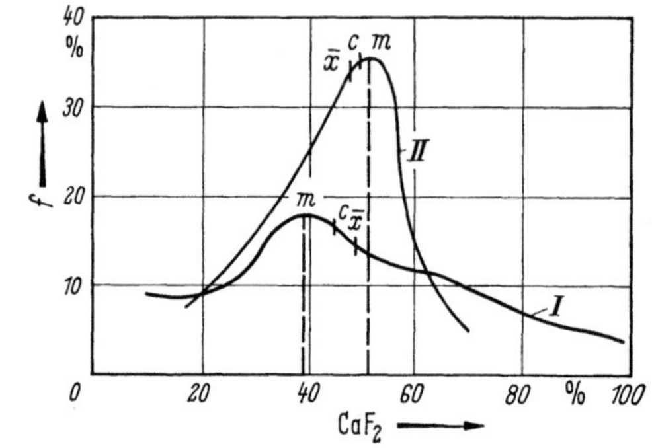

Abb. 2.1/6. Verteilung der Gehalte auf Flußspatgängen (Beispiel Gewerkschaft Finstergrund/Schwarzw.).
I Gesamtvorräte mehrerer Gänge,
II Rohspatgehalte 1961/62.

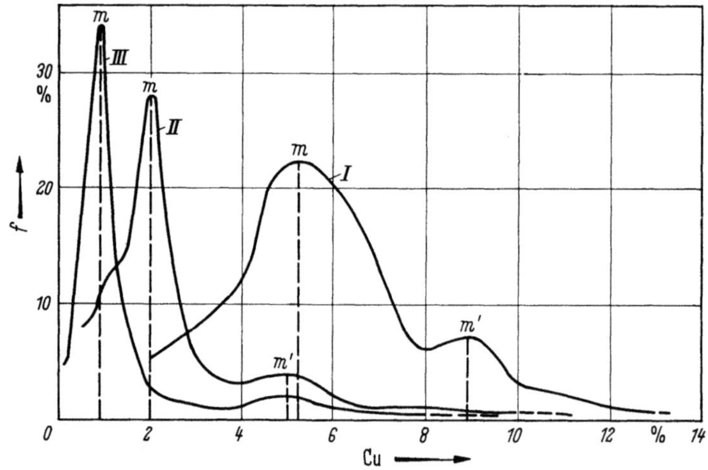

Abb. 2.1/7. Verteilung der Cu-Gehalte in Erzvorräten nordamerikanischer Lagerstätten vom Typ „Porphyry Copper Ores" in der Zeit von 1900 bis 1970.
I Reicherzperiode vor 1925, *II* Vorräte nach Einführung der Flotation, *III* Vorräte der heutigen Großbetriebe.

2.1.3.2 Geostatistik. Die Erkenntnis, daß die aus Lagerstättenuntersuchungen gewonnenen Daten nicht ohne weiteres den bekannten Verteilungsfunktionen entsprechen, und andererseits das Bestreben, die wertvollen, umfangreichen Informationen mit den Methoden der mathematischen Statistik voll auszuwerten, führten Mathéron [41] zur Entwicklung der „Geostatistik", in der die Beziehung der Meßdaten zu ihrer räumlichen Lage wiederhergestellt wird. Mathérons Theorie berücksichtigt also die Gesetzmäßigkeiten der Mineralverteilung in geologischen Körpern und nimmt geometrische und regionale Veränderliche in die Berechnungen auf. Allerdings sind die Zusammenhänge kompliziert; die Definition der „regionalbestimmten Veränderlichen" besagt, daß diese sich von einem Ort bis zum nächsten zwar mit (scheinbarer) Gesetzmäßigkeit ändern, dennoch nicht mit einer allgemeingültigen stetigen Funktion dargestellt werden können.

Wie in der klassischen Statistik ist auch in der Geostatistik die Varianz, d. h. hier die *Geovarianz*, das Maß der Streuung der Verteilungsfunktion; die räumliche Abhängigkeit wird in einem *Variogramm* dargestellt. Zur vollständigen Beschreibung der Parameterverteilung in einem Lagerstättenkörper werden drei Variogramme, eines in jeder Raumdimension, benötigt. (Theoretisch lassen sich die räumlichen Verteilungen auch in einer einzigen Funktion mit drei Vektoren erfassen, jedoch ist diese Formel umständlich und wegen meist unzureichender Daten nicht einwandfrei auflösbar.)

Für das eindimensionale Diagramm wird die folgende Formel für den Variationskoeffizienten γ als Funktion von Probenabständen verwendet:

$$\gamma(h) = \frac{1}{2(L - h)} \int_0^{L-h} [f(x + h) - f(x)]^2 \, dx$$

L = Länge der Probenserie (Profil); h = konstanter Abstand der Proben auf L; x = einzelne Probenstellen; $f(x)$ = Meßwert im Punkt x (z. B. Metallgehalt);

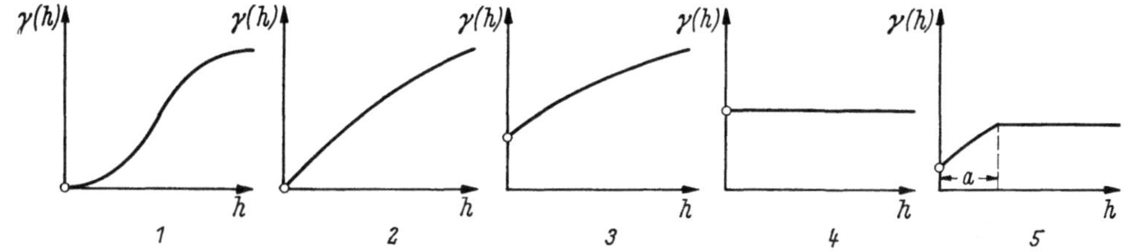

Abb. 2.1/8. Grundformen geostatistischer Variogramme (nach Matheron [41]). *1* kontinuierlicher Typ, *2* linearer Typ, *3* „Nugget"-Typ, *4* Zufalls-Typ, *5* transitiver Typ.

$f(x + h)$ = Meßwert im x benachbarten Punkt. Bei der graphischen Darstellung werden die Entfernungen h auf der x-Achse und die Funktionswerte $\gamma(h)$ auf der y-Achse aufgetragen. Aus dem Variogramm sind folgende Aussagen über die räumlichen Beziehungen der Proben und über die gesamte Lagerstätte zu entnehmen: a) „Einflußbereich" der Einzelproben (abnehmend mit Abstand h); b) Form der Verteilung der Meßwerte (Dispersionstyp); bei Variogrammen verschiedener Raumlage auch Anisotropieeffekte; c) Strukturen der Vererzung (Schwinden der Wechselbeziehungen zwischen zwei Proben von einem bestimmten Abstand an); d) Kontinuität der Vererzung im Bereich L; e) Kontinuität bzw. Vollständigkeit der Probenahme.

Es gibt vier Grundformen der Variogramme, welche die wesentlichen Verteilungsformen der Geostatistik repräsentieren (Abb. 2.1/8, 1 bis 5):

1. Kontinuierlicher Typ, sehr gleichmäßig, selten bei Lagerstätten (Sedimente)
2. Linearer Typ, gleichmäßig bis ungleichmäßig, z. B. vulkanogen-sedimentäre Buntmetallerzlagerstätten
3. „Nugget"-Typ, diskontinuierlich mit sprunghaften Veränderungen, z. B. Goldlagerstätten
4. Zufalls-Typ, diskontinuierlich in allen Bereichen, selten in Erzlagerstätten, z. B. Diamantenlagerstätten
5. Transitiver Typ (Kombination der Typen 2, 3 und 4), der bei mäßiger Kontinuität in kleinen Bereichen (a) zur zufälligen Verteilung übergeht. Dieses Variogramm ist charakteristisch für Lagerstätten mit deutlichen Strukturen, Anreicherungszonen, Mächtigkeitsschwankungen usw.

Die errechneten Variogramme entsprechen nur selten den Idealformen (wenn auch im Anfangsbereich der typische Kurvenverlauf sichtbar wird), da die Probenahme entweder nicht ausreicht oder die Abstände zwischen den Proben zu unterschiedlich sind [2]. Durch Regressionsrechnungen läßt sich jedoch ein Teil der Unvollkommenheiten ausgleichen und gleichzeitig der wahrscheinliche Fehler gegenüber der tatsächlichen Verteilung in der Lagerstätte abschätzen. Geo-Variogramme können über kleine und große Bereiche einer Lagerstätte errechnet werden, wenn eine Mindestzahl von Proben (25 bis 30) mit möglichst gleichmäßigen Abständen vorliegt. Natürlich muß dabei auch ein repräsentativer Abschnitt der Vererzung erfaßt sein. — Im folgenden werden einige Beispiele für die praktische Anwendung geostatistischer Verfahren gegeben:

Beispiele:

1. Für den Zinnerzbergbau in Cornwall stellten Kuscevic, Thomas und Penberthy [38] durch systematische Vergleiche von Probenserien aus Aufschlußstrecken mit denen aus Abbaublöcken fest, daß trotz beachtlicher Differenzen beide Metallverteilungen ausreichende Ähnlichkeit mit Lognormal-Verteilungen aufwiesen und damit geostatistischen Verfahren zugänglich waren. Die Varianzanalyse ergab, daß ohne Einbuße an Genauigkeit der Probenabstand in den Strecken von 5 Fuß auf mindestens 10 Fuß vergrößert und in gleicher Weise die Zahl der Abbauproben auf die Hälfte verringert werden konnte.

2. Beim Abbau von komplexen Erzkörpern sind zwar oft durch eine gute Beprobung die lokalen Gehalte ausreichend bekannt, das Problem besteht aber in der Bestimmung des jeweiligen „bauwürdigen" Grenzgehaltes. Dieser Grenzgehalt (cut off grade) kann bekanntlich niedrig gehalten werden, solange aus einigen Abbauen höherhaltige Roherze zum Ausgleich gefördert werden; andererseits ist die im Armerz gewonnene Metallmenge relativ teurer als die gleiche Menge im Reicherz. Es ist also wichtig, für *jeden* Abbaublock, den man selektiv abbauen kann, einen spezifischen Grenzgehalt zu ermitteln und diesen Vorräten die Verluste gegenüberzustellen, die durch das Stehenlassen von Blöcken mit geringen Gehalten eintreten. Formery [15] entwickelte mit der Geostatistik ein Nomogramm für den selektiven Abbau von Lagerstätten mit lognormaler Gehaltsverteilung (Abb. 2.1/9); vgl. Blais u. Carlier [2].

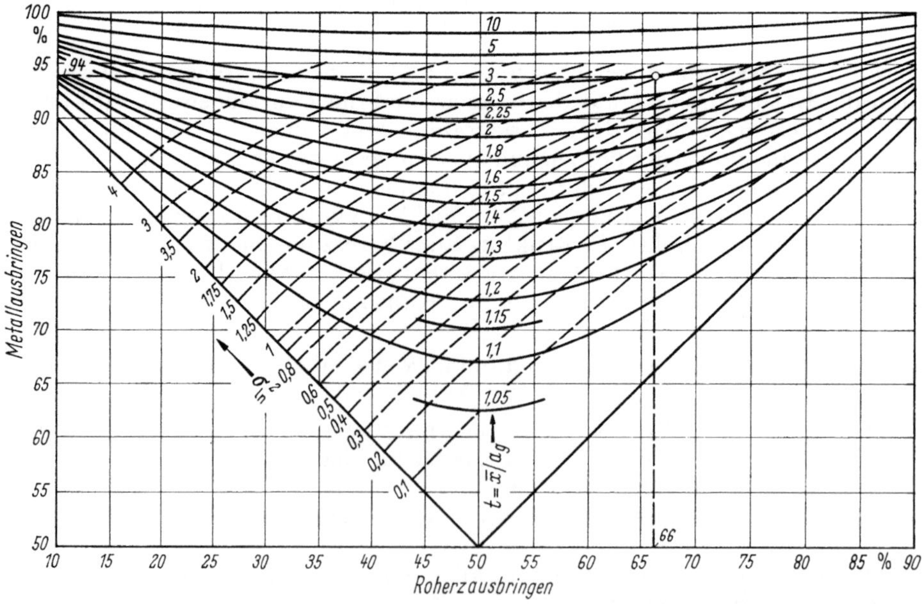

Abb. 2.1/9. Nomogramm für selektiven Abbau (nach P. Formery [15]).

t „reduzierter" Gehalt eines Blocks oder Erzkörpers, $\bar{x}$ Durchschnittsgehalt des Blocks, a_g angenommener Grenzgehalt, σ^2_{ln} logarithmische Varianz der Gehalte des Blocks.

Beispiel: (nach U. Klinge [31]) Sedimentäre Uranerzlagerstätte mit Grenzgehalt 0,4 lb U_3O_8/t; Blockdurchschnitt 1,2 lb/t; reduzierter Gehalt des Blocks = 3,0; Varianz ~1,25. Bei Roherzausbringen von ca. 66% beträgt das Metallausbringen 94%.

3. An Hand von mathematischen Modellen, die auf den Formeln von Mathéron und Formery basieren, zeigte David [6], daß bereits aus Explorationsdaten Grenzgehalte, Abbaublöcke und Metallausbringen abgeschätzt werden können. Auch er geht davon aus, daß in der ganzen Lagerstätte sowie in den einzelnen Blöcken die Metallgehalte angenähert lognormale Verteilungsbilder besitzen, die durch die (logarithmische) Geovarianz gekennzeichnet sind. Die Beziehungen zwischen Gehalten und „bauwürdigen" Vorratsmengen (grade-tonnage curve) stellt er in der folgenden Formel dar:

$$Q_c = Q_0 \cdot G \left(\frac{1}{s_{ln}} \cdot \log \frac{x_c}{\bar{x}_0} + \frac{s_{ln}}{2} \right)$$

Das bedeutet: Q_c ist derjenige Anteil des Gesamtvorrates Q_0, der einen Durchschnittsgehalt ($\bar{x}_c$) aufweist, der mit Sicherheit *über* dem angenommenen Grenzgehalt x_c liegt. G ist das Gaußsche Integral der Normalverteilung, s^2_{ln} die logarithmische Varianz (Geovarianz) und $\bar{x}_0$ der arithmetische Mittelwert für Q_0 (besser: Median). $\bar{x}_c$ ist aus obiger Gleichung durch Umformung zu erhalten. Das relativ einfache Modell ermöglicht auch Aussagen über die optimale Zahl und Größe der Abbaublöcke, in die Q_c aufgeteilt werden soll, sowie über deren spezifische Grenzgehalte. Über die räumliche Lage der *einzelnen* Blöcke können jedoch keine Angaben gemacht werden; David betont, daß die Abbaueinheiten zunächst auf Grund geologischer und bergtechnischer Überlegungen zu planen seien, bevor die Modellrechnung sinnvolle weitere Argumente liefern könne.

In produzierenden Bergwerken, d. h. mit den laufenden Informationen aus der Aus- und Vorrichtung, werden ähnliche Rechenprogramme benutzt, um durch Mischung aus verschiedenen Abbauen bestimmte Durchschnittsgehalte in der Roherzförderung einzuhalten oder definierte Erzsorten zu fördern [13].

Die Probenahme bei der Prospektion, Exploration und im laufenden Betrieb (2.1.4–2.1.7)

2.1.4 Probenahme beim Aufsuchen von Lagerstätten (Prospektion)

Die Aufgabe der Prospektion ist das Erfassen höffiger Bereiche an der Tagesoberfläche, das Erschürfen von Ausbissen, überhaupt die Ermittlung von Anzeichen einer Mineralisation. Es werden nur Orientierungsproben erwartet, an die keine hohen Genauigkeitsanforderungen zu stellen sind.

2.1.4.1 Geochemische Prospektion. Als erste Phase werden heute außer den geophysikalischen Meßverfahren in zunehmendem Maße geochemische Methoden bei der Prospektion eingesetzt. Sie beruhen auf der Erkenntnis, daß in der Umgebung von Erzkörpern Dispersionshöfe mit schwachen Konzentrationen der gleichen Metalle auftreten, die in der Lagerstätte angereichert sind. Die moderne Analysenmethodik, die z. T. für diese Verfahren besonders ausgebaut wurde, ermöglicht den Nachweis von Spurengehalten in der Größe von weniger als 1 ppm. Häufig werden in den Dispersionszonen auch Elemente festgestellt, die an sich in der Erzlagerstätte keine wirtschaftliche Bedeutung haben (Hg, As, Sb in Buntmetallerzen). Diese Elemente können aber als „Indikatoren" benutzt werden, da ihre Konzentrationsschwankungen oft charakteristischer sind als die der weitverstreuten Hauptelemente.

Für geochemische Untersuchungen werden aus den obersten Bodenschichten oder mit Hilfe von Handbohrungen aus geringer Tiefe (maximal 1 m) Proben gezogen. Es genügen hier wenige Gramm Material. Auch Wasserproben, Bachsedimente sowie Pflanzen oder Pflanzenaschen werden geprobt. Wasserproben werden gewöhnlich an Ort und Stelle z. B. mit kolorimetrischen Methoden untersucht. Für die Bearbeitung der Bodenproben gibt es heute fliegende Laboreinrichtungen, die in einem Kraftfahrzeug eingebaut werden können (VW-Bus). Diese Labors ermöglichen eine sofortige Auswertung der Probenahme während der Feldarbeit und eine entsprechende Planung der Fortsetzung der Probenahme. Andererseits lassen sich die kleinen Materialmengen leicht transportieren, und man bevorzugt daher auch wieder ortsfeste Speziallabors, die bei großen Durchsatzleistungen die höchste Genauigkeit verbürgen. Näheres über die moderne geochemische Prospektion s. bei Friedrich [16].

2.1.4.2 Probenahme bei Schürfarbeiten. Die traditionellen bergmännischen Schürfarbeiten, d. h. das Freilegen des anstehenden Gesteins unter der Bodenbedeckung, sind auch heute noch üblich bei Lagerstätten, die zutage ausgehen. Gerade in den letzten Jahren findet diese Methode bei der Erschließung sehr ausgedehnter Erzlagerstätten (Fe-, Mn-, Cu-, Ni- und Al-Erze) wieder häufigere Anwendung, allerdings werden die Gräben, Löcher oder Schächte mit geeigneten Erdbewegungsmaschinen hergestellt. Man verwendet Bulldozer, leichte Bagger mit Kasten- oder Polypgreifern sowie leichte Bohrmaschinen, die auf Fahrzeugen montiert sind. Diese Verfahren sind daher wesentlich leistungsfähiger als die Handarbeit und auf Einzelproben bezogen auch billiger.

Die Schürfgräben sollen eine vererzte Schicht nur anschneiden; die Schächte werden so tief wie möglich in die obersten Schichten niedergebracht, die technische Grenze liegt für mobile Anlagen bei etwa 40 m. Für tiefere Aufschlüsse verwendet man ausschließlich Bohrgeräte. In den Gräben und Schächten werden die Proben aus Schlitzen (quer oder längs) gezogen, wobei etwa vorhandene Strukturen zu berücksichtigen sind. Derartige Schürfe können auch zur Gewinnung größerer Materialmengen, etwa für technologische Untersuchungen, benutzt werden. Aus den Bohrungen werden laufend Proben während des Niederbringens genommen.

2.1.5 Probenahme bei der Erschließung (Exploration)

Hier handelt es sich zunächst um die Festlegung der Konturen einer mineralisierten Zone und die Definition der bauwürdigen Abschnitte (oder Erzkörper). Diese Arbeiten werden gewöhnlich noch von übertage und durchweg mit Tiefbohrungen ausgeführt, jedoch kann in der zweiten Phase etwa bei besonders günstigen Ergebnissen und geeignetem Gelände bereits mit Schächten und Stollen gearbeitet werden, wenn z. B. größere Materialmengen und Informationen über das bergtechnische Verhalten von Erz und Nebengestein erforderlich sind. Die hochentwickelte moderne Bohrtechnik liefert auch bei schwierigen Bedingungen, z. B. sehr weichem oder klüftigem Gebirge, schnelle und zuverlässige Angaben, so daß die stets kostspieligen bergmännischen Aufschlüsse häufig zurückgestellt werden.

Die Beprobung von Aufschlußschächten, Stollen und anderen Grubenbauen geschieht in der gleichen Weise wie bei den Schürfarbeiten; die übliche Form ist die Schlitzprobe oder die Pickprobe (2.1.9).

2.1.5.1 Tiefbohrungen. Bei den Bohrungen unterscheidet man im wesentlichen die Vollbohrungen mit Auffangen des Bohrkleins und die Kronenbohrungen mit Gewinnung eines Kerns (2.1.10). Das zweite Verfahren ist in der Erschließungsphase allgemein vorzuziehen, da es genauere und besser auszuwertende Einzelproben liefert, auch wenn die Kosten höher und die Leistungen geringer sind als bei der Vollbohrung. Beide Verfahren lassen sich kombinieren, wenn die Lagerstättenbereiche schon genauer bekannt sind; man kann dann den ersten Teil der Bohrung als Vollbohrung niederbringen und die Kernarbeit erst in der Nähe der Vererzung ansetzen.

Bei allen Bohrarbeiten ist eine Dauerüberwachung durch Geologen zu empfehlen, vor allem, wenn die Arbeiten durch Unternehmerfirmen ausgeführt werden. Die Proben (Kerne, Bohrmehl oder Bohrschlamm) werden sofort registriert und von geeigneten Teilen Material für die chemische Analyse entnommen, wobei stets ein Rest für Kontrolluntersuchungen zurückgelassen werden sollte. Darüber hinaus ist es zweckmäßig, das gesamte verbliebene Probenmaterial der Bohrungen archivmäßig aufzubewahren; in manchen Ländern ist dieses gesetzlich vorgeschrieben.

Die Wichtigkeit der möglichst vollständigen Gewinnung der Bohrkerne (sofern überhaupt gekernt wird) braucht kaum hervorgehoben zu werden — bei Verträgen mit Bohrfirmen ist dieser Leistung größerer Wert beizumessen als dem Bohrfortschritt. Erfahrungsgemäß vermindert ein Kernausbringen von weniger als 70% bei den meisten Lagerstätten die Aussagesicherheit so beträchtlich, daß z. B. die Lokalisierung von Einzelproben nicht mehr sinnvoll erscheint. Die in solchen Fällen unerläßliche Gewinnung des Bohrschlamms ist kein vollwertiger Ausgleich, da auch diese Proben nicht genauer geortet werden können. Außerdem kann das Analysenergebnis erheblich verfälscht werden, wenn die mechanischen Eigenschaften von Erzmineralen und Gangart unterschiedlich sind (häufig sind die Erzminerale zerreiblicher), so daß Teile des Probegutes im Verlauf der Bohrarbeit verschleppt werden.

Neuere Vergleichsuntersuchungen an Bohrkernen aus sehr wechselhaften Buntmetall-Erzgängen (u. a. [35]) zeigen an, daß ein möglichst großer Anteil (mindestens 80%) des Kerns für die Analyse zerkleinert werden sollte, nicht nur 50% oder gar beliebige kleine Bruchstücke. Die Streuung der Gehalte wird durch diese Homogenisierung des Probenmaterials wesentlich verringert. Damit wird die Erfahrung bestätigt, daß Vererzungen mit komplizierter Verwachsung auch durch sorgfältig geführte Vollbohrungen (Schlag- und Drehbohrungen) zuverlässig geprobt werden können, wenn es nur auf Durchschnittswerte und nicht auch auf Erzstrukturen ankommt.

Auf die Bohrtechnik wird in Abschnitt 2.1.10 näher eingegangen, hier sei nur noch einmal daran erinnert, daß Bohrungen das einzige praktikable Verfahren sind, die Probestellen über den ganzen Bereich der Lagerstätte *räumlich* zu verteilen. Aus wirtschaftlichen Gründen wird es zwar nie gelingen, die optimale Anordnung der Probenpunkte (regelmäßiges Raumgitter mit Abständen kleiner als die strukturellen Einheiten der Vererzung) zu verwirklichen; aber man darf heute einer dreidimensionalen Bohruntersuchung mindestens den gleichen Informationswert zumessen wie einer zweidimensionalen bergmännischen Aufschlußarbeit. Das bedeutet, daß z. B. die Erzvorräte, die durch Bohrungen ermittelt wurden („drill proven ore"), bei entsprechendem Erkundungsgrad von ca. 90% als *sichere* Vorräte eingestuft werden können, auch wenn noch keine bergmännischen Aufschlüsse vorliegen.

Im Anfangsstadium der Lagerstättenerschließung, bei gewöhnlich hohem finanziellen Risiko, werden allerdings die Tiefbohrungen selten so systematisch ausgeführt, und die Zahl der Proben ist manchmal um eine Größenordnung niedriger als die Richtwerte der Tab. 2.1/1. Es können aber bereits wenige Bohrungen ausreichen, um mit Hilfe fundierter geologischer Vorstellungen über die Lagerstätte höffige Bereiche zu definieren, in denen dann Grubenfelder (oder Explorationsgebiete) abgesteckt werden können, so im Witwatersrand [22] (schon mit 10 Bohrungen ein Konzessionsgebiet von 30 km^2). Die bei diesen Verfahren anfallenden Resultate genügen natürlich nicht für Vorratsangaben.

Da entsprechend dem geringen Aufschlußstand des Betriebes die Probenahme in der Exploration vorwiegend von außerhalb der Lagerstätte erfolgt, sind hier die morphologischen Typen von Bedeutung. Je nach der Zugänglichkeit, abhängig von der Teufenlage und der Topographie, werden die Bohrungen niedergebracht, die möglichst auf geradlinigen Profilen liegen sollten. Bevorzugt werden im Anfang Vertikalbohrungen; aber auch Schrägbohrungen sind (in Fächerform) üblich. Solange die Form der Lagerstätte noch unbekannt ist, richtet sich die Lage der ersten Profile nach allgemeinen geologischen und Geländebedingungen, der Bohrlochabstand ebenfalls. Die Auswertung der ersten Probenserien, die stets Kernproben sein sollten, ermöglicht dann die Festlegung der weiteren Ansatzpunkte nach dem Grundsatz, mit jeder Bohrung ein Höchstmaß an Information zu gewinnen.

Es ist daher meistens nicht sinnvoll, ein vorher festgelegtes Bohrpunktnetz schematisch abzubohren; bei klaren Ergebnissen können die nächstfolgenden Bohrlöcher übersprungen werden. Gewöhnlich wird der Abstand der Profile erheblich größer gewählt als die Entfernung der Bohrlöcher auf den Profilen. Als Hinweise auf übliche Anordnungen mögen folgende Angaben dienen (vgl. Tab. 2.1/1):
Rundliche Körper: Gleichförmiges, rechtwinkliges Grundnetz, $A_P \approx 2 \times A_B$ (A_P = Profilabstand, A_B = Bohrlochabstand).

Tafelige Körper: Profile senkrecht zum Streichen, parallel oder diagonal zueinander, A_P bis zu $10 \times A_B$.

Säulige Körper: Fächerbohrungen $\pm$ normal zur Hauptachse. Bei steilem Einfallen sind Untertageaufschlüsse und Bohrungen von dort wirkungsvoller als von übertage.

Die Länge der Einzelprobe aus einer Bohrung, d. h. der Kernabschnitt oder die Strecke, von der das Bohrklein aufgefangen wird, richtet sich nach der Feinstruktur der Vererzung. Üblich sind Probelängen von 1 bis 3 m (in angelsächsischen Ländern 3 bis 10 Fuß).

Als *Beispiel* für rationelle Planung und Ausführung von Explorationsarbeiten kann die Erschließung der Lagerstätte Tynagh der Irish Base Metals Ltd, Irland (Abb. 2.1/10) genannt werden. Hier war aufgrund geochemischer und geophysikalischer Prospektion 1960 ein größerer Blei-Zink-Erzkörper vermutet und durch wenige Suchbohrungen bestätigt worden. Daraufhin wurde das gesamte höffige Gebiet mit einem Raster für 80 Bohrungspunkte, Abstand etwa 100 Fuß ($\approx$30 m), überdeckt und die Untersuchung sogleich mit mehreren Bohrgeräten begonnen. Bei dem ersten Profil wurde der Bohrlochabstand auf 50 Fuß verringert, da das Erz ungewöhnliche Eigenschaften (sulfidhaltige plastische Tone und Oxiderze) aufwies. Nach Bewältigung technischer Schwierigkeiten und mit den gewonnenen Erfahrungen über das Erzlager bohrte man zunächst den Bereich der Profillinien 2, 3, 4, 5, 7 und 8 ab, wählte dann aber von den geplanten Bohrlöchern im Westteil nur noch einige aus, um die Erzsorten und die Konturen des Erzkörpers zu erkunden. Schließlich wurden noch 10 Kontrollbohrlöcher, davon drei zur Untersuchung des Liegenden und der Störungszone niedergebracht. Aus 52 fündigen Bohrungen wurden über 2000 Proben gezogen (Lagermächtigkeit bis zu 90 m) und in weniger als 2 Jahren 4,5 Millionen t Erzvorräte mit Metallgehalten um 15% Pb + Zn nachgewiesen.

Der spätere Abbau bestätigte die bei der Exploration gewonnenen Daten; allerdings erwiesen sich die Feinstrukturen der Lagerstätte als wesentlich komplizierter. Nach der morphologischen Klassifikation ist die Lagerstätte zu den rundlichen Typen mit ungleichmäßiger Metallverteilung (Variationskoeffizient V = 50 bis 70, vgl. Tab. 2.1/1) zu rechnen.

Bei sehr großen Explorationsunternehmen kann die Optimierung von Bohrarbeiten bereits erhebliche Kosteneinsparungen bringen, besonders, wenn durch eine rasche Auswertung (z. B. mit statistischen Methoden) eine systematische Vergrößerung des Bohrlochrasters möglich wird.

Nach Ferenčić ([12] 1969) konnte bei der Erschließung von itabiritischen Eisenerzlagern in der Imataka-Zone im Süden Venezuelas das Bohrschema von anfänglich 100 m $\times$ 100 m auf 250 m $\times$ 125 m erweitert werden, nachdem man die typischen Varianzen der Eisengehalte und der Lagermächtigkeit ermittelt hatte. Die Fehlergrenzen vergrößerten sich dabei nicht; es war möglich, Vorräte von rd. 660 Mio. t mit 85% und weitere 95 Mio. t mit 75% Wahrscheinlichkeit zu berechnen. Dabei wurden rd. 40 Bohrmaschinen-Monate oder 200000 bis 250000 US-Dollar eingespart.

2.1.6 Probenahme im laufenden Betrieb

Da im laufenden Betrieb aufgrund der Vorarbeiten und der Planung bereits ausreichende Informationen über den Gesamtbau und den Inhalt der Lagerstätte vorliegen, dient hier die Beprobung zur Ergänzung dieser Angaben und zur Überwachung der Förderung.

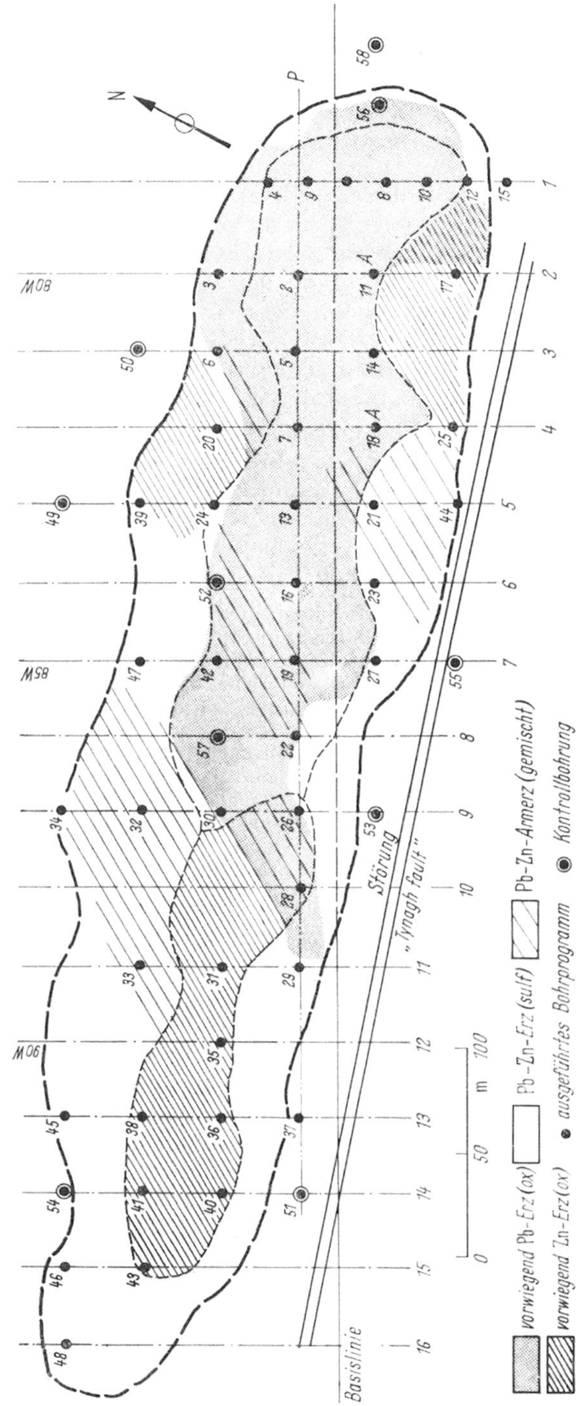

Abb. 2.1/10. Explorations-Bohrungen der Irish Base Metals Ltd. auf der Buntmetall-Lagerstätte Tynagh, Irland. Stand 1963. Bohrlochraster 100 Fuß×100 Fuß. Geplant: 80 Bohrungen in 16 Profilen, ausgeführt: DH 1—48 und als Kontrollbohrungen DH 49—58.

In der Hauptsache wird die Beprobung an den freiliegenden Flächen der Lagerstätte „am Stoß" vorgenommen, d. h. von den Grubenbauen aus. Bei dem Schema der Probenverteilung werden daher die kleineren Strukturen sowie die Abbaueinheiten oder andere bergtechnische Bedingungen zu berücksichtigen sein. In dieser Probenahme wird nicht nur auf Erfassung der Gehalte geachtet, sondern es werden auch die Mächtigkeit, die Erzsorten, das Nebengestein, die Tektonik usw. registriert.

Die Abstände der Einzelproben ergeben sich meistens aus der Betriebserfahrung, sie liegen zwischen 1 m (beim Golderzbergbau) und 50 bis 80 m (beim Eisenerzbergbau). Während einer Beprobungsperiode sollten sie nach Möglichkeit einheitlich gehalten werden. Recht häufig wird die Betriebsbeprobung in mehreren Phasen durchgeführt, wobei man während der Aus- und Vorrichtung zunächst die Proben in größeren Zwischenräumen zieht, in die dann mit dem fortschreitenden Abbau Kontrollproben eingeschaltet werden („grade control sampling"). Auch das Verfahren der Materialentnahme kann sich dabei ändern; in der ersten Phase bevorzugt man z. B. die Schlitzprobe, in der zweiten die Bohrlochprobe.

Die Frage, ob statt möglichst gleichmäßiger bewußt ungleichmäßige, d. h. „zufällige" Probenabstände gewählt werden sollten, wurde in der Zeit von 1950 bis 1960 stark diskutiert, als man glaubte, damit statistisch besser zu verarbeitende Daten zu gewinnen. Inzwischen wurde theoretisch und durch Versuchsreihen nachgewiesen, daß ein unregelmäßiges Probenschema keinerlei Vorteile bietet, sondern im Gegenteil zusätzliche methodische Fehler einbringen kann.

Im südafrikanischen Golderzbergbau wird bekanntlich die Beprobung besonders gründlich durchgeführt und ausgewertet, da das Betriebsergebnis von der richtigen Abbauführung abhängt. Hallbauer und Joughin [22] geben für den Witwatersrand als übliche Abstände für Schlitzproben in Aus- und Vorrichtungsstrecken 1,5 bis 5,0 m an; die gesamte Abbaufront wird jedoch nochmals mit 5 m Zwischenraum beprobt, und dieses Verfahren wird wiederholt, wenn der Abbau um 5 m weitergerückt ist. So wird das goldführende Reef schließlich mit einem regelmäßigen Netz von 5 m Maschenweite durchzogen, doch werden die Resultate der Beprobung immer noch als unbefriedigend angesehen. Sie ermöglichen zwar die Beurteilung des Durchschnittsgehaltes (mit ca. 100 Proben) gleichlaufend mit dem Abbau, aber nicht die sichere Definition von armen oder tauben Einlagerungen, die etwa 5 bis 10 m Länge haben. Zur Erfassung der eigentlichen Strukturen der Vererzung müßten entweder größere Flächen geprobt oder mit anderen Methoden (z. B. Radiometrie) im Detail aufgenommen werden.

Bei der weniger unregelmäßigen Vererzung von Blei-Zink-Kupfer-haltigen Pyritlagern werden Probenabstände von 8 bis 10 m für ausreichend angesehen, um Durchschnittsgehalte von Abbaublöcken und Erzsorten zu definieren.

Die zunehmende Mechanisierung und vor allem die großen Abmessungen der modernen Abbaue haben auch die Beprobungsverfahren beeinflußt. Mit der Verringerung von Aus- und Vorrichtungsbauen (z. B. im Blockbruchbau) sind nicht mehr genügend zugängliche Flächen der Erzkörper für die direkte Probenahme vorhanden; man bohrt in diesen Fällen von den Strecken oder von höheren Sohlen aus den Abbaublock wie bei der Exploration gewöhnlich mit Kernbohrungen ab. Bei den Abbauverfahren, bei denen lange Sprengbohrlöcher von Teilsohlen aus in einem besonderen Arbeitsgang (d. h. längere Zeit vor der Erzgewinnung) gebohrt werden, bietet sich die Probengewinnung auf diese Weise an (vgl. 2.1.9, Abb. 2.1/13).

Nahezu die wichtigste Anforderung an die Betriebsprobenahme ist die Erfüllung des Zeitplanes; die Ergebnisse müssen zur Planung oder spätestens vor Beginn des Abbaus der betreffenden Vorratsblöcke vorliegen. Natürlich kann die letzte Kontrollphase mit dem Abbau zusammenfallen, wenn es der Betriebsleitung zur Lenkung der Produktion genügt. Hierzu ist zu bemerken, daß eine so kurzfristige Beprobung des anstehenden Erzes nur dann sinnvoll ist, wenn sie zu einer unmittelbaren Maßnahme (z. B. Einstellung eines Betriebspunktes) benötigt wird, oder wenn durch eine Gegenkontrolle vor der Aufbereitung die tatsächlichen Gehalte des Fördererzes erfaßt werden. Das letztere ist aber in den heutigen Großbetrieben, wo alle Fördermengen der einzelnen Abbaue schon in der Grubenförderung vereinigt werden, kaum noch möglich. Es ist daher verständlich, daß in vielen Erzbergwerken auf eine Fortführung der Probenahme am Stoß, die außerdem hohe Arbeitskosten verursacht, nach der Vorrichtungsperiode verzichtet wird. Dafür treten dann mechanische Probenahmen aus Fördererzen, z. B. von Transportbändern oder an Brechanlagen, ein.

Zu diesen Proben gehört auch die Haufwerksprobe aus dem im Abbau gelösten Erz, die nicht mehr genau lokalisierbar ist und eher mit einer Durchschnittsprobe oder Mischprobe verglichen werden kann. Wenn die Möglichkeit zur Entnahme und Verarbeitung größerer Mengen Probenmaterial gegeben ist, kann auch diese Probenahme gute Informationen bringen, ihre Kosten sind jedoch stets höher als die der „kleineren“ Verfahren.

Für die Ausführung der Grubenprobenahme gibt es betriebliche Arbeitsanweisungen oder Normvorschriften, die für ganze Bergbauzweige gelten [36, 37].

Die Probenahme in produzierenden Bergwerken, die bei der Untersuchung noch nicht aufgeschlossener Lagerstättenteile vorgenommen wird, entspricht nach Aufgabe und Arbeitsmethoden der Probenahme bei der Exploration von übertage.

2.1.7 Probenahme für Sonderzwecke

Wie schon erwähnt, erfolgt die Entnahme von Probenmaterial nicht nur für die chemische Analyse, sondern auch für technologische und andere Untersuchungen.

Eine wichtige Aufgabe ist die Ermittlung von Kennwerten für die Aufbereitung oder Veredelung des Roherzes, vor allem bei Neueinrichtung von Betrieben auf Lagerstätten, von denen noch nicht gefördert wurde. Es ist heute üblich, die Versuche nicht nur labormäßig, sondern auch im halbindustriellen Maßstab, in sog. Pilot-Anlagen, zu fahren, für die bis zu 10 t oder 20 t am Tag an Aufgabegut benötigt werden. Die Zusammensetzung dieses Materials soll dem erwarteten durchschnittlichen Fördererz möglichst ähnlich sein; es ist daher zweckmäßig, die Proben von verschiedenen Punkten zu vereinigen und auch anfallende Verunreinigungen (Nebengestein) mitzunehmen.

Für die Bestimmung der physikalischen Eigenschaften (Dichte, Porosität, Feuchtigkeit, Druckfestigkeit usw.) reichen bei vielen Mineralrohstoffen die kleinen und brüchigen Proben aus Bohrungen oder Schlitzen nicht aus, es müssen größere, kompakte Stücke entnommen werden. Meistens werden aus Kronenbohrungen mittleren Durchmessers ($\approx$10 cm) solche Proben mit besonderen Einrichtungen (Gesteinssägen u. ä.) gezogen. Von anstehenden Erzen, Kohlen und Salzgesteinen werden Blockproben oft durch Schrämen gewonnen. Proben zur Bestimmung der Bergfeuchtigkeit sollten sofort in luftdicht schließende Behälter verpackt werden.

Schließlich seien noch die Proben für wissenschaftliche Zwecke, z. B. mineralogische, erzmikroskopische oder kohlenpetrographische Untersuchungen, genannt, an die jeweils spezielle Anforderungen gestellt werden. Eventuell ist die räumliche Orientierung vor der Entnahme zu bezeichnen.

Auch für felsmechanische Untersuchungsverfahren sind orientierte Proben erforderlich, die man meistens aus kurzen, großkalibrigen Kernbohrungen gewinnt.

Ausführung der Probenahme (2.1.8—2.1.13)

2.1.8 Verfahren der Probenentnahme

Die vielfältigen technischen Möglichkeiten der Gewinnung des Probenmaterials, die z. T. schon erwähnt wurden, lassen sich nach der Lage der Entnahmestellen in zwei Gruppen einteilen:

1. Beprobung von *freiliegenden Flächen* der Vererzung (am „Stoß“ oder am „Ausbiß“), mit geringer Eindringtiefe der Probe (einige Zentimeter bis 10 m),
2. Probenahme *innerhalb der Lagerstätte,* aus Bohrungen (Eindringtiefe über 10 m).

Die Probenahme *aus Sprengbohrlöchern,* die im Tagebau und Tiefbau vielfach ausgeführt wird, soll dabei zur ersten Gruppe gerechnet werden, zumal es sich um Aufgaben des laufenden Betriebes handelt, wie sie in dieser Gruppe vorherrschen. Auf die Beschreibung der Beprobung von bewegtem Fördergut in der Grube (z. B. von Förderbändern, Förderwagen und Bunkern) wird dagegen nicht eingegangen, da diese Verfahren durchweg mit mechanischen Einrichtungen ausgeführt werden (vgl. 2.7 und 2.8).

Grundsätzlich ist hier zu betonen, daß die Gewinnung des Probenmaterials von entscheidender Bedeutung für die gesamte Probenahme ist und als besonders verantwortungsvolle Tätigkeit nur von (angelerntem) Personal ausgeführt werden soll, das ausschließlich für diese Aufgabe eingesetzt wird. Alle Arbeiten unterstehen dem Betriebsgeologen oder dem Markscheider, denen bei größerem Umfang der Probenahme auch weiteres Aufsichtspersonal (Oberprobenehmer, Geologensteiger) beigegeben wird. Von einer organisatorischen Eingliederung der Probenahme in den Produktionsbetrieb ist abzuraten, auch wenn manche ihrer Arbeitsvorgänge praktisch mit denen des normalen Betriebsablaufs zusammenfallen.

2.1.9 Beprobung freier Flächen

Zu den ältesten und auch heute noch am weitesten verbreiteten Methoden gehören: die Stück- oder Pickprobe, die Schlitz- oder Hackprobe und die Haufwerks- bzw. Schußprobe. Dazu kommt die Probenahme aus Sprengbohrlöchern im Streckenvortrieb und im Abbau.

2.1.9.1 Stück- oder Pickprobe. Die *Stückprobe,* die als willkürliche Entnahme von Einzelstücken vom anstehenden Erz oder vom gelösten Haufwerk ausgeführt wird, ist offensichtlich vom Geschick, d. h. der Objektivität des Probenehmers weitgehend abhängig. Um die unbewußte Tendenz, Stücke mit sichtbarer Vererzung zu bevorzugen (das „Schönen“ der Probe), möglichst zu unterdrücken, gibt es in vielen Betrieben einfache Vorschriften für die Entnahmestellen (z. B. festgelegte Abstände), sowie für die Stückgröße und die Menge der Gesamtprobe, aber die Gefahr subjektiver Fehler wird dadurch kaum verringert.

Eine verbesserte Form ist die *Flächenprobe* (chip sampling), die im Edelmetallerzbergbau der Vereinigten Staaten und Kanadas noch weit verbreitet ist. Hierbei werden durch farbige Markierungen Flächen von 4 bis 16 sq. ft. (0,36 bis 1,44 m^2) am Stoß abgegrenzt, von denen der Probenehmer möglichst gleichmäßig verteilte kleine Stücke abschlägt. Diese Stückchen werden dann zu einer Probe vereinigt, deren Gesamtmenge durch das Fassungsvermögen der einheitlichen Probenbeutel in etwa festgelegt ist. Obwohl auch bei dieser Art der Gewinnung des Materials der persönliche Einfluß des Probenehmers groß ist, werden die Ergebnisse als befriedigend bezeichnet, und da die Kosten im Vergleich zu anderen Verfahren erheblich niedriger liegen, besonders bei hartem Gestein, halten viele Betriebsleiter diese Probenahme für die günstigste.

In der Hauptsache werden Stück- oder Pickproben heute jedoch für Sonderzwecke wie mineralogische und geochemische Untersuchungen und weniger für die Gehaltsermittlung von Erzvorräten angewandt.

2.1.9.2 Schlitz- oder Hackprobe. Die *Schlitzprobe*, im Kalibergbau auch *Hackprobe* (englisch channel sampling oder auch chip sampling) genannt, ist wohl die am meisten praktizierte Methode. Die Schlitze sind gewöhnlich flache Rinnen von rechteckigem oder dreieckigem Querschnitt (Abb. 2.1/11), die von Hand oder mit leichten Motorwerkzeugen hergestellt werden. Das kleinstückige Material wird dabei mit einer flachen, pfannenförmigen Probenschaufel aufgefangen, die dicht unter den Arbeitspunkt gehalten wird, oder man legt auf der Sohle Bahnen von gummiertem Stoff oder Plastik aus. Im allgemeinen werden zwei Mann für die Arbeit benötigt.

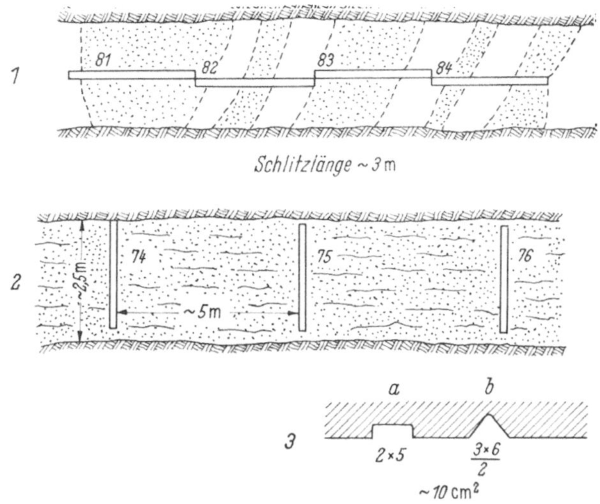

Abb. 2.1/11. Schlitzproben.
1 Horizontalschlitze in Erzkörpern mit steil einfallenden Strukturen, *2* Vertikalschlitze in flach gelagerten Erzkörpern oder in einer homogenen Vererzung, *3* Querschnitte von Schlitzen, *a* im weichem Erz (Limonit), *b* in hartem Erz (Pyrit).

Ein Querschnitt von ca. 10 cm² hat sich für die meisten Vererzungen als ausreichend erwiesen; der Arbeitsaufwand bleibt dabei in vernünftigen Grenzen. Früher wurde besonderer Wert auf die geometrisch genaue Form der Schlitze gelegt, um den Einfluß des Probenehmers gering zu halten, ferner wurden die Dimensionen der Schlitze größer gewählt (Querschnitt bis 100 cm²), so daß bis zu 100 kg Probegut anfielen. Abgesehen von dem übermäßigen Arbeitsaufwand, hat sich bei zahlreichen Kontrollversuchen gezeigt, daß weder die exakte Form der Schlitze noch die große Menge des hereingewonnenen Materials die Aussage der Einzelprobe verbessern. Wenn nur die Grundforderung nach der gleichmäßigen Erfassung aller Komponenten über die ganze Länge des Schlitzes erfüllt ist, kann man die Probe als einwandfrei anerkennen. Allerdings ist die Einhaltung einer Standardmenge zweckmäßig, gegeben durch die Abmessungen der Schlitze und die Dichte des Erzes (z. B. 8 bis 10 kg, bei 3 m Länge und 10 cm² Querschnitt des Schlitzes), damit das Probegut vor Ort nicht geteilt zu werden braucht.

Als maschinelle Werkzeuge werden häufig leichte Drucklufthämmer mit breitem Meißel (einseitig angeschärft, wie ein Stemmeisen) verwendet, aber auch Nutenfräsmaschinen mit Hartmetallschneiden, die für die Bauindustrie entwickelt wurden, haben sich bewährt. Diese Fräsmaschinen mit Druckluft oder Elektroantrieb sind einfach zu handhaben, das Probegut wird nicht so weit fortgeschleudert wie von den schlagenden Geräten, und es kann bei einigen Maschinen in einem am Gehäuse angebrachten Gefäß aufgefangen werden (Abb. 2.1/12). In weichen Erzen (z. B. Limoniterz) und im Salzbergbau sind derartige Handfräsen seit mehreren Jahren im Einsatz, sie stellen Schlitze von etwa 1 cm × 1 cm in einem Arbeitsgang

Abb. 2.1/12. Handfräsmaschine mit Spezialfräskopf für Kalisalz (Fa. Fein, Fulda). Auffangbehälter für Probegut; Gleichstrommotor 24 V, 340 W; Betrieb mit 2 Autobatterien oder Lkw-Bordnetz 24 V (vgl. Abb. 2.1/31).

her. Wegen der geringen Abmessungen des gefrästen Kanals werden oft mehrere Schlitze nebeneinander gezogen (vgl. Abb. 2.1/31). Eine Sonderausführung der Handfräse besitzt 2 Schneidscheiben auf der gleichen Achse, mit der zwei schmale Schnitte im Abstand von ca. 2 cm hergestellt werden; danach wird der stehengebliebene Steg als Probegut mit Hammer und Meißel gewonnen.

In sehr hartem Gestein werden anstelle der Schlitze Reihen von kurzen Bohrungen (5 bis 15 cm tief) mit normalen Bohrhämmern ausgeführt; auch von kurzen Kernbohrungen in ähnlicher Anordnung wird berichtet (kanadischer Golderzbergbau).

Die Stellen für die Schlitze werden nach einem Schema festgelegt und vom Betriebsgeologen angezeichnet. In Aus- und Vorrichtungsstrecken sind die Probestellen so dauerhaft zu kennzeichnen, daß sie bei etwaigen Kontrollen wiedergefunden werden können; Farbsprühdosen sind für diesen Zweck gut geeignet. Die Abstände werden dabei möglichst einheitlich gewählt, und auch die Länge der einzelnen Schlitze sollte etwa gleich bleiben (gleiche Probemenge!). Sind in der Lagerstätte Strukturen erkennbar, so sollen die Schlitze quer zu diesen verlaufen (möglichst sogar senkrecht). In Abb. 2.1/11 sind die üblichen Anordnungen dargestellt.

Die Leistungen der Schlitzprobenahme sind recht unterschiedlich, sogar innerhalb eines Bergwerks; die Härte des Erzes bzw. Gesteins und die Arbeitsweise spielen dabei die wichtigste Rolle. So betrugen z. B. die Leistungen im Blei-Zink-Erzbergbau in Sardinien bei Handarbeit 3 bis 4 Schlitze (oder 10 bis 12 lfd. m) pro Mann und Schicht, bei Einsatz von Drucklufthämmern etwa das Doppelte (Schlitzquerschnitt 10 bis 20 cm^2, kalkiges Nebengestein). Ähnliche Leistungen gibt es in pyritischen Erzlagern in Norwegen (etwa 15 lfd. m je Mann und Schicht), wo das Erz zwar hart, aber recht gut zu lösen ist. Im südafrikanischen Goldbergbau werden jedoch nur 2 bis 4 lfd. m, auch mit Maschinenarbeit, in dem zähen und harten Erzkonglomerat erreicht; trotzdem sind dies 10 bis 20 Proben, denn die Schlitzlänge beträgt wegen der geringen Mächtigkeit der goldführenden Schicht nur etwa 20 cm.

2.1.9.3 Haufwerks- oder Schußprobe. Die *Haufwerksprobe* (Abschlagprobe, Schußprobe, bulk sampling) wird in vielen Erzbergwerken periodisch als Kontrolle der ständigen Beprobung durchgeführt oder (weniger häufig) als einzige Probenahme bei Vorrichtungsarbeiten. Hierbei werden von dem hereingeschossenen Haufwerk während der Ladearbeit bestimmte Anteile (z. B. jede 20. Schaufel ~5%) entnommen und als Urprobe getrennt gefördert. Es ist klar, daß die Bewältigung der großen Probemenge (1 bis 5 t) nicht nur beträchtlichen Arbeitsaufwand, sondern auch eine leistungsfähige Probenvorbereitung mit geeigneten Zerkleinerungsmaschinen erfordert. Bei kleineren Betrieben mit Wagenförderung wird die Haufwerksprobe oft durch die *Wagenprobe* ersetzt; d. h., man zweigt einige Förderwagenladungen vor der ersten Zerkleinerungsstufe der Aufbereitung für die Probenahme ab.

Mit der zunehmenden Größe der Abbaueinheiten und der damit verbundenen Veränderung der Betriebsbedingungen (gröbere Körnung des Haufwerks, Verladung in Großraumwagen über Zwischenbunker, Brechanlage unter Tage usw.) sind die Entnahme relativ begrenzter, repräsentativer Probemengen vor Ort und ihr Transport schwierig geworden. Wenn überhaupt noch derartige Probemengen für nötig gehalten werden, wendet man die *Schußprobe* an, bei der wenige kurze (ca. 50 cm lange) Sprengbohrlöcher schräg in den Stoß gebohrt und mit schwacher Ladung abgeschossen werden. Vor dem Schuß wird die Streckensohle gereinigt und mit Blechplatten ausgelegt; trotzdem sind Verluste durch weit fortgeschleuderte Stücke unvermeidlich. Immerhin hat die Schußprobe den Vorteil, daß sie genau lokalisiert werden kann.

Ein besonderer Zweck der Entnahme größerer Mengen aus dem gelösten Erz ist die Beschaffung von Probenmaterial für Aufbereitungsversuche und ähnliche Tests. Um einen guten Durchschnitt in der Fördererzprobe zu erhalten, wird gewöhnlich das Material von verschiedenen Abschlägen gemischt.

Ganz allgemein liegt der Haufwerksprobe die Vorstellung zugrunde, daß durch die größere Materialmenge und die räumliche Ausdehnung der Probestellen eine gewisse Homogenisierung zu erreichen sei. Dies wäre aber nur möglich, wenn in dem geprobten Bereich alle verschiedenen Erzsorten und Metallgehalte der Lagerstätte tatsächlich auftreten würden — sicherlich ist das nicht ein Normalfall. Außerdem könnte der Homogenisierungseffekt für die Probenahme nur durch Verarbeitung der *gesamten* Haufwerksmenge (d. h. Zerkleinerung und Verjüngung) ausgenutzt werden, was aus technischen und wirtschaftlichen Gründen nur selten durchführbar erscheint. (Auf der Grube Lüderich der AG des Altenbergs in Untereschbach wurde die Großprobenverarbeitung zur Ermittlung der Durchschnittsgehalte einzelner Abbaue mit Hilfe einer besonderen Versuchsflotation erfolgreich durchgeführt [29].) Die Haufwerksprobe bietet demnach keine Vorteile gegenüber den kleineren Probemengen anderer Verfahren; ihre methodischen Fehler können bei unsachgemäßer Ausführung weit größer werden als die einer Reihe von Einzelproben (z. B. Schlitze) aus dem gleichen Lagerstättenraum. Ihr Wert als Kontrollprobe ist daher zweifelhaft, ihr Geltungsbereich kaum größer als der einer kleinen Einzelprobe. Zur genaueren Gehaltsbestimmung von Vorratsblöcken sind kurze Kernbohrungen zweckmäßiger, zur Kontrolle der Fördererzgehalte ist die Bohrmehlprobe wirkungsvoller.

2.1.9.4 Bohrmehlprobe. Die Gewinnung von Probenmaterial aus *Sprengbohrlöchern* (Bohrmehlprobe, sampling of cuttings) beim Streckenvortrieb ist in mehrfacher Hinsicht der Haufwerksprobe vergleichbar. Das Gut stammt aus dem gleichen Bereich (eine Abschlaglänge), es wird aus vielen Punkten gezogen und vor Ort gemischt, die Probenahme selbst ist eine Teiloperation normaler bergmännischer Arbeiten. Das Verfahren hat jedoch bedeutende Vorteile, da die anfallende Materialmenge geringer und bereits fein zerkleinert ist und die Entnahmestellen systematisch im Raum verteilt sind. Nach Ausdehnung und Anordnung kann man im übrigen auch jede einzelne Bohrung mit einer Schlitzprobe vergleichen; die gesamte Probe wäre dann als Mischung von soviel Einzelproben aufzufassen, wie die Anzahl der Bohrlöcher des Abschlags betrug.

Für die praktische Ausführung der Bohrmehlprobe gibt es eine ganze Reihe von Vorschlägen und Geräten. Bei Trockenbohrungen (die allerdings unter Tage heute kaum noch angewendet werden) benutzt man gewöhnlich die Absaugevorrichtungen für den Staub, indem aus dem Sammelbehälter nach jedem Bohrloch eine bestimmte Menge entnommen wird. Es gibt auch Spezialausführungen mit leicht auswechselbaren zusätzlichen kleinen Gefäßen für die Probe (Anwendung im Kupferschieferbergbau). Die Gesamtmenge des anfallenden Bohrkleins beträgt 0,5 bis 1% der Abschlagtonnage, bei 8 bis 10 m^3 Ausbruch also um 200 kg, die noch reduziert werden müssen. Für trockenes Bohrmehl genügt ein normaler Probenteiler (z. B. Typ Jones), sofern die Verjüngung nicht schon bei der Entnahme erfolgte. Als endgültige Probemenge werden 2 bis 5 kg, je nach Art der Vererzung, zum Labor gesandt.

Der Bohrschlamm von Naßbohrungen wird mit einfachen Blechrinnen aufgefangen, die vor der Ortsbrust auf der Sohle ausgelegt werden oder auch mit komplizierteren Einrichtungen (Trichter und Schlauchleitungen für einzelne Bohrlöcher). Wichtig ist u. a. dabei, daß die Vorrichtungen die normale Bohrarbeit nicht behindern und leicht transportierbar sind.

Prouhet [42] beschreibt ein Verfahren, das vom Bureau de Recherches Géologiques et Minières (BRGM) im französischen Erzbergbau erprobt wurde. Ein rechteckiger, flacher Trichter aus Blech wird ca. 50 cm über der Sohle mitten vor der Ortsbrust aufgehängt (mit zwei Bohrstangen in kurzen Löchern), die Unebenheiten am Stoß werden mit Drahtnetz und Gips ausgeglichen. Der Trichter ist so lang (bei 2 m Streckenbreite etwa 1,50 m), daß der Bohrschlamm der meisten Löcher aufgefangen und in den untergestellten Sammelkasten geleitet werden kann. Trichter und Sammelkasten sind mit Drahtnetzen gegen größere Gesteinsbrocken abgedeckt. Von der Gesamtmenge des Bohrschlamms (über 200 kg) brauchten nur 20 bis 30 kg für eine zuverlässige Probe entnommen zu werden, wie systematische Versuche erwiesen. Ebenso stellte man fest, daß bereits mit dem Bohrschlamm aus jedem zweiten Bohrloch praktisch die gleichen Resultate zu erzielen waren wie mit dem ganzen Abschlag. Mit einem entsprechenden Arbeitsschema beim Abbohren kann damit die Probenahme auf die Hälfte der Bohrzeit verkürzt werden. — Die weitere Verjüngung der Urprobe in Form des nassen Schlammes war nicht möglich ohne die Gefahr erheblicher Fehler infolge der Entmischung der Erz- und Gesteinsanteile. Daher trocknete man das Probegut mit Ölbrennern und Infrarotlampen, zerkleinerte es von Hand und reduzierte es über Probenteiler bis zur Endmenge von etwa 2 kg.

Das an sich gute und billige Verfahren hat jedoch auch Nachteile. Wie gesagt, sind die einzelnen Bohrlöcher geometrisch und funktional mit Schlitzen zu vergleichen, sie müßten also auch wie diese *quer* zu den Strukturen der Vererzung verlaufen, um die wahre Verteilung der Gehalte optimal zu erfassen. Nun werden aber Untersuchungsstrecken im allgemeinen streichend aufgefahren, d. h. besonders bei schichtigen (sedimentären) Lagerstätten *parallel* zu den wichtigeren Strukturen. Nur bei Querschlägen wäre die Bedingung erfüllbar. Sind also Lagen- oder Bänderstrukturen in Richtung des Vortriebs vorhanden, so müssen wenigstens einige Bohrlöcher *schräg* zu diesen angesetzt werden (auch wenn sie nicht für den Abschlag gebraucht werden), um Verzerrungen der Gehalte zu vermeiden. Das gleiche gilt für geringmächtige Vererzungen, die nicht den ganzen Streckenquerschnitt ausfüllen.

Prouhet [42] zeigt an zwei Beispielen (stratiforme und relativ gleichmäßige Blei-Zink-Vererzung sowie sehr unregelmäßige Wolframerzlagerstätte), wie unter Berücksichtigung des Erzcharakters die genannten Fehler vermieden werden konnten, so daß die Ergebnisse der Bohrlochproben mit den Durchschnittsgehalten der in diesem Versuchsfall sehr genauen Fördererzprobe ausgezeichnet übereinstimmten (Abweichung etwa 3%). Diese Resultate waren besser als die von benachbarten Schlitzproben; erst bei Durchschnitten von 20 bis 30 Schlitzproben lagen die Abweichungen in den gleichen engen Bereichen wie bei den Bohrlochproben.

Schließlich soll eine eigentümliche Schwierigkeit nicht unerwähnt bleiben, die sich aus der Arbeitssituation ergibt. Der Probenehmer muß seine Aufgabe in ständiger Abstimmung mit der Ortsbelegschaft ausführen, wobei er gewisse Anweisungen zu erteilen hat (Auswahl bestimmter Bohrlöcher, Ansetzen von Sonderbohrungen); dies kann besonders bei modernen Betrieben mit Großgeräten (Bohrwagen), die auf rasche und schematische Arbeit eingestellt sind, zu Zwistigkeiten führen. Intensive Aufsicht und Berücksichtigung aller Nebentätigkeiten in den Gedingeverträgen können diese menschlichen Probleme natürlich reduzieren; dem Verfasser sind jedoch Fälle bekannt (aus dem italienischen Erzbergbau), wo es die Betriebsleitung vorzog, die Bohrloch-Probenahme aus Vortrieben wegen der genannten Schwierigkeiten einzustellen.

Die Tatsache, daß die Probenahme aus Bohrmehl von Sprengbohrlöchern im untertägigen *Abbau* praktisch nicht angewendet wird, ist wohl auch auf Probleme dieser Art zurückzuführen, da beträchtliche Störungen des Arbeitsablaufs auf-

Abb. 2.1/14. Sprenglochbohrung im Tagebau mit Absaugung des Bohrmehls zur Probenahme.

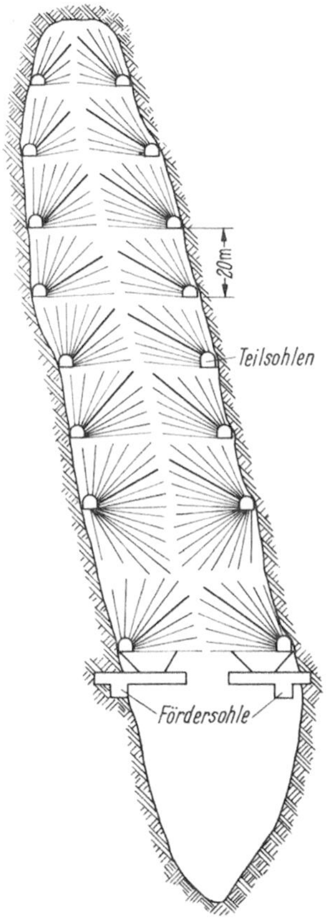

Abb. 2.1/13. Bohrschema für Langlochbohren im Teilsohlenabbau eines steil einfallenden Erzkörpers. Probenahme aus den stärker gezeichneten Bohrlöchern.

treten würden. Nur bei solchen Abbauverfahren, bei denen die Bohrarbeit als selbständige Operation *vor* der eigentlichen Gewinnung erfolgt, können auch Proben gezogen werden. Speziell in dem für mächtige und standfeste Erzkörper entwickelten Teilsohlenabbau mit Langlochbohrungen bieten sich günstige Möglichkeiten, ohne besondere Mehrarbeit Probematerial zu gewinnen. Aus den Bohrschemadarstellungen in Abb. 2.1/13 erkennt man, daß nur wenige, aber gut verteilte Bohrungen geprobt werden; meistens erfaßt man auch nur die Bohrlöcher jeder zweiten Runde (Rundenabstand etwa 3 m). Bei Hammerbohrungen mit oder ohne Wasserspülung fängt man nur das Bohrmehl aus ansteigenden Löchern auf, bei Diamantkronenbohrungen, die vielfach auch für diese Bohrarbeiten bevorzugt werden, benutzt man einfach die Kerne.

In größeren *Tagebauen*, in denen unterschiedliche Erzsorten anfallen, ist die Beprobung des Bohrmehls aus den Sprenglöchern ein wichtiges Hilfsmittel zur Überwachung der Metallgehalte in den Abbaublöcken und damit zur Steuerung der Produktion. Im Tagebaubetrieb werden heute allgemein senkrechte Bohrungen mit großen Durchmessern (80 bis 200 mm) angewendet, die mit entsprechend schweren Meißelbohrgeräten mit Luftspülung niedergebracht werden; die Bohrlochtiefe liegt je nach der Strossenhöhe zwischen 10 und 30 m. Danach ergibt sich eine Menge von 0,2 bis 2,8 t je Bohrung als Bohrmehlanfall, aus welcher die Probe zu ziehen ist, die auch hier nicht mehr als einige Kilogramm betragen soll. Im einfachsten Fall beprobt man nach Beendigung der Bohrarbeit den ringförmigen Haufen, der sich um das Bohrloch abgelagert hat, durch Entnahme kleiner Mengen (mit der Schaufel) an verschiedenen Stellen und reduziert mit einem Probenteiler. Zu dem gleichen Zweck kann auch ein schmaler Blechkasten radial in den Umkreis des Bohrlochs gelegt werden, in dem sich das Bohrmehl ansammelt. Bohrgeräte, die mit einer Einrichtung zum Absaugen und Abscheiden des Bohrkleins (Zyklon) arbeiten, bieten die Möglichkeit, die Probe aus diesem Gerät direkt zu entnehmen (Abb. 2.1/14). Hierbei ist jedoch darauf zu achten, daß fortlaufend kleine Teilmengen abgezogen werden, da im Zyklon bei der Trennung der Korngrößen auch eine Verschiebung der Gehalte eintreten kann. Man nimmt bei diesem Verfahren wie bei den vorher beschriebenen nur von einem Teil der Bohrungen die Proben oder stellt Mischproben aus einer Reihe von Bohrlöchern her, entsprechend der Zielsetzung, Durchschnittsgehalte von anstehenden Abbaublöcken zu ermitteln.

2.1.10 Probenentnahme aus Bohrungen

2.1.10.1 Überblick über die Bohrtechnik. Von der vielseitigen Tiefbohrtechnik, die für die Untersuchungsbohrungen zur Verfügung steht, interessieren in diesem Rahmen nur die wichtigsten Grundlagen und die Ausführung der Probengewinnung. Einen guten Überblick über die Technologie und wesentliche Daten gibt Bottke [3]; die Spezialliteratur ist sehr umfangreich geworden.

Für die Gewinnung von Proben kommen alle drei Hauptgruppen von Bohrmethoden in Betracht: die schlagend, drehend oder drehschlagend arbeitenden Verfahren, die nach dem Bohrwerkzeug auch als Meißel- oder Kronenbohrungen unterschieden werden. Hinsichtlich der Behandlung des Probenmaterials haben wir zwei entsprechende Gruppen:

1. *Vollbohrungen*, mit weitgehender Zerkleinerung des Gesteins, Zerstörung der Erzstrukturen, Vermischung des gelösten Materials mit dem aus Nachbarbereichen und evtl. Verunreinigung durch Fremdgut (Spülung). — Die Förderung des Bohrkleins geschieht im allgemeinen kontinuierlich zusammen mit der Bohrarbeit, es gibt aber auch Verfahren, bei denen beide Arbeitsvorgänge abwechselnd vor sich gehen. Das Probegut kann direkt aus dem kleinstückigen Material entnommen werden.

2. *Kernbohrungen*, bei denen nur ein kleiner Teil des Gesteins zerstört wird und die Strukturen im festen Kern erhalten bleiben. Die Probe ist gut lokalisierbar. Die Förderung des Kerns erfolgt vorwiegend diskontinuierlich, das feinzerkleinerte Bohrmehl wird dagegen fortlaufend mit der Spülung ausgebracht. Das Kernmaterial muß für die Probenentnahme besonders bearbeitet werden.

Vollbohrungen werden mit allen Verfahren und mit den verschiedensten Maschinen und Werkzeugen ausgeführt, Kernbohrungen jedoch nur in drehender Arbeitsweise mit ringförmigen Kronen.

Aus dieser Kennzeichnung ist abzuleiten, daß *Kernbohrungen für die Exploration* am zweckmäßigsten sind, wenn es sich darum handelt, den Bau der Lagerstätte zu erfassen, während *Vollbohrungen für die Ermittlung von Durchschnittsgehalten* und die Kontrolle der Produktion, d. h. für den laufenden Betrieb ausreichend oder sogar günstiger sein können.

Echte Vorteile bieten die Vollbohrungen hauptsächlich wegen der größeren Mengen von Probenmaterial, die bei Bedarf sogar erheblich erhöht werden können (größere Bohrlochdurchmesser) und wegen der geringeren Betriebskosten. Bei Bohrungen mit kleinen Durchmessern (<10 cm) treten diese Vorteile gegenüber den Kernbohrungen zurück, jedoch sind auch hier Vollbohrungen vorzuziehen, wenn im weichen oder sehr unterschiedlichen Gebirge (Lockergesteine) die Gewinnung von Kernproben kaum möglich ist. Auch bei der Prospektion, wo oft nur die Anwesenheit einer Mineralanreicherung festgestellt werden soll, kommt man mit Vollbohrungen aus, deren Proben ohnehin hier keine hohe quantitative Bedeutung haben.

2.1.10.2 Seilschlag- und Freifallbohrungen. Von den schlagenden Verfahren sind zuerst die mit niedriger Frequenz arbeitenden Seilschlag- und Freifallbohrungen

Abb. 2.1/15. Seilschlagbohrung (Churn drill) auf einer Kupfererzlagerstätte in Nordchile. Links: Bohrgerät mit Raupenfahrwerk; rechts: Entleeren des Ventilrohrs in den Probenteiler.

(Abb. 2.1/15) zu nennen, die schon seit langem bekannt sind (Churn Drill, Empire Drill, Pennsylvanisches Bohren), heute jedoch wegen geringer Leistungen nur noch in Lockergesteinen eingesetzt werden. Hierbei wird ein schwerer Meißel am Seil oder Bohrgestänge von der Maschine abwechselnd angehoben und wieder auf die Sohle des Bohrlochs fallen gelassen. Nach jedem Schlag wird der Bohrer umgesetzt und nach 30 bis 50 cm Vertiefung herausgezogen, damit das Bohrklein mit einem Löffel (Schappe) oder einem Pumpenrohr („Ventilrohr") gefördert werden kann. Es wird trocken oder naß gearbeitet; zum Fördern wird jedoch meistens Wasser zugegeben, um das gelöste Material besser mit dem Pumpenrohr erfassen zu können. Die gebräuchlichen Durchmesser liegen zwischen 5 und 10 Zoll (120 bis 250 mm), aber auch bis zu 20 Zoll können bei geringen Teufen gebohrt werden. Die Teufen-Reichweite der normalen Seilschlagbohrgeräte beträgt 150 bis 200 m, selten 300 m; entscheidend ist die Kapazität der Seilwinde. Früher wurden mit diesem Verfahren Bohrungen bis zu tausend Meter tief niedergebracht, doch kann es in diesen Bereichen mit dem Rotarybohren nicht mehr konkurrieren. Die Bohrgeräte sind robust, einfach zu bedienen und zu transportieren, daher auch für schwierige Geländeverhältnisse geeignet. Der Betriebsstoffbedarf (Dieselöl, Wasser) ist relativ gering.

Für die Entnahme der Probe wird der Bohrschlamm aus dem Ventilrohr in ein flaches Becken entleert oder sofort über einen Probenteiler gegeben, der neben dem Bohrloch aufgestellt ist (Abb. 2.1/15, rechts). Die abgezweigte Menge des Bohrschlammes, je nach Arbeitsweise 10 bis 50 l, wird getrocknet (mit Ölbrennern), zerkleinert und weiter verjüngt auf 1 bis 2 kg. Bei der Untersuchung von Gold- oder Zinnseifen ist es üblich, die gesamte Menge des Bohrschlammes mit dem Sichertrog durchzuwaschen.

Nachteile des Seilschlagbohrens sind außer der recht geringen Leistung die Schwierigkeiten der exakten Probenahme. Die Bohrlochwandung ist rauh, oftmals im Querschnitt unrund. Harte Einlagerungen in weichem Gebirge bewirken Verklemmungen des Meißels und Ablenkungen der Bohrlochrichtung. Man kann annehmen, daß härtere Komponenten im Bohrklein durchweg unterrepräsentiert

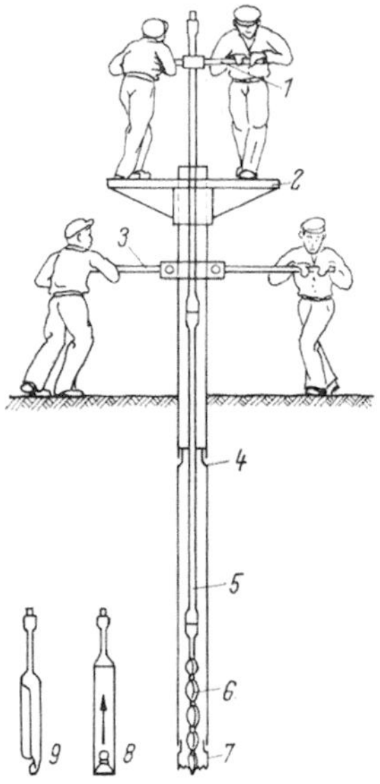

Abb. 2.1/16. Handbohrgerät (Bangka Drill). Schema der Bohrarbeit (aus A. Bentz u. H. J. Martini, Lehrbuch der Angewandten Geologie II, 2, 1969).
1 Gestängezange, *2* Plattform, *3* Rohrzange, *4* Rohrtour, *5* Gestänge, *6* Spiralbohrer, *7* gezähnter Bohrschuh, *8* Schlammbüchse, *9* Bohrlöffel.

sind. Selbst wenn das Bohrloch fortlaufend verrohrt wird, um Nachfall zu verhindern, bleibt die Gefahr der Vermischung bzw. der ungleichmäßigen Herauslösung der verschiedenen Gesteinsbestandteile im unteren Teil des Bohrlochs bestehen. Vergleiche mit anderen Bohrverfahren auf porphyrischen Kupfer-Molybdän-Lagerstätten lassen vermuten, daß die feinsten Fraktionen des Bohrkleins (in diesen Fällen z. T. die Erzminerale) an der Bohrlochwand haften bleiben; die Proben geben also nicht die wahre Kornverteilung wieder. Überhaupt erweist sich die stark wechselhafte Körnung des Bohrkleins als hinderlich für die Probenentnahme.

2.1.10.3 Bohren mit dem Bangka Drill. Zu den schlagend und drehend arbeitenden Verfahren ist auch das Bohren mit dem Bangka Drill (Abb. 2.1/16) zu rechnen, das als Handbohrung und mit fahrbaren Maschinengeräten vorwiegend auf Seifenlagerstätten (Zinn-, Gold-, Schwermineralseifen) und auf lateritischen Verwitterungslagerstätten in Gebrauch ist. Als Bohrwerkzeuge werden die klassischen Meißeltypen und Spiralbohrer (Schnecken) verwendet, zum Fördern benutzt man Bohrlöffel und Ventilrohre. Das Besondere an dem Bangka-Verfahren ist es, daß die Verrohrung, mit einem gezähnten Schuh versehen, gleichzeitig mit dem Bohren niedergedrückt wird. Hiermit verhindert man nicht nur den Nachfall des gebrächen Gebirges, sondern man erhält auch die Möglichkeit, Probenmaterial von recht genau begrenzten Stellen zu entnehmen. Das Probegut wird bei diesem Verfahren sogleich nach der Förderung vollständig mit dem Sichertrog verarbeitet, wie es bei der Betriebsprobenahme im Zinn- und Goldseifenbergbau üblich ist. Erfahrene Probenehmer erreichen dabei hohe Genauigkeiten; die Gehaltsangaben sind mit dem tatsächlichen Ausbringen in der Aufbereitung vergleichbar, da bei den dort angewandten naßmechanischen Verfahren etwa die gleichen Verluste eintreten.

Naturgemäß sind Leistung und Teufenreichweite der Handbohrung gering (knapp 10 m); mit der maschinellen Anlage erreicht man 40 bis 60 m. Die Bohrlochdurchmesser liegen zwischen 7,5 und 24 cm. Trotzdem hat sich das Verfahren behauptet, dank seiner Beweglichkeit — die Geräte können zerlegt und als Traglasten transportiert werden — und wegen seiner geringen Kosten, die allerdings nur in Ländern mit niedrigem Lohnniveau einzuhalten sind.

2.1.10.4 Großbohrlöcher oder Schürfschächte. Zur Beschaffung besonders großer Probemengen (bis 1000 kg), die z. B. auf Seifenlagerstätten von äußerst unregelmäßiger Gehaltsverteilung für notwendig gehalten werden, bringt man Großbohrlöcher (300 bis 700 mm Durchmesser) oder Schürfschächte nieder (600 bis 1200 mm Durchmesser). Man arbeitet hierbei nach einem Verfahren, das eine Kombination von Seilschlag- und Bangka-Bohren darstellt. Das Gebirge wird mit einem am Seil hängenden Meißel gelockert — sofern überhaupt erforderlich — und mit einem Polypgreifer gefördert (Pit Digger), der in die Futterrohre paßt. Die Verrohrung kann dabei nur anfangs wie beim Bangka-Verfahren gleichzeitig mit dem Bohren nachgesenkt werden; später muß man engere Rohre teleskopartig innen einsetzen. Man erreicht Teufen von 7 bis 10 m, bestenfalls 15 m.

Die Verarbeitung der Großprobe erfolgt auf Setzmaschinen und Herden, evtl. in einer speziellen Pilotanlage; dabei werden auch technologische Werte (Kornaufbau, Schlammanteil) ermittelt. Die Großloch- und Schachtproben sind als Kontrollproben in Indonesien, Nigeria und Nordamerika anerkannt, ihre Ergebnisse kommen als Mittelwerte dem tatsächlich ausgebrachten Metallinhalt der Seifenlagerstätte recht nahe. Die Meißelbohrungen liefern dagegen mit den kleinen Proben stark schwankende und durchschnittlich zu niedrig liegende Gehalte. Obwohl die Kosten von Großlochbohrungen zwei- bis dreimal höher als die anderer Verfahren sind, kann sich doch der Aufwand pro Flächeneinheit als günstiger erweisen [1], wenn man ihn einem (Meißel-)Bohrnetz mit dem „Normalabstand“ von 100 Fuß gegenüberstellt, d. h. 1 Probeschacht kann 8 bis 10 Meißel- oder Bangka-Bohrungen entsprechen[1].

2.1.10.5 Hammerbohrungen. Nach dem Schnellschlagverfahren arbeiten alle mit Druckluft betriebenen *Bohrhämmer,* die heute auf dem Gebiet der Sprenglochbohrungen vorherrschen. Bei höheren Umsetzgeschwindigkeiten und Andrücken auf den Meißel gehen diese Verfahren in die „drehschlagende“ Arbeitsweise über; schwere Bohrgeräte haben außer dem Hammer noch einen separaten Drehmotor. Nach beachtlichen Fortschritten in den letzten 30 Jahren scheint die technische Entwicklung jetzt gewisse Grenzen zu erreichen; die Geräte werden zwar noch weiter vergrößert, Vorschubeinrichtungen und Bohrlafetten haben den Hand-

[1] Theoretisch sollte die Wahrscheinlichkeit der Angaben aus 10 gut verteilten Bohrungen höher sein als die der einen Großlochprobe. Die Seifenlagerstätten weisen aber eine so komplizierte Struktur auf, daß sie nur mit sehr engmaschigen Probennetzen richtig untersucht werden könnten — 30 m sind offenbar zu weit. Die Großprobe erfaßt immerhin einen Raum mit deutlich abgestuften Gehalten, so daß bei Durchmischung des Probegutes ein Ausgleich entsteht, wie er auch im Abbau bewirkt wird.

bohrhammer abgelöst; bei großen Bohrwagen sind alle Arbeitsgänge mechanisiert, so daß mehrere Hämmer von einem Mann gleichzeitig bedient werden können — aber die Grundlagen sind nicht wesentlich verändert. Hier wäre nur der *Stenuick-Bohrhammer* zu erwähnen, der, als glatter Zylinder ausgebildet, auf der Sohle des Bohrlochs arbeitet („Senkhammer"). Damit wurde das Problem der Energieübertragung durch das Bohrgestänge gelöst, das bisher die Teufen-Reichweite der Bohrhämmer einschränkte (bereits bei 6 bis 8 m Bohrlochlänge absorbiert ein Normalgestänge etwa die Hälfte der Schlagenergie), und die Senkhammerbohrung dürfte für die Prospektion und Exploration besondere Bedeutung gewinnen. Die Senkhammergeräte haben einen zweiten Motor für die Drehbewegung (Abb. 2.1/17). Der Senkhammer COP4 von Atlas Copco bohrt Löcher von 105 bis 127 mm Durchmesser 20 bis 30 m tief in 1 bis $1^1/_2$ Stunden. Lochtiefen bis 60 m sind erreichbar, erfordern jedoch besondere Absaugeeinrichtungen für den Bohrstaub.

Unter Tage ist die Verwendung von tiefen Hammerbohrungen ausschließlich für Zwecke der Probenahme bisher relativ selten, dagegen wird das bei Sprenglochbohrungen anfallende Bohrmehl vielfach für die Beprobung herangezogen (s. 2.1.9.4). Ursprünglich als Trockenbohrmaschinen mit Luftspülung ausgebildet, sind heute die Bohrhämmer gewöhnlich mit Wasserspüleinrichtungen versehen (zur Verminderung von gesundheitsgefährdender Staubbildung), die auch für die Abförderung des Bohrkleins günstig sind.

Das Probenmaterial aus Hammerbohrungen ist gekennzeichnet durch Feinkörnigkeit und recht gleichmäßige Kornverteilung, natürlich abhängig von den petrologischen Eigenschaften des Gebirges; es ist also generell günstig für die Probenahme. Schwierigkeiten entstehen jedoch bei dem Transport des Bohrmehls im Bohrloch aus größeren Teufen, bei dem Entmischungen eintreten können, besonders bei steil abwärts geführten Bohrungen. Solche Bohrungen sollten, wenn möglich, bei Beprobungen ausgelassen werden (s. 2.1.9.4), auf jeden Fall sind systematische Kontrollen durchzuführen.

Auf die Probenahmetechnik bei kleinkalibrigen Hammerbohrungen wurde im Abschnitt 2.1.9 eingegangen; hier sollen nur noch die speziell für die Prospektion entwickelten Bohrhämmer mit Antrieb durch einen Benzinmotor genannt werden (Beispiel: Atlas Copco „Cobra"), mit denen auch im unwegsamen Gelände gearbeitet werden kann. Senkrechtbohrungen bis über 3 m (bei 25 bis 30 mm Durchmesser) sind möglich, Horizontalbohrungen bis 2 m. Im Hochgebirge läßt die Leistung des Motors merklich nach. In der Hauptsache werden diese Hämmer für die Sprengarbeit, z. B. bei Schürfgräben, eingesetzt, es können aber auch Bohrmehlproben gezogen werden.

2.1.10.6 Drehbohren als Vollbohrung. Reines Drehbohren kommt für kleinkalibrige Vollbohrungen im weichen Gestein (Kohle, Salz, Gips, Limonit) zur Anwendung. Die Probengewinnung geht in der gleichen Weise vonstatten wie bei Hammerbohrungen. Das Bohrmehl, das bei dieser Bohrmethode meistens mittelfein, d. h. mit gröberen Körnern (Ausbruchstücken) durchsetzt ist, wird mit dem Spiralgestänge („Schlangenbohrer") ohne Spülung gefördert. Da bei diesem Vorgang stets Veränderungen der Zusammensetzung zu gewärtigen sind, kann jedes Bohrloch nur als *eine* Probeneinheit angesehen werden, auch wenn seine Länge 10 m überschreitet.

Für die Bauindustrie sind seit einiger Zeit kleine Vielzweck-Drehbohrgeräte auf dem Markt, die auch für die Probenahme aus geringen Teufen geeignet sind. Sie werden von Benzinmotoren über Regelgetriebe angetrieben (Beispiel in Abb. 2.1/18) und sollen Löcher von 50 bis 100 mm Durchmesser bis zu 10 m tief bohren können. Die normalen Bohrteufen dürften jedoch bei 5 bis 6 m liegen. In weichen Gesteinen werden Hartmetallmeißel in Verbindung mit flachgängigen Schneckengestängen für Vollbohrungen benutzt; in Hartgestein können mit Diamantkronen Kernbohrungen hergestellt werden, wenn eine zusätzliche Spüleinrichtung verfügbar ist.

2.1.10.7 Kernbohrungen mit Diamant- oder Hartmetallkronen. Die wichtigsten Drehbohrverfahren sind jedoch die *Kernbohrungen* mit Diamant- oder Hartmetallkronen und das *Rotaryverfahren* mit Rollenmeißeln, die ebenfalls mit Hartmetall besetzt sind. Rotarybohrungen sind die Standardmethode des Erdöl- und Erdgas-

Abb. 2.1/17.

Abb. 2.1/18.

Abb. 2.1/17. Senkhammerbohrung (Gerät Stenuick Record H 5), Druckluftantrieb. Prospektion auf Uranerz in Togo. Probenahme von Hand während der Bohrarbeit, radiometrische Vermessung der fertigen Bohrung. (Foto: H. Ziehr).

Abb. 2.1/18. Vielzweck-Kleinbohrmaschine „Minuteman" (Mobile Drilling Co, USA und Atlas Copco), Antrieb Wankelmotor; Bohrtiefe 15 bis 20 m; Kernbohrung bis 65 mm Durchmesser, auch auf Fahrzeuge montierbar.

sektors; neuerdings werden sie aber auch zunehmend bei der Exploration von Erzlagerstätten angewendet, besonders bei größeren Teufen in Sedimentgesteinen. Generell kann man als Einsatzgebiet der Rotarybohrung die Teufen von über 1000 m bezeichnen (die tiefsten Bohrungen haben die 10000-m-Grenze überschritten). Diamant-Kernbohrungen sind dagegen über Teufen von 2000 m selten hinausgekommen.

Kernbohrgeräte. Die Kernbohrgeräte bewegen das Bohrgestänge mit der Bohrkrone mittels eines Bohrkopfes und der Vorschubspindel, die auch den Andruck auf die Bohrlochsohle bewirkt. Die Umdrehungsgeschwindigkeit der Spindel und der Andruck sind die wichtigsten Kennwerte für die Leistung der Maschine, sie müssen auf die zu erreichende Teufe und das Gestein abgestimmt sein. Bei Diamantkronen ist der Andruck auch abhängig von dem Besatz der Kronen; man rechnet mit rd. 100kp/Karat. Obwohl die meisten Maschinen in weiten Grenzen regelbar sind, können sie doch stets nur die Anforderungen für bestimmte Bereiche optimal erfüllen; die Industrie bietet deshalb eine große Reihe von Typen an, die am einfachsten nach der maximalen Bohrteufe gestaffelt gruppiert werden können (vgl. Tab. 2.1/2). Da Bohrmaschinen durchweg unter erschwerten Bedingungen transportiert und aufgestellt werden, sind weitere wichtige Forderungen: gute Beweglichkeit (Zerlegbarkeit in leichte Baugruppen, z. B. für Transport mit Hubschrauber) und Austauschbarkeit der verschleißenden Teile. Daher sind Gestänge, Bohrkronen, Verrohrungen und sogar Antriebe (Wellen und Getriebe) genormt. Leider bestehen auch auf diesem Gebiet noch die europäischen (metrischen) und die angelsächsischen (Zoll-)Normen nebeneinander. Das metrische System wurde von der Fa. Craelius, Stockholm, geschaffen; es ist in 10 Stufen für Kronendurchmesser (außen) von 36 bis 146 mm gestaffelt, denen Kerndurchmesser von 22 bis 116 mm entsprechen (Einfachkernrohre). Das amerikanische System DCDMA (Diamond Core Drill Manufacturers Association, Bull. 1930) enthält nur 5 Stufen von 48 bis 116,7 mm Kronendurchmesser mit Kerndurchmessern von 22 bis 86 mm; jedoch werden auch größere Bohrwerkzeuge hergestellt. Immerhin sind bei den wichtigsten Gruppen die Unterschiede so gering, daß mit Hilfe von Übergangsstücken viele Teile der beiden Normreihen gemeinsam verwendet werden können. In den Ostblockstaaten verwendet man das russische Normsystem, das dem europäischen ähnlich, aber noch weitgehender unterteilt ist.

Tabelle 2.1/2. Kennzahlen von Kernbohrmaschinen (nach H. Bottke [3] und Firmenangaben)

	Bohrteufe (maximal) m	Bohrloch-(Kronen-)Durchmesser mm	Kern-Durchmesser mm	Spindel-Drehzahl U/min	Motor-Leistung PS	Spindel-Andruck kp	Anwendungsbereich
1. Kleinstbohrgeräte (Packsack Drill; Prosper; Winkie)	30 bis 50	36 bis 56	16 bis 42	bis 2800	4 bis 10	100	*Prospektion* in harten, homogenen Gesteinen. Proben für Felsmechanik und Geophysik
2. Schürfbohrmaschinen							Naherkundung innerhalb der Lagerstätte, Kontrolle der Gehalte (auch Sprenglochbohrungen). Exploration von Nachbarbereichen
a) Untertagegeräte mit Spannsäulen u. Stützen	100 bis 200	46 bis 86	32 bis 58	300 bis 1500 max. 2000	6 bis 15	bis 3000	
b) Unter- u. Übertagegeräte auf Schlitten oder Rädern	300 bis 450	46 bis 101	32 bis 72	80 bis 1800	15 bis 30	2000 bis 5000	Standardgeräte für *Exploration*. Universelle Anwendung
3. Schwere Tiefbohrmaschinen	600 bis 1200	56 bis 146	42 bis 116	90 bis 1300 (900)	30 bis 60 (Winde separat)	5000 bis 7000	*Exploration* von Großlagerstätten in mittleren Teufen. Geologische Forschung
4. Großbohrmaschinen	1200 bis 2000	86 bis 146	58 bis 116	50 bis 300 (500)	110 bis 150	bis 16000	Teufenexploration bekannter Lagerstätten, geologische und geophysikalische Forschung

Als Antriebe werden für Arbeiten in laufenden Bergwerken Elektro- und Druckluftmotoren bevorzugt, im Gelände jedoch Dieselmotoren. Die neuere Entwicklung tendiert zu vollhydraulischen Geräten, bei denen das Antriebsaggregat ge-

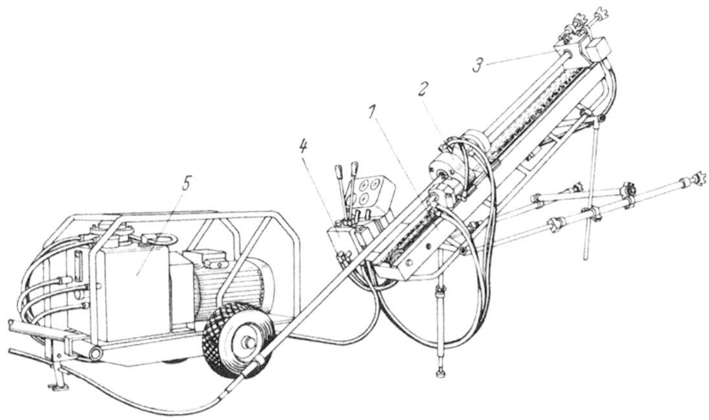
1
2
3
4
5

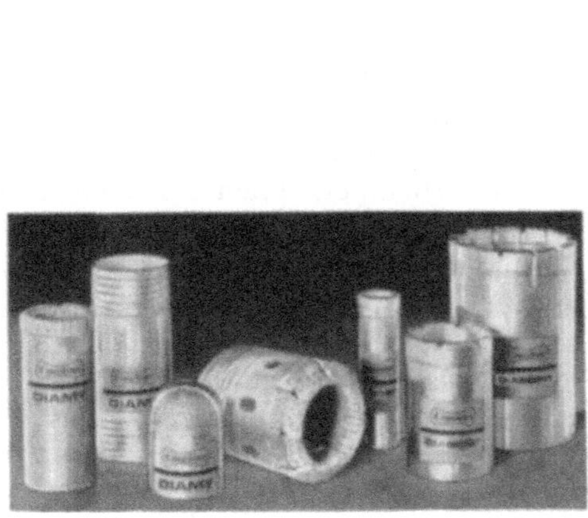
DIAMY

Rahmen der Möglichkeiten des jeweiligen Bohrmaschinentyps. Es gibt eine so große Zahl von Bohrkronentypen, die im Laufe langjähriger Betriebserprobung entwickelt wurden, daß man für jede Situation die geeignete finden kann. Drei Gruppen von Kronenarten sind heute im Gebrauch: Diamantkronen, Hartmetallkronen und Stahlschrotkronen.

Bei den *Diamantkronen* unterscheidet man die „gesetzten", d. h. die mit groben Einzelkörnern von Diamant versehenen, und die imprägnierten Kronen, die in einem harten Metallüberzug feinkörniges Diamantpulver enthalten. Ferner gibt es noch Hartmetallkronen, die am Umfang Diamantimprägnationen zum Freischneiden aufweisen. Auch die Formen der Diamantkronen sind vielfältig, in dem Bestreben, für alle Gesteinsverhältnisse die günstigste Angriffsfläche zu erhalten (Abb. 2.1/21). Der Diamantbesatz mit Einzelsteinen besteht aus 60 bis 500 Stück (auch bei gleichgroßen Kronen derartig abgestuft) oder 3 bis 16 Karat je Krone. Die teuren Kronen lassen sich bei sachgemäßer Behandlung mehrfach verwenden, indem vom Hersteller die abgenutzten Steine durch neue ersetzt werden. Eine genaue Überwachung des Verschleißes kann die Gesamtbohrkosten merklich vermindern. Der gute Zustand der Kronen ist außerdem wichtig für die Kerngewinnung, da nur bei scharfen Schnitten der Kern glatt und ohne mechanische Beanspruchung gebohrt werden kann. Kronen mit schmaler Schneidfläche (dünner Lippe) arbeiten sauberer und werden weniger von Klüften abgelenkt als dicklippige Kronen; sie können aber nur mittlere Andrücke vertragen [40].

Die *Hartmetallkronen* haben ein weit engeres Einsatzgebiet als die Diamantkronen. Zwar werden auch auf diesem Sektor laufend Verbesserungen erzielt, doch ist die Standzeit der Hartmetallkrone nur in weichen und zähen Gesteinen mit der der Diamantkrone vergleichbar. Im Salzbergbau, im oolithischen Eisenerz und in der Kohle herrschen daher Hartmetallwerkzeuge vor. Die Kronen sind besetzt mit runden oder vielkantigen Stiften und mit Platten, die hartgelötet oder gesintert werden; sie können mehrfach nachgeschliffen werden. Bei gleichen Außendurchmessern ist der Kern der Hartmetallkrone kleiner und wird eher beschädigt als der einer Diamantkrone, da Hartmetallwerkzeuge nicht nur schneidend sondern auch schlagend angreifen.

Das Bohren mit *Stahlschrotkugeln* und Kronen aus Weichstahl, das für mittelharte bis harte Gesteine anwendbar ist, hat in den letzten Jahren stark an Bedeutung verloren, nur in den Ostblockstaaten wird es (aus Kostengründen) noch angewendet. Bei diesem Verfahren wird eine glatte Krone mit Schlitzen verwendet und eine bestimmte Menge von Stahlkugeln der Spülung beigemischt. Diese harten Kugeln drücken sich in die Krone ein und „besetzen" die Schneidflächen etwa wie Hartmetall; auch die Zerkleinerungswirkung ist ähnlich. Es ist klar, daß mit dieser Methode der Kern nicht glatt zylindrisch ausgebohrt werden kann und die Verluste erheblich höher liegen als bei den anderen Kronenarten.

Die Bohrarbeit mit Diamantkronen zeichnet sich dagegen durch schonende Behandlung des Gesteins aus; nur auf der schmalen ringförmigen Arbeitsfläche wird das Gestein zermahlen (bzw. zerspant), der Kern bleibt weitgehend unbeeinflußt. Daher ist das Diamantbohren das beste Verfahren zur Entnahme *ungestörter* Proben. Diamantwerkzeuge erfordern außer gleichmäßiger Schnittgeschwindigkeit auch Kühlung und rasche Entfernung des Bohrmehls, also reichliche Spülwassermengen. Das Kühlwasser, das durch das Bohrgestänge auf die Sohle gedrückt wird (meistens ohne Zusätze), umspült bei einfachen Bohrgeräten den Kern, was bei weichen oder wasserlöslichen Komponenten im Gestein zu Verlusten durch Erosion führen kann. *Doppelkernrohre* begegnen dieser Gefahr, sie werden heute praktisch bei allen mittleren und großen Geräten verwendet. Es gibt Doppelkernrohre, bei denen das Innenrohr mitläuft und solche mit beweglichem, besonders gelagertem Innenrohr; ferner kann das innere Rohr zur ungestörten Entnahme des Kerns geteilt werden und bei besonders zerreiblichem Gestein auch noch einen Plastikschlauch aufnehmen.

Trotz der vielen technischen Möglichkeiten des Kernbohrens bleibt das Hauptproblem, die vollständige Kerngewinnung (>95%), weitgehend vom Geschick des Bohrmeisters abhängig. Die Gebirgsverhältnisse müssen stets rechtzeitig erkannt und jeder Wechsel mit der geeigneten Arbeitsweise (z. B. anderen Kronen) kompensiert werden. Wenn es die Kerngewinnung erfordert, muß in kurzen Abständen gezogen werden, auch wenn damit die Bohrleistung zurückgeht.

Bohren mit Seilkernrohren. Eine wesentliche Verbesserung für die Gewinnung des Kerns stellt das Bohren mit Seilkernrohren (wire line drilling) dar, das schon seit langem bei Erdölbohrungen eingeführt ist und beträchtliche Zeiteinsparungen ermöglicht. Bei diesem Verfahren wird das Innenrohr (eines Doppelkernrohres) mit dem Kern mittels einer Fangeinrichtung, die am Seil in das Gestänge eingeführt wird, herausgezogen; auch das Zurückbefördern des entleerten Kernrohres geschieht in der gleichen Weise, ohne daß man das Bohrgestänge auszubauen braucht. Bei flachen oder aufwärtsgerichteten Bohrungen wird das Seilkernrohr mit dem Druck der Spülung an Ort gebracht. Die Einsparungen an Zeit und Nebenarbeiten sind bereits bei Bohrlochteufen von mehr als 100 m merklich, besonders bei Untertagebohrungen, bei denen wenig Raum für das Gestängeziehen verfügbar ist. Nach Klöss [33] konnten im Siegerländer Eisenerzbergbau mit dem Seilkernbohren die Bohrleistungen nahezu verdreifacht werden.

Bestimmend für die Bohrleistung ist jedoch die Standzeit der Bohrkrone; das Seilkernverfahren konnte bei den kleinkalibrigen Bohrgeräten überhaupt erst eingeführt werden, als vor etwa 20 Jahren die Kronenherstellung wesentlich verbessert wurde. Man kommt heute häufig auf Kronen-Standzeiten (Diamantkronen) von 20 bis 30 m in mittelharten und harten, aber gleichmäßigen Gesteinen; ein Rekord für mittelgroße Bohrmaschinen wurde 1972 in Irland mit 145 m (in kalkigem, vererztem Gestein) erreicht. Im Kalibergbau bringen es Hartmetallkronen auf 200 bis 300 m.

Das Seilkernverfahren hat außerdem noch den Vorteil einer besonders guten Erhaltung des Kerns, der durch das kurzperiodische Herausziehen vor längerer mechanischer Beanspruchung bewahrt wird. Die Kernrohre sind durchschnittlich 2 bis 3 m lang, es werden aber gewöhnlich schon kürzere Kernstücke gezogen. Das einfache und vollständige Ausbringen des Kerns wiegt die Verringerung des Kerndurchmessers auf, der gegenüber normalen Doppelkernrohr-Proben um ca. 10% kleiner ist.

Umkehrspülung. Der Grundgedanke der schnellen und schonenden Kernförderung im Bohrgestänge wird auch bei der Methode der Umkehrspülung verwirklicht, die ebenfalls aus der Erdölindustrie stammt. Die Spülung wird hierbei in dem Ringraum zwischen Bohrlochwand (bzw. Futterrohr) und Bohrgestänge zur Sohle gepumpt; im Rücklauf durch das Gestänge drückt sie die Kernstücke in das (Seil-)Kernrohr und nimmt die Hauptmenge des Bohrmehls mit. Die Verrohrung wird durch eine Stopfbüchse abgeschlossen, in der sich das Gestänge dreht. Das Verfahren ist weiterentwickelt in der *Con-Cor-* und *Counter-flush-Methode,* die ganz ohne Kernrohr arbeiten. Kernstücke und Bohrklein werden gemeinsam und kontinuierlich ausgetragen, am oberen Ende des Gestänges sitzt hierzu ein Krümmer (statt des Spülkopfes), der das Material auf Siebe entleert. Das Verfahren wurde im deutschen Salzbergbau mit Erfolg bei Untersuchungsbohrungen eingesetzt, wobei maximal 369 m mit einer einzigen Hartmetallkrone abgebohrt werden konnten. Die Schichtleistung erreichte 30 m gegenüber 10 m bei normaler Bohrweise [10]. Obwohl dieses Verfahren offensichtliche Vorteile aufweist, ist es doch nur unter bestimmten geologischen Verhältnissen anwendbar. Die erforderlichen hohen Pumpendrücke bewirken in gebrächem Gebirge Ausbrüche oder Erosionen, die zu Störungen der Bohrarbeit und auch zur Verfälschung des Probegutes führen. Auch in homogenen, gut bohrbaren Gesteinen (Salze, Bändereisenerze) können zuverlässige Proben nur erreicht werden, wenn der größte Teil des Bohrlochs verrohrt wird. Bei der Förderung des zerkleinerten, sehr verschiedenartig gekörnten Materials treten stets Entmischungen auf, die den Vorteil der sofortigen Kontrolle im laufenden Bohrbetrieb wieder aufheben.

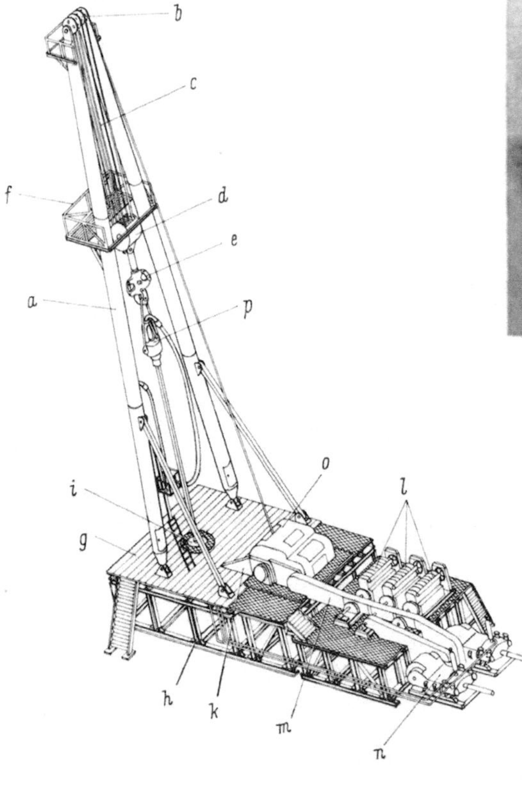

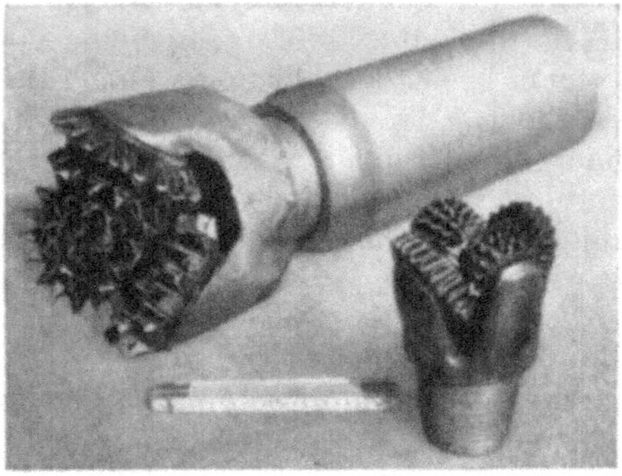

Abb. 2.1/23. Rollenmeißel für Rotary-Vollbohrung (Foto: Deutsche Texaco AG).

Abb. 2.1/22. Schema einer Rotary-Bohranlage (aus einer Informationsschrift der Deutschen Texaco AG, Hamburg 1972).

a Rohrmast, *b* festes Rollenlager, *c* Flaschenzugseil, *d* loser Rollenbock, *e* Bohrhaken, *f* Fingerbühne, *g* Arbeitsbühne, *h* Mastgrundgerüst, *i* Drehtisch, *k* Kettenantrieb für den Drehtisch, *l* Dieselmotorengruppe, *m* Compound, *n* Spülpumpen, *o* Hebewerk, *p* Spülkopf.

2.1.10.8 Rotarybohren mit Hartmetall-Rollenmeißeln. Mit der Ausdehnung der Exploration auf größere Teufen geht man zum Rotaryverfahren über (Abb. 2.1/22). Die hierfür verwendeten Maschinen sind insgesamt und in allen Teilen so schwer, daß sie nur mit Spezialfahrzeugen transportiert werden können; zu den Bohrstellen müssen Wege gebaut werden. Von den anderen Drehbohrverfahren unterscheidet sich das Rotarybohren durch den Antrieb des Gestänges, der durch einen über dem Bohrloch gelagerten Drehtisch erfolgt. Die Motoren stehen seitlich und treiben den Drehtisch über vielstufige Getriebe oder Hydraulikaggregate an. Die Bohrwerkzeuge sind heute durchweg Rollenmeißel, aus Hartstahl oder mit Hartmetallstiften besetzt, die mit hohen Andrücken (bis zu 50000 kp) bei Umdrehungsgeschwindigkeiten von 40 bis 160 U/min arbeiten (Abb. 2.1/23). Bohrlochdurchmesser von 100 bis 300 mm sind normal, maximal werden 900 mm erreicht. Zum Abfördern des feinkörnigen Bohrkleins wird die Spülung mit Bentonit und Schwerspat versetzt, womit die Viskosität und die Dichte (bis 1,8) erhöht werden (Dick- oder Schwerspülung). Ein weiteres Kennzeichen der Rotaryanlagen sind die hohen Masten (25 bis 60 m), die es erlauben, das Gestänge in entsprechend langen Touren zu ziehen und einzuhängen.

Die Gewinnung von Probenmaterial, wie es für Erzlagerstätten gefordert wird, macht bei normalen Bohrarbeiten einige Schwierigkeiten, da das Bohrklein von der Dickspülung abgetrennt werden muß und die Lokalisierung der tatsächlichen Probenahme-Stelle nur ungenau ausgeführt werden kann. Auch beim Rotarybohren benutzt man deshalb Kronen zum Kernbohren ähnlicher Konstruktionen (mit Diamant- und Hartmetallbesatz), wie sie oben beschrieben wurden. Die Bohrleistungen mit Rollenmeißeln in weichen Sedimenten und auch in mittelhartem Gebirge sind beachtlich (über 100 m/Tag); in harten Gesteinen liegen sie in der gleichen Größenordnung wie die von Diamant-Kernbohrungen. Beim Kernbohren geht die Leistung merklich zurück, und man setzt es daher möglichst nur im Bereich der Vererzung ein. Der Durchmesser des Kerns ist im Verhältnis zum Bohrlochdurchmesser geringer als bei den anderen Drehbohrverfahren, weil

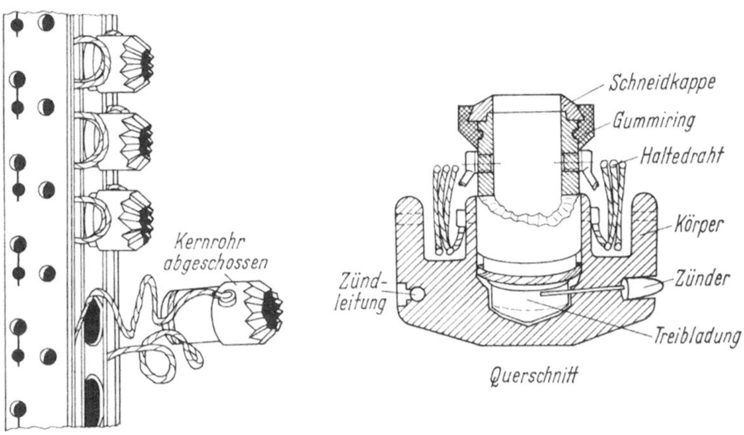

Abb. 2.1/24.

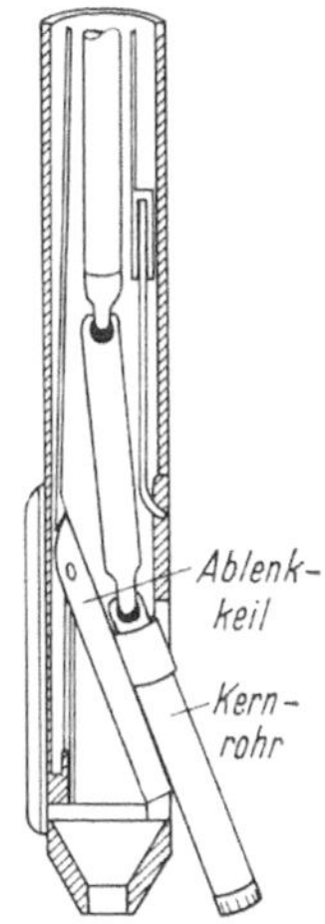

Abb. 2.1/25.

Abb. 2.1/24. Schießgerät zur seitlichen Kerngewinnung („Kernkanone").

Abb. 2.1/25. Seitenkerngerät zur Verwendung am Bohrgestänge bei nachträglicher Kerngewinnung aus der Wand des Bohrlochs.

die Rotarykronen wesentlich robuster (mit größeren Wandstärken) gebaut sein müssen; absolut gesehen, sind die üblichen Kerndurchmesser von 120 bis 180 mm jedoch recht günstig für die Probenahme und die petrologische Untersuchung.

Der große Bohrlochdurchmesser bietet außerdem weitere Möglichkeiten für die Probenahme *nach* Fertigstellung der Bohrung, z. B. mit dem *Seitenkernschießen* oder dem drehend arbeitenden *Seitenkerngerät*. Bei ersterem (Abb. 2.1/24) werden kurze Rohre aus einem halbzylindrischen Block mit einer Treibladung in die Bohrlochwandung geschossen, wobei etwa 5 cm lange kleine Kerne ausgestanzt werden; 6 bis 10 Schuß können zusammen abgetan werden. Mit dem Seitenkerngerät (Abb. 2.1/25) lassen sich 5 bis 20 cm (günstigstenfalls 1 m) lange Kerne in einem Winkel von 15 bis 20° zur Bohrlochachse drehend ausbohren [36].

Rotarybohrungen können im Anfang praktisch nur vertikal gebohrt werden; in der Teufe lassen sie sich aber mit Spezialvorrichtungen ablenken, so daß die Lagerstätte an mehreren Punkten geprobt werden kann. Es ist selbstverständlich, daß alle Bohrlöcher mit Ortungsgeräten genau vermessen werden.

2.1.10.9 Bohrturbinen. Hier sind auch die Bohrturbinen zu erwähnen (eine russische Entwicklung), die seit 40 Jahren in der Erdöl- und Erdgasindustrie eingesetzt werden. Der Antrieb des Bohrwerkzeugs befindet sich unten im Bohrloch, am Ende des feststehenden Gestänges. Die Energie wird vom Spülstrom, d. h. von den besonders starken Pumpen geliefert, die Antriebsmaschine ist eine vielstufige (120 bis 240 Stufen) Hochdruckturbine mit Hohlwelle. Außer mit Rollenmeißeln kann auch für das Kernbohren mit Diamant- oder Hartmetallkronen gearbeitet werden. Diese Kronen werden bei Kleinkaliberbohrungen an ein besonderes Kernrohr *unter* der Turbine angeschraubt, damit für den Kern ein größerer Durchmesser verfügbar ist als in der Bohrung der Turbinenwelle (Bohrlochdurchmesser 146 bis 127 mm, Kern 50 bis 70 mm). Bei den größeren Bohrlochdurchmessern wird auch mittels Seilkernrohr durch die Turbinenwelle gekernt. Die Bohrturbinen weisen günstige Leistungen (3 m und mehr je Stunde) auf, können aber doch nicht überall mit den konventionellen Verfahren konkurrieren; ihr wichtigstes Einsatzgebiet sind Rotarybohrungen von über 2000 m Teufe, bei denen im Nahbereich der Lagerstätte zum Kernbohren übergegangen werden muß.

2.1.10.10 Behandlung des Probenmaterials. Über die Entnahme der Probe aus dem *Bohrklein* bzw. aus der Spülung wurden bereits Angaben gemacht; auf die Problematik der Abtrennung kleiner Teilmengen aus einem Wasser-Feststoff-Gemisch, das keineswegs als homogen anzusehen ist, sei nochmals hingewiesen Erfahrungsgemäß tritt bei allen feststehenden Probenteilern, über die der Strom einer Suspension geleitet wird, ein starker Klassierungseffekt auf, der stets auch eine Sortierung (Verschiebung der Gehalte) bewirkt. Kegelförmige Teiler mit einem großen Auffangtrichter oder Vorratsbehälter ergeben bessere Resultate als solche mit rechteckigen Trichtern (Typ Jones). Am sichersten ist es aber, eine möglichst große Menge der Spülung als Urprobe zu entnehmen, diese zu trocknen und zwecks Homogenisierung feinzumahlen, bevor sie weiter verjüngt wird.

Die *Bohrkerne* werden sofort bei Entleerung des Kernrohrs in Kernkisten eingelagert und mit Teufenangaben versehen. Bei den früher allgemein verwendeten Holzkästen legte man kleine Klötze mit der Beschriftung in die Fächer der Kästen. Die heutigen Metall- oder Plastikkästen haben passende Beschilderungsteile zum Einklemmen. Auch die Außenbezeichnung der Kernkisten ist wichtig (Bohrloch-Nr., Teufenbereich), da die Kisten auch bei Lagerung auf Stapeln einzeln erkennbar sein müssen. Die Kisten nehmen 3 bis 5 m Kern auf (Länge etwa 1 m), größere Formate sind unhandlich.

Neben dem kurzen Protokoll des Bohrmeisters sollte möglichst umgehend, d. h. täglich, die visuelle Beprobung durch den Geologen erfolgen, oftmals ergänzt durch einfache Tests (Säureprüfung auf Karbonate, UV-Lampe, Farbreaktion). Zeigen die Kerne deutliche Strukturen und Farbunterschiede, so sind Farbphotographien zu empfehlen (evtl. mit Polaroidkamera), die als Dokument der Kernfolge und auch zum Vergleich von typischen Gesteinen dienen können. Weiterhin können heute von den Kernen direkt Orientierungsanalysen bestimmter Elemente gemacht werden, indem man sie nach der Röntgenfluoreszenzmethode mit tragbaren Geräten untersucht. Da die Ergebnisse von der geometrischen Form der Probenoberfläche beeinflußt werden, sind glatte, zylindrische Kernstücke erforderlich, die außerdem gründlich gesäubert sein müssen (s. 2.1.11.2). Alle Feststellungen werden in das Bohrjournal (Drill Log) eingetragen.

Zur Entnahme des Probenmaterials werden die dazu bestimmten Kernstücke längsgeteilt (halbiert). In einfachster Weise geschieht dies von Hand mit Hammer und Meißel, gewöhnlich benutzt man heute aber Kernspaltvorrichtungen, die mittels Schraubenspindel oder hydraulischer Presse arbeiten (Abb. 2.1./26). Ferner verwendet man bei weicheren und gleichförmigen Gesteinen Trennsägen mit

Karborundscheiben; hier besteht jedoch die Gefahr der Probenbeeinflussung infolge lokaler Überhitzung. In manchen Betrieben (z. B. Salzbergbau) wird nur ein schmaler Schlitz aus dem Kern gefräst und daraus das Bohrklein als Probe genommen. Ist die Vererzung so wechselhaft, daß bereits innerhalb der Kernlänge, die normalerweise als Einzelprobe gilt (z. B. 1 m), stärkere Gehaltsschwankungen auftreten, oder sind Strukturen in Längsrichtung des Kerns erkennbar, so ist es zweckmäßig, 75 bis 90% des Kerns zu zerkleinern. Hierdurch wird eine Durchschnittsmischung erreicht, die dem Repräsentativwert der Probe besser entspricht (vgl. 2.1.5.1).

Abb. 2.1/26. Kernspaltgerät für Kerne mit einem max. Durchmesser von 72 mm und einer Länge von 125 mm (Foto: Atlas Copco). *1* und *2* gehärtete Stahlschneiden, *3* und *4* symmetrische Kernhalterung, *5* Schlagkopf.

2.1.11 Beprobung ohne Materialentnahme

2.1.11.1 Visuelle Beprobung. Im historischen Gangerzbergbau, besonders in den alten deutschen Bergbaurevieren, wurde eine systematische Probenahme kaum ausgeführt, da der Steiger die sichtbare Vererzung am Stoß durch Augenschein täglich beurteilte. Die Genauigkeit reichte für die damaligen Betriebsbedingungen sicherlich aus, erfahrene Fachleute schätzten z. B. in Blei-Zink-Erzgängen mit grober Erzstruktur einzelne Prozente. Im heutigen Bergbau mit Massenförderung und Vermischung der Produktionen verschiedener Abbaue ist diese Methode nicht mehr praktizierbar, auch die erforderliche persönliche Erfahrung ist kaum noch vorhanden. Das Prinzip wird jedoch in anderer Form weiter angewendet: durch eine detaillierte geologische Aufnahme der Stöße in Vorrichtungs- und Abbaustrecken erhält man quantitative Angaben über die Flächenanteile der sichtbaren Erzkomponenten, die man in Gewichtsprozente umrechnet. Die Aufnahmetechnik richtet sich nach dem Charakter des Erzes, sie reicht von der Handskizze bis zur photographischen Großaufnahme und elektronischen Auswertung.

Eine Variante dieser visuellen Bemusterung, das „*Meßlinienverfahren*“, hat sich im Gangerzbergbau (z. B. Erzbergwerk Grund der Preußag Metall u. a.) bewährt. Hierbei werden an Linien, die quer zu den Hauptstrukturen der Vererzung verlaufen sollen (wie bei Schlitzproben), die sichtbaren Erzpartikel ausgezählt oder gemessen; Einzelkörner von etwa 5 mm Größe können noch erfaßt werden. Auch feiner verwachsene Bereiche sind dabei zu berücksichtigen, wenn man abgestufte empirische Bewertungsfaktoren einsetzt (z. B. 50% bei gerade noch erkennbaren Erzkörnchen). Die Auszählarbeit für eine 2 m lange Linie erfordert bei einiger Übung etwa eine halbe Stunde; sie wird erleichtert durch ein einfaches mechanisches Zählwerk (Stückzähler mit Summenzähler), mit dem die Anteile (als Zentimeter-Einheiten) der wichtigen Erzkomponenten wie Bleiglanz, Zinkblende, Kupferkies und der Gangarten einzeln gezählt werden. Die Summe gibt die Meßstrecke an und dient zur Kontrolle. Mit Hilfe eines Nomogramms (Abb. 2.1/27) wandelt man die Linearprozente (Zentimeter pro lfd. m) in Metallgehalte um.

Allgemein legt man die Meßlinien in bequemer Arbeitshöhe einheitlich an, sie werden aber auch über die Streckenfirste gezogen und mehrfach am gleichen Stoß wiederholt, wenn kompliziertere Erzstrukturen dies ratsam erscheinen lassen. Die unvermeidlichen subjektiven Fehler sind geringer, als man erwarten könnte, wie Vergleichsserien mit verschiedenen Personen im Erzbergwerk Grund zeigten. Bei Gegenüberstellung der Resultate der Meßlinienbeprobung und der tatsächlichen Gehalte der Roherzförderung ergaben sich Abweichungen von etwa 0,5% Metallgehalt. Obwohl das Verfahren qualifizierte Fachkräfte erfordert, ist es kostenmäßig günstiger als vergleichbare Beprobungsverfahren (Schlitz- und Bohrlochprobe) für den Gangerzbergbau.

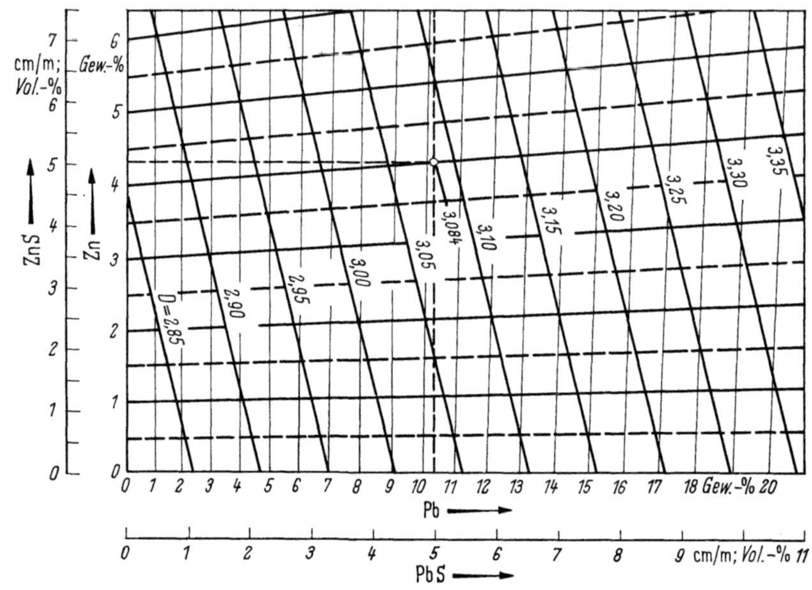

Abb. 2.1/27. Nomogramm zum Meßlinienverfahren. Bestimmung der Pb- und Zn-Gehalte und der Dichte des anstehenden Erzes aus den gemessenen Mächtigkeiten von Bleiglanz, Zinkblende und Gangart. Dichte des Nebengesteins 2,8 (Ausschnitt aus einer Betriebsunterlage der Preussag AG Metall von G. Gunzert u. H. Sperling).

2.1.11.2 Direktanalyse (Röntgenfluoreszenz). Von den physikalischen Analysenmethoden hat besonders die Röntgenfluoreszenz-Spektrographie als Schnellverfahren weite Anwendung in der Lagerstättenforschung für die Untersuchung von präparierten Proben gefunden. Außer den großen Standardgeräten für die Laboratorien gibt es seit einiger Zeit auch tragbare Kleingeräte, die im Gelände am anstehenden Erz eingesetzt werden können. Diese Geräte haben als Strahlenquelle radioaktive Isotope und anstelle des Diffraktionskristalls zwei Wechselfilter (Metall- oder imprägnierte Plastikfolien), die Absorptionsmaxima in der Nähe, d. h. vor oder hinter der charakteristischen γ-Strahlungsenergie (K- oder L-Linien) des gesuchten Elements aufweisen (Abb. 2.1/28). Die Intensität der gesamten Fluoreszenzstrahlung wird mit einem üblichen Detektor (Szintillometer) nacheinander durch jedes der beiden Filter gemessen; aus der Differenz der Impulsraten ergibt sich der Anteil der gesuchten γ-Spektrallinien, aus dem die Konzentration des Elements abzuleiten ist.

Die mit den z. Z. verfügbaren Geräten (z. B. Hilger & Watts, Ltd., und Elco Electronics Ltd., England) nachweisbaren metallischen Elemente sind mit den geeigneten Strahlungsquellen und Absorptionsfiltern in Tab. 2.1/3 zusammengestellt. Als Meßgenauigkeit wird für die meisten dieser Elemente 0,2 bis 0,1%

Metallgehalt angegeben. Dies dürfte jedoch nur unter günstigen Bedingungen erreichbar sein, da der Matrixeffekt (d. h. die Gesamtstrahlung der Probestelle) von starkem Einfluß ist und allgemein die Genauigkeit der RF-Analyse über

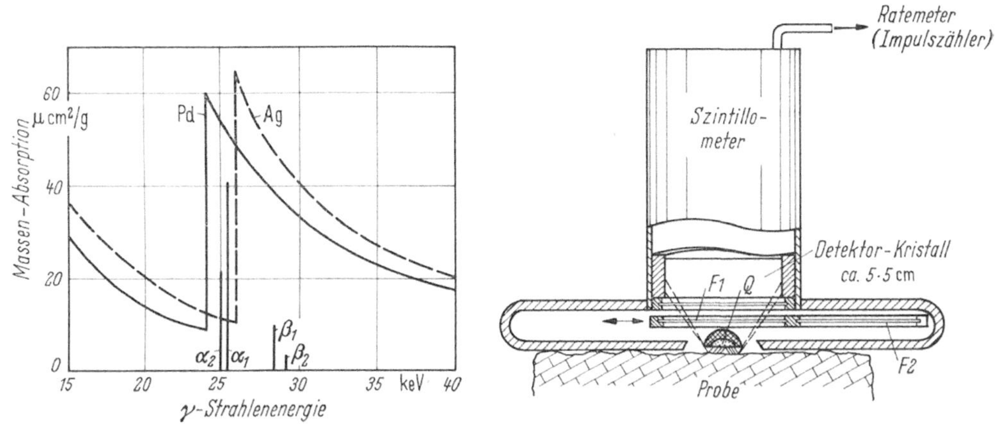

Abb. 2.1/28. Prinzip der Direktanalyse mit tragbarem Röntgenfluoreszenzgerät (Beispiel: Analyse von Zinn). Absorptionskurven von Palladium- und Silberfiltern für γ-Strahlung zur selektiven Messung der Fluoreszenz von $Sn_{K\alpha}$. Rechts: Schema des tragbaren RF-Analysengeräts (Beispiel: Mineral Analyzer, nach S. H. U. Bowie [4]). Q Isotopen-Strahlenquelle, F_1 und F_2 Absorptionsfilter (Ag und Pd) zum Wechseln.

Tabelle 2.1/3. Analytisch erfaßbare Elemente, Strahlenquellen und Filter für tragbare Röntgenfluorezenz-Analysengeräte (nach S. H. U. Bowie [4])

Analysierte Elemente	Strahlenquelle	Absorptions-Filterpaar
Fe	$^{3}H/Zr$; ^{238}Pu	Mn/Cr
Cu	$^{3}H/Zr$; ^{238}Pu	Ni/Co
Zn	$^{3}H/Zr$; ^{238}Pu	Cu/Ni
Cr	$^{3}H/Zr$; ^{238}Pu	V/Ti
Mn	$^{3}H/Zr$; ^{238}Pu	Cr/V
Ti	^{55}Fe	Ti/Ca; Ti/Sc
Sn	$^{147}Pm/Al$	Ag/Pd
Ba	$^{147}Pm/Al$	I/Te
Pb(K)	^{57}Co	U/Re
Pb (L)	^{238}Pu; ^{109}Cd	Ge/Ga
Mo	^{109}Cd	Zr/Y
Zr	^{109}Cd	Sr/Rb
W (K)	^{57}Co	Yb/Ho
W (L)	^{238}Pu	Cu/Ni
Ni	^{238}Pu	Co/Fe

10% Metallgehalt rasch abnimmt. Die batteriebetriebenen Geräte wiegen 6 bis 10 kg (ohne Registriereinrichtung) und sind für rauhen Gelände- und Untertageeinsatz geeignet.

Über die Erprobung im Metallerzbergbau (z. B. Cornwall) berichten Bowie [4] u. a., daß die Analysierung anstehender Erze nur halbquantitative Werte liefere, jedoch ließen sich die Resultate von präparierten Proben (gemahlen, aufgeschlämmt in speziellen Gefäßen) mit chemischen Analysen vergleichen. Auch aus neueren Informationen geht hervor, daß die Direktanalyse mit RF, d. h. *ohne* Materialentnahme, noch nicht den derzeitigen Anforderungen an eine exakte Beprobung genügt. Die Hauptschwierigkeit besteht in der geringen Reichweite der Strahlung in Luft, wodurch der Einfluß der geometrischen Form der geprobten Oberfläche entscheidend wird; ferner tastet dieses Verfahren bekanntlich nur die äußerste

Molekülschicht ab (auf einer Fläche von etwa 1 mm^2), so daß geringste Verunreinigungen zu erheblichen Fehlangaben führen können. Die Probestelle ist praktisch punktförmig, eindimensional und hat also einen sehr geringen Repräsentationswert. Nur auf ganz ebenen (geschliffenen) Flächen kann man bessere Ergebnisse erlangen und die notwendigen Serienmessungen ausführen. Der dazu erforderliche Aufwand ist aber größer als für eine gute Schlitzprobe, die immerhin einen räumlichen Bereich von einigen tausend Kubikzentimetern erfaßt. Glatte Bohrkerne können jedoch in einer geeigneten Vorrichtung auf ihrer ganzen Oberfläche analysiert werden, indem man sie schrittweise an der Meßstelle vorbeizieht. Auch für das umgekehrte Verfahren, die Abtastung eines Bohrlochs durch eine eingehängte zylindrische Sonde, sind bereits Geräteausführungen verfügbar[1]. Aus einer größeren Zahl von Einzelbestimmungen ergibt sich dann ein Mittelwert für den Kern bzw. den Bohrlochabschnitt, der einer chemischen Analyse etwa gleichkommt, wenn die Erzstrukturen nicht zu ungleichmäßig sind.

Das Verfahren ist demnach als überempfindlich zu bezeichnen, da es auf strukturelle Einzelheiten aus Millimeterbereichen anspricht, die für die technische Probenahme unnötig und verwirrend sind. Man kann aber wohl hoffen, daß mit den raschen Fortschritten der elektronischen Meßtechnik auch hier Verbesserungen geschaffen werden, die es ermöglichen, größere Flächen ohne übermäßigen Aufwand zu analysieren. Die Direktanalyse mit der Röntgenfluoreszenz würde damit zu einem der wichtigsten Hilfsmittel bei der Exploration, doch ist es wohl nicht wahrscheinlich, daß sie vollständig die Beprobung mit Materialentnahme ersetzen kann, bei der eine Homogenisierung und reale Mittelwertbildung der Probensubstanz erfolgt.

2.1.11.3 Radiometrie. Die radioaktiven Elemente Uran, Thorium und Kalium lassen sich bekanntlich durch Messung ihrer γ- und β-Strahlung quantitativ bestimmen. Allerdings wird die Messung beeinträchtigt durch die in der Natur stets vorhandenen Zerfallsprodukte, besonders Radium und die gasförmigen Emanationen (Radon usw.), die ebenfalls Strahlen aussenden. Nur wenn im Probebereich ein radioaktives Gleichgewicht herrscht (Ausgleich der Verluste durch Neubildungen), kann mit der Strahlungsmessung auf die Gehalte an U, Th und K geschlossen werden. Da gerade bei Neuaufschlüssen in Prospektion und Exploration das Gleichgewicht gestört sein kann, z. B. durch starke Entgasung aus Gesteinsklüften, ist dies bei der Meßtechnik zu beachten (Wartezeiten von mehreren Stunden). Andererseits kann man Emanationsmessungen (Absaugung von Luft aus kurzen Bohrlöchern) als geophysikalische Prospektionsmethode verwenden. Von den Strahlungsmeßverfahren sollen hier jedoch nur diejenigen behandelt werden, die nach der Aufgabenstellung einer Beprobung entsprechen, also nicht die Methodik geophysikalischer Untersuchungen.

Die Zahl der heute verfügbaren Typen von Feldmeßgeräten für die Radiometrie ist sehr groß; die Szintillometer haben dabei die Geigerzähler vielfach verdrängt, und die letzte Entwicklung hat Gammastrahlen-Spektrometer hervorgebracht, die durch differentielle Messung des Energiespektrums die Unterscheidung der Anteile an U, Th und K gestatten. Mit Hilfe der Halbleitertechnik konnten die Geräte wesentlich leichter und betriebssicherer konstruiert werden, gleichzeitig wurde die Empfindlichkeit um Größenordnungen erhöht: die Nachweisgrenze liegt für U und Th bei 1 ppm, für K bei 500 ppm. Angezeigt werden Impulse pro Zeiteinheit (z. B. „cps" = counts per second) mit Skaleninstrumenten oder Schreibern; für die Orientierung gibt es meistens noch eine akustische Anzeige. Als Meßzeiten sind 0,1 bis 5 min gebräuchlich, das Meßsystem integriert dabei die

[1] „Borehole Probe" der Ekco Instruments Ltd., Cambridge (England); Durchmesser 20 mm, Kabellänge 17 m; vgl. World Mining 24 (1971) Nr. 1, 13.

Impulse von einigen Sekunden. Kleinstgeräte haben den Detektor (Zählrohr, Kristall) im Gehäuse, meistens ist er aber in einer Sonde untergebracht, die mit Kabel an das Meßgerät angeschlossen wird. Zylindrische Sonden mit langem Kabel (bis 400 m) werden für Bohrlochmessungen verwendet. Die Messung am Stoß erfolgt durch Abtasten von Linien oder Flächen mit festgelegten Punkt-

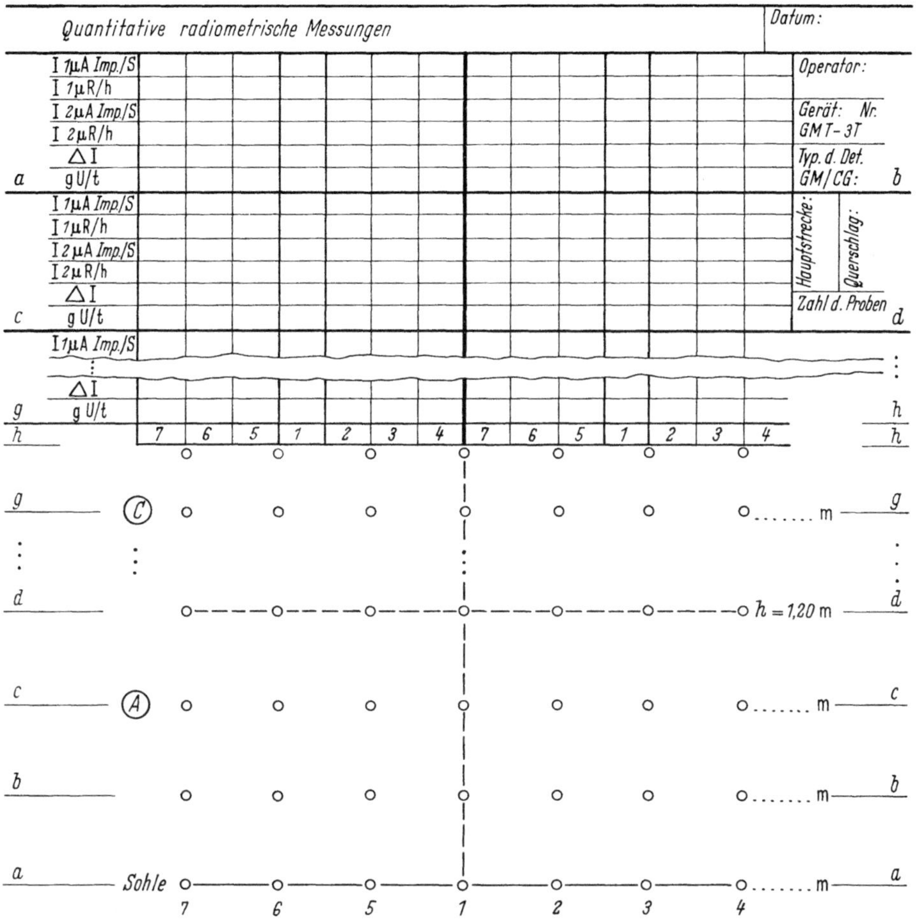

Abb. 2.1/29. Formblatt für quantitative radiometrische Messungen untertage in Uranerzlagerstätten. Quadratischer Raster (49 Punkte) für die Abtastung des Stoßes. Messung in 2 Bereichen des Szintillometers. Mittelwerte umgerechnet in g Uran pro t Erz (Vorlage der Bergbau- und Mineralges., Wien).

abständen, z. T. in mehrfacher Wiederholung und mit verschiedenen Meßbereichen (Formblatt s. Abb. 2.1/29).

Die Eichung der Geräte mit Standardpräparaten, die vom Hersteller mitgeliefert werden, muß in kurzen Abständen, bei intensivem Geländeeinsatz täglich, durchgeführt werden. Für die Umrechnung der Strahlungsintensität in Metallgehalte benutzt man gewöhnlich Diagramme, die durch Vermessen von genau analysierten Erzprobenreihen erhalten wurden. Diese Angaben beziehen sich also auf die örtlichen Bedingungen (Mineralbestand in Erz und Nebengestein) und sind nicht ohne weiteres übertragbar. Auch bei der Strahlungsmessung spielt die Geometrie der Probe bzw. die Position des Detektors zur Probenmasse eine Rolle (Detektor außerhalb oder innerhalb der Probe), was bei der Auswertung zu berücksichtigen ist. Einzelmessungen können erheblich streuen ($\pm 20\%$), gewöhnlich werden daher kleine Reihen (2 bis 5) ausgeführt und die Resultate gemittelt [7].

Die Strahlungsmessung wird seit fast 30 Jahren sowohl bei der Prospektion wie bei der Exploration von Uranerzlagerstätten als auch beim Abbau zur Gehaltskontrolle angewendet. Aus vielen Erfahrungsberichten geht hervor, daß die Gehaltsangaben mit den ausgebrachten Uranmengen korrelierbar sind, d. h., daß sie unter Berücksichtigung der tatsächlich abgebauten Lagerstättenräume, der Verluste und Verdünnungen eine ausreichend genaue Wiedergabe der Metallverteilung darstellen. In manchen Fällen (Lagerstätten des Colorado-Typs) erwiesen sich die Gehalte aus Strahlungsmessungen als realistischer als die von Schlitz- oder Bohrproben; der Grund dafür ist nicht nur in dem dichteren Probennetz der Strahlungsbeprobung zu suchen, sondern auch in dem größeren Geltungsbereich der einzelnen Strahlungsprobe [7]. Es erscheint daher wohl berechtigt, wenn in vielen Uranerzbergwerken im Abbau die laufende Beprobung nur noch radiometrisch erfolgt. Hier bevorzugt man Geiger-Müller-Zähler, die auf Grund ihrer geringeren Empfindlichkeit auf Störungen weniger reagieren als die Szintillometer. Zur Kontrolle werden die Mittelwerte kurzer Betriebsperioden (Wochen- und Monatsdurchschnitte) den Ergebnissen der Aufbereitung aus den gleichen Zeiträumen gegenübergestellt.

Aus den gleichen Gründen wird heute bei der Exploration von Uran- und Thoriumlagerstätten weniger mit Kernbohrungen gearbeitet. Man bringt Vollbohrungen nieder, sobald die geologische Situation ungefähr erkannt ist, und überwacht dabei das Bohrklein qualitativ radiometrisch, um aus dem Vererzungsbereich Kontrollproben (Mischproben) entnehmen zu können. Anschließend vermißt man die fertige Bohrung mit einer Sonde, die als Detektor ein Zählrohr oder ein Szintillometer enthält. Es ist offensichtlich, daß sich auf diese Weise beträchtliche Einsparungen an Zeit und Kosten machen lassen; die Fehlergrenzen können durch häufige Eichungen der Geräte und die üblichen Kontrollanalysen so eng gehalten werden, wie es für Explorationsarbeiten erforderlich ist.

Im Kalisalzbergbau ist die Strahlungsmessung zur Bestimmung des K_2O-Gehaltes speziell ausgebildet; sie gehört dort bereits zu den Standardmethoden (s. 2.1.12.2).

2.1.11.4 Magnetometrie. Die Methoden und Geräte, die für geophysikalische Aufgaben zur Untersuchung der magnetischen Eigenschaften von Gesteinen entwickelt wurden, können z. T. und unter bestimmten Bedingungen auch bei der Beprobung von Eisenerzlagerstätten, d. h. zur Bestimmung des Fe-Gehaltes verwendet werden. Hauptsächlich kommt dafür die Messung der Suszeptibilität (Permeabilität) in Betracht, die nach folgendem Prinzip ausgeführt wird: In einem System genau abgestimmter und gegen äußere Einflüsse (Magnetfeld, Temperatur) gesicherter elektrischer Schwingungskreise liegt eine Meßspule, die ein (äußeres) Induktionsfeld von der Stärke des örtlichen Erdfeldes erzeugt. Jeder magnetische Körper, in die Nähe der Spule gebracht, verändert deren Induktivität und damit die Schwingungsphase des Primärkreises. Durch Kompensation der Abweichung vom Normalzustand mit einem Präzisionsdrehkondensator im Sekundärkreis erhält man ein relatives Maß für die magnetische Suszeptibilität des Probenkörpers (Phasendiskriminator-Schaltung). Der permanente Magnetismus und die elektrische Leitfähigkeit der Probe werden in der Messung berücksichtigt. Die üblichen Skaleneinteilungen geben direkt elektromagnetische Einheiten (EMU) oder die scheinbare Suszeptibilität (SI) an; die Bereiche von 4 bis $100 \cdot 10^{-6}$ SI erfassen alle Stufen der magnetischen Permeabilität von Erzen und Gesteinen. Da die magnetische Suszeptibilität eines recht großen Abschnitts ($\sim 50\ cm^3$) der Probe gemessen wird, spielt ihre geometrische Form keine große Rolle, doch sollen die Meßspulen möglichst nahe an die Probenkörper gebracht werden, um günstige elektrische Bedingungen zu erhalten.

Es gibt dementsprechend drei Formen von Meßspulen: 1. flache, scheibenförmige Spulen, für ebene Flächen; 2. kurze zylindrische Ring-Spulen, zum Durchschieben von Bohrkernen; 3. langzylindrische Spulen in Sonden, für Bohrlochmessungen. Die Geräte sind entweder mit mehreren austauschbaren Meßspulen ausgerüstet oder speziell für eine dieser Varianten konstruiert.

Zur Eichung der Geräte für die Eisenbestimmung werden Reihen von Standardproben aus natürlichem Erz oder synthetischen Gemischen der wichtigen Komponenten verwendet. Es ist selbstverständlich, daß mit dieser indirekten Methode nur dann brauchbare Ergebnisse erzielt werden können, wenn der größte Teil des Eisens (>90%) in *einem* magnetischen Mineral (Magnetit, Ilmenit) vorliegt, dessen Zusammensetzung konstant bleibt. Störend wirkt die Veränderung der Suszeptibilität des Magnetits durch partielle Oxidierung (Martitisierung) und die Anwesenheit eisenreicher Silikate, die stets mit Magnetiterzen vorkommen. Immerhin haben die praktischen Erfahrungen gezeigt, daß man bei gut definierten Erzsorten genaue Bestimmungen der Fe-Gehalte erhalten kann, die sich mit konventionellen Standardmethoden vergleichen lassen. Tragbare Kleingeräte[1] erlauben Genauigkeiten von 0,1 bis 0,5% Fe bei mittleren Gehalten (30 bis 45% Fe); Laborgeräte erreichen mit präparierten Proben 0,01% Fe.

Auf der Grube Otanmäki der Outokumpu OY, Finnland, wird mit der Suszeptibilitätsmethode nicht nur der Eisengehalt, sondern auch der Vanadiumgehalt ermittelt, der in fester Relation zum Magnetitgehalt steht.

2.1.11.5 UV-Fluoreszenz. Die Eigenschaft vieler Minerale, im ultravioletten Licht farbige Fluoreszenz und Lumineszenz zu zeigen, wird seit langem für wissenschaftliche Untersuchungen genutzt. Als UV-Strahlungsquellen dienen Quarzlampen mit Quecksilberdampf- und Edelgasfüllung; zur Absorption des sichtbaren Lichts schaltet man UV-durchlässige Schwarzfilter vor. Die wichtigsten Wellenbereiche liegen bei 254 und 366 nm, entsprechend den Hg-Resonanzlinien; sie werden als kurz- und langwellige Bereiche bezeichnet. Die Intensität des kurzwelligen UV-Lichtes ist etwa achtmal größer als die des langwelligen. Die meisten Geräte haben zwei Filter zur wahlweisen Bestrahlung mit einem der beiden Bereiche.

Nachdem seit 15 bis 20 Jahren leichte und preiswerte Handlampen[2] mit Akku- oder Trockenbatterie-Versorgung verfügbar sind, ist die Fluoreszenzbeobachtung zu einem vielverwendeten Hilfsmittel bei der Prospektion und auch bei der betrieblichen Beprobung geworden. Die kleinen UV-Lampen erbringen bei Leistungsaufnahmen von 4 bis 10 W eine effektive Strahlung von 600 bis 1250 μW pro Quadratzentimeter Leuchtfläche, die bereits auf etwa 30 bis 50 cm Entfernung kräftige Fluoreszenzeffekte bewirkt.

Die Leuchterscheinungen werden bekanntlich durch geringfügige Beimengungen fremder Atome im Kristallgitter bewirkt, die vor allem von den Bildungsbedingungen abhängen. Daher zeigen viele Minerale recht unterschiedliche Fluoreszenz, während die Leuchtfarben ganz verschiedener Minerale ähnlich wirken können. Damit wird die genaue Kennzeichnung der Effekte und natürlich auch die quantitative Auswertung erschwert. Das eigentliche Anwendungsgebiet der Fluoreszenzbeobachtung ist deshalb die Orientierung *vor* der Probenahme mit anderen Verfahren, z. B. die Ermittlung der Grenzen oder der bauwürdigen Bereiche von

---

[1] z. B. Kappameter UGF-KT 3 von Atlas Copco ABEM, AB, Stockholm, und Model 3101 A von Bison-Instruments Inc., USA.

[2] z. B. Minerallight (Typenreihen MS, ML) der Ultra-Violet Products Inc., San Gabriel, Calif., USA.

Erzkörpern, die Bezeichnung einzelner Probestellen am Anstehenden oder an Bohrkernen. Diese Vorprüfung als Variante der visuellen Beprobung erwies sich jedoch als ein so praktisches Hilfsmittel für die sinngemäße Durchführung der Beprobung, daß heute in einigen Bergbauzweigen die UV-Lampe zur normalen Ausrüstung des Geologen gehört. Hauptsächlich findet die Fluoreszenzbeobachtung Anwendung auf Scheelitlagerstätten, auf Uranerzlagerstätten mit Sekundärmineralen (Uranglimmer), im Flußspatbergbau und auf Lithiumerzlagerstätten.

Ein *Beispiel* aus jüngster Zeit (Mitteilung der Bergbauabteilung der Metallgesellschaft AG, Frankfurt/M.) bietet die Scheelitlagerstätte bei Mittersill (Österreich), die von 1968 bis 1972 erschlossen wurde. Hier wurde bei allen Untersuchungen, angefangen von der Prospektion der Bachsedimente und Blockhalden, der Beprobung der Bohrkerne bis zur Kartierung der Grubenaufschlüsse stets mit der UV-Lampe gearbeitet; alle Probestellen wurden auf diese Weise vorbeurteilt. Nach systematischer Einübung und unter ständiger Kontrolle durch andere Probeverfahren war es möglich, folgende Gehaltsstufen zuverlässig zu schätzen (% WO_3):

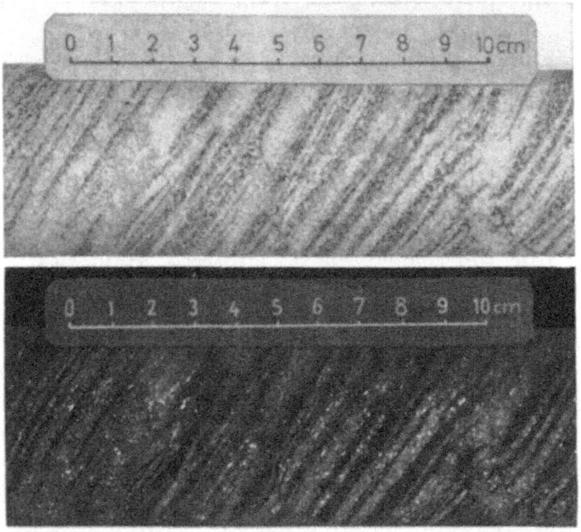

Abb. 2.1/30. Fluoreszenz-Untersuchung von Scheeliterz, Bohrkern der Lagerstätte Mittersill, Österreich. Oben: normales Licht; unten: kurzwelliges UV-Licht. Fluoreszenzfarbe des Scheelits bläulich-weiß, an einigen Stellen blaßorange aufgrund von Powellit-Beimengungen ($CaMoO_4$) (Foto: H. Westenberger, Metallges. AG, Frankfurt/M.).

Spuren $<0{,}25$; 0,25 bis 0,5; 0,5 bis 1,0; 1 bis 2; 2 bis 4; >4. Da die Sicherheit der Schätzung gerade bei den geringen Gehalten besonders gut war, konnte schließlich auf die weitere Probenentnahme in diesen Bereichen unterhalb der vorgegebenen Bauwürdigkeitsgrenze (0,3%) verzichtet werden. Für die Genauigkeit der visuellen Schätzung waren hier die Strukturen und Korngrößen der Vererzung von Bedeutung, da sie einen charakteristischen Gesamteindruck vermitteln. Die Auszählung der sehr kleinen Einzelkörner wäre ohnehin nicht möglich gewesen. Am besten erscheint die Fluoreszenz des Scheelits auf frischen natürlichen Bruchflächen oder auf gesägten Schnitten. Auch normale Bohrkerne (s. Abb. 2.1/30) ergeben klare Effekte. Feinschliff oder Politur verringern dagegen die Leuchtintensitäten.

Angaben über Fluoreszenzerscheinungen von Erzen und Gangarten finden sich bei Zeschke [54].

2.1.11.6 Färbemethoden. Von den zahlreichen Färbemethoden der chemischen Analytik können einige auch bei der visuellen Beprobung zur Sichtbarmachung nutzbarer Gehalte verwendet werden. Besonders bei Bildungen des Verwitterungsbereichs (Oxidationszone), die sehr fein verwachsen und im ganzen wenig charakteristisch sind, kann mit Hilfe der Anfärbung am Stoß, an Stückproben oder an Bohrkernen die Vorbeurteilung für die eigentliche Probenahme erleichtert werden. Wichtig ist dabei, daß der farbige Niederschlag auf der Mineraloberfläche haftet und nicht in der Lösung verschleppt wird, und ferner, daß andere Mineralkomponenten den Farbeffekt nicht stören. Gewöhnlich benötigt man zwei getrennte

Reaktionen: 1. Anätzen der Mineraloberfläche, Lösung des gesuchten Elements; 2. Farbreaktion und Ausfällung des Niederschlags.

Es werden nur Lösungen geringer Konzentration angewendet, um eine übermäßige Auflösung des Minerals zu verhindern. Die Lösungen werden aus Plastikflaschen nacheinander aufgetropft oder -gesprüht. Die Probeflächen müssen staubfrei und frisch sein; wenn mit Wasser gewaschen wurde, sollte die Fläche vor der Anfärbung wieder getrocknet sein.

Beispiele:

Einige Beispiele für Färbemethoden, über die praktische Erfahrungen vorliegen, sind folgende:

Oxidische Bleierze (Cerussit, Anglesit) ergeben mit Kaliumjodid eine typische *Gelbfärbung* von PbJ_2. — Lösung I: Oxalsäure (gesättigte Lösung) in Wasser, Anätzungszeit ca. 1 min; Lösung II: Kaliumjodid (~5%) in Wasser. Limonit stört nur, wenn die Bleierze vollständig umhüllt sind. Für vorherrschend anglesitische Erze ist Weinsäure vorzuziehen.

Oxidische Zinkerze („Galmei", Smithsonit, Hydrozinkit, silikatische Erze teilweise) ergeben mit Diäthylanilin eine kräftige *Rotfärbung*. — Lösung I: Oxalsäure (3%) aq + Diäthylanilin (0,1 bis 0,5%) in Alkohol; Lösung II: Kaliumcyanoferrat(III), $K_3Fe(CN)_6$ (2 bis 3%) aq. Die Zeit der Farbentwicklung hängt vom Zinkgehalt ab, bei weniger als 1% Zn kann sie bis 10 min betragen. Ebenso steigert sich die Farbintensität von orangerot (bei niedrigen Gehalten) bis dunkelrot, allerdings auch beeinflußt durch andere Elemente. Limonit stört durch seine Eigenfarbe und die Fe-Reaktion, deren grünblaue Farbe aber meistens nach der Zn-Färbung erscheint und durch stärkere Oxalsäurezugabe unterdrückt werden kann.

Nickelerze (sulfidisch, oxidisch und silikatisch) ergeben mit Dimethyldioxim eine *hellrote* Färbung. — Lösung I: Salpetersäure (1%); Lösung II: NH_4OH zur Einstellung eines pH-Wertes von 7 bis 8; Lösung III: Dimethyldioxim in Alkohol. Da die an sich charakteristische, aber schwache Färbung nur auf hellem Material (z. B. Garnieriterz) deutlich erkennbar ist, wird statt der Lösung III gewöhnlich das übliche Ni-Reagenzpapier auf die feuchte Probestelle gelegt, wobei die Rotfärbung auf der Oberfläche des Papiers erscheint, während das gefällte Eisenhydroxid zurückbleibt.

Kalisalze, besonders Sylvin, erzeugen mit Dipikrylamin eine *zinnoberrote* beständige Farbe (nach Autenrieth), die allerdings nur scharf begrenzt hervortritt, wenn vorher eine Kontrastfarbe aufgetragen wurde, um z. B. rotes Steinsalz abzudecken . — Lösung I (Kontrastfarbe): Malachitgrün (0,1%) in Methylendichlorid; Lösung II: Magnesiumdipikrylamin (konz., d. h. 10% aq). Beide Lösungen müssen filtriert werden; Lösung I soll vor Ansprühen von Lösung II getrocknet sein. Die kalifreien Bereiche erscheinen durch Addition der Farben schwarz. Diese Methode wurde zur Orientierung über die Grenzen der Kalilager früher häufig im deutschen Kalibergbau angewandt, inzwischen wurde sie durch die Strahlungsmessung abgelöst.

2.1.12 Probenahme von Salzlagerstätten

Im Prinzip und auch in der Ausführung entspricht die Probenahme auf Salzlagerstätten weitgehend den Verfahren, wie sie in den vorhergehenden Abschnitten beschrieben wurden; Hinweise auf einige Besonderheiten des Salzbergbaus wurden bereits gegeben. Hier sollen nur noch spezielle Arbeitsweisen erwähnt werden, die sich in den letzten Jahren entwickelt haben und die vielleicht auch für andere Bergbauzweige verwendbar sein können.

2.1.12.1 Konventionelle Verfahren (Schlitz- oder Hackprobe, Probenahme aus Bohrlöchern). Die *Schlitz- oder Hackprobe*, die früher nur von Hand mit einer leichten Hacke (Querschneide, ca. 3 cm breit) ausgeführt wurde, stellt man heute maschinell durch Fräsen her. Diese Handfräsen wurden schon erwähnt, s. Abb. 2.1/12. Wenn auch der Einsatz von Elektrowerkzeugen im vollelektrifizierten Kalibergbau an sich keine Schwierigkeiten bereitet, ist es doch für die Aufgaben der Beprobung günstiger, eine nicht netzgebundene Stromversorgung verfügbar zu haben. Daher wurden Probenahmefahrzeuge eingerichtet, die in einem gleislosen Grubenbetrieb jeden Ort erreichen können. Neben einer entsprechend ausgelegten Lichtmaschine führen diese Fahrzeuge auch starke Batterien (24 V, 135 Ah) mit, die eine Stromabnahme ohne Motorbetrieb gestatten. Ferner dienen die Fahrzeuge dem Transport des Personals, der Hilfsgeräte und der Proben, so daß damit der gesamte Arbeitsablauf beschleunigt werden kann.

Als Werkzeuge werden kräftige Nutenfräsmaschinen oder Handkreissägen benutzt, deren Frässcheiben mit Hartmetallzähnen besetzt sind. Ihre Leistungsaufnahme liegt zwischen 300 und 1000 W, die Antriebsmotore sind für Gleichstrom 24 V oder Wechselstrom ausgelegt. Bei 1500 U/min und einem Scheibendurchmesser von 100 bis 130 mm ergeben sich Umfangsgeschwindigkeiten von 7 bis 10 m/s. Die Schlitze können bei 10 mm Breite 10 bis 15 mm in einem Arbeitsgang, durch Nachstellen bis 30 mm tief gefräst werden. Zum Auffangen des feinkörnigen Probegutes dient eine Plastikflasche am Schutzgehäuse.

Der Maschineneinsatz erbringt nicht nur eine wesentliche Erhöhung der Leistung (um 60 bis 80%) gegenüber der Handarbeit, er bewirkt außerdem, daß das Probegut gleichmäßiger in Körnung und Zusammensetzung anfällt, da alle unterschiedlich harten Komponenten des Salzes in gleicher Weise geschnitten werden. Beispielsweise ist im norddeutschen Kalibergbau bekannt, daß der weiche Sylvin recht häufig in Hackproben (von Hand) überrepräsentiert ist, da selbst bei sorgfältiger Arbeit im Schlitz etwas zu viel davon gelöst wird. Die Differenz, die bis zu +2% K_2O gegenüber dem Fördersalzgehalt betragen kann, geht bei guter Fräsarbeit auf 0,5% K_2O zurück. Unter normalen Bedingungen werden mit Fräsarbeit 10 bis 12 Probestellen je Mann und Schicht bearbeitet, d. h. bei mittlerer Lagermächtigkeit von 2,5 m ca. 25 bis 30 laufende Meter.

Zur Durchführung der Schlitzprobenahme ist zu sagen, daß auch im Kalibergbau die Probestellen nach geologischer Vorbearbeitung festgelegt werden, wobei unter Umständen eine radiometrische Vermessung voraus geht, für die dann die Schlitzprobe nur noch eine Kontrolle darstellt. Die Abstände der Probestellen schwanken zwischen 20 und 50 m, sie werden im allgemeinen nicht schematisch fixiert. Ebenso ist die Länge der Schlitze variabel, jedenfalls muß über die gesamte Lagermächtigkeit geprobt werden. Ist die Feinstratigraphie von Bedeutung, wird jede Schicht einzeln beprobt, wobei mehrere Schlitze nebeneinander gefräst werden können, um die (festgelegte) Mindestmenge der Probe zu erhalten (Abb. 2.1/31).

Die Probenahme aus Bohrlöchern wird im Kalisalzbergbau häufig angewendet, sowohl als *Bohrmehlprobe* wie auch als *Bohrkernprobe*. Mit den modernen Drehbohrmaschinen kann in jeder Richtung auf Entfernungen von 30 bis 50 m gebohrt werden, wie es für die Lagerstättenerschließung gefordert wird. Auch Bohrungen mit größeren Durchmessern von 60 bis 100 mm bieten keine Schwierigkeiten. Während die Vollbohrungen stets trocken ausgeführt werden, mit abschnittsweiser Entnahme des Bohrmehls (z. B. je lfd. m), muß bei den Kernbohrungen mit Spülung gearbeitet werden. Zur Vermeidung der Korrosion des Bohrkerns ist die Spülung als gesättigte Lauge, möglichst mit der durchschnittlichen Zusammensetzung des Salzgesteins, in die Bohrung zu bringen. Man verwendet auch bei geringeren Bohrteufen gern das Seilkernrohrverfahren, zumal die Standzeiten der Bohrkronen im Salz sehr gut sind. Vorwiegend werden Hartmetallkronen benutzt, die bei längeren Untersuchungsbohrungen mehrere 100 m kontinuierliche Bohrarbeit aushalten. Auch das Verfahren mit umgekehrter Spülrichtung (Counter flush) wird im Kalibergbau häufiger eingesetzt, wobei das Abreißen von Kernstücken durch ein besonderes Manöver der Bohrmaschine bewirkt wird [10]. Für die Beprobung werden entweder die Bohrkerne halbiert, wie im Erzbergbau, oder man fräst mit einer Maschine (Kreissäge) eine Längsnute, deren Salzmehl als Probegut dient.

2.1.12.2 Kalimetermessung nach H. Roth, s. a. [45]. Die Direktanalyse auf K_2O mit Hilfe der Radioaktivitätsmessung ist die wichtigste Neuerung für die Probenahme im Kalibergbau. Zwar ist die spezifische Strahlung des Kaliums recht schwach im Vergleich zu der von Uran und Thorium; wegen der um Größenordnungen höheren Konzentrationen von Kalium in den Salzlagerstätten erreichen die Intensitäten aber etwa die gleichen Höhen wie auf Uranerzlagerstätten und sind mit einfachen Geräten meßbar.

Abb. 2.1/31.

Abb. 2.1/32.

Abb. 2.1/31. Fräsprobe, unterteilt nach feinstratigraphischen Gesichtspunkten (Kaliwerk Hattorf, nach H. Roth [45]). Die Teilbereiche werden als einzelne Proben behandelt, daher sind mehrere Schlitze nebeneinander gefräst, um die Mindestmenge an Material (Füllung der Plastikflasche) zu gewinnen.

Abb. 2.1/32. Messung des K_2O-Gehaltes durch Anlegen einer Gamma-Sonde (Kaliwerk Neuhof-Ellers, nach H. Roth [45]).

Die Radioaktivität des Kaliums beruht ausschließlich auf dem Zerfall des Isotops ^{40}K, das dabei β-Strahlen (89%) und γ-Strahlen (11%) aussendet. Die β-Strahlen haben in Salz nur eine Reichweite von einigen Millimetern, in Luft etwa 1 cm, während die γ-Strahlen in 50 bzw. 80 cm Entfernung noch erfaßbar sind. Für die quantitativen Messungen sind dennoch die β-Strahlen günstiger, da die normalen Zählrohre nur ca. 1% der γ-Strahlungsquanten auffangen. Im Kalibergbau werden beide Meßverfahren nebeneinander eingesetzt. Die Gammasonden sind bis zu 70 cm lange Zählrohre in einem dünnwandigen Stahlrohr, das ausreichende mechanische Stabilität ergibt und die β-Strahlung abschirmt. Die kleineren Betasonden (10 bis 15 cm lang) aus Spezialglas oder Aluminium werden zur Erhöhung der Empfindlichkeit parallel geschaltet in einem Gehäuse vereinigt.

Die folgenden Ausführungen von Strahlungsmeßgeräten für den Untertageeinsatz, generell „Kalimeter" genannt, sind z. Z. in Gebrauch:

1. *Gammasonden* mit langem Zählrohr (Abb. 2.1/32) für Anlegemessung am Stoß und in kurzen Bohrlöchern; für lange und aufwärtsgerichtete Bohrlöcher wird die Sonde an ein versteiftes Kabel angeschlossen.

2. *Betasonden* (Beta-Anlegedetektor), 12 bis 30 cm lang, für Anlegemessungen am anstehenden Salz und am Haufwerk.

3. *Beta-Meßzylinder* für stationäre Bestimmungen an feinkörnigem Probenmaterial. Stehendes Metallrohr von 400 mm Länge und 40 mm Durchmesser mit koaxial eingesetztem Betazählrohr. Die gemahlene Probe wird in den Ringraum eingefüllt. Andere Ausführungen haben 3 bis 12 kürzere Zählrohre in einer Kammer.

Die Registrierung der Impulse erfolgt mit den üblichen Zählgeräten (Ratemeter) mit wählbaren Meßzeiten. Die Anzeige (skalar oder digital) wird nach einer im

Betrieb aufzustellenden Eichkurve in K_2O-Prozente umgerechnet. Zur Eichung verwendet man genau analysierte Stellen im anstehenden Salz oder Kästen mit Salzgemischen (etwa 1 m^3 Inhalt), in welche die Sonde eingesenkt wird. Eine Schwierigkeit bei der Auswertung entsteht dadurch, daß der gesamte Kaligehalt, also auch der sulfatische (z. B. in Langbeinit), erfaßt wird, für die Fabrikation aber nur der chloridische Anteil verwertbar ist. In Fällen mit höheren und wechselhaften Sulfatanteilen erhält man mit der radiometrischen Messung nur Orientierungswerte; hier ist die konventionelle Beprobung vorzuziehen.

Anstelle der Geiger-Müller-Zählrohre können auch Szintillometer und Gamma-Spektrometer Verwendung finden, doch wird die höhere Empfindlichkeit und Anzeigegenauigkeit dieser Geräte für die K_2O-Bestimmung im Betrieb praktisch nicht benötigt. Ihr Preis beträgt zudem ein Vielfaches des Preises der Kalimeter. Die Genauigkeit der Meßergebnisse ist vom Gerätetyp, der geologischen Situation und dem Meßverfahren abhängig; zwar lassen sich bei allen Geräten und Eichkurven Zehntelprozente von K_2O ablesen, die tatsächlich erreichbare Meßgenauigkeit der Gamma-Sonden liegt aber bei $\pm 1{,}0\%$ K_2O. Mit den Beta-Zählrohren ist bei sorgfältiger Arbeit eine etwas höhere Genauigkeit erreichbar; nur die stationären Beta-Meßzylinder kommen wegen der günstigen Geometrie der Anordnung auf $\pm 0{,}1\%$ K_2O. Normale Meßzeiten für alle Geräte sind 2 bis 5 min, längere Zeiten ergeben keine wesentliche Verbesserung der Einzelmessung. Dagegen ist es sinnvoll, bei schwankenden Resultaten kleine Meßreihen am gleichen Ort auszuführen und einen Mittelwert zu errechnen.

Im deutschen Kalisalzbergbau ist die radiometrische Beprobung gut eingeführt; sie hat sich in manchen Werken so bewährt, daß die herkömmlichen Verfahren z. T. aufgegeben oder nur noch zur gelegentlichen Kontrolle benutzt werden. Die Grenzen der Anwendung liegen dort, wo zur Entscheidung über die Bauwürdigkeit des Lagers genauere Angaben als $\pm 1{,}0\%$ K_2O gefordert werden (z. B. im Werragebiet) oder wo komplizierte Strukturen der Lagerstätte eng abgegrenzte Messungen überhaupt fragwürdig erscheinen lassen.

Der besondere Vorteil der Kalimeterprobe besteht ohne Zweifel in der unmittelbaren Information, die es z. B. der Betriebsaufsicht erlaubt, sofort Entscheidungen über die Weiterführung oder Einstellung einer Vorrichtungsstrecke oder eines Abbaus zu treffen. Der Aufwand an Arbeitszeit und damit auch die Kosten für die Kalimeterprobe sind nämlich nicht geringer als für die Fräsprobe, wie umfangreiche Vergleichsuntersuchungen auf Werken der Kali und Salz AG erweisen [45]. Unter günstigen Bedingungen kann man sogar mit (kurzen) Frässchlitzen mehr Probestellen bearbeiten als radiometrisch vermessen.

Demgegenüber stellt die mehr oder weniger erhebliche Verzögerung, mit der die chemischen Analysen der Schlitz- oder Bohrmehlproben eintreffen, den wesentlichen Nachteil dieser Verfahren dar. Das gilt nicht nur für die Kontrollproben im Abbau, sondern auch für Vorrichtungs- und Aufschlußproben, die oft stoßweise anfallen und dann von dem durchweg voll ausgelasteten Hauptlabor nicht sogleich verarbeitet werden können. Die nachweislich höhere Genauigkeit der konventionellen Probenahme hat dann keine Bedeutung mehr, wenn die Angaben für die Auswertung zu spät kommen.

Die Einrichtung eines Grubenlabors, in dem die chemische K_2O-Bestimmung der Schlitzproben in der gleichen Schicht oder mindestens am gleichen Tag ausgeführt wird, brachte vielen Werken einen Ausweg aus dem notorischen Engpaß der Probenahme. Wird nun dieses Labor noch mit einem Beta-Meßzylinder ausgestattet, so lassen sich die verschiedenen Verfahren derart kombinieren, daß bei sinngemäßer Abstufung der Genauigkeit der einzelnen Probengruppen die Gesamtleistung der Probenahme verbessert werden kann. Folgende vier Gruppierungen sind möglich:

I. *Geringe Genauigkeit*: Direktmessung mit Gamma-Sonde am Stoß oder in Bohrlöchern, sowie mit Beta-Anlegedetektor. Zweck: Orientierung über Lagerbegrenzung, lokale Gehaltsermittlung.

II. *Mittlere Genauigkeit*: Salzprobe (Fräs-, Bohrmehl- oder Haufwerksprobe), analysiert mit Beta-Meßzylinder im Untertagelabor. Zweck: Gehaltskontrolle im Abbau, Bestimmung der Bauwürdigkeitsgrenzen in der Vorrichtung usw.; Wagenprobe.

III. *Hohe Genauigkeit*: Salzprobe (Material wie II), chemische Analyse im Untertagelabor. Kontrolle von Proben nach I und II, besonders bei Anwesenheit von Sulfaten. Schlitzproben von Neuaufschlüssen.

IV. *Höchste Genauigkeit*: Probenbearbeitung im Hauptlabor. Kontrolle aller Verfahren. Mischproben zur Ermittlung der Mittelwerte von Abbaublöcken, Monatsförderungen; Bohrkerne aus Untersuchungsbohrungen.

Am *Beispiel* des Kaliwerks Bergmannssegen-Hugo bei Lehrte (Kali und Salz AG), wo es wesentlich auf die laufende Überwachung der K_2O-Gehalte mehrerer steilstehender Lager ankommt, möge die Kalimetermessung erläutert werden. Nach Roth [45] wird diese Methode seit 1965 mit gutem Erfolg angewendet:

1. *in der Vorrichtung (Streckenvortrieb)*

a) Messung vor Ort des Vortriebs (5 m Breite), Anlegen des Zählrohrs oder Ausnutzung von Bohrlochpfeifen;

b) Abbohren der Lagermächtigkeit (Horizontalbohrung bis 8 m Länge) und meterweise Vermessung der Bohrlöcher mit der Gamma-Sonde.

2. *im Abbau*

a) Vermessen aller Bohrlochpfeifen der auf Abbaubreite geschossenen Strecke; wenn nötig auch Anlegen des Zählrohrs. Das Mittel dieser Ergebnisse mit denen der Messung 1b gilt als Mittelwert des Abbaublocks;

b) Vermessen von Profillinien in der Abbaukammer alle 30 m durch Auflegen des Zählrohrs auf die Sohle.

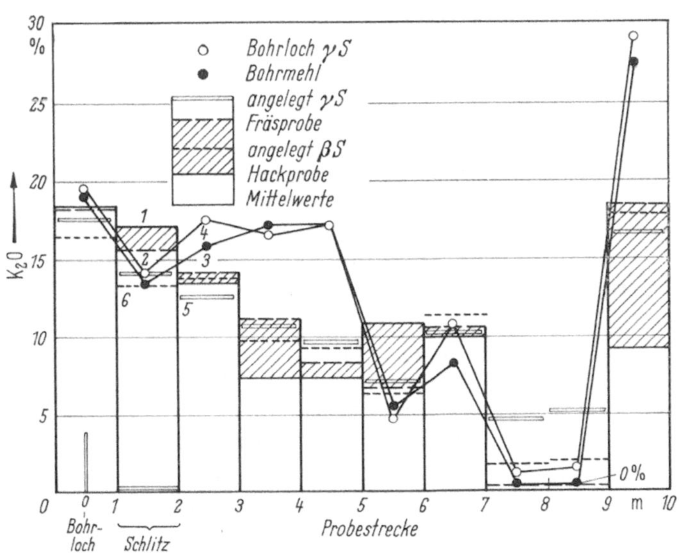

Abb. 2.1/33. Test zum Vergleich verschiedener Probenahmeverfahren (Kaliwerk Bergmannssegen-Hugo bei Lehrte/Hann., Querschlag im Kalilager Ronnenberg, 480-m-Sohle, nach H. Roth [45]).

1 Hackprobe, *2* Fräsprobe, *3* Bohrmehlprobe, *4* Gamma-Sonde im Bohrloch, *5* Gamma-Sonde angelegt, *6* Beta-Detektor angelegt. Die Hack- und Fräsproben sind horizontale Schlitze, je 1 m lang. Die Bohrlöcher liegen in der Mitte jeder Schlitzprobe, horizontal gebohrt, 1 m tief. Die Gamma-Sonde hat ein Zählrohr von 0,7 m Länge. Der Beta-Detektor hat 12 cm Meßlänge, auf 1 m Probelänge sind 8 Messungen ausgeführt.

Die Messungen 1a, 1b und 2a werden wöchentlich durchgeführt, die Ergebnisse sofort an den Stoß geschrieben (mit Sprühdose) und karteimäßig festgehalten. Größere Meßreihen ergeben für die Anlegemessungen Streuungen von knapp $\pm 1{,}5\%$ K_2O, während die Bohrlochmessungen eine Genauigkeit von $\pm 1{,}0\%$ erreichen.

Das Ergebnis einer Testreihe zum Vergleich der verschiedenen Probenahmeverfahren, ebenfalls von Bergmannssegen-Hugo, ist in Abb. 2.1/33 graphisch dargestellt. Trotz beträchtlicher Differenzen bei den Einzelmessungen stimmen vor allem die Durchschnittswerte der Gamma- und Beta-Anlegemessungen mit denen der Schlitzproben gut überein. Die herausfallenden höheren Werte der Bohrlochmessungen lassen sich als Effekt der schichtigen Struktur des Lagers deuten: einige der in Streichrichtung gebohrten Probelöcher dürften schmale, reichere Lagen getroffen haben, die am Stoß durch ärmere Zwischenlagen kompensiert wurden. Die Resultate der Schlitz- und Anlegeproben wären demnach realistischer. Es erscheint bemerkenswert, daß die Unterschiede zwischen den Hack- und Fräsproben (schraffierte Felder), also zwischen zwei konventionellen Probeverfahren häufig größer sind als diejenigen zwischen den Fräsproben und den beiden Anlegemessungen.

2.1.13 Probenahme von Kohlenlagerstätten

In früherer Zeit reichten die Ermittlung des Kohlenvorrates einer Lagerstätte bzw. eines Grubenfeldes und die Bestimmung der bergtechnischen Bauwürdigkeit der einzelnen Flöze häufig zur Beurteilung aus. Da jedoch die Kohle nicht nur als Brennstoff, sondern vielmehr auch als Rohstoff und Ausgangsmaterial für die verschiedenen Veredlungsprozesse dient, wurde eine eingehende Qualitätserfassung und Beurteilung der Flözkohlen unumgänglich. Diese Qualitätsbeurteilung bedingt eine systematische Probenahme und Untersuchung dieser Proben nach festgelegten Richtlinien, um zu vergleichbaren Untersuchungsergebnissen zu kommen. Entsprechende *Richtlinien für den deutschen Steinkohlenbergbau* wurden letztmalig mit den „Richtlinien und Vorschläge zur Anlegung des Flözarchivs für den Steinkohlenbergbau“ im Jahre 1953 vorgelegt [62]. Die technische Entwicklung mit den Fortschritten in der Bergtechnik, in der Kohleveredlungstechnik sowie bei der Rationalisierung erforderte eine Anpassung und Überarbeitung dieser Richtlinien, die während der letzten Jahre durch die technischen Ausschüsse des Steinkohlenbergbauvereins unter Mitwirkung zahlreicher Bergwerksgesellschaften durchgeführt wurden. Die Veröffentlichung erfolgt in Form von Bergbau-Betriebsblättern, die als Vorschläge für DIN-Normen anzusehen sind [56].

Der Einsatz der verschiedenen *Arten der Probenahme* ist abhängig vom Aufschlußgrad einer Lagerstätte, von dem angestrebten Aussagewert der Untersuchungsergebnisse und dementsprechend vom Umfang der geplanten Untersuchungen.

2.1.13.1 Probenahme von unverritzten Lagerstätten. Neben der üblichen geologischen Kartierung ist für die geologisch-lagerstättenkundliche Begutachtung einer unverritzten Kohlenlagerstätte die Ermittlung der *Flözführung, der Schichtenfolge* und der *petrographischen Ausbildung* der Einzelflöze sowie die Bestimmung des *Inkohlungsgrades* bzw. der technologischen Eigenschaften der Flözkohlen von großer Bedeutung.

Streichen die Flöze der Lagerstätten übertage aus, so werden die Flözführung der Schichtenfolge und die makropetrographische Ausbildung der Einzelflöze an der anstehenden Gesteinsabfolge ermittelt, nachdem vorhandener Verwitterungsschutt durch Anlegen von Schürfgräben beseitigt wurde.

Für die Entnahme von Kohlenproben, die chemisch-technologisch untersucht werden sollen, reichen diese Übertageaufschlüsse jedoch nicht aus, da die Kohle im Ausbiß stets oxidiert ist und damit keine aussagekräftigen Analysenergebnisse zu erhalten sind. Für die Probenahme müssen *Schürfstollen* so tief vorgetrieben werden, daß unoxidierte Kohle entnommen werden kann. Die erforderliche Teufe solcher Schürfstollen ist abhängig von der petrographischen Zusammensetzung der Nebengesteinsschichten und den klimatisch-hydrogeologischen Bedingungen.

Erfahrungsgemäß ist eine Teufe von rund 30 bis 50 m erforderlich. Als Indikator für unoxidierte Kohle kann in vielen Fällen die Farbe von hellgelbem, epigenetischem Pyrit auf Klüften dienen, die bei Oxidation typisch braun wird.

Für die Bewertung einer Lagerstätte ist die Entnahme von Proben an verschiedenen Aufschlußpunkten in den einzelnen Flözen erforderlich, da die Ausbildung der Flöze sehr stark wechseln kann.

In Schürfstollen wird im allgemeinen eine *Schlitzprobe* entnommen und an den Probenahmestellen ein makropetrographisches Flözprofil aufgenommen (s. 2.1.13.3).

Zur vollständigen und umfassenden Bewertung einer unverritzten Lagerstätte ist es jedoch erforderlich, auch Proben aus Lagerstättenbereichen zu erhalten, die nicht durch Schürfstollen aufzuschließen sind. Daher wird in den meisten Fällen ein sorgfältig zu planendes, umfangreiches Bohrprogramm aufzustellen sein, um Teufenaufschlüsse und *Bohrproben* zu erhalten. Um die Flözführung mit ausreichender Genauigkeit erfassen zu können, sind Kernbohrungen mit möglichst großem Kerngewinn erforderlich, die außerdem genaue chemisch-technologische sowie mikroskopische Untersuchungen ermöglichen. Aus Meißelbohrungen können Spülproben entnommen werden, die zwar auch die genaue Bestimmung des Inkohlungsgrades gestatten, jedoch meistens nicht als repräsentativ für andere Eigenschaften angesehen werden können.

2.1.13.2 Probenahme beim Aufschluß einer Lagerstätte. In der Phase der Aus- und Vorrichtung ist eine systematische Probenahme (ein möglichst dichtes Netz von Proben) unentbehrlich für eine optimale Abbauplanung.

Sowohl beim Abteufen von Schächten als auch beim Auffahren von Stollen bzw. Querschlägen werden beim Durchörtern von Flözen *makropetrographische Profilaufnahmen* zur Ermittlung der Struktur durchgeführt und *Schlitzproben* entnommen. Die makropetrographische Aufnahme bringt zwar nur einen groben Überblick über die Flözstruktur, aber sie kann zur Kontrolle mancher Untersuchungsergebnisse an Schlitzproben dienen bzw. zu deren Aufklärung beitragen. Für die Beantwortung mancher aufbereitungstechnischer Fragen reicht das Material aus Schlitzproben jedoch nicht aus, weil durch dessen zwangsläufige Zerkleinerung unter 10 mm die Eigenschaftsverteilungen mit denen in den einzelnen Kornklassen des späteren Fördergutes nicht übereinstimmen. Daher werden häufig *Blockproben* entnommen, deren Körnungsaufbau durch ihre Entnahmeart und besondere Behandlung besser dem späteren Fördergut entspricht.

Die in früheren Jahren bei Neuaufschlüssen vielfach durchgeführte Entnahme von *Säulenproben*, die insbesondere für detaillierte mikroskopische Untersuchungen an orientierten Stückschliffen bestimmt war, wird jetzt in der Regel nur noch für die Bearbeitung wissenschaftlicher Probleme in Verbindung mit der Flözentstehung angewendet.

2.1.13.3 Probenahme bei in Abbau befindlichen Lagerstätten. Die Untersuchung von Proben hat hier in erster Linie das Ziel der Kontrolle, ob nämlich die geförderte Kohle in ihren Eigenschaften den der Planung zugrundegelegten Werten entspricht. Das zweite Ziel ist es, das Netz der Untersuchungsstellen hinsichtlich des faziellen Verhaltens der Eigenschaften eines Flözes zu verdichten, um damit für spätere Planungen besser extrapolieren zu können.

Diese Ziele können grundsätzlich mit allen bisher genannten Arten der Probenahme erfüllt werden. Die umfassendsten Aussagen über die rohstofflichen Eigenschaften des Fördergutes eines Betriebspunktes im Hinblick auf Aufbereitung und Verwendung ermöglicht die Entnahme (und Untersuchung) von *Rohkohlenproben*, weil sie das gesamte betrieblich angefallene Fördergut, also einschließlich des Nachfalls aus dem Hangenden, des Mitgewonnenen aus dem Liegenden, der

Streckenberge usw. ebenfalls erfassen. Rohkohlenproben werden im allgemeinen als *Förderwagenproben* oder als *Bandproben* entnommen. Da dies bei den heutigen hohen Gewinnungsleistungen und dem modernen Zuschnitt der Grubenbetriebe sehr schwierig, manchmal sogar unmöglich ist, beschränkt man sich häufig — wenn der Untersuchungszweck es zuläßt — auf die Probenahme einer Teilkörnung, etwa unter 30 mm oder unter 10 mm.

a) Makropetrographische Aufnahme von Kohle und Nebengestein.

Die makroskopische Aufnahme von Kohle und Nebengestein ist die Grundlage für die markscheiderische Kartierung der Mächtigkeiten und ermöglicht einen Überblick über den petrographischen Aufbau der Lagerstätte. Diese Aufnahme erfolgt im natürlichen Schichtenverband und in Verbindung mit den verschiedenen Arten der Probenahme. Zur Erstellung von Flözstrukturkarten wird sie systematisch an den Aufschlüssen der Flöze in regelmäßigen Abständen (i. a. alle 50 bis 200 m) durchgeführt.

Bei der makroskopischen Aufnahme unterscheidet man eine Grobstruktur- und eine Feinstrukturaufnahme.

Grobstruktur. Bei der Grobstrukturaufnahme unterscheidet man bei der Kohle zwischen Humus- und Sapropelkohle. Die Übergänge von Kohle und Nebengestein lassen sich in unreine Kohle und Wechsellagerungen von Kohle mit Bergestreifen bzw. Berge mit Kohlestreifen, je nach der vorherrschenden Komponente, gliedern. Das Nebengestein wird nach den makroskopisch erkennbaren Gesteinskomponenten eingeteilt.

Feinstruktur. Bei der Feinstrukturaufnahme werden bei der Kohle die einzelnen Lithotypen über 1 cm Mächtigkeit getrennt erfaßt:

Glanzkohle	(Vitrain[1])	Halbglanzkohle	(Clarain)
Mattkohle	(Durain)	Faserkohle	(Fusain)

Die Übergänge von Kohle und Nebengestein können bei der Feinstrukturaufnahme durch eine genauere Bezeichnung der Bergestreifen gekennzeichnet werden, wie z. B. „Kohle mit Schiefertonstreifen", während die Nebengesteinsschichten durch eine makroskopisch noch erfaßbare Kennzeichnung nach Stoffbestand und Körnung gegliedert werden können, wie z. B. „Schieferton, schwachsandig" oder „Sandstein, grob" usw.

Die einzelnen makroskopischen Erkennungsmerkmale bzw. Unterscheidungsmöglichkeiten in Verbindung mit der Grobstruktur- und der Feinstruktur-Aufnahme sind in Tab. 2.1/4 aufgeführt.

Die makroskopische Aufnahme sollte grundsätzlich folgenden Umfang haben:

a) Beschreibung der Aufnahmestelle (Meßstelle, Probenahmestelle);
b) geodätische Orientierung der aufgenommenen Schichten zur Meßstelle;
c) Ansprache der aufzunehmenden Schichten nach sichtbaren und fühlbaren Eigenschaften entsprechend Tab. 2.1/4;
d) Feststellung der Schichtmächtigkeiten in Zentimetern;
e) ergänzende Hinweise auf Besonderheiten nicht petrographischer Art (z. B. Tektonik, Fossilführung, Wasserführung).

Die festgestellten Daten werden zweckmäßig in Formularen erfaßt, die eine Auswertung mit Hilfe der EDV gestatten sowie eine zeichnerische Darstellung (DIN 21900 [57]) in Flözstrukturkarten erlauben, die dem bergmännischen Rißwerk beizufügen sind.

---

[1] Die Bezeichnungen in den Klammern sind die internationalen Begriffe [59].

Tabelle 2.1/4. Schema einer makroskopischen Aufnahme von Kohle und Nebengestein

I. Kohle

Art der Aufnahme		Makroskopische Erkennungsmerkmale			
Grobstrukturaufnahme	Feinstrukturaufnahme (Lithotypen der Humuskohle)	Schichtung	Bruchfläche	Glanz	weitere Merkmale
Kohle (Humus-)	Glanzkohle (Vitrain)[1]	in sich ungeschichtet	uneben, muschelig, riefig; glatt	glänzend bis hochglänzend	zahlreiche Schlechten; kleinstückig zersplitternd; spröde; kann durch Einlagerungen schwach geschichtet erscheinen
	Mattkohle (Durain)[1]	wenig geschichtet	uneben, rauh	matt	wenig Schlechten; nicht zersplitternd, zäh
	Halbglanzkohle (Clarain)[1]	gut geschichtet	uneben, rauh	wechselnd zwischen dem von Glanz- und Mattkohle	feinstreifige Wechsellagerung von Glanzkohle und Matt- und/oder Faserkohle; Einzelstreifen <1 cm
	Faserkohle (Fusain)[1]	ungeschichtet (meist in kleinen Linsen)	uneben, rauh	matt, seidenglänzend	Weichfaserkohle: leicht zerreiblich, rußig; Hartfaserkohle: durch Mineralisation verfestigt; auf Schichtflächen Pflastertextur
Sapropelkohle		ungeschichtet	uneben, muschelig, riefig; glatt bis rauh	matt, fettglänzend	nur vereinzelt Schlechten; erscheint homogen; sehr fest und zäh

II. Übergänge von Kohle und Nebengestein

Art der Aufnahme		Makroskopische Erkennungsmerkmale		
Grobstrukturaufnahme	Feinstrukturaufnahme	Schichtung	Bruchfläche	weitere Merkmale
unreine Kohle[2]		feingeschichtet und ungeschichtet	meist uneben, z. T. muschelig, rauh	innige Verwachsung von Kohle und Mineralsubstanz; ungeschichtet: Kohleanteil teilweise sapropelitisch, Streifen >1 cm
Kohle- mit Bergestreifen	Kohle- mit ......-streifen[3]	ausgeprägt	uneben, rauh	Wechsellagerung von Kohle- und Bergestreifen; Einzelstreifen <1 cm; überwiegend Kohle
Berge- mit Kohlestreifen	.......[3] mit Kohlestreifen	ausgeprägt	uneben, rauh	Wechsellagerung von Berge- und Kohlestreifen; Einzelstreifen <1 cm; überwiegend Berge

III. Berge werden nach makroskopisch erkennbaren Gesteinstypen gegliedert, wie z. B. Schieferton, Sandstein usw., s. Bergbau-Betriebsblatt 22 012 [56].

[1] Internationale Bezeichnung der Lithotypen der Humuskohle.
[2] Der Begriff schließt die früheren Bezeichnungen „Brandschiefer“ und „Kennelschiefer“ ein.
[3] Ansprache der Berge für die Feinstrukturaufnahme nach Bergbau-Betriebsblatt 22 012 (z. B. Kohle- mit Schiefertonstreifen usw.). [56].

Die Richtlinien für die makroskopische Ansprache und Aufnahme von Kohle und Nebengestein sind im Bergbau-Betriebsblatt 22012 [56] enthalten.

b) Entnahme von Bohrproben.

Aufschlußbohrungen (meistens Tiefbohrungen) in Kohlenlagerstätten sollen einen Überblick über die gesamte Flözführung der Schichtenfolge vermitteln und durch die Untersuchung von Bohrproben eine Grundlage für die Beurteilung und Bewertung der rohstofflichen Eigenschaften anstehender Flözkohlen ermöglichen.

Neben den Aufschluß- bzw. Tiefbohrungen werden vielfach in Lagerstätten, in denen schon Abbau umgeht, auch Untertagebohrungen mit begrenzter Zielsetzung durchgeführt, um zusätzliche Aufschlüsse über die genaue petrographische Ausbildung und die mechanischen Eigenschaften des Nebengesteins oder z. B. über die Flözfolge und ihre stratigraphische Einstufung nach größeren Störungen zu erhalten.

Je nach der Zielsetzung muß die anzuwendende Bohrtechnik gewählt werden. Dabei können vollständige Aufschlüsse nur durch *Kernbohrungen* erstellt werden, während *Meißelbohrungen* nur begrenzte Aussagemöglichkeiten zur Bestimmung der Rohstoffeigenschaften vermitteln können.

Auch Bohrungen, die nur betriebstechnischen Zielen dienen, sollen nach Möglichkeit geologisch und rohstofflich ausgewertet werden, so z. B. Wetterbohrungen, Großlochbohrungen für Blindschächte.

Kernproben. Für die Entnahme von Kernproben muß die Entleerung des Kernrohres mit größter Sorgfalt erfolgen, damit kein Verlust entsteht und die Kernstücke in der richtigen Reihenfolge entsprechend dem Bohrvortrieb in die Kernkisten gelegt werden können. Für die Entleerung des Kernrohres hat sich der Einsatz einer Kernauffangrinne, die in ihrer Länge der Kernrohrlänge angepaßt ist, besonders bewährt, zumal der Kernmarsch in dieser Rinne vor dem Einlegen in die Kernkisten sorgfältig mit Wasser abgespült werden kann.

Die Kernkisten sind im allgemeinen für die Aufnahme von 1 m langen Kernen eingerichtet und mit Fächern versehen, die dem Kerndurchmesser angepaßt sind. Die Kerne werden nach dem Abspülen entsprechend der Schichtenfolge in die Kisten gelegt und jeweils durch Pfeile mit der Spitze zur Krone gekennzeichnet. Die Teufenbezeichnung, aus der das obere und das untere Ende der Kerne hervorgehen muß, wird auf der Kiste bzw. den Kistenrändern und Fächerrändern unabwischbar vermerkt. Damit die Kernproben beim Transport nicht beschädigt werden können, sind sie durch geeignetes Material (z. B. Holzkeile) festzukeilen.

Zerbrochenes Kernmaterial sollte möglichst sofort in Plastikbeutel verpackt, beschriftet und entsprechend seiner Lage in der Schichtenfolge mit in die Kernkiste gelegt werden. Ebenso ist der Nachfall auf dem oberen Kernende in Plastikbeutel zu verpacken und mit einer besonderen Beschriftung in die Kernkiste zu legen. Werden Einzelstücke der Kernproben für eine sofortige Untersuchung entnommen, so sind die Fehlstellen in den Kisten zu kennzeichnen (z. B. mit Holzbrettchen) und die Probenentnahme im Bohrprotokoll zu vermerken.

Die einzelnen Kernkisten sind am Kopfende fortlaufend zu numerieren und mit den Teufenangaben der Kernproben zu versehen, um ein leichtes Auffinden der Proben zu gewährleisten.

An den Kernproben wird vor der Entnahme von Einzelproben bzw. der Präparation der Kohlenkerne im Laboratorium eine makropetrographische Aufnahme der Gesteinsfolgen und eine makropetrographische Profilaufnahme der Kohlenflöze durchgeführt. Diese makroskopischen Untersuchungen sind als Kernbeschreibung dem Bohrprotokoll beizufügen. Sollen Kernproben speziellen physikalischen Untersuchungen, wie z. B. Porositätsmessungen, unterworfen werden, so müssen sie durch Plastikschläuche bzw. -beutel vor Verschmutzung gesichert werden.

Zur Bestimmung des Kerngewinns in einem Kernmarsch wird die gewonnene Kernlänge zu der im gleichen Kernmarsch abgebohrten Länge ins Verhältnis gesetzt und in Prozenten angegeben. Sind Kernverluste im Schichtenprofil eindeutig einzuordnen, so ist die Lage im Aufnahmeprotokoll und bei der Kernbeschreibung zu vermerken. Die Mächtigkeit eines Flözes oder einer bestimmten Schicht ergibt sich bei vollständigem Kerngewinn aus der gewonnenen Kernlänge unter Berücksichtigung des Winkels zwischen der Kernachse und der Schichtennormalen. Durchbohrte Mächtigkeiten einzelner Flöze oder petrographisch einheitlich zusammengesetzter Schichten können im unverrohrten Bohrloch durch geophysikalische Meßverfahren oder auch durch den Einsatz von Fernsehsonden bestimmt werden.

Spülproben. Meißelbohrungen in Kohlenlagerstätten werden im allgemeinen nur aus betriebstechnischen Notwendigkeiten mit begrenzter Zielsetzung durchgeführt. Die Entnahme von Spülproben wird jedoch ebenso sorgfältig wie die Entnahme von Kernproben vorgenommen, da auch die Untersuchung von Spülproben wichtige Erkenntnisse über die petrographische Zusammensetzung und die stratigraphische Einstufung des Nebengesteins vermitteln kann sowie die exakte Bestimmung des Inkohlungsgrades der durchbohrten Flözkohlen gestattet.

Spülproben sind bei jedem vollen Meter Bohrteufe in einer Menge von mindestens 250 cm^3 vom vorher gereinigten Schüttelsieb zu entnehmen. In Schichtenfolgen mit gering wechselnden Gesteinsarten kann der Abstand der Probenahme auch auf 3 bis 5 m Bohrteufe vergrößert werden. Beim Durchbohren von Kohlenflözen ist sofort alle in der Spülung auftretende Kohle aufzufangen. Die anhaftende Spülung soll bei jeder Spülprobenahme möglichst in fließendem Wasser auf einem Sieb (0,1 bis 0,2 mm Maschenweite) entfernt werden. Der einer Spülung gegebenenfalls zugesetzte Ton darf keine Mikrofossilien enthalten, die eine Altersbestimmung der Proben verfälschen können.

Die Spülproben werden nach Möglichkeit in geschlossenen Behältern, wie z. B. Plastiktöpfen, Plastikflaschen oder Plastikbeuteln, aufbewahrt, um ein Verschmutzen und damit Verfälschen der Proben auszuschließen. In den Behältern sich abscheidendes Wasser sollte vorsichtig abgegossen werden.

Jede Probe muß dauerhaft und deutlich mit dem Namen und der Nummer der Bohrung sowie der Bohrteufe gekennzeichnet werden.

Spülproben sind überwiegend nicht als repräsentative Durchschnittsproben anzusehen, dennoch können signifikante Wechsel in der durchbohrten Gesteinsart oder das Auftreten von Kohlenflözen durch ihre Untersuchung ermittelt werden. Auch bei Meißelbohrungen können durch den Einsatz geophysikalischer Bohrlochmeßverfahren wichtige Aufschlüsse erhalten werden.

Richtlinien für die Bearbeitung von Aufschlußbohrungen enthält das Bergbau-Betriebsblatt 22011 [56].

Schlitzproben. Die Entnahme von Schlitzproben aus Kohleflözen ist eine der wichtigsten Probenahmearten im Kohlebergbau ebenso wie bei anderen Rohstofflagerstätten. Für diese Probenahme gelten allgemeine Grundlagen und Richtlinien.

Schlitzproben aus Kohleflözen werden in erster Linie zur Ermittlung der chemischen und rohstofflich-technologischen Eigenschaften entnommen, um wichtige Rückschlüsse auf die Verwendbarkeit und Aufbereitbarkeit der anstehenden Flözkohle ziehen und in Verbindung mit einer makropetrographischen Profilaufnahme an der Entnahmestelle eine Grundlage für die Beurteilung der Bauwürdigkeit des Flözes erlangen zu können. Die Ergebnisse der Schlitzprobenuntersuchungen sind auch eine wesentliche Grundlage für eine Flözdatei bzw. ein Flözarchiv.

Die Lage der Probenahmestelle ist je nach dem Aufschlußgrad der Lagerstätte in einer Grubenkarte bzw. einer Lagerstättenkarte einzutragen oder in aufgeschlossenen Lagerstätten geodätisch einzumessen und nach Koordinaten festzulegen.

Die bankrechte Mächtigkeit des Flözes ist möglichst genau bis auf 1 cm zu ermitteln. Werden von einzelnen Flözbänken Proben für spezielle Untersuchungen (wie z. B. bei Leithorizonten) entnommen, so ist diese Probenahme getrennt von der Schlitzprobe durchzuführen. Die Lage dieser Flözbank im Profil des Gesamtflözes ist dann bei der Aufnahme des makropetrographischen Flözschnittes zu kennzeichnen.

Die Häufigkeit der Probenahme ist abhängig von dem Fazieswechsel und den Schwankungen der Flözeigenschaften in schichtparalleler Erstreckung sowie von den betrieblichen Erfordernissen beim Abbau. Im allgemeinen beträgt der Abstand zwischen den Probenahmestellen 40 bis 50 m, beim Vortrieb von Flözstrecken bei relativ gleichmäßiger Ausbildung des Flözes kann der Abstand auf je 100 m erweitert werden.

Werden Schlitzproben im Abbaubetrieb für die laufende Betriebsüberwachung der rohstofflichen Flözeigenschaften gezogen, sind im allgemeinen ebenfalls Abstände von etwa 100 m zu wählen. Beim Abbau von Flözen mit größeren Mächtigkeitsschwankungen (über 10 bis 15%) ist dieser Abstand auf etwa 50 m zu verringern.
Die Schlitzprobe soll möglichst an solchen Stellen entnommen werden, an denen auch das Hangende und Liegende zugänglich sind. Der Kohlenstoß muß für die Probenahme so vorbereitet werden, daß das Probegut nicht oxidiert sein kann. Bei einem Stoß, der längere Zeit offen gestanden hat, muß zunächst durch ein Aufhauen von mehreren Metern unoxidierte Kohle für die Probenahme aufgeschlossen werden.

Die Probenahme erfolgt an einem bankrecht geebneten Kohlenstoß, an dem durch Kreidestriche die Breite des vorgesehenen Schlitzes markiert wird. Der Schlitz soll bankrecht geführt werden, und nur in Ausnahmefällen werden Schlitzproben abgesetzt oder bankschräg entnommen. Breite und Tiefe des Schlitzes sind so zu bemessen, daß je 1 m Flözmächtigkeit etwa eine Probemenge von 15 bis 20 kg anfällt. Im allgemeinen wird ein rechteckiger Schlitz von etwa 20 cm Breite und etwa 10 cm Tiefe oder ein gleichschenklig-dreieckiger Schlitz von etwa 20 cm Breite und etwa 20 cm Tiefe eine ausreichende Probemenge ergeben.

Für die Probenahme sind folgende Geräte erforderlich: Keilhaue, Geologenhammer oder ein kleiner Abbauhammer, Kreide, Aufnahmebuch mit Schreibstift, Meßband oder Gliedermaßstab, Plastik- oder Segeltücher und feste Papier- oder Plastiksäcke (für 20 bis 30 kg Probegut) sowie Behälter für den Transport der Probe.

Vor der Entnahme der Schlitzprobe ist das Liegende an der Probenahmestelle sorgfältig zu säubern. Dann wird die Grobstruktur des Flözprofils nach Kohle, unreiner Kohle, Kohle mit Bergestreifen bzw. Bergen mit Kohlestreifen sowie Bergen unter Einschluß des hangenden und liegenden Nebengesteins makroskopisch aufgenommen. Vielfach ist es notwendig, eine makropetrographische Feinstrukturaufnahme durchzuführen (siehe a in 2.1.13.3).

Bei der Probenahme sollen alle Bergemittel im Flöz sowie diejenigen Nebengesteinsschichten im Hangenden und Liegenden mit in die Probe einbezogen werden, die beim Abbau wahrscheinlich ins Fördergut gelangen würden. Mit dem Hereingewinnen der Schlitzprobe wird zweckmäßig im Liegenden begonnen, und das Auffangtuch wird so ausgelegt, daß das anfallende Probegut restlos aufgefangen werden kann. Der Schlitz wird innerhalb der angezeichneten Kreidestriche über die gesamte Flözmächtigkeit gleichmäßig breit und tief sowie kantig ausgekerbt. Durch Vorhalten von Tüchern muß gewährleistet werden, daß kein Gut aus der Umgebung des Schlitzes in die Probe gelangt und kein Probegut verlorengeht. Das aufgefangene Probegut wird in Säcke gefüllt, die in geeigneten Behältern umgehend ins Laboratorium zu bringen sind. Die entnommene Probe ist durch Aufschriften und Begleitzettel eindeutig zu kennzeichnen.

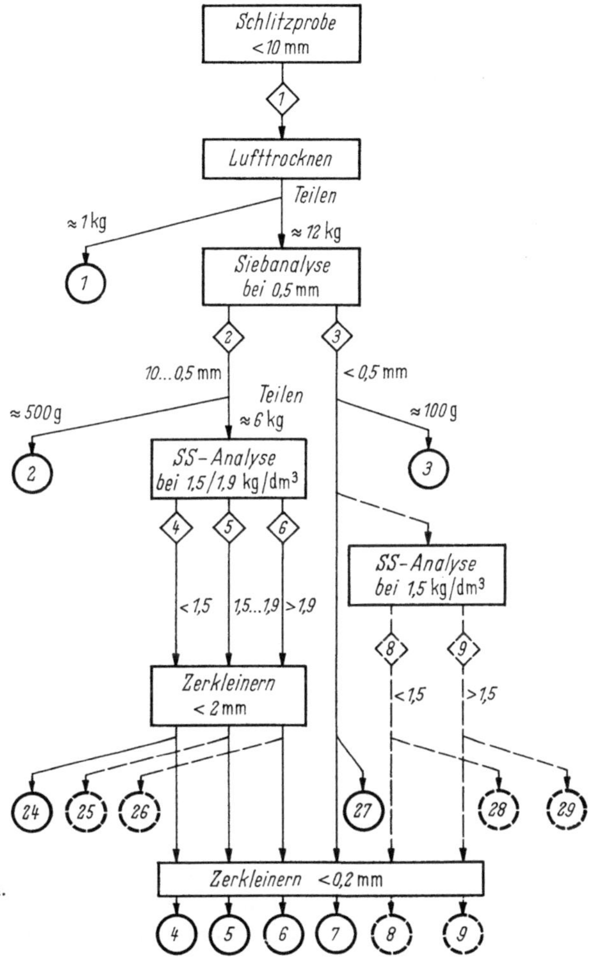

Abb. 2.1/34.
Schema zur Verarbeitung von Schlitzproben.

Ein Schema für die Probenvorbereitung der Schlitzprobe aus dem Bergbau-Betriebsblatt BB 22013 [56] ist in der Abb. 2.1/34 dargestellt, nachdem die gesamte Schlitzprobe gewogen und auf eine Korngröße unter 10 mm zerkleinert wurde. Die in dem Schema angegebene Numerierung bezieht sich auf die einzelnen Verfahrensgänge im Laboratorium und auf die einzelnen Analysenproben für die verschiedenen Untersuchungen, die im Abschnitt 2.1.13.5 aufgeführt sind.

Die Analysenergebnisse werden in Formblätter [56] eingetragen, in zusammengefaßter Form ausgewertet und im Flözarchiv gespeichert. Richtlinien für eine Auswertung über eine elektronische Datenverarbeitungsanlage (EDV) sind zur Zeit noch in der Bearbeitung.

Säulenproben. Die Entnahme und Untersuchung von Säulenproben werden fast ausschließlich dann durchgeführt, wenn wissenschaftliche Probleme in Verbindung mit der Kohlengenese und der petrographischen Ausbildung eines Kohlenflözes zu bearbeiten sind. Daher sind Säulenproben überwiegend bei Neuaufschlüssen von Lagerstätten oder Lagerstättenbereichen von Bedeutung, während sie für die Probenahme in einer in Abbau stehenden Lagerstätte und für die laufende Betriebsüberwachung nicht herangezogen werden.

Blockproben. Blockproben werden aus dem anstehenden Flöz unter Zerstörung des Lagerstättengefüges auf die gleiche Weise wie Schlitzproben entnommen, mit dem Unterschied, daß die Masse je m Mächtigkeit statt 20 kg mindestens 120 kg betragen soll. Der Aufwand für ihre Entnahme ist erheblich größer als bei der Schlitzprobe, so daß sie im wesentlichen für Aus- und Vorrichtungsbetriebe zu empfehlen ist. In Abbaustreben wird sie, wenn überhaupt, nur an Kopf- und Sohlenstrecken zu nehmen sein. Die Entnahme erfolgt nicht mit der betrieblichen Gewinnungsmaschine; daher entsprechen der Körnungsaufbau und die Eigenschaftsverteilungen nicht genau denjenigen des späteren Fördergutes. Um hier eine bessere Anpassung zu erzielen, wird vor der Probenvorbereitung, wie sie für Rohkohlenproben üblich ist, eine Vorbehandlung der gesamten Probe in einer Prüftrommel unter definierten Bedingungen vorgenommen. Einzelheiten über die Entnahme und Untersuchung von Blockproben werden in einem besonderen Bergbau-Betriebsblatt festgelegt.

Rohkohlenproben von einem Betriebspunkt. Die Rohkohlenprobe wird als Sammelprobe aus dem Fördergut eines Betriebspunktes entnommen und in Probeverarbeitungsanlagen oder durch Probewaschen in Betriebsanlagen zubereitet und laboratoriumsmäßig untersucht. Die Rohkohlenprobe wird je nach den bergtechnischen Gegebenheiten als Förderwagenprobe oder als Bandprobe entnommen. Wenn es der Untersuchungszweck zuläßt, z. B. für die routinemäßige Überwachung bestimmter Eigenschaften des Fördergutes, werden Rohkohlenproben mit oberer Kornbegrenzung, z. B. 30 oder 10 mm, wegen ihres geringeren Aufwandes und wegen der Möglichkeit ihrer Entnahme vor der Vereinigung mit anderen Förderströmen als Ersatz verwendet. Die Auswertung solcher Untersuchungsergebnisse wird noch wirkungsvoller sein, wenn aus früheren Untersuchungen die Korrelationen zwischen den Eigenschaftswerten der feineren und denen der groben Teilkörnungen bekannt sind.

Rohkohlenprobenahme und -untersuchungen für einzelne Betriebspunkte sind häufig aus betriebsorganisatorischen oder fördertechnischen Gründen nicht mehr möglich; im übrigen ist ihr Aufwand auch so groß, daß man sie kaum noch zur laufenden Überwachung der Betriebspunkte, sondern nur noch in Sonderfällen zur Klärung bestimmter Fragen in aufbereitungs- und verwendungstechnischer Hinsicht benutzt. In zunehmendem Maße werden zur Verdichtung des Informationsnetzes Schlitz- und Blockproben entnommen und untersucht.

2.1.13.4 Probenahme von Braunkohlenlagerstätten. Für die Probenahme in Braunkohlenlagerstätten können im allgemeinen die gleichen Richtlinien wie im Steinkohlenbergbau angewendet werden, da auch für diesen Bergbauzweig die Ermittlung der rohstofflichen Eigenschaften neben der Ermittlung der Vorräte im Vordergrund steht. Diese Richtlinien sind im Lagerstättenarchiv Braunkohlenbergbau [57] festgelegt. In diesen Richtlinien wird zwischen Bohrproben und Proben am Stoß unterschieden.

Die Entnahme von *Bohrproben* wird in gleicher Weise wie bei Bohrungen in Steinkohlenlagerstätten durchgeführt. Auch an Bohrproben in Braunkohlenlagerstätten werden geologisch-stratigraphische Untersuchungen zur Einstufung der Schichtenfolge und rohstofflich-technologische Untersuchungen zur Bestimmung der Eigenschaften der Kohle durchgeführt. Dafür sind Kernbohrungen erforderlich.

Bei den Proben, die am *Stoß* bzw. aus der laufenden Förderung entnommen werden, unterscheidet man ebenfalls Säulenproben, Schlitzproben, Punkt- oder Stechproben und Förderproben.

Für die Entnahme von Säulenproben, die in erster Linie Probegut für Spezialuntersuchungen (z. B. Pollenanalyse) liefern sollen, gelten die gleichen Richtlinien wie im Steinkohlenbergbau.

Die Entnahme von Schlitzproben wird je nach der Mächtigkeit des Flözes an einzelnen oder aufeinanderfolgenden Profilabschnitten durchgeführt. Die Länge der Profilabschnitte ist dem petrographischen Aufbau des Flözprofils anzupassen. Für mikropaläontologische Untersuchungen sollte in einer makro-petrographisch einheitlichen Schicht des Flözes der Probenahmebereich nicht größer als etwa 25 cm sein. Für rohstoffliche und chemische Untersuchungen können größere Profilabschnitte als Mischproben entnommen werden. Das Probegut für das ganze Flöz wird aus einem 10 bis 20 cm breiten und 5 bis 10 cm tiefen Schlitz vom Liegenden zum Hangenden hereingewonnen.

Da eine Punkt- oder Stechprobe nicht repräsentativ für ein ganzes Flöz ist, werden solche Proben nur für Sonderuntersuchungen entnommen.

Die Förderproben sind als Mischproben so zu entnehmen, daß sie in ihrer Zusammensetzung der durchschnittlichen Beschaffenheit des laufenden Fördergutes entsprechen, z. B. aus mehreren Förderwagen oder von mehreren Stellen eines Förderbandes in bestimmten Zeitabständen. Auf eine vollständige Erfassung der Feinkohle ist dabei besonders zu achten.

2.1.13.5 Untersuchungen an Proben aus Kohlenlagerstätten. Die Untersuchungen, die an den verschiedenen Proben durchgeführt werden sollen, sind in den einzelnen Bergbau-Betriebsblättern [56] aufgeführt.

Als Beispiel für den Verfahrensgang der Probenvorbereitung mit der Erstellung der einzelnen Analysenproben kann das Schema in Abb. 2.1/34 für die Schlitzprobenverarbeitung dienen. Die Untersuchungsmethoden selbst sind in DIN 51700 und 51900 [57] sowie in Laboratoriumsvorschriften für den Steinkohlenbergbau [60] bzw. Bergbau-Betriebsblättern festgelegt. Die Richtlinien für die Entnahme und Untersuchungen von Proben aus Braunkohlenlagerstätten sind in der DIN 21942 [57] enthalten.

Auswertung der Probenahme von Lagerstätten (2.1.14—2.1.18)

2.1.14 Methoden und Ziele der Auswertung

Die Erfassung und Aufbereitung der Informationen aus der Probenahme geht, wie in den früheren Abschnitten bereits mehrfach erwähnt, stufenweise vor sich. In der ersten Stufe werden alle makroskopisch erkennbaren Merkmale an der Entnahmestelle registriert; in der zweiten Stufe überträgt man diese Angaben mit den aus Analysen gewonnenen Daten auf Pläne und Grubenrisse; schließlich werden in der dritten Stufe alle Informationen mit Hilfe graphischer und rechnerischer Methoden zu Darstellungen der Erzkörper und ihrer Parameter vereinigt.

Den systematischen Gang der Auswertung mit den verschiedenen Zielsetzungen veranschaulicht schematisch Abb. 2.1/35, worin auch die enge Zusammenarbeit zwischen geologischer Abteilung und chemischem Labor hervorgehoben wird. Ohne geologisches Konzept bei der Beprobung und Auswertung besteht Gefahr für Fehldeutungen oder mindestens unnötigen Aufwand ebenso wie andererseits geologische Darstellungen ohne quantitative Angaben über die Erzführung nur geringe praktische Bedeutung haben.

Ferner soll das Schema die Bedeutung aufzeigen, welche der Dokumentation in allen Stufen zukommt. Zu dieser Dokumentation, die eine wichtige Datenquelle

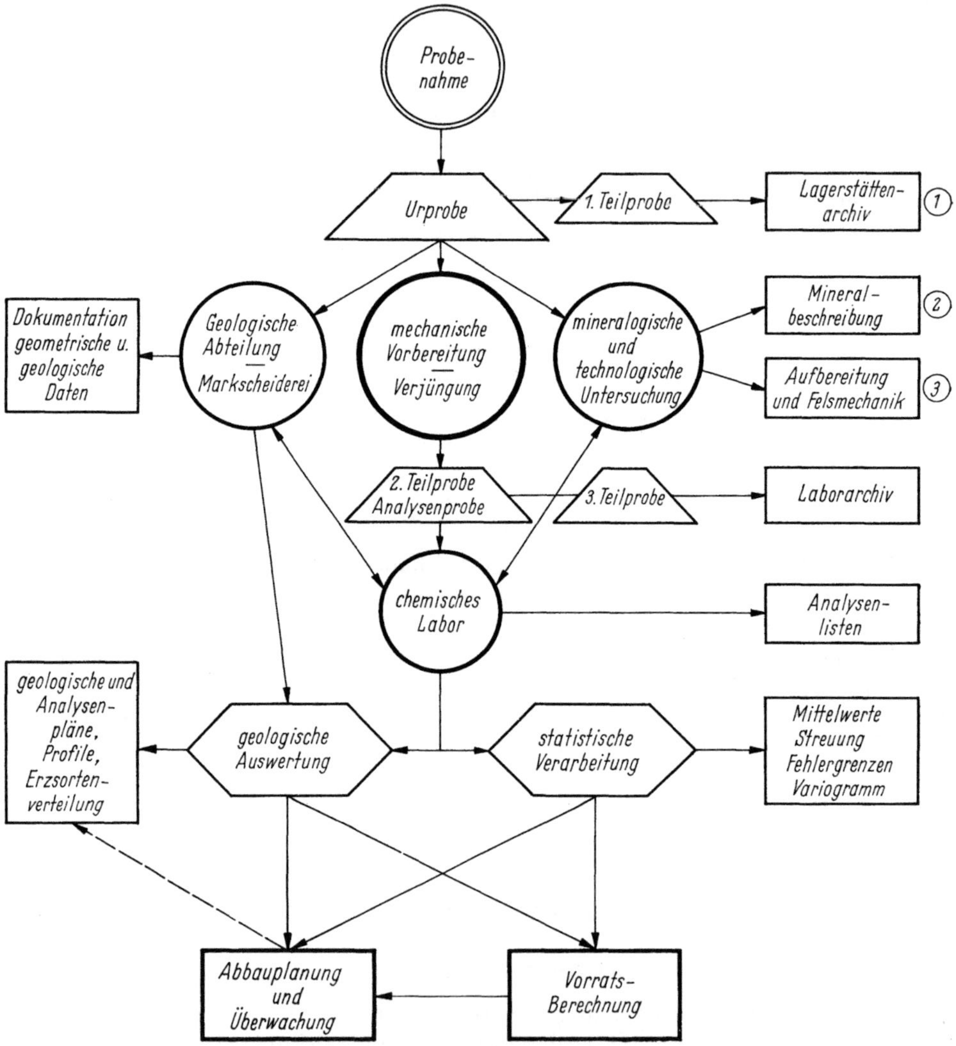

Abb. 2.1/35. Schema der Probenverarbeitung, der Auswertung und Dokumentation.
1 unveränderte Kontrollproben, dazu Bohrkernlager und Schichtenverzeichnisse, *2* mineralogische Belegstücke und Schliffsammlung, *3* Konzentratproben, Testkörper.

für spätere Lagerstättenuntersuchungen darstellt, gehören auch die Teilproben (für Kontrollzwecke) und besonders das Bohrkern-Archiv. Gerade die Bohrkerne werden nicht selten mehrere Jahre nach ihrer Gewinnung noch einmal unter neuen Gesichtspunkten ausgewertet; für neue Untersuchungen kann eine gute Dokumentation wesentliche Vereinfachung bedeuten.

Es ist klar, daß ein idealisiertes Arbeitsschema wie Abb. 2.1/35 in der Praxis kaum jemals vollständig eingehalten wird — die Anforderungen an die Aussagen der

Probenahme sind je nach dem Betriebszustand recht verschieden, wie schon mehrmals betont wurde. So wird man in der Explorationsphase hauptsächlich die Lokalisierung und Kennzeichnung von Vorräten in größeren Bereichen anstreben, wobei (statistische) Mittelwerte genügen; für die laufende Produktion sind dagegen die feineren Strukturen, die Formen der Metallverteilung (Erzsorten) in allen Einzelheiten wichtig. Das heißt, es ist durchaus wirtschaftlich sinnvoll, die Probenahme und ihre Auswertung je nach der Aufgabenstellung mehr oder weniger intensiv auszuführen.

Es möge aber hier festgestellt werden, daß in vielen Bergwerksunternehmen die Auswertung leider nicht mit der wünschenswerten Gründlichkeit betrieben wird. Besonders in Betrieben, die schon längere Zeit in voller Produktion stehen, begnügt man sich oftmals mit der einfachen Registrierung der Analysendaten oder mit der Nachtragung älterer Pläne, ohne das Gesamtbild der Lagerstätte weiter zu entwickeln. Die Gründe hierfür sind nicht nur Mangel an Zeit und Fachleuten, sondern auch geringes Interesse der Leitung an Fragen, die scheinbar über die betrieblichen Belange hinausgehen. So bleiben teuer erworbene Informationen in großen Mengen als „totes Kapital" in den Werksakten liegen; Informationen, die dem Betrieb wesentliche Hilfe bei der langfristigen Beurteilung seiner eigenen Lagerstätte bieten könnten und die außerdem für die Erschließung ähnlicher Lagerstätten nützliche Hinweise ergeben würden.

2.1.15 Aufnahme und Registrierung

Im laufenden Betrieb werden für die Aufnahme der Situation an der Probestelle (in der Grube) neben der Notiz im Proben-Tagebuch vielfach Formblätter verwendet, die außer den Spalten für die Meßwerte auch Raum für eine geologische Skizze oder ein Kurzprofil, oft mit vorgezeichneten Umrissen, enthalten. Später trägt man dann in die gleichen Formulare Ergebnisse der Auswertung ein, so daß sich mit dieser Vervollständigung praktisch eine Karteikarte für die Endauswertung ergibt. Die Betriebsaufsicht erhält damit bereits die wesentlichen Grundinformationen für die Abbauführung.

Ein *Beispiel* für die Aufnahme von Schlitzproben in lagerförmigen Pyriterzkörpern (Abb. 2.1/36, nach Vorbildern aus dem norwegischen Kiesbergbau) zeigt, wie eingehend die Angaben über die Struktur des Erzlagers und das Nebengestein gemacht werden können. In diesem Fall ist u. a. auch die Feststellung des Charakters des Hangenden für die Abschätzung des Nachfalls im Abbau wichtig, der eine Verdünnung der Erzgehalte im Haufwerk bewirkt. Alle Angaben der linken Seite des Formulars (außer der Analysennummer) werden vom Probenehmer bei seiner Arbeit eingetragen, die beiden rechten Spalten werden vom Steiger bzw. Geologen nach Erhalt der Analysenwerte ausgefüllt, wobei die Mineralanteile, die Dichte des anstehenden Erzes sowie die Metallgehalte pro Quadratmeter Abbaufläche aus Nomogrammen ermittelt oder mit Kleincomputer errechnet werden.

Für die anderen Verfahren der Probenahme im Betrieb, besonders für Bohrmehlproben aus Sprengbohrlöchern, gibt es entsprechende Formblätter, welche die Arbeit vor Ort erleichtern und deren Aussagesicherheit erhöhen. Dies gilt auch für die Beprobung *ohne* Entnahme von Material, die durchweg eine genauere Einmessung der Probepunkte und eine maßstabgerechte Darstellung erfordert (vgl. Abb. 2.1/29).

Bei Tiefbohrungen für die Exploration sind die Angaben meistens noch ausführlicher, da auch technische Daten festgehalten werden müssen, nicht nur zur Berechnung von Leistungen und Kosten, sondern auch zur Erklärung unvollständiger Probengewinnung (Kernverluste) oder zur Kennzeichnung von Gesteinen (Härte, Klüftung). Neben dem *Schichtenverzeichnis* (drill log) des überwachenden Geologen werden dazu die *Tagesrapporte* des Bohrmeisters herangezogen. Auf den

Formblättern (oder Karteikarten) sind allerdings gewöhnlich mehrere Proben, etwa der gesamten im Erz gebohrten Strecke, zusammengestellt, so daß sich daraus ein Abschnitt des Bohrprofils ergibt (Abb. 2.1/37). Auch hier werden die Analysenergebnisse als nächste Auswertungsstufe eingetragen; zur Veranschau-

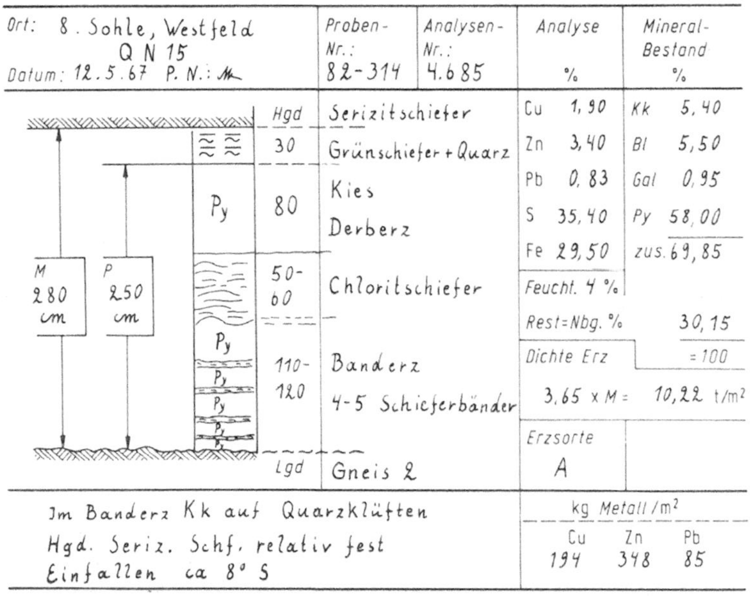

Abb. 2.1/36. Aufnahmebuch für Schlitzproben. Formblatt, fertig ausgefüllt mit Analysendaten und Umrechnungen (nach Vorbildern aus dem norwegischen Pyriterzbergbau). *M* gesamte Abbaumächtigkeit, *P* Schlitzlänge im Erzlager.

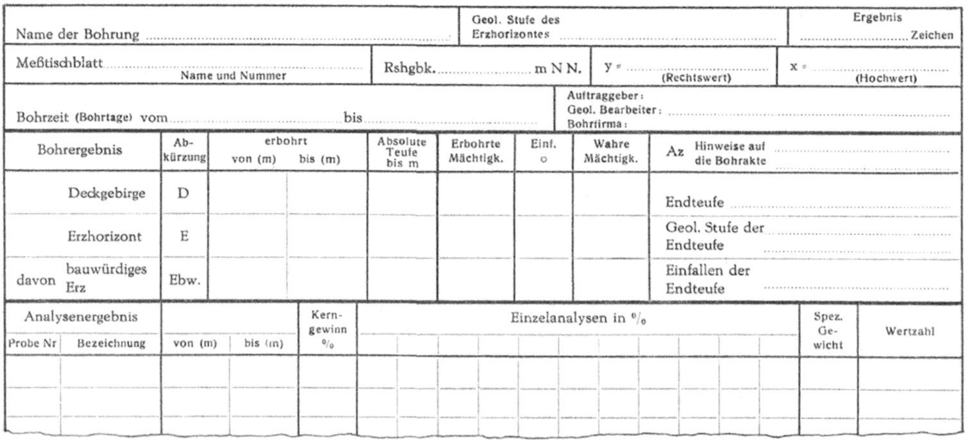

Abb. 2.1/37. Karteikarte für Proben aus Tiefbohrungen. Datenregistrierung und Auswertung, Bohrprofil (Bohrkartei der Erzbergbau Salzgitter AG, nach H. Kolbe).

lichung verwendet man graphische Darstellungen der wichtigen Parameter, nach dem Beispiel in Abb. 2.1/38 ebenfalls auf Formularen. Werden mit der Bohrprobenaufnahme halbquantitative Schnelltests (z. B. radiometrische Messungen, 2.1.11.3) verbunden, so sind sie als Vorstufe der Analyse ebenfalls zu notieren.

Alle Proben werden in einem besonderen *Journal* registriert, wobei verschiedene Systeme der Kennzeichnung in Gebrauch sind. Für die betriebliche (geologische) Bezeichnung nimmt man häufig Kombinationen von Buchstaben und Zahlen, in

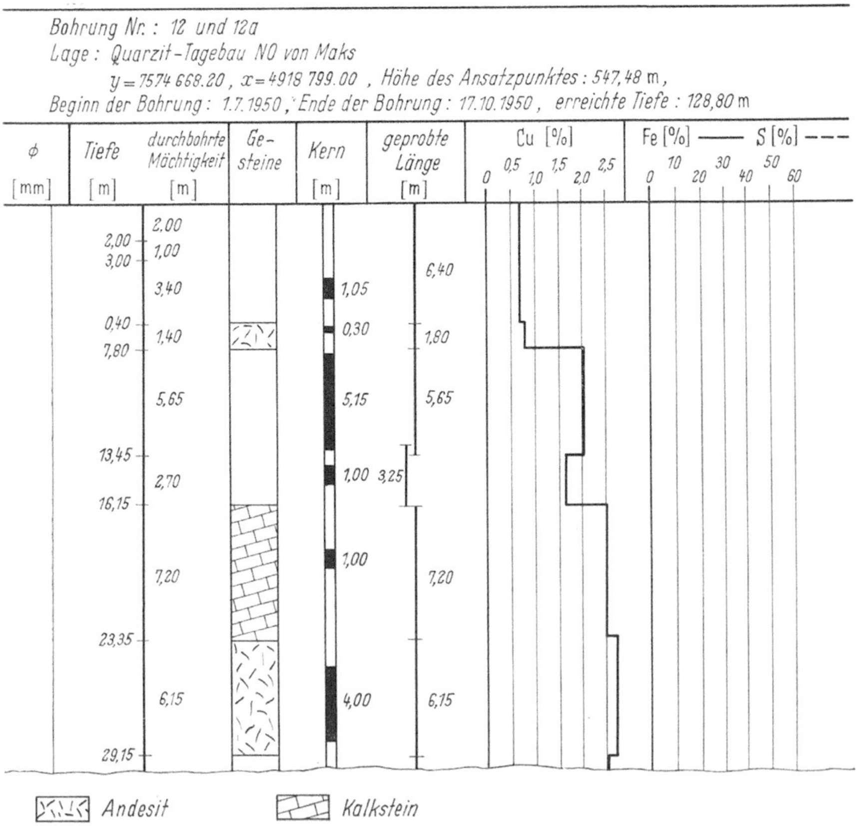

Abb. 2.1/38. Bohrprofil, graphische Darstellung der Geologie und der Ergebnisse der Probenahme einer Untersuchungsbohrung der Kupferlagerstätte Majdan Pek, Jugoslawien (nach M. Donath [8]).

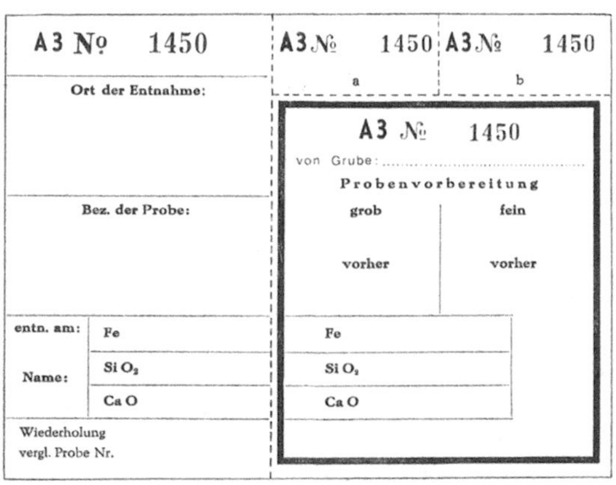

Abb. 2.1/39. Laufzettel für die Probenverarbeitung. Numerierte Abschnitte abtrennbar zur Kennzeichnung von Teilproben (Erzbergbau Salzgitter AG).

denen die Lokalität verschlüsselt ist (z. B. 6 W 5—32 bedeutet 6. Sohle, Westfeld, Querschlag 5, Probe Nr. 32), während das chemische Labor laufende Auftragsnummern verwendet. Zweckmäßig sind Laufzettel für die Probenverarbeitung aus starkem Karton oder Plastik mit gleichartig numerierten Abschnitten, die für jede Teilprobe oder jeden Verarbeitungsgang abgetrennt werden können (Abb. 2.1/39). Der Stammabschnitt mit den beiden Bezeichnungen dient zur Identifizierung des Probenmaterials, er verbleibt gewöhnlich bei der Kontrollprobe im Archiv.

2.1.16 Darstellung auf Grubenrissen und Plänen

Für die übersichtliche Darstellung der Beprobung untertage und ihrer Ergebnisse benötigt man großmaßstäbliche Unterlagen, da die Probenabstände in Meterbereichen liegen. Üblich sind Horizontal- und Vertikalpläne (Sohlen- und Seigerrisse, Schnitte) in Maßstäben von 1:200 bis 1:2000 (häufig 1:500), die gewöhnlich im markscheiderischen Rißwerk vorhanden sind. Für größere Probenabstände ($\gtreqless$100 m) bei Explorationsarbeiten, Tiefbohrungen von übertage usw. genügt oft der Maßstab 1:5000. Obwohl die Probenahme eng mit der geologischen Aufnahme der Lagerstätte zusammenhängt, ist es gewöhnlich nicht zweckmäßig, die Ergebnisse auf der Unterlage der geologischen Kartierung darzustellen, da deren farbige und flächenhafte Signaturen die Lesbarkeit beeinträchtigen. Man fertigt deshalb spezielle Beprobungspläne auf der Grundlage von vereinfachten Grubenrissen oder Übertageplänen an, auf denen einzelne Parameter mit wenigen geologischen Elementen kombiniert werden. Die vielfältigen Formen der Darstellung lassen sich in die eigentlichen Beprobungspläne, die Auswertungspläne und die Vorratspläne gliedern, die sich nach Inhalt und Verwendungszweck unterscheiden; sie werden in der folgenden Übersicht erläutert. Die Wahl der Darstellungsform wird außer von der Probenahme wesentlich von der Morphologie der Lagerstätte bestimmt — nicht selten sind Kombinationen mehrerer Pläne, Raumperspektiven oder Modelle die günstigsten Lösungen.

Plandarstellungen von Ergebnissen der Beprobung:

1. *Beprobungspläne* (Probenrisse, Analysen- und Konturenpläne)

Inhalt: Originalangaben der Probenahme, Analysendaten und einfache Auswertung (I. + II. Stufe).

Unterlage: Vollständige Grubenrisse oder topographische Karten; geologische Elemente (Hangendes und Liegendes der Erzkörper, tektonische Störungen, Faltenachsen).
Darstellung: Sämtliche Probestellen mit Bezeichnung; Metallgehalte usw., längs der geprobten Strecken (graphisch) provisorische Abgrenzung von Erzkörpern oder bauwürdigen Zonen durch Verbindung der Punkte mit Grenzgehalten (cut off grade); evtl. Umrisse von Reich- und Armerzkörpern.

2. *Auswertungspläne*

Inhalt: Aufbereitete (modifizierte) Resultate der Beprobung, z. T. mit anderen Meßergebnissen (III. Stufe).

Unterlage: Vereinfachte Grubenrisse und Karten zur Orientierung; ± geologische Angaben.
Darstellung: Probestellen (mit oder ohne Bezeichnung); ein (oder wenige) Parameterverteilungen als „Isolinienpläne"

a) Linien gleicher Metallgehalte („Isograden")
b) Linien gleicher Mächtigkeiten („Isopachen"), dazu auch die Morphologie des Liegenden und Hangenden („Isohypsen")
c) Spezifische Metallgehalte pro Flächeneinheit (kg/m^2)
d) Erzsortenpläne (Metallgehalte und Mineralbestand)
e) Korrelationen von mehreren Parametern (z. B. Pb-Zn-Verhältnis).

3. *Vorratspläne*

Inhalt: Modifizierte Probendaten mit geometrischen Messungen und Annahmen.

Unterlagen: Vereinfachte Karten mit Markierungspunkten; evtl. geologische Daten und Strukturen.

Darstellung: Wichtige Probestellen, auch aus anderen Projektionslagen (Bohrungen); geometrische Blöcke, z. B. Polygonprismen, mit Angaben von Mengen, Durchschnittsgehalten, Dichten und Vorratsklassen; geologische, unregelmäßig begrenzte Blöcke erfordern mehrere Schnittlagen.

Zwei *Beispiele* zur Veranschaulichung der Beprobungspläne:

1. Proben- und Analysenrisse der Schlitzprobenahme in einer komplexen Blei-Zink-Erzlagerstätte in Sardinien (Abb. 2.1/40). Die steilfallenden säulenförmigen Erzkörper enthalten oxidische Blei-Zink-Erze, vermischt mit Relikten von Sulfiderz und Kalkstein (Sekundäranreicherung in Karstbildungen); sie wurden durch ein geologisch orientiertes Streckennetz aufgeschlossen und in durchschnittlich 3 m Abstand beprobt. Obwohl die Proben nicht gleichmäßig

verteilt werden konnten, war die Erfassung von tauben Einlagerungen oder Armerzpartien von 5 bis 10 m Durchmesser möglich, wie die Konturen zeigen. Im Zweifelsfall wurde die Situation mit kurzen Hammerbohrungen und Bohrmehlproben überprüft. Die Originalrisse sind farbig, mit einigen geologischen Daten; sie wurden für alle Teilsohlen des Abbaublocks (6 bis 8 m Abstand) angefertigt und dienten als Unterlagen für die Vorratsberechnung.

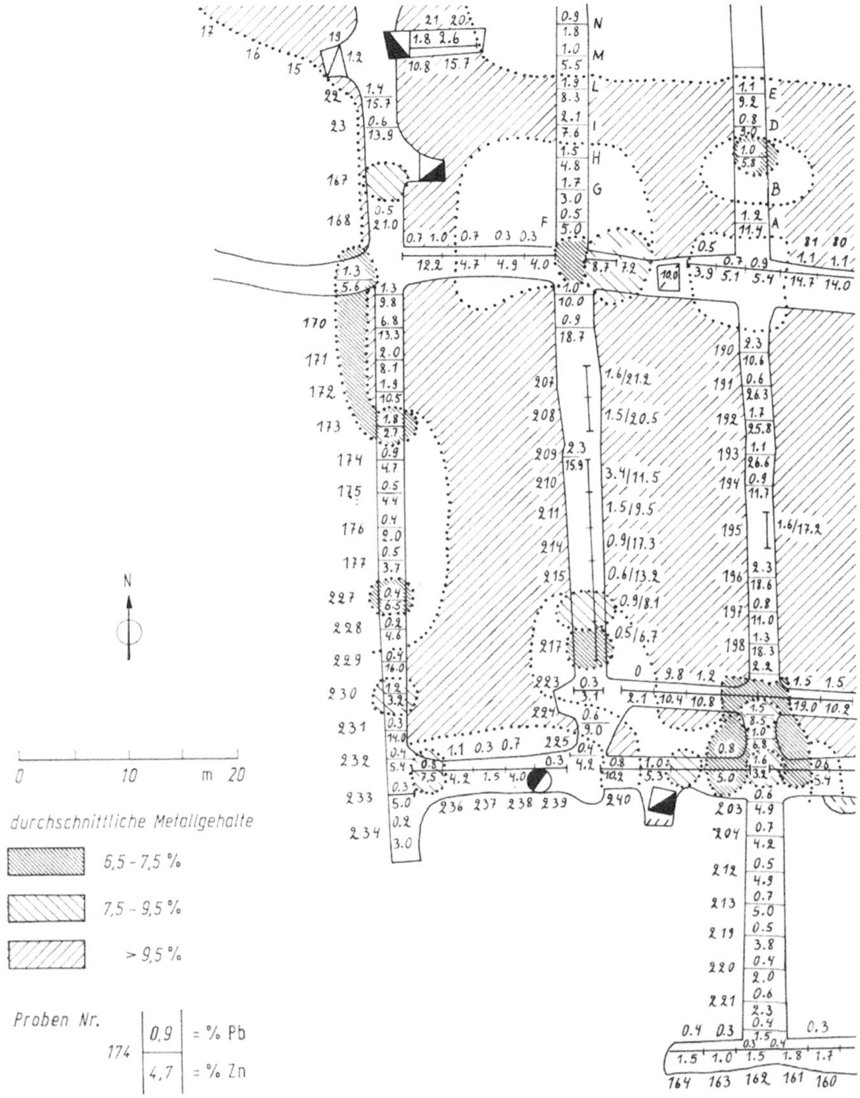

Abb. 2.1/40. Analysenplan der Schlitzprobenahme einer Abbausohle. Blei-Zinkerzgrube Masua in Sardinien (Ammi spa, 1968). Anordnung der Schlitze etwa quer zur Hauptstreichrichtung der Vererzung und des Nebengesteins.

2. Aufschlußplan mit Beprobungsergebnissen einer Pyrit-Buntmetallerzlagerstätte in Ostkanada (Abb. 2.1/41). Der in seinen Umrissen von höheren Sohlen bekannte Pyriterzkörper wurde mit Kernbohrungen und Querschlägen systematisch untersucht, um die für die Bauwürdigkeit entscheidenden metallreichen Zonen zu erfassen. Die Kernproben bestanden aus Abschnitten von 1,5 oder 3 m, die horizontalen Schlitze in den Querschlägen waren 4,5 m lang. Obwohl die meisten Bohrungen klare Aussagen erbrachten, erforderte die komplizierte Tektonik der Störungszone zusätzliche Aufschlüsse und später die Änderung des Vortriebs der Richtstrecke. Der Originalplan enthält sämtliche Probendaten und geologische Angaben aus der Kartierung der Richtstrecke.

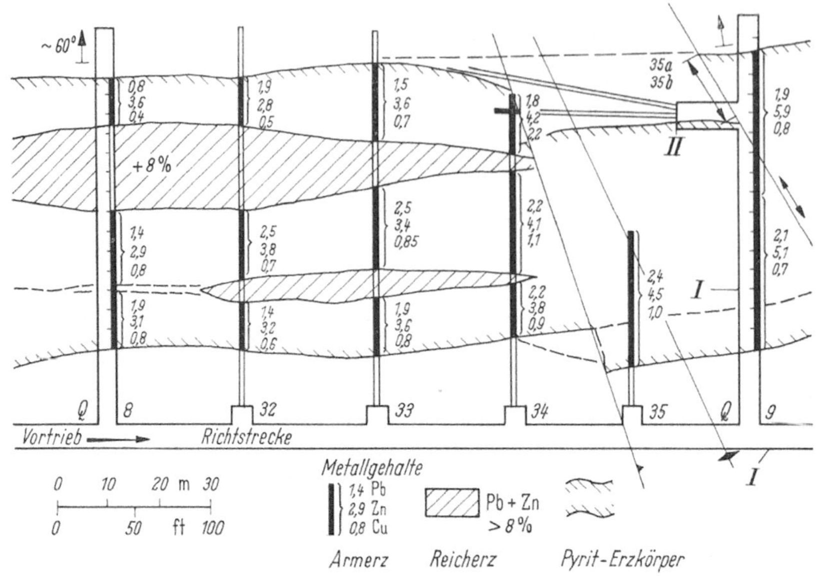

Abb. 2.1/41. Aufschlußplan einer Sohle mit Kernbohrungen und Schlitzproben in einem massiven, steileinfallenden Pyriterzkörper (Brunswick Mining and Smelting Corp., vereinfachte Darstellung). *I, II* Stand der Auffahrungen jeweils am Ende eines Vierteljahres.

Aus diesen Beispielen ist zu entnehmen, daß schon die Beprobungspläne bei relativ geringem Aufwand für die Auswertung praktisch brauchbare Unterlagen über den Bau der Lagerstätte, die Gehalte und Vorräte liefern können; allerdings ist das Probennetz in beiden Fällen sehr dicht.

Durch weitergehende Auswertung — in erster Linie verfeinerte Interpolation zwischen den Werten benachbarter Probepunkte — lassen sich die *Isolinienpläne* konstruieren, die man allgemein als genauere Darstellung der Lagerstätte ansieht. Hierbei sind jedoch unbedingt auch solche geologischen Faktoren zu berücksichtigen, die aus den chemischen Analysen und der Probenahme allein oft nicht erkennbar sind (Metallgehalte verteilt auf verschiedene Minerale; Bänderung; Fazieswechsel in kleineren Dimensionen als die Probenabstände). Die Aussagen der mathematischen Auswertung dürfen jedenfalls nicht ohne geologische Interpretation übernommen werden.

Für betriebliche Zwecke erweisen sich daher die *Erzsortenpläne* als zweckmäßiger, die geologische und mineralogische (qualitative) Merkmale einschließen und eine Beurteilung technologischer Faktoren (Aufbereitbarkeit) ermöglichen.

Als ein *Beispiel* sei auf die Abb. 2.1/10 verwiesen, den Explorationsplan der Buntmetall-Erzlagerstätte Tynagh in Irland, wo in dem komplexen Sekundärerzkörper bereits durch die Tiefbohrungen mehrere Erzsorten differenziert werden konnten. Im Verlauf des Abbaus wurde durch detaillierte geologische Aufnahmen sowie intensive Kontrollprobenahme die Unterscheidung weiter entwickelt, da die Erze sich in der Aufbereitung ganz verschiedenartig verhielten. Man war in der Lage, 5 Sorten nach dem Mineralbestand und weitere sechs nach der Aufbereitbarkeit auseinanderzuhalten und in ein Mischprogramm der Förderung einzuplanen. Auf den Abbauplänen im Maßstab ca. 1:480 wurden Blöcke von weniger als 15 m Kantenlänge ~4000 t mit Sortenmarkierung dargestellt (Fitzgerald und Oram [13].)

Für die *Vorratsermittlung* gibt es, entsprechend den morphologischen Typen der Lagerstätten, eine Reihe von Verfahren, die aber nur auf drei Arten der räumlichen Aufteilung von Erzkörpern beruhen: 1. Aufteilung in geometrische Prismen (trigonal, polygonal), 2. Darstellung in geologischen Schnitten, 3. Aufteilung in geologische oder abbautechnische Blöcke. Diese Methoden werden z. T. mit statistischen oder geostatistischen Berechnungen der Gehalte kombiniert (s. 2.1.3.2, Beispiel 3). Die *prismatischen* Darstellungen sind besonders für Aufschlüsse aus Tiefbohrungen in rundlichen oder plattigen Erzkörpern geeignet. Die Prismen werden entweder auf den Verbindungslinien von 3 Bohrlöchern oder auf den darauf senkrecht stehenden Mittellinien konstruiert (Abb. 2.1/42). Als Durchschnittsgehalt nimmt man für Dreiecksprismen das Mittel der 3 Bohrungen, für die Polygonprismen das Mittel *aller* Nachbarbohrungen oder das der Zentralbohrung allein, im letzteren Fall umschreibt das Prisma den Geltungsbereich der Zentralbohrung. Die Länge der Prismen, die der jeweils erbohrten Gesamtstrecke in der Vererzung bzw. der Mächtigkeit entspricht, muß jedoch unterteilt werden, wenn große

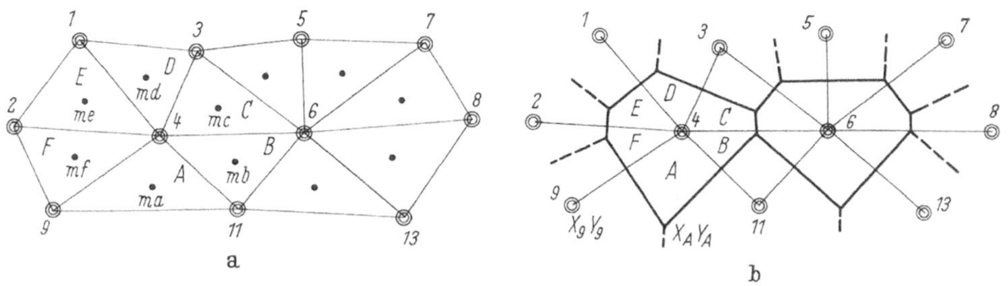

Abb. 2.1/42. Vorratsberechnung auf Grund von Aufschlüssen aus Tiefbohrungen. Aufteilung des Erzkörpers in prismatische Teilkörper.
a trigonale Prismen *zwischen* den Bohrungen, *b* polygonale Prismen *um* ein zentrales Bohrloch.

Gehaltsschwankungen oder taube Einlagerungen auftreten. Damit nähert sich dieses Verfahren der Vorratsberechnung mittels *„geologischer Blöcke“* oder mittels *„Abbaublöcken“*, deren Konturen nach den entsprechenden Kriterien festgelegt werden. Die Durchschnittsgehalte dieser Blöcke errechnet man als Mittel aller innerhalb liegender Proben (statistisch). Zur Darstellung von Erzkörpern oder geologischen Blöcken, die keine Begrenzung durch ebene Flächen haben, verwendet man Kombinationen von *Horizontalplänen* und *Querprofilen* oder Serien von Profilen, die ggf. auch zu einem Raumbild zusammengesetzt werden. Die Mengenberechnung geschieht durch Planimetrierung der Schnittflächen oder durch Konstruktion von rechtwinkligen Blöcken innerhalb der geologischen Blöcke.

Aus einer vergleichenden Untersuchung von Hewlett [27] (1970) über Vorratsberechnungen am *Beispiel* der „Porphyry Copper“-Lagerstätte Silver Bell, Arizona, geht hervor, daß die Polygonprismen-Methode wegen ihrer guten Anpassung an die Formen des Erzkörpers die genauesten Ergebnisse lieferte. Grundlage der mit Computern durchgeführten Berechnungen waren 123 Explorationsbohrungen mit 3125 Analysen und die Bohrmehlproben aus Sprengbohrlöchern von 2 Abbausohlen mit rd. 4000 Analysen. Gegenüber den Produktionsergebnissen wiesen die Polygonprismen Abweichungen von 2 bis 8% (vorwiegend negativ) auf, die Dreiecksprismen ±5 bis 25%. Als interessantes Nebenergebnis zeigte die Untersuchung, daß eine nahezu gleiche Genauigkeit der Mengen- und Gehaltsangaben bereits mit 75 bis 80% der Explorationsbohrungen und mit rd. 1000 Analysen zu erhalten gewesen wäre — sofern man diese zweckmäßiger verteilt hätte.

2.1.17 Statistische Auswertung

Die Bedeutung der statistischen Verfahren liegt bekanntlich in der zusammenfassenden Darstellung und Beurteilung von Meßwerten *größerer* Anzahl; bei der Auswertung von Ergebnissen der Probenahme dient die Statistik daher hauptsächlich zur Bestimmung von wahrscheinlichen Mittelwerten der Parameter (Gehalte, Mächtigkeiten), ihrer Streubereiche und Fehlergrenzen aus umfangreichen Datenserien. Da die theoretischen Überlegungen bezüglich der Gültigkeit der klassischen Statistik und der Brauchbarkeit der neuentwickelten Geostatistik für die Lagerstättenuntersuchung schon in Abschnitt 2.1.3 mit Beispielen behandelt wurden und die Arbeitsmethodik als bekannt vorausgesetzt werden darf, sollen hier nur noch einige ergänzende Hinweise auf die praktische Anwendung gegeben werden.

Die bei der Beprobung anfallenden Informationen sind für die statistische Bearbeitung geeignet, wenn sie nach gleichartigen Methoden aus geologisch als Einheiten zu betrachtenden Räumen gewonnen wurden (Definition der Geostatistik) und eine Mindestzahl von 25 bis 30 Daten umfassen. Der Begriff „gleichartige Methoden" braucht jedoch nicht zu eng gefaßt zu werden; erfahrungsgemäß können alle mechanisch gewonnenen Proben (Schlitz-, Bohrmehl-, Bohrkernproben), die nach Standard-Analysenverfahren verarbeitet wurden, statistisch gemeinsam ausgewertet werden. Tatsächlich wenden viele Betriebe alle diese Verfahren nebeneinander und alternativ an und betrachten die Analysendaten als (bedingt) gleichwertig. Natürlich ist es auch sinnvoll und oft unerläßlich, die Ergebnisse der einzelnen Entnahmeverfahren getrennt auszuwerten und miteinander zu vergleichen, um systematische Fehler aufzudecken und danach evtl. Korrekturfaktoren für ein bestimmtes Verfahren abzuleiten; für diesen Zweck ist die statistische Analyse sogar das beste Instrument. Die Verfahren *ohne* Materialentnahme, besonders die visuelle Schätzung, aber auch die Direktanalyse mit Röntgenfluoreszenz sollten stets jedoch separat ausgewertet werden, da sie von anderen methodischen Fehlerquellen beeinflußt werden.

Größenordnungsmäßig unterscheiden sich die Datenserien der Beprobung beträchtlich je nach ihrem Ursprung. Es gibt kleine Gruppen aus lokalen Untersuchungen (z. B. 20 Schlitze eines einzelnen Querschlags), mittelgroße Kollektive aus laufenden Aufschlußarbeiten (z. B. einige hundert Proben einer neuen Sohle) und Großkollektive aus Explorationskampagnen ($n \cdot 10^3$ Proben). Die Anforderungen an die Aussagegenauigkeit sind dementsprechend unterschiedlich; man kann aber generell feststellen, daß es sich lohnt, Datengruppen von mehr als 30 Zahlen statistisch auszuwerten.

Das statistische Axiom, nach dem mit steigender Probenzahl die Wahrscheinlichkeit der Aussagen zunehmen soll, gilt für die Daten der Probenahme nur unter der Voraussetzung, daß die Probestellen in einem Bereich liegen, der geologisch, lagerstättenkundlich oder bergtechnisch als einheitlich aufzufassen ist (s. o.). Bei größeren Datengruppen ($n > 200$) ist also stets zu prüfen, ob diese Bedingung erfüllt ist; anderenfalls sollte das Material in mehrere Kollektive aufgeteilt werden, deren *gewogene* Mittelwerte jedoch wieder gemeinsam behandelt werden können.

Weist eine Lagerstätte z. B. strukturell oder gehaltsmäßig ausgeprägte Zonen auf (Arm- und Reicherze), die auch abbautechnisch nicht zusammen erfaßbar sind, so wäre die Errechnung eines einzigen Durchschnittsgehalts eine Fiktion, außerdem würde damit das tatsächlich konstruierbare Bild der Vererzung nicht wiedergegeben. Die Mittelwerte der einzelnen Lagerstättenabschnitte, verbunden mit den Vorräten, denen sie zugeordnet sind, liefern praktisch verwendbare Angaben. Ist mit den verfügbaren Daten eine noch weitergehende Unterteilung (in „Abbaueinheiten") möglich, so kommt man zu Vorratsdimensionen, die auch in modernen Großbergwerken selten mehr als 100000 t umfassen; die Durchschnittsgehalte derartiger Blöcke sind aber erfahrungsgemäß mit etwa 100 Proben, bei homogenen Vererzungen sogar mit weniger (≈ 50), ausreichend genau zu bestimmen. Hieraus kann man schließen, daß für die statistische Auswertung von Beprobungsdaten Kollektivgrößen von einigen hundert Daten optimale Dimensionen darstellen, soweit sie den oben genannten Bedingungen entsprechen. Immerhin können auch Kollektive von sehr großem Umfang (mehrere 1000 Proben) zu wesentlichen Aussagen führen, beispielsweise zur klaren Wiedergabe des charakteristischen Verteilungsbildes der gesamten Lagerstätte (Dispersionstyp); gewöhnlich ist aber dieser Effekt auch schon bei weniger als 1000 Proben eindeutig erkennbar (vgl. 2.1.2 und 2.1.3).

Daß sich die zahlreichen Analysen der Roherzförderung (Proben der Aufbereitungsaufgabe) im Sinne der Statistik als Gesamtheit auffassen lassen, wurde früher erwähnt (2.1.3). Aus diesem Grunde kann man auch ihre Mittelwerte mit den Durchschnittsgehalten vergleichen, die aus den Proben der entsprechenden Abbaublöcke errechnet wurden. Das natürliche Verteilungsbild der Vererzung reflektieren die Fördererzproben aber nur, wenn der Abbau die verschiedenen Zonen der Lagerstätte *nacheinander* erfaßt, und auch dann nur über einen längeren Zeitraum. Normalerweise stellen sie die Verteilungskurve einer mehr oder weniger homogenisierten Mischung dar.

Die *Geostatistik* ist eine Erweiterung der klassischen Methodik für die Fragen, bei denen es sich um die Aussagewahrscheinlichkeit von Proben als Funktion ihrer Raumlage handelt, z. B. bei der Bestimmung optimaler Probenabstände. Ein wichtiger Anwendungsbereich ist daher die Interpretation und Kontrolle von Explorationsarbeiten (Variogramme von Bohrprofilen und -netzen). Dabei ist zu beachten, daß die gleichen Voraussetzungen wie für die einfache Statistik erfüllt sein müssen, wobei die Berücksichtigung der geologischen Faktoren hier noch wichtiger erscheint.

Besondere Bedeutung hat die Geostatistik aber als Instrument zur mathematischen Formulierung geologischer Begriffe erlangt, wie sie für die elektronische Datenverarbeitung, vor allem für die Programmierung von Modellrechnungen benötigt werden. Mit Variogrammen lassen sich nicht nur Dispersionsformen, sondern auch Strukturen (Bänderung, Fazieswechsel) quantitativ ausdrücken. Es soll aber nicht verschwiegen werden, daß vorerst die Rechnungen nur mit (erheblich) vereinfachten Parametern bzw. Annahmen zu machen sind. Auch der heutige Stand der Entwicklung ermöglicht noch nicht, die multivariablen komplexen Probleme der Lagerstättenuntersuchung vollständig aufzulösen. Die Anwendungsbereiche der Geostatistik sind in den bereits zitierten Arbeiten [2, 15, 41, 44, u. a.] ausführlich behandelt.

Der breiten Anwendung der statistischen Methoden für die Auswertung von Probendaten stand früher der z. T. beträchtliche Arbeitsaufwand entgegen, neben einigen prinzipiellen Bedenken (2.1.3.1). Heute erlaubt es die *Technik der elektronischen Datenverarbeitung,* die gegebenen Möglichkeiten auszuschöpfen; andere, ähnlich aufwendige Operationen wurden durch die EDV überhaupt erst praktikabel. Im Bereich der Lagerstättenuntersuchung und der bergbaulichen Planung werden folgende Probleme vorzugsweise mit elektronischen Rechnern bearbeitet (vgl. Klinge [32]): 1. Ausgleichsrechnungen zur Inter- und Extrapolation von Meßwerten (u. a. Regressions- und Trendflächenanalyse), 2. Korrelationsanalysen der verschiedenen Parameter, 3. Darstellung von Flächen im Raum (physische Flächen: Begrenzung von Erzkörpern; mathematische Flächen: Verteilungsfunktionen), Abb. 2.1/43, 4. Modellrechnungen vom Bau der Lagerstätten und von ihrem systematischen Abbau.

Bei den Modellrechnungen besteht eine spezielle Schwierigkeit (noch) darin, daß zahlreiche Faktoren und Parameter zu berücksichtigen sind, von denen einige in ihrer wirklichen Bedeutung nicht klar definiert werden können. Die Auswahl bzw. Klassierung dieser Einflußgrößen nach geologischen oder technischen Gesichtspunkten, die Einführung von halbquantitativen Variablen („dummies") und schließlich die Hilfe von Rechnern mit großen Speicherkapazitäten (10^6 Bits) sind die Wege zur praktischen Lösung dieser Schwierigkeiten.

Der auffälligste Vorteil der EDV, die hohe Rechengeschwindigkeit, kommt am besten zusammen mit den analytischen Schnellverfahren zur Geltung. Für einen gut organisierten Betrieb ist es heute nicht mehr ungewöhnlich, daß innerhalb von 24 h alle tagsüber angefallenen Proben analysiert und die (korrigierten) Mittelwerte sowie die entsprechenden Abbaublöcke berechnet werden.

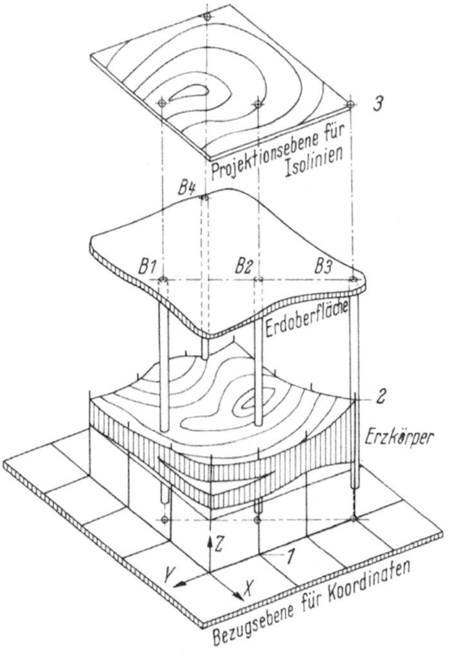

Abb. 2.1/43. Prinzip der zusammenhängenden (räumlichen) Darstellung aller Beprobungsergebnisse; Auswertung und Zeichnung mit Rechenprogrammen.
1 Interpolationen für die Rasterpunkte zwischen den Bohrungen B1 bis B3, *2* Begrenzungsflächen des Erzkörpers (Profile und Isohypsen), *3* Isolinien der Metallgehalte.

Bei aller Anerkennung der technischen Fortschritte dürfen die absoluten Zahlenangaben in ihrer Genauigkeit jedoch nicht überschätzt werden. Auch die beste Auswertung erhöht nicht den Aussagewert der Ur-Informationen; sie macht aber die Zusammenhänge sichtbar und schafft aus Zahlenkomplexen einfachere, praktisch verwendbare Ausdrücke.

2.1.18 Schlußbemerkung

Die Kosten für die eigentliche Probenahme sind im Verhältnis zu den anderen Betriebskosten gering, bei der Exploration beträgt der Anteil selten mehr als 10%, im produzierenden Betrieb weniger als 1%. Dieser Aufwand wird von den Unternehmen durchweg als gerechtfertigt anerkannt; allerdings wird bei rigorosen Rationalisierungen die „unproduktive“ Probenahme oft stärker als andere Betriebsfunktionen eingeschränkt. Es gibt aus den letzten Jahren aber auch Beispiele für echte Kosteneinsparungen, die nicht nur durch gute Ausrüstung und Arbeitsorganisation erzielt wurden, sondern auch durch schnelle Auswertung und laufende Überprüfung der Daten. Bei rechtzeitiger Erkennung des „Sättigungsgrades“ der Information konnten die Arbeiten abgebrochen oder modifiziert werden. Die Gegenbeispiele demonstrieren, wie trotz klarer (negativer) Resultate die Probenahme weitergeführt wurde — die vorgesehenen Mittel mußten verbraucht werden.

Trotz insgesamt positiver Einstellung zur Probenahme findet man in den Reihen der Praktiker noch immer Vorbehalte mit dem Hinweis auf die (recht häufigen)

Fälle, in denen die für die Vorräte errechneten Gehalte und Mengen höher waren als die der später geförderten Erze. In der Betriebsleitung operiert man dann mit generellen „Korrekturfaktoren" und der empirischen Begründung, daß diese Reduktion schon früher stets notwendig gewesen sei. Mit modernen Mitteln sind aber die wahren Ursachen der Differenzen zu erkennen und in jedem einzelnen Fall speziell zu berücksichtigen. Die zusätzlichen Faktoren stellen *unzulässige Veränderungen* der Grundinformationen dar, die dazu führen können, daß beträchtliche Vorratsmengen falsch beurteilt werden.

Der Verfasser hat solche Fälle im Manganerzbergbau in der UdSSR, im skandinavischen Pyritbergbau und im Bleizinkerz in Sardinien kennengelernt. Hier wurden Lagerstättenteile als submarginal oder unbauwürdig klassifiziert, die auf Grund der korrekten, nach genauer Vorschrift durchgeführten Beprobung als bauwürdig gelten konnten — bei Weglassung der Korrekturfaktoren.

Ganz allgemein ist die Bedeutung der Probenahme für alle Betriebsphasen unbestritten, in den letzten 20 Jahren wurden aber auch durch theoretische Untersuchungen und experimentelle Überprüfungen die Grenzen der Aussagemöglichkeiten sichtbar gemacht. Weitere technische Fortschritte sind u. a. von der Entwicklung der Geräte zur Entnahme von Probenmaterial und der Apparate für die Direktanalyse zu erwarten.

Literatur zu 2.1

1 Berry, J.: Comprehension of sampling methods vital in gold placer exploration. The Northern Miner (Toronto). No. 8 (1973).
2 Blais, R. A.; Carlier, P. A.: Applications of geostatistics in ore evaluation. Ore reserve estimation and grade control. Can. Inst. Min. Metall., Spec. 9 (1968).
3 Bottke, H.: Schürfbohren. Teil 1. Kernbohrungen. Clausthaler Tekt. H. Nr. 7. Clausthal-Zellerfeld: Verl. E. Pilger 1968.
4 Bowie, S. H. U.: Portable X-ray fluorescence analysers in the mining industry. Min. Mag. 118 (1968) 230—239.
5 Bowie, S. H. U.; Davis, M.; Ostle, D. (Ed.): Uranium Prospecting Handbook. Proc. of a NATO sponsored Advanced Study Inst., London 21. 9. 1971. London: The Institution of Mining and Metallurgy 1972.
6 David, M.: Grade-tonnage curve: use and misuse in ore reserve estimation. Trans. Inst. Min. Metall. 81 (1972) A 129—A 131.
7 Dodd, P. H.; Eschliman, D. H.: Borehole logging techniques for uranium exploration and evaluation. In: Uranium Prospecting Handbook. London: The Institution of Mining and Metallurgy 1972. S. 244—275.
8 Donath, M.: Die Bedeutung der Probenahme, dargestellt am Beispiel Majdan Pek. Erzmetall 12 (1959) 507—513.
9 Duval, R.: Contribution à l'étude de l'échantillonnage des gisements. Ann. Min. (Paris) 144 (1955) 3—28.
10 Eberhardt, A.: Counterflush — schnelleres Kernbohren im Salzbergbau unter Tage. Kali u. Steinsalz 4 (1966) 258—261.
11 Falini, F.: The problem of sampling mineral deposits. Übersetzung aus: L'Industria Mineraria, Rom 1956.
12 Ferenčić, A. F.: Geology of the San Isidor iron ore deposit, Venezuela. Mineral. Depos. 4 (1969) 283—297.
13 Fitzgerald, D. H. B.; Oram, R. A.: Grade control at Tynagh mine, Ireland, using data processing techniques; Proc. of the Ninth Commonwealth Mining and Metallurgical Congress 1969, Vol. 2. London: The Institution of Mining and Metallurgy 1970. S. 147—171.
14 Florkowski, T.: Radiometrische Verfahren bei Prospektion und Gewinnung von Kohle und Erz. Atomwirtschaft (1967) 247—254.
15 Formery, P.: Cours de Géostatistique, Ecole Polytechnique, Université de Montréal. Montréal, 1964. 306 S.
16 Friedrich, G.: Anwendung und Ergebnisse moderner Methoden bei der geochemischen Exploration. Schriften d. GDMB, Clausthal-Zellerfeld: GDMB 21 (1969) S. 58—75.
17 Gimm, W. (Hrsg.): Kali- und Steinsalz-Bergbau. Bd. I. Aufschluß und Abbau von Kali- und Steinsalzlagerstätten. Leipzig: VEB Deutscher Verlag f. Grundstoffindustrie 1968.
18 Gleason, St.: Ultraviolet guide to minerals. New York: Van Nostrand 1960.

19 Gross, M.: Versuch der Auswertung von Probenahmen einer Kupferlagerstätte vom Typ „Disseminated Copper Ores" mit Hilfe einer kleinen elektronischen Datenverarbeitungsanlage; Schriften d. GDMB, Clausthal-Zellerfeld: GDMB 21 (1968) S. 111–126.
20 Gy, P.: L'échantillonnage des minerais — le principe d'équiprobabilité. Ann. Min. Paris 182 (1964) 779–794.
21 Gy, P.: Calculateur de l'échantillonage. St. Etienne: Sté. de l'Industrie Minérale, 1965.
22 Hallbauer, D. K.; Joughin, N. G.: Distribution and size of gold particles in the Witwatersrand reefs and their effects on sampling procedures. Trans. Inst. Min. Metall., Sect. A 81 (1972) A 133–A 142.
23 Helfricht, R.: Die Festlegung der Mindestprobenmasse mit Hilfe des Probenahmemodells von Gy. Neue Bergbautechn. 1 (1971) 858–863.
24 Herfindahl, O. C.: Copper Costs and Prices: 1870 to 1957. Baltimore: John Hopkins Press 1960.
25 Hesemann, J.; Schröder, G. u. a.: Untersuchung und Bewertung der Erze, nutzbarer Minerale und Gesteine (Vademekum). Schriften d. GDMB, Clausthal-Zellerfeld: GDMB 23 (1972).
26 Hewlett, R. F.: Application of simulation in evaluating low-grade mineral deposits. Rep. Invest. Bur. Min. 6501, Washington 1964. 62 S.
27 Hewlett, R. F.: Comparison of the triangular, polygonal, and a statistical method of computing grade and tonnage of ore for the Silver Bell oxide porphyry copper deposit. Rep. Invest. Bur. Min. 7331, Washington 1970.
28 Hymas, K. I.: A note on sampling at the Questa molybdenite mine. „Ore reserve estimation and grade control". Can. Inst. Min. Metall. Spec. Vol. 9 (1968) 319–320.
29 Kalthoff, C. H.: Maßnahmen zur Überwachung und Beeinflussung der Haufwerksqualität, vor allem bei Umstellung auf andere Abbau- und Gewinnungsmethoden. Erzmetall 14 (1961) 6–9.
30 Kennedy, B. A.; Wade, E. J.: Feasibility studies for large open pit mines. World Min. (1972) Aug., 70–77.
31 Klinge, U.: Die Geostatistik und ihre Anwendungsmöglichkeiten für die Lagerstättenbewertung, insbesondere bei Uranerzen. Erzmetall 24 (1971) 220–226.
32 Klinge, U.: Möglichkeiten und Grenzen für die Anwendung der Datenverarbeitung bei der Lagerstättenbewertung und Bergbauplanung. Erzmetall 25 (1972) 486–489.
33 Klöss, M.: Bisherige Erfahrungen mit dem Seilkernrohr. Erdöl-Z. 76 (1960) 182–195.
34 Koch, G. S.; Link, R. F.: Accuracy in estimating metal content and tonnage of an ore body from diamond-drill-hole data. Rep. Invest. Bur. Min. 6380, Washington 1964. 24 S.
35 Koch, G. S.; Link, R. F.: Sample preparation variability in diamond ores from the Homestake Mine, Lead, Dakota, USA. Rep. Invest. Bur. Min. 7677, Washington 1972. 15 S.
36 Kolbe, H.: Probenahme in sedimentären Eisenerz-Lagerstätten. Arch. Eisenhüttenwes. 26 (1955) 183–197.
37 Kreiter, V. M.: Geological Prospecting and Exploration. Übersetzung aus dem Russischen 1964. Moskau: MIR Publishers 1968. 383 S.
38 Kuscevic, B.; Thomas, T. L.; Penberthy, I.: Sampling distributions in South Crofty tin mine Cornwall. Trans. Inst. Min. Metall, Sect. A 81 (1972) A 180–A 187.
39 Langer, E.: Die Nickellagerstätte des Morro do Niquel in Minas Gerais (Brasilien), ihr Aufschluß, ihre Bemusterung und Bewertung. Diss. TH Clausthal 1967 u. Erzmetall 20 (1967) 260–268.
40 Marx, C.: Diamond bits and their use in shallow holes. Celle: Christensen Diamond Products Co. (Germany) (1972) 30 S.
41 Mathéron, G.: Principles of geostatistics. Econ. Geol. 58 (1963) 1246–1266.
42 Prouhet, J.-P.: A quick method of sampling development headings. "Ore reserve estimation and grade control". Can. Inst. Min. Metall., Spec. Vol. 9 (1968).
43 Pryor, R. N.; Roden, H. N.; Villalón: Sampling of Cerro Colorado, Rio Tinto, Spain. Trans. Inst. Min. Metall, Sect. A 81 (1972) A 143–A 159.
44 Rendu, J. M.: Geostatistical approach to ore reserve calculation. Engng. Min. J. 171 (1970) No. 6, 114–118.
45 Roth, H.: Bericht über die Kalimetermessungen in den Gruben Neuhof-Ellers, Herfa-Neurode, Niedersachsen-Riedel, Bergmannssegen-Hugo und Siegfried-Giesen. Kassel: Archiv d. Kali und Salz AG. 1967.
46 Royle, A. G.; Newton, M. J.: Mathematical models, sample sets and ore reserve estimation. Trans. Inst. Min. Metall., Sect. A. 81 (1972) A 121–A 128.
47 Sandier, J.: Mise en valeur des gisements métallifères. Paris: Masson et Cie. 1962.
48 Solari, M.: Aplicacion del computador en la tecnica minera, Cia Minera Disputada de las Condes S.A. Minerales (1972) 10–18.
49 Stammberger, F.: Theoretische Grundlagen der Bemusterung von Lagerstätten fester mineralischer Rohstoffe. Berlin: Akademie-Verlag 1965. 256 S.

50 Taylor, H. K.: General background theory of cutoff grades. Trans. Inst. Min. Metall, Sect. A 81 (1972) A 133–A 142.
51 Teuscher, E. O.: Abhängigkeit der geologischen Interpretation von der Meßdichte. Schriften d. GDMB, Clausthal-Zellerfeld: GDMB 24 (1972).
52 Truscott, S. J.: Mine Economics. London: Mining Publications Ltd. 1962.
53 Wilke, A.: Die Auswertung der Lagerstättenuntersuchung mit Hilfe der Datenverarbeitung. Schriften d. GDMB, Clausthal-Zellerfeld: GDMB 21 (1968) 103–110.
54 Zeschke, G.: Prospektion und feldmäßige Beurteilung von Lagerstätten. Wien: Springer-Verlag 1964. 307 S.

Spezielle Literatur zu 2.1.13, Kohlenlagerstätten

55 Abramski, C.; Mackowsky, M.-Th.; Mantel, W.; Stach, E.: Atlas für angewandte Steinkohlenpetrographie. Essen: Verlag Glückauf 1951. S. 261–268.
56 Bergbau-Betriebsblätter[1]:
BB 22010 Verfahren zur rohstofflich-technologischen Untersuchung von Steinkohlenlagerstätten im Hinblick auf verwendungs- und aufbereitungstechnische Belange (in Vorbereitung).
BB 22011 Bearbeitung von Aufschlußbohrungen.
BB 22012 Makroskopische Ansprache und Aufnahme von Kohle und Nebengestein (erscheint 1974).
BB 22013 Schlitzprobe. Richtlinien für Entnahme und Untersuchung (1970).
BB 22014 Rohkohlenprobe von einem Betriebspunkt. Probenahme und Untersuchungsschema
BB 22020 Mikroskopische Untersuchungen an Steinkohlen, Koksen und Briketts (1971 bis 1974).
57 Deutsche Industrie-Normen[2]:
DIN 21900 Richtlinien für Herstellung und Ausgestaltung des bergmännischen Rißwerks.
DIN 21942 Lagerstättenarchiv Braunkohlenbergbau.
DIN 51700 Serie über Probenahme und die chemisch-technologischen Untersuchungsverfahren.
DIN 51900 Bestimmung des Brenn- und Heizwertes fester Brennstoffe.
58 Handbuch der Mikroskopie in der Technik, Bd. II, Teil 1. Frankfurt/M.: Umschau-Verlag 1952.
59 Internationales Lexikon für Kohlenpetrologie. 1963, Erg.-Bd. 1971. Paris: CNRS.
60 Laboratoriumsvorschriften für den Steinkohlenbergbau. Essen: Verlag Glückauf 1966.
61 Probenahme, Erze, Metalle, Brennstoffe. Gesammelte Vorträge gehalten bei der „Tagung für Probenahme" in Essen 1953. Düsseldorf: Verlag Stahleisen 1955.
62 Richtlinien und Vorschläge zur Anlegung des Flözarchivs für den Steinkohlenbergbau. Essen: Verlag Glückauf 1953.
63 Stach, E.: Die Untersuchung von Kohlenlagerstätten. In: Lehrbuch der angewandten Geologie. Hrsg. v. A. Bentz, Bd. 2, T. 1. Stuttgart 1968.
64 Treptow, O.: Bergmännische Planung auf der Grundlage geologisch-lagerstättenkundlicher und rohstofflicher Untersuchungen. Glückauf 101 (1965) 1337–1340.

2.2 Probenahme aus Stapeln und Halden

Vor Beginn der Probenahme aus Stapeln und Halden ist es zweckmäßig, den Ursprung bzw. die Herkunft des Haufwerks zu überprüfen, um daraus möglicherweise bereits Rückschlüsse auf die Zusammensetzung ziehen zu können. Es kann sich einmal um die Aufschüttung eines einheitlichen Materials bekannter Zusammensetzung handeln und andererseits um Haufwerk, das schon längere Zeit liegt und das bei dem seinerzeitigen Stand der Technik nicht verwertet werden konnte. Bei solchen älteren Halden ist auch damit zu rechnen, daß das Material nicht einheitlich ist und daß im Laufe der Jahre noch sonstiger Abraum mit aufgeschüttet worden ist.

---

1 Bezug der Bergbau-Betriebsblätter durch Steinkohlenbergbauverein, Dezernat Normung und Vereinheitlichung, 43 Essen-Kray, Frillendorfer Straße 351.

2 Bezug der DIN-Blätter durch Beuth-Vertrieb GmbH, 1 Berlin 30, Burggrafenstr. 4–7, und 5 Köln, Friesenplatz 16.

Die Probenahme von Stapeln und Halden erfolgt am besten während des Anlegens oder des Abfahrens, indem man während des gesamten Verladevorganges laufend Proben vom Band, aus dem Greifer oder vom Waggon bzw. Schiff nimmt und aus diesen Einzelproben dann eine Rohprobe zusammenstellt. Über diese Verfahrensweise wird später noch im einzelnen berichtet.

Will man sich jedoch vor allen Dingen bei alten Halden schon vor der Abtragung einen Überblick über den Inhalt des Haufwerkes verschaffen, so sind für die Probenahme verschiedene Maßnahmen zu beachten, die sich nach Lage und Form der Halde sowie nach ihrem Aufbau und nach der mineralogisch-petrographischen Beschaffenheit des zu probenden Materials richten.

Zunächst muß von diesen Halden der Bewuchs und die im Laufe der Jahre entstandene humusdurchsetzte Deckschicht entfernt werden. Danach wird die Halde markscheiderisch vermessen. Gleichzeitig mit der Vermessung wird auf der Halde ein Rasternetz für die Probenahme abgesteckt. Zur Festlegung der Art der Probenahmen wird man dann an den Rändern Versuchsabgrabungen durchführen, um festzustellen, in welcher Form die Halde geschüttet ist. Zeigt sich dabei, daß die Halden schichtweise aufgebaut sind, so ist das Haufwerk aus den einzelnen Schichten getrennt zu gewinnen und zu proben und darüber hinaus die Schichtgrenze einzumessen. Bei kleineren, nicht zu hohen Halden können auch Schürfgräben quer durch die Halde bzw. bei kegelförmigen Halden auch strahlenförmig von der Kegelspitze aus nach allen Himmelsrichtungen bis auf den gewachsenen Boden gezogen werden, wobei laufend Proben von dem Aushub der Schürfgräben genommen werden müssen.

Größere Halden bzw. Halden mit unregelmäßigem Aufbau wird man zweckmäßigerweise anhand eines Quadrat- oder Dreiecksnetzes durch Schürfbohrungen (s. 2.1.4.2 und 2.1.10.2) untersuchen. Man fängt dabei mit einem sehr breitmaschigen Netz an und kann dieses — sofern notwendig und wirtschaftlich vertretbar — weiter einengen. Die Bohrungen müssen trocken niedergebracht werden, damit nicht durch den Aufbereitungseffekt bei Spülbohrungen eine Verfälschung der Proben eintritt. Das geförderte Material wird nach der Teufe bzw. nach äußerlichen Qualitätsmerkmalen in einzelne Untersuchungsabschnitte eingeteilt und geprobt.

In allen Fällen wird aus dem Ergebnis der Einzelproben dann im Zusammenhang mit den für die einzelnen Sorten bzw. Schichten ermittelten Mengen ein gewogenes Mittel für die gesamte Halde errechnet. Während das Aufmaß und die Mengenermittlung in der Regel keine Schwierigkeiten machen, ist die Bestimmung der Dichte der einzelnen Schichten wesentlich schwieriger, da das Material nach Korngröße und Tiefenlage ein unterschiedliches Setzungsmaß hat.

Die *Gewichtsbestimmung von gelagerten Materialien* mit Hilfe der Schüttdichte erfordert zunächst eine möglichst genaue Ausmessung der mit Material bedeckten Grundfläche F und der Höhe h. Die Ausmessungen sind nicht immer einfach, wenn die Flächen keine definierten geometrischen Gebilde darstellen.

Für die Berechnung der Schüttdichte ist die Beschaffenheit des Materials von Bedeutung. So sind z. B. die Schüttdichten der einzelnen Schichten eines Haufwerks von Erzen und Schlacken, die aus einem Gemisch von grob- und feinstückigen neben pulverförmigen Anteilen bestehen, verschieden. Durch die Lagerungsdauer, den Druck der übergeschichteten Massen, die Erschütterung der Umgebung, die Einflüsse der Atmosphärilien bedingt, wandern allmählich gewisse Anteile, ggf. auch Zersetzungsprodukte in tiefer gelegene Zonen, wodurch sich die Schüttdichte in den einzelnen Schichthöhen des Haufwerks verändert.

Bei Roheisenmasseln und sperrigem Gut wie etwa bei Schrott, der aus Dreh- und Bohrspänen neben dichtem Kernmaterial besteht, sind die entstehenden

Zwischenräume überhaupt kaum zu erfassen. Es bleibt kein anderer Weg als zu versuchen, in den verschiedenen Höhenlagen die jeweilige Schüttdichte zu bestimmen und durch Schätzung der Anteile eine durchschnittliche Schüttdichte zu errechnen. Die Gewichtsbestimmung eines Haufwerks durch Errechnung des Volumens aus einigen, z. T. geschätzten Abmessungen sowie einer mittleren Schüttdichte kann daher nur sehr problematisch sein. Diese Bestimmungsart findet daher nur vereinzelt Anwendung zur Feststellung alter Lagerbestände zu überschlägigen Ermittlungen.

Abschließend sei noch als *Beispiel* die Probenahme einer alten Bergwerkshalde gebracht (s. Abb. 2.2/1). Es handelt sich um eine etwa 250 m lange, an einem Berghang gelegene Halde. In Abständen von etwa 75 m wurde die Haldenböschung

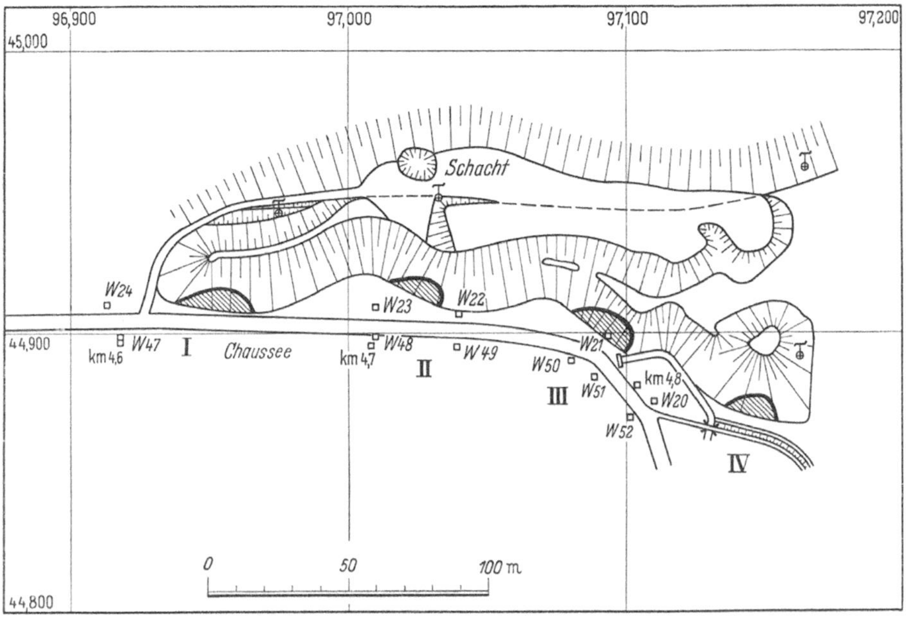

Abb. 2.2/1. Lageplan einer alten Bergwerkshalde und Tabelle ihres Nutzinhalts.

Inhalt m³	Inhalt t naß	Inhalt t tr.	Proben-Nr.	Blei-gehalt %	Blei-inhalt t	Zink-gehalt %	Zink-inhalt t	Kupfer-gehalt %	Kupfer-inhalt kg
			I	0,43		0,87		0,25	
			II	0,61		0,76		0,35	
			III	1,00		0,76		0,30	
			IV	0,61		0,62		0,21	
23600	35400	33414	I–IV	0,67	223,874	0,752	251,273	0,278	92,891

mit Hilfe eines Löffelbaggers bis zu einer Tiefe von 6 m angeschnitten und dabei die aus mehreren Alterslagen bestehende Schichtung gequert. An den 4 Arbeitspunkten wurde jeweils ein Los von rd. 300 t entnommen, zur Aufbereitungsanlage transportiert und hier unter gleichzeitiger Probenahme nach der Zerkleinerung verarbeitet. Die sich bei der Probenahme und anschließenden Analyse ergebenden Metallgehalte (Blei, Zink und Kupfer) wurden in der in der Bildunterschrift gebrachten Tabelle zusammengestellt. Da es sich um annähernd gleiche Mengen des Haldengutes handelt, die hinter jeder Probestelle liegen, kann man in dem vorliegenden Falle die für die vier Probestellen gefundenen Metallgehalte algebraisch mitteln. Bei größeren Mengenunterschieden empfiehlt sich eine geometrische Mittelung zur Errechnung der Durchschnittsgehalte.

2.3 Probenahme aus Schlammbecken

Bei einer Probenahme aus Schlammbecken ist zu beachten, daß bei der Ablagerung von Schlämmen in Absetzteichen, die ja meist unter Wasser erfolgt, stärkste Entmischungen sowohl hinsichtlich der Korngröße als auch nach der Dichte auftreten können. Sind solche Teiche z. B. von einer Einlaufstelle oder von einer Seite her gefüllt worden, so haben sich gewöhnlich um die Einlaufstellen herum Anreicherungen von Metall und gröberem Korn gebildet, während an der gegenüberliegenden Seite bzw. in Richtung des Ablaufes das feinere Material (Ton usw.) zum Absatz kam. Ebenso kann an der Peripherie gröberes Material auftreten, während in der Mitte feinster Schlamm liegt.

Neben diesen rein physikalischen Entmischungen ist auch mit chemischer Veränderung des Schlammes durch Oxidation zu rechnen. Solange dieser vom Wasser bedeckt ist, wird nur eine geringe Oxidation auftreten. Anders ist es beim Austrocknen der Teiche und dem dadurch bedingten besseren Luftzutritt. Hier kann

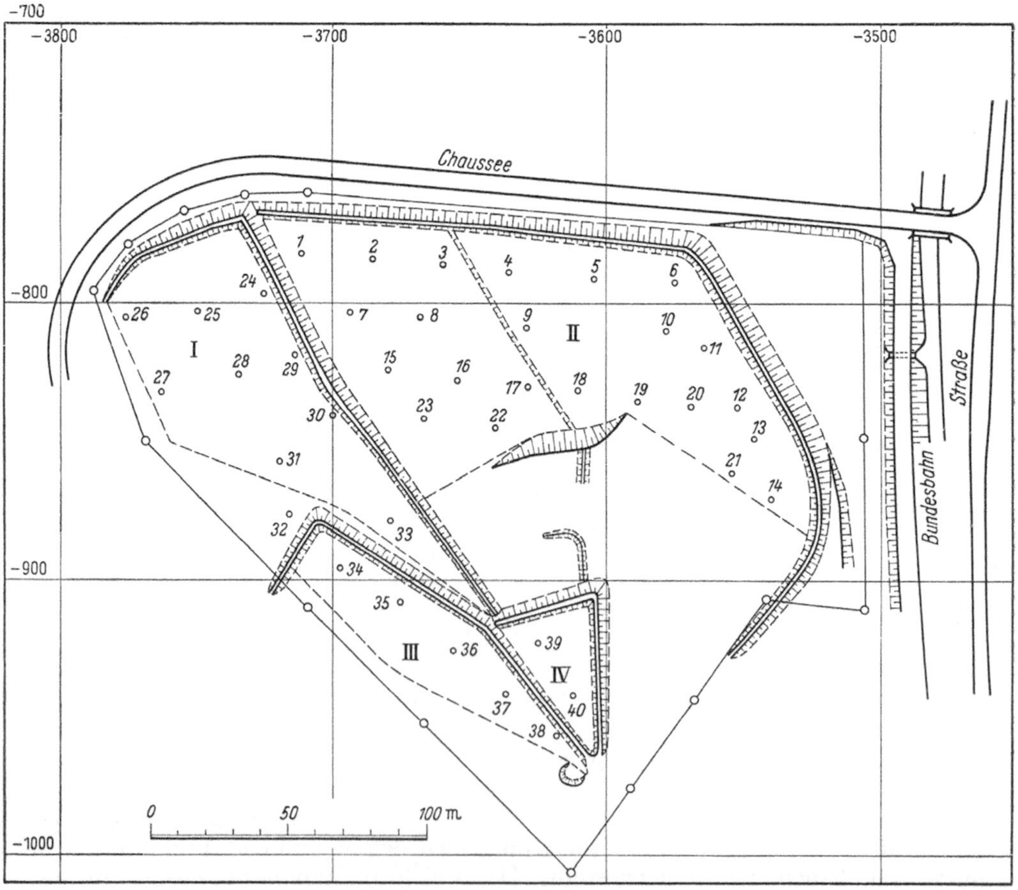

Abb. 2.3/1. Probenahme eines alten Schlammteiches (Lageplan der Entnahmeorte) und Zusammenstellung der Ergebnisse in einer Tabelle.

dann beim Vorhandensein sulfidischer Erzteilchen, insbesondere von Schwefelkies oder Markasit, die Oberschicht durch Oxidation vollständig sulfidfrei werden.

Zur Probenahme ist das Wasser solcher Teiche vollständig abzulassen und der Schlamm trockenzulegen. Das ganze Becken wird dann systematisch mit einem Netz von Probenahmeorten überzogen und je nach Tiefe des Schlammes mit Bohrgeräten, mechanisch oder mit von Hand betätigten Schlammstechern an der jeweils markierten Stelle eine Probe gezogen. Von der Probe muß die ganze Schlammtiefe von der Oberfläche bis zum Grund erfaßt werden. Das in jedem Falle erbohrte oder ausgestochene Material wird gesammelt und nach entsprechender Vorbereitung (Trocknung) wie bei feinen Erzen bis zur Analysenmenge zubereitet. Außerdem wird die jeweilige Bohr- oder Stichlochtiefe ermittelt und mit den dazugehörigen Qualitäten in einer Tabelle zusammengestellt (vgl. Abb. 2.3/1).

Aus der durch Analysen festgestellten Qualität und der Probenlochtiefe ergibt sich durch Multiplikation ein Richtwert und aus der Summe aller, entsprechend dem Probenentnahmeplan des Teiches errechneten Richtwerte die Durchschnittsqualität für die gesamte in diesem lagernde Schlammenge. Deren Rauminhalt wird durch markscheiderische Kubizierung in Kubikmetern und unter Berücksichtigung der Schüttdichte des Schlammes in Tonnen festgestellt.

Brl. Nr.	Brl. Tiefe	Analyse %		Richtwert		Brl. Nr.	Brl. Tiefe	Analyse %		Richtwert		Brl. Nr.	Brl. Tiefe	Analyse %		Richtwert	
		Pb	Zn	Pb	Zn			Pb	Zn	Pb	Zn			Pb	Zn	Pb	Zn
	m	II				16	0,80	7,36	0,10	5,888	0,080	30	1,90	3,46	0,13	6,574	0,247
1	0,90	3,46	0,43	3,114	0,387	17	0,90	5,20	0,10	4,680	0,090	31	0,40	4,33	0,15	1,732	0,060
2	1,10	7,79	0,43	8,569	0,473	18	0,80	4,25	0,11	3,400	0,088	32	0,40	1,47	0,13	0,588	0,052
3	1,00	4,85	0,14	4,850	0,140	19	0,50	3,12	0,10	1,560	0,050	33	0,50	6,24	0,15	3,120	0,075
4	0,80	4,16	0,12	3,328	0,096	20	0,60	2,43	0,10	1,458	0,060	Ø I		3,561	0,124	–	–
5	1,30	4,50	0,16	5,850	0,208	21	0,20	4,76	0,54	0,952	0,108		m	III			
6	2,10	4,95	0,15	10,395	0,315	22	0,90	2,33	0,21	2,097	0,189	34	1,50	4,76	0,13	7,140	0,195
7	0,70	5,02	0,10	3,514	0,070	23	0,65	22,22	0,13	14,443	0,085	35	1,50	3,90	0,14	5,850	0,210
8	0,90	3,72	0,11	3,348	0,099	Ø II		4,965	0,157	–	–	36	1,50	5,11	0,19	7,665	0,195
9	0,85	6,50	0,10	5,525	0,085		m	I				37	1,50	5,02	0,13	7,530	0,195
10	1,90	4,58	0,11	8,702	0,209	24	2,10	3,64	0,09	7,644	0,189	38	1,50	6,32	0,12	9,480	0,180
11	1,90	3,30	0,12	6,270	0,228	25	1,80	3,64	0,10	6,552	0,180	Ø III		5,022	0,130	–	–
12	1,25	3,47	0,09	4,338	0,113	26	0,30	2,95	0,10	0,885	0,030		m	IV			
13	1,10	2,95	0,16	3,245	0,176	27	0,40	2,00	1,10	0,800	0,040	39	1,20	6,23	0,15	7,476	0,180
14	0,30	2,25	0,11	0,675	0,033	28	1,55	3,38	0,15	5,239	0,233	40	1,00	4,15	0,21	4,150	0,210
15	0,60	5,45	0,13	3,270	0,078	29	2,00	3,64	0,15	7,280	0,300	Ø IV		5,285	0,177	–	–
												Ø I–IV		4,621	0,145		

Nr.	Inhalt		Inhalt [t]	
	m³	t	Pb	Zn
I	5 407,34	8 110,85	288,827	10,057
II	11 200,37	16 800,56	834,148	26,377
III	1 133,59	1 700,39	85,394	2,211
IV	803,50	1 205,25	63,697	2,133
I–IV	18 544,69	27 817,05	1 272,066	40,778

Tabelle gehört zur Abb. 2.3/1.

2.4 Probenahme von Roherz und im Aufbereitungsbetrieb

2.4.1 Roherz (Rohmineral)

Ein Roherz wird charakterisiert
a) durch die Korngrößenzusammensetzung bei gleichbleibendem oder unterschiedlichem Metallgehalt der einzelnen Kornklassen

b) durch wechselnden oder gleichbleibenden Metall-(Mineral-)gehalt der einzelnen Stücke innerhalb einer Kornklasse

c) durch wechselnden oder gleichbleibenden Wassergehalt der verschiedenen Kornklassen oder Einzelstücke innerhalb einer Kornklasse.

Daraus ergibt sich eine große Zahl von Variationsmöglichkeiten. Korngröße und Metallgehalt können einen sehr weiten Wertebereich umfassen, der um so mehr ins Gewicht fällt, je weiter die Anforderungen an die Genauigkeit der Bestimmung gesteigert werden. Entsprechend erhöhen sich damit auch die Aufwendungen für die Probenahme und vor allem für die Weiterverarbeitung der entnommenen Probe. Die Genauigkeit der Probenahme sollte daher nicht über das Maß der im weiteren Verarbeitungsgang möglichen Genauigkeit der Untersuchungsmethoden gesteigert werden. So wäre es z. B. nicht sinnvoll, eine Probe auf 0,1% genau zu entnehmen, wenn die damit durchgeführte Siebanalyse nur eine Genauigkeit von 1% erzielen kann.

Bei der Aufbereitung von Material entstehen Materialströme. Diese beginnen bei der Entnahme des Stoffes aus Behältern (meist Bunker) oder vom Stapel, wandern von einem Bearbeitungsprozeß zum nächsten und teilen sich in Einzelströme aus Wertstoff und taubem Material auf, die in Behältern oder auf Rückstandshalden enden. Transportmittel für solche Materialströme sind: Transportbänder, feste geneigte Rutschen oder bewegte Rinnen, Becherwerke und Skips für körniges trockenes Gut. Für Suspensionen (Trüben) werden Rohrleitungen mit und ohne Pumpen und Fluter eingesetzt.

Der Kornaufbau wird im Laufe der Bearbeitung feiner, aus trockenem groben Haufwerk entsteht feinkörniges Material, das auch oft als Suspension anfällt, ehe es sich in Wertstoff und Berge trennen läßt.

Diese gesamten Materialströme erlauben jedoch durchweg eine mechanische Probenahme (1.6.2). Die Einsatzorte mechanischer Probenehmer in Aufbereitungsanlagen werden von den Anforderungen der Betriebsüberwachung bezüglich des wirtschaftlich-technischen Aufbereitungserfolges bestimmt.

Eindeutig zu ermitteln sind mindestens die Gehalte an Wertstoff im Aufgabegut, im Wertprodukt und in den Abgängen. Der Aufbereitung laufen vor:

a) Rohgut aus der Gewinnung, obere Korngröße bis zu 1000 mm im Tagebau, bzw. um 500 bis 300 mm im Tiefbau.
b) Grobkörniges Gut etwa unter 250 mm.
c) Mittelkörniges Gut etwa unter 70 mm.
d) Feinkörniges Gut etwa unter 20 mm.
e) Feinstkorn (als Rohgut) etwa unter 1 mm, das meist als Suspension (Trübe) vorliegt.

Die Korngruppen unter b) bis e) entstehen gewöhnlich durch stufenweises Zerkleinern aus dem Rohgut a).

Die Art der Probenahme wird dann bestimmt durch die verlangte Genauigkeit, die vom Zweck der Probe herzuleiten ist. Am häufigsten sind Probenahmen zur Bestimmung der Korngrößenzusammensetzung, zur Feststellung des Metallgehaltes, aus der auf die Metall- bzw. Mineralverteilung geschlossen werden kann, sowie zur Feuchtigkeitsbestimmung erforderlich.

Bei *gemischtkörnigem Roherz* aus der Grubenförderung haben Korngröße bzw. Kornform, Dichte und Feuchtigkeit besonders großen Einfluß auf den Ausfall der Probenahme. Aus Abb. 2.4/1 ist ersichtlich, daß bereits bei einer Korngröße von über 100 mm eine genaue Probenahme im strengen Sinne nicht mehr möglich ist, vielmehr nur die Gesamtmenge als repräsentativ angesehen werden kann. Da es aber meist nicht möglich ist, die Gesamtmenge als Probe zu verwenden, kann eine Verringerung auf die erforderliche Probemenge nur nach einer Zer-

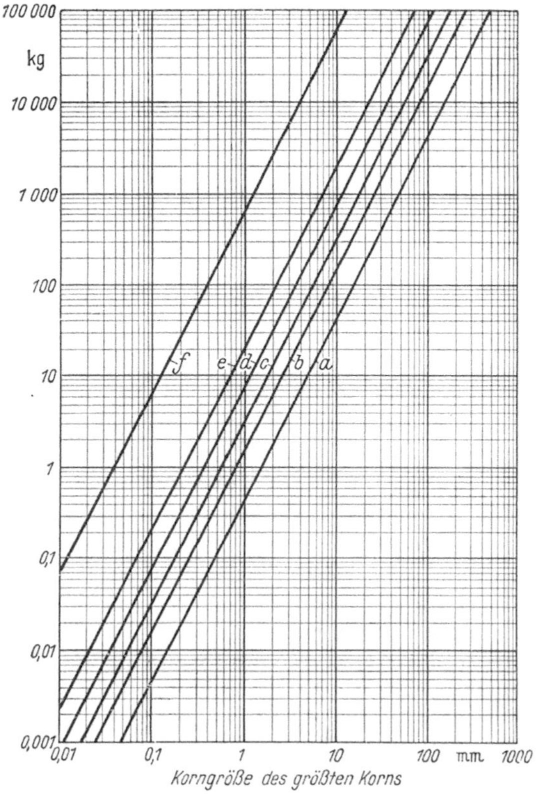

Abb. 2.4/1. Abhängigkeit der Probemenge von Korngröße und Erzcharakter. Nach Taggart, Handbook of Mineral Dressing, und Richards, Ore dressing, New York.

a Erze mit sehr geringen Gehalten oder mit sehr gleichmäßig verteilten Metallgehalten.
b Erze mit geringen Gehalten oder mit gleichmäßig verteilten Metallgehalten.
c und *d* Erze mittlerer Gehalte und normaler Metallverteilung.
e Reiche Erze oder mit ungleichmäßig verteilten Metallgehalten.
f Sehr reiche Erze oder mit sehr ungleichmäßig verteilten Metallgehalten.

kleinerung der Stücke erfolgen. Man muß sich also bei der Entnahme kleinerer Proben aus dem unzerkleinerten Grubenhaufwerk damit abfinden, daß eine einwandfreie Durchschnittsprobe nur in den seltensten Fällen erzielbar ist. Die daraus erhaltenen Werte können nur dann zu Berechnungen benutzt werden, wenn besondere Gründe es erfordern, z. B. keine anderen Werte greifbar oder erstellbar sind.

Wesentlich anders liegen die Verhältnisse, wenn die Roherze eine konstante Zusammensetzung haben, wie das bei Eisenerzen oder sehr feinkörnig verwachsenen Erzen mit gleichmäßiger Verteilung der Metallverbindungen der Fall sein kann. Dann dürfen die Probemengen erheblich kleiner sein und die Entnahme einer Durchschnittsprobe ist nicht mehr so schwierig, da eine größere Homogenität in der chemischen Zusammensetzung der einzelnen Siebklassen besteht.

Das gleiche gilt für *grobkörniges Material,* also vorzerkleinertes Roherz.

Bei *mittelkörnigem Erz unter etwa 70 mm* sind die gleichen Fehlermöglichkeiten vorhanden, die unter Umständen noch dadurch verstärkt werden können, daß weichere oder sprödere Mineralien bevorzugt der Zerkleinerung unterliegen und sich im Feinkorn ansammeln. Damit wäre die Gefahr einer „zu günstigen" Probe in besonderem Maße gegeben. Der Einwand, daß die Werte einmal nach der einen, einmal nach der anderen Seite beim Erstellen einer großen Anzahl von Proben (z. B. bei Tagesproben im laufenden Betrieb) ausschlagen, dürfte nicht berechtigt sein, da die genannten Erscheinungen häufig in der gleichen Richtung wirken.

Es ist besonders darauf zu achten, daß die Korngrößenzusammensetzung der entnommenen Probe derjenigen des Haufwerks entspricht. Bei automatischen Probenahmen sind häufig die Entnahmegefäße zu klein, so daß sie entweder vereinzelte grobe Stücke (besonders bei abgenutzten Zerkleinerungsmaschinen, die nicht mehr auf die festgelegte Korngröße brechen) nicht fassen können oder bei gesteigerter Förderleistung zu schnell gefüllt sind. Während der festgesetzten Entnahmezeit nehmen sie dann die Gesamtmaterialmenge nicht auf, so daß größere Stücke — und diese bevorzugt — von der Füllung abgleiten und somit nicht in die Probe gelangen. Bei der Entnahme der Probe von Hand gilt dies gleichfalls. Wenn nach einer alten Regel die Durchgangsöffnung für einen Materialstrom (z. B. die Breite einer Rutsche) mindestens das Zweieinhalbfache des größten Korndurchmessers betragen soll, um Verstopfungen zu vermeiden, so gilt dies für die Probenahme gleichermaßen.

Liegen *feinkörnige Erze, etwa unter 20 mm* vor, so wird die Probenahme bereits erheblich einfacher und damit auch sicherer; aber auch hier ist noch, vor allem an der oberen Grenze, ein starker Einfluß von Korngröße und primärer Metallverteilung festzustellen. Nach der graphischen Darstellung in Abb. 2.4/1 ist bei mittleren Verhältnissen eine Probemenge erforderlich, die immer noch etwa 1% des Haufwerks ausmacht. Eine Verjüngung der Probe ohne vorhergehende Zerkleinerung ist auch hier im allgemeinen nicht statthaft. In vielen Fällen läßt sich eine automatische Probenahme leicht und mit besten Ergebnissen durchführen.

Bei *feinstkörnigem Material etwa unter 1 mm Korngröße* liegen für die Probenahme ungleich günstigere Verhältnisse vor. Die für einen Durchschnitt erforderliche Menge wird so gering, daß die entnommene Probe diesen Wert meist erheblich übersteigt. Dadurch kann das Verjüngen der Probe in fast allen Fällen ohne vorhergehende Zerkleinerung erfolgen. Es muß nur beachtet werden, daß bei feuchtem Erz die Möglichkeit von Zusammenballungen besteht, deren Zusammensetzung häufig nicht derjenigen der Gesamtmenge gleichkommt. Ein Verjüngen darf also erst nach dem Trocknen des Materials vorgenommen werden. Zu bevorzugen sind mechanische Probenehmer (1.6.2) und mechanische Probenteiler (1.7.3), letztere aber nur, wenn sie eine symmetrische Teilung oder eine symmetrische Entmischung zur Grundlage haben. Die Gefahr einer Entmischung ist gerade bei derartig feinem Erz sehr groß, zumal Entmischungen hier dem bloßen Auge nicht sichtbar sind. Ihre Auswirkung fällt besonders bei Gegenwart wertvoller Metalle häufig sehr ins Gewicht.

Die vorstehenden Ausführungen über Probenahmen bei der Erzförderung sind bewußt allgemein gehalten, da Besonderheiten, soweit es solche gibt, dem Speziellen Teil vorbehalten bleiben. Für die Entnahme von Proben aus gestapeltem oder sonst in Ruhe befindlichem Material sind Hinweise dem Abschnitt 2.2 zu entnehmen.

2.4.2 Konzentrate

Die geförderten Roherze werden in vielen Fällen durch Aufbereitungsprozesse angereichert. Man unterscheidet im allgemeinen naßmechanische, magnetische, elektrostatische, Flotations-, sowie Löse- und Laugeverfahren. Soweit es sich nicht um feine Sande oder Seifen handelt, muß dem Aufbereiten eine Zerkleinerung des geförderten Materials bis zu der erforderlichen Korngröße, bei der die einzelnen Mineralkomponenten freigelegt sind, vorausgehen. In modernen Aufbereitungsanlagen erfolgt die Probenahme meist automatisch durch entsprechende mechanische Einrichtungen, welche dem Materialstrom kontinuierlich bestimmte Probemengen entnehmen, die dann zur Analysenprobe zugerichtet werden.

Der *Einsatz von mechanischen Probenehmern* zur Ermittlung des Wertstoffgehaltes des Aufgabegutes hat bei derjenigen Kornklasse zu erfolgen, aus welcher durch Trennverfahren Fertigprodukte abgezogen werden. Dem schließen sich sinngemäß Apparate für die Probenahme der zugehörenden Fertigprodukte und auch Zwischenprodukte an. Die Entnahme der Proben aus dem Gutstrom hat an leicht zugänglichen Stellen wie Bandabwürfen, Bunker- oder Rinnenausträgen, Flutern und Trübeleitungen zu geschehen, wobei auch dafür zu sorgen ist, daß für die entnommenen Proben genügend Platz für eine zeitweilige Aufbewahrung bleibt. Beispiele von mechanischen Probenehmern siehe unter 1.6.2.

Das durch den Aufbereitungsprozeß angereicherte Erzeugnis bezeichnet man als Konzentrat. Bei ihm ist der Einfluß wechselnder Mineralgehalte und damit auch wechselnder Metallgehalte bei der eigentlichen Probenahme wesentlich geringer; ebenso ist in den weitaus meisten Fällen der Korngrößenbereich begrenzt. Doch können große Unterschiede in der Dichte der einzelnen Komponenten auftreten. So ist z. B. bei Konzentraten aus Seifen die Dichte der wertvollen Bestandteile (Gold, Platin) ein Mehrfaches der begleitenden Mineralien (Quarz, Magnetit, Ilmenit, Zirkon usw.). Das gleiche kann auch bei Flotationskonzentraten der Fall sein, da das Verfahren, das zu ihrer Erzeugung führte, von der Dichte der einzelnen Mineralien unabhängig ist.

Gemischte und *mittelkörnige* Konzentrate kommen in der Regel nur bei der naßmechanischen oder magnetischen Aufbereitung vor. Für die Probenahme solcher Erzeugnisse gilt das in 2.4.1 Gesagte. Soll nur der Gehalt an Feinkorn bestimmt werden, so ist besonders auf klebendes Material zu achten.

Aus dem Größenbereich des *Feinkorns unter 20 mm* sind Proben natürlich sehr viel leichter zu ziehen. Solches Material, aus naßmechanischen Aufbereitungen stammend, ist mit der Einführung der Flotation seltener geworden. Die Probenahme macht, abgesehen von Material mit Edelmetallgehalten in freier Form, keine besonderen Schwierigkeiten; ein Verjüngen durch Werfen über den Kegel oder mit entsprechenden Apparaten gibt genaue Resultate, sofern das Material nicht klebt.

Die größte Bedeutung hat die Probenahme von *feinstkörnigem Material unter 1 mm*, besonders von Flotationskonzentraten, deren Korngröße meist sogar unter 0,2 mm liegt. Von Hand nimmt man die Probe mittels der Schaufel oder eines Stechers. Starke Entmischungserscheinungen, insbesondere durch Abscheidung von Wasser, sind durchaus nicht selten, da diese Konzentrate Komponenten verschiedener Dichte enthalten können. Zwar treten sie kaum oder nur in geringem Maße auf, wenn das gesamte Konzentrat auf einem einzigen Filter anfällt, sind aber stets zu berücksichtigen, wenn vorher eine Unterteilung in verschiedene Kornklassen erfolgt oder erfolgen kann. Besonders stark können Entmischungen auftreten, wenn eine künstliche (thermische) Trocknung erfolgt ist oder der Feuchtigkeitsgehalt auf andere Weise (längere Stapelung) so herabgesetzt wird, daß das Material rieselt, die Körner also nicht mehr aneinanderhaften. Große Unterschiede können auch auftreten, wenn die Konzentrate nicht gefiltert werden, sondern, wie in südlichen Ländern häufig, in Becken zum Absatz gelangen, die nach der

Austrocknung ausgeschlagen werden, wobei die sog. Rollaufbereitung auftritt (s. Probenahme aus Schlammbecken, 2.3).

Die größte Schwierigkeit bereitet bei den Konzentraten häufig die Ermittlung des *Nässegehaltes*, insbesondere bei sehr feinkörnigen Konzentraten. Der Wassergehalt beträgt hier oft bis zu 20%, zuweilen sogar noch mehr. Beim Transport solcher stark nassen Konzentrate kommt es oft vor, daß sich ein Teil des Wassers durch das Rütteln in den oberen Partien des Gutes anreichert. Dieses Wasser muß entweder bei der Feststellung des Gewichtes oder aber bei der Entnahme der Nässeprobe berücksichtigt werden. Stecherproben sind bei solchen Konzentraten infolge der erheblichen Schwankung des Nässegehaltes in den verschiedenen Schichthöhen mit besonderer Sorgfalt zu entnehmen.

2.4.3 Zwischenprodukte und Abgänge

Zwischenprodukte und Abgänge (Berge) aus Aufbereitungen unterliegen der Probenahme im allgemeinen nur im laufenden Produktionsprozeß. Wenn daher die unmittelbaren wirtschaftlichen Folgen bei unrichtiger Probenahme nicht so ins Auge fallen, können die mittelbaren Verluste durch falsche Steuerung der Aufbereitungsverfahren doch bei den meist in Frage kommenden großen Mengen Material sich recht gravierend auswirken, da sie die an sich gegebene Rentabilität ganzer Zweige des Bergbaus ungünstig beeinflussen. Es ist daher einer richtigen Probenahme bei Zwischenprodukten und Abgängen größte Aufmerksamkeit zu schenken.

Gemischtkörniges Material kommt praktisch nicht vor, da man es vermeiden wird, alle anfallenden Abgänge zusammenzuführen und erst dann eine Probe zu nehmen, die mit erheblichen Unstimmigkeiten behaftet ist.

Grobberge über 20 mm verlangen häufige Probenahme und große Einzelproben. Ihre Größe ist abhängig von der Korngröße. Die Feststellung des wirklichen Durchschnittsgehaltes ist mit Sicherheit nur dann möglich, wenn der Gesamtanfall eines genügend großen Zeitabschnittes vor der Probenahme noch zerkleinert wird, da sonst ein einzelnes reiches Stück den meist sehr geringen Durchschnittsgehalt bereits erheblich beeinflussen kann. Kosten für zusätzliche Zerkleinerungs- und Transporteinrichtungen dürfen hierfür nicht gescheut werden. Besondere Bedeutung erlangt diese Forderung mit der Einführung der Schwerflüssigkeitsaufbereitung (Schwimm- und Sinkverfahren), die eine ziemlich weite Kornspanne umfaßt. Eine automatische Probenahme ist hier kaum durchführbar.

Bei *mittelkörnigen* Abgängen vermeide man peinlichst die Zusammenführung verschiedener Korngrößen. Doch auch bei zusammengefaßten gleichen Korngrößen aus verschiedenen Maschinen, die verschiedenes Vorlaufen verarbeiten, ist größte Vorsicht am Platze. Die Entnahme der Probe ist nur aus einem *frei fallenden* Strom zulässig, da jeder *geführte* Strom, einerlei, ob trocken oder naß, in unkontrollierter Weise entmischt ist. Bei ihm besteht immer die Gefahr, daß sich allmählich Anreicherungen bilden, die dann kurzzeitig wieder abgegeben werden, nachdem sie einen Schwellenwert erreicht haben, oder falls der normale Stromverlauf durch irgendeinen Vorgang, z. B. durch das Entnehmen der Probe, gestört wird. Umgekehrt kann eine stoßweise Abgabe reicheren Materials aus einer Maschine erfolgen, wenn dieses sich an einer Stelle anstaut und erst nach und nach ruckweise zum Abfluß kommt.

Eine automatische Probenahme ist in vielen Fällen möglich, aber nur scheinbar zuverlässig, da bei stoßweisem Arbeiten vieler mechanischer Aufbereitungsmaschinen der Rhythmus der Maschine und der Probenahme so zueinander liegen können, daß ein konstanter und einseitiger Fehler entsteht.

Ein Verjüngen der Probe ohne vorhergehende Zerkleinerung wird in vielen Fällen, besonders bei feineren Kornklassen, zulässig sein.

Bei *Feinstkorn unter 1 mm* sind auch Entmischungserscheinungen zu beachten. Daher sollte eine Probenahme, die zur Prüfung der Arbeitsweise einer Maschine zu einem gegebenen Zeitpunkt durchgeführt wird, immer unmittelbar an der Maschine erfolgen und nicht erst beim Passieren der Abgänge in einer Rinne. Manchmal muß man auch die Abgänge mehrerer parallel arbeitender Flotationsmaschinen, wenn nicht nur der Durchschnittsgehalt als Gesamtergebnis bestimmt werden soll, einzeln proben. Die Entnahme der Gesamtmenge eines Trübestromes für eine begrenzte Zeit ist stets der Dauerentnahme eines Teilstromes vorzuziehen. Ebenso ist dabei das vorhin über den frei fallenden Strom Gesagte zu beachten. Die beliebte Schöpfprobe aus einer Rinne ist immer falsch, da stets schichtenweise Entmischung eintritt.

Die Verjüngung größerer Mengen dieses feinen Materials ist meist sehr unbequem, da sie schwer zu handhaben sind. Um sie verjüngen zu können, dekantiere man vor der Verjüngung so viel Wasser ab, daß der verbleibende Rest eine stabile Trübe darstellt. Dadurch wird die Gefahr einer Entmischung wesentlich herabgemindert, in vielen Fällen ganz ausgeschaltet.

Auch die *Fertigstellung der Analysenproben* (s. a. 4.2) erfordert größte Aufmerksamkeit. Man darf diese Proben nur nach gründlichem Verreiben des Probenmaterials, Aufschütten zum Kegel und Vierteln oder mit mechanischen Probenteilern verjüngen; dies gilt auch für kleinste Mengen. Beim Trocknen etwa gebildete Zusammenballungen, die durch Reste von Aufbereitungsreagenzien besonders gefördert werden, sind zu zerstören.

2.5 Probenahme beim Entladen von Schiffen

2.5.1 Aus Seeschiffen

Erze und andere Massengüter werden lose in Mengen von wenigen Tonnen bis zu mehreren tausend Tonnen mit Seeschiff vom Rohstoffland zum Verarbeiter gebracht. Lediglich sehr hochwertiges Material wird in Behältnissen, wie Containern, Fässern, Kisten oder Säcken, transportiert.

Eine einwandfreie Probenahme an Bord des Schiffes ist fast immer unmöglich, weil dabei nur sehr geringe Anteile einer Ladung angesprochen werden können, ohne das Material zu bewegen. Müssen trotzdem auf diese Weise Proben gezogen werden, so können sie allenfalls Anhaltswerte für den Wert einer Ladung erbringen und dürfen nicht für kaufmännische Abrechnungen herangezogen werden.

Deshalb verbindet man die Probenahme stets mit dem Entladen und Verwiegen. Letzteres ist erforderlich, weil fast immer der Nässegehalt des Materials zur Zeit der Verwiegung bestimmt werden muß, um das Trockengewicht (= Bezugsgewicht) aus dem Naßgewicht errechnen zu können.

Kann das Seeschiff nicht direkt am Verarbeitungswerk anlegen, so muß die Ladung zunächst entweder auf Flußschiffe (Kähne, Leichter, Schuten) oder aber in Waggons (Eisenbahnwagen, Lastkraftwagen) umgeladen werden. Die Probenahme erfolgt dann beim Entladen der Kähne (s. u.) bzw. Waggons im Empfangswerk (s. 2.6).

Beim direkten Entladen eines Seeschiffes am Empfangswerk stehen heute z. T. mechanische Probenahmevorrichtungen zur Verfügung, die im Prinzip auf der Probenentnahme vom Förderband bzw. an Abwurfstellen vom Band beruhen (s. 2.8). Ist das nicht der Fall, so muß die Probenahme vom Band von Hand erfolgen. Führt man das Entladen ohne die Verwendung von Förderbändern durch, z. B. mit Verladebrücken, die das Material direkt zum Lagerplatz befördern, so werden in regelmäßigen Abständen ganze Greifermengen oder Teile davon als Rohprobe entnommen (s. 2.5.2).

Grundsätzlich gilt für alle Arten der Probenahme, daß Einzelproben über das gesamte Material verteilt mengenproportional und über den gesamten Entladezeitraum in gleichmäßigen Abständen (zeitproportional) gezogen werden, wobei bei Material unterschiedlicher Körnung auch die verschiedenen Kornklassen anteilig richtig erfaßt werden müssen (s. 2.5.2).

2.5.2 Aus Flußschiffen

Flußschiffe (Kähne, Leichter, Schuten) weisen heute ein Fassungsvermögen von 1000 t und mehr auf. Bestehen solche Ladungen aus wertvollem Material, so erfolgt üblicherweise eine Unterteilung in mehrere Lose, bei Kupferkonzentraten z. B. in solche von 250 oder 500 t.

Vor Beginn des Löschens wird die Ladung besichtigt — evtl. zusammen mit einem Vertreter des Lieferanten —, um sich durch Augenschein von dem Zustand der Lieferung zu überzeugen. Starke Verschmutzung durch Fremdstoffe oder große, ins Auge fallende Inhomogenitäten oder sonstige Besonderheiten sind im Probenahmeprotokoll festzuhalten. Unter Umständen muß dann der normalerweise übliche Rohproben-Prozentsatz, der sich nach der Beschaffenheit und dem Wert des Materials richtet — Zahlenangaben finden sich in den Kapiteln des Speziellen Teils — vergrößert werden.

Das Entladen der Flußschiffe erfolgt diskontinuierlich mit Verladebrücken, Portalkränen o. ä. Daraus ergibt sich die Möglichkeit, in regelmäßigen Abständen ganze Greifermengen — z. B. jede zehnte für einen Rohproben-Prozentsatz von 10% — als Rohprobe zu entnehmen und von der Hauptmenge des Materials getrennt zu sammeln. Soll die Ladung öfter angesprochen, die Rohprobenmenge aber nicht vergrößert werden, so wird z. B. jeder fünfte Greifer nur annähernd halb gefüllt und dieses Material als Probe entnommen, wobei man ebenfalls einen Rohproben-Prozentsatz von etwa 10% erhält. Dieses Probenahmeverfahren erfüllt die Forderung der Mengenproportionalität, führt aber zu relativ großen Rohprobenmengen, zu deren Weiterverarbeitung Anlagen entsprechender Kapazität (Brecher, Siebe usw.) vorhanden sein müssen. Ein besonderes Problem stellt dabei die Entnahme einer Probe zur Nässebestimmung dar (s. 1.4.2).

Eine Möglichkeit, die Rohprobenmenge weiter zu verringern und das Material trotzdem häufig anzusprechen, ist das Ziehen kleiner Probemengen aus dem im Schiff zurückbleibenden Material direkt nach jeder entnommenen Greifermenge am Ort der Entnahme. Die vielen Einzelproben müssen in verschließbaren Gefäßen, die zwischen den Probenentnahmen auch tatsächlich zu verschließen sind, gesammelt werden. Die Probenentnahme geschieht mit kleinen Schaufeln. Probleme treten bei Material unterschiedlicher Korngröße auf, weil dann die verschiedenen Kornklassen anteilig erfaßt werden müssen (s. u.). Bei feinen Materialien, z. B. bei Erzkonzentraten, werden die Einzelproben mit dem Probenstecher entnommen.

Ein weiteres Verfahren besteht darin, daß zunächst ein Teil der Ladung abgetragen wird, ehe über die gesamte dabei neu entstandene Oberfläche möglichst viele Einzelproben entnommen werden, die dann also aus dem Innern der angelieferten Ladung stammen. Nachteilig ist dabei, daß große Teile der Ladung, nämlich die bereits entladene obere und die später zu löschende untere Materialschicht, überhaupt nicht angesprochen werden. Diese Methode ist deshalb bei inhomogenen Materialien ungenauer als die oben angeführten.

Bei grobstückigem und ungleichmäßig zusammengesetztem Material wird auch die „Schlagprobe“ angewendet. Vor dem Beginn der Probenahme muß man dazu feststellen, welche Anteile an

Stück, d. i. Material mit Korngrößen über	70 mm;
Geröll, d. i. Material mit Korngrößen zwischen	70 und 15 mm;
Stichfein, d. i. Material mit Korngrößen unter	15 mm

in der zu probenden Ladung vorliegen. Dies geschieht vielfach durch voneinander unabhängiges Schätzen beider Parteien. Vorher muß ein Teil des Materials abgetragen werden, um die Kornverteilung des gesamten Haufwerks erfassen zu können, weil an der Oberfläche eine andere Korngrößenverteilung vorliegt als im Innern. Liegen die beiden Schätzungen so weit auseinander, daß ein Mitteln nicht erfolgen kann, so muß eine Siebanalyse angefertigt werden (s. 1.5.1).

Für das Zusammensetzen der Rohprobe werden die ermittelten Anteile über das gesamte Material verteilt entnommen und in getrennten, verschließbaren Behältern gesammelt. Durch Gewichtskontrolle überzeugt man sich, daß die entnommenen Materialmengen dem Kornaufbau entsprechen.

Die Entnahme von feinem Material („Stichfein“) erfolgt mittels einer Schaufel oder eines geeigneten Stechers. Gelangen bei der Schaufelentnahme auch gröbere Stücke, die zu „Geröll“ oder „Stück“ gehören, auf die Schaufel, so werden sie entfernt.

Von den groben Stücken werden mit Hilfe eines Hammers Teile von 5 bis 10 cm Größe abgeschlagen („Schlagprobe“). Dabei soll das angeschlagene Stück möglichst bereits nach einem Einzelschlag zerspringen. Unter keinen Umständen dürfen verwitterte oder mineralarme äußere Schichten zunächst entfernt und die Proben nur dem Kern der Brocken entnommen werden.

Die Schlagprobe birgt viele Fehlermöglichkeiten in sich. Sie erfordert eine umfangreiche Erfahrung und die objektive Einstellung des Probenehmers. Man sollte sie nur dann anwenden, wenn es keine anderen Möglichkeiten für die Probenahme gibt.

2.6 Probenahme beim Entladen von Waggons

Die Probenahme beim Entladen von Waggons, d. h. von Eisenbahnwagen, Kraftfahrzeugen und Großcontainern ist für solche Werke von besonderer Wichtigkeit, die weder mit dem See- noch mit dem Flußschiff erreichbar sind und deren gesamter Rohstoffeingang deshalb mit Waggon erfolgt, teilweise nach einem Zwischenumschlag vom Seeschiff auf Waggons. Andere Werke erhalten Materialien, die im Binnenland anfallen oder deren Menge für den Schiffstransport zu gering ist, mit Waggon, so daß praktisch jedes Werk mit den Problemen der Probenahme aus Waggons konfrontiert wird.

Die Bruttoverwiegung geschieht fast immer bei Eingang des Waggons auf einer Gleis- oder Fahrzeugwaage. Wegen des Zusammenhanges von Naßgewicht (Eingangsgewicht abzüglich Fahrzeug-Leergewicht nach dem Entladen), ermittelter Nässe und Trockengewicht (Bezugsgewicht, 1.4) muß die Probenahme möglichst bald nach der Eingangsverwiegung erfolgen. Sollte ein Waggon nicht am selben Tag entladen werden können, so muß trotzdem eine Probe für die Nässebestimmung entnommen werden.

Während des Transports ist das beförderte Gut einem ständigen Rüttelvorgang unterworfen, der bei inhomogenen Materialien zu Entmischungen nach Dichte und/oder Korngröße führt. Dadurch wird die Probenahme vor dem Entladen sehr erschwert, weil alle Schichten der Ladung anteilmäßig erfaßt werden müssen. Das ist praktisch nur bei feinen Materialien, die der Probenahme mittels Stecher zugänglich sind, möglich. Das Graben von Gängen durch das gesamte Material ist hingegen meist nicht durchführbar.

Deshalb wird die Probenahme — in ähnlicher Weise wie bei Flußschiffanlieferungen (2.5.2) — mit dem Entladevorgang gekoppelt. Erfolgt das Entladen mit dem Greifer, so entnimmt man in regelmäßigen Abständen ganze Greifermengen oder Teile davon als Rohprobe; entlädt man manuell mit Schaufeln, so wird die dem betreffenden Rohproben-Prozentsatz entsprechende Anzahl Schaufelinhalte in verschließbaren Gefäßen als Rohprobe gesammelt. Bei der Aufgabe auf Transportbänder nimmt man Einzelproben vom Band bzw. an Abwurfstellen (s. 2.8). Werden ganze Wagenladungen — besonders bei Lkw-Kippern — durch Abrutschenlassen auf eine Lagerfläche entleert, so zieht man das Gut zunächst etwas auseinander und entnimmt die Rohprobe als Segment, durch Kreuzgraben oder Teilschaufeln (4.1.3).

Besondere Schwierigkeiten für die Probenahme ergeben sich dann, wenn die gesamte Ladung direkt in einen Silo geschüttet wird, z. B. durch ein Schwenken des beladenen Wagens um 180°. Theoretisch wäre es zwar möglich, später beim Entleeren des Silos Proben zu ziehen. Die dafür erforderliche Voraussetzung, ein leerer, von Fremdmaterial völlig freier Silo, ist in der Praxis jedoch nur selten gegeben. Außerdem können in der Zwischenzeit Veränderungen des Nässegehaltes erfolgt sein, so daß — bezogen auf den Zeitpunkt der Verwiegung — falsche Nässegehalte gefunden werden. Eine einwandfreie Probenahme ist in diesen Fällen nicht möglich.

Die zu entnehmenden Rohproben-Prozentsätze richten sich nach der Art, der Menge und dem Wert des betreffenden Materials. Bei wertvollen Materialien wird jeder Waggon geprobt, bei weniger wertvollen, von denen u. U. ganze Eisenbahnzüge mit einer Vielzahl von Waggons das Werk erreichen, wählt man als ersten Probenahmeschritt eine bestimmte Zahl Wagen nach Zufallsgesichtspunkten aus, von denen dann die Proben entnommen werden. Zur Vermeidung unbewußt subjektiver Auswahlvorgänge wird in diesem Falle die Anwendung einer Zufallszahlentabelle empfohlen (s. 6.3.4.2).

2.7 Probenahme aus Behältnissen

Wertvolle Materialien, z. B. solche mit hohen Edelmetallgehalten, gelangen — im Gegensatz zu den lose transportierten Massengütern — meistens in verpackter Form zum Versand, ebenso feuchtigkeitsempfindliche Stoffe. Als Behältnisse werden verwendet: Container, Trommeln, Fässer, Kisten und Säcke.

Zur Bruttoverwiegung werden die Behältnisse mit Ausnahme der Säcke, deren Anzahl häufig für eine Einzelwägung zu groß ist, einzeln mit einer Dezimalwaage gewogen. Durch den Einsatz von Paletten lassen sich der Transport und das Wägen vielfach vereinfachen. Handelt es sich um dicht verschlossene Behältnisse, so ist im Gegensatz zu lose verschicktem Material keine Gewichtsveränderung während des Transports möglich. Man vergleicht dann die für die einzelnen, gekennzeichneten Behältnisse gefundenen Gewichte mit den meistens vorliegenden Abgangsgewichten des Lieferanten. Bei unzulässigen Differenzen wird der Lieferant bzw. dessen Vertreter verständigt, um eine Klärung der Angelegenheit herbeizuführen.

Die Tarafeststellung erfolgt nach dem vollständigen Entleeren der Behältnisse ebenfalls einzeln, wenn ihre Zahl nur gering ist oder ihre Abmessungen nicht gleich sind. Von einheitlichen Säcken werden je nach Stückzahl zwischen 1 und 10% ausgeklopft und zur Taraermittlung herangezogen.

Schwierigkeiten ergeben sich bei korrodierten Behältnissen, Verkrustungen des Materials und bei überstehenden wäßrigen oder öligen Flüssigkeiten. In solchen Fällen muß von den Probenahme-Fachleuten beider Vertragspartner von Fall zu Fall vereinbart werden, wie zu verfahren ist.

Sind durch Absonderung während des Transports überstehende Flüssigkeiten entstanden, so werden diese abgeschöpft und ihre Gewichte getrennt festgestellt. In diesem Falle müssen alle Behältnisse geöffnet werden. Der Rest der Flüssigkeit, der nicht abgeschöpft werden kann, ist dem Material gut unterzumischen. Ob ein äquivalenter Teil der Flüssigkeit zur Endprobe gegeben werden muß, hängt davon ab, ob die für die Inhaltsbestimmung notwendigen Elemente in der Flüssigkeit gelöst sind.

Ebenfalls muß eine Einigung über den erforderlichen Rohproben-Prozentsatz und die Art der Probenahme erzielt werden, was meistens erst nach einer gemeinsamen Besichtigung der vollständig oder teilweise geöffneten Behältnisse und des darin enthaltenen Materials möglich ist.

Zur Probenahme selbst ist es — mit Ausnahme der Fälle, in denen eine Stecherprobe durchführbar ist, also bei Vorliegen sehr feinen Materials — notwendig, die festgelegte Anzahl, deren Auswahl bei numerierten Einheiten nach der Methode der Zufallszahlen (s.6.3.4.2) erfolgt, völlig zu entleeren, das Material durch mehrfaches Kegeln zu mischen, die Kegel flachzuziehen und die Rohprobe als Segment, durch Grabenziehen oder Teilschaufeln (4.1.3) zu entnehmen. Container werden ebenfalls völlig entleert.

Der allgemeine Grundsatz, daß die Probenahme zur Zeit der Verwiegung erfolgen muß, gilt auch hier. Angaben über die Rohproben-Prozentsätze und weitere materialabhängige Einzelheiten der Probenahme finden sich in den Kapiteln des Speziellen Teils.

2.8 Probenahme vom Transportband

Transportbänder werden häufig eingesetzt, um aus See- oder Flußschiffen bzw. Waggons entladene und z. B. über Gleis- oder Fahrzeugwaagen verwogene Massengüter zu Lagerplätzen, Lagerhallen oder Silos zu transportieren. Das Gut gelangt über einen Aufgabetrichter oder einen mit einer Wägeeinrichtung versehenen Aufgabesilo auf das Band. Dabei ist eine Entmischung solcher Materialien über die Bandbreite möglich, die bezüglich der Korngröße und/oder der chemischen Zusammensetzung inhomogen sind. Grundsätzlich muß demnach bei der Probenahme vom Transportband gefordert werden, daß die Proben über die gesamte Bandbreite zu entnehmen sind.

Dieser Forderung wird entsprochen, wenn ein ganzer Bandabschnitt als Einzelprobe leergeräumt wird, entweder von Hand oder unter Verwendung eines mechanisch betätigten Abstreifers mit Abgrenzvorrichtungen zur Festlegung der Länge des abgeräumten Bandstückes. Dieses Abstreifen erfolgt senkrecht zur Bandbewegung und erfordert bei laufendem Band das Mitlaufen der Abstreifvorrichtung. Das gleiche gilt für Vorrichtungen, bei denen mechanisch betätigte Probenahmeschaufeln (Löffel) in der Laufrichtung des Bandes eine Anzahl Einzelproben über die Bandbreite verteilt entnehmen, wobei sich die Schaufeln etwas schneller vorschieben als das Material auf dem Band. In jedem Falle muß beim Abstreifen auch das direkt auf der Bandoberfläche aufliegende Gut mit erfaßt werden.

Die erwähnten Vorrichtungen zur Probenahme vom laufenden Band erfordern einen erheblichen technischen Aufwand. Einfacher ist es, die Probenahme an der Abwurfstelle eines Bandes bzw. an der Übergangstelle auf ein zweites Band vorzunehmen, wobei die Einzelproben aus dem fallenden Gutstrom entnommen werden können. Dazu dienen Gefäße unterschiedlicher Bauart, z. B. Kübel oder Schlitzgefäße, die, an Schwenkarmen oder Gliederketten befestigt, in regelbaren Zeitabständen und mit festgelegter Geschwindigkeit in der Weise durch den Materialstrom geführt werden, daß sie ihn ganz erfassen (auch die Ränder), ohne dabei vollständig gefüllt zu werden. Probenahmegefäße, die den Gutstrom in Bandrichtung durchqueren, müssen also breiter sein als das Band und Gefäße, die senkrecht dazu arbeiten, breiter als der sich während des Falls verbreiternde Materialstrom. Die Übergabe der Einzelproben in Sammelbehälter oder auf ein weiteres (Proben-)Band erfolgt entweder durch das Öffnen einer Klappe an der Unterseite des Gefäßes oder durch das Auskippen des Probegutes.

Bei einem anderen Probenahmeverfahren fällt ein Teil des beförderten Gutes an einer Bandübergabestelle durch ein Loch im weiterführenden Band auf ein spezielles Probenband. Man kann auch eine Schlitztrommel in ein Band einbauen und mit ihrer Hilfe die Proben entnehmen.

Bei Materialien mit größeren Gehalten an nicht chemisch gebundenem Wasser, besonders solchen, die aus einem nassen Verarbeitungsgang stammen wie auszementierte Metalle oder Flotationskonzentrate, muß bei der Probenahme — vor allem aus dem freien Fall — immer mit geringen Nässeverlusten gerechnet werden. Die so erhaltenen Proben sind dann für Nässebestimmungen nicht geeignet. In jedem einzelnen Fall muß deshalb geprüft werden, ob Anlagen für mechanische Probenahme und Probenzubereitung eingesetzt werden können oder nicht. Siehe auch den Abschnitt 1.6.2 und die dort aufgeführte Literatur.

3. Verfahren zur Probenahme von Metallen, Legierungen und Verbindungen

3.1 Probenahme von festen Metallen und Legierungen

3.1.1 Pulverförmige Metalle und Legierungen

Die Probenahme pulverförmiger Metalle und Legierungen, die im allgemeinen in Behältern angeliefert werden, erfolgt nach Prüfung der einzelnen Behälter auf Gleichmäßigkeit mittels eines Probenstechers. Dabei muß der Durchmesser des Stechers mindestens dem 2,5fachen Durchmesser des größten Korns entsprechen. Bei ungleichmäßigem Material werden die Behälter vollständig auf einen Haufen entleert, der dann nach den allgemeinen Verjüngungsvorschriften (4.1.3) aufzuarbeiten ist.

Bei der Probenahme feiner Metallpulver ist zu beachten, daß sie nicht unnötig lange der Einwirkung feuchter Luft ausgesetzt werden dürfen, da sonst leicht eine Oxidation eintreten kann. Zusammengeklumptes feines Metallpulver kann vor der Probenahme leicht zerdrückt werden.

3.1.2 Stückige Metalle und Legierungen

Bei *stückigem und sprödem Material* werden zunächst entsprechend der Menge der zu probenden Partie Einzelstücke wahllos entnommen, von denen Bruchstücke abgeschlagen werden. Diese vereinigt man zu einer Sammelprobe, die mit entsprechenden Zubereitungswerkzeugen auf Analysenfeinheit gebracht wird. Beim Abschlagen kleinerer Stücke ist darauf zu achten, daß der ganze Querschnitt der Einheit erfaßt wird. Enthält das zu probende Material Fein- und Feinstanteile, so müssen diese Anteile im gleichen Verhältnis zu ihrer Menge entnommen und mit der Sammelprobe zubereitet werden.

Besondere Sorgfalt ist darauf zu verwenden, eine Verunreinigung durch Fremdstoffe bei der Zubereitung der Probe zu vermeiden. Dazu ist es erforderlich, Bearbeitungswerkzeuge zu verwenden, die aus einem Material bestehen, das gegenüber Abrieb sehr widerstandsfähig ist und keine Elemente enthält, die später, vor allem in kleinsten Konzentrationen, in der zubereiteten Probe bestimmt werden sollen. Bei nichtmagnetischem Material können Zerkleinerungsmaschinen aus Stahl verwendet werden, da sich Eisenverunreinigungen, die beim Zerkleinerungsvorgang eingebracht werden, durch eine anschließende Behandlung mit einem Magneten entfernen lassen.

Bei *duktilem, zerspanbarem Material* werden von mehreren Stücken Bohr-, Säge-, Fräs- oder Drehspäne entnommen, die dann, wie in 4.1.5.2 angegeben, weiter aufgearbeitet werden. Die Späneentnahme soll an möglichst vielen Stellen erfolgen, um eine gute Durchschnittsprobe zu erhalten. Die bei dieser Probenahme allgemein zu beachtenden Richtlinien und Vorschriften sind die gleichen, wie sie im folgenden bei der Probenahme von Formaten und Gußstücken beschrieben werden.

3.1.3 Formate und Gußstücke

Bei der Qualitätsprobenahme aus Formaten, Gußstücken und Halbzeug wird je nach Größe der Lieferung und der Gleichmäßigkeit des Materials eine bestimmte Anzahl von Einheiten wahllos herausgegriffen. Die entnommenen Einzelstücke sollen sauber und frei von Schmutz, Öl, Fett usw. sein. Wenn notwendig, müssen die Stücke mechanisch oder durch eine chemische Behandlung gesäubert werden. Dabei sind nur solche chemische Methoden brauchbar, durch die kein Angriff auf das Metall erfolgt und keine chemische Veränderung an der Oberfläche eintritt. Für die Reinigung werden am zweckmäßigsten Lösungsmittel wie Aceton, Trichloräthylen usw. benutzt. Für die Inhaltsprobenahme darf keine vorherige Reinigung zur Entfernung von Oxidschichten oder Öl stattfinden.

Die Probenahme aus den Einzelstücken kann durch Sägen, Bohren, Fräsen, Hobeln und Abdrehen erfolgen. Die verwendeten Zerspanungswerkzeuge müssen vor der Probenahme sorgfältig gereinigt werden. Schnittiefe und Schnittgeschwindigkeit der Maschinen müssen dem zu zerspanenden Material angepaßt sein und sind so zu regeln, daß stärkere Erhitzung und damit Oxidationen und Veränderungen an der Probe vermieden werden. Die erhaltenen Späne sollen verhältnismäßig fein und von möglichst einheitlicher Größe sein. Späne von einheitlicher Größe können sofort gemischt und die Analysenprobe kann durch Verjüngen entnommen werden. Bei unterschiedlichen Spangrößen sind die Späne vor der Verjüngung durch Zerstampfen oder anderweitige Zerkleinerung auf einheitliche Größe zu bringen. Entstehen bei der Zerspanung pulverförmige Anteile, so müssen diese abgesiebt werden. Sie werden mengenmäßig erfaßt und bilden selbständige Fraktionen im Probensatz.

Bei der Inhaltsprobenahme dürfen bei der Zerspanung grundsätzlich keine Schmiermittel verwendet werden. Sind sie zur Verhinderung von Oxidation oder zur Erleichterung der Zerspanung für Qualitätsprobenahmen notwendig, sollen Schmiermittel gewählt werden, die keine Veränderung an den Spänen und keinen Angriff auf das zu probende Material verursachen. Bei Verwendung von Schmiermitteln müssen diese sobald als möglich wieder entfernt werden, am besten durch Behandlung der Späne mit geeigneten Lösungsmitteln wie Aceton, Trichloräthylen usw. oder Alkohol.

Bei dünnen Blechen und Folien, die nicht gefräst oder gebohrt werden können, erfolgt die Probenahme durch Zerkleinern mit Scheren.

Wie die Probenentnahme am Einzelstück erfolgt, hängt im wesentlichen davon ab, ob es sich um Reinmetall oder Legierungen handelt und ob mit Seigerungen zu rechnen ist. Wenn möglich, ist immer zu empfehlen, an verschiedenen Stellen, senkrecht zu den längsten Achsen über den ganzen Querschnitt zu fräsen, zu drehen oder zu sägen, wobei die Guß-, Preß- oder Walzenden ausgespart werden sollen. Das Bohren der Stücke ist nur dann anzuwenden, wenn es sich um homogenes, seigerungsfreies Material handelt.

Bei der Probenahme von Formgußstücken sind die Späne anteilmäßig sowohl an den dicken als auch an den dünnen Stellen zu entnehmen. Steiger, Trichter und Abgüsse können nur dann als Proben dienen, wenn die verwendeten Legierungen nicht seigern.

Halbzeuge sind im allgemeinen, vom Guß ausgehend, gründlich durchgeknetet. Die Seigerungsgefahr ist bei ihnen deshalb geringer als bei reinen Gußteilen. Trotzdem wird man an langgestreckten Halbzeugen Proben an beiden Enden entnehmen.

Für die geeignetste Art der Probenahme sei im übrigen auf die Kapitel der einzelnen Metalle im Speziellen Teil verwiesen.

3.2 Probenahme von flüssigen Metallen und Legierungen

3.2.1 Zustand und Behandlung der Schmelze vor der Probenahme

Bei der Probenahme von flüssigen Metallen und Legierungen ist erste Voraussetzung, daß die Schmelze, aus der die Probe entnommen werden soll, sich vollständig im flüssigen Zustand befindet und keine festen Anteile enthält. Diese Forderung dürfte bei den reinen Metallen, die einen einheitlichen Schmelzpunkt besitzen, allgemein erfüllt sein, wenn die Temperatur der Schmelze etwas oberhalb des Schmelzpunktes liegt.

Bei Legierungen — wenn sie nicht gerade bei der eutektischen Zusammensetzung liegen — besitzt die Schmelze infolge des Schmelzintervalles zwischen Solidus- und Liquiduspunkt je nach Zustandsschaubild des betreffenden Legierungssystems stets eine andere Zusammensetzung als die festen Anteile. Vor der Probenahme aus flüssigen Legierungen muß daher grundsätzlich die Temperatur so weit gesteigert werden, daß sich keine festen metallischen Anteile mehr im Schmelzgefäß befinden.

Eine weitere Voraussetzung bei der Probenahme aus dem schmelzflüssigen Zustand ist die *Homogenität* der Schmelze. Bei reinen Metallen, die nur sehr geringe Verunreinigungen enthalten, dürfte im allgemeinen eine homogene Verteilung dieser Verunreinigungen in der Schmelze vorliegen. Bei Legierungen hingegen muß im schmelzflüssigen Zustand um so mehr mit Inhomogenitäten und Entmischungen gerechnet werden, je höher die Gehalte an Zusatzelementen sind. Die Gefahr von Entmischungen in der Schmelze besteht besonders bei solchen Elementen, die unter den gegebenen Schmelztemperaturen im Grundmetall nicht mehr vollständig löslich sind und eine zweite Phase bilden, die je nach Dichte nach oben steigt oder nach unten absinkt. Als Beispiel für den letzteren Fall seien hier die Entmischungen in bleihaltigem Automatenstahl oder bleihaltigen Aluminiumlegierungen genannt.

Da jedoch die Mischungslücke bei steigender Temperatur kleiner wird — die gegenseitige Löslichkeit aber größer —, ist es bei Legierungen, deren Zusammensetzung in der Nähe der Löslichkeitsgrenze liegt, möglich, durch Temperaturerhöhung eine homogene, einphasige Schmelze zu erhalten. Daneben beobachtet man auch bei Zusatzelementen, die normalerweise in der Schmelze löslich sind, Konzentrationsinhomogenitäten als Folge von *Schwerkraftseigerungen*. Sie entstehen vor allem beim Einlegieren der Zusatzelemente, die meist in der Form von Vorlegierungen der Schmelze des Grundmetalls zugegeben werden, wenn nicht durch ausreichendes Durchrühren der Schmelze für einen Konzentrationsausgleich und eine homogene Verteilung gesorgt wird. So findet man die Zusatzmetalle, welche leichter als das Grundmetall sind, in den oberen Schichten der Schmelze angereichert. Umgekehrt sinken schwerere Anteile meist nach unten. So reichern sich zum Beispiel Zink in Kupferlegierungen, Eisen in Sondermessingen und Magnesium oder Silicium in Aluminiumlegierungen, wenn sie zum Schluß einlegiert werden, in der oberen Schicht der Schmelze an, wogegen Kupfer in Aluminiumlegierungen sich auf dem Grund der Schmelze findet.

Für die Probenahme aus Metall- und Legierungsschmelzen ist es deshalb unbedingt erforderlich, die Schmelze unmittelbar vor der Probenentnahme bis auf den Grund sorgfältig durchzurühren, um eine bestmögliche Homogenisierung zu erreichen. Eine einmal homogenisierte Schmelze bleibt, wenn im System keine Mischungslücke vorliegt und gegenseitige Löslichkeit vorhanden ist, auch nach längerem Abstehen homogen und zeigt keine Entmischungserscheinungen. Es wird jedoch empfohlen, auch in einem solchen Falle die Schmelze unmittelbar vor der Probenentnahme noch einmal durchzurühren. Das Durchrühren kann unterbleiben, wenn Schmelzöfen mit induktiver Heizung verwendet werden, bei denen durch die Metallbewegung eine gute Durchmischung der Schmelze gewährleistet ist.

Gehaltsunterschiede können nicht nur durch Vorgänge innerhalb der Schmelze selbst, sondern auch durch Reaktionen einzelner Bestandteile mit dem Schmelzebehälter, der Abdeckung bzw. Schlacke oder mit der Atmosphäre verursacht werden, die zu einer zusätzlichen Verunreinigung besonders von flüssigen Rein- und Reinstmetallen führen. Der *Werkstoff des Schmelzebehälters* und der sonstigen mit dem Metall in Berührung kommenden Geräte — sei er nun metallischer oder keramischer Natur — ist daher so zu wählen, daß er von der Schmelze bei der entsprechenden Arbeitstemperatur nicht oder nur möglichst wenig angegriffen wird. Gegebenenfalls werden Schutzanstriche oder Auskleidungen angewendet, die für die einzelnen Metalle und Legierungen variieren und die im Speziellen Teil aufgeführt sind (s. a. 1.7.4).

Beim Schmelzen können durch die Einwirkung der Ofenatmosphäre leicht oxidierbare oder flüchtige Bestandteile verschlacken oder verdampfen. Zum *Schutz gegen Oxidationen* verwendet man häufig eine Abdeckung mit Reduktionsmitteln (Holzkohle) oder/und mit Schmelzsalzen oder mit Schlacken. Auch das Einschmelzen unter Inertgasatmosphäre wird angewendet. Um ein Minimum an Abbrand und Oxidation zu erreichen, sollte das Metall so schnell wie möglich unter guter Abdeckung eingeschmolzen und die Probe sofort nach Umrühren der Schmelze entnommen werden.

Läßt sich bei oxidierbaren Metallen eine Berührung mit der Luft oder anderen oxidierenden Gasen nicht vermeiden, so wird sich, sofern der Sauerstoff im flüssigen Metall wenig oder gar nicht löslich ist, *Metalloxid* bilden. Dieses Metalloxid kann als Schlacke, Schaum, Krätze od. dgl. auf der Metallschmelze schwimmen. In diesem Falle ist die Oxidhaut bei der Probenentnahme abzunehmen und bei der

Inhaltsprobenahme besonders zu verarbeiten. Bei der Qualitätsprobenahme wird sie verworfen. Ist das Oxid im Grundmetall löslich und verteilt es sich mehr oder weniger schnell in der Schmelze, wird die Qualitätsprobenahme wesentlich erschwert. Es ist dann erforderlich, möglichst rasch nach dem Einschmelzen und Durchrühren eine Probe nicht zu nahe an der Badoberfläche zu entnehmen.

Enthält die Schmelze *Anteile mit höheren Dampfdrucken*, können diese bevorzugt zunächst aus den obersten Schichten der Schmelze und während des Gießens herausdampfen. In diesem Falle wird häufig vorgezogen, die Probe im Schöpflöffel erstarren zu lassen, oder man saugt das flüssige Metall in ein Rohr aus Quarz oder Keramik, wobei es so schnell erstarrt, daß keine Verluste durch Verdampfen entstehen. Bei der erstarrten Löffelprobe ist es notwendig, die ganze Probe zu zerkleinern und für die Analysenprobe zu verarbeiten.

3.2.2 Einrichtungen für die Probenahme

Das meist gebräuchliche Werkzeug für die Probenahme im flüssigen Zustand ist der Schöpflöffel (s. 1.6.1). Er besteht aus einem Werkstoff mit wesentlich höherem Schmelzpunkt als das zu probende Metall und darf mit diesem nicht reagieren. Ist dies nicht möglich, wie z. B. beim Stahl, so muß der Löffel gut eingeschlackt werden. Es empfiehlt sich auch sonst, wenn notwendig, den Löffel zum Schutz mit einer hochschmelzenden Schicht zu überziehen. Bei der Probenentnahme muß der Löffel gut vorgewärmt und schnell leergegossen werden. Ist er zu kalt oder dauert das Ausgießen zu lange, so setzt sich ein Teil der Schmelze im Probenlöffel an. Diese im Löffel erstarrten Anteile haben in den meisten Fällen eine andere Zusammensetzung als die Restschmelze, wodurch fehlerhafte Proben entstehen können.

Das im Schöpflöffel befindliche flüssige Probegut wird zur Erstarrung in eine *Probenkokille* (Abb. 3.2/1) vergossen, deren Form je nach Metall und Verwendungszweck verschieden ist. Bei den modernen, auch naßchemischen Analysen-

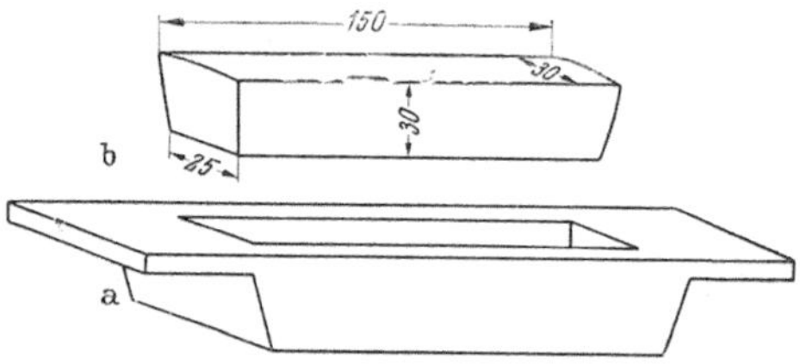

Abb. 3.2/1. Kokille zum Gießen von Probenblöckchen. a) Gußeiserne Kokille; b) Probenblöckchen.

verfahren ist die zu einer Analyse notwendige Menge an Metall oder Legierung so gering, daß man mit verhältnismäßig kleinen Kokillen arbeiten kann.

Bei den meisten Metallen und Legierungen wird bei der Probenahme sowohl für die naßchemische als auch spektrochemische Analyse die gleiche Probenform verwendet. Von den meist als Scheiben oder Teller ausgebildeten Proben läßt sich nach Entfernung der Oberfläche parallel zur Scheibe über die ganze Fläche eine für die naßchemische Analyse ausreichende Spänemenge abdrehen. Besser ist es, ein 90°-Segment zu entnehmen und dies vollständig zu zerkleinern. Die für diese Zwecke verwendeten Kokillen sind im Abschnitt 5.2.1 beschrieben.

Bei Verwendung anderer Probenkokillen ist für eine rasche Abkühlung und Erstarrung der Probe zu sorgen, um eventuell auftretenden Seigerungen und Entmischungen innerhalb der erstarrten Probe vorzubeugen. Die verwendeten Kokillen und die Weiterbehandlung der Proben sind je nach der Art des Metalls oder der Legierung verschieden. Näheres kann aus den Kapiteln über die einzelnen Metalle im Speziellen Teil ersehen werden.

Zur Entnahme von Proben aus flüssigen Metallschmelzen werden gelegentlich auch *Tauchkokillen* verschiedener Form verwendet. Sie sind besonders zur Entnahme von Stahlproben unmittelbar aus dem Ofen zur Sauerstoffbestimmung entwickelt worden und können ebenso für die Probenahme bei der Spektralanalyse benutzt werden. Je nach Art und Form der Kokille liefern sie zylindrische, kegel-, flaschen- oder scheibenförmige Probenkörper. Zur Entnahme von Proben wird die Kokille mit dem Deckel nach unten durch die Schlackenschicht gestoßen und innerhalb des Metallbades mit der Öffnung nach oben gedreht. Dabei löst sich der Deckel, und die Kokille füllt sich mit flüssigem Metall.

Eine weitere Art der Probenahme aus einer flüssigen Metallschmelze ist das Ansaugen mit einer *Ansaugkokille* bzw. -pipette mit Hilfe eines Balles oder im Vakuum. Dieses Verfahren wird fast ausschließlich für Proben zur Stahlanalyse, gelegentlich auch bei der Kupferanalyse zur Bestimmung von Wasserstoff und Sauerstoff angewandt (s. 28.4). Als Ansaugkokillen dienen meist zweigeteilte Kupferkokillen, auch Quarzrohre werden verwendet, wobei die Ansaugung mit einem Gummiball erfolgt. Die Vakuumpipetten bestehen aus verjüngten Quarzrohren, die mit Weicheisen abgedichtet sind. Sie werden anschließend evakuiert und abgeschmolzen. Beim Eintauchen in die Metallschmelze schmilzt das Abdichtungsmittel, und das flüssige Metall wird eingesaugt. Auch evakuierte und beidseitig zugeschmolzene Glasrohre finden Verwendung, die beim Eintauchen an der Spitze abschmelzen und flüssiges Metall einsaugen. Die dafür verwendeten Glassorten müssen genügend hitzefest sein, um den angesaugten Stahl bis zur Abkühlung halten zu können. Die so gewonnenen Stäbchenproben können auch für die Spektralanalyse benutzt werden.

Bei einigen Metallen kann die Probe, ähnlich dem betriebsmäßigen Ablauf, in Luft granuliert werden. In den meisten Fällen granuliert man durch Eingießen in eine Flüssigkeit, vor allem in Wasser, sofern das Metall nicht mit diesem reagiert. Das *Granulieren* wird gern bei stark seigernden Legierungen angewandt. Die zu granulierende Schmelze kann man aus dem Schöpflöffel tropfenweise oder in

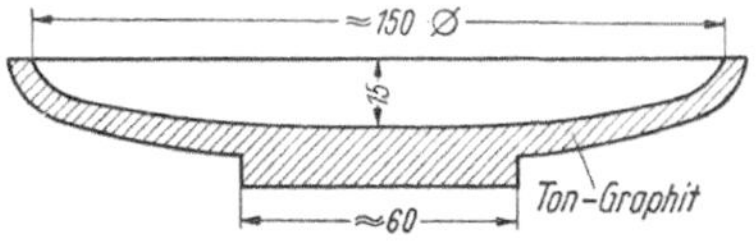

Abb. 3.2/2. Planschengießform.

dünnem Strahl in Wasser einlaufen lassen. Man kann auch oberhalb des Wasserbehälters ein Sieb oder Gefäß mit durchlochtem Boden anbringen und in dieses die Schmelze zügig eingießen, wobei der Siebbehälter von Hand oder mechanisch gerüttelt wird. Je nach Gießtemperatur, Lochdurchmesser, Abstand zwischen Sieb und Wasseroberfläche sowie nach der Wassertemperatur erhält man Granalien unterschiedlicher Form und Größe. Der Wasserbehälter darf nicht zu flach sein, damit die einzelnen Granalien nicht zu Klumpen zusammenbacken. Zweckmäßig ist es, kurz über dem Boden zum Sammeln der Granalien ein engmaschiges Sieb einzuhängen. Um etwa eingeschlossenes Wasser restlos zu entfernen, müssen die Granalien sorgfältig getrocknet werden.

Für niedrigschmelzende, wenig oxidierbare Metalle wird des öfteren die *Ausgießprobe* auf eine saubere Metallplatte (Eisen oder Kupfer) oder auf eine flache Kalotte (Planschenform) aus Ton oder aus Graphit (s. Abb. 3.2/2) angewendet. Das Metall erstarrt dann in dünner Schicht ohne wesentliche Seigerungen. Die meist sehr dünne Probe läßt sich mit der Schere bequem zerkleinern. Es ist besonders darauf zu achten, daß die mit dem Metall zu begießenden Flächen vorher sorgfältig gesäubert sind.

3.2.3 Seigerungen

Bei der Erstarrung flüssiger Legierungsschmelzen treten je nach den Erstarrungsbedingungen und der Art der Legierung Seigerungen auf, die sich in den gegossenen Proben, Formaten oder Gußstücken in mehr oder weniger großen Konzentrationsunterschieden der Zusatzelemente an bestimmten Stellen äußern. Da hierdurch Abweichungen von der mittleren Zusammensetzung entstehen, kann eine unsachgemäße Probenahme zu erheblichen Fehlern führen. Es seien daher zur Kenntnis dieser Fehlerquellen der Seigerungsvorgang im allgemeinen sowie die technisch wichtigen, nach dem äußeren Erscheinungsbild unterschiedenen Arten der Seigerung kurz angeführt.

Bei der Erstarrung aus Schmelzen von Legierungssystemen, die Mischkristalle bilden, findet in diesen nur ein unvollständiger Konzentrationsausgleich durch Diffusion statt. Dadurch entstehen Zonenkristalle, in denen ein Konzentrationsgefälle in Richtung des Kristallwachstums entsteht. Diese als „*Kornseigerung*" bezeichnete Erscheinung verursacht nur innerhalb der einzelnen Kristallite Konzentrationsunterschiede, die für die Probenahme praktisch keine Bedeutung haben und zu keinen Fehlern führen, da die Kristallitgrößen zu klein sind, um sich innerhalb des Gußstückes bemerkbar zu machen.

Bei der Erstarrung größerer Blöcke können Konzentrationsunterschiede auftreten, die über den Bereich der Kristallite hinausreichen und als „*Blockseigerung*" bezeichnet werden. Diese Blockseigerung kann verschiedene Ursachen haben.

Die bei der Erstarrung entstehenden Mischkristalle haben eine andere Dichte als die Schmelze und deshalb das Bestreben, in ihr herabzusinken oder nach oben zu steigen. Die dabei entstehende Entmischung wird als „*Schwereseigerung*" bezeichnet. Sie ist um so größer, je größer der Dichteunterschied zwischen den Kristallen und der Schmelze ist. Das wichtigste Beispiel für eine solche Schwereseigerung stellt die Garschaumbildung bei der Erstarrung des übereutektischen Gußeisens mit mehr als 4,25% Kohlenstoff dar. Die primär ausgeschiedenen, gegenüber der Schmelze sehr leichten Graphitkristalle steigen an die Oberfläche und können dort als Schaum abgeschöpft werden. Weitere Beispiele sind die Blei-Antimon- und Kupfer-Blei-Legierungen.

Neben dieser Schwereseigerung ist eine Entmischung der Legierung auch dann zu erwarten, wenn die Erstarrung schnell mit einer starken einseitigen Wärmeabfuhr erfolgt. Jede normale Erstarrung geht praktisch so vor sich, daß der höchstschmelzende Bestandteil vom Rande her in Richtung des größten Wärmeabflusses zuerst auskristallisiert. Die Zusatzelemente mit den niedrigsten Erstarrungspunkten reichern sich in der Restschmelze an, die schließlich im Innern als Kern inmitten einer dicken Schicht von Primärkristallen erstarrt. Bei ungünstigen Gieß- und Erstarrungsbedingungen kann dieser als „*normale Blockseigerung*" bezeichnete Vorgang zu erheblichen Konzentrationsunterschieden im Gußstück führen. Als Beispiel sei hier die Blockseigerung in Eisen-Kohlenstoff-Legierungen genannt, wo die zuletzt erstarrenden phosphor- und schwefelhaltigen Bestandteile sich im Innern der Blöcke befinden.

Meistens findet jedoch bei schneller Erstarrung von Legierungen eine andere Art von Seigerung statt, die man als „*umgekehrte Blockseigerung*" bezeichnet. Hier findet man die zu erwartende Anreicherung der zuletzt erstarrenden Komponenten nicht im Innern, sondern in den Außenzonen des Gußstückes. Als Beispiele, bei denen eine solche umgekehrte Blockseigerung auftritt, sind die Legierungen Kupfer-Zinn, Aluminium-Kupfer, Silber-Kupfer, Kupfer-Zink und Wismut-Antimon zu nennen.

Dringt die angereicherte Restschmelze bei der Erstarrung in etwa vorhandene Gashohlräume, so kommt es zu einer gewöhnlich nur örtlich begrenzten „*Gasblasenseigerung*". Diese tritt besonders bei Stahlgußblöcken sowie bei Konverterkupfer auf. Da diese Gashohlräume meist in den Randgebieten des Blockes liegen, wird diese Seigerungsart oft auch „*Randblasenseigerung*" genannt.

Im Zusammenhang mit den Seigerungen sei noch auf einen Schmelzfehler hingewiesen, der zwar nicht zu ihnen gehört, in seiner Auswirkung auf die analytische Zusammensetzung ihnen jedoch ähnlich ist. Er tritt beim Legieren von Metallen mit hochschmelzenden Zusätzen auf, wenn diese zu spät oder in eine zu kalte Schmelze eingetragen und von dieser nur unvollständig aufgelöst werden. Hierbei bilden sich ebenfalls Konzentrationsunterschiede und in ihrer Lage oft schwer zu kontrollierende Anreicherungsgebiete.

Es ist schwierig, allgemeine Richtlinien für die Probenahme bei Metallegierungen, die im besonderen Maße zur Seigerung neigen, anzugeben, da sowohl Umfang als auch Art der Seigerungen von zahlreichen physikalischen und chemischen Faktoren abhängig sind. Welches Probenahmeverfahren sich von Fall zu Fall anzuwenden empfiehlt, wird bei den einzelnen Metallen bzw. Legierungen beschrieben (s. den Speziellen Teil).

3.3 Probenahme von metallischen und nichtmetallischen Überzügen

Metallische und nichtmetallische Überzüge dienen in der Hauptsache als Korrosionsschutz; außerdem sollen sie die Oberfläche des Grundmetalls vor mechanischen Einwirkungen schützen, in einigen Fällen dem gesamten Teil auch erhöhte Festigkeitseigenschaften verleihen und ihm gegebenenfalls ein ansprechendes Aussehen geben. Zur Erfüllung dieser Aufgaben werden im praktischen Gebrauch die wichtigsten Gebrauchsmetalle, einschließlich der Edelmetalle, herangezogen. Von nichtmetallischen Überzügen kommen hauptsächlich Emailüberzüge und solche in Frage, die durch chemische oder elektrochemische Behandlung des Grundmetalls entstehen, sowie Kunststoffe.

Das Aufbringen von Metallen auf ein andersartiges Grundmetall kann durch Aufwalzen, auf galvanischem oder feuerflüssigem Wege sowie durch Aufstäuben oder Aufspritzen aus der Gasphase erfolgen. Je nach dem Herstellungsverfahren und der Oberflächenbeschaffenheit des Grundmaterials kann die Auflagedicke ungleichmäßig sein; dies ist bei der Probenahme zu berücksichtigen. Als Auflagemetalle finden Zinn, Zink, Aluminium, Blei, Cadmium, Edelmetalle, Nickel, Chrom, Kupfer und die Legierungen einiger dieser Elemente Verwendung. Das gebräuchlichste Grundmetall ist das Eisen.

3.3.1 Metallische Überzüge

Die Beurteilung der Eigenschaften dieser Überzüge ist sehr komplex und erfordert oft eine große Anzahl von Prüfverfahren. Die dafür notwendige Probenahme richtet sich wie jene auch nach dem Zweck, der verfolgt werden soll. Meist erstreckt er sich auf die

Überwachung der laufenden Fertigung;
Einhaltung der Lieferbedingungen;
Aufklärung von Schadensfällen;
Weiterverarbeitung von Altmetall oder Abfällen zur Gewinnung von Auflagemetall oder Grundmetall.

Überwachung der laufenden Fertigung

Von Einfluß auf die Probenahme ist die Art des Metallaufbringens. So werden beim *Schmelztauchverfahren* besonders Überzüge aus Zinn, Zink, Blei oder Aluminium auf Stahl hergestellt. Bei *Tafeln*, meist in Abmessungen von 2 m×1 m, nimmt man von der durchgesetzten Anzahl einen bestimmten Prozentsatz, der bei maschinellen Verfahren infolge der geringen Schwankungen der Herstellungsbedingungen und damit auch der einheitlicheren Beschaffenheit der Überzüge nur gering zu sein braucht. Die Entnahme der Einzelproben daraus erfolgt zweckmäßig nach dem in Abb. 3.3/1 angegebenen Schema. Diese Entnahme ist mög-

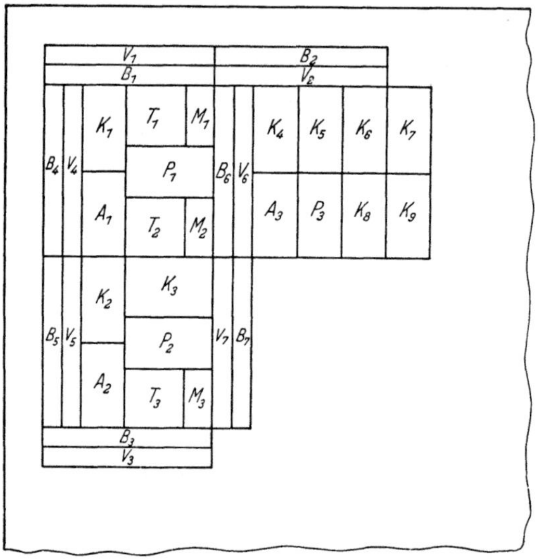

Abb. 3.3/1. Aufteilung der Endproben aus dem Prüfteil eines Bleches. Maßstab 1:5.
K_1 bis K_9: 3 mal 3 Proben 100 mm · 50 mm für Korrosionsversuche.
A_1 bis A_3: 3 Proben 100 mm · 50 mm für Schichtdickenbestimmung durch chemisches Ablösen.
M_1 bis M_3: 3 Proben 70 mm · 30 mm für Schichtdickenbestimmung durch metallographische Untersuchung.
P_1 bis P_3: 2 Proben 100 mm · 60 mm; 1 Probe 100 mm · 50 mm für Porenprüfung.
B_1 bis B_3: 3 Stäbe 200 mm · 20 mm in Längsrichtung für Biegeproben.
B_4 bis B_7: 4 Stäbe 200 mm · 20 mm in Querrichtung für Biegeversuche.
V_1 bis V_3: 3 Stäbe 200 mm · 20 mm für Verwindeversuche in Längsrichtung.
V_4 bis V_7: 4 Stäbe 200 mm · 20 mm für Verwindeversuche in Querrichtung.
T_1 bis T_3: 3 Proben 70 mm · 70 mm für Tiefungsversuche (nach Erichsen).

lichst je Tafel an drei verschiedenen Stellen vorzunehmen bzw. einmal aus der Mitte der Tafel und dann an zwei weiteren Stellen, die sich an den diagonal gegenüberliegenden Ecken befinden. Die äußeren Bereiche dieser Stellen sollen wenigstens 10 cm von der oberen bzw. unteren Kante und 5 cm von den Seitenkanten entfernt liegen (siehe ASTM-Norm A 90). Besondere Hilfsmittel sind bei solchen Probenahmen nicht erforderlich. Das Herausarbeiten geschieht am besten durch Sägen. Die genauen Endmaße werden dann gleichzeitig bei mehreren Proben zweckmäßig durch Abfräsen und Brechen der Kanten erhalten. Wegen der Gefahr des Verquetschens oder sonstiger Beschädigungen des Überzuges wird ein Herausstanzen oder -schneiden nicht empfohlen, selbst wenn die Scheren und Stanzwerkzeuge scharf sind und kein Spiel haben. Für *Rohrabschnitte und Drähte* wird dieses Entnahmeverfahren sinngemäß angewandt. Probestücke von Drähten von

1 mm Dicke und mehr sollen nach DIN 21213 etwa 30 cm lang, bei Dicken unter 1 mm etwa 50 cm lang sein. Diese Stücke verbleiben im ursprünglichen Zustand ohne jede Nachbehandlung, sollen nicht geknickt sein und können gegebenenfalls in einem sauberen Tuch aufbewahrt werden. Von *Kleinteilen*, z. B. von Schrauben, Bolzen, Muttern, Nägeln, die in größerer Stückzahl in Körben gleichzeitig behandelt werden, wird ein auf statistischer Grundlage errechneter prozentualer Anteil für die Prüfung entnommen (s. 6.3.4). Für Schrauben, Muttern u. ä. Gewinde und Formteile gilt für die Prüfung metallischer Überzüge, speziell die Messung der Schichtdicke, DIN 267 Blatt 9. Bei *Eimern, Wannen u. ä. Gefäßen* erfolgt die Probenahme in ähnlicher Weise, wie sie in Abb. 3.3/1 angegeben ist. Man entnimmt je eine Probe am Boden und eine an den Seitenwandungen des Gefäßes. Bei größeren Gefäßen empfiehlt es sich, aus den Seitenwandungen wenigstens zwei, wenn nicht drei Ausschnitte für die Untersuchung herauszunehmen und hieraus Einzelproben nach Abb. 3.3/1 herauszuarbeiten.

Beim *Tauchverfahren* können nur verhältnismäßig dünne Überzüge hergestellt werden. Man nimmt daher mindestens je drei Teile einer Fertigungsserie mit genügend großer Oberfläche (keinesfalls unter 100 mm × 50 mm) als Proben.

Überzüge auf *galvanischem Wege* werden vorwiegend auf Fertigteile aufgebracht. Daneben erfolgt in industriellen Großanlagen aber auch die Behandlung von Halbzeug, wie Bändern, Drähten u. dgl. Für letztere gelten die Richtlinien, wie sie für die Probenahme bei Erzeugnissen nach dem Schmelztauchverfahren zuvor angegeben wurden. Bei Fertigerzeugnissen mit glatter Oberfläche, besonders, wenn sie aus automatischen Ring-, Trommel- oder Glockenanlagen stammen, ist die Probenahme einfach, da man wegen der Gleichmäßigkeit der Auflagen nur wenige Probestücke zu entnehmen braucht; bei stark profilierten Fertigteilen dagegen ist es sinnvoll, als Proben glatte Teile mit zu galvanisieren, die dann den erforderlichen Prüfungen unterworfen werden können bis auf die Ermittlung der Schichtdicke und der damit direkt gekoppelten Eigenschaften. Für metallische Überzüge auf Werkstücken oder Fertigteilen werden in dem (1974 noch nicht erschienenen) Normblatt DIN 50982 solche Oberflächenbereiche als sogenannte „wesentliche Stellen“ definiert, an denen der Überzug vorhanden sein und alle für das Aussehen und den Verwendungszweck erforderlichen Eigenschaften aufweisen muß. Die wesentlichen Stellen, deren Anzahl, Lage und Größe vom Besteller festgelegt werden, sind insbesondere bezüglich der vorgeschriebenen Schichtdicke und des Verhaltens bei Korrosionsprüfungen wichtig und daher bei der Probenahme zu erfassen.

Ist eine Oberflächenbehandlung nach dem *Spritzverfahren* erfolgt, so läßt sich bei *Stahlbauten* bzw. *Stahlkonstruktionen* selbstverständlich keine Probe entnehmen. Die erforderlichen Prüfungen werden dann am behandelten Objekt selbst vorgenommen. Bei *Kleinteilen* dagegen, besonders wenn das Metallspritzen nicht automatisch in Trommelanlagen, sondern von Hand erfolgt ist, empfiehlt es sich, eine statistisch ermittelte Anzahl von Stücken aus jeder Lieferung als Probe zu entnehmen.

Das *Plattierverfahren*, bei dem das Grundmetall mit dem Überzugsmetall umgeben und anschließend durch starkes Verformen wie Walzen oder Pressen in der Kälte oder Wärme fest miteinander verbunden wird, findet in der Hauptsache bei Halbzeug Anwendung. Durch die Herstellung ist bedingt, daß größere Teile in verhältnismäßig gleicher Qualität anfallen, so daß nur eine geringe Anzahl von Proben entnommen zu werden braucht. Über Altmaterial siehe weiter unten.

Nach dem *Diffusionsverfahren* werden in der Hauptsache Überzüge aus Zink (Sherardisieren), Aluminium (Alitieren) und Chrom (Inkromieren) auf Stahl hergestellt. Es geschieht dies nur bei Fertigteilen mit geringeren Abmessungen. Als

Proben entnimmt man aus jeder Charge mehrere Teile. In gleicher Weise verläuft die Probenahme bei Materialien, deren Überzüge nach dem *Aufdampfverfahren* aufgebracht wurden.

Prüfung auf Einhaltung der Lieferbedingungen

Hierbei kommt es vor allem auf die Entnahme einwandfreier Durchschnittsproben und ihre sachgemäße Aufteilung an. Die Einzelheiten über Prüfungen und die Art der Probenahme unterliegen in der Regel besonderen Abmachungen zwischen Hersteller und Verbraucher. Auch hier ist ganz allgemein der bereits in Zusammenhang mit der Behandlung galvanischer Überzüge erwähnte Begriff der „wesentlichen Stellen" zu beachten. Bei der Festlegung der Abmachungen wird man auf die Normen zurückgreifen wie DIN 50905, 50351, 50103, 50133, 50145, 50125, 50153, 50101, 50112, 1605 u. a. m.

Aufklärung von Schadensfällen

Eine Probenahme zum Zwecke der dafür notwendigen Untersuchungen wird stets schwierig sein, da in den meisten Fällen sowohl mengen- als auch oberflächenmäßig nur wenig Versuchsmaterial zur Verfügung stehen dürfte. Deshalb lassen sich allgemeine Vorschriften für eine derartige Probenahme nur schwer aufstellen; man wird sich vielmehr nach den durchzuführenden Untersuchungen zu richten haben und prüfen müssen, inwieweit Proben dafür bereitgestellt werden können.

Verwertung von plattiertem Altmetall

Soweit es sich nicht um bereits sortierte Lieferungen handelt, muß der Probenahme ein Sortieren (3.4) vorausgehen, wobei Materialien mit Überzügen gleichen Metalls und gleicher Form ausgesondert werden. Der gewichtsmäßige Anteil der einzelnen Haufen ist festzustellen. Bei diesen sind wiederum die Schichtdicken des Überzugsmetalls und die Art des Grundmetalls zu berücksichtigen, ferner die Form des Materials, ob Bleche, Draht, Kleinzeug usw.; Probeabschnitte entnimmt man durch Sägen. Bei spröden metallischen und nicht mit dem Grundmetall verwachsenen Überzügen auf weichem Material, wie sie auch bei Fehlfabrikationen vorkommen können, besteht beim Sägen unter Umständen die Gefahr, daß ein Teil des metallischen Überzugs neben der Schnittstelle abplatzt und dadurch die Probe verfälscht wird.

Außerdem ist das Sägen der Altmaterialien, insbesondere bei großen Lieferungen, viel zu zeitraubend. Man entnimmt dann die Probe in der Art, daß man eine scharfe Schere, welche möglichst wenig Spiel haben darf, zum Schneiden der Abschnitte verwendet, oder indem man die Proben durch Stanzen gewinnt. Der Fehler, der dadurch entsteht, daß bei weichem Material die Schichten an den Rändern durch Schmieren über die Schnittflächen absplittern, kann im allgemeinen vernachlässigt werden. Die bei der Probe entnommenen Blechstücke müssen für eine einheitliche Zusammensetzung der Probe in den meisten Fällen nach dem Reaktionsschmelzen (4.1.4.2) weiter verarbeitet werden.

3.3.2 Nichtmetallische Überzüge

Von den anorganischen Überzügen sind solche aus *Email* am verbreitetsten. Auf die Fertigteile wird im allgemeinen Grundemail aufgebracht und eingebrannt, auf dieses dann Deckemail gegeben und ebenfalls eingebrannt, aber bei etwas niedrigerer Temperatur als vorher beim Grundemail. Da die Prüfung auf Korrosionsbeständigkeit bei größeren Gewichten des Prüfgegenstandes durch Behandlung mit Säuren, Laugen oder kochendem Wasser und Wasserdampf und nachfolgende Gewichtsbestimmung (DIN 51156, 51157 und 51165) ziemlich ungenau wird, werden parallel zur Fertigung extra Proben zu Prüfzwecken hergestellt. Als Proben dienen nach DIN 51164 runde ebene Platten aus demselben Grundmetall wie die Originalware, die unter ebenfalls gleichen Bedingungen bezüglich des Aufbringens und Einbrennens emailliert werden. Aus Gründen der Wägegenauigkeit sollen die fertigen Proben nicht mehr als 200 g wiegen. Neben den beschriebenen besonderen Prüfkörpern werden aus der Fertigung Teile in bestimmter Anzahl herausgegriffen, die dann auf Korrosionsbeständigkeit und Verhalten gegen mechanische Beanspruchung geprüft werden. Muß man aus emaillierten Gegenständen Proben heraustrennen, so dürfen diese nur aus ebenen Teilen entnommen werden. Die Rückseite der Proben aus emailliertem Stahlblech muß mindestens durch Grundemail geschützt sein. Vor dem Herausschneiden der Proben ist das Email entlang der Schnittfläche auf beiden Seiten bis auf das Metall durch Schleifen zu entfernen. Die Breite der vom Email zu befreienden Zone ergibt sich aus der Breite des Schneidwerkzeugs und einem Sicherheitszuschlag von mindestens 2 mm.

Überzüge, die durch *chemische* oder *elektrochemische Oberflächenbehandlung* erhalten werden, haben als Träger in der Hauptsache Stahl, Zink, Magnesium oder Aluminium. Am bekanntesten sind Verfahren wie das Phosphatieren bei Stahl, das Chromatieren bei Zink und Cadmium sowie die durch anodische Oxidation nach einer großen Anzahl von Verfahren auf Aluminium erzeugbaren Oxidschichten. Bei der Durchführung dieser Verfahren ist es ohne weiteres möglich, neben den zu behandelnden Teilen speziell glatte Proben, am besten in Blechform, mit durchzusetzen und an diesen Sonderproben die erforderlichen Prüfungen durchzuführen. Dies kommt vor allem infrage, wenn stark profilierte Gegenstände dieser Oberflächenbehandlung unterworfen werden, sonst genügen, da es sich meist um Massendurchsätze handelt, Proben in geringerer Anzahl. Bei dem in letzter Zeit zunehmend verwendeten farbig anodisch oxidierten Aluminium ist die meist innerhalb von Grenzmustern vereinbarte Farbgleichheit bei der Probenahme zu berücksichtigen. Ferner ist beim Heraustrennen von Proben aus anodisch oxidierten Aluminiumteilen zu beachten, daß nachfolgende Messungen wegen der Härte und Sprödigkeit der Oxidschichten und der mit dem Trennen verbundenen Gefahr der Rißbildung in der Schicht in genügendem Abstand vom Probenrand vorgenommen werden.

3.4 Sortieren

Durch Sortieren von gemischten Lieferungen an Neu- und Altmetallen sowie Rückständen kann die Probenahme erheblich verbessert oder überhaupt erst ermöglicht werden. Diese Art der Aufbereitung ist nicht nur ein geeignetes Verfahren bei der Erstellung einer Probe, sondern erfolgt in großem Maße auch zur technischen Trennung von Altmaterial.

Für die Probenahme wird entweder die ganze Partie oder aber die entnommene Rohprobe vor der Verarbeitung zur Analysenprobe einer Sortierung unterzogen.

Es ist klar, daß die Forderung nach einer möglichst weitgehenden Sortierung ihre Begrenzung in der praktischen Durchführbarkeit der Probenahme findet. Das Ausmaß der wünschenswerten Sortierung ergibt sich aus der Auftragstellung und der Art der Materialzusammensetzung. Es wird bei ausgesprochenem Raffiniermaterial geringer sein als bei Einsatzmaterial für die Weiterverarbeitung. Die Durchführbarkeit jedoch hängt von der Anwendung rascher Sortiermethoden ab. Solche müssen von angelernten Kräften nach kurzer Anweisung unter Aufsicht des Probenehmers ausgeführt werden können.

Bei *Neumetallen* in Block- oder Barrenform können die Blöcke gleicher Chargen-Nummern zur Entnahme getrennter Rohproben zusammengestellt werden. Die Rohproben können dann entweder getrennt oder gewichtsmäßig vereinigt zur Analysenprobe weiterverarbeitet werden.

Die Sortierung von *Altmetallen* und Schrott sowie Aschen und Krätzen mit mehr oder minder großen Anteilen an Metall erfolgt nach verschiedenen Gesichtspunkten.

Ein sehr altes Verfahren ist *die Magnetisierung.* Mit Hilfe eines Magneten oder eines Magnetscheiders (s. 1.7.3) bei feinerem Gut kann aus den Materialien der Nichteisenmetalle das Eisen entfernt werden. Hierbei ist darauf zu achten, daß gewisse Nickel- und Manganstähle mit und ohne Chrom unmagnetisch sind und manuell abgetrennt werden müssen. Bei der Magnetaufbereitung muß auch in Rechnung gestellt werden, daß plattierte Eisenbleche ebenfalls vom Magneten erfaßt werden.

Bei relativ einheitlichem Material mit großen und mittleren Stücken und Staub erfolgt zunächst eine *Sortierung nach der Größe,* so daß beispielsweise alle Anteile über 50 mm ausgelesen und von dem Rest Siebfraktionen hergestellt werden. Nach dem Wägen werden Teilproben entnommen, die dann anteilmäßig zusammengesetzt werden. Hierher gehören Bleiaschen, metallhaltige Kupferaschen und eine Reihe weiterer Produkte, die aus Metallanteilen und oxidischem Material bestehen. Bei reinen Metallabfällen wie Gemischen von groben und feinen Kabeln erfolgt die Sortierung ebenfalls nach der Größe der Anteile, wobei die Fraktionen nach der gewichtsmäßigen Zusammenstellung u. U. wieder gemeinsam zur Probenahme eingeschmolzen werden können.

Gewisse Sorten von Spänen zeigen durch ihre *Form,* ob kurz oder lang, oder die Tatsache, ob sie brüchig oder elastisch bzw. biegsam sind, an, ob sie einer bleiarmen Knetlegierung oder einer bleihaltigen bzw. Gußlegierung entstammen. Eine Trennung in diese zwei Sorten erhöht immer die Sicherheit der Probenahme.

Da der Schrott aus neuen Verarbeitungsabfällen stets sauberer ist als aus Altmaterial, kann hier die Sortierung auf *visuellem* Wege geschehen. Blechschrott von jungfräulichem Material wird von Schrott aus gebrauchtem Altmaterial durch Auslesen getrennt. Die visuelle Methode der Sortierung nach der Farbe von Legierungen erfordert eine große praktische Erfahrung und Spezialkenntnisse. Am einfachsten gestaltet sich noch die Sortierung bei grobem Material wie Autokühlern, bei denen gleichartige Kühler als Teilproben entnommen werden, oder bei Akkumulatoren, die zunächst nach der Größe der Batterien zu sortieren sind, da der Bleigehalt bei großen Batterien ja wesentlich höher ist als bei kleineren.

Aluminium und -legierungen. Beim Sortieren von Schrott aus Aluminium und seinen Legierungen ist es möglich, sowohl nach der Farbe als auch nach der Form der Abfälle zu arbeiten. Reines Aluminium ist bei nicht zu starker Oxidation deutlich von den dunkleren, die Metalle Kupfer, Zink usw. enthaltenden Legierungen zu unterscheiden. Aus den Formen der Abfälle können Schlüsse auf den Bleigehalt der Lieferung gezogen werden. Da Bleigehalte warmbrüchig machen, sind Aluminiumlegierungen, die gewalzt und gezogen sind, meist frei von Blei. Aus kurzen, spitzen Spänen kann geschlossen werden, daß es sich um bleihaltiges Material handelt, das für die spanabhebende Bearbeitung auf Automaten zulegiert wurde.

Knetlegierungen und das daraus hergestellte Halbzeug besitzen einen höheren Reinheitsgrad und höhere Aluminiumgehalte ($>93\%$) als Gußlegierungen, die nur 85 bis 88% Aluminium enthalten.

Innerhalb der Gußsorten gilt eine ähnliche Abstufung, indem Kokillen-, Preß- und Spritzgußteile meist aus reineren und hochprozentigeren Legierungen hergestellt sind als Sandguß. Manchmal läßt sich eine rasche Trennung zwischen den meist größeren Sandgußteilen und den kleineren anderen ermöglichen.

Als Folgerung aus diesen Überlegungen ist festzuhalten, daß ein Sortieren des Altmetalls in Guß- und Knetmaterial immer eine qualitative Scheidung bedeutet, welche bei der Probenahme von Raffiniermaterial als wünschenswert, bei Einsatzmaterial als notwendig zu bezeichnen ist, um so mehr, als man sie rasch und sicher durchführen kann. Aus Aluminiumkabeln mit Eisenseele wird das Eisen nach dem Zerschneiden in etwa 30 bis 50 mm lange Stücke durch den Magneten oder Magnetscheider abgetrennt (s. auch Kap. 7, Aluminium).

Blei und -legierungen. Bei Abfällen aus Blei handelt es sich beim Sortieren um die Entfernung von Eisen- und Kupferdrähten sowie Messingteilen. Ihre manuelle Abtrennung bereitet keine Schwierigkeiten. Zink ist durch seine charakteristische Oxidschicht ebenfalls leicht erkennbar. Über die Aufarbeitung von Bleiakkumulatoren siehe unter 12.2.4.

Kupfer und -legierungen. Für die Sortierung von Kupferlegierungen gilt im wesentlichen folgendes: Man unterscheidet bei Kupfer-Zink-Legierungen solche mit

58 bis 60% Kupfer — ockergelb
bis 63% Kupfer — rötlich gelb
bis 73% Kupfer — gelb bis grünlichgelb
über 80% Kupfer — hellrot
bei 85% Kupfer — goldgelb

darüber geht die Farbe wieder ins Rote.

Es ist also unmöglich, eine einfache Relation zwischen Kupfergehalt und Rotfärbung aufzustellen, wie es der Laie wohl vermuten möchte. Für den Metallsortierer ergibt sich die wichtige Tatsache, daß Messing mit Kupfergehalten von 58 bis 60% rötlicher und damit kupferhaltiger erscheint als Messing mit 63 bis 72%. Erst bei 80% setzt sich die rote Kupferfarbe wieder durch.

Bei oberflächlicher Betrachtung kann aus diesem Grunde Stangen- oder Preßmessing mit Rotguß verwechselt werden; dieser hat bekanntlich 85% Kupfer. Dieser Irrtum kommt in der Altmetallpraxis fast täglich vor, weshalb besonders darauf hingewiesen werden muß. Hinzu kommt, daß durch zusätzliche Legierungselemente in den sog. Sondermessingen eine weitere Verschiebung in der Farbskala eintritt.

Bei Wiederverarbeitungsmaterial (z. B. Rotguß) spielen schon wenige Prozente an Sonderlegierungen, wie Sondermessing und Sonderbronze, eine Rolle. In diesem Fall kann ihre Erkennung von Wert sein. Die hierfür nötigen Farbkenntnisse sind komplizierter und nur durch die Praxis sicher erlernbar. Als Beispiel seien nur die weißlichbraunen Aluminium-Mehrstoffbronzen, die grüngelben Aluminiummessinge und die rötlichen Bleibronzen angeführt.

Andere Kupferlegierungen, z. B. solche mit Zinn, Aluminium oder Nickel, zeigen ebenfalls Gesetzmäßigkeiten in der Färbung, welche das Erkennen erleichtern, zum mindesten bestimmte Abgrenzungen schaffen. So tritt bei Zinn- und Aluminiumbronzen eine Farbskala von Rot und Gelb bis Weiß auf. Es gibt aber keine Möglichkeit der Unterscheidung der beiden Sorten untereinander mit einfachen Hilfsmitteln.

Außerdem gilt für Kupferlegierungen dasselbe wie bei Aluminium beschrieben, daß gewalzte und tiefgezogene Halbzeuge meist frei von Blei sind, während Abfälle aus kurzen Spänen und das Vorhandensein von Stangenenden aus der spanabhebenden Bearbeitung auf bleihaltiges Material hindeuten.

Wenn auch das Sortieren nach dem Merkmal „Farbe“ meist am einfachsten ist, so ergeben sich einmal aus der Konstruktion von Einzelteilen, zum anderen auch aus dem unterschiedlichen Klang beim Anschlagen und dem unterschiedlichen Bruch der Legierungen zusätzliche Sortierungsmöglichkeiten. So bestehen z. B. die Gehäuse von Maschinenteilen wie Pumpen aller Art meistens aus hochwertigen Zinnbronzen, ebenso Schieber und Ventile für größere Querschnitte, sowie viele Maschinenteile aus dem Schiffbau (Lager, Stoffbuchsen), Schiffsschrauben jedoch meistens aus Sondermessingen.

An einer frischen Bruchfläche ist aus der Art des Gefüges (Körnung, Farbverteilung) auf die betreffende Legierung zu schließen. Zinnbronzen weisen z. B. eine ungleichmäßige Farbverteilung auf (innen gelb, außen grau) und eine grobe Struktur, im Gegensatz zu dem feinkörnigen Aufbau der zinnarmen oder zinnfreien Messinge.

Schlägt man ein freiliegendes oder ein freihängendes Metallstück mit dem Hammer an, so kann man aus dem Klang Rückschlüsse auf die betreffende Legierung ziehen. Beispielsweise ist der Klang von Rotgußlagerschalen wesentlich heller und „metallischer" als derjenige von Bleibronzelagerschalen.

Für die richtige Beurteilung von Einzelstücken aus Kupferlegierungsschrott aufgrund der Merkmale „Klang" und „Bruch" ist jedoch langjährige Erfahrung Voraussetzung.

Nickel und -legierungen. Da Nickel in reiner Form magnetisch ist, nicht aber seine Nichteisenmetall-Legierungen, kann darauf eine Sortierung aufgebaut werden. Durch Bearbeiten von Abfällen mit schwachen Magneten kann man zunächst etwa vorhandenes Eisen entfernen. Durch Verstärken des Magnetfeldes läßt sich dann metallisches Nickel erfassen, während die Legierungen zurückbleiben. Dieses Verfahren eignet sich sowohl zur Abtrennung von Nickel aus größeren Mengen Legierungen als auch zur Reinigung des Nickels von Legierungsverunreinigungen. Bei Neusilber können die nickelarmen Legierungen von den nickelreichen durch ihren Stich ins Grüngelbe unterschieden werden.

Zink und -legierungen. Unlegiertes Zink in den Abfällen kann von Legierungsabfällen leicht durch seine blaugrauen Anlauffarben in leicht korrodiertem Zustand und durch seine Oxidschicht unterschieden werden. Die Zinklegierungen enthalten stets Aluminium und behalten beim Lagern ihre weiße Farbe.

Bei Abfällen von Zinkblech handelt es sich meist um bleireiches und auch cadmiumhaltiges Material, da Bleche aus Hüttenzink hergestellt werden. Knet- und Gußlegierungen werden aus Feinzink gewonnen, da sonst interkristalline Korrosion auftritt. Sie sind danach blei- und zinnfrei und enthalten stets Aluminium und Magnesium, evtl. auch Kupfer. Besonders zu beachten ist, daß bei Vorhandensein von Lötstellen mit mehr oder weniger großen Mengen von Zinn zu rechnen ist, das für die Wiederverwendung des Zinks sehr schädlich ist.

Zinn und -legierungen. Sowohl reines Zinn als auch Zinnlegierungen können beim Erhitzen an den gelben Anlauffarben erkannt werden, die um so stärker auftreten, je höher der Zinngehalt ist. Legierungen mit 30% Zinn können schon kräftige Anlauffarben zeigen. Treten graue neben gelben Blöcken auf, so ist eine Sortierung nach Farbe zu empfehlen. Dabei ist aber zu beachten, daß die Gelbfärbung durch geringe Zinkspuren verschwindet. Einlegiertes Zink in höheren Gewichtsanteilen führt beim Erhitzen zur Bildung silbriger Häute oder aber zur Verfärbung in den Regenbogenfarben.

Eisen und -legierungen. Eisen kann von bestimmten Stahlsorten, die mit Nickel, Chrom oder Mangan legiert sind und auch Molybdän oder Wolfram enthalten können und nichtmagnetisch sind, mit gutem Erfolg durch Magnetaufbereitung getrennt werden. Dabei ist darauf zu achten, daß auch plattiertes Eisen vom Magneten angezogen wird.

Außer diesen keineswegs erschöpfend angeführten Sortierungsmöglichkeiten für Neu- und Altmetalle gibt es noch eine Reihe anderer Kriterien zur Abtrennung. Hierher gehören Sortieren nach der Dichte, nach dem Bruchgefüge, nach chemischen Reaktionen, insbesondere Tüpfelreaktionen, nach der Funkenprobe, Härte usw. Diese Methoden erfordern aber, wenn sie teilweise auch bessere Ergebnisse zeitigen, einen hohen Zeitaufwand sowie erhebliche Erfahrung und Kenntnisse des Probenehmers.

3.5 Probenahme von Stoffen mit metallischen Beimengungen

Zu dieser Gruppe gehören neben gewissen Edelmetallerzen (18.1) vor allem Produkte aus Schmelzprozessen von Abfällen der Fabrikation, z. B. der Halbzeugindustrie, sowie Altmaterialien aller Art. Die genannten Materialien sind in der Regel Gemische von Metallen mit oxid-, chlorid- oder sulfathaltigen Metallverbindungen. Als Beispiel seien Akkumulatorenabfälle, Salmiak- und Sodaschlacken, Zinkaschen und mehr oder weniger oxidhaltige Späne aller Art genannt. Ihre Anlieferung erfolgt entweder offen oder verpackt in Behältern. Über die Probenahme dieser Stoffe sind Einzelheiten im Speziellen Teil unter den Metallen zu finden.

Im allgemeinen soll nur betont werden, daß eine derartige Probenahme mit größtmöglicher Sorgfalt unter Ausschaltung jeder individuellen Beeinflussung zu erfolgen hat, um vor allem das der Lieferung entsprechende Verhältnis von metallischen und nichtmetallischen Bestandteilen richtig zu erfassen. Soweit das Material trocken und in feinem Zustande vorliegt und die metallischen Beimengungen mit bloßem Auge nicht erkennbar sind, wird die Probenahme mittels Schaufel- oder Stecherprobe durchgeführt. Bei Anwesenheit gröberer Metallstücke wird die Rohprobe erst nach dem Ausladen derart genommen, daß man durch den Stapel einen oder mehrere Gräben zieht oder mehrere Löcher bis auf den Grund des Haufens aushebt, das gesamte dabei anfallende Material zu einer Rohprobe vereinigt und dieselbe auswägt. Dann werden die gröberen Metallanteile durch Absieben abgetrennt, nach oberflächlicher Reinigung, falls erforderlich, noch durch Abbürsten mit einer scharfen Bürste von anhaftenden Verunreinigungen befreit, gewogen und das Siebgut weiter aufgearbeitet.

Ist es aus irgendwelchen Gründen erforderlich, Rohproben schon während des Entladens der Waggons zu ziehen, so wird zweckmäßig wie bei der Probenahme von grobstückigem Erz verfahren, d. h., man entnimmt von Zeit zu Zeit ein größeres Quantum Probegut derart, daß man es in ganzer Schichthöhe und -breite der Partie an der Stelle erfaßt, an der das Ausladen unterbrochen worden ist. Um zu verhindern, daß die Gesamtmenge der Rohprobe zu groß wird, kann man jeweilig schon diese Teilproben durchmischen und verjüngen.

Die abgesiebten metallischen Bestandteile werden eingeschmolzen. Den erstarrten Barren oder Reguli entnimmt man Proben durch Sägen, Bohren oder Feilen.

Die entstandene Krätze wird in einer Kugelmühle oder auf einem Kollergang zerkleinert. Bleiben dabei noch größere Mengen Metall zurück, so werden sie abgesiebt, gegebenenfalls nochmals für sich eingeschmolzen und als „Metall 2" bezeichnet. Alles ausgebrachte Metall und die Krätze sind im Verhältnis ihrer Gewichte beim Zusammenstellen der Endprobe zu berücksichtigen.

Die Probenahme von *Ofenbruch*, der beim Abbruch von Schacht-, Raffinier- und anderen Schmelzöfen und in Eisenhochöfen als sog. „Bären" anfällt und teils metallischer Art ist, teils aus Gemäuerbrocken kleineren oder größeren Ausmaßes besteht, die mit metallischen Ausscheidungen stark durchsetzt sind, geschieht in folgender Weise: Die Masse des Bruches wird zunächst durch schwere Hämmer oder Fallbären zerkleinert; dabei werden nach der Zertrümmerung der Mauerbrocken die metallischen Teile freigelegt. Hat man sie aussortiert, so werden sie gewogen und für sich in bekannter Weise weiterbehandelt. Vom spröden Feinen entnimmt man die Probe durch Werfen über den Kegel und Vierteln. Die Rohprobe wird dann im ermittelten Verhältnis der einzelnen Anteile zusammengesetzt und weiterverarbeitet. Ofensauen von beträchtlichem Gewicht können oft nur mittels Sprengladungen zerkleinert werden. Auch Prallmühlen in Verbindung mit Separatoren sind bisweilen zur Zerkleinerung eingesetzt worden. Zu beachten aber ist immer, daß die dabei entstehenden Metallbrocken sehr unterschiedlich zusammengesetzt sind und daher eine Probenahme gegebenenfalls nur durch visuelles Sortieren, Anbohren größerer Stücke an möglichst vielen Stellen oder Einschmelzen einer Auswahl handlicher Brocken zu einem einigermaßen brauchbaren Ergebnis führen kann.

3.6 Probenahme von Oxiden und Salzen

Oxide und Salze stellen im allgemeinen feinkörnige bis pulverförmige Materialien dar. Geschmolzene Salze wie Zinkchlorid oder Natriumhydroxid werden in Fässern bis 200 kg geliefert. Die Probenahme dieser Materialien ist auch nach gewissen chemischen Merkmalen unterschiedlich.

3.6.1 Nichthygroskopische, an der Luft nicht veränderliche Stoffe

Aus feinkörnigen bis pulverförmigen Stoffen, die weder hygroskopisch sind noch sich unter dem Einfluß von Atmosphärilien — sei es durch Aufnahme von Kohlendioxid oder durch Oxidation — verändern, werden die Einzelproben aus einer bestimmten Anzahl von Gebinden mit Probenstecher an drei Stellen entnommen, wobei darauf zu achten ist, daß das Material des Stechers nicht durch das Probenmaterial angegriffen werden darf. Bei einheitlichen Chargen genügt eine Entnahme aus jedem 5. oder 10. Gebinde; bei Losen aus mehreren Chargen muß u. U. jedes einzelne Gebinde zur Probenentnahme herangezogen werden. Nach Vereinigung der Einzelproben und guter Mischung der Rohprobe wird je nach Art des Materials eine Zwischenzerkleinerung eingeschaltet oder bei Pulver direkt nach Probenteilung die Analysenprobe hergestellt.

Allgemein ist bei kristallhaltigen Salzen eine Bestimmung der Nässe nicht oder nur indirekt möglich.

3.6.2 Hygroskopische Stoffe und solche, die Kohlendioxid aufnehmen

Bei diesen Salzen muß die Probenahme rasch und möglichst unter Luftabschluß vor sich gehen. Die Verpackungsbehälter, aus denen die Einzelproben zu entnehmen sind, dürfen erst unmittelbar vor der Probenahme geöffnet werden und sind nach der Entnahme sofort wieder zu verschließen.

Bei stückigem Gut wird während des Ein- oder Ausfüllens, ggf. Umfüllens der Trommeln in regelmäßigen Abständen Material oder eine Schlagprobe von den Stücken in dickwandige Polyäthylenbeutel abgefüllt. Das Material wird darin unter Luftabschluß zerdrückt oder auch zerschlagen. Bei feinem Material erfolgt die Entnahme mit einem Probenstecher.

Die gesammelten Einzelproben werden in einer Weithals-Polyäthylenflasche oder einer mit Folie ausgekleideten Spannringtrommel zur Rohprobe gesammelt. Die Behälter dürfen höchstens zu einem Drittel gefüllt sein, um eine gute Durchmischung des Probegutes zu gewährleisten. Nach sorgfältiger Homogenisierung des Probenmaterials erfolgt die Abfüllung in luftdicht verschließbare Polyäthylen- oder Glasflaschen.

3.6.3 Stoffe, die zur Oxidation neigen

Der Versand dieser Materialien erfolgt in Behältern, die mit Schutzgas (Argon oder Stickstoff) gefüllt werden. Das Öffnen der Behälter hat unter Schutzgas zu erfolgen. Die Einzelproben werden in einen mit Schutzgas gefüllten Behälter gegeben. Eine evtl. notwendige Vermahlung erfolgt in geschlossenen, mit Schutzgas gefüllten Mühlen auf 0,2 mm. Die gemahlene Rohprobe wird unter Schutzgas (geschlossenes Gefäß!) gemischt. Unter Schutzgas werden die Analysenproben abgefüllt und aufbewahrt.

4. Weiterbehandlung der Rohprobe

4.1 Zurichten bis zur Endprobe

Im Prinzip könnte man die gesamte Rohprobe so homogen herrichten, daß ein als Analysenprobe abgetrennter Teil als identisch mit dem zurückbleibenden Material angesehen werden könnte. Wegen des hierzu erforderlichen großen Zeitaufwandes und der hohen Kosten verzichtet man aber im allgemeinen auf die Verarbeitung der gesamten Rohprobe und wendet Verfahren an, die bei Verringerung der Probemenge schließlich zu Analysenproben führen, die in ihrer Zusammensetzung dem Durchschnitt der Rohprobe entsprechen.

Diese Verfahren bestehen bei sprödem Material im Zerkleinern, Mischen und Verjüngen der Rohprobe, bei zerspanbaren Metallen darüber hinaus auch im Schmelzen, Bohren, Sägen, Fräsen und Granulieren. Häufig ist vor der Zerkleinerung der Rohprobe eine Vorbehandlung vorzunehmen, um Feuchtigkeit und andere die weitere Verarbeitung störende Beimengungen zu entfernen.

4.1.1 Reinigen des Probegutes von störenden Beimengungen

Bei der Weiterverarbeitung der Rohprobe treten oft Störungen durch Bestandteile auf, die teils dem Material zugehören, teils als artfremde Verunreinigungen nachträglich hinzugekommen sind. Einige Beimengungen bewirken ein Verkleben und Verschmieren der Zerkleinerungsgeräte und Siebe und können unter Umständen eine normale Probenaufarbeitung völlig verhindern. Die Beseitigung der störenden Beimengungen, die sowohl anorganischer als auch organischer Natur sein können, gehört deshalb zu den Vorarbeiten der Probenbearbeitung.

Zu den Beimengungen, die meist von Natur aus dem Material angehören, rechnen Feuchtigkeit, Gehalte an freien Säuren oder Alkalien, tonige Bestandteile und organische Stoffe.

Zur zweiten Gruppe gehören beim Verladen und Materialtransport hinzugekommene Stoffe wie Eisen-, Holz-, Papier-, Textil- und Kunststoffstücke von Fässern, Säcken, Verpackungsfolien usw. Außerdem gehört hierzu der Gehalt an Ölen bei Flotationskonzentraten, Metallstücken und -spänen.

Die Beseitigung der störenden Beimengungen kann durch Trocknen, manuelles Auslesen, Extraktion mit organischen Lösungsmitteln oder durch Glühen erfolgen.

Von diesen Arbeiten birgt das *Glühen* gewisse Gefahren in sich, da dabei nicht unwesentliche Materialveränderungen auftreten können. Beim Glühen können sich wertvolle Bestandteile oder solche Stoffe, für die bei der Bezahlung der Ware ein Strafabzug vereinbart ist, weitgehend verflüchtigen. Chemisch gebundenes Wasser, Kohlendioxid, Schwefel, Arsen und Chloride können unter Umständen vollständig ausgetrieben werden. Bei Anwesenheit organischer Stoffe ist oft eine Reduktion oxidischer Verbindungen beim Glühen zu beobachten, die zu einer Gewichtsverminderung führt. Andererseits ist auch eine Sauerstoffaufnahme und damit eine Gewichtszunahme möglich. Unter gewissen Umständen können sich beide auftretende Gewichtsveränderungen gegenseitig aufheben.

Aus den angeführten Gründen sollte man ein Glühen der Proben nach Möglichkeit vermeiden. Erweist sich das Glühen des Materials jedoch als notwendig oder ratsam, so haben sich die Probenehmer der beiden Parteien in jedem Falle zu einigen, ob diese Behandlung vertretbar ist. Beim Glühen müssen alle Gewichtsveränderungen genau bestimmt und im Protokoll festgehalten werden. Näheres über die praktische Durchführung des Glühens siehe 1.4.3.

Feuchtigkeitsgehalte von Erzen, Schlämmen und anderen Proben werden durch Trocknen entfernt (s. 1.4.2). Das Trocknen bereitet keine besonderen Schwierigkeiten, soweit es sich um neutrale oder geringe Mengen freie Säuren enthaltende Proben handelt. Laugenhaltige Stoffe, z. B. Alkalischlacken, können während der Probenverarbeitung Wasser und Kohlendioxid aus der Luft aufnehmen. Außerdem können im Probenmaterial vorhandene Sulfide unter Umständen zersetzt werden. *Tonige Anteile* in Erzen und anderen Proben können namentlich in Gegenwart von Feuchtigkeit sehr störend wirken. Bei mechanischer Probenahme kann der ganze Arbeitsgang gefährdet werden. Bei der Weiterverarbeitung dürfen wegen der Verschmierungsgefahr und damit der Gefahr einer gewissen Entmischung keine geschlossenen und schwer zu reinigenden Geräte wie Kugelmühlen, automatische Probenteiler usw. verwendet werden. Proben mit tonigen Anteilen werden im allgemeinen bei 105 °C getrocknet. Die Weiterverarbeitung soll in leicht zu reinigenden Mörsermühlen oder Reibschalen erfolgen.

Die den Materialien zugehörigen *organischen Anteile* stören im allgemeinen die Weiterverarbeitung nicht. Dagegen müssen häufig die artfremden organischen Anteile entfernt werden. Bei Materialien, die lose in Schiffen, Waggons oder dgl. transportiert werden oder längere Zeit offen lagern, kann leicht eine oberflächliche Verschmutzung eintreten. Dies wird meist schon bei der Probenahme erkennbar. Bei Material, das in Holzfässern oder Säcken aus Textil, Papier oder Kunststoff-Folie transportiert wurde und infolge wiederholten Umladens durch Teile des Verpackungsmaterials verunreinigt ist, wird man versuchen, die artfremden Stoffe herauszulesen. Ist deren Menge vernachlässigbar klein, kann man sie verwerfen. Bei wertvollem Material und größeren Mengen sind sie genau auszuwägen und ihr Gewicht abzuziehen.

Ölgehalte in Flotationskonzentraten stören im allgemeinen nicht. Bei Materialien, die neben Öl auch Feuchtigkeit enthalten, z. B. Dreh- oder Bohrspäne, wird eine gewogene Menge bei 105 °C getrocknet und zurückgewogen. Anschließend wird das vorgetrockenete Material durch Extrahieren mit einem nicht feuergefährlichen Lösungsmittel (z. B. Kohlenstofftetrachlorid, Trichloräthylen) entfettet. Dann wird nochmals etwa 1 h bei 105 °C getrocknet und anschließend gewogen. Aus dem zweiten Gewichtsverlust ergibt sich die Menge des in der Probe vorhanden gewesenen Öls. Dieser muß gleich dem ersten Gewichtsverlust auf die Einwaage an Originalmaterial bezogen werden, nicht auf das Trockengewicht nach der ersten Wägung.

Veröltes grobstückiges Material kann vor der Probenahme mit Lösungsmitteln entfettet und an der Luft oder, falls es sich um poröses Material handelt, bei 105 °C getrocknet werden.

4.1.2 Zerkleinern der Rohprobe

Da eine Rohprobe häufig aus vielen Einzelproben zusammengesetzt ist, muß sie vor der weiteren Behandlung gründlich gemischt werden. Dem Mischen muß bei grobstückigem Material eine Zerkleinerung vorangehen. Die Zerkleinerung erfolgt je nach Beschaffenheit des Materials auf verschiedene Art. Man unterscheidet zwischen spröden und zerspanbaren Stoffen.

Unter den Begriff des spröden Materials fallen die meisten Erze und Rückstände mit Metallverbindungen oxidischer, sulfidischer oder silicatischer Art. Weitere spröde Stoffe sind einige Metalle und Legierungen, z. B. Arsen und Antimon, verschiedene Roheisensorten und Ferrolegierungen. Eine Sonderstellung nehmen die Flotationskonzentrate ein, bei denen wegen der geringen Korngröße des Materials die Zerkleinerung der Rohprobe entfällt. Man verjüngt die Rohprobe direkt entsprechend den Angaben im Abschnitt 4.1.3 und schließt die Feinpräparation nach 4.1.5.1 an.

Unter zerspanbarem Material versteht man solche Stoffe, die sich durch Schneidwerkzeuge zerkleinern lassen, in erster Linie also Metalle bestimmter Härte und Duktilität.

4.1.2.1 Zerkleinern von sprödem Material. Die Zerkleinerung der Rohprobe erfolgt in den im Abschnitt 1.7.1 aufgeführten Maschinen oder durch Stampfen von Hand auf einer Stahlplatte.

Bei allen Arbeiten ist auf größte Sauberkeit der Maschinen und Geräte zu achten. Reste von vorher zerkleinertem anderen Gut können die Probe erheblich verfälschen und müssen deshalb vorher entfernt werden. Am besten reinigt man die betreffenden Maschinen, indem man vor Zerkleinerung der eigentlichen Probe eine kleine Menge des gleichen Materials aufgibt und den Austrag verwirft. Da alle Zerkleinerungsmaschinen einem mehr oder minder großen Abrieb unterworfen sind, ist es notwendig, den Werkstoff der Maschinen so auszuwählen, daß einerseits der Abrieb durch das jeweilige Probegut möglichst gering ist, andererseits das abgeriebene Material keine Verfälschung der Probe in bezug auf einen bewerteten Bestandteil bewirkt. Der vor dem Mischen der Rohprobe erforderliche Zerkleinerungsgrad richtet sich nach der Probemenge und nach der Homogenität des Materials. Als Richtlinie für das Verhältnis zwischen Probemenge und notwendiger Zerkleinerung kann die nachstehende Tabelle dienen. In dieser ist für jede maximale Korngröße die minimale Probemenge angegeben.

Die angegebenen Korngrößen können um so mehr nach oben und die dazugehörenden Gewichte nach unten abweichen, je homogener das Material ist.

Probemenge kg	maximale Korngröße mm
2000–3000	40–50
1250	25
600	15
300	10
80	5
20	3
5	2
1	1

Bleibt im Laufe der fortschreitenden Zerkleinerung metallische Gröbe auf den Sieben zurück, so muß ihr Gewicht gegenüber dem der Probe, aus der sie stammt, festgestellt werden. Auch der Prozentsatz von etwa vorhandenem metallischen Eisen muß ermittelt werden. Gewöhnlich braucht man bei Materialien der Buntmetallverarbeitung das Eisen nach Gewichtsfeststellung nicht mehr in die Weiterverarbeitung der Probe einzubeziehen. Bei Gegenwart von Edelmetallen können diese an der Oberfläche des Eisens festgepreßt werden, so daß bei der Verarbeitung derartiger Proben eine Prüfung zu erfolgen hat. Unter Umständen muß das Eisen mit Schwefel versteint werden (s. 4.1.4.2).

Chloridhaltiges Material, Alkalischlacken und andere hygroskopische Proben müssen sehr schnell zerkleinert werden, da diese Materialien besonders bei feuchtem Wetter rasch Feuchtigkeit aufnehmen und schmieren.

4.1.2.2 Zerkleinern von zerspanbarem Material. Da bei zerspanbarem Material den als Rohprobe wahllos herausgegriffenen Einheiten, z. B. Blöcken, Platten, Profilen, im allgemeinen nur lokal begrenzte Proben durch Sägen, Bohren oder Fräsen entnommen werden, fallen meistens geringere Probemengen als bei sprödem Material an. Deshalb ist bei der Probenahme zur Qualitätsprobe besonderer Wert auf Reinheit der Probenahmestellen, z. B. der Metalloberflächen, zu legen. Die Reinigung kann geschehen:

1. durch Abschleifen der Oberfläche mit einer Schleifscheibe (s. 1.7.1) oder Feile, eventuell auch durch Abdrehen der Oberfläche;

2. durch Vorbohren der später der Bohrprobe zu unterziehenden Fläche mit einem größeren Bohrer bis auf etwa 5 mm Tiefe, wobei die anfallenden Späne verworfen werden;

3. durch Durchsägen des Werkstückes, wobei die Probe später an den Schnittflächen durch Fräsen entnommen wird;

4. bei in Sand gegossenem Material, wie Gußeisenmasseln, durch Entfernen der äußeren sandhaltigen Schicht durch Abschleifen, Vorbohren, zuweilen auch Sandstrahlen.

Bei allen Probenahmen zur Inhaltsermittlung müssen die Formate in dem Zustand geprobt werden, der beim Verwiegen vorliegt. Reinigen der Oberfläche ist dann nicht statthaft. Rohproben von zerspanbaren Materialien liegen im allgemeinen in Form von Blechen, Drähten, Stäben, Rohren, Platten, Blöcken, Profilen usw. vor. Die Arbeitsweise bei der Zerkleinerung der Rohprobe ist folgende: Dünngewalzte Bleche bereitet man in der Weise weiter zu, daß man zunächst parallel zueinander eine Vielzahl von Einschnitten anbringt und dieses so entstandene kammartig zerschnittene Blech dann senkrecht zu den ersten Schnitten in kleine rechteckige Plättchen zerschneidet. Es ist auch möglich, aus den Blechstücken nach einem bestimmten Schema kleine kreisförmige Plättchen auszustanzen.

Dünne Drähte werden mittels Blechscheren zerkleinert, Drahtabschnitte werden gebündelt und gemeinsam über den Querschnitt der Stirnseite gefräst, ein Verfahren, welches man zweckmäßig auch bei Drähten mit größerem Querschnitt anwenden kann.

Rohre und Stäbe werden gesägt. Stückiges Material wie Platten, Blöcke, Profile usw. wird mit Hilfe der im Abschnitt 1.7.2 beschriebenen Zerkleinerungswerkzeuge zerspant. Welcher der Zerspanungsarten der Vorzug gegeben werden muß, hat der Probenehmer auf Grund seiner Erfahrungen und der gegebenen technischen Möglichkeiten jeweils zu entscheiden. Da eine homogene Zusammensetzung des Metallformats gewöhnlich nur bei reinen Metallen vorliegt, bei den meisten Legierungen aber Seigerungen in mehr oder minder großem Ausmaß auftreten, müssen alle Schichten bei der Probenahme anteilmäßig erfaßt werden.

Letzteres ist weitgehend durch Sägen erreichbar, bei dem das Metallformat in Längs-, Quer- oder diagonaler Richtung durchgeschnitten wird und feine Späne entstehen. Wie nachgewiesen wurde [1, 2] genügen auch bei zur Seigerung neigenden Metallegierungen mehrere Einschnitte von der Längsseite eines Formates bis zur Mitte des Stückes, um Späne zu erhalten, die dem Durchschnittsgehalt sehr nahekommen. Sägt man ganz durch, so schafft man zwei Flächen, von denen man durch Fräsen oder Feilen weitere feine Späne entnehmen kann, wenn man die beim Sägen direkt anfallenden Späne nicht verwenden will. Beim Feilen stößt man bei sehr weichen Metallen auf Schwierigkeiten, weil diese die Feilen „verschmieren". Oft kommt man hier durch Raspeln zum Ziel.

Die Zahnung der Sägen sollte nicht zu eng sein und ihre Schränkung nicht zu klein, damit möglichst wenig Sägestaub entsteht. Die Probenzerkleinerung durch Sägen eignet sich besonders für harte, zähe Legierungen und Metalle, die beim Bohren lange spiralige Späne ergeben.

Homogene Proben ohne Seigerungen werden am häufigsten gebohrt. Man bohrt die Formate gewöhnlich mit 8- bis 12-mm-Bohrern von oben nach unten durch. Ist dies aus irgendwelchen Gründen nicht möglich, z. B. bei sehr dicken Stücken, bohrt man zunächst von der einen Seite her bis zur Mitte und dann von der anderen Seite an der möglichst genau gegenüberliegenden Stelle ebenfalls wieder bis zur Mitte. Beim Bohren ist ein langer Span durch Verwendung eines geeigneten Bohrers und Einstellung der optimalen Bohrgeschwindigkeit zu vermeiden. Durch stoßweises Anbohren der ausgewählten Stelle erhält man häufig geeignete kurze Späne.

Besteht die Rohprobe aus einer Anzahl gleich großer Blöcke oder Platten, so führt man das Bohren unter Zuhilfenahme einer der Oberfläche der Formate angepaßten *Lochschablone* in Lochfolge aus. Man wird also, falls 20 Platten vorliegen und die dazugehörige Schablone zufällig ebenfalls 20 Löcher aufweist, bei der ersten Platte mit Loch Nr. 1 beginnen, die nächste an der Stelle des Loches Nr. 2 bohren und dies fortsetzen, bis alle Platten gebohrt und damit alle Stellen der Oberfläche erfaßt sind (s. a. [3, 4, 5]). Dadurch ist jede Willkür in der Wahl der Bohrstellen ausgeschaltet. Gewöhnlich wird jedes Format nur einmal in Lochfolge der Schablone durchgebohrt. Ist dabei nicht genügend Probenmaterial erhalten worden oder hat die Menge der vorliegenden Formate die Zahl der Löcher in der Schablone unterschritten, so ist die Anzahl der Bohrstellen in den Blöcken oder Platten entsprechend zu erhöhen. Beispiele für die Ausführung von Bohrschablonen sind in den Kapiteln „Kupfer" (28.2.2.1) und „Zink" (55.2.1) angeführt.

Die beim Sägen und Bohren häufig auftretenden Nachteile, Anfall von Staub beim Sägen, Erzeugung zu langer Späne beim Bohren, lassen sich durch Hobeln oder Fräsen der Proben vermeiden, da hierbei im allgemeinen feine, gleichmäßige Späne, frei von staubförmigen Anteilen anfallen [6].

Bei allen Zerkleinerungsvorgängen ist unbedingt zu fordern, daß sie ohne Anwendung von Schmiermitteln durchgeführt werden.

Nach der Zerspanung müssen bei Nichteisenmetallen alle Eisenteilchen, die von den Werkzeugen abgesplittert sein können, mittels eines Magneten aus der Probe entfernt werden.

Ist das Metall mit Schlacke durchsetzt, so darf diese nicht ausgesondert werden sondern gehört mit in die Probe, sofern man nicht vorzieht, von den mit Schlacke durchsetzten Stücken eine besondere Probe anzufertigen. Bei hohem Schlackenanteil ist die Probenverarbeitung nach 4.1.6 durchzuführen.

Literatur zu 4.1.2

1 Bauer, O.; Deisz, D.: Z. anal. Chem. 79 (1930) 47.
2 Zwicker: Chemiker-Ztg. (1929) 546.
3 Smoot, A. M.: Engng. Min. J. Press 120 (1925) 605.
4 Jones, W. R. D.: Met. Ind. (London) 33 (1928) 3–4.
5 Ensslin, F.: Erzmetall 5 (1952) 475.
6 Möhl, K.: Arch. Eisenhüttenwesen 23 (1952) 433–438.

4.1.3 Verjüngungsverfahren

Die Verjüngung des zerkleinerten Probenmaterials kann sowohl mechanisch mittels eines Probenteilers (s. 1.7.3) als auch von Hand erfolgen. Für den letzteren Fall kommen zwei Verfahren zur Anwendung, und zwar das „Kreuzteilen" und das „Teilschaufelverfahren".

4.1.3.1 Kreuzteilen. Beim Kreuzteilen wird das zerkleinerte Gut auf sauberen Unterlagen — bei größeren Probemengen auf Hartstahlplatten, die bis zu mehreren Quadratmetern groß sind, bei kleineren Mengen wie Metallspänen und -pulvern auf Eisenblechen — mindestens dreimal durch Umschaufeln zu einem Kegel aufgesetzt, um eine gleichmäßige Mischung zu erzielen. Der Inhalt jeder Schaufel muß gleichmäßig von der Spitze des Kegels nach allen Seiten herunterrieseln. Dabei darf sich die Spitze des Kegels nicht verschieben. Die gröberen Bestandteile rollen dabei den Kegelmantel herab auf die Mischplatte, die feinen Anteile bleiben auf der Spitze und dem Kegelmantel liegen. Dadurch entsteht eine gewisse Entmischung, die aber bei gleichmäßiger Verteilung des Probegutes über die Spitze des Kegels für die spätere Aufteilung keine Rolle spielt. Fehler entstehen erst dann, wenn sich die Spitze des Kegels durch unsachgemäßes Aufsetzen des Gutes einseitig verschiebt, so daß sich z. B. auf einer Seite mehr von dem gröberen Material ansammelt als auf der gegenüberliegenden Seite. Zu große Haufwerke dürfen nicht zu einem Kegel aufgeschichtet werden, weil die Spitze des Kegels infolge des großen Durchmessers schließlich nicht mehr mit Sicherheit von dem Arbeitenden erreicht werden kann.

Hat man den Kegel ein letztes Mal aufgeschichtet, so kann man annehmen, daß sich in jedem senkrechten Ausschnitt gleichmäßig viel von den verschiedenen Korngrößen des Materials befindet. Da sich die Entnahme von Kegelausschnitten praktisch nicht durchführen läßt, plattet man den Kegel ab, indem man das Material von der Spitze gleichmäßig nach allen Seiten mit einer Schaufel oder einem Kratzer so weit herunterzieht, bis Rand und Mitte dieselbe Höhe haben. Auf der oberen Kreisfläche des so entstandenen Kegelstumpfes, der eine Höhe von höchstens 25 cm haben soll, wird nun ein genau rechtwinkliges Kreuz gezogen. Der Schnittpunkt der Linien muß genau im Zentrum der Kreisfläche liegen, damit vier gleich große Teile entstehen. Es hat sich als praktisch erwiesen, den letzten Kegel über ein Probenahmekreuz (s. 1.7.3) aufzusetzen. Hierdurch ist ein einwandfreies Arbeiten gegeben.

Zwei gegenüberliegende Viertel werden nun mit der Schaufel sorgfältig entfernt, wobei der Staub mit einem Besen oder Pinsel wegzukehren ist. Das auf der Platte verbleibende Restgut wird weiter zerkleinert und wiederum mehrere Male gemischt, zum Kegel aufgesetzt und durch Kreuzteilen verjüngt. Diese Arbeitsweise wird so oft wiederholt, bis das immer weiter zerkleinerte und verjüngte Gut zunächst durch ein Sieb von 5 mm Maschenweite und zuletzt durch ein solches von 2 mm oder 1 mm Maschenweite hindurchgeht. Dieses Probegut wird wieder gemischt und durch weiteres Kreuzteilen so weit verjüngt, bis zwei Viertel davon im jeweils erforderlichen Gewicht für die anschließende Feinzerkleinerung (s. 4.1.5) übrigbleiben.

Das während der Verjüngung ausgeschiedene Material ist bis zur Fertigstellung der Analysenprobe aufzubewahren, um bei Mißglücken einer Teilarbeit über Ersatzmaterial verfügen zu können.

4.1.3.2 Teilschaufelverfahren. Das Teilschaufelverfahren findet Anwendung, wenn die Probemenge für das Kreuzteilen zu groß ist. Die maximale Korngröße sollte dabei 60 mm nicht überschreiten. Nachdem man die Spitze des Haufens etwas abgeplattet hat, tragen die Probenehmer das Haufwerk mittels gleich großer Schaufeln von etwa 5 kg Füllgewicht derart ab, daß je nach Gleichmäßigkeit und Feinheit des Materials jede dritte, fünfte oder zehnte Schaufel als Probe in einen geeigneten Behälter gegeben wird, während die übrigen Schaufelinhalte verworfen werden. Bei diesem Verfahren müssen Probegut und verworfenes Material stets von der Grundfläche und direkt nebeneinander entnommen werden. Es dürfen keine „Zungen" oder Restmengen entstehen. Diese so erhaltene Teilprobe kann nun, gegebenenfalls nach Einschalten einer weiteren Zerkleinerung, in gleicher Weise oder durch Kreuzteilen weiter unterteilt werden, wobei man zweckmäßig — namentlich bei hochwertigem Gut — kleinere Schaufeln verwendet.

4.1.4 Schmelzen und Reaktionsschmelzen

4.1.4.1 Schmelzen. Das Schmelzen verfolgt den Zweck, Teilproben von Metallen und Legierungen so weit zu homogenisieren, daß man aus der Schmelze oder nach dem Vergießen zu Formaten ein einheitliches Probegut für die Analyse gewinnt.

Die Rohprobe wird unter Rühren eingeschmolzen, die Krätze abgezogen und getrennt bearbeitet. Man entnimmt der Metallschmelze eine oder mehrere Schöpfproben, die zu kleinen Barren oder Platten vergossen werden (Metall 1). Die weitere Zerkleinerung erfolgt dann nach 4.1.2.2. Die Krätze oder Asche wird gemahlen, gesiebt und gegebenenfalls fraktioniert. Dabei anfallendes grobes Metall wird zusammengeschmolzen und zerspant (Metall 2). Man erhält schließlich Analysenproben, die aus Metall 1, Metall 2 und Feinem bzw. Siebfraktionen mit Angabe der Gewichtsverhältnisse bestehen.

Voraussetzung für die Entnahme einer Schöpfprobe ist das Vorliegen einer homogenen Schmelze, d. h. die Schmelze muß sich durch Rühren homogenisieren lassen. Ist diese Voraussetzung nicht gegeben — so bei großen Schmelzen (etwa mehr als 500 kg) oder in flüssigem Zustand und bei den erreichbaren Temperaturen nicht voll mischbaren Materialien —, so muß die gesamte Schmelze zu Formaten (Barren oder Blöcken) vergossen werden. Diese werden dann gewogen und durch Sägen oder Bohren weiterbehandelt (s. 3.1.3).

Die so erhaltenen Späne werden zusammen mit dem Metall aus der Krätze anteilmäßig zusammengesetzt und erneut zu einem Blöckchen (unter einem Abdeckmittel) zusammengeschmolzen, aus dem dann die Späne für die Analysenproben durch Sägen, Bohren oder Raspeln genommen werden. Diese werden gegebenenfalls gemahlen und in mehrere Siebfraktionen aufgeteilt, die zusammen mit der Krätze und der Schlacke (Abdeckmittel) den Probensatz ergeben.

Der Schmelzvorgang soll durch Verwendung geeigneter Schmelzeinrichtungen und Gefäße sowie durch das Einhalten einer geeigneten Temperatur stets so gelenkt werden, daß einerseits das Metallbad gut durchmischt werden kann, andererseits aber möglichst wenig Asche und Krätze durch Oxidation sowie Verluste durch Verdampfen entstehen. Die Berechnung des Schmelzverlustes ist immer fragwürdig, wenn gleichzeitig eine Oxidation (Krätzebildung) erfolgt. Weitere Einzelheiten finden sich in den Kapiteln des Speziellen Teils.

4.1.4.2 Reaktionsschmelzen. Es gibt eine Reihe von metallischen Materialien, bei denen weder durch Zerkleinern noch durch Umschmelzen eine einwandfreie Probe erhalten werden kann. Hierunter fallen z. B. Kupferdrähte mit Eisenseelen, plattierte Eisenblechabfälle, deren Unterlagen und Überzüge (Kupfer, Nickel u. a.) häufig unterschiedliche Stärken aufweisen, ferner metallische Anteile von nickel- und/oder kobalthaltigen Rückständen, bei denen Eisen nicht mit dem Magneten abgetrennt werden kann, da Nickel und Kobalt sowie hochprozentige Legierungen dieser Metalle ebenfalls magnetisch sind. Weitere Materialien dieser Kategorie sind Computerschrott, Telefondraht, Shredderschrott, Autokühler, Anker von Elektromotoren sowie Siebrückstände von der Bearbeitung großer Probemengen.

Derartige Materialien unterwirft man einer Reaktionsschmelze, worunter in der Praxis die Umsetzung der Metalle mit Schwefel zu Sulfiden verstanden wird. Man sagt, „*das Material wird zu Stein geschmolzen*" bzw. „es wird versteint". Der entstandene Stein ist spröde und kann durch Mahlen zerkleinert, gesiebt und gemischt werden. Das Gewicht des Eintrags vor und des Austrags nach dem Versteinen sind genau festzuhalten, wobei durch die Schwefelaufnahme eine Gewichtserhöhung eintritt. Wurden z. B. aus 50 kg Blechabfällen 62 kg Stein erhalten, so ist im Probenahmeprotokoll und auf den Analysenproben zu vermerken, daß die Probe 124% Stein enthält. Für eine 1-g-Einwaage an Originalmaterial müssen dann 1,24 g Stein eingewogen werden.

Die Durchführung der Reaktionsschmelze erfolgt in Graphittiegeln, deren Größe den zu versteinenden Materialmengen angepaßt ist. Da es sich meistens um nicht sehr wertvolle Materialien handelt, genügen im allgemeinen etwa 2 bis 5% der Liefermenge, die versteint werden. Soweit möglich, werden vom Originalmaterial, z. B. von größeren Blechen und von Drähten einheitlichen Querschnitts, Stücke abgeschnitten und als Probenmaterial verwendet. Das ist jedoch nur selten der Fall.

10 bis 500 kg Probe werden auf etwa 700 bis 900 °C erhitzt, wobei Elementarschwefel portionsweise zugesetzt wird. Zuweilen, so bei Kobalt-Nickel-Rückständen, wird auch ein Gemisch von Schwefel und Schwefelkies verwendet. Dabei muß stets berücksichtigt werden, daß Schwefelkies nicht nur Kupfer, sondern auch Edelmetalle und andere interessierende Elemente enthalten kann, die dann durch das Versteinen in die Probe gelangen.

Ein Teil des Schwefels brennt ab, der größere Anteil reagiert mit den Metallen unter Bildung von Sulfiden. Nachdem sich die Hauptmenge des Probenmaterials mit dem Schwefel umgesetzt hat, werden die Sulfide zum Schmelzen gebracht, wobei erforderlichenfalls weiter Schwefel eingetragen wird, bis keine metallischen Anteile mehr festzustellen sind. Bei größeren zu versteinenden Mengen und sperrigen Metallstücken empfiehlt es sich, entstandenen flüssigen Stein laufend auszukellen und in Formen zu gießen. Zum Umrühren werden eiserne Lochkellen verwendet, die allerdings schnell aufgezehrt werden. Soll Eisen in den Proben bestimmt werden, so muß das auf diese Weise eingeschleppte Eisen festgestellt und in Abzug gebracht werden.

Der Stein wird abschließend zerkleinert, abgesiebt und verjüngt. Dabei noch anfallende Metallreste werden nachversteint und der Hauptmenge an Stein wieder zugesetzt.

Es muß darauf hingewiesen werden, daß das Verfahren kostenaufwendig ist und daß beim Reaktionsschmelzen in der beschriebenen Art immer erhebliche Mengen an Schwefeldioxid entstehen. Die Durchführung ist nur dann vertretbar, wenn gute *Absauganlagen* vorhanden sind. Man sollte deshalb nur dann versteinen, wenn es keine andere Möglichkeit zur Herstellung einwandfreier Proben gibt. Bei aluminiumhaltigen Materialien läßt sich das Verfahren zwar anwenden, jedoch setzt sich das Reaktionsprodukt mit dem Feuchtigkeitsgehalt der Luft um, wobei Schwefelwasserstoff abgespalten wird. Die Proben müssen dann möglichst luftdicht verpackt werden.

4.1.5 Zubereiten der Probe bis zur Analysenfeinheit

Durch Zerkleinern und Verjüngen der Rohprobe nach den in den vorausgegangenen Abschnitten beschriebenen Verfahren erhält man Endproben von einigen Kilogramm, die noch der Feinpräparation zur Gewinnung der analysenfertigen Probe unterworfen werden müssen.

4.1.5.1 Herstellung der Analysenprobe bei sprödem Material. Die Feinzerkleinerung des nach 4.1.2.1 vorzerkleinerten Probegutes erfolgt in Mörsern und Mühlen. Die Probe muß dabei so weit zerkleinert werden, daß ein nachträgliches Verreiben vor der Einwaage zur Analyse nicht mehr erforderlich ist. Bei der Feinzerkleinerung muß auf größte Sauberkeit der benutzten Geräte geachtet werden, um Verfälschungen der Probe durch Reste anderer vorher darin zerkleinerter Materialien zu vermeiden. Wenn es sich durchführen läßt, sollten für häufiger anfallende Materialien immer die gleichen Geräte wie Reibschalen, Mahlgefäße usw. benutzt werden.

Bei Erzen und ähnlichen Stoffen genügt im allgemeinen eine Zerkleinerung auf eine Korngröße von 0,16 mm, bei Eisen- und Manganerzen von 0,125 mm. Spröde Metalle wie Ferrolegierungen werden gewöhnlich nur auf 0,2 mm zerkleinert. Soweit Abweichungen von diesen Körnungen notwendig sind, werden diese in den betreffenden Abschnitten des Speziellen Teils angegeben.

Die zerkleinerte Probe wird von Hand oder maschinell mit Prüfsieben der angegebenen Maschenweite abgesiebt, wobei der Siebrückstand weiter zerkleinert werden muß, bis das gesamte Probegut das Sieb passiert hat.

Das Siebgut wird mit Hilfe eines mechanischen Mischers sorgfältig gemischt. Früher übliche Verfahren wie „Rollen“ auf einem Glanzpapier oder zwanzigmaliges Durchlaufenlassen durch einen in einem Ring befindlichen Glastrichter sind heute nur ein Notbehelf. Danach wird die Probe zu einem Kegel aufgeschüttet, der Kegel abgeplattet und die Analysenprobe mit einer kleinen Schaufel oder einem Löffel kreuz und quer aus den verschiedensten Stellen des Haufens entnommen, wobei alle Schichten vom Boden bis zur Oberfläche des Kegelstumpfes erfaßt werden müssen. Die Proben werden gleichmäßig in vier oder bei Bedarf in mehr Verpackungsbehältnisse (s. 4.2.1) eingefüllt. Zweckmäßigerweise teilt man die gut durchgemischte und aufgehäufelte Probe durch Kreuzteilen in vier gleiche Teile, die dann vollkommen in die Probenbehältnisse eingefüllt werden. Die Aufteilung der Endprobe kann auch in automatischen Probenteilern erfolgen, die entweder das gesamte Aufgabegut oder einen bestimmten Teil davon automatisch in vier oder mehr Probenflaschen abfüllen. Aus allen Proben ist vor dem Abfüllen mit dem Magneten metallisches Eisen aus der Probenahmeapparatur zu entfernen.

4.1.5.2 Herstellung der Analysenprobe bei zerspanbarem Material. Die nach 4.1.2.2 durch Fräsen, Bohren, Sägen oder Feilen erhaltenen Späne müssen weiter zerkleinert werden. Dies kann durch Zerstoßen oder Klopfen von Hand oder mechanisch in Mörsern oder Kugelmühlen erfolgen. Dabei entsteht meist kein gleichmäßig homogenes Gut. Es ist durch Absieben auf Sieben verschiedener Maschenweite in mehrere Fraktionen zu zerlegen. Hierbei ist zu beachten, daß die Maschenweiten so gewählt werden, daß in jeder Fraktion genügend Material für die Analyse vorhanden ist (Menge einer Fraktion mindestens 1%). Beispielsweise kann eine Probenfraktion größer als 1 mm, eine zweite Fraktion zwischen 0,5 und 1 mm, eine dritte Fraktion zwischen 0,1 und 0,5 mm und eine vierte Fraktion unter 0,1 mm gewählt werden.

Fallen bei der Zerkleinerung geringe Mengen plattgeschlagenes Material an, so zerschneidet man die Plättchen und verteilt sie gleichmäßig auf die einzelnen Proben. Besser aber ist es, das plattgeschlagene Material für sich zu wägen, den Prozentanteil an der Gesamtmenge zu berechnen und das Material für sich einzutüten.

Die einzelnen Fraktionen werden jede für sich, wie vorher beschrieben, durchgemischt und in Probenflaschen bzw. -tüten abgefüllt.

4.1.6 Verarbeitung von Proben mit metallischen und nichtmetallischen Anteilen

Die bisher behandelten Methoden der Probenzubereitung bezogen sich auf Proben, die vorwiegend aus nichtmetallischen bzw. spröden oder aus metallischen, zerspanbaren Materialien bestehen. Bei der Probenahme von Schlacken, Aschen,

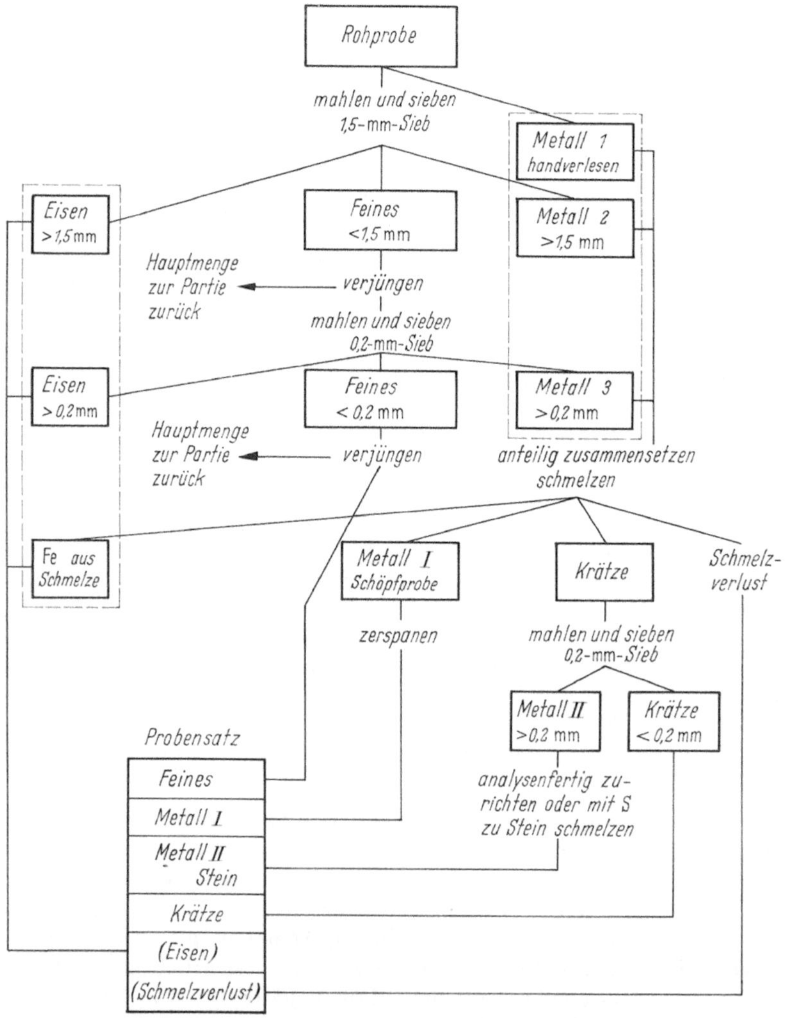

Abb. 4.1/1. Verarbeitung einer Metallaschenprobe.

Krätzen usw. erhält man häufig Proben, die neben nichtmetallischen Anteilen mehr oder weniger große Mengen Metall enthalten. Derartige Proben können folgendermaßen verarbeitet werden:

Zunächst werden metallische grobe Stücke ausgelesen, gegebenenfalls vorzerkleinert und danach zum Schmelzen beiseitegestellt (Metall 1). Das übrige Material wird zerkleinert und durch ein geeignetes Sieb, je nach Art der Probe mit 1,5 bis 10 mm Maschenweite, gegeben. Die dabei anfallende metallische Gröbe wird ebenfalls zum Schmelzen zurechtgestellt (Metall 2).

Das Feine geht nach weiterer Zerkleinerung und gegebenenfalls Verjüngung durch ein 0,2-mm-Sieb. Dabei anfallende Gröbe, die zum größten Teil aus Metall besteht, wird zum Schmelzen beiseitegestellt (Metall 3). Die metallischen Gröben (Metalle 1 bis 3) werden aliquot zusammengesetzt und zusammen eingeschmolzen. Aus der Schmelze wird eine Schöpfprobe genommen (Metall I), zu einem Barren vergossen und dieser nach den vorher beschriebenen Methoden zerspant. Die Krätze wird vorsichtig von der Schmelze abgezogen, zerkleinert und durch ein 0,2-mm-Sieb getrieben. Dabei anfallendes Metall ergibt Metall II im Probensatz oder wird mit Schwefel zu Stein geschmolzen. Freies Eisen wird nach den einzelnen Siebungen sowie beim Schmelzen ausgesammelt und verwogen. Der errechnete Gesamtprozentsatz des Eisens wird im Probensatz ausgewiesen. Als Beispiel sei die Verarbeitung einer Metallaschenprobe in Form eines Fließbildes angegeben (Abb. 4.1/1).

Der Rest des geschmolzenen Metalls wird ebenfalls vergossen und einschließlich der Probebarren gewogen. Aus der Differenz zwischen Einwaage und ausgewogenem Metall zuzüglich der Menge der Krätze ergibt sich der Schmelzverlust, der im Probenprotokoll und im Probensatz angegeben werden muß.

Erweist sich das Feine als nicht einheitlich, sondern sind insbesondere noch metallische neben nichtmetallischen Bestandteilen vorhanden, so ist es oft notwendig, hiervon 2 Fraktionen zu bilden. Zu diesem Zweck siebt man z. B. durch ein 0,08-mm-Sieb ab und stellt das Gewichtsverhältnis beider Kornklassen fest. Die beiden Fraktionen werden jede für sich verpackt.

4.2 Fertigstellung der Analysenprobe

4.2.1 Verpackung und Beschriftung

Zum Verpacken der Analysenprobe dienen Beutel aus Polyäthylen, Flaschen aus Glas oder Polyäthylen, in einigen Fällen auch Behälter aus Eisenblech. Soweit wie möglich verwendet man Polyäthylenbeutel, da sie wegen ihres geringen Gewichtes und der Unempfindlichkeit gegen Druck und Stoß für den Versand gut geeignet sind und sich außerdem durch eine elektrische Schweißzange leicht luftdicht verschließen lassen. Die Probe nimmt dann bei nicht zu langer Lagerung praktisch keine Feuchtigkeit auf oder gibt keine solche ab. Dünne Polyäthylenfolien sind jedoch nicht absolut wasser- und gasundurchlässig.

Die Beutel können mit einem Beschriftungsfeld, das sich für Beschriftung mit Kugelschreiber oder Tinte eignet, bezogen werden. Fehlt dieses Feld, erfolgt die Beschriftung am besten mit einem Filzschreiber. Außerdem schweißt man einen kleinen Zettel mit den entsprechenden Angaben in den Beutel ein. Die Beutel werden einzeln oder als Probensatz in Tüten aus starkem Papier gepackt. Diese werden, wie später beschrieben, beschriftet bzw. mit einem Etikett versehen, zur Hälfte umgeschlagen, zugeklebt und derart versiegelt, daß die Siegel des Probenehmers und des Käufers bzw. des Verkäufers sowohl einen Teil der Umschlagklappe als auch einen Teil der Tüte bedecken. Erfolgt die Beschriftung nicht auf der Tüte, sondern auf aufgeklebten Etiketten, so müssen die Siegel auch den Rand der Etiketten bedecken. Diese Art der Verpackung bietet die größtmögliche Sicherheit, daß ohne Verletzung der Siegel der Probe nichts zugeführt oder aus ihr entnommen werden kann.

Glasflaschen mit Stopfen aus Glas, Gummi oder Kork werden benötigt, wenn stark hygroskopische Proben, z.B. chloridhaltige Zinkaschen und Salmiakschlacken, oder solche, die zu Verwitterung oder Oxidation neigen, z. B. manche kristallisierten Sulfate, Magnesiumspäne, Zinkstaub, verpackt werden müssen. Die Stopfen müssen luftdicht versiegelt werden. Die Flaschen werden mit einem beschrifteten Etikett versehen und für den Versand mit Wellpappe oder Holzwolle umgeben und in geeignete Kartons oder Papphülsen gepackt.

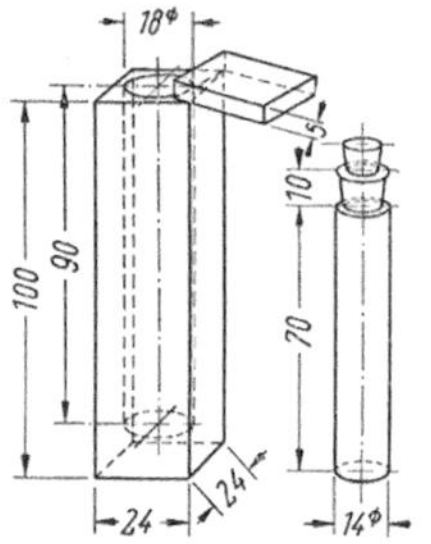

Abb. 4.2/1. Röhrchen für die Aufbewahrung von Metallpulver-Proben.

Pulverisierte Metalle wie z. B. Ferrolegierungen, Hartmetallpulver sowie deren Metallkomponenten werden häufig in kleine Glasröhrchen mit Korkstopfen oder Kunststoffkappe gegeben. Die Röhrchen werden in eine Holzhülse (Abb. 4.2/1) geschoben, die Hülse mit einem Deckel verschlossen und mit dem Deckel voran etwa 10 mm tief in geschmolzenen Siegellack eingetaucht. Nach Herausziehen und kurzem Abkühlen werden die beiden Siegel so aufgebracht, daß sie Deckel und Hülse bedecken und somit ein sicherer Verschluß gewährleistet ist. An der Längsseite soll die Hülse die gleiche Beschriftung wie das Glasröhrchen selbst tragen.

Als Siegelmaterial dient elastischer Siegellack, um das Abspringen der Siegel zu verhindern. Mittels gravierter Petschafte werden die Zeichen in die erwärmte Siegellackschicht eingedrückt. Die Beschriftung der Probenbehältnisse soll gut leserlich und unverwischbar, z. B. mit Kugelschreiber oder geeigneter Tinte, erfolgen. Wird ein Etikett aufgeklebt, so empfiehlt sich Beschriftung mit der Schreibmaschine. Die Aufschriften sollen folgende Angaben enthalten: 1. Bezeichnung des Materials, 2. Lieferungsart und -menge, 3. ausführliche Bezeichnung der Partie, 4. etwaige Losnummern, 5. Nässegehalt, 6. Ort und Datum der Probenahme, 7. Name des Probenehmers.

Die Angabe des Probenehmers entfällt häufig, man beschränkt sich auf die Kennzeichnung durch das Siegel des Probenehmers bzw. der mit der Probenahme beauftragten Firma. — Die Probenbeschriftung soll auch 8. Angaben über die Behandlung der Probe vor der Analyse enthalten, z. B. „2 Std. bei 105 °C nachtrocknen!" oder „Analysenfertige Probe, nicht nachtrocknen!". Besteht die Probe aus Einzelfraktionen, so müssen diese hinsichtlich Art der Fraktion (z. B. Metall >1 mm, Metall $<$ 1mm, Feines) und Prozentanteil an der Gesamtprobe gekennzeichnet sein (Probensatz).

Jede Endprobe wird in mindestens vier gleiche Teile geteilt (s. 4.1.5.1), wenn nicht vertraglich eine andere Regelung, etwa die Bereitstellung von je zwei Schieds- und Reserveproben, festgelegt worden ist. Jede Analysenprobe wird gesondert verpackt und vorschriftsmäßig versiegelt. Zwei Proben, von denen die eine als Schiedsprobe und die andere als Reserveprobe dient, werden von der Probenentnahmestelle aufbewahrt. Käufer und Verkäufer erhalten je eine — häufig unversiegelte — Teilprobe.

4.2.2 Protokolle

Alle für die Abrechnung einer gelieferten Partie notwendigen Angaben und auch solche zur Kontrolle für den Lieferanten werden in einem Bericht, dem sog. Probenahmeprotokoll, zusammengefaßt, welches zum Schluß von den Vertretern des Lieferanten und des Empfängers der Ware unterschrieben und mit ihrem Stempel versehen werden muß. Das Probenahmeprotokoll ist eine Urkunde im Sinne des Gesetzes.

Die in Benutzung befindlichen Protokolle sind bis jetzt nicht einheitlich und weichen oft stark voneinander ab, was meist auf die Verschiedenheit der gerade in einem Werk am häufigsten zu untersuchenden Stoffe zurückzuführen ist. Ein Teil der Werke hat auch neben den Probenahmeprotokollen besondere Verwiegungsprotokolle. Zur Zeit geht aber das Bestreben immer mehr dahin, daß das Protokoll der Verwiegung mit dem der Probenahme vereinigt wird.

Im Verwiegungsprotokoll (s. Anhang, 65.8) sind anzugeben: Lieferfirma, Empfänger, Kontrakt-Nr., Art des angelieferten Materials, Partie-Nr., Datum des Eingangs, Art der Anlieferung (z. B. Schiff „Augusta" oder Waggon DB 70 77 07 oder Lkw), das Bruttogewicht der Lieferung, das Tara- und das daraus errechnete Nettogewicht.

Im Probenahmeprotokoll (s. Anhang, 65.8) sind außer den im Verwiegungsprotokoll schon angegebenen Unterlagen die Nässe in Prozenten und in Kilogramm und das Nettotrockengewicht aufzuführen, ebenfalls trägt dieses Schriftstück noch eine Rubrik „Bemerkungen zur Probenahme". In diese Spalte gehören alle Eintragungen über Unregelmäßigkeiten bei der Lieferung gegenüber dem Kontrakt, über Beschädigungen der Verpackung während des Transports usw. Weiter ist hier zu vermerken, ob die Probe nachzutrocknen ist und bei welcher Temperatur, falls diese von 105 °C abweicht, oder ob die Probe ohne nachzutrocknen, d. h. im Originalzustand (bei hygroskopischen Stoffen), zur Analyse einzuwägen ist. Ebenso muß hier angegeben werden, aus welchen Einzelfraktionen die Probe besteht und wie hoch sich ihr Prozentanteil stellt. Diese Kenntnis ist für die Einwaage erforderlich.

Beispiel 1: Die Probe ist bei 105 °C nachzutrocknen. Sie enthält

47,2%	Metall I
4,1%	Metall II
46,2%	Feines
1,8%	Schmelzverlust
0,7%	magnet. Eisen
100,0%	

Beispiel 2: Die Probe ist im Original einzuwägen. Sie enthält

3,4%	Metall
96,6%	Feines
100,0%	

Ferner sind Gewichtsveränderungen anzugeben, falls die Probe einer Glühbehandlung unterzogen werden mußte. Hierher gehört auch die Gewichtsveränderung durch Aussortieren artfremder Stoffe, Entölung usw. (s. 4.1.1).

4.2.3 Aufbewahrung der Proben

Die Dauer der Aufbewahrung von Proben ist abhängig von der Wichtigkeit des Probegutes und dem zur Verfügung stehenden Raum. Die Räume zur Aufbewahrung der Proben sollten trocken sein.

Um die Bereitstellung von Lagerraum für das Probenmaterial in vernünftigen Grenzen zu halten, muß man unterscheiden zwischen Proben, die unbedingt, und solchen, die nur bedingt eine gewisse Zeit aufbewahrt werden müssen.

Zur ersten Gruppe gehören die Fertigprodukte selbst, also z. B. die Original-Chargenblöckchen der Metalle, aus denen das Analysengut entnommen worden ist, gegebenenfalls auch Spektralproben, ferner Schieds- und Reserveproben der Rohstoffe, Endprodukte, Zwischenprodukte und Nebenerzeugnisse.

Die genannten Proben werden im allgemeinen so lange aufbewahrt, bis das Material vollständig abgerechnet und gegebenenfalls verarbeitet worden ist.

Zur zweiten Gruppe gehören Proben von Zwischenprodukten, die im allgemeinen nach Fertigstellung des Endproduktes oder nach einer bestimmten, im Einzelfalle festzulegenden Zeit beseitigt werden.

Metallproben werden zweckmäßig, nach Chargen-Nummern oder Herstellungsdatum geordnet, in starke Papiertüten oder Beutel aus stärkerer Polyäthylenfolie gegeben und in Kunststoffkästen, die je nach Art des Materials verschieden gefärbt sein können, aufbewahrt. Auf jedem Kasten wird der Herstellungszeitraum der darin aufbewahrten Proben vermerkt. Die Kästen werden in geeigneten Regalen oder Schränken untergebracht. Zur Aufbewahrung der Metallproben eignen sich auch Stahlschränke mit Schubkästen, die wegen des großen Probengewichtes auf Rollen laufen sollten.

Andere in Papiertüten verpackte Proben können ähnlich wie die Metalle in Kästen von geeigneten Abmessungen aufbewahrt werden. Probenflaschen werden in Regalen oder verschlossenen Schränken aufbewahrt.

Alle Proben sollen in den Regalen, Schränken usw. übersichtlich angeordnet und gekennzeichnet werden. Sie müssen vor Verschmutzung, Einwirkung von Feuchtigkeit sowie vor dem Zugriff Unberufener geschützt sein.

Müssen Proben von brennbaren Flüssigkeiten, z. B. Treibstoffe, organische Lösungsmittel, aufbewahrt werden, sind die einschlägigen Vorschriften zu beachten (vgl. „Richtlinien für chemische Laboratorien der Berufsgenossenschaft der Chemischen Industrie, Ausgabe 1967, und „Verordnung über brennbare Flüssigkeiten — VbF“ vom 18. Februar 1960 und die dazu erschienene „Technische Verordnung — TVbF“ vom 10. Oktober 1964).

Gasproben werden nicht aufbewahrt.

5. Probenahme für die Spektralanalyse

Allgemeines

Die Probenahme für die emissionsspektralanalytische Untersuchung und für die Röntgenspektralanalyse weist gegenüber der Probenahme für die chemische Analyse keine grundsätzlichen Unterschiede auf. Es gilt auch hier, eine repräsentative Probe zu erreichen. Im Hinblick auf die Durchführung der Spektralanalyse werden jedoch gewisse Anforderungen an die Form der Probe gestellt.

Bei der Spektralanalyse kommt nur eine geringe Menge Analysensubstanz zur eigentlichen Untersuchung. Bei den Emissionsmethoden werden nur wenige Milligramm Substanz von einem Punkt verdampft. Bei der Röntgenspektralanalyse wird infolge der geringen Eindringtiefe der Röntgenstrahlen nur die oberste Materialschicht analytisch erfaßt. Die bei beiden Methoden zur Analyse gelangenden Substanzmengen sind von gleicher Größenordnung und müssen der Zusammensetzung der gesamten Lieferung entsprechen.

Die Analysenergebnisse sind abhängig von der Homogenität der Probe, der Ausbildung und Beschaffenheit der Oberfläche, der Struktur der gesamten Probe sowie der Art der chemischen Bindung des zu bestimmenden Elements und der chemischen Zusammensetzung der Probe.

Da die spektrochemische Analyse keine absoluten Ergebnisse liefert, muß mit Testproben geeicht und kontrolliert werden. Die Test- oder Eichproben müssen deshalb in allen oben genannten, das Ergebnis beeinflussenden Parametern mit der Analysenprobe vergleichbar sein.

Die Maßnahmen, die man bei der Probenahme und Probenvorbereitung für die Spektralanalyse zu treffen hat, sind abhängig von den Eigenschaften des jeweiligen Analysengutes und deshalb von Fall zu Fall verschieden. Es besteht ein grundsätzlicher Unterschied zwischen der Untersuchung metallischer und nichtmetallischer Proben.

Die Lösungsspektralanalyse wird heute nicht mehr so häufig angewendet, weil die Flammen-Emissions- und -Absorptionsspektralanalyse sie weitgehend ersetzt hat. Sowohl für die Lösungsspektralanalyse als auch für die Spektralanalyse mit Flammen gelten die gleichen Probenahmeprinzipien wie für die chemische Analyse.

5.1 Probenahme von Metallen

5.1.1 Probenahme aus der Schmelze

Die Bedingungen für die Entnahme einer homogenen Probe sind am günstigsten, wenn das zu untersuchende Gut schmelzflüssig vorliegt oder, wie unter 5.1.2 beschrieben, durch Einschmelzen in eine homogene, flüssige Phase übergeführt werden kann. In diesem Falle entnimmt man eine Schöpfprobe in der gleichen Weise, wie in 3.2.2 beschrieben. Diese Schöpfprobe oder die eingeschmolzene Probe wird in besondere Kokillen vergossen.

Schwierigkeiten treten bei den Legierungen auf, die sich schon in flüssigem Zustand entmischen. Zu ihnen gehören u. a. bleihaltiger Automatenstahl oder bleihaltige Silberlegierungen. Hier sind sehr sorgfältiges Umrühren und sofortiges Abgießen erforderlich. Für eine ordnungsgemäße Probenahme muß der Probenehmer umfassende Kenntnisse über das Verhalten der von ihm zu probenden Legierungssysteme besitzen.

Weiter ist es notwendig, das Erstarrungsverhalten des Materials zu kennen. Zustandsdiagramme liefern hierfür gewisse Anhaltspunkte. Zur Vermeidung von Seigerungen und Inhomogenitäten wird die Schmelze eingefroren. Dadurch erhält man ein feinkristallines Gefüge. Zu diesem Zweck sind eine Reihe von Kokillen entwickelt worden, von denen einige der gebräuchlichsten im folgenden beschrieben werden. Das Material gelangt zur Untersuchung in Form von Stäbchen oder Scheiben. Die Stäbchen sind meistens rund und haben einen Durchmesser zwischen 3 und 8 mm bei einer Länge von etwa 50 bis 100 mm. Sie können gegeneinander abgefunkt werden, nachdem ihre Enden zu Spitzen oder Kuppen abgedreht wurden. Die Scheiben werden mit einer Hilfselektrode aus demselben oder fremdem Material nach der Spitze/Flächen-Methode (point to plain-Technik) abgefunkt. Neben flachen Scheiben und Platten sind noch Blöckchen, kurze Zylinder oder stärkere Stäbe gebräuchlich.

5.1.1.1 Kokillen für Stäbe. Eine Methode zur Herstellung von Stäbchen ist das Einsaugen von flüssigem Metall in Quarz- oder keramische Röhrchen mit Hilfe eines Gummiballes. Die Metallmenge erstarrt dabei sehr rasch, so daß sowohl niedrigschmelzende Metalle als auch hochschmelzende wie z. B. Kupfer oder Eisen geprobt werden können.

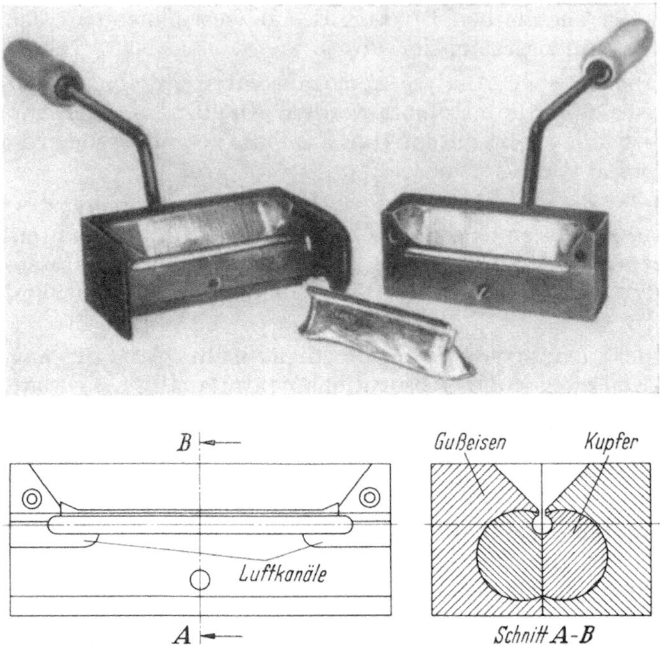

Abb. 5./1. Wolbank-Kokille mit gegossener Probe (Ansicht und Schnittzeichnungen).

Eine weitere Methode beruht auf dem Vergießen des flüssigen Materials in Spezialkokillen. Stäbchen können im liegenden, steigenden oder fallenden Guß hergestellt werden. Bei der in Abb. 5/1 dargestellten Kokille nach Wolbank wird das Stäbchen von 6 mm Durchmesser und 80 mm Länge liegend gegossen. In einem Graugußblock, der den Einschnitt für den Einguß enthält, ist eine Kupferseele eingepreßt, welche die Ausfräsung für das Stäbchen sowie für die Entlüftung enthält. Der Guß erfolgt aus einem Löffel oder kleinen Schmelztiegel in einem Schwung entlang der Eingußöffnung. Die rasche Ableitung der Wärme durch die Kupferseele führt zu einer sofortigen, gleichmäßigen und feinkörnigen Erstarrung. Um Aluminium zu gießen, muß die Kokille auf etwa 150 °C angewärmt werden.

Da das im Einguß befindliche Metall wegen der schlechteren Leitfähigkeit des Eisens länger flüssig bleibt, wird die Lunkerbildung in den Stäbchen weitgehend vermieden.

Stäbchen sowie Platten im steigenden Guß werden mit der in Abb. 5/2 dargestellten Zwillingskokille aus Aluminium erhalten.

Eine Gießform für fallenden Guß ist die Kokille nach Moritz, die aus Kupfer besteht, in dem sich zwei Bohrungen im Winkel von 45° für 2 Spektralstäbe, 6 mm Durchmesser und 80 mm Länge befinden (Abb. 5/3). Wird der Eingußstutzen erweitert, so kann gleichzeitig mit den Spektralstäbchen aus dem Einguß

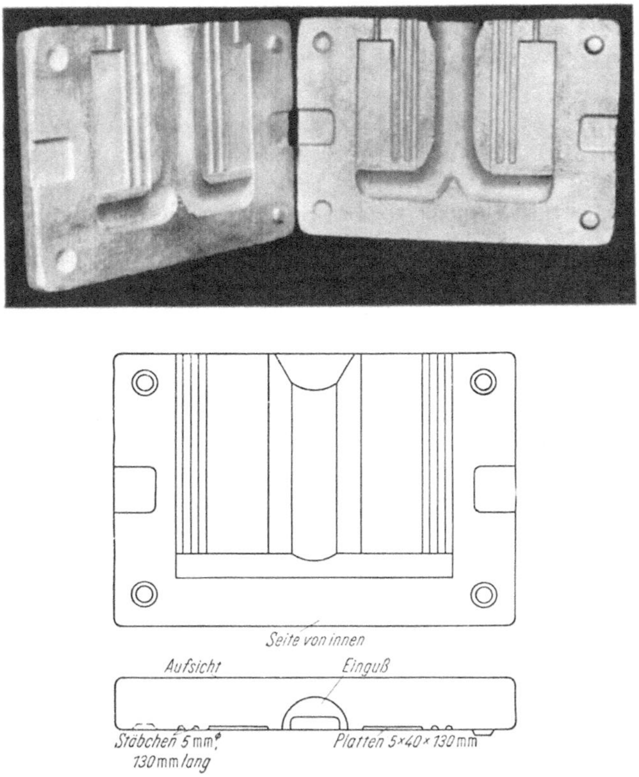

Abb. 5/2. Zwillingskokille (Material: Reinaluminium).

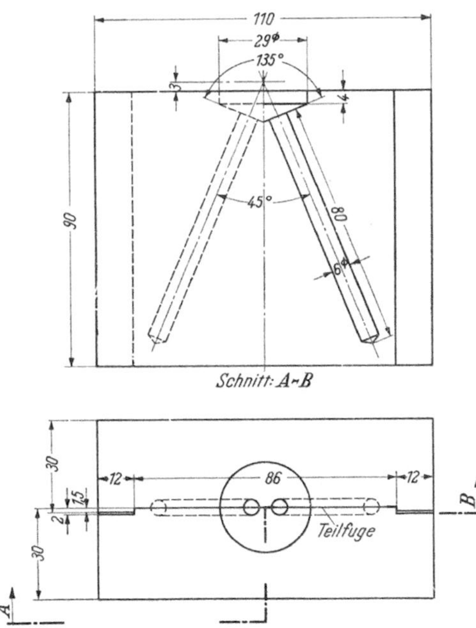

Abb. 5/3. Moritz-Kokille (Material: Kupfer).

eine Scheibe für die Röntgenfluoreszenzanalyse gewonnen werden. Eine weitere Stabkokille für fallenden Guß ist die Kokille nach Rohner (Abb. 5/4). Sie besteht aus eloxiertem Aluminium und ist mit Kühlrippen versehen.

Eine allgemeinere Verbreitung hat noch eine in Abb. 5/5 dargestellte Kokille für dickere Stäbe, z. B. von 20 mm Durchmesser und 100 mm Länge, besonders in der Eisenindustrie gefunden. Sie ist schon als Übergang zu den Scheibenkokillen zu betrachten und gewährleistet, auch wenn sie aus Kupfer gebaut ist, nicht mehr ein einheitliches Erstarrungsgefüge von außen nach innen und in der Länge.

5.1.1.2 Kokillen für Scheiben. Scheiben als Probenkörper für die Spektralanalyse haben gegenüber den Stäbchen den Vorteil, daß auf der zur Verfügung stehenden Fläche durch einfaches Drehen oder Verschieben der Scheibe mehrfach angefunkt werden kann. Scheiben eignen sich außerdem auch als Proben für die Röntgenspektralanalyse.

Um Scheiben von niedrigschmelzenden Metallen zu gießen, benutzt man z. B. die in Abb. 5/6 dargestellte Kokille der Applied Research Laboratories (ARL), Glendale. Sie ist aus Aluminium gefertigt und liefert Scheiben von 65 mm Durchmesser und 6,4 mm Dicke; die Scheiben haben innen eine Vertiefung, so daß die Oberfläche besser bearbeitet werden kann. Nach einem ASTM-Vorschlag wird ein Probenkörper ähnlich dem der ARL-Kokille gegossen, nur daß der Einguß in der Mitte der Scheibe liegt, so daß die Probe die Form eines Hutes oder Pilzes hat, wobei die Oberfläche der Scheibe analysiert wird.

Diese Kokille hat eine ähnliche Form wie die in Abb. 5/7 gezeigte Kokille nach Marti, nur ist die ganze Kokille aus Metall (z. B. Kupfer, Gußeisen oder aus beiden Metallen) und das Oberteil meistens zweiteilig. Bei der Marti-Kokille, die für Gußeisen gedacht ist, liegt eine Kombination aus Kupfer als Unterlage für die Spektralplatte (Hut des Pilzes) und einem Oberbau aus Formsand für den Einguß (Fuß des Pilzes) vor. Die Spektralplatte erstarrt weiß, die beste und homogenste Art einer Spektralprobe aus Gußeisen, der Einguß in der Sandform indessen grau, so daß er zerspant und für chemische Analysen verwendet werden kann.

Eine Kokille zum Abgießen weiß erstarrter Gußeisenplättchen, die besonders in Betrieben, die Kugelgraphitgußeisen herstellen, Anwendung findet, ist in Abb. 5/8 zusammen mit dem Probenkörper dargestellt. Das 2,5 mm starke Plättchen von 60 mm Durchmesser hat einen um 0,5 mm erhöhten Ring von 13 mm. Das Plättchen wird mit einem starken Permanentmagneten an eine Schleifscheibe gehalten, so daß der Ring blank wird und dort mehrfach abgefunkt werden kann. Durch Abschlagen und Zertrümmern des spröden Materials kann auch Probegut für chemische Bestimmungen und für Verbrennungsanlagen gewonnen werden.

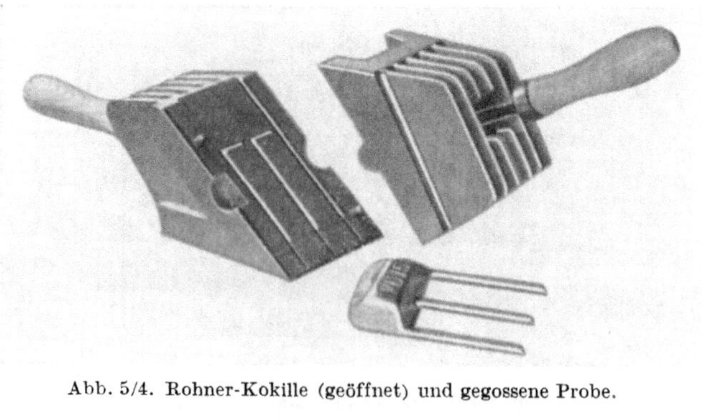

Abb. 5/4. Rohner-Kokille (geöffnet) und gegossene Probe.

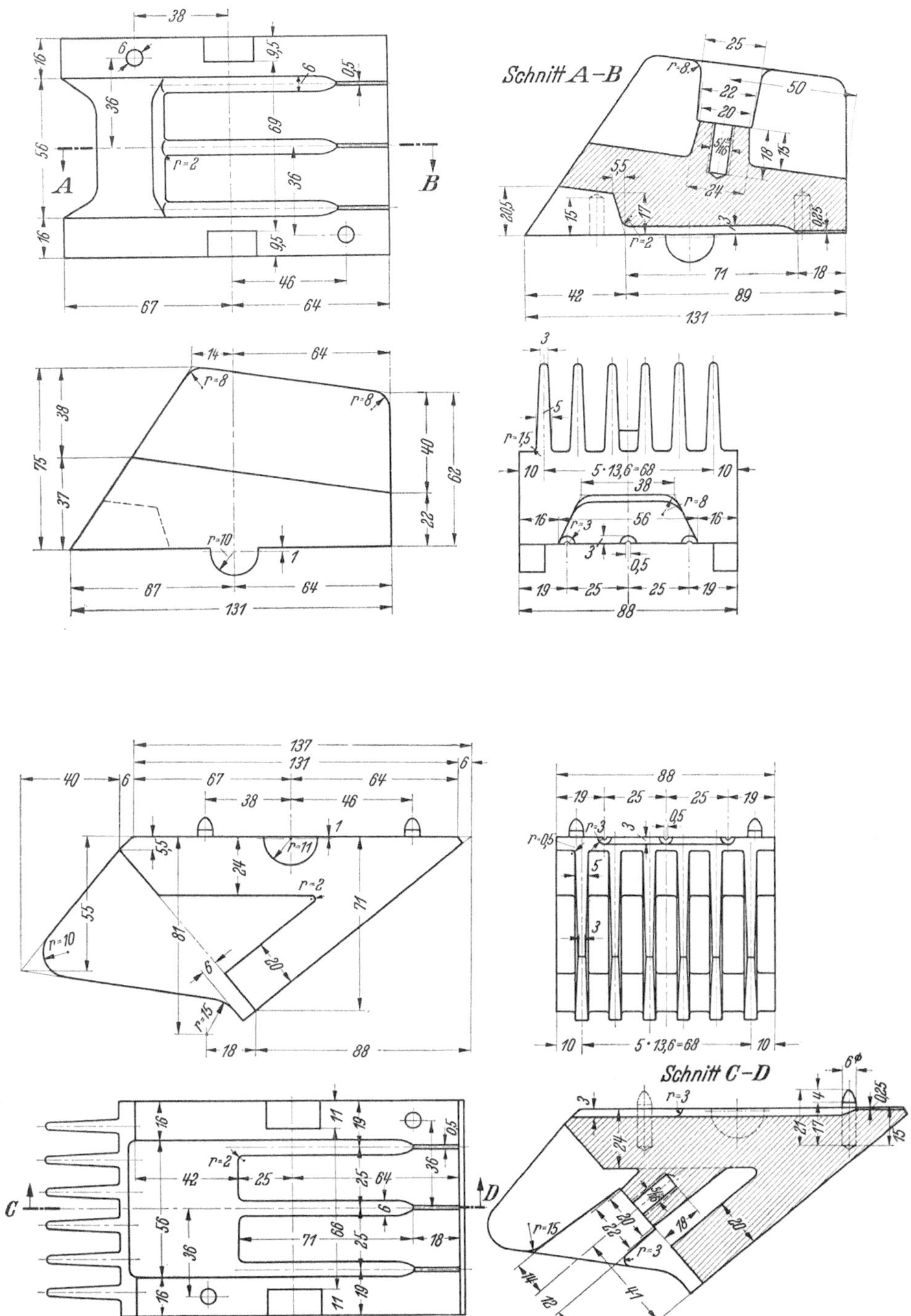

Maßskizze zu Abb. 5/4. (Rohner-Kokille).

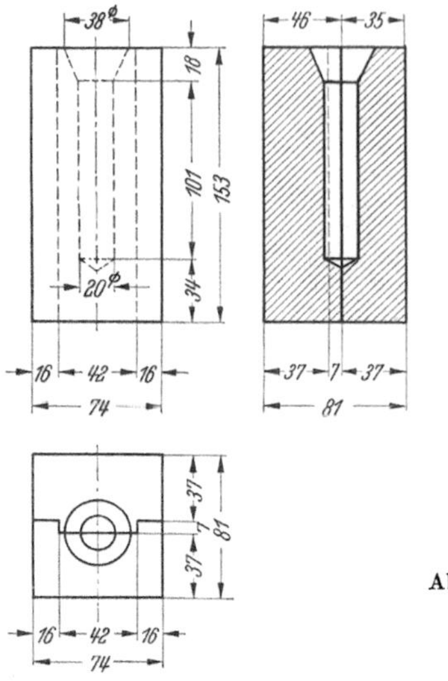

Abb. 5/5. Kokille für stärkere Stäbe (Material: Kupfer).

5.1.2 Probenahme von festem Metall

Direkte Probenahme. Aus Blöcken, Barren, Halbzeug, Werkstücken und dergleichen kann nach Heraussägen, Stanzen oder Walzen eine Probe geeigneter Größe, deren Untersuchungsfläche bearbeitet werden muß, direkt der spektrochemischen oder röntgenspektrometrischen Untersuchung zugänglich gemacht werden. Die erhaltenen Aussagen gelten nur für die gerade untersuchte Probe. Auch bei mehrfachem Abfunken haben diese Ergebnisse nur orientierenden Wert.

Herstellung von Proben durch Pressen. Bei gewissen Sorten von Metallen (Kupfer, Blei, Zinn) in Legierungen können durch Pressen von Pulvern oder Spänen in geeignete Formen Scheiben für die Spektral- und Röntgenfluoreszenzanalyse hergestellt werden.

Herstellung von Proben durch Einschmelzen. Nach den Probenahmevorschriften aus einer Lieferung entnommene Rohproben in Form von Scheiben, Spänen usw. werden eingeschmolzen und, wie unter 5.1.1 beschrieben, weiterbehandelt. Das Einschmelzen ist aber nur bei den leichtschmelzenden und wenig oxidierenden Metallen — bis zum Aluminium etwa — ohne die Gefahr einer Veränderung (z. B. durch Ausbrennen einzelner Elemente, starke Verkrätzung) ausführbar.

Beim Einschmelzen sind Verluste bei groben Spänen geringer als bei feinkörnigem Material. Zur Verhinderung einer Oxidation kann die Schmelze auch mit einem geeigneten Mittel abgedeckt werden. In machen Fällen ist es zweckmäßig und häufig sogar notwendig, unter Schutzgas umzuschmelzen und zu vergießen.

Lösen oder Schmelzaufschluß. In den Fällen, in denen ein Einschmelzen des Probenmaterials zur Homogenisierung nicht möglich ist, kann die Probe entweder gelöst oder durch eine Schmelze aufgeschlossen werden. Davon wird bevorzugt bei der Röntgenspektralanalyse Gebrauch gemacht. Dieses Verfahren hat den Vorteil, daß ein innerer Standard zugemischt werden kann, der als Bezugselement genommen wird.

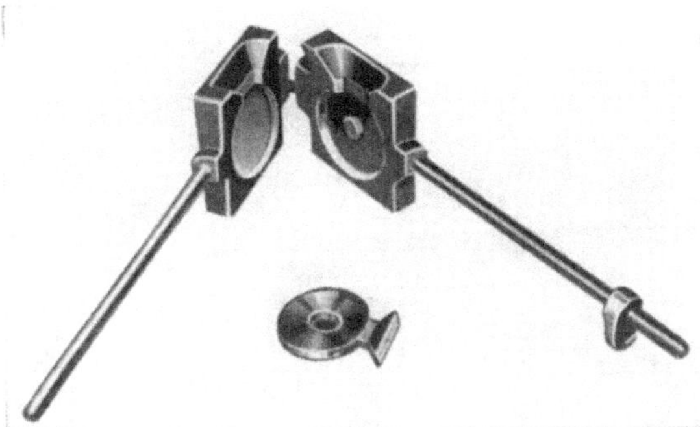

Abb. 5/6. Scheibenkokille der ARL. Ansicht mit gegossener Probe.

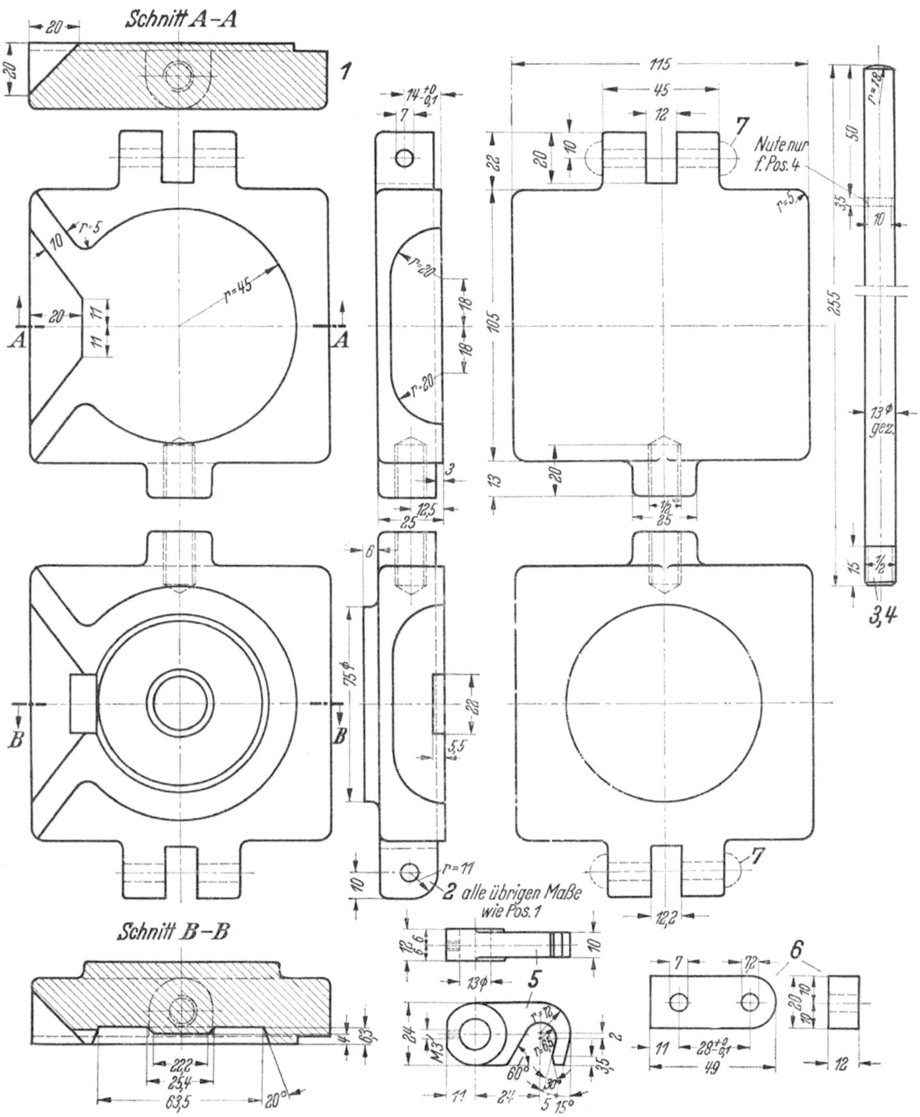

Maßskizze zu Abb. 5.6. (Scheibenkokille der ARL).

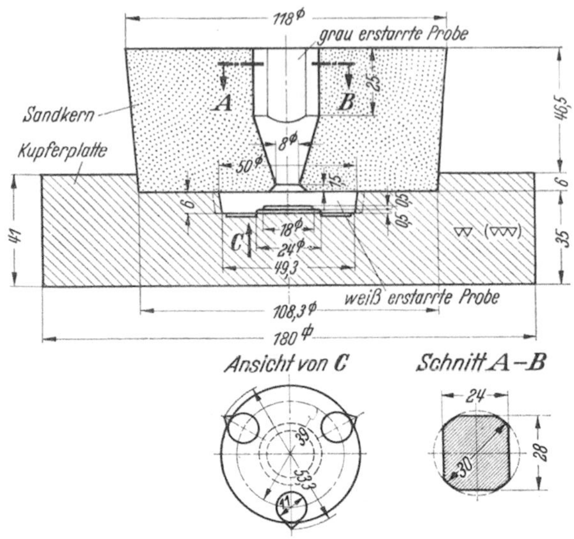

Abb. 5/7. Marti-Kokille für Gußeisen.

Abb. 5/8. Kokille zum Abgießen weiß erstarrter Gußeisenplättchen. Links: Probenkörper.

5.2 Probenahme von nichtmetallischem Gut

Bei Probenahmen nichtmetallischer Stoffe wie Erze, Schlacken, Krätzen, Salze usw. zur Spektral- und Röntgenanalyse gelten die beschriebenen Richtlinien über die Probenahme dieser Substanzen für die chemische Untersuchung. Die analysenfertigen Proben erfordern für beide Arbeitsweisen eine besondere Nachbehandlung.

5.2.1 Für die Emissionsspektralanalyse

Voraussetzung für die Spektralanalyse ist die Herstellung elektrisch leitender und ausreichend fester Elektrodenformen aus genügend feinem und gut gemischtem Pulver. Neben Graphit werden gelegentlich auch reine Metallpulver zum Pressen von Elektroden verwendet, wobei die Preßgesenke entweder zumeist kantige Probenstäbchen oder Tabletten herzustellen gestatten. Über Mischungsverhältnisse, Probengröße und Preßdruck kann keine allgemeingültige Aussage gemacht werden. Hier muß auf die speziellen Arbeitsvorschriften verwiesen werden, sofern nicht überhaupt selbst die optimalen Bedingungen entwickelt werden müssen. Das Zumischen eines schon erwähnten „inneren Standards" ist bei Preßverfahren leicht zu bewerkstelligen. Dieser Weg wird auch bei einer Reihe von allgemein anwendbaren Methoden zur Gewinnung spektrochemischer Übersichtsanalysen beschritten, mit denen nur die Größenordnung oder die ungefähren Gehalte halbquantitativ ermittelt werden.

Selbstverständlich kommt für die Untersuchung von nichtmetallischem Gut auch die Lösungsspektralanalyse infrage. Hierzu wird die für die chemische Analyse vorbereitete Probe entsprechend gelöst.

5.2.2 Für die Röntgenspektralanalyse

Das Herstellen von Preßlingen hat eine große Bedeutung bei der Röntgenspektralanalyse. Hierzu ist es notwendig, die Proben sehr fein (z. B. unter 40 μm) aufzumahlen, wozu neben den schnell arbeitenden Schwingmühlen auch die wegen ihres geringen Abriebs und wegen des leichten Reinigens bevorzugten automatischen Reibschalen mit Achatgefäßen verwendet werden. Um den Preßlingen eine gewisse Festigkeit zu geben, werden den Proben Wachse oder Linterspulver als Bindemittel zugesetzt.

Häufig jedoch werden die Proben durch ein Schmelzmittel aufgeschlossen. Besonders bewährt hat sich der wegen seiner guten Lösefähigkeit für Oxide bekannte Borax. Noch besser geeignet ist wegen der geringen Absorption der Röntgenstrahlen das Lithiumtetraborat, zumal Lithium und Bor mit den herkömmlichen Röntgenspektrometern analytisch nicht erfaßt werden. Dem Borat werden gern seltenere Elemente wie Strontium oder Kobalt als innerer Standard zugemischt. Der Schmelzkuchen kann unter Umständen, wenn er eine glatte Grundfläche hat, direkt oder nach kurzem Polieren auf den Probentisch zur Analyse gegeben werden. Oft wird auch der Schmelzkuchen aufgemahlen und wieder verpreßt (s. oben). Diese Vorbereitungszeiten sind recht kurz und dauern nur wenige Minuten. Geeignete Geräte und Tiegel, z. B. aus Graphit, sind im Handel. Der Schmelzaufschluß erlaubt auch das Analysieren durch Zumischen des zu bestimmenden Elementes (Additionsverfahren), wodurch die Eichkurve — ähnlich wie bei den flammenspektrometrischen Methoden — leicht erhalten oder kontrolliert werden kann. Ferner werden Matrixeffekte durch den Schmelzaufschluß beseitigt oder verringert.

Sehr vorteilhaft zur Untersuchung der Proben ist auch die Analysierung von Lösungen, die direkt aus dem Probegut oder aus dem Schmelzaufschluß des Probegutes hergestellt werden. Diese Lösungen werden in Behälter mit Kunststoffmembranen gegeben, durch welche die Röntgenstrahlung fast ungeschwächt hindurchgeht.

Literatur zu 5

1 Bertin, E. P.; Longobucco, R. J.: Sample Preparation Methods for X-ray Fluorescence Emission Spectrometry. Norelco Reporter (Philips) 9 (1962) Nr. 2, S. 31—43.
2 Chemikerausschuß der GDMB (Hrsg.): Analyse der Metalle. Band II, Betriebsanalysen, 2. Teil, S. 1348—1419. Berlin—Heidelberg—New York: Springer 1961.
3 Chemikerausschuß des VDEh (Hrsg.): Handbuch für das Eisenhüttenlaboratorium. Band 2, S. 277—285. Düsseldorf: Verlag Stahl und Eisen 1966.
4 Ginsberg, H.: Leichtmetallanalyse. S. 284—287. Berlin—New York: W. de Gruyter 1965.
5 Roll, F. (Hrsg.): Handbuch der Gießerei-Technik. Band I, 1. Teil, S. 651—652. Berlin—Heidelberg—New York: Springer 1959.
6 Tögel, K.: Handbuch „Zerstörungsfreie Materialprüfung", Abschnitt U 152.

6. Anwendung der technischen Statistik auf die Probenahme

Allgemeines

Die auf der modernen mathematischen Statistik beruhenden technisch-statistischen Verfahren haben in der neuzeitlichen Analytik, zu der die Probenahme als wesentlicher Bestandteil gehört, ihren festen Platz gefunden. Ohne diese Verfahren sind Analytik und Probenahme in ihrer derzeitigen Form nicht mehr denkbar.

Aus Sicht der Statistik betrachtet, bedeutet jede Probenahme das nach technischen Regeln erfolgende Herstellen materieller Stichproben, welche eine Abbildung der ihnen zugrundeliegenden Grundgesamtheit (z. B. Partie, Los, Charge) liefern sollen. Allerdings ist der Probenehmer bekanntlich nicht in der Lage, den Erfolg oder Mißerfolg seiner Tätigkeit allein aus dieser heraus zu beurteilen. Er bedarf dafür einer Unterstützung durch Prüfungen, Analysen oder Messungen, welche an den Stichproben durchgeführt werden. Die auf diesem Wege hergestellten Zahlensammlungen sind Gegenstand der weiteren statistischen Behandlung, deren Aufgabe es ist, objektive Aussagen über Materialeigenschaften zu liefern, um damit rationelle technische und wirtschaftliche Dispositionen zu ermöglichen. Die früher ausschließlich empirischen Arbeitsmethoden der Probenahme können also mit Hilfe der Statistik auf eine mathematisch fundierte Grundlage aufgebaut werden. Für die erfolgreiche Anwendung fortschreitend mechanisierter und automatisierter Produktionsverfahren ist diese mathematische Fundierung der Probenahme von wesentlicher Bedeutung.

Aus den vorgenannten Gründen sind Probenahme sowie Analysen und Messungen eng miteinander verbunden. Bei der hier erfolgenden Anwendung statistischer Methoden speziell auf die Probenahme ist also stets zu bedenken, daß die angestrebten Aussagen über Probenahme und Materialeigenschaften grundsätzlich gewisse Unsicherheiten enthalten, welche ausschließlich auf die Einflüsse der Analysen oder Messungen zurückzuführen sind. Eine Trennung der Analysen- und Probenahme-Einflüsse voneinander ist mit Hilfe statistischer Verfahren (Varianzanalysen) möglich. Für die nachfolgenden Betrachtungen wird jedoch aus Vereinfachungsgründen unterstellt, daß die auf Analysen und Messungen zurückzuführenden Unsicherheiten stets vernachlässigbar klein sind gegenüber den auf ungleichmäßige Materialbeschaffenheit (Inhomogenität) und die Probenahmetechnik zurückzuführenden Einflüssen. In der Praxis muß die Gültigkeit dieser Voraussetzung allerdings überprüft werden.

Die Verfahren der statistischen „Attributen-Kontrolle", d. h. der Kontrolle „zählbarer" Materialeigenschafts-Daten (z. B. glatte oder rauhe Oberfläche), wie sie vor allem bei der Halbzeug- und Fertigwaren-Industrie von Bedeutung sind, spielen bei der Probenahme von Erzen, Metallen und Hüttenprodukten eine in der Regel nur untergeordnete Rolle. Sie sollen deshalb hier nicht behandelt werden. Dagegen sind die Verfahren der „Variablen-Kontrolle", d. h. einer Kontrolle der durch Analyse oder Messung ermittelten „meßbaren" Größen, in der Lagerstättenkunde und im Hüttenwesen von besonderer Bedeutung.

Wegen der fortgeschrittenen Verbreitung der Kenntnisse über z. B. Häufigkeitsverteilungen und die Bestimmung statistischer Maßzahlen mit Hilfe elementarer graphischer oder rechnerischer Verfahren dürfen die Grundlagen der statistischen Denk- und Arbeitsweise hier als bekannt vorausgesetzt werden. Interessenten werden auf die Literaturangaben am Ende des Kapitels hingewiesen. Die nachfolgend angeführten Beispiele sind zum Teil dem von Dr. R. Wartmann verfaßten Statistik-Kapitel in der 1. Auflage dieses Buches, zum Teil der Literatur [1] entnommen worden.

6.1 Statistische Maßzahlen

Als unmittelbare Arbeitshilfe für den Praktiker werden die Formeln für statistische Maßzahlen hier ohne Ableitung und Begründung lediglich als Gedankenstütze zusammengestellt.

Für eine exakte statistische Darstellung von Probenahme- (und Analysen- bzw. Meß-) Ergebnissen sind stets folgende Angaben erforderlich:

a) Die *Anzahl N* der anhand von Einzelproben erzielten Einzelergebnisse x_i.
b) Der (arithmetische) Mittelwert:

$$\bar{x} = \frac{1}{N} \mathrm{S} x_i \tag{1}$$

(„S" wird in der Statistik als Summationszeichen verwendet.)
c) Die *Standardabweichung*, gelegentlich auch „Streuung" genannt:

$$\mathrm{s} = \pm \sqrt{\mathrm{s}^2}\,, \tag{2}$$

deren Quadrat (auch als „Varianz" bezeichnet) definiert ist durch:

$$s^2 = \frac{1}{N-1} \mathrm{S}\,(x_i - \bar{x})^2\,. \tag{3}$$

Rationelle Verfahren zur Hand- bzw. Maschinen-Berechnung dieser Maßzahlen sind in der Literatur [1, 2] angegeben.

Mittelwert und Standardabweichung dürfen aber nur dann als eindeutig fundierte und aussagefähige Maßzahlen gelten, wenn sie einer in ihrer Struktur (Verteilung) bekannten, einheitlichen Grundgesamtheit (Kollektiv, Population) zugeordnet sind. Unter einheitlicher Grundgesamtheit versteht man dabei Gruppen von Einzelmeßwerten, welche einer „Gaußschen Normalverteilung" oder gelegentlich auch einer „logarithmischen Verteilung" entsprechen. In der Praxis nicht selten auftretende gegenseitige Überlagerungen verschiedener einheitlicher Kollektive (Mischverteilungen) erfordern besondere Prüfungen im Hinblick auf die sie kennzeichnenden Maßzahlen. Dasselbe gilt für die Maßzahlen aus nicht „normalen" Verteilungen.

Aus den vorgenannten Maßzahlen werden ferner häufig errechnet:

d) Die *relative Standardabweichung*, gelegentlich auch als „*Variationskoeffizient*" bezeichnet:

$$V = \frac{s}{\bar{x}}\,, \tag{4}$$

welche entweder in Prozenten oder, neuerdings häufig, auch als Dezimalbruch angegeben wird.

e) Der *Vertrauensbereich* des (gesuchten „wahren") Mittelwertes μ:

$$\pm\, U = \frac{t \cdot s}{\sqrt{N}}\,, \tag{5}$$

wobei t ein aus der t-Verteilung von „Student" zu entnehmender Tabellenwert ist (vgl. im Anhang 65.5). Als hier nicht näher erläuterter „Freiheitsgrad" n ist in der Tabelle der Wert $n = N - 1$ einzusetzen. In der allgemeinen Praxis der technischen Statistik begnügt man sich in der Regel mit einer konventionellen statistischen Aussagesicherheit von 95%.

Beispiel: Aus $N = 20$ analysierten Einzelproben (z. B. Schaufelproben aus einer Partie Bleiasche) ergab sich ein Mittelwert von $\bar{x} = 37{,}055\%$ Pb und eine Standardabweichung von $s = \pm\, 1{,}176\%$ Pb. Der t-Wert der Tabelle im Anhang (65.5) wird für $n = N - 1 = 19$ mit $t = 2{,}09$ entnommen.

$$U = \frac{2{,}09 \cdot 1{,}176}{\sqrt{20}} = \pm\, 0{,}549\,,$$

d. h. das vollständige Ergebnis der Probenahme und Analyse lautet: 37,055 ± ± 0,549% Pb. Mit einer Aussagesicherheit von 95% kann man also jetzt feststellen, daß sich der gesuchte „wahre" Mittelwert irgendwo im Bereich zwischen 36,5% Pb und 37,6% Pb befindet. Eine genauere Aussage ist im vorliegenden speziellen Falle grundsätzlich nicht möglich!

6.2 Anwendung einfacher Prüfverfahren

Nach sachgemäßer Ermittlung der statistischen Maßzahlen sind für die Probenahmepraxis folgende statistische Prüfverfahren von Bedeutung:

6.2.1 Vergleich zweier Mittelwerte in gewöhnlicher Form

Häufig muß man auch entscheiden, ob zwei (naturgemäß mit Unsicherheiten behaftete) Mittelwerte $\bar{x}_1$ und $\bar{x}_2$ nur rein zufällig (d. h. statistisch „nicht gesichert") voneinander abweichen, oder ob eine zwischen den Mittelwerten festgestellte Differenz tatsächlich auf technisch begründete Unterschiede zwischen 2 Proben hinweist. Die festgestellte Mittelwertsdifferenz muß dazu mit der Unsicherheit der Mittelwerte selbst verglichen werden.

Man setzt dafür $\bar{x}_1 > \bar{x}_2$ und errechnet die Prüfgröße

$$t_{\mathrm{pr}} = \frac{\bar{x}_1 - \bar{x}_2}{s_{\mathrm{D}}}, \tag{6}$$

mit

$$s_{\mathrm{D}}^2 = \frac{(N_1 - 1)\, s_1^2 + (N_2 - 1)\, s_2^2}{N_1 + N_2 - 2} \cdot \frac{N_1 + N_2}{N_1 \cdot N_2}\,.$$

Ist die Zahl $N_1 + N_2$ der insgesamt verwendeten Einzelwerte größer als 20, so gilt die vereinfachte Regel: Fällt die Prüfgröße t_{pr} kleiner als 2 aus, so ist die Mittelwertsdifferenz rein zufällig bedingt. Ergibt sich jedoch ein Wert t_{pr} deutlich größer als 2, so kann man sicher sein, daß die Mittelwertsdifferenz sachlich begründet ist, und zwar um so stärker, je mehr die Prüfgröße t_{pr} den Wert 2 überschreitet.

Allgemein gilt für den Vergleich zwischen t_{pr} und dem aus der Tabelle (Anhang, 65.5) zu entnehmenden Wert t_{Tab} (in der vorstehenden vereinfachten Regel ist $t_{\mathrm{Tab}} = 2$!):

Wenn $t_{\mathrm{pr}} < t_{\mathrm{Tab}\,(S=95\%)}$, dann ist der Unterschied zwischen den beiden Mittelwerten nur „*zufällig*".

Wenn $t_{\mathrm{pr}} > t_{\mathrm{Tab}\,(S=95\%)}$ aber $t_{\mathrm{pr}} < t_{\mathrm{Tab}\,(S=99\%)}$, dann ist der Unterschied „*schwach gesichert*", d. h. es besteht der Verdacht, daß sich bei einer Fortsetzung der Messungen ein „stark gesicherter" Unterschied herausstellen kann.

Wenn $t_{pr} > t_{Tab\,(S=99\%)}$, dann ist der Unterschied *„stark gesichert“*, d. h. die beiden Mittelwerte stimmen nicht überein.

Dieser t-Test ist in der angeführten Form nur exakt, wenn sich s_1 und s_2 nicht zu stark voneinander unterscheiden. (Über den Vergleich von Standardabweichungen s. 6.2.3.)

Beispiel: Die Leitfähigkeitsmessungen an Proben aus 2 Kupferchargen ergaben:

$$\bar{x}_1 = 58{,}1 \qquad \bar{x}_2 = 57{,}8$$

$$s_1 = 0{,}2 \qquad s_2 = 0{,}3$$

$$N_1 = 24 \qquad N_2 = 8$$

$$s_D^2 = \frac{(24-1)\cdot 0{,}04 + (8-1)\cdot 0{,}09}{24+8-2} \cdot \frac{24+8}{24\cdot 8} = 0{,}0086$$

$$s_D = 0{,}093$$

$$t_{pr} = \frac{58{,}1 - 57{,}8}{0{,}093} = 3{,}22$$

t_{Tab} für $S = 95\%$ und $n = 24 + 8 - 2 = 30$: 2,04

t_{Tab} für $S = 99\%$ und $n = 30$: 2,75.

Da $t_{pr} > t_{Tab\,(S=99\%)}$, muß der Unterschied der beiden Mittelwerte als stark gesichert gelten. Soweit anhand der ausgeführten Messungen festgestellt werden kann, unterscheiden sich also die beiden Chargen bezüglich ihrer elektrischen Leitfähigkeit.

6.2.2 Vergleich zweier Mittelwerte bei paarweiser Zuordnung

Nicht immer liegt die Frage nach dem Unterschied zweier Mittelwerte so einfach wie im vorstehenden Beispiel. Häufig hat man als Stichproben eine Reihe sogenannter „Probenpaare“ vorliegen, d. h. zwei aus irgendeinem technischen Grund zusammengehörende Proben mit den Einzelwerten x_1 und x_2. In diesem Falle wird als neue Variable $d = x_1 - x_2$ eingeführt. N ist dann die Anzahl der Einzelwert-*Paare* und $\bar{d} = \frac{\mathrm{S}\,d}{N}$.

$$\text{Prüfgröße } t_{pr} = \frac{\bar{d}}{s_d}\sqrt{N}\,, \tag{7}$$

mit

$$\bar{d} = \frac{1}{N}\,\mathrm{S}\,d$$

und

$$s_d^2 = \frac{1}{N-1}\left[\mathrm{S}d^2 - \frac{1}{N}\,(\mathrm{S}d)^2\right].$$

Der Vergleich mit dem Tabellenwert t_{Tab} (Anhang, 65.5) erfolgt dann wie unter 6.2.1 bereits beschrieben.

Beispiel: Eine Schiffsladung Erz wird nach 2 verschiedenen Probenahmemethoden auf ihren Nässegehalt (x in %) geprüft:

Schiffsraum N	Dosen-probenahme x_1	Normal-probenahme x_2	d	d^2
1	12,9	11,2	1,7	2,89
2	8,4	9,4	−1	1
3	13,9	11,6	2,3	5,29
4	9,4	10,5	−1,1	1,21
5	14,1	11,0	3,1	9,61
6	14,8	10,9	3,9	15,21
7	13,3	10,9	2,4	5,76
8	9,4	9,4	0	0
9	10,5	9,5	1	1
10	7,6	7,8	−0,2	0,0
11	11,9	9,1	2,8	7,2
			14,9 S d	49,85 S d^2

$$\bar{d} = \frac{1}{N}\,\mathrm{S}d = \frac{1}{11}\cdot 14{,}9 = 1{,}35$$

$$s_d^2 = \frac{1}{N-1}\left[\mathrm{S}d^2 - \frac{1}{N}\,(\mathrm{S}d)^2\right] = 2{,}967 \qquad s_d = 1{,}72$$

$$t_{\mathrm{pr}} = \frac{1{,}35}{1{,}72}\sqrt{11} = 2{,}60$$

t_{Tab} für $S = 95\%$ und $n = N - 1 = 10$: 2,23

t_{Tab} für $S = 99\%$ und $n = 10$: 3,17 .

Da $2{,}60 > 2{,}23$ und $2{,}66 < 3{,}17$, ist der Unterschied zwischen den beiden Probenahmemethoden hier nur „schwach gesichert“. Ein derartiges Ergebnis sollte in der Praxis Anlaß geben, den Methodenvergleich bei nächster Gelegenheit zu wiederholen, bis sich der Unterschied entweder als „stark gesichert“ oder als „ungesichert“ und damit als „zufällig“ herausstellt.

Sehr wesentlich für die Anwendung dieser Rechenmethode ist, daß es auf diesem Wege gelingt, die hier nicht interessierenden unterschiedlichen Nässegehalte in den einzelnen Schiffsräumen von vornherein zu eliminieren. Bei Prüfung nach der gewöhnlichen Methode (s. 6.2.1) geht nämlich diese „Standardabweichung zwischen den Schiffsräumen“ fälschlich in die Rechnung ein. Dadurch kann die gestellte Frage nach dem Unterschied zwischen den Methoden evtl. falsch beantwortet werden! Dieser Fall tritt bei dem genannten Beispiel auf, wenn $\bar{x}_2$, s_1 und $\bar{x}_2$, s_2 errechnet und in die unter 6.2.1 angegebene Formel für „Mittelwerte in gewöhnlicher Form“ eingesetzt werden.

6.2.3 Vergleich zweier Standardabweichungen

Wie bereits bei den Mittelwerten festgestellt, sind auch die Standardabweichungen, welche aus 2 Stichproben errechnet wurden, zahlenmäßig fast stets voneinander verschieden. Es ist also zu prüfen, ob sich die Standardabweichungen von z. B. 2 Probenahmeverfahren „tatsächlich“ (gesichert) oder nur „zufällig“ (ungesichert) voneinander unterscheiden.

$$\text{Prüfgröße } F_{\mathrm{pr}} = \frac{s_1^2}{s_2^2}, \qquad \text{mit } s_1 > s_2\,. \tag{8}$$

Diese Prüfgröße ist dann mit dem Tabellenwert F_{Tab} aus den Integralgrenzen der F-Verteilung (Anhang, 65.6) zu vergleichen, wobei in der Regel eine Aussagesicherheit von $S = 95\%$ bei den Freiheitsgraden $n_1 = N_1 - 1$ und $n_2 = N_2 - 1$ zugrundegelegt wird.

Wenn danach $F_{\text{pr}} < F_{\text{Tab}}$, dann ist der Unterschied zwischen den Standardabweichungen nur „zufällig", d. h. ihr Quotient ist „in Wahrheit" gleich 1.

Wenn $F_{\text{pr}} > F_{\text{Tab}}$, dann ist der Unterschied zwischen den Standardabweichungen mit einer Aussagesicherheit von 95% „gesichert". Erst dann ist die Standardabweichung eines der beiden überprüften Verfahren mit Sicherheit größer als die des anderen.

Beispiel: Das Mischen von zu vereinigenden Einzelproben sei erfolgt unter Anwendung zweier verschiedener Mischverfahren. Die Analysen von $N_1 = 6$ Stichproben aus der Mischung nach Verfahren 1 und von $N_2 = 7$ Stichproben aus der Mischung nach Verfahren 2 ergeben, daß das Verfahren 1 mit einer Standardabweichung von $s_1 = 4{,}0$ und das Verfahren 2 mit einer Standardabweichung von $s_2 = 2{,}5$ behaftet ist. Mit $s_1^2 = 16$ und $s_2^2 = 6{,}25$ folgt:

$$F_{\text{pr}} = \frac{16{,}0}{6{,}25} = 2{,}56\,.$$

Dieser Wert ist mit dem für eine 95%ige Aussagesicherheit geltenden Tabellenwert der F-Verteilung mit den Freiheitsgraden $n_1 = 7 - 1 = 6$ und $n_2 = 6 - 1 = 5$ zu vergleichen: $F_{\text{Tab}} = 4{,}95$. Da $F_{\text{pr}} < F_{\text{Tab}}$, ist der Unterschied zwischen den beiden Standardabweichungen nicht gesichert.

Trotz der merklich verschieden erscheinenden Standardabweichungen kann man also anhand des vorliegenden Zahlenmaterials nicht feststellen, daß das Mischverfahren 2 dem Mischverfahren 1 tatsächlich überlegen ist. Die in diesem Beispiel verwendete Stichprobenanzahl ist allerdings relativ gering. Sie müßte bei der nächsten Versuchsreihe vergrößert werden, wenn eine schärfere Abgrenzung angestrebt wird.

An dieser Stelle soll noch auf die in der Probenahme stets wesentliche Frage nach der *Homogenität oder Inhomogenität* der zu probenden Materialien eingegangen werden.

Wenn man die aus den jeweils angewendeten Probenahme- und Probenvorbereitungsverfahren herrührenden Standardabweichungen insgesamt mit s_{P}, und die allein durch die Analysentechnik verursachte Standardabweichung mit s_{A} bezeichnet, ergibt sich folgende Definition für die Homogenität von Materialien:

Ein zu prüfendes Material darf dann und nur dann als „homogen" bezeichnet werden, wenn die dem Material innewohnenden Ungleichmäßigkeiten (d. h. Schwankungen in der Zusammensetzung oder den Eigenschaften, ausgedrückt als Standardabweichung s_{M}) kleiner oder gleich denjenigen der Probenahme und Analyse sind:

$$s_{\text{M}}^2 \leqq s_{\text{P}}^2 + s_{\text{A}}^2 \tag{9}$$

Man kann danach ein Material nur dann als „inhomogen" erkennen, wenn

$$s_{\text{M}}^2 > s_{\text{P}}^2 + s_{\text{A}}^2 \tag{10}$$

ist.

Die Material-Homogenität oder -Inhomogenität ist danach abhängig von der Art der angewendeten Probenahme- und Analysenverfahren. Je „genauer" diese Verfahren (d. h. je kleiner $s_{\text{P}}^2 + s_{\text{A}}^2$) werden, um so eher wird ein zu probendes Material als „inhomogen" beurteilt werden müssen, welches bei vorheriger Anwendung weniger genauer Verfahren als noch durchaus „homogen" gelten konnte.

6.3 Mindesterforderliche Stichproben-Anzahl (-Menge)

Stets notwendige Bemühungen um eine wirtschaftliche und rationelle Probenahme führen zu der Frage, welcher Arbeitsaufwand, d. h. welche Stichproben-Anzahl (-Menge) mindestens erforderlich ist, um eine aus technischen oder kommerziellen Gründen heraus erforderliche bestimmte „Genauigkeit" der Probenahme zu erzielen.

6.3.1 Probenahme-Nomogramm von Pierre Gy

Unter der Voraussetzung der Kenntnis einer Reihe von Parametern (z. B. Metallgehalt, Korngröße, Dichte, Verwachsungen von Erz und Gangart usw.), welche in der Praxis allerdings häufig nur abgeschätzt werden können, lassen sich bei Anwendung des Nomogramms folgende Fragen in erster Näherung beantworten: Bestimmung der für eine gewünschte Probenahmegenauigkeit erforderlichen Probenmenge; Bestimmung der Korngrößen, bis zu denen man das Erz vor der Probenahme zerkleinern muß; Abschätzen von im Laufe der Probenahme auftretenden Standardabweichungen. Bezüglich weiterer Einzelheiten wird auf die Gebrauchsanweisung der deutschen Ausgabe dieses Nomogramms [3] verwiesen.

6.3.2 Voneinander unabhängige (nicht korrelativ verknüpfte) Proben

Für eine statistisch exaktere Erfassung der Fragestellung bedient man sich der unter 6.1 angegebenen Formel (5) für den Vertrauensbereich eines Mittelwertes und formt diese um:

$$N = \left(\frac{t \cdot s}{\pm U}\right)^2 \tag{11}$$

Dabei muß s in der Regel aus einer Voruntersuchung bestimmt werden, für welche zweckmäßig mehr als 20 Einzelproben analysiert werden. Für $S = 95\%$ ergibt sich danach $t \approx 2$.

Beispiel: Der Kupfergehalt einer Partie Schwefelkiesabbrände soll auf $U = \pm\ 0{,}05\%$ Cu genau bestimmt werden.

Es werden $N = 24$ Schaufelproben entnommen und getrennt analysiert:

$$\bar{x} = 2{,}034\%\ \text{Cu}, \qquad s = 0{,}271\%\ \text{Cu}.$$

Gefordert ist:

$$\pm\ U = 0{,}05\%\ \text{Cu}\ ,$$

$$N \cong \left(\frac{2 \cdot 0{,}271}{0{,}05}\right)^2 \cong 118\ ,$$

d. h. zum Erzielen der gewünschten Genauigkeit sind etwa 118 Schaufelproben zu entnehmen. Dabei ist bemerkenswert, daß — unter Voraussetzung einer über die gesamte Partie verteilten Entnahme von 24 voneinander unabhängigen Proben — die Gesamtmenge der Partie ohne Einfluß auf das Ergebnis ist, solange Probengewicht $\ll$ Partiegewicht bleibt.

Die vorgenannte Formel gilt nicht für miteinander korrelierende Proben, wie sie z. B. bei einer Probenahme von Transportbändern aus auftreten. Dabei liegen die Einzelproben manchmal räumlich so nahe zusammen, daß sie nicht mehr als „voneinander unabhängig" beurteilt werden dürfen.

Wesentlich für die sinnvolle Anwendung der Formel (11) ist es, daß für die endgültige Probenahme dieselbe Schaufelart und -größe, d. h. also auch dieselbe

„Einzel"-Probemenge, zu verwenden ist, wie sie zur Ermittlung der Standardabweichung s herangezogen wurde.

Wenn N die im oben angeführten Sinne erforderliche Mindestanzahl von Proben bedeutet, ergibt sich also das mindesterforderliche Rohprobengewicht nach der Formel:

$$N \cdot \text{Gewicht einer Schaufelprobe.}$$

6.3.3 Korrelativ miteinander verknüpfte Proben

Bei der fortschreitenden Mechanisierung der Probenahme von Massengütern in kontinuierlich ablaufenden Produktionsprozessen spielt die „Probenahme vom Band" eine besondere Rolle.

Zur Beurteilung einer bestimmten Materialmenge auf einem Bandabschnitt entnimmt man ihr n Einzelproben im Abstand l. Solange l nicht zu klein ist, werden die an den Einzelproben erzielten Analysenergebnisse im wesentlichen voneinander unabhängig sein. Es gilt dann die unter 6.3.2 gegebene Formel (11).

Wenn man aber die aus einem Bandabschnitt gezogene Anzahl der Proben steigert, weil man die „Genauigkeit" der Probenahme erhöhen will, dann rücken die Einzelproben, bei sinkenden Abständen l, immer dichter zusammen. Es ist nun bekannt, daß die Eigenschaften „einander nahe benachbarter" Proben ähnlicher sind als diejenigen weit voneinander entfernter. Die Materialeigenschaften von einander nahe benachbarten Proben bezeichnet man als „korrelativ verknüpft". Es ist notwendig, für spezielle Material- und Transportbandsysteme die jeweilig auftretenden Korrelationsfunktionen in jedem Einzelfall festzustellen.

Grundlegende Untersuchungen dieser Fragen sind von Stange [4] ausgeführt worden, auf die hier nur verwiesen werden kann. Einen Hinweis auf die praktische Bedeutung dieser Überlegungen gibt ein von Stange [5] mitgeteiltes Beispiel für die Probenahme von Steinkohlen zur Untersuchung ihres Aschegehaltes. Will man beispielsweise die Standardabweichung eines Probenahmeverfahrens auf den zehnten Teil des ursprünglichen Wertes herunterdrücken, so ist es bei einfachen, korrelativ nicht miteinander verknüpften Zufallsproben bekanntlich erforderlich, das Hundertfache der ursprünglichen Probenmenge zu nehmen.

Bei systematischer Entnahme korrelativ verknüpfter Proben von Bändern erreicht man die geforderte Reduktion der Standardabweichung aber bereits mit dem Sechsundzwanzigfachen der ursprünglichen Probenmenge. Ein Nichtberücksichtigen der korrelativen Zusammenhänge bedeutet in diesem Beispiel also einen nutzlosen zusätzlichen Aufwand von nahezu 75%!

6.3.4 Probenentnahme aus Pack- und Ladeeinheiten

Erfolgt die Anlieferung von Gütern in Waggons oder Behältern (z. B. Kisten, Fässer, Container, Säcke usw.), ist es häufig zweckmäßig, diese als Anliefer-„Einheiten" aufzufassen und diese Einheiten der Rohprobenahme zugrundezulegen. Sofern die gesamte Anliefermenge als Probe herangezogen werden muß, bestehen keine besonderen Schwierigkeiten. In der Regel ist es jedoch erwünscht und ausreichend, nur einen Teil der Anliefereinheiten als Probe zu entnehmen.

6.3.4.1 Anzahl (Menge). Die insgesamt als Probe zu entnehmenden Einheiten können nach der unter 6.3.2 genannten Formel (11) direkt abgeschätzt werden, wenn der Grad der Gleichmäßigkeit des zu probenden Materials (d. h. die Standardabweichung $\pm s$ „von Einheit zu Einheit") und die an die Probenahme zu stellenden Genauigkeitsanforderungen ($\pm U$) aufgrund vorheriger Untersuchungen und Überlegungen bereits bekannt sind. Wenn das nicht der Fall ist, wird zweckmäßig eine Voruntersuchung nach Formel (11) durchgeführt, wobei dann N nicht mehr als Schaufel-, Stecher-, Löffel- usw. Einzelprobe, sondern jeweils als Anlieferungs-Einheit (Waggon, Kiste, Container usw.) aufgefaßt wird.

Aus dieser, der Ermittlung der Standardabweichung „von Einheit zu Einheit" dienenden Voruntersuchung folgt die zur Erfüllung einer bestimmten Probenahmeaufgabe erforderliche Mindestanzahl von Anlieferungseinheiten. Unter der Voraussetzung, daß die Anlieferungseinheiten vergleichbare und nicht zu stark schwankende Materialmengen enthalten, ergibt sich daraus die erforderliche Mindestmenge an Probegut. Anderenfalls sind passende pro-rata-Gewichtszusammenstellungen erforderlich.

Im Rahmen internationaler Normungsarbeiten sind statistisch fundierte, spezielle Vorschriften über die erforderlichen Mindest-Probemengen bei verschiedenen Rohstoffen und Produkten veröffentlicht worden, auf die hier nur hingewiesen werden soll. Als Beispiele seien genannt: Probenahme von chemischen Produkten (ISO/TC 47/WG 15), Probenahme von Aluminium-Erzen und Mineralien (ISO/TC 129/SC 1), Probenahme von Eisenerzen (ISO/TC 102) und Probenahme von Manganerzen (ISO/TC 65). Diese Vorschriften enthalten Formeln, welche die unter 6.3.2 genannte Grundformel (11) in produktspezifischer Weise ergänzen können.

6.3.4.2 Auswahl. Die Auswahl der als Probe zu entnehmenden Einheiten hat nach Zufallsgesichtspunkten zu erfolgen. Zum Vermeiden subjektiver Einflüsse bedient man sich dazu zweckmäßig einer Tabelle von „*Zufallszahlen*" (s. Anhang, 65.7), benennt einen beliebigen Behälter als „1. Behälter" und entnimmt — entsprechend der Zählreihenfolge — die weiteren Behälter nach den in der Tabelle angegebenen Zahlen.

Beispiel:

In Anhang 65.7 sind Zufallszahlen von 1 bis 250 zusammengestellt. Zur Auswahl der als Probe zu entnehmenden Behälter wird die Tabelle spaltenweise auf die innerhalb des Anlieferumfanges liegenden laufenden Nummern der Anliefereinheiten abgefragt. Bei z. B. insgesamt 60 angelieferten Behältern wählt man, beginnend mit der ersten senkrechten Spalte der Tabelle die Behälter mit den Nummern 42, 4, 28, 47, 53, 49 usw. als Probeneinheiten aus, bis auf diesem Wege die erforderliche Probenmenge (-anzahl) erreicht worden ist. Bei evtl. erforderlichen größeren Probenanzahlen setzt man den Auswahlvorgang unter Zuhilfenahme der folgenden Spalten der Tabelle in gleicher Weise fort. Selbstverständlich kann jede der senkrechten oder waagerechten Spalten bei weiteren Anlieferungen als „Anfangsspalte" für die Auswahl herangezogen werden, wobei für die evtl. weiter heranzuziehenden Spalten dann streng die durch die Tabelle gegebene Reihenfolge zu beachten ist.

6.4 Ermittlung von Teilungsfehlern

Die aus einer Grundgesamtheit gezogenen Einzel-Stichproben werden bekanntlich zu einer Sammelprobe (Rohprobe, Originalprobe) vereinigt. Diese für Analysen und Messungen fast immer zu große Materialmenge der Roh- oder Originalprobe muß im Verlaufe der nachfolgenden Probenvorbereitung (durch z. B. Trocknen, Mahlen, Sieben des Probegutes) stufenweise sachgemäß „verjüngt", d. h. unter Erhaltung der kennzeichnenden und gesuchten Materialeigenschaften in kleinere Materialmengen „geteilt" werden (s. 4.1.3). Auch dieses Vorgehen ist mit unvermeidlichen Unsicherheiten behaftet, deren Auswirkungen als „Teilungsfehler" bezeichnet werden. Mit Hilfe der „Varianzanalyse" kann man die Größe dieser Teilungsfehler, ihre in verschiedenen Teilungsstufen auftretenden Relationen zueinander, sowie die Relation der Teilungsfehler zur Analysenunsicherheit rechnerisch abschätzen. Grundregel für die Beurteilung dieser Relationen ist, daß Probenahme und Analyse nur dann in einem technisch und wirtschaftlich optimalen Verhältnis zueinander stehen, wenn die auf die Probenahme zurückzuführenden Standardabweichungen mit denen der Analysen und Messungen in ihrer Größe vergleichbar sind. Wenn das nicht der Fall ist, wird entweder für die Probenahme oder für die Analyse ein unnötig hoher Arbeits- und Kostenaufwand getrieben.

Beispiel:
Die nachfolgenden Überlegungen werden sehr ausführlich dargestellt, weil sie einen Eindruck von der Anwendung der statistischen Denkweise auf die Probenahme vermitteln. Die Bezeichnungen „Blöcke", „Haufen" und „Teile" gelten hier nur als statistische Denkelemente. Für die Standardabweichungen wird bei der Ableitung statistischer Modelle hier (und auch häufig in der Literatur) das Symbol σ verwendet.

Es möge eine Abbrandprobe von 50 kg Gewicht vorliegen, und es interessiere ihr Kupfer- und Zinkgehalt. Die Verjüngung dieser Probe geht in vier Schritten vor sich nach dem Aufarbeitungsplan, Schema 1. Normalerweise wird nur aus *einer*

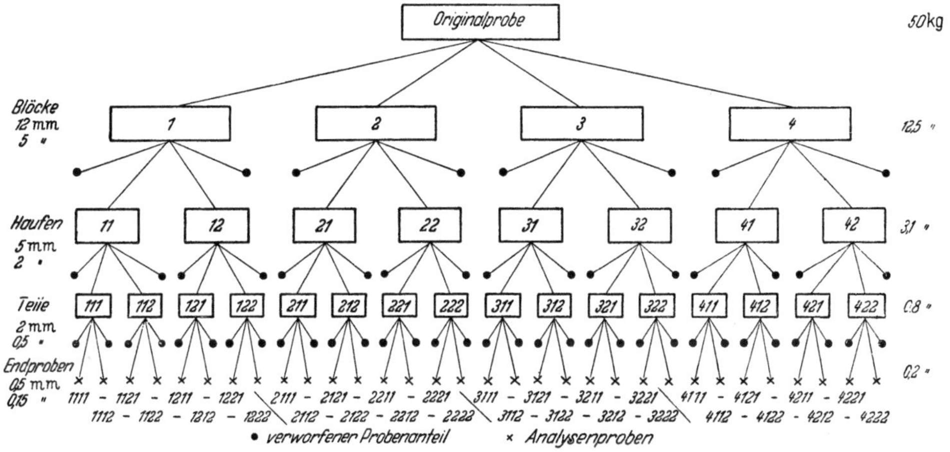

Schema 1. Aufarbeitungsplan einer Abbrandprobe.

der Endproben zu 0,2 kg die Analysenmenge entnommen. (Man wird im allgemeinen die anderen „Blöcke", „Haufen", „Teile" und „Endproben" gar nicht erst alle herstellen). Beispielsweise sei Endprobe 1111 diejenige, die analysiert worden ist, und man hat in ihr einen Gehalt von 1,64% Cu gefunden. Natürlich stimmt dieser Wert nicht mit dem wahren Wert der Originalprobe exakt überein; er ist mit einem Fehler behaftet oder, mathematisch-statistisch gesprochen, er besitzt eine Standardabweichung σ. Die Frage ist nun, wie dieser Fehler bzw. diese Standardabweichung zustande kam.

Zunächst gibt es einen reinen Analysenfehler, d. h., das Analysenergebnis trifft nicht genau den Kupfergehalt der Analysenmenge. Ein zweiter Fehler kommt dadurch zustande, daß der (wahre) Kupfergehalt der Analysenmenge nicht übereinstimmt mit dem (wahren) Kupfergehalt der „Endprobe" 1111: die Analyseneinwaage ist nur ein sehr geringer Bruchteil von dieser „Endprobe" (der größte Teil des Materials der Endprobe blieb unanalysiert). Ein dritter Fehler ergibt sich daraus, daß die „Endprobe" 1111 nicht mit dem „Teil" 111 identisch ist; die Endprobe ist ja lediglich ein gewisser Ausschnitt aus diesem „Teil". In entsprechender Weise umfaßt der „Teil" 111 nur eine gewisse Unter-Menge aus dem „Haufen" 11, dieser nur eine gewisse Unter-Menge aus dem „Block" 1, und schließlich stellt der „Block" 1 wieder nur einen Ausschnitt aus der „Originalprobe" (zu 50 kg) dar. Überblickt man das Ganze, so setzt sich der Fehler unserer Analyse zusammen

1. aus dem Fehler, der durch die Aufteilung der Originalprobe in Blöcke entsteht (σ_{Bl}),
2. aus dem Fehler, der durch die Aufteilung der Blöcke in Haufen entsteht (σ_H),
3. aus dem Fehler durch die Aufsplitterung der Haufen in Teile (σ_T),
4. aus dem Fehler durch die Aufsplitterung der Teile in Endproben (σ_{Pr}),
5. aus dem Fehler durch die Entnahme der Analysenmenge aus der Endprobe (σ_E),
6. aus dem reinen Analysenfehler (σ_A).

Hat eine Größe, wie z. B. hier das Analysenergebnis, eine *Reihe von Fehlerursachen*, so setzt sich der Gesamtfehler zusammen nach dem sogenannten Fehlerfortpflanzungsgesetz. Dieses besagt: Das Quadrat der Gesamt-Standardabweichung ist gleich der Summe der Quadrate der Einzel-Standardabweichungen; oder ausgedrückt in einer Gleichung für unser Beispiel

$$\sigma^2 = \sigma_{Bl}^2 + \sigma_H^2 + \sigma_T^2 + \sigma_{Pr}^2 + \sigma_E^2 + \sigma_A^2$$

Der reine Analysenfehler, also die Größe σ_A, wird im allgemeinen von vornherein bekannt sein, da man über die Leistungsfähigkeit der verschiedenen Analysenverfahren meist gut Bescheid weiß. Im Dunkeln liegt dagegen die Größe desjenigen Fehlers, der durch die Verjüngung der Originalprobe entsteht. Die Aufgabe ist nun, den Verjüngungsprozeß nach Möglichkeit so zu führen, daß der durch ihn hervorgerufene Fehler nicht alle Mühe und Genauigkeit bei der chemischen Analyse wertlos macht. Die Größe dieser „Teilungsfehler" zu ermitteln, ist eine typische Aufgabe für die mathematische Statistik.

Zunächst sei eine klare Vorüberlegung darüber eingeschaltet, was unter einem *Teilungsfehler* verstanden sein soll: Betrachtet man den an sich unbekannten (wahren) Kupfergehalt der Blöcke, so erkennt man, daß er bei jedem Block verschieden ist. Betrachtet man anschließend den (wahren) Kupfergehalt der Haufen, so stellt man ebenfalls fest, daß er von Haufen zu Haufen variiert. Ist nun der Unterschied zwischen Haufen, die aus dem gleichen Block stammen, geringer als der Unterschied zu fremden Haufen, so kann dieser Umstand seinen Grund nur darin haben, daß die Aufteilung in die vier Blöcke nicht vollkommen ideal-zufällig war; denn sonst müßten die Unterschiede zwischen den Haufen *eines* Blockes von der gleichen Größe sein wie die Unterschiede zwischen Haufen verschiedener Blöcke. Ist dies nicht der Fall, so muß man daraus also den Schluß ziehen, daß beim Aufteilen der Originalprobe in die vier Blöcke ein Fehler gemacht wurde, und gerade die Größe dieses Fehlers ist es, die interessiert.

Die gleichen Überlegungen, wie sie für die Blöcke angestellt wurden, gelten sinngemäß auch für jeden weiteren Teilungsschritt. Die Fragestellung lautet daher: Wie groß ist für jeden Teilungsschritt dieser zusätzliche Fehler, welcher durch eine nicht ideal-zufällige Teilung des Materials hervorgerufen wird? Nur dann, wenn die Größe dieser Fehler bekannt ist, kann man bei den unbefriedigenden Schritten durch eingehendere Aufarbeitung Abhilfe schaffen.

Unter gewissen Voraussetzungen ist es mit Hilfe der mathematischen Statistik möglich, einen Eindruck von der Größe dieser verschiedenen Fehler zu erhalten. Wie man dabei vorgeht, soll an folgendem Beispiel rein schematisch aufgezeigt werden.

Aus einer Endprobe kann man auf die Größe der verschiedenen Fehler nicht schließen; es müssen also eine Reihe von Vergleichsanalysen vorliegen. In dem angeführten Beispiel kommt man mit 32 Vergleichsanalysen aus, und zwar entsprechend dem Schema 1. Man erkennt an dem Schema, daß alle vier Blöcke weiterbehandelt worden sind, von jedem Block aber nur zwei Haufen, von jedem Haufen nur zwei Teile und von jedem Teil nur zwei Endproben (die restlichen Haufen, Teile und Endproben wurden verworfen). Auf eine geringere Zahl als nur jeweils zwei Parallel-Haufen, -Teile oder -Endproben kann man nur schwer zurückgehen. Will man die Genauigkeit der Ergebnisse erhöhen, so ist es zweckmäßig, die Endproben parallel von einem zweiten (dritten usw.) Analytiker untersuchen zu lassen. (Die Rechenschemata lassen sich auch noch dahin erweitern, daß man eine Aussage über die Zuverlässigkeit der Analytiker erhält, was hier aber zu weit führte.) — Im vorliegenden Beispiel ist jede Endprobe parallel von einem zweiten Analytiker untersucht worden. Da sowohl nach dem Kupfergehalt als auch nach dem Zinkgehalt gefragt ist, liegen somit endgültig 4 · 32 Analysen vor (vgl. Tab. 6/1).

Tabelle 6/1. Abbrandproben

Lfd. Nr.	Block	Haufen	Teile	Endprobe	Analytiker I Cu %	Analytiker II Cu %	Analytiker I Zn %	Analytiker II Zn %
1	1	1	1	1	1,64	1,64	3,04	3,02
2	1	1	1	2	1,66	1,68	3,04	3,12
3	1	1	2	1	1,62	1,62	3,04	3,10
4	1	1	2	2	1,66	1,66	3,02	3,11
5	1	2	1	1	1,66	1,68	3,02	3,10
6	1	2	1	2	1,66	1,65	3,04	3,10
7	1	2	2	1	1,66	1,67	3,02	3,02
8	1	2	2	2	1,66	1,67	3,04	3,06
9	2	1	1	1	1,65	1,65	3,00	3,02
10	2	1	1	2	1,63	1,62	3,03	3,10
11	2	1	2	1	1,62	1,62	2,92	3,02
12	2	1	2	2	1,62	1,63	3,03	3,10
13	2	2	1	1	1,63	1,64	3,02	3,00
14	2	2	1	2	1,63	1,65	3,00	3,00
15	2	2	2	1	1,61	1,61	2,98	3,00
16	2	2	2	2	1,61	1,61	2,94	3,00
17	3	1	1	1	1,58	1,60	3,00	3,10
18	3	1	1	2	1,64	1,66	3,03	3,05
19	3	1	2	1	1,64	1,66	3,00	3,05
20	3	1	2	2	1,64	1,66	3,03	3,02
21	3	2	1	1	1,64	1,66	3,00	3,00
22	3	2	1	2	1,64	1,66	2,94	3,00
23	3	2	2	1	1,63	1,61	2,92	3,03
24	3	2	2	2	1,62	1,63	3,00	3,00
25	4	1	1	1	1,65	1,66	3,03	3,06
26	4	1	1	2	1,65	1,67	3,02	3,00
27	4	1	2	1	1,64	1,63	3,00	3,00
28	4	1	2	2	1,64	1,65	2,95	3,05
29	4	2	1	1	1,62	1,62	2,92	2,98
30	4	2	1	2	1,63	1,65	2,92	3,00
31	4	2	2	1	1,62	1,64	2,98	3,00
32	4	2	2	2	1,62	1,63	3,03	3,04

Zunächst wird die gesamte Rechenarbeit dadurch vereinfacht, daß die Werte verschlüsselt werden. Es soll gelten für die Kupferwerte $z = (x - 1{,}63) \cdot 100$ und für die Zinkwerte $z = (x - 3) \cdot 100$, wobei x zum einen den Kupfergehalt und zum andern den Zinkgehalt in Prozent bedeutet. In dem Schema 2 sind die so verschlüsselten Zahlen des Kupfergehaltes in dem ersten waagerechten Balken eingetragen, und zwar vom Analytiker I in der ersten Zeile und vom Analytiker II in der dritten. Unter jede der Zahlen z ist als zweite bzw. vierte Zeile sogleich ihr Quadrat eingetragen. Am rechten Ende des waagerechten Balkens steht die Summe der vier Zeilen, getrennt für jeden Analytiker, und schließlich auch die Summe über die Werte beider Analytiker. Unter diesen Einzelproben-Balken

Schema 2

Aufteilung	Analytiker								
Endprobe	I	1 3 1 9	−1 3 1 9	3 3 9 9	3 3 9 9	2 0 4 0	−1 −1 1 1	0 0 0 0	−2 −2 4 4
1;2	II	1 5 1 25	−1 3 1 9	5 2 25 4	4 4 16 16	2 −1 4 1	−1 0 0	1 2 1 4	−2 −2 4 4
Teil	I	4 16	2 4	6 36	6 36	2 4	−2 4	0 0	−4 16
1; 2	II	6 36	2 4	7 49	8 64	1 1	−1 1	3 9	−4 16
Haufen	I	6 36		12 144		0 0		−4 16	
1; 2	II	8 64		15 225		0 0		−1 1	
Block	I	18 324				−4 16			
1; 2; 3; 4	II	23 529				−1 1			
Originalprobe	I								16 256
	II								43 1849

liegt als nächster der Balken für die Teile. In der ersten bzw. dritten Zeile steht die Summe der zugehörigen beiden Einzelproben (also $4 = 1 + 3$; $2 = -1 + 3$ usw.), und wiederum steht unter jeder dieser Summenzahlen das zugehörige Quadrat. Die Summen am rechten Ende des Balkens sind entsprechend gebildet wie vorher. Unter diesem Teile-Balken liegt der Balken für die Haufen mit den entsprechend gebildeten Zahlen. Schließlich folgt der Balken für die Blöcke und zum Schluß der Balken für die Originalprobe.

Die Summe der Quadrate jedes Balkens sei bezeichnet bei den Endproben mit A_{pr}, bei den Teilen mit A_{T} und entsprechend weiter mit A_{H}, A_{Bl} und schließlich mit A_{Or} (für die Originalprobe).

Für die Kupferanalyse findet man:

$$A_{\mathrm{Pr}} = 323 \qquad A_{\mathrm{T}} = 477 \qquad A_{\mathrm{H}} = 673 \qquad A_{\mathrm{Bl}} = 1101 \qquad A_{\mathrm{Or}} = 2105$$

Eine Erweiterung dieses Schemas 2 auf den Fall weiterer Teilungsschritte oder auf den Fall von mehr als zwei Analytikern oder auf den Fall von mehreren Parallelproben der einzelnen Analytiker liegt auf der Hand.

Der nächste Rechenschritt besteht darin, daß die Größen A dividiert werden durch die Anzahl der Einzelproben, aus denen die Zeilensummen entstanden sind: Die Zahlen 16 (bzw. 43) im Balken „Originalprobe" setzen sich zusammen aus 32 Einzelwerten; also muß die Größe A_{Or} durch 32 dividiert werden. Entsprechend ist A_{Bl} durch 16 zu dividieren usw. Bezeichnet man diese dividierten Größen mit B, so findet man

$$B_{\mathrm{Or}} = \frac{1}{32} A_{\mathrm{Or}} = \frac{1}{32} \cdot 2105 = 65{,}781$$

$$B_{\mathrm{Bl}} = \frac{1}{8} A_{\mathrm{Bl}} = \frac{1}{8} \cdot 1101 = 137{,}625$$

Fortsetzung

<table>
<tr><td colspan="16"></td><td colspan="2">Summe</td></tr>
<tr><td>−5</td><td>1</td><td>1</td><td>1</td><td>1</td><td>1</td><td>0</td><td>−1</td><td>2</td><td>2</td><td>1</td><td>1</td><td>−1</td><td>0</td><td>−1</td><td>−1</td><td>16</td><td></td></tr>
<tr><td>25</td><td>1</td><td>1</td><td>1</td><td>1</td><td>1</td><td>0</td><td>1</td><td>4</td><td>4</td><td>1</td><td>1</td><td>1</td><td>0</td><td>1</td><td>1</td><td>114</td><td>59</td></tr>
<tr><td>−3</td><td>3</td><td>3</td><td>3</td><td>3</td><td>3</td><td>−2</td><td>0</td><td>3</td><td>4</td><td>0</td><td>2</td><td>−1</td><td>2</td><td>1</td><td>0</td><td>43</td><td>323 = A_{Pr}</td></tr>
<tr><td>9</td><td>9</td><td>9</td><td>9</td><td>9</td><td>9</td><td>4</td><td>0</td><td>9</td><td>16</td><td>0</td><td>4</td><td>1</td><td>4</td><td>1</td><td>0</td><td>209</td><td></td></tr>
<tr><td colspan="2">−4</td><td colspan="2">2</td><td colspan="2">2</td><td colspan="2">−1</td><td colspan="2">4</td><td colspan="2">2</td><td colspan="2">−1</td><td colspan="2">−2</td><td>16</td><td></td></tr>
<tr><td colspan="2">16</td><td colspan="2">4</td><td colspan="2">4</td><td colspan="2">1</td><td colspan="2">16</td><td colspan="2">4</td><td colspan="2">1</td><td colspan="2">4</td><td>166</td><td>59</td></tr>
<tr><td colspan="2">0</td><td colspan="2">6</td><td colspan="2">6</td><td colspan="2">−2</td><td colspan="2">7</td><td colspan="2">2</td><td colspan="2">1</td><td colspan="2">1</td><td>43</td><td>477 = A_T</td></tr>
<tr><td colspan="2">0</td><td colspan="2">36</td><td colspan="2">36</td><td colspan="2">4</td><td colspan="2">49</td><td colspan="2">4</td><td colspan="2">1</td><td colspan="2">1</td><td>311</td><td></td></tr>
<tr><td colspan="4">−2</td><td colspan="4">1</td><td colspan="4">6</td><td colspan="4">−3</td><td>16</td><td></td></tr>
<tr><td colspan="4">4</td><td colspan="4">1</td><td colspan="4">36</td><td colspan="4">9</td><td>246</td><td>59</td></tr>
<tr><td colspan="4">6</td><td colspan="4">4</td><td colspan="4">9</td><td colspan="4">2</td><td>43</td><td>673 = A_H</td></tr>
<tr><td colspan="4">36</td><td colspan="4">16</td><td colspan="4">81</td><td colspan="4">4</td><td>427</td><td></td></tr>
<tr><td colspan="8">−1</td><td colspan="8">3</td><td>16</td><td></td></tr>
<tr><td colspan="8">1</td><td colspan="8">9</td><td>350</td><td>59</td></tr>
<tr><td colspan="8">10</td><td colspan="8">11</td><td>43</td><td>1101 = A_{Bl}</td></tr>
<tr><td colspan="8">100</td><td colspan="8">121</td><td>751</td><td></td></tr>
<tr><td colspan="16"></td><td>16</td><td></td></tr>
<tr><td colspan="16"></td><td>256</td><td>59</td></tr>
<tr><td colspan="16"></td><td>43</td><td>2105 = A_{Or}</td></tr>
<tr><td colspan="16"></td><td>1849</td><td></td></tr>
</table>

$$B_H = \frac{1}{4} A_H = \frac{1}{4} \cdot 673 = 168{,}25$$

$$B_T = \frac{1}{2} A_T = \frac{1}{2} \cdot 477 = 238{,}5$$

$$B_{Pr} = \frac{1}{1} A_{Pr} = 323.$$

Mit diesen so gewonnenen Zahlen tritt man in ein weiteres Schema ein, welches als Schema 3 zunächst nur formelmäßig aufgeschrieben ist.

Schema 3

Summe der Abweichungsquadrate	Freiheitsgrade	Varianz
$B_{Bl} - B_{Or}$	$m \quad (n-1)$	$s_A^2 + s_E^2 + s_{Pr}^2 + s_T^2 + s_H^2 + \frac{npqr-1}{n-1} s_{Bl}^2$
$B_H - B_{Bl}$	$mn \quad (p-1)$	$s_A^2 + s_E^2 + s_{Pr}^2 + s_T^2 + \frac{pqr-1}{p-1} s_H^2$
$B_T - B_H$	$mnp\ (q-1)$	$s_A^2 + s_E^2 + s_{Pr}^2 + \frac{qr-1}{q-1} s_T^2$
$B_{Pr} - B_T$	$mnpq(r-1)$	$s_A^2 + s_E^2 + s_{Pr}^2$
$B_{Pr} - B_{Or}$	$m(npqr-1)$	$s_A^2 + s_E^2 + s_{Pr}^2 + s_T^2 + s_H + s_{Bl}^2 = s^2$

In der ersten Spalte des Schemas 3, welche mit „Summe der Abweichungsquadrate" überschrieben ist, stehen die Differenzen der eben gewonnenen B-Werte. In die zweite Spalte sind eine Reihe von Zahlen einzutragen, welche mit dem Namen „Freiheitsgrad"[1] bezeichnet sind. Diese Freiheitsgrade errechnen sich in der angegebenenen einfachen Weise aus der Anzahl der

Analytiker	$m = 2$
Blöcke aus der Originalprobe	$n = 4$
je Block weiter verwendeten Haufen	$p = 2$
je Haufen weiter verwendeten Teile	$q = 2$
je Teil hergestellten Endproben	$r = 2$

(Vgl. dazu Schema 1.)

Als Rechenkontrolle sei angeführt, daß in der letzten Zeile die „Summe der Abweichungsquadrate" und die „Freiheitsgrade" sich ergeben als Summe aller übrigen Abweichungsquadrate bzw. Freiheitsgrade. — Die dritte Spalte schließlich findet man, indem man die erste durch die zweite dividiert; sie enthält „Ersatzwerte" für die uns interessierenden Fehlergrößen σ_A bis σ_{Bl}.

Füllt man dieses Schema 3 mit den Zahlen der Kupferanalysen aus, so gelangt man zu Schema 4.

Schema 4

Summe der Abweichungsquadrate	Freiheitsgrad	Varianz
71,844	6	11,974
30,625	8	3,828
70,250	16	4,391
84,500	32	2,641
257,219	62	4,149

Es hat sich ergeben:

Gesamt-Varianz der Endprobe $s^2 = 4{,}149$.

Die Gesamt-Varianz[2] teilt sich auf in ihre einzelnen Komponenten auf Grund der Beziehungen

$$2{,}641 = s_A^2 + s_E^2 + s_{Pr}^2$$
$$4{,}391 = s_A^2 + s_E^2 + s_{Pr}^2 + 3\,s_T^2$$
$$3{,}828 = s_A^2 + s_E^2 + s_{Pr}^2 + s_T^2 + 7\,s_H^2$$
$$11{,}974 = s_A^2 + s_E^2 + s_{Pr}^2 + s_T^2 + s_H^2 + \frac{31}{3}\,s_{Bl}^2\,.$$

Mit Hilfe dieser Gleichungen findet man leicht

$$\begin{aligned} s_{Rest}^2 = s_A^2 + s_E^2 + s_{Pr}^2 &= 2{,}641 \\ s_T^2 &= 0{,}583 \\ s_H^2 &= 0{,}086 \\ s_{Bl}^2 &= 0{,}838 \\ \hline s^2 &= 4{,}149\,. \end{aligned}$$

[1] Fachausdruck der mathematischen Statistik, der hier nicht näher erläutert werden soll.
[2] Varianz ist lediglich ein Kurzausdruck für Quadrat der Standardabweichung.

Zieht man die Wurzeln und hebt die Verschlüsselung auf, so ergibt sich daraus[1]

$$\begin{aligned} s_{\text{Rest}} &= 0{,}0163 \\ s_{\text{T}} &= 0{,}0076 \\ s_{\text{H}} &= 0{,}0029 \\ s_{\text{Bl}} &= 0{,}0092 \\ s &= 0{,}0204\,. \end{aligned}$$

Diese Größen s stellen die „Ersatzwerte" dar für die interessierenden Größen σ; sie vermitteln einen Eindruck von der Größe der einzelnen Fehlerursachen.

Da in dem angeführten Beispiel jeder der beiden Analytiker nur je eine Entnahme aus jeder Endprobe bewerkstelligt hat und für die einzelne Entnahme keine Parallelanalysen durchgeführt wurden, können Analysen-, Entnahme- und Endproben-Fehler nicht voneinander getrennt, sondern nur die Summe bestimmt werden. Die vorliegenden Zahlen zeigen aber, daß diese letzten drei Fehler offenbar in der gleichen Größenordnung liegen wie diejenigen, die vorher durch die einzelnen Teilungsschritte entstehen.

Führt man die gleiche Rechnung für die Zinkanalysen durch, so findet man als Ergebnis

$$\left.\begin{aligned} s^2_{\text{Rest}} = s^2_{\text{A}} + s^2_{\text{E}} + s^2_{\text{Pr}} &= 10{,}859 \\ s^2_{\text{T}} &= 0{,}854 \\ s^2_{\text{H}} &= 2{,}235 \\ s^2_{\text{Bl}} &= 3{,}627 \end{aligned}\right\} \quad \begin{gathered}\text{bzw. unverschlüsselt und}\\ \text{die Wurzel gezogen}\end{gathered} \quad \left\{\begin{aligned} &0{,}0330 \\ &0{,}0092 \\ &0{,}0150 \\ &0{,}0190 \end{aligned}\right.$$

$$s^2 = 17{,}575 \qquad\qquad 0{,}0419\,.$$

Ein Vergleich der Ergebnisse der Kupfer- und der Zinkanalysen zeigt, daß zwar beim Zink sämtliche Fehler wesentlich höher sind als beim Kupfer, daß aber auch beim Zink die einzelnen Fehler durchaus alle in gleicher Größenordnung liegen (als rohe Annahme sei die Summe 2,641 beim Kupfer bzw. 10,859 beim Zink zu gleichen Teilen auf s^2_{A}, s^2_{E} und s^2_{Pr} aufgeteilt). Man ist also berechtigt zu sagen, daß der Aufarbeitungsplan der Abbrandproben in der vorliegenden Weise gut ausgewogen ist.

6.5 Statistische Planung von Probenahme-Versuchen

Die Methoden der statistischen Versuchsplanung sind in vorzüglichen Lehrbüchern (vgl. Literaturangaben) bereits ausführlich dargestellt worden. Viele dieser Methoden sind auch für eine rationelle Planung und Ausführung von Probenahme-Versuchen geeignet.

In der Probenahme-Praxis reicht es dabei häufig aus, sich auf die Methoden der Varianzanalyse (einfache und mehrfache Streuungszerlegungen) zu stützen. Dabei ist es von Bedeutung, daß das bei der abschließenden Varianzanalyse anzuwendende Rechenschema bereits vor Beginn der Versuche exakt festgelegt wird, was ein konsequentes Durchdenken der geplanten Versuche voraussetzt. In der Regel ist die Auswirkung verschiedener Einflußgrößen auf einen Meß- oder Analysenwert zu ermitteln. Zweck der Versuchsplanung ist es, den zum Erzielen einer gewünschten Aussagesicherheit notwendigen und ausreichenden Versuchsaufwand festzustellen. Ein Beispiel für die zugrundeliegenden varianzanalytischen Me-

[1] Die unverschlüsselten Größen ergeben sich nach dem Ziehen der Wurzeln durch Multiplikation mit $b = 0{,}01$.

thoden ist bereits im Abschnitt 6.4 gegeben worden. In Spezialfällen ist ein weiteres Reduzieren des Versuchsaufwandes durch Anwendung von „Lateinischen Quadraten" möglich.

Für den an diesen Fragen weitergehend Interessierten muß auf die einschlägige Literatur hingewiesen werden.

Literatur zu 6

1 Chemikerausschuß der Gesellschaft Deutscher Metallhütten- und Bergleute e. V. (Hrsg.): Einführung in die mathematische Statistik für die Betriebspraxis. Berlin-Heidelberg-New York: Springer 1969.
2 Graf, U.; Henning, H.-J.; Stange, K.: Formeln und Tabellen der mathematischen Statistik. 2. Aufl., Berlin-Heidelberg-New York: Springer 1966.
3 Gy, Pierre: Probenahme-Nomogramm. Minerais et Métaux, Paris, Deutsche Übersetzung: Stuttgart, Dr. Riederer-Verlag, beschrieben in Erzmetall 8 (1955) 199.
4 Stange, K.: Metrika 1 (1958) 177.
5 Stange, K.: Statistische Methoden für den Verfahrens-Ingenieur. Chem.-Ing.-Techn. 32 (1960) 143.

Einige Lehrbücher:

Deming, W. E.: Some Theory of Sampling. New York-London: Wiley & Sons 1950.
Fisher, R. A.: Statistical Methods for Research Workers. Edinburgh-London: Oliver & Boyd (Wiederholte Neuauflagen).
Fisher, R. A.: The Design of Experiments. Edinburgh-London: Oliver & Boyd (Wiederholte Neuauflagen).
Linder, A.: Statistische Methoden für Naturwissenschaftler, Mediziner und Ingenieure. 4. Aufl., Basel—Stuttgart: Birkhäuser 1967.
Linder, A.: Planen und Auswerten von Versuchen. 3. Aufl., Basel-Stuttgart: Birkhäuser 1969.

SPEZIELLER TEIL

Probenahme bei speziellen Metallen und anderen Elementen

(Kapitel 7—57)

7. Aluminium

Inhaltsverzeichnis

Allgemeines

Das für die Aluminiumerzeugung heute ausschließlich verwendete Erz ist der Bauxit. Er enthält in der üblicherweise verwendeten Qualität 50 bis 60% Al_2O_3, bis etwa 30% Fe_2O_3, einige Prozente SiO_2, TiO_2, zuweilen CaO bis zu mehreren Prozenten und eine Reihe anderer Elemente in geringen Anteilen.

Vorstoffe (7.1—7.4)

7.1 Erze

Für die Probenahme des Bauxits gelten die für Erze allgemeingültigen Regeln, wobei die Empfindlichkeit des Materials gegenüber Feuchtigkeit sowie das unterschiedliche Verhältnis der Grob- und Feinanteile besonders beachtet werden müssen. Die Probemenge richtet sich nach der Größe der Ladung: auf je 20 t müssen jedoch mindestens 5 kg Rohprobe entnommen werden.

Bei der Probenahme von kegelförmig aufgeschichteten Bauxithaufen ist folgendermaßen zu verfahren: Von allen im Umkreis von 1 m liegenden Brocken mit über ungefähr 2 kg Gewicht werden kleine Stücke, entsprechend der Größe der Brocken, abgeschlagen und der zu einer vollen Schaufel fehlende Teil (Rest) mit feinem Material aus der aufsteigenden Wand des zu probenden Kegels aufgefüllt. Dieses entnommene Probenmaterial sammelt man in dicht schließenden Gefäßen. Das gesamte Probegut wird im Brecher auf etwa 20 mm zerkleinert, gekegelt, verjüngt und weiter auf eine Korngröße von unter 10 mm gebrochen.

Nach nochmaligem Mischen wird die Nässeprobe entnommen. Der Rest wird nach dem Vortrocknen weiter verjüngt und bis auf eine Korngröße von unter 1 mm vermahlen. Anschließend verjüngt man auf eine Menge von etwa 5 kg und zerkleinert diese restlos auf unter 0,25 mm.

Die weitere Aufbereitung zur Analysenprobe erfolgt nach dem Trocknen bei 105 °C. Die Korngröße der Analysenprobe muß unter 0,09 mm liegen, ihre Menge soll 50 g umfassen.

Aufbereitete Bauxitproben neigen stark zur Entmischung. In Behältern transportierte und bewegte Proben mit Korngrößen unter 0,25 mm müssen vor einer Teilentnahme in ihrer Gesamtheit homogenisiert werden.

7.2 Fluoride

Die Probenahme von *Kryolith* und *Aluminiumfluorid* bereitet keine besonderen Schwierigkeiten. Das normalerweise in Säcken weitgehend homogen angelieferte Material wird mittels eines Probenstechers geprobt, wobei Teilproben aus jedem 5. bis 10. Sack entnommen werden. Die vereinigten Teilproben werden soweit zerkleinert, daß sie ein 1-mm-Sieb passieren, und auf etwa 1 kg verjüngt. Dieses verjüngte Probegut wird weiter aufgemahlen, bis es restlos ein 0,25-mm-Sieb passiert. Hieraus wird die Analysenprobe gezogen und auf eine Feinheit von unter 0,09 mm gebracht.

Die Probenahme von *schmelzflüssigen Fluoriden,* wie sie als Elektrolyt bei der Schmelzflußelektrolyse des Aluminiums verwendet werden, erfolgt nach Entfernung der festen Oberfläche des Bades aus der flüssigen Schmelze mittels eines eisernen Schöpflöffels. Die abgeschöpfte Schmelzprobe wird in einer Kokille zu einem kleinen Blöckchen von etwa 150 mm×25 mm×25 mm vergossen und anschließend die gesamte Probe auf eine Analysenfeinheit von unter 0,09 mm zerkleinert.

7.3 Probenahme in der Produktion

7.3.1 Rotschlamm

Rotschlamm, der Rückstand aus dem Aufschluß des Bauxits, fällt nach der Filtration der Aluminatlauge als breiige bzw. knetbare und weitgehend homogene Masse an. Dieser haldenfeuchte Rotschlamm wird für den Verkauf je nach Anforderung bis auf eine Restfeuchte von 6 bis 12% getrocknet. Zur Überwachung der Trocknung wird stündlich mit einer Schaufel eine Probe entnommen.

Die Probenahme für die Verkaufsanalyse erfolgt während der Verladung entsprechend den allgemeinen Vorschriften zur Probenahme loser Massengüter (2.2ff.).

Das Material für die Rohprobe (5 bis 10 kg) wird in bestimmten Zeitabständen vom Transportband entnommen.

Die gesammelten Teilproben werden gut vermischt und zu einer Analysenprobe von 1 kg verjüngt.

Die Probenahme für innerbetriebliche Untersuchungen zur Überwachung des Aufschlusses erfolgt aus dem Eindicker der zu überwachenden Anlage. Mit einem Probenschöpfer von 0,5 bis 1 l Inhalt werden in bestimmten Zeitabständen Proben aus der Laugensuspension geschöpft, der Rotschlamm abfiltriert, gewaschen und bei 105 °C getrocknet. Zur Stabilisierung der gezogenen Laugensuspension wird bei einem Molverhältnis $Na_2O:Al_2O_3 < 2$ Natronlauge zugesetzt, um ein Ausfallen von Aluminiumhydroxid zu vermeiden.

Zur Berechnung der Aufschlußausbeute, welche für die Kontrolle der gesamten Anlage und ihrer Wirtschaftlichkeit erforderlich ist, werden in bestimmten Zeitabständen Proben vom Filterkuchen der Rotschlammfiltration abgebrochen. Die über den Zeitraum eines Tages gesammelten Proben werden gewaschen, anschließend bei 105 °C getrocknet und zu einer Analysenprobe verjüngt.

7.3.2 Aluminiumhydroxid und Aluminiumoxid

Bei Aluminiumhydroxid und calciniertem Aluminiumoxid handelt es sich, bedingt durch die gleichmäßige Ausfällung aus der Lauge und Durchmischung bei der Calcinierung, um praktisch einheitliches Gut. Eine Heterogenität der Verteilung der Verunreinigungen in Abhängigkeit von der Korngröße besteht nur in sehr geringem Maße und spielt bei der chemischen und physikalischen Analyse keine Rolle. Sie kann bei der Probenahme unberücksichtigt bleiben. Lediglich für schwach calcinierte Aluminiumoxide mit niedrigem Böschungswinkel (amerikanische Oxide) besteht eine Gefahr der Entmischung. Bei der verhältnismäßig seltenen Probenahme von auf freier Fläche lagerndem Probegut dieser Art ist es notwendig, die Proben mit einem Probenstecher in verschiedenen Höhen des Haufwerks horizontal zu entnehmen und die gesamte Menge der nacheinander gezogenen Teilproben zu homogenisieren.

Allgemein genügt zur Betriebskontrolle die Probenahme in bestimmten Zeitabständen, sei es für das Hydroxid von der Waschtrommel, sei es für calciniertes Aluminiumoxid bei der Füllung des Silos oder der Entladung aus Transportmitteln, durchzuführen. Die Entnahme kann manuell oder mechanisch (automatisch) vorgenommen werden. Das gesamte entnommene Gut wird gründlich durchgemischt und anschließend verjüngt.

Soll die Probe zur Bestimmung der physikalischen Eigenschaften des Aluminiumoxids verwendet werden, so sind bei der Behandlung der Probe folgende Vorsichtsmaßnahmen zu beachten: Um ein Zerschlagen von Agglomeraten zu verhindern, muß das Mischen und Verjüngen sehr behutsam, am besten von Hand, durchgeführt werden. Beim Einfüllen der Probe in Flaschen oder Behälter für die Aufbewahrung und den Transport muß das Material, ohne zusammengedrückt zu werden, bis zum Flaschenrand eingefüllt werden, die Flasche wird luftdicht verschlossen. Muß die Probe über größere Entfernungen transportiert werden, ist der Probenbehälter mit einem elastischen Material (Holzwolle, Schaumstoff usw.) zu umgeben, um Stöße und Erschütterungen abzufangen und auszugleichen. Die Verwendung von Tüten und Säcken anstelle von Flaschen ist unzulässig.

Von Aluminiumhydroxid können wegen seines Feuchtigkeitsgehaltes nur Originalproben ohne die übliche Homogenisierungs- und Aufbereitungsbehandlung hergestellt werden.

7.3.3 Aluminatlaugen

Bei der Probenahme von Aluminatlaugen aus dem Bayer-Prozeß bzw. aus Rohraufschlußanlagen kann unter Berücksichtigung der Temperatur von etwa 90 bis 100 °C nach den allgemein geltenden Regeln in Kap. 64 verfahren werden. Sollen feine Schwebestoffe, welche durch das Filter gedrungen sind, wie z. B. Eisen- und Titan-Oxidhydrate, bestimmt werden, so ist für eine gründliche Durchmischung der Lauge zu sorgen. Meistens wird jedoch zur Überwachung des gesamten Aufschlußprozesses das Molverhältnis $Na_2O:Al_2O_3$ in der Lauge ermittelt.

Hierbei ist besonders darauf zu achten, daß die Temperatur der Lauge nicht unter 90 °C sinkt, da sonst eine merkliche Aluminiumhydroxidabscheidung eintritt. Bei besonders instabilen Laugen mit Molverhältnissen unter 1,8 ist es notwendig, die Laugenprobe durch Zugabe einer bestimmten Menge Natronlauge bekannten Na_2O-Gehaltes zu stabilisieren.

7.4 Schrott

Die Organisation Europäischer Aluminium-Schmelzhütten (OEA) hat im Jahre 1968 „Empfohlene Methoden für die Probenahme von Aluminium-Schrott" veröffentlicht [1]. Bei der Abfassung lagen u. a. die erste Auflage (1956) des vorliegenden Bandes „Probenahme" und die seither gemachten deutschen Erfahrungen zugrunde. Diese OEA-Empfehlungen, die von einem internationalen Sachverständigen-Gremium erarbeitet und angenommen wurden, werden nachfolgend berücksichtigt.

Für die Probenahme von Aluminium-Schrott ist die Kenntnis der Geschäftsbedingungen des Schrotthandels [1 bis 5] unerläßlich. In den Klassifikationen sind Art und Menge, zum Teil auch die maximale Stückgröße der zulässigen Beimengungen festgelegt. Der Probenehmer ersieht daraus, worauf er bei der Probenahme besonders zu achten hat.

Die gezogenen Proben sollten unter Bedingungen vorbehandelt und geschmolzen werden, die dem Fabrikationsprozeß möglichst ähnlich sind. Die als Rohprobe zu entnehmenden Mengenanteile richten sich unter anderem nach der Einheitlichkeit des Schrotts. Die in den folgenden Abschnitten angegebenen Mengenanteile sind nur Mindestmengen, die in der Praxis viel größer sein können. Bei sehr uneinheitlichen Schrottposten können diese nach Vereinbarung vom Käufer vorsortiert werden und man entnimmt gegebenenfalls zwei Proben. Wenn die Abweichung zwischen den Analysenergebnissen der beiden Proben zu groß ist, wird meist der Probenahme-Umfang erhöht. Wegen der bei kleinen Mengen verhältnismäßig hohen Probenahmekosten wird bei Lieferung unter 1 t keine Probenahme durchgeführt. Zum Sortieren größerer Posten Schrott können mit Vorteil Handspektroskope verwendet werden.

7.4.1 Blechabfälle und Stücke (clippings, cuttings and solids)

Bei Fabrikationsabfällen wird in einigen Klassifikationen verlangt, daß sie nur aus Reinaluminium, aus einer einzigen Legierung oder aus kupfer- bzw. zinkfreien Legierungen bestehen. Bei solchen Legierungen werden sicherheitshalber mehrere Stücke gleicher oder unterschiedlicher Profilformen oder Blechdicke entnommen und z. B. durch Tüpfelprobe, naßchemisch oder spektralanalytisch auf Verunreinigungen geprüft. Bei Lieferung in Säcken oder in Behältern ist im allgemeinen die Prüfung mindestens jedes zehnten Behälters ausreichend, um die Anwesenheit von Fremdlegierungen oder -materialien festzustellen.

Bei *gemischten Blechabfällen und -stücken* ist Prüfung des ganzen Postens, mindestens aber jedes zehnten Behälters, Ballens, Sackes oder Paketes auf Fremdmaterial erforderlich. Die Durchschnittszusammensetzung kann aus der Analyse einzelner Probenstücke und ihrem geschätzten Gewichtsanteil ungefähr errechnet werden. Man kann auch vom ganzen Posten einzelne Schrottsorten entsprechend dem geschätzten Gewichtsanteil entnehmen und einschmelzen oder einen repräsentativen Anteil, je nach Heterogenität des Postens bis zu 20%, sortieren und die einzelnen Sorten, eventuell nach dem Einschmelzen, analysieren.

Wenn die Lieferung aus unregelmäßig geformten Stücken besteht und Entnahme oder Aussortierung von Proben nach ihrer Form und Art nicht möglich sind, werden die Proben wahllos oder beim Entladen in regelmäßigen Zeitabschnitten entnommen. Die Rohprobe soll nicht weniger als 0,5% des Gesamtgewichts, aber mindestens 50 kg betragen. Sie muß erheblich umfangreicher sein bei Material aus Stücken sehr unterschiedlicher Zusammensetzung. Von Säcken oder Behältern sollen wenigstens 25%, bei sehr unterschiedlichem Inhalt der Säcke oder Behälter bis zu 100% entleert und aus jedem einzelnen mindestens ein Stück entnommen werden. Die Rohprobe kann durch Auslesen oder Abschneiden kleinerer Stücke verjüngt werden. Besteht die Lieferung aus mehreren unterschiedlichen Arten von Stücken, so muß die Endprobe mindestens 7 kg wiegen. Aus den entnommenen Stücken wird die Roh- bzw. Endprobe erschmolzen.

Ist *alter Aluminiumblech- und Geschirrschrott* zu proben, werden 20 bis 100% des Postens in Partien ähnlicher Materialien sortiert, von denen jede dann als verhältnismäßig einheitliches Material behandelt werden kann.

7.4.2 **Drähte und Kabel** (wires and cables)

Hier handelt es sich meist um Freileitungskabel, wobei auf Kupfer- und Haardraht, Öl und Fett, Oxid und Schmutz zu achten ist. Falls die Lieferung nur aus Reinaluminium oder einer einzigen Legierung bestehen soll, wird ein Stück von jeder Rolle oder, bei Anlieferung in Stücken, ein Stück von jeder Kabelsorte als Probe entnommen. Bei Anlieferung in Behältern sollen wenigstens 25% der Behälter zur Prüfung herangezogen werden; der Anteil ist zu vergrößern, falls der Schrott in einzelnen Behältern sehr unterschiedlich ist. Ebenso werden Stahlaluminiumkabel durch anteilige Entnahme mehrerer Teilstücke jeweils gleicher Art geprobt. Die Stahlseelen werden entfernt und gewogen.

Bei stark korrodierten, isolierten oder abgebrannten Kabeln mit Verdacht auf Anwesenheit von Blei wird die Schmelzausbeute ermittelt und eine Analyse durchgeführt. Mindestens 0,5% des Postens — bei Anwesenheit mehrerer verschiedener Kabelsorten bedeutend mehr — werden in Form kurzer Stücke anteilmäßig entnommen. Diese Rohprobe kann, z. B. durch Vierteln bei gleichmäßiger Stückgröße, oder durch Abschneiden kleiner Stücke auf eine Sammelprobe von mindestens 7 kg verjüngt werden. Roh- oder Sammelprobe werden zur Ermittlung der Schmelzausbeute und Analyse geschmolzen.

7.4.3 **Folien** (foils)

Bei *neuen, sauberen Folien* wird die Einheitlichkeit des Materials (Abwesenheit von Folien anderer Metalle oder Legierungen, Beschichtungen) gegebenenfalls unter Zuhilfenahme der Tüpfelprobe geprüft. Bei Folienpaketen werden einige mit der Schere oder Baumsäge zur Feststellung der Gleichmäßigkeit zerschnitten. Falls unzulässige Verunreinigungen vorhanden sind, wird wie für beschichtete Folien geprobt.

Aus *neuen beschichteten, gemischten oder alten Sammelfolien* können bei loser Anlieferung Proben von jeder vorhandenen Sorte anteilmäßig oder Proben von verschiedenen Stellen, beim Transport oder Entladen in gleichmäßigen Zeitabständen, gezogen werden. Bei Folien in Ballen oder Paketen wird die Probe von mindestens 10% der Ballen entnommen, wenn diese verhältnismäßig gleichwertig sind; bei größeren Qualitätsunterschieden zwischen den einzelnen Ballen ist ein größerer Anteil zur Probenahme heranzuziehen.

Zur Bestimmung der Schmelzausbeute und zur Analyse soll der Gewichtsanteil der Probe bei alten Sammelfolien mindestens 0,5%, bei neuen beschichteten

Folien auch weniger, betragen. Die Probe wird im Ganzen oder nach Viertelung unter Abdecksalz geschmolzen, ggf. nach vorherigem vorsichtigen Abbrennen oder Verschwelen von Ölen und anderen organischen Bestandteilen, wobei das Aluminium möglichst blank bleiben, nicht verbrennen oder schmelzen soll. Das erschmolzene Metall wird in Masseln vergossen und verwogen. Die Schlacke wird nicht berücksichtigt. Bei Entnahme der Analysenprobe aus den Masseln ist auf Bleiausseigerungen insbesondere in der zuletzt gezogenen Massel zu achten.

7.4.4 **Gußstücke und Kolben** (castings and pistons)

Von sauberen Gußstücken gleichmäßiger Beschaffenheit läßt sich die Zusammensetzung durch Analyse einiger wahllos entnommener Stücke ermitteln. Ebenso ist es wirtschaftlich, Posten aus großen Gußstücken nach Art und Form zu sortieren und von jeder Sorte ein Gußstück zu analysieren. Gemischte Gußstücke können bei Vorhandensein einer Brecheranlage auf Stücke annähernd gleicher Größe gebrochen werden. Nach gutem Mischen genügt ein Probengewicht von einigen Kilogramm. Andernfalls wird eine Rohprobe von etwa 10% des Gesamtgewichts gezogen. Ein Sortieren gemischter verschmutzter Gußstücke ist unzweckmäßig.

Wenn der Posten Gußstücke mit Eisen- oder anderen Fremdmetallanhaftungen enthält, ist es notwendig, die Gußstücke in solche mit und ohne Fremdanteile zu sortieren. Aus gleichartigen Gußstücken dürfen Fremdmetalle herausgebrochen und gewogen werden. Von gemischten Gußstücken mit Fremdmetallanhaftungen werden mindestens 10% des gesamten Gewichts als Rohprobe entnommen. Zur Abtrennung der höherschmelzenden Fremdmetalle wird das Aluminium in einem Abschmelzofen mit schräger Sohle oder in einem Tiegel mit Bodenloch, aus dem das flüssige Metall ablaufen kann, bei möglichst tiefer Temperatur abgeschmolzen. Bei Fremdmetallanhaftungen wird der Rückstand zur Kontrolle der Ausbeute des abgeschmolzenen Aluminiums gewogen. Wenn das abgeschmolzene Aluminium gleich in Massel- usw. -formen fließt, werden die Masseln erneut eingeschmolzen und für die Entnahme der Analysenprobe gut gemischt.

Bei *Flugzeugschrott* wird die Ausbeute geschätzt oder u. U. das gesamte Material im Abschmelzofen zur Bestimmung der Ausbeute eingesetzt.

7.4.5 **Aluminium-Abschäumblöcke** (Blockausläufer, runnings). **Abgeschmolzenes Aluminium** (sweated aluminium, pigs, rundown ingots).

Es handelt sich hier um von Schmelzen abgeschäumtes, in Masseln oder Tiegel und dergleichen geschöpftes Aluminium oder um Schrott, der zur Erleichterung des Transports ohne Raffination zusammengeschmolzen und ausgegossen wurde. Diese Sorten sind nur zur Gattierung in Schmelzwerken und nicht als Einsatzmaterial für Stück- oder Formatgießereien gedacht. Zuweilen ist an der frei erstarrten Oberfläche erkenntlich, ob die Blöcke aus verschiedenen Chargen stammen. Bei gleichmäßigem Aussehen werden zwei verschiedene Blöcke getrennt analysiert. Bei Übereinstimmung beider Werte ist eine Probenahme von mindestens 1% der Blöcke für die Bestimmung des Durchschnittsgehalts ausreichend; andernfalls ist der Probenahmeumfang zu erhöhen.

Jeder der als Probe entnommenen Blöcke wird an zwei gegenüberliegenden Stellen von oben und unten unter Vermeidung der eingesunkenen Mittelpartie halb durchgebohrt. Die Späne werden zur Entnahme der Analysenprobe sorgfältig geschmolzen. Wegen eventueller Magnesiumverluste beim Schmelzen muß dieses Element direkt in den Spänen bestimmt werden.

Alternativ können mit Einverständnis beider Parteien die Probenblöcke oder Teile davon zusammengeschmolzen und die Analysenproben aus der Schmelze entnommen werden.

7.4.6 **Späne** (borings, turnings)

Aus losen Spänen gewinnt man einen Durchschnitt am besten durch Entnahme jeweils kleiner Mengen in regelmäßigen Zeitabständen während des Entladens und bei Lieferung in Säcken oder ähnlichen Behältern während der Verarbeitung. Normalerweise werden bei einheitlichem Material wenigstens aus jedem zehnten Sack oder Behälter Proben gezogen, bei uneinheitlichem aus einem höheren Anteil. Dabei ist zu beachten, daß sich feinere Partikel, Öle und Wasser nach unten anreichern. Es ist wichtig, Proben von oben, aus der Mitte und von unten zu entnehmen. Die Rohprobe soll nicht weniger als 0,5% des Postens betragen und nicht unter 25 kg wiegen. Falls die Lieferung nur aus einer einzigen Legierung bestehen soll, kann schon ein einziger Behälter mit Material einer anderen Legierung bewirken, daß die Lieferung nicht den Kaufbedingungen entspricht. Hierauf ist bei der visuellen Prüfung und der Probenahme besonders zu achten.

Einige Verträge erlauben nur Feinanteile unter 0,8 mm bis zu einem bestimmten Prozentanteil. Diese Feinanteile enthalten meist wesentlich größere Mengen nichtmetallischer Bestandteile als die Grobanteile und benötigen beim Schmelzen im Trommelofen unwirtschaftlich große Mengen Abdecksalz, bei relativ geringer Metallausbeute. Im Feinanteil ist oft auch Rost angereichert, der bei der Späneaufbereitung vom Magneten nicht entfernt und beim anschließenden Schmelzen durch das Aluminium reduziert wird. Das gleiche gilt für Schwermetalle aus Korrosionsprodukten der Legierung und Silicium aus dem Sand. Die Schmelzausbeute aus dem Feinanteil stellt daher eine geringwertigere Legierung dar als die aus dem Grobanteil, wie das Beispiel von AlCuMg-Spänen in Tab. 7/1 zeigt. Die Späne waren mit dem Magneten behandelt und anschließend über ein Sieb mit 1 mm lichter Maschenweite gegeben worden.

Tabelle 7/1 Gehalte (in %) in der Schmelzausbeute aus gesiebten AlCuMg-Spänen

Korngröße mm	Cu	Mg	Si	Fe	Mn	Zn	Al (Rest)
>1	2,69	0,53	0,62	0,36	0,53	0,17	95,10
<1	3,08	0,06	1,40	3,00	0,59	0,32	91,55

In der Ausbeute aus dem Feinanteil sind also die Legierungselemente und Verunreinigungen außer Magnesium angereichert. Die Ausbeute beim getrennten Schmelzen der beiden Fraktionen war bei den groben Spänen mit 67,7% mehr als doppelt so hoch wie beim Feinanteil mit 29% [6].

Die Rohprobe wird gewogen, die Späne wenn notwendig gebrochen, getrocknet, aus magnetisiert, gegebenenfalls gesiebt und erneut gewogen. Der Gewichtsverlust wird als Öl und Nässe gerechnet. Die Probenbearbeitung erfolgt am besten in einer kleinen Anlage, ähnlich der betriebsüblichen. Fehlt eine solche Anlage, können Feuchtigkeit und Öl durch Erhitzen in einer offenen Pfanne oder besser in einer Muffel bestimmt werden. Zur Verflüchtigung des Öls ist eine Temperatur von 360 °C empfehlenswert, in inerter Atmosphäre bis 450 °C. Erst bei noch höheren Glühtemperaturen steigt der Abbrand beim nachfolgenden Einschmelzen [7].

Beim Trocknen in offener Pfanne findet man bei Gehalten von über 5% normalerweise etwas zu wenig Öl und Nässe. Übergießen mit Benzin und Abbrennen ist nicht zu empfehlen, da nach dieser Methode Öl und Nässe nicht vollständig entfernt werden. Für Laboruntersuchungen ist Auswaschen mit Alkohol möglich.

Eisen wird aus kleinen Proben mit dem Handmagneten, aus größeren mit Walzen- oder Tischmagnetscheidern entfernt. Proben aus einheitlichen Spänen können bis auf 1 kg verjüngt werden. Von uneinheitlichen Spänen werden besser zwei statt einer Probe entnommen, zubereitet und geschmolzen. Falls die beiden Ergebnisse nicht ausreichend übereinstimmen, wird der Probenahmeumfang vergrößert.

Mit Einverständnis beider Parteien kann auch ein größerer Anteil von z. B. 10% der Lieferung in der Betriebsanlage bearbeitet werden. Die Probe von diesen bearbeiteten Spänen kann man vor dem Schmelzen je nach Gleichmäßigkeit auf 1 bis 15 kg verjüngen.

Bei Feil- und Schleifspänen (filings and grindings) lohnt sich eine Probenahme nur dann, wenn die Liefermenge groß ist. Sie wird wie bei normalen Spänen durchgeführt. Wesentlich ist bei solchen feinen Materialien, daß die Korngrößenverteilung in der Probe die gleiche ist wie in der Lieferung, da Ausbeute und chemische Zusammensetzung in den verschiedenen Kornklassen stark unterschiedlich sein können. Für eine Lieferung von Schleifspänen ist der Zusammenhang

Tabelle 7/2. Schmelzausbeute in den verschiedenen Kornklassen eines Postens Schleifspäne

Korngröße mm	Met. Eisen % vom Gewicht der Fraktion	eisenfrei % vom Einsatz	Schmelzausbeute % vom Gewicht der Fraktion	Schmelzausbeute % vom Metallinhalt des Einsatzes
3,0–2,0	2,9	14,5	68	34
2,0–1,0	2,5	17,7	63,5	39
1,0–0,5	2,4	11,7	41	18
0,5–0	0,9	54,4	5	9
Gesamt	1,7	98.3	29	100

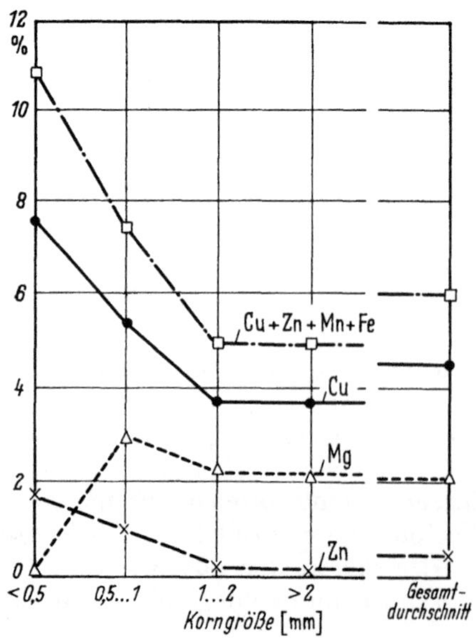

Abb. 7/1. Veränderung in der Zusammensetzung von Schleifspänen, die nach Partikelgröße gesiebt wurden (nach A. Buckeley [6]).

der Korngröße mit der Schmelzausbeute in Tab. 7/2 angegeben, welcher der Analyse in Abb. 7/1 entspricht.

Wenn man aus diesem Posten die 54,4% Feinanteile unter 0,5 mm absiebt, steigt im Rest die Schmelzausbeute auf 59% gegen 29% im Originalmaterial, wobei man nur 9% des Gesamtmetallinhalts verliert.

7.4.7 **Krätze, Spritzer, Schaum und Kehricht** (dross, spatters, spillings, skimmings, sweepings)

Das geeignetste Verfahren ist, nach Übereinkunft beider Parteien, den ganzen Posten zu mahlen, durch ein 1-mm-Sieb zu geben und von den Grobanteilen mindestens 7 kg einzuschmelzen. Nur die Grobanteile über 1 mm können durch Wiedereinschmelzen wirtschaftlich verwertet werden. Brocken, welche für die Mühle zu groß sind, müssen anteilig zum Grobanteil zugesetzt oder getrennt geschmolzen werden. Falls für die Probe nur ein Teil des Krätzepostens gemahlen wird, soll dieser normalerweise mindestens 500 kg wiegen und große, metallreiche Brocken, kleine Stücke, Staub, Schlacke usw. in gleichen Mengenanteilen wie der gesamte Posten enthalten. Nach dem Mahlen werden vom Grobanteil 1 bis 2 Proben eingeschmolzen.

Von Material mit höherem Metallgehalt wie Schaum und Gießabfällen kann eine Probe von mindestens 30 bis 50 kg ohne Vorbehandlung unter Abdecksalz geschmolzen werden.

7.4.8 Aluminium und -legierungen mit hohem Anteil von Fremdmaterial

Material mit fest anhaftendem Eisen, Schwermetallen oder anderen Anhaftungen wird im Tiegel eingeschmolzen, die nicht schmelzenden Fremdmetalle werden mit einer Zange herausgezogen und gewogen. Bei der Tiegelmethode besteht jedoch die Gefahr, daß etwas Eisen usw. im Aluminium gelöst wird. Zur Ermittlung der Ausbeute wird das abgeschmolzene Aluminium vergossen und gewogen. Die Erfassung von Anhaftungen kann auch durch Abschmelzen des Aluminiums in einem Abschmelzofen mit schräger Sohle und Wägen der Rückstände erfolgen. In einheitlichem Schrott wie Kolben oder Stahlaluminiumkabeln können die Anhaftungen von Durchschnittsproben auch mechanisch entfernt werden.

Loses Eisen in grobstückigen Abfällen wird aus der gesamten Lieferung oder einem größeren Teil davon aussortiert. Aus Krätzen wird es nach dem Mahlen aus dem Grobanteil ausmagnetisiert und aus Spänen nach dem Trocknen ebenfalls mit dem Magneten entfernt.

Öl und Nässe werden im allgemeinen nur bei Spänen gesondert bestimmt, bei den meisten anderen Schrottarten nur durch Ermittlung des Schmelzverlustes. Erforderlichenfalls können Öl und Nässe durch Trocknen in der Trommel oder durch Ablösen mit Hilfe eines mit Wasser mischbaren Lösungsmittels wie Methanol bestimmt werden.

Fett, Schmutz, Oxide usw. werden bei Neumaterial wie Kabeln durch Waschen, Abbrennen oder Schmelzen bestimmt.

Farbe und Lacke werden durch Ablösen oder Abbrennen entfernt. Zur Ermittlung der Metallausbeute und des etwaigen Einflusses der Schicht auf die Zusammensetzung des Metalls wird eine Probe ohne Entfernung des Überzugs geschmolzen. Der Nachweis, daß in einer Lieferung ein bestimmter Anteil lackiert vorliegt, ist nur bei einheitlichem Material durch Auszählen der lackierten Teile in einer Probe möglich; bei uneinheitlichem Schrott aus Material unterschiedlicher Form und Größe kann dieser Nachweis nicht zuverlässig erbracht werden.

Sonstige Beschichtungen werden entfernt und das zurückbleibende Aluminium gewogen.

7.4.9 Durchführung des Probeschmelzens von Schrott und Abfällen

Die Metallausbeute beim Probeschmelzen stimmt um so besser mit derjenigen bei der Verarbeitung im Betrieb überein, je genauer das Probeschmelzverfahren dem Fabrikationsprozeß angepaßt ist. Meist wird aber im Probeofen unter sorgfältiger Kontrolle und Aufsicht geschmolzen; dabei ist natürlich die Metallausbeute höher als im Betrieb. Dieser Unterschied sollte berücksichtigt werden. Man kann damit rechnen, daß die Schmelzausbeute im Tiegel um mindestens 2% höher ist als die praktisch erreichbare Ausbeute in einem Betriebsofen.

Die Probe sollte unter einer Salzdecke in einem Tiegel- oder einem kleinen Trommelofen geschmolzen werden. Dabei wird zuerst das Salz geschmolzen. Seine Menge beträgt im Tiegelofen 100% und im Drehofen 150% vom Gewicht des Schrotteinsatzes. Diese Probensätze können bei sauberem, grobstückigem Schrott verringert werden; doch muß die Flußmittelmenge so groß sein, daß die Schlacke genügend flüssig bleibt und sich vollständig vom flüssigen Metall trennt und dessen Oberfläche vollständig abdeckt. Die Probe wird bei etwa 700 °C in das geschmolzene Flußmittel eingesetzt und im Tiegelofen gut eingerührt.

Ohne Salzzusatz wird zur Bestimmung von Eisenanhaftungen oder bei sehr kleinen Tiegelproben geschmolzen. Wenn das Salz zusammen mit kleinstückigem Schrott eingesetzt wird, kann die Ausbeute etwas sinken [7]. Feuchte Flußmittel können durch Oxidation den Metallverlust erhöhen.

Zur Entfernung von anhaftendem Eisen oder anderen hochschmelzenden Schwermetallen werden Seigeröfen mit geneigter Sohle verwendet. Die hochschmelzenden Anteile bleiben auf dem Herd zurück und werden abgezogen. Das schmelzende Aluminium läuft in einen Sammler. In diesem reichern sich leichtschmelzende Schwermetalle wie Blei oder Zink am Boden, Magnesium an der Badoberfläche an. Vor der Entnahme einer Analysenprobe ist die Schmelze im Sammler gut durchzurühren.

Aus allen Schmelzebehältern müssen vor dem Einsetzen der Probe Rückstände vorhergehender Schmelzen entfernt werden, vor allem aus Fugen von Trommel- oder Abschmelzöfen. Eisentiegel können, selbst wenn sie gut geschlichtet sind, bei Beschädigung des Schutzüberzugs während des Einrührens der Probe zu einer Eisenaufnahme in der Schmelze führen. Auch eiserne Rührwerkzeuge sollen nicht zu lange und bei zu hoher Temperatur in der Schmelze bleiben. Fluoridhaltige Flußmittel vermindern bei hohen Temperaturen und längerer Einwirkungsdauer den Magnesiumgehalt.

Die Analysenprobe wird normalerweise entnommen, wenn etwa die Hälfte der Schmelze ausgegossen ist. Bei sehr großen Probeschmelzen sollten Analysenproben von Anfang, Mitte und Ende des Gießens gezogen werden.

Fertigerzeugnisse (7.5—7.8)

7.5 Aluminiummetall

7.5.1 Schmelzflüssiges Metall

Bei der Probenahme des Aluminiums und seiner Legierungen aus dem schmelzflüssigen Zustand werden in den meisten Fällen sowohl für die chemische als auch für die spektrochemische Analyse im wesentlichen das gleiche Probenahmeverfahren und die gleichen Probenformen verwendet. Eine gesonderte Probenahme wird nur noch in speziellen Fällen durchgeführt.

Obwohl die Herstellung einer idealen Probe, d. h. einer Probe mit homogener Verteilung der Elemente, einheitlicher Struktur und einer Kristallisation ohne Orientierung und Vorzugsrichtung praktisch nicht möglich ist, kann man in den meisten Fällen durch Wahl geeigneter Probenformen und bei Anwendung optimaler Gießbedingungen Proben erhalten, die den Anforderungen der Analyse gerecht werden. So lassen sich bei der Probenahme von Reinst- und Reinaluminium sowie niedriglegiertem Material für die Analyse ausreichend homogene Proben gießen. Voraussetzung ist, daß die optimalen Probebedingungen streng eingehalten werden. Da die Gießbedingungen bei den einzelnen Herstellern von Ort zu Ort verschieden sind, ist es notwendig, für die eigene Probenahme, vor allem für legiertes Material, durch eigene Versuche die besten Gießbedingungen und Probenformen herauszufinden. Die einmal ermittelten Bedingungen müssen bei der Probenahme genau eingehalten werden.

Der Guß homogener Proben gelingt nicht bei hochlegierten Aluminiumlegierungen, vor allem Legierungen mit höheren Kupfer- und Zinkgehalten. Es ist jedoch möglich, unter bestimmten Erstarrungsbedingungen Proben mit einem definierten und reproduzierbaren Seigerungsverlauf herzustellen. Bei diesen Proben stellt sich in der Gießrichtung ein meist lineares Konzentrationsgefälle ein, während in der Ebene senkrecht zur Gießrichtung keine wesentlichen Konzentrationsunterschiede auftreten. Senkrecht zur Gießrichtung gibt es in einer bestimmten reproduzierbaren Entfernung von der Eingußfläche eine Zone, in der die Konzentration des zu bestimmenden Elements der wahren Konzentration in der Gesamtprobe sehr nahe kommt. Diese Zone kann für die spektrochemische und die chemische Analyse verwendet werden. Für das Gießen solcher Proben ist eine gerichtete Erstarrung in Gießrichtung erforderlich. Man erreicht sie durch Eingießen des schmelzflüssigen Metalls in einen Ring aus wärmedämmendem Material (Keramik, Marinite usw.), der auf einer Kupferplatte aufliegt. Da durch den Ring keine Wärme nach der Seite abgeführt wird, erfolgt die Erstarrung in einer nahezu ebenen Front von der Kupferplatte ausgehend parallel zu ihr. Für die Analyse wird die Mittelzone verwendet, d. h., die Probe wird genau in der Mitte, senkrecht zur Gießrichtung, halbiert.

Reinstaluminium. Die Probenahme aus der Schmelze erfolgt mit einem Graphitlöffel. Für die naßchemische Analyse kann das flüssige Metall in eine Rundstabkokille (Abb. 7/2) zu einem Rundstab von 25 mm Durchmesser und 150 mm Länge vergossen werden. Nach Entfernen der Gußhaut erhält man durch Abdrehen mit einem Stich über den ganzen Querschnitt eine zusammenhängende Spirale, von der die zur Analyse notwendige Menge durch Abbrechen entnommen werden kann.

In den meisten Fällen wird jedoch auch für die naßchemische Untersuchung die für die Spektralanalyse gegossene Probe verwendet. Nach Abdrehen oder Abfräsen der äußeren Gußhaut wird je nach verwendeter Probenform über den gesamten Teller- oder Zylinderquerschnitt gefräst oder abgedreht. Besser ist es, die Probe in Längsrichtung in der Mitte in zwei Hälften zu teilen und diese über den ganzen Querschnitt zu fräsen. Eine Segmentierung der Probe und Zerspanung des gesamten Segments ist bei Reinstaluminium und seinen Legierungen nicht notwendig, da nicht mit Seigerungen zu rechnen ist.

Für das Gießen von Proben für die spektrochemische Analyse können alle Probenkokillen, die für die Probenahme von Legierungen (7.6.1) angegeben sind, verwendet werden; besonders bewährt hat sich für das Reinstaluminium die einfach

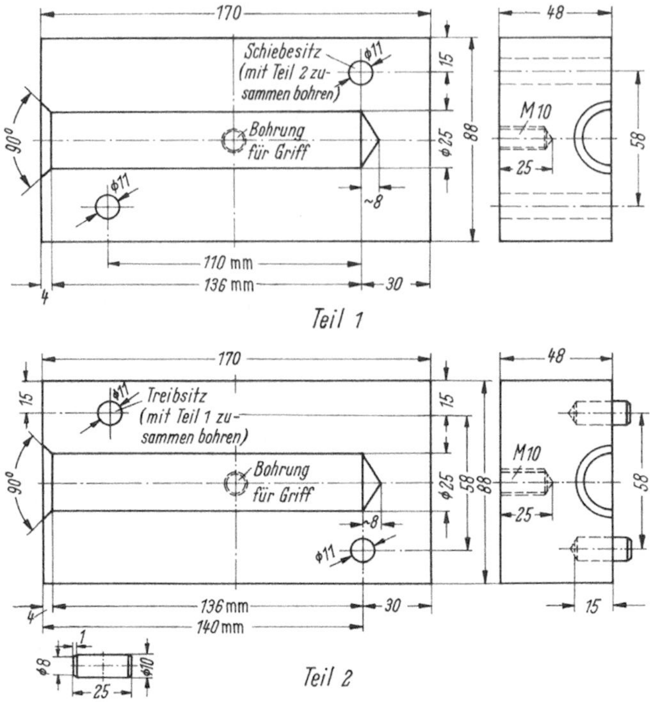

Abb. 7/2. Rundstabkokille.

zu handhabende Zylinderprobe. Die Probe wird genau in der Mitte senkrecht zur Zylinderachse durchgeschnitten. Diese beiden Schnittflächen werden für die spektrochemische Analyse herangezogen.

Die Zylinderprobe läßt sich auch bei der Probenahme von Reinstaluminium-Legierungen verwenden.

Roh- und Reinaluminium. Zum Schöpfen der Probe aus der Schmelze benutzt man einen gut vorgewärmten und geschlichteten Eisenlöffel. Die Schlichte, meist Schlämmkreide, darf kein Metall enthalten, das in der Probe bestimmt werden soll.

Bei der Probenahme des Roh- und Reinaluminiums wird auch für die naßchemische Analyse ausschließlich die Spektralprobe verwendet. Nur in besonderen Fällen, z. B. für die Bestimmung des Wasserstoffs oder des Sauerstoffes, werden die bei der Probenahme des Reinstaluminiums (s. o.) beschriebenen Rundstabkokillen verwendet. Als Probenkokille hat sich hier die Zylinderkokille (7.6.1) bewährt. Sie ist für alle Reinaluminiumqualitäten geeignet. Die Späneentnahme für die naßchemische Analyse und die Vorbereitung der Probe für die spektrochemische Analyse erfolgen in der gleichen Weise wie beim Reinstaluminium.

Schwierigkeiten treten bei der Probenahme von Rohmetallen mit Eisengehalten über 1,5% auf. Diese Proben neigen bei der Erstarrung stark zur Seigerung. Ihre Probenahme erfolgt nach dem unter Legierungen (7.6.1) beschriebenen Verfahren durch Eingießen in einen Marinite-Ring, der auf einer Kupferplatte aufliegt (s. Abb. 7/9). Für die Zerspanung wird nach Entfernung der Gußhaut ein 90°-Segment herausgeschnitten und dieses restlos zerspant.

7.5.2 Festes Metall und Formate

Die leichte Bearbeitbarkeit des Aluminiums und seiner Legierungen gestattet es, bei der Zerspanung der Probe mit wesentlich höheren Schnittgeschwindigkeiten zu arbeiten als bei den anderen Nichteisenmetallen und beim Eisen, ohne daß eine stärkere Erhitzung und damit Oxidation und Veränderungen am Probenmaterial eintreten. Schmiermittel (Fette und Öle) dürfen dabei nicht verwendet werden. Die Proben lassen sich jedoch leichter verarbeiten, wenn man mit etwas Methanol oder destilliertem Wasser kühlt. Im allgemeinen verwendet man für die Probenahme Bohrmaschinen, Drehbänke, Fräser, Sägen und Hobel.

Zum Bohren von Aluminium und seinen Legierungen empfiehlt sich die Verwendung von Spezialbohrern mit großem Drallwinkel (etwa 40°) sowie breiten und glatten Spannuten. Zweckmäßig sind Schnittwinkel von etwa 140° bei weichem und etwa 120° bei härterem Material. Wesentlich geeigneter für das Zerspanen von Formaten sind Drehbänke, Fräser und Sägen, die eine Probenahme über die gesamte Querschnittsfläche fester Proben erlauben. Man erhält dabei einen besseren Durchschnitt und eine einheitliche, meist kleinere Spangröße als

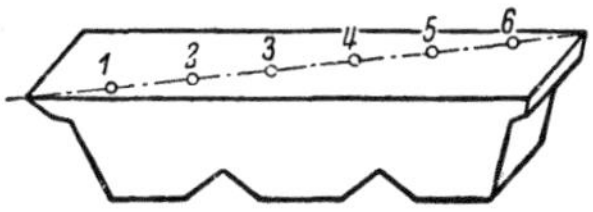

Abb. 7/3. Schema für die Anordnung der Bohrlöcher bei Masseln.

beim Bohren. Vor dem Abdrehen, Fräsen oder Sägen muß die Gußhaut entfernt werden. Großer Zahnabstand und weite Spanräume sind charakteristisch für Leichtmetallfräser. Sehr harte Legierungen, die nicht gebohrt, abgedreht, gefräst oder gesägt werden können, werden im Diamantmörser zerstoßen.

Die durch die verschiedenen Zerspanungsverfahren erhaltenen Späne müssen sorgfältig auf beim Zerkleinern eingeschleppte Verunreinigungen geprüft und diese entfernt werden. Zur Entfernung von Eisenpartikeln werden die Späne mit dem Magneten behandelt. Soweit nicht gleichmäßig feine Späne vorliegen, sind sie durch Zerbrechen oder Zerstampfen auf eine möglichst einheitliche Größe zu bringen. Bei sehr unterschiedlichem Spänematerial aus spröden Legierungen, vor allem Vorlegierungen, müssen die Späne in verschiedene Siebfraktionen klassiert werden. Die Analysenprobe besteht dann aus Anteilen der einzelnen Fraktionen im Verhältnis ihres Anfalls.

Masseln. Am empfehlenswertesten ist es bei *Einzelmasseln,* auf $^1/_3$ und $^2/_3$ der Massellänge je eine Scheibe von 10 mm Dicke auszusägen. Diese Scheiben werden mit Salpetersäure (1 + 1) gebeizt und anschließend von der einen Scheibe die linke und von der anderen die rechte Hälfte durch Fräsen vollständig zerspant.

Beim Bohren der einzelnen Masseln sind in Richtung der Diagonale zur Masseloberfläche, in gleichmäßigen Abständen über die Diagonale verteilt, mindestens fünf senkrechte, ganz durchgehende Bohrlöcher notwendig (s. Abb. 7/3). Man kann auch von oben und unten je die gleiche Zahl von Löchern bis zur halben Blockhöhe aufbohren. Die verwendeten Bohrer sollen einen Durchmesser von 10 bis 15 mm aufweisen. Bei Masseln mit Einfallunkern beobachtet man bei einigen Legierungsarten poröse Mittelzonen. Diese Zonen können Verunreinigungen enthalten, die erst nach dem Guß eingebracht wurden, und müssen bei der Probenahme berücksichtigt werden. Auf ähnliche Art werden nach ASTM [8] Proben aus Einzelmasseln gezogen. Die schwedische Norm [9] sieht fünf durchgehende Bohrlöcher entlang der Diagonale an der Oberseite, und an der Unterseite je drei durchgehende Bohrlöcher entlang den Diagonalen der Flächen zwischen den Kerben vor, wobei insgesamt 100 g Späne entnommen werden. In der italienischen

Norm [10] werden die Bohrlöcher ähnlich wie in der schwedischen Norm in diagonaler Anordnung angebracht. Dabei wird von oben und unten die gleiche Zahl von Löchern bis zur halben Masselhöhe gebohrt. Die britische Norm [11] empfiehlt Sägen oder Fräsen über den ganzen Querschnitt und zwar bei $^1/_4$ der Länge der ungekerbten Massel bzw. der Länge zwischen den Kerben.

Abbildung 7/4 zeigt die Anordnung von Bohrlöchern und Sägeschnitten bei der Probenahme von Masseln nach der Vorschrift des Aluminium Research Institute [12]. Aus der Massel werden entweder, wie in den Skizzen angegeben, Bohrspäne entnommen oder die Massel kann angesägt werden. Im ersten Falle werden je drei Löcher von oben und unten halb durchgebohrt. Die Bohrlöcher 1, 2 und 3 sind in der Mitte zwischen dem Masselrand und dem Einfallunker anzuordnen, die Bohrlöcher 4, 5 und 6 liegen auf der entgegengesetzten Seite der Massel. Bei der Probenahme durch Sägen wird an drei verschiedenen Stellen von den Seiten bis

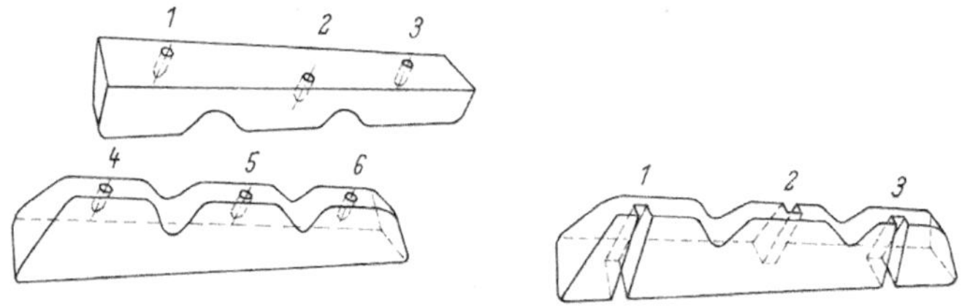

a b

Abb. 7/4. Anordnung von Bohrlöchern (a) sowie von Sägeschnitten (b) an Masseln (nach C. H. Burton [12]).

zur Mitte eingesägt, wie aus Abb. 7/4 ersichtlich. Für Werksuntersuchungen an bekanntem Material läßt sich durch Vergleichsuntersuchungen ein Bohrschema finden, nach dem man auch mit einer geringen Anzahl an Bohrungen eine hinreichend genaue Durchschnittsprobe erhält.

Aus großen Masseln von 10 bis 20 kg Einzelgewicht kann man bei schwer zu bohrenden Legierungen und Reinaluminium 1 bis 3 Scheiben aussägen, und zwar bevorzugt an den Stellen der Sägeschnitte in Abb. 7/4. Diese Scheiben werden an 7 Stellen, wie in Abb. 7/5 angegeben, durchgebohrt.

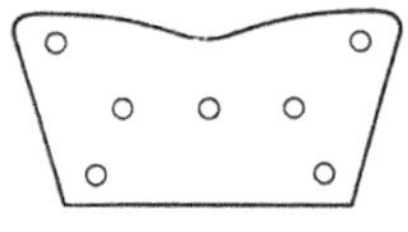

Abb. 7/5. Anordnung der Bohrlöcher an Masselabschnitten.

Bei Masseln, die an den Enden mit dünnen Stegen zum Anfassen, sog. Ohren, versehen sind, kann man sich notfalls auch mit dem Anbohren dieser Ohren helfen, da deren Zusammensetzung infolge der raschen Erstarrung der Durchschnittszusammensetzung nahekommt. Vor einer routinemäßigen Einführung dieser Art von Probenahme vergewissert man sich jedoch durch Reihenuntersuchungen, ob die Gehalte der Bohrspäne aus den Ohren mit den Durchschnittsgehalten der Masseln übereinstimmen.

Für die aus einem *Stapel* zu entnehmende Zahl von Einzelmasseln gilt die Vereinbarung zwischen dem Lieferanten und dem Abnehmer. Für eine einwandfreie Probenahme von Masselstapeln zur Ermittlung des Durchschnittsgehaltes empfiehlt es sich bei einheitlichem Material, von mindestens je 500 kg der gelieferten Menge einen Block anzubohren. Nach der italienischen Norm [10] wird 1% von der Gesamtzahl der Masseln entnommen. Diese werden bis zu höchstens je 10 Stück nebeneinander gelegt und an den Schnittpunkten einer Diagonale, die schräg über alle Masseln verläuft, mit den Längshalbierenden der einzelnen Masseln angebohrt.

Bei ungleichmäßigem Material, welches beispielsweise aus verschiedenen Chargen stammt oder in dem Elemente auftreten, die sich schon in der Schmelze ungleichmäßig verteilen (z. B. Blei, Wismut, Indium usw.), muß der Umfang der Probenahme für eine exakte Ermittlung des Durchschnittgehaltes auf mindestens 5% der angelieferten Menge erhöht werden. Die Lieferbedingungen können auch einen anderen Probenahmeumfang vorsehen.

Bei sehr hohen Anforderungen an die Genauigkeit ist das Einschmelzen einer Reihe von Masseln und die Entnahme einer Schöpfprobe aus der Schmelze vorzuziehen [11, 12].

Zur Vermeidung von Verunreinigungen, vor allem von Eisen durch Verwendung von eisernen Werkzeugen usw., ist besondere Vorsicht geboten. Beim Einschmelzen von Masseln, die leichtoxidierbare Elemente (z. B. Magnesium, Calcium, Natrium) enthalten, gehen diese teilweise durch Oxidation verloren und können nur aus den Spänen der Originalmasseln genau bestimmt werden. Zur Kontrolle der Gleichmäßigkeit werden neben der Probeschmelze noch Stichproben von Einzelmasseln entnommen.

Barren. Zur Probenahme von *Rund- und Drahtbarren* sägt man aus der Mitte und den beiden Enden des Barrens senkrecht zur Längsachse drei etwa 20 bis 30 mm dicke Scheiben heraus, die nach Entfernung der Gußhaut beidseitig über die gesamte Querschnittsfläche abgefräst oder abgedreht werden. Die Späneentnahme aus den Scheiben kann durch Bohren erfolgen, wobei Vierkant-Barren längs der Diagonalen und der Mittellinien, Rundbarren längs von vier um 45° versetzten Durchmessern gebohrt werden (s. a. [10]).

Walzbarren. Bei kleineren Walzbarren teilt man den Barren mit einer Säge auf $^1/_4$ der Länge, sammelt die gesamten Sägespäne oder fräst eine der gesägten Flächen über den ganzen Querschnitt. Bei größeren Formaten, wo Sägen und Fräsen über den ganzen Querschnitt nur schlecht möglich ist, erfolgt die Probenahme am besten durch Anbohren des Barrens. Die Bohrlöcher werden entlang der Diagonale der größeren Fläche in regelmäßigen Abständen angebracht. Es wird von beiden Seiten bis zur Mitte des Barrens gebohrt. Bei unbearbeiteten Blöcken, bei denen die Gußhaut noch nicht entfernt worden ist, müssen die Späne, die von der Gußhaut stammen — bei größeren Barren bis zu einer Tiefe von 10 mm — verworfen werden.

Formate und Halbzeug. Bei langgestreckten Halbzeugen wie *Strangpreßerzeugnissen* empfiehlt sich die Probenahme durch Fräsen über den gesamten Querschnitt an beiden Enden. Das gleiche gilt auch für die Probenahme von Drähten. Von dünnen Drähten werden die Proben abgeschnitten.

Platten, Bleche, Bänder und Folien. Bei Platten, Blechen und Bändern erfolgt die Probenahme durch Sägen oder Fräsen über die gesamte Querschnittsfläche senkrecht zur Länge und Walzrichtung oder durch Bohren in der gleichen Richtung. Bei dünnen Blechen und Bändern legt man vor dem Fräsen oder Bohren mehrere Stücke übereinander oder faltet sie mehrmals. Sehr dünne Bleche und Folien, meist dünner als 1 mm, die nicht mehr gefräst oder gebohrt werden können, werden mit der Schere zerschnitten. Besondere Vorsicht ist bei plattiertem Material geboten.

Gußstücke. Bei der Probenahme von Guß-, zum Teil auch von Schmiedestücken, werden die Späne anteilmäßig, sowohl an den dicken als auch an den dünnen Stellen, durch Fräsen über den ganzen Querschnitt oder durch Bohren an diesen Stellen entnommen. Angüsse und Steiger sind für die Probenahme nicht geeignet.

Nach den Normen sind bestimmte Abweichungen in der Zusammensetzung von Gußstücken zulässig.

Granalien. Bei Granalien erfolgt die Probenahme nach den allgemeinen Richtlinien für körniges Gut in 2.2 ff. Zu beachten ist, daß sie u. U. Wassereinschlüsse enthalten.

Aluminiumgrieß. Dieser wird meist durch Verdüsen schmelzflüssigen Metalls hergestellt. Auch hier erfolgt die Probenahme nach den allgemeinen Richtlinien für feinkörniges Probegut in 2.2 ff.

Aluminumpulver. Aluminiumpulver — durch Zerstampfen von Folien erzeugt — enthält meist geringe Mengen an Fett. Die Probenahme wird nach den allgemeinen Richtlinien für Metallpulver (3.1.1) durchgeführt.

Formate aus Reinst- und Reinaluminium. Bei den heutigen Gießverfahren und Reinheitsgraden von *Reinstaluminium* treten im allgemeinen keine Seigerungen auf, so daß sich die Probenahme im Vergleich zu den Legierungen wesentlich vereinfacht. Lediglich in der sehr dünnen Gußhaut muß mit höheren Gehalten an Verunreinigungen gerechnet werden. Bei der Entnahme und Verarbeitung der

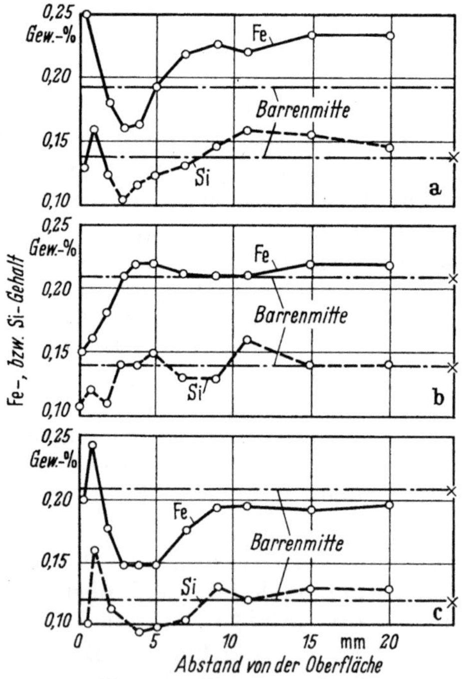

Abb. 7/6. Seigerung an Strangguß-Walzbarren aus Al 99,6 (nach G. Siebel, D. Altenpohl und H. M. Cohen [13]). a) Düsenguß; b), c) Guß durch Lochbecher.

Proben von Reinstaluminium ist besonders darauf zu achten, daß jede Verunreinigung des Materials vermieden wird. Die Probenahme erfolgt am zweckmäßigsten durch Abdrehen oder Fräsen. Das Anbohren ist infolge der geringen Härte des Reinstaluminiums weniger geeignet. Nach Entfernen der Gußhaut wird die Probe über den ganzen Querschnitt entnommen. Bei Formaten größeren Ausmaßes, z. B. Platten und Barren, sägt man von Kopf und Fuß eine Scheibe ab; bei Bändern, Blechen, Stangen und Profilen entnimmt man in der Nähe der beiden Enden je eine Probe.

Kann nicht gefräst oder abgedreht werden, so sind die Proben nach Entfernung der Gußhaut auf einer gut gehärteten und sauberen Walze auszuwalzen. Im Anschluß daran wird die gewalzte Probe zur Entfernung eingewalzter Verunreinigungen bis zu einer Stunde mit Salpetersäure (1+1) behandelt und mit einer Schere zerschnitten.

Die Probenahme des *Reinaluminiums* kann auf die gleiche Weise wie die des Reinstaluminiums erfolgen. Auch hier sind normalerweise die Seigerungen unter normalen Gußbedingungen auch bei Qualitäten unter 99,5% gering. Ausgeseigerte Elemente reichern sich vielfach in Ausschwitzungen an den Oberflächen der Gußformate an. Bei ungünstigen Gießbedingungen können in den Zonen nahe der Oberfläche von Gußbarren Heterogenitäten auftreten, wie eine Untersuchung [13] an einem Strangguß-Walzbarren der Qualität 99,6 % beim Gießen in eine geriefte Kokille für die Elemente Silicium und Eisen zeigt (Abb. 7/6).

Für Betriebskontrollen können zur Spektralanalyse die aus den Formaten herausgesägten Scheiben verwendet werden. Es ist jedoch notwendig, die Scheiben auf beiden Seiten über den gesamten Querschnitt mehrfach abzufunken und die Ergebnisse der einzelnen Abfunkungen zu mitteln.

7.6 Aluminiumlegierungen

7.6.1 Schmelzflüssiges Metall

Bei Legierungen muß im schmelzflüssigen Zustand gelegentlich mit Konzentrations-Inhomogenitäten und Entmischungen gerechnet werden. Die Gefahr von Entmischungen besteht bei solchen Elementen, die bei den angewandten Schmelztemperaturen im Aluminium nicht vollständig löslich sind, wie Pb, Cd, Bi, In, Na, K und Tl. Andere Elemente wieder bilden hochschmelzende Verbindungen, die sich erst bei höheren Temperaturen auflösen und gleichmäßig in der Schmelze verteilen, wie Titan und Bor.

Daneben beobachtet man in Legierungsschmelzen auch bei normalerweise im Aluminium löslichen Zusatzelementen Konzentrations-Inhomogenitäten als Folge von Schwerkraftseigerungen. So sinken die spezifisch schweren Elemente Kupfer und Zink auf die Ofensohle, während die spezifisch leichteren Legierungselemente Magnesium und Silicium sich an der Badoberfläche anreichern können. Ein besonderes Beispiel inhomogener Verteilung bietet das Magnesium. Beim Einlegieren von Magnesium in Form von Vorlegierungen in flüssiges Aluminium bilden sich in der Schmelze Schlieren mit erhöhten Mg-Konzentrationen. Ein Konzentrationsausgleich erfolgt erst nach längerem Rühren und längerem Abstehen der Schmelze. Vor der Probenahme aus einer Schmelze ist es daher notwendig, die Schmelze sorgfältig bis auf den Grund durchzurühren.

Zum Schöpfen der Legierungsschmelzen werden wie beim Roh- und Reinmetall geschlichtete Eisenlöffel benutzt. Der Löffel muß vor der Probenahme besonders gut vorgewärmt werden. Ist der Löffel zu kalt, so kann es vorkommen, daß das Metall noch während des Ausgießens der Probe im Löffel zu erstarren beginnt. Die Kristalle, die sich dabei am Löffel ansetzen, sind bei den normalen untereutektischen Legierungen aluminiumreicher als der Durchschnitt. In einer mit einem zu kalten Löffel gegossenen Probe findet man im allgemeinen zu wenig Aluminium und zuviel Legierungsbestandteile.

Auch beim Gießen von Analysenproben muß man je nach Zusammensetzung der Legierung mit Inhomogenitäten und Seigerungen in der Probe rechnen. Bei niedrigrlegiertem Material und geringer Neigung zu Seigerungen können mit einer geeigneten Kokille Proben ausreichender Homogenität gegossen werden. Als Proben für die naßchemische Analyse können diese Kokillen auch bei höherlegiertem Material verwendet werden, denn durch die vollständige Zerspanung eines 90°-Segments der Probe werden die Seigerungen richtig erfaßt.

Für die spektrochemische Bestimmung der Zusatzelemente in hochlegierten Legierungen können diese Kokillen nicht oder nur mit großen Einschränkungen benutzt werden. Hier kann nur das bereits erwähnte Probenahmeverfahren der gerichteten Erstarrung (s. 7.5.1) mit dem Ziel eines definierten, reproduzierbaren Seigerungsverlaufes in der Probe angewendet werden. Allgemein gilt, daß sich Legierungen mit Gehalten unter je 1% Cu, 1,5% Mg, 1% Fe, 1,5% Mn, 6% Si und 0,5% Ti noch ausreichend homogen vergießen lassen. Für diese Legierungen können die nachfolgend beschriebenen Probenkokillen eingesetzt werden.

Eine allgemein geeignete und einfache Kokille ist die Zylinderkokille (Abb. 7/7). Sie erlaubt das Gießen von zylinderförmigen Proben mit einem Durchmesser von

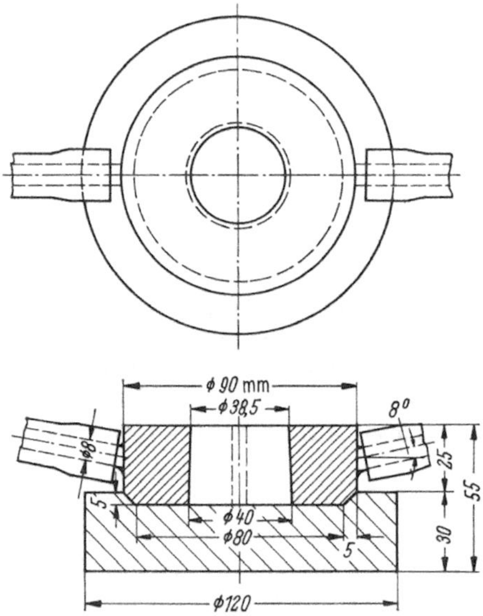

Abb. 7/7. Kokille zum Gießen von Zylinderproben.

40 mm und einer Höhe von 30 mm. Die Kokille besteht aus Kupfer. Der Oberteil ist in zwei Halbsegmente geteilt, die in die Grundplatte eingesetzt werden. Für die naßchemische Analyse wird ein 90°-Segment aus der Probe herausgeschnitten und dieses vollständig zerspant. In den meisten Fällen genügt es jedoch, die Probe in Längsrichtung in der Mitte zu teilen und über die geteilte Querschnittsfläche zu fräsen. Für die spektrochemische Analyse wird die Probe senkrecht zur Zylinderachse genau in der Mitte geteilt.

Eine weitere Kokillenform, die der von der ASTM vorgeschlagenen Scheibenprobe ähnlich ist, hat sich in der Praxis ebenfalls bewährt (s. Abb. 7/8a—d). Die Form ist aus Eisen gearbeitet und hat an den Seiten Luftaustrittsspalte, um Gasblasen und Lunker an der Oberfläche zu vermeiden. Die Proben lassen sich sowohl für die Emissionsspektralanalyse als auch für die Röntgenfluoreszenzanalyse verwenden. Dazu werden die Teller der Proben von der Oberfläche her um etwa 2 mm abgedreht. Für die naßchemische Analyse wird wieder ein 90°-Segment der Probe entnommen. Einfacher ist das Abdrehen von Spänen über die ganze Tellerfläche, wofür die 2 mm breite Mittelzone des Tellers verwendet wird.

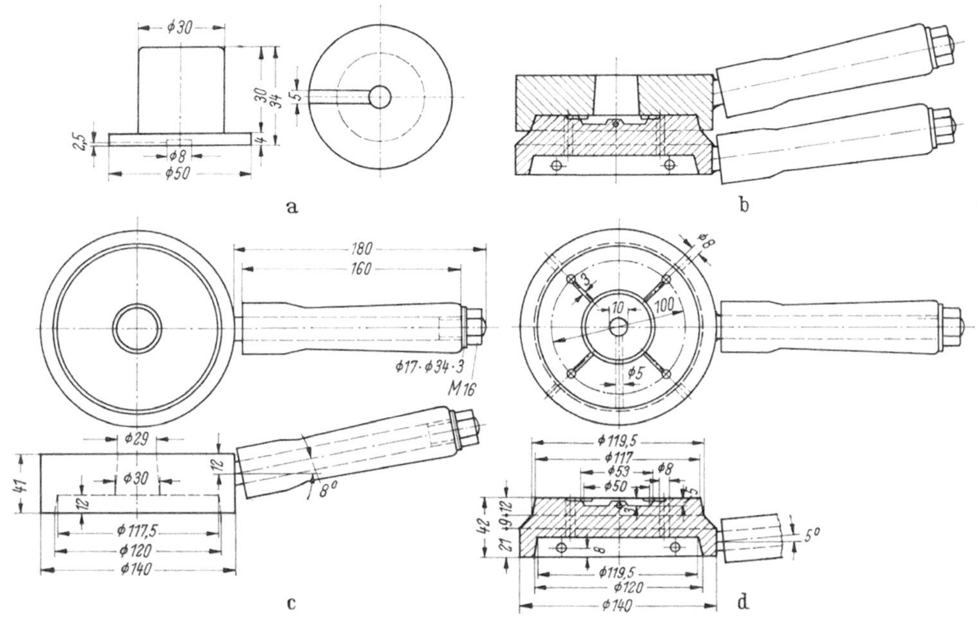

Abb. 7/8. a) Analysenprobe in fertig abgedrehtem Zustand. Grund- und Aufriß; b) Kokille zur Herstellung der Analysenprobe im Schnitt; c) Deckel der Kokille. Grundriß und Schnitt; d) Unterteil der Kokille. Grundriß und Schnitt.

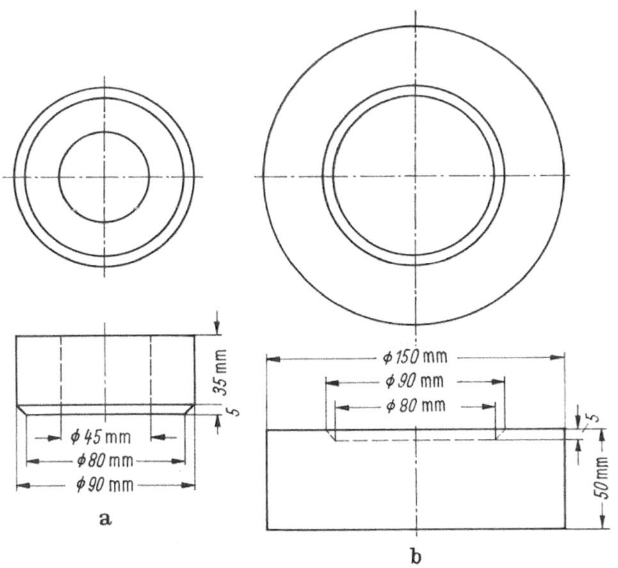

Abb. 7/9. Kokille zum Gießen von Proben mit gerichteter Erstarrung. a) Marinite-Ring; b) Kupferplatte.

Für die Probenahme hochlegierter Legierungen nach dem Verfahren der gerichteten Erstarrung wird die schmelzflüssige Legierung in einen Ring aus wärmedämmendem Material, der auf einer Kupferplatte aufliegt, gegossen. Sehr gut bewährt hat sich die in Abb. 7/9 gezeigte Anordnung. Der Ring besteht aus Marinite, einem aus Faserasbest und einem Bindemittel hergestellten Material.

Späne für die naßchemische Analyse werden aus der Probe wie bei der vorerwähnten Zylinderprobe durch vollständige Zerspanung erhalten. Für Betriebskontrollen ist das Teilen der Probe in Längsrichtung in zwei gleiche Hälften und Fräsen über die gesamte Schnittfläche ausreichend. Für die spektrochemische Analyse wird die Probe senkrecht zur Zylinderachse genau in der Mitte geteilt. Von diesen Schnittflächen können in einer dünnen Schicht ebenfalls Späne für die chemische Analyse abgedreht werden.

Schwierigkeiten treten beim Gießen von Proben für die spektrochemische Analyse bei hochsiliciumhaltigen Legierungen, mit Siliciumgehalten in der Nähe des Eutektikums (11,6% Si) und darüber hinaus, auf. Je nach Gießbedingungen und bei Vorhandensein von geringen Gehalten entweder an Natrium oder an Phosphor bilden sich unterschiedliche Strukturen des Eutektikums aus. Diese beeinflussen die Ergebnisse der spektrochemischen Analyse, vor allem aber die der Röntgenfluoreszenzanalyse. Zusätzlich seigern in übereutektischen Legierungen die primär ausgeschiedenen Siliciumkristalle bei langsamer Erstarrung aufgrund ihrer geringen Dichte entgegen der Schwerkraft mit der Erstarrungsfront. Die Folge sind Siliciumanreicherungen im oberen Drittel, vorzugsweise aber an der Oberfläche der Probe.

Auch bei der Probenvorbereitung für die Emissionsspektralanalyse treten bei übereutektischen Legierungen durch Ausbrechen von Siliciumkristallen beim Abdrehen Schwierigkeiten auf. Dieses Ausbrechen kann zum großen Teil vermieden werden, wenn solche Proben nicht mit dem Stahl, sondern mit dem Diamanten abgedreht werden.

Als Proben für die Emissionsspektralanalyse werden beim Aluminium und seinen Legierungen fast ausnahmslos wie bei der Röntgenfluoreszenzanalyse Scheiben- oder Zylinderproben benutzt, die gegen eine Graphitelektrode abgefunkt werden. Wenn für spezielle Fälle Stäbchenproben benötigt werden, dann können solche in einer der im Abschnitt 5.1.1.1 angegebenen Stäbchenkokillen hergestellt werden.

7.6.2 Legierungsformate

Die Gußgefüge der Legierungsformate weisen mehr oder weniger starke Heterogenitäten auf, die ihre Ursache meist in einer umgekehrten Blockseigerung haben, wobei sich die Verunreinigungen bzw. Legierungszusätze in Richtung der Barrenoberfläche anreichern, im allgemeinen aber unstetig verlaufen. Diese umgekehrte Blockseigerung tritt besonders deutlich bei den Legierungen mit Kupfer, merklich auch bei höheren Gehalten an Zink, u. U. auch Magnesium sowie bei übereutektischen Legierungen auf. Größe und Art der Seigerungen sind außer von der Zusammensetzung der Legierung auch von den Gießbedingungen abhängig. So verstärken höhere Gehalte an Legierungszusätzen und langsame Erstarrungsgeschwindigkeiten die umgekehrte Blockseigerung.

Neben der umgekehrten Blockseigerung können in Legierungen, die Mangan und Magnesium als Legierungsbestandteile enthalten, bei ungünstigen Gießbedingungen und bei der Erstarrung Wolken auftreten, die ihre Ursache in der ungleichmäßigen Verteilung dieser Legierungselemente in der Schmelze haben (s. a. 7.6.1).

Die bei den einzelnen Legierungen auftretenden, für jede Legierungs- und Gießart typischen Seigerungserscheinungen lassen eine Probenahme nach den allgemein gültigen Richtlinien nicht immer zu. Bei Kenntnis der Verteilung der Heterogenitäten in den verschiedenen Legierungen und Gußformaten dürfte es jedoch möglich sein, die Probenahme so durchzuführen, daß sie den Seigerungen Rechnung trägt und eine repräsentative Probe liefert. Deshalb werden im folgenden an Hand von einigen Beispielen für die wichtigsten Legierungen und Gußformate die Seigerungen und Gehaltsschwankungen sowie eventuell notwendige Änderungen der allgemeinen Probenahme-Vorschriften angegeben. Wo keine Hinweise vorliegen, gelten die allgemeinen Vorschriften für die Probenahme von Reinst- und Reinaluminium im Abschnitt 7.5.2.

Masseln. Bei der Probenahme zur Ermittlung von Bestandteilen, die in der Schmelze nicht gelöst sind, wie Blei, Natrium u. a., ist die Probenahme an möglichst vielen Stellen unbedingt erforderlich. Bohren genügt dann nicht immer, es empfiehlt sich vielmehr, Späne durch Sägen, Fräsen oder Drehen über den ganzen Querschnitt zu entnehmen.

Nachstehend seien einige Beispiele für die Gehaltsschwankungen in Masseln genannt:

Gußlegierung G-AlMg [14]. Bei den Untersuchungen wurden aus einer Massel der Legierung G-AlMg3 zwischen den Kerben fünf Scheiben entnommen und diese über den gesamten Querschnitt abgefunkt. Aus Tab. 7/3 ergibt sich, daß die

Tabelle 7/3. Gehaltsschwankungen (in %) in 5 Scheiben aus einer Massel der Legierung G-AlMg3

Einfallstelle	Cu	Si	Fe	Mg	Mg an übrigen Stellen Mindest-wert	Höchst-wert	Mittel-wert
Lage 3 der Abb. 7/10:							
Scheibe Nr. 1	0,09	0,44	0,33	2,48	2,58	2,97	2,84
2	0,08	0,41	0,30	2,49	2,73	2,94	2,83
3	0,07	0,38	0,27	2,50	2,52	2,90	2,69
4	0,09	0,45	0,34	2,52	2,74	2,94	2,84
5	0,05	0,30	0,13	2,12	2,62	3,08	2,81
Mittel	0,08	0,40	0,27	2,42			
Übrige Stellen, Lagen 1, 2, 4, 5 und 6 von Abb. 7/10:							
Mindestwert	0,08	0,43	0,32	2,52			
Höchstwert	0,12	0,55	0,44	3,08			
Gesamt Mittel	0,10	0,50	0,36	2,80			

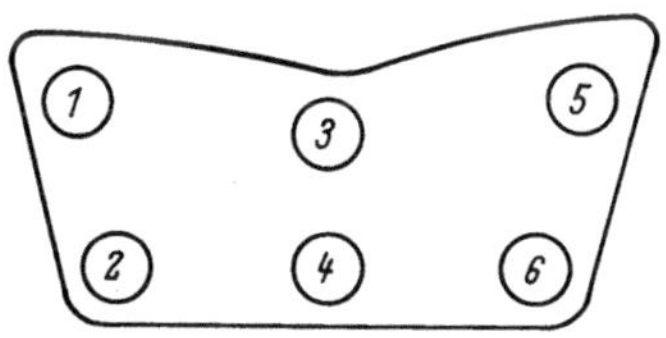

Abb. 7/10. Lage der Probestellen im Masselquerschnitt. Maßstab 1:2.

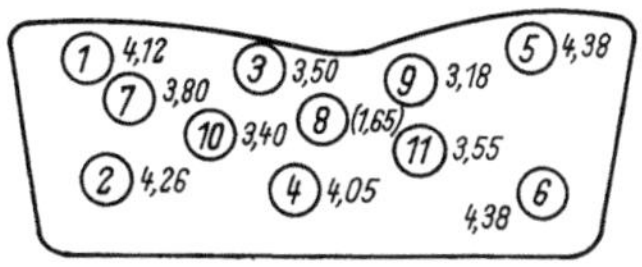

Abb. 7/11. Nummern der Abfunkstellen im Querschnitt einer Massel 225. Beigeschrieben: Cu-Gehalte. Maßstab 1:1,3.

Gehalte an den Einfallstellen, also in Blockmitte oben, um etwa 20% niedriger als im Durchschnitt liegen. An Masselquerschnitten weiterer magnesiumreicher Legierungen G-AlMg wurden die Magnesiumgehalte bestimmt; siehe die Lage der Probestellen in Abb. 7/10 und die Ergebnisse in Tab. 7/4. Zum Vergleich wurden außerdem an Massel Nr. 1 in der Blockachse ein Bohrloch gesetzt und die Späne von jeweils $^1/_4$ der Blockhöhe getrennt analysiert. Die Magnesiumbestimmung ergab:

Viertel von oben	% Mg
$^1/_4$	3,94
$^2/_4$	4,09
$^3/_4$	4,53
$^4/_4$	5,09
Mittel	4,41
Differenz $^4/_4 - ^1/_4$	1,15
Durchschnittsgehalt der Massel	4,85

Tabelle 7/4. Magnesium-Gehaltsschwankungen (in %) in Masselquerschnitten von G-AlMg-Legierungen

Legierung	Massel Nr.	Analysenmethode	Stelle Nr. 1 links oben	2 links unten	3 Scheibenmitte oben	4 Scheibenmitte unten	5 rechts oben	6 rechts unten	Differenz 1–6 max.	Mittel 1–6	Durchschn. von 3 senkrechten Bohrlöchern, diagonal angeordnet
241/511 G-AlMg 5 (SiCu)	1	spektr.	5,00	5,10	3,40	4,97	4,98	4,92	1,7	4,73	4,85
	2a	spektr.	4,40	5,00	4,20	4,90	4,90	4,90	0,8	4,73	4,68
	2b	chem.	4,83	4,84	3,42	4,78	4,77	4,81	1,4	4,58	
	3	spektr.	4,90	5,10	3,50	4,73	5,10	5,20	1,7	4,75	4,62
245 G-AlMg 5	4	chem.	5,53	5,48	4,24	5,21	5,62	5,45	1,4	5,26	5,28
249 G-AlMg 9	5	chem.	7,96	8,10	5,85	7,30	7,90	8,10	2,2	7,54	

Gußlegierung G-AlSiCu [14]. Eine Dreiteilermassel der Legierung 225 G-AlSi6Cu4 wurde in der Mitte quer, an einem äußeren Drittel geteilt und spektralanalytisch untersucht. Die Lage der Abfunkstellen zeigen Abb. 7/11 und 7/12. Ein weiterer Querschnitt wurde an einer Kerbe gelegt und an sechs Stellen, wie in Abb. 7/10 für die Gußlegierung G-AlMg angegeben, abgefunkt. Tab. 7/5 enthält das Ergebnis dieser Untersuchung.

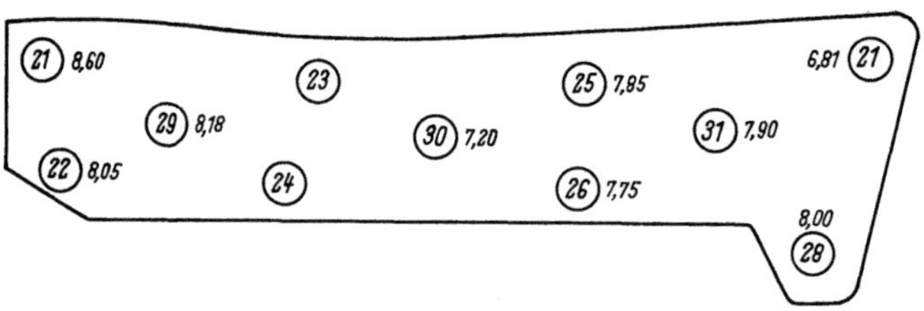

Abb. 7/12. Nummern der Abfunkstellen im Längsschnitt einer Massel 225. Beigeschrieben: Si-Gehalte. Maßstab 1:2.

Am ausgeprägtesten ist die Seigerung des Kupfers mit 3,18 bis 4,38% steigend von den Einfall- und Lunkerzonen nach der Kokillenwand hin. Ähnlich verhalten sich Zink (0,72 bis 0,94%), Silicium (6,8 bis 8,8%), Eisen (0,62 bis 0,75%) und Mangan (0,26 bis 0,33%). Bei Blei und Zinn liegen die höheren Gehalte an der Masselunterseite, die niedrigsten an der Masseloberseite. Wie die Tab. 7/5 zeigt, können selbst Späne quer aus der Masselmitte Unterbefunde ergeben. Auch wenn Späne für die Analyse durch Sägen oder Fräsen entnommen werden, sind Kern- und Randzonen entsprechend ihren Volumenteilen zu erfassen. Untersuchungen an einer Legierung 311 GD-AlSi7Cu3 zeigen ein ähnliches Bild.

Hochsiliciumhaltige Gußlegierung. Bei hochsiliciumhaltigen Legierungen (über 12% Si) können sich infolge von Dichteunterschieden Primärkristalle von Silicium an der Oberseite der Massel anreichern, solche von Eisen- und Manganverbindungen an der Unterseite. Das Ergebnis einer Untersuchung an Blöcken mit trapezförmigem Querschnitt, die denen einer Massel entsprechen, enthält Tab. 7/6 [15].

Die Probenahme aus hochsiliciumhaltigen Gußstücken mit Si-Gehalten über 13% zur chemischen Analyse kann nicht mehr durch Abdrehen oder Fräsen erfolgen. Bei dieser Art der Bearbeitung werden die primär ausgeschiedenen Siliciumkristalle

Tabelle 7/5. Gehaltsschwankungen (in %) in 3 Schnitten durch eine Massel der Legierung 225 G-AlSi6Cu4

Schnitt	Abb.	Abfunk-stelle Nr.	Cu	Zn	Si	Fe	Mn	Pb	Sn
a) Querschnitt Mitte	7/11	1	4,12	0,86	8,25	0,70	0,28	0,22	0,13
		2	4,26	0,92	8,28	0,75	0,31	0,23	0,13
		3	3,50	0,82	7,70	0,62	0,26	0,21	0,13
		4	4,05	0,80	8,10	0,70	0,30	0,20	0,13
		5	4,38	0,89	7,75	0,73	0,29	0,23	0,13
		6	4,30	0,92	8,25	0,74	0,27	0,23	0,13
		7	3,80	0,84	7,80	0,71	0,29	0,17	0,13
		9	3,18	0,83	7,05	0,68	0,30	0,20	0,13
		10	3,40	0,89	8,10	0,74	0,28	0,17	0,12
		11	3,55	0,76	8,25	0,66	0,28	0,17	0,08
Mittelwert			3,85	0,85	7,95	0,70	0,29	0,20	0,12
b) Längsschnitt 1/3 vom Rand	7/12	21	3,71	0,73	8,60	0,67	0,27	0,20	0,13
		22	4,10	0,79	8,05	0,64	0,26	0,19	0,12
		24	3,90	0,86	8,08	0,68	0,27	0,22	0,14
		25	3,61	0,83	7,85	0,69	0,26	0,20	0,13
		26	3,88	0,86	7,75	0,68	0,26	0,21	0,14
		27	3,80	0,86	6,81	0,71	0,29	0,21	0,12
		28	3,80	0,87	8,00	0,68	0,27	0,20	0,13
		29	3,65	0,82	8,18	0,71	0,26	0,22	0,10
		30	3,67	0,86	7,20	0,67	0,28	0,20	0,12
		31	3,98	0,83	7,90	0,65	0,25	0,22	0,13
Mittelwert			3,81	0,83	7,85	0,68	0,27	0,21	0,13
c) Querschnitt Kerbe		1	3,74	0,72	7,85	0,66	0,26	0,23	0,13
		2	4,18	0,94	7,71	0,71	0,28	0,25	0,15
		3	3,73	0,75	8,12	0,70	0,29	0,25	0,13
		4	3,83	0,91	8,10	0,75	0,33	0,26	0,14
		5	3,78	0,76	8,83	0,71	0,27	0,22	0,13
		6	3,92	0,82	8,62	0,73	0,28	0,27	0,13
Mittelwert			3,86	0,82	8,20	0,71	0,28	0,25	0,14
Gesamter Mittelwert			3,84	0,83	8,00	0,70	0,28	0,21	0,13

Tabelle 7/6. Gehaltsschwankungen (in %) in Blöcken einer Legierung KS 1275

	Si	Cu	Ni	Mg
Blockhöhe 4 cm				
unten	11,90	1,24	1,01	1,05
oben	12,00	1,24	0,99	1,07
Blockhöhe 7 cm				
unten	11,80	1,30	1,04	1,04
oben	12,30	1,21	0,98	1,08

zerrieben und es entstehen Siliciumverluste durch Verstauben. Hier kann die Probe nur durch Bohren entnommen werden. Es muß sehr langsam gebohrt und das Bohrgut quantitativ in einem Wägegläschen gesammelt werden. Auch kleine aus dem Gußstück herausgeschnittene Stücke, die ganz zur Analyse aufgelöst werden, sind als Proben geeignet.

Reduktionslegierung. An einer Massel von einer Reduktionslegierung (Standard Nr. 411) wurden in diagonaler Anordnung je sechs Bohrlöcher von oben und unten jeweils bis zur Blockmitte gebohrt. Dabei wurden die in Tab. 7/7 wiedergegebenen Werte gefunden.

Tabelle 7/7. Gehaltsschwankungen (in %) in einer Massel Reduktionslegierung (Standard Nr. 411)

Entnahmestelle	Cu	Fe	Pb
Oberseite, Mindestwert	3,83	0,87	0,17
Unterseite, Höchstwert	4,26	0,92	0,22
Oberseite, Mittelwert	3,98	0,88	0,19
Unterseite, Mittelwert	4,16	0,90	0,20
Lappen (Ohren), Durchschnitt	4,12	0,89	0,20
Massel einschl. Lappen-Durchschnitt	4,08	0,89	0,20
Streuung in % vom Mittelwert	11	6	26

Masselchargen oder -stapel. Für die Probenahme von Masselstapeln oder -lieferungen aus Aluminiumlegierungen gelten die allgemeinen Richtlinien 7.5.2. Innerhalb einer Schmelzcharge ist mit Gehaltsschwankungen von Massel zu Massel nur bei unsachgemäßer Schmelzführung oder höheren Gehalten von Legierungselementen, z. B. Kupfer und Blei, zu rechnen. Bei magnesiumreichen Legierungen können

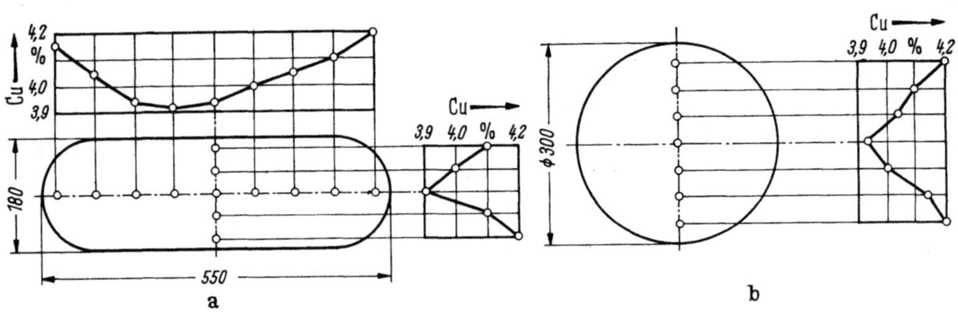

Abb. 7/13. Kupfergehalte über den Querschnitt von Strangguß-Platten (a) und Rundbolzen (b) aus Al-Cu-Mg-Legierungen (nach W. Roth [16]).

infolge Abbrands Unterschiede im Magnesiumgehalt zwischen den ersten und den letzten Blöcken einer Charge auftreten. Im allgemeinen sind jedoch die Gehaltsunterschiede innerhalb einer Charge nicht viel größer als die Fehler einer normalen Betriebsanalyse.

Rund- und Walzbarren. Je nach Gießverfahren können innerhalb eines Gußstückes Gehaltsschwankungen infolge Seigerungen beobachtet werden. Die Seigerungen verlaufen im Barren unstetig. Besonders beim Stranggießen können starke lokale Schwankungen im Seigerungsverlauf auftreten. In Abb. 7/13 bis 7/15 werden einige typische Ergebnisse für AlCuMg-Legierungen wiedergegeben, die durch Analyse einzelner Barrenzonen erhalten wurden. Wie aus diesen Beispielen hervorgeht, ist der Seigerungsverlauf sehr uneinheitlich und stark von den jeweiligen Gußbedingungen abhängig. Allen gemeinsam ist jedoch die starke Kupferanreicherung, zum Teil auch Eisenanreicherung in der nur einige Millimeter starken Randschicht.

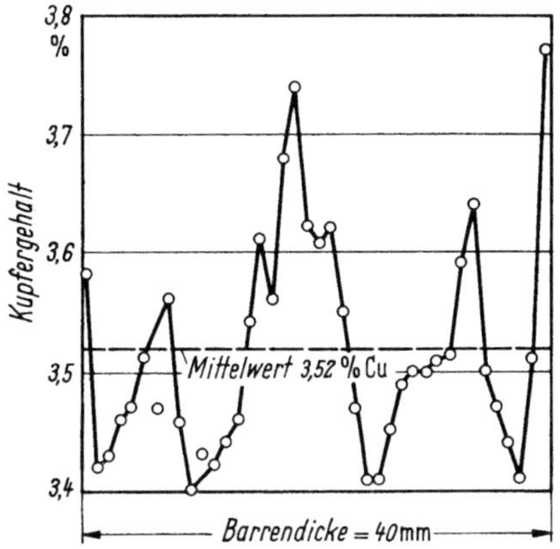

Abb. 7/14. Seigerung des Kupfers in einer AlCuMg-Legierung bei Kokillenguß (nach H. Voßkühler [17]).

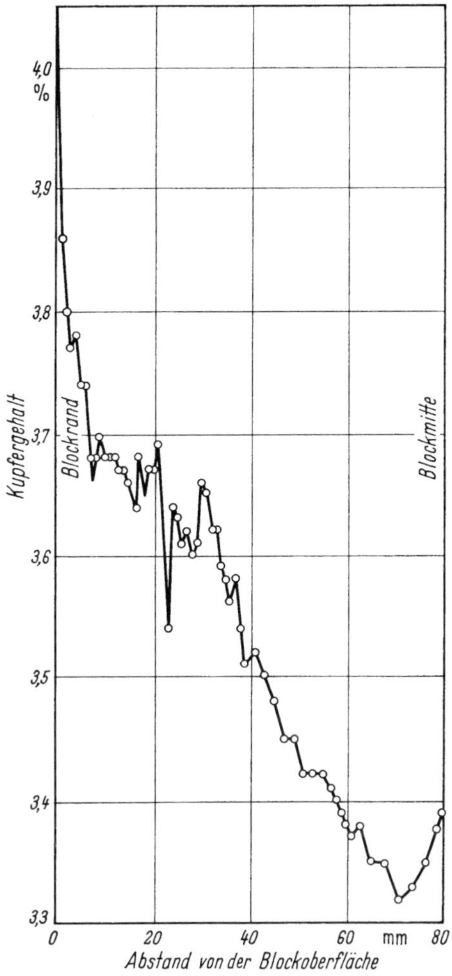

Abb. 7/15. Seigerungsverlauf des Kupfers in einem normal an Luft abgekühlten Kokillenguß-Rundbarren, 170 mm Durchmesser, aus AlCuMg (nach W. Rosenkranz [18]).

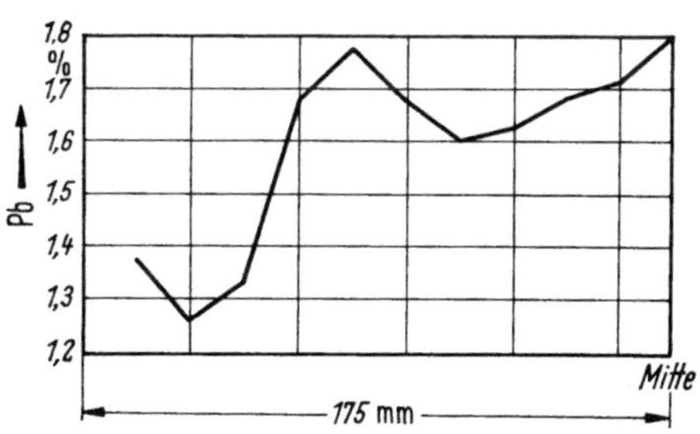

Abb. 7/16. Bleigehalte über den Querschnitt eines Strangguß-Rundbarrens aus AlCuMgPb (nach J. Eisen [19]).

Legierung AlCuMgPb. Von zwei gegossenen Strängen, Durchmesser 350 mm, aus der Legierung AlCuMgPb wurde je eine Scheibe in Fuß- und Kopfnähe entnommen [19]. Die Bleiverteilung über den Querschnitt senkrecht zur Gußrichtung zeigt Abb. 7/16. Zur Ermittlung der Durchschnittswerte der Scheiben wurden Segmente herausgesägt, von diesen eine gleichmäßige Schicht abgefräst und die Späne analysiert. Die Bleigehalte der einzelnen Scheiben betrugen:

Strang 1:	obere Scheibe	1,57%
	untere Scheibe	1,38%
Strang 2:	obere Scheibe	1,38%
	untere Scheibe	1,50%
	Mittelwert	1,46%

Die Untersuchungsergebnisse zeigen, daß die Bleigehalte in den einzelnen Scheiben vom Rand bis zur Mitte stark ansteigen. Der Anstieg ist nicht linear. Auch in Gießrichtung treten Seigerungen auf, wie die Untersuchung der Scheiben von Kopf- und Fußende zeigt. Es ist hier also außerordentlich schwierig, durch Bohren eine Probenahme durchzuführen, welche dem Durchschnittswert der Probe entspricht. Eine einigermaßen exakte Probenahme ist nur möglich, wenn man aus dem Barren in regelmäßigen Abständen mehrere Scheiben herausschneidet und diese beidseitig über den ganzen Querschnitt auf eine bestimmte Tiefe abfräst.

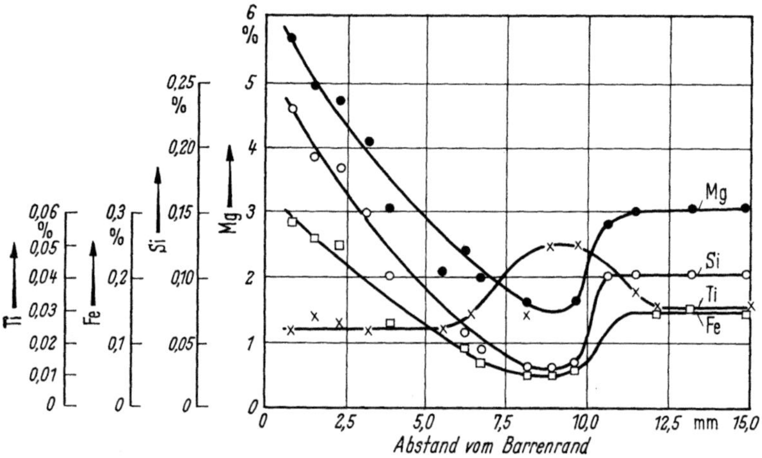

Abb. 7/17. Verteilung von Elementen in der Oberflächenzone eines AlMg3-Walzbarrens [20].

Legierung G-AlMg. In Walzbarren treten je nach Größe der Barren mehr oder weniger breite Oberflächenzonen mit einer starken Anreicherung von Legierungselementen und Verunreinigungen auf. In Abb. 7/17 ist die Verteilung dieser Elemente an der Oberfläche eines 1400 mm × 1100 mm × 300-mm-Walzbarrens aus der Legierung AlMg3 senkrecht zur Gießrichtung und senkrecht zu den schmalen Seitenflächen angegeben. Wie aus der Darstellung zu ersehen ist, kann diese Oberflächenzone ungleicher Verteilung bis zu 12 mm betragen. Es ist deshalb bei der Probenahme besonders darauf zu achten, daß diese Seigerungszone restlos entfernt wird.

Strangpreß- und Halbzeugformate. Bei Halbzeug geringen Verformungsgrades (dicken Preßstangen und Profilen, dicken Blechen), besonders aus AlCuMg, können sich die Seigerungen vom Guß her noch in Gehaltsdifferenzen zwischen Rand und Kernzonen bemerkbar machen. Bei dünnen Blechen und Preßformaten hat durch den Knetvorgang eine weitgehende Homogenisierung des Gefüges und der Zusammensetzung stattgefunden. Die Probenahme bietet hier keine Schwierigkeiten.

Vorlegierungen. Übereutektische Aluminiumlegierungen neigen sehr stark zur Seigerung. Es sind dies vor allem die übereutektischen Vorlegierungen der Gattungen Al-Cr, Al-Cu50, Al-Cu-Mn, Al-Fe, Al-Mn, Al-Ni, Al-Si mit 20 und mehr % Si sowie Al-Ti. Die Probenahme von Al-Cr 5 bis 10%, Al-Fe 14%, Al-Mn 10%,

Al-Ni 20%, Al-Si 20% und Al-Ti 5 bis 10% erfolgt durch Sägen oder Bohren einer Platte an mindestens fünf verschiedenen Stellen, die in Diagonalrichtung der Platte liegen. Es ist stets darauf zu achten, daß in jedem Fall die Platte vollständig durchgebohrt wird. Fallen neben groben auch sehr feine Späne an, so werden anschließend alle Späne in einer Reibschale fein zerrieben (Al-Fe, Al-Mn 10%, Al-Si 30%, Al-Si 40%). Sehr grobe Späne, wie sie z. B. bei Al-Ti anfallen, werden vor dem Einwägen zerstampft. Alle Späne, mit Ausnahme der von Al-Fe, werden vorher mit einem Magneten behandelt, um Eisenverunreinigungen zu entfernen.

Die spröden Vorlegierungen Al-Cu50, Al-Cu-Mn und Al-Ni50 werden in einem Stahlmörser oder in einer Mörsermühle fein gepulvert. Aus dem gepulverten Material wird anschließend mit einem Magneten das Eisen entfernt.

Für höhere Anforderungen an die Genauigkeit werden die Späne durch Sieben in Grob-, Mittel- und Feinanteile getrennt und von den einzelnen Siebklassen aliquote Teile im Verhältnis des Anfalls eingewogen.

Ferroaluminium siehe Kap. 20, Ferrolegierungen.

Verbundmetalle. Häufig findet man auf Blechen und Bändern aus Aluminium und -legierungen Plattierungen, die aus Reinaluminium oder Aluminiumlegierungen bestehen; so z. B. auf Al-Cu-Mg-Legierungen Schichten von Reinaluminium, auf Al-Mg-Si-Legierungen solche aus Reinaluminium mit 10% Zn und auf Al-Mn-Legierungen Schichten aus Al-Si12. Diese Plattierungen werden in verschiedenen Stärken, ein- oder doppelseitig, aufgebracht. Auch kupferplattiertes Reinaluminium wird für bestimmte elektrotechnische Zwecke hergestellt. Auf Strangpreßerzeugnissen sind Plattierungen ebenfalls möglich. Auf solche Plattierungen ist vor allem bei der qualitativen Tüpfelprobe und bei der Spektralanalyse zu achten, da der Grundwerkstoff lediglich an den Schnittflächen erkennbar ist. Für die Probenahme aus diesen Halbzeugen gelten die allgemeinen Richtlinien in 7.5.2.

Probenahme für die Spektralanalyse. Die Gußgefüge von Aluminiumlegierungs-Formaten weisen je nach Art und Zusammensetzung der Legierung mehr oder weniger starke Heterogenitäten auf. Ein direktes Abfunken der herausgeschnittenen Scheiben ist hier nicht zulässig [21]. Die Probenahme muß über eine Probeschmelzung erfolgen, wobei die gesamten Probenscheiben in einem Reinstgraphittiegel im Elektroofen eingeschmolzen werden. Aus der Schmelze wird anschließend nach den Richtlinien der Probenahme aus dem schmelzflüssigen Zustand (s. 7.6.1) die Spektralprobe gegossen.

Bei diesem Wiedereinschmelzen besteht die Gefahr des Verlustes an leicht verdampfbaren und oxidierbaren Elementen, z. B. von Magnesium und Zink. Durch rasches Einschmelzen bei möglichst niedriger Temperatur in einem gut geschlossenen Ofen und sofortiges Abgießen der Probe können die Verluste auf ein Minimum reduziert und in tragbaren Grenzen gehalten werden.

7.7 Probenahme für Sonderzwecke

7.7.1 Zur Wasserstoffbestimmung

Fast alle Gasbestimmungsverfahren erfassen nur die im festen Zustand nach der Erstarrung vorhandenen Gase. Als Probe wird ein gegossener Metallzylinder von etwa 20 g mit einem Durchmesser von 16 mm und einer Länge von 40 mm verwendet. Gut bewährt hat sich eine von der Schweizerische Aluminium AG entwickelte Saugkokille zur Probenahme aus der Schmelze. Das in Abb. 7/18 gezeigte Probenentnahmegerät besteht aus einer SAP-Kokille *1* mit leicht konischer Bohrung.

In einem mit der Kokille luftdicht verschraubten Aluminiumrohr *2* befindet sich eine Auswerfvorrichtung *3*. Die eine der am Rohr angesetzten Verzweigungen führt zu einem Gummibalg *4*, mit der sich in der Kokille ein schwacher Unterdruck erzeugen läßt, die andere zu einem Druckluftanschluß *5*, um im Bedarfsfall eine Kühlung zu ermöglichen.

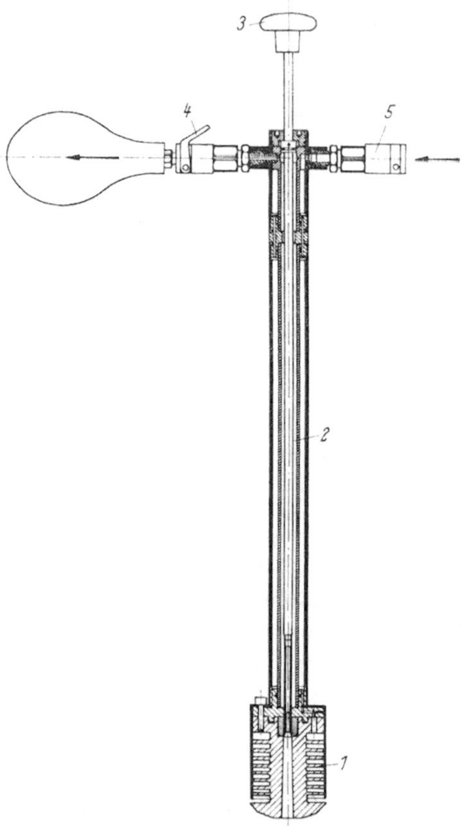

Abb. 7/18. Probenahme für die Wasserstoffbestimmung in Aluminiumschmelzen.

Zur Probenahme wird die Kokille mit aufgezogenem Kolben und eingedrücktem Gummibalg auf die von Verunreinigungen freie Schmelzeoberfläche gedrückt und durch Loslassen des Balgs Metall in die Kokille gezogen. Die Erstarrung erfolgt schlagartig, so daß die Probe unmittelbar danach durch einen Druck auf die Kolbenstange ausgestoßen werden kann. Man erhält eine etwa zylinderförmige Probe mit einem mittleren Durchmesser von 7 mm und einer Länge von 75 mm, die nach Schneiden auf die gewünschte Länge ohne Nachbearbeitung zur Bestimmung eingesetzt werden kann.

7.7.2 Für die Aluminiumoxidbestimmung

Von den nichtmetallischen Verunreinigungen im Aluminium und seinen Legierungen kommt dem Sauerstoff große Bedeutung zu. Er bildet mit Aluminium keine echte Lösung, sondern ist als unlösliches Oxid im Metall enthalten. Die Schwierigkeiten in der Probenahme zur Ermittlung dieses Al_2O_3-Gehaltes liegen darin, daß das Oxid nicht gleichmäßig verteilt ist. Die Verwendung von zerspantem Gut scheidet hier aus, da die Oberflächenoxidation auch bei vorsichtigem Arbeiten einen Bestimmungsfehler verursacht, welcher der Größenordnung des tatsächlich vorhandenen Oxidgehaltes entsprechen kann. Man verwendet deshalb nur kompakte Stücke von etwa 2 bis 5 g. Falls ein Durchschnittsgehalt interessiert, bleibt die Möglichkeit, eine größere Anzahl von Proben zu entnehmen und die Werte zu mitteln. Die zur Analyse bestimmten Proben, es können zylindrische oder prismatische Proben von etwa 2 bis 5 g Gewicht sein, werden mit einer Säge aus dem zu untersuchenden Material herausgeschnitten oder gedreht. Die Oberflächenoxidhaut auf den Proben wird im frisch geschnittenen oder gedrehten Zustand mit Hilfe einer Lösung aus Salpetersäure (1+1) und konzentrierter Flußsäure entfernt, worauf unverzüglich die Bestimmung vorgenommen wird.

Für die Sauerstoffbestimmung mittels Neutronen-Aktivierung werden Probemengen bis zu 20 g verwendet.

7.8 Aluminiumverbindungen

Die Probenahme von *Aluminiumhydroxid* und *-oxid* ist bereits unter 7.3.2, die des *Aluminiumfluorids* und *Kryoliths* unter 7.2 behandelt worden.

Aluminiumsulfat wird in stückiger oder gekörnter Form (0,5 bis 4 mm) geliefert. Die Probenahme erfolgt nach 3.6.2. Die Proben müssen in dicht schließenden Flaschen aufbewahrt werden.

Literatur zu 7

1 Organisation Europäischer Aluminium-Schmelzhütten (OEA): Empfohlene Methoden für die Probenahme von Aluminium-Schrott. Düsseldorf: OEA 4968.
2 Schröder, H. (Hrsg.): Taschenbuch des Metallhandels. 6. Aufl., Berlin: Metall-Verlag 1972.
3 Bureau International de la Récuperation (BIR): Europäische Klassifizierung für NE-Metallschrott; NASMI Standard-Klassifizierung für NE-Metallschrott (NF-66). Deutsch-Englisch-Französisch. Berlin: Metall-Verlag 1969.
4 US-National Association of Secondary Material Industries Inc.: NASMI-Classification, Circular NF-66.
5 Organisation Europäischer Aluminium-Schmelzhütten (OAE): Europäische Schrottklassifikation Aluminium. Deutsch-Englisch-Französisch-Italienisch. Düsseldorf: OEA.
6 Buckeley, A.: Trennen von Spangemischen aus Aluminium-Legierungen durch Sieben, gegebenenfalls nach Vorzerkleinerung. Erzmetall 4 (1951) 329—364.
7 Buckeley, A.: Probeschmelzausbeute aus AlCuMg-Spänen nach verschiedenen Einschmelzmethoden und Vorglühungen. Erzmetall 4 (1951) 253—256.
8 ASTM E 55—48, E 88—50T und E 88—58 (USA 1948, 1950, 1958) betr. Standardmethoden der Probenahme von Nichteisenmetallen und ihren Legierungen.
9 SIS 11 01 08 (Schweden 1960): Provtagning för kemisk analys av tachor av koppar, kopparlegirungar, aluminium och aluminiumlegeringar (Probenahme für die chemische Analyse von Masseln aus Kupfer, Kupferlegierungen, Aluminium und Aluminiumlegierungen).
10 UNI 3343 (Italien 1953): Modalitá di prelievo dei campioni e dei saggi per l'analisi chimica dell'alluminio, del nichelio, del piombo, del rame, dello zinco e delle loro leghe (Probenahme für die chemische Analyse des Aluminiums, Nickels, Bleis, Kupfers, Zinks und ihrer Legierungen).
11 BSI 1499 (Großbritannien 1949): Aluminium and aluminium alloys, ingots and castings (Aluminium und seine Legierungen, Masseln und Gußstücke).
12 Burton, C. H.: Analytical Methods for Aluminium Alloys. S. 7—14. Chicago, Ill. USA: Aluminium Research Institute 1948.
13 Siebel, G.; Altenpohl, D.; Cohen, H. M.: Z. Metallkunde 44 (1953) 173—183.
14 Buckeley, A.: Über Seigerungen in Gußlegierungsmasseln, insbesondere der Gattungen G-AlMg und G-AlSiCu. Metall 12 (1958) 918—921.
15 Mitteilung der Karl Schmidt GmbH, Neckarsulm (Württ.).
16 Versuchsbericht der Vereinigte Leichtmetallwerke GmbH, Bonn.
17 Vosskühler, H.: Z. Metallkunde 40 (1949) 305.
18 Rosenkranz, W.: Metall 6 (1952) 597—608.

19 Mitteilung der Kabel- und Metallwerke, Gutehoffnungshütte AG, Osnabrück.
20 Mitteilung der Vereinigte Aluminium-Werke AG, Bonn.
21 Cockbill, G. W.; Smith, F. H.: Spectrochemical analysis of aluminium alloy ingots. Metallurgia (1970), April, 164–166.
22 ÖNORM (Österreich) M 3426 Aluminium, Reinaluminium. M 3429 Leichtmetall-Legierungen, Leichtmetall-Gußlegierungen. M-3430 Aluminium-Knetlegierungen. M 3435 Aluminium und Aluminiumlegierungen. Abnahme und Prüfung von Guß- und Kneterzeugnissen.

8. Antimon

Allgemeines

Wichtigstes Antimonmineral ist der Antimonit (Sb_2S_3). Er ist Hauptbestandteil der Antimonerze und -konzentrate. Erhebliche Mengen Antimon fallen als Nebenprodukte der Blei- und Kupfergewinnung in Form von Speisen, Flugstäuben, Abstrichen und Schlacken an, die ebenso wie antimonhaltige Rücklaufmaterialien, z. B. Akkuschrott, zur Gewinnung von Antimon, Antimonlegierungen und Antimonverbindungen verwertet werden.

Antimon und seine Verbindungen sind *giftig*. Bei der Probenahme und Probenbearbeitung sind die gleichen Vorsichtsmaßnahmen erforderlich wie bei Arsen und Arsenverbindungen (s. Kap. 9 unter „Allgemeines"). Besteht die Gefahr der Bildung des sehr giftigen Antimonwasserstoffs, so ist eine Vollgasmaske mit Spezialfilter (AsH_3) zu tragen.

Vorstoffe (8.1–8.5)

8.1 Antimonerze und -konzentrate

Die Probenahme erfolgt nach den Richtlinien für stückiges bzw. feinkörniges Gut (s. 2.2ff.). Stückig angelieferte Antimonerze sind häufig ungleichmäßig von Gangart durchwachsen, weswegen bei losem Material etwa 5 bis 10%, bei verpacktem Material jede zehnte Verpackungseinheit als Rohprobe entnommen werden. Die Nässebestimmung erfolgt bei 105 °C.

8.2 Antimonium crudum

Durch Ausseigern von Antimonit wird dieses Antimon(III)-sulfid-Schmelzprodukt erhalten. Es gelangt in Form von Blöcken in den Handel und stellt einen konzentrierten Rohstoff für die Gewinnung von Antimon und Antimonverbindungen dar. Zur Probenahme werden von dem spröden Material Stücke so abgeschlagen und weiterbehandelt, wie es unter 8.6 beim metallischen Antimon beschrieben ist.

8.3 Antimonhaltige Speisen, Flugstäube und Abstriche

Die Probenahme dieser Materialien ist in den Kapiteln Arsen (Flugstäube unter 9.2), Nickel und Kobalt (Speisen unter 34.2.1), Kupfer (Speisen unter 28.2.3) und Blei (Abstriche unter 12.2.4.1) beschrieben.

8.4 Antimonhaltige Schlacken

Diese Schlacken (Sternschlacke, Harrisschlacke u. ä.) enthalten stets mehr oder weniger große Mengen an freiem Alkalihydroxid. Sie sind stark hygroskopisch und nehmen Kohlendioxid auf. Die Probenahme erfolgt aus der Schmelze durch Abschöpfen einer etwa 1 kg schweren Probemenge, die in einer kleinen eisernen Barrenform schnell zur Erstarrung gebracht und im noch warmen Zustand zu haselnußgroßen Stücken zerschlagen wird. Diese Stücke werden gut verschlossen als Probe aufbewahrt. Nässebestimmungen müssen bei 250 °C durchgeführt werden, da niedrigere Temperaturen zur Trocknung nicht ausreichen. Bei besonders hohen Alkaligehalten ist überhaupt keine Nässebestimmung möglich.

8.5 Altmaterialien

Es handelt sich um oxidische Rückstände oder metallischen Schrott, deren Hauptbestandteil Blei ist. Die Probenahme ist im Kap. „Blei", unter 12.2.4 und 12.2.6 beschrieben.

Fertigerzeugnisse (8.6—8.8)

8.6 Metallisches Antimon (Antimonregulus)

Das in Blöcken oder Broten in den Handel kommende Metall ist äußerst spröde und kann deshalb nicht gebohrt werden, da es sonst zerspringen würde. Man schlägt deshalb, je nach Größe und evtl. Homogenität der Lieferung, von jedem 2., 5. oder 10. Block an verschiedenen Stellen möglichst gleich große Brocken ab, zerkleinert diese in geschlossenen Mühlen oder stampft sie im Stahlmörser. Nach dem Verjüngen wird die Feinzerkleinerung, am besten bis unter 0,16 mm, in einer Mörsermühle vorgenommen.

8.7 Antimonlegierungen

Trägermetall von Antimonlegierungen ist in der Hauptsache Blei. Diese, auch „Hartblei" genannten Legierungen enthalten bis über 20% Sb und zeigen, ebenso wie die antimonhaltigen Letternmetalle, Lagermetalle u. a., Neigung zum Entmischen. Ihre Probenahme ist im Kap. „Blei" unter 12.5.1 beschrieben.

8.8 Antimonverbindungen

Gehandelt werden hauptsächlich Antimon(III)-oxid, Natrium- und Erdalkalimetallantimonate, Bleiantimonat (Neapel-gelb) sowie Goldschwefel, ein durch Fällung hergestelltes Antimonsulfid. Die Probenahme dieser nichthygroskopischen Materialien erfolgt nach den allgemeinen Richtlinien für pulverförmiges Gut (s. 3.1.1 und 3.6.1).

Antimon(III)-chlorid (Antimonbutter), $SbCl_3$, bildet weiße Kristalle, die an der Luft rauchen und bei 73 °C schmelzen. Am einfachsten gestaltet sich die Probenahme, wenn das ganze Material geschmolzen und gut umgerührt wird. Man entnimmt Proben mit einer Pipette von der ganzen Schichtdicke aus den einzelnen Behältern und gibt diese in eine Sammelflasche aus Glas, die jeweils sofort mit einem gut eingeschliffenen Glas- oder besser Teflon-Stopfen verschlossen wird.

Diese Rohprobe wird wieder geschmolzen, gemischt und mit einer Pipette werden die Analysenproben in luftdicht verschließbare Glasflaschen abgefüllt. Gummi- oder Korkstopfen dürfen nicht verwendet werden.

Muß die Probe aus festem Material entnommen werden, so geschieht dies mit einem Probenstecher aus Kupfer. Die zu einer Rohprobe vereinigten Einzelproben werden wie oben weiterbehandelt.

9. Arsen

Allgemeines

Die wichtigsten Mineralien sind: Arsenkies (FeAsS), Arsenikalkies (Löllingit, $FeAs_2$, und Leukopyrit, $FeAs_3$), Realgar (As_2S_2) und Auripigment (As_2S_3). Als Scherbenkobalt kommt Arsen gediegen vor. Von Buntmetallerzen enthalten vor allem die des Kobalts und Nickels vielfach Arsenide oder Thioarsenide (s. Kap. 34). Auch die Erze des Bleis und Kupfers, gelegentlich auch des Zinks sind häufig arsenhaltig. Bei ihrer Verhüttung entstehen arsenhaltige Flugstäube, Abstriche oder andere Zwischenprodukte, wie z. B. Speisen.

Arsen und seine Verbindungen sind sehr *giftig*, in manchen Fällen auch ätzend und erfordern daher besondere Vorsichtsmaßnahmen der mit der Probenahme und Probenbearbeitung beschäftigten Personen, wie Atemschutz, Schutzhandschuhe, dichtschließende Arbeitskleidung, Beachtung peinlichster Sauberkeit und gute Entlüftung des Arbeitsplatzes. Besonders gefährlich ist der Arsenwasserstoff, der sich bildet, wenn arsenhaltige Materialien wie Oxide, Flugstäube, Arsenlegierungen, Speisen und auch elementares Arsen (wegen stets vorhandener oxidischer Anteile) gleichzeitig mit Feuchtigkeit oder Säuren und mit unedlen Metallen, wie Eisen oder Zink, in Berührung kommen. Gleiches gilt für arsenhaltige Lösungen. Einige Arsenide, z. B. Zinkarsenid, entwickeln beim Stehen an feuchter Luft Arsenwasserstoff. Gegen das Blutgift Arsenwasserstoff schützt nur eine gutsitzende Vollgasmaske mit Spezialfilter für Arsenwasserstoff.

Vorstoffe (9.1—9.3)

9.1 Arsenerze

Die Probenahme weist keine Besonderheiten auf; es wird nach den allgemeinen Richtlinien für Erze (2.2ff.) verfahren.

9.2 Arsenreiche Flugstäube

Die stark unterschiedliche Zusammensetzung solcher Stäube an den verschiedenen Stellen der oft umfangreichen Kondensationssysteme muß bei der Größe der Rohprobenmenge berücksichtigt werden. Die Materialien besitzen häufig mehlartige Struktur und kleben beim Mahlen in Reibmühlen. Sie werden zweckmäßig in Stiftmühlen gemahlen. Nach dem Mahlen und Sieben empfiehlt sich eine Nachtrocknung, worauf ein Teil des gemischten und verjüngten Materials als Endprobe in dichtschließende Glasflaschen abgefüllt wird.

9.3 Speisen

Sie enthalten Arsen in Form von meist inhomogen verteilten Schwermetallarseniden (Kupfer, Nickel, Kobalt). Über Probenahme und Probenbearbeitung der sehr harten, bei Gehalten an größeren Mengen Blei auch zähen Produkte siehe die Kap. 34, Nickel und Kobalt, und 28, Kupfer.

Fertigerzeugnisse (9.4–9.6)

9.4 Arsenmetall

Technisches Arsen wird in Trommeln in Korngrößen von 200 mm abwärts geliefert. Die Verunreinigungen im Arsen sind sehr heterogen verteilt. Hinzu kommt der unvermeidliche Gehalt an gebundenem Sauerstoff. Beim Arsen in technischer Qualität wird auf die Bestimmung des Sauerstoffgehaltes meist verzichtet, da er sich auf eine Oberflächenschicht beschränkt. Beim Arsen dieses Reinheitsgrades zerschlägt man die Stücke (1 bis 10%, je nach Anlieferung) mit Fausthämmern und zerkleinert rasch auf etwa 1 bis 3 mm. Die Probe wird in dichtschließende Flaschen abgefüllt.

Hochreines Arsen für elektronische Zwecke wird in Ampullen, im allgemeinen mit 10 bis 1000 g Inhalt, gehandelt. Das Arsen liegt meist in Form kleiner, schmaler Stücke vor. Die Konzentrationen einiger Verunreinigungen können sich zwischen knollenartigem und blättrigem Material um den Faktor 2 bis 3 unterscheiden. Aus diesem Grunde sollte eine möglichst große Probe genommen werden, der aber andererseits der hohe Preis des Materials entgegensteht. Eine Probemenge von etwa 10% der Anlieferung ist wünschenswert. Zweckmäßig wird man jede zehnte Ampulle einer Charge — die Ampullen sind durch Chargennummern gekennzeichnet — zur Untersuchung auswählen. Bei Anlieferungen von nur wenigen Ampullen einer Charge wird man mindestens jeweils eine Ampulle auswählen oder jede Ampulle öffnen und die erforderliche Materialmenge als Probe entnehmen, wobei das verbleibende Material bis zur beendeten Reinheitskontrolle völlig luftabgeschlossen aufbewahrt werden muß. Dieser letztgenannte Weg ist aber nur in bestimmten Fällen zu beschreiten, da jeder Umfüllvorgang zu einer Nachoxidation des Arsens führt. Ein Zerkleinern von hochreinem Arsen sollte vermieden werden; man setzt die Stücke wie angeliefert ein. Falls doch ein Grobzerkleinern erforderlich erscheint, werden Achatgefäße verwendet, oder man zerschlägt in einem dickwandigen Kunststoffbeutel mit einem Achatpistill.

9.5 Arsenlegierungen

Sie neigen zu Seigerungs- und Entmischungserscheinungen, so daß die gegossenen Formate häufig nicht homogen sind. Die Probenahme von Barren oder anderen großen Formstücken wird daher analog zum Hartblei (12.5.1) durchgeführt. Die Probenahme von gekörntem Material wie Bleischrot bereitet keine Schwierigkeiten. Man entnimmt nach dem Mischen einen Teil als Endprobe.

9.6 Arsenverbindungen

Nichthygroskopische Stoffe wie Arsen(III)-oxid und -sulfid sowie Arsenate bieten bei der Probenahme keine Besonderheiten. Man verwendet Stechheber und Siebe aus Kunststoff und reibt in nichtmetallischen Gefäßen auf. *Hygroskopische Verbindungen* wie Arsen(III)-bromid erfordern entsprechende Maßnahmen (s. 3.6.2).

Die Verwendung metallischer Werkstoffe bei der Probenahme verbietet sich hier völlig, man benutzt grundsätzlich Kunststoffgeräte und -flaschen; auch Glasgeräte sind zulässig.

Eine weitere wichtige Arsenverbindung ist das *Arsen(III)-chlorid*. Es ist bei Raumtemperatur flüssig(KP 129 °C) und raucht an feuchter Luft infolge partieller Hydrolyse. Die Probenahme erfolgt wie beim Germanium(IV)-chlorid (22.7.2).

10. Barium

Allgemeines

Das technisch wichtigste Bariummineral ist der Schwerspat ($BaSO_4$). Der Witherit ($BaCO_3$) kommt viel seltener vor und spielt daher nur gelegentlich eine Rolle.

Vorstoffe (10.1)

10.1 Erze

Schwerspat kommt als Stückspat, Flotationsspat sowie in gemahlener Form als Mahlspat in den Handel. Im letzteren Fall stellt er ein Fertigprodukt dar, das in Säcken oder Fässern angeliefert wird. Die Probenahme des Stückspats erfolgt nach den Richtlinien für grobstückige Erze (s. 2.2ff.), die des Mahlspats durch Entnahme der Rohproben mit Probenstechern. Flotationsschwerspat wird wie Flotationskonzentrat geprobt (2.4).

Fertigerzeugnisse (10.2—10.3)

10.2 Bariummetall

Metallisches Barium hat nur geringe technische Bedeutung. Es wird aus dem Oxid auf aluminothermischem Wege gewonnen und kommt in Form von Stangen, die im Vakuum gegossen werden, in den Handel. Von den Stangen werden unmittelbar nach dem Erkalten der Gußform 5 bis 10% als Probe entnommen. Bei diesen Stangen wird dann von der einen ein Stück am Ende, von einer anderen ein gleich großes aus dem ersten Drittel, von einer weiteren ein entsprechendes Stück aus der Mitte usw. mit einer Blechschere abgeschnitten. Die Probenstücke sind sofort in trockene, tarierte und gutschließende Wägegläser zu bringen und umgehend zu analysieren.

10.3 Bariumverbindungen

10.3.1 Blanc fixe (Bariumsulfat, $BaSO_4$) als Paste

Die Blanc-fixe-Paste ist ein homogenes, feinkristallines Produkt mit einem Wassergehalt von etwa 25%. Sein Versand erfolgt fast ausschließlich in (gegen Pilzbefall präparierten) Fässern, die mit Baumwollnessel- oder Kunststoffsäcken ausgekleidet sind. Eine Stecher- oder Löffelprobe ist im allgemeinen ausreichend. Nur „matte“ Sorten mit gröberem Korn besitzen thixotrope Eigenschaften, so daß beim Rütteln Wasser abgeschieden und somit der homogene Pastencharakter gestört wird. In solchem Falle müssen für die Probenahme besondere Vereinbarungen getroffen werden; wenn möglich, ist es ratsam, das Material vor der eigentlichen Probenahme durchzukneten und erst dann eine Probe zu ziehen. Die Trocknungstemperatur für die Nässebestimmung ist 105 °C.

10.3.2 Blanc fixe ($BaSO_4$) als Pulver, Bariumcarbonat ($BaCO_3$), Barytgelb ($BaCrO_4$)

Diese Stoffe stellen gefällte, feinkörnige Pulver dar, die in Säcken, Fässern oder Blechgebinden im Handel sind. Die Probenahme der sehr einheitlichen Produkte wird mit Probenstechern vorgenommen (s. 3.6.1). Die Nässebestimmung erfolgt bei 110 °C.

10.3.3 Bariumchlorid ($BaCl_2 \cdot 2\,H_2O$)

Die Probenahme dieses kristallinen, nicht hygroskopischen Salzes erfolgt wie bei feinkristallinen Stoffen (s. 3.6.1). Die Wasserbestimmung muß bei 250 °C vorgenommen werden.

10.3.4 Bariumoxid (BaO), Bariumhydroxid [$Ba(OH)_2$] und Bariumperoxid (BaO_2)

Da diese Verbindungen stark empfindlich gegen Kohlendioxid sind, muß ihre Probenahme in möglichst kohlendioxidfreier Luft und rasch erfolgen. Die Probenahme des Oxids und Hydroxids erfolgt mit normalen Probenstechern (s. 3.6.1). Für das Peroxid verwendet man zweckmäßig solche aus Nickel oder Glas. Die Proben der beiden ersteren Verbindungen werden in luftdicht verschlossenen Flaschen aufbewahrt, wobei Gummistopfen erlaubt sind. Bariumperoxid ist in Glasflaschen mit eingeschliffenen Stopfen aufzubewahren, da bei der Berührung mit organischen Stoffen eine Explosion erfolgen kann.

10.3.5 Bariumnitrat [$Ba(NO_3)_2$]

Bei der Probenahme von Bariumnitrat ist darauf Rücksicht zu nehmen, daß es sich um ein hygroskopisches Salz handelt. Seine Probenahme erfolgt nach 3.6.2. Eine Wasserbestimmung ist nicht möglich, da das Wasser bei 110 °C nicht völlig entweicht und bei höheren Temperaturen Zersetzung eintritt.

11. Beryllium

Allgemeines

Vorsichtsmaßnahmen bei der Probenahme. Beim Umgang mit Beryllium und Berylliumverbindungen ist die hohe Giftigkeit zu beachten: Beryllium ist eines der stärksten Metallgifte. Besonders gefährlich sind Stäube, die eingeatmet schon in geringsten Mengen (MAK = 0,002 mg/m³) zu schweren Lungenaffektionen führen können. Das Krankheitsbild von Berylliumvergiftungen ist stark unterschiedlich. Es können eintreten: Hautschäden, wie Granulome und Geschwüre (beim Eindringen von Berylliumverbindungen durch offene Wunden u. a. in die Haut), Erkrankungen ähnlich den durch Zink- und Cadmiumdämpfe hervorgerufenen Schleimhautreizungen, Schäden an den Atmungsorganen u. a. m. Die ersten Symptome einer Berylliumvergiftung sind gewöhnlich: allgemeine Schwäche, langwierige „Erkältung", Zyanose, Bauchbeschwerden, Übelkeit, Erbrechen usw.

Alle bei der Probenahme durchzuführenden Arbeiten, wie Zerkleinern, Umfüllen von Pulver usw., sind aus den obigen Gründen in dichtschließenden Apparaten vorzunehmen. Die Arbeitsräume müssen sauber und mit einer guten Durchlüftung versehen sein. Alle Personen, die mit der Probenahme von Beryllium zu tun haben, sollten über diese Gefahren besonders aufgeklärt werden. Es müssen in jedem Falle Staubmasken getragen werden.

Vorstoffe (11.1)

11.1 Erze

Das wichtigste in der Natur vorkommende Berylliummineral ist der Beryll ($Al_2Be_3Si_6O_{18}$).

Die Probenahme des harten und spröden Beryllerzes erfolgt nach den allgemeinen Richtlinien für Erze (2.2ff.).

Fertigerzeugnisse (11.2—11.4)

11.2 Berylliummetall

Das durch Schmelzflußelektrolyse von Berylliumchlorid hergestellte Metall fällt je nach Herstellungsweise entweder in Form von Flittern oder stückig an. Die Probenentnahme von flitterförmigen Berylliummetall bietet keine Schwierigkeiten. Aus dem in Kanistern, Behältern oder Säcken gelieferten Material werden nach 2.7 Einzelproben gezogen, vereinigt und verjüngt. Die Endprobe wird in zwei oder drei Siebklassen aufgeteilt, die anteilmäßig zu erfassen sind. Berylliumflitter schlechter Qualität weisen oft einen mehr oder weniger großen Anteil an Staub auf, der einen erhöhten Gehalt an Berylliumoxid hat. Er wird abgesiebt, sein Gewichtsanteil ermittelt und wie pulvriges Gut gesondert geprobt (s.3.1.1). Das Grobkorn wird wie oben geprobt. Die prozentualen Anteile der verschiedenen Körnungen sind in dem Protokoll und auf den Analysenproben zu vermerken.

Stückiges Berylliummetall wird im Mörser auf eine Korngröße von einigen Millimetern zerkleinert, dann wird gemischt. Die durch Verjüngen erhaltene Probe wird im Mörser oder einer Kugelmühle auf eine Korngröße unter 0,2 mm vermahlen.

11.3 Berylliumlegierungen und -vorlegierungen

11.3.1 Aluminium-Beryllium-Legierung

Eine Aluminiumvorlegierung mit 5% Beryllium wird Leichtmetallschmelzen zur Herabsetzung des Magnesiumabbrandes zugesetzt. Die Probenahme erfolgt durch Sägen, Bohren oder Fräsen. Für die Luft- und Raumfahrt wird eine Beryllium-Aluminium-Legierung mit 62% Beryllium verwendet. Sie wird, wie unter 11.3.3 angegeben, geprobt.

11.3.2 Kupfer-Beryllium-Legierungen, Nickel-Beryllium-Legierungen und Vorlegierungen mit 8—12% Beryllium

Man unterscheidet Legierungen mit bis zu 2% Beryllium sowie Vorlegierungen mit 8 bis 12% Beryllium.

Die niedrigprozentigen Legierungen werden durch Bohren, Drehen, Hobeln oder Fräsen zerspant. Liegen sie im ausgehärteten Zustand vor — erkenntlich bei der Abnahme der Späne —, so werden sie durch Erwärmen auf 700 °C (Nickellegierungen auf 1000 °C) und Abschrecken in Wasser in einen weicheren Zustand überführt, so daß die Probenentnahme durch Bohren und Fräsen keine Schwierigkeiten mehr bereitet. Mit der Vorwärmung und dem Abschrecken lassen sich insbesondere bei Legierungen mit höheren Berylliumgehalten Seigerungserscheinungen vermindern. Legierungen mit 8 bis 12% Beryllium sind mit steigendem Berylliumgehalt zäh bis hart. Sie werden mit Schnelldrehstählen oder Hartmetallwerkzeugen zerspant und aus den Spänen wird die Endprobe entnommen.

11.3.3 Legierungen mit hohen Berylliumgehalten (bis zu 50%)

Diese Legierungen sind sehr spröde und lassen sich im Stahlmörser zu Pulvern zerstoßen.

Soll die Probenahme beim Erschmelzen der Legierungen durchgeführt werden, so entnimmt man mit einem Schöpflöffel eine Probe aus der Schmelze und gießt sie auf eine Eisenplatte aus. Durch das schnelle Erstarren zeigen diese Metallegierungsplättchen keine Seigerungserscheinungen. Sie sind im Mörser leicht zu zerkleinern.

11.3.4. Andere Legierungen mit geringen Berylliumgehalten

Diese Legierungen weisen im vergüteten Zustand Härten von 500 Brinell und darüber auf. Da sie nicht zerspanbar sind, werden sie bei 700 bis 1000 °C geglüht, in Wasser abgeschreckt und dadurch weichgemacht und durch Bohren und Fräsen geprobt.

11.4 Berylliumverbindungen

Nichthygroskopische Salze wie Berylliumoxid, Berylliumfluorid, Berylliumphosphat, die in Holzfässern oder Säcken angeliefert werden, sind feinkörnig und werden wie pulvriges Gut (s. 3.6.1) mit Hilfe eines Probenstechers geprobt. Die Probenahme der hygroskopischen Salze erfolgt nach den Richtlinien in 3.6.2.

12. Blei

Inhaltsübersicht

Allgemeines

Das wichtigste Bleimineral ist der Bleiglanz (PbS). Geringere Bedeutung haben Weißbleierz ($PbCO_3$), Rotbleierz ($PbCrO_4$), Gelbbleierz ($PbMoO_4$) und Stolzit, Raspit ($PbWO_4$). Der Bleiglanz kommt meist gemeinsam mit Zinkblende vor.

Vorstoffe (12.1—12.3)

12.1 Erze (Konzentrate)

Bei Stückerzen ist eine Entnahme bis zu 5% der Gesamtmenge für Rohproben — je nach Homogenität des Materials — erforderlich. Bei feinen und homogenen Konzentraten genügen Rohproben von etwa 0,5% des angelieferten Gewichtes.

Beim Zerkleinern stückiger Roherze ist zu beachten, daß die Erzpartikel wegen ihrer Sprödigkeit leicht bröckeln und daß hierdurch das gewonnene Feine häufig über den Durchschnitt hinaus angereichert wird.

Reiche Bleierze, die unmittelbar als Stückerze verhüttet werden können, kommen heute nur noch selten in den Handel. An ihre Stelle sind Bleikonzentrate getreten, die durch Aufbereitung aus armen Erzen oder Mischerzen (Blei-Zink-Erzen) gewonnen werden. Ihre Probenahme erfolgt nach den allgemeinen Richtlinien in 2.2 ff.

12.2 Bleihaltige Rückstände, Zwischenprodukte und Abfälle

Vorstoffe für die Gewinnung des Bleies sind neben Erzen und Konzentraten noch Rückstände und Zwischenprodukte aller Art. Dazu zählen Aschen, Muffelrückstände, Flugstäube, Schlämme sowie bleihaltiger Metallschrott. Die Probenahme bei diesen Stoffen ist unterschiedlich, je nachdem, ob sie metallische Beimengungen enthalten oder nicht.

12.2.1 Materialien ohne metallische Beimengungen

Materialien ohne Metall wie Armschlacken, Bleistein, Bleikupferstein, Flugstaub, Glätte und bleihaltige Gläser werden für die Probenahme wie Erze entsprechender Korngröße behandelt (s. 2.2 ff.). Eine Menge von 1 bis 5% der Lieferung reicht im allgemeinen als Rohprobe aus.

12.2.2 Materialien mit metallischen Beimengungen

Reiche Schlacken, Krätzen und Aschen können Metall in Form von Luppen, gröberen Stücken oder tropfenförmigen Einschlüssen enthalten. Die Probenahme wird unterschiedlich durchgeführt, je nachdem, ob die metallischen oder nichtmetallischen Anteile überwiegen. Losgrößen zwischen 5 und 100 t sind anzustreben.

12.2.2.1 Materialien mit hohen Metallanteilen (über 10%). Die Rohprobe (bis zu 20% des angelieferten Materials) wird bei kleineren Anlieferungsmengen mit der Schaufel, sonst mit dem Greifer oder nach dem Flachziehen der in Kegelform angehäuften Gesamtmenge als Segment entnommen und gewogen.

Die gesamte Rohprobe wird in einem Eisenkessel eingeschmolzen, die Krätze abgezogen, das blanke Metallbad gut durchgemischt und daraus eine Schöpfprobe gezogen, die später analysenfertig zubereitet wird (Metall I). Der prozentuale Anteil des Metalls I ergibt sich nach dem Vergießen oder Auskellen zu Barren durch Wägen. Die anfallende Krätze wird gleichfalls gewogen. Der Schmelzverlust ergibt sich aus der Differenz zwischen dem Rohprobengewicht und der Summe der Gewichte von Metall I und Krätze. Man mahlt die Krätze, z. B. auf dem Kollergang oder in der Kugelmühle, und gibt sie auf ein 5-mm-Sieb. Das Überkorn wird so lange zerkleinert, bis es vollständig durch das 5-mm-Sieb geht. Das gesamte Siebgut wird gemischt und auf 10 bis 20 kg verjüngt. Die verjüngte Probe mahlt man auf Analysenfeinheit (unter 0,16 mm), wägt dabei anfallendes Überkorn und schmilzt es im Löffel. Wiederum entstehende Krätze muß abgezogen, gewogen und der Hauptmenge Krätze anteilig zugesetzt werden. Das Metall ergibt nach dem Zurichten zur analysenfertigen Probe das Metall II, das wegen seiner vom Metall I abweichenden Zusammensetzung nicht mit diesem vereinigt, sondern getrennt gehalten wird.

Anstelle des Einschmelzens der Grobanteile über 0,16 mm im Löffel können diese auch vollständig durch Schmelzen mit Schwefel in Bleistein (PbS) überführt werden. Dieser tritt dann im Probensatz an die Stelle des Metalls II. Diese Arbeitsweise ist besonders dann zu empfehlen, wenn neben Blei Fremdmetalle wie Kupfer, Eisen usw. vorhanden sind.

Der Probensatz weist folgende Zusammensetzung auf:

% Metall I
% Metall II oder Bleistein
% Feines
% Schmelzverlust, der auch den Anteil an Nässe enthält.

Ist eine getrennte Nässeprobe erforderlich, so muß diese aus Teilproben der Rohprobe (etwa 50 bis 100 kg) entnommen werden.

12.2.2.2 Materialien mit geringeren Metallanteilen (unter 10%). Die in gleicher Weise wie unter 12.2.2.1 angegeben gezogene Rohprobe, die bei größerer Homogenität etwa 10% der Liefermenge betragen kann, wird nach dem Wägen auf ein 5-mm-Sieb gegeben. Parallel werden aus dem Material Nässeproben entnommen, z. B. bei feinem Material zweimal 5 kg, bei gröberem bis zu zweimal 25 kg. Das Unterkorn verjüngt man auf etwa 25 kg, trocknet es und mahlt auf unter 0,16 mm (Feines).

Das bei beiden Siebvorgängen anfallende Überkorn wird jeweils verwogen und dann anteilig richtig zusammengesetzt. Die weitere Bearbeitung erfolgt entweder durch Schmelzen im Löffel oder durch Versteinen (s. 12.2.2.1).

Der Probensatz ist wie folgt zusammengesetzt:

% Metall oder Stein
% Feines

12.2.3 Bleischlämme

Bleischlämme sollen in stichfestem Zustand angeliefert werden. Diese Bedingung ist in Kaufverträge aufzunehmen. Man unterscheidet saure, alkalische und neutrale Schlämme.

12.2.3.1 Saure Bleischlämme. Hierzu gehören Akkuschlämme und Schlämme aus der Naßreinigung von Abgasen. Sie bestehen überwiegend aus Bleisulfat, Bleioxiden und Bleichlorid neben mehr oder weniger großen Mengen Schwefel- oder Salzsäure, Selen-, Arsen-, Cadmium- und Quecksilberverbindungen. Schlämme, die freie Schwefel- oder Salzsäure enthalten, lassen sich bei 105 °C nicht trocknen. Zur Entfernung der Schwefelsäure muß auf mindestens 340 °C erhitzt werden, während zum Vertreiben der Salzsäure 130 °C genügen. Man erhält meist ein Probenmaterial, das keine Feuchtigkeit mehr anzieht und dessen Verarbeitung auf Analysenfeinheit keine Schwierigkeiten macht. Muß auf die Gehalte an bei höheren Temperaturen ganz oder teilweise flüchtigen Arsen-, Selen- oder Quecksilberverbindungen Rücksicht genommen werden, so ist das Trocknen bei erhöhter Temperatur nicht zulässig. In diesen Fällen muß die freie Säure mit Soda neutralisiert werden. Bei stichfest angelieferten Schlämmen wird die Rohprobe — etwa 1 bis 5% der Lieferung, entsprechend der Homogenität des Materials — durch mehrmaliges Umschaufeln gemischt und auf etwa 40 kg verjüngt.

Lieferungen in Fässern erfordern einen viel größeren Arbeitsaufwand. In den Fässern kommt es zu Entmischungen, wobei sich häufig an der Oberfläche eine wäßrige Schicht bildet, die zunächst durch Abhebern, Abschöpfen oder Abgießen entfernt werden muß. Ihre Menge wird durch Rückwägen der Fässer ermittelt, ehe diese ausgekippt werden. Nach dem Mischen des Materials durch mehrmaliges Umschaufeln zieht man die Rohprobe von etwa 1 bis 5% der Lieferung, die anschließend auf 40 kg verjüngt wird. Die gesamten 40 kg werden bei der erforderlichen Temperatur (s. o.) getrocknet und durch Mahlen und Verjüngen auf unter 0,16 mm gebracht.

Muß die freie Säure mit Soda neutralisiert werden, so wird die Menge wasserfreier Soda nach dem Säuregehalt des Materials bemessen und in geringem Überschuß zugesetzt. Man vermischt das Probenmaterial gut mit dem Natriumcarbonat und trocknet bei 105 °C unter wiederholtem Umrühren bis zum konstanten Gewicht.

Bei der Neutralisation entstehen Natriumsalze, zudem werden Kohlendioxid und Neutralisationswasser freigesetzt und gemeinsam mit der ursprünglichen Nässe verflüchtigt. Man bestimmt das Gewicht nach dem Trocknen und setzt es in Relation zur Einwaage. Beispiel: 40,0 kg Rohprobe werden mit 2,0 kg Soda neutralisiert. Die Rückwaage nach dem Trocknen ergibt 40,8 kg = 102% der ursprünglichen Probemenge. Das Herstellen der Endprobe erfolgt durch Aufmahlen und Verjüngen. Die Analysenproben werden in verschließbare Flaschen abgefüllt. Die Analysenproben müssen eine Aufschrift erhalten, aus der hervorgeht, daß die Probe zunächst bei 105 °C nachzutrocknen ist und daß für jedes Gramm Analyseneinwaage 1,02 g des nachgetrockneten Probenmaterials einzuwägen sind.

12.2.3.2 Basische Bleischlämme. Basische Schlämme können Kohlendioxid aus der Luft aufnehmen. Sie lassen sich bei 105 °C nicht einwandfrei trocknen und bleiben hygroskopisch. Eine Anwendung erhöhter Temperatur bringt keine Verbesserung, da die störenden Basen nicht verflüchtigt werden können.

In diesem Fall wird die gesamte durch Verjüngen der Rohprobe von 1 bis 5% der Anlieferung erhaltene 40-kg-Zwischenprobe verwogen und durch mehrfaches Dekantieren mit heißem Wasser ausgewaschen. Die wäßrigen Auszüge filtriert man, kühlt sie und bringt sie auf ein bestimmtes Volumen. Teilmengen werden als Analysenproben in sofort zu verschließende Flaschen abgefüllt. Das ausgewaschene und abgetropfte Material wird anschließend bei 105 °C getrocknet und gewogen. Nach dem Mahlen und Verjüngen werden die Analysenproben hergestellt. Sie bestehen aus der Waschlösung und dem Trockengut. Im Protokoll muß neben dem erhaltenen Trockengewicht auch die Menge der Waschflüssigkeit angegeben werden.

12.2.3.3 Neutrale Bleischlämme. Neutrale Schlämme werden bei 105 °C getrocknet und dann wie pulverförmiges Gut zubereitet (s. 3.1.1).

12.2.4 Akkuschrott

Bleiakkumulatoren werden entweder unzerlegt oder zerlegt angeliefert. Als unzerlegt bezeichnet man Akkus im Originalzustand, die nach den Lieferbedingungen ohne Säure angeliefert werden sollen. Bei zerlegten Akkus ist der Kastenteil bereits vom Lieferanten abgetrennt.

Zerlegte Akkus bestehen daher aus metallischem Blei in Form von Brücken und Platten, Bleisulfat und Blei(IV)-oxid zusammen mit Separatoren und mehr oder weniger großen Anteilen von Kastenresten. Die Bezeichnungen „zerlegter Akkuschrott“ und „unzerlegter Akkuschrott“ sollten anstelle der häufig anzutreffenden, aber nicht eindeutigen Ausdrücke „Akkublei“ oder „Akkualtblei“ verwendet werden.

Die Probenverarbeitung wird entweder unter Ermittlung der Nässe nach einem Mahlverfahren oder ohne Ermittlung der Nässe nach einem Schmelzverfahren durchgeführt (s. 12.2.4.1 unter c). Im letzteren Fall erhält man die Summe von Nässegehalt und Schmelzverlust. Die für die einzelnen Verfahren angegebenen Mengen an Roh- und Bearbeitungsprobe setzen voraus, daß geeignete apparative Einrichtungen entsprechender Kapazität zur Verfügung stehen.

Neben den beiden genannten Materialarten wird gelegentlich auch Akkuschlamm (vorwiegend Bleioxide und -sulfat) gesondert angeliefert. Es wird nach den Methoden für „saure Bleischlämme“ (12.2.3.1) geprobt.

12.2.4.1 Zerlegter Akkuschrott. —

a) Entnahme der Rohprobe. Die Rohprobe soll bei angelieferten Mengen ab etwa 20 t mindestens 5%, bei Mengen wesentlich unter 20 t mindestens 10% betragen.

Bei Anlieferung in Waggons werden während des Entladens durch Greifer in regelmäßigen Abständen Mengen, z. B. jeder fünfte oder zehnte Greifer etwa halbvoll unter Erfassung aller Materialkomponenten, abgezweigt und zur Rohprobe zusammengestellt. Sie ist im allgemeinen so groß, daß sie verjüngt werden muß, was durch Kreuzgraben oder Segmentieren der in nicht zu dicker Schicht ausgebreiteten Rohprobe erfolgt. Das so ausgegrabene oder abgeteilte Material soll etwa 20% der Rohprobe umfassen. Aus einer 20-t-Ladung erhält man somit ca. 200 kg, aus einer 100-t-Anlieferung ca. 1000 kg als Zwischenprobe.

Bei Lkw-Anlieferung wird vom gesamten abgeladenen Material nach Ausbreiten durch Kreuzgraben oder Segmentieren die Rohprobe entnommen. Ein Verjüngen der Rohprobe ist nur dann erforderlich, wenn ihre Menge mehr als 1000 kg beträgt. In diesem Falle wird der Kegel flachgezogen und die Zwischenprobe von etwa 20% entnommen.

b) Mahlverfahren (unter Ermittlung der Nässe). Die Zwischenprobe, bei kleinen Anlieferungen auch die Rohprobe, meist 100 bis 1000 kg, wird in Schneid- oder Schlag- bzw. Prallmühlen auf 20 bis 30 mm vorzerkleinert. Kugelmühlen sind für ungetrocknetes Material nicht geeignet. Erkennbare Eisenteile, z. B. Bügel, werden vorher mit der Hand ausgelesen und gewogen. Die Probengewichte sind vor und nach der Zerkleinerung zu ermitteln, wobei eine Gewichtsdifferenz auf eine Verringerung der Nässe während des Mahlvorganges zurückzuführen und dementsprechend zu berücksichtigen ist (Nässe 1). Verstaubungsverluste sind durch Absaug- und Filtervorrichtungen auszuschalten. Anfallender Staub wird zum Mahlgut zurückgegeben. Das zerkleinerte Material wird nach dem Verwiegen auf

100 bis 200 kg verjüngt, bei Mühlen mit eingebautem oder nachgeschaltetem Siebkorb unter Berücksichtigung der einzelnen Fraktionen. Man mischt durch Umschaufeln und entnimmt 25 bis 50 kg zur Nässeermittlung. Anschließend wird 48 h bei 105 °C getrocknet (Nässe 2). Die Gesamtnässe ergibt sich aus den beiden Teilnässen 1 und 2.

Stehen keine Mühlen geeigneter Kapazität und Bauart zur Verfügung, muß die Zwischenprobe in aufwendiger Weise mit der Hand zerkleinert werden. Man trennt die Polbrücken von den sog. Paketen mit einem Beil ab und schneidet sie mit einer Metallschere in kleine Stücke. Die Pakete werden mit der Schaufel vorsichtig zerstoßen. Die Gewichte des eingesetzten Materials, der isolierten Brücken und des Restmaterials sind festzuhalten. Materialverluste durch Verstauben sind auszuschalten. Das gilt auch für das anschließende Mischen und Verjüngen. Aus beiden Fraktionen stellt man die Bearbeitungsprobe von etwa 50 kg zusammen, die 48 h bei 105 °C getrocknet wird. Bei sehr nassem Material muß die Gewichtsdifferenz zwischen Einsatz- und zerkleinertem Gut festgestellt und der Trocknungsnässe zugeschlagen werden. Eisenteile und andere Fremdmetalle werden vor der Bearbeitung ausgelesen.

Die nach einem der genannten Verfahren erhaltene trockene Bearbeitungsprobe wird durch Sieb- und Schmelzvorgänge in metallische und nichtmetallische Anteile getrennt, wobei gleichzeitig verbrennbare organische Stoffe als „Verlust" erfaßt werden. In den meisten Fällen — auf jeden Fall aber nach der Handzerkleinerung der Zwischenprobe — muß die Bearbeitungsprobe zunächst in einer Kugelmühle nachgemahlen werden. Die Weiterbehandlung geschieht dann in folgender Weise: Man gibt die Probe über ein 5-mm-Sieb und das Feine anschließend über ein 0,25-mm-Sieb. Das unter 0,25 mm anfallende Feine, dem später weitere Feinanteile zugeschlagen werden, wird aufbewahrt. Aus dem Überkorn über 5 mm und über 0,25 mm erschmilzt man das Metall in einem eisernen Schmelzgefäß. Die anfallende Krätze wird zur Abtrennung metallischer Anteile gemahlen und über ein 0,25-mm-Sieb gegeben. Den Feinanteil gibt man zum Feinen unter 0,25 mm der ersten Siebung, das Grobe zum bereits erhaltenen Metall. Das gesamte Metall wird geschmolzen, zu Barren oder Platten vergossen und gewogen. Dabei entstehende Krätze wird abgezogen und durch Mahlen und Sieben in gleicher Weise wie oben behandelt. Man sägt jeden Barren bzw. jede Platte an mehreren gegenüberliegenden Stellen halb durch oder raspelt nach dem Halbieren in Längsrichtung. Die so gewonnenen Späne ergeben die Analysenprobe für den metallischen Anteil.

Das verschiedenen Fraktionen entnommene Feine unter 0,25 mm wird vereinigt, gemischt und zur Analysenprobe „Feines" verjüngt.

Die Gewichtsdifferenz aus Einwaage an trockenem Gut abzüglich der ermittelten Mengen an Metall und Feinem ergibt den Schmelzverlust, der durch das Verbrennen organischer Bestandteile bedingt ist.

Das Probenahmeprotokoll weist folgende Angaben auf:

- % Nässe (Gesamtnässe = Summe der Teilnässen)
- % Metall
- % Feines
- % Verlust (Schmelzverlust)
- % Eisen und andere Fremdmetalle (Grobteile, meist mit der Hand aussortiert)

Wird das Naßgewicht als Abrechnungsgewicht gewählt, so beziehen sich sämtliche Prozentsätze auf das Gewicht im Anlieferungszustand. Nimmt man hingegen das Trockengewicht als Bezugsgewicht, so werden die Fraktionen Metall, Feines, ferner Verlust und Eisen in Prozenten dieses Gewichtes ausgedrückt. Die genannten Angaben müssen auch auf den Probengefäßen angegeben werden. Das Feine ist zusätzlich mit dem Aufdruck „Vor der Analyse bei 105 °C trocknen" zu versehen.

Eine Übersicht über die Probenbearbeitung nach dem Mahlverfahren mit Ermittlung der Nässe gibt Abb. 12/1.

c) Schmelzverfahren (ohne Ermittlung der Nässe). Die wie zuvor unter a) erhaltene unzerkleinerte Zwischenprobe, bei kleineren angelieferten Mengen auch die Roh-

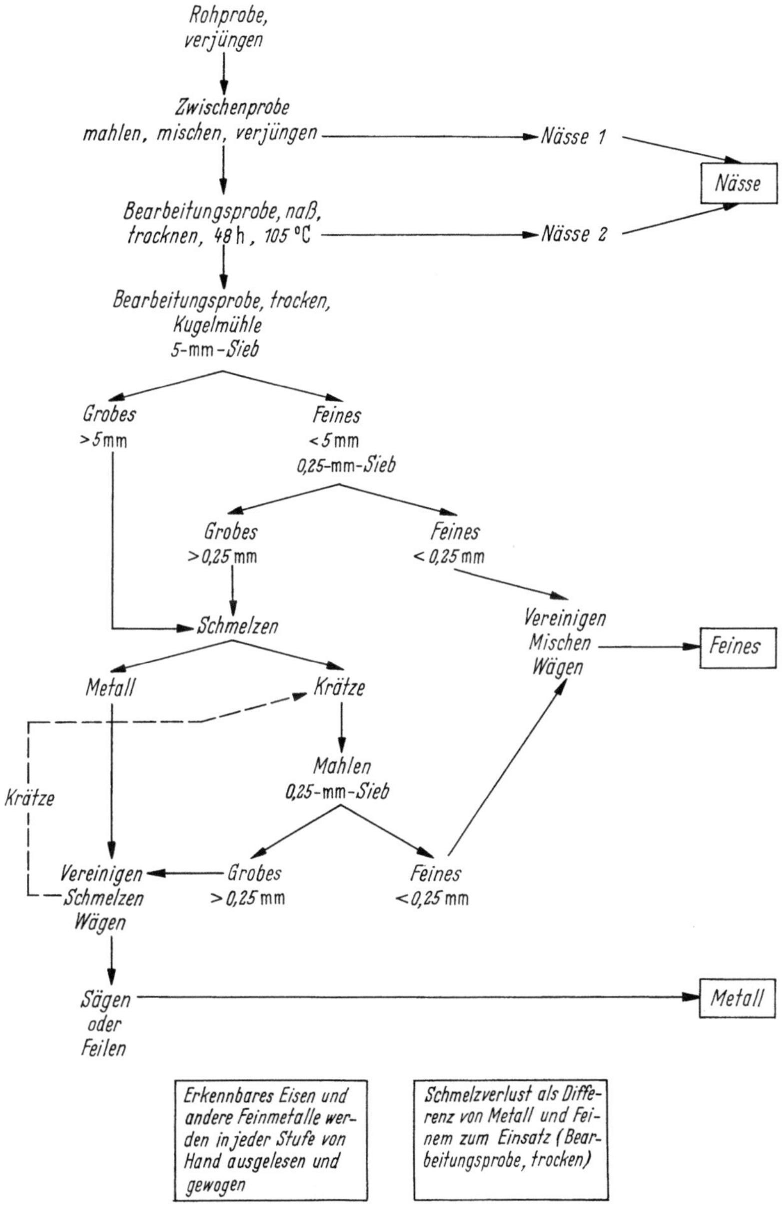

Abb. 12/1. Fließbild für das Mahlverfahren (mit Ermittlung der Nässe) mit maschineller Zerkleinerung.

probe unmittelbar, wird in einem Eisenkessel eingeschmolzen. Die entstehende Krätze wird abgezogen und nach Grobzerkleinerung über ein 5-mm-Sieb gegeben. Das Überkorn gibt man wieder in den Schmelzkessel zurück und zieht die Krätze abermals ab. Sie wird wieder über das 5-mm-Sieb gegeben. Die Rückgabe des

Überkorns und das Absieben der Krätze werden so lange durchgeführt, bis das Überkorn verschwunden ist.

Aus dem Metallbad wird nach gründlichem Umrühren — es neigt infolge des Antimongehaltes zu Seigerungserscheinungen — eine Schöpfprobe von einigen Kilogramm entnommen, zu Barren vergossen und gesägt oder besser vollständig aufgeraspelt (Metall 1). Anschließend wird die Gesamtmetallmenge zu Barren vergossen und gewogen.

Die Krätze unter 5 mm wird gewogen, ggf. verjüngt und ein gewogener Anteil in einer Mörser- oder Kugelmühle gemahlen. Man siebt über ein 0,25-mm-Sieb ab und schmilzt das Grobe erneut. Die hierbei anfallende Krätze wird wiederum gemahlen und gesiebt, bis das Überkorn verschwunden ist. Das ausgeschmolzene Metall aus der Verarbeitung und das beim Sieben der Krätze angefallene Grobe über 0,25 mm werden zusammengeschmolzen und gewogen (Metall 2). Neu anfallende Krätzeanteile werden dabei nach den gleichen Sieb- und Schmelzverfahren behandelt. Das aus der Krätze insgesamt anfallende Feine unter 0,25 mm wird gemischt, gewogen und dient als Analysenprobenanteil „Feines".

Das Metall 2 wird in gleicher Weise wie das Metall 1 (s. o.) verarbeitet und getrennt der Analysenprobe zugegeben.

Das Probenahmeprotokoll weist folgende Angaben auf:

% Metall 1
% Metall 2
% Feines
% Verlust (Nässe + Schmelzverlust)
% Eisen und andere Fremdmetalle (Grobteile, meist mit Hand aussortiert).

Alle Prozentsätze beziehen sich auf das Naßgewicht = Anlieferungsgewicht.

Die Bearbeitung der Krätze unter 5 mm kann auch in der Weise erfolgen, daß die bei den Siebvorgängen, die im Anschluß an das Verjüngen und Mahlen erfolgen (Sieb 0,25 mm oder zweistufig 0,4 mm und 0,2 mm), anfallenden Grobanteile zusammengesetzt und mit Schwefel zu Bleistein geschmolzen werden („Steinschmelzmethode"). Dieser Bleistein tritt dann an die Stelle des Metalls 2 (s. o.) und wird entsprechend im Probenahmeprotokoll ausgewiesen, siehe auch 4.1.4.

Eine Übersicht über die Probenbearbeitung nach dem Schmelzverfahren (ohne Ermittlung der Nässe) gibt Abb. 12/2.

12.2.4.2 Unzerlegter Akkuschrott. *Zur Entnahme der Rohprobe* s. auch 12.2.4.1 unter a). Bei *Anlieferung in Waggons* können im Falle nahezu einheitlichen Materials (Akkus gleicher Größe) als Rohprobe während des Entladens mit einem Greifer aus jeder Greifermenge einige Akkus, entsprechend der erforderlichen Rohprobenmenge, entnommen werden. Bei uneinheitlichem Material, das verschiedene Batterietypen, daneben evtl. auch zerbrochene aufweist, muß die Rohprobe nach Schätzen des Anteils der Typen oder durch Sortieren anteilig richtig entnommen werden. Dabei ist es unter Umständen möglich, die Rohprobenmenge so zu wählen, daß sie vollständig weiterverarbeitet werden kann. Große Rohproben müssen hingegen im allgemeinen nochmals zu Zwischenproben verjüngt werden.

Bei *Anlieferung in Lkws* wird das gesamte Material nach dem Abladen ausgebreitet. Ist ein Sortieren nicht notwendig oder möglich, so entnimmt man eine möglichst große Rohprobe mit Schaufellader und verjüngt sie zur Zwischenprobe von max. 100 kg. Kann bei uneinheitlichem Material sortiert werden, so wird die Rohprobe anteilig entnommen.

Aus der gewogenen Rohprobe läßt man etwa noch vorhandene Säure auslaufen und ermittelt die Teilnässe 1. Dann werden die Akkus von Hand zerschlagen (Beil), die Kastenteile einschließlich Eisenbügel ausgelesen und gewogen. Die verbleibenden Platten mit Separatoren, Polbrücken und der Schlamm stellen „zerlegten Akkuschrott" dar, der entweder nach dem Mahlverfahren (12.2.4.1 unter b) oder nach dem Schmelzverfahren (unter c) weiterbearbeitet werden kann. Das Probe-

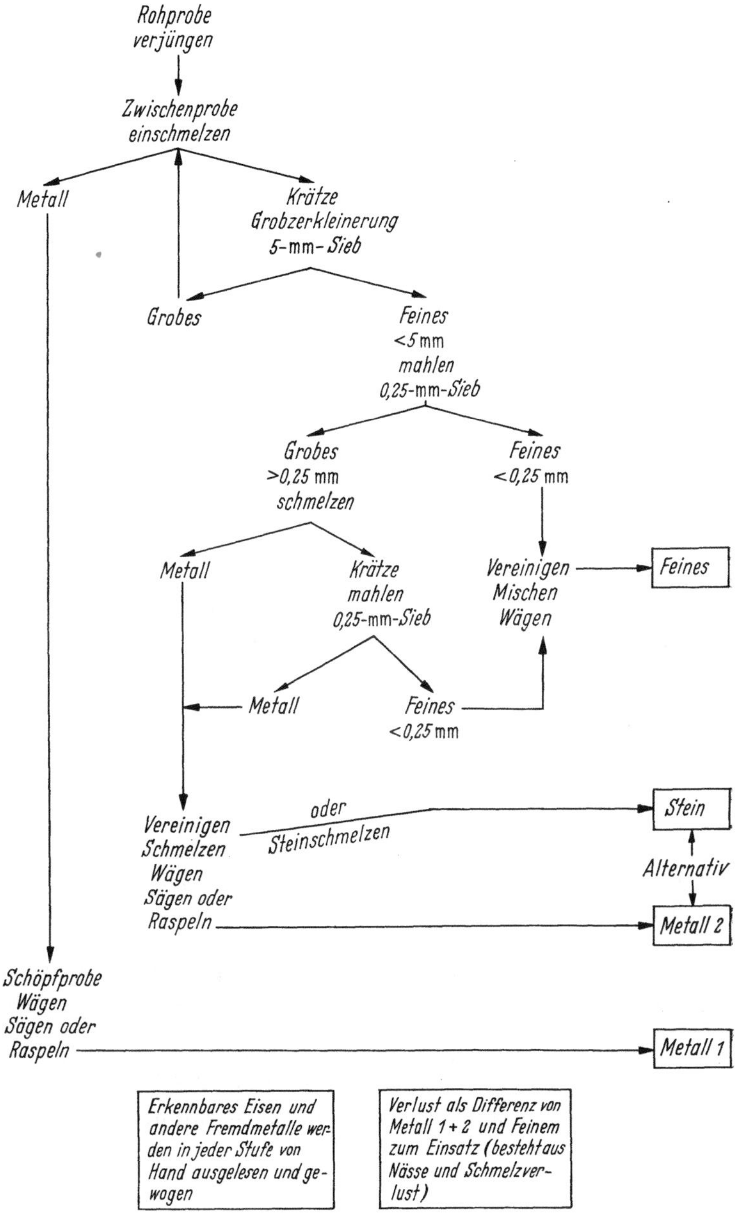

Abb. 12/2. Fließbild für das Schmelzverfahren (ohne Ermittlung der Nässe).

nahmeprotokoll enthält in beiden Fällen zusätzliche Angaben über den „Kastenanteil".

Die Bearbeitung nach den genannten Verfahren ist jedoch bei sehr nassen Akku-Inhalten (unzerlegte Akkus mit hohem Säureanteil) problematisch. Zur Bearbeitung dieser schwierigen Probe gibt es mehrere Alternativmöglichkeiten. Die erste mehr theoretische Möglichkeit besteht darin, große Mengen zu trocknen und dann erst zu zerkleinern oder zu schmelzen. Nach einem anderen Verfahren verringert man die Rohprobenmenge, nachdem durch Voruntersuchung einzelner Akkutypen (auch Erfahrungswerte) die Zusammensetzung näherungsweise bekannt ist. Diese Methodik ist anwendbar für Lieferungen, die wenige verschiedene Akkutypen enthalten. Der schlimmste Fall, die totale Mischsendung nicht untersuchter oder nicht bekannter Akkutypen, sollte durch Absprache zwischen Lieferanten und Empfänger geregelt werden, wenn es sich um größere Mengen handelt. Für kleinere Mengen sollte ein Verkauf „tel quel" vorgesehen werden, da die Kosten für die aufwendige Probenahme sogar den Wert des Materials übersteigen können.

12.2.5 Muffelrückstände

Die Probenahme der Muffelrückstände aus Zinkhütten ist im Kapitel „Zink" unter 55.5.2 beschrieben.

12.2.6 Altblei

Unter dieser Bezeichnung werden gebrauchtes Weich- und Hartblei, Legierungsabfälle, Schrott aller Art in den verschiedenenen Formen gehandelt. Bei kleinen uneinheitlichen Lieferungen ist eine einwandfreie Probenahme nur durch Einschmelzen der gesamten Lieferung gewährleistet. Bei großen Partien muß die Rohprobe bis zu 10% umfassen.

Unter Umständen muß eine Sortierung (Weichblei, Hartblei, Teile mit Lot usw.) der Rohprobe vorgenommen werden. Materialfremde Beimengungen wie Zink, Kupfer, Eisen werden aussortiert und vom Gesamtgewicht abgezogen. Von den einzelnen Sorten werden, ihrem Gewichtsanteil entsprechend — Teilmengen zu einer Probeschmelze zusammengestellt.

Bleiben einzelne der erhaltenen Posten auch nach dem Sortieren uneinheitlich, so daß aus ihnen keine dem Durchschnitt entsprechende Teilmenge entnommen werden kann, muß der gesamte Teilposten zunächst eingeschmolzen werden. Schmelzgut — Metall und Asche — werden anteilig mit dem verjüngten Probegut der übrigen Sorten der Rohprobe zu einer Zwischenprobe zusammengestellt. Bei einheitlichem Material genügen für die Rohprobe 2% der Lieferung.

Die Rohprobe bzw. Zwischenprobe wird im eisernen Kessel geschmolzen. Hierbei ist eine Überhitzung zu vermeiden, damit sich vorhandene Fremdmetalle nicht mit dem Blei legieren. Sie werden nach Abschmelzen des Bleies entfernt, und ihr Gewicht wird ermittelt. Die auf dem Metallbad schwimmende Krätze wird abgezogen und für sich wie Bleiasche nach 12.2.2 weiterbehandelt. Aus dem gut durchgemischten Metallbad entnimmt man mit der Kelle eine Schöpfprobe und gießt sie in eine Form oder auf ein sauberes Eisenblech zu einer 5 bis 10 mm dicken Platte aus. Die Weiterbehandlung erfolgt, wie unter 12.2.2 beschrieben.

Die Gewichte des Einsatzes und die Auswaagen für Metall und Krätze sind festzustellen. Die Differenz ergibt den Schmelzverlust.

12.2.7 Werkblei

Werkblei ist ein mehr oder weniger verunreinigtes Blei mit Edelmetallgehalten, das in Bleihütten als Rohprodukt anfällt. Bei großen Blöcken schmilzt man das gesamte Los ein und entnimmt dem Schmelzbad eine Schöpfprobe. Bei Lieferung gleichartiger Barren bzw. Platten wird die Probe, wie unter Weichblei (12.4) beschrieben, entnommen. Bei Werkblei mit einigen Prozenten Kupfer, Arsen und Antimon erfolgt die Probenahme, wie bei Hartblei (12.5.1) beschrieben. Die hierbei anfallende Krätze wird nach 12.2.4 weiter bearbeitet und der Analysenprobe zugegeben.

12.3 Zwischenprodukte

12.3.1 Röst- und Sintergut

Röst- und Sintergut bestehen aus grobstückigem Material mit Unterkorn. Die Rohprobe (unter 1%) wird durch Brechen, Mahlen und Sieben nach der Verjüngung zur Endprobe verarbeitet. Metallisches Blei wird bei der Kontrolle des Schwefelgehaltes nicht berücksichtigt.

12.3.2 Schlacken

Aus flüssigen Schlacken wird die Rohprobe durch Eintauchen eines kalten, trokkenen Eisenstabes in den Schlackenstrom oder den Schlackentiegel entnommen. Die erstarrte Schmelze wird vom Stab abgeklopft und zerkleinert. Es ist darauf zu achten, daß durch die Tauchprobe Tröpfchen von Speise oder Stein, die sich leicht am Boden und an den Wandungen des Tiegels anreichern, nicht mit erfaßt werden. Beim Erstarren der Schlacke setzen sich diese am Boden des Tiegels ab.

Das in Schlackentöpfen erstarrte Material wird nach dem Auskippen zerschlagen, und von den Stücken werden kleinere Proben abgeschlagen. Diese werden durch Zerkleinern und Mahlen nach Durchmischen zur Analysenprobe zusammengestellt. Das beim Kippen der Schlackentiegel schalig abspringende Material, ebenso wie Köpfe von Metall, Speise oder Stein dürfen nicht mit in die Probe gebracht werden.

12.3.3 Bleistein, Bleikupferstein, Speisen

Blei- und Bleikupferstein sind spröde Materialien, die normalerweise keine Gehalte an metallischem Blei oder anderen Metallen aufweisen und in gleicher Weise wie stückige Erze geprobt werden (s. 2.2ff.). Das gilt auch für spröde, bleiarme Speisen.

Bleireiche, zähe Speisen können hingegen nicht gebrochen, sondern müssen gebohrt werden. Bei allen Kaufverträgen, die eine Bestimmung des Arsens oder anderer leichtflüchtiger Bestandteile vorsehen, darf eine Probenbearbeitung durch Schmelzen nicht erfolgen. Die Speise muß deshalb in einer Stückgröße angeliefert werden, die eine einwandfreie Probenentnahme durch Bohren gestattet. Diese Bedingung sollte in Kaufverträge aufgenommen werden.

Ist es nicht notwendig, mögliche Verluste an Arsen und anderen flüchtigen Bestandteilen zu berücksichtigen, so kann die Rohprobe eingeschmolzen und zu dünnen Platten vergossen werden, die man dann bohrt. Außerdem können Speisen durch Verschmelzen mit Schwefel zu Stein verarbeitet werden, der sich wie stückiges Material zerkleinern und proben läßt.

Bleibt die Speise nach dem Einschmelzen so zäh, daß ein Vergießen nicht möglich ist, so erhitzt man das Material auf etwa 400 °C, kippt es auf eine Stampfplatte und zerkleinert es durch Stampfen.

Die Probenahme aus der Schmelze ist auch für Speisen mit metallischen Anteilen geeignet. Ist sie unzulässig, so muß die Rohprobe in sehr aufwendiger Art in Metall und Speise sortiert werden, um beide Fraktionen getrennt bearbeiten zu können.

12.3.4 Flugstäube

Die beim Entleeren von Abgaskanälen und Gasreinigungsanlagen gewonnenen Stäube enthalten häufig feinstverteiltes Metall und können dadurch pyrophor sein.

Gehalte an Chloriden, insbesondere Zinkchlorid, machen sie hygroskopisch. Ein Trocknen ist bei der Probenahme wie auch vor der Analyseneinwaage nicht möglich. Die Analysenproben sind in dichtschließende Flaschen, nicht in zugeschweißte Kunststoffbeutel, mit der Aufschrift „Analysenfertige Probe, nicht nachtrocknen!" zu verpacken.

Nichthygroskopische Flugstäube werden wie pulverförmige Stoffe geprobt (3.1.1).

12.3.5 Laugen der Bleielektrolyse

Proben von Elektrolyten werden den Vorratstanks oder Bädern mittels Stechheber aus Kunststoff entnommen und in Kunststoffflaschen aufbewahrt.

12.3.6 Salze und Laugen vom Harris-Verfahren

Bei der Bleiraffination nach Harris werden die Verunreinigungen des Werkbleies — Arsen, Antimon und Zinn — mit einer geschmolzenen Mischung von Natriumhydroxid, Natriumchlorid und Natriumnitrat umgesetzt. Die Salzschmelzen werden zur Gewinnung von Natriumarsenat, Natriumantimonat und Calciumstannat naß aufgearbeitet.

Die rohen Salzschlacken sind kein Handelsprodukt. Sie sind stark alkalisch und werden im Originalzustand analysiert. Laugenproben werden nach den allgemeinen Richtlinien in Kap. 64 entnommen und wegen ihres Alkaligehaltes in sofort zu verschließende Flaschen abgefüllt.

Natriumantimonat und Calciumstannat sind in Wasser praktisch unlösliche Verbindungen. Sie sind häufig schwach alkalisch und werden nach 3.6.1 wie nichthygroskopische Stoffe geprobt.

12.3.7 Schlicker, Treibglätten und Abstriche

Beim Abkühlen geschmolzenen Rohbleies mit höheren Gehalten an Kupfer, Nickel, Kobalt scheiden sich an der Oberfläche der Schmelze bleireiche Schlicker ab. Diese werden bei der Probenahme wie bleireiche Abfälle (12.2.2.1) behandelt. Der pulverförmige Abhub, der bei der Entkupferung des Werkbleies mit Schwefel entsteht, wird auch als Schlicker bezeichnet. Arsen-, antimon- und zinnhaltige Abstriche sowie Treibglätten werden wie Materialien mit geringen Metallanteilen (12.2.2.2) geprobt. Dasselbe gilt für etwa abgezogene Treibglätten beim Treibprozeß.

12.3.8 Reichschaum und Blei-Silber-Legierung

Siehe Kapitel 18, Edelmetalle.

Fertigerzeugnisse (12.4—12.7)

12.4 Weichblei DIN 1719

Diese Handelssorten werden in Form von Blöcken, Platten oder Masseln angeliefert. Je nach Menge und Einheitlichkeit der Lieferung werden 2 bis 10% der Formate als Rohprobe entnommen. Aus dieser erhält man die Durchschnittsprobe durch Sägen, Raspeln, Bohren oder Lochen. Auf die saubere Beschaffenheit der Oberfläche der Probenstücke ist dabei besonders zu achten, da sich beim Transport oder Stapeln leicht Verunreinigungen mechanischer Art in das weiche Metall eindrücken können.

Bei der Probenahme durch Sägen sind die durchgehenden oder abwechselnd von beiden Seiten bis zur Mitte des Blocks geführten Sägeschnitte nach Abb. 12/3 anzuordnen. Diese Art der Probenahme ist dem Bohren oder Stanzen vorzuziehen. Wird trotzdem gebohrt, so wird nach einer Schablone (Abb. 12/4) mit einem Spiralbohrer mit stark abgesetzter Schneidkante von etwa 15 mm Durchmesser gearbeitet. Hinsichtlich der Zuverlässigkeit in der Zusammensetzung der Durchschnittsprobe sind die genannten Verfahren für Weichblei aller Sorten gleich gut geeignet.

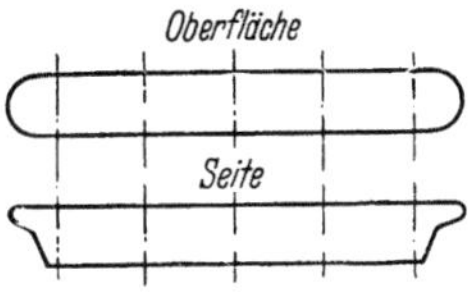

Abb. 12/3. Sägeschema für Bleiblöcke.

Abb. 12/4. Anordnung der Bohrlöcher bei einem Bleiblock.

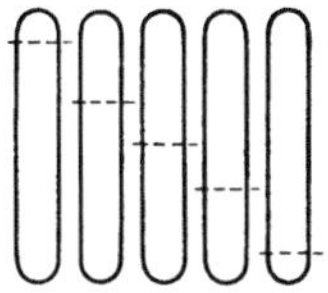

Abb. 12/5. Sägeschema für Bleiblöcke bei größeren Stückzahlen.

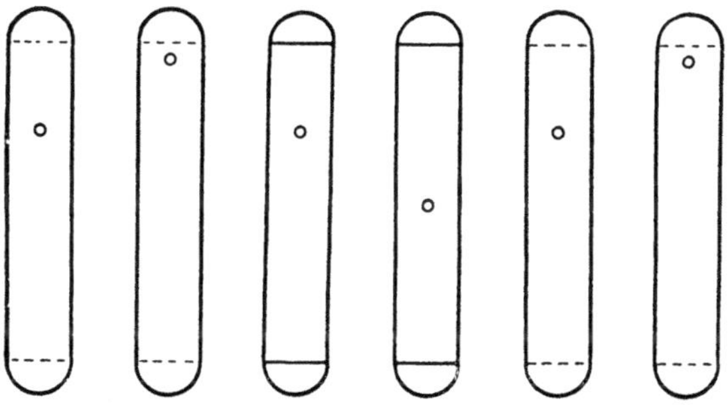

Abb. 12/6. Bohrlöcheranordnung bei Weichbleiblöcken.

Bei größerer Stückzahl der als Proben entnommenen Einheiten können auch die Sägeschnitte oder Bohr- bzw. Stanzlöcher überschlagend nach Abb. 12/5 und 12/6 angeordnet werden. Falls man Sägeschnitte mit der Bügelsäge bzw. Entnahmelöcher nur bis zur Mitte durchführt, bearbeitet man die Barren abwechselnd von der Gußoberfläche und von der Bodenseite her.

Bei Vorliegen der Durchschnittsprobe in Form von Spänen kann sie zunächst verschmolzen und durch Sägen zur Analysenprobe verarbeitet werden, besser jedoch verjüngt man die feinen Späne unmittelbar und fraktioniert sie in Siebklassen, nachdem vorher mit dem Magneten evtl. eingeschleppte Eisenteile entfernt wurden.

Bei den Feinbleisorten ist streng darauf zu achten, daß im Gang der Probenahme keinerlei Fremdmetalle eingeschleppt werden, die den Reinheitsgehalt verfälschen. Das Gewicht der Analysenprobe zur naßanalytischen Untersuchung soll 1000 g betragen.

12.5 Bleilegierungen

Bleilegierungen, insbesondere solche mit Antimon, Kupfer und Zinn, neigen zu Seigerungen. Nur bei eutektischen und einigen Speziallegierungen mit bestimmten Arsengehalten sind Entmischungen nicht zu erwarten. Die Zusammensetzung rasch abkühlender Zonen, wie „abgeschreckter" Randschichten eines Gußblocks, entspricht noch annähernd der Durchschnittszusammensetzung. Dagegen sind aus den langsamer erstarrenden Mittelpartien schon in eng benachbarten Bereichen beträchtliche Abweichungen selbst bei annähernd eutektischen Legierungen in der Legierungszusammensetzung aufgetreten (s. Abb. 12/7).

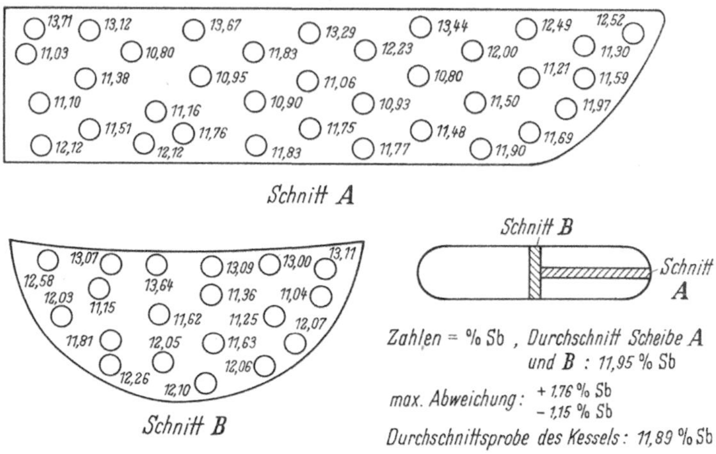

Abb. 12/7. Seigererscheinungen in einem Hartbleiblock.

Die Schmelzen bei niederen Temperaturen bestehen aus Kristallsuspensionen, in einer flüssigen Grundmasse entsprechend ihrer Dichte verteilt. Daher dürfen Schöpfproben nur bei Temperaturen entnommen werden, bei denen alle Bestandteile geschmolzen sind, d. h. oberhalb der Liquiduslinie. In den üblichen Bleilegierungen wird eine vollkommene Verflüssigung bei maximal 400 °C erreicht, während bei Vorhandensein größerer Kupfer- und Zinkgehalte Temperaturen von 600 °C und darüber angewendet werden müssen. Stets ist ein sorgfältiges Rühren der Schmelze vor Entnahme der Probe unerläßlich, ein übermäßiges Erhitzen aber zu vermeiden. Die Entnahme wird mit einer gut vorgewärmten Kelle vorgenommen, um Entmischungen auszuschalten. Ausgegossen wird in eine kalte Form in Schichtdicken von 5 bis 10 mm.

12.5.1 Legierungen auf der Grundlage Blei-Antimon-Zinn (Hartblei, Lagerweiß- und Schriftmetalle, Blei-Spritzgußlegierungen, Lote usw.)

Als Rohprobe werden bei einheitlichen Chargen 2 bis 5% (bei kleineren Lieferungen auch mehr) der Masseln, Blöcke, Platten usw. entnommen. Nicht einheitliche Stapel bedingen eine Rohprobenmenge von 5 bis 10%, falls man nicht eine Vorsortierung nach Chargennummern und Aussehen vorzieht.

Den Durchschnitt aus der Rohprobe gewinnt man durch Sägen, Feilen und Hobeln. Die erhaltenen Späne aus der Rohprobe haben meist in Abhängigkeit von der Teilchengröße eine unterschiedliche Zusammensetzung. Daher werden sie durch Siebe von 1,0 und 0,5 mm in drei Siebklassen unterteilt und in der Probe, entsprechend den angefallenen Fraktionen, mit Metall I, II und III bezeichnet.

Das Gewicht der Analysenprobe ist abhängig von der Menge und Art der zu analysierenden Bestandteile. Im allgemeinen sind 200 g ausreichend.

12.6 Verarbeitetes Blei

12.6.1 Bleihalbzeug

Proben von Bleihalbzeug entnimmt man je nach der vorliegenden Form des Halbzeugs durch Schneiden, Sägen oder Bohren. Die gewonnenen Abschnitte der Schnitzel oder Späne richtet man, wie unter Weichblei (12.4) beschrieben, zur Analysenprobe zu. Die Probenstücke müssen willkürlich aus der ganzen Fertigung gewählt werden. Zu Beginn und bei Beendigung eines Produktionsganges kann die Zusammensetzung vom Durchschnitt abweichen.

12.6.2 Verbleites Material

Zur Ermittlung der chemischen Zusammensetzung der Bleiauflage zieht man eine Rohprobe von etwa 1 bis 5% der Liefermenge, schmilzt das Überzugsmetall vorsichtig ab und vergießt es zu dünnen Platten. Diese werden gebohrt oder gesägt. Aus den erhaltenen Spänen wird die Analysenprobe hergestellt.

Sollen entweder die Verbleiungsstärke oder der Bleiinhalt eines Postens ermittelt werden, so ist zu berücksichtigen, daß immer ein Teil des Bleies beim Abschmelzen am Grundmetall haften bleibt. Das Grundmetall muß durch Schmelzen mit Schwefel in einen Stein überführt werden, der durch Mahlen und Verjüngen zur Analysenprobe „Stein“ weiterverarbeitet wird. Zweckmäßigerweise wird dabei auch die beim Abschmelzen und Vergießen des Bleies angefallene Krätze zugesetzt. Falls die Krätze als eigene Fraktion erhalten bleiben soll, ist diese so zu behandeln, wie es beim Akkublei (12.2.4.1 unter b) beschrieben ist. Der Probensatz besteht aus den Fraktionen „Blei“, „Stein“ und evtl. „Krätze“.

Abfälle von verbleiten Blechen werden wie mit Blei ausgegossene Geschoßspitzen geprobt.

12.6.3 Geschoßspitzen

Bei mit Blei ausgegossenen Geschoßspitzen wird die Rohprobe von 1 bis 5% der Lieferung in einem Bleischmelzkessel auf etwa 500 °C erhitzt, wobei das Blei ausschmilzt. Die leeren Geschoßspitzen schöpft man mit der Schaumkelle ab. Die weitere Bearbeitung beider Fraktionen erfolgt wie bei verbleitem Material (12.6.2).

12.6.4 Probierblei

Probierblei enthält weniger als 0,5 g Silber pro Tonne und weniger als 10 g Wismut pro Tonne und dient zur Edelmetallbestimmung. Es wird feingekörnt oder als „Bleischweren“ im Gewicht von 1 bis 50 g oder auch als Bleifolie geliefert. Die Probenahme dieser Materialien richtet sich nach ihrer Zustandsform. Kornblei wird nach Verjüngen direkt als Analysenprobe verwendet. „Bleischweren“ wird eine ausreichende Stückzahl entnommen. Folien werden mit der Schere zerschnitten. Das Gewicht der Analysenprobe soll mindestens 1000 g betragen, wenn der Silbergehalt dokimastisch ermittelt wird.

12.6.5 Schrotblei

Von Bleischrot (arsenhaltiges Blei), der meist in Trommeln oder Beuteln verpackt ist, entnimmt man einer Anzahl von Verpackungseinheiten mit einem Löffel Teilproben und verjüngt diese zur Analysenprobe.

12.7 Verbindungen und Farbpigmente des Bleies

Die wichtigsten Bleiverbindungen sind Bleimonoxid, Bleiglätte PbO, Bleidioxid PbO_2, Mennige Pb_3O_4, Bleichromat (Chromgelb) $PbCrO_4$, Bleiweiß, ein basisches Bleicarbonat, und Bleisulfat $PbSO_4$. Sie alle sind nicht hygroskopisch und verändern sich nicht an der Luft. Ihre Probenahme erfolgt nach 3.6.1.

13. Bor

Allgemeines

Zur Gewinnung borhaltiger Erzeugnisse dienen in erster Linie die aus Kalifornien stammenden Mineralien Borax (Tinkal) $Na_2B_4O_5(OH)_4 \cdot 8\,H_2O$; Kernit $Na_2B_4O_5(OH) \cdot 2\,H_2O$; Colemanit $Ca_2B_6O_{11} \cdot 5\,H_2O$; Ulexit $NaCaB_5O_9 \cdot 8\,H_2O$ sowie der Pandermit $Ca_4B_{10}O_{19} \cdot 7\,H_2O$.

Vorstoffe (13.1)

13.1 Erze

Die Erze werden gewöhnlich in Säcken von etwa 60 kg Inhalt entweder mit Schiff oder in Eisenbahnwaggons angeliefert. Beim Entleeren werden während der Stapelung von je 100 Sack zwei Säcke für die Probenahme beiseitegestellt. Aus jedem dieser Probesäcke wird eine Probe gezogen, indem man mit einem Probenstecher durch die gesamte Schichthöhe des Materials hindurchstößt. Sämtliche Einzelproben aus einer Sendung werden in einer Blechtrommel gesammelt. Da Borerze, besonders die Calciumborate, meist in einer Körnung bis zu etwa 3 mm angeliefert werden, ist ein Mahlen der Rohprobe vor der Verjüngung nicht erforderlich. Die Sammelprobe wird dann auf einer Hartstahlplatte mindestens dreimal über den Kegel geschaufelt und die Probe für die Nässebestimmung entnommen. Es wird darauf so weit verjüngt, daß Probegut im Gewicht von etwa 1 kg übrig bleibt. Diese Probe wird in einer Laboratoriumsmühle bis zur Feinheit von unter 0,08 mm gemahlen und nach guter Durchmischung und Trocknung bei 110 °C zur Analysenprobe zusammengestellt.

Mitunter kommt es auch vor, daß manche Rohstoffe in unverpacktem Zustand verladen werden. Sind solche Wagenladungen nicht homogen und enthalten sie relativ große Gesteinsbrocken neben knolligem Material, so ist das Verhältnis beider durch Sortieren festzustellen. Die Rohproben werden von beiden Sorten gesondert gezogen und gewichtsmäßig zu einer Endprobe vereinigt. Das zusammengestellte Material wird dann durch einen Brecher gegeben, in einer Mühle gemahlen und wie oben weiter behandelt.

Fertigerzeugnisse (13.2—13.4)

13.2 Elementares Bor

Elementares Bor wird durch Reduktion von Boroxid oder Borhalogeniden, meist mit Alkali- oder Erdalkalimetallen, vorzugsweise Magnesium, als zunächst pulverförmiges, schwarz- bis rotbraunes, sog. amorphes Bor mit Standard-Reinheitsgraden von 90 bis 92% bzw. 95 bis 97% Gesamtbor gewonnen. Das amorphe Bor wird durch einen Kristallisationsprozeß bei hohen Temperaturen auf mehr oder weniger grobstückiges kristallines Bor verarbeitet.

13.2.1 Bor, amorph

Bor, amorph (mit 90 bis 92% Bor oder 95 bis 97% Bor), dient vorzugsweise zum Einsatz in der Pyrotechnik und wird in Polyäthylengefäßen, in verschweißten Polyäthylensäcken und in Blechgebinden mit 10 bis 50 kg Inhalt geliefert. Bei der Probenahme ist zu beachten, daß amorphes Bor hygroskopisch ist, und zwar um so stärker, je höher sein Gehalt an Gesamtbor ist. Die Probenahme erfolgt mit einem Probenstecher (Durchmesser etwa 20 mm) unmittelbar nach teilweiser Öffnung der Polyäthylenbeutel, die anschließend sofort wieder zu verschließen sind. Je nach dem Gesamtgewicht der Partie und der Größe der Einzelgebinde ist eine der Masse des amorphen Bors entsprechende Durchschnittsprobe zu ziehen. In Anbetracht der erwähnten, spontan wirksam werdenden Hygroskopizität des amorphen Bors an Luft muß die für die Analyse durch Verjüngen gewonnene Durchschnittsprobe vor der Einwaage nochmals 2 h bei 110 °C nachgetrocknet werden, was auf dem Probengefäß und im Probenahmeprotokoll angegeben werden muß.

13.2.2 Bor, kristallin

Bor, kristallin (mit 97 bis 99% Bor), wird meist in Stücken von 5 bis 1 mm bzw. als Pulver von unter 1 mm bzw. unter 0,44 mm geliefert. Da kristallines Bor nach dem Diamanten das härteste Element ist, bereitet die Herstellung von repräsentativen Durchschnittsproben, die bei der mechanischen Zubereitung nicht verunreinigt werden dürfen, erhebliche Schwierigkeiten. Kristallines Bor ist nicht mehr hygroskopisch.

Infolge des relativ hohen Preises wird kristallines Bor in Polyäthylengefäßen mit 0,5 bis 2 kg Inhalt oder in Polyäthylenbeuteln, die in Blechgebinden entsprechender Größe verschickt werden, mit max. 25 kg verpackt. Von stückigem kristallinen Bor mit einer Korngröße von 5 bis 1 mm werden größere und kleinere Stücke aus der Gesamtpartie, mindestens aber 25 g, als Probe entnommen. Diese wird im Stahlmörser vollkommen auf unter 0,063 mm zerkleinert. Aus dem so erhaltenen Pulver wird die Fraktion zwischen 0,063 und 0,038 mm ausgesiebt und als Durchschnitt zur Analyse gebracht, da sie erfahrungsgemäß am geringsten durch Eisenabrieb verunreinigt ist.

Proben von kristallinem Bor der Körnung 1 bis 0,25 mm werden aus einer ausgewählten Anzahl der Gebinde (mindestens 1%) mittels Probenstechers entnommen. Es ist jedoch empfehlenswerter, vor der Probenahme die Gesamtpartie oder einen Teil der Gebinde zu entleeren und aus der gut durchgemischten Menge die Rohprobe nach den Richtlinien für feinkörniges Gut zu ziehen. Die Durchschnittsprobe von mindestens 25 g wird auf unter 0,063 mm im Stahlmörser zerkleinert und die Fraktion zwischen 0,063 und 0,038 mm zur Analyse verwendet.

Von kristallinem Bor der Körnung unter 0,25 mm werden aus Einzelgebinden bzw. der gemischten Partie ebenfalls mindestens 25 g als Probe entnommen. Ohne weitere mechanische Zerkleinerung wird die Fraktion zwischen 0,063 und 0,038 mm als Durchschnittsprobe der Analyse zugeführt.

13.3 Borlegierungen

Ferrobor siehe Kapitel 20, Ferrolegierungen.

13.4 Borverbindungen

13.4.1 Borcarbid

Borcarbid wird vorzugsweise durch Umsatz von entwässerter Borsäure mit Kohlenstoff erschmolzen und überwiegend nahe einer Zusammensetzung der Formel B_4C

mit mindestens 77% Ges.-Bor und mindestens 21% Kohlenstoff gehandelt. Es sind jedoch auch technische Qualitäten mit 70% Ges.-Bor, 23% Kohlenstoff, Rest Eisen und anderen Verunreinigungen handelsüblich. Je nach Verwendungszweck ist stets eine mechanische Aufbereitung in spezielle klassierte Körnungen, z. B. für die Schleifindustrie, sowie in Korngemische hoher Schüttdichte für die Absorption thermischer Neutronen in der Atomindustrie oder in Feinstkörnungen unter 0,010 mm für die pulvermetallurgische Weiterverarbeitung erforderlich.

Die Anlieferung erfolgt entweder in starken Pappbehältern, in mit Polyäthylen ausgeschlagenen Blechgebinden oder bei Kleinpackungen in Blechbüchsen. Da Borcarbid wesentlich billiger ist als kristallines Bor, kann die Probenahme gegenüber der von kristallinem Bor (13.2.2) vertragsgemäß vereinfacht werden. Die Probenahme von Borcarbid in Körnungen unter 10 mm kann daher nach den einschlägigen Methoden ohne zusätzliche Vorsichtsmaßnahmen erfolgen. Das verjüngte Material muß für die Analysenprobe auf unter 0,063 mm gemahlen werden.

13.4.2 Boride

Boride, insbesondere die Boride der Übergangsmetalle, sind im Gegensatz zum Ferrorbor (13.3) hochschmelzende, warmfeste und oxidationsbeständige Werkstoffe. Sie werden aus Metalloxid und Borcarbid bzw. Boroxid und Ruß bei hohen Temperaturen hergestellt und fallen nach mechanischer Aufbereitung als Pulver unter 0,25 mm an.

Die Anlieferung erfolgt in Polyäthylenbehältern oder -beuteln, die in Blechgebinden verschlossen sind. Die Probenahme kann nach den Richtlinien für pulverförmiges Material (3.1.1) erfolgen. Für die Analysenprobe muß die Rohprobe auf unter 0,063 mm gemahlen werden.

13.4.3 Borax und Borsäureanhydrid

Zur Borax- und Borsäuregewinnung werden die fein gemahlenen Bormineralien durch geeignete Maßnahmen aufgeschlossen. Nach dem Konzentrieren der Boraxlösung werden die ausfallenden Boraxkristalle durch Zentrifugieren abgeschieden und in verzinkte Eisentrommeln von 200 kg Fassungsvermögen abgefüllt. Man nimmt aus jeder Trommel mittels Probenstechers eine Probe und bildet daraus eine Sammelprobe. In ähnlicher Weise erfolgt auch die Probenentnahme bei der Herstellung von Borsäure, die durch Behandlung geeigneter Rohstoffe mit warmer Schwefelsäure gewonnen wird.

Wasserhaltiger Borax kommt in Säcken oder Fässern in den Handel, calcinierter in Blechbüchsen. Proben werden in der üblichen Weise mittels Probenstechers aus einer der Größe der Sendung angemessenen Anzahl von Behältnissen (10%) entnommen. Zur Nässebestimmung wird eine 300 bis 500 g schwere Boraxprobe in einer Schale so lange auf 105 °C erhitzt, bis die Substanz pulverig-krümelig geworden ist. Dann wird die Temperatur auf 350 bis 400 °C gesteigert und so lange getrocknet, bis Gewichtskonstanz erreicht ist.

Bei Borsäure, die meist schon sehr rein in Form von Schuppen oder als Pulver in den Handel kommt, wird eine Probenahme wie bei nichthygroskopischen Salzen (3.6.1) durchgeführt. Die Nässebestimmung erfolgt ähnlich wie beim Borax durch Vortrocknen bei 105 °C und Fertigtrocknen bei 300 bis 400 °C.

14. Cadmium

Allgemeines

Cadmiumerze oder -konzentrate gibt es nicht, da das Cadmium stets als Begleitelement in Zinkerzen auftritt. Die zur Cadmiumgewinnung eingesetzten Materialien sind meist durch ein metallurgisches oder chemisches Verfahren in ihrem Cadmiumgehalt angereichert oder Rückläufer einer Cadmiumproduktion.

Vorstoffe (14.1—14.4)

14.1 Flugstäube von der Zinkerz-Röstung

Die beim Rösten von Zinkerzen anfallenden Flugstäube sind bei Trockenabscheidung von pulverförmiger oder bei ihrer Naßabscheidung von pastenförmiger Konsistenz. Sie werden in Säcken oder Fässern versandt.

Als Rohprobe werden 5 bis 10% der Gebinde — aber mindestens 5 Stück — herausgegriffen, geöffnet und aus ihnen mit einem Probenstecher an drei bis fünf Stellen Einzelproben entnommen, die man zu einer Sammelprobe zusammenstellt. Nach gutem Mischen werden daraus Proben für die Nässebestimmung und für die Analyse entnommen. Letztere wird nach dem Trocknen bei 105 °C durch ein 0,1-mm-Sieb getrieben und nach dem Verjüngen als Analysenprobe verwendet. Über die Probenahme von quecksilberhaltigen Cadmiumflugstäuben siehe auch im Kap. 37, Quecksilber.

14.2 Flugstäube vom Verschmelzen blei-zink-haltiger Materialien

Beim Verschmelzen zinkhaltiger Bleierze und cadmiumarmer Bleiflugstäube im Schachtofen reichert sich das Cadmium ebenfalls in den Flugstäuben an. Letztere sind oft pyrophor und können sich selbst entzünden. Sie werden daher vor dem Versand abgebrannt. Enthalten sie höhere Gehalte an Zinkchlorid, so sind sie nicht mehr pulverförmig, sondern fein- bis grobstückig und hygroskopisch.

Bei losem Versand erfolgt die Entnahme der Einzelprobe wie bei Erzen (s. 2.2ff.). Bei Versand in Fässern werden 10% der Fässer vollständig entleert. Das Gut wird sorgfältig mehrmals über einen Kegel gemischt und durch Kreuzteilen auf etwa 100 bis 200 kg reduziert. Diese Menge wird durch einen fein eingestellten Brecher gegeben, gemischt und nunmehr durch Probenteilung auf etwa 20 kg gebracht. Letztere werden unter Ausschluß von Feuchtigkeit in einer geschlossenen Mühle auf unter 0,5 mm gemahlen. Daraus wird das Material für die Analysenprobe und für die Nässeprobe entnommen, die beide bei 105 °C getrocknet werden. Auf der in Glasflaschen luftdicht abgefüllten Analysenprobe und im Protokoll ist zu vermerken, daß zur Einwaage nicht nachgetrocknet werden darf. Die Probenentnahme und die Probenzubereitung haben zügig innerhalb kurzer Zeit zu erfolgen.

14.3 Zementationsschlämme

Die bei der Zementation des Cadmiums aus wäßrigen, neutralen oder sauren Lösungen entstehenden Zementationsschlämme (Laugenreinigung in der Zinkelektrolyse u. a.) enthalten einen gewissen Überschuß des Fällungsmittels — meist

Zinkstaub — und hohe Wassergehalte. Sie oxidieren beim Lagern an der Luft mehr oder weniger stark.

Zur Probenentnahme aus dem meist in Fässern versandten Material werden je nach Größe der Lieferung 5 bis 10% der Gebinde geöffnet und mit einem Probenstecher an mehreren Stellen von oben bis auf den Boden Einzelproben entnommen, die zu einer Sammelprobe zusammengestellt werden. Diese wird nach gutem Durchmischen auf etwa 20 kg reduziert, wovon 10 kg zur Bestimmung der Nässe eingewogen werden.

Die Trocknung erfolgt bei 125 °C bis zur Gewichtskonstanz. Dabei erhält man keine genaue Bestimmung des tatsächlichen Wassergehaltes der Probe, da neben der Gewichtsabnahme durch Verdunsten gleichzeitig eine Zunahme des Gewichtes durch Aufnahme von Sauerstoff erfolgt. Für die Abrechnung der Partie ist dies ohne Belang, wenn die Analysenprobe aus dem getrockneten und nicht mehr hygroskopischen Material entnommen wird. Zu diesem Zweck wird es in einer Mühle vollkommen auf unter 0,2 mm vermahlen. Es stellt nach dem Unterteilen die Analysenprobe dar, auf deren Beschriftung zu vermerken ist: „Vor Einwaage nicht nachtrocknen!"

14.4 Altmaterialien

14.4.1 Cadmiumhaltige Taschenplatten

Diese Batterieplatten, die etwa eine Höhe von 10 bis 40 cm und eine Breite von 4 bis 18 cm haben, können zwischen 3,5 und 54% Cadmium enthalten. Sie stammen aus Akkumulatoren, in denen außerdem Nickel- oder Eisenplatten enthalten sind, und werden durchweg als ausgeschlachtete Platten gehandelt. Zur Probenahme entnimmt man wenigstens 10% der gesamten Lieferung, wobei darauf zu achten ist, daß sämtliche Plattensorten entsprechend ihrer Menge anteilmäßig erfaßt werden.

Die Platten werden bei 100 °C 10 bis 12 h getrocknet und anschließend in einer Hammermühle zerkleinert. Zweckmäßigerweise ist unter der Mühle ein Schwingsieb mit zwei Sieben mit Maschenweiten von ca. 2,5 bzw. 5 mm montiert. Man erhält dann die Filtermasse und zwei Metallfraktionen, die verwogen werden. Jede Fraktion wird nach dem Mischen verjüngt. Vor der Endpräparation werden je Fraktion zweimal 1 kg über Nacht im Trockenschrank bei 105 °C getrocknet.

Aus der Füllmasse wird nach Bearbeitung in einer Scheibenschwingmühle das Eisen mit einem Sieb von 0,2 mm Maschenweite ausgehalten. Aus den Eisenfraktionen wird die noch darin enthaltene Füllmasse nach Bearbeitung in einer Laborschlagkreuzmühle über ein Sieb mit einer Maschenweite von 0,2 bis 0,3 mm entfernt. Die hierbei abgesiebte Masse geht als getrennte Fraktion in die Gesamtprobe ein, so daß man zwei Fraktionen Metall und zwei Fraktionen Feines erhält.

Je nach dem betrieblichen Verarbeitungsgang kann auch die gesamte Lieferung gemahlen werden, wobei man fortlaufend Proben entnimmt, die am Schluß vereinigt, gemischt, verjüngt und zur Analysenprobe wie oben verarbeitet werden.

Ist keine Hammermühle vorhanden, dann kann man etwa 1% aller Platten entnehmen und sortiert sie nach der Größe. Entweder zerlegt man einen Teil der sortierten Platten entsprechend ihrer Häufigkeit in Rahmen, Siebe und Füllmasse, oder man löst diesen Anteil in Kunststoffgefäßen (Polyäthylen) von etwa 50 l Inhalt mit Säure in der Kälte auf (s. 14.4.2).

Produktionsabfälle der Taschenplatten, die fast immer nur aus den Sieben mit Füllmasse bestehen, werden ebenso behandelt, doch kann eine Absiebung des gesamten Postens erforderlich sein, da die Füllmasse beim Transport leicht aus den Sieben herausfällt.

14.4.2 Nickel-Cadmium-Zellenschrott

Nickel-Cadmium-Zellen fallen in Größen von 10 mm Durchmesser und 3 mm Höhe bis 30 oder 40 mm Durchmesser und Höhen von 60 bis 70 mm an, sie können auch von ovaler oder rechteckiger Form sein. Das Gehäuse besteht zumeist aus Eisen, kann aber auch aus Kunststoff sein und enthält im Inneren zwei Metallfolien, die durch ein elektrolytgetränktes Kunststoffgewebe getrennt sind. Die beiden Metallfolien bestehen aus Nickel- oder vernickeltem Eisengewebe, in das in dem einen Falle Cadmiumpulver mit wenig Nickelpulver (etwa 50 bis 60:1), im anderen Falle Nickelpulver mit wenig Cadmiumpulver und Graphit eingebracht ist. Die Kunststofftrennfolie ist mit einem Kaliumhydroxid-Elektrolyten getränkt. Die zu einem Zylinder aufgewickelten Folien befinden sich in einem gasdichten Stahlmantelgehäuse.

Zur Probenahme stellt man je nach Losgröße eine Rohprobe zusammen, die zwischen 1 und 10% der Gesamtmenge liegen kann und die mengenproportional alle in der Lieferung vorhandenen Formen und Typen erfassen soll. Diese Maßnahme erscheint notwendig, weil die einzelnen Batteriesorten eine sehr stark abweichende Zusammensetzung in bezug auf ihren Nickel-, Cadmium- und Eisengehalt aufweisen können. In Lieferungen aus verschiedenen Zellen schwanken die Gehalte: Nickel 22 bis 30%, Cadmium 12 bis 17% und Eisen 24 bis 36%. Bei Lieferungen, die nur aus den Folien-Rollen ohne Stahlmantelgehäuse bestehen, liegen die Nickelgehalte bei 37 bis 39%, die Cadmiumgehalte bei 25 bis 28% und die Eisengehalte bei 10 bis 12%.

Die gesamte Rohprobe eines Loses, sowohl bei vollständigen Zellen wie auch bei Folien-Rollen, wird nach Form und Größe sortiert und jede Sorte verwogen, um den proportionalen Anteil zu ermitteln. Man kann in einer Lieferung zwischen 10 und 20 Sorten vorfinden, die man zu mehreren Gruppen zusammenfaßt, getrennt löst und entsprechend ihrem Anteil später zu einer Durchschnittslösung zusammensetzt. Als Beispiel sei angenommen, daß eine Lieferung aus 60% einer Batteriesorte A, 30% einer Batteriesorte B und 10% der restlichen Batteriesorten besteht. In diesem Falle empfehlen sich drei Lösungen, bei denen die Gewichtsanteile A, B und C gelöst werden. Je nach Größe der Lose müssen bis zu 10 kg für die einzelnen Sorten gelöst werden, wobei Lösungen von 30 bis 50 kg anfallen.

Zum Lösen kann man z. B. Königswasser verwenden, wobei Lösungsmenge und -art dem besonderen Batterietyp anzupassen sind. Eine zu heftige Reaktion muß notfalls durch Zugabe von destilliertem Wasser gebremst werden. Es ist schwer, eingehende Empfehlungen zu geben, da die einzelnen Batterietypen zu verschieden reagieren.

Die Auflösung erfolgt in der Kälte, wobei sich die Reaktion bis zur Beendigung in einzelnen Fällen über mehrere Tage erstrecken kann. Die Lösung wird durch ein geeignetes Filter gegeben und der Rückstand nochmals mit Säure behandelt, um etwaige nicht gelöste Metallteile in Lösung zu bringen. Da die Erfahrung zeigt, daß auch diese Maßnahme in den meisten Fällen nicht ausreicht, wird der Rückstand vorsichtig erhitzt, verascht, gemahlen und zu einer staubförmigen Probe verarbeitet.

Die Filtrate werden in vorgewogenen Kunststoffbehältern aufgefangen und die Nettogewichte ermittelt. Dann werden die verschiedenen Lösungen anteilmäßig unter Berücksichtigung der verschiedenen Volumina und Einwaagen zusammengesetzt. Es wird dabei vorausgesetzt, daß bei jeder Operation eine gründliche Durchmischung des Inhaltes erfolgt. Die pulverförmigen Rückstände werden ebenfalls entsprechend ihren Gewichtsmengen und Einwaagen zu einer Probe vereinigt. Bei der Auflösung ist darauf zu achten, daß die Säuremenge nicht wesentlich größer wird als unbedingt notwendig ist, weil sonst eine zu große Verdünnung eintritt. In der Praxis hat es sich bewährt, von der Rohprobe einen entsprechenden Anteil als Reserve zurückzubehalten, falls aus irgendeinem Grunde die Lösungsoperationen wiederholt werden müssen.

Die Analysenprobe besteht dann aus der Lösung und dem pulverförmigen Rückstand, deren Gewichtsverhältnisse, bezogen auf die Einwaage, sowohl auf dem Etikett als auch im Protokoll angegeben werden. Es muß dort heißen: „Für 1 g Ausgangsmaterial sind . . . g Lösung und . . . g Feines einzuwägen".

14.4.3 Nickel-Cadmium-Sinterplattenschrott (Produktionsabfälle)

Es handelt sich hier um Produktionsabfälle in Form von Bändern und Stücken verschiedener Größe, deren Gehalt an Cadmium zwischen 28 und 60%, an Nickel zwischen 8 und 46% und an Eisen zwischen 4 und 20% schwankt. Da dieses Material in sehr unterschiedlicher Form vorliegt, kann es nicht wie beim Zellenschrott sortiert werden.

Entsprechend der Größe der Lose werden 1 bis 5% des Materials aus jedem Gebinde entnommen, wobei darauf zu achten ist, daß man einen guten Durchschnitt erfaßt. Die gesamte Menge wird, wenn nötig, getrocknet und in einer kleinen Hammermühle zerkleinert. Die Siebgewebe werden hierbei so stark zerrissen, daß man das gesamte Material gut mischen und verjüngen kann.

Von der verjüngten Probe werden viermal 1 kg über Nacht im Trockenschrank bei 105 °C getrocknet und aus 2 bis 3 kg der getrockneten Probe werden die gröberen Metalldrähte mit einem Sieb von 3 mm Maschenweite entfernt. Der Siebdurchgang wird in einer Scheibenschwingmühle weiterverarbeitet und der Anteil feiner Drahtteile über ein Sieb mit 0,16 mm Maschenweite abgesiebt. Die beiden Metallfraktionen werden in Säure (Salz-Salpetersäure) restlos aufgelöst und die Gramm Lösung, die dem Prozentanteil des Metalls entsprechen, auf dem Etikett und im Protokoll ebenso angegeben wie der Prozentanteil des Feinen.

14.4.4 Zinn-Cadmium-Legierungsabfälle

Diese „Spritzmetallabfälle" stammen aus der Gleichrichterfabrikation und enthalten meist 68% Zinn und 32% Cadmium (Schmelzpunkt ca. 180 °C). Sie liegen in Form metallischer Stücke oder als feiner grauer Staub vor, der meist noch kleine Metallflitter enthält.

Bei der Probenahme werden Metall und Staub getrennt behandelt, ihre Anteile werden gewichtsmäßig erfaßt und jedem Gebinde je nach Größe des Loses 5 bis 10% entnommen.

Das Metall, das sehr brüchig ist, wird mit einem Stampfer oder Boschhammer mit Stampfplatte zerkleinert, bis es durch ein Sieb von 10 mm Maschenweite geht. Es wird mehrfach gemischt. Aus der ausgebreiteten Probe werden 30 bis 50 kg entnommen. Man schmilzt das Metall in einem kleinen Schmelzkessel, granuliert zuerst etwa 1 bis 3 kg für die Probe, ebenso den Rest, da für die Verarbeitung Blockmetall nicht erwünscht ist. Um Cadmiumverluste zu vermeiden, soll die Temperatur der Schmelze 200 °C nicht wesentlich überschreiten. Beide Teile werden getrocknet, um den Schmelzverlust ermitteln zu können.

Da Staubprobe wird nach dem Mischen verjüngt und später etwa 1 kg, evtl. nach Trocknung über Nacht bei 105 °C, über ein Sieb von 0,2 mm Maschenweite gegeben. Hierbei noch anfallende Metallflitter werden dem Metall zugeschlagen. Eine eventuelle Nässe wird mit dem Schmelzverlust verrechnet. Die Probe besteht dann aus Metall, Staub und Schmelzverlust.

14.4.5 Cadmiumhaltige Laugen und Abwässer

Die Entnahme der Proben aus cadmiumhaltigen Laugen vor und nach der Zementation erfolgt wie die Probenentnahme von galvanischen Bädern (s. Kap. 64).

Fertigerzeugnisse (14.5—14.6)

14.5 Cadmiummetall

Das in Form von Stangen (250 oder 300 mm lang, 10 mm Durchmesser) oder in Anodenplatten (100 bis 1000 mm Länge, 100 bis 400 mm Breite, 8 bis 15 mm Stärke) oder in Halbkugelanoden, sog. Linsen mit Schrauben und Muttern, oder in Kugeln von ca. 50 mm Durchmesser gegossene Feincadmium hat einen Gehalt von 99,97 bis 99,995% Cadmium. Die Probenahme dieser Formate erfolgt nach Entnahme von 0,1 bis 1% der Lieferung durch Bohren oder Sägen.

Aus Cadmiumschmelzen wird die Probe mit einem Graphitlöffel entnommen (Eisenlöffel sind nicht verwendbar!) und in eine Kokille für die Spektralanalyse oder in Blöckchen bzw. kleine Stangen (120 mm lang, 8 mm Durchmesser) vergossen. Blöckchen oder kleine Stangen werden nach dem Erstarren gesägt oder geschnitten und als Analysenprobe verwendet.

14.6 Cadmiumsalze und -farben

Die Entnahme der Rohprobe und die Herstellung der Analysenprobe erfolgt nach den Vorschriften in 3.6.1. Cadmiumoxid und alle Cadmiumpigmente sind weder hygroskopisch noch verändern sie sich an der Luft.

Bei Cadmiumchlorid ($CdCl_2$) mit 1, 2,5 und 4 mol Wasser sowie bei Cadmiumsulfat ($CdSO_4 \cdot {}^8/_3\,H_2O$) muß beachtet werden, daß sie an trockener Luft Wasser verlieren und verwittern. Die Probenahme muß daher rasch erfolgen, und die Proben sind in luftdicht verschlossenen Gläsern aufzubewahren.

Cadmiumhydroxid, $Cd(OH)_2$, nimmt an der Luft Kohlendioxid auf; Cadmiumnitrat, $Cd(NO_3)_2$, ist stark hygroskopisch. Probenahme s. 3.6.2.

15. Caesium

Allgemeines

Das wichtigste Mineral zur Gewinnung von Caesium und seinen Verbindungen ist der in pegmatitischen Gesteinen vorkommende Pollucit mit der Zusammensetzung $2\,Cs_2O \cdot 2\,Al_2O_3 \cdot 9\,SiO_2 \cdot H_2O$.

Vorstoffe (15.1)

15.1 Erze

Die Probenahme erfolgt nach den bei Lithium (29.1) angegebenen Richtlinien.

Fertigerzeugnisse (15.2—15.3)

15.2 Caesiummetall

Bei der Probenahme des Metalls ist darauf Rücksicht zu nehmen, daß dieses sowohl mit Sauerstoff als auch mit den geringsten Spuren Wasser sofort unter Oxidation reagiert. Die Entnahme der Probe erfolgt aus der Schmelze (F.P. 28,3 °C) unter Verwendung von hochreinem, getrocknetem Argon. Alle Apparateteile werden vorher einige Stunden zur Entfernung des Wasserfilms auf weniger als 10^{-5} Torr evakuiert. Als Werkstoffe, die mit Caesiummetall in Berührung kommen dürfen, sind hochwertige Borsilikatgläser wie Duran 50 oder Pyrex geeignet, als metallische Werkstoffe hochkorrosionsbeständige Stähle. Alle Ventile, die mit dem Metall in Berührung kommen, müssen stopfbuchsenlos sein. Geeignet sind Ventile von Gachot mit eingeschweißtem Dehnungsbalg. Glashähne dürfen nur mit reinen Kohlenwasserstoffen geschmiert sein.

Zur Durchführung der Probenahme wird die gesamte Metallmenge in dem Gebinde geschmolzen, wobei eine homogene Verteilung der Verunreinigungen gewährleistet ist. Mit Hilfe der Apparatur (Abb. 15/1) wird ein kleiner Anteil der

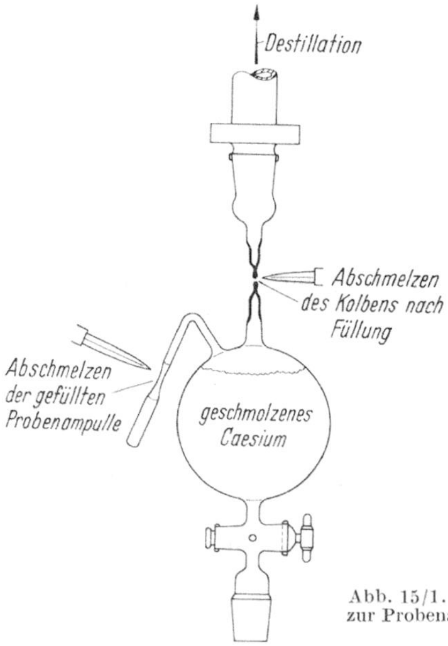

Abb. 15/1. Glaskolben von ca. 1 kg Inhalt zur Probenahme von Caesiummetall unter Vakuum.

Schmelze in eine Probenampulle gebracht, die man sofort unter Hochvakuum von der Apparatur abschmilzt. Zu diesem Zweck sind die Behälter, in welche die Ware abgefüllt wird, mit einem Seitenstutzen versehen, der die Ampulle trägt, die dann durch Kippen gefüllt wird. Im allgemeinen erfolgt die Probenahme auf dem Herstellerwerk beim Füllen der Gebinde mit Metall.

15.3 Caesiumsalze

15.3.1 Caesiumsalze, die nicht hygroskopisch sind und nicht an der Luft reagieren

Die Probenahme erfolgt wie in 3.6.1 beschrieben. Zu diesen Salzen gehören Caesiumchlorid, -jodid, -chromat und -alaun.

15.3.2 Hygroskopische Salze oder solche, die Kohlendioxid aufnehmen

Diese werden nach 3.6.2 geprobt. Zu ihnen zählen Caesiumcarbonat, Caesiumhydroxid und Caesiumsulfat.

16. Calcium

Allgemeines

Ausgangsprodukt für die Gewinnung des Metalls und seiner Salze ist das Calciumcarbonat, das in grobkristalliner Form als Kalkspat und in feinkristalliner Form als Kalkstein und Marmor vorkommt. Von wirtschaftlicher Bedeutung sind weiterhin der Flußspat (CaF_2) als Ausgangsmaterial zur Herstellung von Fluorwasserstoff und Fluoriden, sowie Gips ($CaSO_4 \cdot 2\,H_2O$) und Anhydrit ($CaSO_4$) als Baustoffe und gelegentlich als Zuschlagsmaterialien.

Vorstoffe (16.1—16.2)

16.1 Natürliche Vorstoffe

Kalkstein, Flußspat, Anhydrit und Gips können in grobstückiger bis sandiger Form und Flußspat auch als Flotationskonzentrat vorliegen. Ihre Probenahme erfolgt nach den allgemeinen Richtlinien für Erze entsprechender Kornklassen in den Abschnitten 2.2ff.

16.2 Calciumchlorid

Dieses Salz wird in eisernen Trommeln von etwa 200 kg Inhalt entweder als grobstückige Ware oder in Schuppenform geliefert. Beide Qualitäten sind, da Calciumchlorid als Ausgangsmaterial für die Calciumelektrolyse wasserfrei sein muß, vor ihrer Verwendung zu trocknen; dabei schickt man das stückige Material durch eine Scheibenmühle und bringt es auf eine Korngröße von etwa 3 mm. Nach dem bei 220 °C erfolgten Trocknen wird aus jeder Trommel mittels Probenstechers eine Probe von ungefähr 1 kg zur chemischen Untersuchung entnommen. Die Entnahme hat wegen der Gefahr einer Wasseraufnahme aus der Luft sehr rasch zu erfolgen.

Soll die Ware im Anlieferungszustand aufgrund einer Durchschnittsprobe begutachtet oder der Nässegehalt bestimmt werden, so entnimmt man bei grobstückigem Material vor dem Mahlen und bei schuppiger Qualität vor der Beschickung des Trockenofens aus jeder Trommel eine Rohprobe, zerstößt die Stücke rasch im Porzellanmörser, verringert die vereinigten Rohproben nach sorgfältigem Mischen durch Verjüngen und entnimmt zum Schluß 1 kg Probegut, das in Glasflaschen luftdicht aufbewahrt wird.

Fertigerzeugnisse (16.3—16.5)

16.3 Calciummetall

Das rohe, bei der Elektrolyse in zylindrischen Blöcken von etwa 3 kg Gewicht anfallende Metall ist durch Salzeinschlüsse mehr oder weniger verunreinigt. Nach

Entfernen der anhaftenden Schlacke werden die Blöcke in einen Schraubstock eingespannt und trocken an verschiedenen Stellen mit langsam laufendem Bohrer angebohrt, um möglichst feine Späne zu erhalten. Diese werden auf einer Papierunterlage gesammelt und nach dem Durchmischen sofort in eine trockene, dicht schließende Schliffprobenflasche abgefüllt. Da die Späne an feuchter Luft sofort oxidieren, ist die Probenahme rasch durchzuführen. Bei umgeschmolzenem Material ohne Einschlüsse ist die Gefahr der Wasseraufnahme geringer.

Durch Sublimationsreduktion erhaltenes Calcium wird in Stücken und Krusten in Polyäthylenbeuteln geliefert. Die Probenahme erfolgt hieraus ebenfalls durch Anbohren.

16.4 Calciumlegierungen

Blei-Calcium- und *Blei-Calcium-Magnesium-Legierungen* werden zur Entfernung des Wismuts aus Blei eingesetzt und enthalten etwa 3% Calcium oder je 3% Calcium und Magnesium. Die Lieferung erfolgt in Blöcken, die wie Bleimetall durch Bohren geprobt werden. Das Bohren hat hierbei ohne Bohrflüssigkeit mit einem langsam laufenden Bohrer zu erfolgen, so daß weder eine Reaktion mit Wasser noch eine solche durch Überhitzung mit Sauerstoff erfolgen kann.

Calcium-Silicium-Legierungen. Siehe unter Silicium (44.4.2)

16.5 Calciumverbindungen

16.5.1 Calciumoxid, Calciumhydroxid

Bei der Probenahme ist zu beachten, daß beide Materialien leicht Kohlensäure aus der Luft aufnehmen. Außerdem müssen beim Brennen etwa nicht umgesetzte Knollen im richtigen Verhältnis in der Probe enthalten sein. Zu diesem Zweck werden 1 bis 5% der Lieferung als Rohprobe entnommen, rasch durch einen Brecher zerkleinert und nach der Verjüngung sofort in luftdicht schließende Probenflaschen abgefüllt. Eine Nässebestimmung an diesen Materialien ist nicht möglich. Calciumoxid (gebrannter Kalk) wird als Zuschlagstoff und Calciumhydroxid (gelöschter Kalk) zur Mörtelbereitung verwendet. Die Probenahme erfolgt wie unter 3.6.2 beschrieben.

16.5.2 Calciumcarbid

Probenahme bei der Produktion. Calciumcarbid (CaC_2) wird aus Kalk und Koks im Lichtbogenofen hergestellt. Die Probenahme wird nach folgendem Schema durchgeführt: Nach Öffnen des Abstichloches muß dieses durch Einschieben und Hin- und Herbewegen von dünnen Eisenstangen (Ruten) freigehalten werden, da es sonst vom erstarrenden Carbid verstopft wird. Diese Tätigkeit muß während der ganzen Dauer des Abstiches ausgeübt werden. An den Ruten setzt sich laufend etwas Carbid an, das in seiner Gesamtheit einen guten Durchschnitt der ausgelaufenen Charge darstellt. Es wird abgekühlt und abgeschlagen. Nach gutem Durchmischen der abgeklopften Carbidschalen wird eine Probe von etwa 2 bis 3 kg genommen. Von dieser Menge wird nach vollständigem Erkalten 1 kg abgewogen und daraus die Gasausbeute bestimmt. Bei großen Öfen, bei denen kein Pfannenabstich (gewöhnlich nur für Handelsware) erfolgt, sondern das erzeugte Carbid im eigenen Betrieb weiterverarbeitet wird, nimmt man die Kühlung des auslaufenden Carbids in rotierenden Kühltrommeln vor und zieht gewöhnlich neben der Rutenprobe noch eine weitere Probe am Auslauf der Kühltrommel. Dies ist ohne weiteres möglich, da das Carbid hierbei bereits in einer Körnung bis etwa 60 mm anfällt. Eine andere Probenahmemöglichkeit ergibt sich nach dem Passieren der Mühlen, die das Carbid mit einer Korngröße bis 4 mm verläßt.

Probenahme bei der Verpackung. Für den Verkauf bestimmtes Calciumcarbid wird normalerweise in eisernen Trommeln von 50 bis 100 kg, teilweise auch in Fässern bis zu 250 kg Fassung verpackt. Hierzu werden die erkalteten Blöcke aus dem Pfannenabstich gebrochen. Das zerkleinerte Gut passiert dann eine (rotierende) Siebtrommel mit Sieben, die den verschiedenen Körnungen bei den Handelssorten entsprechen, und gelangt schließlich über Auslaufschurren in die Verpackungstrommeln. Aus diesen Materialströmen verschiedener Körnung wird mit einer Schaufel (Fassungsvermögen etwa 1 kg) von Zeit zu Zeit eine Probe entnommen und in eine 50-kg-Trommel gebracht. Die Gesamtprobe beträgt, bezogen auf die Leistung der Sortieranlage, etwa 0,25 bis 2% des Materialstromes je nach Anfall der entsprechenden Körnung über den ganzen Querschnitt. Die in der Trommel gesammelten Einzelproben werden durch Rollen der Trommel gemischt. Dann entnimmt man daraus etwa 2 kg, wiegt davon 1 kg ab und bestimmt damit die Gasausbeute. Sowohl bei der Fabrikationsüberwachung als auch bei den Handelssorten sind stets 1-kg-Proben üblich. Lediglich bei sehr feinen Körnungen, die für normale Analysenapparate nicht geeignet sind, führt man die Vergasung in Mengen von 25 g oder auch nur 2 g in kleinen Laboratoriumsapparaturen durch. Einige Werke sind gänzlich zu Analysen in 2-g-Apparaturen übergegangen. Ihre Anwendung setzt aber ein feingemahlenes Carbid voraus. Das Mahlen erfolgt am besten unter Durchspülung der Mühlen mit trockenem Stickstoff, auf jeden Fall aber in einer trockenen Atmosphäre.

Probenahme nach den technischen Lieferbedingungen. Calciumcarbid wird nach besonderen Lieferbedingungen gehandelt, die in DIN 53922 Blatt 1 und 2 festgelegt sind. In diesen Normen sind auch die Einzelheiten der Probenahme aufgeführt, entsprechend den verschiedenen Verwendungszwecken der Proben z. B. für die Bestimmung der Gasausbeute, der Körnung und des Staubgehaltes. So entnimmt man die Probe für die Gasausbeute einer Trommel, die dem Anteil eines bestimmten Lieferumfanges entspricht, derart, daß man nach dem Öffnen der Trommel zunächst etwa $^1/_3$ der Menge auf eine trockene Unterlage ausschüttet und dann aus der Mitte eine 2-kg-Probe zieht. Diese muß sofort in luft- und feuchtigkeitsdichte Gefäße verpackt werden. Von dieser 2-kg-Probe wird dann entweder 1 kg direkt zur Gasprobe gebracht, oder aber man mahlt die 2-kg-Probe und entnimmt ihr 2 g für die Analyse. Zur Unterrichtung über weitere Einzelheiten, vor allem bezüglich der aus einer Sendung bestimmten Umfanges zu entnehmenden Materialmenge, sei auf das genannte Normblatt, Blatt 2, verwiesen.

17. Chrom

Allgemeines

Das hauptsächlichste Chromerz ist der Chromit oder Chromeisenstein der Zusammensetzung ($FeO \cdot Cr_2O_3$), wobei das FeO teilweise durch MgO und das Cr_2O_3 durch Fe_2O_3 oder Al_2O_3 ersetzt sein können. Begleitet wird der Chromit fast immer von Serpentin und sonstigen Magnesiumsilikaten. Das Erz enthält meist 45 bis 52% Cr_2O_3. Daneben ist als weiteres Chromerz noch der Krokoit ($PbCrO_4$) zu nennen.

Vorstoffe (17.1—17.2)

17.1 Erze

Der Chromeisenstein wird als stückiges Erz angeliefert, sowie als gemischtes Erz, bestehend aus feinem und stückigem Material von 10 bis 30 cm Größe bis zu sandigem Material ungleichmäßiger Zusammensetzung. Besonders der feine Anteil kann im Chromgehalt erhebliche Unterschiede in sich und gegenüber dem Groben aufweisen. Außerdem kann die Anlieferung in Form eines gleichmäßigen Konzentrates von meist Hirsekorngröße erfolgen.

Stück- oder Mischerz. Da die Stücke häufig sehr inhomogen sind und auch das Verhältnis von Stück zu Feinem sowohl in der chemischen Zusammensetzung als auch in seiner physikalischen Beschaffenheit sehr starken Schwankungen unterliegt, hat man sich vor der Probenahme über den Grad der Verschiedenheit durch Zerschlagen größerer Stücke und Beurteilung der einzelnen Bruchflächen zu unterrichten. Die Größe der Rohprobe wird nach visuellem Befund festgesetzt. Sie kann unter Umständen bis zu 30% der Anlieferung betragen. Die Entnahme der Rohprobe geschieht im allgemeinen nach den Vorschriften der Probenahme für grobstückige Erze in den Abschnitten 2.2ff. Eine Probenahme in Häfen zur Nachtzeit ist abzulehnen. Bei der Entladung eines Schiffes durch Greifer dürfen nur volle Greifer für die Rohprobe beiseitegelegt werden.

Die Vorzerkleinerung der Rohprobe erfolgt durch Backenbrecher oder Prallmühlen. Letztere gestatten arbeitstäglich einen Durchsatz bis zu mehreren hundert Tonnen und liefern ein Probegut von 0,5 bis 2 cm Korngröße. Die weitere Aufarbeitung der Probe geschieht nach den Richtlinien in Kap. 4.

Konzentrate. Die Probenahme von Aufbereitungskonzentraten bereitet keine Schwierigkeiten. Zu beachten ist jedoch, daß Entmischungen auftreten können, wenn ein zu einem Kegel aufgeschüttetes Chromerzkonzentrat längere Zeit trockenem Wetter, Wind und Sonne ausgesetzt wird. Dadurch können die leichteren Körnchen der Gangart ins Wandern geraten und sich am Rande des Haufens ansammeln. Die Probemenge ist die gleiche wie bei Eisenerzkonzentraten und liegt bei etwa 1%.

17.2 Zwischenprodukte

17.2.1. Chromhaltige Schlacken

Saure Chromschlacken sind fest und spröde. Die Probenahme erfolgt wie unter Chromerz (17.1) beschrieben. Basische Chromschlacken sind pulverförmig und können nach den Richtlinien in 3.1.1 geprobt werden.

17.2.2 Chromoxid für metallurgische Zwecke

Die Probenahme des in Säcken oder Fässern angelieferten Chromoxids bereitet keine Schwierigkeiten. Sie erfolgt mittels Stechheber nach 3.6.1.

Fertigerzeugnisse (17.3—17.6)

17.3 Chrommetall

Chrommetall aluminothermisch. Das aus Chromoxid erschmolzene Chrommetall fällt in Blöcken zwischen 1000 und 2000 kg an. Die von der Schlacke befreiten

Blöcke werden unter dem Fallhammer zu Stücken von 20 bis 30 cm Größe zerkleinert. Die Probenentnahme erfolgt durch Abschlagen etwa 20 bis 50 mm großer Stücke, wobei darauf zu achten ist, daß die Entnahme über den gesamten Block erfolgt. Die Stücke werden in Backenbrechern auf eine Korngröße von 3 bis 5 mm und die durch Verjüngen hergestellte Probe im Stahlmörser zur Analysenprobe auf eine Körnung unter 0,5 mm zerkleinert. Bei der Zerkleinerung ist auf Verunreinigung durch Abrieb aus Zerkleinerungsgeräten zu achten. Aus der Probe ist mit Hilfe eines Magneten Eisen zu entfernen.

Chrommetall elektrolytisch. Das abgeschiedene Chrommetall fällt in mehrere Millimeter dicken Platten an, die in kleinere Stücke zerschlagen werden (Flakes) und in Trommeln zum Versand gelangen. Das Material ist sehr einheitlich. Bei der Zerkleinerung sind die für das aluminothermisch hergestellte Chrommetall gemachten Angaben über Verunreinigungen durch Zerkleinerungsgeräte zu berücksichtigen; gegebenenfalls sind Hartmetallmörser zu verwenden.

17.4 Chromlegierungen

17.4.1 Ferrochrom

Siehe Kapitel 20, Ferrolegierungen.

17.4.2 Silicochrom

Siehe Kapitel 20, Ferrolegierungen.

17.5 Chromsalze

Die Probenahme der Alkalichromate und -Dichromate ist einfach und erfolgt nach 3.6.1. Die Proben, insbesondere der kristallwasserhaltigen Salze, sind in gut verschließbaren Gefäßen aufzubewahren. Das gleiche gilt für das hygroskopische Chrom(VI)-oxid, welches in Eisenfässern angeliefert wird. Die Probenahme erfolgt nach 3.6.2.

17.6 Chromfarben

Bekannte Chromfarben sind Chromgrün (Cr_2O_3) sowie die Chromate des Bleis, Zinks und Cadmiums. Es sind alles pulverförmige Stoffe, deren Probenahme nach 3.6.1 erfolgt.

18. Edelmetalle

Inhaltsverzeichnis

Vorstoffe (18.1—18.3)

18.1 Erze und Konzentrate

Golderz. Äußere Beschaffenheit: grobstückig (max. 30 cm) bis fein. Losgröße: max. 250 t.

Probe für die Nässebestimmung: etwa 0,05%. Je 50 t werden ungefähr 25 kg (1 Eimer) entnommen, vorgebrochen und auf 5 kg verjüngt. Trockenzeit: 24 h bei 105 °C.

Probe für die Inhaltsermittlung (Anlieferung lose): Die Größe der Rohprobe richtet sich nach der maximalen Stückgröße und nach dem Goldgehalt (s. Tab. 18/1).

Tabelle 18/1. Größe der Rohprobe bei Golderzen in % der Anlieferung

Goldgehalt g/t	Mittlere Stückgröße in cm <10	<20	<30
etwa			
5	5	10	20
50	10	20	30
100	20	30	50

Jeder zehnte bis zweite Greifer halbvoll (etwa 5 bis 30%) bzw. jeder zweite Greifer voll (50%) wird als Rohprobe entnommen. Probenbearbeitung: Die gesamte Probe wird in mehreren Schritten durch Brechen, Mischen und Teilen auf 25 kg bei einer Korngröße unter 2 mm verjüngt, z. B. mit Hilfe einer aus Backenbrecher, Symonsbrecher und zwei mechanischen Probenteilern bestehenden Brecheranlage (Schritt 1) und einem Walzenbrecher mit mechanischen Probenteilern (Schritt 2).

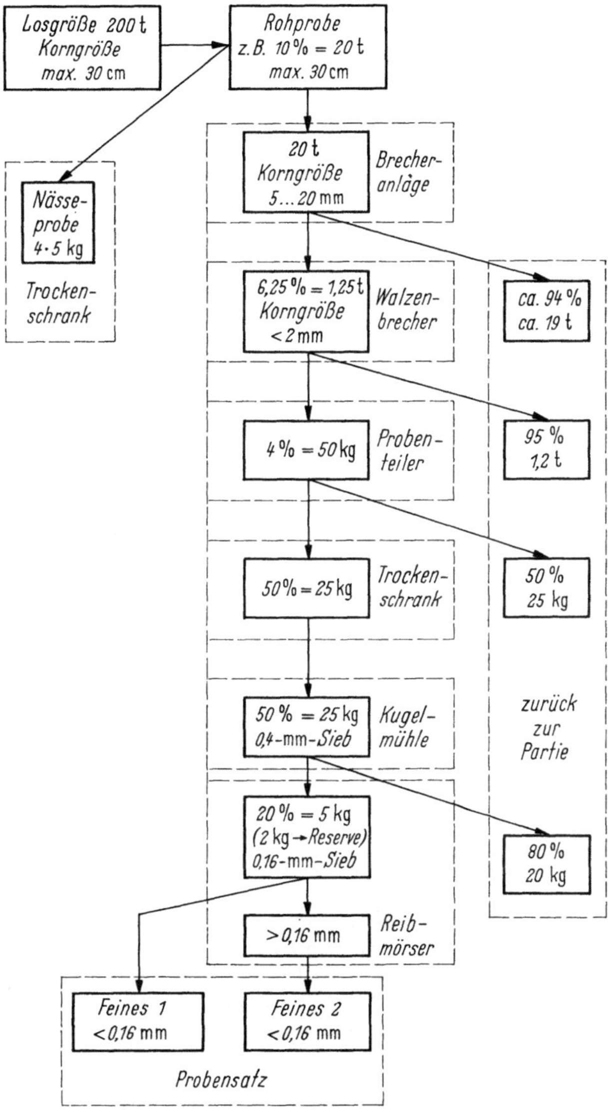

Abb. 18/1. Beispiel für die Probenbearbeitung eines Golderzes.

Die 25-kg-Menge wird ganz getrocknet, gemahlen, z. B. in einer sieblosen Kugelmühle, durch ein 0,4-mm-Sieb gegeben und auf 5 kg verjüngt. Davon werden 2 kg als Reserveprobe abgetrennt, die restlichen 3 kg werden durch ein 0,16-mm-Sieb gegeben (Feines 1). Anfallendes Überkorn wird mit einem Reibmörser gleichfalls auf eine Feinheit unter 0,16 mm gebracht (Feines 2). Der Probensatz besteht aus den Fraktionen „Feines 1" und „Feines 2". (S. auch Abb. 18/1).

Feinkörnige edelmetallhaltige *Erzkonzentrate*, z. B. Silberkonzentrate oder hochgoldhaltige Kupfer-Wismut-Konzentrate, werden wie sonstige Erzkonzentrate geprobt. Wegen des hohen Wertes sind jedoch kleinere Lose zu bilden und größere Rohproben-Prozentsätze zu entnehmen, gegenüber Kupferkonzentraten etwa zwei- bis dreifach erhöht.

18.2 Zwischenprodukte

18.2.1 Reichschaum

Äußere Beschaffenheit: leichte, vorwiegend aus Zink-Blei-Silber-Mischkristallen mit anhaftendem Blei bestehende metallische Phase, die sich bei der Bleischmelze als „Schaum" sammelt und das gesamte Edelmetall, ca. 2% Silber, enthält. Losgröße: max. 5 t. Die Probe für die Nässebestimmung entfällt.

a) *Probenahme für die Inhaltsermittlung beim Hersteller.* Man zweigt während des Abziehens des Schaums vom Bleibad in regelmäßigen Abständen etwa zehn Proben (insgesamt ca. 1% der Liefermenge) in flüssigem bzw. noch plastischem Zustand — je nach Bleigehalt — ab und vergießt oder verstreicht sie in Barrenformen mit etwa 5 kg Fassungsvermögen. Die kleinen Barren werden an jeder Längsseite an 3 bis 4 regelmäßig verteilten Stellen halb durchgesägt. Die Körnung der Späne soll nicht über 2 mm betragen. Bei Reichschäumen, die unter Verwendung einer Schaumpresse gewonnen werden und somit weniger anhaftendes Blei enthalten, können die Barren ablösbare Schichten aufweisen, so daß ein Sägen nicht möglich ist. Für diese Schäume ist folgendes Verfahren empfehlenswert: Die Barren, gegebenenfalls halbiert, werden in einer Kelle bis zum Erweichen (nicht Schmelzen) erhitzt. Durch Zerstoßen und Durchrühren mit einem Holzstab erhält man während des Erhärtens granalienähnliche Partikel. Probenbearbeitung: Die gesammelten Späne werden gemischt und durch Sieben fraktioniert, wobei man in „fein", „mittel" und „grob" aufteilt.

Bemerkungen: Die beschriebenen Verfahren gelten für Reichschäume in Mengen bis etwa 5 t. Bei Reichschaummengen über 5 t ist die Zahl der Einzelproben entsprechend zu erhöhen. In diesem Fall ist es zweckmäßig, die gesammelten Einzelproben in einem Kessel einzuschmelzen und unter sehr gutem Rühren Schöpfproben zu entnehmen, die zu Barren vergossen werden (etwa 10% des Einsatzes). Sie werden, wie oben beschrieben, weiterbehandelt. Die Probenentnahme beim Hersteller ist weniger aufwendig als diejenige beim Empfänger und sollte vorgezogen werden.

b) *Probenahme beim Empfänger.* Es ist die gesamte Lieferung der meist in Timpen transportierten Reichschäume im Betriebsmaßstab einzuschmelzen. Bei Mengen bis etwa 5 t werden unter intensivem Rühren Schöpfproben entnommen und mindestens zehn kleine Barren, je etwa 5 kg, gegossen, bei Mengen über 5 t entsprechend mehr. Die weitere Behandlung erfolgt nach der im vorangegangenen Abschnitt beschriebenen Methode.

18.2.2 Zink-Silber-Legierung (geseigerter Reichschaum)

Zink-Silber-Legierungen erhält man durch Seigern von Reichschäumen zum Zwecke der Bleiabtrennung als spezifisch leichtere Phase. Sie werden meist in Barren vergossen, sind spröde und durch Bohren bearbeitbar. Losgröße: 5 bis 50 t. Die Probe für die Nässebestimmung entfällt.

Probe für die Inhaltsermittlung: Die einzelnen Barren werden an mehreren Stellen durchgesägt oder durchgebohrt (nicht nur angebohrt), wobei die Bohrstellen auf einer Diagonalen liegen. Man erhält feine Späne, die gut gemischt werden. Aus ihnen wird das Material für die Analysenproben entnommen. Das Fraktionieren durch Sieben ist im allgemeinen nicht erforderlich.

18.2.3 Reichblei

Reichblei verbleibt nach dem Verdampfen des Zinks aus den erwähnten Zink-Silber-Legierungen und enthält 30 bis 40% Silber. Äußere Beschaffenheit: Barren von 1 bis 50 kg. Losgröße: 5 bis 50 t. Die Probe für die Nässebestimmung entfällt.

a) Probenahme für die Inhaltsermittlung beim Hersteller. Während des Vergießens in Großbarren von 50 kg werden kleine Barren von 1 kg gegossen. Ihre Gesamtmenge beträgt 1% der Charge. Sie werden entweder direkt gesägt oder eingeschmolzen und zu Platten gegossen (etwa 20 cm×10 cm×2 cm), die man an mehreren Stellen (diagonale Anordnung) durchbohrt. Die Späne sind durch Sieben zu fraktionieren.

b) Probenahme beim Empfänger. Man durchsägt oder durchbohrt alle Großbarren in diagonaler Anordnung der Bohrlöcher, schmilzt die Späne ein und vergießt zu Platten. Weiterbehandlung wie bei a).

18.2.4 Blicksilber

Äußere Beschaffenheit: Anodenplatten in vom Abnehmer vorgeschriebenen Abmessungen. Losgröße: max. 10 t. Die Probe für die Nässebestimmung entfällt.

Probe für die Inhaltsermittlung: Während des Vergießens zu Anoden wird in regelmäßigen Abständen etwa 1% der Charge, gegebenenfalls unter Einteilung in Lose, noch schmelzflüssig abgezweigt und durch Eingießen in Wasser granuliert. Die Granalien werden getrocknet, innerhalb einer Charge oder eines Loses gut gemischt und auf einer sauberen Unterlage in nicht zu dicker Schicht ausgebreitet. Man zieht mit einem Löffel Kreuzgräben und entnimmt auf diese Weise das Material für die Analysenproben.

Bemerkungen: Die beim Hersteller vorzunehmende Probenahme ist für Silber, das in Anodenplattenform zu liefern ist, am zweckmäßigsten und wird durch vertragliche Festlegung am häufigsten durchgeführt. Für den Fall, daß der Empfänger die Probenahme selbst vornehmen will, müssen 10 bis 20% der Platten nach Schablone bis zur Mitte angesägt werden. Die Sägespäne werden auf 5 kg verjüngt und mit Sieben von 0,2 mm, 1 mm und 2 mm Maschenweite abgesiebt. Die Analysenproben werden über Kreuzgräben (s. o.) entnommen.

18.2.5 Anodenschlämme

Äußere Beschaffenheit: fein bis klumpig, feucht, z. T. säurehaltig. Losgröße: max. 30 bis 40 t.

Probe für die Nässebestimmung: Etwa 0,1 bis 0,2%, entnommen über die gesamte Materialmenge, werden auf viermal 5 kg verjüngt. Diese werden 48 h lang bei 105 °C getrocknet.

Probe für die Inhaltsermittlung: Man entnimmt

— bei Anlieferung in Fässern etwa 10%. Jedes Faß wird einzeln ausgeschüttet, das Material gekegelt, der Kegel flachgezogen. Etwa 10% werden mit einer Schaufel entnommen, zusätzlich 0,1 bis 0,2% Nässeprobe.

— bei Anlieferung losen Materials etwa 5%. Beim Entladen werden aus jedem Greifer mit einer langen Stecherschaufel von beiden Seiten sechs Schaufeln (etwa 5%) entnommen.

— bei Anlieferung in Säcken etwa 1%. Jeder Sack wird bei feinem Material mit einem Rohrstecher quer durch den ganzen Sack geprobt.

Probenbearbeitung: Die Probe wird durch abwechselndes Mahlen, z. B. mit einem Kollergang, und Sieben, z. B. bei 10 mm, 6 mm und 2 mm Maschenweite, in mehreren Schritten (z. B. drei) auf 25 kg gebracht. Dabei müssen vor den einzelnen Mahlungen (mit Ausnahme der ersten) Zwischennässeproben von 2 kg entnommen und deren Nässen bestimmt werden, die zur Ermittlung der Gröbeanteile erforder-

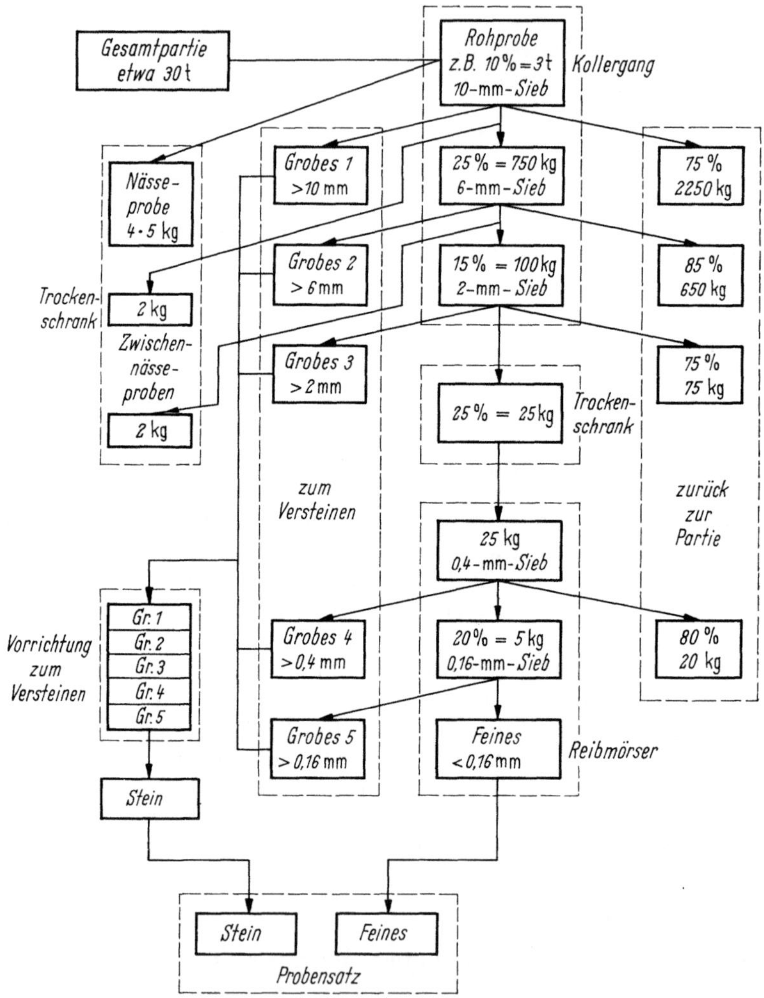

Abb. 18/2. Beispiel für die Probenbearbeitung von Anodenschlämmen.

lich sind. Die 25-kg-Menge wird ganz getrocknet, gemahlen, z. B. in einem Reibmörser, durch ein 0,4-mm-Sieb gegeben und auf 5 kg verjüngt. Davon werden 2 kg als Reserveprobe abgetrennt, die restlichen 3 kg werden nochmals gemahlen und auf ein 0,16-mm-Sieb gegeben („Feines"). Bei den verschiedenen Siebungen angefallenes Überkorn wird anteilig zusammengesetzt und versteint (s. 4.1.4), der Stein unter 0,16 mm zerkleinert („Stein"). Der Probensatz besteht aus den Fraktionen „Feines" und „Stein" (s. auch Abb. 18/2).

Bemerkung: Ist der Anodenschlamm säurehaltig, so muß er mit Soda neutralisiert werden.

18.2.6 Löserückstände (Kupfersulfatrückstände)

Die Probenahme erfolgt wie bei Anodenschlämmen (18.2.5). Häufig ist das Material so fein, daß bei den Siebvorgängen keine Siebrückstände erhalten werden, wodurch das Schmelzen mit Schwefel zu „Stein" und die Zwischennässebestimmungen entfallen.

18.2.7 Schlacken

Äußere Beschaffenheit: grobstückig. Losgröße: max. 1,5 t bei edelmetallreichen Schlacken, sonst bis 5 t.

Probe für die Nässebestimmung: etwa 2% der gemahlenen Materialmenge, die auf zweimal 0,5 kg verjüngt werden.

Probe für die Inhaltsermittlung: Schlacken werden, wenn nötig, vorgebrochen und dann wie Gekrätze in Siebkugelmühlen gemahlen. Zurückbleibende metallische Gröbe wird wie die Gröbe der Gekrätze behandelt (18.3.9.1).

18.2.8 Galvanische Bäder, Fixierbäder und sonstige edelmetallhaltige Lösungen

Äußere Beschaffenheit: klare oder trübe Lösungen mit Bodensatz.

Losgröße: stark unterschiedlich (5 bis max. 1000 kg). Die Probe für die Nässebestimmung entfällt.

Probe für die Inhaltsermittlung: Verbrauchte galvanische Bäder werden meist in Kunststoff- oder Glasballons angeliefert. Der Inhalt der Ballons wird bei klaren Lösungen gut durchgerührt. Mit Hilfe eines Stechhebers aus Glas wird eine Probe von ca. 500 ml entnommen. Bei trüben Lösungen mit Bodensatz muß dieser zunächst abfiltriert werden. Aus der klaren Lösung wird — wie vorstehend beschrieben — eine Probe mittels Stechhebers gezogen. Der abfiltrierte Bodensatz wird getrocknet, gewogen und gegebenenfalls zerkleinert, gemischt, auf 0,5 kg verjüngt und gesondert von der Lösungsprobe analysiert.

Besteht eine Partie aus mehreren Ballons, so können die Einzelproben entsprechend den Einzelgewichten der Lösungen aliquot zu einer Sammelprobe zusammengestellt werden.

Bemerkungen: Cyanidhaltige Bäder müssen bei der Probenahme wegen ihrer Giftigkeit mit besonderer Vorsicht gehandhabt und dürfen nicht zusammen mit sauren Bädern angeliefert werden. Es kommt vor, daß Lösungen in ungeeigneten Gefäßen wie verzinkten Blechkannen und dergleichen aufbewahrt und versandt werden. Hierbei kann es zur Zementation von Edelmetall kommen, das der Gefäßwand fest anhaftet. Abfiltrierte Rückstände und Gefäße müssen von der Lösung getrennt aufgearbeitet werden.

18.3 Altmaterialien (Schrott und nichtmetallische Abfälle)

18.3.1 Silber- und Goldlegierungen in Form von Blöcken, Granalien usw.

Äußere Beschaffenheit: Barren, Planschen, Drähte, Granalien, grobstückige Abfälle und Altmaterial aus Bijouterie und Dentallegierungen. Losgröße: max. 30 kg. Die Probe für die Nässebestimmung entfällt.

Probe für die Inhaltsermittlung: Größere Altgoldpartien werden immer geschmolzen. Man entnimmt der Schmelze nach gründlichem Durchrühren eine Schöpfprobe und gießt diese zu einer dünnen Plansche aus. Vielfach wird die entnommene Probe durch Eingießen in Wasser granuliert. Beim Granulieren ist aber zu beachten, daß die Oberfläche unter Umständen so stark oxidiert wird, daß bei Verwendung einzelner Granalien für die Probe Fehler auftreten können. Man kann das Oxidieren durch Alkoholzusatz verhindern. Trotzdem ist aber das Ausgießen der Schöpfprobe zu einer dünnen Plansche empfehlenswerter.

Kleinere Mengen werden vollkommen geschmolzen und zu Barren oder Planschen vergossen, die an zwei diagonalen Ecken gebohrt werden. Größere Barren mit mehr als 1 bis 2 kg Gewicht werden auch in der Mitte gebohrt. Die Barren müssen bis zur Mitte — am besten aber ganz — durchgebohrt oder -gesägt werden.

Späne aus der oxidierten Oberfläche sind zu verwerfen, da die Oxidation beim Schmelzen erfolgte. Die Späne der verschiedenen Bohrlöcher werden getrennt analysiert. Ist die Zusammensetzung uneinheitlich, so muß erneut geschmolzen und zu einer dünnen Plansche ausgegossen werden.

Material, das in Form von Barren, Planschen und Reguli angeliefert wird, ist daraufhin zu prüfen, ob das Metall sachgemäß und homogen durchgeschmolzen ist. Im Zweifelsfall muß das Gut noch einmal geschmolzen werden.

Probenbearbeitung: Die Späne werden, evtl. nach dem Verjüngen und Aufreiben, zur Herstellung der Analysenprobe verwendet.

18.3.2 Altplatin und Platinlegierungen

Äußere Beschaffenheit: Glasspinndüsen, Netzbruch, Elektroden, Schalen, Tiegel, Heizwicklungen, Thermoelementbruch usw. Losgröße: max. 10 kg. Die Probe für die Nässebestimmung entfällt.

Probe für die Inhaltsermittlung: Grobstückige Abfälle, die überwiegend aus Platinmetallen bestehen, werden, falls erforderlich, nach Stichproben von Weißgold und Unedelmetall getrennt. Mengen über 1 kg werden immer geschmolzen. Das Schmelzen ist ferner stets erforderlich, wenn das Metall mit Glas- oder Keramikresten behaftet ist, um diese zu entfernen.

Von den Barren werden Bohrproben entnommen. Von Platin-Rhodium-Barren werden auch Stücke abgehauen, die zu Ronden verarbeitet werden, um die Rhodiumbestimmung mittels Röntgenfluoreszenzanalyse durchzuführen.

Bemerkungen: Zwecks Vereinfachung von Analyse und Scheidung empfiehlt es sich, Platin, Platin-Rhodium und Platin-Iridium vor dem Schmelzen nach einer spektralanalytischen Vorprobe zu trennen.

18.3.3 Silbermünzen

Äußere Beschaffenheit: gebrauchte, verschmutzte Münzen mit unbekannten Anteilen an Fremdstoffen. Losgröße: max. 20 t. Die Probe für die Nässebestimmung entfällt.

Probe für die Inhaltsermittlung: Das Material wird in Fässern angeliefert, die alle völlig entleert werden. Beim Umschaufeln wird jede zehnte Schaufel als Probe entnommen, die nochmals im Verhältnis 1:1 geteilt wird. 1 t (5%) bildet die Reserveprobe, 1 t (5%) wird weiterbearbeitet.

Probenbearbeitung: Die gesamte Probe wird in einem Graphittiegel eingeschmolzen und in Blockform gegossen, die Blöcke werden abgekrätzt. Jeder Block wird gesägt (1 Schnitt bis zur Blockmitte, nach Schablone), die Sägespäne werden gesammelt und auf Siebe von 0,4 mm und 0,2 mm Maschenweite gegeben. Es entstehen die drei Fraktionen Metall 1 grob, mittel und fein. Krätze und Tiegel werden getrennt gemahlen (Siebe 2 mm und 0,16 mm). Die beiden Feinen ergeben die Fraktionen „Krätze“ und „Feines aus dem Tiegel“. Das Überkorn aus der Krätze (Metall 2) und dem Tiegel (Metall 3) wird getrennt unter Flußmittel eingeschmolzen. Die erhaltenen Metallblöcke werden gesägt und ergeben die Fraktionen „Metall 2“ und „Metall 3“. Die Flußmittel (Schlacken) aus beiden Schmelzungen werden anteilmäßig zusammengesetzt, gemahlen und durch ein Sieb von 0,16 mm Maschenweite gegeben (Fraktion „Schlacke“). Der Probensatz besteht aus den Fraktionen Metall 1 grob, mittel und fein, Metall 2, Metall 3, Schlacke, Krätze und Feines aus dem Tiegel. (S. auch Abb. 18/3).

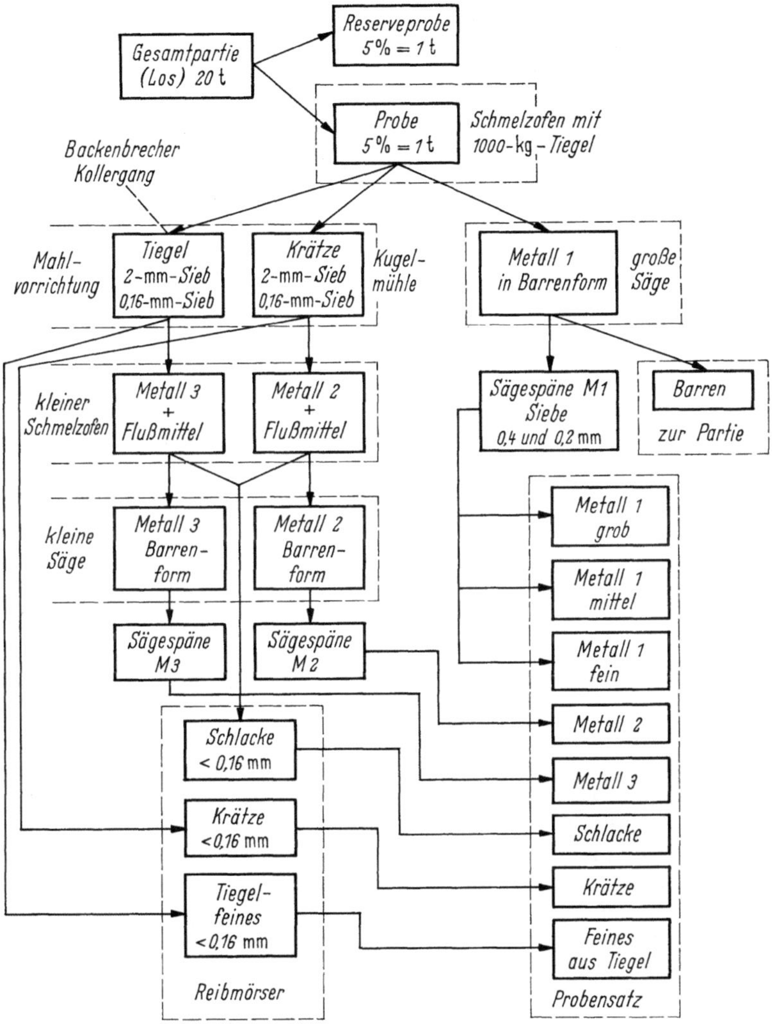

Abb. 18/3. Probenbearbeitung von Silbermünzen.

18.3.4 Mit Edelmetall plattiertes Material, edelmetallhaltiger Schrott

Äußere Beschaffenheit: Walzstreifen, Bänder, Drähte, Rollen, Stanzteile, Späne und sonstiger Verschnitt aus der Kontakt-Fertigung. Losgröße: bis zu 20 t. Die Probe für die Nässebestimmung entfällt.

Probe für die Inhaltsermittlung: Das Material wird zunächst nach äußerlichen Gesichtspunkten sortiert, z. B. in Bleche, Abschnitte, Rollen, Stanzteile, Späne und anderes, dann jede Sorte wieder auf einheitliche Zusammensetzung hin geprüft, wobei erforderlichenfalls die Spektralanalyse zu Hilfe gezogen wird. Die einzelnen

Sorten werden gewogen und geprobt, wobei sich der Rohproben-Prozentsatz nach dem Wert und der Einheitlichkeit des Materials richtet.

Bei sehr feinen Materialien werden die Rohproben in mehrere Siebfraktionen aufgeteilt, aus denen die für die Analysenproben erforderlichen Mengen entnommen werden. Der Probensatz weist dann mehrere Fraktionen „Feines" auf.

In allen anderen Fällen werden die an den einzelnen Sorten gezogenen Rohproben anteilig zusammengesetzt, geschmolzen und zu Blöcken vergossen. Diese werden gebohrt und die Bohrspäne in einer geeigneten Mühle, z. B. in einer Scheibenschwingmühle, soweit zerkleinert, daß sie zur Herstellung der Analysenproben geeignet sind. Die beim Einschmelzen entstehende Krätze wird ebenfalls gemahlen und abgesiebt. Der Probensatz besteht dann aus mehreren Fraktionen „Metall", von denen eine aus der Krätze stammen kann, und der „Krätze".

18.3.5 Elektronikschrott

18.3.5.1 Transistoren. Äußere Beschaffenheit: Kleinteile mit vergoldeten Drähten. Losgröße: bis zu mehreren hundert Kilogramm. Die Probe für die Nässebestimmung entfällt.

Probe für die Inhaltsermittlung: Bei *gleichartiger* Ware (gleicher Typ und gleiche Goldauflage) verfährt man wie bei Kontaktnieten, -federn und -stiften und entnimmt Stichproben aus den einzelnen Gebinden, wobei dann eine bestimmte Stückzahl oder Gewichtsmenge analysiert wird. *Ungleichmäßiger* Ware entnimmt man bis zu 5% der Gesamtmenge.

Probenbearbeitung: Die Rohproben ungleicher Ware werden entweder durch Tiegelschmelzen homogenisiert oder einem chemischen (Königswasser-Extraktion) bzw. elektrochemischen Verfahren (anodische Entgoldung) mit dem Ziel unterworfen, eine Edelmetallösung zu erhalten.

18.3.5.2 Gedruckte Schaltungen. Äußere Beschaffenheit: Kunststoff-Flachteile mit Auflagen von Edelmetall, mit eingelagerten Glasfasern, Silber-Palladium auf Keramik usw. Losgröße: nach Auftrag. Die Probe für die Nässebestimmung entfällt.

Probenentnahme für die Inhaltsermittlung: 5% der Liefermenge. Probenbearbeitung: Zunächst müssen die Kunststoffunterlagen der Probe verbrannt werden. Oft muß man Glasfasern aus der Asche auslesen. Danach wird gesiebt. Bei ausreichendem Kupfergehalt wird das Überkorn zu Barren geschmolzen und nach der Bohr- oder Sägeprobe bewertet. Das Feine wird wie pulverige Asche geprobt (s. 18.3.9.1).

Bemerkungen zu 18.3.4 und 18.3.5: Die Probenahme bei unsortiertem Schrott ist unbefriedigend. Verbindliche Probevorschriften können bei der stürmischen Entwicklung dieses Gebietes — der Schrott von heute entspricht der Technik von gestern — nicht gegeben werden.

18.3.6 Feilungen, Faserstich und pulverige Abfälle

Äußere Beschaffenheit: pulveriges Material. Losgröße: meist wenige Kilogramm. Die Probe für die Nässebestimmung entfällt.

Probe für die Inhaltsermittlung: Das Material wird im Flammofen ausgebrannt und zur Entfernung des Eisens ausmagnetisiert. Das eisen- und nickelfreie Gut wird, evtl. mit Zusatz von Flußmitteln, geschmolzen. Die Barren oder Planschen werden wie stückiges Material (s. 18.3.1) gebohrt.

Bemerkungen: Gelegentlich enthält das eisen- und nickelhaltige ausmagnetisierte Material noch Edelmetall, z. B. nickelhaltiges Weißgold. Es muß dann mit Schwefel zu Stein verschmolzen (s. 4.1.4) und dieser gemahlen werden. Das sulfidische Pulver wird wie Schlacken- oder Gekrätzfeines geprobt (s. 18.3.9.1).

18.3.7 Rückstände aus der Spiegelglasherstellung

Äußere Beschaffenheit: stückiges und feinkörniges Material. Losgröße: 100 bis 500 kg.

Probe für die Nässebestimmung: Etwa 2% der Materialmenge werden auf 0,5 kg verjüngt. Es wird bei 105 °C bis zur Gewichtskonstanz getrocknet.

Probe für die Inhaltsermittlung: Zur Probenentnahme wird stückiges Material zunächst feinkörnig aufgemahlen und zum Zwecke der Homogenisierung einem Mischvorgang unterworfen. Als Rohprobe werden ca. 2% des Postens, über die gesamte Materialmenge verteilt, entnommen. Die Rohprobe wird durch Kreuzteilen oder mittels Riffler auf 0,5 kg verjüngt, gemahlen und durch ein Sieb von 0,25 mm Maschenweite getrieben.

Bemerkungen: Silberreiche und glasfreie Rückstände werden häufig eingeschmolzen und die anfallenden Silberbarren durch Bohren geprobt.

18.3.8 Gebrauchte Katalysatoren

18.3.8.1 In pulveriger Form. Äußere Beschaffenheit: feinpulveriges Gut. Losgröße: max. 2000 kg.

Probe für die Nässebestimmung: Etwa 2%, entnommen über die ganze Materialmenge, werden auf zweimal 0,5 kg verjüngt. Kohle, Alpha-Tonerde, Bariumsulfat, Kieselsäure und Silikate werden bei 105 bis 110 °C bis zur Gewichtskonstanz getrocknet. Delta-Tonerde muß 3 h bei 1100 °C in Platinschalen oder Porzellantiegeln geglüht werden.

Probe für die Inhaltsermittlung: Das Gut wird nach einem evtl. erforderlichen Mahlprozeß sorgfältig gemischt und weiter wie pulveriges Gekrätz geprobt (s. 18.3.9.1). Probenbearbeitung: Nichthygroskopische Trägerkatalysatoren, die bei 105 bis 110 °C getrocknet werden (siehe oben Nässeprobe), werden wie Gekrätze (s. 18.3.9.1) behandelt. Proben hygroskopischer Trägermassen müssen bei der Nässeprobe bis zur Gewichtskonstanz geglüht werden. Da hierbei, wie z. B. bei der Umwandlung von Delta-Tonerde in Alpha-Tonerde, das Edelmetall eingeschlossen und nicht mehr extrahierbar wird, muß neben der Nässeprobe gleichzeitig die Probe für die Ermittlung des Edelmetallgehaltes gezogen und eingewogen werden. Der Edelmetallgehalt des ungeglühten Gutes wird auf die geglühte Substanz umgerechnet (s. 18.3.8.2).

18.3.8.2 Gebrauchte Katalysatoren, gekörnt, Reforming-Katalysatoren. Äußere Beschaffenheit: granulierte Massen, Strang-Preßlinge, Pellets. Losgröße: max. 2000 kg.

Probe für die Nässebestimmung: Aus 5 bis 10% des Loses werden drei- bis sechsmal 500-g-Proben gezogen, von denen je zweimal 20 g 3 h lang bei 1100 °C in Platin- oder Porzellantiegeln geglüht werden (Träger: Gamma-Tonerde). Andere Träger werden bei 105 bis 110 °C bis zur Gewichtskonstanz getrocknet.

Probe für die Inhaltsermittlung: Die Partien werden in Mengen von 5 bis 30 t in der Scheideanstalt angeliefert. Man unterteilt sie in Lose von ca. 2000 kg. Der Inhalt der gewogenen Fässer wird — falls erforderlich nach Durchgang über Magnetwalzen zur Entfernung von Eisenteilen — einer Siebklassierung unterworfen. Das obere, weitermaschige Sieb von 3,5 mm × 3,6 mm Maschenweite hält die Gröbe, meist edelmetallfreie Porzellankugeln, groben Splitt und sonstige Fremdkörper zurück. (Diese Fraktion muß ggf. noch ein- oder zweimal über die Siebmaschine laufen, um Katalysatorreste abzutrennen.) Die Gröbe wird ebenso wie etwa ausmagnetisiertes Eisen dem Taragewicht zugerechnet. Auf dem engermaschigen, unteren Sieb von 0,90 mm × 0,95 mm Maschenweite wird die Mittelfraktion, die nur aus dem eigentlichen Katalysator, also Pellets, Perlen oder Strangpreßlingen, besteht, zurückgehalten, während Staub und Katalysatorbruch hindurchfallen. Von der Mittelfraktion werden automatisch 5 bis 10% als Rohprobe

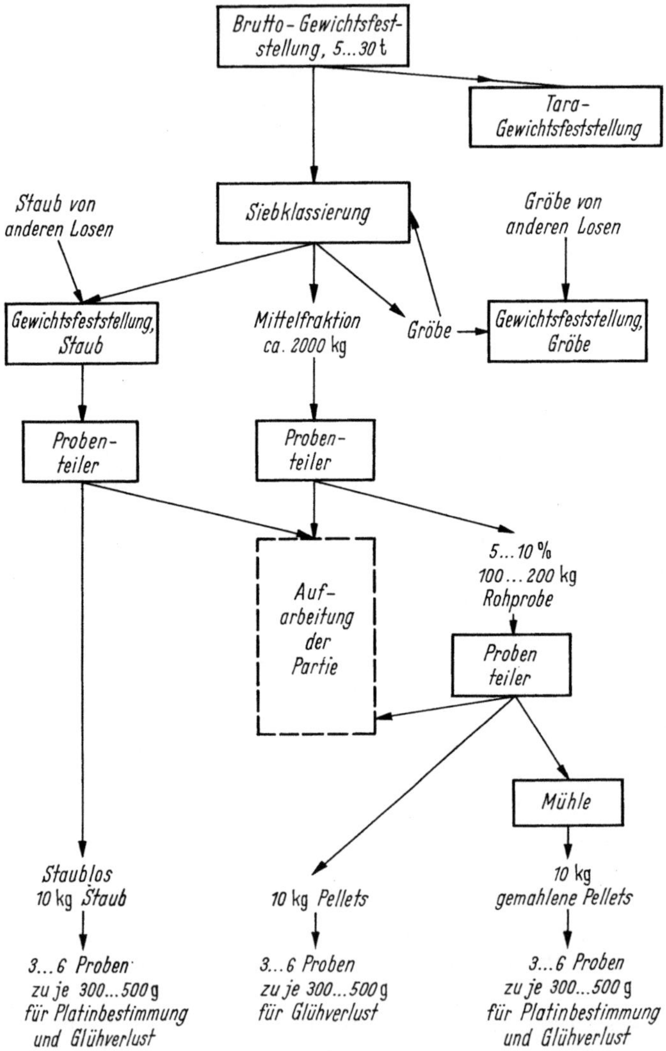

Abb. 18/4. Probenentnahme und Probenbearbeitung von gebrauchten Katalysatoren, gekörnt.

abgetrennt. Am Auslauf der Siebmaschine werden also Gröbe, Mittelfraktion, Rohprobe der Mittelfraktion und Staub getrennt in verschiedenen Fässern aufgefangen. Die Gewichte der Gröbe und des Staubanteils müssen festgehalten werden. Die Gröbe wird — siehe oben — verworfen, während der Staubanteil mit dem Staub weiterer Lose zu einem „Staublos" vereinigt wird. — Bei Pellets zylindrischer oder kugeliger Form, die seltener zur Aufarbeitung kommen, müssen weitmaschigere Siebe eingezogen werden.

Probenbearbeitung: Die Rohprobe der Mittelfraktion, die nach Beendigung einer Losklassierung 100 bis 200 kg wiegt, wird über Probenteiler auf etwa zweimal 10 kg verjüngt. 10 kg bleiben ungemahlen. Aus ihnen werden 3 bis 6 Proben zu je 300 bis 500 g für die Vertragspartner und eine eventuelle Schiedsprobe als Nässeprobe entnommen. Die anderen 10 kg werden fein gemahlen und dann ebenso aufgeteilt wie der ungemahlene Katalysator. Die nicht gemahlenen Proben dienen der Feststellung des Glühverlustes bei einer vereinbarten Temperatur (Zeitglühung, z. B. 3 h bei 1100 °C). Die gemahlenen Proben werden einerseits für die Ermittlung des Platingehaltes gebraucht, andererseits müssen zusätzlich Nässeproben der gemahlenen Substanz durchgeführt werden, weil das Gut beim Mahlen Wasser aufnimmt (s. auch Abb. 18/4).

Bemerkungen: Außer Reforming-Katalysatoren mit 0,3 bis 0,6% Platin/Tonerde kommen noch granulierte Kohlen, Kieselsäure, Bimsstein, Alpha-Tonerde usw. mit Platin oder Palladium beladen zur Aufarbeitung. Je nachdem, ob der Träger oberflächlich oder durch und durch imprägniert wurde, ist der Staub reicher oder ärmer an Edelmetall im Vergleich zum gröberen Material. Der Staub muß also in jedem Falle getrennt von der Gröbe geprobt und analysiert werden. Bei der Mannigfaltigkeit der heute verwandten Edelmetallkatalysatoren in der Petrochemie, chemischen Industrie und Abgasreinigung müssen die Abnahmebedingungen oft erst ausgehandelt werden.

18.3.8.3 Gebrauchte Katalysatoren, faserig, und Auffangmassen aus Glaswolle. Äußere Beschaffenheit: imprägnierte Asbeste, Glas-, Stein- und Quarzwolle. Losgröße: bis zu mehreren hundert Kilogramm.

Probe für die Nässebestimmung: wenn erforderlich, Trocknung bei 105 bis 110 °C.

Probe für die Inhaltsermittlung: Glas- und Steinwolle werden vom Staub getrennt und gemahlen. Der Staub wird, falls erforderlich, ebenfalls gemahlen und gut gemischt. Man entnimmt Rohproben in Anteilen von 1 bis 2% des Loses, die zu Analysenproben von 250 bis 500 g verjüngt werden. Bei Asbesten sind aus jedem Gebinde (Faß, Sack oder Ballen) ein oder mehrere Proben von ca. 500 g zu entnehmen. Der Staub muß für sich gewogen und geprobt werden.

Bemerkungen: Glas- und Steinwolle enthalten je nach Lage im Gasstrom mehr oder weniger Platin. Zur Probenahme muß deshalb das ganze Los gemahlen werden. Platin- und Palladium-Asbeste sind, bedingt durch die oft sehr unterschiedliche Haftfestigkeit des Edelmetalls an der Naturfaser, schon von der Herstellung an nicht ganz gleichmäßig imprägniert. Zudem reibt sich bei Versand, Einbau, Betrieb, Ausbau und Rücksendung der Ware immer wieder ein Teil des Edelmetalls ab. Beim Auspacken einer Lieferung muß also besonders auf abgefallenen Staub geachtet werden. Das hier angegebene Probenahmeverfahren gibt daher nur einen Näherungswert für den Edelmetallinhalt der Partie und kann bei den hohen Platinpreisen nicht als Abrechnungsbasis dienen. Einwandfreie Ergebnisse können nur nach Extraktion des Edelmetalls erhalten werden. Dann sind die Edelmetallösung und der Rückstand getrennt zu proben.

18.3.9 Nichtmetallische Abfälle

18.3.9.1 Gekrätze, Schliffe, Aschen usw. Äußere Beschaffenheit: feinkörniges Material. Losgröße: max. 1,5 t. Probe für die Nässebestimmung: Etwa 2%, entnommen über die gesamte Materialmenge, werden auf zweimal 0,5 bis 1 kg verjüngt. Es wird bei 105 °C bis zur Gewichtskonstanz getrocknet.

Probe für die Inhaltsermittlung: Gekrätze, Schliffe, Aschen usw. mit gleichmäßiger Körnung werden nach dem Entleeren aus der Verpackung und Feststellung des Nettogewichtes zum Zwecke der Homogenisierung einem Mischvorgang unterworfen. Das Mischen des Materials kann sowohl in mechanischen Mischgeräten als auch durch mehrfaches Schaufeln über den Kegel von Hand erfolgen. Die Rohprobe kann beim Entleeren der Mischgeräte durch eine automatische Probenahmevorrichtung aus dem fallenden Gutstrom entnommen oder nach dem Abfüllen des Materials in Säcke mittels Stechers gewonnen werden. Wurde das Material durch mehrfaches Schaufeln über den Kegel von Hand gemischt, so entnimmt man beim Wiedereinfüllen des Materials in Säcke jeder Schaufel mit einem Löffel möglichst gleichmäßige Teilproben, die zu einer Rohprobe vereinigt werden. Es werden je nach Größe des Loses ca. 2 bis 5% des Materials als Rohprobe entnommen.

Probenbearbeitung: Die Rohprobe wird dann durch Kreuzteilen oder mit einem Probenteiler (Riffler) auf etwa 0,5 bis 1 kg verjüngt. Dieses Probenmaterial wird in Glasflaschen mit eingeschliffenem Stopfen gefüllt, damit keine Änderung des Feuchtigkeitsgehaltes eintreten kann. Diese Probe wird dann bei 105 °C zur Ermittlung des Feuchtigkeitsgehaltes bis zur Gewichtskonstanz getrocknet (Nässeprobe). Nach der Feuchtigkeitsbestimmung erfolgt die Zubereitung des getrockneten Materials zur Analysenprobe. Man gibt hierzu das Probegut durch ein Sieb mit etwa 0,25 mm Maschenweite, zerkleinert das auf dem Sieb zurückbleibende Material in einer Mörsermühle und siebt erneut. Material, das zu Inhomogenitäten neigt, wird zweckmäßig durch ein feineres Sieb mit etwa 0,15 mm Maschenweite gegeben. Der zum Schluß der Präparation im Sieb verbleibende metallische Rückstand wird geschmolzen und zu einer Plansche vergossen, gebohrt oder gesägt und gesondert vom Feinen analysiert, jedoch bei der Gehaltsermittlung bei dem feinen Material mit verrechnet.

Bemerkungen: Mitunter sind die bei der Verarbeitung der Edelmetalle anfallenden Gekrätze, Schliffe usw. uneinheitlich zusammengesetzt, stark verunreinigt und auch vielfach mit organischen Stoffen durchsetzt. Diese Gekrätze werden zunächst in besonderen Öfen (Flammöfen) ausgebrannt und dann zum Zwecke der Probenahme gemahlen, gesiebt, gemischt und verjüngt. Die beim Mahlen verwendeten Kugelmühlen sind mit feinen Sieben (0,6 bis 0,25 mm Maschenweite) versehen, um ein möglichst homogenes Feingut zu gewährleisten. Das feine Material wird dann wie oben beschrieben weiterbehandelt.

Die in der Kugelmühle zurückgebliebenen, plattgeschlagenen Metallstücke werden zur Entfernung von Eisenteilen mit dem Magneten behandelt und dann eingeschmolzen. Von der Schmelze nimmt man eine Schöpfprobe oder wendet die Bohrprobe an, wenn aus der Schmelze nur ein kleiner Barren resultiert. Enthalten die mit dem Magneten ausgezogenen Eisenteile noch nennenswerte Mengen von Edelmetall, was besonders bei Gekrätzen, die nickelhaltiges Weißgold enthalten, der Fall sein kann, so müssen sie durch Reaktionsschmelzen mit Schwefel oder edelmetall- und evtl. kupferfreiem Pyrit in „Stein" verwandelt werden. Dieser wird dann gemahlen. Der Staub wird dem Probenansatz beigefügt (Fraktion „Stein").

Allgemein ist für die Probenahme von Gekrätzen, Schliffen, Aschen usw. festzuhalten, daß man bei Gold- und Platinmetall enthaltenden, also reichen Materialien, und grundsätzlich bei allen Partien über 500 kg zwei Proben nimmt, die als A- und B-Proben die Edelmetallbestimmung durchlaufen. Größere Partien im Gesamtgewicht von mehr als 1500 kg werden vor der Probenahme in verschiedene Lose zu max. 500 kg aufgeteilt.

Vielfach werden Teilproben auch durch Einstechen aus dem über den Kegel gemischten Haufen entnommen. Zum Einstechen verwendet man längsgeschlitzte Stecher von etwa 50 bis 60 cm Länge und 2 bis 3 cm Durchmesser, mittels derer man an verschiedenen Stellen des Haufens Proben zieht. Nachdem die Einzelproben zu einem Haufen vereinigt worden sind (insgesamt 1 bis 2% des Materials), wird dieser durch nochmaliges Einstechen verjüngt. Die dann erhaltene Materialmenge viertelt man bis auf ein Gewicht von etwa 0,5 bis 1 kg herunter.

18.3.9.2 Film- und Fotopapierabfälle. Äußere Beschaffenheit: ballenweise gebündeltes und auch loses Material, belichtete und unbelichtete Filme und Papiere. Losgröße: bis 20 t. Die Probe für die Nässebestimmung entfällt.

Probe für die Inhaltsermittlung: Film- und Fotopapierabfälle werden zunächst in Flammöfen verbrannt, und die Asche wird dann sorgfältig gemischt. 3 bis 5% des Materials werden als Rohprobe entnommen. Diese Probemenge wird durch Kreuzteilen auf 5 kg verjüngt, die gemahlen und durch ein Sieb (Maschenweite 0,25 oder 0,16 mm) gegeben werden.

Bemerkungen: Es werden auch bereits abgebrannte Fotopapieraschen angeliefert, die nach Vorstehendem gemischt und geprobt werden. Bei Filmen kann man auch die silberhaltige Gelatineschicht in Bädern von warmer, verdünnter Schwefelsäure ablösen. Das Silber scheidet sich dabei als schwarzer Schlamm am Boden des Gefäßes ab und kann nach Ablassen der Löseflüssigkeit mit Löffeln oder Schlammstechern geprobt werden.

Nitrozellulose-Material darf weder gelagert noch verarbeitet werden!

18.3.9.3 Schmelztiegel und keramische Einbettmassen von Glas- und Basaltspinndüsen. Äußere Beschaffenheit: grobstückiges Gut und Scherben. Losgröße: max. 1,5 t. Die Probe für die Nässebestimmung entfällt.

Probe für die Inhaltsermittlung: Das Material muß vorgebrochen, gemahlen und gesiebt werden. Bei Schmelztiegeln fällt bisweilen eine metallische Gröbe an, die geschmolzen und als Plansche angebohrt werden muß. Über die Probenahme des Feinen siehe Gekrätze (18.3.9.1).

Fertigerzeugnisse (18.4—18.6)

18.4 Reine Edelmetalle

18.4.1 Edelmetalle in Form von Barren, Planschen, Reguli, Blechen, Drähten (Halbzeug)

Äußere Beschaffenheit: Barren, Planschen, Reguli sowie verformtes Material wie Bleche, Drähte und Kleinteile. Losgröße: bei Gold- und Silberbarren max. 30 kg, bei Platinmetallen bis zu 10 kg. Die Probe für die Nässebestimmung entfällt.

Probe für die Qualitätsermittlung: a) Bei *geschmolzenem, nicht verformtem Material* werden die Barren, Planschen oder Reguli mit derselben Sorgfalt wie Altmaterial gebohrt (s. 18.3.1). Bei kleineren Materialmengen genügt ein Aushieb.

b) Bei *Blechen, Bändern und Drähten* werden Ab- oder Ausschnitte als Probe verwendet. Bei Drähten für Temperaturmeßgeräte, die aus physikalisch reinen Platinmetallen bestehen, muß die Reinheitsprüfung stets am fertigen Draht vorgenommen werden, um beim Walz- und Ziehvorgang etwa eingebrachte Verunreinigungen nachweisen zu können. Entsprechend dem Verwendungszweck geschieht die Prüfung physikalisch. Jede Rolle von physikalisch reinem Platindraht, der für Thermoelemente verwendet werden soll, wird in der Weise geprüft, daß man Anfang und Ende des Drahtes thermoelektrisch mißt. Je 20 bis 25 cm vom Anfang und vom Ende des Drahtes werden vor der Entnahme der Probe verworfen. Die für Thermoelemente bestimmten zehnprozentigen Platin-Rhodium-Drähte werden auch noch in der Mitte der Drahtlänge geprüft, um etwaige Entmischungen festzustellen. Von den feinen Bändern aus physikalisch reinem Platin, die zur Herstellung von Widerstandsthermometern dienen, werden die ersten 2 bis 3 m jeder Rolle verworfen. Bei dem anschließenden Stück wird der Temperaturkoeffizient des elektrischen Widerstandes geprüft.

Probenbearbeitung: Proben von reinsten Metallen für die spektralanalytische Reinheitsprüfung müssen geätzt werden, Silber mit Salpetersäure, Gold und Platinmetalle mit Königswasser.

18.4.2 Platin- und Palladiumschwamm

Äußere Beschaffenheit: graue, stückige Massen unterschiedlicher Körnung. Losgröße: max. 10 kg.

Probe für die Nässebestimmung: entfällt meistens. Ist der Platinschwamm sehr dunkel, so werden 20 bis 50 g für eine Glühverlustprobe bei 1200 °C gezogen.

Probe für die Qualitätsermittlung: Platin- und Palladiumschwamm lassen sich mit Mühle oder Mörser nicht zu pulverigem, probefähigem Gut zerkleinern, weil die verfilzten Kristalle schmieren. Somit ist eine exakte Probenahme für Reinheitsprüfungen bei gemischten Partien nicht möglich. Nur der Schwamm, der aus einer Fällung hergestellt wurde, kann durch Entnehmen von ca. 5 g für die Reinheitsprüfung geprobt werden. Probenbearbeitung: Die Proben werden in Matrizen geeigneter Form zu dichten Stäbchen gepreßt, die spektralanalytisch geprüft werden.

Bemerkungen: Zur Kontrolle der eigenen Scheidung entnimmt man oft statt aus dem Schwamm verbindliche Proben aus den Fällungen von Hexachloroplatinat bzw. Diamminpalladium(II)-chlorid, die zu Schwammproben verglüht werden. Gekaufter Schwamm wird zweckmäßig zum Barren geschmolzen, der dann wie üblich gebohrt wird.

18.4.3 Edelmetallpulver

Äußere Beschaffenheit: dunkel- bis silbergraue, feine Pulver (Rhodium, Iridium, Ruthenium und Osmium). Losgröße: max. 5 kg.

Probe für die Nässebestimmung: 5 bis 10 g werden 3 h bei 105 bis 110 °C getrocknet (außer Osmium).

Probe für die Qualitätsermittlung: Das Gut wird auf einer Glasplatte oder auf weißem Glanzpapier mehrfach über den Kegel geschüttet und dann durch Kreuzteilen auf 10 bis 20 g verjüngt. Für die spektralanalytische Reinheitsprüfung (außer Osmium) werden die Proben in geeigneten Matrizen zu dichten Stäbchen gepreßt.

Bemerkungen: Um Staubverluste zu vermeiden, mischt und verjüngt man unter Abzugshauben, die an der Saugseite mit Filtern ausgerüstet sind. Bei der Probenahme von Osmiumpulver ist die abgesaugte Luft durch mit Kalilauge beschickte Waschflaschen abzuziehen, um verdampfendes Osmiumtetroxid zurückzuhalten.

18.4.4 Katalysatoren

Äußere Beschaffenheit: feinpulveriges oder gekörntes Gut. Losgröße: bis 2000 kg.

Probe für die Nässebestimmung: nach Vereinbarung. — Die verschiedene Hygroskopizität und Thermostabilität der Trägermaterialien bedingen unterschiedliche Trocken- bzw. Glühtemperaturen, die vorher abgesprochen werden müssen.

Probe für die Inhalts- bzw. Qualitätsbestimmung: *Pulverige* Katalysatoren werden wie pulverige Gekrätze und dergleichen geprobt. Für *gekörnte* Katalysatoren wird anschließend (mit freundlicher Genehmigung der Kali-Chemie, Engelhard, Kata-

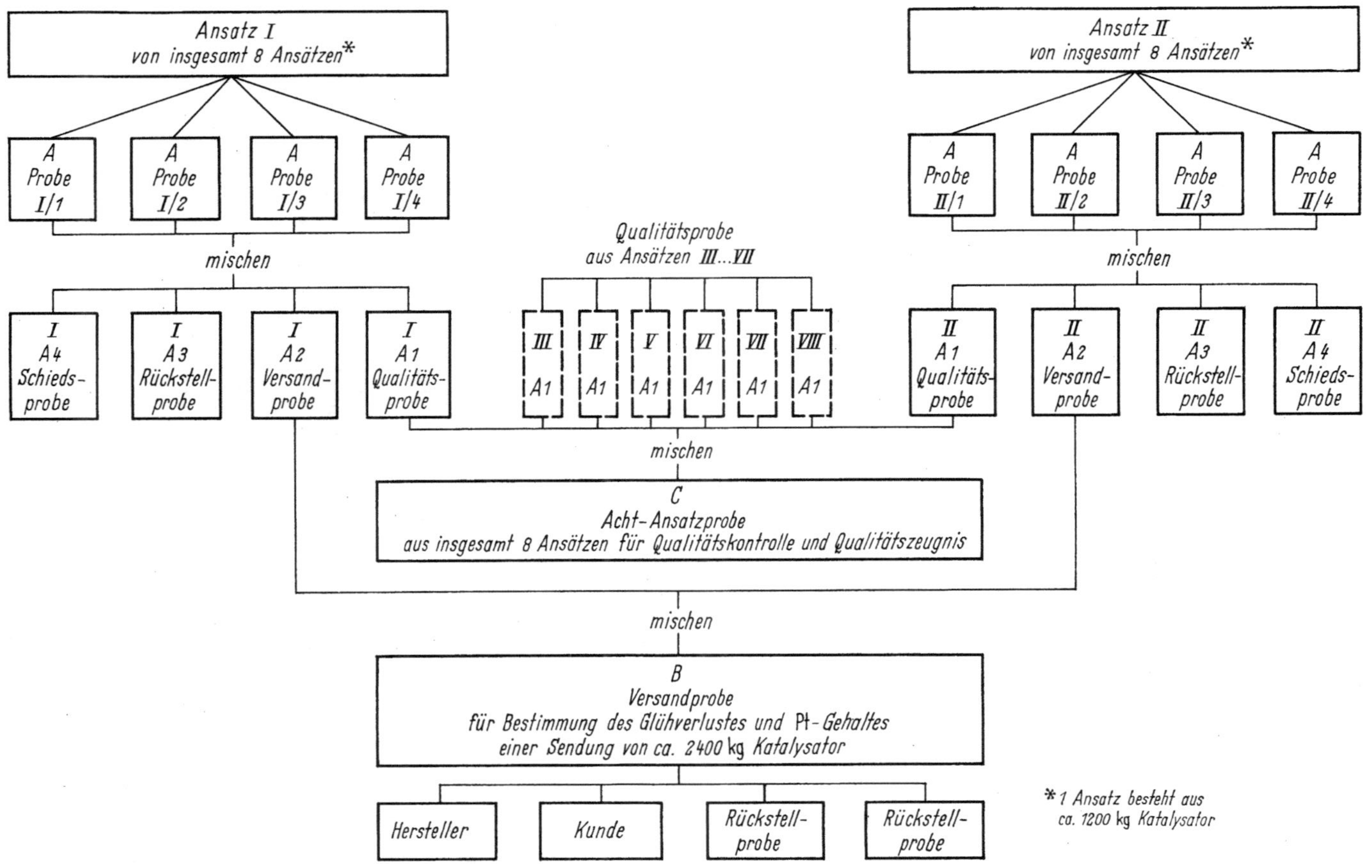

Abb. 18/5. Probenahmeverfahren für neue Platin-Katalysatoren. Beispiel: Auftrag über 2400 kg.

lysatoren GmbH, Hannover) die Probenahme und -bearbeitung eines Reforming-Katalysators (Strangpreßlinge) beschrieben (s. auch Abb. 18/5):

a) Einzel-Ansatz-Proben. Während der Produktion wird automatisch aus jeweils ca. 1200 kg eine Probe entnommen. Diese wird als Einzel-Ansatz-Probe bezeichnet und auf vier Flaschen verteilt. Um gleichmäßiges Probenmaterial zu garantieren, wird der Inhalt der vier Flaschen in einem automatischen Probenteiler gemischt und erneut auf vier Flaschen verteilt. Die so erhaltenen Proben werden wie folgt verwendet: als interne Qualitätskontrolle, als Teil-Versand-Probe, als Rückstell-Probe und als Schiedsprobe.

b) Versandproben. Bei Versand der in Auftrag gegebenen Katalysatormenge wird aus den einzelnen Teil-Versandproben (vgl. a) eine Versandprobe aufgemischt. Dieses geschieht ebenfalls mit Hilfe eines automatischen Probenteilers. Die Versandprobe dient zur Feststellung des Feuchtigkeitsgehaltes (Glühverlustes) und des Platingehaltes des Katalysators in Gewichtsprozenten.

c) Acht-Ansatz-Proben. Teile von jeweils acht der für die interne Qualitätskontrolle genommenen Proben werden zu einer Acht-Ansatz-Probe aufgemischt. Diese Probe repräsentiert somit jeweils achtmal ca. 1200 kg gleich etwa 9600 kg Katalysator. Diese Acht-Ansatz-Probe dient zur Feststellung der analytischen und physikalischen Eigenschaften des Katalysators. Die Übereinstimmung des Katalysators mit den Spezifikationen wird auf Grund der Analysenergebnisse dieser Proben durch Qualitätszeugnis bestätigt.

18.5 Edelmetall-Legierungen

18.5.1 Halbzeug

Äußere Beschaffenheit: Bleche, Drähte, Bänder. Losgröße: nach Vereinbarung. Die Probe für die Nässebestimmung entfällt.

Probe für die Qualitätsermittlung: Man nimmt aus voneinander entfernt liegenden Stellen Abschnitte, bei Drähten und Bändern vom Anfang und vom Ende, gegebenenfalls auch aus der Mitte. Weitere Einzelheiten siehe bei 18.4.1.

18.5.2 Fertigerzeugnisse

Äußere Beschaffenheit: Schmuck und Geräte. Losgröße: Einzelstücke. Die Probe für die Nässebestimmung entfällt.

Probe für die Qualitätsermittlung: Für den Edelmetallgehalt von Fertigerzeugnissen bestehen — soweit es sich um Geräte und Schmuck handelt — in fast allen Ländern *gesetzliche Regelungen.* In Deutschland darf auf Geräten aus Gold nach dem Gesetz vom 16. 7. 1884 der Feingehalt nur in 585 oder mehr Tausendteilen, bei Silbergeräten nur in 800 oder mehr Tausendteilen angegeben werden. Der wirkliche Feingehalt darf, weder in der Gesamtheit der Ware noch auch in deren einzelnen Bestandteilen, bei goldenen Geräten mehr als 5, bei silbernen Geräten mehr als 8 Tausendteile unter dem angegebenen Feingehalt bleiben. Vorbehaltlich dieser Abweichung muß der Gegenstand, im ganzen mit der Lötung eingeschmolzen, den angegebenen Feingehalt haben.

Schmucksachen von Gold und Silber dürfen in jedem Feingehalt gestempelt werden. Es ist in diesem Falle der Feingehalt ebenfalls in Tausendteilen anzugeben. Die Fehlergrenze darf 10 Tausendteile nicht überschreiten, wenn der Gegenstand im ganzen eingeschmolzen wird. Die Stempelzeichen (Sonnenzeichen für Gold, Mondzeichen für Silber) mit der Reichskrone dürfen auf Schmucksachen nicht angebracht werden.

Schmuck und Gebrauchsgegenstände sollen bei der *Probenahme* zumeist nicht beschädigt oder zerstört werden. Bei der Strichprobe streicht man den zu prüfenden Gegenstand an einer unauffälligen Stelle unmittelbar auf dem Probierstein. Für die Feuerprobe entnimmt man das Material durch Schaben ebenfalls an einer unauffälligen Stelle des Gegenstandes. Bei der Probenahme ist auf das etwaige Vorhandensein galvanischer Auflagen anderer Zusammensetzung oder auf durch Beizen entstandene edelmetallreichere Oberflächenschichten Rücksicht zu nehmen. Die Oberflächenschichten muß man zunächst an der für die Probenahme bestimmten Stelle durch Schaben oder Feilen so weit beseitigen, daß mit Sicherheit alle Auflagen entfernt sind. Außerdem darf die Probe nicht an Lötstellen genommen werden. Bei Schmuckstücken und Geräten, die aus mehreren Teilen hergestellt sind, welche z. B. durch Lötung miteinander verbunden sind, ist die Probe, um etwa vorhandene Unterschiede in der Zusammensetzung einzelner Teile nachzuweisen, von den verschiedenen Teilen des Gegenstandes zu nehmen.

Dürfen die Gegenstände aus Edelmetall bei der Probenahme zerstört werden, so entnimmt man die Probe entweder durch Ausschnitte oder Abschnitte von verschiedenen Teilen, wenn man nicht vorzieht, das ganze Stück einzuschmelzen und danach die Plansche zu bohren.

18.5.3 Halbzeug aus Unedelmetall mit Edelmetallauflagen

Äußere Beschaffenheit: mechanisch oder galvanisch doublierte oder bedampfte Bleche, Bänder, Drähte, Rohre. Losgröße: nach Auftrag. Die Probe für die Nässebestimmung entfällt.

Probe für die Qualitäts- bzw. Inhaltsermittlung: Man nimmt Proben vom Anfang, der Mitte und dem Ende der Bänder, Drähte usw., wobei die ersten und letzten Anfangs- bzw. Endstücke verworfen werden, weil hier die Auflagestärke zumeist nicht der mittleren Stärke entspricht.

18.5.4 Fertigerzeugnisse aus Unedelmetall mit Edelmetallauflage

Äußere Beschaffenheit: Kleinteile, Kontaktnieten, Federn, Schmuckwaren, Uhrgehäuse, versilberte Eßbesteckwaren. Losgröße: nach Auftrag. Die Probe für die Nässebestimmung entfällt.

Probe für die Qualitätsermittlung: Bei *Kleinteilen, Kontakten* usw. werden Stichproben entnommen. Man probt aus den verschiedenen Gebinden eine bestimmte, vereinbarte Gewichtsmenge oder Stückzahl. Von *Schmuckwaren* werden ebenfalls Stichproben entnommen, wobei jeweils der ganze Gegenstand analysiert wird. Von *versilberten Bestecken* werden 12 gleiche Teile des zu prüfenden Besteckes in Mengen von je vier Stück an drei verschiedenen Plätzen eingekauft. Der Gesamtsilbergehalt dieses Dutzends wird bestimmt.

Bei der *betrieblichen Kontrolle* während der Fertigung entnimmt man Stichproben von einzelnen Besteckteilen, die an verschiedenen Stellen in den Silberbädern hängen, um so gleichzeitig die Streuung der Auflage zu ermitteln.

Bemerkungen: Auf Schmuckwaren aus Unedelmetall mit Goldauflage darf der Gesamt-Feingehalt nicht aufgestempelt werden (§ 8 des Gesetzes über den Feingehalt von Gold- und Silberwaren). Statt dessen ist es üblich, aber nicht Vorschrift, die Dicke der Auflage in μm (Mikrometer) aufzustempeln.

Bei versilberten Bestecken gilt als Normalversilberung die 90-g-Silberauflage. Hierunter ist nach dem neuen Entwurf der Güte- und Prüfbedingungen für versilberte Bestecke RAL 691 B 3 eine Auflage von 90 g Feinsilber auf 24 dm^2 Besteckoberfläche zu verstehen. (Die bisherige Vorschrift RAL 691 B 2, wonach 12 Tafellöffel und 12 Tafelgabeln zusammen die angegebene Silberauflage aufweisen sollen, ist ungültig.) Im einzelnen sind die erforderlichen Auflagengewichte aller Besteckteile, die Bedingungen für die Bezeichnungen „Verstärkung der Aufliegestellen", „hartversilbert" oder „hartglanzversilbert" und „patentversilbert", die Kennzeichnung des Grundmetalls und die Prüfungsverfahren in der neuen RAL-Vorschrift festgelegt. Bei insgesamt 12 Besteckteilen darf die Silbermenge im Durchschnitt um nicht mehr als 10% vom Sollgewicht nach unten abweichen.

18.6 Edelmetallsalze

18.6.1 Silbernitrat

Äußere Beschaffenheit: feinkörnige Kristalle. Losgröße: 10 bis 1000 kg.

Probe für die Nässebestimmung: Etwa 2% des Gesamtloses werden auf 0,2 kg verjüngt.

Probe für die Inhaltsermittlung: Silbernitrat kommt im allgemeinen in Glasflaschen oder Plastikbeuteln zum Versand. Handelt es sich um größere Sendungen von mehreren hundert oder tausend Kilogramm, so nimmt man bei gleichmäßiger Qualität jede fünfte, zehnte oder zwanzigste Flasche zur Probenahme heraus, so daß max. 20% des Silbernitrates abgezweigt werden. Diesen Flaschen wird eine Probe entnommen, und zwar entweder als Stecherprobe direkt aus der Flasche oder durch Kreuzteilen nach dem Entleeren der Flaschen auf geeigneten Unterlagen. Probenbearbeitung: Falls erforderlich, werden drei oder fünf der gezogenen Proben vereinigt, innig vermischt und auf dem Tisch weiter verjüngt, bis zum Schluß eine Endprobe von 200 g zurückbleibt. Man bewahrt das Probegut in kleinen, braunen Flaschen mit eingeschliffenem Stopfen auf.

Bemerkungen: Beim Rohnitrat zieht man die Proben zweckmäßig dann, wenn es zum Zwecke der Weiterbearbeitung auf Feinnitrat in große Wannen entleert wird. Ist das Rohnitrat sichtbar stark verunreinigt, so muß aus jeder Flasche eine Probe von 0,1 kg entnommen werden. Diese Proben werden z. T. vereinigt, dann gemischt und auf eine Analysenprobe verjüngt.

18.6.2 Andere Edelmetallsalze

Äußere Beschaffenheit: feinkörnige Kristalle. Losgröße: 0,5 bis 100 kg.

Probe für die Nässebestimmung: etwa 2% des Gesamtloses, gegebenenfalls auf 0,2 kg verjüngt.

Probe für die Inhaltsermittlung: Bei Edelmetallsalzen wie Silbercyanid, Kaliumdicyanoargentat(I), Goldchlorid, Kaliumdicyanoaurat(I), besonders aber bei Salzen der Platinmetalle sind die zu probenden Mengen meist nur klein. Es wird dann in der Regel möglich sein, die gesamte Partie auf einen Tisch zu entleeren, der eine Auflage aus einer Glasplatte, Glanzpapier oder dergleichen trägt. Die Durchmischung wird mit Handlöffeln oder -schaufeln vorgenommen. Bei cyanidischen Salzen ist wegen der Giftigkeit auf Zerstäuben besonders zu achten. Durch Kreuzteilen wird eine Rohprobe von 20 bzw. 10% entnommen. Die Rohprobe wird gemischt und weiter auf eine Analysenprobe von ca. 0,2 kg verjüngt, notfalls unter Zwischenschaltung eines Mahlvorganges.

Bemerkungen: Bei Salzgemischen ist es zweckmäßig, einen genügend großen Teil des Salzes in Lösung zu bringen und diese Lösung dann als Probe zu verwenden.

19. Eisen

Inhaltsverzeichnis

Allgemeines

Bei den technisch wichtigen Eisenerzen unterscheidet man zwei verschiedene Gruppen, nämlich die oxidischen und die sulfidischen Eisenerze. Die bei weitem größte Bedeutung für die Eisengewinnung haben die oxidischen Erze. Zu ihnen gehören insbesondere Magnetit (Fe_3O_4), Hämatit (Fe_2O_3), untergeordnet Brauneisenstein ($Fe_2O_3 \cdot H_2O$) und Spateisenstein ($FeCO_3$). Zur zweiten Gruppe zählt der Schwefelkies, der zur Schwefelsäuregewinnung abgeröstet als sog. Purpurerz (im wesentlichen Fe_2O_3) der Eisengewinnung zugeführt wird.

19.1 Eisenerze

Die International Organization for Standardization (ISO) hat für die Eisenerzprobenahme internationale Normen aufgestellt bzw. in Vorbereitung. Als „Standards" sind bereits ausgegeben[1]:

ISO 3081-1973, Iron ores — Increment sampling — Manual method
ISO 3083-1973, Iron ores — Preparation of samples

Es sind weiter in Vorbereitung:

ISO 3082, Iron ores — Increment sampling — Mechanical method
ISO 3084, Iron ores — Experimental methods for evaluation of quality variation
ISO 3085, Iron ores — Experimental methods for checking the precision of sampling

[1] Die ISO-Standards können vom Beuth-Vertrieb GmbH, 1 Berlin 30, Burggrafenstraße 4—7, bzw. 5 Köln, Friesenplatz 16, bezogen werden.

ISO 3086, Iron ores — Experimental methods for checking the bias of sampling
ISO 3087, Iron ores — Determination of moisture content
ISO ...., Iron ores — Determination of size distribution by sieving

Für die *Handprobenahme* wird in ISO 3081 die Größe der zu entnehmenden Einzelprobe in Abhängigkeit von der maximalen Korngröße — d. i. die Maschenweite des Siebes, bei dem noch etwa 5 Gew.-% des Erzes als Rückstand verbleiben — laut Tab. 19/1 festgelegt. Dabei werden für die einzelnen Korngrößenbereiche die notwendigen Abmessungen der zu verwendenden genormten Schaufel genannt.

Tabelle 19/1. Größe der Einzelproben

Maximale Korngröße mm		Mindestgewicht der Einzelprobe
über	bis einschließlich	kg
150	250	40
100	150	20
50	100	12
20	50	4
10	20	0,8
	10	0,3

Der Variationskoeffizient der Gewichte der einzelnen Proben soll unter 20% liegen. In Abhängigkeit von der Tonnenzahl der Lieferung werden bezüglich des Eisen- und Nässegehalts sowie der Größe der Kornfraktion unter 10 mm (bzw. 5 mm bei Pellets) die Werte der Standardabweichung für die Probenahme einschließlich Probenvorbereitung aufgeführt.

Die erforderliche Anzahl an Einzelproben wird abhängig gemacht von den vorliegenden großen, mittleren oder kleinen Schwankungen im Eisen- und Nässegehalt und der Korngröße (s. Tab. 19/2). In dieser Tabelle kennzeichnen σ_w und σ_b die Heterogenität der betreffenden Lieferung; die Werte wurden experimentell bestimmt. Sie stellen jeweils die Standardabweichung der betreffenden Eigenschaft (Eisengehalt usw.) dar; dabei ist σ_b die Standardabweichung *zwischen den Waggons* einer Lieferung.

Tabelle 19/2. Klassifizierung der Qualitätsschwankungen

Qualitätsschwankungen	Standardabweichungen σ_w bzw. σ_b bei		
	Eisengehalt %	Nässegehalt %	Kornfraktion < 10 mm %
groß	$\geqq$2,0	$\geqq$2,0	$\geqq$20
mittel	2,0–1,5	2,0–1,5	20–15
klein	<1,5	<1,5	<15

In Tab. 19/3 ist die Anzahl der erforderlichen Einzelproben für Lieferungen zwischen 150000 und 500 t und die verschiedenen Schwankungsbereiche von σ_w laut Tab. 19/2 angegeben, wobei jeweils für die Werte des Eisengehalts usw. die Standardabweichung $\beta_s\,[\%] = \frac{2\sigma_w}{\sqrt{n}}$ errechnet wird.

ISO 3081 gibt weiter noch insbesondere für die Probenahme von Transportbändern, Waggons, Bunkerausträgen, Schiffen und Stapeln Empfehlungen.

Tabelle 19/3. Mindestanzahl der erforderlichen Einzelproben (n)

Lieferung in t		Qualitätsschwankung σ_W											
		groß				mittel				klein			
über	bis einschließlich	n	β_s [%] Eisengehalt	β_s [%] Nässegehalt	β_s [%] Kornfraktion <10 mm	n	β_s [%] Eisengehalt	β_s [%] Nässegehalt	β_s [%] Kornfraktion <10 mm	n	β_s [%] Eisengehalt	β_s [%] Nässegehalt	β_s [%] Kornfraktion <10 mm
100 000	150 000	200	0,35	0,35	3,5	100	0,35	0,35	3,5	50	0,35	0,35	3,5
70 000	100 000	180	0,37	0,37	3,7	90	0,37	0,37	3,7	45	0,37	0,37	3,7
45 000	70 000	160	0,39	0,39	3,9	80	0,39	0,39	3,9	40	0,39	0,39	3,9
30 000	45 000	140	0,42	0,42	4,2	70	0,42	0,42	4,2	35	0,42	0,42	4,2
15 000	30 000	120	0,45	0,45	4,5	60	0,45	0,45	4,5	30	0,45	0,45	4,5
5 000	15 000	100	0,50	0,50	5,0	50	0,50	0,50	5,0	25	0,50	0,50	5,0
2 000	5 000	80	0,56	0,56	5,6	40	0,56	0,56	5,6	20	0,56	0,56	5,6
1 000	2 000	60	0,65	0,65	6,5	30	0,65	0,65	6,5	15	0,65	0,65	6,5
500	1 000	40	0,79	0,79	7,9	20	0,79	0,79	7,9	10	0,79	0,79	7,9
	500	30	0,91	0,91	9,1	15	0,91	0,91	9,1	8	0,88	0,88	8,8

In ISO 3083 werden für die *Probenvorbereitung* bis zur Analysenprobe ins einzelne gehende Empfehlungen aufgeführt, die sich insbesondere auf die Aufmahlung der Rohprobe, die Probenteilung, die Verpackung und Beschriftung der Analysenprobe beziehen. Der Riffelteiler wird genormt.

Für die *mechanische Probenahme* von Eisenerzen ist der ISO-Standard 3082 in Vorbereitung. Bis zu dessen Ausgabe empfiehlt ISO 3081, vorläufig die für die Handprobenahme festgelegte Mindestgröße der Einzelproben (s. Tab. 19/1) zugrundezulegen. Vor Anwendung eines mechanischen Probenehmers an Bändern und im fallenden Materialstrom sollte man sich vergewissern, ob das Gerät frei von systematischen Fehlern ist. Vor Beginn einer Probenahme sollte man sich weiter davon überzeugen, daß das Gerät keine Rückstände einer früheren Probenahme mehr enthält.

Beispiele automatischer Probenahmeanlagen für Eisenerze werden in 1.6.2 genannt.

19.2 Eisen- und Stahlschrott

Klassifizierung. Nach der chemischen Zusammensetzung unterscheidet man zwischen unlegiertem und legiertem Schrott, nach der äußeren Form zwischen Kern-, Span-, Draht-, Blech-, Rohr-, Behälter- und Paketschrott sowie Gemengen verschiedener Schrottarten.

19.2.1 Visuelle Beurteilung und qualitative Vorprüfung

Vor der Entnahme der Probe ist unbedingt eine Beurteilung des zu probenden Loses durchzuführen. Diese Beurteilung ist notwendig zur Kontrolle auf die Einhaltung der Liefervereinbarungen und als Grundlage für die Durchführung der Probenahme. Zunächst ist festzustellen, ob das Los aus verschiedenen Komponenten zusammengesetzt ist, die sich nach Form und Aussehen unterscheiden. Beispielsweise kann Werkzeugschrott aus Fräsern und Bohrern bestehen. Legierter Schrott kann aus Blechen, Rohren, Flanschen usw. bestehen. Auch verschiedene Blechformen oder Stanzabfälle können auf unterschiedliche Zusammensetzung hindeuten. Stammt der Schrott aus Abfällen oder Apparateabbruch, so ist mit einem Gemenge von verschiedenen Schrottsorten zu rechnen. Weiterhin ist zu prüfen, ob das Los Material unterschiedlicher chemischer Zusammensetzung enthält. Dies kann zum Beispiel der Fall bei Schrott aus nichtrostendem Stahl sein, der mit niedriglegiertem Material gemischt ist. Oft geben bei der Fertigung angebrachte Prägungen oder Beschriftungen Hinweise auf die Qualität der Materialien.

Die visuelle Beurteilung erstreckt sich auch auf die Feststellung von Verunreinigungen. Unter Verunreinigungen sind alle organischen, mineralischen oder metallischen Stoffe zu verstehen, die nicht von der Herstellung her dem Material angehören. Auch die Feststellung der Feuchtigkeit und größerer Ansammlungen von Wasser kann von Bedeutung sein, insbesondere bei Vorhandensein von Hohlkörpern oder feinem Material.

Die qualitative Vorprüfung kann je nach der Art des vorliegenden Materials durch mechanische, physikalische und chemische Methoden erfolgen. Oft genügt bereits die mechanische Vorprüfung durch Brechen, Biegen, Ritzen, Feilen und Schleifen (Funkenprobe). Zu den physikalischen Verfahren gehören die Magnetprüfung sowie einfache spektralanalytische Verfahren, die sowohl mit tragbaren als auch mit stationären Geräten durchgeführt werden können. Bei der chemischen Prüfung werden überwiegend Tüpfelmethoden nach verschiedenen Techniken angewendet. In manchen Fällen kann durch Ätzen ein zusätzlicher Hinweis auf die chemische Zusammensetzung erhalten werden.

Wurde bei den Vorprüfungen festgestellt, daß das Material nicht einheitlich ist, wird das Mengenverhältnis der einzelnen Komponenten durch Wägen oder möglichst genaues Schätzen festgestellt. Bei plattiertem oder zusammengesetztem Schrott muß gegebenenfalls eine mechanische Trennung der Komponenten durchgeführt werden, indem man ausgesuchte Stücke durch Sägen oder Trennen zerlegt und deren Anteile bestimmt.

Der Befund der visuellen Beurteilung und der qualitativen Vorprüfung sollte schriftlich festgehalten werden.

19.2.2 Probenentnahme

Da sich die Art der Probenentnahme nach der Beurteilung und Klassifizierung des jeweiligen Loses richtet, kann keine einheitliche Vorschrift gegeben werden. Masse und Anzahl der zu entnehmenden Einzelproben richten sich nach der Beschaffenheit des zu untersuchenden Schrotts. Von einem homogenen Material wird nur eine relativ kleine Probemenge zu entnehmen sein, von ungleichmäßig zusammengesetztem Material (Sammelschrott) relativ viel, um einen repräsentativen Durchschnitt zu erfassen. Die Entscheidung hierüber muß für jedes Los von dem sachverständigen Probenehmer getroffen werden. Das nachfolgend Beschriebene kann deshalb nur eine allgemeine Richtlinie für die Entnahme von Schrottproben darstellen.

Verunreinigungen können einzeln oder systematisch auftreten. Es müssen daher vor Beginn oder während der eigentlichen Probenahme Maßnahmen getroffen werden, um dieselben sinnvoll und repräsentativ zu erfassen. Sind Verunreinigungen vorhanden, so werden sie entweder gesondert bestimmt und anteilmäßig berechnet, oder sie werden zusammen mit den Proben verarbeitet, so daß ihr Anteil in der Gesamtanalyse berücksichtigt wird. Dies gilt auch für Fremdstoffe, die von der Herstellung her dem Material angehören. Zur Erläuterung seien einige Beispiele aufgeführt: Sind einem Spanschrott Messingspäne beigemengt, so ist darauf zu achten, daß diese Verunreinigung auch in der Sammelprobe anteilmäßig vorhanden ist und zusammen mit dem übrigen Material verarbeitet wird. Ist das Material ölhaltig oder feucht, so wird ein Teil der Sammelprobe vor ihrer Weiterverarbeitung zur Öl- und Wasserbestimmung verwendet. Der prozentuale Anteil von Öl und Wasser wird berechnet und vom Gesamtgewicht abgezogen. Anhaftende Kunststoffe oder Emaille auf Blechen, aber auch beigemengte Materialien werden gesondert erfaßt und ihr Anteil berechnet.

Handelt es sich bei den Verunreinigungen um metallische Überzüge, z. B. verzinktes, verzinntes, vernickeltes, verkupfertes oder verchromtes Material, so sind diese Beläge entweder durch Ablösen oder durch die Entnahme eines repräsentativen Anteils der Beläge mit zu erfassen, so daß entweder eine getrennte oder eine gemeinsame Analyse von Oberflächenmaterial und Blech möglich ist. Dabei ist zu bemerken, daß der Überzug an den Rändern oft die mehr als zehnfache Schichtdicke erreicht als auf der Fläche.

Kernschrott. Unter Kernschrott versteht man Schrott in Form von kompakten homogenen Stücken, z. B. Gießknochen, Panzerplatten, Brammenenden. Liegen kleinere Teile vor, so werden gleichmäßig über das ganze Los Stücke entnommen. Sind die Stücke für eine Entnahme zu groß, so werden mit dem Schneidbrenner oder der Trennscheibe mehrere Teilstücke herausgeschnitten. Ist eine Schmelzanlage vorhanden, so können kleine keilförmige Stücke entnommen werden, die zu einer Sammelprobe zu schmelzen sind. Wird dagegen eine Analysenprobe für die chemische Analyse hergestellt, so müssen große Stücke, denen Späne entnommen werden können, abgetrennt werden.

Spanschrott. Liegen lange Späne vor, die gewöhnlich stark ineinander verhakt sind, so werden an mehreren Stellen des Loses von der Oberfläche bis zum Boden mit einem Greifer Anteile entnommen. Von dieser Rohprobe, die mindestens 1% des Losgewichtes ausmachen sollte, wird durch anteilmäßige Entnahme mit der Hand die Sammelprobe zusammengestellt. Sind die Späne kurz und schaufelbar, so wird die Rohprobe in der oben beschriebenen Weise mit einem Schaufelbagger, bei kleinen Losen mit der Schaufel entnommen und durch Kegeln und Vierteln zur Sammelprobe verjüngt. Die Probenentnahme beim Ent- oder Beladen ist vorzuziehen.

Drahtschrott. Stammen die Drahtabschnitte aus einheitlichem Abfall, so wird in der Regel eine relativ kleine mit der Hand ausgelesene Probe von verschiedenen Stellen des Loses genügen. Sind die Abschnitte von unterschiedlichem Durchmesser, so ist darauf zu achten, daß von jeder Abmessung eine Menge genommen wird, die ihrem Anteil am Los entspricht. Es werden jeweils 10 bis 20 cm lange Stücke entweder mit der Schere oder bei größerem Durchmesser mit der Trennscheibe abgeschnitten. Drahtrollen oder Drahtpakete sind wie Paketschrott zu behandeln.

Blechschrott. Blechschrott liegt zumeist in Form von Stanzabfällen oder Blechstreifen vor. Es werden mit der Hand an verschiedenen Stellen des Loses Teile entnommen. Bei größeren Losen ist ein Umsetzen des Materials mit einem Greifbagger oder durch den Magnetkran erforderlich. Bei unterschiedlichen Blech- und Stanzabfällen ist die Probe entsprechend ihren Anteilen zu entnehmen. Blech- und Stanzrollen müssen auf Gleichmäßigkeit des Materials in den Rollen geprüft werden.

Rohrschrott. Abfälle der Rohrherstellung sind wie bei Blechschrott beschrieben zu behandeln. Bei gebrauchten Rohren ist auf das Vorhandensein von Verunreinigungen im Rohrinneren, die aus ihrer früheren Verwendung herrühren können, zu achten, da sie sowohl das Gewicht verfälschen als auch zu Fehlern und Betriebsstörungen bei der Stahlerzeugung führen können.

Behälter. Besondere Beachtung verdienen offene, geschlossene oder verformte Behälter hinsichtlich ihres Inhalts. Dieser ist gegebenenfalls gesondert zu prüfen. Das Material der Behälter ist wie bei Blechschrott beschrieben zu behandeln.

Paketschrott. Bei zu Paketen zusammengepreßtem Schrott ist es unerläßlich, auch Probenmaterial aus dem Inneren der Pakete zu entnehmen. Hierbei ist auf das Vorhandensein von Behältern zu achten. Da das Anbohren der Pakete im Originalzustand nicht bis in die Mitte möglich ist, kann eine Anzahl von Paketen unter einer schweren Presse ausgeplattet und danach angebohrt werden. Steht eine Presse nicht zur Verfügung, muß man einige Pakete auseinanderreißen und dann dem Material entsprechend die Probe entnehmen.

Gemenge verschiedener Schrottarten. Bei Gemengen verschiedener Schrottarten ist eine sorgfältige Durchführung der visuellen Beurteilung und qualitativen Vorprüfung wichtig. Hier ist besonders auf zusammengesetztes Material zu achten. Bei Werkzeugstahlschrott zum Beispiel ist der Schaft aus unlegiertem Material, der Bohrer oder Fräskopf dagegen aus legiertem Material. Ähnliches gilt für Flansche, Lager und Armaturen.

19.2.3 Probenbearbeitung

Die Probenbearbeitung kann durch Zerkleinerung und Teilung oder durch Umschmelzen erfolgen.

Zerkleinerung der Sammelproben. Die Zerkleinerung wird je nach Art des Schrottes auf verschiedene Weise vorgenommen. Dabei ist stets darauf zu achten, daß bei unterschiedlicher Stückgröße der Späneanteil entsprechend dem Materialanteil entnommen wird. *Kernschrott* bohrt man nach Abschleifen der Oberfläche an verschiedenen Stellen möglichst durch oder von beiden Seiten an. Wurden die Stücke mit dem Schneidbrenner abgetrennt, so ist die Bohrung in mindestens 10 mm Entfernung von der Schnittfläche durchzuführen. *Spanschrott* in Form von langen oder wolligen Spänen wird entweder auf einer Metallplatte gestampft oder besser in einer Hammermühle zerkleinert. Mischbare Späne können unmittelbar durch Verjüngen zur Analysenprobe verarbeitet werden. *Drahtschrott* wird im allgemeinen gefräst. Feindrähte können geschnitten werden. Bei *Blechschrott* richtet sich die Zubereitung nach der Blechstärke. Dünne Bleche können geschnitten, geknabbert oder gebohrt werden. Soweit *Paketschrott* schon bei der Probenentnahme gebohrt werden konnte, liegen bereits Späne vor. Ausgesuchte Blechteile werden mit dem Knabber zerkleinert. In allen Fällen ist darauf zu achten, daß die Probe nach der Zerkleinerung die gleiche anteilmäßige Zusammensetzung wie die ursprüngliche Sammelprobe aufweist.

Umschmelzen der Sammelprobe. Besteht die Sammelprobe aus inhomogenem Material, so empfiehlt sich das Einschmelzen einer größeren, der Inhomogenität angepaßten Menge von etwa 10 bis 100 kg. Dies geschieht z. B. in Widerstands- oder Induktionsöfen, wobei je nach Material eventuell mögliche Änderungen der chemischen Zusammensetzung zu berücksichtigen sind. Aus der Schmelze wird eine Probe entnommen, wie im Abschnitt 19.3 beschrieben.

Fertigstellung der Analysenprobe. Nach der Zubereitung der Sammelprobe liegt entweder ein massives Probenstück oder eine spanförmige Probe vor. Die spanförmige Probe kann entweder direkt für die chemische Analyse verwendet werden, oder sie wird zu einer kompakten Probe umgeschmolzen. Diese kann ebenso wie das massive Probenstück aus der umgeschmolzenen Sammelprobe entweder direkt für die spektrometrische Analyse eingesetzt werden, oder es werden Späne für die chemische Analyse gebohrt oder gefräst.

19.3 Eisen und Stahl in flüssigem Zustand

Allgemeines

Das zu probende Gut kann in zwei Gruppen unterteilt werden:

Roheisen und Gußeisen, das je nach Menge und Bindungsform der Begleitelemente weiß, meliert oder grau erstarrt ist, und

Stahl unterschiedlicher Zusammensetzung, gewonnen nach verschiedenen Herstellungsverfahren.

Für Roheisen und Gußeisen haben sich die gleichen Probenahmeverfahren eingebürgert, so daß diese gemeinsam beschrieben werden können.

Bei flüssigem Stahl und Roheisen kann die Homogenität der Schmelze nicht von vornherein als gewährleistet angesehen werden. Der Ort der Probenahme und die Zahl der zu entnehmenden Einzelproben müssen deshalb gut überdacht und jeweils den Gegebenheiten entsprechend festgelegt werden. Die Schwierigkeit, aus der großen Schmelze des flüssigen Stahles bzw. Roheisens eine ausreichend repräsentative Probe zu entnehmen, ist aber nur ein Problem der Probenahme. Ein anderer wesentlicher Gesichtspunkt ist es, die Zeit von der Probenahme bis zur Abgabe der Analysenergebnisse möglichst knapp zu halten. Aus diesem Grund werden heute praktisch nur noch Probenahmeverfahren durchgeführt, die ohne eine langwierige Vorbereitung Analysenproben, besonders für die spektrochemische Analyse, ergeben. Es muß aber gesagt werden, daß die Genauigkeit der spektrochemischen Bestimmung in besonders hohem Maße von der Homogenität des Probenmaterials abhängt, da bei der spektrochemischen Anregung nur ein begrenzter Bezirk erfaßt wird und das Probenmaterial für die eigentliche Analyse stets weniger als 5 mg beträgt.

Um Seigerungen in den Einzelproben zu vermeiden, ist es notwendig, daß die Erstarrungsgeschwindigkeit möglichst groß wird. Andererseits darf sie bei bestimmten Stählen nicht so groß sein, daß Erstarrungsrisse auftreten. Durch eine hohe Erstarrungsgeschwindigkeit wird das im allgemeinen erforderliche feine Gefüge für die spektrochemische Analyse erzeugt. Fehler wie Lunker, Schlackeneinschlüsse und die für gewisse Verfahren störenden Randblasen und Risse müssen vermieden werden. Aus diesem Grund müssen die auf Erfahrungen beruhenden und je nach dem zu probenden Material unterschiedlichen Probenahmevorschriften genau beachtet werden. Die Entwicklung der Probenahmeverfahren ist noch in Fluß.

Die hier beschriebenen Probenahmeverfahren dienen zur Ermittlung der chemischen Zusammensetzung. Zur Ermittlung des Sauerstoffgehaltes sind aber nicht alle der beschriebenen Probenahmeverfahren geeignet. Für die Ermittlung des Wasserstoffgehaltes von flüssigem Stahl sind besondere Probenahmekokillen entwickelt worden, die auch getrennt beschrieben werden.

19.3.1 Verfahren zur Entnahme von Proben und Bearbeitung der Rohprobe

Probenahme mit dem Löffel. Bei dieser ältesten Form der Probenahme wird in die Schmelze ein sauberer oder mit schmelzeigener Schlacke überzogener Löffel eingetaucht und dem Bad eine Menge von einigen Kilogramm Probegut entnommen. Das Material wird gegebenenfalls unter Zusatz von Desoxidationsmitteln bzw. Zusätzen, welche die Gefügeausbildung verbessern sollen, in eine kleine Probenkokille gegossen. Von Vorteil bei diesem Verfahren sind die verhältnismäßig einfache Ausführung, die gute Anpassung an die jeweiligen örtlichen Verhältnisse sowie die meist recht gute Oberfläche der erhaltenen Probe. Von Nachteil ist es, daß das flüssige Probegut sowohl mit der Luft als auch mit der Schlacke reagieren kann. Eine Reaktion mit der Schlacke findet besonders dann statt, wenn eine Desoxidation im Löffel erfolgt. Dadurch können schwer kontrollierbare Veränderungen in der Zusammensetzung auftreten.

Probenahme mit der Tauchkokille. Bei der Probenahme mit der Tauchkokille bleibt die Probenzusammensetzung unverändert. Hierzu wird die Probenahmekokille unter der Oberfläche des Schmelzbades mit Probegut gefüllt, das in der Kokille sehr schnell erstarrt. Durch eine geeignete Formgebung ist es im allgemeinen möglich, für alle erforderlichen Untersuchungen geeignete Proben zu erhalten. Nachteilig gegenüber der Probenahme mit dem Löffel ist der größere Aufwand bei der Vorbereitung des Probenahmegerätes.

Probenahme mit der Tauchsonde. In letzter Zeit werden auch Tauchsonden verwendet, bei denen die Probenkokille in einem Papprohr gehalten wird, das auf eine Lanzenspitze aufgesteckt in das flüssige Schmelzbad eingetaucht wird. Wesentlich bei dieser Verfahrensweise ist, daß eine Vorbereitung und Pflege des Probenahmegerätes entfällt — für jede Probenahme muß eine neue Kokille verwendet werden (Einwegkokille).

Probenahme durch Ansaugen. Für einige Untersuchungen, besonders für die Untersuchung der Gase im Stahl, werden verschiedene Ansaugverfahren angewendet. Hierbei werden in geeignete Glas- oder Quarzröhrchen von einigen Millimetern Durchmesser Proben angesaugt, die oft ohne weitere Oberflächenbehandlung untersucht werden können.

Bearbeitung der Rohprobe. Die Rohprobe muß in eine Endform gebracht werden, die dem jeweiligen Untersuchungsverfahren angepaßt ist. Die zunächst glühende Probe muß abgekühlt werden, was bei legierten und besonders bei harten Qualitäten kritisch ist. Durch geeignete Vorrichtungen, z. B. durch Kühlen mit einer Wasserbrause, wird das gewünschte Gefüge erzeugt, ohne daß dabei Spannungsrisse auftreten. Aus der Gesamtprobe muß der geeignete Teil für die Untersuchung gewonnen werden. Bei Kegelstumpfproben wird ein 2 bis 4 cm hoher Fußteil abgetrennt, bei scheibenförmigen Proben eine genügend starke Schicht der Oberfläche entfernt. Anschließend muß für die spektrochemische Untersuchung eine geeignete Oberfläche geschaffen oder z. B. für die Bestimmung des Sauerstoffgehaltes ein sauberer Probenkörper passender Größe gewonnen werden. Für die spektrochemische Prüfung werden die Proben im allgemeinen geschliffen; dazu haben sich sowohl die Naß- als auch die Trockenschleifverfahren bewährt. Obwohl bei den Naßschleifverfahren die Erwärmung der Probenoberfläche und der Probe selbst gering bleibt und der Verschleiß an Schleifmitteln geringer ist, haben sich die trockenen Schleifverfahren in vielen Fällen durchgesetzt, weil der geringste nicht zu entfernende Wasseranteil in der Probe die Analyse am Spektrometer empfindlich stören kann.

19.3.2 Probenahme von flüssigem Roh- und Gußeisen

Die hier beschriebenen Probenahmeverfahren dienen nur zur Ermittlung der chemischen Zusammensetzung. Zur Beurteilung des Gefüges ist eine gesonderte Probenahme durchzuführen.

Der Kohlenstoff hat je nach Abkühlungsgeschwindigkeit und nach Menge der Begleitelemente die Neigung, sich als Graphit oder als Karbid auszuscheiden. Für die Spektralanalyse ist ein zumindest überwiegend *weißes Erstarren* in der Oberflächenzone Voraussetzung. Dieses Gefüge ist auch für eine mechanische Zerkleinerung am besten geeignet, weil keine Kohlenstoffverluste durch Verstauben von Graphit auftreten. Roh- oder Gußeisen, das infolge seiner Zusammensetzung grau erstarrt, muß zur Weißerstarrung gezwungen werden. Das geschieht, indem man für eine große Erstarrungsgeschwindigkeit des flüssigen Roh- und Gußeisens sorgt. Eine relativ geringe Menge geringer Dicke (weniger als 10 mm) wird in einer Kokille großer Masse schnell zur Erstarrung gebracht. Die Weißerstarrung kann auch durch Zusätze, wie z. B. Tellur, verbessert werden. Eine Weißerstarrung wird weiter erreicht durch Abgießen des flüssigen Roh- und Gußeisens auf rotierende Kupferwände, wobei das Probegut in dünnen, weißerstarrten Plättchen anfällt.

Während eines Abstiches verändert sich die *Zusammensetzung des Roheisens.* Deshalb müssen bei der Probenahme aus der Hochofenrinne in regelmäßigen Abständen Einzelproben gezogen werden. Bei Abstichgewichten von 100 t begnügt man sich z. B. meist mit drei Proben, aus denen die Abstichzusammensetzung durch Mittelung bestimmt wird. Da in der Transportpfanne eine weitgehende Homogenisierung eintritt, sollte tunlichst hier geprobt werden. Es sei denn, das Ziel der Untersuchung ist es, das Ausmaß der Veränderung zu ermitteln. Die Proben selbst werden mit einem *Löffel,* der einen Ausguß besitzt, entnommen. Zur Reinigung wird das Gerät mit flüssigem Roheisen ausgespült. Bei überhöhter Roheisentemperatur wird das Probegut bis kurz vor der Erstarrung im Löffel gehalten und dann zügig in eine *Kokille* abgegossen, in der die erforderliche rasche Erstarrung erfolgt. Bewährte Konstruktionen und Probenformen sind in Abb. 19/1 bis 19/4 dargestellt. Die Kokille nach Abb. 19/1 ergibt ähnliche Proben wie die in Abb. 19/2 wiedergegebene. Die Ansätze nach den Abbildungen 19/1 und 19/3 können für die naßchemischen Untersuchungen verwendet werden. Die Kokille nach Abb. 19/1 ergibt wegen der geringen Dicke der Probe und die nach Abb. 19/2 mit ihrer besonders schweren Kupferform durch die intensive Wärmeabführung eine Ausbildung der Weißerstarrung. Abb. 19/4 zeigt eine Kokille mit steigendem Guß, die sich ebenfalls gut bewährt hat.

Für Roh- und Gußeisen mit höheren Siliciumgehalten, das zur Grauerstarrung neigt, werden bevorzugt Kupferkokillen verwendet. Die Kokillen zur Probe-

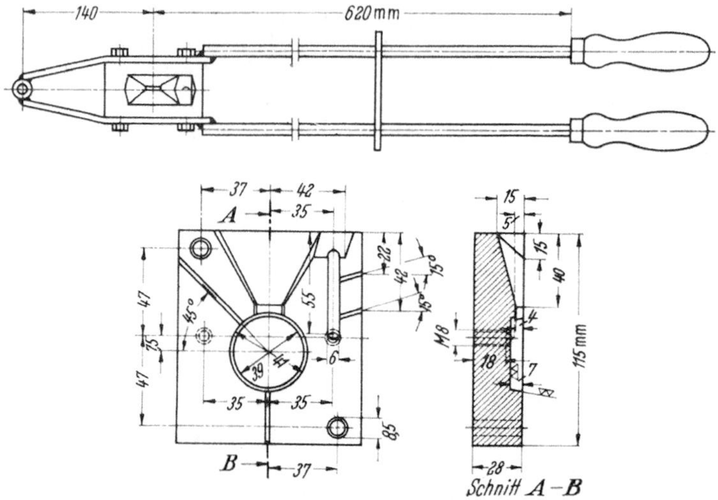

Abb. 19./1. Klappkokille zur Probenahme von flüssigem Roh- und Gußeisen.

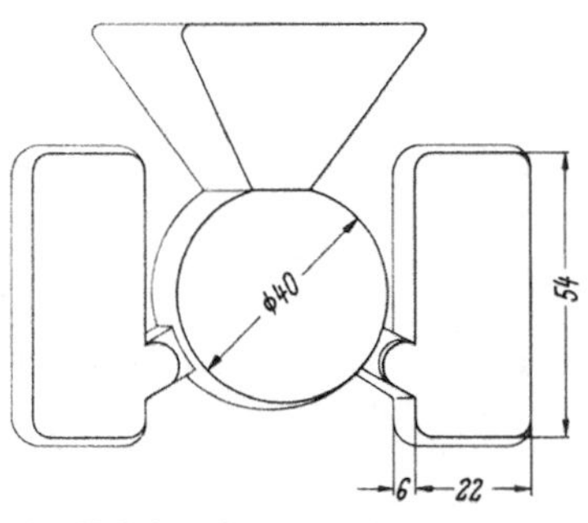

Abb. 19/2. Roheisen- bzw. Gußeisenprobe mit Ansätzen.

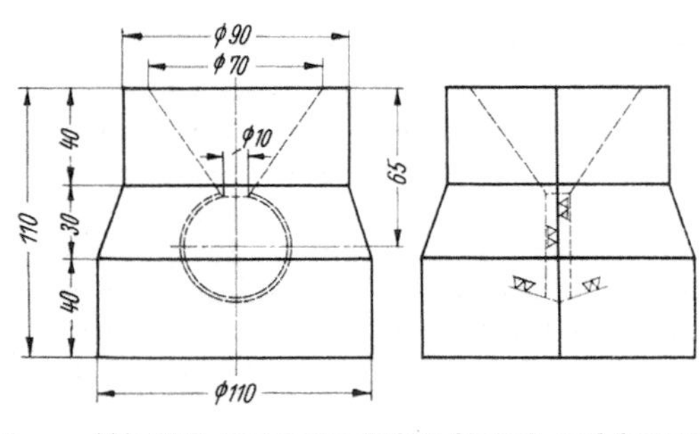

Abb. 19/3. Probenahmekokille für Roh- und Gußeisen

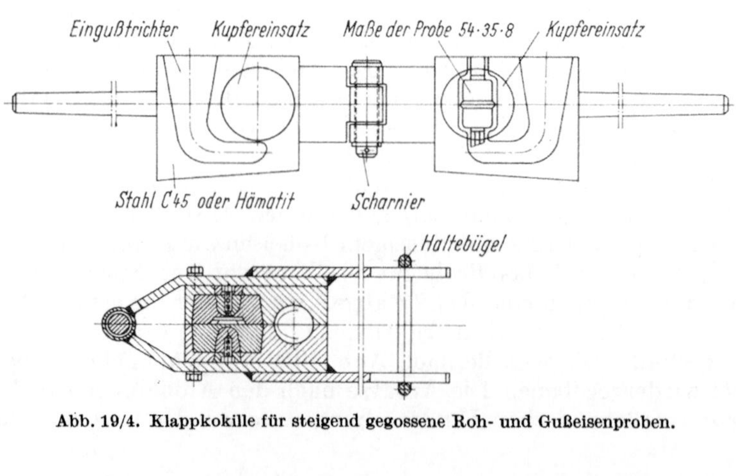

Abb. 19/4. Klappkokille für steigend gegossene Roh- und Gußeisenproben.

nahme von hochphosphorhaltigem Roh- und Gußeisen werden vornehmlich aus Hämatiteisen angefertigt. Die Proben selbst sind normalerweise nicht dicker als 10 mm. Nach der Erstarrung wird die Probe aus der Kokille ausgeworfen, damit sie an der Luft abkühlen kann. Es ist darauf zu achten, daß die Kokillen vor einer erneuten Probenahme ausreichend erkaltet sind.

Wichtig ist eine gute Pflege der Kokillen, damit die nachfolgende Zubereitung der Proben nicht unnötig erschwert wird. Sinnvoll ist die Gravierung der Ofennummer in die Kokille, so daß die Proben gekennzeichnet sind.

Zur *Probenbearbeitung* wird der Angußkegel abgeschlagen; er kann nach Prüfung auf Fehler (Schlacke, Graphit) zerkleinert und der Analyse zugeführt werden. Besser ist es, wie bei den Proben in Abb. 19/1 und 19/3 besondere Probenteile für die Zerkleinerung mitzugießen. Die Spektrometerprobe wird mit mittelgrobem Korund (z. B. Körnung 40) geschliffen. Dazu kann die gleiche Schleifmaschine wie für die Stahlproben genommen werden. Besser bewährt haben sich dafür jedoch eigens für diesen Zweck entwickelte Topf-Schleifmaschinen, z. B. mit Schleifkörper Edelkorund, Korn 36.

19.3.3 Probenahme von flüssigem Stahl

19.3.3.1 Probenentnahme mit dem Löffel. Diese Art der Probenahme kann sowohl für Öfen, Konverter, Pfannen, aus dem Gießstrahl und der Kokille angewendet werden. Je nach der Zusammensetzung des Stahles können im Probenlöffel durch Reaktion mit der Luft Veränderungen eintreten. Durch miterfaßte Schlacke kann eine Rückreduktion von Schlackenbestandteilen, vor allem Phosphor, infolge einer neuen Gleichgewichtseinstellung entsprechend der niedrigeren Temperatur im Probenlöffel oder durch die Zugabe von Aluminium in den Löffel erfolgen. Bei der Probenahme aus der Gießkokille besteht die Gefahr, daß Abdeckmasse oder Gießhilfsmittel miterfaßt werden und dadurch die Zusammensetzung der Probe verändert wird. Oft steht der geringe Querschnitt der Gießkokillen oder die geringe Temperatur des Stahles einer Anwendung des Löffels zur Probenahme aus der Gießkokille entgegen, so daß eine Löffelprobenahme nur aus dem stark gedrosselten Gießstrahl möglich ist. Da hierdurch die Reaktion des Stahles mit der Luft gefördert wird, können bei Anwendung dieses Verfahrens in unkontrollierter Weise wesentlich zu niedrige Kohlenstoff- und erhöhte Sauerstoffgehalte in der Probe die Folge sein.

Für die Probenahme aus den Schmelzöfen und Konvertern wird im allgemeinen ein 0,5 bis 2 l fassender Stahllöffel mit Ausguß benutzt, an dem eine genügend lange, mit einem Handgriff versehene Stange befestigt ist. Vor der Probenahme wird der Löffel mit der Schlacke der Schmelze gut eingeschlackt, um ein Kochen des entnommenen Stahles und das Verschweißen eines Teiles der Probemenge mit dem Löffel zu vermeiden. Der so vorbereitete Löffel wird so tief wie möglich, mindestens aber 30 cm, unter die Oberfläche des flüssigen Stahles eingetaucht und sofort wieder herausgezogen. Die entnommene Probe muß gegebenenfalls beruhigt werden.

Bei *Beruhigung* im Löffel wird wie folgt verfahren: Unmittelbar nach dem Herausziehen des Löffels wird die auf der Oberfläche des Stahles schwimmende Schlackenhaut restlos entfernt und die zur Beruhigung benötigte Aluminiummenge (ca. 0,2%) in massiver Form, z. B. Draht, unter Rühren hinzugefügt. Wird zu viel Aluminium zur Beruhigung verwendet, kann Silicium aus der Schlacke reduziert werden. Die Probe wird sofort in die Probenahmekokille vergossen.

Falls die Beruhigung in der Probenahmekokille durchgeführt wird, muß die notwendige Aluminiummenge in Form eines spiralgewickelten Drahtes oder eines gefalteten Bleches in das Zentrum der Probenahmekokille eingelegt werden, damit das Aluminium sich beim Erstarren der Probe nicht in den Randzonen anreichert. Die Beruhigung in der Kokille ist nur dann möglich, wenn die Temperatur des flüssigen Stahles hoch genug ist und schnell gearbeitet wird.

Die Beruhigung in der Probenahmekokille bietet die Sicherheit, daß ein bestimmter Aluminiumgehalt nicht überschritten wird. Andererseits bietet die Beruhigung im Löffel den Vorteil, daß dadurch das Auskochen des Kohlenstoffes besser vermieden werden kann. Bei höheren Sauerstoffgehalten können jedoch dadurch Schwierigkeiten auftreten, daß die im Löffel auf der Stahloberfläche gebildete Oxidhaut beim Gießen in die Kokille gelangt und dort wegen der schnellen Erstarrung nicht mehr aufsteigen kann. Bei der Probenahme mit dem Löffel muß so schnell gearbeitet werden, daß nach der Entnahme aus dem Schmelzbad Reak-

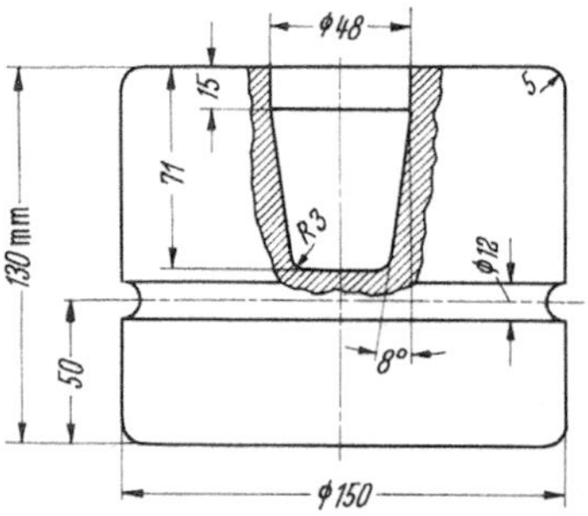

Abb. 19/5. Probenahmekokille für konische Stahlproben (Gießen aus dem Löffel).

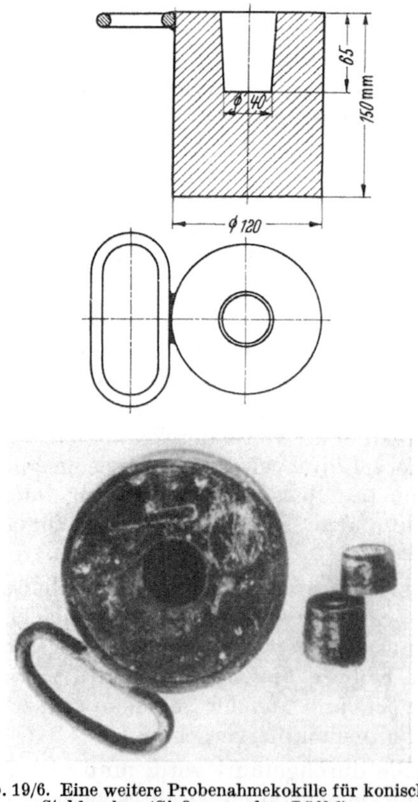

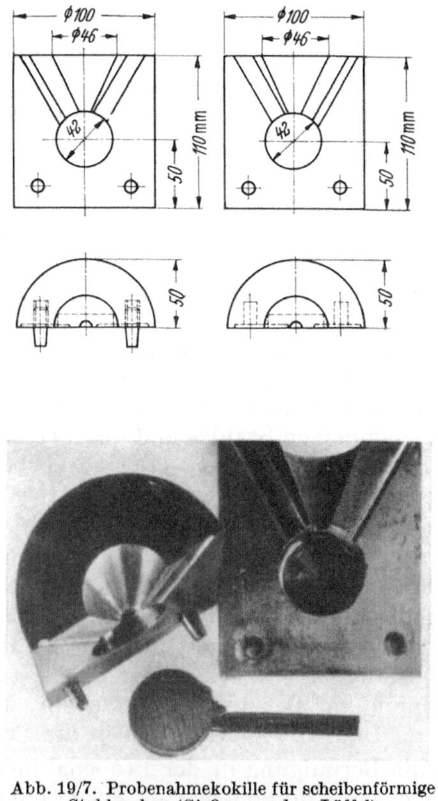

Abb. 19/6. Eine weitere Probenahmekokille für konische Stahlproben (Gießen aus dem Löffel).

Abb. 19/7. Probenahmekokille für scheibenförmige Stahlproben (Gießen aus dem Löffel).

tionen zwischen Stahl und Schlacke, die vor allem nach der Aluminiumzugabe außerordentlich schnell verlaufen können, vermieden werden. Wird zu langsam gearbeitet, sind überhöhte Phosphor- und Siliciumgehalte die Folge. Aus diesen Gründen empfiehlt es sich, die Probenahme nur von gut eingearbeitetem Personal durchführen zu lassen.

Die Probenform richtet sich jeweils nach dem für die Untersuchung angewendeten Analysenverfahren. Scheibenförmige oder konische Proben haben sich weitgehend durchgesetzt. Für die Erzeugung konischer Proben können die in Abb. 19/5 und 19/6 gezeigten Kokillen verwendet werden. Für scheibenförmige Proben hat sich eine Kokille entsprechend Abb. 19/7 bewährt. Als Kokillenmaterial dient je nach der erforderlichen Abkühlungsgeschwindigkeit Kupfer, Stahl oder Hämatiteisen. Die größte Abkühlungsgeschwindigkeit wird in Kupferkokillen erzielt, während unter betrieblichen Bedingungen Hämatiteisen-Kokillen die beste Haltbarkeit aufweisen. Empfehlungen über die Verwendung der einen oder anderen Kokille und Einzelheiten über die Arbeitsweise können nicht gegeben werden. Vielmehr muß von Fall zu Fall nach der Zusammensetzung des Stahles, dem Beruhigungsgrad, der Temperatur, dem Analysenverfahren, der Zeitvorgabe usw. die günstigste Form der Kokille und die beste Arbeitstechnik erprobt werden.

Für die Sauerstoffbestimmung kann die Probenahme mit dem Löffel nicht empfohlen werden. Hier müssen die Proben direkt aus dem flüssigen Stahl mit Hilfe von Tauchkokillen oder Pipetten gezogen werden.

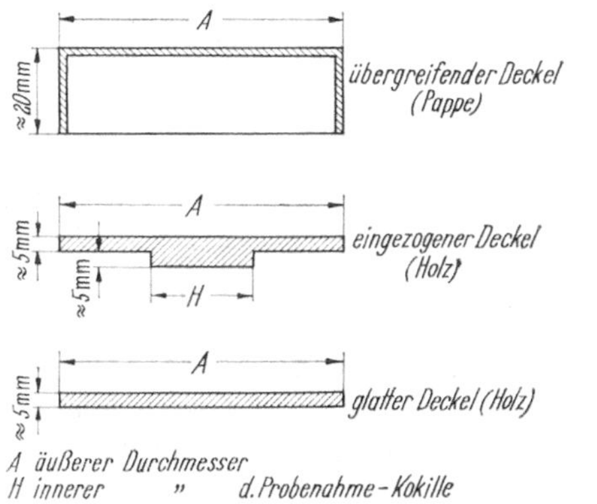

Abb. 19/8. Beispiele für Tauchkokillendeckel.

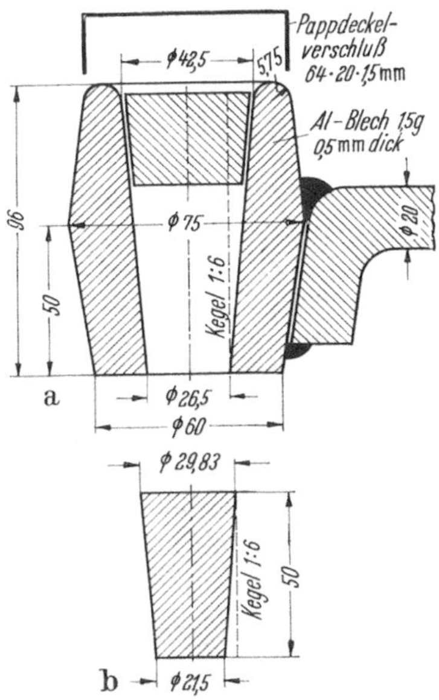

Abb. 19/9. Tauchkokille für die Probenahme von flüssigem Stahl. Kokille (a) mit Einsatz (b) und Deckel.

19.3.3.2 Probenentnahme mit der Tauchkokille. Die Tauchkokillen sind anwendbar zur Entnahme von Proben aus Schmelzöfen, Konvertern, Pfannen und aus größeren Gießkokillen. Hier vermeidet man das Umgießen von Probenmaterial aus dem Löffel und damit gleichzeitig die Gefahr einer Änderung in der chemischen Zusammensetzung der Probe. Soll in der Probe eine Sauerstoffbestimmung durchgeführt werden, ist es erforderlich, daß die Tauchprobe rasch erstarrt. Ein Aufsteigen von Aluminiumoxid im noch flüssigen Teil der Probe würde sonst zu niedrige Sauerstoffgehalte vortäuschen.

Im Unterschied zur Probenahme mit dem Löffel werden Tauchkokillen bei der Probenahme direkt in die Schmelze getaucht. Ein Papp- oder Holzdeckel (Abb. 19/8) verschließt die Tauchkokille während des Eintauchens, um den Zutritt von Schlacke zu verhindern. Die Probenform richtet sich nach den anzuwendenden Analysenverfahren. Je nachdem ob die Probenahme aus dem Schmelzofen, der Pfanne oder der Kokille erfolgt und ob es sich um beruhigten oder unberuhigten Stahl handelt, muß die Probenahme in jeweils darauf abgestimmter Weise geschehen. Bei unberuhigtem Stahl sollte die Beruhigung nach Möglichkeit mit Aluminium erfolgen, da sich dieses am schnellsten im Stahl auflöst und das gebildete Aluminiumoxid bei den im folgenden beschriebenen Verfahren einigermaßen gleichmäßig in der Probe verteilt bleibt. Dies ist für die Sauerstoffbestimmung unbedingt erforderlich, da die gefundenen Sauerstoffgehalte sonst stark streuen und unter Umständen sogar falsch sind.

Als Beispiel einer bewährten Form der Tauchkokille zeigt Abb. 19/9. Die Kokille besteht aus dem konischen Mantel A und dem Kegelstumpf B, der vor der Probenahme in den unteren Teil von A eingesetzt wird. Sowohl die Tauchkokille als auch der Kegelstumpf sind aus Baustahl mit etwa 0,15% C gefertigt. Zunächst wird der Kegelstumpf B von oben in den Fuß der Tauchkokille festgeschlagen, so daß er beim umgedrehten Eintauchen in das Stahlbad nicht herausfällt. Anschließend daran sollte die Außenwand der Probenahmekokille mit einer Aufschlämmung von Zirkoniumdioxid oder Aluminiumsilicat in verdünnter Wasserglaslösung oder mit Kalkmilch als Schutzanstrich versehen werden. Es ist wichtig, dies an der heißen Kokille durchzuführen, z. B. unmittelbar nach einer vorangegangenen Probenentnahme, damit der Schutzüberzug gut trocknet und das Einlaufen des Stahles in die Tauchkokille nicht gestört wird. Der Schutzüberzug verhindert ein Festbacken oder Verschweißen von Stahl an der Außenwand der Kokille, erleichtert das Entfernen der Probe und verlängert damit die Benutzbarkeit der Tauchkokille.

Zum Beruhigen des Stahles wird dann ein trapezförmig ausgestanztes, 1,5 g schweres und 0,5 mm dickes Aluminiumblech in den oberen Teil der Tauchkokille eingeklemmt. Anschließend wird die Kokille mit dem Deckel verschlossen. Die Abmessungen der Tauchkokillenoberkante und des Deckels mit übergreifendem Rand müssen genau aufeinander abgestimmt sein, damit der Deckel gut festsitzt. Nicht festsitzende Deckel müssen zusätzlich befestigt werden. Wenn möglich, wird die so vorbereitete Tauchkokille kopfstehend, d. h. mit nach unten gerichtetem Deckel, durch die Schlackendecke gedrückt, im Stahlbad um 180° gedreht und sofort wieder aus der Schmelze herausgezogen. Es ist wichtig, daß diese Vorgänge rasch durchgeführt werden, weil sonst der Aluminiumgehalt in der Probe zu gering sein kann. Die oft geübte Praxis, größere Mengen an Aluminium zum Beruhigen zu verwenden, führt zu recht unterschiedlichen, z. T. stark überhöhten Aluminiumgehalten in der Probe, wodurch wiederum Störungen bei der spektrometrischen Untersuchung entstehen.

Nach dem Erstarren der Probe, das durch Abkühlen mit Wasser beschleunigt werden kann, entfernt man sie aus der Tauchkokille mit Hilfe einiger Hammerschläge auf das Ende des Kegelstumpfes. Es ist darauf zu achten, daß hierbei die Kokille nicht beschädigt wird, weil Unebenheiten der Kokilleninnenfläche die Entnahme weiterer Proben erschweren. Der auf diese Weise erhaltene Probenkörper hat einen unteren Durchmesser von 3 cm, einen oberen Durchmesser von 4 cm und ist etwa 6 bis 7 cm hoch; er wiegt etwa 450 g.

In Abb. 19/10 ist ein weiteres Beispiel für die Entnahme von Proben aus Schmelzöfen, Konvertern und Pfannen dargestellt. Diese Kokille muß zur Vermeidung von Verschweißungen eine Mindestwanddicke des oberen Randes von etwa 16 mm haben. Der Ring, der die Kokille zusammenhält, bewirkt eine zusätzliche Abkühlung des oberen Randes. Die Beruhigung des einlaufenden Stahles erfolgt mit einer etwa 0,5 g schweren Aluminium-Flachdrahtspirale, die in das untere Ende des Einlauftrichters eingeklemmt ist. Die Vorbereitung der Kokille mit einem Schutzanstrich erfolgt wie bei dem Beispiel gemäß Abb. 19/9. Die mit einem Papp- oder Holzdeckel verschlossene Tauchkokille wird ebenso wie zuvor beschrieben mit dem Deckel nach unten durch die Schlacke hindurch in das Stahlbad eingetaucht, mit der Öffnung nach oben gedreht und dem Bad ent-

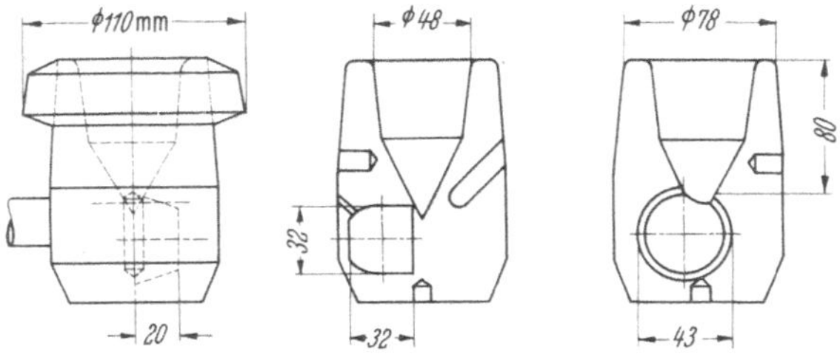

Abb. 19/10. Tauchkokille für die Probenahme von flüssigem Stahl.

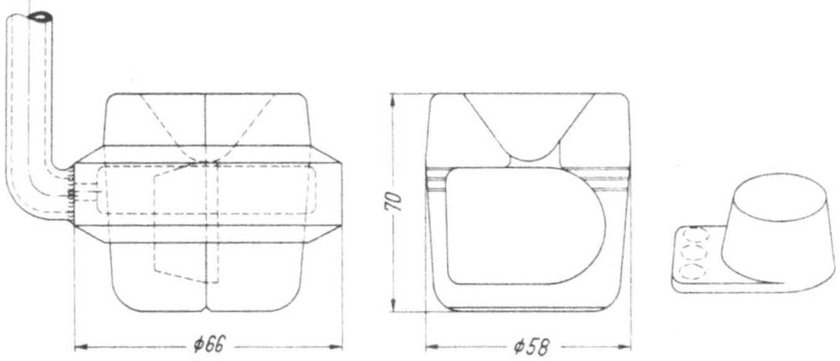

Abb. 19/11. Tauchkokille für die Probenahme von flüssigem Stahl aus der Gießkokille und dem Gießstrahl.

nommen. Um diese Arbeit zu erleichtern, wird zweckmäßig bei der Entnahmestelle an der Ofenwand eine Gleitschiene für die Kokillenstange angebracht. Nach dem Abstreifen des Ringes wird die noch rotglühende Probe der geöffneten Kokille entnommen und nach dem Entfernen des Gießtrichters direkt in das Laboratorium geschickt.

Für die Probenahme aus der Gießkokille (steigender Guß bei beruhigtem Stahl) hat sich eine kleinere Tauchkokille gemäß Abb. 19/11 bewährt, die ebenfalls mit einem Deckel verschlossen wird. Probenahmekokillen für die Entnahme der Probe aus der Gießkokille müssen so klein wie möglich gehalten werden, da bei kleinen Blockformaten sonst während der Probenahme sogenannte negative Gießgeschwindigkeiten auftreten können, wodurch Blockfehler verursacht werden. Da die Temperatur des Stahles beim Vergießen nicht mehr so hoch ist wie im Schmelzbad, kann als Anstrichmasse für die Probenahmekokille Wasserglas verwendet werden. Es ist darauf zu achten, daß der Anstrich zum Zeitpunkt der Probenahme vollständig getrocknet ist. Bei zu langem Lagern der Kokille besteht die Gefahr, daß die Wasserglasmenge nach dem Erkalten Feuchtigkeit aus der Luft anzieht, vom oberen Rand abbröckelt, in das Innere der Kokille fällt und zu porigen Proben führt. Die Entnahme der Probe aus der Gießkokille selbst erfolgt, wenn der Stahl die Kokille zu etwa $^2/_3$ gefüllt hat. Es ist darauf zu achten, daß die Oberkante der Probenahmekokille mindestens 10 cm unter die Oberfläche des Stahlbades eingetaucht wird. Die Entfernung erfolgt wie zuvor beschrieben.

Haben die Gießkokillen so kleine Durchmesser, daß eine Tauchkokille nach Abb. 19/11 nicht mehr geeignet ist, wie z. B. bei Stranggußkokillen, so muß die Entnahme von Proben mit Hilfe von Vakuumröhrchen oder Pipetten erfolgen.

19.3.3.3 Probenentnahme mit Tauchsonden. Tauchsonden sind anwendbar für die Entnahme von Proben aus Schmelzöfen, Konverten und Pfannen. Für Gießkokillen sind sie nicht brauchbar, da beim Eintauchen der Probensonden ein starkes Kochen und Spritzen durch die Reaktion mit dem flüssigen Stahl eintritt. Tauchsonden sind erst seit kurzem auf dem Markt erhältlich. Die Erfahrungen mit den verschiedenen Typen sind bis heute noch sehr unterschiedlich. Die Entwicklung der Sonden ist noch nicht abgeschlossen. Daher können im folgenden nur einige prinzipielle Hinweise und Anregungen zu ihrer Anwendung und Handhabung gegeben werden.

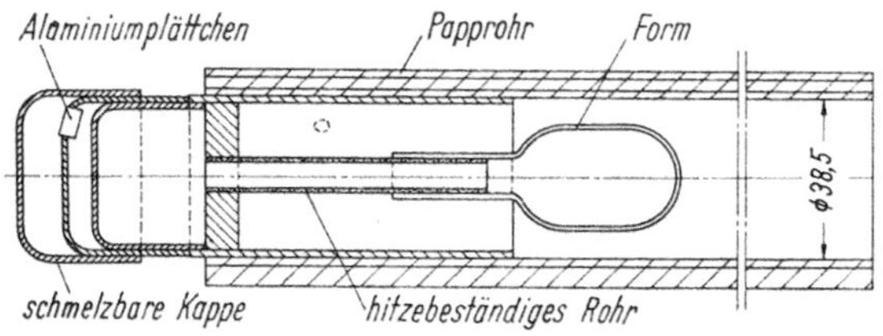

Abb. 19/12. Tauchsonde für die Probenahme von unberuhigtem Stahl.

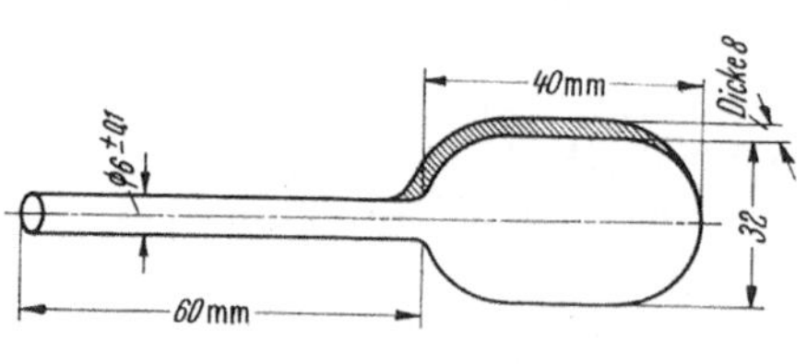

Abb. 19/13. Probenkörper zu Abb. 19/12.

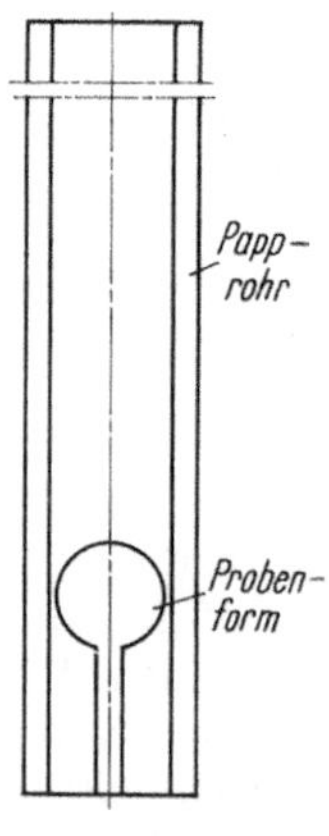

Abb. 19/14. Tauchsonde für die Probenahme von beruhigtem Stahl.

Der prinzipielle Aufbau von Tauchsonden ist aus Abb. 19/12 bis 19/14 zu ersehen. Bei der Probenahme von unberuhigtem Stahl (Abb. 19/12) durchläuft der in die Sonde eintretende Stahl eine oder mehrere Mischkammern, in denen die Beruhigung mit Aluminium erfolgt. Für die Probenahme von beruhigtem Stahl (Abb. 19/14) ist dies nicht erforderlich. Zur Entnahme von Stahlproben werden die Sonden auf eine genügend lange Stahllanze aufgesteckt. Vorzugsweise wird hierfür ein Stahlrohr verwendet, an dessen hinterem Ende ein Handgriff angebracht ist. Der Vorderteil der Lanze, auf den die Sonde aufgesteckt wird, sollte so ausgebildet sein, daß die Sonde gut festsitzt und während der Probenahme nicht verlorengehen kann. Bewährt hat sich hier das Aufschweißen von zwei bis drei Drahtstreifen, Stahlnocken oder auch eine konische Ausbildung des Lanzenendes. Je nach den örtlichen Gegebenheiten muß die Entnahmelanze gerade oder abgewinkelt sein, so daß die Sonde soweit wie möglich senkrecht in das Schmelzbad eintaucht. Je nach dem verwendeten Typ und der Stärke des Papprohres ist die erlaubte Neigung der Sonde unterschiedlich.

Die an der Lanze befestigte Sonde wird so schnell wie möglich in das Schmelzbad eingetaucht, wobei nach Möglichkeit die Schlackenschicht vorher entfernt werden sollte. Die Eintauchzeit ist je nach der Temperatur der Schmelze und dem Sondentyp unterschiedlich. Im allgemeinen sind Zeiten von 2 bis 10 sec notwendig. Nach dem Einlaufen des flüssigen Stahles muß die Sonde so schnell wie möglich aus dem Stahlbad herausgezogen werden. Die Probenkokille mit der Probe wird aus dem Papprohr entfernt und die Probe ins Laboratorium gebracht.

19.3.3.4 Probenentnahme durch Ansaugen. Stiftförmige Proben können durch Ansaugen des flüssigen Stahles in Röhrchen gewonnen werden. Je nach den Gegebenheiten wird man entweder evakuierte, schwerschmelzbare Glas- oder Quarz-

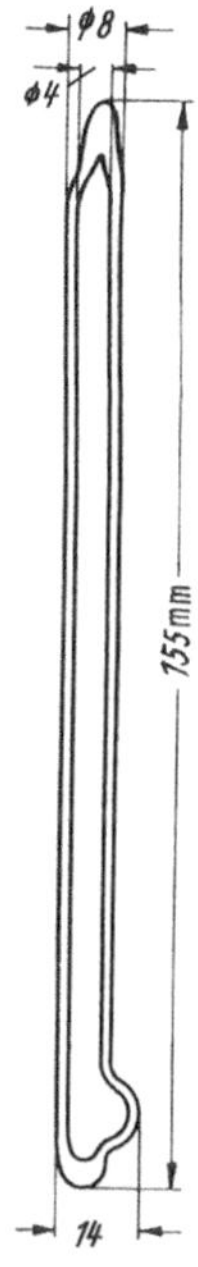

Abb. 19/15.

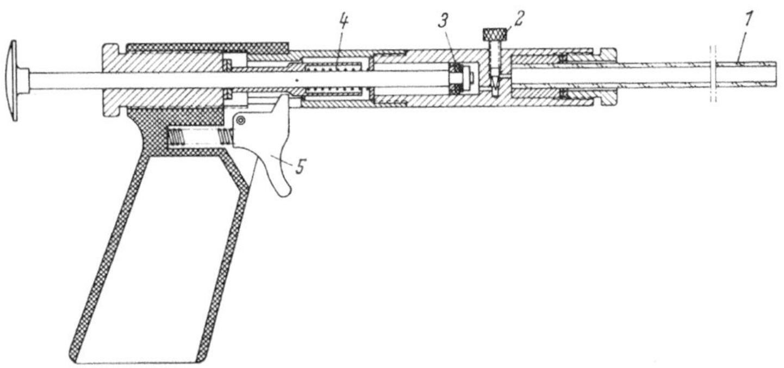

Abb. 19/16.

Abb. 19/15. Vakuumpipette aus schwerschmelzbarem Glas zur Probenahme von flüssigem Stahl für die Kohlenstoff- und Schwefelbestimmung.

Abb. 19/16. Saugpistole zur Entnahme von stabförmigen Proben (1,5 bis 5 mm Durchmesser), z. B. aus dem Löffel, mit Betätigung durch Federdruck.

1 offenes Rohr aus schwerschmelzbarem Glas oder Quarz; *2* Regelschraube für die Sauggeschwindigkeit, *3* Spannkolben zur Vakuumerzeugung, *4* Spannfeder (gespannter Zustand), *5* Auslöser für den Saugvorgang.

glasröhrchen benutzen (Vakuumpipetten) oder Rohre, in denen der Unterdruck durch eine Vorrichtung nach dem Eintauchen in den flüssigen Stahl erzeugt wird (Saugpipetten). Stiftförmige Proben können nur aus beruhigtem Stahl gezogen werden, weil entweder ohne Beruhigung des Stahles poröse Proben erzielt werden oder der zur Beruhigung innerhalb des Röhrchens befestigte Aluminiumdraht nicht mit Sicherheit homogen in der Probe gelöst wird. Unberuhigter Stahl muß deshalb zuvor im Löffel, wie allgemein üblich, mit Aluminium beruhigt werden.

Vakuumröhrchen mit unterschiedlichem Durchmesser können fertig bezogen werden. Sie bestehen im allgemeinen aus einem zylindrischen, schwerschmelzbaren Glasrohr von etwa 15 cm Länge. Das Rohr ist entweder zu einer Kapillare ausgezogen und nach dem Evakuieren mit einem leichtschmelzenden Salz (z. B. Silberchlorid) verschlossen (s. Abb. 19/21) oder leicht aufschmelzbar gemacht worden (Abb. 19/15). Die Probenahme erfolgt durch Eintauchen des Röhrchens mittels einer langstieligen Zange oder einer Klammer, die an einem Stiel befestigt ist. Es ist darauf zu achten, daß die Aufenthaltszeit des Röhrchens über dem Stahlbad möglichst kurz ist, weil sonst der Verschluß vorzeitig aufschmelzen kann. Aus dem gleichen Grund ist eine Probenahme durch eine Schlackenschicht nur möglich, wenn die Spitze zusätzlich geschützt wird. Bei der Probenentnahme mit dem offenen Rohr sind zwei grundsätzliche Verfahrensweisen bekannt; entweder wird der flüssige Stahl nach dem Eintauchen mit einem Hubkolben oder durch Zuschalten eines Rezipienten angesaugt. Der Kolben wird entweder mit Feder-

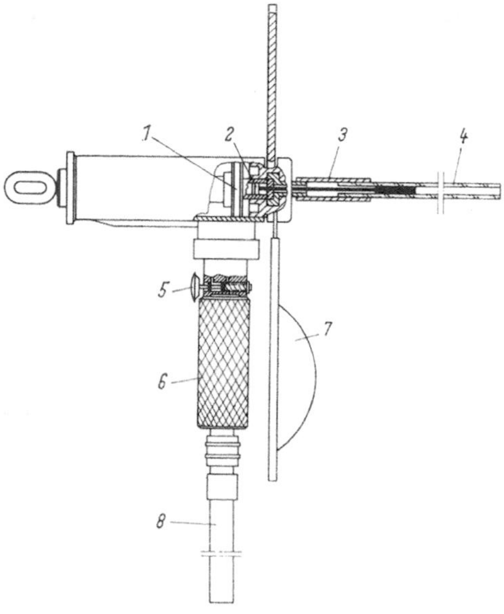

Abb. 19/17.

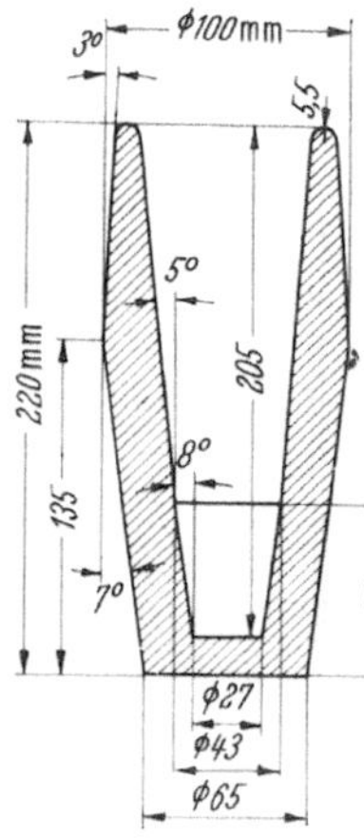

Abb. 19/18.

Abb. 19/17. Schema einer Saugpistole zur Gewinnung stabförmiger Proben aus flüssigem Stahl mit Betätigung durch Druckluft.

1 Antriebskolben, *2* Saugkolben, *3* Gummischlauch, *4* Quarz- oder schwerschmelzbares Glasrohr, *5* Auslöseknopf, *6* Haltegriff, *7* Handschutz, *8* Druckluftleitung.

Abb. 19/18. Kokille zur Entnahme von Proben aus dem Gießstrahl.

druck betrieben (Abb. 19/16) oder durch Druckluft (Abb. 19/17) betätigt. Bei Einsatz im Betrieb muß je nach Viskosität des flüssigen Stahles die Geschwindigkeit des Kolbenhubes eingestellt werden. Die Änderung der Federkraft und der Druckluftspannung ist zu beachten. Der Betrieb mit Druckluft ist wegen des Mittragens von Druckluftflaschen oder Schlauchanschlüssen im Betrieb unhandlich.

19.3.3.5 Probenentnahme aus dem Gießstrahl. Es kann notwendig sein, Proben aus dem Gießstrahl zu ziehen, da entweder eine Probenahme vor dem Gießen aus der Pfanne oder nach dem Gießen aus der Gießkokille wegen mehrerer Gründe nicht möglich ist bzw. nicht durchgeführt werden kann.

Probenentnahme mit dem Löffel. Ein entsprechend großer Löffel wird unter den je nach Durchmesser der Gießöffnung mehr oder weniger gedrosselten Gießstrahl gehalten. Der im Löffel befindliche Stahl wird gegebenenfalls nach Desoxidation in eine Probenkokille gegossen. Die entstehende Kegelprobe eignet sich nicht zur Sauerstoffbestimmung.

Probenentnahme mit der Gießstrahlkokille. Die Gießstrahlkokillen haben in der Regel eine ähnliche Form wie die Tauchkokillen. Ihr Inhalt ist aber etwa dreimal größer. Eine bewährte Form zeigt Abb. 19/18. Diese Kokille muß direkt oder unter Aufstecken eines kurzen Winkeleisens von der Seite her in den ungedrosselten Gießstrahl geschoben werden. Sie wird sofort nach dem Vollaufen zurückgezogen und kann z. B. 15 sec in fließendes Wasser getaucht werden, um den Erstarrungsvorgang zu beschleunigen. Die Höhe des Probenkörpers soll 10 cm nicht unterschreiten.

Bei unberuhigten Stählen wird entsprechend der Tauchkokille nach Abb. 19/9 Aluminiumblech (etwa 6 g/3 kg Stahl) zugegeben.

Die entsprechende Kegelprobe wird wie üblich getrennt und kann zur spektralanalytischen Gesamtanalyse verwendet werden. Wird nur eine Sauerstoffprobe

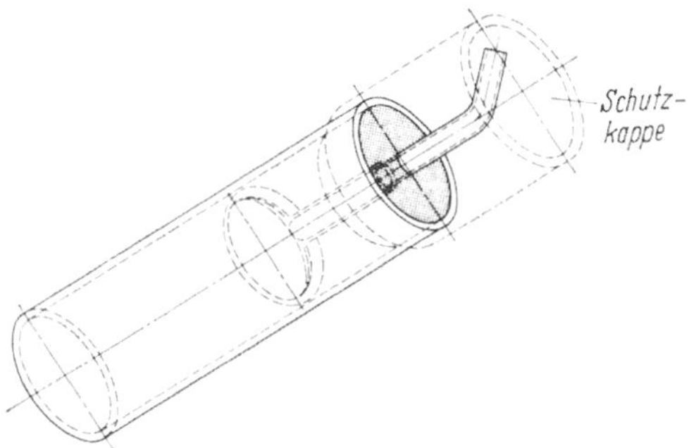

Abb. 19/19. Probenahmesonde für die Entnahme von Proben aus dem Gießstrahl.

verlangt, so trennt man aus dem mittleren Teil (wenigstens 10 mm vom Kopf oder Fuß entfernt) eine Scheibe (Dicke etwa 3 mm) heraus. Aus dieser Scheibe kann man Probenkörper ausstanzen; sie dürfen nicht aus dem Kern oder unmittelbar neben dem Rand dieser Scheibe genommen werden.

Probenentnahme mit Sonden. Auch für die Entnahme von Proben aus dem Gießstrahl sind Sonden entwickelt worden, bei denen gegenüber der Tauchsonde die Vorkammer durch ein etwa 5 bis 8 cm herausragendes Quarzrohr von etwa 6 mm Durchmesser ersetzt ist (Abb. 19/19). Nach dem Aufstecken der kurzen Papphülsen (20 bis 30 cm) auf eine genügend lange Lanze soll dieses Quarzrohr direkt in den voll laufenden Strahl der Gießpfanne bzw. bei größeren Gießöffnungen und möglichen Lufteinschlüssen im Strahl direkt in die Öffnung gehalten werden. Für die Probenentnahme von unberuhigtem Stahl befindet sich ein abgewinkelter Aluminiumdraht in dem Quarzrohr.

Auch diese Art der Probenentnahme befindet sich im Entwicklungszustand, so daß bisher nur gesagt werden kann, daß sich die scheibenförmigen Probenkörper nach entsprechender Vorbereitung generell auch für die Bestimmung von Stickstoff und Sauerstoff eignen, während dies für den stiftförmigen Ansatz nicht immer gilt.

19.3.4 Probenahme von flüssigem Stahl zur Wasserstoffbestimmung

Beim Erschmelzen nimmt der Stahl Wasserstoff auf, z. B. aus der Schlacke, den Ofengasen, der Atmosphäre, den Legierungsmetallen usw. Die Eigenschaften des Stahles können dadurch ungünstig beeinflußt werden.

Bei der Probenahme ist zu beachten, daß sich der Wasserstoffgehalt im Stahl sehr rasch ändern kann. Auch von der festen Probe kann Wasserstoff noch abgegeben oder aufgenommen werden. Die Probenentnahme selbst kann mit Hilfe einer Kupferkokille, der Vakuumpipette oder der Saugpipette erfolgen. Bei der Anwendung der Kupferkokille muß die Probe zunächst mit Hilfe eines eingeschlackten Löffels aus dem Stahlbad entnommen werden. Der Vorteil dieser Arbeitsweise ist es, daß eine Probe auch durch eine dicke Schlackendecke hindurch genommen werden kann. Die Vakuumpipette und die Saugpipette werden vorwiegend bei der Entnahme von flüssigem Stahl aus Gießkokillen angewendet. Bei nicht zu dicken Schlackendecken kann die Vakuumpipette nach einer entsprechenden Vorbereitung mit Hilfe einer Lanze auch zur Entnahme aus dem Ofen oder der Pfanne eingesetzt werden. Aus unberuhigten Schmelzen und aus dem Gießstrahl ist eine Probenahme mit der Vakuumpipette schwierig durchzuführen.

19.3.4.1 Probenentnahme mit der Kupferkokille. Die im folgenden beschriebene Probenahme ist in einem internationalen Kreis vereinbart und auch an anderer Stelle festgelegt [1]. Aus diesem Grund müssen die Bedingungen der Probenahme und der Probenvorbereitung, des Probentransportes und der Analyse immer unter

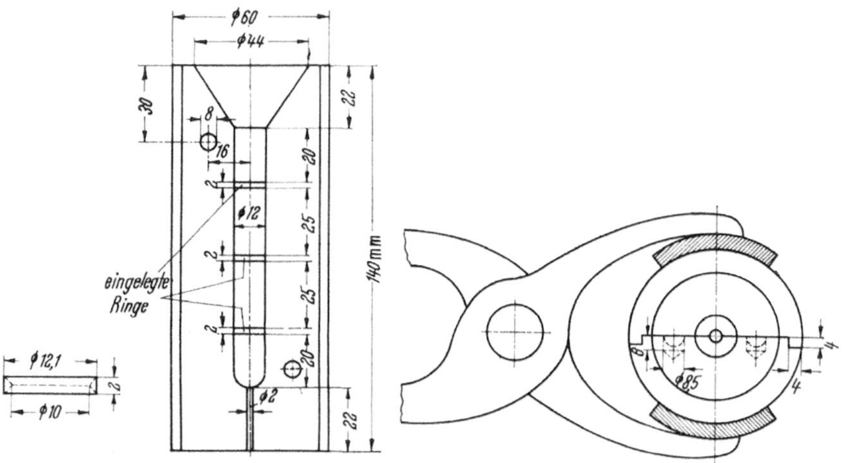

Abb. 19/20. Kupferkokille für die Probenahme von flüssigem Stahl für die Wasserstoffbestimmung.

gleichen Bedingungen durchgeführt werden, um vergleichbare Werte zu erhalten. Der Schmelze wird mit einem eingeschlackten Löffel eine Schöpfprobe entnommen, die gegebenenfalls anschließend mit Aluminium beruhigt wird. Durch Gießen in eine Kupferkokille wird eine Rohprobe hergestellt, die möglichst schnell durch Eintauchen zunächst in Wasser und dann in Kältemischung auf etwa −80 °C abgekühlt wird. Die Rohprobe wird durch Bearbeiten in kaltem Zustand, Reinigen und definiertes Auftauen für die analytische Bestimmung vorbereitet.

Die Kupferkokille besteht aus zwei halbzylindrischen Teilen, die mit einer daran befestigten Stahlzange zusammengehalten werden (Abb. 19/20). Es ist darauf zu achten, daß die Innenwände der Kokille trocken und sauber sind und keine Oxidhaut aufweisen. Zur Erleichterung der Trennung des Probestabes können in die geöffnete und waagerecht gehaltene Kokille drei oder vier Stahlringe eingelegt werden.

Durchführung. Die Probe wird der Schmelze mit einem Löffel entnommen, der vorher mit Schlacke aus der zu untersuchenden Schmelze überzogen wurde. Unmittelbar anschließend entfernt man mit einem Spatel einen Teil der Schlacke von der Stahloberfläche und beruhigt die Schmelze, indem man einen Aluminiumdraht bis auf den Boden des Löffels stößt (2 g Al/kg Stahl).

Darauf wird der flüssige Stahl in die Kokille gegossen. Es ist darauf zu achten, daß die Gießhöhe dabei möglichst gering ist. Sobald die Kokille gefüllt ist, hält man sie über einen Eimer mit Wasser, öffnet sie und entfernt die Probe daraus, gegebenenfalls durch einen Schlag auf den Eimerrand. Die Probe wird im Wasser mit einem Metallkorb aufgefangen, etwa 10 sec hin- und herbewegt und dann mit einer Zange aus dem Wasser genommen. Dabei muß ihre Temperatur noch so hoch sein, daß das anhaftende Wasser schnell verdampft. Unmittelbar anschließend gibt man die Probe in ein Dewar-Gefäß, das mit einer gesättigten Mischung aus Kohlensäureschnee und Aceton gefüllt ist. Die Probe verbleibt in dieser Kältemischung bis zur Analyse.

Wurde die Zeit von 30 sec für die Probenahme überschritten, werden die Analysenergebnisse unsicher, und die Probe ist zu verwerfen. Die Zeit für die Probenahme wird von dem Augenblick an, in dem der Löffel gefüllt ist, bis zum Eintauchen der Probe in die Kältemischung gerechnet. Proben mit sichtbaren Gießfehlern und Schlackeneinschlüssen sind ebenfalls zu verwerfen.

Probenbearbeitung. Den Probestab spannt man in einen Schraubstock und schlägt Stücke mit einem Hammer ab. Nur die Stücke aus der Mittelzone werden für die Analyse verwendet. Diese Stücke werden sofort wieder in der Kältemischung aufbewahrt.

Kurz vor der Untersuchung werden Grate und Oberflächenoxide mit einem Schleifstein entfernt, wobei man die Temperatur der Probe durch wiederholtes Eintauchen in die Kältemischung möglichst weit unter der Raumtemperatur hält. Vor Einsetzen in die Analysenapparatur wird die Probe zunächst in Methanol auf Raumtemperatur gebracht. Dabei ist zu beachten, daß eine auf der Probenoberfläche befindliche Eisschicht restlos entfernt wird. Danach wird die Probe in Äther oder Aceton, dann mit Tetrachlorkohlenstoff (Abzug!) gespült und anschließend in einem trockenen Stickstoffstrom getrocknet. Das Probegut wird nach der Extraktion gewogen.

19.3.4.2 Probenentnahme mit der Vakuumpipette. —

Grundlage. Die kapillare Ansaugöffnung der Vakuumpipette wird in das Stahlbad eingetaucht, wobei sich der Silberchloridverschluß öffnet und der Stahl ein-

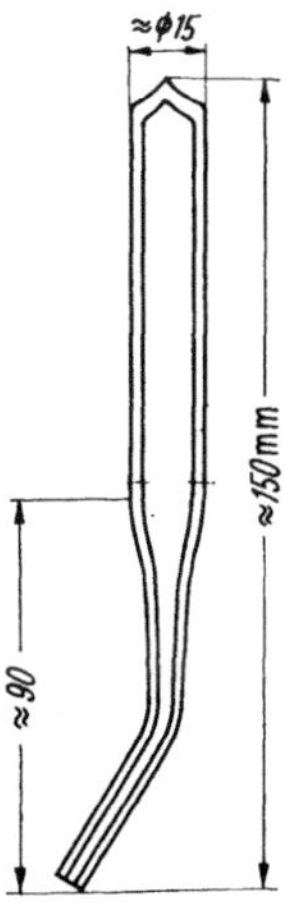

Abb. 19/21. Vakuumpipette für die Probenahme von flüssigem Stahl zur Wasserstoffbestimmung.

gesaugt wird. Anschließend wird die Kapillare der gefüllten Pipette entweder in Quecksilber getaucht oder wieder mit Silberchlorid verschlossen. Zur Analyse wird die Pipette in einer geeigneten Vorrichtung zerbrochen und das ausgetretene Gas sowie die Stahlprobe auf ihren Wasserstoffgehalt analysiert [2, 3].

Geräte. Die Vakuumpipette ist aus Quarzglas gefertigt und besteht aus dem Probenkörper und der Kapillare (Abb. 19/21). Die Pipette mit der Kapillare ist aus einem Stück gezogen. Die Kapillare ist etwas abzuwinkeln und soll mindestens über eine Länge von 2 cm gleichen Durchmesser haben. Die Wandstärke der Pipette beträgt mindestens 2 mm, damit bei basischen Gießpulvern eine Zerstörung der Pipette vermieden wird. Der Kapillardurchmesser, der meist zwischen 0,5 und 2 mm liegt, ist abhängig von der Viskosität der Schmelze. Er muß so gewählt werden, daß für das Einsaugen etwa 10 sec nach Öffnen des Verschlusses notwendig sind.

Die Lanze wird zur Entnahme aus dem Ofen oder aus Pfannen, soweit Schlacken auf dem Stahl liegen, angewandt. Der Lanzenkopf besteht aus einem beidseitig offenen Metallrohr, dessen Länge sich nach der Dicke der Schlackenschicht richtet. Zum leichteren Aufbringen einer feuerfesten Masse wird der Lanzenkopf mit einem Drahtgewebe umgeben. Die Pipette wird mit Hilfe eines geteilten Metallringes in die untere Öffnung des Kopfes so eingesetzt, daß etwa $^3/_4$ der Kapillare aus dem Lanzenkopf ragen, und dann mit hitzebeständiger Masse eingekittet. Vor Gebrauch müssen der Lanzenkopf und die eingekittete Pipette getrocknet werden. Zum Schutz der Kapillare beim Durchstoßen der Schlackendecke wird diese mit einem geteilten Korken versehen, der durch einen Draht zusammengehalten wird [2, 3]. Die Zange wird bei Probenahmen verwendet, bei denen die Pipette ungeschützt eingetaucht werden kann. Sie ist am oberen Ende mit einem Schutzkorb versehen, der die Hände vor Hitzestrahlung schützt. Ein Abstreifer ist dem Pipettendurchmesser angepaßt und dient zum Abstreifen von Metallkränzen oder Schlackenrückständen auf der Pipette. Das Quecksilbertauchgefäß aus nichtrostendem Stahl hat eine Länge von etwa 225 mm und einen Durchmesser von etwa 20 mm. Das Gefäß wird zu $^2/_3$ mit Quecksilber gefüllt. Mehrere solcher Gefäße können auf eine Unterlage montiert werden. Der Silberchloridverschluß wird durch kleine Hütchen aus Quarz vorgenommen, die 20 mm hoch sind und einen Innendurchmesser von etwa 7 mm aufweisen. Sie sind zu $^3/_4$ mit pulverförmigem Silberchlorid gefüllt, das beim Eintauchen der heißen Pipette aufschmilzt und so die Pipette verschließt.

Durchführung. Bei der Probenahme mit der Zange wird die vorbereitete Pipette höchstens bis zum Ende der Kapillare in die flüssige Schmelze eingetaucht. Dabei öffnet sich der Silberchloridverschluß, und der flüssige Stahl fließt in die Pipette ein. Bei Probenahmen, bei denen die Pipette mit einer Zange gehalten wird, ist das Einsaugen leicht zu beobachten; die Zeit bis zum Ende des Ansaugens soll ungefähr 10 sec betragen. Bei Probenahmen mit der Lanze ist eine Gesamtzeit von etwa 40 sec günstig. Die Pipette muß stets senkrecht gehalten werden, um ein Austropfen des Stahles zu verhindern. Wurde ein Austropfen beobachtet, so ist die Probe zu verwerfen und eine neue mit kleinerem Kapillardurchmesser zu entnehmen. Die Pipette soll langsam aus der Schmelze herausgezogen werden, damit der erstarrende Stahl die Pipette vorübergehend gut abdichtet. Ein ruckartiges Herausnehmen der Pipette führt zu Verlusten. Gegebenenfalls werden mit dem Abstreifer anhaftende Schlacke oder Metallkränze entfernt und die Pipette schnell in das Quecksilbertauchgefäß gesetzt oder mit Silberchlorid verschlossen, da bei weiterem Abkühlen der Stahl die Kapillare nicht mehr genügend abdichtet. Anlauffarben deuten stets auf undichte Pipetten hin. Die Pipette ist in den meisten Fällen nicht voll mit Stahl gefüllt, da bereits Gas während des Ansaugens und Erstarrens abgegeben wird. Die abgedichtete Pipette wird zum Labor transportiert und kann bis zu 3 Tagen gelagert werden.

19.3.4.3 Probenentnahme mit der Saugpipette. —

Grundlage. Der Stahl wird in eine beiderseits offene Quarzpipette eingesaugt, die sich an einer Halterung befindet. Der untere Pipettenteil mit der Probe wird an einer Verengung abgekniffen und in ein Aufbewahrungsgefäß unter Schutzgas abgelegt [4 bis 6].

Geräte. Die Saugpipette wird aus Vycorglas oder klarem Quarzglas hergestellt (Abb. 19/22). Die untere Öffnung soll zentrisch sein und hat einen Durchmesser von 2 bis 4 mm. Die Öffnung richtet sich nach der Viskosität des Stahles, ein Auslaufen muß vermieden werden. Die Wandstärke der Pipette soll 1 mm nicht unterschreiten, da bei den hohen Temperaturen Quarz- und Vycorglas durch Schlacke, Gießpulver oder Abdeckmasse, die sich auf dem Stahl befinden, ange-

Abb. 19/22. Saugpipette für die Probenahme von flüssigem Stahl zur Wasserstoffbestimmung.

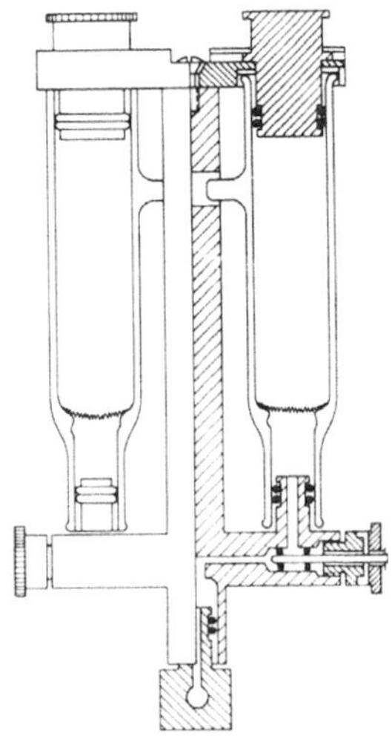

Abb. 19/23. Aufbewahrungsgefäß für die Saugpipetten, zu Abb. 19/22.

griffen werden. Die Haltevorrichtung besteht aus einem äußeren Stahlrohr mit einem beweglichen Innenrohr. Das obere Ende des Innenrohres ist über einen dickwandigen Schlauch mit einem Mundstück verbunden. Am unteren Ende wird mit einem kurzen Gummischlauch die Saugpipette angebracht. Das äußere Stahlrohr ist am oberen Ende mit einem Querholm versehen, damit das Rohr nicht aus der Hand gleitet. Das äußere Rohr hat die Aufgabe, die Pipette vor Bruch zu bewahren, die untere Gummiverbindung vor Strahlungshitze zu schützen und einen an der Pipette entstandenen Ansatz beim Zurücknehmen aus dem Stahlbad abzustreifen. Die Länge der Vorrichtung richtet sich nach den Erfordernissen bei der Probenahme.

Das in Abb. 19/23 wiedergegebene Aufbewahrungsgefäß wird mit einem durch einen O-Ring gedichteten Stopfen und mit einem Ventil verschlossen; beide Verschlüsse sind gegen unbeabsichtigtes Öffnen gesichert. Dadurch können auch Proben, die während der Lagerung viel Gas abgeben, den Stopfen nicht abheben. Über dem Ventil befindet sich ein Sieb aus nichtrostendem Stahl, das von der Probe abfallende Quarzsplitter, Schlackenreste u. ä. zurückhält und verhindert, daß die Probe beim Einlegen das Glasgefäß zerschlägt. Die Gefäße können über Steckverbindungen auf eine Verteilerleiste aufgesteckt werden, durch die das Schutzgas — technischer Stickstoff oder Argon — den einzelnen Gefäßen zugeführt wird. Das Gas wird einer Leichtstahlflasche über ein Reduzierventil mit

Strömungsmesser und Überdrucksicherung entnommen. Diese einzelnen Bauteile sind in einem Blechgehäuse untergebracht.

Durchführung. Zunächst werden alle Gefäße bei geöffnetem Hahn und Verschlußstopfen kurze Zeit mit Schutzgas durchgespült und dann bis auf eines wieder verschlossen. Die Strömungsgeschwindigkeit wird auf etwa 1 l/min eingestellt. Zur Probenahme wird die Pipette etwa 150 mm aus dem äußeren Rohr herausgeschoben. Nun wird in das Stahlbad eingetaucht und langsam und gleichmäßig mit dem Mund oder einem Gummiball angesaugt. Anschließend wird die Pipette aus dem Stahlbad gezogen. Der untere Pipettenteil mit der Probe wird durch eine Zange gehalten, mit einer zweiten Zange wird an der Verengung abgetrennt und die Probe in das Aufbewahrungsgefäß gegeben. Sofort danach wird der Verschlußstopfen aufgesetzt und das Ventil geschlossen. Für jede weitere Probenahme wird ein anderes Aufbewahrungsgefäß geöffnet und die Probe wie beschrieben abgelegt.

Zur Entnahme aus dem Gießstrahl verwendet man eine Pipette, deren Pipettenkörper abgewinkelt ist. Sie wird mit der Öffnung nach oben ohne anzusaugen in den ungedrosselten Gießstrahl gehalten.

Literatur zu 19.3.4

1 Stahl-Eisen-Prüfblatt 1710–66. Düsseldorf: Stahleisen.
2 Taxhet, H.; Thomich, W.; Winterfeld, F.: Vergleich betriebsmäßig angewendeter Probenahmeverfahren zur Bestimmung des Wasserstoffgehalts von flüssigem Stahl. Stahl u. Eisen 82 (1962) 1561–1566.
3 Thomich, W.: Zur Probenahme von flüssigem Stahl für die Ermittlung des Wasserstoffgehaltes. Arch. Eisenhüttenwes. 40 (1969) 121–123.
4 Wentrup, W.; Fucke, H.; Reif, O.: Stahl u. Eisen 69 (1949) 117–122.
5 Willmer, Th.-K.; Liedtke, W.: Erfahrungen mit dem Saug-Pipettenverfahren für die Probenahme zur Wasserstoffbestimmung. Stahl u. Eisen 87 (1967) 449–454.
6 Willmer, Th.-K.; Zimmermann, K.: Verbesserte Betriebsverfahren für die Probenahme und Analyse des Wasserstoffgehaltes von flüssigem Stahl. Arch. Eisenhüttenwes. 41 (1970) 1131–1135.

19.4 Roh- und Gußeisen, unlegierter und legierter Stahl in festem Zustand

Allgemeines

Bei der hier beschriebenen Probenahme handelt es sich um die Gewinnung von Probegut für die Feststellung der chemischen Zusammensetzung von Blöcken, Brammen, Platinen, Knüppeln, Formeisen aller Art (Träger, Winkel-, Rund-, T- und U-Eisen usw.), von Schienen, Rohren, Blechen und Drähten. Grundsätzlich gilt, daß jede Probenahme aus Blöcken, Brammen, Halbzeug und Fertigprodukten nicht ohne weiteres einen Rückschluß auf die gesamte Charge erlaubt.

Abb. 19/24 zeigt die möglichen *Seigerungserscheinungen* in Blöcken, wie sie vor allem bei unberuhigten Stählen auftreten. Diese Seigerungen können auch bei den Weiterverarbeitungsprozessen erhalten bleiben. Sie erfahren demgemäß entsprechend der Verformung eine Änderung in der Verteilung (Abb. 19/25). Bei Walzerzeugnissen ist daher grundsätzlich die Probe durch Hobeln, Fräsen, Schneiden oder Sägen nur über den gesamten Querschnitt zu entnehmen. Welches der vier Probenentnahmeverfahren zu wählen ist, sollte nach den jeweils angewendeten Probenzubereitungs- und Analysenverfahren festgelegt werden. Um den Durchschnitt und damit die Seigerungszonen richtig erfassen zu können, muß die Probenahme quer zur Walzrichtung erfolgen. Dies ist in den meisten Fällen augenscheinlich. Sollte es nicht der Fall sein, wie z. B. bei Blechabschnitten, so muß durch eine vorangehende Ätzung die Walzrichtung festgestellt werden. Werden

Späne entnommen, so sollten sie so fein sein, daß nach dem Mischen und Teilen eine repräsentative Analysenprobe bleibt. Die erforderliche Spanzahl je Gramm richtet sich nach der Probenbehandlung für das jeweilige Analysenverfahren. Im allgemeinen sind 100 Späne je Gramm für die chemische Analyse ausreichend. Sollte eine Entnahme von Spänen durch Fräsen oder Hobeln nicht möglich sein, so können die Proben auch durch Bohren an möglichst vielen Stellen über den Querschnitt entnommen werden.

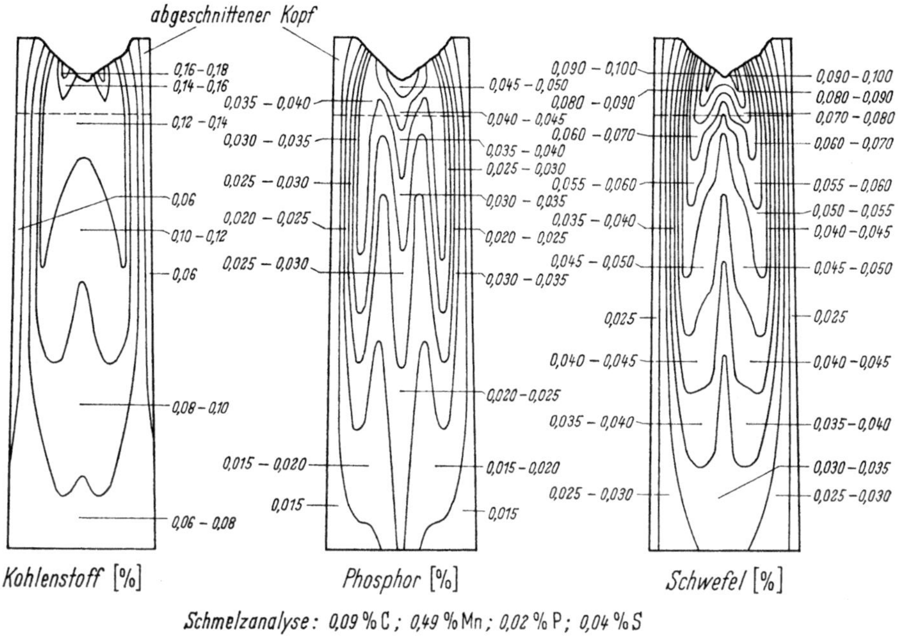

Abb. 19/24. Seigerungsbild von Blöcken.

Abb. 19/25. Veränderung der Seigerzonen beim Walzen.

Ist das Material, von dem die Probe zu entnehmen ist, gefettet, so wird es vor der Probenentnahme durch Behandlung mit fettlösenden Stoffen, wie z. B. Toluol oder 1.1-Dichloräthan, behandelt.[1]

Die Probenentnahmestellen müssen vor dem Zerspanen von Zunder, Rost, Gußhaut usw. gründlich gereinigt werden. Dies kann geschehen durch Behandlung mit einem Schleifstein, einer Feile oder Schmirgel, durch Vorbohren der zu bearbeitenden Fläche mit einem größeren Bohrer bis auf etwa 5 mm Tiefe und Verwerfen dieser Späne. Eine andere Möglichkeit ist das Durchsägen des Werkstückes und Entnahme der Späne an der freigelegten Fläche oder aber, wenn die Sägespäne als Probegut dienen sollen, durch vorherige gründliche Säuberung der

[1] Die für fettlösende Flüssigkeiten geltenden Sicherheitsvorschriften müssen beachtet werden.

Einschnittstelle durch Schmirgeln wie oben. Bei einem in Sand abgegossenen Material wie Gußeisenmasseln usw. wird die äußere Schalenhaut (Sandschicht) durch Schmirgeln oder Vorbohren, zuweilen auch durch Sandstrahlen u. dgl., entfernt.

Bei der Probenentnahme durch Bohren oder Fräsen muß unbedingt gefordert werden, daß Schmier- oder Kühlmittel, wie Öl oder Seifenwasser, nicht verwendet werden. Die Bohr- oder Fräsgeschwindigkeit muß so weit reduziert werden, daß die entnommenen Späne keine Anlauffarben zeigen. Freie Flächen für die Probenahme können auch durch Sägen in Längs-, Quer- oder diagonaler Richtung erhalten werden. Die dabei entstehenden feinen Späne können als Probegut verwendet werden. Bei den zur Seigerung neigenden Metallegierungen kann man auch bis zur Mitte des Stückes einsägen und erhält dann Späne, die dem Durchschnittsgehalt sehr nahekommen. Sägt man das zu probende Gut ganz durch, so werden zwei neue Flächen geschaffen, aus denen durch Fräsen usw. weitere Späne entnommen werden können, soweit die beim Sägen angefallenen Späne nicht verwendet werden können. Die Zahnung der Sägen ist so zu wählen, daß möglichst wenig Sägestaub entsteht. Das Sägen eignet sich besonders für harte und nicht spröde Legierungen und Metalle, die beim Bohren lange, spiralige Späne ergeben würden. Fallen beim Bohren lange, spiralige Späne an, so müssen diese nachträglich im Mörser nachgebrochen werden. Wenn irgend möglich, sollte man zur Spangewinnung das Fräsen anwenden, da hierbei feine, gleichmäßige Späne, frei von staubförmigen Anteilen, gewonnen werden.

Besondere Verhältnisse gelten für die Probenahme, wenn das zu untersuchende Gut durch Nachbehandlungsverfahren oberflächlich aufgekohlt oder aufgestickt worden ist. Je nach dem Ziel der geforderten Prüfung muß sich die Entnahme der Probe entweder (schichtweise) nur auf diese Oberflächenschichten oder aber auf das Kernmaterial richten.

Die Proben für die Bestimmung des Sauerstoff- und Wasserstoffgehaltes haben meist eine andere Form als die Proben für die übrigen Untersuchungen. Das hängt z. T. mit den besonderen Eigenschaften dieser Elemente und zum anderen von den Anforderungen der speziellen Analysenverfahren für beide Elemente ab. Für die Ermittlung des Stickstoffgehaltes können die auf üblichem Wege gewonnenen Späne verwendet werden. Es muß jedoch besonders darauf geachtet werden, daß der Feinanteil bei den Spänen nicht für die Stickstoffbestimmung verwendet wird.

19.4.1 Probenahme von festem Roh- und Gußeisen

Allgemeines

Roheisen und Gußeisen, einschließlich Temperguß, sind kohlenstoffreiche Eisenlegierungen mit mehreren Gefügebestandteilen. Je nach Bindungsform und der Menge des bei der Erstarrung ausgeschiedenen Kohlenstoffes unterscheidet man nach dem Bruchaussehen weißes, graues oder als Übergang zwischen beiden Formen meliertes Roheisen. In den Gefügebestandteilen sind die zu bestimmenden Elemente unterschiedlich verteilt. Daher erfordern Probenentnahme und Probenbearbeitung besondere Sorgfalt und sollten stets von geübten Personen unter fachkundiger Aufsicht durchgeführt werden. Dabei soll sich der Aufwand, um eine repräsentative Probe zu gewinnen, nach vertretbaren wirtschaftlichen Gesichtspunkten richten. Die statistischen Grundlagen, wie sie z. B. bei der Probenahme von Erzen, Ferrolegierungen u. a. Stoffen Anwendung finden, gelten auch hier.

19.4.1.1 Probenahme von Masseln. Masseln werden überwiegend vom Stapel, bei der Verlagerung oder während des Umschlages geprobt. Der Probenentnahme hat stets eine sorgfältige Begutachtung der gesamten Lieferung in bezug auf einheitliche Beschaffenheit vorauszugehen. Sollte eine Lieferung in Aussehen und Form nicht einheitlich sein, so ist der Anteil der einzelnen Sorten getrennt zu proben.

Bei kleinen Lieferungen bis zu 20 t werden 5 bis 10 Masseln, in besonderen Fällen auch 20 Masseln entnommen. Bei größeren Roheisenmengen wird die Zahl der zu entnehmenden Masseln entsprechend kleiner gehalten. Sie muß jedoch so vereinbart werden, daß die erhaltene Probe die durchschnittliche Zusammensetzung der Lieferung wiedergibt.

Am zweckmäßigsten erfolgt die Probenentnahme beim Be- und Entladen, indem man von bestimmten vorher vereinbarten Kübeln, Greifern oder Magnethuben[1] je eine Massel als Probegut absondert. Ist eine Probenentnahme beim Be- und Entladen nicht möglich, so müssen die Proben vom ruhenden Stapel gezogen werden. Man spannt z. B. mehrere Seile, die willkürlich verteilt Knoten enthalten, über den Haufen, kennzeichnet dann die unter den Knoten liegenden Masseln mit Kreide und sondert diese als Probemasseln aus. Aus diesen Masseln wird dann das eigentliche Probegut entnommen.

Die Masseln werden je nach Form und Größe ganz verwendet oder bei großen Stücken in der Mitte oder in den Kerben getrennt. Die Stücke werden in jedem Fall an der Außenfläche von sekundären Verunreinigungen gesäubert. (Sekundäre Verunreinigungen sind nachträglich beim Laden oder Lagern in bzw. an das Liefergut gelangte Fremdstoffe.) Die Bruchstücke der Proben werden so zu einer Sammelprobe vereinigt, daß sie für das Los repräsentativ sind.

Zur Herstellung der Analysenproben werden die Massel-Bruchstücke zerschlagen oder gebohrt. Weißerstarrtes Roheisen wird meist durch Zertrümmern mittels Preßlufthammer aufgearbeitet. Das Zerkleinern oder Zerstampfen muß mittels abriebfestem Mörser und Pistill oder anderen geeigneten Werkzeugen erfolgen, um eine Verfälschung der Begleitelemente zu verhindern. Auch eine Staubentwicklung ist zu vermeiden. Die Bearbeitung wird so lange fortgesetzt, bis das gesamte Probegut restlos durch ein Sieb von 0,20 mm Maschenweite hindurchgeht.

Die Aufarbeitung des grauerstarrten Roheisens richtet sich nach der erforderlichen Untersuchung. Für die Kohlenstoffbestimmung von grauem und meliertem Gußeisen haben sich folgende zwei Verfahren bewährt:

1. Die einzelnen Masseln werden mit einem Bohrer von etwa 12 bis 14 mm Durchmesser vollständig durchbohrt; diese Späne werden verworfen. Dann wird mit einem zweiten Bohrer, am besten aus Hartmetall, von 20 bis 24 mm Durchmesser nachgebohrt, wobei grobstückiges Gut anfallen soll. Diese Bohrspäne, die nicht wie sonst im Bohrloch durch den Bohrer zerrieben werden, sondern weitgehend unzerkleinert bleiben, fallen durch das vorgebohrte Loch in einen untergestellten Behälter und dienen als Probe.

2. Mittels Hohlmeißel oder Stechstahl werden einzelne kleine Stückchen aus den Masselquerschnitten genommen, oder es werden, wenn möglich, kleine Stücke von etwa 1 bis 2 mm Kantenlänge abgeschlagen, die dann direkt zur Analyse verwandt werden.

Für die Bestimmung der anderen Elemente können die Probestücke gebohrt, gehobelt oder gefräst werden. Ist ein Einzelstück zu dick und das einseitige Durchbohren nicht möglich, so wird von beiden Seiten bis zur Mitte gebohrt. Als Bohrermaterial hat sich Hartmetall bewährt. Die Drehzahl und Form des

---

[1] Der durch die Magnetgreifer bedingte remanente Magnetismus der Masselproben führt zu einer erschwerten Trennung von groben und feinen Teilchen. Er kann mittels eines Entmagnetisierungsgerätes aufgehoben werden.

Bohrers ist so zu wählen, daß kleine krümelige Späne anfallen, die später durch Zerdrücken auf abriebfester Unterlage analysenfein zubereitet werden können. Dabei ist zu berücksichtigen, daß grauerstarrtes Roheisen leicht staubt (Graphitverlust); von einer Unterteilung in Kornfraktionen ist deshalb abzusehen. Das beim Zerklopfen und Zerstampfen bzw. durch Bohren erhaltene Probegut wird auf einer geeigneten Unterlage, z. B. Glanzpapier, gemischt und verjüngt. Das Probegut wird zur Herstellung der Analysenprobe geteilt, wobei je nach Materialeigenschaften das Teilen mittels Riffelteiler oder über Kegeln und Vierteln erfolgt.

19.4.1.2 Probenahme von Gußstücken. Die Probenahme dient der Kontrolle der chemischen Zusammensetzung und nicht für die metallurgischen Untersuchungen. Gußeisen, das häufig meliert oder grau erstarrt ist und in Form von Gußstücken unterschiedlicher Größe, Grobabgüssen, Prüfstäben usw. vorliegt, wird durch Bohren, Hobeln oder Fräsen geprobt. Dabei ist zu prüfen, ob die vorliegenden Stücke als repräsentativ anzusehen sind. In manchen Fällen werden bestimmte Stücke zur Qualitätskontrolle angegossen und mitgeliefert.

Die Probestücke sind von Sekundärverunreinigungen zu säubern. Um eine möglichst gute Durchschnittsprobe zu erhalten, sollten Proben an verschiedenen Stellen der Stücke entnommen werden; die Probe sollte jeweils die ganze Stärke des Stückes erfassen (Durchbohren). Wenn dies wegen der Wanddicke nicht möglich ist, genügt auch ein Durchbohren bis zur Mitte des betreffenden Stückes. Eine besondere Beachtung verdient die Probenahme für die Bestimmung des gebundenen Kohlenstoffes oder des Graphits. Hier gilt sinngemäß das vorher bei der Probenbearbeitung für die Kohlenstoffbestimmung aus Masseln bei grauem Eisen Gesagte.

Die Probenahme von Tempergußlegierungen ist ein Sonderfall, sie erfolgt möglichst vor der Glühbehandlung, also vom Rohguß, da der Glühprozeß den Kohlenstoffgehalt vermindert oder Konzentrationsveränderungen vom Rand bis zur Mitte verursacht. Die Weiterverarbeitung der Probe erfolgt dann so, wie sie bei weißerstarrtem Roh- und Gußeisen beschrieben worden ist. Muß die Probenahme an getemperten Gußstücken und Gußproben durchgeführt werden, so entnimmt man nach der Entfernung der Zunderschicht Späne durch Bohren, Hobeln oder Fräsen über den gesamten Querschnitt des Materials.

19.4.2 Probenahme von festem Stahl

19.4.2.1 Probenentnahme. —

Blöcke. Bei Blöcken und Brammen ist eine einwandfreie Probenahme nur dann möglich, wenn das Material zerschnitten werden kann. Anbohrungen, selbst einige Millimeter unter die Außenhaut und an verschiedenen Stellen, geben keine repräsentative Probe. Es kommt hinzu, daß bei Glühbehandlungen eine Veränderung der chemischen Zusammensetzung, z. B. Entkohlung, bis zu einer Tiefe von etwa 5 mm eintreten kann. Durch seitliches Anbohren von Blöcken oder Brammen bis zur Mitte kann in bestimmten Fällen eine brauchbare Durchschnittsprobe gewonnen werden.

Halbzeug. Proben zur Kontrolle der Walzwerksproduktion entnimmt man bei kräftigen Profilen, wie Knüppeln, Stangen, Schienen sowie Grob- und Mittelblechen, aus den beim Trennen anfallenden Schnittflächen. Bei dünnen Abmessungen, wie Draht und Bandeisen, nimmt man von jedem Ring oder Stapel mehrere Stücke, paketiert sie und fräst dann über den gesamten Querschnitt. Eine Durchschnittsprobe kann auch durch Umschmelzen einzelner Stücke erhalten werden.

Grob- und Mittelbleche. Man bohrt, soweit möglich, von oben nach unten durch. Ist dies aus irgendwelchen Gründen nicht möglich, bohrt man zunächst von der einen Seite her bis zur Mitte und dann von der anderen Seite an der möglichst genau gegenüberliegenden Stelle ebenfalls wieder bis zur Mitte. Besteht das zu probende Gut aus einer Anzahl gleich großer Platten, so führt man das Bohren unter Zuhilfenahme einer der Oberfläche angepaßten Lochschablone aus. Man wird also, falls 20 Platten vorliegen, mit der dazugehörigen Schablone, die ebenfalls 20 Löcher trägt, bei der ersten Platte mit Loch Nr. 1 beginnen, bei der nächsten an der Stelle des Loches Nr. 2 bohren und dies fortsetzen, bis alle Platten gebohrt und damit alle Stellen der Oberfläche erfaßt sind. Dadurch ist jede Willkür bei der Wahl der Bohrstellen ausgeschaltet. Gewöhnlich wird nur einmal in Lochfolge der Schablone durchgebohrt. Ist dabei aber nicht genügend Probenmaterial erhalten worden, oder hat die Menge der zu probenden Stücke die Zahl der Löcher in der Schablone unterschritten, so ist die Zahl der Bohrstellen in den Platten entsprechend zu erhöhen.

Feinbleche. Bei sehr dünnen Blechen können die ausgewählten Stücke paketiert und dann in einem Abstand von 1 bis 2 mm eine Vielzahl von Einschnitten angebracht werden. Durch Teilen senkrecht zu diesen Schnitten erhält man kleine quadratische Plättchen für die Probe. Bei Blechen kann auch mit gutem Erfolg der Elektro-Knabber verwendet werden: Ein halbrundes Messer stanzt in schneller Folge kümmelkorngroße Teilchen aus dem Blech heraus. Je nach Geschwindigkeit des Vorschubs fallen größere oder kleinere Körner an, die zur Einwaage für die Analyse unmittelbar verwendet werden können. Die Zerkleinerung geht schnell und ohne Kraftanwendung vor sich.

Dünne Drähte. Der erwähnte Elektro-Knabber kann mit Hilfe einer kleinen Zusatzeinrichtung auch zur Gewinnung von Spänen aus dünnen Drähten verwendet werden. Dünnere Drähte können aber auch nach Bündelung mittels einer Blechschere zerkleinert werden oder nach festem Einspannen durch Fräsen über den Querschnitt der Stirnseite.

19.4.2.2 Probenbearbeitung. Die bei der Probenentnahme gewonnenen Stücke oder Späne müssen je nach dem anzuwendenden Analysenverfahren weiter zubereitet werden. Liegen Stücke vor und werden Späne für die chemische Untersuchung gefordert, so wird durch Hobeln oder Fräsen über den Querschnitt das benötigte Spanmaterial hergestellt. Liegen besonders grobe Späne oder Blechabschnitte vor, so müssen sie weiterzerkleinert werden durch Mörsern oder mit Hilfe eines Elektro-Knabbers.

Pressen der Späne. Liegen Späne vor und wird für die spektralanalytische Untersuchung eine massive Probe benötigt, so kann man durch Pressen der Späne eine solche Probe gewinnen. Dieses Verfahren hat sich bei unlegierten und legierten Stählen bewährt. Die Härte des Materials begrenzt die Anwendbarkeit dieser Arbeitsweise. Die naturgemäß porige Probe erfordert außerdem besondere Maßnahmen beim Anfunken [5].

Über das Pressen von Stahlspänen zu Probeelektroden liegen eine Reihe von Erfahrungen [1 bis 8] vor. Es hat sich gezeigt, daß durch Fräsen gewonnene Späne — Größe etwa 400 bis 1000 Stück je Gramm — besonders geeignet sind. Aber auch durch Bohren, Hobeln oder Sägen erhaltene Späne sind dieser Vorbereitungstechnik zugänglich, wobei sich das Einpressen der Späne in einen Stahlring [2] als günstig erwiesen hat. Bei groben, z. B. durch Sägen erhaltenen Spänen hat die Verwendung eines Ringes außerdem den Vorzug, daß durch zusätzliches Einpressen von Aluminiumgrieß [5] oder einer Kupferscheibe auf der Probenrückseite in jedem Fall dichte Probekörper mit einer guten Wärmeableitung erhalten werden. Für Preßlinge von 20 bis 30 mm Durchmesser werden mindestens

10 g Späne benötigt. Dabei ist zur Erzielung einer brauchbaren Probe meist ein spezifischer Preßdruck von etwa 90 bis 180 kp/mm^2 erforderlich [1, 5, 6].

Einschmelzen der Späne. Eine weitere Möglichkeit, zerspantes Material der routinemäßigen Emissions- und Röntgenfluoreszenz-Spektralanalyse zugänglich zu machen, besteht im Einschmelzen der Späne [8 bis 15]. Diese Art der Probenzubereitung eignet sich in besonderem Maße für Schrottproben (s. 19.2.3), für Draht- und Blechabschnitte von unberuhigten Stahlqualitäten, für Proben von mit Schwefel legierten Automatenstählen, silicierten Federstählen und Transformatorenstählen mit hohem Siliciumgehalt [9] sowie für Ferrolegierungen. Dabei wurden zwei Verfahrenswege beschritten:

1. Das Umschmelzen der Probe in einem Lichtbogen- oder Hochfrequenzofen unter Schutzgas (Argon) [8 bis 13], wobei die anschließende schnelle Abkühlung (1000 °C/sec) besondere Bedeutung für die Güte der Proben besitzt.

2. Das Schmelzen mittels induktiver Hochfrequenzerhitzung und zentrifugales Vergießen der gewonnenen Schmelze in einer speziellen Schleuderapparatur [14, 15]. Die erforderlichen Probemengen liegen bei etwa 10 g für das Schleuderverfahren und 100 g für Gießverfahren. Für beide Verfahren werden technische Lösungen mit teilweiser oder vollständiger Automatisierung des Arbeitsablaufes angeboten.

Da im allgemeinen auch der Kohlenstoffgehalt der Proben zu bestimmen ist, muß eine Entkohlung des Stahles während des Umschmelzens verhindert werden. Zur Bindung des Sauerstoffes, der außerdem die vakuumspektrometrische Untersuchung empfindlich stören würde, wird Aluminium — etwa 0,2% der Einwaage — mit der Probe in den Schmelztiegel gegeben. Auch bei anderen Elementen können Änderungen im Gehalt auftreten. Durch strenge Einhaltung der Arbeitsbedingungen (Mechanisierung) können diese Änderungen konstant gehalten und eingeeicht werden. Die zum Umschmelzen erforderliche Zeit hängt im wesentlichen von der elektrischen Leistung des Schmelzaggregates ab. Die nach den geschilderten Verfahren erhaltenen Proben werden wie gegossene Spektrometerproben angeschliffen und untersucht (s. 5.1.1.2).

19.4.2.3 Probenahme für besondere Untersuchungen. Die zuvor beschriebenen Probenahmeverfahren sind nicht geeignet für die Bestimmung des Sauerstoff- und des Wasserstoffgehaltes. Auch für Aufgabenstellungen wie die Phasenisolierung, Untersuchung von Schadensfällen, Ermittlung grober Einschlüsse usw. sind besondere Probenahmen erforderlich, die hier jedoch nicht beschrieben werden können.

a) Probenahme für die Gesamtsauerstoffbestimmung. Bei der Entnahme der Probe von festem Stahl ist vor allem zu berücksichtigen, daß die im Stahl befindlichen Oxide sehr ungleichmäßig verteilt sein können. Eine ungleichmäßige Verteilung rührt vor allen Dingen daher, daß beim Erstarren der Schmelze zunächst relativ reine Eisenkristalle ausgeschieden werden und daß der in der Schmelze gelöste Anteil an Sauerstoff sowie die in feiner Verteilung ausgeschiedenen Oxide sich in der Restschmelze anreichern. Dabei können feine flüssige Oxidteilchen zusammenfließen und in bestimmten Zonen auch größere Einschlüsse bilden. Ihre Entstehung kann aber auch durch exogene Einflüsse hervorgerufen werden. Die in verschiedenen, beim Erstarren im Gußblock gebildeten Seigerungszonen, auf die schon zu Beginn des Abschnittes 19.4 hingewiesen wurde, bleiben beim Schmieden oder Walzen in gewissem Umfang erhalten. Abb. 19/26 zeigt den Querschnitt dieses Knüppels, in dem die Seigerungszone durch Ätzung sichtbar gemacht wurde. In ihm ist auch die Oxidverteilung vielfach unterschiedlich. Während sich die chemische Zusammensetzung und Menge der im Stahlblock vorhandenen

Oxideinschlüsse beim Walzen und Schmieden nur unwesentlich ändern, wird die Form der Oxide je nach ihrem chemischen Charakter bevorzugt in der Verformungsrichtung gestreckt. Bei starken Verformungsgraden werden einzelne Einschlüsse vielfach geteilt und dadurch zerkleinert.

Aus diesem Grund ist die Entnahme einer repräsentativen Probe zur Ermittlung des Gesamtsauerstoffgehaltes von festem Stahl sehr schwierig. Andererseits läßt sich eine unmittelbare Entnahme von Proben aus den verschiedenen Zonen eines Blockes nur in seltenen Fällen durchführen oder erfordert stets einen extrem hohen Aufwand. Üblicherweise wird daher die Sauerstoffprobe im Zuge der Weiterverarbeitung entnommen, also nach dem Walzen oder Schmieden [17]. Wie aus Abb. 19/26 hervorgeht, kann man in einem Knüppel die verschiedenen

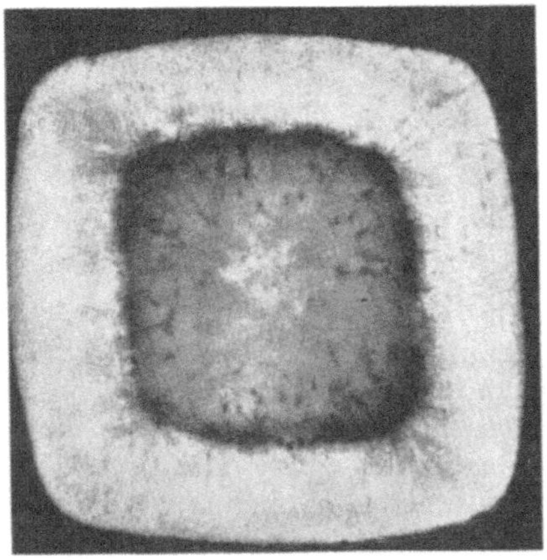

Abb. 19/26. Querschnitt eines Knüppels.

Seigerungszonen erkennen. Dieser Umstand erlaubt es auch, zur Bestimmung des Sauerstoffgehaltes eine Probe so zu ziehen, daß von allen Zonen äquivalente Mengen entnommen werden. Das einfachste und sicherste Verfahren dazu ist, das zu probende Material auf einen kleinen Querschnitt, z. B. eine Stange von 10 mm Durchmesser, auszuschmieden und nach vorsichtigem Abdrehen der Zunderhaut daraus Proben herzustellen, die den gesamten Querschnitt erfassen. Dabei ist zu beachten, daß die Endbearbeitung der Proben vollkommen fettfrei erfolgen muß [17]. Die Gesamtsauerstoffbestimmung wird in den meisten Fällen nach dem Heißextraktionsverfahren im Röhrenvakuumofen durchgeführt. Die hierfür erforderlichen Proben haben zylindrische Form von 8 mm Durchmesser und etwa 28 mm Länge. Eine Seite des Zylinders ist kugelförmig gerundet (Radius von 4 mm), um ein störungsfreies Einführen der Probe durch den Trichter in den Ofen zu gewährleisten. Das Gesamtgewicht der Probe beträgt etwa 10 g. Die Probe wird mit Schmirgelpapier geglättet, anschließend gesäubert und entfettet.

Will man auf diese Weise aus einer Reihe von Proben auf den mittleren Sauerstoffgehalt des Gußblocks schließen, so hat man darauf zu achten, daß die Proben aus verschiedenen Höhen des Blockes, von Kopf bis Fuß, gezogen werden. Daher ist auf eine äußerst sorgfältige Kennzeichnung des Halbzeugs Wert zu legen, um die einzelnen Blockabschnitte bei der Probenahme anteilig berücksichtigen zu können.

Aus den erhaltenen Analysenwerten ist dann der mittlere Gehalt des Gußblocks an Sauerstoff zu errechnen.

Kann das Material nicht auf einen so kleinen Durchmesser, wie oben angegeben, heruntergeschmiedet werden, ist auch eine Probenahme aus größeren Knüppeln oder aus anders geformten Profilen möglich. Aus einem größeren Knüppel entnimmt man (Abb. 19/27) zunächst quer eine Scheibe von 10 mm Dicke senkrecht zur Längsrichtung. Aus dieser Scheibe wird als Probe ein kleiner Sektor, dessen Spitze im Mittelpunkt der Scheibe liegt, herausgearbeitet. Auch diese Probe läßt sich in den Röhrenvakuumofen ganz oder aber, falls sie zu lang ist, in mehreren Abschnitten unmittelbar einwerfen und gewährleistet, daß von den verschiedenen Seigerungszonen anteilmäßig richtige Mengen erfaßt werden. Man kann das Verfahren noch zuverlässiger gestalten, wenn man zuvor die Scheibe einseitig schleift, die Seigerungszonen durch Ätzen sichtbar macht und ihre besondere Form bei der Entnahme der Probe berücksichtigt.

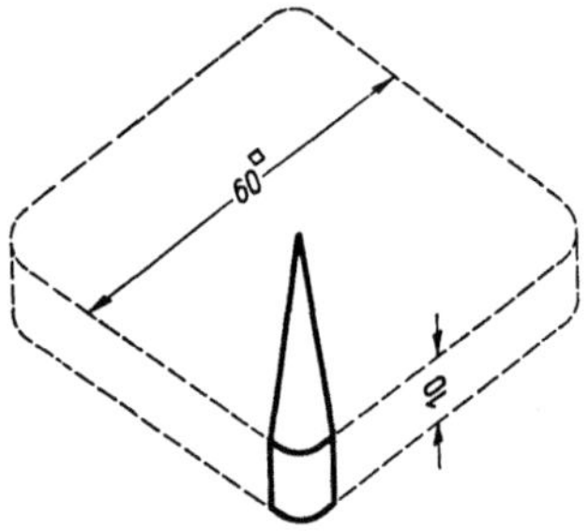

Abb. 19/27. Sektorenprobe aus einem Knüppel.

Ein weiterhin gebräuchliches, insbesondere bei unregelmäßigen Querschnitten empfehlenswertes Verfahren ist, die Gesamtprobe aus einer Anzahl von kleinen Stanzproben zusammenzustellen, die man aus einer schmaleren Scheibe von 1 bis 2 mm Dicke herausstanzt. Man hat dabei stets durch Rechnung festzustellen, wieviele der kleinen Proben aus den verschiedenen Zonen zu ziehen sind. Es läßt sich z. B. leicht errechnen, daß man, um einen guten Querschnitt aus allen Zonen zu erhalten, bei dem Knüppel (Abb. 19/26) aus dem inneren Drittel *eine* Probe, aus dem mittleren Drittel etwa *vier*, aus dem äußeren aber *neun* Proben zu ziehen hat. Alle Stanzabschnitte werden zu einer Probe vereinigt.

Ferner gibt es bei geeignetem Material die Möglichkeit der Probenentnahme durch Herstellung von Bohrspänen unter Schutzgas [18], für die das oben Ausgeführte sinngemäß gilt.

b) Probenahme für die Wasserstoffbestimmung. Die Untersuchung des Wasserstoffes im festen Stahl sollte nur in Sonderfällen durchgeführt werden, wobei eine bis ins einzelne gehende Kenntnis der Vorgeschichte erforderlich ist [19]. Eine Bestimmung des Wasserstoffes im Stahl ohne diese Kenntnis ist meistens wertlos. Der Ort der Probenahme richtet sich weitgehend nach dem Untersuchungsziel. Es muß besonders beachtet werden, daß die Diffusion des Wasserstoffes bei kleinen Stücken infolge des kleineren Diffusionsweges groß ist. Daher muß die Probenahme, d. h. das Herausschneiden und Bearbeiten der Stücke, sehr schnell hintereinander und bei tiefer Temperatur (unter −70 °C) erfolgen [20, 21].

Die Verteilung des Wasserstoffes bei Raumtemperatur in Blöcken und geschmiedeten oder gewalzten Stücken ist meist derartig, daß im Kern und in den Seigerungszonen sehr hohe Wasserstoffgehalte auftreten, die sich dann zu den Randzonen hin stark erniedrigen [19].

Die Effusion des Wasserstoffes aus dem Stahl erfolgt besonders beim Abkühlen der Blöcke sowie beim Walzen und Schmieden und bei der Wärmebehandlung. Daneben tritt vor allem in Hohlstellen der Blöcke und des verschmiedeten Materials Wasserstoff auf, ebenso auch an gewissen Phasengrenzflächen, wie z. B. zwischen Oxideinschlüssen und dem Grundmetall. Auch beim Lagern bei Raumtemperatur wird noch über längere Zeit Wasserstoff abgegeben.

Bei der Entnahme von Proben wird zumeist eine Rohprobe unter betrieblichen Bedingungen entnommen, aus der anschließend unter größerer Vorsicht die Endprobe herausgearbeitet wird. Die Entnahme der Proben kann durch Sägen, Brennschneiden oder Hohlbohren erfolgen, wobei die endgültige Probenform meist auf einer Drehbank hergestellt wird. Für die Wasserstoffverluste ist in allen Fällen die zeitliche Temperaturbelastung der Endprobe maßgebend [19].

Bei vergleichenden Untersuchungen ist die Einhaltung der Probenahmezeit besonders wichtig. Dabei ist ferner zu beachten, daß nur die Ergebnisse von Proben gleicher Größe miteinander verglichen werden können [20].

Die Probenform und -größe sind den Untersuchungsverfahren anzupassen. Vor der Bestimmung sind die Proben unter Umständen sorgfältig zu entfetten, zu reinigen und zu trocknen, wobei darauf zu achten ist, daß durch diese Vorgänge keine erneute Wasserstoffaufnahme erfolgen kann.

Literatur zu 19.4

1 Eckhard, S.: Beiträge zur spektrometrischen Analyse von Metallproben in Spanform. Z. anal. Chem. 208 (1965) 241—247, 401—407.

2 Stoll, N.; Wagner, A.: Contrôle rapide des aciers laminés par spectrométrie d'emission sur copeaux pressés. Publ. C. N. R. M. (1965) 73—81.

3 Eckhard, S.; Marotz, R.: Verfahren zur spektrometrischen Qualitätsüberwachung von Stählen und Nichteisenmetallen. Proc. XIII. C. S. I., Exeter 1965, London: Hilger 1966, S. 484—488.

4 Ramsden, W.; Sermin, D. F.: The analysis of pelleted steel samples with the vacuum direct reader. Proc. XIII. C. S. I., Exeter 1965, London: Hilger 1966, S. 489—497.

5 Koch, K. H.; Becker, G.: Zur spektrometrischen Analyse von Stahlspänen unterschiedlicher Form und Härte. Z. anal. Chem. 231 (1967) 173—181.

6 Koch, K. H.; Schmitz, L.; Losse, W.: Spektrometrische Analyse von gepreßten Stahl- und Nichteisenmetallspänen. Hoesch-Ber. 3 (1968) 51—52.

7 Eckhard, S.; Marotz, R.: Zur Analyse von Stahlspänen mit Hilfe der Röntgenfluoreszenzspektrometrie. Z. anal. Chem. 215 (1966) 355—361.

8 Höller, P.: Herstellung metallischer Proben für die optische Emissionsspektralanalyse nach einem Metallumschmelz- und Aufschlußverfahren. Z. anal. Chem. 209 (1965) 259—283.

9 Höller, P.: Neue Untersuchungen zur Herstellung metallischer Proben für die optische Emissionsspektralanalyse. Arch. Eisenhüttenwes. 37 (1966) 483—489.

10 Prince, L. A.; Ellgren, A. J.; de Clopper, T. H.: Evaluation of solid metal specimens produced for spectrographic analysis by the inert-gas dc-arc fusion of wire and chips. Appl. Spectroscopy 20 (1966) 372—379.

11 Höller, P.; Slickers, K.; Matther, H.: Erschmelzen von Proben für die Spektralanalyse, Automatisierung und Betriebserfahrungen. Stahl u. Eisen 89 (1969) 948—955.

12 König, P.; Schmitz, K. H.; Jaensch, P.: Betriebliche Erfahrungen mit einem Lichtbogenumschmelzofen. Arch. Eisenhüttenwes. 40 (1969) 993—994.

13 Bruch, J.; Wutschel, A.: Hochfrequenzumschmelzen von Spänen zur Herstellung fester Proben für die Spektrometer- und Röntgenfluoreszenzanalyse. Arch. Eisenhüttenwes. 41 (1970) 433—437.

14 Kemp, N.: Beitrag zur spektrometrischen Analyse von Spanproben in der Eisenindustrie. Z. anal. Chem. 240 (1968) 303—311.

15 Hancart, J.; Hans, A.: The spectrochemical analysis of pig iron using a centrifuged sample. Publ. C. N. R. M. (1970) 39—47.

16 Fischer, W.; Förster, W.; Zimmermann, R.: Gasbestimmung in Eisen und Stahl. Leipzig: VEB Deutscher Verlag für Grundstoffindustrie 1968, S. 88.

17 Fischer, W.; Förster, W.; Zimmermann, R.: Gasbestimmung in Eisen und Stahl. Leipzig: VEB Deutscher Verlag für Grundstoffindustrie 1968, S. 71—73.

18 Abresch, K.; Lemm, H.: Schnellbestimmung des Sauerstoffs nach dem Trägergasverfahren und schnelle Probenahme von Stahl unter Schutzgas. Arch. Eisenhüttenwes. 34 (1964) 1059—1068.

19 Zitter, H., Schwarz, W.: Probenahme zur Ermittlung des Wasserstoffgehaltes von festem Stahl. Stahl u. Eisen 88 (1968) 862—876.

20 Hofmann, E. E.; Martin, E.; Küpper, H.: Die Probenahme bei festem Stahl zur Ermittlung des Wasserstoffgehaltes. Stahl u. Eisen 88 (1968) 809—813.

21 Probenahme zur Ermittlung des Wasserstoffgehaltes von flüssigem Stahl. Stahl-Eisen-Prüfblatt 1710—61, 1. Ausg., Dez. 1961. Düsseldorf: Stahleisen.

20. Ferrolegierungen

Inhaltsverzeichnis

Allgemeines

Die Metalle Chrom, Mangan, Molybdän, Silicium, Vanadin, Wolfram, Tantal, Niob, Titan u. a. werden zur Erzeugung legierter Stähle und Gußeisensorten und teilweise als Raffinationsmittel verwendet. Für diese Zwecke werden sie überwiegend als Eisenlegierungen (Ferrolegierungen) eingesetzt, da diese sich wirtschaftlicher als die Metalle herstellen lassen. Auch ist ihr Einsatz als Vorlegierung aus schmelz- und legierungstechnischen Gründen vorteilhafter als der der reinen Metalle. Neben den Ferrolegierungen werden auch reine Legierungsmetalle wie Chrom und Mangan verwendet. Die meisten Ferrolegierungen enthalten, je nach Herstellung im Hochofen, im Elektroofen oder auf aluminothermischem Wege schwankende Gehalte an den Hauptelementen sowie je nach Art der Einsatzstoffe und Arbeitsweise mehr oder weniger große Mengen an bestimmten Nebenelementen.

Ein Teil der Ferrolegierungen kann in Staubform mit der Luft unter explosionsartigen Erscheinungen reagieren. Nach russischen[1] Untersuchungen wurden in einer feststehenden Explosionskammer mit thermischer oder pyrotechnischer Entzündung die Werte in Tab. 20/1 hierfür ermittelt. Das Silicium-Calcium war von allen Pulvern am aktivsten.

Über die Probenahme von Ferrolegierungen gibt es keine deutschen Normvorschriften. In verschiedenen Ländern (England, USA u. a.) wurden allgemein gehaltene Regeln über die Probenahme von Ferrolegierungen herausgegeben, die sich

[1] C. A. Angewandte Chemie und Chemisches Ingenieurwesen, Band 77, Nr. 13 (25. 12. 1972), Auszug Nr. 167641 m.

Tabelle 20/1. Explosionsgrenzen von Ferrolegierungen, Silicium-Calcium und Manganpulver (Versuchswerte) (Korngröße $\leqq 50$ µm oder natürliche Korngrößenverteilung)

	Selbstentzündungs-temperatur °C	untere Explosions-grenze, Konzen-tration g/l
Ferrosilicium Si-65	—	0,4
Ferrosilicium Si-75	—	0,6
Ferrosilicium Si-75	—	0,15
Ferrotitan	680	0,29
Ferromangan (Mn 91,4 und C 0,78 Gew.-%)	370	0,27
Mangan (Mn 98 und C 0,13 Gew.-%)	400	0,48
Mangan-Metall	320	0,19
Silicium-Calcium	620	0,220
Silicium-Calcium	490	0,042

auf die Entnahme der Proben und ihre Zubereitung bis zur Analysenprobe erstrecken. Sehr ausführliche Probenahmevorschriften für Ferrolegierungen wurden in Japan erstellt, die als „Japanese Industrial Standards" (JIS) auch in englischer Sprache veröffentlicht worden sind.

1972 konstituierte sich der ISO-Ausschuß TC 132 „Ferrolegierungen", der in seinem Unterausschuß ISO/TC 132/SC 1 zunächst allgemeine Regeln zur Probenahme von Ferrolegierungen den an diesem Komitee teilnehmenden Mitgliedern unterbreitet hat. Somit sind Bemühungen zur Erstellung verbindlicher Regeln auf internationaler Basis in Fluß, und es ist damit zu rechnen, daß bei erfolgreichem Abschluß der Untersuchungen und Verhandlungen allgemeingültige Empfehlungen zur Probenahme von Ferrolegierungen erstellt werden.

Vorliegendes Kapitel beruht auf den Erfahrungen von Erzeugern und Verbrauchern. Die von der ISO empfohlene Terminologie und die Empfehlungen der Japanese Industrial Standards wurden, soweit dies möglich war, berücksichtigt.

20.1 Allgemeine Richtlinien zur Probenahme von Ferrolegierungen

20.1.1 Seigerungen bei Ferrolegierungen

Die kontinuierlich oder diskontinuierlich hergestellten Ferrolegierungen erstarren in Blöcken bis zu mehreren Tonnen Gewicht. Einzelne Ferrolegierungen werden auch in granulierter (verdüster) Form verwendet.

Einige Ferrolegierungen weisen Seigerungserscheinungen auf. Diese sind je nach Legierung, Herstellung und Größe der Blöcke unterschiedlich. Aluminothermisch erschmolzene Legierungen erstarren unter einer Schlackendecke im Reaktionsgefäß. Elektrothermisch erschmolzene Legierungen — bis auf Ausnahmen bei hochschmelzenden Metallen — werden abgestochen und erstarren in Kokillen oder im Sandbett ebenfalls unter einer Schlackendecke. Auch das Vergießen zu Masseln ist bekannt. Die Größe der Ansätze für metallothermische Umsetzung und der Abstich sind in den Herstellerwerken unterschiedlich. Vor allem ist die Blockstärke (Blockhöhe) von besonderer Bedeutung, da sie in engem Zusammenhang mit der Zerkleinerung der Blöcke zu brechergerechten Stücken steht. Stärkere Blöcke kühlen langsamer ab als kleinere Blöcke, was zu verschiedenartigen Seigerungserscheinungen im Block führt. Einige Legierungen werden abgeschreckt oder unter besonderen Maßnahmen schneller abgekühlt, andere wiederum dürfen nur langsam erstarren. Die Probenahme hat daher „über den Querschnitt“ des Blockes zu erfolgen.

20.1.2 Probenahme von Blöcken

Nach Entfernen der Schlacke werden die Blöcke mit Fallhämmern oder pneumatischen Hämmern zerschlagen. Ein Probenehmer hat hier die beste Möglichkeit, über den ganzen Block Einzelproben durch Abschlagen von kleinen Stücken zu ziehen, wobei die Entnahmestellen über den gesamten Blockquerschnitt verteilt werden können. Falls sich kleinere Stücke nicht abschlagen lassen, erfolgt die Entnahme der Einzelprobe durch Bohren von Teilstücken.

20.1.3 Probenahme über den Querschnitt im Erzeugerwerk

Erfolgt die Probenahme im Erzeugerwerk, so ist sie relativ einfach durchzuführen, da Randstücke sehr deutlich von Stücken, die aus der Mitte des Blockes stammen, zu unterscheiden sind. Die Blöcke werden nach dem Erkalten von der Schlacke befreit und weisen dann oberflächlich einen stumpfen Glanz — stärker als an den späteren Bruchflächen — auf. Beim Zerkleinern springen die Blöcke im

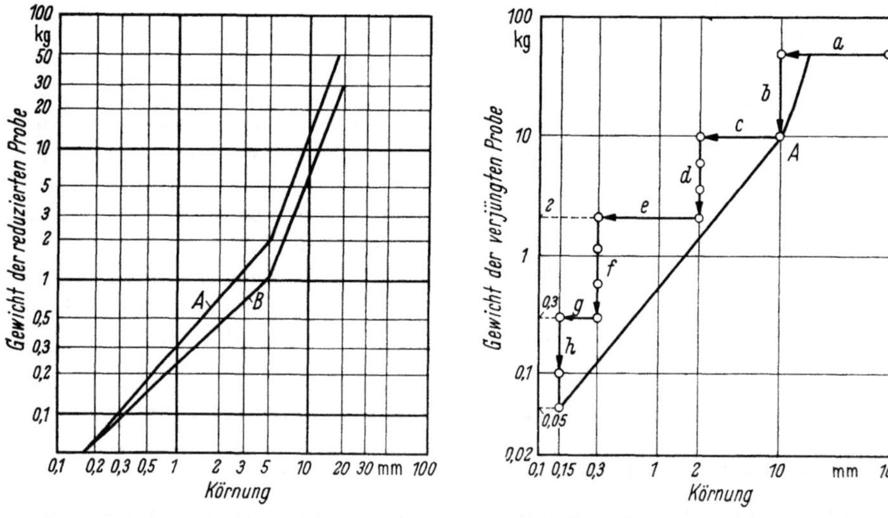

Abb. 20/1. Verjüngungsdiagramm aus: JIS-Japanese Industrial Standard, General Rules for Sampling of Ferro alloys G 1501, 1962, S. 10. Beispiel (rechts): Hochgekohltes Ferromangan von 80 mm Korngröße. Die Probenzubereitung wird entsprechend dem Diagramm mit einer Rohprobe von etwa 50 kg wie folgt durchgeführt:
a die gesamte Menge wird unter 10 mm gebrochen, *b* 10 kg werden durch Verjüngen entnommen und *c* unter 2 mm gebrochen, *d* 2 kg werden mit Schaufel oder Teiler entnommen und *e* unter 0,3 mm gebrochen, *f* 300 g werden mit Schaufel oder Teiler entnommen, *g* auf 0,15 mm zerkleinert und *h* zu Analysenproben von je 50 g oder mehr zusammengestellt.

allgemeinen in senkrechter Richtung, und man kann sehr deutlich an den einzelnen Stücken die Begrenzungsfläche „oben“ bzw. „unten“ erkennen. Bei der Probenahme durch den Erzeuger werden größere Einzelstücke entnommen, von denen entsprechend „oben“, in der „Mitte“ und „unten“ kleinere Stückchen mit einem Hammer abgeschlagen oder gebohrt werden. Das Gewichtsverhältnis der zu entnehmenden Randstücke zu Stücken der Mitte soll je nach Blockdurchmesser etwa 5:1 bis 3:1 betragen. Die Einzelproben von 250 bis 300 g werden zur Rohprobe vereinigt.

Werden die Legierungen in einer kleineren Körnung als „normalstückig“ gemäß den DIN-Vorschriften vom Verbraucher gewünscht, so erfolgt das Brechen der

Legierung im Erzeugerwerk gegebenenfalls unter Verwendung von Klassier- und Mischanlagen. Hier kann die Probenahme während des Füllens der Behälter erfolgen, indem man jeweils nach Durchgang von etwa 100 kg Material eine Schaufelprobe entnimmt. Die Schaufelproben werden zu einer Rohprobe vereinigt und entsprechend dem Verjüngungsdiagramm zur Analysenprobe zubereitet.

Bei Körnungen unter 50 mm werden alle entnommenen Einzelstücke im Brecher vorgebrochen und entsprechend dem Verjüngungsdiagramm zur Analysenprobe zubereitet.

Dem *Verjüngungsdiagramm* in Abb. 20/1 kann bei wiederholtem Brechen, Mahlen und Verjüngen das zulässige Verhältnis von Körnung und Gewicht der reduzierten Probe entnommen werden. Die Linie *A* gilt für FeMn, SiMn, FeCr hochgekohlt, Spiegeleisen, FeMo, FeW, FeV, FeB, metallisches Cr und die Linie *B* für FeSi, FeTi, FeP, metallisches Si, CaSi und Silicochrom. Die Verwendung mechanischer Probenteiler verschiedener Bauarten ist möglich.

20.1.4 Lieferformen

Die Lieferungen von Ferrolegierungen und Legierungsmetallen erfolgen entweder nach Vereinbarung oder nach folgender Klassifizierung:

von 150 bis 200 mm	von 20 bis 30 mm
von 100 bis 150 mm	etwa 10 mm
von 50 bis 80 mm	etwa 5 mm

Legierungen der Körnung unter 1 mm gelten als Pulver. Werden noch feinkörnigere Legierungen gewünscht, so erfolgt die Zerkleinerung und Klassifizierung nach der Siebnorm DIN 4188.

In den DIN-Blättern werden für einige Legierungen Angaben über die Beschaffenheit der Lieferung gemacht. So heißt es z. B. bei Ferromangan hoch C: Stücke mit etwa 30 kg Gewicht sind als normalstückig zu bezeichnen.

Überkorn und Unterkorn einer Lieferung. Bei zerkleinerten Legierungen wird die Korngröße bzw. der Korngrößenbereich der Legierung zwischen den Partnern vereinbart. Hierbei wird der Prozentanteil an Überkorn, das auf einem Sieb der Maschenweite entsprechend der Lieferforderung zurückbleibt, festgelegt. Sinngemäß gilt das gleiche für das Unterkorn.

Der Versand der Ferrolegierungen erfolgt in loser Form, z. B. in Waggons oder Lastwagen, oder in Trommeln, Kisten und ähnlichen Behältern oder rechteckigen, stapelbaren Metallkästen (sog. Boxpaletten). Ferrolegierungspulver unter 1 mm werden vorzugsweise in Trommeln angeliefert. Je nach Art des Legierungspulvers sind beim Versand Vorsichtsmaßnahmen einzuhalten. Auf den Trommeln werden diese durch international übliche Zeichen, wie z. B. einen Regenschirm (= vor Nässe schützen!), kenntlich gemacht. Bei der Probenahme derartiger Lieferungen hat der Probenehmer diese Zeichen zu beachten und entsprechend zu verfahren, damit während bzw. nach der Probenentnahme keine Veränderungen der Pulver eintreten.

20.1.5 Visuelle Prüfung

Vor der Probenahme sind äußerlich verunreinigtes oder verschlacktes Material oder Bestandteile, die nicht zur Lieferung gehören, auszuscheiden, vom Gewicht der Lieferung abzusetzen und hierüber Angaben im Protokoll zu machen.

Weiterhin ist die äußere Beschaffenheit durch Ermittlung des Anteils an Überkorn und Unterkorn entsprechend dem Liefervertrag zu prüfen. Sie erfolgt durch gewissenhaftes Abschätzen. Wenn möglich, ist sie durch eine Kornverteilungsanalyse (1.5.7) festzustellen. Das Abschätzen sollte durch Vertreter des Lieferwerkes und des Abnehmers oder durch einen vereidigten Probenehmer vorgenommen werden.

Bei äußerlich erkennbaren Unterschieden (z. B. in bezug auf Farbe, Struktur) in der Lieferung erfolgt ebenfalls eine mengenmäßige Aussortierung und Gewichtsfeststellung; es hat darauf eine getrennte Zubereitung der Rohprobe zu erfolgen. Auch dies ist im Protokoll zu vermerken.

Bei verpacktem Material muß bei der Probenahme durch nur einen Vertragspartner die Hälfte der Behälter für eine etwaige Kontrollprobenahme ungeöffnet bleiben.

20.1.6 Probenahme durch den Empfänger

Erfolgt die Probenahme beim Empfänger, so ist je nach Wert des Legierungselementes zu entscheiden, wieviel Behälter, entweder nach den Zufallszahlen (s. 6.3.4.2) oder durch wahllose Entnahme, zur Probenahme herangezogen werden. Bei Legierungen mit einem Legierungselement geringeren Wertes genügt es oft, jeden vierten bis sechsten Behälter zu entleeren und diesem Einzelstücke in der vorgeschriebenen Anzahl zu entnehmen. Ein Feinanteil ist abzuschätzen und zu berücksichtigen. Da der Empfänger die Blockmaße in den meisten Fällen nicht kennt, ist es schwierig — oder vielleicht sogar unmöglich —, das Verhältnis von Randstücken zu randfreien Stücken bei der Probenahme zu berücksichtigen. Wahllos werden Einzelstücke entnommen, von denen dann Einzelproben wie unter 20.1.3 beschrieben abgeschlagen oder durch Bohren entnommen werden.

Bei Legierungen mit wertvollen Legierungselementen ist jeder zweite oder dritte Behälter vollständig zu entleeren. Man darf jedoch nicht mehr als 50% der Behälter entleeren, um die Möglichkeit einer etwaigen Kontrollprobenahme zu haben. Der in den Behältern enthaltene Feinanteil ist abzuschätzen. Aus diesem Feinanteil werden je nach dessen Menge eine oder mehrere Einzelproben entnommen, die im Verhältnis grobstückig zu fein mit den Einzelproben des stückigen Materials zur Rohprobe vereinigt werden. Wird die Legierung in einer Körnung kleiner als normalstückig angeliefert, so ist das Material nach vollständigem Entleeren der Behälter gleichmäßig auszubreiten. An verschiedenen Stellen werden dann wahllos Einzelproben entnommen.

20.2 Probenahme spezieller Ferrolegierungen

20.2.1 Ferroaluminium

Ferroaluminium wird mit verschiedenen Aluminiumgehalten hergestellt. Im Handel sind Ferroaluminium 5:1 (15 bis 20% Al), Ferroaluminium 60:40, Ferroaluminium 50:50 sowie Sonderqualitäten, hochrein, vakuumentgast. Die spröden Legierungen werden zur Herstellung von aluminiumlegiertem Stahl und zur Desoxidation, die reineren Sorten für Magnetlegierungen und zur Elektrodenherstellung verwendet. Die Herstellung der verschiedenen Ferroaluminiumsorten erfolgt durch Zusammenschmelzen von Eisen und Aluminium im Induktionsofen. Die Schmelze wird auf Riffelblechen zu kleinen Masseln vergossen, die nach Erkalten entweder durch freien Fall oder mit dem Hammer zu Einzelstücken der Größe 75 mm $\times$ 75 mm $\times$ 37 bis 40 mm zerschlagen werden. Handelsüblich ist aber auch kleinstückigeres, körniges und pulverisiertes Ferroaluminium. Der Versand erfolgt in Trommeln. Da bei grobstückigem Material ein Feinanteil unerwünscht ist, verwendet man zum Füllen der Behälter Gabeln.

Probenahme im Erzeugerwerk. Sie erfolgt während des Füllens der Behälter. Aus je 100 kg Legierung werden je nach Qualität und Gütemerkmal 2 bis 5 Stücke zu etwa 1 kg entnommen und im Brecher auf 20 bis 30 mm gebrochen. Nach dem Vermischen wird die Rohprobe verjüngt und zu einer Analysenprobe der Körnung unter 0,2 mm durch weiteres Vermahlen und Verjüngen zubereitet. Bei Sonderqualitäten sind hinsichtlich der Probenahme entsprechende Vereinbarungen zu treffen.

Probenahme durch den Empfänger. Je nach Qualitätsanforderung und Gütemerkmal wird jedes zweite, dritte oder vierte Faß entleert und wie bei der Probenahme im Erzeugerwerk eine entsprechende Anzahl Stücke entnommen, zerkleinert und zur Analysenprobe zubereitet. Bei pulverförmigem Material der Körnung unter 25 mm können die Proben auch mit dem Stechheber entnommen werden.

20.2.2 Ferroborlegierungen — DIN 17567

Ferrobor, FeB16, FeB18, FeB12 C, FeB17 C, aber auch andere, gelegentlich vorkommende Borlegierungen werden vornehmlich aluminothermisch hergestellt. Handelsüblich sind Stücke bis zu 200 mm, überwiegend aber Körnungen von 0 bis 50 mm. Die spröde, leicht zu zerkleinernde Legierung wird in Trommeln oder anderen Behältern wie z. B. Boxpaletten geliefert.

Probenahme im Erzeugerwerk. Die Probenahme erfolgt unmittelbar nach der Zerkleinerung der von den Schlacken befreiten Blöcke. Man entnimmt je 1000 kg Legierung fünf bis zehn Stücke von je 15 bis 20 kg und schlägt von jedem einzelnen Stück mit Hilfe eines Hammers „oben“, in der „Mitte“ und „unten“ kleinere Stückchen ab, die zu Einzelproben von 250 bis 350 g vereinigt werden. Die auf diese Weise hergestellten 5 bis 10 Einzelproben werden vereinigt, gebrochen und entsprechend dem Verjüngungsdiagramm (Abb. 20/1) zur Analysenprobe der Feinheit 0,16 mm unter Verwendung einer Scheibenschwingmühle zubereitet.

Werden die Legierungen in einer kleineren Körnung als normalstückig geliefert, so werden wahllos Schaufelproben unter Berücksichtigung des Feinanteils entnommen, deren Gewicht 1 bis 2% der Lieferung betragen soll. Die Rohprobe wird im Backenbrecher zerkleinert und entsprechend dem Verjüngungsdiagramm (Abb. 20/1) zur Analysenprobe der Feinheit 0,16 mm zubereitet.

Probenahme durch den Empfänger. Je nach Gütemerkmal und Qualitätsanforderung wird jeder zweite oder dritte Behälter entleert. Bei normalstückigem Material wird wie bei der Probenahme im Erzeugerwerk verfahren. Bei Vorliegen einer größeren Menge Feinanteil ist von diesem ebenfalls eine Probe zu ziehen, deren Menge sich nach dem geschätzten oder festgestellten Verhältnis richtet. Beide Anteile werden zur Rohprobe vereinigt.

20.2.3 Ferrochromlegierungen — DIN 17565

20.2.3.1 Ferrochrom, hochgekohlt (carburé). Hochgekohltes Ferrochrom (FeCr 70C5/C8/C6Si) enthält 4 bis 10% Kohlenstoff. DIN 17565 bezeichnet Stücke von 25 kg Gewicht als „normalstückig“. Das Material wird lose bzw. verpackt in Trommeln oder Boxpaletten geliefert. 5% der Lieferung werden durch wahllose Entnahme von Stücken aus den Packeinheiten als Einzelproben oder aus dem losen Material entnommen. Die Stücke werden durch mehrfaches Brechen und Vierteln zu einer Probe verjüngt, deren Masse bei 10 mm Korngröße etwa 15 kg beträgt. Die Rohprobe wird zerkleinert und entsprechend den Angaben des Verjüngungsdiagramms (Abb. 20/1) zur Analysenprobe der Feinheit 0,2 mm zubereitet.

Bei kleinstückigem Material werden etwa 5% der Lieferung mit der Schaufel entnommen und im Backenbrecher gebrochen und anschließend gemischt. Die Weiterverarbeitung zur Analysenprobe erfolgt ebenfalls entsprechend den Angaben des Verjüngungsdiagramms (Abb. 20/1).

20.2.3.2 Ferrochrom mittlerer Kohlungsstufe (affiné). Ferrochrom mittlerer Kohlungsstufe (FeCr70 C1 bis C4) enthält 0,5 bis 4% Kohlenstoff. Die Probenahme von Ferrochrom mit einem Kohlenstoffgehalt von 0,5 bis 2% erfolgt wie bei Ferrochrom, niedrig gekohlt (20.2.3.3). Bei Ferrochromsorten mit 2 bis 4% C wird bei der Entnahme der Rohprobe und deren Zubereitung zur Analysenprobe wie in 20.2.3.1 verfahren.

20.2.3.3 Ferrochrom, niedriggekohlt (suraffiné). Niedriggekohltes Ferrochrom (FeCr70 C01 bis C050) enthält 0,01 bis 0,5% Kohlenstoff, es wird in Trommeln oder Boxpaletten geliefert. 5% der angelieferten Menge bzw. vier bis fünf „Normal"-Stücke pro Tonne, die möglichst für den gesamten Blockquerschnitt repräsentativ sind, werden als Einzelproben entnommen.

Die Probenentnahme erfolgt durch Bohren ohne Kühlflüssigkeit. Wegen der Härte des Ferrochroms, insbesondere bei Legierungen mit weniger als 0,1% Kohlenstoff, sind Spezialbohrer, z. B. Hartmetallbohrer, mit einem Durchmesser von 12 bis 18 mm und eine Bohrmaschine mit niedriger Umdrehungszahl (120 U/min) erforderlich. Bei unzulässig hoher Drehzahl des Bohrers nehmen die heiß gewordenen Bohrspäne Stickstoff auf. Nach Möglichkeit wird die Einzelprobe, die

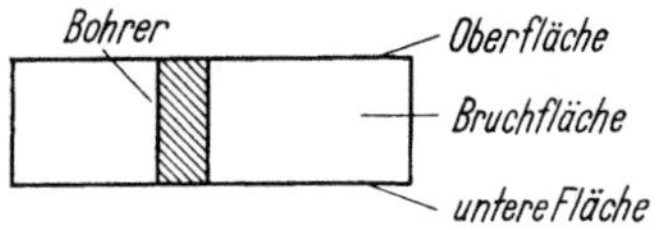

Abb. 20/2. Spanen vom oberen zum unteren Ende oder Durchbohren eines Ferrochrom-Blockes.

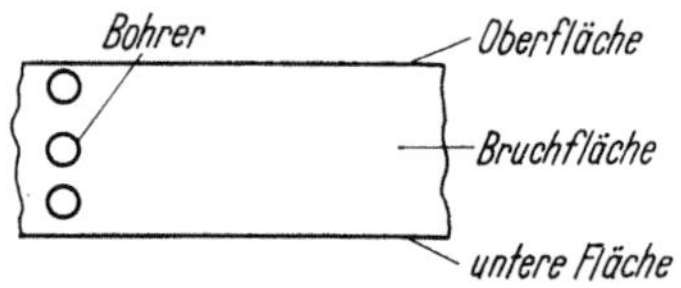

Abb. 20/3. Anbohren dickerer Stücke von der seitlichen Bruchfläche eines Ferrochrom-Blockes.

von parallelen Flächen, d. h. Ober- und Unterfläche, begrenzt wird, zur Entnahme von Bohrspänen von der oberen in Richtung auf die untere ebene Fläche durchgebohrt (Abb. 20/2) oder vom oberen zum unteren Ende gespant.

Wenn jedoch wegen der Dicke der Stücke ein Durchbohren von einer Fläche zur anderen unmöglich ist, werden die Probenstücke seitlich an der Bruchstelle an mehreren über den gesamten Bruch verteilten Stellen angebohrt und die Bohrspäne zu einer Teilprobe vereinigt. In diesem Falle soll an allen Stellen ungefähr gleich tief gebohrt werden, so daß bei jeder Bohrung etwa die gleiche Menge von Bohrspänen erhalten wird (Abb. 20/3).

Wenn die Bohrspäne von einem Probenstück entnommen werden müssen, das nicht durch Ober- und Unterfläche des Blockes begrenzt wird, so soll das Bohren an einer oder mehreren willkürlich ausgewählten Stellen ausgeführt werden; die gesammelten Bohrspäne werden zu einer Einzelprobe vereinigt.

Die durch Bohren entnommene Masse Teilprobe kann ungleichmäßig ausfallen, deshalb sollte jede Teilprobe zerstoßen werden. Die zerstoßenen Proben werden entweder gewogen oder mengenmäßig abgeschätzt und von jeder so viel entnommen, wie ungefähr der kleinsten Masse der gezogenen Teilproben entspricht. Dann werden diese zu einer Rohprobe vereinigt.

Das Zerstoßen der Bohrspäne erfolgt in einem Mörser unter öfterem Absieben. Es kann auch eine Scheibenschwingmühle verwendet werden. In diesem Falle darf der Zerkleinerungsvorgang jedoch nur eine kurze Zeit dauern. Die Zerkleinerung ist beendet, wenn das gesamte Material restlos durch ein 0,6-mm-Sieb geht. Fallen sehr feinkörnige Anteile an, so ist die Probe durch Absieben in Anteile unter und über 0,06 mm aufzuteilen. Die gewichtsmäßigen Anteile sind auf den Probenfläschchen oder -tüten und im Protokoll zu vermerken.

Bei zerkleinertem Ferrochrom suraffiné der Körnung 0 bis 25 mm erfolgt die Probenahme wie unter 20.2.3.1 beschrieben.

20.2.3.4 Ferrochrom-Silicium. Von den in Trommeln oder Boxpaletten gelieferten stückigen Silicochromsorten (FeCr40Si, FeCr60Si) werden aus jeder zweiten Packeinheit wahllos Einzelproben, die etwa 5% der angelieferten Menge betragen sollen, entnommen. Mit Hilfe eines Backenbrechers werden die Einzelproben auf ca. 10 mm zerkleinert, wobei der Feinanteil mit zu erfassen ist. Nach mehrmaligem Mischen wird entsprechend dem Verjüngungsdiagramm (Abb. 20/1) die Analysenprobe der Körnung 0,2 mm zubereitet.

20.2.3.5 Ferrochrom, stickstoffhaltig. Stickstoffhaltiges Ferrochrom (FeCr70 NC10) kann bis zu 8% Stickstoff enthalten. Die Entnahme der Einzelproben wird wie in 20.2.3.1 beschrieben vorgenommen. Die Einzelproben werden nach Brechen zur Rohprobe verjüngt, die gesamte Rohprobe auf etwa 3 mm zerkleinert und anschließend in einer Scheibenschwingmühle gemahlen. Das Vermahlen wird öfters zum Absieben unterbrochen. Es soll nur so weit gemahlen werden, bis das Probegut durch ein Sieb von 0,5 mm Maschenweite hindurchgeht. Das Mahlgefäß muß während des Vermahlens mit Druckluft gekühlt werden.

20.2.4 Ferrokobalt

Ferrokobalt kommt mit einem Kobaltgehalt von 85 bis 93% in den Handel und wird als Vorlegierung bei der Erzeugung von Schnelldrehstählen, hochwarmfesten Stählen sowie Magnetlegierungen eingesetzt. Es wird elektrothermisch erschmolzen und die Schmelze zu Granalien vergossen. Hierbei soll jeder Abstich ein Los bilden. Infolge der guten Mischbarkeit von Kobalt und Eisen sowie des angewandten Granulierungsverfahrens ist die Legierung homogen und seigerungsfrei.

Die Anlieferung erfolgt in Blechtrommeln oder ähnlichen Behältern, von denen eine Hälfte zur Probenahme herangezogen wird, während die andere für eine etwa erforderliche neutrale oder kontradiktorische Probenahme verschlossen bleibt. Jeder der geöffneten Trommeln werden aus verschiedenen Lagen (oben, Mitte, unten) 20 bis 30 Einzelstücke entnommen und zu einer Rohprobe vereinigt. Nach Anbohren jeder Einzelprobe bis zu 5 mm Tiefe mit einem Bohrer von 10 mm Durchmesser werden die Bohrspäne im Stahlmörser auf unter 3 mm Korngröße verlustfrei zerstampft und anschließend auf einer Metallplatte gemischt, verjüngt und zur Analysenprobe zubereitet.

20.2.5 Ferromanganlegierungen — DIN 17564

20.2.5.1 Ferromanganlegierungen. Ferromanganlegierungen mit 15 bis 30% Mangan werden als Spiegeleisen gehandelt, Legierungen mit 30 bis 90% Mangan als Ferromangan. Man unterscheidet folgende Sorten:

Ferromangan hoch C (carburé) mit 5 bis 7% C (FeMn75C7)
Ferromangan mittel C (affiné) über 0,5 bis 2% C (FeMn80C1)
Ferromangan niedrig C (surrafiné) mit 0,5% und weniger C (FeMn85C01)
Die Probenahme wird wie unter Manganmetall (31.3) beschrieben durchgeführt.

20.2.5.2 Ferromangan-Silicium. Die Probenahme von Ferromangan-Silicium (FeMn65Si, FeMn70Si) erfolgt wie unter 20.2.3.4 beschrieben.

20.2.6 Ferromolybdän — DIN 17561

Ferromolybdänlegierungen (FeMo62, FeMo70) werden in Losen bis zu 5 t ausgeliefert. Die Legierungen sind spröde und lassen sich mit Brecher und Schlagwerkzeugen gut zerkleinern. Das elektrothermisch oder metallothermisch erschmolzene Ferromolybdän zeigt Seigerungen mit Unterschieden im Molybdängehalt bis zu 5%. Diese Seigerung ist nach dem Zerkleinern der Blöcke in Stücke unter 100 mm gut zu erkennen. Die Herstellerfirma sortiert es in hellgraues und mattgraues (höher molybdänhaltiges) Metall, das in Trommeln oder ähnlichen Behältern zum Versand gebracht wird. Der Probenehmer hat sich von der Einheitlichkeit des Materials zu überzeugen.

Probenahme im Erzeugerwerk. Die Probenahme erfolgt während des Füllens der Behälter, wie unter Ferrowolfram (20.2.14) beschrieben. Die Rohprobe wird in einem Brecher unter 25 mm gebrochen, gut gemischt und entsprechend dem Verjüngungsdiagramm (Abb. 20/1) verjüngt. Die Analysenprobe soll eine Körnung von 0,20 mm aufweisen. Als Zerkleinerungswerkzeug ist eine Scheibenschwingmühle empfehlenswert.

Probenahme durch den Empfänger. Diese erfolgt wie unter 20.2.14 beschrieben.

20.2.7 Ferronickel — DIN 17568

Ferronickel wird als Vorlegierung den Eisen- und Stahlschmelzen zur Erzielung qualitätsverbessernder Eigenschaften zugesetzt. Zum Einsatz kommen die in DIN 17568 aufgeführten Handelssorten FeNi25, FeNi25C und FeNi55. Die elektrothermisch erschmolzenen Ferronickelsorten werden in der Regel zu Masseln vergossen. Beim Erstarren treten keine wesentlichen Seigerungserscheinungen auf. Jeder Abstich bildet ein Los, das zur Verhinderung von Verwechslungen besonders gekennzeichnet wird. Die Lieferung erfolgt unverpackt in Waggons oder als Schiffsladung.

Vor der Probenahme wird die Ware auf einheitliche Beschaffenheit, vorhandene Schlacken- und Sandreste sowie Blasigkeit visuell geprüft. Schlacke oder Sandeinschlüsse gehören mit in die Probe, sofern nicht vorgezogen wird, davon eine gesonderte Probe anzufertigen.

Die Probenentnahme, wie sie sich vom Masselstapel oder während des Entladens ergibt, wird entsprechend den allgemeinen Richtlinien in 2.2 ff. durchgeführt. Da es sich bei Ferronickel um ein einheitliches Material handelt, genügt es bei einer großen Anzahl an Masseln, 1 bis 3 Masseln aus je 1000 kg zu entnehmen. Diese werden zu einer Rohprobe vereinigt. Aus der Ober- und Unterseite der Massel werden Bohrspäne entnommen, wobei die Bohrlöcher auf der Massel versetzt anzusetzen sind. Bei einer sehr großen Anzahl von Masseln (Lieferungen von über 100 t) kann auf ein beiderseitiges Anbohren verzichtet und stattdessen bei der ersten Massel die Oberseite, bei der zweiten die Unterseite in laufender Folge angebohrt werden. Die Bohrlochtiefe soll dabei immer gleichbleibend 15 mm bei Verwendung eines Bohrers von etwa 18 mm Durchmesser betragen. Die Bohrspäne mit dem Feinanteil werden gesammelt und in eine Scheibenschwingmühle gegeben. Probegut der Handelssorten FeNi25C und FeNi25CS läßt sich infolge seines hohen Kohlenstoffgehaltes leicht zerkleinern und wird bis auf eine Korngröße unter 0,5 mm vermahlen. Die Zerkleinerung des Probegutes aus kohlenstoffarmen Handelssorten beschränkt sich auf ein Brechen der Bohrspäne auf unter 3 mm Korngröße.

Das gemahlene Probenmaterial wird auf einer Metallplatte gut gemischt und durch Kreuzteilen (4.1.3.1) in vier gleiche Teile geteilt. Jeder Teil wird in eine verschließbare Flasche gegeben und als Analysenprobe des zu untersuchenden Loses gekennzeichnet.

20.2.8 Ferro-Niob-Tantal-Legierungen

Man unterscheidet Ferro-Niob-Tantal-Legierungen (FeNbTa6 und FeNbTa2) mit einem Verhältnis von Niob zu Tantal wie 6 bis 8 zu 1, gelegentlich auch mit einem höheren, Ferro-Tantal-Niob mit einem Verhältnis von 10 zu 1 und Ferro-Niob-Legierungen (FeNb) mit einem Tantalgehalt unter 1%. Die Probenahme durch Erzeuger und Empfänger erfolgt wie unter 20.2.13 beschrieben.

20.2.9 Ferrophosphor

Ferrophosphor mit 15 bis 28% Phosphor wird elektrothermisch erschmolzen und bei der Stahl- und Gußeisenherstellung eingesetzt.

Ferrophosphor kommt in Stücken von 50 bis 250 mm Größe lose oder verpackt in den Handel. Nach Abschätzen der Kornverteilung werden als Teilproben etwa 1% der angelieferten Menge entnommen und zur Rohprobe zusammengestellt. Bei großen Lieferungen, z. B. mit Schiff oder Kahn, genügen zur Erstellung der Rohprobe etwa 0,1% der Anlieferung. Die Teilproben werden während des Löschens der Partie an verschiedenen Stellen entnommen. Von Stücken über 50 mm werden Stücke abgeschlagen (Schutzbrille!). Bei Anlieferung in Fässern oder anderen Behältern ist jeder zweite Behälter zu öffnen und zu entleeren. Die Einzelproben werden oben, in der Mitte und unten aus dem Behälter entnommen und zur Rohprobe vereinigt.

Bei der Probenahme vom Band ist dieses in bestimmten Zeitabständen stillzusetzen und eine 40 cm breite Schicht von der gesamten Bandauflage in Eimer abzunehmen. Das Gewicht der zu entnehmenden Einzelproben wird so bemessen, daß es 0,1% der Gesamtlieferung nicht überschreitet. Kann das Band aus technischen Gründen nicht stillgesetzt werden, so müssen die Einzelproben am Fülltrichter, durch den das Band beschickt wird, entnommen werden. Zur Probenahme großer, loser Lagerpartien muß man sich zunächst einen Überblick über ihre innere Zusammensetzung verschaffen. Dies ist nur möglich, wenn man das Haufwerk an verschiedenen Stellen entweder mit einem Greifer aufreißt oder mit einem Bulldozer tief einschneidet, um in seinen Kern einzudringen. Dies ist erforderlich, weil sich das geschlossene Haufwerk äußerlich anders darstellt, als es tatsächlich in seiner Gesamtheit ist.

Die Einzelproben werden zur Rohprobe zusammengestellt, mittels Brecher zerkleinert und in Scheibenschwingmühlen entsprechend dem Verjüngungsdiagramm (Abb. 20/1) zur Analysenprobe auf eine Korngröße unter 0,20 mm gemahlen. Hartmetallauskleidungen sind wegen der Gefahr des Einschleppens von Kohlenstoff nicht zu verwenden.

20.2.10 Ferroselen

Ferroselen kommt in Blockform oder in Stücken in den Handel. Das Material ist spröde. Die Blöcke werden zerschlagen oder gebohrt, die Stücke gebrochen und gemahlen.

20.2.11 Ferrosiliciumlegierungen — DIN 17560

20.2.11.1 Ferrosilicium. Ferrosilicium mit Siliciumgehalten bis zu 15% wird im Hochofen, solches mit höheren Gehalten (bis 90%) sowie technisches Silicium mit 96 bis 98% Silicium im offenen Elektroniederschachtofen erschmolzen. Die handelsüblichen Ferrosiliciumlegierungen enthalten 15, 45, 75 und 90% Silicium (FeSi 10 bis FeSi 90). Sie zeigen ein wechselndes Gefüge. Dieses ist teils feinkristallin, teils läßt es auch im Bruch große Kristalle erkennen. Ein eindeutiger Zusammenhang zwischen Gefüge und Siliciumgehalt besteht jedoch nicht. Die Farbe ist silbergrau und geht mit steigendem Siliciumgehalt ins Bläuliche über. Bei der Herstellung der Ferrosiliciumlegierungen tritt infolge der stark unterschiedlichen Dichte der Komponenten vor allem während des Erstarrens eine Seigerung ein. Hierbei steigen die siliciumreicheren Anteile an die Oberfläche, während die eisenreicheren zu Boden sinken. Daher verändert sich der Siliciumgehalt in den Blöcken von oben nach unten.

Bei längerem Lagern können Ferrosiliciumlegierungen in kleine Stücke oder zu feinem Pulver zerfallen, wobei jedoch keine Gehaltsänderung eintritt. Das Pulver zeigt ein typisch metallisches Aussehen. Dieser Zerfall wird auf die Anwesenheit von Phosphiden, Sulfiden und Carbiden des Calciums und Aluminiums zurückgeführt, die feuchtigkeitsempfindlich sind und durch Hydrolyse ein Aufsprengen des Gefüges verursachen, wobei Wasserstoffverbindungen des Phosphors, Siliciums und Kohlenstoffs entstehen. Der Zerfall tritt besonders bei Legierungen auf, deren Siliciumgehalt zwischen 50 und 65% liegt. Infolgedessen sind geschlossene Lagerräume und Schiffsbunker, in denen solche Legierungen längere Zeit aufbewahrt werden, zu durchlüften, um Explosions- und Vergiftungsgefahr zu vermeiden. Beim Aufbrechen der Behälter ist aus den genannten Gründen größte Vorsicht anzuwenden (Kupferwerkzeug zur Verhinderung von Funkenbildung!). Zu beachten ist auch, daß das Feine zwischen den großen Stücken hindurchläuft und sich am Boden anreichert. Deshalb müssen die zur Probenahme bestimmten Behälter vollständig entleert werden.

Ist ein merklicher Anteil an Feinmaterial vorhanden, so ist dieser, der geschätzten Menge entsprechend, bei der Probenahme zu berücksichtigen. Bei verpacktem Material sollen etwa 25% der Gebinde zur Probenahme herangezogen werden. Loses Material wird am besten aus dem fließenden Strom, also beim Be- oder Entladen entnommen. Die Menge der zu entnehmenden Einzelproben kann bis zu 5% der Anlieferung betragen. Von diesen Einzelproben werden wiederum 5% als Stücke abgeschlagen und zur Rohprobe vereinigt. Bei höherprozentigem Ferrosilicium ist darauf zu achten, daß das Verhältnis der gezogenen Mittel- zu den Randstücken etwa 1 zu 3 beträgt. Beim Abschlagen der kleinen Stücke ist stets der ganze Querschnitt zu erfassen.

Die gesamte Rohprobe wird in Backenbrechern auf eine Körnung unter 15 mm gebrochen und entsprechend dem Verjüngungsdiagramm (Abb. 20/1) zubereitet. Die weitere Zerkleinerung erfolgt mit Brechern, Hammermühlen oder Schlagkreuzmühlen bis zu einer Körnung unter 5 mm. Die Vermahlung auf unter 0,3 mm wird in einer Scheibenschwingmühle mit geschlossenen Mahlgefäßen zur Vermeidung einer Oxidation vorgenommen.

20.2.11.2 Calcium-Silicium-Legierungen — DIN 17580
Siehe unter „Silicium“ (44.4.2).

20.2.12 Ferrotitanlegierungen — DIN 17566

Ferrotitanlegierungen FeTi30, FeTi40, FeTi50 neigen zur Seigerung. Die Legierungen sind spröde und lassen sich gut zerkleinern. Der Versand geschieht in

Behältern, z. B. Trommeln. Die Probenahme im Erzeugerwerk und beim Empfänger erfolgt nach den gleichen Richtlinien wie unter 20.2.2 beschrieben.

20.2.12.1 Ferrotitan. Ferrotitan 70%, FeTi70 (eutektisches Ferrotitan), ist homogener als andere Ferrotitansorten. Die Legierung wird aus metallischem Eisen und Titanmetall im Induktionsofen erschmolzen und kommt „normalstückig" mit Stücken von etwa 50 mm in den Handel. Auch Körnungen unter 50 mm sind handelsüblich.

Sowohl beim Erzeuger wie beim Empfänger werden von normalstückigem Material je 100 kg Legierung wahllos 15 bis 20 Stücke entnommen. Von jedem Stück werden mit dem Hammer kleinere Stückchen abgeschlagen, die dann zu einer Rohprobe von etwa 1 kg vereinigt werden. Man zerkleinert in der Scheibenschwingmühle auf eine Feinheit unter 0,16 mm und verjüngt zur Analysenprobe.

20.2.12.2 Ferrocarbotitan, Ferrosiliciumtitan. Es sind ebenfalls spröde Legierungen. Sie werden in der gleichen Weise geprobt wie unter Ferrobor (20.2.2) beschrieben.

20.2.13 Ferrovanadinlegierungen — DIN 17563

Ferrovanadinlegierungen, FeV60 und FeV80, werden je nach Lieferbedingungen stückig in Größen bis zu 200 mm in Trommeln zum Versand gebracht. Auch feinkörniges Material ist handelsüblich.

Probenahme im Erzeugerwerk. Nach dem Zerschlagen des Blockes in Stücke von 10 bis 30 kg Gewicht werden etwa 10 bis 15 Einzelstücke je 1000 kg Lieferung wahllos über den Querschnitt entnommen und von jedem dieser Stücke mit dem Hammer kleinere Stückchen abgeschlagen, die zu einer Einzelprobe von 250 bis 350 g vereinigt werden. Die so erhaltenen 10 bis 15 Einzelproben ergeben die Rohprobe.

Bei der Entnahme soll möglichst ein Verhältnis Randstücke zu Mittelstücke wie 3 zu 1 eingehalten und „oben", „Mitte", „unten" berücksichtigt werden. Die Rohprobe wird entsprechend dem Verjüngungsdiagramm (Abb. 20/1) durch Brechen und Mahlen zur Analysenprobe der Körnung 0,3 mm zubereitet.

Oft lassen sich die Stückchen von der Einzelprobe nur schwierig und zeitaufwendig abschlagen. In diesem Falle kann man die Bruchstücke, die bei der Zerkleinerung des Blockes abspringen und in den Spalten zwischen den größeren Stücken liegen, als Einzelproben entnehmen.

Wird die Legierung in einer Körnung kleiner als normalstückig, z. B. unter 50 mm, zum Versand gebracht, so wird sie im Lieferwerk im Brecher gebrochen und in die Lieferbehälter abgefüllt. Während des Füllvorganges erfolgt eine wahllose Entnahme von 5 bis 10 Einzelstücken oder einer Schaufelprobe je 1000 kg Legierung. Dabei ist darauf zu achten, daß nicht nur Rand- oder nur Mittelstücke entnommen werden. Zweckmäßig entnimmt man wahllos die doppelte Menge, breitet sie aus, schätzt das Verhältnis ab und entnimmt entsprechend diesem Verhältnis die geforderte Anzahl Einzelstücke als Einzelprobe, die im Brecher vorgebrochen und entsprechend dem Verjüngungsdiagramm (Abb. 20/1) zur Analysenprobe zubereitet werden.

Probenahme durch den Empfänger. Von der in Behältern angelieferten Legierung wird bei stückigem Material mit einem Stückgewicht von 10 bis 30 kg jeder zweite Behälter entleert. Ein eventuell vorliegender Feinanteil wird durch Abschätzen erfaßt. Entsprechend der Probenahme, wie sie für das Erzeugerwerk beschrieben wurde, werden 10 bis 15 Einzelstücke je 1000 kg Legierung entnommen und wie dort beschrieben zu einer Analysenprobe zubereitet.

Wird die Legierung in einer Körnung unter 50 mm geliefert, so liegt bereits eine gleichmäßigere Verteilung der Legierung in der Anlieferung vor. Jeder zweite Behälter ist zu entleeren. Ein Feinanteil ist zu berücksichtigen. Die Probenahme erfolgt wie im Erzeugerwerk.

Der Inhalt ist in Form eines flachen Rechteckes auszubreiten, aus dem in gleichmäßigen Abständen eine Schaufel je 100 kg entnommen wird. Die Einzelproben werden zur Rohprobe vereinigt.

20.2.14 Ferrowolfram — DIN 17562

Ferrowolfram, FeW60 und FeW80, neigen sowohl im Wolfram- als auch im Kohlenstoffgehalt zur Seigerung. Die mattgrau aussehende Legierung wird vom Hersteller zu einheitlichen Losen nach dem Kohlenstoffgehalt sortiert. Die Stückgröße der Legierung liegt zwischen 20 und 100 mm. Die Lieferung erfolgt in Trommeln oder Boxpaletten. Auch kleinere Körnungen bis zu Pulvergrößen sind handelsüblich.

Probenahme im Erzeugerwerk. Die zerkleinerten Blöcke gleicher Schmelzmischung werden nach dem Aussortieren zu einem Kegel aufgeschüttet. Beim Einfüllen in Trommeln wird jede fünfte Schaufel zu einem neuen Kegel als Rohprobe aufgeworfen, die anschließend mehrfach gemischt wird. Nach Vereinbarung wird entweder die gesamte Rohprobe oder eine *Teilmenge* unter 25 mm gebrochen. Die weitere Zubereitung erfolgte nach den Richtlinien des Verjüngungsdiagramms (Abb. 20/1). Die Körnung der Analysenprobe beträgt 0,2 mm. Die Zerkleinerung erfolgt in Brechern und Scheibenschwingmühlen.

Probenahme durch den Empfänger. Jede zweite Verpackungseinheit wird völlig entleert und der gegebenenfalls vorhandene Feinanteil abgeschätzt. Als Rohprobe werden 10% der Liefermenge entnommen. Dies kann in der Weise erfolgen, daß die ausgeschüttete Legierung wieder in den Behälter zurückgeschaufelt und dabei jede fünfte Schaufel wie bei der Probenahme durch den Erzeuger beschrieben zu einem neuen Kegel als Rohprobe zusammengestellt und verjüngt wird.

Besteht die Lieferung aus feinkörnigem Material oder Pulver, so kann die als Rohprobe zu entnehmende Menge auf 5% der Liefermenge verringert werden.

21. Gallium

Allgemeines

Gallium bildet keine eigenen Erze, sondern tritt nur als Begleitelement auf. Angereichert ist es in einigen Zinkerzen, einigen Kohlenaschen, im Germanit und im Bauxit. Letzterer kann bis zu 0,01% Gallium enthalten und stellt die bisher wirtschaftlichste Quelle für die Gewinnung dieses Elementes dar. Bei der Aluminiumoxidproduktion reichert sich das Gallium in der Bayerlauge an und kann daraus abgeschieden werden. Das silbergraue Gallium schmilzt bei 29,75 °C und siedet bei über 2000 °C.

Vorstoffe (21.1)

21.1 Erze und andere Vorstoffe

Da Gallium stets als Begleitelement anderer *Erze* (Bauxit, Germanit usw.) vorkommt, wird es in den Proben jener Erze bestimmt. Das hauptsächliche Ausgangsmaterial für die Galliumgewinnung sind *alkalische Laugen* von der Herstellung von Aluminiumoxid. Bei der Probenahme dieser Laugen ist besonders darauf zu achten, daß Konzentrationsunterschiede durch vorherige gute Durchmischung ausgeglichen werden.

Fertigerzeugnisse (21.2—21.3)

21.2 Galliummetall

Die Probenahme von Galliummetall erfolgt zweckmäßig im geschmolzenen Zustand bei etwa 40 bis 50 °C. Bei dieser Temperatur sind viele Elemente nur in sehr kleinen Mengen in Gallium löslich. Sie reichern sich meist in Form intermetallischer Verbindungen in der an Luft sich stets bildenden Oxidhaut an. Es ist darauf zu achten, daß Metall und Haut anteilmäßig erfaßt werden.

21.3 Galliumverbindungen

21.3.1 Galliumoxid

Für Galliumoxid erfolgt die Probenahme in der für Pulver üblichen Weise (s. 3.6.1). Die Verbindung enthält stets etwas Feuchtigkeit. Beträgt der Glühverlust bei 700 bis 900 °C mehr als 0,3 bis 0,5%, so ist dies ein Hinweis darauf, daß das Produkt neben Oxid auch Hydroxid enthält.

21.3.2 Galliumsalze

Alle wasserfreien *Gallium(III)-halogenide* sind destillierbar, stark hygroskopisch und an feuchter Luft zersetzlich. Sie gelangen üblicherweise in abgeschmolzenen Glasampullen in den Handel. Eine Probenahme ist nur in absolut trockener Atmosphäre möglich.

Von den Galliumsalzen sind weiter wasserfreies *Galliumsulfat* und das kristallwasserhaltige *Galliumperchlorat* anzuführen. Bei ersterem kann aufgenommenes Wasser nicht durch Bestimmung der Feuchtigkeit festgestellt werden, da beim Erhitzen basische Sulfate entstehen. Bei der Probenahme ist daher im Protokoll und auf der Probenflasche zu vermerken, daß das Material im Originalzustand vorliegt und als solches ohne Nachtrocknen zur Analyse einzuwägen ist. Das Perchlorat läßt sich im Vakuum bei 1 Torr und 125 °C trocknen. Unter diesen Bedingungen ist das 6-Hydrat stabil. Die Proben müssen in beiden Fällen in dicht schließenden Glasflaschen mit Glasstöpseln aufbewahrt werden.

21.3.3 Halbleiterverbindungen

Für die Halbleiterverbindungen Galliumarsenid, Galliumphosphid und andere entfällt eine Probenahme im üblichen Sinne. Allenfalls werden hierzu einzelne kristalline Stücke oder epitaktische Schichten mit Hilfe der Emissionsspektralanalyse oder Massenspektrographie geprüft. Wichtiger und entscheidender ist aber die direkte Ermittlung der Halbleitereigenschaften.

22. Germanium

Allgemeines

Als Rohstoffe zur Germaniumgewinnung dienen die Mineralien Germanit, Renierit und Argyrodit. Daneben enthalten noch andere sulfidische Mineralien, insbesondere Zinkblende, geringe Mengen dieses Elementes, die sich im Verlaufe der Gewinnung der Hauptmetalle in Zwischenprodukten anreichern. Letztere sind wichtige Ausgangsmaterialien zur Herstellung von Germanium. Eine dritte Quelle stellen die Flugaschen aus der Verbrennung von germaniumreichen, in der Kreidezeit entstandenen Kohlen dar. Diese Flugaschen können bis zu 1% Germanium enthalten.

Vorstoffe (22.1—22.5)

22.1 Erze

Aus den meist in Gebinden oder Säcken angelieferten Erzen wird die Rohprobe nach den allgemeinen Richtlinien für Erze in 2.2ff. entnommen. Bei dieser Probenahme ist jedoch besonders darauf Rücksicht zu nehmen, daß das Germanium sehr unregelmäßig verteilt und der Wert des Germaniuminhaltes sehr hoch ist. Bei Groberzen sollte grundsätzlich die gesamte Anlieferung auf unter 10 mm vorgebrochen werden. 10% davon dienen als Rohprobe, die auf ca. 1 mm weiterzerkleinert wird. Nach gutem Durchmischen entnimmt man hiervon 5% als Zwischenprobe. Sie wird auf unter 0,1 mm aufgemahlen. Bei Feinerzen sind 20% der Anlieferung, ggf. nach Entleeren der Behälter, als Rohprobe zu entnehmen, da die Mineralkomponenten beim Transport zur Entmischung neigen. Die Behandlung der Rohprobe erfolgt wie bei Groberzen. Die Nässebestimmung wird bei 105 °C durchgeführt.

22.2 Germaniumreiche Vorstoffe

Diese werden stets in Säcken oder geschlossenen Behältern angeliefert und haben meist eine Korngröße von kleiner als 5 mm. Aus jedem zweiten oder dritten Behälter werden mit einem Probenstecher an zwei oder drei Stellen bis auf den Boden Proben entnommen, die gut durchgemischt die Rohprobe darstellen. Da diese Materialien häufig Ruß und Reste organischer Stoffe enthalten, erfolgt die Bestimmung der Nässe bei Temperaturen nicht über 105 °C. Die Weiterbehandlung der Rohprobe erfolgt durch Verjüngen zur Analysenprobe, ggf. muß noch ein Mahlvorgang vorgeschaltet werden.

22.3 Abfälle aus elementarem Germanium

Die Rückstände von der Weiterverarbeitung des elementaren Germaniums können in grobstückiger Form (Bruchstücke von Stangen, Anfangs- und Endstücke sowie Ausschuß von Einkristallen oder umgeschmolzene Abfälle) sowie in feinstückiger Form (Splitter, Ausschuß an Blättchen, Schneidstaub) vorliegen. Im ersteren Fall ist das gesamte Material auf eine Korngröße von unter 10 mm vorzubrechen. Nach guter Durchmischung wird hieraus die Rohprobe von 10% der Anlieferung entnommen, in einer geschlossenen Mühle auf unter 0,1 mm vermahlen und gut gemischt. Die hieraus durch Verjüngen erhaltene Analysenprobe kann in Glas-

oder Polyäthylenflaschen abgefüllt werden. Da das Material trocken ist, erübrigt sich eine Nässebestimmung. Die Einwaage zur Analyse erfolgt ohne Nachtrocknen (Vermerk auf Protokoll und Probenflasche!). Bei feinstückigem Material wird die Probenahme wie oben angegeben durchgeführt, jedoch unterbleibt die Vorzerkleinerung auf unter 10 mm.

22.4 Germaniumhaltige Schlämme

Die Schlämme entstehen bei der Verarbeitung des elementaren Germaniums für elektronische Zwecke und bestehen aus Gemischen von Schneid-, Polier- und Schleifschlamm. Sie enthalten neben Germanium viel Borcarbid, Siliciumcarbid, Poliermittel und mehr oder weniger große Mengen Öl, wodurch die Probenahme erheblich erschwert wird.

Überstehendes Öl auf der Lieferung wird vorsichtig abgegossen und für sich am besten in einer eisernen Mulde verbrannt. In dieselbe Mulde gibt man anschließend den gesamten Schlamm und glüht das Material bei Temperaturen um 450 °C. Zu hohe Glühtemperaturen führen zu Germaniumverlusten (Verflüchtigung als GeO!). Nachdem das gesamte Material geglüht und der Glühverlust festgestellt wurde, wird es zur Vermeidung von Verstaubungsverlusten in einer geschlossenen Mühle auf eine Korngröße von unter 0,5 mm vermahlen. Nach guter Durchmischung entnimmt man hieraus die Rohprobe (5%), die auf 0,1 mm zu mahlen ist. Hieraus wird in üblicher Weise die Analysenprobe entnommen. Auf dem Protokoll ist der Glühprozeß zu vermerken und anzugeben, daß die Probe nicht nachzutrocknen ist.

22.5 Oxidische Abfälle

Die Probenahme der oxidischen Abfälle wird wie unter 22.7.1, a) durchgeführt, wobei die dort angegebenen Vorsichtsmaßnahmen bezüglich der Sauberkeit und Staubfreiheit nicht nötig sind.

Fertigerzeugnisse (22.6—22.7)

22.6 Elementares Germanium

Elementares Germanium wird in Form von Pulver, Stangen, Einkristallen und Einkristallscheiben gehandelt.

22.6.1 Germaniumpulver

Die Größe der handelsüblichen Gebinde bewegt sich meist im Kilogrammbereich. Man entnimmt mit einem Rohr oder Löffel aus füllstofffreiem Kunststoff an mehreren Stellen Proben, die in einer Flasche aus ungefülltem Kunststoff (Polyäthylen, Teflon) unter Stickstoff gemischt werden. Ein Aufmahlen eventuell vorhandenen groben Materials ist bei Reinststoffen nicht zulässig. Zur Aufbewahrung dient die zum Mischen benutzte Kunststoffflasche.

22.6.2 Germanium, zonengeschmolzen, in Stangen

Germaniumstangen werden meist mit trapezförmigem Querschnitt und einem Gewicht von 1 bis 2 kg in verschweißten Kunststoffbeuteln geliefert. Auf jeder Stange ist eine Chargennummer und/oder eine laufende Nummer angegeben. Bei

Lieferungen mit einheitlicher Querschnittsform der Stangen werden jede zehnte, mindestens aber drei Stangen als Probe entnommen. Lieferungen, die aus einem Gemisch verschiedener Querschnittsformen bestehen, werden nach Formen sortiert. Von jeder Form ist eine gesonderte Probenahme erforderlich. Die Stangen verbleiben während der Probenahme- oder Sortierungsoperation im Kunststoffbeutel und werden erst unmittelbar vor der auf physikalischem Wege vorzunehmenden Qualitätskontrolle aus der Umhüllung genommen.

22.6.3 Einkristalle

Senkrecht (Tiegel-)gezogenes einkristallines Germanium wird meistens in Form runder Stäbe mit ca. 30 mm Durchmesser, bis 500 mm Länge und einem Gewicht bis etwa 2 kg in verschweißten Polyäthylenhüllen geliefert. Auf den Hüllen der Stäbe werden üblicherweise Herstellercharge, Leitungstyp, Art der Dotierung, spezifischer elektrischer Widerstand, Kristallorientierung und ggf. auch Lebensdauer der Minoritätsträger angegeben.

Waagerecht gezogene einkristalline Stäbe unterscheiden sich von den runden, senkrecht gezogenen nur durch ihren viereckigen Querschnitt.

Grundsätzlich wird jeder einzelne Einkristallstab auf seine physikalischen Eigenschaften geprüft. Hierfür sind am Anfang, in der Mitte und am Ende des Stabes Scheiben von etwa 1 mm Dicke zu entnehmen und der Prüfung zuzuführen. Die Entnahme der Proben erfolgt direkt vor der Prüfung.

22.6.4 Germaniumscheiben

Germaniumscheiben werden mit runden, quadratischen oder rechteckigen Abmessungen hergestellt. Diese liegen im Bereich von 2 bis 40 mm. Die Dicke kann von 100 bis 500 μm variieren. Jeder Scheibencharge ist ein Prüfbefund zuzuordnen mit Angabe der

a) geometrischen Abmessungen;
b) Kristalldaten des Ausgangskristalls, wie spezifischer elektrischer Widerstandsbereich, Leitungsart, Dichte der Versetzungen, Volumenlebensdauer;
c) Art der letzten Oberflächenbehandlung.

Der Versand erfolgt chargenweise in verschweißten Kunststoffbeuteln oder bei bruchempfindlichen dünnen Scheiben großen Durchmessers in staubfreier und stoßgesicherter Einzelverpackung. Die Proben werden nach physikalischen Methoden untersucht.

22.7 Germaniumverbindungen

22.7.1 Germanium(IV)-oxid

Es ist die meist gehandelte Verbindung und dient in kristalliner, hochreiner Form zur Herstellung von elementarem Germanium für die Elektronik oder wird in amorpher Form in der organischen Industrie eingesetzt.

a) Germanium(IV)-oxid, kristallin, wird in Polyäthylenbehältern von 2 bis 50 kg geliefert. Bei der Probenahme muß darauf geachtet werden, daß weder Staub noch Verunreinigungen durch die Probenahmegeräte in die Lieferung oder in die Probe gelangen. Die Entnahme der Probe erfolgt durch einen Probenstecher aus ungefülltem Kunststoff. Die Probe wird in eine neue, mit bidestilliertem Wasser mehrfach gereinigte Schraubflasche (Inhalt 5 bis 10 kg) gegeben, die nach Beendigung der Probenahme zur Durchmischung geschüttelt wird. Als Probe sind zur Bestimmung der chemischen Zusammensetzung und der physikalischen Eigenschaften des aus dem Oxid erschmolzenen Elements etwa 2 kg erforderlich, die in einer sauberen Polyäthylenflasche versandt werden.

b) Germanium(IV)-oxid, amorph. Bei der Verwendung des amorphen Germanium(IV)-oxids ist ein Hauptkriterium die Löslichkeit in organischen Lösungsmitteln, die den kristallisierten Modifikationen fast völlig fehlt. Durch Spuren von Feuchtigkeit bilden sich in kurzer Zeit im amorphen Produkt Kristallkeime, und es findet eine sich rasch ausbreitende Kristallisation statt. Bei der Probenahme, die nach den Richtlinien für hygroskopische Stoffe (3.6.2) zu erfolgen hat, muß daher besonders auf den Ausschluß von Feuchtigkeit geachtet werden. Die Probenflasche (Glas) ist absolut dicht mit einem Gummistopfen zu verschließen.

22.7.2 Germanium(IV)-chlorid

Germanium(IV)-chlorid ist eine farblose, klare Flüssigkeit mit hohem Dampfdruck bei Raumtemperatur und von stark stechendem Geruch. Mit einem Säureheber wird aus jedem Behälter eine Probe entnommen, die in einem dicht verschließbaren Polyäthylengefäß gesammelt und gemischt werden. Die Analysenprobe wird in Ampullen eingeschmolzen.

23. Gold

Siehe Kapitel 18, Edelmetalle.

24. Hafnium

Siehe Kapitel 57, Zirkonium und Hafnium.

25. Indium

Allgemeines

Indium bildet keine eigenen Mineralien, sondern kommt hauptsächlich in Zinkblenden vor. Beim Rösten dieser Erze wird es nur wenig verflüchtigt. Wird dieses Röstgut im Muffelprozeß zur Zinkgewinnung eingesetzt, so geht Indium größtenteils in das Rohzink über, ein geringer Teil verbleibt in den Räumaschen. Bei der Zinkraffination durch Destillation bleibt Indium im Rückstand, dem sog. Waschzink, aus dem durch Seigern das sog. Waschblei erhalten wird. Durch dessen Behandlung mit Blei- und Zinkchlorid wird Indium in einer Zinkchloridschlacke angereichert. Bei Einsatz des Röstgutes zur elektrolytischen Zinkgewinnung wird Indium primär gelöst, bei der nachfolgenden Laugenreinigung durch Neutralisation mit dem Eisenschlamm gefällt. In ähnlicher Weise werden Indiumkonzentrate aus Indiumlösungen verschiedener Herkunft erhalten. Weiterhin findet sich

Indium in Zink-Blei-Flugstäuben oder Zink-Blei-Mischoxiden sowie verschiedenen Röstgütern auf Zinkbasis.

Zu den oxidischen Indiumvorstoffen, die für die Gewinnung des Metalls von Bedeutung sind, zählen vor allem die Indium- oder Eisen-Indium-Schlämme. Als metallische Vorstoffe sind das Waschblei sowie Metall- und Legierungsabfälle der indiumverarbeitenden Industrie von Bedeutung.

Vorstoffe (25.1—25.2)

25.1 Nichtmetallische Vorstoffe

25.1.1 Eisenschlämme aus Laugenreinigungen

Siehe im Kapitel „Nickel und Kobalt" 34.2.6.

25.1.2 Indiumschlämme oder -konzentrate

Die aus technischen Lösungen der verschiedensten Art, meist auf Zinkbasis, durch Neutralisation erhaltenen Schlämme entsprechen in ihrer Beschaffenheit und häufig auch Zusammensetzung den Eisenschlämmen (25.1.1), lediglich mit höheren Indiumgehalten. Die hierfür in Kapitel „Nickel und Kobalt" unter 34.2.6 beschriebene Probenahmemethodik gilt auch für Anlieferung in Fässern. Dabei wird von jedem Faß mit Stechern eine Probe entnommen, die Einzelproben werden zur Rohprobe vereinigt. Zeigt das Material in den Fässern Separierungen in Form von überstehendem Wasser, so wird dieses abgezogen und der später durch Trocknung ermittelten Nässe zugeschlagen. Man kann entweder Stecherproben entnehmen, oder man muß das betreffende Faß völlig entleeren. Man mischt dann in einer Wanne und entnimmt eine Probe.

Schlämme dieser Art, meist noch chloridhaltig, sind kaum gewichtskonstant zu trocknen und können zusätzlich bei der Lagerung Luftfeuchtigkeit aufnehmen. Die Rohprobe wird bei 105 °C getrocknet, bis sie nahezu gewichtskonstant ist, nicht mehr klebt und sich zerkleinern läßt. Man gibt das gesamte Material über ein 1-mm-Sieb, mischt, verjüngt und entnimmt ca. 2 kg zur Weiterbehandlung. Diese werden wiederum bis zur Gewichtskonstanz getrocknet, dann unter 0,1 mm gemahlen und nochmals 10 bis 15 min nachgetrocknet. Die Analysenprobe wird noch warm in vorgewärmte, dichtschließende Flaschen abgefüllt. Es darf zur Analyse nicht nachgetrocknet werden. Auf der Flasche ist weiterhin zu vermerken, daß sie nach Entnahme der Einwaage sofort wieder verschlossen werden muß. Die Gesamtnässe wird aus den Trocknungsstufen berechnet.

25.2 Metallische Vorstoffe

25.2.1 Waschblei

Die Probenahme erfolgt wie bei Waschzink (55.6.2).

25.2.2 Indiumabfälle

Sie sind meist Rückläufer von der elektronischen Industrie und bestehen aus reinem oder legiertem Indium. Falls erforderlich, wird die Anlieferung nach Formen (Drähten, Bändern, Stäben, Barren u. ä.) sortiert. Man entnimmt etwa 10% des Materials unter anteiliger Berücksichtigung der verschiedenen Formen (bei kleinen Lieferungen das gesamte Material) und schmilzt in einem eisernen Gefäß (nicht aus Chrom-Nickel-Stahl!) ein. Handelt es sich um recht reines oder wenig legiertes, jedoch nicht Aluminium enthaltendes Material, so vergießt man einen kleinen Teil der Schmelze nach gutem Mischen zu Elektrodenformen für die Emissionsspektralanalyse oder zu Granalien für naßchemische Untersuchungen. Die Anwesenheit von Aluminium oder von anderen, in flüssigem Indium schwer löslichen Metallen gibt sich durch eine mehr oder weniger ausgeprägte Schaumbildung auf der Schmelzeoberfläche zu erkennen. In diesem Falle wird die gesamte Schmelze nach sehr gutem Mischen granuliert. Die Granalien werden nach dem Trocknen gemischt und zur Analysenprobe verjüngt.

25.2.3 Elektronische Bauelemente

Aus unbrauchbaren Bauelementen und ihren Abfällen wird das Indium wiedergewonnen. Ihre Inhomogenität gestattet keine sichere Probenahme. Derzeitig besteht allgemein die Vereinbarung, das mit Salzsäure ablösbare Indium zu bestimmen und die Gehaltsermittlung nach chemischer Aufbereitung des gesamten Materials vorzunehmen. Man behandelt das Material mit konz. Salzsäure in der Wärme (Großtiegel aus Quarzgut). Wenn trotz deutlichen Säureüberschusses, der zu überprüfen ist, bei weiterem Erhitzen keine Gasentwicklung über 3 bis 4 h mehr wahrnehmbar ist, gilt die Reaktion als beendet. Man filtriert, wäscht und ermittelt das Lösungsvolumen. In der Lösung wird der Indiumgehalt bestimmt und auf die Einwaage umgerechnet.

Fertigerzeugnisse (25.3—25.5)

25.3 Indiummetall

Rohindium. Es wird meist in kleinen Barren oder in Stangen angeliefert. Man entnimmt 10% der Anlieferung als Probe. Bei kleinen Posten wird die gesamte Anlieferung verwendet. Für den seltenen Fall, daß die Lieferung in sehr großen, aber wenigen Barren erfolgt, wird ein Teil der Barren, ggf. alle, vor der Probenahme durch Sägen halbiert. Im Bedarfsfalle werden die entnommenen Barren oder Stangen mit einer Bürste oberflächlich naß gesäubert. Man schmilzt die Rohprobe in eisernen Gefäßen (nicht aus Chrom-Nickel-Stahl) ein. Die Weiterbehandlung erfolgt nach 25.2.2.

Rein- und Reinstindium. Die Probenahme erfolgt wie bei Rohindium, die Behandlung der Schmelze nach 25.2.2 (reines oder wenig legiertes, aluminiumfreies Indium). Das Schmelzen von Reinstindium muß in Tiegeln aus Reinstgraphit erfolgen. Die Probenahmemethodik wird häufig durch Vertrag festgelegt, wobei der weiteren Verwendung des Materials, speziell in der Halbleiterindustrie, Rechnung getragen wird. In solchen Fällen, besonders beim Reinstindium, kann das Einschmelzen einer bestimmten Zahl von Barren nicht tragbar sein, da die vom Empfänger gewünschte Form verlorengeht. Stattdessen wird eine mechanische Bearbeitung der nach Vertrag auszuwählenden Barren an festgelegten Stellen durchgeführt. Die Bearbeitungswerkzeuge bestehen aus Eisen (nicht Chrom-Nickel-Stahl) mit sauberer, abriebfreier Oberfläche.

25.4 Indiumlegierungen

Probenahme und Probenbearbeitung wie in 25.2.2.

25.5 Indiumsalze

Die Probenahme erfolgt mit Stechhebern oder Schaufeln aus Kunststoff. Hygroskopische Indiumsalze wie Indiumhalogenide werden wie hygroskopische Stoffe

(3.6.2) geprobt. Eine Rohprobe von 0,1 bis 1% der Gesamtmenge gilt als ausreichend.

26. Kalium

Allgemeines

Die wichtigsten Naturstoffe zur Erzeugung von Kaliummetall und seinen Salzen sind der Sylvin (KCl), der Carnallit ($KCl \cdot MgCl_2 \cdot 6\,H_2O$) und untergeordnet der Kainit ($KCl \cdot MgSO_4 \cdot 3\,H_2O$).

Vorstoffe (26.1—26.2)

26.1 Kalisalze

Für die Probenahme der Kalisalze für Düngezwecke gelten die Sondervorschriften der Düngemittelindustrie.

Die Kalisalze werden nach den allgemeinen Richtlinien für Erze (s. 2.2ff.) geprobt, wobei zu berücksichtigen ist, daß die Rohsalze hygroskopisch sind. Das Chlorid ist nicht hygroskopisch. Als Rohprobe werden der Lieferung 0,5 bis 1% entnommen und wie bei Natriumchlorid (33.4.1) angegeben zubereitet.

26.2 Elektrolyt der Kaliummetallherstellung

Aus dem geschmolzenen Elektrolyten entnimmt man mit einem etwa 10 mm starken blanken Eisenstab durch rasches Eintauchen eine Probe. Die erstarrte Schmelze wird abgeschlagen. Der Vorgang wird an mehreren Stellen wiederholt. Die Probe wird zerdrückt, sofort abgefüllt und luftdicht aufbewahrt.

Fertigerzeugnisse (26.3—26.5)

26.3 Kaliummetall

Rohmetall. Das elektrolytisch erzeugte Rohmetall wird bei der Entstehung im Bad geprobt. Hierzu wird aus dem Bad mit einem eisernen Löffel Metall entnommen und im Stickstoffstrom schnell abgekühlt. Von der erstarrten Schmelze werden Proben abgeschnitten und unter Xylol aufbewahrt.

Reinmetall. Von dem zur Reinigung umgeschmolzenen Metall werden Stangen von 120 mm Länge und 20 mm Durchmesser gegossen. Von diesen werden unter Xylol mit einem scharfen Messer oder Korkbohrer kleine Stücke abgeschnitten. Nach Entfernen der Außenhaut werden sie unter Xylol aufbewahrt. Vor der Einwaage zur Analyse muß von der Probe das Xylol durch getrockneten und völlig sauerstofffreien Stickstoff entfernt werden.

26.4 Kaliumlegierungen

Diese sind flüssig und werden in kleine eiserne Versandbehälter von 5 und 10 kg Fassungsvermögen abgefüllt. Aus diesen Behältern muß die Probenahme mit größter Vorsicht unter Verwendung von Schutzbrille und Kopfbedeckung vorgenommen werden, da die Legierungen sehr reaktionsfähig sind. Man bedient sich einer sorgfältig getrockneten und mit gereinigtem Stickstoff gefüllten Pipette, die am oberen Ende einen mit einem Griff versehenen Saugkolben aus Glas besitzt (Laboratoriumspipette „Fortuna", DRGM). Mit Hilfe dieser Pipette wird nach gutem Durchschütteln etwas von der flüssigen Legierung angesaugt und in trockene, mit Stickstoff gefüllte Vorratsflaschen überführt. Diese sind völlig gasdicht zu verschließen. Die Probe ist mit einem Warnschild „Feuergefährlich, nur unter Stickstoff öffnen!" zu versehen.

26.5 Kaliumsalze

26.5.1 Kaliumhydroxid

Probenahme wie Natriumhydroxid (33.4.2).

26.5.2 Kaliumcarbonat

Kaliumcarbonat ist ein hygroskopisches Salz und wird meist in Fässern luftdicht verpackt geliefert. Nach Öffnen einiger für die Probenahme vorgesehener Behältnisse wird daraus mit einem Probenstecher eine Probe entnommen. Die Proben werden sofort in einem möglichst trockenen Raum gemischt und verjüngt; ein entsprechender Anteil wird luftdicht in Glasflaschen abgefüllt. Eine Nässebestimmung durch Trocknen bei 105 °C ist nicht möglich.

26.5.3 Kaliumchlorid, Kaliumnitrat

Sie werden wie nichthygroskopische Salze (3.6.1) geprobt. Kaliumchlorid, für chemische Zwecke grob- oder feinkristallin, wird in Säcken oder auch in Holzfässern von etwa 100 kg Nettoinhalt geliefert. Ein Los kann zwischen 400 und 700 kg umfassen. Kaliumnitrat wird zur Oxidation im Schmelzfluß verwendet.

27. Kobalt

Siehe Kapitel 34, Nickel und Kobalt.

28. Kupfer

Inhaltsverzeichnis

Allgemeines

Der Anteil des Kupfers an der Erdkruste beträgt ungefähr 0,01%. Das Kupfer ist in Erzlagerstätten überwiegend sulfidischen Charakters angereichert, deren wichtigste Mineralien Kupferkies (Chalcopyrit) $CuFeS_2$ mit 34% Kupfer, Buntkupferkies (Bornit) Cu_5FeS_4 mit etwa 60% Kupfer, Kupferglanz (Chalcosin) Cu_2S mit 80% Kupfer und Kupferindig (Covellin) CuS mit 66% Kupfer sind. Weiter spielen die Fahlerze $(Cu, Zn, Fe, Ag, Hg)_3(Sb, As, Bi)S_{3-4}$ mit 30 bis 50% Kupfer, der Bournonit $(Cu_2, Pb)_3(SbS_3)_2$ mit 13% Kupfer und der Enargit Cu_3AsS_4 mit 48% Kupfer eine gewisse Rolle. Oxidische und carbonatische Kupfermineralien sind das Rotkupfererz (Cuprit) Cu_2O mit 89% Kupfer, der Malachit $Cu_2(OH)_2CO_3$ mit 57% Kupfer und der Azurit $Cu_3(OH)_2(CO_3)_2$ mit 55% Kupfer. Wichtigstes Kupfersilicat ist der Chrysokoll $CuSiO_3 \cdot x\, H_2O$. Vorkommen an gediegenem Kupfer sind heute praktisch bedeutungslos.

Vorstoffe (28.1–28.3)

28.1 Kupfererze (-konzentrate)

Kupfererze. Probenentnahme und Probenbearbeitung erfolgen nach den allgemeinen Richtlinien für stückiges Gut (2.2ff.). Der als Rohprobe zu entnehmende Prozentsatz ist abhängig von der Losgröße, dem Kupfergehalt und der maximalen Korngröße, somit auch von der Homogenität. Tab. 28/1 gibt Erfahrungswerte, die sich in der Praxis bewährt haben.

Kupfererze weisen im allgemeinen nur geringe Nässegehalte, meist unter 3%, auf. Man zieht eine besondere *Nässeprobe* von etwa 0,1% des Anlieferungsgewichtes,

Tabelle 28/1. Richtwerte für die Größe der Rohprobe in % des Anlieferungsgewichtes, in Abhängigkeit von Losgröße, Kupfergehalt und maximaler Korngröße

Kupfergehalt % Cu	100-t-Lose			500-t-Lose			1000-t-Lose		
	Korngröße in cm			Korngröße in cm			Korngröße in cm		
	<5	<15	<30	<5	<15	<30	<5	<15	<30
<10	5	10	20	5	10	10	5	5	10
<30	10	20	33	5	10	20	5	10	20
>30	10	33	50	10	20	33	5	10	20

die, über den gesamten Entladevorgang verteilt, in kleinen Anteilen entnommen wird. Nach sofortiger Vorzerkleinerung mit einem Brecher auf unter 50 mm wird der zu trocknende Anteil sachgemäß entnommen und normalerweise bei 105 °C getrocknet (z. B. bei 1000-t-Losen zehnmal 10 kg; bei 100-t-Losen zweimal 10 kg). Sollte — bei hochsulfidhaltigen Erzen — eine Schwefeldioxid-Abspaltung erfolgen, so ist eine niedrigere Trocknungstemperatur anzuwenden, z. B. 75 oder 60 °C. Die Trocknungstemperatur ist im Protokoll und auf den Analysenproben, die später bei derselben Temperatur nachgetrocknet werden müssen, zu vermerken.

Die Gefahr einer Entmischung während der Probenbearbeitung ist besonders bei goldhaltigen silicatischen Kupfererzen gegeben und durch geeignete Maßnahmen (s. 18.1) zu berücksichtigen. Evtl. müssen mehrere Siebfraktionen hergestellt werden, die dann getrennt weiter zu bearbeiten sind.

Die Anlieferung der meisten Kupfererzpartien erfolgt lose per Schiff. Werden jedoch — meist kleinere (unter 100 t) — Partien in Säcken oder Fässern verschickt, so entleert man alle Gebinde vor der Probenahme, die dann in gleicher Weise wie bei losem Gut erfolgt. Ist das vollständige Entleeren nicht möglich, so kann aus z. B. jedem 2., 5., 10. oder 20. Gebinde nach vorherigem Entleeren eine Rohprobe entnommen werden.

Kupferkonzentrate. Da die Flotations-Kupferkonzentrate in der Regel homogener als Erze sind und stets feinkörnig (unter 1 mm) angeliefert werden, genügt die Entnahme einer geringeren Rohprobenmenge als bei Kupfererzen. Sie liegt meist zwischen 0,1% und 1% des Anlieferungsgewichtes.

Als *Nässeprobe* dient ein Teil der Rohprobe. Man trocknet im allgemeinen 0,01% der Anlieferungsmasse — z. B. bei 1000-t-Losen zehnmal 10 kg; bei 100-t-Losen fünfmal 2 kg — bei 105 °C. Erfolgt Schwefeldioxid-Abspaltung, muß eine niedrigere Temperatur angewendet werden (z. B. 75 oder 60 °C), die auch beim späteren Nachtrocknen der Analysenproben zur Anwendung gelangen muß. Die Nässegehalte von Kupfererzkonzentraten liegen meist höher als bei Kupfererzen und betragen etwa 5 bis 15%.

Aus verpackten Konzentratanlieferungen entnimmt man am besten Stecherproben von etwa 0,1% des Anlieferungsgewichtes, die in üblicher Weise weiterbehandelt werden. In vielen Fällen kann die gesamte Rohprobe als Nässeprobe verwendet werden („naß = richtig“).

Werden Sackpartien vor dem Verwiegen vollständig ausgeschüttet, so erfolgt die Rohprobenentnahme wie bei losen Anlieferungen. Die vorstehenden Angaben beziehen sich auf handelsübliche sulfidische Kupferkonzentrate mit Kupfergehalten von etwa 15 bis 30%, in denen das Kupfer meist als Kupferkies ($CuFeS_2$), Buntkupferkies (Cu_5FeS_4) oder Kupferglanz (Cu_2S) vorliegt. Kupferkonzentrate anderen Typs, z. B. nach dem Torco-Prozeß gewonnene, mit Kupfergehalten über 30%, in denen das Kupfer in elementarer Form und neben Kohlenstoff vorliegt, erfordern wegen der höheren Entmischungsgefahr größere Rohproben.

28.2 Zwischenprodukte

28.2.1 Zementkupfer und andere Fällprodukte

Zementkupfer entsteht aus kupferhaltigen Lösungen durch „Zementieren" mit einem unedleren Metall, in der Praxis meist Eisenschrott. Im frisch gefällten, schlammigen Zustand ist es zunächst chemischen Veränderungen durch Oxidation unterworfen. Muß eine Probenahme in diesem Zustand erfolgen, so kann sie mit dem Probenstecher durchgeführt werden. Verwiegung und Rohprobenahme müssen zur gleichen Zeit erfolgen. Aus der Nässeprobe werden die Analysenproben für die Gehaltsermittlung hergestellt, die vor der Analyse nicht nachgetrocknet werden dürfen und entsprechend zu kennzeichnen sind. Die Analysenproben müssen unter Luftabschluß, am besten in Glasflaschen, aufbewahrt werden.

Ebenso wird bei anderen Fällprodukten wie z. B. *Kupfer(I)-oxid* verfahren, wenn sie als Schlamm vorliegen.

Bei den zum Versand kommenden Zementkupfermengen handelt es sich meist um gealtertes, abgelagertes, lufttrockenes Material mit Kupfergehalten zwischen etwa 60 und 85%. Die maximale Korngröße liegt im allgemeinen unter 1 mm und erreicht nur in Ausnahmefällen 10 mm. Das Material weist erhebliche Nässegehalte auf, meist zwischen 10 und 20%. Trotzdem macht es äußerlich einen völlig staubtrockenen Eindruck.

Die Losgrößen des überwiegend lose angelieferten Zementkupfers liegen etwa zwischen 20 und 200 t. Als Rohprobe werden gemäß den Richtlinien für feinkörniges Gut (2.2ff.) etwa 0,5 bis 1% entnommen. Nach dem Absieben über ein 2-mm-Sieb werden die *Nässeproben* aus der Rohprobe entnommen, z. B. viermal 5 kg bei 200-t-Losen oder zweimal 2,5 kg bei 20-t-Losen. Man trocknet 48 h bei 105 °C, wobei sich u. U. bildende Verkrustungen der Oberfläche aufgelockert werden müssen. In gleicher Weise wird auch die Hauptmasse der Rohprobe getrocknet und dann, nach jeweiligem Verjüngen, auf 0,4-mm- und 0,16-mm-Siebe gegeben. Dabei erhaltene Siebrückstände werden durch Zusatz von Schwefel zu Stein verschmolzen, der unter 0,16 mm zerkleinert wird (Fraktion „Stein" im Probensatz). Wird nicht zu Stein verschmolzen, ist das Überkorn auf unter 0,16 mm zu zerkleinern und dem Feinen zuzumischen.

Die Analysenproben füllt man in Glas- oder Kunststoffflaschen ab und verschließt sie dicht. Vor dem Einwägen erfolgt ein Nachtrocknen bei 105 °C (12 h), wobei sich das Probegut in flachen Porzellanschalen befinden soll.

In Form von Brocken oder Klumpen angelieferte stichfeste Fällprodukte wie z. B. Kupfer(I)-oxid können nicht mit dem Probenstecher geprobt werden. Man verfährt hier ähnlich wie bei Elektrolyseschlämmen (18.2.5), wobei der Rohproben-Prozentsatz entsprechend der größeren Homogenität und dem geringeren Materialwert — verglichen mit einem Elektrolyseschlamm — auf höchstens 5% des angelieferten Gewichts reduziert werden kann.

28.2.2 Steine

Die Steine (Kupferstein, Kupferbleistein, Kupfernickelstein) enthalten meist keine metallischen Einschlüsse und lassen sich aufgrund ihrer Sprödigkeit in gleicher Weise behandeln wie Stückerze. Wegen des hohen Kupfergehaltes (bis zu etwa 70%) und einer Stückgröße bis zu 30 cm sind jedoch größere Rohproben-Prozentsätze erforderlich als bei Kupfererzen, nämlich bei Losgrößen über 200 t mindestens 10%, bei Losgrößen unter 100 t mindestens 20%.

Soll eine Probenahme aus dem Schmelzfluß erfolgen, so werden Schöpfproben entnommen, z. B. aus dem Gießstrahl beim Abstechen des Kupfersteins, und nach dem Erstarren in eisernen Formen mechanisch zerkleinert. Das Granulieren von Kupferstein ist nur dann ungefährlich, wenn ein starker Wasserstrahl verwendet wird. Es sollte nur dann ausgeführt werden, wenn ein Brechen wegen des Vorhandenseins metallischer Komponenten, z. B. Eisen, nicht möglich ist.

28.2.3 Speisen

Probenahme und Probenbearbeitung bleiarmer Speisen erfolgen wie bei Steinen. Bleireiche Speisen sind zäh und lassen sich nicht brechen und mahlen. Man entnimmt mindestens 10% der Brocken als Rohprobe und gewinnt aus ihnen durch sachgerechtes Bohren unter Verwendung von Stahlbohrern mit 10 bis 15 mm Durchmesser (die Drehgeschwindigkeit muß dem zu bohrenden, sehr unterschiedlichen Material individuell angepaßt werden) oder Sägen aller Brocken Späne, die entweder eingeschmolzen und zu einem Barren gegossen oder durch Absieben in verschiedene Fraktionen getrennt werden. Aus dem Barren läßt sich die Endprobe durch abermaliges Bohren oder Sägen und Unterteilen in verschiedene Siebfraktionen gewinnen.

28.2.4 Schlacken

a) Arme Schlacken. Kupferarme Schlacken, die bei der Arbeit an Schacht- und Flammöfen anfallen, enthalten zwischen 0,3 und etwa 1,5% Kupfer. Die Probenahme der flüssigen Schlacke während eines Ofenabstiches erfolgt am einfachsten durch kurzes Eintauchen eines trockenen Eisenstabes in regelmäßigen Abständen. Die anhaftende Schlacke wird abgeschlagen, vorzerkleinert, verjüngt und analysenfein gemahlen. Man kann auch mit einem eisernen Löffel Schöpfproben entnehmen, die man entweder granuliert oder zu kleinen Blöckchen vergießt, die zerkleinert werden.

Bei granulierter Schlacke nimmt man in regelmäßigen Abständen während des Granulierens kleine Proben beim Auslauf des Wasser-Schlacken-Gemisches in das Absetzbecken.

Soll grobstückige Schlacke geprobt werden, so ist wie bei Stückerzen vorzugehen. Wegen des niedrigen Kupfergehaltes kann man sich mit einer Rohprobe von etwa 5% begnügen.

b) Reiche Schlacken ohne metallische Anteile. Hierunter fallen Konverterschlacken mit Kupfergehalten von 5 bis über 50%. Die Probenahme erfolgt wie bei Stein (28.2.2).

c) Reiche Schlacken mit metallischen Anteilen. Hierzu gehören die Raffinierschlacken, die mit sehr unterschiedlichen Anteilen metallischen Kupfers durchsetzt sein können. Sie sind sehr inhomogen und zähflüssig, so daß eine Probenahme beim Abziehen der Schlacke am Ofen meist nicht möglich ist. Die Probenahme der erstarrten Raffinierschlacke erfolgt wie bei Krätzen (28.3.8) beschrieben. InAbhängigkeit von der Größe der Schlackenstücke und dem Kupfergehalt müssen 20 bis 50% als Rohprobe genommen werden.

28.2.5 Oxidische Stäube

Oxidische Stäube sind ein sehr homogenes, feinkörniges Material. Daher genügt eine Rohprobe von weniger als 1%. Beim Entleeren von Kammern oder Filtern nimmt man in gleichmäßigen Zeitabständen Teilproben, die man sammelt und mischt. Aus abgepackten Partien werden Stecherproben genommen.

Schwierigkeiten ergeben sich, wenn die Flugstäube hygroskopisch sind, weil sie Chloride enthalten. In diesem Fall ist ein Trocknen der Probe nicht möglich

Dann muß die Rohprobe im Originalzustand gemischt, verjüngt und in luftdicht verschlossenen Gefäßen aufbewahrt werden. Diese müssen die Aufschrift tragen „Im Originalzustand zu untersuchen". Weitere Einzelheiten hierzu sind im Kap. 14, Cadmium, angeführt.

28.2.6 Ofenbruch

Die Probenahme von Ofenbruch erfolgt wie bei reicher Schlacke unter 28.2.4 beschrieben.

28.2.7 Laugen

Für die Probenahme von Laugen aus der Kupferraffinationselektrolyse und bei der Herstellung von Kupfersalzen gilt das im Kap. 62, Laugen, Gesagte.

28.2.8 Anodenschlamm

Wegen seiner Bedeutung für die Gewinnung der Edelmetalle erfolgt die Beschreibung der Probenahme von Anodenschlamm im Kapitel „Edelmetalle" unter 18.2.5.

28.3 Altmaterialien

Für die einwandfreie Probenahme von kupferhaltigem Altmaterial sind die im Allgemeinen Teil gemachten Angaben für die Probenahme von Altmaterial ganz besonders zu beachten (s. 3.4). Daher kann sich der folgende Abschnitt darauf beschränken, solche zusätzlichen Hinweise zu geben, die bei der Probenahme von kupferhaltigem Material besonders wichtig sind. Grundsätzlich erfolgt ein Einschmelzen des Probegutes in einem Tiegelofen, der meistens mit Öl oder Gas beheizt wird. Bei dieser Arbeitsweise im offenen Graphittiegel läßt sich der Kupfergehalt des Einsatzmaterials einwandfrei erfassen. Elemente mit hohem Dampfdruck können z. T. verflüchtigt werden, auch wenn der Tiegelinhalt mit Holzkohle abgedeckt wird. Umgekehrt können beim Einschmelzen von Kupfer aus dem Tiegelmaterial Verunreinigungen in das Metall aufgenommen werden. Beim Gebrauch neuer Tiegel wird eine Bleiaufnahme beobachtet. Auch Schwefel aus den Rauchgasen und Sauerstoff aus der Luft können von der Schmelze aufgenommen werden.

Metallisches Eisen schwimmt auf dem flüssigen Kupfer und kann abgehoben werden. Die beim Schmelzen gebildete Schlacke zieht man ab und arbeitet sie auf wie bei Krätzen (28.3.8) beschrieben.

Die Metallschmelze rührt man kräftig durch und vergießt sie zu Blöcken. Die Blöcke werden gebohrt oder gesägt, die Späne zusammen mit dem aus der Krätze erhaltenen Metall in einem kleinen Tiegel unter Boraxzusatz im richtigen Gewichtsverhältnis nochmals geschmolzen. Aus dem hieraus gegossenen Block werden die Späne gewonnen, die durch Mahlen und Sieben zusammen mit der feingemahlenen Schlacke in verschiedene Fraktionen aufgeteilt werden und die Analysenprobe ergeben.

Für Betriebsproben kann dieser aufwendige Weg erheblich abgekürzt werden. Von Materialien mit mehr als 90% Kupfer und allen zinn- und bleiarmen Legierungen, bei denen mit keinen starken Seigerungen zu rechnen ist, kann nach dem Durchrühren des Tiegelinhalts mit einem Löffel eine Schöpfprobe von etwa 5 kg genommen werden, die man zu einer Plansche vergießt (Nähere Angaben über die Seigerungsmöglichkeiten siehe im Abschnitt 28.4). Aus diesem Probeblock erhält man direkt durch Bohren oder Sägen Späne für die Analysenprobe. Auf dieselbe

Art kann durch Entnehmen einer Schöpfprobe und Abgießen in eine entsprechende Kokille eine Probe für die Spektralanalyse bzw. Röntgenfluoreszenzanalyse gewonnen werden.

28.3.1 Schwerkupfer

Unter Schwerkupfer versteht man kompakte Stücke, z. B. Feuerbuchsen, Windformen, schwere Walzabfälle. Die Rohprobe von etwa 10% der Lieferung trennt man durch Sortieren in die einzelnen Sorten und stellt deren Gewicht fest. Entsprechend den Einzelgewichten setzt man daraus eine Probe von 200 bis 500 kg zusammen und schmilzt sie ein. Eine genauere, aber aufwendigere Probe besteht im Sortieren der gesamten Anlieferung. Die einzelnen Materialien werden verwogen, eine Rohprobe im Gewichtsverhältnis entnommen und wie oben weiterbehandelt.

28.3.2 Leichtkupfer

Unter Leichtkupfer versteht man sehr unterschiedliche Materialien, z. B. Drähte, Blechabfälle, Rohre, Apparateteile, Stangen, isolierte Drähte, nicht aber Doppelmetalldraht und Kabelabschnitte (28.3.11). Die Größe der Rohprobe richtet sich nach der Unterschiedlichkeit des Materials und liegt zwischen 5 und 20% der Anliefermenge. Bei relativ einfach zusammengesetztem Material kann die gesamte Rohprobe nach äußerlichen Merkmalen sortiert und die Schmelzprobe nach dem Gewichtsverhältnis der einzelnen Sorten zusammengestellt werden. Ist ein Sortieren zu aufwendig oder nicht möglich, so schmilzt man die gesamte Rohprobe ein und vergießt in Blöcke, die gebohrt oder gesägt werden.

28.3.3 Späne

Für die Probenahme von Kupferspänen gelten dieselben Vorschriften wie für Späne aus Kupferlegierungen (28.3.7).

28.3.4 Kupferlegierungen

Man unterscheidet die großen Hauptgruppen der Kupfer-Zink(Messing)- und der Kupfer-Zinn-Legierungen (Bronzen, Rotguß), die beide andere Metalle wie Blei, Nickel, Eisen, Antimon, Aluminium, Mangan, Zink und Zinn enthalten können. Daneben kommen die Kupfer-Aluminium- und die Kupfer-Zink-Nickel-Legierungen (Neusilber) vor. Die reinen Kupfer-Nickel-Legierungen werden im Kapitel „Nickel und Kobalt" unter 34.6 besprochen.

Das Vorgehen bei der Probenahme hängt entscheidend davon ab, ob einheitlich legiertes Material vorliegt oder ein Gemenge verschiedener Legierungen. In zweiter Linie wird man sich danach richten, ob es sich um gleichartige Teile handelt, z. B. Armaturen, Beschläge, Lagerschalen, Zahnräder, Kühler, Rohre, größere Gußstücke, oder aber um Materialien verschiedener Form und Größe.

Bei gleichartigem, kleinstückigem Material kann man eine Rohprobe von 5 bis 10% direkt verjüngen, so daß man schließlich für die Schmelze ein Einsatzgewicht von 200 bis 600 kg erhält. Von einheitlichen Blechen oder Drahtabfällen schneidet man kleine Stücke ab.

Bei ungleichmäßigem Material muß zunächst durch Sortieren das Gewichtsverhältnis der einzelnen Sorten festgestellt werden. Von jeder Sorte wird ein Teil entnommen und im richtigen Gewichtsverhältnis zur Schmelzprobe zusammengestellt. Diese kann 200 bis 1000 kg betragen. Enthält eine Lieferung sperrige Gußstücke, die nicht in den Tiegel eingesetzt werden können, so werden sie aussortiert. Nach Feststellen ihres Gewichts entnimmt man ihnen durch Bohren Späne oder schneidet kleine Stücke ab, die man im Gewichtsverhältnis gesondert einschmilzt.

28.3.5 Siebe

Aus Sieben schneidet man mit der Drahtschere quadratische Stücke von etwa 20 cm Seitenlänge heraus und setzt die Schmelzprobe dem Gewicht der verschiedenen Qualitäten entsprechend zusammen. Es genügen 10 bis 20 kg.

28.3.6 Kühler

Bei Kühlern können trotz ähnlichen Aussehens die Kupfer-, Zinn- und Bleigehalte wegen der vielfältigen Bauweisen sehr unterschiedlich sein. Daher ist ein sorgfältiges Sortieren vor Beginn der Probenahme entscheidend. Die Schmelzprobe von 500 bis 1000 kg wird dann entsprechend dem Gewichtsanteil der einzelnen Sorten zusammengestellt. Auf die Probenahme von eisenhaltigen Kühlern wird im Abschnitt 28.3.11 eingegangen.

28.3.7 Legierungsspäne

Bei gleichartigen, nicht zu groben Spänen (etwa unter 5 mm) genügt eine Rohprobe von etwa 1%, die man nach dem Mischen und Verjüngen auf etwa 20 kg einschmilzt. Handelt es sich um sperrige Späne oder besteht die Lieferung aus Spänen verschiedener Legierungsarten, so muß man eine Rohprobe von etwa 10% entnehmen. Man verjüngt dann auf 200 bis 500 kg für die Schmelzprobe.

Da Metallspäne erhebliche Nässegehalte aufweisen können, ist eine Nässebestimmung durchzuführen. Hohe Gewichtsverluste lassen sich in vielen Fällen auf die Wassergehalte zurückführen.

Enthält die Probe Aluminiumspäne, so besteht beim Einschmelzen die Gefahr des Spritzens. Glüht man aber die flach ausgebreiteten Späne zuerst aus, so lassen sich die Späne einwandfrei einschmelzen. Schleif- und Polierspäne können organische Verunreinigungen enthalten. Die durch Mischen und Verjüngen erhaltene Probe erhitzt man zum Verbrennen der organischen Substanz auf etwa 500 °C. Der Rückstand wird durch Mahlen und Sieben weiter aufbereitet. Die feinste Siebfraktion enthält spezifisch schwere metallische und spezifisch leichtere nichtmetallische Anteile, die eine sorgfältige Durchmischung erforderlich machen.

28.3.8 Krätzen, Aschen, Rückstände

Die Kupfergehalte von Rückständen, Krätzen und Aschen können in weiten Grenzen schwanken. Die Größe der Rohprobe richtet sich nach den Angaben unter 28.1 für Stückerze. Die besonderen Schwierigkeiten bei der Probenahme dieser Materialien werden durch die in ihnen enthaltenen metallischen Anteile hervorgerufen. Arbeitsvorschriften enthält der Allgemeine Teil unter 3.5.

Kann die Rohprobe nicht beim Entladen des Materials durch Entnahme eines Zweigstromes erfolgen, so ist es sehr zweckmäßig, aus dem Haufwerk einen Sektor als Rohprobe, z. B. mit Hilfe eines Schauffelladers, herauszuarbeiten. Ein solcher Sektor gibt einen wesentlich besseren Durchschnitt als das früher übliche Grabenschaufeln.

Das Zerkleinern der Rohprobe erfolgt auf dem Kollergang, bei trockenem Material in einer Kugelmühle. Bei jedem Verjüngen der Rohprobe muß der metallische Anteil gewogen und vom Feinen der Feuchtigkeitsgehalt bestimmt werden, um das Gewichtsverhältnis der Fraktionen zu erfassen. Die Metallanteile schmilzt man im Gewichtsverhältnis ein und vergießt zu einem Block. Die daraus erhaltenen Bohr- oder Sägespäne werden vermahlen, abgesiebt (Siebe: 1,0 mm, 0,4 mm, 0,2 mm Maschenweite) und im richtigen Gewichtsverhältnis ausgewiesen. Bei öligem Material wird die Probe auf 500 °C erhitzt, um sie mahlfähig zu machen. Hat man Kabelabbrandaschen oder ähnliche Materialien vorliegen, die *Chloride* enthalten, so gibt man beim Glühen Natriumcarbonat zu, um das Entweichen flüchtiger Chloride zu verhindern.

Enthalten die Proben metallisches Eisen, so wird dieses mit dem Magneten ausgesondert und gewogen. Ist es frei von Kupfer, so wird sein Anteil im Probensatz ausgewiesen. Mit Kupfer behaftetes Eisen wird mit Schwefel zu Stein verschmolzen.

28.3.9 Kupferhammerschlag

Die Probenahme von Kupferhammerschlag (mit 85 bis 90% Kupfer) erfolgt wie bei sonstigen feinkörnigen Materialien. Nach dem Verjüngen der Rohprobe von höchstens 1% der Anlieferung auf etwa 25 kg müssen diese zur Entfernung organischer Verunreinigungen geglüht werden, ehe die Weiterbearbeitung zur Analysenprobe erfolgen kann.

28.3.10 Kupferziehschlamm

Dieses Material soll stichfest in Fässern angeliefert werden. Überstehendes Öl und Wasser werden abgegossen und vom Gewicht abgesetzt. Die Rohprobe von max. 1 bis 2% der Anlieferung wird mit dem Probenstecher entnommen und vollständig geglüht, ehe sie in üblicher Weise weiterverarbeitet werden kann.

28.3.11 Sonstige kupferhaltige Materialien

Hierunter fallen u. a. isolierter Draht, Kabelabschnitte, Klischeekupfer, Doppelmetalldraht, Eisenkühler, Trafos, plattierte Eisenabfälle, Motore, Anker, Relais, Stromzähler und sonstige ausgebaute Teile mit Anhaftungen von Kupfer oder Kupferlegierungen.

Drähte und Kabel. Isolierte Leitungsdrähte und Kabelabschnitte können je nach Dicke des Drahtes und der Isolierung sehr unterschiedliche Kupfergehalte aufweisen. Durch Zerschneiden der Kabel erkennt man die einzelnen Sorten. Hiernach sortiert man die Lieferung, wägt die einzelnen Sorten, befreit sie von einer etwaigen metallischen Umhüllung (Eisen, Blei) und brennt die Isolierung ab. Die Drähte werden im richtigen Gewichtsverhältnis eingeschmolzen, falls Eisen vorhanden ist mit Schwefelzusatz auf Stein. Das aufwendige Entfernen von Umhüllungen kann durch direktes Schmelzen auf Stein umgangen werden.

Doppelmetalldraht ist ein Kupferdraht mit Eisenseele. Besteht die Lieferung aus Draht verschiedenen Durchmessers bzw. aus Drähten mit verschieden starker Kupferauflage, so ist nach diesen Gesichtspunkten zu sortieren und das Gewicht der einzelnen Sorten festzustellen. Von den Drähten werden dann mit der Drahtschere gleich lange Stücke abgeschnitten. Die Schmelzprobe wird im Gewichtsverhältnis der einzelnen Sorten zusammengestellt und mit Schwefel auf Stein verschmolzen.

Klischeekupfer. Klischeekupfer ist meistens durch Blei verunreinigt. Aus der Rohprobe von mindestens 10% der Lieferung entfernt man das Blei durch Abschmelzen, eventuell nach dem Verjüngen auf 300 bis 500 kg. Das verbleibende Kupfer wird dann für sich im Tiegel eingeschmolzen.

Eisenkühler. Eisenkühler können sehr unterschiedliche Kupfer- und Zinngehalte aufweisen. Durch sorgfältiges Sortieren müssen die Gewichtsanteile der einzelnen Kühlerarten ermittelt werden. Danach wird die Rohprobe zusammengestellt. Sie soll mehrere 100 kg wiegen. Sind die Kühler zu groß, um in einen Tiegel zum Einschmelzen mit Schwefel eingesetzt werden zu können, so zersägt man sie in kleinere Stücke. Es ist nicht zu empfehlen, die Kühler in einer Presse chargierfähig zu machen, weil dann das Einschmelzen mit Schwefel zu lange dauert.

Sonstige Materialien. Von kleinstückigem und gleichartigem Material wie plattierten Lagerschalen, Stanzabfällen, plattierten Eisenblechen, kleinen Statoren genügt eine Rohprobe von 5 bis 10% der Anlieferung, die man durch Mischen und Verjüngen reduziert.

Bei kupferarmem Material (weniger als 10% Kupfer) schmilzt man direkt auf Stein. Bei höherkupferhaltigem Material schmilzt man zunächst das Kupfer ab und schwefelt nur das zurückgebliebene Eisen. Bei großstückigem, aber gleichartigem Material, z. B. Lichtmaschinen, Anlassern, Stromzählern, bestimmt man das Gewichtsverhältnis von Kupfer bzw. Kupferlegierungen und Eisen durch Zerlegen repräsentativer Stücke. Aus den kupferhaltigen Anteilen stellt man dann die Schmelzprobe zusammen.

Sind in der Lieferung einzelne sehr große Stücke enthalten, z. B. große Rotoren oder Statoren, so werden diese getrennt geprobt, indem man sie zerlegt.

Fertigerzeugnisse (28.4—28.7)

28.4 Probenahme aus Schmelzen von Kupfer und Kupferlegierungen

Bei der Probenahme von Kupfer- und Kupferlegierungsschmelzen sind die im Allgemeinen Teil unter 3.2 gegebenen Richtlinien und Hinweise zu beachten. In Kupfer und Kupferlegierungen kommen etwa 30 Legierungs- und Verunreinigungselemente in den verschiedensten Gewichtsverhältnissen vor. Die sich in dieser großen Zahl von Vielstoffsystemen ergebenden Zustandsverhältnisse sind sehr kompliziert und nur in seltenen Fällen voll überschaubar. Es sind die verschiedensten Phasen, Schmelzintervalle und Löslichkeitsverhältnisse möglich.

Schwereseigerung, Kristallseigerung, normale und umgekehrte Blockseigerung beeinflussen die Homogenität der Probenkörper. Die *Entmischungsvorgänge* kann man durch die gewählte Probenform und den Wärmeabfluß bei der Erstarrung beeinflussen. Es gilt hier die Grundregel für die Probenahme schmelzflüssiger Stoffe: Die Probe soll möglichst schnell erstarren. Kristall-, Schwere- und normale Blockseigerung lassen sich dadurch in befriedigendem Maße unterdrücken. Dies gilt für alle Kupfer-Zink-, Kupfer-Nickel- und Kupfer-Nickel-Zink-Knetlegierungen mit den Komponenten und Beimengungen, die in der Größenordnung der in den zuständigen DIN-Normen zugelassenen Gehalte liegen. Auch die überwiegende Anzahl der Verunreinigungen in raffiniertem Kupfer läßt sich mit dieser Maßnahme in ausreichend homogene Verteilung bringen.

Alle Zweistofflegierungen auf Kupferbasis, soweit sie während des Erstarrungsvorgangs keine zweite Phase bilden, können durch Abschrecken aus dem flüssigen Zustand homogen erhalten werden. Für diese Legierungen wird eine bewährte Probenkokille für flache zylindrische Proben, die sowohl für die Naßanalyse nach Zerspanung wie auch für die Röntgenfluoreszenzspektrometrie und Emissionsspektrometrie verwendbar ist, in Abb. 28/1 gezeigt. Sie besteht aus Kupfer. Eine Kokille mit den angegebenen Maßen erfährt durch das Gießen einer Kupferprobe eine Temperaturerhöhung von ca. 80 °C. Zu empfehlen ist eine Verdopplung des Kokillengewichtes durch Vergrößerung der Wanddicke. Die maximale Probenhöhe von 30 mm sollte nur ausnahmsweise ausgenutzt werden, da mit abnehmender Materialmenge die Erstarrungszeit kürzer und damit die Homogenität besser wird. Die Kokille soll nur im kalten Zustand verwendet werden. Eine Behandlung mit Kokillenschlichte erübrigt sich in den meisten Fällen. Erweist sie sich doch

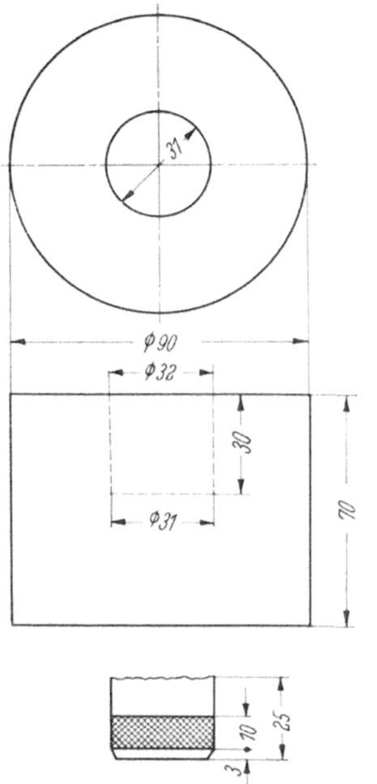

Abb. 28/1. Abschreckkokille und Probenkörper für Schmelzen, die ohne umgekehrte Blockseigerung erstarren (Werkstoff: Elektrolytkupfer). Die angegebenen Wanddicken sind Mindestmaße in mm.

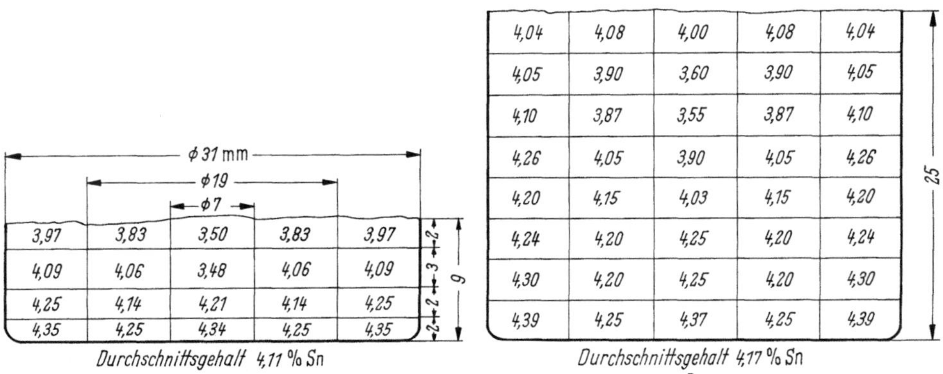

Abb. 28/2. Zonenanalyse eines niedrigen (a) und eines höheren (b) Probenkörpers mit umgekehrter Blockseigerung aus einer Abschreckkokille nach Abb. 28/1.

als notwendig, ist so sparsam wie möglich zu verfahren, um einen Wärmeübergang zu gewährleisten.

Bei den genannten Legierungen ist bei dieser Kokille mit ausreichend homogenen Proben zu rechnen. Die Gußhaut, ganz besonders die der Kopffläche, sollte nicht verwendet werden, wenn nicht die ganze Probe zerspant wird. Die in Abb. 28/1 schraffiert gezeichnete Scheibe der Probe hat in den meisten Fällen die beste Homogenität und repräsentiert am besten die Zusammensetzung des Gusses, aus dem die Probe genommen wurde.

In allen Fällen, wo mit *umgekehrter Blockseigerung* gerechnet werden muß, ist diese Kokille unzureichend. Die in diesem Sinne seigernden Komponenten reichern sich dort an, wo die Erstarrungswärme bevorzugt abfließt. Schnellere Erstarrung durch geringere Probenquerschnitte verringert die Konzentrationsunterschiede nur unwesentlich. Abb. 28/2a und b zeigen Zinnbronzeproben (SnBz4) verschiedener Höhe, die in der Kokille in Abb. 28/1 gegossen wurden. Die Proben wurden stufenweise auf der Drehbank zerspant und die einzelnen Fraktionen untersucht. Der Durchschnittszinngehalt der Proben wurde unter Berücksichtigung der prozentualen Anteile der Einzelfraktionen am Gesamtgewicht der Probe ermittelt. Aus den Abbildungen ist ersichtlich, daß es kaum möglich ist, aus diesen Probenkörpern durch Zerspanen repräsentative Analysenproben herzustellen, wenn man

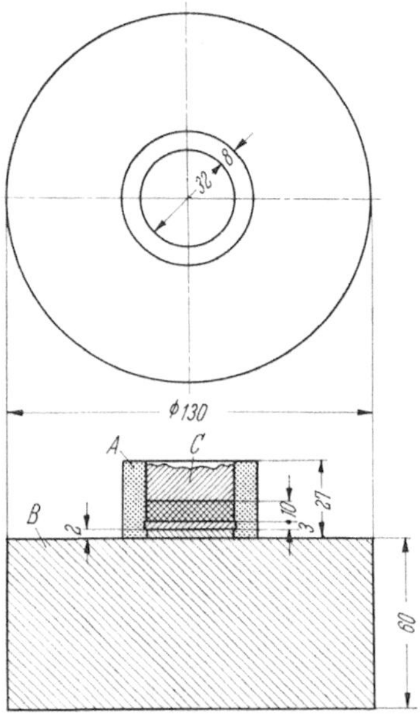

Abb. 28/3.

3,90	3,95	4,00	3,95	3,90
4,00	3,98	3,85	3,98	4,00
4,03	3,98	3,94	3,98	4,03
4,05	4,02	4,03	4,02	4,05
4,05	4,06	4,09	4,06	4,05
4,10	4,10	4,12	4,10	4,10
4,10	4,09	4,14	4,09	4,10
4,18	4,20	4,25	4,20	4,18

Durchschnittsgehalt 4,11 % Sn

Abb. 28/4.

Abb. 28/3. Kokille mit gerichtetem Wärmefluß für Proben mit Komponenten, welche umgekehrte Blockseigerung zeigen.
A auf 800 °C geheizter Eisenring, *B* Kupferplatte, *C* Probenkörper.

Abb. 28/4. Zonenanalyse eines Probenkörpers aus einer Kokille nach Abb. 28/3.

nicht den Weg der vollständigen Zerspanung wählt. Es ist auch nicht möglich, durch Abdrehen, Sägen oder Schleifen eine in ihrer Zusammensetzung für die Probe mit Sicherheit repräsentative Fläche für spektralanalytische Untersuchungen zu finden.

Die Erscheinung der umgekehrten Blockseigerung ist in allen Fällen zu erwarten, in denen im Laufe des Erstarrungsvorganges Restschmelzen und Eutektika auftreten, deren Erstarrungstemperatur wesentlich, d. h. mehr als 50 °C, unterhalb des Erstarrungsbeginns liegt. Das ist u. a. bei fast allen Legierungen mit Zinngehalten über 1,5% und bei vielen Aluminium-Mehrstofflegierungen der Fall. Auch einige siliciumhaltige Mehrstoffsysteme zeigen diese Erscheinung. Eine vollständige Aufzählung der Zusammensetzungen, welche umgekehrte Blockseigerung zeigen können, ist aus den oben genannten Gründen nicht möglich. Bei Vielstoffsystemen wird vernünftigerweise immer damit gerechnet, wenn nicht das Gegenteil erwiesen ist. Die Unterdrückung der umgekehrten Blockseigerung durch Beeinflussung der Erstarrung mittels Kokillenform und -material sowie durch gießtechnische Maßnahmen ist in gewissen Grenzen möglich. Man kann diese an einen bestimmten Legierungstyp anpassen. Es ist aber bisher nicht gelungen, universell für Kupferlegierungen verwendbare Bedingungen zu finden.

Eine Vorrichtung, welche einen begrenzt brauchbaren Kompromiß darstellt und bei der überwiegenden Zahl der technisch vorkommenden Legierungen zu einer Probe ausreichender Qualität führt, sind die ARL-Kokille oder Abwandlungen davon (Abb. 28/3). Das Prinzip dieser Kokille strebt eine schnelle Abkühlung unter bevorzugter Wärmeabführung in einer Richtung an. Auf einer dicken Kupfergrundplatte steht ein Ring mit geringem Wärmeaufnahmevermögen. Dies kann ein Sandring, ein Keramikring, ein dünnwandiger Eisenring oder am besten ein dickwandiger, etwa auf 800 °C aufgeheizter Eisenring mit etwa 10 mm Wanddicke sein. Wird der Ring mit Schmelze gefüllt, fließt fast die gesamte Schmelzwärme nach unten in die Kupferplatte ab. Die Folge ist, daß der Vorgang der umgekehrten Blockseigerung zwar in Richtung der Zylinderbasisfläche abläuft, aber nur ganz unwesentlich in Richtung auf den Zylindermantel. Dadurch entstehen fast ebene Flächen gleicher Konzentrationen parallel zur Basisfläche. Ein verhältnismäßig großer Teil des Zylinders, in Abb. 28/3 kreuzschraffiert, hat in ausreichend homogener Weise die Zusammensetzung, die für den gesamten Probenkörper repräsentativ ist. Abb. 28/4 zeigt diese an einer Probe, die wie die oben erwähnten Proben in Abb. 28/2a und b in Fraktionen zerspant und analysiert wurde.

Naturgemäß wirken sich in dieser Kokille mit einer insgesamt längeren Erstarrungszeit die anderen Seigerungsarten etwas stärker aus. Deutlich störend tritt das aber nur bei Bleigehalten über 2,5% in Erscheinung. Diese Kokille ist demnach weitgehend universell verwendbar für fast alle vorkommenden Kupferlegierungen, vorausgesetzt, daß nur der kreuzschraffierte Teil des Probenkörpers zur Herstellung der Analysenprobe verwendet wird bzw. die spektralanalytisch benutzte Fläche in diesem Bereich liegt. Es ist bei dieser Kokille außerordentlich wichtig, daß der Wärmeübergang an der Basisfläche so ungehindert wie möglich vor sich geht, da der gewünschte Effekt einen maßgebenden Unterschied der Wärmeableitung in Basisrichtung gegenüber den anderen Richtungen voraussetzt. Bei der Pflege der Kokille ist darauf zu achten, Schlichte zu vermeiden oder nur sehr sparsam zu verwenden.

Bei der Probenahme zur Analyse von Komponenten, die durch Einwirkung der Atmosphäre starke Konzentrationsänderungen erfahren können, wie Wasserstoff, Sauerstoff, Phosphor, Lithium, Zirkonium usw., muß eine besondere Probe für das betreffende Element genommen werden, welche die Einwirkung der Atmosphäre ausschließt, z. B. mittels einer Ansaugkokille oder Vakuumpipette (s. 3.2.2).

28.5 Die Probenahme von gegossenen Formaten aus Kupfer und Kupferlegierungen

Die im Allgemeinen Teil unter 3.2 und im Abschnitt 28.4 besprochenen Schwierigkeiten, eine homogene Schmelze in einen homogenen Festkörper der gleichen Zusammensetzung zu überführen, bestehen naturgemäß auch beim Gießen von Formaten. Bei diesen sind daher je nach Zusammensetzung und Erstarrungsbedingungen *Inhomogenitäten* zu erwarten. Diese Konzentrationsunterschiede können entsprechend den verschiedenen Seigerungsarten die verschiedensten Ausmaße und räumlichen Anordnungen haben. So kann beispielsweise ein Rundblock einer hochbleihaltigen Legierung in seinem zuletzt erstarrten Innenteil fast reines Blei enthalten. Bei Kupfer-Zinn-Legierungen hingegen enthalten die Oberflächenteile, von denen die Schmelzwärme abgeführt wurde, hoch über dem Durchschnittsgehalt des Gußstückes liegende Zinngehalte.

Die Art der Probenahme müßte daher den jeweiligen Verhältnissen angepaßt werden. Verhältnismäßig einfach liegen die Dinge bei stranggegossenen Formaten. Ein Sägeschnitt, ein Fräsen oder Abdrehen über den Querschnitt ergibt eine repräsentative Probe des Formats, wenn die Zusammensetzung der Schmelze sich über die Länge des zu beurteilenden Strangteils nicht verändert hat. Die bei Gießbeginn und Gießende entstandenen Strangteile können unter diesen Umständen auch abweichende Zusammensetzung haben.

Komplizierter liegen die Dinge bei Gußstücken, die in stehender oder liegender Kokille gegossen wurden. Hierbei ist es außerordentlich schwierig, jede Konzentrationszone des Stückes in dem Verhältnis an der Probe zu beteiligen, in dem sie am Gesamtstück beteiligt ist. Eine vollkommene Erfüllung dieser Forderung ist in der Praxis nur sicher zu verwirklichen, wenn ein repräsentatives Segment des Formats, das von der Fußfläche (Gußbeginn) bis zur Kopffläche (Gußende) reicht, vollständig zerspant wird. Bei rechteckigen Formaten ist das ein Viertel (90°), bei quadratischen ein Achtel (45°) des Querschnittes. Bei Rundformaten genügt ein Segment mit einem so kleinen Winkel, der noch die Herstellung eines sauberen Segments gestattet. Dieses Vorgehen ist in der Praxis zu teuer und nur in Ausnahmefällen möglich.

Den tatsächlichen Verhältnissen kommt auch folgende, für die Praxis aber meist zu aufwendige Methode sehr nahe: Die Probenspäne werden von zwei Diagonalflächen des Gußformats entnommen. Die eine davon verbindet die Mittellinie der Fußfläche des Gußformats mit einer dazu parallelen Kante der Kopffläche desselben. Die andere ist die Verbindungsfläche zwischen der Mittellinie der Kopffläche mit einer dazu parallelen Kante der Fußfläche. Bei runden Formaten werden sinngemäß Diagonalflächen zwischen Durchmesser und dazu parallelen Tangenten der Fuß- und Kopfflächen gewählt (Abb. 28/5). Die Späne können durch Sägeschnitte oder durch Überfräsen der freigelegten Flächen gewonnen werden. Es ist verständlich, daß der hohe Aufwand an Zerspanungsarbeit und die ungünstige Winkellage der Probenahmeflächen in der praktischen Probenahme aus Kostengründen abgelehnt werden. Es muß aber dem Probenehmer klar sein, daß jede Vereinfachung dieser Prozedur zu einem schlechteren Kompromiß führt, bei dem

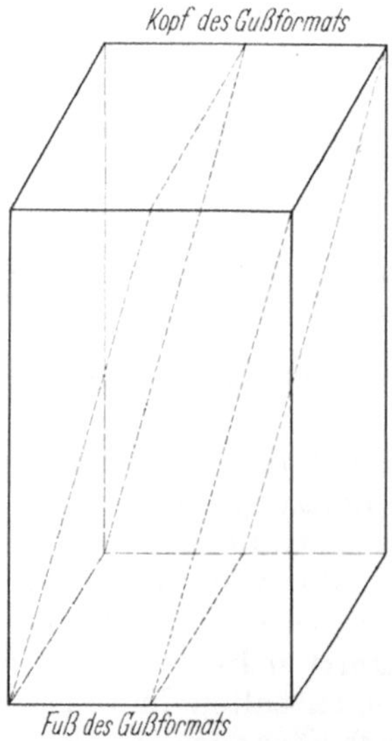

Abb. 28/5. Entnahme von Probespänen von zwei Diagonalflächen des Gußformats.

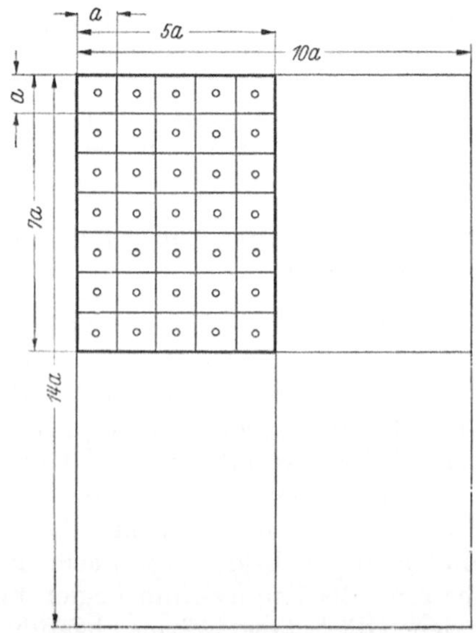

Abb. 28/6. Bohrschablone für Kupferplatten.

insbesondere bei Formaten mit starken Seigerungen wesentliche Abweichungen zwischen Probenzusammensetzung und Durchschnittszusammensetzung des Formats auftreten können.

28.5.1 Schwarzkupfer

Schwarzkupfer kann sehr unterschiedlich zusammengesetzt sein. Es finden sich Kupfergehalte von unter 70% bis über 90%. Entsprechend stark schwanken die Gehalte der Begleitelemente. Bei langsamer Abkühlung muß daher immer mit starken Seigerungen gerechnet werden, so daß bei der Probenahme von flüssigem Schwarzkupfer die Schöpfprobe nur in die Kokille nach Abb. 28/3 zu vergießen ist.

Für die Probenahme von Schwarzkupferblöcken sind 10 bis 30% der Lieferung als Rohprobe zu entnehmen. Bei gleichartiger Beschaffenheit und großer Blockzahl pro Charge kann man an die untere Grenze gehen. Andererseits kann bei der Tendenz, immer größere Blöcke abzugießen, der Fall eintreten, daß eine Charge nur aus zwei Blöcken besteht. In diesem Falle müssen sogar beide Blöcke erfaßt werden. Auf jeden Fall muß die Zahl der zu probenden Blöcke so festgelegt werden, daß in der späteren Sammelprobe die zu der Lieferung gehörigen Chargen ihren Gewichtsanteilen entsprechend enthalten sind.

Die eigentliche Probenahme erfolgt durch Bohren oder Sägen nach Schablone. Beim Sägen werden die Blöcke in gleichmäßigen Abständen von der Seite genau bis zur Mitte eingesägt. Leider kann man auf den üblicherweise vorhandenen Sägen nur verhältnismäßig kleine Blöcke bearbeiten, wie sie bei Schwarzkupfer nur selten vorliegen werden. Häufig ist ein Sägen nicht durchführbar, weil die Blöcke Einschlüsse von Eisen und Schlacke enthalten.

Das Bohren der Blöcke ist daher die übliche Arbeitsweise. Die hierzu erforderliche Schablone entspricht zweckmäßigerweise der halben Blockoberfläche. Ein Lochabstand von etwa 5 cm soll angestrebt werden (Abb. 28/6). Es ist unbedingt erforderlich, daß die Blöcke ganz durchgebohrt werden, so daß die Späne in einem untergestellten Becher aufgefangen werden können. Ein Bohren bis zur Blockmitte, wie es als Notbehelf immer wieder angegeben wird, ist als falsch abzulehnen, weil es nicht möglich ist, die herausgebohrten Späne vollständig zu gewinnen.

Die angefallenen Späne werden zur Sammelprobe vereinigt und gründlich durchgemischt. Sind größere Mengen Späne angefallen, so verjüngt man, nachdem man die Späne gemahlen und durch Sieben über ein 1-mm-Sieb in Grobes und Feines getrennt hat, und stellt die verjüngte Probe anteilmäßig zusammen. Dann zerkleinert man die Späne in einem kleinen Brecher oder einer Hammer- oder Kugelmühle. Die so homogenisierte Probe wird durch Sieben auf 2 bis 0,2 mm in zwei bis vier Fraktionen aufgeteilt, deren Gewichtsanteile angegeben werden.

Bei sehr ungleichmäßigen Anlieferungen empfiehlt sich ein Umschmelzen der Bohrspäne unter einer Boraxschlacke, wie es für „Altmaterialien" (28.3) beschrieben worden ist. Schwarzkupferblöcke können erhebliche Nässegehalte aufweisen. Eine Nässebestimmung ist immer erforderlich.

28.5.2 Konverter- und Blisterkupfer

Die Probenahme erfolgt wie unter „Schwarzkupfer" (28.5.1) beschrieben. Wegen der größeren Gleichmäßigkeit, bedingt durch den höheren Kupfergehalt von etwa 94 bis 99%, kann man die Rohprobe auf 5 bis 20% der Lieferung reduzieren. Eine Nässebestimmung ist erforderlich.

28.5.3 Anodenkupfer

Durch den hohen Kupfergehalt von etwa 99% kann es beim Abgießen von Anodenkupfer nicht mehr zu starken Seigerungen kommen. Die Probenahme aus der flüssigen Schmelze kann daher durch Abgießen in die Abschreckkokille nach Abb. 28/1 erfolgen. Die Probenahme der Anoden selbst erfolgt wie bei „Schwarzkupfer" (28.5.1) beschrieben. Es genügt eine Probemenge von höchstens 5% der Anlieferung. Es ist auch hier eine Nässebestimmung durchzuführen.

28.5.4 Kathoden

Bis zum Vorliegen von ISO- oder DIN-Normen haben für die Probenahme von Kupferkathoden die Vorschriften der „American Society for Testing and Materials" (ASTM) international anerkannte Bedeutung. Hiernach soll eine Rohprobe von etwa 2% der Lieferung genommen werden. Jede Kathode wird auf der Diagonalen in gleichen Abständen gebohrt. Abweichend hiervon ist ein Bohren nach Schablone über die ganze Fläche empfehlenswert. Es ist auf größte Sauberkeit zu achten. Krusten und Oberflächenschmutz sollen für die Qualitätsermittlung nicht in die Probe kommen, zur Feststellung des Kupfergehalts müssen sie mit erfaßt werden. Beim Bohren soll kein Schmiermittel verwendet werden. Eine Oxidation der Späne durch zu hohe Bohrgeschwindigkeit ist zu vermeiden. Gebohrt werden darf nur mit Hartmetallbohrern, da es nicht möglich ist, nachträglich aus den Spänen Eisen mit dem Magneten herauszuziehen.

Will man aber andererseits gerade eine genaue Bestimmung der Verunreinigungen in den Kathoden vornehmen, so ist die Probenahme ungleich schwieriger. In diesem Falle interessieren gerade die Verunreinigungen, die in Krusten, Knospen oder als Belag auf der Oberfläche sitzen. Diese Anteile werden aber beim Bohren nicht vollständig erfaßt. Man kann sich behelfen, indem man die Kathoden in Streifen schneidet und diese Streifen unter Holzkohle im Graphittiegel einschmilzt. Es muß aber immer damit gerechnet werden, daß leichtflüchtige Verunreinigungen entweichen bzw. daß andere Beimengungen aus dem Tiegel vom Kupfer aufgenommen werden. Eine einwandfreie Analyse von Kathoden ist überhaupt nur möglich, wenn bei der Verarbeitung der Kathoden im Betrieb aus dem Schmelzofen Proben genommen werden.

28.5.5 Feuerraffiniertes und elektrolytisch raffiniertes Kupfer

Diese Qualitäten fallen unter den Begriff „Hüttenkupfer". Ihre Zusammensetzung ist international bzw. national etwas unterschiedlich genormt. Anlieferungsformen sind Drahtbarren, Walzplatten, Flachblöcke, Rundknüppel oder Kerbblöcke. Ähnlich wie bei Kathoden haben auch beim Hüttenkupfer bisher die Vorschriften der ASTM Geltung gehabt, doch sind in letzter Zeit bei der International Organization for Standardization (ISO) bzw. im deutschen Normenwerk Entwürfe entstanden. DIN 50500 und inhaltlich gleich damit ISO/DR 1811 teilen die Probenahme von Hüttenkupfer in einen Normalfall und in einen Schiedsfall auf. Der Schiedsfall ist identisch mit der bisherigen Vorschrift von ASTM.

Als maximale Losgröße werden 300 t angegeben, doch darf ein Los immer nur aus gleichen Formaten der gleichen Charge bestehen. Im Normalfall sollen von jedem Los je drei Stücke des betreffenden Formats als Einzelproben entnommen werden. Die Oberflächen sind sorgfältig von Verunreinigungen und Oxidschichten zu befreien. Dann wird nach Schablone gebohrt, wenigstens ein Loch je 25 cm^2. Der Bohrer muß aus Hartmetall sein, und es darf kein Schmiermittel verwendet werden. Die Bohrspäne werden wie üblich weiterverarbeitet.

Für den Schiedsfall werden von jedem Vertragspartner drei Stücke des betreffenden Formates des Loses als Einzelprobe entnommen. In diesem Falle werden aber in jedes Stück fünf Löcher in der Weise gebohrt, daß die Löcher gleichmäßig zwischen beiden Enden des Stückes verteilt sind. Bei Drahtbarren, Rundknüppeln und Kerbblöcken werden die Löcher entlang der Längsachse und bei Flachblöcken und Walzplatten in der Diagonale der größten Fläche gebohrt.

Kupferhalbzeug macht bei der Probenahme kaum Schwierigkeiten, weil es praktisch frei von Seigerungen ist. Doch sollte man auch hier versuchen, immer den gesamten Querschnitt zu erfassen. Bei Drähten und dünnen Stangen ist das einfach, man braucht nur entsprechende Stücke abzuschneiden. Bei Blechen schneidet man möglichst über die gesamte Breite schmale Streifen ab. Von Rohren, Stangen oder sonstigen Profilen kann man durch Sägen oder Abdrehen Späne erzeugen, immer führt jedoch ein Bohren entlang der Längsachse zum Ziel.

28.5.6 Kupferpulver und Pulver aus Kupferlegierungen

Probenahme und Probenbearbeitung erfolgen wie bei sonstigen feinkörnigen Materialien nach 3.1.1. Eine Nässebestimmung ist durchzuführen.

28.6 Kupferlegierungen

Für die Probenahme von flüssigen Kupferlegierungen wird auf Abschnitt 28.4 verwiesen. Ebenso sind die Schwierigkeiten bei der Probenahme von gegossenen Formaten aus Kupferlegierungen in 28.5 ausführlich erörtert. Liegt die Legierung als Kerb- bzw. Masselblock vor, so erfolgt die Probenahme grundsätzlich wie bei „Schwarzkupfer“ unter 28.5.1 beschrieben. Man entnimmt 2 bis 5% der Lieferung als Rohprobe. Bei den bleihaltigen Legierungen wird man an die obere Grenze gehen, bei reinen Kupfer-Zink-Legierungen kann man im unteren Bereich bleiben. Beim Herstellen der Späne wird man der wirklichen Zusammensetzung der Blöcke am nächsten kommen, wenn man die Blöcke in gleichmäßigen Abständen von der Seite bis zur Mitte einsägt. Bohren nach Schablone oder Bohren über die Diagonale ist immer schlechter, wird aber trotzdem in der Praxis meistens angewendet. Die Späne werden gemischt, eventuell verjüngt, feingemahlen und in drei Fraktionen gesiebt und eingetütet.

Bei *Halbzeug* aus Kupferlegierungen, das in der Regel in Längsrichtung verformt worden ist, muß der gesamte Querschnitt erfaßt werden. Mit Sicherheit erreicht man dies nur, wenn man an beiden Enden über den Querschnitt fräst, abdreht oder durchsägt, bei dünnen Drähten und Blechen naturgemäß durch Abschneiden eines Stückes.

Bohren kann immer nur ein unvollkommener Notbehelf sein. Würde man z. B. durch Bohren auf einem Durchmesser vor Kopf des Werkstückes Späne entnehmen, so hätte man aus dem Kern anteilmäßig viel zu viel Material im Vergleich zu den Randpartien. Genau so falsch wäre es, vom Umfang des Stückes bis in die Mitte oder einmal ganz durchzubohren, weil auch dann aus der Randzone zu wenig und aus dem Kern zu viel Material in die Probe gelangt. Beim Bohren müßte man wenigstens versuchen, zwei sich gegenüberliegende schmale Segmente, ähnlich wie zwei Tortenstücke, möglichst vollständig zu zerspanen.

28.7 Kupferverbindungen

28.7.1 Kupfer(I)-oxid

Die Probenahme erfolgt nach den Richtlinien für pulverige Stoffe (3.6.1). Zu beachten ist, daß sowohl geöltes als auch ungeöltes Material nur im Vakuum getrocknet werden darf (120 °C), weil sonst Oxidation unter Bildung von schwarzem Kupfer(II)-oxid erfolgt. Ungeöltes Kupfer(I)-oxid oxidiert bereits bei Zimmertemperatur.

28.7.2 Kupfersulfat

Kupfersulfat wird meist in Fässern bzw. in Säcken verpackt geliefert. Die feinkristalline Ware kann mit Stechern geprobt werden, das grobkristalline Material mit Schaufeln. Es dürfen keine eisernen Werkzeuge verwendet werden; gut bewährt haben sich Aluminium, Kupfer oder nichtrostende Stähle als Werkstoffe. Kupfersulfat kann nicht getrocknet werden, daher sind die Kristalle im Originalzustand zu zerkleinern, die Proben zu verjüngen und schließlich in luftdicht verschließbare Flaschen zu packen, welche den Vermerk tragen sollen „Analysenfertige Probe, nicht nachtrocknen!"

28.7.3 Kupfer(II)-oxidchlorid

Das Material kann bei 120 °C im Trockenschrank getrocknet werden. Die Probenahme erfolgt wie bei anderen nichthygroskopischen Salzen (3.6.1).

29. Lithium

Allgemeines

Für die Lithiumgewinnung kommen in erster Linie die lithiumhaltigen Silicate Lepidolith $(K, Li)_2Al_2Si_3O_9(F, OH)$ mit 1,4 bis 6,2% Li_2O, der ähnlich zusammengesetzte Zinnwaldit mit 1,1 bis 5% Li_2O, der Spodumen $LiAl(SiO_3)_2$ mit 2,9 bis 7,6% Li_2O und der seltenere Eukryptit $LiAlSiO_4$ mit etwa 11 bis 12% Li_2O infrage. Daneben sind auch noch die Phosphate Triphyllin $Li(Fe, Mn)PO_4$ mit etwa 8 bis 9% Li_2O und Amblygonit $LiAl(F, OH)PO_4$ mit etwa 7 bis 10% Li_2O zu erwähnen.

Da Lithiummetall die Haut angreift, sollte das Metall nicht mit ungeschützten Fingern berührt werden.

Vorstoffe (29.1—29.2)

29.1 Lithiumerze

Die Lithiumerze werden sowohl in stückiger Form mit Einzelstücken über 50 mm als auch in gemahlener Form angeliefert. Grobes Material wird in Waggonladungen ohne Verpackung, feines Material in Säcken oder anderen Behältnissen versandt.

Beim Entladen der Waggons werden mindestens 10% der Lieferung, sei es in Form jedes zehnten Greifers oder in Form jeder zehnten Schaufel, als Rohprobe entnommen. Ist das Material besonders heterogen, so kann bei dem Wert des Materials eine Rohprobe bis zu 25% der Anlieferung notwendig werden. Sehr große Anlieferungen (100 t und mehr) werden in kleinere Lose aufgeteilt.

Die Rohprobe wird vollständig in einem Brecher auf unter 25 mm gebrochen. Das so erhaltene Material wird nach mehrmaligem Mischen über den Kegel und anschließendem Kreuzteilen auf ein Viertel bzw. bei großen Mengen auf ein Achtel reduziert. 10 bis 20 kg davon werden zur Nässebestimmung eingesetzt. Der verbleibende Rest wird in einer Mühle auf ein Korn unter 0,2 mm gemahlen. Aus dem gut gemischten Mahlgut entnimmt man entweder durch Kreuzteilen oder aber, wenn das Mahlgut in Säcke oder Fässer abgefüllt wurde, mit Hilfe eines Probenstechers die Analysenprobe. Diese muß eine Korngröße von unter 0,1 mm besitzen und bei 110 °C getrocknet sein.

29.2 Probenahme aus der Schmelzflußelektrolyse

Von dem bei der Elektrolyse kontinuierlich anfallenden schmelzflüssigen Lithiummetall nimmt man mit einem Schöpflöffel eine Stichprobe, welche man unter Argon als Schutzgas abkühlen läßt. Zweckmäßigerweise setzt man zur Analyse die gesamte Probe ein, um bei Natriumgehalten über 0,5% das in der Probe unregelmäßig verteilte Natrium zu erfassen.

Parallel dazu kann man bei Natriumgehalten über 0,5% dazu übergehen, bei der Probenahme einen repräsentativen Metallgußteil (100-g-Kegel, 4-kg-Kegel, 27-kg-Kegel) zu schmelzen und aus der Schmelze eine Schöpfprobe wie oben zu entnehmen, da das Natriummetall sich im Bereich der Schmelztemperatur bis zu 3% homogen in der Schmelze verteilt.

Fertigerzeugnisse (29.3—29.5)

29.3 Lithiummetall

Die Handelsformen des Lithiummetalls sind: Pulver, Dispersionen in Vaselinöl, Dispersionen in anderen organischen Flüssigkeiten, Granulat, Stäbe verschiedenen Durchmessers, Kegel oder Zylinder mit Gewichten von 0,1 bis 25 kg. Da Lithium an der Luft, ggf. unter Flammenerscheinung, oxidiert und auch Stickstoff aufnimmt, muß es bis zur Verwendung unter völligem Luftabschluß gelagert werden. Dieser ist in absolut dichten Behältern unter Argon gewährleistet. Nach jeder Entnahme muß der Behälter wieder mit Argon gefüllt werden. Eine Verpackung in Kunststoffolien hat sich nicht bewährt.

Bei Lithiummetall mit über 0,5% Natrium ist eine zuverlässige Probenahme zur Bestimmung des Natriumgehaltes im Lithium nur mit besonderem Aufwand möglich, da das Natrium im Lithiummetall inhomogen verteilt auskristallisiert.

Für die Untersuchungen des Lithiummetalls auf Lithiumnitrideinschlüsse kann keine zuverlässige Probenahmemethode angegeben werden, da diese Einschlüsse sehr ungleichmäßig verteilt auftreten.

Kegel, Zylinder und Stäbe. Die Probenahme an Kegeln, Stäben oder Zylindern geschieht derart, daß mit einem Messer ein Stück des weichen Metalls abgeschnitten und dann in einem Behältnis unter Argon aufbewahrt und zur Analyse gegeben wird.

Granulat. Das Granulat wird durch Dispergieren von Lithiummetall in einem hochsiedenden Kohlenwasserstoff hergestellt. Es kann deshalb angenommen werden, daß in den einzelnen Granulatteilchen eine homogene Zusammensetzung erreicht ist. Da das Granulat in trockenem Zustand unter Argon aufbewahrt wird, werden dem Behälter Granulatkörner entnommen, welche unter Argon aufbewahrt zur Analyse gegeben werden.

Lithiumpulver. Die Probenahme erfolgt wie bei Granulat. Da Lithiumpulver wegen seiner größeren Oberfläche reaktiver ist als Granulat, muß bei der Probenahme besonders auf die Einhaltung der Schutzgasatmosphäre geachtet werden.

Lithiumdispersion in Kohlenwasserstoff. Das Lithiummetall ist spezifisch leichter als der Kohlenwasserstoff und schwimmt daher auf. Vor der Probenahme muß es in dem Dispersionsmittel durch kräftiges Rühren gleichmäßig verteilt werden. Die Probenahme erfolgt mit einer Pipette (Peleusball). Das Gefäß, welches die Probe aufnehmen soll, muß mit Argon gespült werden und die Überführung unter strömendem Argon erfolgen.

Lithiumdispersion in Vaseline. Das Lithiummetall ist in der Vaselinedispersion gleichmäßig verteilt. Wegen der guten Benetzung der Metallteilchen mit Vaseline kann die Probenahme ohne besondere Schutzmaßnahmen erfolgen.

29.4 Lithiumsalze

29.4.1 An der Luft nicht veränderliche Salze

Lithiumsalze, die sich an der Luft weder durch Aufnahme von Wasser noch durch Aufnahme von Kohlendioxid verändern und in Mengen bis 150 t gehandelt werden, sind Lithiumcarbonat, Lithiumfluorid, Lithiumphosphat, Lithiumtetraborat. Die Probenahme erfolgt nach 3.6.1.

29.4.2 Hygroskopische und Kohlendioxid aufnehmende Salze

Dazu zählen Lithiumbromid, Lithiumchlorid, Lithiumnitrat, Lithiumhydroxid, Lithiumsulfat. Die Probenahme erfolgt nach 3.6.2.

29.4.3 Salzlösungen (Lithiumbromid, -chlorid)

Handelsübliche Salzlösungen sind Lithiumbromid mit etwa 46 und 54% LiBr und Lithiumchlorid mit etwa 40% LiCl. Nach dem Durchmischen der Lösungen durch Rühren oder Schütteln wird aus jedem Behälter mit einem Glas- oder Kunststoffheber bei langsamem Absenken des Hebers bis auf den Boden des Gefäßes eine Probe entnommen. Die Einzelproben werden in einem verschließbaren Behälter gesammelt und gut durchgemischt. Die Analysenproben werden in Polyäthylenflaschen abgefüllt.

Bei der Probenahme ist darauf zu achten, daß die Lösungen möglichst wenig mit Luft in Berührung kommen, da sie häufig leicht alkalisch eingestellt sind und dann aus der Luft Kohlendioxid aufnehmen.

Zur Kontrolle der Gleichmäßigkeit wird aus mehreren Fässern mit Hilfe eines Aräometers die Dichte der Lösung bestimmt. Zeigen sich größere Unterschiede, so sind alle Fässer zu messen und die Analysenprobe den Gewichten entsprechend zusammenzustellen.

29.5 Lithiumverbindungen

29.5.1 Lithiumhydrid

Die aus Lithiummetall und Wasserstoff hergestellte Verbindung fällt bei der Produktion in Form einer inhomogenen Schmelze an, bei der sich die meisten Verunreinigungen am Boden der Schmelze befinden. Eine einwandfreie Probenahme ist nur durch Mahlen des gesamten Materials oder einer Teilmenge zu erhalten. Die Mahlung erfolgt unter Argon, da die Verbindung sowohl mit Wasser als auch mit Sauerstoff unter Feuererscheinung reagiert. Die gemahlene Rohprobe wird unter Argon gemischt und die Analysenprobe unter Schutzgas abgefüllt und aufbewahrt. Da Lithiumhydrid stark ätzend wirkt, ist bei seiner Handhabung entsprechende Schutzkleidung zu tragen.

29.5.2 Lithiumamid

Für Lithiumamid ($LiNH_2$), das sowohl aus Metall als auch aus Hydrid mit Ammoniak hergestellt wird und als Schmelze anfällt, gilt für die Probenahme dasselbe wie für Lithiumhydrid beschrieben. Auch diese Schmelze ist durch Anreicherung der Verunreinigungen am Boden inhomogen.

29.5.3 Lithium-Aluminiumhydrid (Lithiumalanat)

Die aus Lithiumhydrid und Aluminiumchlorid hergestellte Verbindung ($LiAlH_4$) fällt normalerweise als homogenes Kristallpulver an und ist sowohl gegen Sauerstoff als auch gegen Wasser sehr empfindlich. Da die Reaktionen unter Feuererscheinung verlaufen, muß die Entnahme der Probe und ihre Aufbewahrung unter trockenem Argon vorgenommen werden. Infolge ihrer starken Ätzwirkung muß unbedingt unter Schutzkleidung gearbeitet werden.

29.5.4 Lithiumbutyl

Diese Verbindung (LiC_4H_9) wird als 10- bis 20%ige Lösung in Kohlenwasserstoffen gehandelt. Sie ist wie alle Metallalkyle sehr empfindlich gegen Sauerstoff und Feuchtigkeit. Bei der Probenahme verfährt man folgendermaßen: Als Probengefäß eignet sich eine Blutserumflasche mit Gummistopfen (Abb. 29/1). Die Flasche wird vorher getrocknet und durch den Gummistopfen mit Hilfe von Kanü-

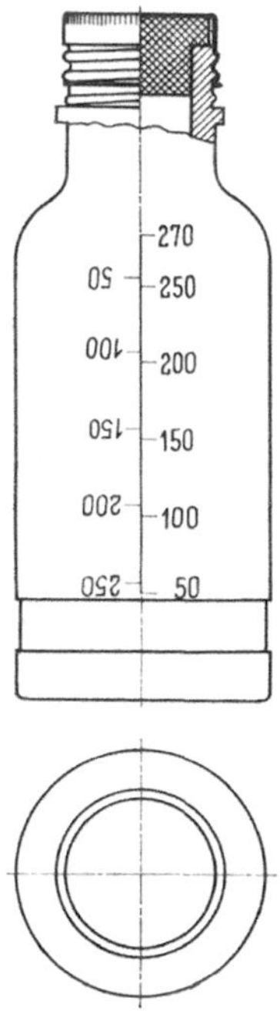

Abb. 29/1. Blutserumflasche als Probengefäß für Lithiumbutyl.

len mit Stickstoff oder Argon gefüllt. Die Probenahmestelle ist eine Durchflußkammer mit einem Gummistopfen. Zur Probenahme werden der Stopfen der Probenflasche sowie der Stopfen der Probenahmestelle mit den Kanülen, die an den Enden eines Plastikschlauches befestigt sind, durchstochen. Die Lösung gelangt so ohne Berührung mit der Luft in die Probenflasche. Zur Entgasung der Probenflasche ist deren Stopfen mit einer zweiten Kanüle durchstochen, durch die das

Inertgas entweicht. Zur Entnahme der Analysenprobe aus der Flasche dient eine Injektionsspritze, die vor der Füllung und nach der Entleerung gewogen wird.

30. Magnesium

Allgemeines

Die wichtigsten Magnesiummineralien sind der Carnallit $KCl \cdot MgCl_2 \cdot 6\,H_2O$, der Magnesit $MgCO_3$ und der Dolomit $(Ca, Mg) \cdot (CO_3)_2$.

Vorstoffe (30.1—30.4)

30.1 Natürliche Vorstoffe

Magnesit und Dolomit. Für die Probenahme dieser beiden Minerale gelten die allgemeingültigen Regeln in 2.2ff. Magnesit und Dolomit als mäßig harte Stoffe weisen hinsichtlich der Probenahme und Probenbearbeitung keine Besonderheiten auf.

Carnallit. Die Probenahme des Carnallits wird durch seine starke Hygroskopizität erschwert. Die Probe wird wie Stückerz (s. 2.2ff.) möglichst schnell entnommen, auf eine Korngröße unter 3 mm zerkleinert und ohne weitere Trocknung in eine dicht verschließbare Glasflasche eingefüllt. Auf dem Etikett und im Protokoll ist zu vermerken, daß die Probe nicht nachgetrocknet werden darf, sondern im Original zur Analyse eingewogen werden muß. Ein Trocknen durch einfaches Erhitzen ist nicht möglich, da hierbei Zersetzung durch Hydrolyse eintritt.

30.2 Zwischenprodukte

30.2.1 Magnesiumoxid

Magnesiumoxid wird als Zwischenprodukt bei der Magnesiumherstellung durch Brennen von Magnesit oder von Magnesiumhydroxid, welches aus Meerwasser gefällt wird, gewonnen. Probenahme von Magnesiumoxid siehe unter 30.8.1.

30.2.2 Magnesiumchlorid

Das mehr oder weniger wasserfreie Magnesiumchlorid als Ausgangsstoff für die Schmelzflußelektrolyse wird aus dem Oxid durch Umsetzung mit Chlor in Gegenwart von Kohlenstoff im schmelzflüssigen Zustand oder aus den Endlaugen der Carnallitverarbeitung gewonnen. Bei der Gewinnung im Schachtofen wird von jedem Ofen eine 1-kg-Probe entnommen. Für die meisten Bestimmungen wird die Probe mit einem trockenen Eisenlöffel in Eisenkokillen geschöpft. Anstelle eiserner Probenahmewerkzeuge kann für die Magnesiumoxidbestimmung und muß für die Eisenbestimmung ein trockener Quarztiegel zur Probenentnahme verwendet werden. Die Probe wird sofort zur Fernhaltung der Feuchtigkeit in den Exsikkator überführt. Da sich bei Verwendung eines feuchten Löffels Magnesiumoxid bildet, muß der Löffel mehrmals mit Salzschmelze ausgespült werden. Die Probe wird wie die Elektrolysenprobe (s. 30.3) weiterbehandelt.

30.3 Probenahme aus den Elektrolysebädern

In jedem Bad wird vor dem Auffüllen der Gehalt an *Magnesiumchlorid* bestimmt und in größeren Abständen auch die Zusammensetzung des Bades ermittelt. Zum Schöpfen dient ein Stahltiegel, der mehrmals mit Elektrolytschmelze ausgespült werden muß. Man zerkleinert die Rohprobe durch Zerschlagen oder Zerstampfen und entnimmt einen aliquoten Teil. Bei Zerkleinerung nur eines Teiles der Rohprobe können durch Seigerungen während des Erstarrens Probenahmefehler auftreten. Die Endprobe wird nach dem Erstarren sofort zerkleinert und in einem luftdicht verschlossenen Behälter dem Laboratorium zugestellt. Für sehr genaue Analysen bestimmt man auch den Wassergehalt in der Probe. Für Betriebsanalysen ist die Bestimmung des Wassergehaltes meist nicht erforderlich.

Badschlamm. Durch Eintrag feuchten oder magnesiumoxidhaltigen Magnesiumchlorids, durch Abbrand von Metall und Zersetzung des Elektrolyten entstehen im Bad laufend geringe Mengen Magnesiumoxid, die sich am Boden in Form eines Schlammes absetzen. Dieser enthält stets etwas „Jungmetall", das ist in Form von kleinen Perlen verteiltes Magnesium. Eine chemische Kontrolle des Badschlammes erfolgt nur in besonderen Fällen, z. B. bei Versuchsbädern, bei schlechter Stromausbeute usw. Der Schlamm, der sich vorzugsweise unter den Kathoden absetzt, wird mit Kratzern und Schlammschöpfern vom Badboden abgehoben. Die Proben werden wie bei der Probenahme des Elektrolyten (s. o.) weiterbehandelt. Da der Badschlamm sehr uneinheitlich ist, müssen mehrere Proben entnommen und analysiert werden, um einen Durchschnittswert zu erhalten.

30.4 Altmaterial und Schrott

Magnesiumlegierungen lassen sich im Altmaterial am einfachsten durch Kratzen mit der Messerschneide an einer Kante feststellen. Unter kreischendem Geräusch erzeugt das Messer feine Späne, die wegspritzen, während bei Aluminium- oder Zinklegierungen meist gerollte Späne abschneidbar sind. Ein Tropfen Natronlauge entwickelt im Gegensatz zu Aluminium keine Wasserstoffblasen, während ein Tropfen Salpetersäure unter Aufbrausen Magnesium angreift.

Eine Klassifizierung für Altmetalle und Abfälle aus Magnesium und Magnesiumlegierungen findet sich in den Geschäftsbedingungen des Deutschen Metallhandels 1954[1]. Die deutschen Bedingungen unterscheiden lackierte oder neue blanke oder alte Magnesiumlegierungsabfälle von Guß- oder Flugzeugschrott und Spänen. Außer bei Flugzeugschrott und Spänen ist die Menge der Fremdbestandteile auf maximal 1 bis 2% beschränkt. Fremdbestandteil ist hauptsächlich Eisen, dessen Mengenanteil wegen seiner hohen Dichte im Vergleich zu der des Magnesiums leicht unterschätzt wird. Eisen ist nur auf die Schmelzausbeute von Einfluß, da es ungelöst bleibt. Schädlicher hingegen sind Kupfer-, Nickel-, Aluminium- oder Zinklegierungen, die sich beim Schmelzen auflösen und die Legierung unbrauchbar machen können. Der Anteil an solchen Nichteisenmetallen läßt sich relativ sicher nur durch Sortieren und mechanisches Entfernen bestimmen. Wenn dies nicht möglich ist, ergibt Probeschmelzen, unter Umständen bis zur gesamten Anlieferung, einen Aufschluß. Eisenteile kann man aus der Schmelze heraussortieren. Anhaftendes Salz muß vor dem Verwiegen abgewaschen werden.

Das Probeschmelzen von Altmaterial aus Magnesium und Magnesiumlegierungen muß unter einem geeigneten Abdecksalz erfolgen. Gießstrahl und Masseln werden

---

[1] Taschenbuch des Metallhandels. 6. Aufl. Bearbeiter: H. Schröder u.a. S. II, 49 ff. Berlin: Metall-Verlag 1972.

mit Schwefelblüte bestreut. Auf die Unfallverhütungsvorschrift der Berufsgenossenschaft sei hingewiesen. Probeschmelzen von Magnesium dürfen nur von geübtem Personal durchgeführt werden, wobei zu beachten ist, daß flüssiges Magnesium mit Wasser und sauerstoffabgebenden Stoffen wie Oxiden oder Silicaten äußerst heftig reagiert.

Fertigerzeugnisse (30.5—30.8)

30.5 Reinmagnesium

30.5.1 Schmelzflüssiges Reinmagnesium

Die Probenahme aus der Schmelze erfolgt wie bei Reinst- und Reinaluminium unter 7.5.1 beschrieben. Die Verunreinigungen sind sehr gering, und Seigerungen treten praktisch nicht auf. Zum Schöpfen der Proben dienen gut vorgewärmte Eisenlöffel, die wegen der geringen Löslichkeit von Eisen in Magnesium nicht oder nur mit Graphit geschlichtet werden.

30.5.2 Formate

Reinmagnesium kann in Form von Masseln, Zehnteilern, Walz- oder Preßbarren, Halbzeug oder als Magnesiumstaub und -pulver vorliegen. Da seine Verunreinigungen nur sehr gering sind, treten keine Seigerungen in stärkerem Maße auf, doch ist auf Salzgehalte aus chloridhaltigen Schmelzsalzen zu achten.

Zur Entfernung der Gußhaut ist ein oberflächliches Fräsen oder Feilen zweckmäßiger als Abbeizen. Für die Zerspanung des Magnesiums und von Magnesiumlegierungen gelten im wesentlichen die gleichen Vorschriften wie für Aluminium und seine Legierungen (s. 7.5.2). Die Zerspanung kann durch Bohren, Fräsen, Sägen oder Abdrehen erfolgen. Die Späne sollen in möglichst feiner Form anfallen. Es kann — muß aber nicht — mit verhältnismäßig hohen Schnittgeschwindigkeiten gearbeitet werden.

Die Sicherheitsvorschriften erfordern bei laufender spanabhebender Bearbeitung von Magnesium und seinen Legierungen die Bereitstellung trockener Graugußspäne, die bei einem etwaigen Spänebrand über die brennenden Späne gegeben werden; größere Spänemengen außer den Analysenproben sind in verschlossenen, nichtbrennbaren Behältern zu sammeln. Die Werkzeuge müssen stets scharf geschliffen sein, da stumpfe Werkzeuge leichtentzündlichen Staub ergeben können. Späneproben aus reinem oder legiertem Magnesium mit höheren Salzgehalten müssen in verschlossenen Behältern aufbewahrt werden, da die Salze hygroskopisch sind. Normale Späneproben sind lediglich trocken aufzubewahren.

Da Magnesium und Magnesiumlegierungen gewöhnlich nur einen auf wenige hundertstel Prozent beschränkten Eisengehalt aufweisen dürfen, muß das Einbringen von Fremdeisen während der Probenahme unbedingt vermieden werden. Dies ist nur möglich durch Verwendung sauberer, gut geschliffener Zerspanungswerkzeuge, zweckmäßiger Spänesammeltrichter und durch einwandfreies Ausmagnetisieren der Späne.

Masseln können durch Bohren geprobt werden, wobei mindestens drei ganz durchgehende Bohrlöcher anzusetzen sind; die ersten Späne von der Oberfläche sind zu verwerfen. Sofern mechanische Sägen zur Verfügung stehen, ist es günstiger, die Masseln an mehreren Stellen ganz durchzusägen — die Schnittfläche muß mindestens um die Masselbreite von einer Schmalseite der Massel entfernt liegen —, die Sägespäne gut zu mischen und aus ihnen die Probe zu entnehmen. Auch das Fräsen über den gesamten Querschnitt der Massel ergibt einwandfreie Proben.

Zur Abnahmeprüfung von *Masselstapeln* kann man zunächst an einer Massel oder mehreren Masseln Bohrlöcher längs einer Masseldiagonale ganz oder abwechselnd von oben und unten je zur Hälfte durchbohren, wobei die Oberflächen-Späne verworfen werden. Diese Späne dienen für die naßchemische Analyse. Zur Spektralanalyse kann man einen Sägeabschnitt auf etwa einem Drittel der Massellänge quer entnehmen und an verschiedenen Stellen abfunken. Wird dabei eine Abweichung vom Sollwert gefunden, so werden mehrere Masseln oder aufeinanderfolgende Abschnitte aus verschiedenen Masseln eingeschmolzen und daraus eine Probe für die naßchemische oder Spektralanalyse gegossen, nachdem die Schmelze gut durchgerührt wurde.

30.6 Magnesiumlegierungen

Wegen der großen Dichteunterschiede zwischen Magnesium und seinen Legierungselementen müssen alle *Schmelzen* vor der Probenahme besonders sorgfältig umgerührt werden. Zum Schöpfen der Probe dienen auch hier gut vorgewärmte Eisenlöffel, die lediglich bei hohen Zusätzen anderer Elemente wie in Vorlegierungen mit Graphit geschlichtet werden.

Die Probenformen und -kokillen für die Spektral- und naßchemische Analyse entsprechen denen beim Aluminium (s. 7.6.1). Die Spektralproben sollten nicht unter 5 mm Wandstärke vergossen werden. Bei dünnwandigen Abgüssen in kalte Kokillen erstarren die Magnesiumlegierungen ungleichmäßig und entlang bevorzugter Fließwege, die dann infolge Seigerungen andere Zusammensetzungen als ihre Umgebung besitzen. Bei der Probenahme aus nicht gut entgasten Schmelzen erhält man Proben, die mehr oder weniger starke Porosität aufweisen. Solche Proben sind für die Spektralanalyse ungeeignet. Da die Magnesiumlegierungen bei der Erstarrung besonders stark zur Seigerung neigen, ist vor allem bei der Probenahme für die Spektralanalyse besondere Sorgfalt geboten. Diese Seigerungen lassen sich auch bei Verwendung der günstigsten Kokillenformen nicht ganz ausschalten. Es ist deshalb wichtig, die Probenahmebedingungen (Gießtemperatur, Kokillentemperatur usw.) streng einzuhalten, um einen reproduzierbaren Seigerungsverlauf zu bekommen. Für die chemische Analyse werden die gegossenen Proben bis zur Hälfte abgefräst, ein Verfahren, das dem Bohren fast immer vorzuziehen ist.

Bei der Probenahme von Magnesiumlegierungen bei höheren Gehalten an Legierungselementen ist die mögliche *Blockseigerung* zu beachten. Seigerungen treten je nach den Gießbedingungen (z. B. Kokillen- oder Strangguß) und der Gießtemperatur bzw. -geschwindigkeit in mehr oder weniger hohem Maße auf. Dies mag an folgenden Beispielen veranschaulicht werden:

Bei Masseln der Legierung G-MgAl 8Zn1 zeigen sich senkrecht zur Gießrichtung inhomogene Aluminiumverteilungen (Abb. 30/1). Bei der Legierung Magnesium-Mangan mit Gehalten von 1,5 bis 2,5% Mangan findet sich nach Abb. 30/2 in der Blockmitte eine fast auf das Dreifache erhöhte Mangananreicherung, daneben auch eine, wenn auch im geringen Maße, gesteigerte Seigerung der Verunreinigungen von je 0,1 bis 0,3% im Silicium- und Aluminiumgehalt. Magnesium-Aluminium-Legierungen mit 6 bis 9% Aluminium, 0 bis 1,5% Zink und 0 bis 0,5% Mangan weisen in der Blockmitte eine Verarmung an Aluminium und — wenn vorhanden — auch an Zink auf, während sich das Mangan bei Gehalten über 0,3% in der Mitte anreichern kann (Abb. 30/3).

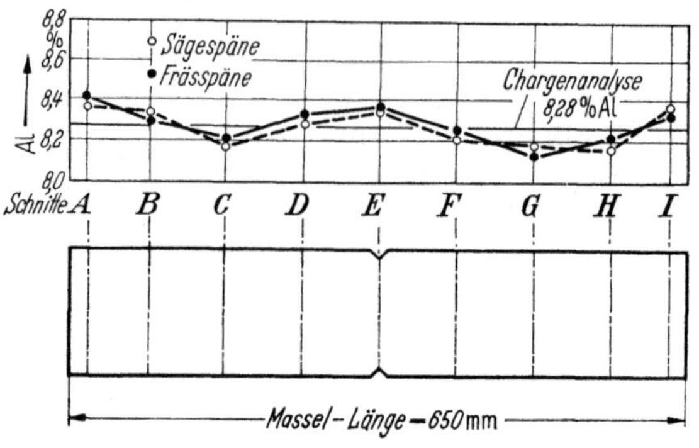

Abb. 30/1. Aluminiumverteilung in einer G-MgAl8Zn1-Massel.

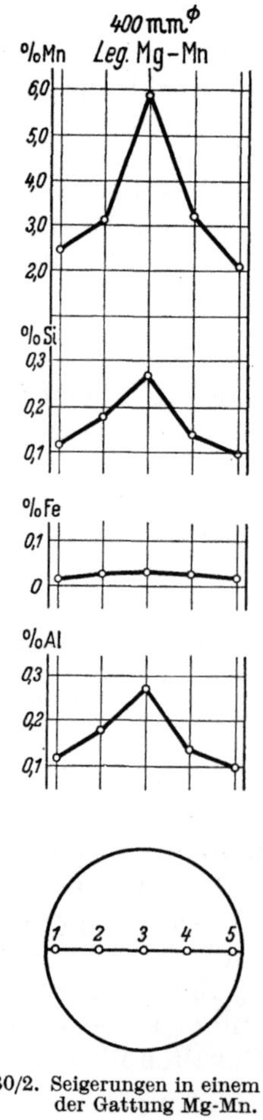

Abb. 30/2. Seigerungen in einem Rundblock der Gattung Mg-Mn.

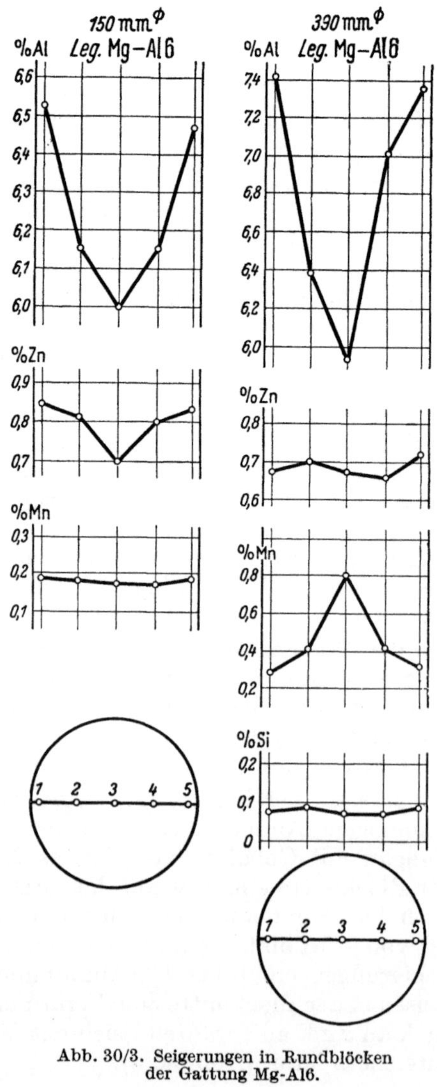

Abb. 30/3. Seigerungen in Rundblöcken der Gattung Mg-Al6.

Eine sehr wichtige Prüfmethode zum Nachweis von Schwermetallseigerungen in Magnesiumlegierungen ist die *Durchleuchtung mit Röntgenstrahlen* (Grobstrukturprüfung). Auf diesem Wege können am schnellsten Schwermetallanreicherungen erkannt und in der nachfolgenden Probenahme entsprechend berücksichtigt werden. So wird z. B. bei Rundbarren vom Kopf- und Fußende je eine 15 bis 25 mm dicke Scheibe abgesägt und hieraus bei gleichmäßigem Durchleuchtungsbefund eine Durchschnittsprobe entnommen, indem man fünf bis neun Bohrlöcher über den Durchmesser verteilt oder nach Halbierung der Scheiben über den ganzen Durchmesser fräst. Sind jedoch bei der Röntgenuntersuchung ungleich verteilte Seigerungen festgestellt worden, so wird einer Qualitätsbeurteilung des Blockes häufig weniger mit einer Durchschnittsanalyse für einen bestimmten Bestandteil gedient sein als vielmehr mit einer Ermittlung des Seigerungsgrades an verschiedenen Stellen.

Bei der Probenahme von *Vorlegierungen* müssen die hier im verstärkten Maße auftretenden Seigerungen beachtet werden. Ist das Material spröde und deshalb ein Zerkleinern ohne Schwierigkeit möglich, so sind die einzelnen Fraktionen abzusieben. Eingebrachtes Eisen aus Mörsern oder Kugelmühlen mit Stahlkugeln muß mit dem Magneten sorgfältig entfernt werden. Zweckmäßig nimmt man für die Eisenbestimmung eine größere Probe aus nur grob zerkleinertem Gut.

Die Probenahme von *Barren, Rundbarren, Knüppeln und Walzplatten* erfolgt auf die gleiche Weise wie beim Aluminium (7.6.2). Wegen der hier im größeren Maße auftretenden Seigerungen ist die Probenahme mit großer Sorgfalt durchzuführen. Auch bei der Probenahme von *Halbzeug* und *Gußstücken* ist, wenn auch in geringerem Maße, auf Seigerungen zu achten. Bei Erzeugnissen der Strangpressen muß von beiden Enden eine Probe entnommen werden, während bei Halbzeugen aus großen hydraulischen Pressen damit gerechnet werden kann, daß sich hier infolge des nur geringen Verformungsgrades fast die gleiche Verteilung der Legierungselemente wie im Ausgangsmaterial wiederfindet.

30.7 Probenahme für die Oxid- und Salzbestimmungen in Magnesiummetall und -legierungen

Oxide sind ebenso wie Salze in flüssigen und festen Magnesiumlegierungen und Reinmagnesium als Einschlüsse ungleichmäßig verteilt. Die üblichen, nicht besonders beschwerten Abdeck- und Raffiniersalze sind oft in der Nähe der Badoberfläche und des Tiegelbodens angereichert; Salze mit erheblichem Gehalt an Bariumchlorid hingegen setzen sich wegen ihrer wesentlich höheren Dichte sehr viel besser am Tiegelboden ab. Proben zur Salzkontrolle sollten also zu Anfang, Mitte und Ende des Ausgießens eines Tiegels entnommen und getrennt geprüft werden. Für eine naßchemische Chloridbestimmung sind Späne an möglichst vielen verschiedenen Stellen aus Formaten und Gußstücken zu entnehmen und getrennt zu analysieren. Einen guten qualitativen und halbquantitativen Überblick erhält man, wenn man an Schöpfproben, Steigern oder Eingüssen, Gußstücken, Formaten oder Halbzeug möglichst große Flächen sauber abdreht und 24 bis 48 h an Luft mit 80% relativer Feuchtigkeit lagert, ohne daß die Proben direkt mit Wasser oder Schwitzwasser in Berührung kommen. Dies geschieht durch Aufbewahrung in einem geschlossenen Gefäß auf einem Draht- oder Kunststoffsieb über gesättigter Natriumthiosulfatlösung.

Ein Salzgehalt zeigt sich durch hervortretende Ausblühungen an, die sich deutlich von der normalen, gleichmäßig hauchdünnen Carbonatschicht auf salzfreiem Magnesium unterscheiden. Anhand von Vergleichsproben mit kontrolliertem Salzgehalt läßt sich die Größenordnung der zu bestimmenden Salzgehalte einstufen.

30.8 Magnesiumverbindungen

30.8.1 Magnesiumoxid

Das zum Verkauf gelangende Magnesiumoxid kommt je nach Verwendungszweck leicht- oder totgebrannt in stückiger Form oder als Pulver in Säcken verpackt in den Handel. Bei pulverförmigem Gut erfolgt die Probenahme zweckmäßig in einem vor Zugluft geschützten Raum, da das Pulver vor allem im leichtgebrannten Zustand stark verstaubt. Die Probenahme des totgebrannten Produktes erfolgt je nach Anlieferungsart nach einer der im Allgemeinen Teil unter 2.2 ff. beschriebenen Methoden. Totgebranntes Magnesiumoxid kann zur Entfernung organischer Verunreinigungen (Sackfasern, Papier u. ä.) unbedenklich auf die höchsten Temperaturen erhitzt werden. Voraussetzung ist natürlich, daß das Oxid kein Wasser, Carbonat oder Sulfat enthält.

Leichtgebranntes Magnesiumoxid nimmt aus der Luft leicht Wasser oder Kohlendioxid auf. Dieses Oxid muß daher nach der Probenahme nach 3.6.2 sofort in geschlossene Behälter gefüllt, bei der Probenbearbeitung schnell zerkleinert und schnell eingewogen werden, da man sonst zu geringe Magnesiumoxidgehalte erhält. Das Glühen der Probe zur Entfernung organischer Verunreinigungen, wie es beim totgebrannten Oxid angewendet wird, ist hier nicht möglich, da die Probe beim Glühen einen dem aufgenommenen Wasser entsprechenden Glühverlust erleidet.

30.8.2 Magnesiumchlorid

Magnesiumchlorid ($MgCl_2$) ist in wasserfreier Form das Ausgangsprodukt für die Elektrolyse (s. 30.2.2). Seine Probenahme erfolgt nach 3.6.2, da es außerordentlich hygroskopisch ist. Eine Nässebestimmung durch Trocknen ist nicht möglich.

30.8.3 Magnesitsteine

Siehe Kapitel 61, Feuerfeste Baustoffe.

31. Mangan

Allgemeines

Die wichtigsten Manganerze sind der Pyrolusit (MnO_2), der ähnlich zusammengesetzte wasserhaltige Psilomelan, der Hausmannit (Mn_3O_4), der Braunit (Mn_2O_3) und der Manganspat ($MnCO_3$).

Vorstoffe (31.1—31.2)

31.1 Manganerze

Die Probenahme der Manganerze wird nach den allgemeinen Richtlinien für die Probenahme von Erzen in 2.2 ff. vorgenommen. Als Besonderheit ist zu vermerken, daß in Erzen, die MnO_2 enthalten, kein Glühverlust bestimmt werden darf, da sich MnO_2 bei höheren Temperaturen unter Sauerstoffabgabe zersetzt.

Für die Probenahme von Manganerzen hat die International Organization for Standardization (ISO/TC 65[1]) Richtlinien unterbreitet, auf die verwiesen wird.

---

[1] Zu beziehen vom Beuth-Vertrieb GmbH, 1 Berlin 30, Burggrafenstraße 4–7; 5 Köln, Friesenplatz 16.

Die Kommission war sich darüber einig, daß durch die Verschiedenheit der Erze und der Probenahmebedingungen eine Aufstellung von genauen Regeln für das Ziehen von Proben nicht möglich ist. Um einwandfreie Proben zu erstellen, empfiehlt sie nachstehende Regeln für Erze, deren Stückgröße nicht über 50 mm hinausgeht sowie für Erze mit einem gewissen Anteil an Stückgrößen über 50 mm:

Aufgrund mathematisch-statistischer Betrachtungen wird für feinkörniges Erz eine Formel angegeben, die es erlaubt, die Anzahl und Menge der zu entnehmenden Probe zu berechnen. Die relative Menge des Grobanteils des Erzes (grob = 50 mm, mittel = 12 bis 50 mm, fein = unter 12 mm) wird visuell durch beide Parteien abgeschätzt. Es werden weiterhin Angaben über die Probenahme von Manganerzen während der Be- und Entladung gemacht sowie eine Formel angegeben, nach welcher das Zeitintervall zwischen den einzelnen Probenentnahmen berechnet werden kann. Bei stückigen Erzen mit einer Korngröße über 50 mm sollen Einzelproben mit einer Schaufel entnommen werden, wobei besonders darauf zu achten ist, daß kein Erz von der Schaufel herabfällt. Der Schaufelinhalt wird in einen Eimer mit Deckel gegeben oder in einen verschließbaren Behälter geschüttet. Bei Erzen der Korngröße unter 12 mm können die Einzelproben mit einem Stechheber, dessen Durchmesser mindestens zweimal größer ist als die größten Stücke des zu probenden Erzes, entnommen werden. Die Rohprobe wird auf 20 bis 25 mm zerkleinert, gemischt und durch Vierteln reduziert. Dann erfolgt die Zerkleinerung auf 12 mm. Nach Reduzieren auf ein Viertel der Menge wird das Erz weiter zerkleinert und die Analysenprobe zugerichtet.

Für Feuchtigkeitsbestimmungen sind besondere Proben zu ziehen. Erstreckt sich die Probenahme über mehrere Tage, so ist täglich eine Probe für die Feuchtigkeitsbestimmung zu entnehmen. Diese Proben müssen in dicht verschlossenen Behältern aufbewahrt werden. Die Trockentemperatur ist 105 °C. Die Einwaage beträgt 1 bis 5 kg.

31.2 Manganschlacken

Die Probenahme der bei der Verhüttung von Manganerzen anfallenden Schlacke wird nach den allgemeinen Richtlinien für die Probenahme von stückigem Material in 2.2 ff. durchgeführt.

Fertigerzeugnisse (31.3—31.5)

31.3 Manganmetall

Elektrothermisch hergestelltes Metall. Die Herstellung von Manganmetall kann auf verschiedene Weise erfolgen. Hochmanganhaltige Erze werden aluminothermisch, niedrigprozentige meistens silicothermisch reduziert. Von der Schlacke gereinigte Blöcke werden unter dem Fallhammer zerkleinert und in stückiger Form, verpackt oder unverpackt, geliefert. 3% der Liefermenge werden wahllos als Einzelproben entnommen und zur Rohprobe vereinigt. Diese wird gebrochen und zur Analysenprobe auf eine Kornfeinheit von unter 0,2 mm zubereitet.

Elektrolytmangan wird aus wäßrigen Mangansalzlösungen abgeschieden und fällt in Form von mehrere Millimeter dicken Platten an, die in kleinere Stücke zerschlagen als „Flakes" gehandelt werden. Die Flakes werden vorsichtig auf 0,2 mm zerkleinert und wie Chrommetall (17.3) geprobt. Da Elektrolytmangan sich an feuchter Luft langsam mit einer Oxidhaut überzieht, sind die Proben vor Luftfeuchtigkeit geschützt aufzubewahren.

31.4 Manganlegierungen

Ferromangan siehe unter „Ferrolegierungen" (20.2.5). Die Probenahme von *Silicomangan* erfolgt wie bei Ferrochrom-Silicium (20.2.3.4) beschrieben. Manganlegierungen mit zusätzlichen Legierungselementen werden wie Ferromangan (20.2.5) geprobt. *Manganbronzen* siehe Kupferlegierungen (28.6).

31.5 Manganverbindungen und -salze

Die Probenahme von künstlichem *Braunstein* sowie von *nichthygroskopischen Mangansalzen* erfolgt entsprechend den Angaben für feinkörniges Gut in 3.6.1. Die Probenahme von kristallwasserhaltigen oder *hygroskopischen Salzen* ist nach 3.6.2 zu handhaben.

32. Molybdän

Allgemeines

Die wichtigsten Molybdänerze sind der Molybdänglanz (MoS_2) und der Wulfenit ($PbMoO_4$).

Vorstoffe (32.1—32.2)

32.1 Molybdänerze

Während der *Wulfenit* hinsichtlich der Probenahme wie allgemein für Erze in 2.2 ff. beschrieben behandelt wird, weist der *Molybdänglanz* einige Besonderheiten auf. Er tritt in der Natur in Form graphitähnlicher Schuppen und Plättchen in harten Gesteinen auf und verschmiert bei einer Zerkleinerung sehr stark. Gehandelt wird der Molybdänglanz meist als Konzentrat mit einem MoS_2-Gehalt bis zu 90%. Die Anlieferung des Molybdänglanzes erfolgt in Holz- oder Eisenfässern. Während in letzteren der Feuchtigkeitsgehalt im allgemeinen gleichmäßig über den ganzen Faßinhalt verteilt ist, ist dies bei Verpackung in Holzfässern und anderen luftdurchlässigen Behältnissen nicht der Fall. Hier besteht die Möglichkeit, daß die Feuchtigkeitsgehalte in den einzelnen Behältnissen sehr unterschiedlich sein können. In diesem Fall ist es zweckmäßig, die ganze Lieferung zur Probenahme heranzuziehen. Zur Begutachtung der Gleichmäßigkeit dürfen zur Vermeidung von Feuchtigkeitsverlusten die Behälter erst unmittelbar vor der Probenahme geöffnet werden. Es bleibt dann der gegenseitigen Vereinbarung, die sich auf die Beurteilung der Beschaffenheit des Materials stützt, überlassen, wie oft und an welchen Stellen die Rohprobe entnommen werden soll. Bei Eisenfässern genügt ein- oder zweimaliges Probestechen je Faß, während bei wasserdurchlässigen Behältern zwecks Erfassung der Rand- und Mittelpartie mehrmaliges Probestechen erforderlich ist. Hierzu wird ein Spezialgerät, der Schlangenbohrer, verwendet, damit die Entnahme des Erzes ohne Pressung und dadurch ohne Verschiebung der Schichten erfolgt. Der Bohrer (Abb. 32/1) soll eine gleichmäßige Steigung besitzen, damit feuchtes wie weniger feuchtes Erz gleichmäßig auf den Gewindegängen haftet und in gleicher Stärke gefördert wird. Die Länge des

Bohrers muß die Erfassung der gesamten Schichthöhe erlauben. Die Aufnahme der zur Feuchtigkeitsbestimmung erbohrten Rohprobe erfolgt zur Vermeidung von Feuchtigkeitsverlusten in Blechkästen (Abb. 32/2) mit gut schließenden Deckeln. Diese tragen während des Einfüllens des Erzes einen Aufsatz, so daß ein verlustfreies Einfüllen aus dem Gewinde des Bohrers in den Kasten möglich ist, ohne daß dieser geöffnet wird.

Die Anzahl der Feuchtigkeitskästen und ihre Größe wird so bemessen, daß die gesamte Rohprobe, die bei einer 20-t-Partie etwa 120 bis 150 kg beträgt, aufgenommen und getrocknet werden kann.

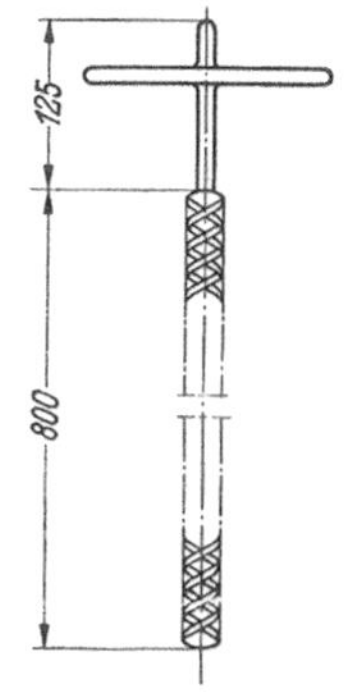

Abb. 32/1. Schlangenbohrer, 32 mm ⌀, Steigung 25 mm.

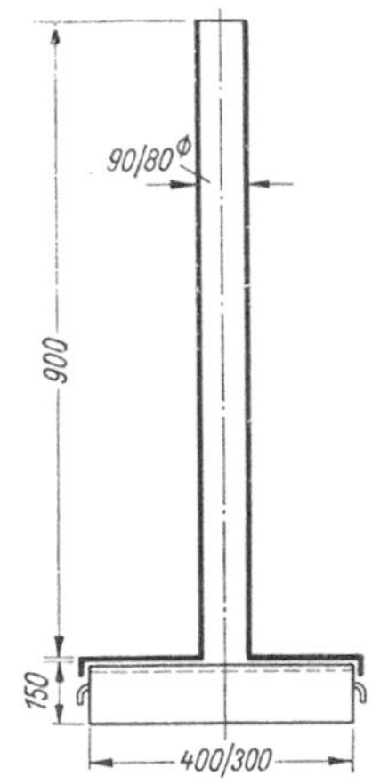

Abb. 32/2. Blechkasten mit Aufsatz für die Aufnahme des Erzes.

Ein Verjüngen des feuchten Probeguts durch Kegeln und Kreuzteilen ist unstatthaft. Das Trocknen der Rohprobe geschieht bei 110 °C. Zur Vermeidung einer Entzündung des Erzes beim Öffnen des Trockenschrankes wird dieser während des Trocknungsvorgangs unter Kohlendioxid gehalten und fortwährend durch einen Ventilator mit Frischluft versorgt, so daß die Dämpfe aus dem Trockenschrank abgeführt werden. Beim Erkaltenlassen des getrockneten Erzes im Trockenschrank behält man die Zufuhr von Kohlendioxid bzw. Frischluft bei, bis die Temperatur auf 70 °C abgesunken ist. Dann werden die Blechkästen zum Schutz gegen die atmosphärische Luft wiederum mit dem Deckel verschlossen und zur weiteren Abkühlung aus dem Trockenschrank herausgenommen.

Ein anderes Verfahren arbeitet folgendermaßen: Das feuchte Probegut wird nach dem Verjüngen zur Bestimmung der Nässe im Trockenschrank bei 110 °C getrocknet und gewogen. Zur Bestimmung und Beseitigung der Flotationsöle wird es mit Aceton gewaschen. Das Aceton wird durch Nachtrocknen entfernt. Die Gewichtsdifferenz zum wasserfreien Material gibt den Anteil an Flotationsöl.

Die Differenz der Gewichte vor und nach der Trocknung ergibt den Gehalt an Feuchtigkeit. Aus der so getrockneten Rohprobe wird nunmehr die Analysenprobe hergestellt. Da das Erz sehr fein ist, erübrigt sich das Reiben der gesamten Probe. Man siebt sie nur durch ein geschlossenes 0,1-mm-Sieb ab und zerreibt den Siebrückstand im Achatmörser.

32.2 Molybdänschrott

Reiner metallischer Molybdänschrott wird für die Probenahme entsprechend seiner physikalischen Beschaffenheit aufgeteilt.

Stangen, Stücke und Bleche werden gebohrt und die Bohrspäne zu Analysenproben vereinigt, da sie meistens infolge ihrer Duktilität nicht weiter zerkleinert werden können. Reste von Heizleitern sind durch Rekristallisation so spröde, daß sie ohne Schwierigkeit im Diamantmörser oder in der Schwingmühle zerkleinert werden können.

Molybdänspäne und Schleifabfälle enthalten sehr oft Öl und müssen geglüht werden. Die Glühtemperatur darf 600 °C nicht überschreiten. Aus dem Glührückstand wird nach der Zubereitung die Rohprobe entnommen, die verjüngt und ggf. auf unter 0,2 mm zerkleinert wird. Auf dem Probenbeutel und im Protokoll müssen das Originalgewicht und das Gewicht nach dem Glühen vermerkt werden.

Drähte und dünne Bleche werden ähnlich wie Wolframschrott mit der Schere oder einer entsprechenden Apparatur geschnitten. Aus dem Feinen vom Abbrennen der Späne, den Schnitzeln und den Bohrspänen wird entsprechend den Gewichtsanteilen die Analysenprobe zusammengestellt.

Molybdän-Wolfram, Molybdän-Rhenium und Molybdän-Wolfram-Rhenium-Abfälle werden sinngemäß behandelt.

Fertigerzeugnisse (32.3—32.5)

32.3 Molybdänmetall

Molybdänmetall in Form von Blechen, Blöcken und Drähten wird wie unter Molybdänschrott (32.2) beschrieben behandelt. Molybdänmetall in Pulverform, wie es bei der Reduktion von Molybdänoxid mit Wasserstoff anfällt, ist so feinkörnig, daß die Probenahme nach den Richtlinien für pulverförmige Stoffe (3.1.1) durchgeführt werden kann.

32.4 Ferromolybdän

Siehe unter „Ferrolegierungen" (20.2.6).

32.5 Molybdänverbindungen

Molybdäncarbid (Mo_2C) enthält theoretisch 5,89% carbidischen Kohlenstoff, das technisch hergestellte Carbid außer gebundenem Kohlenstoff einige Zehntel freien Kohlenstoff. Bei der Herstellung fällt es als grauschwarzes, feines, leicht zusammenbackendes Pulver an. Die Probenahme erfolgt nach den Richtlinien für pulverförmiges Gut (3.1.1).

Die Probenahme von *Molybdänoxid* und seinen Salzen, wie Ammoniumheptamolybdat, weist keine Besonderheiten auf und erfolgt mittels Probenstecher in der für trockene, feine Pulver üblichen Weise (s. 3.6.1).

33. Natrium

Allgemeines

Der bei weitem wichtigste Rohstoff zur Herstellung von Natrium und seinen Verbindungen ist das Steinsalz (NaCl).

Vorstoffe (33.1—33.2)

33.1 Steinsalz

Steinsalz wird in Stückform oder gemahlen angeliefert. Die Probenahme erfolgt nach den allgemeinen Richtlinien für Erze (s. 2.2ff.). Stückerz wird hierbei im Brecher vorzerkleinert. Als Rohprobe genügen 0,5 bis 1% der Anlieferung.

33.2 Reinigungsrückstände

Sie entstehen beim Raffinieren des Rohmetalls und bestehen aus einem Gemisch von Metall, Oxid und Chlorid mit zähflüssiger Konsistenz. Sie werden durch Auspressen in Metall und Preßkuchen aufgearbeitet. Bei der Probenahme des letzteren, der zur Herstellung von Natronlauge dient, ist zu beachten, daß der Preßkuchen besonders leicht entzündlich ist. Die Probe wird daher unter Schutzgas (Stickstoff) entnommen.

Fertigerzeugnisse (33.3—33.4)

33.3 Natriummetall

Rohnatrium. Das bei der Schmelzflußelektrolyse anfallende Natrium ist infolge der hohen Betriebstemperaturen der Zellen flüssig. Es sammelt sich wegen seiner geringeren Dichte über dem Elektrolyten an und wird durch eine geeignete Betriebsapparatur luftdicht in einen vorgelegten Behälter überführt. Das flüssige Rohnatrium enthält verschiedene spezifisch leichtere und schwerere Verunreinigungen, die in dem vorgelegten Behälter mit einem Rührwerk homogenisiert werden. Anschließend werden etwa 200 kg des Rohnatriums mit einem Schöpflöffel aus Nickel in eine kegelstumpfförmige Nickelform vergossen.

Nach dem Erstarren des Rohnatriums werden von dessen Oberfläche zwischenzeitlich gebildete Oxide abgeschält. Anschließend wird es in Würfel von max. 1 cm Kantenlänge zerschnitten und der Analyse zugeführt. Bei der Handhabung des Metalls sind die Vorschriften des „Merkblattes für Arbeiten mit Natriummetall", herausgegeben von der Berufsgenossenschaft der chemischen Industrie, zu beachten.

Reinnatrium. Das Reinnatrium wird entweder zu handelsüblichen Blöcken vergossen oder als eingeschmolzene Ware, z. B. in Kesselwagen, versandt. Im Falle der Blockware werden aus Chargen von ca. 800 kg drei Proben, jeweils zu Anfang, Mitte und Ende der Charge, in eine Form aus Nickel eingefüllt. Dabei entstehen dreischichtige Probenkörper von ca. 1 kg Gewicht. Aus diesen Probenkörpern werden jeweils vier Scheiben, dem Querschnitt entsprechend, herausgeschnitten und wie beim Rohnatrium für die Analyse vorbereitet.

Bei eingeschmolzener Ware wird aus dem mehrere Tonnen fassenden Vorratstank für flüssiges Reinnatrium die Probe je nach Verwendungszweck des Metalls mit einem Stecher aus dem Tank oder während der Füllung des Kesselwagens aus der Fülleitung in evakuierte Probengefäße aus Nickel abgezogen. Auch hier erfolgt die Probenahme zu Beginn, Mitte und Ende des Abfüllvorganges.

33.4 Salze

33.4.1 Natriumchlorid, -carbonat und -sulfat

Die wichtigsten Salze sind Stein- oder Siedesalz (NaCl), Natriumcarbonat, kristallisiert ($Na_2CO_3 \cdot 10\,H_2O$) oder wasserfrei, Natriumsulfat, kristallisiert ($Na_2SO_4 \cdot 10H_2O$)

oder wasserfrei. Die Probenahme erfolgt wie bei nichthygroskopischen Salzen (3.6.1). Die Proben der „kristallisierten“ Salze, die an der Luft unter Wasserabgabe verwittern, müssen in Gefäßen, die ein Entweichen von Wasser verhindern, aufbewahrt werden.

33.4.2 Natriumhydroxid

Natriumhydroxid ist eingeschmolzen in Fässern oder in Form von Schuppen oder Perlen im Handel. Bei eingeschmolzener Ware ist eine entsprechende Anzahl von Fässern zur Probenahme zu öffnen, und größere Stücke sind als Rohprobe abzuschlagen. Diese werden im Mörser oder auf einer Eisenplatte auf unter 20 mm zerstoßen und gut durchgemischt. Durch Verjüngen entnimmt man hieraus die Endprobe, die in einem dichtschließenden Gefäß aufbewahrt wird, das eine Aufnahme von Kohlendioxid und Feuchtigkeit verhindern muß.

Bei Schuppenware oder Perlen werden jedem Gefäß einige Kilogramm entnommen, grob zerkleinert und durchgemischt. Die Endprobe wird wie bei geschmolzener Ware behandelt.

In allen Fällen ist darauf zu achten, daß die Probenahme rasch in trockenen Räumen in kohlendioxidarmer Atmosphäre durchgeführt wird.

Aus Natriumhydroxidschmelzen wird die Probe nach gutem Durchrühren der Schmelze durch kurzes Eintauchen eines Eisenstabes entnommen. Die Kruste um den Stab wird nach dem Erkalten sofort abgeschlagen, zerkleinert und abgefüllt.

33.4.3 Natriumoxid (Na_2O)

Es ist zerfließlich und kommt in Form kleiner weißer Perlen in den Handel. Man entnimmt jeder Packung nach gutem Durchschütteln mit einem erhitzten Messinglöffel Proben an verschiedenen Stellen als Rohprobe. Diese werden gemischt und ohne Zerkleinerung durch Teilung zur Endprobe gebracht. Die Aufbewahrung erfolgt in dichten Gefäßen, die eine Aufnahme von Feuchtigkeit oder Kohlendioxid aus der Luft ausschließen.

33.4.4 Natriumperoxid (Na_2O_2)

Dieses bildet gelbe Kügelchen und ist in reiner Form nicht hygroskopisch. Die Probenahme erfolgt nach guter Durchmischung der Lieferung durch Entnahme von Teilproben, die zur Rohprobe vereinigt werden. Nach guter Mischung durch Schütteln in einem geschlossenen Behälter wird die Endprobe gezogen, die in Glasflaschen mit Glasstöpsel luftdicht verschlossen aufbewahrt wird. Die Probenahme muß rasch und unter absolutem Ausschluß von Staub organischer oder metallischer Art erfolgen, da sonst Selbstentzündung und Explosionen möglich sind.

33.4.5 Natriumsulfid (Na_2S)

Natriumsulfid ist kristallisiert und geschmolzen im Handel. Es wird in Sandform und eingeschmolzen in großen Blechtrommeln geliefert. Die Probenahme des sandförmigen Guts erfolgt mit eisernem Probenstecher und die des geschmolzenen Gutes wie unter Natriumhydroxid (33.4.2) angegeben, wobei beachtet werden muß, daß das Sulfid ebenfalls hygroskopisch ist und außerdem zur Oxidation neigt.

33.4.6 Natriumcyanid (NaCN)

Die handelsübliche Form für Natriumcyanid, das als Härtesalz und in der Cyanidlaugerei eingesetzt wird, sind Kugeln oder eiförmige Körper von etwa 50 g Gewicht in Blechtrommeln verpackt. Aus jeder 5. oder 10. Trommel, je nach Größe der Lieferung, werden mit einer Schaufel 5 bis 10 Kugeln entnommen und in einem Feinbrecher oder Mörser auf unter 5 mm zerkleinert. Nach Mischen und Verjüngen wird hieraus die Endprobe in Glasflaschen mit dichtem Verschluß abgefüllt. Handschuhe und Staubmaske sind wegen der Giftigkeit zu tragen!

33.4.7 Wasserglas

Im Handel befindlich ist eine klare wäßrige Lösung eines Natriumsilicats, das auf 1 mol Na_2O drei bis vier Mole SiO_2 besitzt. Die Lösung hat eine Dichte von 1,3 bis 1,45. Zur Probenahme werden aus den Behältern oder Kesselwagen mit einem Flüssigkeitsstecher an mehreren Stellen Teilproben entnommen, die zu einer Rohprobe vereinigt werden. Nach gutem Durchmischen füllt man die Endproben in luftdicht verschließbare Behälter ab, da das Kohlendioxid der Luft zu Ausflockung von SiO_2 unter Bildung von Natriumcarbonat führen kann.

34. Nickel und Kobalt

Allgemeines

Ausgesprochene Nickel- und Kobaltmineralien enthalten das Metall an Schwefel, Arsen und Antimon gebunden; bei Nickel ist noch ein Silicat, der Garnierit, von Bedeutung. Nickelminerale sind Haarkies, Arsennickel, Antimonnickelkies, Arsennickelkies, Weißnickelkies. Beim Kobalt sind unter anderem zu nennen Glanzkobalt, Speiskobalt, Kobaltnickelkies. Die Hauptmenge an Nickel wird aus Pentlandit-Magnetkiesen gewonnen.

Vorstoffe (34.1—34.4)

34.1 Erze

Stückerze und Konzentrate werden nach den allgemeinen Vorschriften für Erze (s. 2.2ff.) geprobt.

34.2 Zwischenprodukte

Bei den Zwischenprodukten kann man zwei Gruppen unterscheiden:

a) die kobalt- und nickelhaltigen Steine (sulfidisch) und Speisen (arsenidisch);
b) die metallärmeren Schlacken, Krätzen, Stäube, Aschen usw., bei denen der oxidische bzw. silicatische Charakter überwiegt.

Beiden ist allerdings gemeinsam, daß sie auch metallische Anteile enthalten können; dies erschwert die Probenahme.

34.2.1 Stein und Speise aus dem Schmelzfluß

Manchmal kann man beim Abstechen des Steins oder der Speise aus dem Schmelzfluß mit der Kelle Proben entnehmen. Da das Material sich im Verlauf des Abstiches zum Teil stark ändert, muß dies in kurzen Zeitabständen geschehen. Die Proben werden dann zu einer Durchschnittsprobe vereinigt.

34.2.2 Stein, Speise und Reichschlacke nach der Erstarrung

Sie werden wie Stückerze geprobt. Die Materialien sind in der Regel spröde und enthalten metallische Einschlüsse als Flitter, in Körnern oder Klumpen. Stark bleihaltige Stoffe dagegen sind zäh. Die Rohprobe wird bei spröden Stoffen durch Brechen, Stampfen, Mahlen oder durch eine Kombination dieser Verfahren möglichst weit zerkleinert. Bei zähen Stoffen versucht man durch Bohren Späne von allen Teilen des Materials zu erhalten. Gegebenenfalls wird man durch Schneiden, Meißeln oder auf andere Weise kleine Stücke aus der Masse entnehmen.

Die zerkleinerte Rohprobe wird verjüngt, weiter zerkleinert und bis zur Endprobe verarbeitet. Alle nichtmetallischen Fraktionen müssen in einer Scheibenschwingmühle auf unter 0,16 mm gemahlen werden. Wenn sich das ganze Material nicht bis zur Endfeinheit bringen läßt, ist es vorteilhaft, die Probe in Siebfraktionen aufzuteilen und diese, wenn möglich, weiterzuverarbeiten. Oft fallen bei dieser Aufteilung auch eine oder mehrere metallische Fraktionen an. Die Anteile des Probensatzes müssen bestimmt und im Protokoll angegeben werden.

Bei der Aufteilung in Siebfraktionen findet man, besonders in den Feinfraktionen, neben dem Staub mehr oder weniger große Anteile an Metallflittern; solche Proben neigen sehr stark zum Entmischen. Bei allen Operationen des Zerkleinerns, Teilens und besonders des Siebens, beim Abpacken der Proben und auch noch bei der Einwaage zur Analyse muß besondere Sorgfalt ausgeübt werden.

34.2.3 Ofensauen

Sogenannte Eisensauen, wie sie z. B. bei der Verarbeitung der Mansfelder Kupferschiefer anfallen, die bis zu einigen Prozenten Kobalt und Nickel enthalten, können nur mit Drucklufthämmern, mit der Sauerstofflanze, mit Trennscheiben oder durch Sprengarbeit zerkleinert werden. Anbohren ist fast unmöglich, da die Eisensauen sehr unterschiedlich in ihren mechanischen Eigenschaften sind. Die Verteilung der Elemente ist sehr heterogen, so daß man große Mengen Rohprobe entnehmen muß. Man wird die Rohprobe entweder mit Schwefel auf Stein schmelzen (s. 4.1.4.2) und dann weiterverarbeiten, oder man schmilzt sie ohne Zuschläge ein und granuliert sie in Luft oder Wasser. Dabei muß man die möglichen Verluste flüchtiger Elemente berücksichtigen. Die Probenahme des feinen Granulats bereitet keine Schwierigkeiten.

34.2.4 Rückstände, Krätzen, Schlacken und Aschen

Im Prinzip können solche Stoffe nach den gleichen Gesichtspunkten geprobt werden, wie sie in 34.2.2 beschrieben wurden. Der Anteil an gewinnbaren Metallen ist hierbei geringer und deren Verteilung ungleichmäßiger, so daß die Menge der Rohprobe entsprechend erhöht werden muß.

34.2.5 Zwischenprodukte der Hydrometallurgie

Bei der Elektrolyse oder bei der Gewinnung aus Lösungen, z. B. durch Druckreduktion, erstreckt sich die Probenahme auf die Rohlaugen, auf die Rückstände der Reinigungsprozesse und auf die Elektrolyse- und Zementatschlämme. Die hierbei anzuwendenden Verfahren sind in den Kapiteln 63 und 64 sowie in den nachfolgenden Abschnittten 34.2.6 bis 34.2.8 beschrieben.

34.2.6 Fällprodukte u. a. aus Laugen

Solche Stoffe fallen bei der hydrometallurgischen Gewinnung von Nickel und Kobalt bei Normal- und Überdruck, bei der Laugenreinigung für die Elektrolyse von Kobalt, Nickel, Zink und Kupfer, bei der Feinreinigung der Laugen für die Lithoponeherstellung, bei der Abwasserreinigung von Galvanikanlagen und bei der Verarbeitung der Laugen aus der Aufarbeitung von Schwefelkiesabbränden an. Die erhaltenen Niederschläge enthalten neben den Metallen Nickel und Kobalt oft noch Mangan, Eisen, Kupfer in kleinen Mengen, Zink, Thallium und andere mehr, daneben noch Kalk und Magnesiumoxid aus den Fällmitteln neben verschiedenen Anionen. Die Nässegehalte dieser Schlämme können zwischen 30% und mehr als 90% schwanken.

Bei sogenannten „stichfesten" Schlämmen kann die Probe mit Stechern entnommen werden. Hier haben sich geschlitzte Rohre bewährt, die man bis zum Boden des Behälters treibt. Es sollen immer mehrere Stiche bis zum Boden getrieben werden. Werden die Schlämme weite Strecken transportiert, so ist auch auf die Erfassung des überstehenden Wassers zu achten.

Auch die Verteilung der Nässe im Material kann schwanken. Wird bei der Fällung z. B. stückiger Kalk eingesetzt, dann können sich auf dem Boden des Behälters noch Klumpen finden, die eine ganz andere Zusammensetzung haben als das Fällprodukt.

Bei dünnen, pumpfähigen Schlämmen kann man die Probe nach kräftigem Durchrühren mit einer Kelle schöpfen und auch so verjüngen. Nicht zu dicke Rohre, die man in den Schlamm einsticht, oben mit einem Gummistopfen verschließt und danach mit der Probe herauszieht, kann man ebenfalls zur Probenentnahme einsetzen. Fallen solche dünnen Schlämme z. B. als Unterlauf eines Eindickers an oder werden sie in Rohrleitungen befördert, so kann man die Probenahme auch kontinuierlich durchführen (s. die Kap. 63 und 64).

Die so erhaltenen Rohproben werden dann vor der Weiterverarbeitung bei 105 °C bis zur Gewichtskonstanz getrocknet. Die Auswaage muß im noch handwarmen Zustand erfolgen, da viele der Stoffe hygroskopisch sind. Manche können in kurzer Zeit beim Stehen an der Luft mehr als 10% des Gewichts an Wasser wieder aufnehmen. Vor der Einwaage zur Analyse muß bei 105 °C nachgetrocknet werden. Dies muß auf dem Behälter und im Protokoll angegeben sein. Die Analysenproben sollen eine Körnung unter 0,16 mm aufweisen.

Wird bei Schlämmen nur nach der Zusammensetzung des Feststoffes gefragt, dann ist dieser abzufiltrieren, nach dem oben Angeführten zu trocknen und weiter zu bearbeiten.

34.2.7 Oxidische Stoffe und Salze

Bei den naßmetallurgischen Operationen fallen Oxidhydrate verschiedener Reinheitsgrade an, die zu Oxid kalziniert werden. Aus den so gewonnenen Oxiden, ebenso wie aus den beim Abrösten der Sulfide, Arsenide und Antimonide entstandenen Oxiden kann man die Proben mit Stechern, Handschaufeln und ähnlichem leicht entnehmen, da es sich um feinkörnige Stoffe handelt.

Aus Lösungen gewonnene Rohsalze werden wie bei Kupfersulfat (28.7.2) beschrieben geprobt.

34.2.8 Laugen

Die Probenahme von kobalt- und nickelhaltigen Laugen bietet gegenüber der allgemeinen Probenahme von Laugen (s. Kap. 64) keine Besonderheiten.

34.2.9 Nickelcarbonyl

Beim Mondprozeß hat die Probenahme nur innerbetriebliches Interesse. Hier sei auf die Probenahme von Titan(IV)-chlorid (50.6.3) und auf die Probenahme von technischen Gasen (s. Kap. 62) hingewiesen.

34.3 Nickel- und kobalthaltiger Schrott

Es empfiehlt sich eine sorgfältige Sortierung, Feststellung der einzelnen Anteile und Probenahme der einzelnen Sorten durch Bohren, Fräsen, Schmelzen oder Steinschmelzen, eventuell auch Lösen in Säure. Die Probe wird aus den einzelnen Anteilen zusammengesetzt bzw. als Probensatz angegeben.

Kobalt-, nickel- und eisenhaltiger Metallschrott kann mit Hilfe des Magneten von anderen Legierungen getrennt werden. Nickelplattierter Stahl ist oft an den rostigen Schnittkanten zu erkennen (s. 3.4).

Bei besonders komplexen Schrotten wie Nickel-Cadmium-Batterien, vernickelten und nickelplattierten Druckgußlegierungen usw. wird man bei kleinen Anlieferungen die gesamte Partie, sonst eine ausreichend große Rohprobe sorgfältig sortieren und die Fraktionen getrennt in oxidierenden Säuren lösen. Die erhaltenen Lösungen werden filtriert. Das Unlösliche, das Kunststoffe, Papier, Metalle usw. enthalten kann, wird geglüht, um es von organischen Stoffen zu befreien, und mit oder ohne Flußmittel eingeschmolzen. Aus der erstarrten Schmelze werden Späne gebohrt oder gefräst. Der Stein wird gemahlen. Aus den Lösungen stellt man nach den Anteilen der Einzelfraktionen eine Gesamtlösung zusammen. Außerdem werden dem Probensatz Späne bzw. der feingemahlene Stein beigegeben. Der Glühverlust wird getrennt ausgewiesen und im Protokoll des Probensatzes aufgeführt.

34.4 Nickel- und kobalthaltige nichtmetallische Stoffe

Hierher gehören ausgebrauchte Katalysatormassen, Fehlchargen von Glasuren und Chemikalien u. a. m. Die Probenahme wird mit Stechern, Handschaufeln und ähnlichem durchgeführt. Nur bei Schlacken wird man wie in 34.2.2 beschrieben verfahren. Da diese Stoffe oft organisches Material enthalten, schaltet man eine Glühung vor die eigentliche Probenzubereitung. Man muß hierbei den Verlust von Staub und Flugasche berücksichtigen, da bei Katalysatormassen das Feinste, der Abrieb, metallreicher sein kann.

Werden Katalysatormassen in Fässern angeliefert, dann verwendet man auf die Nässebestimmung besondere Sorgfalt. Die Metalle und ihre Verbindungen sind meist auf nichtmetallische Träger aufgebracht, z. B. Porzellan, keramische Massen oder Aluminiumoxid. Oberflächlich betrachtet, erscheinen diese Stoffe völlig trocken; trotzdem kann sich beim Transport die gesamte Nässe am Boden der Behälter abgesetzt haben.

Fertigerzeugnisse (34.5—347.)

34.5 Nickel- und Kobaltmetall

34.5.1 Flüssiges Metall

Das geschmolzene Metall kann am Ofen oder beim Gießen mit einer Schöpfkelle entnommen und in Kokillen vergossen werden. Dabei ist darauf zu achten, daß keine Schlacke in das Metall gerät. Zur weiteren Verbesserung der Qualität der Gießprobe ist der Zusatz eines Deoxidationsmittels (As, CaSi u. ä.) oft empfehlenswert. Beim Abgießen des Ofens, besonders bei kleinen Einheiten, beobachtet man während der Gießzeit öfter eine Veränderung der Gehalte an Begleitelementen; hier muß man zu Beginn, in der Mitte und am Ende des Gießens eine Probe entnehmen und die Ergebnisse mitteln.

Als Kokillenformen kommen infrage: Scheiben und Kegelstumpf für spektrometrische Analysenproben, Stäbchen besonders für die Gasbestimmungen und Blöckchen für Spanproben durch Bohren, Fräsen und Hobeln.

34.5.2 Metall als Formate

Die Metalle sind als Würfel, Rondellen, Granalien, Blöckchen oder Platten aus der Elektrolyse im Handel. Bei der Probenahme größerer Stücke wird man an mehreren Stellen anbohren, eventuell nachdem vorher die Gußhaut entfernt wurde. Da Elektrolytnickel oft bezüglich der Verunreinigungen heterogen ist, wird man hier nach Schablone bohren, wie in 28.5.1 angegeben. Bei kleinen Stücken, z. B. Granalien, entnimmt man eine bestimmte Menge direkt. Die Späne bzw. die Stücke werden dann eingeschmolzen und das entstandene Blöckchen erneut gebohrt. Die Anwendung von Bohrölen soll vermieden werden (Bohren eventuell mit Wasserkühlung). Ist dies nicht möglich, dann müssen die Späne mit Alkohol, Äther, Benzin oder ähnlichem entfettet werden.

Metallpulver werden mit dem Stecher oder der Handschaufel geprobt.

Bei Kobalt muß man blanke und nichtblanke Stücke möglichst getrennt proben; je nach Herkunftsland sind Höhe und Art der Beimengungen verschieden. Bei gemischter Ware ist daher erhöhte Vorsicht geboten. Oft sind ein Sortieren der Ware mit der Feststellung der einzelnen Anteile und getrennte Probenahme der beste Weg.

34.6 Legierungen

Die nickelhaltigen Legierungen überwiegen weitgehend, besonders die Nickel-Kupferlegierungen. Hierbei werden zwei Gruppen unterschieden: zinkfreie, z. B. Monel, Münzlegierungen, Heizleiterwerkstoffe, und zinkhaltige, zu denen besonders die Neusilbersorten gehören. Außerdem werden kupferfreie Legierungen, wie Magnetwerkstoffe, Hartmetalle und anderes, gehandelt. Solche Legierungen enthalten oft auch Kobalt.

Lassen sich diese Legierungen bohren oder fräsen, so kann man sie wie Kupferlegierungen (28.6) behandeln. Im anderen Fall muß man kleine Teile abtrennen und direkt schmelzen oder zu Stein schmelzen. Beim direkten Schmelzen der Metalle oder Späne ist auf den Verlust von Zink zu achten.

34.7 Oxide und Salze als Handelsware

Solche Stoffe lassen sich wie oxidische Zwischenprodukte (34.2.7) oder Kupfersulfat (28.7.2) behandeln.

35. Niob und Tantal

Allgemeines

Niob und Tantal kommen in Erzen gemeinschaftlich vor. Je nach Mengenanteil werden diese daher als Tantal- oder Nioberze bezeichnet. Technische Bedeutung haben in erster Linie der Columbit (Niobit) $(Fe,Mn)O(Nb,Ta)_2O_5$ und der Tantalit gleicher Zusammensetzung mit einem Gehalt bis zu 70% Ta_2O_5. Seit einigen Jahren ist das etwa 60% Nb_2O_5 und wenig Tantal- sowie Thoriumoxid und Seltene-Erden-Oxide enthaltende Pyrochlorkonzentrat der wichtigste Rohstoff zur Herstellung von Niobprodukten.

Vorstoffe (35.1—35.3)

35.1 Erze

Für die Rohprobe entnimmt man von jedem Sack oder Faß mittels Stechheber 100 bis 500 g. Die sehr feinkörnigen Pyrochlorkonzentrate weisen eine geringe Radioaktivität auf. Bei der Probenahme sind deshalb entsprechende Vorsichtsmaßnahmen, z. B. Tragen von Staubmasken und Handschuhen, erforderlich. Bei stückigen Erzen (z. B. Tantaliten) werden 2 bis 3 kg je Sack oder Trommel entnommen. Die Proben werden vereinigt, zerkleinert und verjüngt.

35.2 Schlacken

Die bei der Zinngewinnung anfallenden Schlacken enthalten verwertbare Gehalte an Niob- und Tantaloxid. Die Probenahme der meist körnig gelieferten Schlacke erfolgt nach den Richtlinien für körniges Gut in 2.2 ff.

35.3 Tantal/Niob-haltiger Schrott

Schrott dieser Art fällt in den verschiedensten Formen in Verbindung mit zahlreichen anderen Metallen und nichtmetallischen Stoffen an. Für reinen Tantal-Niob-Schrott in Form von Barren, Ingots, Stücken, Blechen, Folien, Drähten und Tabletten gilt das unter 35.4 für Niob- und Tantalmetall Gesagte.

In zunehmendem Maße fällt Tantalschrott in Form von Elektrolytkondensatoren an. Man unterscheidet drei Klassen:

a) reine Tantalmetall-Anoden mit Draht, nicht oxidiert; b) reine Tantalmetall-Anoden mit Draht, oxidiert; c) sonstiger Kondensator-Schrott mit Verunreinigungen wie Manganoxid, Graphit, Kunststoff usw. In diesen Kondensatoren besteht nur die innere Anode aus Tantal. Gehäuse, Isolation, Zuleitungen und Elektrolyt sind nur schwer von der Tantalanode zu trennen.

Bei Trockenkondensatoren kann zur Probenahme eine gewogene Menge geglüht werden, wobei Kunststoffteile und die Isolation verbrennen und die Tantalanode teilweise zu Ta_2O_5 oxidiert. Der Glührückstand wird zurückgewogen (Glühverlust) und, wenn nötig, in Feines und Metallisches durch Absieben getrennt. Ist jedoch das Tantal beim Abbrennen spröde geworden, so kann der gesamte Glührückstand auf einer Scheibenmühle fein gemahlen werden.

Fertigerzeugnisse (35.4—35.5)

35.4 Niob- und Tantalmetall

Bei der Gewinnung der Metalle durch Reduktion liegen Niob und Tantal fast immer in Pulverform vor. Für die Probenahme gelten die allgemeinen Richtlinien für Metalle in Pulverform (3.1.1).

Gesinterte Barren oder dicke Bleche können durch Anbohren geprobt werden. Die Zerkleinerung der Bohrspäne wird mit der Schere oder einer entsprechenden Apparatur durchgeführt.

Von geschmolzenen Ingots, die zur Weiterverarbeitung (z. B. zum Auswalzen) vorgesehen sind, werden zur Probenahme in Längsrichtung Späne abgehobelt. Die Zerkleinerung der Späne erfolgt wie oben angegeben. Liegen die Metalle als Tabletten oder Granalien vor, die nicht größer als 14 mm sind, erfolgt die Probenahme durch Zerteilen mit einem Bolzenschneider. Bei duktilem Metall entstehen hierbei Metallteilchen von 1 bis 2 mm Länge, bei sprödem Metall zerfallen sie in kleinere Körner.

Dünne Bleche, Folien und Drähte werden mit der Schere geschnitten.

35.5 Legierungen und Verbindungen

35.5.1 Ferroniobtantal, Ferrotantalniob, Ferroniob

Siehe unter „Ferrolegierungen“ (20.2.8).

35.5.2 Niobcarbid, Tantalcarbid

Das Niobcarbid (NbC) mit theoretisch 11,45% C und das Tantalcarbid (TaC) mit theoretisch 6,23% C enthalten neben dem carbidischen Kohlenstoff in geringen Mengen freien Kohlenstoff. In den meisten Fällen sind nicht reine Carbide, sondern Mischcarbide, TaC-NbC, zu untersuchen, wobei TaC oder NbC vorherrschen kann. Es sind Pulver, die nach den Richtlinien für pulverförmige Legierungen (3.1.1) geprobt werden.

35.5.3 Nioboxid, Tantaloxid

Die Oxide beider Metalle sind weiße Pulver. Ihre Probenahme erfolgt nach den Richtlinien für pulverförmige Oxide (3.6.1). Die Rohprobe sollte etwa 5% des angelieferten Materials betragen.

35.5.4 Niob- und Tantalsalze

Die wichtigsten Niob- und Tantalsalze sind Kaliumtantalfluorid und Kaliumniobfluorid, die als Zwischenprodukte bei der Metallgewinnung eine Rolle spielen. Da diese Salze leicht verwittern, werden sie in luftdicht abgeschlossenen Polyäthylenbehältern zum Versand gebracht. Ihre Probenahme erfolgt nach 3.6.2. Der hohe Wert der Salze erfordert eine Rohprobe von etwa 5% der Anlieferung. Die Analysenproben müssen ebenfalls in luftdicht abgeschlossenen Polyäthylenbehältern aufbewahrt werden.

36. Platinmetalle

Siehe Kapitel 18, Edelmetalle.

37. Quecksilber

Allgemeines

Die wichtigsten Quecksilbermineralien sind der Zinnober (HgS) und das gediegene Quecksilber. Daneben kommt es als Quecksilberhornerz (Hg_2Cl_2) vor. Fahlerze und Zinkblenden bzw. deren Konzentrate können Quecksilber enthalten, das beim Rösten in den Flugstaub geht. Weitere Vorstoffe zur Gewinnung von Quecksilber sind metallische und nichtmetallische Abfälle verschiedener Art.

Quecksilber ist das einzige bei Raumtemperatur flüssige Metall und besitzt hier schon einen verhältnismäßig hohen Dampfdruck. Quecksilber und seine Salze sind sehr giftig und unterliegen daher den Vorschriften zur Handhabung von Giften. Bei der Probenahme und Probenbearbeitung ist für eine gute Entlüftung zu sorgen.

Bei der Bearbeitung dieser Proben gilt folgende Regel: Materialien, die elementares Quecksilber enthalten oder enthalten können, werden bei max. 70 °C getrocknet, desgleichen Stoffe mit leichtflüchtigen Quecksilberverbindungen (z. B. $HgCl_2$). Bei jeglicher Handhabung quecksilberhaltiger Güter, wie Probenentnahme, Mischen, Sieben, Probenaufbewahrung usw., verwendet man wegen der Eigenschaft des Quecksilbers, mit einer Reihe von Metallen Amalgame zu bilden, Geräte aus Eisen bzw. rostfreiem Stahl, Kunststoff, Glas oder Porzellan. Außerdem dürfen die Proben nicht in Papiertüten aufbewahrt werden. Die Aufmahlung der Proben wird nach ihren physikalisch-chemischen Eigenschaften vorgenommen. Das im allgemeinen anzustrebende Korn von unter 0,25 mm oder unter 0,1 mm ist in manchen Fällen schwer zu erreichen, da das Material zu schmieren beginnt. Hier begnügt man sich mit einem Korn von unter 0,5 mm.

Vorstoffe (37.1—37.4)

37.1 Erze

Erze mit metallischem Quecksilber. Diese werden wie Stückerze behandelt (s. 2.2 ff.) Zu beachten ist, daß quecksilberreiche Erze meist gediegenes Quecksilber enthalten können, das in Form kleiner Tröpfchen im Erz verteilt ist. Dieses Metall wird bei der Grobzerkleinerung teilweise freigesetzt und vereinigt sich beim Schütteln des Gutes in einer Eisenwanne zu Kugeln, die abgegossen und verwogen werden. Diese Rohabscheidung muß mit fortschreitendem Vermahlungsgrad so oft wiederholt werden, bis aus der Probe kein Quecksilber mehr separiert werden kann. Erst dann wird die Rohprobe in der üblichen Weise verjüngt und eine Analysenprobe gezogen. Die Endprobe setzt sich aus metallischem Quecksilber und Feinem entsprechend den prozentualen Anteilen zusammen.

Erze ohne metallisches Quecksilber. Die Probenahme erfolgt ebenfalls nach den allgemeinen Richtlinien für Erze (s. 2.2 ff.).

37.2 Zwischenprodukte

37.2.1 Röstgut und Abbrand

Zur Kontrolle der Entfernung des Quecksilbers werden Proben wie allgemein bei stückigem oder feinem Material in 2.2 ff. beschrieben entnommen.

37.2.2 Flugstäube aus Röstprozessen

Beim Rösten der Erze erhält man in den Kondensationsanlagen elementares Quecksilber und einen quecksilberhaltigen Flugstaub (Stupp), der sowohl Quecksilbertröpfchen und Quecksilberverbindungen als auch feine Anteile des Aufgabegutes enthält. Der Stupp kann trocken oder durch Anwesenheit teeriger Kondensate von schmieriger Beschaffenheit sein. Im Betrieb werden die Phasen Quecksilber und Stupp getrennt. Zur Probenahme des Rohquecksilbers siehe 37.5.

Der vom elementaren Quecksilber weitgehend befreite Stupp — eine vollständige Abtrennung ist wegen Emulsionsbildung und Adhäsion an den Staubteilchen nicht möglich — ist normalerweise Umlaufgut. Zur Probenahme wird *trockener Stupp* in einer Mühle vermahlen, um eventuell noch isolierbares elementares Quecksilber zu erfassen, das solange abgetrennt wird (z. B. mit Löffeln), bis keine Ausscheidung mehr erfolgt. Man ermittelt die Gewichtsanteile des bei 70 °C getrockneten Feinen sowie des Quecksilbermetalls und füllt die Teile unter Angabe der Gewichtsverhältnisse getrennt ab.

Bei *öligem, schmierigem Stupp* extrahiert man eine größere Rohprobe mit Benzin, bis das Lösungsmittel farblos abläuft. Das an der Probe haftende restliche Benzin wird durch einen warmen Luftstrom verflüchtigt. Die sich dann ergebende Trockenprobe verarbeitet man wie bei Trockenstupp beschrieben. Die gewogene Benzinwaschlösung wird auf Quecksilber geprüft und ggf. anteilig berücksichtigt. Die Endprobe setzt sich aus Feinem, elementarem Quecksilber und Benzinwaschlösung zusammen.

Von Flugstäuben aus Naßreinigungsanlagen (Schlämmen) werden mit Stechhebern oder Schaufeln Proben genommen, bei 70 °C getrocknet und auf unter 1 mm gemahlen. Nach dem Verjüngen wird weiter aufgemahlen, wobei in vielen Fällen nur ein Korn unter 0,5 mm erreichbar ist, da die Materialien zu schmieren beginnen.

37.3 Nichtmetallische Abfälle

Bei der Verarbeitung von Quecksilber und Quecksilberverbindungen, auch metallorganischer Natur, fallen Rückstände und Abfälle an, die als Vorstoffe zur Quecksilbergewinnung dienen und gehandelt werden. Ihre Beschaffenheit reicht vom öligen, schmierigen Produkt über pastenartige Stoffe bis zum eingetrockneten Schlamm. Neben diesen pauschal als „Schlämme“ zu bezeichnenden Materialien sind auch quecksilberhaltige Salzschlacken im Handel.

37.3.1 Schlämme

Sie werden in Fässern, Kunststoffsäcken oder -flaschen angeliefert. Man sortiert zunächst nach Färbung des Materials. Innerhalb dieser Farbklassen kann man weiter nach Beschaffenheit der Schlämme (dünnflüssig, pastenartig oder eingetrocknet) unterteilen, wobei im Bedarfsfall eine weitere Aufteilung in Faß- und Sackmaterial vorzunehmen wäre. Man erhält somit aus einer Lieferung meist mehrere, manchmal bis zu zehn verschiedene Kategorien, die getrennt bearbeitet und im Probenahmeprotokoll aufgeführt werden. Die getrockneten Endproben verschiedener Kategorien lassen sich oft gewichtsanteilig zu einer Durchschnittsprobe für die gesamte Lieferung zusammenstellen, wobei das Mahlverhalten der Einzelproben mitentscheidend ist. Proben von Stäuben und Schlämmen werden zweckmäßig nicht vereinigt.

Die Entnahme der Rohprobe innerhalb der erwähnten Kategorien erfolgt im allgemeinen aus 20 bis 40% der Gebinde. Bei augenscheinlich sehr inhomogenem Material ist eine Probenahme von allen Gebinden erforderlich (sog. hundertprozentige Probenahme).

α) Naßschlämme. Überstehendes Wasser wird abgezogen, verwogen und der später durch Trocknung ermittelten Nässe zugeschlagen. Man gibt dann den gesamten Inhalt des zur Probe ausgewählten Gebindes über ein Grobsieb (Standsieb) von 20 mm Maschenweite, um Fremdkörper zu erfassen, die gesammelt verwogen werden. Ansätze an den Gebinden in Form von eingetrockneten Schlammkrusten werden abgelöst, z. B. mit Gabeln, intensiv zerstampft und dem durch das Grobsieb gelaufenen Schlamm zugeschlagen. Das Material wird in einer Wanne durch Schaufeln gemischt. Man entnimmt ca. 10 kg als Probe zur Trocknung, falls das Gebinde separat bearbeitet werden soll, oder mischt diese Teilmenge mit entsprechenden Teilen von gleichartigen Materialien anderer Gebinde. Von dieser Mischung wird dann die Probe zur Trocknung entnommen. Ihre Menge beträgt etwa 10 bis 20 kg bei Anlieferungsgewichten je Kategorie bis zu 10 t und reicht bis 100 kg bei Anlieferungen bis 100 t. Die Trocknung der Rohprobe erfolgt bei 70 °C bis zur Gewichtskonstanz. Das Material wird unter mehrmaliger Verjüngung über ein 1-mm-Sieb abgesiebt. In den Siebstufen erfaßbare Fremdkörper werden zusammen mit den Grobfremdkörpern der Schlammsiebung gewichtsanteilig berücksichtigt.

Da die meisten Materialien elementares Quecksilber in nicht immer sichtbarer Form enthalten können, prüft man mit einer kleinen Teilprobe durch Aussieben im Porzellanmörser auf elementares Quecksilber, das in Tröpfchen sichtbar wird. Bei Anwesenheit von Metall wird die Hauptmenge des getrockneten Materials in einer Wanne aus Kunststoff oder Eisen durch Reiben und Schütteln bearbeitet; auslaufendes elementares Quecksilber wird mit Löffeln erfaßt und anteilig berechnet. Der nichtmetallischen Fraktion wird Aluminiumpulver oder Zinkstaub in Mengen von etwa 5% zur Bindung des nichtauslaufenden elementaren Quecksilbers zugesetzt (Protokollvermerk). Den gleichen Aluminiumzusatz wendet man zur Sicherheit auch bei Proben an, bei denen durch die genannten Untersuchungen kein elementares Quecksilber nachgewiesen werden konnte. Über diesen in der Praxis bewährten Aluminiumpulverzusatz muß grundsätzliche Übereinstimmung zwischen Lieferant und Empfänger bestehen. Das so behandelte Material wird dann in einer geschlossenen Mühle auf Analysenfeinheit (möglichst 0,1 mm) aufgemahlen und in luftdichte Flaschen abgefüllt. Es darf nicht nachgetrocknet werden; die Flaschen sind mit einem entsprechenden Vermerk zu versehen.

Einige Schlämme, vor allem saure Schlämme, lassen sich schwer trocknen. Hat man mit pH-Papier die saure Reaktion der Schlämme ermittelt, so wird die der oben beschriebenen Schlammsiebung entnommene Rohprobe vor dem Trocknen mit Methanol behandelt, bis dieses neutral abläuft. Man spült mit Äther nach, saugt lufttrocken und trocknet dann bei 70 °C. Die Waschflüssigkeit ist auszumessen und ebenfalls auf Quecksilber zu untersuchen.

Bei manchen Schlämmen, vor allem solchen, die deutlich wahrnehmbare Anteile von Öl- und/oder Teerkondensaten enthalten, ist eine Waschung mit Benzin statt Methanol nötig, analog zum schmierigen Stupp (s. 37.2.2). Anhaftendes Benzin wird wie dort mit einem warmen Luftstrom entfernt.

b) Trockenschlämme. Vollkommen eingetrocknete Schlämme werden aus dem Gebinde gehackt oder gekratzt und wie Naßschlämme über ein 20-mm-Sieb gegeben. Verbleibende Fremdkörper werden isoliert. Vom so grobgesiebten Material entnimmt man die Rohproben mit Stechern oder Schaufeln. Die Weiterbearbeitung erfolgt wie zuvor für Naßschlämme beschrieben.

37.3.2 Salzschlacken

Die Probenahme ist ähnlich der von Schlämmen. Man sortiert nach Aussehen und erfaßt zur Probenahme innerhalb einer Kategorie 20 bis 40% der Gebinde. Das gesamte Material eines jeden Gebindes wird über ein Grobsieb von 20 mm gegeben; das Überkorn wird zerkleinert. Von jeder Gebindeentleerung innerhalb einer Kategorie entnimmt man nach Mischen Teilproben von ca. 10 bis 20 kg, vereinigt, mischt und zieht mit einem großen Stechheber oder mit Schaufel die Rohprobe im Gewicht von 30 bis 100 kg, je nach Anlieferungsmenge. Sie wird auf unter 5 mm zerkleinert und auf ca. 10 bis 20 kg verjüngt. Mit dieser Probe beginnt das Trocknen und die Weiterbearbeitung nach 37.3.1. Bei Salzschlacken ist in den meisten Fällen mit elementarem Quecksilber zu rechnen.

37.4 Metallische Abfälle

Hierbei handelt es sich um verunreinigtes Quecksilber, das in Flaschen aus Eisen oder Kunststoff angeliefert wird, oder um Abfälle von Amalgamen. Das Quecksilber kann mechanische Verunreinigungen wie Öl, Rost, Glas und ähnliches enthalten, die auf der Oberfläche schwimmen. Sie sind dem Gewicht nach meist gering, müssen aber ermittelt werden. Am zweckmäßigsten ist hier die Abtrennung in Scheidetrichtern und Wägung der verbleibenden mechanischen Verunreinigungen. Bei größeren Liefermengen kann man sich auf die Probenahme jeder dritten oder fünften Flasche beschränken. Zur Analysenprobe zweigt man einen Teil des Quecksilbers aus jeder der durch Probenahme erfaßten Flaschen in eine Porzellanschale oder Sammelflasche ab und entnimmt nach Durchrühren die Endprobe, die zweckmäßig in Keramikkruken oder geeigneten Kunststoffflaschen aufbewahrt wird.

Fertigerzeugnisse (37.5—37.7)

37.5 Rohquecksilber und hochreines Quecksilber

Die Probenahme des Roh- und des hochreinen Quecksilbers erfolgt nach 37.4. Die Proben sind in Steinzeugkruken oder Glasflaschen aufzubewahren.

37.6 Amalgame

Die Probenahme von diesen flüssigen oder weichen Materialien erfolgt mit einem Löffel nach Durchmischen.

37.7 Salze

Zur Probenahme werden Stechheber aus Kunststoff oder bei kleinen Gebinden Kunststofflöffel verwendet. Zum Sieben, falls erforderlich, sind Kunststoffsiebe empfehlenswert. Das Zerreiben gröberen Materials erfolgt in einem Porzellanmörser. Die Probenahme von Quecksilber(II)-chlorid (Sublimat), der Sulfate des ein- und zweiwertigen Quecksilbers, des Quecksilberoxids und Quecksilbersulfids (Zinnober) erfolgt wie unter 3.6.1. Quecksilbernitrate sind nach 3.6.2 zu proben.

38. Rhenium

Allgemeines

Rhenium bildet keine eigenen Mineralien. Obwohl es in vielen Erzen, z. B. Platinerzen, Selten-Erdmineralien, Kupfer-Kobalterzen, in sehr geringer Konzentration vorkommt, werden diese Mineralien zur Rheniumgewinnung nicht verwendet. Die einzige technische Gewinnungsbasis sind Molybdänsulfidkonzentrate. Je nach Provenienzen enthalten diese 50 bis 800 g Re/t.

Vorstoffe (38.1—38.2)

38.1 Waschlaugen von Abgasen und Flugstäuben der Molybdänsulfidröstung

Beim Abrösten von Molybdänsulfidkonzentraten bildet das Rhenium ein flüchtiges Oxid. Es sammelt sich — je nach Verarbeitungsweise — entweder in den Flugstäuben oder in den Waschlösungen an. Die Probenahme der Waschlaugen erfolgt nach den Richtlinien für Laugen (Kap. 64), die der Flugstäube nach denen für pulverförmiges Gut (3.6.3). Bei letzteren ist darauf zu achten, daß rheniumhaltige Flugstäube aus Rauchgasen von Hütten- und Schmelzbetrieben leicht Sauerstoff aufnehmen, besonders dann, wenn sie bei Temperaturen über 100 °C getrocknet werden. Die Nässebestimmung hat daher im Vakuum bei Temperaturen bis 60 °C zu geschehen.

38.2 Metallische Abfälle

Bei der Bearbeitung von Rheniummetall und seinen Legierungen fallen Metallpulver oder Legierungsstäube an. Die Probenahme erfolgt nach den Richtlinien in 3.1.1.

Rheniumwolfram- und Rheniummolybdänlegierungen werden für Thermoelemente, Röntgenteller, Glühdrähte in Elektronenröhren verwendet. Die Probenahme derartiger Abfälle erfolgt wie unter Molybdän (32.2) beschrieben.

Fertigerzeugnisse (38.3—38.4)

38.3 Rheniummetall

Rheniummetall wird durch Reduktion von Perrhenaten mit Wasserstoff gewonnen. Es fällt als grauschwarzes Pulver an. Die Probenahme erfolgt nach 3.1.1. Kompaktes Metall wird durch Hobeln oder Bohren geprobt.

38.4 Rheniumsalze

Von technischer Bedeutung sind Ammonium-, Kalium- und Natriumperrhenat. Die Probenahme dieser feinkörnigen, weißen, nicht hygroskopischen Salze erfolgt nach den Richtlinien in 3.6.1. Rheniumheptoxid und die Oxidchloride, die in der organischen Industrie als Katalysatoren Verwendung finden, sind stark hygroskopisch. Die Probenahme von Rheniumheptoxid erfolgt daher nach 3.6.2, die des Rheniumoxidchlorids wie unter Vanadium (52.7.2) beschrieben.

39. Rubidium

Die Probenahme erfolgt wie im Kapitel 26, Kalium, beschrieben.

40. Schwefel

Vorstoffe (40.1—40.2)

40.1 Natürliche Vorkommen

Vorstoffe zur Herstellung von Schwefel und Schwefelverbindungen sind die Lagerstätten mit gediegenem Schwefel (Golf von Mexiko, Sizilien u. a.) sowie die sulfidischen Erze wie Kiese und Blenden. Ihre Probenahme erfolgt nach den bei Erzen beschriebenen Verfahren (s. 2.2ff.). Bei den sog. Kohlenkiesen aus Kohlelagerstätten aller Art, die sich an der Luft sehr leicht oxidieren, ist die Nässebestimmung nur im Vakuum bei Zimmertemperatur möglich. Bei erhöhter Temperatur besteht die Gefahr der Oxidation, die bis zur Entzündung des Materials gehen kann.

Ein weiterer Vorstoff zur Gewinnung von Schwefel, der in dem letzten Jahrzehnt erhebliche Bedeutung erlangt hat, ist das Erdgas, das z. T. sehr hohe Gehalte an Schwefelwasserstoff aufweist. Seine Probenahme erfolgt nach den Verfahren in Kapitel 60.

40.2 Ausgebrauchte Gasreinigungsmassen

Die Gasreinigungsmassen bestehen entweder aus natürlichen (Raseneisenerz) oder aus industriell anfallenden Eisenoxidhydraten (Lux-Masse). Die in Kästen oder in Türmen auf Horden gestapelte feuchte Masse bindet den Schwefelwasserstoff der durchstreichenden Kokereigase und kann bei mehrfacher Regenerierung bis zu 70% elementaren Schwefel enthalten. Gewöhnlich liegen die Elementarschwefelgehalte zwischen 35 und 50%, begleitet von Eisensulfid, schwefelhaltigen organischen Verbindungen, Cyanverbindungen und Teer. Die ausgebrauchte Masse enthält den Schwefel teils in krümeliger Form, untermischt mit Eisenoxid, teils zusammengeballt in großen, sehr harten Brocken mit Schwefelgehalten bis zu 95%. Diese chemische und mechanische Heterogenität verlangt besondere Sorgfalt beim Probenehmen. In Kokereien mit Beförderung der Masse durch Transportbänder oder Kübel hat sich die regelmäßige Entnahme nach Zeit am Band oder mit einer bestimmten Anzahl von Kübeln eingeführt. Die vereinigten Entnahmen werden gemahlen, das Mahlgut wird geviertelt und in 4 Flaschen mit 200 bis 500 g Inhalt randvoll abgefüllt. Die Flaschen müssen luftdicht schließen, um Oxidation oder Wasserverlust zu verhindern. Steht kein selbstförderndes Transportgerät zu Verfügung, so wird die ausgepackte Masse zum Kegel gehäuft oder zum flachen Quadrat ausgebreitet. Beim Verjüngen werden die großen Brocken mit der Schaufel oder einem Stampfer zerkleinert. Ist bis auf etwa 50 kg heruntergeviertelt, so wird die Masse gemahlen und das Mahlgut weiter geviertelt.

Falls die Ladung dem Empfänger durch Waggons mit dem üblichen Fassungsvermögen von 17 bis 22 t zugesandt wird, entnimmt man jeder 0,7 bis 1,5 t fassenden Greiferschaufel 3 bis 5 kg mit einer breiten, an den Rändern emporgezogenen Handschaufel. Die zerstampfte Masse wird gekegelt, gemahlen und abgefüllt.

Schiffsladungen werden wie in 2.5 beschrieben geprobt.

Fertigerzeugnisse (40.3—40.5)

40.3 Elementarer Schwefel

Der durch Ausschmelzen aus den Lagerstätten und Gasreinigungsmassen sowie durch Oxidation von Schwefelwasserstoff erhaltene Reinschwefel kommt in Form von Barren bis 60 kg Gewicht oder großen, mehr oder weniger zerfallenen Quadern mit etwa 98% Schwefel in den Handel. Zur Probenahme wird von jedem 20. Barren oder jedem 2. Quader ein Stück abgeschlagen und von dem Feinen der Ladung eine gewichtsäquivalente Menge zugegeben. Alles wird gemahlen, nach dem Unterteilen abgefüllt und luftdicht verschlossen aufbewahrt.

40.4 Schwefeldioxid

Das Schwefeldioxid wird in flüssiger Form in druckfesten Stahlflaschen und Tanks aufbewahrt. Versandt wird es in Kesselwagen und Flaschen. Zur Probenahme läßt man entweder das flüssige Schwefeldioxid in ein Dewar-Gefäß laufen oder entnimmt es mittels einer Bunte-Eitner-Pipette. Diese etwa 280 bis 300 mm lange Pipette besteht aus einem dickwandigen Glasrohr von ungefähr 40 bis 50 mm lichter Weite und 200 ml Inhalt, das an beiden Enden mit einem Glashahn (5 mm Durchlaß) versehen ist. An der Eintrittsseite ist das Zuleitungsrohr oberhalb des Glashahnes zu einem Glasflansch umgebildet, der mit einer Gummidichtung und einer Klammer mit dem entsprechend ausgebildeten Flansch des Schwefeldioxid-Behälters verbunden wird. Nach dem Öffnen beider Hähne wird das Behälterventil geöffnet und die Luft durch einen kräftigen Schwefeldioxid-Strom aus der Pipette vertrieben. Darauf schließt man den Austrittshahn der Pipette, füllt diese zu $^2/_3$ mit flüssigem Schwefeldioxid (etwa 130 bis 150 g), schließt dann den anderen Hahn und das Behälterventil, nimmt die Pipette ab und führt ihren Inhalt der Untersuchung zu. Da die Pipettenhähne leicht herausgedrückt werden können, müssen die Küken durch starke Gummischeiben gesichert werden. Die Hahnbohrungen sollen frei von Hahnfett sein.

40.5 Schwefelsäure

Die Probenahme von Schwefelsäure erfolgt entweder durch Abnahme aus dem Vorrats- bzw. Mischbehälter oder aus dem Tankwagen durch einen Hahn im Nebenschluß zur Hauptleitung, der so eingestellt ist, daß während des Entleerens von 15 bis 20 Tonnen 10 bis 15 l ablaufen, oder auch mittels Stechhebern, von denen verschiedene Ausführungen im Gebrauch sind.

Die einfachste Ausführung besteht aus einem Glasrohr von 1500 mm Länge, 20 mm lichter Weite und $1^1/_2$ mm Wandstärke, das einseitig zu einer Spitze von

5 mm Durchlaß ausgezogen ist. Öffnen und Schließen erfolgt mit dem Daumen oder mit einem über die weite Öffnung gezogenen Gummischlauch, der nach dem Füllen umgeknickt wird.

Ein vollkommeneres Gerät besteht aus einem gleichartigen Glasrohr, das mit einer Klappe verschlossen wird. Die Klappe bewegt sich in einem Scharnier, das durch eine Schelle am Rohr befestigt ist. Die Klappe wird von Hand bedient, und zwar mit oder ohne Unterstützung durch eine starke Feder. An Stelle von Glas kann man auch Blei oder Vinidur (nur für verdünnte Säuren!) verwenden.

Bei Gebrauch der Stechheber muß Klarheit über die Homogenität der Schwefelsäure bestehen. In Kesselwagen wird der Heber durch einen Stutzen möglichst tief eingeführt, und zwar während der Dauer des Einsenkens offen. Ist die Konzentration der Säure über den Querschnitt verschieden, was je nach Ausfall der Versandanalyse durch nachträgliches Hinzufügen konzentrierterer Säure oder von Wasser zutreffen kann, so genügt selbst bei längeren Transporten das damit verbundene Rütteln nicht zum Homogenisieren, weil die Schwallbleche des Kesselwagens das Umwälzen verhindern. Dann ergibt eine Probenahme allein aus den oberen Schichten oder Aufsteigenlassen nur aus den unteren Schichten infolge zu späten Öffnens des Hebers ein falsches Bild.

Bei einer Probenahme für 4 Flaschen zu je 200 ml Inhalt werden 5 bis 10 Stecherinhalte entnommen, vereinigt und entsprechend aufgefüllt. Die randvollen Glasflaschen mit eingeschliffenen Stopfen müssen sofort verschlossen und versiegelt werden.

Akkusäuren und anderen verdünnten Säuren wird die Probe mit Schöpfgefäßen entnommen.

Festes Oleum und Anhydrid werden in eine Flasche eingewogen und mit einer bekannten Menge genau analysierten Monohydrates versetzt, so daß ein flüssiges Oleum mit einem SO_3-Gehalt unter 70% entsteht. Die Mengen der Zusätze sind im Protokoll anzugeben.

41. Selen

Allgemeines

Die wichtigsten Vorstoffe für die Selengewinnung sind verschiedene bei der Verhüttung von selenhaltigen sulfidischen Erzen, besonders des Kupfers, anfallende Zwischenprodukte. Demgegenüber sind reine Selenmineralien, wie z. B. Berzelianit (Cu_2Se) oder Clausthalit (PbSe), für die Selengewinnung ohne Bedeutung. Außerdem werden selenhaltige Rücklaufmaterialien wie Schlämme, Fabrikationsabfälle aus der Selengleichrichterproduktion und Gleichrichterschrott gehandelt.

Wegen der *Giftigkeit des Selens*, besonders, wenn es in feinverteilter Form vorliegt, und seiner Verbindungen, ganz besonders des Selenwasserstoffs, sind bei allen Probenahmearbeiten entsprechende Vorsichtsmaßnahmen zu ergreifen: Staubschutzmasken, Gummihandschuhe, gute Absaugung und Belüftung. Es ist zu beachten, daß die Selenaufnahme auch durch die unversehrte Haut erfolgen kann.

Vorstoffe (41.1–41.3)

41.1 Selenhaltige Zwischenprodukte

Die Probenahme dieser Materialien ist in den Kapiteln des jeweiligen Hauptmetalls beschrieben:

Kapitel Edelmetalle: Anodenschlämme unter 18.2.5; Kupfersulfatrückstände unter 18.2.6.

Kapitel Kupfer: Kupfer-Blei-Stein unter 28.2.2 (gilt auch für sog. Selenstein); sodahaltige Kupfer-Blei-Schlacken unter 28.2.4.

Kapitel Blei: Flugstäube vom Abrösten selenhaltiger Erze und Bleiflugstäube vom Treibofen unter 12.3.4; Abstrich und Glätte vom Treibofen unter 12.3.7.

41.2 Rohselen

Das abgesetzte oder abgenutschte, ausgewaschene schlammartige Rohselen wird wie stichfeste Schlämme mit dem Probenstecher geprobt. Infolge der unterschiedlichen Korngrößen können Entmischungen auftreten. Zur Vermeidung weiterer Oxidation muß im Vakuum bei etwa 60 bis 70 °C getrocknet werden.

41.3 Selenhaltige Rücklaufmaterialien

41.3.1 Selen-Cadmium-Zinn-haltige Schlämme und Rückstände

Diese Materialien entstehen bei der Aufarbeitung von Gleichrichterplatten, wobei die Trägerplatten von der eigentlichen Gleichrichterschicht mechanisch oder chemisch abgetrennt werden. Die Probenahme aus dem Material der Gleichrichterschichten erfolgt wie bei anderen säurefreien Schlämmen (s. 34.2.6) bzw. pulverförmigem Gut (3.1.1).

41.3.2 Produktionsabfälle der Selengleichrichterherstellung

Sofern es sich um gleichförmiges Material handelt, wird die zur Durchführung der Analysen erforderliche Anzahl Stücke wahllos entnommen. Bei größeren Platten oder Bändern müssen Teilstücke mit einer Schere abgeschnitten werden, wobei auf die Möglichkeit des Abplatzens der selenhaltigen Schicht von der Trägerplatte zu achten ist. — Ungleichartiges Material muß vor der Probenahme sortiert werden.

41.3.3 Selengleichrichterschrott

Dieses Material besteht aus ganzen oder teilweise delaborierten, unterschiedlichen Gleichrichteraggregaten und enthält neben den Selen-Bauelementen auch Eisenteile und Isolationsmaterial. Eine zuverlässige Probenahme ist nicht möglich. Die Abrechnung kann nur nach dem Selenauskommen bei der getrennten Verarbeitung des Postens erfolgen.

Fertigerzeugnisse (41.4—41.5)

41.4 Standardselen (>99,5% Se) und Reinstselen (>99,995% Se)

Standard- und Reinstselen sind äußerlich nicht voneinander zu unterscheiden. Sie kommen meist als Granalien, gelegentlich in gefällter Form als Pulver in den Handel.

Alle Werkzeuge und Geräte zur Probenahme und Probenbearbeitung müssen entweder aus Edelstahl oder aus Quarz sein. Sämtliche Trocknungsvorgänge sollen im Vakuum ausgeführt werden. Eine Erwärmung von Probegut des amorphen Selens über 40 °C führt zur Kristallisation. Bei dotiertem Reinstselen (Gleichrichterqualität) kann es erforderlich sein, diese Temperaturgrenze noch tiefer festzulegen.

Die Probenahme von frisch gefälltem Selen erfolgt wie bei anderen Schlämmen (s. 34.2.6), die des trockenen pulvrigen Selens mittels Stechers nach 3.1.1.

Bei granuliertem Selen werden die Teilproben mit einem Löffel entnommen. Die Verpackung erfolgt häufig in der Weise, daß sich in einem Gebinde eine größere Zahl von einzeln verpackten Teilmengen befindet, z. B. in einer 50-kg-Trommel zehn Kunststoffbeutel zu 5 kg. In diesem Fall können aus jeder Teilmenge Löffelproben gezogen werden, die man zur Gesamtprobe zusammensetzt.

Während des Granulierens im Herstellerwerk können entweder in regelmäßigen Abständen Löffelproben aus dem Granalienhaufwerk entnommen werden, oder man benutzt einen kalten Quarzstab, der in den Gießstrahl gehalten wird. Das daran erstarrte Selen ist eine Teilprobe.

41.5 Selenlegierungen und -verbindungen

41.5.1 Ferroselen

Siehe unter „Ferrolegierungen" (20.2.10).

41.5.2 Selendioxid und Selenate

Die Probenahme von Selendioxid und von Seleniten(IV) sowie Selenaten(VI) wird durch ihre Hygroskopizität erschwert. Die Entnahme der Proben geschieht mit dem Probenstecher, wobei die Verpackungseinheiten nur kurz zu öffnen sind. Das Mischen der Teilproben, das Verjüngen und das Abfüllen der Analysenproben müssen schnell und unter möglichst weitgehender Ausschaltung von Feuchtigkeit erfolgen. Im Protokoll und auf den luftdicht verschlossenen Probenflaschen ist zu vermerken: „Analysenfertige Probe. Nicht nachtrocknen."

42. Seltene Erden und Thorium

Allgemeines

Das wichtigste Ausgangsmaterial zur Herstellung von Cer und Lanthan sowie ihren Verbindungen ist der aus Seifenlagerstätten gewonnene Monazitsand, $(Ce,La)PO_4$, zur Gewinnung von Yttriumsalzen der Bastnaesit, ein Fluoridcarbonat der Seltenen Erden (vorwiegend Y), und der Euxenit mit hauptsächlich Y als Kation und Ti, Nb, Ta und U als Anion. Weitere nutzbare Mineralien vom Euxenit-Typ sind Polykras, Äschynit und die Silikate Allanit und Cerit.

Thoriumrohstoffe sind neben den genannten Mineralien der Seltenen Erden der Thorit, $ThSiO_4$, und der Thorianit, $(ThU)O_2$.

Vorstoffe (42.1)

42.1 Erze

Die Seltenen Erdmetalle werden fast ausschließlich als Konzentrate gehandelt, die eine relativ einheitliche Körnung aufweisen. Die Probenahme kann daher nach den im Allgemeinen Teil angegebenen Richtlinien (s. 2.2 ff.) erfolgen.

Optische Einheitlichkeit des Materials ist kein Kriterium für einen gleichmäßigen Gehalt an Seltenen Erdmetallen. Liegen keine Unterlagen über die Einheitlichkeit einer Sendung vor, so werden aus jedem Faß bzw. Sack mit Probenstechern Rohproben gezogen und die Rohproben, deren Menge in ungünstigen Fällen bis zu 25% der Lieferung beträgt, durch Verjüngen und Zerkleinern weiterverarbeitet.

Bei schlecht geschiedenen Partien von Monazitsanden tritt bei den langen Transportwegen eine Entmischung des Haufwerks aus Ilmenit-, Monazit- und Quarzkörnchen ein. Bei der Probung derartiger Lieferungen werden 10 bis 20% als Rohprobe gezogen.

Fertigerzeugnisse (42.2—42.5)

42.2 Metalle

Bei der Probenahme der Seltenen Erdmetalle ist allgemein die leichte Oxidierbarkeit und die Neigung zur Aufnahme von Wasser und Kohlendioxid bei allen Handhabungen der Probenahme zu berücksichtigen. Die Legierung der Seltenen Erdmetalle, allgemein als Mischmetall bezeichnet, wird durch Schmelzflußelektrolyse in größeren Mengen hergestellt.

Aus dem in Blöcken oder Platten angelieferten Metall werden mit sehr langsam laufenden Bohrern Bohrspäne als Rohprobe entnommen. Da die Entzündungstemperatur des Mischmetalls bei etwa 150 °C liegt, muß der Durchmesser des Bohrers mindestens 15 bis 20 mm betragen. Es ist weiterhin zu empfehlen, das Bohren unter Luftabschluß so durchzuführen, daß am Bohrer tropfenweise Paraffinöl herabläuft. Die unter Zusatz von Schutzölen gewonnenen Bohrspäne sind nur für Analysen zur Bestimmung der einzelnen Seltenen Erdmetalle oder anderer Metalle verwendbar. Analysenproben zur Kohlenstoffbestimmung werden ohne Anwendung von Paraffinöl erbohrt, da durch die große Oxidationsneigung auch das Schutzöl leicht mit oxidiert wird. Eine Entölung der Späne mit Tetrachlorkohlenstoff ist möglich. Andere Lösungsmittel — wie beispielsweise Äther — führen stets zu fehlerhaften Kohlenstoffwerten.

Oxid- bzw. Sauerstoffbestimmungen werden nur an frischem Metall durchgeführt. Hierbei wird bei stückigem Material mit höheren Einwaagen gearbeitet.

Einige der Seltenen Erdmetalle lassen sich auch in großer Reinheit durch Destillation gewinnen, wie z. B. Samarium. Da die Herstellung nur in kleinen Chargen erfolgt, sollte aus jeder Verpackungseinheit eine Probe entnommen werden.

Bei schlecht vergossenen Metallen ist eine Probenahme sehr unsicher. Man bricht eine Anzahl von Platten auf und kann nach den geschätzten Anteilen von Elektrolysesalz oder eingeschlossenem Oxid eine Probe zusammenstellen. Diese Analysen müssen dann mit Einwaagen von 50 bis 200 g durchgeführt werden.

42.3 Legierungen

Die Probenahme von Legierungen mit Zusätzen von Seltenen Erdmetallen bereitet keine speziellen Probleme. Sie richtet sich in der Regel nach dem Hauptmetall. Bei höheren Anteilen an Mischmetall muß die durch Seigerung auftretende Inhomogenität bei der Probenahme berücksichtigt werden. In diesen Fällen sind größere Rohproben erforderlich.

42.4 Oxide der Seltenen Erden

Reine Seltene-Erden-Oxide oder die Mischungen verschiedener Seltene-Erdmetall-Oxide werden wegen ihrer speziellen Anwendungszwecke nur in kleineren Einheiten hergestellt. Die Probenahme der im allgemeinen freifließenden Pulver bereitet keine Schwierigkeit. Je nach dem Anwendungszweck sind bestimmte Reinheitskriterien gefordert, die dem Probenehmer vor der Entnahme der Probe bekannt sein müssen. So ist beispielsweise bei Lanthanoxid für optische Zwecke eine Probenahme mit eisernen Gerätschaften in jedem Falle abzulehnen, da die Toleranzgrenze für Eisen 1 ppm beträgt.

Es ist aus jedem Gebinde einer Sendung eine Teilprobe zu ziehen und zu einer Gesamtprobe zusammenzustellen. Gleichartiges Aussehen kann nicht als Zeichen für eine Homogenität der Lieferung angesehen werden. Bei allen Handhabungen sollte berücksichtigt werden, daß die Oxide sehr leicht Kohlendioxid aufnehmen; diese Tatsache muß bei der Probenahme offener Gebinde beachtet werden (s. auch 3.6.3).

42.5 Salze der Seltenen Erden

Die wichtigsten Salze der Seltenen Erden sind die *Chloride*. Da sie sehr hygroskopisch sind, bereitet eine Probenahme des im allgemeinen stückigen Materials gewisse Schwierigkeiten. Die Probenahme erfolgt nach 3.6.2. Bei größeren, aus verschiedenen Einzelchargen zusammengestellten Lieferungen muß jede Charge für sich geprobt und anteilmäßig aus der Mischung eine Gesamtprobe zusammengestellt werden. Im allgemeinen wird bei der Probenahme von Mischmetall-Chloriden eine weitgehende Zerkleinerung vermieden und stattdessen zur Analyse eine größere Einwaage verwendet.

42.6 Thoriumverbindungen

Die Probenahme von Thoriumnitrat und -oxid erfolgt nach 3.6.1.

43. Silber

Siehe Kapitel 18, Edelmetalle.

44. Silicium

Allgemeines
Das Ausgangsprodukt zur Gewinnung von Silicium ist Quarz (SiO_2). In besonderen Fällen können auch kieselsäurereiche Mineralien sowie Tone und Calciumsilikate verwendet werden.

Vorstoffe (44.1—44.2)

44.1 Quarz

Je nach Lagerstätte ist Quarz durch Einschlüsse und Anhaftungen verunreinigt. Für die Verarbeitung zu Siliciummetall und Siliciumlegierungen sind Einschlüsse von Feldspat und Anhaftungen von Ton störende Verunreinigungen und müssen bei der Probenahme anteilmäßig erfaßt werden. Quarz ist ein hartes und sprödes Mineral. Die Probenahme erfolgt nach den Richtlinien für stückiges Material, wobei wegen der Härte des Materials bei der Zerkleinerung und Zurichtung entsprechend ausgestattete Apparate einzusetzen sind (s. 3.1.2).

42.2 Kohle (Schwarzstoffe)

Die Probenahme ist in Kapitel 58 beschrieben.

Fertigerzeugnisse (44.3—44.5)

44.3 Reinstsilicium

Reinstsilicium für elektronische Zwecke wird als Siliciumpulver, Siliciumblättchen, Siliciumnadeln, kompaktes Silicium und Silicium-Einkristalle gehandelt. Zur Probenahme von Siliciumpulver, -blättchen und -nadeln sollen ca. 10% der Lieferung als Rohprobe entnommen werden. Kompaktes Reinstsilicium und Silicium-Einkristalle werden Stück für Stück beprobt und ähnlich wie bei Germanium (22.6) durch physikalische Messungen auf Widerstand, Kennlinie usw. untersucht.

44.4 Siliciumlegierungen

44.4.1 Ferrosilicium

Siehe unter „Ferrolegierungen“ (20.2.11.1).

44.4.2 Sonstige Siliciumlegierungen

Für verschiedene metallurgische Zwecke — Legieren, Desoxidieren, Impfen — wird Silicium, legiert mit anderen Metallen, in Form von Mehrstofflegierungen eingesetzt. Grundsätzlich erfolgt die Probenahme nach 44.3. Überwiegen die Gehalte dieser Legierungskomponenten, so ist die Probenahme in den entsprechenden Kapiteln beschrieben (z. B. Mangan). Im folgenden sind die gebräuchlichsten Silicium-Mehrstofflegierungen aufgeführt, bei denen infolge besonderer Eigenschaften Schwierigkeiten bei der Probenahme auftreten können.

Aluminium-Siliciumlegierungen mit Aluminiumgehalten bis 50%. Bei höheren Aluminiumgehalten ist auf Ausseigerungen zu achten, die infolge ihrer Zähigkeit Schwierigkeiten beim Zerkleinern bereiten. Sie müssen trotzdem bei der Probenahme anteilmäßig erfaßt werden, da bei Nichtberücksichtigung Minderbefunde im Aluminiumgehalt auftreten können.

Calcium-Siliciumlegierungen. Üblich sind Calciumgehalte von 20 bzw. 30%. Gebräuchlich sind auch Calcium-Siliciumlegierungen mit Zusätzen von Mangan, Aluminium, Titan, Zirkonium, Barium, Strontium, Magnesium u. a. Diese Legierungen sind wie bei Ferrosilicium (44.4.1) beschrieben zu behandeln. Soll bei der Untersuchung neben den metallischen Komponenten auch der Kohlenstoff ermittelt werden, so ist zu berücksichtigen, daß dieser sich in Form von Carbiden zusammen mit Schlacke beim Erstarren der Schmelze an den Randzonen anreichert. Die Entnahme der Probe hat entsprechend über den ganzen Querschnitt oder bei Stücken anteilmäßig zu erfolgen. Calcium-Siliciumlegierungen sind feuchtigkeitsempfindlich.

Magnesium-Siliciumlegierungen. Sie werden hauptsächlich für die Herstellung von Gußeisen mit Kugelgraphit verwendet und enthalten meistens Zusätze von Calcium und Seltenen Erden. Handelsüblich sind Legierungen mit Magnesiumgehalten von 5 bis 45%. Sie neigen zum Ausseigern. Mit besonderer Vorsicht ist bei der Zerkleinerung vorzugehen, da sie sich an der Luft leicht entzünden. Oft tritt schon beim Brechen Verpuffen mit Flammenerscheinungen auf, wodurch die Probe unbrauchbar wird. Beim Vermahlen wird durch Vergrößerung der Oberfläche und Erwärmen durch Reibung die Oxidationsneigung verstärkt und führt nicht selten zu einem Verglühen des Pulvers. Aus diesem Grunde ist das Vermahlen in geschlossenen Gefäßen (Scheibenschwingmühlen) durchzuführen. Das Öffnen der Gefäße darf erst nach vollständigem Erkalten der Probe erfolgen.

Die Haltbarkeit der Proben bei der Aufbewahrung ist begrenzt; es sind luftdicht verschlossene Glasgefäße zu verwenden.

44.5 Siliciumcarbid

Entsprechend seiner Verwendung ist Siliciumcarbid ein außerordentlich hartes Material. Daher ist eine Zerkleinerung in Mühlen oder Mörsern kaum ohne Einschleppen von Fremdelementen, insbesondere Eisen, möglich. Bei Verwendung von Stahlmörsern bzw. Mahlgefäßen aus Stahl ist daher nach der Zerkleinerung unbedingt eine Magnetbehandlung vorzunehmen. Kleinere Mengen werden in Diamantmörsern zerschlagen, aber auch in diesem Falle ist eine Entfernung des eingebrachten Eisens mit dem Magneten unbedingt erforderlich.

Sollen neben dem Siliciumcarbid Kieselsäure oder Eisen bestimmt werden, so ist die Zerkleinerung auch in Kupfermörsern möglich. Dies muß aber im Probenahmeprotokoll vermerkt sein.

In neuerer Zeit wird für die Zerkleinerung von besonders harten Materialien vielfach (hauptsächlich in Scheibenschwingmühlen) Hartmetall verwendet, doch ist selbst hier mit einem geringfügigen Abrieb zu rechnen.

45. Strontium

Die Probenahme erfolgt wie im Kapitel 10, Barium, beschrieben.

46. Tantal

Siehe Kapitel 35, Niob und Tantal.

47. Tellur

Allgemeines

Sulfidische Erze, vor allem Pyrite, Kupferkiese und Blei-Zink-Erze, weisen häufig geringe Gehalte an Tellur auf. Tellur ist auch ein Nebenbestandteil verschiedener Golderze. Bei der Aufbereitung der Erze reichert sich das Tellur im Konzentrat an und geht bei dessen Verarbeitung in verschiedene Zwischenprodukte. Reine Tellurmineralien sind demgegenüber für die Tellurgewinnung ohne Bedeutung.

Wegen der Giftigkeit des Tellurs und seiner Verbindungen sind bei allen Probenahmearbeiten die gleichen Vorsichtsmaßnahmen wie bei Selen (s. Kap. 41) zu ergreifen.

Vorstoffe (47.1—47.2)

47.1 Tellurhaltige Zwischenprodukte

Die Probenahme ist in den Kapiteln des jeweiligen Hauptmetalls beschrieben:

Kapitel „Edelmetalle“: Anodenschlämme unter 18.2.5; Kupfersulfatrückstände unter 18.2.6

Kapitel „Kupfer“: Kupfer-Blei-Stein unter 28.2.2; sodahaltige Kupfer-Blei-Schlacken unter 28.2.4

Kapitel „Blei“: Werkblei unter 12.2.7; Flugstäube vom Abrösten tellurhaltiger Erze und Bleiflugstäube vom Treibofen unter 12.3.4

47.2 Rohtellur

Die Probenahme des gefällten Metallschlammes erfolgt nach dem Filtrieren wie für stichfeste Schlämme mit dem Probenstecher. Das Trocknen muß wegen der Oxidationsgefahr im Vakuum bei etwa 60 bis 70 °C vorgenommen werden.

Fertigerzeugnisse (47.3—47.4)

47.3 Standardtellur ($>$ 99,5%) und Reinsttellur ($>$ 99,99%)

Standard- und Reinsttellur werden meist in Form von Stangen oder Blöcken gehandelt. Da das Material spröde ist, können zur Probenentnahme Stücke abgeschlagen und durch Zerreiben weiter zerkleinert werden. Zu beachten ist, daß pulverförmiges Tellur beim Reiben leicht oxidiert.

47.4 Tellurhaltige Legierungen und Tellurverbindungen

Tellurhaltiges Kabelblei wird in der Weise geprobt, wie im Kapitel „Blei“ unter 12.5 beschrieben. Formate aus tellurhaltigem Kupfer werden in gleicher Weise behandelt wie sonstige Kupferformate (28.5).

Tellurverbindungen werden wie Selenverbindungen (41.5.2) geprobt.

48. Thallium

Allgemeines

Thallium bildet keine eigenen Mineralien, sondern kommt als Spurenelement vor allem in Zinkblende und in sulfidischen Blei- und Eisenerzen vor. Beim Rösten dieser Materialien geht es bevorzugt in die Flugstäube, welche die wichtigsten Ausgangsstoffe für die Thalliumgewinnung darstellen. Als weitere Vorstoffe sind die Mangan(IV)-oxid-Schlämme aus der Laugenreinigung von Cadmium- und Zinkelektrolysen sowie die Rückstände von der Cadmiumdestillation zu nennen. Daneben kommen noch Fällprodukte aus Thalliumlösungen, wie Thalliumchlorid und -chromat, infrage.

Alle Thalliumverbindungen gehören zu den stärksten Magengiften. Bei der Handhabung sind entsprechende Schutzmaßnahmen (Tragen von Staubmasken und Gummihandschuhen, gute Absaugung bei allen Arbeitsvorgängen) einzuhalten.

Vorstoffe (48.1—48.4)

48.1 Flugstäube

Die Probenahme von Flugstäuben ist im Kap. „Blei“ (12.3.4) beschrieben.

48.2 Thalliumhaltiger Manganschlamm

Die Probenahme bietet keine Schwierigkeiten und wird nach den gleichen Grundsätzen durchgeführt, die allgemein für Laugenschlämme gelten (s. 34.2.6). Es muß bei dünnen Schlämmen darauf geachtet werden, daß der Wassergehalt der Probe dem der Lieferung entspricht. Die Nässebestimmung erfolgt bei 105 °C.

48.3 Rückstände von der Cadmiumdestillation

Sie bestehen in der Hauptsache aus Bleilegierungen und sind bei guter Arbeitsweise im Betrieb praktisch oxidfrei. Zur Weiterverarbeitung auf Thalliumsalze (insbesondere Sulfat) werden sie in Wasser granuliert; aus den Granalien wird die Endprobe entnommen. Für den seltenen Fall, daß die Destillationsrückstände in Barren vorliegen, werden diese, wie im Kapitel „Blei“ (12.4) beschrieben, gebohrt. Die Späne werden in einem Eisengefäß bei maximal 350 °C eingeschmolzen und zu kleinen Barren vergossen (Metall 1). Die abgezogene Krätze wird in einer Kugelmühle aufgemahlen und über ein 0,25-mm-Sieb gegeben. Das Grobe wird wiederum eingeschmolzen (Metall 2), das Feine gemischt und gewogen (beim Einschmelzen von Metall 2 neuerlich anfallende Krätze wird wiederum gemahlen und gesiebt; das Grobe wird Metall 2, das Feine dem Feinen der ersten Siebung zugeschlagen). Metall 1 und 2 werden getrennt durch Sägen bearbeitet, wobei man an mehreren gegenüberliegenden Stellen die Barren halb durchsägt. Die Analysenprobe besteht aus Metall 1, Metall 2 und Feinem, deren Prozentgehalte im Protokoll und auf der Probenflasche neben dem Schmelzverlust anzugeben sind.

48.4 Rohes Thalliumchlorid oder -chromat

Die pulverförmigen, nichthygroskopischen Einsatzstoffe werden nach den Richtlinien in 3.6.1 geprobt.

Fertigerzeugnisse (48.5—48.6)

48.5 Thalliummetall

Das silbergraue Metall oxidiert leicht an feuchter Luft unter Bildung der stark ätzenden Base Tl(OH). Bei Berührung können Hautverätzungen auftreten. Das als Zementationsschlamm oder als mehr oder weniger zusammenhaftendes Elektrolytmetall anfallende Thallium wird vorwiegend zu Stangen, seltener zu Blöckchen oder Barren vergossen. Infolge seiner leichten Oxidierbarkeit wird es unter Petroleum oder Glycerin oder in verschweißten Polyäthylenbeuteln aufbewahrt. Das Metall ist sehr weich, so daß von den Stangen Stücke abgeschnitten und zu einem Probeblöckchen zusammengeschmolzen werden können. Blöckchen und/oder Barren werden mit einem dicken Bohrer gebohrt; die Späne bewahrt man unter Stickstoff in verschweißten Polyäthylenbeuteln auf und analysiert sie möglichst rasch. Das Schmelzen des Thalliums hat bei Temperaturen unter 350 °C zu geschehen, da sonst eine starke Oxidation unter Entwicklung sehr giftiger Thalliumoxiddämpfe eintritt.

48.6 Thalliumsalze

Die technisch wichtigsten Thalliumsalze sind das Sulfat Tl_2SO_4 und die Halogenide TlCl, TlBr und TlJ, ferner das Carbonat Tl_2CO_3 und das hygroskopische Acetat $TlCH_3COO$. Die Probenahme erfolgt bei allen Salzen mit einem Probenstecher aus Kunststoff nach 3.6.1 bzw. 3.6.2.

49. Thorium

Siehe Kapitel 42, Seltene Erden und Thorium.

50. Titan

Allgemeines

Rohstoffe für die Titangewinnung sind der Rutil, TiO_2 (mit 90 bis 98% TiO_2), der Ilmenit, $FeO \cdot TiO_2$ (mit 44 bis 63% TiO_2), und die Titanmagnetite (Magnetite mit wechselnden TiO_2-Gehalten) sowie der Leukoxen (mit 90 bis 93% TiO_2, Rest Eisenoxid und Kieselsäure).

Vorstoffe (50.1—50.3)

50.1 Erze

Die Probenahme der meist in Papiersäcken angelieferten Erze (Rutil, Leukoxen) und des meist lose angelieferten Ilmenits erfolgt entsprechend den Richtlinien in 2.2ff. für körniges Gut. Während Rutil sich leicht analysenfein vermahlen läßt, kann bei Zerkleinerung des Ilmenits ein Siebrückstand verbleiben, der im Mörser zerstoßen werden muß. Das Probegut soll eine Körnung unter 0,16 mm aufweisen.

Titanhaltige Seifensande neigen während des Transportes zur Entmischung. Zur Probenahme ist daher der Inhalt jedes 20. Sackes der Sendung auszuleeren und über den Kegel zu schütten. Die anfallenden Teilproben werden zu einer Rohprobe vereinigt und diese nach der Zerkleinerung entsprechend weiter verjüngt.

50.2 Titanschlacken

Titanschlacken fallen bei der Verhüttung des Ilmenits an und enthalten 50 bis 80% TiO_2. Von ihnen werden Proben in der gleichen Weise wie bei stückigem Material (s. 2.2ff.) entnommen.

Alkalioxidhaltige Titanschlacken verwittern leicht. Wenn möglich, werden diese noch im warmen Zustand geprobt, vorzerkleinert und die Analysenproben in luftdicht verschlossenen Glasgefäßen aufbewahrt. Soll länger gelagertes Material geprobt werden, welches durch Wasseraufnahme feucht und schmierig geworden ist, so ist die Rohprobe vor der Zerkleinerung auf 300 bis 400 °C zu trocknen. Im Protokoll ist eine Angabe des Glühverlusts zu vermerken. Bis zu 5% der Lieferung sind rasch zu brechen und zu verjüngen. Die Feinzerkleinerung erfolgt in einer geschlossenen Mühle.

50.3 Titanschrott

Titanabfälle können sowohl in Behältern als auch lose verladen zum Versand kommen. Von jeder Lieferung in Behältern werden 25% der Behälter geöffnet und Stücke entnommen. Hierbei ist besonders auf die physikalische Beschaffenheit der Einzelstücke zu achten. Soweit wie möglich werden die verschiedenen Arten von Schrottabfällen, die sich durch die Farbe oder verschiedene Oxidation unterscheiden, aussortiert und mengenmäßig erfaßt. Man entnimmt nun diesen Abfällen Einzelproben und prüft mit Hilfe der Emissionsspektralanalyse den Legierungstyp unter Zuhilfenahme von Legierungsstandards. Auf diese Weise können verschiedene Titanschrottsorten auseinandergehalten werden.

Ein Probenahmeprotokoll eines typischen Schrotts kann dann wie folgt aussehen:

„30 Proben wurden überprüft, davon bestehen
24 aus 6 Al, 4 V, Rest Ti,
2 aus 5 Al, 2 Sn, Rest Ti,
2 aus 4 Al, 4 Mo, 2 Sn, Rest Ti,
1 aus 2 Cu, Rest Ti,
1 aus 18/8-nichtrostendem Stahl."

Wichtig ist die Feststellung des Öl- und Wassergehaltes der verschiedenen Abfälle, wenn diese nicht trocken und gereinigt angeliefert werden. Von Bedeutung ist auch der Anteil von sehr feinen Abfällen. Da diese bei der Weiterverarbeitung unerwünscht sind, ist auf die Feststellung des Anteils zu achten.

Soweit keine Sortierung der Gesamtlieferung erfolgt, werden die Einzelproben für die Analyse durch Abschneiden oder Bohren der einzelnen Fraktionen gewichtsmäßig zu einer Probe zusammengestellt.

Fertigerzeugnisse (50.4—50.6)

50.4 Titanmetall

50.4.1 Titanschwamm

Dieser stellt ein sehr inhomogenes und infolge seiner Duktilität oft schwer zu zerkleinerndes Produkt dar. Proben werden hiervon am besten nach dem Verpressen des gereinigten Schwammes zu Barren durch Anfräsen oder Anbohren (Hartmetallbohrer) an verschiedenen Stellen oder durch Herausschneiden von Querschnittsproben in Abständen von je $^1/_3$ der Barrenlänge entnommen. Bei größeren Querschnitten werden die Scheiben (s. Abb. 50/1) durch Diagonalschnitte zerlegt und von diesen die mittleren Ausschnitte als Analysenproben genommen. Das Zerschneiden der Barren wird mit Carborundumrädchen durchgeführt.

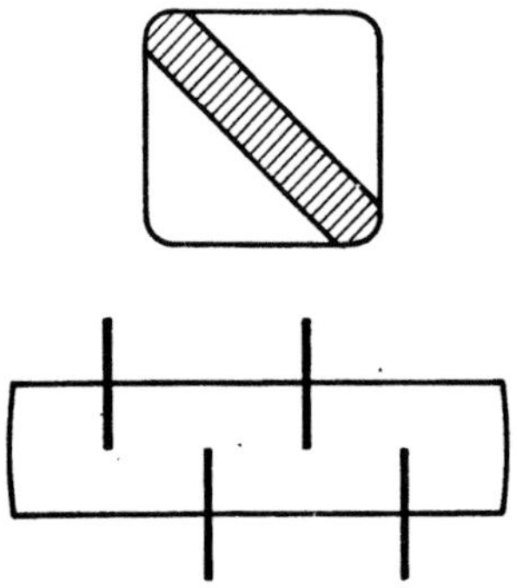

Abb. 50/1. Schema für eine Diagonalschnittprobe.

Wird der Titanschwamm als Ausgangsprodukt für die Herstellung von Schmelzteilen verwendet, so ist es üblich, eine Rohprobe des Schwammes (je Menge bis zu 10%) zu einer Knopfprobe oder einem Block im Vakuum zu schmelzen. Die Probenahme erfolgt wie unter Schmelztitan (50.4.2) angegeben.

50.4.2 Schmelztitan, legiertes Schmelztitan und Sintertitan

Bei diesem Metall wird zunächst die Oberfläche der meist zylinderförmigen Barren durch Abdrehen gereinigt. Die Proben werden den Barren durch Fräsen oder Bohren in Form von Spänen entnommen.

Zur Bestimmung der Elemente Sauerstoff, Wasserstoff und Stickstoff sind kompakte Proben mit einem möglichst kleinen Verhältnis Oberfläche zu Volumen zu verwenden. Zur Bestimmung chemischer Elemente mit der Röntgenfluoreszenzanalyse werden Probenstücke mit möglichst großer Oberfläche herausgesägt.

50.4.3 Aufwachstitan

Dieses wird durch Hämmern oder Walzen ausgeplattet; darauf schneidet man mittels einer Schlagschere Probenstücke oder -streifen ab. Von Drähten und Blechen aus duktilem Titan werden Proben in der gleichen Weise entnommen. Die Entnahme einer Probe für die Wasserstoffbestimmung hat nach der Endbehandlung der entsprechenden Halbzeuge zu erfolgen.

50.5 Titanlegierungen

Ferrotitanlegierungen siehe 20.2.11. Hochtitanhaltige Legierungen (80% Ti) werden wie Schmelztitan (50.4.2) geprobt.

50.6 Titanverbindungen

50.6.1 Titancarbid

Titancarbid (TiC) enthält theoretisch 20,05% C, das technische Produkt etwa 19,4% carbidischen und 0,2 bis 0,3% freien Kohlenstoff.

Das Titancarbid fällt bei der Herstellung als hellgraues, metallisches Pulver in Form eines leicht zusammengebackenen Kuchens an. Die Zerkleinerung mit Brecher und Mühle macht keine Schwierigkeiten. Aus dem feinen Mahlgut wird die Analysenprobe entnommen. Bei nicht gut carburiertem Titancarbid kann der freie Kohlenstoff ungleichmäßig in Nestern im Titancarbid vorhanden sein.

50.6.2 Titan(IV)-oxid

Titanoxid wird vorwiegend als Weißpigment verwendet. Die Probenahme dieser Materialien, zu denen auch die Lithopone, das Zinkweiß, das Zinksulfid und das Blanc fixe zählen, ist in DIN 53205 (September 1969) im Zusammenhang mit

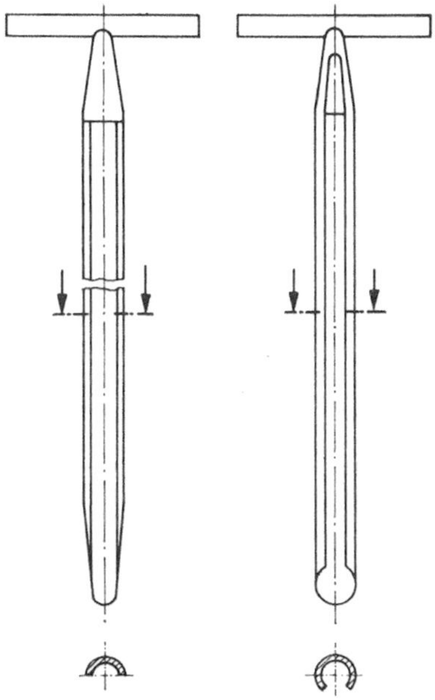

Abb. 50/2. Stechheber für Pigmente nach DIN 53 205.

einer in Vorbereitung befindlichen ISO-Empfehlung genau beschrieben. Die Probe wird mit einem in der DIN-Norm beschriebenen Stechheber (Abb. 50/2) entnommen. Die Anzahl der erforderlichen Einzelproben richtet sich nach der Gesamtzahl der Gebinde der Charge, aus denen die Lieferung besteht (s. Tab. 50/1).

Tabelle 50/1. Zahl der Einzelproben bei Titan(IV)-oxid

Gesamtzahl der Gebinde der Charge	Anzahl der Gebinde, aus denen Einzelproben entnommen werden
bis 8	2
9 bis 25	3
26 bis 100	5
101 bis 500	8
501 bis 1000	13
1001 bis 3000	20
3001 bis 10000	32
10001 und mehr	50

Die Rohprobe wird durch Mischen gleicher Anteile der Einzelproben hergestellt. Sie soll ca. 2 kg umfassen, die Endprobe etwa 500 g.

50.6.3. Titan(IV)-chlorid

Die in reinem Zustand farblose, als technisches Produkt mehr oder weniger dunkel gefärbte Flüssigkeit hat einen stechenden Geruch und raucht an der Luft stark. Aus jedem Anlieferungsgefäß wird nach guter Durchmischung mit einem Flüssigkeitsheber (s. 1.6.1), der bis zum Boden der Flüssigkeit abgesenkt wird, eine Probe entnommen. Die Einzelproben werden in einem dicht verschließbaren Glasgefäß gesammelt. Nach guter Durchmischung werden hieraus Analysenproben abgefüllt.

Bei großen Transportfässern kann die Rohprobe beim Füllen oder Entleeren der Behälter durch Abnahme eines Teilstromes zu Anfang, nach dem ersten und zweiten Drittel sowie am Ende der Füll- bzw. Abfüllperiode genommen werden. Diese Proben werden gut gemischt und wie oben angegeben weiter behandelt.

51. Uran

Allgemeines

Uran ist in der Erdkruste zu etwa $2 \cdot 10^{-4}\%$ vorhanden. Wegen seiner Fähigkeit zur Bildung zahlreicher chemischer Komplexe tritt es nur selten in höherer Konzentration auf. Uranführende Erze mit einem Urangehalt von über 0,1% gelten als abbauwürdig. Wenn Uran als Nebenprodukt z. B. bei den afrikanischen Golderzen, bei Ölschiefer oder Phosphaten anfällt, so können auch unter 0,1% liegende Urangehalte wirtschaftlich ausgebeutet werden. Von technischer Bedeutung sind Uraninit (Uranpecherz, Pechblende, UO_2), Brannerit in magmatischen Gesteinen; Autunit, Chalkolith in hydrothermalen Gängen von Pechblende; Uraninit, Carnotit, Tujamunit, Uranophan in Sedimenten mit epigenetischem Urangehalt. Außerdem spielen die pegmatitischen Salze der Seltenen Erden mit den Erdsäuren, die bis zu 12% U_3O_8 enthalten können, eine Rolle. Hierzu gehören Euxenit, Pyrochlor u. a. m.

Vorstoffe (51.1—51.3)

51.1 Erze

Die Probenahme erfolgt in der für Erze üblichen Weise (s. 2.2ff.). Die zu entnehmende Menge ist von der Verteilung der Uranmineralien im Gestein abhängig. Die Menge der Rohprobe soll etwa 1 bis 10% der Lieferung betragen.

51.2 Yellow cake

Der U_3O_8-Gehalt dieses Urankonzentrats liegt zwischen 75 und 98%. Um eine einwandfreie Probenahme zu gewährleisten, dürfen die Korngröße 6 mm und der Wassergehalt 10% nicht überschreiten. Der Urangehalt der einzelnen Korngrößen zwischen 0,044 und 0,6 mm kann um bis zu 10% variieren. Folgende Einflüsse bei der Entnahme und Vorbereitung der Probe sind besonders zu berücksichtigen: Entmischen in Behältern und in Probenstechern, ungleichmäßiges Fließverhalten, Hygroskopizität, Feuchtigkeitsverlust während der Probenzubereitung.

Die Entnahme der Probe erfolgt am sichersten aus dem auslaufenden Gutstrom. 50 Fässer mit einem U_3O_8-Inhalt von ca. 15000 kg ergeben etwa 100 bis 300 kg Rohprobe, was ca. 1% der Gesamtmenge entspricht. Der Behälter mit der Rohprobe wird auf einen luftdichten Probenteiler aufgeflanscht, das Ventil geöffnet und der Inhalt über eine kurze Schüttelrinne der Teilungsvorrichtung zugeführt, die aus dem auslaufenden Strom mit entsprechend eingestellter Entnahmefrequenz in sechs Einfangschlitzen je 1,5 kg Probe entnimmt.

Um bei der späteren Uranbestimmung durch Versender und Empfänger die Problematik der Wasserbestimmung zu umgehen, hat sich folgende weitere Verfahrensweise bewährt: Zur Bestimmung der Feuchtigkeit werden zwei der sechs gezogenen Proben bei 110 °C bis zur Gewichtskonstanz getrocknet und so durch Differenzwägung der Feuchtigkeitsgehalt ermittelt. Diese Proben werden anschließend verworfen. Zwei weitere der sechs Proben werden pulverisiert, vermischt und unter gleichen Bedingungen getrocknet. In noch warmem Zustand werden drei Teilmengen von je 1 kg in luft- und feuchtigkeitsdichte Gefäße verpackt, versiegelt und gewogen. Von diesen drei für die Uranbestimmung gezogenen Proben erhält eine der Absender, die zweite der Empfänger, und die dritte wird für eine evtl. notwendige Schiedsanalyse zurückgestellt. Durch Gegenkontrolle des auf dem Probenbehälter angegebenen Bruttogewichtes können sich die analysierenden Parteien vergewissern, daß nach dem Verpacken keine Probenveränderung, etwa durch Wasseraufnahme oder -abgabe, eingetreten ist.

Bei sehr hygroskopischem Konzentrat wird nach der Probenahme keine Trocknung durchgeführt, sondern nach schneller Pulverisierung unter Luftabschluß verpackt. Auf der Probe und im Protokoll ist zu vermerken: „Analysenfertige Probe, nicht nachtrocknen".

51.3 Zwischenprodukte

51.3.1 Uranylnitrat

Uranylnitrat als Zwischenprodukt wird in salpetersaurer Lösung ausgeliefert. Die Probenahme erfolgt in der für Laugen üblichen Weise (s. Kap. 64).

In seltenen Fällen wird auch Uranylnitratsalz mit der üblichen Zusammensetzung $(UO_2)(NO_3)_2 \cdot 6\,H_2O$ ausgeliefert. Dabei ist zu berücksichtigen, daß das Salz auch mit $2\,H_2O$ und $3\,H_2O$ im Handel ist. Diese Salze werden wie nichthygroskopische Salze geprobt (s. 3.6.1).

51.3.2 Uranoxide

UO_2-Pulver. Die Probenahme des in luftdichten Fässern oder Kannen angelieferten UO_2-Pulvers erfolgt mittels Probenstechers. Um eine Oxidation und Feuchtigkeitsaufnahme zu vermeiden, werden die Proben in Argonatmosphäre homogenisiert und in vorbereitete Glasflaschen verpackt, luftdicht versiegelt und gewogen. Zum Zeitpunkt der Analyse kann durch Gewichtskontrolle der Probe festgestellt werden, ob eine Veränderung (Sauerstoffaufnahme) eingetreten ist.

U_3O_8-Pulver. Die Probenahme des homogenen Pulvers erfolgt mit Probenstechern. Da es sich um eine stabile Oxidationsstufe handelt, sind lediglich Feuchtigkeitsveränderungen zu berücksichtigen.

UO_2-Pellets(-Sinterkörper). Die Probenahme der Pellets erfolgt nach statistischen Gesichtspunkten je Fertigungscharge. Die Probe der Pellets wird zunächst durch Brechen grob zerkleinert und anschließend in einer Mühle mit Wolframcarbid-Mahlwerk fein zerkleinert.

51.3.3 Uranhexafluorid[1]

UF_6 ist das Ausgangsmaterial für die Uran-235-Anreicherung in großen Diffusionstrennanlagen. Mit einer Uran-235-Anreicherung auf ca. 2 bis 93%, je nach Typ des Kernreaktors, ist es das wichtigste Ausgangsprodukt für die Brennelementherstellung. Wegen seiner physikalischen und chemischen Eigenschaften (Sublimationspunkt bei 56,4 °C, Schmelzpunkt 64,02 °C unter 1137,5 mm Hg Eigendruck) wird es in Metalldruckzylindern je nach Uran-235-Anreicherungsgrad in nuklear sicheren Einzelmengen zwischen 15 und 15000 kg flüssig abgefüllt und zum Versand gebracht. Eine repräsentative UF_6-Probe muß daher sowohl die Bestimmung des Uran-Isotopenverhältnisses als auch die Analyse der chemischen Zusammensetzung des gesamten Zylinderinhaltes ermöglichen, was nach eingehenden Versuchen nur durch Probenahme in flüssigem Zustand garantiert ist. Abb. 51/1 zeigt ein vereinfachtes Schema hierfür.

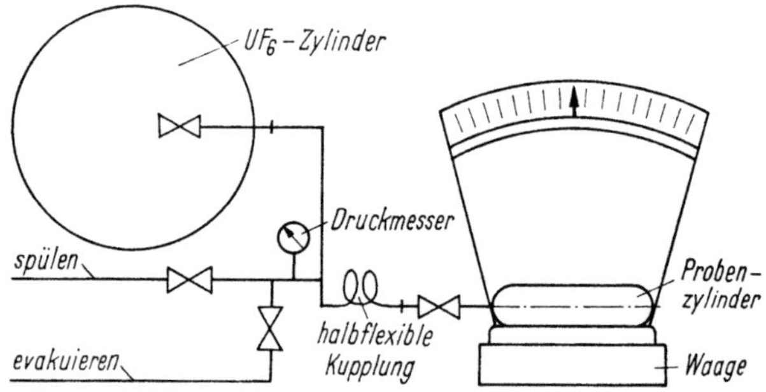

Abb. 51/1. Typisches Probenahmesystem für große UF_6-Zylinder.

Während des Aufheizens des Zylinders auf 65 bis 70 °C findet im allgemeinen eine hinreichende Durchmischung durch Konvektion statt. Daran anschließend muß folgende Verfahrensweise eingehalten werden: Der Zylinder wird so gerollt, daß das Ventil unterhalb des UF_6-Flüssigkeitsspiegels liegt und durch ein Verbindungsrohr an das Ventil des Probenzylinders angeschlossen werden kann. Das Probenentnahmesystem einschließlich Probenzylinder wird evakuiert und auf Dichtigkeit geprüft. Das Verbindungsrohr und alle Ventile werden auf ca. 77 °C erwärmt. Das Ventil des UF_6-Zylinders wird geöffnet und mittels Gewichtskontrolle des Probenzylinders die gewünschte Menge durch Schließen der Ventile begrenzt. Das Probenahmesystem wird gereinigt und evakuiert. Wenn eine weitere Probenahme erfolgen soll, darf der UF_6-Restgehalt im Probenahmesystem 5 ppm UF_6 (bei Normaldruck) nicht überschreiten.

51.3.4 Urantetrafluorid

Je nach Herstellungsprozeß erhält man wasserfreies UF_4 oder $UF_4 \cdot {}^3/_4\, H_2O$. Das aus naßchemischen Prozessen gewonnene $UF_4 \cdot {}^3/_4\, H_2O$ kann bei ca. 400 °C in inerter Atmosphäre wasserfrei getrocknet werden. Die Probenahme dieses pulverigen Produktes, das als Zwischenprodukt für die Uranmetallherstellung und UF_6-Herstellung eine technisch bedeutende Rolle spielt, erfolgt auf die für Pulver übliche Weise mit Probenstecher (3.6.1).

[1] Nach E. L. Keller, ORO-651 USAEC Revision 1: Uranium Hexafluoride Handling Procedures and Container Criteria 1967.

51.3.5 Tetraammonium-urandioxotricarbonat

$(NH_4)_4[UO_2(CO_3)_3]$ oder „AUC" ist ein wichtiges Zwischenprodukt bei der Umsetzung von UF_6 zu UO_2. Wegen seiner leichten Zersetzbarkeit und einer nur ungenauen Bestimmungsmöglichkeit kann es nicht geprobt werden und ist daher kein Handelsprodukt.

Fertigerzeugnisse (51.4—51.7)

51.4 Uranmetall

Die Probenentnahme von Uranmetall, Uranreguli, Urangußstücken oder auf andere Weise verformtem Material erfolgt durch Bohren mit Hartmetallbohrern unter destilliertem Wasser oder im starken Wasserstrom, um ein Verglühen der Späne zu U_3O_8 zu vermeiden. Bei den durch Reduktion gewonnenen Metallreguli muß vorher eine sorgfältige mechanische Reinigung der Metalloberfläche von Schlackenresten vorgenommen werden. Je nach Uran-235-Anreicherungsgrad liegt das Gewicht der Reguli zwischen etwa 5 und mehreren 100 kg.

Eine genaue Probenahme von Uranmetall erfordert die Entnahme von mindestens drei Proben, nämlich unten, oben und in der Mitte, die getrennt oder als Mischprobe analysiert werden.

51.5 Uran-Aluminium-Legierung

Die Probenahme dieser Legierung mit 4 bis 24% Uran erfolgt am Gußstück durch Bohren. Da Seigerungseffekte bei gewissen Legierungszusammensetzungen nicht auszuschließen sind, erfolgt die Probenahme zweckmäßig oben, unten und in der Mitte des Gusses.

51.6 Urancarbide

Die in Form von Pulver, Sinterkörpern oder Gußstücken vorliegenden Carbide (Monocarbid UC, Dicarbid UC_2) können wegen ihrer dem Calciumcarbid ähnlichen Reaktionsfreudigkeit nur bei Abwesenheit von Feuchtigkeit und Sauerstoff sicher gehandhabt werden. Die Probenahme und Probenzerkleinerung müssen deshalb in vollständig feuchtigkeitsfreier und inerter Atmosphäre in einem Handschuhkasten vorgenommen werden.

Für die genaue Kohlenstoffanalyse ist eine optimale Korngröße für die Analyse zu wählen, die etwa bei 0,5 bis 1,0 mm liegt. Kleineres Korn führt zu Kohlenstoffverlusten durch höhere Reaktionsgeschwindigkeit mit der den Gefäßwandungen anhaftenden Feuchtigkeit. Gröberes Korn kann die Homogenität der Probe beeinflussen.

51.7 Uran-Thorium-Mischoxid

Die durch gemeinsame Fällung gewonnenen Mischoxide (UO_2/ThO_2) werden mittels eines Spezialverfahrens in kugelförmige Sinterkörper von ca. 0,5 mm Durchmesser überführt, die mit pyrolytisch abgeschiedenem Kohlenstoff umhüllt werden. Derartige umhüllte Oxidpartikel dienen in graphitischen Hochtemperaturelementen, z. B. Kugeln, Blöcken oder Rohren, als Brennelemente.

Die Probenahme der grünen, gesinterten oder umhüllten Partikel erfolgt durch Probenteilung aus dem auslaufenden Partikelstrom des gesamten Loses. Die so erhaltene Rohprobe wird nochmals durch einen Probenteiler unterteilt und hieraus die Fertigprobe entnommen. Besondere Umstände sind dabei nicht zu beachten.

52. Vanadium (Vanadin)

Allgemeines

Die wichtigsten Vanadiumerze sind der Vanadinit ($3\ Pb_3V_2O_8 \cdot PbCl_2$), der Patronit ($V_2S_{5+x}$), der Mottramit ($5\ PbO \cdot 5\ CuO \cdot 2\ V_2O_5$), der radioaktive Carnotit ($K_2O \cdot U_2O_5 \cdot V_2O_5 \cdot 3\ H_2O$), sowie Descloizit (Pb, Zn, Cu)VO_4(PbOH). Daneben finden sich häufig geringe Mengen Vanadium in Bleierzen, gelegentlich auch in Kupfer- und Eisenerzen (Titanomagnetit).

Vorstoffe (52.1—52.4)

52.1 Erze

Die feinkörnigen (0,1 bis 3 mm) Erze werden im allgemeinen lose in Schiffen und Waggons angeliefert. Die Probenahme erfolgt entsprechend den Richtlinien in 2.2ff. für körniges Material. Der Patronit weist insofern gewisse Besonderheiten auf, als es sich bei ihm um ein brennbares Gelerz handelt, das freien Schwefel enthält. Das Trocknen muß hier bei Temperaturen unter 60 °C erfolgen. Auch beim Vanadinit hat ein Erhitzen auf höhere Temperaturen, wie etwa ein Reinigungsglühen oder dgl., wegen der Gefahr einer Bleichloridverflüchtigung zu unterbleiben.

52.2 Vanadiumhaltige Schlacken

Die Schlacken mit einem Vanadiumgehalt von 3 bis 18% dienen zur Herstellung von Vanadiumpentoxid. Sie werden entweder in vermahlenem oder stückigem Zustand in Papiersäcken zu 50 bis 70 kg oder in Fässern angeliefert. Von diesen werden je nach Beschaffenheit bei der Entladung 10 bis 30% in regelmäßigen Abständen abgezweigt. Bei feinkörnigem Gut wird aus jedem Behälter mit einem Stecher, der von oben bis unten durch den Inhalt gestoßen wird, eine Probe entnommen, die zu einer Rohprobe vereinigt werden. Handelt es sich um gröberes Material, so sind die für die Probenahme bestimmten Säcke oder Fässer, sofern sie nicht ganz ausgeschüttet werden, zu kippen und bei einer Korngröße von etwa 4 mm mit der Phosphatmehl- oder Schlackennadel (s. Abb. 1.6/4), bei über 5 mm mit dem Rinnenstecher so zu proben, daß die ganze Schicht erfaßt wird. Bei offen versandtem Material erfolgt die Probenahme nach 2.2ff. wie unter feinkörnigem bzw. stückigem Erz beschrieben.

Die Weiterverarbeitung der Rohprobe geschieht (bei Korngrößen über 4 mm nach vorheriger Zerkleinerung) durch mehrmaliges Verjüngen. Aus der Rohprobe werden zweimal 2 kg Schlacke zur Feuchtigkeitsbestimmung entnommen. Das verbleibende Probegut wird durch wiederholtes Vierteln oder in selbsttätig arbeitenden Probenteilern auf etwa 2 kg verjüngt. Nach dem Trocknen dieser 2 kg bei 105 °C wird das Material unter 0,16 mm zerkleinert. Die Zerkleinerung und das Absieben des jeweils anfallenden Grobanteils werden solange fortgesetzt, bis schlackenfreie Granalien zurückbleiben. Die prozentualen Anteile an Granalien und Feinem (einschließlich des bei der Zerkleinerung entstehenden feinen Eisenmehls) werden gewichtsmäßig bestimmt. Beide Anteile werden gesondert in Tüten gefüllt.

Eine magnetische Abtrennung der Eisenanteile von Vanadiumschlacken ist nicht möglich, da auch das Oxidgemisch oft magnetische Eigenschaften aufweist.

Wird die Vanadiumschlacke grobstückig angeliefert, so sollte die Qualitätsprobe nach Möglichkeit erst nach Vermahlen der gesamten Partie gezogen werden. In diesem Falle wird vom stückigen Material nach der Gewichtsfeststellung lediglich die Feuchtigkeitsprobe entnommen.

Falls jedoch eine Probenahme bei der unzerkleinerten Schlacke unumgänglich ist — wenn sie z. B. laut Vertragsbedingungen im Seehafen vorzunehmen ist —, erfolgt sie gemäß den Angaben in 2.5. Hierbei ist darauf zu achten, daß die Rohprobe bei dem uneinheitlichen Material möglichst groß gewählt wird. Verschiedentlich ist es gebräuchlich, Proben des bei der Zerkleinerung der stückigen Vanadiumschlacken anfallenden nicht pulverisierbaren Eisens, das in einer Stückgröße bis über 150 mm vorliegen kann, der Analysenprobe (getrennt nach Anfall bei den einzelnen Zerkleinerungsvorgängen) beizufügen. Größere Eisenstücke müssen gebohrt oder gesägt werden. Die weitere Behandlung der auf unter 5 mm zerkleinerten Restprobe erfolgt in der Weise, wie sie oben für die gemahlen angelieferte Schlacke beschrieben ist. Der prozentuale Anteil an Feinem und metallischem Material ist im Protokoll und auf den Proben anzugeben.

Bei alkalihaltigen Schlacken muß das Probegut in Glasgefäßen unter Luftabschluß aufbewahrt werden.

52.3 Vanadiumhaltige Rohstoffe aus der Aluminiumindustrie

Beim Bayer-Prozeß fällt als Nebenprodukt ein meist sehr hochphosphorhaltiges Natriumvanadat mit Vanadiumgehalten von 1 bis 5% an. Die Probenentnahme des meist lose zum Versand gebrachten Salzes erfolgt entsprechend den Richtlinien in 2.2ff. für feinkörniges Gut. Wenn nicht anders vereinbart, wird das Vanadium in der Originalsubstanz bestimmt.

52.4 Vanadiumhaltige Rückstände, z. B. Katalysatormassen

Die Probenahme der vorwiegend in granulierter Form anfallenden Katalysatormassen bereitet keine Schwierigkeiten. Sie erfolgt entsprechend den Richtlinien in 2.2ff. für körniges Gut.

Fertigerzeugnisse (52.5—52.7)

52.5 Vanadiummetall

Das silbergraue Vanadiummetall ist nur bei hoher Reinheit duktil. Je nach Herstellungsprozeß kann das Metall in verschiedenen Formen (Pulver, Reguli) anfallen.

Reguli. Die Reguli werden mittels Hobels zerspant. Fallen längere Späne an, so werden sie mit einer Zange oder Schere in kleinere Teile zerschnitten. Wichtig ist in allen Fällen, daß bei den zu treffenden Maßnahmen eine Aufnahme von

Fremdmetallen durch das Zerkleinerungswerkzeug vermieden wird. Die Späne werden direkt der Analyse zugeführt, wobei zu beachten ist, daß sie noch Schlackenanteile enthalten können. Sehr oft werden zur Entfernung von anhängenden Schlackenanteilen die Späne vor dem Zerkleinern einer Laugung in verdünnter Salzsäure unterzogen. Sollen die Reguli in ihrer Form erhalten bleiben, so erfolgt die Probenahme durch Bohren an verschiedenen Stellen mit Hartmetallbohrern.

Metallpulver. Liegt Vanadiummetallpulver vor, so wird durch entsprechendes Verjüngen eine Durchschnittsprobe gezogen. Empfehlenswerter ist es jedoch, die Pulver in Siebfraktionen zu unterteilen und von jeder Fraktion gesondert Proben anzufertigen. Der Versand erfolgt in evakuierten zugeschmolzenen Glasampullen oder in zugeschmolzenen Kunststoffampullen unter Argonatmosphäre. Die Analysenproben müssen analog behandelt werden.

Ingots oder *Barren.* Für die Probenahme von Vanadium-Ingots oder -Barren wird vom Boden und von der Spitze mit Hilfe einer Kaltbügelsäge unter Wasserkühlung je eine Scheibe von 1 bis $1^1/_2$ cm Stärke abgeschnitten. Auch die Verwendung von Bandsägen ist möglich, jedoch tritt hier ein höherer Metallverlust ein. Um Erwärmung und damit eine Sauerstoff- und Stickstoffaufnahme durch das Metall zu vermeiden, muß entweder mit Wasser gut gekühlt oder mit geringer Schnittgeschwindigkeit gearbeitet werden. Öl und andere Schmiermittel sind wegen einer Kohlenstoffaufnahme zu vermeiden.

Von den anfallenden Scheiben werden zur Härtebestimmung zweimal 2 cm $\times$ 1 cm große Stücke ausgesägt, die elektrolytisch in einem Bad, bestehend aus 20 Teilen Flußsäure (40%), 20 Teilen Salpetersäure (1,19) und 60 Teilen Glyzerin, bei einer Stromdichte von 2 A/dm^2 poliert werden. Die Abtragtiefe soll 1 bis $1^1/_2$ mm betragen. Die polierten Stücke werden für die Härtebestimmung verwendet.

Die Bestimmung des Sauerstoffs, Stickstoffs und Wasserstoffs erfolgt in abgedrehten, aus der Scheibe herausgeschnittenen Zylindern. Die dabei anfallenden Drehspäne werden zerbrochen und für die chemische Analyse verwendet.

52.6 Vanadiumlegierungen

52.6.1 Ferrovanadin

Die wichtigste Vanadiumlegierung ist das Ferrovanadin. Probenahme siehe 20.2.13.

52.6.2 Vanadium-Aluminium

Es sind Qualitäten mit 45 bis 55% V und 55 bis 45% Al in einer Körnung von 0,2 bis 6 mm im Handel. Nach der Zerkleinerung in Backenbrechern werden Unter- und Überkorn abgesiebt. Da das Material sehr einheitlich hinsichtlich der Zusammensetzung zum Versand kommen muß, ist eine gute Durchmischung erforderlich. Ferner unterliegt das Material auf einem Förderband einer visuellen Prüfung auf artfremde Verunreinigungen und anschließend auf einem zweiten Band der Untersuchung auf Fremdmetalle mittels einer Röntgenanlage. Das Material wird in Trommeln aufgefangen. Aus dem fallenden Materialstrom wird im Abstand von 1 min mit Hilfe eines mechanischen Probenehmers die Rohprobe entnommen. Sie soll etwa 1 bis 2% der Lieferung betragen. Die Analysenprobe zur Bestimmung der Gasgehalte wird ohne weitere Zerkleinerung durch Verjüngen erstellt. Zur Bestimmung der Elemente wird die Rohprobe im Originalzustand verjüngt und in einer Scheibenschwingmühle auf eine Körnung von unter 0,315 mm zerkleinert.

Im allgemeinen erfolgt diese Probenahme auf dem Herstellerwerk. Der Abnehmer kann jedoch jederzeit eine Kontrollprobe nach den Richtlinien für körniges Gut aus Trommeln (s. 2.7) ziehen.

52.7 Vanadiumverbindungen

52.7.1 Vanadiumpentoxid, Ammoniummetavanadat, Kaliummetavanadat

Je nach Verwendungszweck wird das Oxid als Vanadiumpentoxid in geschmolzenem oder als Vanadinsäure in getrocknetem Zustand, letztere als gelbe bzw. rote Verbindung, geliefert. Vanadiumpentoxid (Flakes oder stückig bis 50 mm Stärke) wird für die Herstellung von Vanadiumlegierungen eingesetzt, die bei 105 °C getrocknete Vanadinsäure für chemische Zwecke. Da sich die Vanadinsäure gut auf feinste Korngrößen zerkleinern läßt, treten hinsichtlich der Probenahme keine Besonderheiten auf. Man führt sie nach 3.6.1 durch. Rote getrocknete Vanadinsäure ist hygroskopisch, so daß bei der Probenahme die unter 3.6.2 beschriebenen Vorkehrungen zu treffen sind.

Die Probenahme von Ammoniummetavanadat und Kaliummetavanadat erfolgt nach 3.6.1. Da Vanadiumpentoxid und auch andere Vanadiumverbindungen die Atmungsorgane reizen, sind bei der Probenahme entsprechende Schutzmaßnahmen zu treffen.

52.7.2 Vanadiumchloride

Die Vanadiumchloride $VOCl_3$ (Siedepunkt: 126,4 °C), VCl_4 (Siedepunkt: 148 bis 152 °C) und VCl_3 (fest) werden u. a. für organische Synthesen in größeren Mengen technisch hergestellt. Sie sind gegen Feuchtigkeit äußerst empfindlich und zersetzen sich unter Abspaltung von Chlorwasserstoff bzw. Chlor und Vanadiumoxiden. Der Versand erfolgt bei kleinen Mengen in Ampullen, bei größeren Mengen in Stahlbehältern unter einer hochreinen Stickstoffatmosphäre. Vanadiumoxidchlorid-Behälter können über einen längeren Zeitraum in einem gut durchlüfteten Raum, geschützt vor Wärme und Sonnenlicht, aufbewahrt werden. Die gleichen Vorsichtsmaßnahmen gelten auch für in Stahlzylindern zum Versand kommendes Vanadiumtetrachlorid.

Die Probenahme der flüssigen Chloride erfolgt entsprechend den Angaben zu Titantetrachlorid (50.6.3). Das die Probe entnehmende Personal muß mit Schutzbrillen, Gummihandschuhen und Schutzmasken ausgerüstet sein, da diese Verbindungen Haut und Atmungsorgane stark reizen.

Literatur zu 52

1 Schmidt, W.: Probenentnahme und Vorbereitung von Vanadiummetall. Dissertation TH Aachen 1969.

53. Wismut

Allgemeines

Die wichtigsten Wismutmineralien sind – neben gediegenem Wismut – Wismutglanz (Bi_2S_3), Wismutoker (Bi_2O_3) und Wismutspat, ein Wismutcarbonat wechselnder Zusammensetzung. Außer eigentlichen Wismuterzen werden auch Mischerze und

-konzentrate gehandelt, in denen Wismut u. a. neben Zinn, Blei, Kupfer, Kobalt, Nickel, Wolfram und Silber vorkommt.

Vorstoffe (53.1—53.4)

53.1 Wismuterze und -konzentrate

Probenahme und Probenbearbeitung erfolgen nach den allgemeinen Richtlinien in 2.2ff. für körniges bzw. feines Gut. Infolge des hohen Wertes der wismuthaltigen Rohstoffe ist der Rohproben-Prozentsatz gegenüber anderen Erzen und Konzentraten zu erhöhen. Die Rohprobe soll mindestens 10% der Anlieferung betragen.

53.2 Blei-Wismut-Calcium-Magnesium-Schäume

Bei Anlieferung in Form von Planschen wird ein Anteil von etwa 10% als Rohprobe entnommen, in einem Eisengefäß auf eine Temperatur dicht oberhalb des Erweichungspunktes erhitzt und anhaltend gerührt. Dabei entsteht ein körniges Material, das im noch heißen Zustand in Mörsern zerstampft wird. Durch anschließendes Absieben über ein 0,15-mm-Sieb werden zwei Fraktionen „grob“ und „fein“ erhalten, die nach dem Verjüngen getrennt abgefüllt werden. Ihre Gewichtsanteile sind im Protokoll und auf den Proben anzugeben.

Bei Anlieferung in Form von Blöcken werden mindestens 10% der Blöcke unter Verwendung von Schablonen, wie bei Blei (12.4) angegeben, gebohrt. Unter Umständen können die Blöcke auch gesägt werden (s. 12.4). Die Bohr- oder Sägespäne werden in einem Eisentiegel geschmolzen und zu einem Blöckchen vergossen, das vollständig aufgeraspelt oder zersägt wird. Aus diesen Spänen werden durch Mischen und Verjüngen die Analysenproben hergestellt.

53.3 Andere wismuthaltige Zwischenprodukte

Bei der Gewinnung von Blei, Kupfer und Silber fallen wismuthaltige Zwischenprodukte an. Dazu gehören Schlämme der Blei- und Kupferelektrolyse, Glätten und Herde vom Reichtreiben sowie Flugstäube. Ihre Probenahme und Probenbearbeitung ist in den Kapiteln des jeweiligen Hauptmetalls beschrieben.

Außerdem entstehen während der Wismutraffination unter Verwendung von Chlor sog. Chloridschlacken, die hauptsächlich aus wismuthaltigem Blei- bzw. Zinkchlorid bestehen. Diese Materialien werden normalerweise nicht gehandelt. Soll eine innerbetriebliche Probenahme erfolgen, so nutzt man die Tatsache aus, daß die Chloridschlacken in flüssiger Form anfallen, und entnimmt die Proben mit Löffeln aus dem Gießstrahl beim Abgießen oder aber beim Abschöpfen.

53.4 Schrott und Abfälle

Rücklaufmaterialien sind gebrauchte Wismutlegierungen und -verbindungen, die in gleicher Weise geprobt werden wie unter 53.6 bzw. 53.7 beschrieben.

Fertigerzeugnisse (53.5—53.7)

53.5 Wismutmetall

Rohwismut in Blockform. Wegen seines Gehaltes an meist höher schmelzenden Verunreinigungen neigt Rohwismut zum Seigern. Die Probenahme erfolgt deshalb durch Sägen der Blöcke, von denen mindestens 20% nach einem Sägeschema, wie es im Kapitel „Blei" unter 12.4 beschrieben ist, als Rohprobe herangezogen werden. Die Späne werden anschließend gemischt und verjüngt, dann wird die Analysenprobe entnommen.

Feinwismut in Blockform. Wegen der Einheitlichkeit einer Gießcharge genügt es, einzelne Blöcke zu zerschlagen und davon Stücke zu entnehmen, die in Mörsern oder Schlagmühlen auf eine Korngröße unter 0,15 mm zerkleinert werden.

53.6 Wismutlegierungen

Wismuthaltige Mehrstofflegierungen zeigen oft die Erscheinung der „umgekehrten Blockseigerung". Deswegen erfolgt die Probenahme am besten bereits vor dem Vergießen nach gutem Durchrühren aus der Schmelze durch die Schöpfprobe. Die erstarrte Probe wird aufgeraspelt oder gesägt. Die Analysenproben entnimmt man nach dem Mischen und evtl. Verjüngen der gewonnenen Späne.

Die Probenahme aus Formaten erfolgt, wie bei Rohwismut (53.5) angegeben, durch Sägen.

53.7 Wismutverbindungen

Von Bedeutung sind das Wismut(III)-oxidchlorid (BiOCl), das Wismut(III)-oxid (Bi_2O_3) und die basischen Wismut (III)-salze, z. B. das Nitrat oder Gallat. Alle diese Verbindungen sind nicht hygroskopisch und werden nach den allgemeinen Richtlinien für pulverige Salze (3.6.1) geprobt.

54. Wolfram

Allgemeines

Die wichtigsten Wolframmineralien sind der Wolframit (Fe, Mn)WO_4 mit seinen beiden Endgliedern Ferberit $FeWO_4$ und Hübnerit $MnWO_4$, sowie der Scheelit $CaWO_4$.

Vorstoffe (54.1—54.2)

54.1 Erze

Aufbereitete Wolframerze besitzen meistens Hirsekorn- bis Erbsengröße, geklaubte Erze sind dagegen kleinstückig. Beide Sorten werden handelsüblich in Doppelsäcken verpackt mit einem Bruttogewicht von normal 50 kg angeliefert. Zur Probenahme zieht man einen vereinbarten Anteil der Lieferung, etwa jeden zweiten Sack, also 50%, heran, wenn es sich um ein gleichmäßiges Erz handelt. Bei heterogenen Lieferungen wird die gesamte Lieferung herangezogen. Im feinen Zustand vorliegendes Erz wird nach mehrmaligem Verjüngen in einem Probenteiler auf die gewünschte Menge, die pulverisiert werden soll, gebracht.

Bei stückigen Erzen legt man durch visuelle Beurteilung die Menge fest, die zur Probe herangezogen werden soll. Da die Stückerze oft stark mit Zinnstein, Arsenkies, Quarz usw. durchwachsen sind, soll man die Rohprobenmenge nicht zu gering bemessen und sie unter Umständen auf die ganze Lieferung ausdehnen. Die Erze werden in Brechern, Walzen- oder anderen Mühlen bis auf Hirsekorngröße vorzerkleinert, verjüngt und zugerichtet.

54.2 Schrott

54.2.1 Wolframschrott

Der handelsübliche Wolframmetallschrott ist sehr unterschiedlich und muß seiner Zusammensetzung entsprechend unterschiedlich behandelt werden.

Liegt das Wolframmetall in Form dicker Drähte oder Stäbe vor, so ist es so spröde, daß Stücke abgeschlagen werden können. Es folgt dann die Zerkleinerung im Diamantmörser und das Vermahlen in der Scheibenschwingmühle auf unter 0,3 mm.

Wolframmetall in Form dünner Drähte und feiner Haare ist meistens flexibel und kann nicht durch Stoßen und Mahlen aufgearbeitet werden. Man kann eine entsprechende Rohprobe der Wolframdrähte oder Wolframhaare mit einer Schere oder einer ähnlichen Vorrichtung in ca. 2 mm lange Stückchen zerschneiden, die dann die Analysenprobe der Partie darstellen. Diese Methode ist zeitraubend und dann unsicher, wenn der Wolframschrott nicht rein, sondern mit Molybdändrähten oder -haaren gemischt ist, was häufig der Fall ist. Eine mechanische Trennung in Wolframschrott und Molybdänschrott ist nicht möglich. Liegt eine solche gemischte Partie vor, so erhitzt man einen möglichst großen Anteil des Materials an der Luft auf Temperaturen von max. 600 °C, bis die Metalle in Oxidform übergegangen sind. Bei Temperaturen über 600 °C kann sich ein Teil des Molybdäns als MoO_3 verflüchtigen. Das oxidierte Material läßt sich leicht zerkleinern. Auf den Probenbeuteln und im Protokoll sind die Angaben „Originalgewicht" und „Oxidgewicht" erforderlich, damit nach Vorliegen der Analyse das Oxid auf die Originalsubstanz umgerechnet werden kann.

Sind in einer Partie dicke Drähte und Stäbe sowie dünne Drähte und Haare nebeneinander vorhanden, so ist eine vorherige Trennung erforderlich.

54.2.2 Hartmetallschrott

Der Hartmetallschrott wird in größeren Losen, von oft mehreren Tonnen, zur Aufarbeitung auf die metallischen Komponenten abgegeben. Durch die Art seiner Herkunft aus einer längeren Betriebskampagne besteht der Schrott fast immer aus den verschiedenen Hartstoffen WC, TiC, TaC und enthält im allgemeinen Kobalt als Binder. In Sonderfällen ist Molybdän als Mo_2C und Metall enthalten, wobei als Binder Nickel vorliegt.

Der Schrott muß einer Vorbehandlung unterzogen werden. Entweder die ganze Partie oder ein Teil wird im Induktionsofen auf 1800 °C erhitzt, wobei eine Verdampfung eines Teils des metallischen Binders Kobalt oder Nickel eintritt. Das verdampfende Metall bläht die Hartmetallstücke auf, die nach dem Erkalten spröde sind und sich leichter zerkleinern lassen.

Die bei diesem Prozeß verdampften Mengen Kobalt bzw. Nickel sind nicht sehr erheblich. Die Gewichtsverminderung des Materials durch die Verdampfung muß aber bei der Ermittlung der tatsächlichen Gehalte des Hartmetalls berücksichtigt werden. Das versprödete Material wird zerkleinert, gebrochen und auf unter 0,3 mm gemahlen. Auf den Probenbeuteln und im Protokoll sind das „Originalgewicht" und das „Gewicht im versprödeten Zustand" anzugeben.

54.2.3 Schwermetallschrott

Unter Schwermetall versteht man eine pulvermetallurgisch hergestellte Wolfram-Kupfer-Nickel-Legierung. Die Probenahme dieser Legierung, die gewöhnlich in kleineren oder größeren Blöcken vorliegt, erfolgt durch Bohren oder Hobeln.

Fertigerzeugnisse (54.3–54.4)

54.3 Wolframmetall

Die Probenahme von Wolframpulver, das meistens sehr einheitlich ist, wird in der für Metallpulver allgemein gültigen Weise durchgeführt (s. 3.1.1). Während der Gewinnungsverfahren werden im allgemeinen keine Proben genommen. Stückiges Wolfram wird wie Ferrowolfram (20.2.14) geprobt.

54.4 Wolframlegierungen und -verbindungen

Ferrowolfram. Die Probenahme ist beschrieben in 20.2.14.

Wolframcarbid. Das Wolframcarbid fällt in pulveriger, leicht gesinterter Form an. Die Zerkleinerung erfolgt in einer Scheibenschwingmühle oder einem Mörser. Der geringe Abrieb der Zerkleinerungswerkzeuge muß berücksichtigt werden.

Wolframverbindungen. Als technisch wichtige Wolframverbindungen sind zu nennen Wolframoxid und Wolframate. Die Probenahme erfolgt nach den Richtlinien für pulverförmiges Gut (3.6.1).

55. Zink

Inhaltsverzeichnis

Allgemeines

Die technisch wichtigsten Zinkmineralien sind die Zinkblende (ZnS) mit mehr oder weniger hohen Eisengehalten, der Galmei ($ZnCO_3$) und das Kieselzinkerz ($ZnSiO_4 \cdot H_2O$).

Vorstoffe (55.1—55.6)

55.1 Erze

Aus *Stückerzen* von Zinkblenden und Galmei entnimmt man eine entsprechende Menge als Rohprobe, die je nach Körnung 1 bis 10% der Lieferung betragen kann, wobei grobstückiges und feines Material anteilig zu berücksichtigen sind. Die Rohprobe wird in Brechern auf unter 20 mm vorzerkleinert. Nach der Mischung entnimmt man dreimal 5 kg zur Nässebestimmung. Wurde das Erz in sehr nassem Zustand angeliefert, so daß beim Brechen eine Separierung des Wassers befürchtet wird, muß die Nässebestimmung in mehreren Einzelproben, z. B. 5 bis 10 mit je bis zu 50 kg, des Originalmaterials erfolgen; die gefundenen Nässegehalte werden dann gemittelt.

Nach Entnahme der Proben zur Nässebestimmung wird verjüngt, je nach Rohprobenmenge auf beispielsweise 10%. Nach weiterem Zerkleinern durch Feinbrecher und/oder Mühlen gibt man über ein 2-mm-Sieb, bis das Überkorn nach weiterer Mahlung verschwunden ist, und verjüngt zunächst auf 50 kg, dann nach Mischen auf ca. 10 kg. Nach weiterem Verjüngen auf 2 bis 3 kg wird bis zur Gewichtskonstanz getrocknet und dann analysenfein aufgemahlen (0,1 oder 0,125mm). Die Einteilung der Lieferungen in Lose von 250 bis 300 t ist empfehlenswert.

Flotationskonzentrate werden nach den Richtlinien in 2.2 ff. und 2.4.2 geprobt.

55.2 Zinkoxide und damit zusammenhängende Materialien

55.2.1 Röstgüter

Der beim Rösten sulfidischer Konzentrate entstehende Sinterkuchen wird meist betriebsseitig auf ein Korn von einigen Millimetern zerkleinert. Noch feiner, im allgemeinen mit einem Korn unter 1 mm, liegt Röstgut aus der Wirbelröstung vor. Die Probenahme von Röstgütern dient vorwiegend der Betriebskontrolle. Hierzu werden Handproben in regelmäßigen Abständen (halbstündlich, stündlich, zweistündlich, je nach Schwankungsbreite der Gehalte und nach Korngröße des Materials) von den Fördereinrichtungen oder besser an der Abwurfstelle eines Förderbandes mechanisch oder von Hand entnommen und zu Schicht- oder Tagesdurchschnittsproben vereinigt. Bei feinem Material (s. o.) verjüngt man alle vereinigten Einzelproben nach gutem Mischen mehrmals bis auf schließlich etwa 5 kg, trocknet zur Nässebestimmung und mahlt dann nach Mischen und Verjüngen eine Probe von etwa 0,5 kg analysenfein auf. Bei grobem Material ist eine Unterteilung empfehlenswert. Man nimmt z. B. in Abständen von 30 min am Abwurf eines Wuchtförderers Handproben, vereinigt mehrere Einzelproben, etwa vier im Gewicht von je 10 kg, mischt und verjüngt, ermittelt im Bedarfsfalle die Nässe, bricht auf ein Korn von wenigen Millimetern und mahlt nach gutem Mischen einen bestimmten Teil, z. B. 0,5 kg, auf 0,1 oder 0,125 mm. Für eine Schicht ergeben sich dann mehrere Proben, die zu Schichtproben vereinigt werden können. Bei Versand von Röstgut in Waggons, z. B. bei Ankauf, erfolgt die Probenahme während des Be- oder Entladens in regelmäßigen Abständen; die Probemenge beträgt max. 0,1% bei vorzerkleinertem Material, sonst etwa 1%.

Röstflugstäube. Da sie Quecksilber enthalten können, sind sie im Kapitel „Quecksilber" unter 37.2.2 beschrieben.

55.2.2 Klinker

Zinkoxidklinker werden bei der Entbleiung von Wälzoxid in Drehrohröfen oder beim Brennen von Zinkhydroxid erhalten. Sie sind von unterschiedlicher Stückgröße, bis zu 50 oder 70 mm, seltener darüber. Bei Korngrößen bis etwa 50 mm kommt man mit einer Rohprobe von 0,1 bis 0,5% der Lieferung aus. Bei innerbetrieblichem Umschlag können auch kleinere Probemengen vertretbar sein, je nach den betrieblichen Belangen.

Bei der Probenahme ist feines und grobes Korn anteilmäßig zu erfassen. Die Entnahme der Einzelprobe erfolgt am günstigsten mit Schaufel während des Be- oder Entladens der Transporteinheiten oder von den Fördereinrichtungen in regelmäßigen Abständen analog den Röstgütern (55.2.1). Die Bearbeitung der Rohprobe erfolgt durch Brechen, Mahlen und Verjüngen. Das Aufmahlen der Analysenprobe auf 0,1 oder 0,125 mm ist empfehlenswert. — Von vorzerkleinertem Klinker mit einer Korngröße von max. 10 mm genügen Rohproben von etwa 0,1%.

Eine Nässebestimmung erfolgt bei Handelsware im groben Zustand am zweckmäßigsten in mehreren getrennt genommenen Einzelproben von je 5 bis 10 kg, deren Ergebnisse gemittelt werden. Bei einer Vorzerkleinerung treten Nässeverluste auf.

55.2.3 Zink-Blei-Mischoxide und Flugstäube

Die bei Verflüchtigungsprozessen aus der Gasphase erhaltenen und in Filterkammern isolierten Materialien sind meist recht fein, höchstens etwas klumpig. Zur Probenahme werden Stecher verwendet. Der Probenumfang bzw. die Zahl der Einstiche richtet sich nach der Homogenität des Materials, doch beträgt die Rohprobenmenge selten mehr als 0,1%. Das Verjüngen der Rohprobe ist nicht problematisch. Beim Aufmahlen neigen allerdings manche Materialien von mehlartiger Struktur, auch nach dem Trocknen, zum Kleben an den Gefäßwandungen der Mühle, so daß man die Ansätze häufig zum Mahlgut zurückgeben muß. Es ist vorteilhaft, das Material nach dem Mahlen durch einen intensiv arbeitenden Schnellmischer zu geben. Das Kleben beim Mahlen läßt sich häufig durch Zusatz einiger Tropfen eines höheren Alkohols, z. B. Octylalkohol, vermeiden.

Die Nässebestimmung erfolgt nach Verjüngen der Rohprobe. Da die feinen Pulver, besonders die chloridhaltigen, mehr oder weniger leicht Feuchtigkeit aus der Luft aufnehmen, empfiehlt sich in solchen Fällen ein Nachtrocknen nach dem Aufmahlen. Die Trocknungsbedingungen (Zeit, Menge, Temperatur) müssen im Protokoll angegeben werden. Die Probe wird sofort in luftdichte Flaschen abgefüllt mit dem Vermerk „Analysenfertig, nicht nachtrocknen!" Plastikgefäße, auch verschweißte Beutel, sollen nicht verwendet werden. Materialien mit wesentlichen Chloridgehalten werden zur Nässebestimmung mit wasserfreiem Natriumcarbonat innig vermischt; dessen Anteil ist im Protokoll festzuhalten und bei der Berechnung der Analyse dieses Materials zu berücksichtigen, worauf ebenfalls ein Protokollhinweis erfolgt.

Rechenbeispiel: 10 kg zu trocknendes Material werden mit 1 kg wasserfreiem Natriumcarbonat vermischt. Die Gewichtsabnahme beim Trocknen beträgt 1 kg $\hat{=}$ 10% Nässe im Originalmaterial, die vom Liefergewicht abzusetzen sind. Es verbleiben 9 kg Trockenmaterial und 1 kg Natriumcarbonat (unverändert) = 10 kg. Einwaage zur Analyse daher $(10:9) \cdot 100 = 111{,}1\%$, z. B. 1,111 g. Die gefundenen

Metallinhalte, auf 1,000 g bezogen, ergeben die prozentuale Zusammensetzung der trockenen Anlieferung.

55.2.4 Zinkhaltige Schlacken

Schlackenanalysen dienen meist nur der betriebsinternen Bilanzierung oder der Kontrolle des Betriebsablaufs, so daß der Probenahmeaufwand auf den Wert rein innerbetrieblicher Umlaufgüter abzustimmen und zu reduzieren ist. Unter diesem Gesichtspunkt gelten je nach Zusammensetzung Rohprobenmengen von 0,1 bis 0,5% als ausreichend. Dabei sind große Stücke zu zerschlagen. Das so gesammelte Material wird gebrochen, verjüngt und gemahlen.

Entzinkte Schlacken als Abfallprodukte der Zinkwiedergewinnung sind in ihrer Zusammensetzung nur für den Produktionsgang von Interesse. Man nimmt während des Abstechens unmittelbar oder nach dem Granulieren in Wasser in regelmäßigen Abständen Handproben, die man zu Schicht- oder Tagesdurchschnittsproben vereinigt. Entsprechendes gilt für andere in einem Zinkoxidbetrieb anfallende Schlacken aus Sonderarbeiten. In manchen dieser Schlacken kann elementares Blei in Tröpfchenform enthalten sein. Es wird nach Aufmahlen der Probe abgesiebt und getrennt abgefüllt. Der Probensatz besteht aus den Fraktionen „Feines" und „Metall" mit Angaben der Gewichtsverhältnisse.

55.2.5 Andere Rohzinkoxide

Zinkoxid vom Verblasen von Messing- und anderem Legierungsschrott wird wie staubförmiges Material geprobt. Zinkschlämme, die beim Ausblasen verzinkter Rohre mit Dampf erhalten werden, können Zink auch in elementarer Form enthalten. Für die Probenahme und Nässebestimmung gilt im Prinzip das unter 55.4.2 Gesagte.

55.3 Metallische Abfälle

55.3.1 Umschmelzzink

Hierunter versteht man aus Zinkabfällen oder gebrauchtem Zink durch Umschmelzen erhaltene Formate mit einem Reinheitsgrad von 96 bis 98%. Zur Probenahme ist das Einschmelzen im Betriebsmaßstab unter Rühren analog dem Altzink (55.3.2) am vorteilhaftesten. Dazu kann man entweder die gesamte Lieferung oder einen Teil von 10 bis 30% verwenden, wobei auch im Bedarfsfalle nach Formaten bzw. Formen vorsortiert werden kann, von denen entsprechende Anteile zur Durchschnittsmischung eingeschmolzen werden. Da die Entnahme von Schöpfproben zu erheblichen Fehlern führen kann, vergießt man den gesamten Kesselinhalt zu Platten normaler Größe und bohrt analog zum Bohrschema Hüttenzink (55.7.1) jede 5. oder 10. Platte durch, deren Späne nach 55.7.1 behandelt werden. Ist das Einschmelzen des Altzinks nicht möglich, muß das erheblich verunreinigte und oft inhomogene Material durch Bohren der angelieferten Barren oder Platten nach 55.7.1 bearbeitet werden, wobei man jede 5. oder 10. Platte auswählt. Liegen unterschiedliche Formen vor, ist ein Sortieren nach Formen, getrenntes Verwiegen und eine getrennte Bearbeitung empfehlenswert. Man mischt dann entweder die Späne anteilig zu einer Durchschnittsprobe oder wiegt zur Analyse anteilig ein.

55.3.2 Altzink

Es handelt sich um Abfälle von der Verarbeitung des Zinks zu Halbzeug oder bereits gebrauchtes Halbzeug aus Zink. Die Probenahme erfolgt nach dem Entladen. Von dem ausgebreiteten Material werden durch Kreuzteilen bei augenscheinlich gleichmäßiger Zusammensetzung etwa 10%, andernfalls bis zu 20% der Lieferung als Rohprobe entnommen. Bei großen Anlieferungsmengen kann man ähnlich wie bei der Probenahme von Akkuschrott während des Entladens mit Greifern eine bestimmte Zahl von Greiferladungen in regelmäßigen Abständen, z. B. jede 3., 5. oder 10. Greiferladung, entnehmen, zusammenstellen und hieraus durch Kreuzteilen die Rohprobe gewinnen.

Nach Auslesen grober mechanischer Verunreinigungen, z. B. Eisen, und Ermittlung ihrer Gewichte schmilzt man in gemauerten Herdöfen oder Eisenkesseln, die mit Graphit oder Zinkoxid ausgerieben sind, unter Rühren ein. Man zieht die Krätze mit mechanischen Verunreinigungen ab und vergießt den gesamten Kesselinhalt wie unter 55.3.1 einschließlich Probenbearbeitung beschrieben (Metall 1). Die gewogene Krätze, ggf. nach magnetischer Abtrennung von weiterem Eisen (Wägung), wird in einem Kollergang oder in einer Kugelmühle vom Oxid befreit und gesiebt, ggf. fraktioniert. Dabei fällt vorwiegend oxidisches Feines und grobes Metall an. Dieses wird entweder zusammengeschmolzen und geraspelt oder in einer Kelle bis zum Erweichen erhitzt und durch Rühren mit einem Holzstab gekörnt (Metall 2). Der Probensatz besteht aus den Fraktionen Metall 1 (<2 mm), Metall 2 (<1 mm) und Feines ($<0{,}25$ mm), ggf. auch aus weiteren Fraktionen oder Zwischenfraktionen, unter Angabe der Gewichtsprozente. Durch Verwiegen des vergossenen Zinks berechnet man unter Berücksichtigung der Krätze und aller isolierten mechanischen Verunreinigungen den Schmelzverlust. Der Schmelzverlust kann jedoch fragwürdig sein, wenn das Einschmelzen bei zu hoher Temperatur erfolgte und damit zu beträchtlicher Oxidation (hohem Krätzeanteil) führte. Durch diese Gewichtszunahme kann ein echter Schmelzverlust kompensiert werden. Das Probenahmeprotokoll enthält die Angaben über die Menge an Metall 1, Metall 2 Feinem, Fremdmetall und ggf. den Schmelzverlust.

Wie unter 55.3.1 beschrieben, können auch eine Sortierung nach Formaten und anteiliges Einschmelzen durchgeführt werden. Wird Altzink in einheitlicher Form gebündelt angeliefert, z. B. in Blechen oder Drähten, und ist ein Einschmelzen im Betriebsmaßstab nicht möglich, kann man von jedem 5. oder 10. Bündel mit der Trennscheibe Teile des Bündels abtrennen und einschmelzen; man verfährt dann wie oben beschrieben.

55.3.3 Zinkaschen

Unter diesem Begriff versteht man ganz allgemein Abfälle aus Umschmelzprozessen von Zink, insbesondere von Verzinkereien, daneben auch von Zinklegierungsverarbeitern und aus der elektrolytischen Zinkgewinnung (Umschmelzen der abgezogenen Kathodenniederschläge). Sie werden sowohl in oxidischer als auch in metallischer Form, oft auch als Gemisch beider, angeliefert und fallen in allen Kornfraktionen an, vom Staub bis zum sehr groben Metall. Ihr Zinkgehalt bewegt sich daher in sehr weiten Grenzen. Als Hauptverunreinigungen treten Blei, Eisen, Chloride, Ammoniumchlorid (s. 55.3.3.4) auf. Mechanische Verunreinigungen — vor allem Eisen, Holz, Papier und Gummi — sind nicht selten. Zinkaschen werden mit Lkw oder Waggon angeliefert, die Partiengrößen überschreiten selten 25 t. Man unterscheidet drei Arten von Zinkaschen: feine Aschen, grobe Aschen und Gemische beider Arten.

55.3.3.1 Feine Aschen. Hierbei handelt es sich um bereits durch Mahlen vorverarbeitetes Material. Es liegt vorwiegend in oxidischer Form vor, oft durchsetzt von feinem Metallabrieb, manchmal aber auch von plattgewalzten größeren oder kleineren Metallstücken. Die Probenahme erfolgt mit Schaufel während des Be- oder Entladens in regelmäßigen Abständen; nur bei sehr feinen, metallfreien Aschen kann mit dem Probenstecher gearbeitet werden. Im allgemeinen genügt 1% als Rohprobe. Sie wird nach dem Mischen auf $^1/_5$ bis $^1/_{10}$ verjüngt. Diese Bearbeitungsprobe wird 24 h bei 105 °C getrocknet und danach durch Sieben in Fraktionen unterteilt. Gröbere Anteile werden in einer Mühle (z. B. Kugelmühle) nachgemahlen, bis das Überkorn verschwunden ist. Bei Anwesenheit gröberer Metallanteile wird das Metall eingeschmolzen (s. 55.3.3.3). Ein Nachtrocknen der Fraktionen ist erforderlich. Die Analysenprobe, meist aus mehreren Fraktionen bestehend, wird in Glasflaschen luftdicht abgefüllt und mit dem Vermerk „Analysenfertig, nicht nachtrocknen" versehen. Es sei bemerkt, daß das Trocknen bei chloridhaltigen Materialien nicht die wahre, sondern die scheinbare Nässe ergibt. Unmittelbar vor der Einwaage ist daher das Material zu mischen. Über die Behandlung stark chloridhaltiger Materialien mit Natriumcarbonat siehe 55.2.3.

55.3.3.2 Grobe Aschen. Ausgesprochen grobe Zinkaschen, die praktisch nur aus Metall bestehen, sind selten. Zur Probenahme bedient man sich am vorteilhaftesten des Einschmelzens während der Verarbeitung analog 55.3.1 und 55.3.2. Ist dieses nicht möglich, wird eine Rohprobe von 1 bis 5% der Anlieferung, mindestens aber 500 kg, geschmolzen und, wie bei 55.3.2 beschrieben, bearbeitet. Grobe mechanische Verunreinigungen, z. B. Eisen, werden ausgelesen; weiteres Eisen wird im Bearbeitungsgang ausmagnetisiert und gewogen.

55.3.3.3 Gemischte Aschen. Sie stellen die Hauptkategorie dar und bestehen aus einem Gemisch von meist oxidischem Feinen und oft schlackenhaltigem Groben mit einem Kornspektrum von 0,2 bis über 50 mm. Aus diesen Aschen müssen 5 bis 10% einer Lieferung als Rohprobe entnommen werden, bei den genannten Partiengrößen also 1 bis 2 t je Lkw oder Waggon, mindestens aber 500 kg. Die Entnahme erfolgt während des Be- oder Entladens von Hand mit Schaufel; Grobes und Feines sind im entsprechenden Verhältnis zu erfassen. Oft ist es angebracht, die Probe erst nach dem Entladen zu nehmen. Wenigstens ein Teil der beim Abladen durch Greifer erhaltenen Kegel oder der durch Abschieben der Lkws erhaltenen „Rücken" wird maschinell ausgebreitet. Man gräbt hier bis zum Grund Gänge und gibt jede dritte oder fünfte Schaufel in einen Probenbehälter. Das Verfahren kann durch Einsatz geeigneter Schaufelfahrzeuge mechanisiert und verbessert werden.

Die Bearbeitung der Probe erfolgt durch Mahl- und Siebvorgänge. Beim Mahlen oder auch Schlagen werden die meist von Schlacke oder Oxid durchsetzten und damit oft teilbaren Grobanteile zerkleinert. Beim Sieben erhält man Feines, von Metall durchsetzt, und nicht mehr zerkleinerbares Grobes, das eingeschmolzen wird. Im folgenden ist die *Bearbeitung von Zinkaschen in einer Siebkugelmühle* beschrieben.

Man gibt die gewogene Rohprobe zunächst über ein Grobsieb von 50 mm Maschenweite (Schwingsieb). Hierbei werden mechanische Verunreinigungen wie Steine, Eisen, Holz usw. ausgelesen, gewogen und verworfen. Zinkhaltiges Probegut über 50 mm wird von Hand (Meißel, Hammer, Stampfer) zerkleinert und neu aufgegeben. Die nun mit einem Korn unter 50 mm vorliegende Rohprobe gibt man in eine Siebkugelmühle. Der Austrag läuft über ein 1,5-mm-Sieb und wird so in Feines (Rohstaub) und Grobes getrennt. Das Grobe wird gewogen. Das Gewicht des trockenen Feinen wird wie folgt festgestellt: Da bei der vorangegangenen Siebung und Mahlung Staub- und Nässeanteile in gewissem, wenn auch geringem

Umfang verlorengegangen sein können, wird das Trockengewicht des Feinen aus der Differenz zwischen Trockeneinsatz (Rohprobe abzüglich Nässe, s. u.) und dem verwogenen Groben rechnerisch ermittelt. Man verjüngt das Feine (Rohstaub) auf ca. 10%, etwa über einen nachgeschalteten Probenteiler, entnimmt nach gutem Mischen 5 bis 6 kg und trocknet 24 h bei 105 °C. Dieses dient nur der Trocknung, nicht der Nässebestimmung. Das Grobe, praktisch nur aus Metall bestehend, wird eingeschmolzen, wobei man je nach Menge das gesamte Material oder einen bekannten Anteil verwendet. Man erhält Metall 1, von dem eine Schöpfprobe zum Raspeln oder Bohren entnommen wird, und eine Krätze. Meist läßt sich Eisen ausmagnetisieren, das wieder gewogen und verworfen wird.

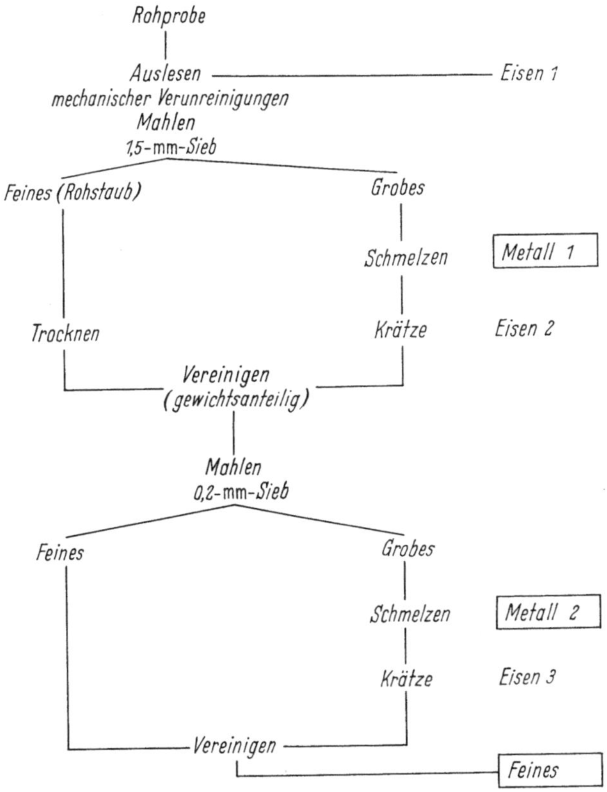

Abb. 55/1. Bearbeitung von gemischten Zinkaschen nach dem Siebkugelmühlen-Verfahren.

Aus dem getrockneten Rohstaub und der mengenmäßig sehr geringen Krätze wird gewichtsanteilig eine Probe zusammengestellt, die einen bestimmten Anteil der Rohprobe (Trockenprobe) darstellt. Diese Mischung wird wie die Rohprobe in der Siebkugelmühle behandelt, nur daß man jetzt ein 0,2-mm-Sieb verwendet. Man erhält durch Einschmelzen des Groben das Metall 2, von dem eine Schöpfprobe zum Raspeln oder Bohren entnommen wird. Der anfallenden Krätze, aus der man evtl. weiteres Eisen ausmagnetisieren kann, wird dem Feinen unter 0,2 mm zugeschlagen; nach gutem Mischen entnimmt man einen Teil des Feinen als Analysenprobe. Die Analysenprobe besteht aus den Fraktionen Metall 1, Metall 2 und Feines. Im Protokoll ist außer der Nässe (s. u.) auch der Anteil an Fremdmaterial aufzuführen. Das Fließbild (Abb. 55/1) zeigt den Bearbeitungsgang für eine Zinkasche.

Die Bestimmung der Nässe könnte nach Zerkleinerung der Rohprobe und Verwiegen der Fraktionen im Feinen (Rohstaub) vorgenommen werden (das metallische Grobe ist ohnehin nässefrei). Man muß dann allerdings berücksichtigen, daß bei der Zerkleinerung eine Erhitzung des Materials und damit ein Nässeverlust eintritt. Aus diesem Grunde wird in der Praxis eine getrennte Probenahme zur Nässebestimmung durchgeführt. Man entnimmt von der Anlieferung drei bis fünf, im Bedarfsfalle auch 10 Einzelproben von je 5 bis 10 kg, bestimmt hierin jeweils die Einzelnässe (24 h bei 105 °C) und errechnet daraus den Mittelwert.

Für Zinkaschen ist auch folgende *Schnellmethode* anwendbar: Man gibt die Rohprobe in einen Kollergang. Der Austrag wird auf ein 6-mm-Schwingsieb befördert, das Überkorn wird auf den Kollergang zurückgegeben. Man sortiert grobes Metall aus, wägt und schmilzt ein, analog zu oben angeführter Verfahrensweise. Das „Feine" (unter 6 mm) wird nach dem Mischen auf etwa 12 kg verjüngt und getrocknet. Man entnimmt nach erneutem Mischen 2,5 kg und mahlt in mehreren Portionen in einer Scheibenschwingmühle fein auf. Statt des Kollergangs kann auch eine Hammerprallmühle verwendet werden, die den Vorteil einer sehr schnellen Zerkleinerung besitzt. Die Nässebestimmungen erfolgen in getrennt entnommenen Einzelproben, wie oben beschrieben.

Das gleiche gilt für die Berechnung des trockenen Feinanteils aus Trockeneinsatz und verwogenem Groben. Auf Wiedergewinnung des beim Zerkleinern und Sieben anfallenden Staubes ist trotz der getrennt durchgeführten Nässebestimmung zu achten, da sonst eine Anreicherung von weniger leicht verstaubendem zerkleinerten Metall im Feinen erfolgt.

55.3.3.4 Salmiakschlacken. Sie fallen in Verzinkereien an und bestehen in der Hauptsache aus Zinkchlorid-Ammoniumchlorid-Gemischen. Auf Grund ihrer Herkunft sind sie den Zinkaschen zuzuordnen und stellen praktisch eine chloridreichere Art einer metallarmen Zinkasche dar. Wegen ihrer hygroskopischen Eigenschaften werden sie in der Regel in Blechtrommeln verpackt, entweder in stückiger Form oder in die Trommeln eingegossen, eine für die Probenahme besonders ungünstige Form. Die Ermittlung der Tara erfolgt durch Entleerung einiger weniger Fässer und Mittelung der Leergewichte. Bei eingegossenen Schlacken können abgetrennte Blechteile zur Berechnung herangezogen werden; in diesem Falle ist die Taraermittlung schwierig.

Das hygroskopische Verhalten erfordert bei der Probenahme eine besondere Behandlung. Je nach Zahl der Trommeln wird jede 5., 10. oder 20. Trommel zur Probenahme herangezogen. Bei eingegossenen Schlacken schneidet man die Trommeln auf und schlägt mit einem Schrotmeißel jeweils ein Viertel des kompakten Schlackenzylinders parallel zur Hauptachse ab. Durch weiteres Zerschlagen und Stampfen bereitet man die Stücke für die Aufmahlung vor. Bei bereits stückig vorliegendem Material entnimmt man den gesamten Inhalt der wie oben ausgewählten Trommeln und zerkleinert wie oben. Die Rohprobe wird im Brecher und/oder Kollergang bzw. Kugelmühle zerkleinert, verjüngt und nach weiterer Zerkleinerung durch ein 10-mm-Sieb zur Abtrennung eingeschlossener Metallanteile gegeben.

Alle diese Arbeitsgänge müssen möglichst schnell durchgeführt werden, da das Material, besonders bei feuchtem Wetter, leicht schmierig wird; deshalb fängt man auch das gesiebte Gut in einem verschließbaren eisernen Gefäß auf. Das beim Sieben zurückbleibende Metall wird in einer eisernen Pfanne oder Kelle bis zum Erweichen erhitzt und mit einem Holzstab durch Rühren gekörnt oder zu kleinen Barren vergossen, die geraspelt oder gebohrt werden. Beim Schmelzen evtl. anfallende Krätze wird dem Feinen zugeschlagen. Das Feine (unter 10 mm) wird weiter aufgemahlen, wenn es die Konsistenz zuläßt. Es wird in luftdichte

Flaschen gefüllt und mit dem Vermerk „Analysenfertig, nicht nachtrocknen“ versehen. Der Probensatz besteht aus Feinem und Metall mit Angabe ihrer prozentualen Anteile. Eine Nässebestimmung ist nicht möglich. Wenn das Feine (unter 10 mm) auf Grund schmieriger Beschaffenheit nicht aufgemahlen werden kann, verwendet man zur Analyse mehrere sehr große Einwaagen, z. B. je 100 g, und mittelt die Ergebnisse. Eine Möglichkeit des weiteren Aufmahlens des „Feinen“ besteht darin, Soda zuzugeben. Das Protokoll muß diese Verfahrensweise ausweisen (s. a. 12.2.3.1).

Bei der Probenahme und der Probenbearbeitung der ätzenden Salmiakschlacken sind Schutzbrillen zu tragen.

55.3.4 Hartzink

Man versteht hierunter Zink mit 3 bis 4% Eisen. Es fällt sowohl in den Verzinkereien am Boden der Verzinkungskessel als auch im Rahmen der Zinkherstellung bei der Raffination von Hüttenrohzink an. Es wird zu Blöcken oder Platten vergossen bzw. gepreßt. An der Unterseite der Formlinge können Bleiausscheidungen auftreten, die zu berücksichtigen sind.

Bei kleinen Blöcken bohrt man zweckmäßig jeden zehnten, bei mittleren jeden fünften und bei besonders großen (Platten) jeden einzelnen Block nach dem Schema in 55.7.1 durch. Sollte die Dicke der Blöcke oder Platten zu groß sein, so muß das Bohren zunächst auf einer Seite bis zur Mitte und dann auf der anderen Seite ebenfalls bis zur Mitte der Einheit, durchweg in gleicher Tiefe, erfolgen. Es muß dem Probenehmer überlassen bleiben, über die notwendige Menge der Bohrspäne zu entscheiden und beim Bohren gleichmäßiger, kleinerer Formate eine Lochschablone zu benutzen. Die spröden Bohrspäne befreit man mit dem Magneten von eingebrachten Eisensplittern und trennt sie darauf durch Stampfen und Sieben in zwei bis drei Fraktionen. Enthalten die Hartzinkblöcke Krätze, so bleibt diese im feinen Anteil. Es empfiehlt sich dann, für diesen ein Sieb von 0,25 mm Maschenweite zu benutzen, um das Oxid möglichst restlos vom Metall zu trennen. Zum Zerkleinern von Bohrspänen eignet sich auch die Scheibenschwingmühle, wenn man sie nur ganz kurze Zeit (einige Sekunden) laufen läßt.

55.3.5 Legierungsabfälle

Man unterscheidet stückige Abfälle und Späne. Die stückigen Abfälle bestehen entweder aus reinen Angüssen, aus galvanisch behandelten Teilen oder aus Formstücken mit Anhaftungen, wie z. B. Schrauben. Die Probenahme erfolgt zweckmäßig während der Verarbeitung im Betrieb.

55.3.5.1 Stückige Abfälle. Die gesamte Anlieferung, evtl. nach Aussortieren und Verwiegen isolierbarer grober Fremdstoffe, wird im Betriebskessel unter Rühren eingeschmolzen. Ist dieses nicht möglich, entnimmt man 10 bis 20% der Lieferung, je nach Beschaffenheit des Materials, als Rohprobe wie beim Altzink (55.3.2) beschrieben und schmilzt nach dem Aussortieren von Fremdstoffen in Probenahmekesseln ein. Die abgezogene und gewogene Krätze wird wie eine Zinkasche (55.3.3.3) weiterbehandelt. Aus dem Metallbad entnimmt man unter gutem Rühren eine Probe, die zu kleinen Barren oder Platten vergossen wird. Sie werden nach dem Bohrschema für Legierungen (55.8) durchbohrt. Die Analysenprobe enthält außerdem die bei der Aufarbeitung der Krätze angefallenen Fraktionen mit prozentualen Angaben. Aus allen zur Analyse gelangenden Proben wird das durch Bearbeitung eingeschleppte Eisen durch Magneten entfernt. Beim Einschmelzen der Legierungsabfälle können durch Überhitzungen, besonders bei kleinstückigem Material, erhebliche Oxidationen auftreten. Läßt die Materialbeschaffenheit dieses befürchten, so legt man im Schmelzkessel eine kleine, genau gewogene Menge Feinzink bekannter Zusammensetzung vor und „tränkt" die Legierungsabfälle in diesen Sumpf ein. Im Protokoll wird diese Arbeitsweise mit Gewichtsangaben vermerkt. Die Analysenergebnisse sind auf die eingesetzte Menge an Legierungsabfällen umzurechnen. Die gleiche Arbeitsweise läßt sich auf das Einschmelzen des Groben aus der Krätzezerkleinerung anwenden.

Häufig verzichtet man bei Legierungsabfällen auf eine Probenahme, besonders bei immer wiederkehrenden Materialien, und bewertet das Material nach einem bestimmten Qualitätsschlüssel, wobei z. B. eingeteilt wird in grobstückige reine Abfälle, feinstückige reine Abfälle, anoxidierte grob- oder feinstückige Abfälle ohne Eisen- oder Kunststoffteile, Späne und Entgratungsabfälle, Teile mit Fremdmetallen und/oder Kunststoff usw.

55.3.5.2 Späne. Es gilt im Prinzip die Arbeitsweise nach 55.3.5.1, jedoch ist das Eintränken in einen Feinzinksumpf erforderlich. Wegen der oftmals hohen Ölanteile müssen die Späne vorsichtig und in kleinen Mengen zugegeben werden. Durch Bilanzierung wird der Schmelzverlust berechnet, in dem auch die Ölanteile und die Nässe enthalten sind. Oxidierte Späne werden analog den Zinkaschen (55.3.3.3) in der Probenahme bearbeitet. Für die Entnahme der Rohprobe gilt ebenfalls das unter 55.3.3.3 Gesagte.

55.4 Zwischenprodukte bei der Elektrolyse

55.4.1 Laugungsrückstände

Diese Rückstände werden nach Abtrennung auf Trommelfiltern in einem Drehrohrofen auf einen Feuchtigkeitsgehalt unter 20% getrocknet und nach Zwischenlagerung in Waggons oder Schiffe verladen. Soll die Probenahme der Betriebskontrolle dienen, wird man in regelmäßigen Zeitabständen Proben vom Ofenaustrag nehmen und sie zu Durchschnittsproben vereinigen. Wegen der wenig schwankenden Zusammensetzung genügen zur Zusammenstellung von Tagesdurchschnittsproben Schaufelproben im Stunden- oder Zwei-Stunden-Abstand. Sonst erfolgt die Probenahme am günstigsten beim Be- oder Entladen der Transporteinheiten mit Schaufeln. Dabei ist grobes und feines Korn anteilmäßig zu erfassen.

Probenahme mit Stechern ist wegen der häufig vorkommenden Korngrößen von 30 bis 50 mm nicht zu empfehlen. Eine Rohprobenmenge von 1% der Lieferung ist als ausreichend anzusehen. Die Rohprobe wird analog Kap. 4 zerkleinert, verjüngt, getrocknet und nach weiterem Verjüngen analysenfrei aufgemahlen.

Für den seltenen Fall nicht getrockneter Schlämme wendet man die Schaufelprobenahme beim Entladen an und erfaßt 0,1 bis 0,5% des Materials, je nach Weiterverwendung. Häufig kann man das Material in den Probengefäßen mischen und verjüngen, worauf die Nässe ermittelt wird.

55.4.2 Zementationsschlämme

Bei der Reinigung der Rohlauge mit Zinkstaub fallen Zementationsschlämme an, die zur Gewinnung der Metalle, insbesondere von Cadmium und Kupfer, im eigenen Betrieb weiterverarbeitet oder verkauft werden. Die Komponenten liegen überwiegend metallisch vor, teilweise haftet noch Lauge an. Zusammen mit den ebenfalls metallische Anteile enthaltenden Rohzinkoxiden vom Ausblasen verzinkter Rohre (s. 55.2.3) und vor allem den Schlämmen aus Gaswäschern bilden sie eine Stoffgruppe, deren Bearbeitung für die Nässebestimmung gewisse Schwierigkeiten bereitet, da eine Trocknung zu chemischer Veränderung (Oxidation) führt. Die Oxidation kann bei sehr aktiven Schlämmen bereits im halbfeuchten Zustand bei Raumtemperatur unter Eigenerwärmung beginnen. Die Gewichtszunahme durch Oxidation wird teil- oder überkompensiert durch die gegenläufige Gewichtsabnahme bei Wasserverdampfung. Man muß aber diese Erscheinung in Kauf nehmen und sich auf diese leicht durchzuführende „Konventionsprobe" einigen, die der Abrechnung zugrundegelegt wird und aus der die Metallinhalte der Lieferung berechenbar sind (s. u.).

Die Rohprobe wird für betriebliche Belange aus den Einzelproben zusammengestellt, die von den Filterpressen oder aus den Lagerbunkern sowie Schlammgruben genommen wurden. Besser ist jedoch die Probenahme beim Be- oder Entladen der Transportmittel mit der Schaufel in regelmäßigen Abständen. Auch die Entnahme mit Rinnenstechern ist anwendbar, sofern das Material bei diesem Vorgang des Drückens kein Wasser abgibt. Bei sehr nassen Schlämmen kann man ein nicht zu weites Rohr offen bis zum Boden treiben, sein oberes Ende mit einem Gummistopfen fest verschließen und das Rohr samt Inhalt herausziehen. Die Rohprobenmenge ist abhängig von der Homogenität des Materials und dessen Weiterverwendung. Im Falle innerbetrieblichen Umschlags kommt man mit 0,1% aus, für Handelsware wird man sie auf 0,5% oder auch 1% erhöhen.

Manche Materialien werden in Behältern wie Fässern oder Trommeln in sehr nassem Zustand — teilweise sogar mit Wasser bedeckt — geliefert. In diesem Falle zieht man vor der Probenentnahme überstehendes Wasser von jedem Behälter ab und verwiegt. Das überstehende Wasser ist auf bewertbare Bestandteile zu prüfen. Anschließend werden von jedem Behälter Proben durch Stechen (s. o.) genommen.

Die gesammelten Einzelproben werden in Blechkästen, Eimern oder Wannen gut gemischt. Falls sich Wasser durch Stehen abscheidet, wird es abgezogen und verwogen; der Schlamm wird dann nochmals gemischt. Man verjüngt nun auf 3 bis 5 kg und trocknet bei 105 °C, bis das Material annähernd gewichtskonstant ist (z. B. 48 h). Die Oxidation beim Trocknungsvorgang geht selten durch das ganze Material. Meist ist es nach dem Zerreiben noch grau als Zeichen dafür, daß jedes Korn wenigstens im Kern noch metallisch ist. Das trockene und gewogene Material wird zur Homogenisierung schnell aufgemahlen und in Kunststoffbeutel eingeschweißt, die man in Schliffflaschen aufbewahrt. Die Flaschen tragen die Aufschrift „Analysenfertig, nicht nachtrocknen".

Zu beachten ist, daß beim Abfüllvorgang das Material nicht zu lange der Luft ausgesetzt ist (Feuchtigkeitsaufnahme). Man wird daher eine größere Glasflasche mit Schliff als Aufbewahrungsgefäß für das homogenisierte trockene Material verwenden und von da aus abfüllen.

Wichtig ist weiterhin, daß nach Probenentnahme zur Analyse die Probenflasche sofort wieder verschlossen wird. Im Protokoll erscheinen die üblichen Gewichtsaufstellungen über Nässe und Trockenmaterial. Die Nässe kann man im Bedarfsfalle auch untergliedern in Nässe 1 (= von den Behälterinhalten abgezogenes Wasser), Nässe 2 (= von der Rohprobe abgezogenes und auf die Gesamtmenge umgerechnetes Wasser) und Nässe 3 (= Trocknungsnässe). Man muß sich aber darüber im klaren sein, daß die Nässe 3 wegen der eingangs erwähnten gegenläufigen Gewichtszunahme durch Oxidation eine rein rechnerische Größe ist. Weiter ist zu beachten, daß das angegebene Gewicht für das Trockenmaterial nicht den wahren, unbekannten Anteil des Feststoffs an der Lieferung darstellt, sondern sich ihm wegen der partiellen Oxidation beim Trocknen höchstens nähert. Entscheidend ist bei dieser Konventionsmethode, daß sich die Analysenproben beim Lagern nicht verändern. Aus diesem Grunde sind die beschriebenen Vorsichtsmaßnahmen einzuhalten. Diese Arbeitsgänge der Probenzubereitung sollten vertraglich festgelegt werden.

Bei Schlämmen, die völlig oxidiert sind, oder bei Zinkhydroxidschlämmen nach 55.2.3 stellt man ebenfalls eine Konventionsprobe in beschriebener Weise zusammen, da auch hier die Ermittlung der wahren Nässe nicht möglich ist, allerdings jetzt wegen partiellen Abbaues der Hydroxide oder Oxidhydrate beim Trocknen als additivem Gewichtsverlust (s. a. Kap. „Indium" unter 25.1.2).

55.4.3 Laugen und Elektrolyt

Die Probenahme der Rohlauge, der gereinigten Lauge und des Elektrolyten dient im allgemeinen nur der Betriebskontrolle. Die Probenahme erfolgt in regelmäßigen Zeitabständen mittels Stechhebern aus den Laugetanks bzw. mittels Schöpfkellen aus den Förderrinnen für den Elektrolyten. Die Einzelproben werden zu Schicht- oder Tagesdurchschnittsproben vereinigt. Bei zeitlich stark schwankender Zusammensetzung der Laugen ist automatische Probenahme zu empfehlen (s. Kap. 64).

Bei der Probenahme heißer konzentrierter Zinksulfatlaugen verdünnt man die Probe sofort mit einer abgemessenen Menge destilliertem Wasser, um eine Abscheidung von Zinksalzen beim Abkühlen zu vermeiden. Nach Abkühlen bestimmt man die Menge der verdünnten Lösung (Volumen oder Gewicht) und rechnet die darin gefundenen Gehalte auf die Originallauge um.

55.5 Nichtmetallische Zwischenprodukte vom Muffelprozeß

55.5.1 Rohbriketts und verkokte Briketts

Die Entnahme erfolgt in regelmäßigen Abständen während des Brikettiervorgangs. Häufigkeit der Entnahme und Probenumfang hängen von der durchgesetzten Materialmenge und von der gewünschten Aussagesicherheit ab. Die Einzelproben werden meist zu Durchschnittsproben für einen bestimmten Zeitraum zusammengestellt, etwa zu Halbtags- oder Tagesdurchschnitten. Im letztgenannten Falle ist beispielsweise die stündliche Entnahme von 3 bis 5 Briketts im allgemeinen ausreichend. Die gesammelten Proben werden in einem Brecher vorzerkleinert, nach Mischen verjüngt und aufgemahlen.

55.5.2 Muffelrückstände

Im Gegensatz zu der wenig schwankenden Zusammensetzung von Rohbriketts und verkokten Briketts können Muffelrückstände starke Unterschiede im Zinkgehalt aufweisen. Soll eine Probenahme der laufenden Betriebskontrolle des Produktionsprozesses dienen, wird man kontinuierlich Proben an den Muffelausträgen entnehmen und sie zu Durchschnittsproben, für jede Muffel getrennt, vereinigen. Im Falle von Tagesdurchschnittsproben genügen meist Schaufelproben im Stunden- oder Zweistundenabstand, unmittelbar am Austrag, nicht vom Sammelbehälter genommen. Wenn hingegen die Rückstände an andere Betriebe zur Gewinnung von Kupfer, Blei, Silber und Gold oder zur Nutzung des Kohlenstoffs als Brennstoff weitergegeben werden, so entnimmt man etwa 10% der Lieferung als Rohprobe.

Die gesammelten Einzelproben, entweder für jede Muffel, für jeden Waggon oder Lkw, werden vorgestampft, getrocknet und in Brechern zerkleinert. Nach Mischen und Verjüngen wird aufgemahlen, zweckmäßigerweise auf unter 0,1 mm, da nur so die verschiedenen festen Phasen unterschiedlicher Dichte zerkleinert und hinreichend homogenisiert werden können. Bei Entnahme zur Analyse ist der Inhalt des Probengefäßes nochmals durchzumischen.

55.5.3 Schlämme

Bei der Gaswäsche von Retortenabgasen oder von Gichtgasen des Imperial-Smelting-Ofens fallen Schlämme an, die Zink und auch Blei in oxidischer und metallischer Form enthalten und Eindickern zugeleitet werden. Die Probenahme kann entweder aus dem Unterlauf des Eindickers (Schlammpumpen) oder im Falle des Filtrierens vom Filterkuchen erfolgen, besser aber beim Be- oder Entladen von Transportmitteln.

55.6 Metallische Zwischenprodukte vom Muffelprozeß

55.6.1 Traß- und Schaumzink sowie Abbrände

Hierunter versteht man das aus Trassen und Schäumen der verschiedensten Art, die von Zinkbädern oder beim Gießen von den Formlingen abgezogen werden, in Öfen erschmolzene Zink mit stark wechselnder Zusammensetzung. Die Probenahme erfolgt beim Abstich, d. h. während des Vergießens. Man entnimmt in Abständen mehrere Gießproben mit Kellen, die man entweder zu einer Durchschnittsprobe zusammenschmilzt oder einzeln bearbeitet. In jedem Falle wird aufgesägt oder an mehreren Stellen durchgebohrt; hat man die Proben einzeln bearbeitet, werden die Späne zu einem Durchschnitt vermischt.

Zur Bearbeitung des beim Ausschmelzen von Zink anfallenden und isolierten Abbrands entnimmt man je nach Bedeutung des Materials für den Betrieb 1 bis 10% als Probe, die man nach Mischung verjüngt. Durch Absieben trennt man in grob und fein, Eisen wird mit dem Magneten entfernt. Im Bedarfsfalle kann man beide Fraktionen weiterverjüngen. Das meist metallische Grobe wird entweder eingeschmolzen und als Probe „Metall“ gesägt oder bis zum Erweichen erhitzt und durch Rühren mit einem Holzstab gekörnt. Der Probensatz enthält die Fraktionen „Feines“ und „Metall“, die Gewichtsverhältnisse sind festzuhalten.

55.6.2 Waschzink

Man führt die Probenahme dieses rein innerbetrieblichen Umlaufgutes am flüssigen Metall durch und entnimmt beim Auspumpen des Ofens Proben, die nach 55.6.1 weiterbearbeitet werden. In den meisten Fällen vergießt man unmittelbar in Formen für die Spektralanalyse.

Fertigerzeugnisse (55.7—55.10)

55.7 Feinzink und Hüttenzink

Für die Produktionskontrolle entnimmt man hier — wie auch bei Zinklegierungen — vor und während des Vergießens, am günstigsten aus dem Gießstrahl, Probenmaterial, das in geeignete Formen für die Spektralanalyse (s. hierzu Kap. 5) vergossen wird.

Ist dagegen die Probenahme an bereits vergossenem Zink durchzuführen, wird folgendermaßen verfahren:

57.7.1 Kleinere Formate

Die vom Lieferanten als einheitlich zu deklarierende Lieferung wird in Lose von je etwa 25 t unterteilt. Lieferungen unter 25 t gelten als ein Los. Handelt es sich um derzeit übliche Barren bzw. Platten im Einzelgewicht von 20 bis 30 kg (über Großformate siehe 55.7.2), entnimmt man willkürlich einen Barren aus 100 Barren bei Zink mit Verunreinigungen von max. 500 g/t und einen Barren aus 50 Barren bei Zink mit höheren Verunreinigungskonzentrationen (Hüttenzink). Die größere Barrenzahl beim stärker verunreinigten Zink ist erforderlich wegen der möglichen Inhomogenität durch ausgeseigertes Blei. Im Falle kleinerer Lose, bei denen nach diesem Auswahlschema weniger als 5 Barren erfaßt würden, entnimmt man für alle Zinkqualitäten pauschal 5 Barren als Mindestzahl. Umfaßt die Lieferung im Extremfall weniger als 5 Platten bzw. Barren, werden alle berücksichtigt.

Die Bearbeitung der Barren bzw. Platten erfolgt durch Bohren mit einem Hartmetallbohrer von 14 bis 17 mm Durchmesser. Ist die Bestimmung von Eisen nicht erforderlich, kann auch das Sägen angewendet werden. In beiden Fällen werden die Ober- und Unterflächen der ausgewählten Barren sorgfältig gesäubert durch nasses, scharfes Bürsten (keine Metallbürste) und anschließendes Abreiben mit einem Tuch zur Entfernung des Wassers. Die mechanische Bearbeitung der trockenen, sauberen Barren erfolgt grundsätzlich ohne Schmiermittel. Das Material darf sich nicht so stark erhitzen, daß eine Oxidation eintritt. Die erforderliche Spanmenge beträgt mindestens 1 kg.

Beim *Bohren* gibt es zwei Möglichkeiten zur Anordnung der Bohrlöcher. Nach ISO-Normungsvorschlägen werden die ausgewählten Barren bzw. Platten in Gruppen von maximal zehn mit der Schriftseite nach oben längsseitig aneinandergereiht in gleicher Schriftrichtung. Es wird eine Diagonale gezeichnet; jeder Barren wird entlang dieser Diagonale an zwei Stellen vollständig durchgebohrt. Diese Stellen liegen am Ende des 1. und 2. Drittels eines jeden Barrens (s. Abb. 55/2a).

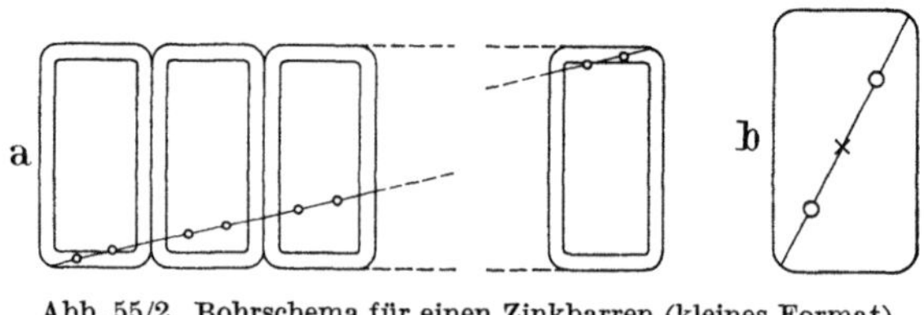

Abb. 55/2. Bohrschema für einen Zinkbarren (kleines Format). a) in Gruppenanordnung; b) für einen einzelnen Barren.

Nach einem anderen Vorschlag wird keine Gruppenanordnung vorgenommen, sondern jeder Barren wird einzeln durchgebohrt an zwei Stellen, die entlang der Barrendiagonalen jeweils auf der Hälfte zwischen Ecke und Mitte liegen. Auch hier liegt die Schriftseite oben (s. Abb. 55/2b).

Reicht die Spanmenge nicht aus, werden zusätzliche Bohrungen durchgeführt, im Falle der Gruppenanordnung entlang der entgegengesetzt verlaufenden zweiten Diagonalen (evtl. hier nur 1 Bohrung je Barren) oder bei Einzelhandhabung in der Mitte eines jeden Barrens. Die Späne sollen möglichst kurz und 0,2 bis 0,5 mm dick sein. Einen solchen Span erhält man durch ständig wiederholtes kurzes Anbohren der ausgewählten Stelle oder mit Bohrern, die eine Spanleitstufe oder einen kleinen Freiwinkel aufweisen.

Im Falle des *Sägens* werden zwei gegenüberliegende Sägeschnitte angelegt, die auf der Hälfte zwischen Mitte und Ende einer Längsfläche liegen und bis zur Barrenhälfte reichen. Der Schnitt geht durch die gesamte Barrenstärke (nicht oberflächlich ansägen!), s. Abb. 55/3. Reicht die Menge der Späne beim Sägen nicht aus, werden je Barren zwei weitere Schnitte angelegt, die nur wenig entfernt von den zuerst angelegten Schnitten bei gleicher Anordnung liegen.

Die durch Bohren oder Sägen erhaltenen Späne werden sorgfältig gemischt. Sind Länge und Dicke der Späne sehr unterschiedlich, empfiehlt sich zumindest beim Hüttenzink ein Fraktionieren über Siebe aus Kunststoff. Man teilt die Späne in Anteile von 200 oder 250 g auf und gibt sie in geeignete Behälter, z. B. versiegelbare Glasflaschen. Man entnimmt 1 kg als Durchschnittsprobe; im Falle eines

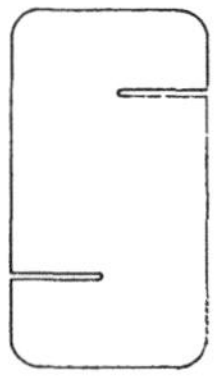

Abb. 55/3. Anordnung der Sägeschnitte bei einem Zinkbarren (kleines Format).

vorangegangenen Fraktionierens werden die gewogenen Fraktionen anteilmäßig zu einem Probensatz zusammengestellt. Mit Hilfe eines Magneten entfernt man eingeschlepptes Eisen so lange, bis keine Teilchen mehr am Magneten haften. Durch diese Maßnahme entfernt man das Eisen aus Sägespänen nicht vollständig (s. o. den Vermerk über das Sägen), da das Eisen beim Sägen zum Teil in das Metall eingedrückt oder eingeschmiert wird.

Soll die Analyse auf spektrographischem Wege durchgeführt werden, verfährt man nach Normungsvorschlägen folgendermaßen: Die Bohrspäne — Sägespäne sind nicht zugelassen — werden wie oben auf 1 kg verjüngt und mit dem Magneten bearbeitet. Dann teilt man die Späne in zwei Proben von 750 g und 250 g auf. Die 250-g-Probe wird abgefüllt und dient für eine etwaige chemische Analyse. Die 750-g-Probe wird in einer Presse zu einigen kleinen Blöckchen verpreßt. Diese Maßnahme soll innerhalb von 24 h nach dem Bohren erfolgen. Die Blöckchen werden rasch in inerte, auf 500 bis 600 °C vorgeheizte Tiegel (z. B. Graphit) gegeben und in möglichst kurzer Zeit eingeschmolzen. Man mischt intensiv, z. B. mit einem Graphit- oder Quarzstab, und vergießt schnell in Formen für die spektrographische Analyse. Mindestens drei solcher Proben sollen zur Untersuchung hergestellt werden.

55.7.2 Großformate

Schwieriger ist die Bearbeitung von Großformaten („jumbos"), die heute einen großen Teil der gehandelten Formen ausmachen. Es sind Formlinge im Gewicht bis zu 2 t in unterschiedlichen Abmessungen vertreten, von der Großplatte über den rechteckigen Großbarren bis zum würfelförmigen Block. Die sicherste Art der Probenahme beim Empfänger besteht im Einschmelzen der zur Probenahme ausgewählten Formlinge und Entnahme von Schöpfproben vom gerührten Bad. Aus einem Los von 25 t wird ein Block entnommen, bei weniger reinem Zink (unter 99,5%) zwei Blöcke. Bei Losen unter 25 t gelten die gleichen Zahlen. Das Einschmelzen setzt einen nur für diese Zwecke vorgesehenen Kessel voraus. Nicht immer wird dieser mit besonderer Sorgfalt verbundene Aufwand betrieben werden können. Aus diesem Grunde sind andere, jedoch mehr oder weniger unvollkommene Methoden üblich, über die obendrein derzeit noch keine umfassenden Erfahrungen bekannt sind. Die nachstehenden Ausführungen gelten daher nur als Anregung. Es empfiehlt sich, die Probenahmemethodik an Großformaten zwischen Verkäufer und Käufer zu vereinbaren.

Die erste und einfachste Möglichkeit besteht darin, daß der Lieferant Proben, die während des Vergießens genommen wurden, zur Sendung mitliefert, wie eingangs bereits beschrieben wurde. Nach einer anderen Methode enthalten die Gießformen schmale Ausbuchtungen („Ohren"), die dann am vergossenen Formling vom Empfänger abgeschlagen und untersucht werden. Voraussetzung ist bei dieser Methode, daß auch die am Boden befindliche Seigerzone des Bleies beim Hüttenzink anteilig mit erfaßt wird.

Am gebräuchlichsten ist jedoch trotz der großen Abmessungen das *Bohren*. Bei den üblichen Stärken bis zu 500 mm ist ein Durchbohren nicht möglich, man bohrt daher an. In jedem Falle verwendet man Hartmetallbohrer von etwa 20 mm Durchmesser ohne Schmiermittel nach Reinigung der Oberfläche gemäß 57.7.1. Die Bohrtiefe soll möglichst groß sein und wenigstens 80 bis 100 mm betragen. Die Zahl der zu erfassenden Flächen und der Bohrungen hängt von der Geometrie des Blocks ab. Längliche Barren in Stärken bis maximal 200 bis 250 mm bohrt man an der Ober- und Unterfläche je dreimal an, wobei die Bohrstellen analog zum erweiterten Bohrschema für kleine Platten jeweils auf der Hälfte der Diagonalen zwischen Ecke und Mitte sowie in der Mitte liegen. Die Diagonalen der Flächen liegen nicht übereinander, sondern kreuzen sich (s. Abb. 55/4). Statt den Barren zur Erfassung der Unterfläche zu wenden, kann man auch einen zweiten, zufällig umgekehrt liegenden Barren auswählen und an der erforderlichen Fläche anbohren.

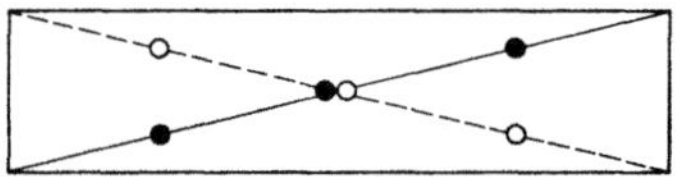

Abb. 55/4. Bohrschema für einen Zinkbarren (Großformat).

Alle Bohrungen sollen gleiche Tiefe aufweisen. Bei Formlingen mit etwa gleichgroßen Flächen (Würfel) sollten alle sechs Flächen gleichtief angebohrt werden, wobei man nicht gezwungen ist, ein und denselben Block zu verwenden, sofern sichergestellt ist, daß man insgesamt sechs verschiedene Flächen erfaßt. Es genügen bei solchen Blöcken zwei Bohrungen auf der Hälfte der Diagonalen zwischen Ecke und Mitte jeder Fläche; dabei soll die Diagonale jeder gegenüberliegenden Fläche entgegengesetzt laufen, ähnlich Abb. 55/4, wenn ein Block allseitig bearbeitet wird. Die Handhabung der Späne entspricht dem bei kleinen Platten (55.7.1) beschriebenen Schema.

Die Zahl der auszuwählenden Blöcke wurde oben beim Einschmelzverfahren beschrieben. Es wird vorausgesetzt, daß die entnommenen Barren oder Blöcke vollständig bzw. allseitig bearbeitet werden. Die beschriebene Möglichkeit, andere Flächen an anderen Blöcken anzubohren, erweitert die Zahl der zu erfassenden Barren oder Blöcke entweder um den Faktor zwei oder maximal sechs im Falle von würfelförmigen Blöcken.

55.8 Zinklegierungen

Auch hier können durch Übereinkunft Proben beim Hersteller während des Vergießens genommen und von den Parteien untersucht werden. Entfällt dieses und muß die Probenahme an bereits vergossenem Material erfolgen, wird im Prinzip nach 55.7.1 verfahren. Unterschiede bestehen lediglich in der Losgröße, der Anordnung zum Bohren und der Zahl der Bohrungen oder Sägeschnitte.

Nach ISO-Normungsvorschlägen wird eine Lieferung in Lose von je 5 t aufgeteilt, gegenüber 25 t beim Fein- oder Hüttenzink. Lieferungen von weniger als 5 t gelten als ein Los. Im Falle von *Barren* oder *Platten* — nicht Masseln — im

Gewicht von 20 bis 30 kg wird aus jeweils 50 Barren ein Barren entnommen, mindestens jedoch 5 Barren. Bei extrem kleinen Lieferungen von weniger als 5 Barren werden alle erfaßt. Die Bearbeitung der ausgewählten Barren erfolgt durch Bohren. Durch Sägen kann Eisen eingeschleppt werden. Über die Bedingungen zum Bohren (Säuberung der Oberfläche, Bohrerart, Beschaffenheit der Späne usw.) gelten die Ausführungen unter 57.7.1. Auch bei Zinklegierungen kann man die ausgewählten Barren entweder in Gruppen anordnen oder einzeln bearbeiten. In Abänderung zu 57.7.1 werden jedoch jetzt 3 Bohrungen je Barren durchgeführt. Im Falle der Gruppenanordnung stellt man bei Legierungen maximal 5 Barren in der unter 57.7.1 beschriebenen Anordnung zusammen. Die 3 Durchbohrungen entlang der Diagonalen liegen am Ende des ersten, zweiten und dritten Viertels eines Barrens, wie Abb. 55/5 zeigt. Im Falle der Einzelhandhabung bringt man gegenüber dem Schema in 57.7.1 zusätzlich eine Bohrung in der Mitte eines jeden Barrens an.

Für das weniger häufige Sägen gelten ebenfalls sinngemäß die Ausführungen nach 57.7.1, lediglich mit dem Unterschied, daß ein dritter Sägeschnitt gegenüberliegend angebracht wird (Abb. 55/6).

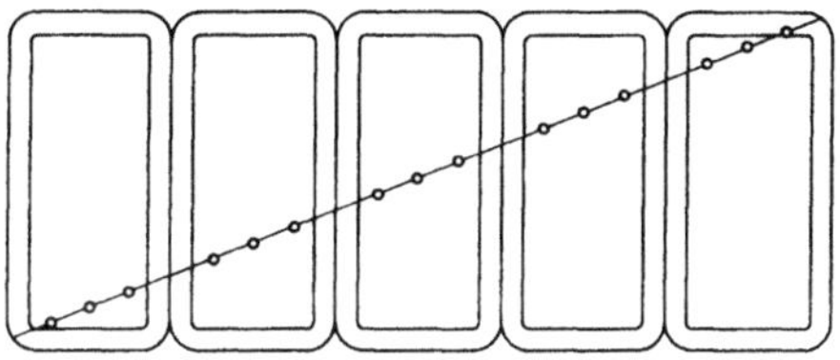

Abb. 55/5. Bohrschema für einen Zinklegierungsbarren.

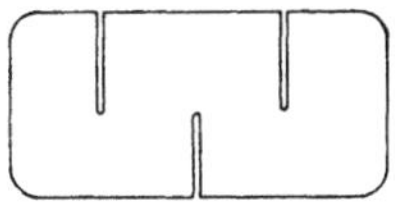

Abb. 55/6. Anordnung der Sägeschnitte bei einem Zinklegierungsbarren.

Wird die geforderte Mindestspanmenge von 1 kg nicht erhalten, verfährt man beim Bohren und Sägen nach 57.7.1. Die Handhabung der Späne sowohl für die chemische als auch spektrographische Analyse, für die nur Bohrspäne verwendet werden, erfolgt ebenfalls nach 57.7.1.

Verschiedentlich werden Legierungen in *Masseln* geliefert, deren Gewicht je etwa 5 kg beträgt. Sie bestehen aus mehreren miteinander verbundenen Blöckchen von etwa 50 mm Stärke. In Anlehnung an die Zahl der Bohrstellen und die Spanmenge von mindestens 1 kg bei den oben beschriebenen Barren- oder Plattenformen entnimmt man je Los, auch bei Losen unter 5 t, 15 Masseln und bohrt je Massel ein Blöckchen durch. Dabei werden außen- und innengelegene Blöckchen gleichermaßen erfaßt durch Anordnung nach der Schriftrichtung. Für das Bohren und Handhaben der Späne gelten die obenstehenden Hinweise.

55.9 Verarbeitetes Zink

55.9.1 Halbzeug

Bei der Probenahme von Blechen und Bändern schneidet man über die ganze Breite hin Streifen ab, zerkleinert diese weitgehend mit Schere oder Meißel, mischt die Schnitzel sorgfältig durch und entnimmt dann die Analysenproben. Bei Stangen und Rohren bedient man sich zum Entnehmen einer Durchschnittsprobe der Säge, entfernt aus den Sägespänen das ggf. eingebrachte Eisen mittels Magneten und siebt die Späne in zwei oder drei Fraktionen ab.

Während bei dünnem Draht Proben mit der Schere herausgeschnitten werden, kann man bei dickeren Drähten die Sägeprobe oder bei Drahtbündeln die Fräsprobe anwenden.

55.9.2 Verzinkte Bleche und Drähte

Bei Blechen muß sich die Probenahme über die ganze Blechoberfläche erstrecken. Dabei läßt es sich nicht vermeiden, daß die Bleche durch Ausstanzen oder Zerschneiden entwertet werden. Eine derartige Probenahme wird jedoch auch nur vorgenommen, wenn die Zinkauflage an einzelnen Stellen abblättert oder wenn an den Blechen vorzeitig Korrosionserscheinungen aufgetreten sind. Am zweckmäßigsten hat sich das Ausstanzen von Löchern über die ganze Blechfläche hin erwiesen. Sind Stanzeinrichtungen nicht vorhanden, so werden von verschiedenen Stellen der Bleche Streifen herausgeschnitten, die man bis zu quadratzentimetergroßen Abschnitten zerkleinert.

Verzinkter Stahldraht wird einzeln oder in nicht zu starke Bündel zusammengefaßt durch Sägen in kurze Stückchen geteilt, die gemischt und verpackt werden.

55.10 Zinkstaub, Zinkverbindungen

55.10.1 Zinkstaub

Wegen seiner leichten Oxidierbarkeit wird Zinkstaub in luftdichten Behältern verschickt. Zur Probenahme siehe Zinkoxid (55.10.2). Die Endproben werden in luftdicht verschlossene Flaschen gegeben, die man bis oben hin füllt. Eine Nässebestimmung wird beim Zinkstaub nicht durchgeführt. Die Abwesenheit von Feuchtigkeit bei der Probenentnahme und allen anderen Handhabungen gilt als selbstverständlich.

55.10.2 Zinkoxid, Zinkweiß, Lithopone (Trockenfarben)

Von diesen in Gebinden wie Trommeln, Fässern und Säcken angelieferten Materialien sind zur Probenahme mindestens auszuwählen: bei Lieferung von 5 Gebinden und weniger jedes Gebinde, bei mehr als 5 Gebinden jedes 5. Gebinde, mindestens aber insgesamt 5 Gebinde. Dies bedeutet, daß bei Lieferung von 6 bis 25 Gebinden mindestens 5 Gebinde ausgewählt werden, bei mehr als 25 Gebinden jedes 5. Gebinde.

Die Probenahme erfolgt mit Stechern, die bis zum Boden reichen und sich mit allen Schichten des Behälterinhalts ausfüllen müssen. Für sehr reine Ware werden Stecher aus Kunststoff verwendet. Es sind je Gebinde drei Einstiche erforderlich, die in verschiedene Richtungen zu treiben sind. Je Gebinde sollen wenigstens 250 g Probenmaterial erhalten werden. Wenn es in Hinblick auf die Materialreinheit zulässig ist, kann man auch die ausgewählten Gebinde auf einer geeigneten Unterlage entleeren und mit Stechern oder Schaufeln, u. U. aus Kunststoff, Proben entnehmen. Das Verfahren empfiehlt sich vor allem bei weniger reinem Zinkoxid und auch bei Zinkstaub (55.10.1). Die nach einem der genannten Verfahren erhaltenen Einzelproben werden vereinigt, gut gemischt und im Bedarfsfalle auf etwa 1 kg verjüngt. Durch vertragliche Vereinbarung können aber auch andere Probemengen infrage kommen.

55.10.3 Zinksalze

Die wichtigsten Zinksalze sind Zinksulfat (Zinkvitriol) und Zinkchlorid. Für Zinksulfat ist eine Probenahme, die mit Stechern in der für homogene und feinkristalline Stoffe üblichen Weise erfolgt, nicht problematisch. Die Auswahl der zu erfassenden Gebinde entspricht dem Schema nach 55.10.2; im Falle sehr großer Lieferungen genügt jedoch die Erfassung eines jeden zehnten Gebindes. Beim

Zinkchlorid, einem hygroskopischen Material, richtet sich die Probenahme nach der Anlieferungsform. In Trommeln eingeschmolzenes Salz wird wie Salmiakschlacken (55.3.3.4) behandelt, granuliertes Material wird nach 3.6.2 geprobt. Eine Nässebestimmung durch Trocknen ist nicht möglich.

56. Zinn

Allgemeines

Das wichtigste Zinnerz ist der Zinnstein oder Kassiterit (SnO_2). Daneben kommt für eine Verhüttung auch der Zinnkies ($Cu_2S \cdot FeS \cdot SnS_2$) infrage. Der Zinnstein tritt entweder als Bergzinn, eingesprengt in Eruptivgestein, oder als Seifenzinn in sekundären Ablagerungen auf. Durch Aufbereitung erhält man aus Seifenzinn-Lagerstätten Konzentrate mit Zinngehalten über 60%, während bei der Aufbereitung von Bergzinn oft nur Konzentrate mit Zinngehalten um 20% entstehen.

Vorstoffe (56.1—56.6)

56.1 Erze

Roherz wird wie stückiges Gut geprobt. Konzentrate mit hohen Zinngehalten werden meist in Säcken verpackt angeliefert. Da sie fast immer eine gleichmäßige Zusammensetzung haben, bedient man sich eines automatischen Probenteilers, in den der Inhalt einer größeren Anzahl von Verpackungen (etwa 10 bis 20% der Lieferung) entleert wird. Nach Unterteilung und weiterer Zerkleinerung wird automatisch bis zur 5-kg-Probe verjüngt. Die Verarbeitung dieser Probe erfolgt nach Vermahlung auf unter 0,16 mm.

Aus *ärmeren Konzentraten* muß die Probe wegen der Ungleichmäßigkeit des Materials und des hohen Preises des Metalls auf folgende Art entnommen werden: Das meist in Säcken ankommende Konzentrat wird vollständig auf ein Förderband aufgegeben. Man entnimmt am Anfang des Bandes in regelmäßigen Abständen eine Probe von etwa 3% der Liefermenge, wobei darauf zu achten ist, daß jeweils die gesamte Schichthöhe und die halbe Bandbreite erfaßt werden. Es ist auch möglich, am Ende des Bandes in den Fallstrom des Gutes eine automatische Probenentnahme einzubauen. Die gesammelte Rohprobe wird gemahlen, verjüngt und zur Analysenprobe weiterverarbeitet.

Die Nässeprobe muß unmittelbar nach der Eingangsverwiegung entnommen werden.

56.2 Zinnhaltige Aschen, Krätzen und Schlacken

56.2.1 Trockene Aschen und Krätzen

Bei solchen Materialien wird die Probenahme verschieden gehandhabt, je nachdem, ob es sich um sehr gleichmäßiges, meist metallarmes, oder sehr ungleichmäßiges, meist stark metallhaltiges Material handelt.

56.2.1.1 Bei gleichmäßigem, metallarmem Material entnimmt man 10% der Lieferung als Rohprobe, zerkleinert auf dem Kollergang oder in einer Kugelmühle und trennt die metallische Gröbe und das Feine auf einem 1-mm-Sieb. Die Gröbe wird in einem Schmelzkessel eingeschmolzen, die Durchschnittsprobe davon durch Schöpfen entnommen und zu flachen Blöckchen ausgegossen, die man dann einseitig bis zur Mitte abfräst oder feilt. Die Späne werden mit einem Magneten vom metallischen Eisen befreit und in Grob und Fein mittels eines 1-mm-Siebes aufgeteilt (Metall I und Metall II).

Die beim Schmelzen erhaltene Krätze vereinigt man mit dem Feinen von der Zerkleinerung der Rohprobe, trocknet (Nässebestimmung), mischt und verjüngt zu einer 2-kg-Probe. Diese Probe trennt man nach Weiterzerkleinerung auf einem 0,4-mm-Sieb in Metall und Staub und entfernt freies Eisen mit dem Magneten. Den metallischen Anteil schmilzt man in einem Gießlöffel über freier Flamme bei niedriger Temperatur ein, gießt das Metall in eine kleine gußeiserne Form und gibt etwa entstandene Krätze zum abgesiebten Feinen hinzu. Das Metall wird gefräst oder gehobelt. Die Späne ergeben das Metall III.

Zur Bestimmung der Feuchtigkeit werden von der vorzerkleinerten Rohprobe drei Proben von je 1 bis 2 kg bei 105 °C im Trockenschrank getrocknet. Das Mittel der drei erhaltenen Werte ist der Feuchtigkeitsgehalt.

56.2.1.2 Bei ungleichmäßigen, stark metallhaltigen Aschen und Krätzen wird zweckmäßigerweise die Gesamtanlieferung zur Probenahme herangezogen. Man siebt das Feine über ein 1-mm-Sieb ab und behandelt es wie unter 56.2.1.1. Grobe Stücke, die kein oder nur sehr wenig Metall enthalten, sind zum feinen Material zu geben. Der metallhaltige Anteil wird im Seigerofen oder Kessel durch Schmelzen in Metall und Krätze zerlegt. Die dabei anfallende Krätze wird zum Feinen gegeben. Aus der Metallschmelze gießt man nach gutem Umrühren einige Probeblöcke, die zur Gewinnung von Probespänen gefeilt oder gefräst werden. Die genommenen Probeblöckchen werden bis zur Hälfte aufgefeilt oder gefräst, die Späne mit einem Magneten vom Werkzeugeisen befreit und in zwei Siebfraktionen geteilt. Das Metall im Schmelzkessel wird vergossen und gewogen. Das Feine wird nach 56.2.1.1 weiterverarbeitet.

56.2.2 Feuchte, chloridhaltige Aschen

Diese Aschen enthalten vorwiegend stark hygroskopisches Zinnchlorid, das die Probenahme erschwert. Zweckmäßig wird man die Gesamtmenge zur Probenahme heranziehen. Die Feststellung eines Trockengewichtes ist hierbei naturgemäß nicht möglich. Probenahme und Verwiegung müssen gleichzeitig erfolgen.

Man unterscheidet feine, gleichmäßige Aschen ohne sichtbaren Metallanteil und inhomogene Aschen mit Metallanteil.

56.2.2.1 Bei gleichmäßigen Aschen ohne Metallanteil wird eine Rohprobe von etwa 30% der Anlieferung entnommen. Die gewogene Rohprobe wird mit einer gewogenen Menge, z. B. 15% der Rohprobe, wasserfreier Soda schnell und gut durchgemischt, wobei Klumpen durch Stampfen zu zerkleinern sind. Durch Probenteilung wird ein Anteil der Mischung, der 50 kg entspricht, entnommen. Dieses Material wird bei 200 °C bis zur Gewichtskonstanz getrocknet, wobei keine Rauchentwicklung stattfinden darf. Anschließend wird so lange zerkleinert, bis die gesamte Probe durch ein Sieb mit 3 bis 4 mm Maschenweite hindurchgeht. Sollte das Material teilweise bei der Zerkleinerung schmieren, so erfolgt eine weitere Trocknung bei 200 °C. Das abgesiebte Material wird bis zur Gewichtskonstanz getrocknet. Das dann festgestellte Gewicht wird zu den 50 kg der Rohprobe ins Verhältnis gebracht und ist für das Präparationsergebnis maßgebend. Wurde mehr Soda zugesetzt, als Wasser verdampft wurde, ergeben sich mehr als 100%.

Die immer warm gehaltene Probe wird verjüngt und weiter zerkleinert, bis sie durch ein Sieb mit 0,2 mm Maschenweite geht. Sie wird warm in Polyäthylenbeutel, die sofort zuzuschweißen sind, oder in luftdicht verschließbare Glasflaschen abgefüllt.

56.2.2.2 Bei inhomogenen Aschen mit Metallanteil wird das gesamte Material zur Rohprobe verwendet. Man vermischt dazu das verwogene Gut mit calcinierter Soda oder feinem, gebranntem Kalk und seigert das Metall im Schmelzkessel bei mäßiger Temperatur aus. Aus diesem wird im Kessel nach dem Umrühren eine Schöpfprobe entnommen. Alle Krätzen werden verjüngt. Nach dem Verwiegen der Austräge an Metall und Krätzen kann wie bei trockenen Aschen (s. 56.2.1) weiter verfahren werden. Präparationsergebnisse von mehr als 100% sind möglich.

56.2.3 Zinnschlacken

Da es sich hierbei meist um Material mit nur geringen metallischen Beimengungen handelt, wird nach dem Zerkleinern der großen Stücke eine Rohprobe von etwa 10 bis 20% des Gewichtes des Loses entnommen und diese unter laufendem Verjüngen und Zerkleinern zur Endprobe in bekannter Weise präpariert.

56.3 Flugstäube

Flugstäube aus Schmelz- und Verblaseprozessen werden nach 12.3.4 behandelt. Enthalten sie Chloride, so darf die Trockentemperatur 105 °C nicht überschreiten, um Verluste an Zinn zu vermeiden.

56.4 Zinnschlämme

Schlämme, die entweder aus der Aufarbeitung erblasener Mischoxide oder aus der Kupferelektrolyse stammen, kommen meist in Fässern verpackt zum Versand. Man entnimmt beim Entleeren der Fässer aus jedem Faß mit einem Probenstecher Teilproben und vereinigt sie zur Rohprobe, die sorgfältig durchgemischt wird.

56.5 Zinnaltmetall

Weißmetallschrott, Lötzinnschrott und deren Späne sowie Altzinnabfälle sind erfahrungsgemäß immer sehr uneinheitlich. Außerdem neigen alle in geschmolzenem Zustand zu Schwerkraftseigerungen. Zur Probenahme wird, außer bei großen Partien, das gesamte Material im Kessel eingeschmolzen. Die Krätze wird getrennt aufgearbeitet, wie unter 56.2.1.1 angegeben. Die Metallprobe wird gemäß 56.2.1.2 entnommen und weiter bearbeitet.

Weißmetallspäne mit höheren Kupfergehalten von den ausgedrehten Lagerschalen werden geseigert und gemäß 56.2.1.2 geprobt.

Bei Weißblechen ist die Zinnauflage sehr unterschiedlich. Man nimmt deshalb aus der Lieferung eine Rohprobe von etwa 2 bis 5% und verpreßt sie in einer kleinen Presse zu Paketen. Aus den Paketen werden durch Anbohren von allen Seiten bis zur Mitte Späne entnommen. Diese mischt man sorgfältig und verjüngt sie durch Kreuzteilung bis zur Analysenprobe.

56.6 Hartzinn (Zinnhärtlinge)

Die Härtlinge stellen ein stark eisenhaltiges Zwischenprodukt dar, das starke Seigerungen aufweist und zum Teil so spröde ist, daß es durch Stampfen zerkleinert werden kann. Andernfalls nimmt man die Probenahme durch Bohren vor, stampft die anfallenden Späne und trennt diese in Grob, Mittel und Fein.

Fertigerzeugnisse (56.7—56.9)

56.7 Zinnmetall

56.7.1 Rohzinn

Rohzinn mit einem Zinngehalt von 96 bis 99% kommt in Blockform in den Handel. Als Rohprobe wird mindestens jeder fünfte Block entnommen und in der Diagonale an drei Stellen durchgebohrt, wobei die äußeren Bohrstellen in $^1/_6$ Entfernung von den Ecken und die mittlere in der Mitte des Blockes angesetzt werden. Die Bohrspäne werden nach 56.2.1.1 in Metall I und II durch Absieben weiterverarbeitet. Da den Blöcken nicht anzusehen ist, ob sie an der Unterseite eine Blei- oder Eisenschwarte aufweisen, ist es jedoch ratsamer, die aussortierten Blöcke in einem Kessel einzuschmelzen und die entnommenen Probeblöckchen aus Schöpfproben nach 56.2.1.1 weiter zu verarbeiten.

56.7.2 Handelszinn

Für Zinn gilt noch die deutsche Norm DIN 1704 (1940), die nur Zinn bis zum Reinheitsgrad 99,90% erfaßt. Inzwischen sind reinere Sorten im Handel.

Bei Zinn mit einem Reingehalt über 99% (Originalmarken in Blöcken oder Stangen) entnimmt man 10% der Lieferung, mindestens aber 4 Blöcke als Probe, aus der man Späne durch Sägen oder Bohren erstellt. Eingebrachtes Eisen wird mit dem Magneten entfernt. Die Späne stellen nach Durchmischen und Teilen die Analysenprobe dar.

56.7.3 Zinnstaub

Da Zinnstaub zur Sauerstoffaufnahme aus der Luft neigt, ist die Probenahme möglichst schnell durchzuführen. Den geöffneten Behältern entnimmt man mit einem Probenstecher Teilproben, vereinigt sie, mischt sorgfältig durch und verjüngt durch Kreuzteilen, bis die für die Analysenprobe erforderliche Menge übrigbleibt. Das Pulver wird in Polyäthylenbeutel, die sofort zuzuschweißen sind, abgefüllt.

56.8 Zinnlegierungen

56.8.1 Weißmetalle

Lagerweißmetalle nach DIN 1703 (1952) kommen in Blöcken und Platten in den Handel. Ist das Material von einheitlicher Qualität, so entnimmt man 5% der Lieferung als Rohprobe, sägt die Blöcke in der Diagonale durch, trennt die erhaltenen Späne in Grob, Mittel und Fein durch Absieben über ein 0,5- und 0,1-mm-Sieb und entfernt eingebrachtes Eisen mit dem Magneten. Man bestimmt den Anteil der einzelnen Fraktionen und bezeichnet sie als Metall I, II und III.

Lagermetalle mit gewissen metallischen Zusätzen können zu starken Seigerungen neigen. In diesem Falle erhöht man die Menge der Rohprobe. Die Probenblöcke werden wie zuvor weiterbehandelt.

Man kann auch die Legierungen einschmelzen (bei max. 40 bis 60 °C über dem Liquiduspunkt) und nach gutem Durchrühren Schöpfproben entnehmen, die nach dem Erkalten gesägt werden.

56.8.2 Mischzinn und Lötzinn

Bei *Mischzinn* wird die Hälfte des Materials im Kessel eingeschmolzen und wie bei 56.2.1.1 geprobt.
Lötzinn, auch Schmierzinn, das zum Vorstreichen von Schweißnähten auf Karosserieblechen gebraucht wird, ist von einheitlicher Zusammensetzung. Aus Blöcken, Stangen oder Platten werden durch Sägen oder Feilen über den ganzen Querschnitt Späne entnommen, Stengel sägt man durch. Draht wird geschnitten. Bei einheitlichem Material genügen etwa 2% der Lieferung. Bei Legierungen mit wechselnder Zusammensetzung entnimmt man 10 bis 20% oder schmilzt die Gesamtmenge der Lieferung ein.

56.8.3 Kupfer-Zinn-Legierungen

Über Bronzen, deren Zinngehalt meist zwischen 2 und 20% liegt, ist die Probenahme im Kapitel „Kupfer" unter 28.6 nachzulesen.

56.8.4 Schriftmetall

Schriftmetall neigt besonders stark zu Seigerungen. Man nimmt deshalb von den Blöcken oder Platten mindestens 20% als Rohprobe und sägt sie mit einer breiten Säge diagonal durch. Die erhaltenen Späne werden gestampft und auf einem 0,5- und 0,1-mm-Sieb in Fraktionen getrennt, die als Metall I, II, III bezeichnet werden (s. a. Kapitel „Blei", 12.5.1).

56.9 Zinnverbindungen

56.9.1 Zinnoxid

Zinnoxid wird in Fässern verpackt angeliefert. Je nach der Größe der Lieferung entnimmt man einer Anzahl von Fässern Teilproben mit dem Probenstecher, mischt sie sorgfältig durch und verringert sie durch Kreuzteilen bis zur Endprobe. Da das Material leicht Feuchtigkeit aus der Luft aufnimmt, arbeitet man nach 3.6.2.

56.9.2 Zinn(II)-chlorid (Zinnsalz)

Da der Gehalt an zweiwertigem Zinn eine Rolle spielt, darf das Salz bei der Probenahme nicht unnötig lange der Oxidation durch Luft ausgesetzt werden. Den Verpackungseinheiten entnimmt man Teilproben entweder mit einem Stecher oder aus verschiedenen Schichten mit einer Handschaufel. Die Analysenproben müssen in dicht schließende Flaschen bis zum Rande gefüllt oder in Polyäthylenbeuteln verpackt und verschweißt werden. Siehe auch 3.6.3.

56.9.3 Zinn(IV)-chlorid

Zinn(IV)-chlorid raucht an der Luft und zersetzt sich rasch; deshalb muß die Probenahme so durchgeführt werden, daß die Probe nicht mit feuchter Luft in Berührung kommt. Man verfährt dabei zweckmäßig folgendermaßen: Sofort nach Entfernen des Stopfens vom Glasballon setzt man an seine Stelle einen anderen, durch dessen Bohrung ein Glasrohr führt, dessen äußeres Ende zweimal um 90° gebogen ist und in einem doppelt durchbohrten Stopfen endet. In der zweiten Bohrung sitzt ein Trockenrohr mit Anschluß an eine Saugleitung. Man saugt nun eine entsprechende Menge der Flüssigkeit in das an dem doppelt durchbohrten Stopfen angebrachte Probenfläschchen, nimmt dieses schließlich ab und verschließt es sofort luftdicht.

56.9.4 Natriumstannat

Die Probenahme erfolgt nach 3.6.1.

56.9.5 Schwerbeize

Schwerbeize ist eine 20- bis 30%ige Lösung von Zinn(II)-chlorid in Wasser. Da sich die Lösung nicht zersetzt, sind auch besondere Vorsichtsmaßnahmen bei der Probenahme nicht zu beachten.

56.9.6 Färberpaste

Die Probenahme erfolgt wie bei Zinnschlämmen unter 56.4 beschrieben.

57. Zirkonium und Hafnium

Allgemeines

Das technisch wichtigste Zirkoniummineral ist Zirkon ($ZrSiO_4$). Daneben hat Baddeleyit, ein mehr oder weniger verunreinigtes ZrO_2, Bedeutung. Das Zirkonium[1] ist stets von Hafnium begleitet, das im Erz gleichmäßig verteilt ist. Hafniummineralien sind nicht bekannt.

Vorstoffe (57.1—57.2)

57.1 Erze

Die Probenahme der meist sandigen Erze erfolgt nach den allgemeinen Richtlinien in 2.2ff. für Erze ähnlicher Beschaffenheit. Als Rohprobe werden je nach Größe der Ladung 1 bis 5% entnommen.

57.2 Zirkoniumschrott

Die Probenahme von Drehspänen kann bei genügender Feinheit direkt durch Probenteilung erfolgen. Bei ineinander verflochtenem spanförmigen Material wird, wie bei Zirkoniumschwamm, aus einer größeren Menge ein Preßling hergestellt, der wiederum zerspant und entsprechend der für Zirkoniumschwamm gegebenen Vorschrift (57.3.2) weiterbehandelt wird. Da oberflächlich anhaftende Verunreinigungen, wie Feuchtigkeit, Bohröle usw., einen großen Einfluß auf die Wiederverwendbarkeit von Zirkoniumschrott haben, ist darauf zu achten, daß diese Verunreinigungen während der Probenahme nicht durch Erwärmung und dergleichen verlorengehen. Über die Art der Probenahme bei stückigem Schrott muß, da der Zustand des Materials sehr variieren kann, von Fall zu Fall entschieden

---

[1] Im deutschen Sprachgebrauch heißt es allgemein Zirkonmetall, Zirkonverbindungen. Die offizielle Bezeichnung dieses Elements ist jedoch „Zirkonium“, da man unter „Zirkon“ das Mineral $ZrSiO_4$ versteht.

werden. Infrage kommt die Abzweigung eines größeren Anteils durch Probenteilung und seine Homogenisierung durch Schmelzen im Lichtbogen- oder Elektronenstrahlofen, oder durch Auflösung in Salpeter-/Flußsäure. Unter günstigen Voraussetzungen führt auch das Anbohren großer Schrottstücke und die übliche Probenahme aus den erhaltenen Drehspänen zum Ziel.

Unter ungünstigen Voraussetzungen für die Durchführung und bei gleichzeitig hohen Ansprüchen an die Analysengenauigkeit sind mehrere unabhängige Probenahmen empfehlenswert.

Fertigerzeugnisse (57.3—57.5)

57.3 Metallisches Zirkonium

57.3.1 Zirkoniumpulver

Das für Getter- und pyrotechnische Zwecke verwendete Zirkoniumpulver wird nach den Richtlinien für pulverförmiges Gut in 3.1.1 geprobt. Hierbei sind nachstehende *Vorsichtsmaßnahmen* zu beachten: Zirkoniumpulver wird im allgemeinen trocken in Blechbehältern verschickt, gelegentlich wird der Versand unter Wasser oder Methylalkohol vorgenommen. Bei der Probenahme dieser Pulver ist wegen der leichten Entzündbarkeit des Metalls größte Vorsicht geboten. Erwärmung, Reibung oder Stoß sowie elektrische Aufladung infolge Verwendung von nichtleitenden Behältern und Geräten sind zu vermeiden. Die relativ geringste Gefahr der Selbstentzündung besteht bei Zirkoniumpulver mit Wasserstoffgehalten von ca. 2%. Zirkoniumpulver mit einem Wasserstoffgehalt von unter 0,2% sind besonders reaktionsfähig. Feuchtes Zirkoniumpulver, zu dem Luft Zutritt hat, reagiert leicht explosionsartig. Beim Trocknen kleiner Mengen sind Sicherheitsmaßnahmen (Brille, Schutzschild) nötig. Größere Mengen erfordern spezielle armierte Trocknungsanlagen. Bei der Probenahme größerer Chargen (über 50 kg) darf das Mischen und Zurichten der Rohprobe bis zur Analysenprobe nur in argongespülten, geerdeten Metallgeräten durchgeführt werden. Das Trocknen oder Mischen unter Vakuum ist verboten, da hierbei Wasserstoff abgepumpt und die Pyrophorität des Zirkoniumpulvers erhöht wird. Brennendes Zirkonium darf nicht mit Wasser oder Kohlensäure gelöscht werden. Am besten hat sich das Abdecken mit trockenem Sand bewährt.

57.3.2 Zirkoniumschwamm

Zirkoniumschwamm unter 15 mm. Dieser ist weniger reaktionsfähig als Zirkoniumpulver. Verunreinigte Feinanteile neigen jedoch auch zur Entzündung. Die Inhomogenität des Zirkoniumschwamms erfordert eine sorgfältige Probenahme. Etwa 5 bis 10% der Lieferung werden entnommen. Da die üblichen Verunreinigungen (Eisen, Sauerstoff, Stickstoff usw.) das Zirkonium verspröden, reichern sich diese in den Feinanteilen des gebrochenen Schwamms an. Die durch Verjüngen erhaltene Zwischenprobe, die bei der üblichen Korngröße des Zirkoniumschwamms von unter 15 mm ein Gewicht von 0,5 kg nicht unterschreiten soll, wird zu einem zylindrischen Barren gepreßt und die Oberfläche, die mit dem Werkstoff der Preßform verunreinigt sein kann, abgedreht. Die Späne werden verworfen. Danach wird der Preßling soweit als möglich in Drehspäne überführt. Hierbei muß ein Erhitzen der Späne während des Abdrehens vermieden werden. Die Späne werden zur Analysenprobe zugerichtet. Die Menge dieser Endprobe soll nicht zu klein bemessen sein und mindestens 20 g betragen.

Bei der Herstellung von Knopfproben für die Prüfung der Härte ist darauf zu achten, daß die Feinanteile mit eingeschmolzen werden. Bei normaler Körnung des Schwamms entnimmt man aus der Zirkoniumcharge etwa 5%, reduziert mittels Probenteilers auf etwa 0,5 kg und teilt diese Menge auf 16 Teile auf, von denen jeder eine Knopfprobe ergibt. Aus 10 Knöpfen läßt sich der Mittelwert der Härte ausreichend genau ermitteln.

Zirkoniumschwamm über 15 mm. Bei Zirkoniumschwamm mit wesentlichen Anteilen an Korngrößen über 15 mm werden als Rohprobe 5 bis 10% der Anlieferung entnommen. Diese wird in einem Brecher auf unter 10 mm vorgebrochen. Nach gutem Durchmischen wird durch Probenteiler oder durch Kreuzteilen verjüngt und wie oben angegeben weiter verfahren. Etwaige Eisenteile, die bei der Probenahme in die Späne gelangt sind, müssen mit dem Magneten entfernt werden.

Gelegentlich wird die gesamte Rohprobe im Vakuumlichtbogenofen zu einem Ingot verschmolzen. Hier erfolgt die Probenahme wie unter Titan (50.4) beschrieben.

57.3.3 Kompaktes Zirkoniummetall

Die Probenahme von geschmolzenem Zirkonium erfolgt wie bei Titan (50.4.2) beschrieben. Die Entzündbarkeit des kompakten Metalls ist weitaus geringer als die des Schwamms.

57.4 Zirkoniumverbindungen

57.4.1 Zirkoniumoxid (ZrO_2)

Von dem weißen Pulver wird aus den Transportgefäßen, meist Fässern oder Säcken, mit einem Probenstecher an mehreren Stellen eine Probe entnommen und nach 3.6.1 weiter verarbeitet. Die Endprobe wird vor dem Abfüllen auf unter 0,15 mm zerrieben.

57.4.2 Zirkoniumtetrachlorid ($ZrCl_4$)

Das weiße Kristallpulver ist hygroskopisch und zersetzt sich mit der Feuchtigkeit der Luft zu Oxidchlorid und ggf. zu Oxidhydrat, ohne daß sich das Pulver äußerlich verändert. Die Entnahme der Rohprobe erfolgt mit einem Probenstecher aus Kunststoff in möglichst trockener Atmosphäre. Man arbeitet nach 3.6.2.

57.4.3 Andere Zirkoniumsalze

Die Probenahme von Zirkoniumcarbonat und Zirkoniumsulfat erfolgt wie bei Zirkoniumoxid angegeben. Bei Zirkoniumnitrat, Zirkoniumfluorid und Alkalifluorozirkonat wird wie bei 57.4.2 angegeben gearbeitet.

57.5 Hafnium

Für das Metall, das praktisch nur als Schwamm oder kompaktes Metall im Handel ist, sowie für die Verbindungen gilt das für Zirkonium Gesagte. Metallisches Hafnium ist noch etwas leichter entzündlich als Zirkonium.

Probenahme von Hilfs- und sonstigen Stoffen

(Kapitel 58 bis 64)

58. Steinkohle und Steinkohlenkoks

Sowohl vom Technischen Komitee 27 „Feste mineralische Brennstoffe" der International Organization for Standardization (ISO) als auch vom deutschen Steinkohlenbergbau sind zahlreiche Untersuchungen über die Durchführung und die Genauigkeit von Probenahme und Probenvorbereitung auf mathematisch-statistischer Grundlage durchgeführt worden. Als Ergebnis dieser Untersuchungen sind vom ISO/TC 27 als Richtlinien für die Probenahme und Probenvorbereitung die Draft ISO Recommendation No. 1988 (Oktober 1970) für Steinkohlen und die ISO/TC 27 (Secr. — 805) No. 1073 (1970) für Steinkohlenkoks erarbeitet worden. Für den deutschen Steinkohlenbergbau wurden die ISO-Richtlinien im Bergbau-Betriebsblatt BB 51701 [1] niedergelegt. Dieses soll, wenn genügend Erfahrungen vorliegen, in eine DIN-Norm umgewandelt werden.

58.1 Grundlagen und allgemeine Regeln

58.1.1 Einteilung der Probenahmeverfahren

Die Durchführung der Probenahme richtet sich danach, ob das zu probende Gut in Form eines Gutstromes oder in Form kleinerer oder größerer Haufwerke vorliegt. Deshalb unterteilt man die Probenahme in Verfahren der Probenahme aus fallendem Gutstrom, aus diskontinuierlich abgeworfenem Gut, vom stillgesetzten Band, vom laufenden Band, aus ruhendem Gut (Eisenbahnwagen, Schiff, Lager).

58.1.2 Genauigkeit der Probenahme

Wenn Probenahme, Probenvorbereitung und Untersuchung frei von systematischen Fehlern sind, wird der analytisch gemittelte Aschegehalt bei Anwendung der im folgenden beschriebenen Verfahren in rund 95 von 100 Fällen

bei Brennstoffen mit $<20\%$ Asche um nicht mehr als $^1/_{10}$ des Aschegehaltes,
bei Brennstoffen mit $\geqq 20\%$ Asche um nicht mehr als 2 Gew.-% (absolut)

vom wahren, aber unbekannten Wert für die gesamte geprobte Gutmenge abweichen. Dieser höchstzulässige Fehler wird als *„Standardgenauigkeit"* ($= 2\,s$) bezeichnet.

Für den Wassergehalt kann etwa mit der gleichen Genauigkeit gerechnet werden. Für Eigenschaften, für die ein proportionaler Zusammenhang mit dem Asche- und Wassergehalt besteht, z. B. für den Heizwert, wird eine der Proportionalität entsprechende Genauigkeit erhalten.

58.1.3 Anzahl der Einzelproben

Um die Standardgenauigkeit zu erreichen, ist für Gutmengen bis 1000 t die in Tab. 58/1 angegebene Mindestanzahl von Einzelproben erforderlich. Bei Gutmengen über 1000 t kann eines der folgenden Berechnungsverfahren angewendet werden:

Tabelle 58/1. Mindestanzahl der Einzelproben

Gut	Mindestanzahl der Einzelproben										
	aus Gutströmen				aus ruhendem Gut						
					aus Eisenbahnwagen und Kanalschiffen				aus Lagern und Seeschiffen		
					<150 t						
	<50 t	50 bis 150 t	150 bis 500 t	>500 bis 1000 t	1 bis 3 Wagen	>3 Wagen	150 bis 500 t	>500 bis 1000 t	<50 t	50 bis 150 t	>150 bis 1000 t
Steinkohlen											
aufbereitet	5	1 je 10 t	16		5 je Wagen	20	24		10	2 je 10 t	32
nicht aufbereitet	10	2 je 10 t	32		10 je Wagen	40	48		20	4 je 10 t	64
Steinkohlenkoks											
>20 mm	4	4 je 50 t	30	50	—	—	—	—	—	—	—
<20 mm	4	4 je 50 t	30	50	3 je Wagen	12	30	50	—	—	—
unklassierter Koks	8	8 je 50 t	45	75	—	—	—	—	—	—	—

Die Gesamtmenge wird in gleich große Teilmengen von 1000 t oder weniger aufgeteilt. Aus jeder Teilmenge wird die in der Tabelle 58/1 angegebene Mindestanzahl von Einzelproben genommen. Für jede Teilmenge werden die Einzelproben zu einer Sammelprobe vereinigt. Die Analysenergebnisse werden gemittelt.

Die in der Tab. 58/1 angegebene Mindestanzahl von Einzelproben für 1000 t wird mit dem folgenden empirischen Faktor multipliziert:

$$\sqrt{\frac{\text{Gewicht der Gutmenge in t}}{1000\ \text{t}}}$$

In diesem Falle wird nur eine Sammelprobe erhalten. Durch Erhöhung der Anzahl Einzelproben und ihre Vereinigung zu einer Sammelprobe kann eine höhere Genauigkeit erreicht werden, weil sich der Anteil des Probenahmefehlers an der Gesamtgenauigkeit verringert. Andererseits kann die Anzahl Einzelproben vermindert werden, wenn eine geringere als die Standardgenauigkeit vereinbart wird. Der Faktor f, mit dem die in Tab. 58/1 angegebene Anzahl Einzelproben multipliziert wird, ist in Tab. 58/2 angegeben.

Tabelle 58/2. Werte für den Faktor f

G_1/G_0	$m = 1$	$m = 2$	$m = 4$	$m = 6$
0,5	16,0	5,3	4,0	3,7
0,6	5,0	3,1	2,6	2,45
0,7	2,8	2,1	1,8	1,7
0,8	1,8	1,5	1,4	1,3
0,9	1,3	1,1	1,0	1,0
1,0	1,0	0,89	0,84	0,83
1,1	0,80			
1,2	0,65			
1,3	0,54			
1,4	0,45			
1,5	0,39			

G_0 Standardgenauigkeit
G_1 gewünschte Genauigkeit
$m = 1$ einfache Probenahme
$m = 2$ doppelte Probenahme
$m = 4$ mehrfache Probenahme mit 4
$m = 6$ bzw. 6 Sammelproben

58.1.4 Gewicht der Einzelproben

Das Mindestgewicht der Einzelproben hängt vom Volumen des größten Kornes und von der stofflichen Ungleichmäßigkeit des zu probenden Gutes ab. Der Probenahmefehler kann durch höhere Gewichte der Einzelproben nur unwesentlich verringert werden.

Die Erfahrung hat gezeigt, daß zum Errechnen des Mindestgewichtes die folgende Faustformel für Steinkohlen und Koks angewendet werden kann:

$$G = 0{,}06 \cdot d\ ;$$

G = Mindestgewicht der Einzelprobe in Kilogramm, d = maximale Korngröße in Millimeter.

Bei Sorten, deren obere Sortengrenze bekannt ist, kann diese maximale Korngröße in die Formel eingesetzt werden. Bei Gießereikoks und Hochofenkoks sowie bei unklassiertem Koks (z. B. Rampenkoks) soll das Mindestgewicht der Einzelproben betragen:

Gießereikoks	9 kg
Hochofenkoks	6 kg
unklassierter Koks	6 kg

Bei Gutströmen soll das Gewicht der Einzelprobe proportional der sich zum Zeitpunkt der Probenahme an der Probenahmestelle befindenden Gutmenge sein. Bei ruhendem Gut sollen die Einzelproben gleiches Gewicht haben, wenn die Höhe des Gutes einheitlich ist, andernfalls soll das Gewicht der Einzelproben proportional der Höhe des Gutes sein.

Grundsätzlich ist bei Gutströmen die gesamte Breite des Gutstromes zu erfassen. Außerdem muß die Öffnung des Probenahmegerätes mindestens das $2^1/_2$fache der maximalen Korngröße betragen. Bei stillgesetzten Bändern ist das Band auf einer Länge, die mindestens der $2^1/_2$fachen maximalen Korngröße entspricht, abzuräumen. Für das Gut unter 12 mm Korngröße soll die Öffnung des Probenahmegerätes bzw. die Länge des Bandabschnittes nicht weniger als 30 mm sein.

Wenn diese Bedingungen erfüllt werden, sind die Gewichte der Einzelproben stets größer als nach der obigen Formel errechnet. Es darf keinesfalls von diesen Bedingungen abgewichen werden, nur um das Gewicht der Einzelproben zu verringern.

Das Gewicht der Sammelprobe ergibt sich aus der Summe der Gewichte der Einzelproben.

58.2 Probenahme

58.2.1 Probenahmegeräte

Die im folgenden aufgezeigten Regeln der Probenahme gelten sowohl für die Probenahme von Hand als auch für die mechanische oder automatische Probenahme. Die Probenahme von Hand sollte nur angewendet werden, wenn die Sicherheit des Probenehmers nicht gefährdet ist. Anzustreben sind mechanische oder automatische Probenahmegeräte (siehe [1] Blatt 4).

Zur Vermeidung systematischer Fehler müssen Probenahmevorrichtungen und Probenahmegeräte durch Referenzverfahren überprüft werden. Das sicherste Referenzverfahren ist die Probenahme vom stillgesetzten Band. Auch hinsichtlich der technischen Ausführung der Probenahmevorrichtungen und Probenahmegeräte sind bestimmte Bedingungen zu erfüllen. Beispiele für Probenahmegeräte und die konstruktiven Bedingungen sind im Bergbau-Betriebsblatt BB 51701 Blatt 4 aufgezeigt [1].

58.2.2 Probenahme aus bewegtem Gut

Die Einzelproben sind so zu nehmen, daß der Gutstrom in seiner gesamten Breite und einer Länge von mindestens der $2^1/_2$fachen maximalen Korngröße in einem einzigen Arbeitsgang erfaßt wird.

Bei der Probenahme aus *diskontinuierlich* abgeworfenem Gut, z. B. aus Becherwerken, Kastenbändern, wird der gesamte Inhalt eines Förderbehälters als Einzelprobe genommen.

Aus *fallenden* Gutströmen werden die Einzelproben mit einem Auffanggefäß entnommen. Das Probenahmegefäß muß sich nach jedem Durchgang vollständig außerhalb des Gutstromes befinden. Es muß so groß bemessen sein, daß es unter Berücksichtigung der maximal geförderten Gutmenge bei einem Durchgang nicht überläuft. Die Durchgangsgeschwindigkeit darf nur so groß sein, daß die Proben durch Abweisen von grobem Korn gegenüber diesem Teil des Gutstromes nicht verfälscht sind; sie soll bei Entnahme gleich groß sein.

Wenn es der betriebliche Ablauf zuläßt, kann die Probenahme vom *stillgesetzten Band* vorgenommen werden. Die Einzelproben werden durch Abräumen eines Bandabschnittes erhalten. Zur Abgrenzung des Bandabschnittes kann ein Absteckgerät verwendet werden.

Vom *laufenden Band* können die Einzelproben durch Abstreifen des Gutes entnommen werden. Der Abstreifer muß dicht über dem Band geführt werden, um auch das feinkörnige Gut zu erfassen.

58.2.3 Probenahme aus ruhendem Gut

Als ruhendes Gut wird Gut betrachtet, das sich in Eisenbahnwagen, in Schiffen und auf Lagern befindet. Die Probenahme aus ruhendem Gut erfordert besondere Sorgfalt. Beim Beladen von Eisenbahnwagen und Schiffen, beim Auflagern von festen Brennstoffen kommt es zu Körnungsentmischungen. Da einige Eigenschaften von Kohlen und Koks wie Wassergehalt und Aschegehalt von der Körnung abhängen, können durch die Probenahme systematische Fehler entstehen. Am zuverlässigsten wird das Gut bei der Beladung oder beim Auflagern oder während der Entladung oder Entnahme vom Lager geprobt, wenn es als Gutstrom zur Verfügung steht.
Ist das jedoch nicht möglich, dann ist auf folgendes zu achten:

> Die Probenahmestellen werden so gleichmäßig wie möglich über die Oberfläche des zu probenden Gutes verteilt. Von der Oberflächenschicht, deren Wassergehalt von der Witterung abhängt, ist gegebenenfalls eine gesonderte Probe zu nehmen.
>
> Wenn bekannt ist, daß das Gut aus getrennten Teilmengen unterschiedlicher Eigenschaften oder Herkunft besteht, dann werden diese Teilmengen getrennt geprobt.
>
> Es muß die gesamte Schichthöhe des ruhenden Gutes erfaßt werden. Andernfalls gilt die Sammelprobe nur für den Teil der ruhenden Gutmenge, der durch die Probenahme erfaßt worden ist.

Bei der Probenahme aus ruhendem Gut werden Löcher ausgehoben. Die Einzelproben werden von der Böschung an mehreren Stellen und aus verschiedenen Höhen mittels Schaufel genommen. Steht ein Greifer zur Verfügung, dann werden mit ihm an verschiedenen Stellen des Lagers Teilmengen entnommen, aus denen wiederum mit einer Schaufel Einzelproben herausgestochen werden.

Aus Seeschiffen (s. a. 2.5.1) ist die Probenahme nur beim Entladen möglich. Nach jeweils einer vorher festgelegten Anzahl Greiferladungen wird aus dem Inhalt eines Greifers eine Einzelprobe mittels Schaufel entnommen. Die Probenahme muß sich über die ganze Dauer der Entladung erstrecken. Proben können auch in drei oder mehreren Stufen nach dem Entladen eines Teiles des Gutes mit einem Probenstecher aus verschiedenen Höhen der freigelegten Ladung genommen werden.

Gut unter 25 mm Korngröße kann mittels Probenstechen entnommen werden. Die lichte Weite des Probenstechers soll nicht kleiner als das $2^1/_2$-fache der maximalen Korngröße des Gutes, aber mindestens 30 mm groß sein. Der Probenstecher muß die gesamte Gutschicht erfassen. Während des Herausziehens des Stechers darf kein Gut verlorengehen. Wenn die gesamte Gutschicht nicht erfaßt werden kann, dann wird die Probenahme während des Entladens oder Beladens entsprechend der Länge des Stechers schichtweise durchgeführt.

58.2.4 Sammeln und Aufbewahren der Proben

Die Proben werden unmittelbar nach der Probenahme in sauberen, verschließbaren und nichtrostenden Gefäßen gesammelt. Sofern auch der Wassergehalt der Proben bestimmt wird, sind sie vor Wärme und Luftzutritt geschützt in dicht schließenden Gefäßen aufzubewahren. Koksproben dürfen nicht in Kunststoffbeuteln oder -säcken transportiert oder aufbewahrt werden, wenn die Proben zur Bestimmung des Wassergehaltes dienen sollen. Jede Probe muß ausreichend und sicher gekennzeichnet werden, z. B. durch Angaben über Art des geprobten Gutes, Zeitpunkt und Ort der Probenahme.

58.3 Probenvorbereitung

Die Probenvorbereitung umfaßt Zerkleinern, Mischen, Teilen und gegebenenfalls Trocknen. Hierbei, sowie bei der Lagerung, dürfen sich die Proben nicht durch äußere Einflüsse, wie Witterung, Wärme, Verunreinigung oder Substanzverluste, verändern. Insbesondere für bestimmte Untersuchungen, z. B. Bestimmung von Spurenelementen, dürfen die Proben nicht durch Abrieb der verwendeten Geräte verfälscht werden.

Die für die Vorbereitung verwendeten Geräte sollen möglichst glatt und wasserabweisend sein. Alle bei der Vorbereitung von Proben verwendeten Geräte sind vorher mit einer anderen Teilmenge des geprobten Gutes anzufeuchten; diese Teilmenge ist zu verwerfen.

Die zum Zerkleinern verwendeten Brecher und Mühlen sollen so eingestellt sein, daß das Probegut in einem einzigen Mahlgang so gebrochen bzw. gemahlen wird, daß mindestens 99 Gew.-% durch das entsprechende Prüfsieb hindurchgehen. Stampfer oder Stößel sollten nur zum Zerkleinern zu großer Körner auf das größte Aufgabekorn verwendet werden. Absieben und Nachmahlen von Überkorn ist nicht statthaft. Gegebenenfalls ist die gesamte Probe dem Brecher bzw. der Mühle nochmals aufzugeben. Zerkleinerungsvorrichtungen müssen nach jedem Durchgang gereinigt werden.

Zum Teilen sollen möglichst mechanische Probenteiler, z. B. Rotationsteiler oder Riffelteiler (s. 1.7.3) verwendet werden. Trockene Proben werden, um Staubverluste zu vermeiden, mittels abgekapselter Teiler verjüngt. Das Teilen kann auch mit einem kurzen Probenstecher vorgenommen werden [6, S. 93]. Teilen durch Aufkegeln und Vierteln ist nur dann zweckmäßig, wenn Probenteiler wegen zu großer Körnung, wegen Anbackens und Verstopfens bei feuchter Kohle versagen und ein vorheriges Trocknen nicht zulässig ist. Beim Aufkegeln ist zu beachten, daß Entmischungen auftreten.

Das Mischen von Proben wird am besten durch mehrmaligen Durchgang der gesamten Probe durch einen Probenteiler vorgenommen. Beim Mischen von Hand durch Aufkegeln ist wegen der Entmischung besondere Vorsicht geboten. Beim Aufkegeln trockener Proben treten Staubverluste ein.

Die Verfahren der Probenvorbereitung richten sich nach der Korngröße und dem Wassergehalt der Sammelprobe sowie nach dem für die durchzuführenden Untersuchungen erforderlichen Zustand der Laboratoriums- oder Analysenprobe.

Die durch Teilen entstandenen Proben sollen das in Tab. 58/3 angegebene Gewicht nicht unterschreiten. Korn über 10 mm ist, sofern es der Untersuchungszweck zuläßt, auf unter 10 mm zu zerkleinern. Für den Fall, daß nicht zerkleinert werden kann, sollen die in Klammern gesetzten Mindestgewichte der Teilproben nicht unterschritten werden.

Tabelle 58/3. Mindestgewicht der Teilproben

Steinkohlen			Steinkohlenkoks	
Obere Korngröße der Probe mm	aufbereitete Kohle kg	Rohkohle, Mittelgut, Berge kg	Kokssorte	kg
(120)	(50)	(200)	Gießereikoks	50
(30)	(10)	(30)	Hochofenkoks	50
10	1	1,5	Brechkoks	15
3	0,15	0,15	Koksgrus	1
			unklassierter Koks	50

58.3.1 Kohlenproben der Körnung unter 10 mm

Sammelproben, die abtropffähiges Wasser enthalten, werden ohne zu teilen an der Luft getrocknet. Falls der Wassergehalt bestimmt werden soll, muß die Sammelprobe vor und nach dem Lufttrocknen gewogen werden. Nach dem Lufttrocknen wird sie wie oben beschrieben weiter vorbereitet.

Sammelproben, die kein abtropffähiges Wasser enthalten, können entsprechend der maximalen Korngröße bis zur Laboratoriumsprobe geteilt und dann durch Zerkleinern, Teilen und Mischen zur Analysenprobe verarbeitet werden (s. Abb. 58/1). Die Körnung der Analysenprobe liegt für die meisten Untersuchungen unter 0,2 mm. Proben für Untersuchungen, für die eine kleinere Korngröße vorgeschrieben ist, werden durch weiteres Zerkleinern der Analysenprobe hergestellt.

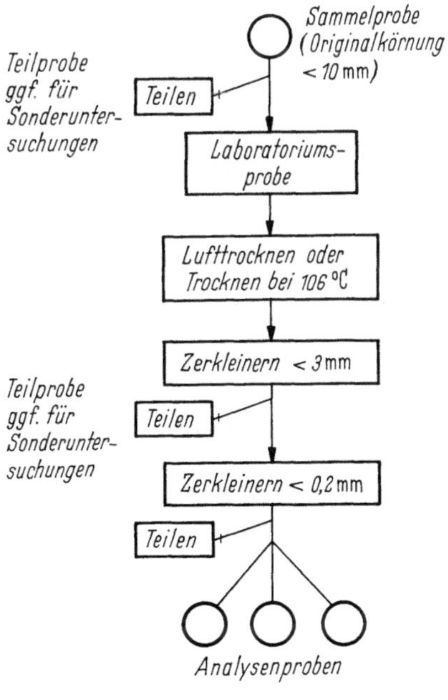

Abb. 58/1. Schema für die Vorbereitung von Proben unter 10 mm Korngröße.

58.3.2 Kohlenproben mit Korn über 10 mm

Falls Untersuchungen in Originalkörnung durchgeführt werden sollen, wird die Sammelprobe ohne Zerkleinerung nach gründlichem Mischen geteilt (s. Tab. 58/3). Eine Teilprobe wird auf unter 10 mm zerkleinert und wie Proben unter 10 mm weiter zur Analysenprobe vorbereitet (s. Abb. 58/1).

58.3.3 Koksproben

Für die Durchführung physikalischer Untersuchungen kann es zweckmäßig sein, eine gesonderte Sammelprobe zu nehmen. Andernfalls wird die Sammelprobe in Originalkörnung geteilt (s. Tab. 58/3).

Zur Herstellung der Laboratoriumsprobe wird aus der Sammelprobe eine Teilprobe hergestellt, auf unter 10 mm zerkleinert und zur Laboratoriumsprobe aufgeteilt. Eine Teilprobe unter 10 mm dient zur Bestimmung des Wassergehaltes. Der Gang der Vorbereitung von Koksproben geht aus Abb. 58/2 hervor.

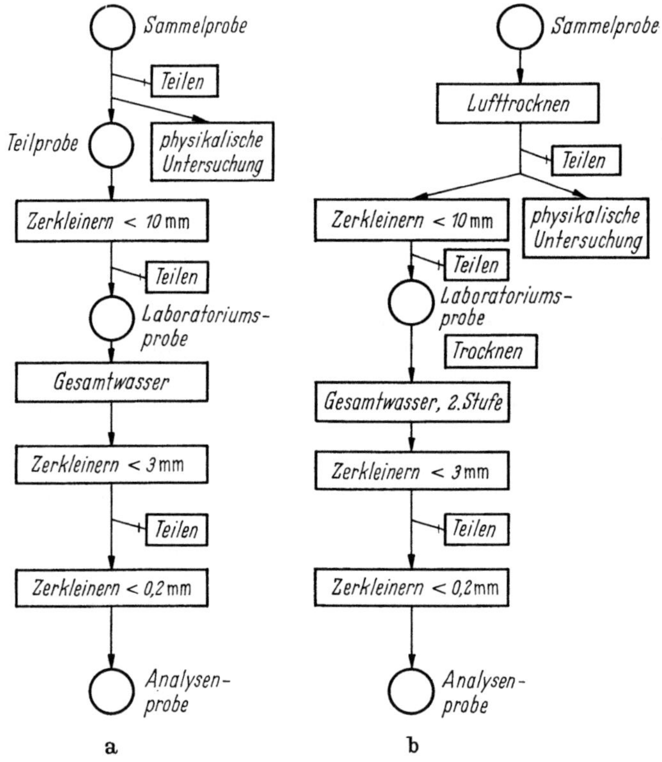

Abb. 58/2. Schema für die Probenvorbereitung von Koks.

58.4 Prüfung der Zuverlässigkeit

Die Prüfung der Zuverlässigkeit von Ergebnissen beinhaltet die Prüfung auf systematische Fehler (Richtigkeit) und auf zufällige Fehler (Genauigkeit). Die Prüfungen werden nach statistischen Methoden durchgeführt. Systematische Fehler werden durch Vergleich der Ergebnisse von zwei unterschiedlichen Probenahmeverfahren an demselben Gut geprüft. Zur Prüfung der Genauigkeit sind besondere Probenahmepläne notwendig. Regelmäßige Lieferungen des gleichen Gutes können durch Anwendung der doppelten Probenahme geprüft werden. Die Auswertung ermöglicht auch die Feststellung, ob die angewendete Anzahl Einzelproben zur Erzielung einer vorgesehenen Genauigkeit ausreichend ist, ob sie erhöht werden muß oder gesenkt werden kann. Auch die Genauigkeit der Probenvorbereitung kann mit Hilfe statistischer Verfahren geprüft werden. Nähere Einzelheiten über die Durchführung der Probenahme und Auswertung der Ergebnisse sind im Bergbau-Betriebsblatt 51701 Blatt 5 [1] enthalten.

Literatur zu 58

1 Bergbau-Betriebsblatt BB 51701[1]: Prüfung von Steinkohlen. Steinkohlenkoks und Steinkohlenbriketts, Probenahme und Probenvorbereitung. Bl. 1: Zweck, Begriffe, allgemeine Regeln, Bl. 2: Probenahme, Bl. 3: Probevorbereitung, Bl. 4: Geräte, Bl. 5: Prüfung der Genauigkeit.
2 Bechtel, E.; Sporbeck, H.: Erfahrungen und Untersuchungen bei der Erfassung von Durchschnittsproben mit dem „Ruhrkohle-Probestecher“. Brennstoff-Chem. 48 (1967) 207–212. Bechtel, E.; Sporbeck, H.: Begriffserläuterungen und Formelzeichen im Bereich der statistischen Qualitätskontrolle. Z. wirtsch. Fertig. 63 (1968) 145–153.
3 Block, E.: Einige Beispiele der automatischen Probenahme. Glückauf 101 (1965) 255–264.
4 Paul, H.: Zusammenhänge zwischen der Probenahme von Steinkohle und der Genauigkeit des ermittelten Aschegehaltes. Glückauf 94 (1958) 907–918.
5 Sommer, O.: Probenahme, Probemenge, Probenverarbeitung. Staub (1955) 644–677.
6 Sporbeck, H.: Technische Hilfsmittel der Probenahme und der Probevorbereitung. Z. anal. Chem. 209 (1965) 60–102.
7 Stange, K.: Probenahme vom Band. Metrika 1 (1958) 177–222.
8 Tomlinson, R. C.: Experiments to determine the errors occurring in the preparation of coal samples for laboratory analysis. J. Inst. Fuel 27 (1954) 515–522.

59. Flüssige Brennstoffe

Allgemeines

Die flüssigen Brennstoffe bestehen hauptsächlich aus Kohlenwasserstoffgemischen, die ihrer Herkunft nach als Erdölerzeugnisse, als Anteile der Braunkohlen- und Steinkohlenteerverarbeitung oder als Erzeugnisse der synthetischen Brennstoffgewinnung unterschieden werden. Sie dienen Leucht- und Heizzwecken. Auch die Flüssiggase — unter Druck verflüssigte niedrigmolekulare Kohlenwasserstoffe — gehören zu dieser Gruppe. Mit Rücksicht auf die verschiedenartige Verwendung flüssiger Brennstoffe ist eine Reihe von physikalischen und chemischen Qualitätsmerkmalen festgelegt worden, die z. T. in amtlichen Liefervorschriften zusammengefaßt sind. Da die flüssigen Brennstoffe oft Wasser und andere Verunreinigungen enthalten, bei tieferen Temperaturen Ausscheidungen von Paraffin, Naphthalin, Anthracen und ähnlichen mehrkernigen Aromaten oder durch Kondensations- und Polymerisationsreaktionen Salzbildung zeigen, läßt sich die Probenahme nicht in allen Fällen nach einem einheitlichen Schema durchführen und erfordert gute Sachkenntnis, Erfahrung und große Sorgfalt. Die Art der Probenahme richtet sich nach dem zu untersuchenden Stoff, der Form des Behälters, in dem er gelagert wird, und dem beabsichtigten Verwendungszweck der Probe.

Die allgemeinen Voraussetzungen und die Durchführung der Probenahme behandelt DIN 51750 (1972) „Prüfung von Mineralölen, Probenahme“, Blatt 1 bis 3. Diese Richtlinien sind aufgestellt in Anlehnung an und technisch gleichwertig mit der ASTM-Vorschrift D 270-65 „Sampling Petroleum and Petroleum products“ (und API 2546 des American Petroleum Institute). Für die Probenahme von Flüssiggasen gilt DIN 51610 (1973) „Prüfung von Flüssiggas, Probenahme“, bzw. ASTM D 1265-55 „Sampling Liquified Petroleum (LP) Gases“ mit einigen Abweichungen gegenüber der DIN-Norm.

Ergänzungen und Einschränkungen der Vorschriften für Mineralöle sind in einigen Richtlinien für die Prüfverfahren jeweils im Abschnitt „Probenahme“ enthalten; die betreffenden Normblätter sind in DIN 51750, Blatt 1 aufgeführt.

[1] Zu beziehen durch Steinkohlenbergbauverein, Dezernat Normung und Vereinheitlichung, 43 Essen, Frillendorfer Straße 351.

59.1 Allgemeine Bedingungen für die Probenentnahme

Die allgemeinen Bedingungen für die Entnahme repräsentativer Proben unterscheiden zwischen Behältergrößen unter und über 5 t. Im ersten Falle gilt bei einem Behälter die Einzelprobe als repräsentativ; ist die Gesamtmenge des Prüfgutes auf mehrere Gebinde verteilt, so gilt für die Zahl der Gebinde, aus denen je eine Einzelprobe zu entnehmen ist, Tab. 59/1. Die Einzelproben dürfen zu einer Sammelprobe vereinigt werden, wenn die Einheitlichkeit des Prüfgutes visuell gewährleistet zu sein scheint, andernfalls dürfen nur die Einzelproben mit übereinstimmend erscheinendem Inhalt zu je einer Sammelprobe vereinigt werden.

Tabelle 59/1. Mindestanzahl der Gebinde, aus denen je eine Einzelprobe zu entnehmen ist, in Abhängigkeit von der Gesamtanzahl der Gebinde. Nach DIN 51750, Blatt 1

Gesamtanzahl der Einzelgebinde	Mindestanzahl der Einzelgebinde, aus denen je eine Einzelprobe zu entnehmen ist	Gesamtanzahl der Einzelgebinde	Mindestanzahl der Einzelgebinde, aus denen je eine Einzelprobe zu entnehmen ist
1 bis 3	alle	1332 bis 1728	12
4 bis 64	4	1729 bis 2197	13
65 bis 125	5	2198 bis 2744	14
126 bis 216	6	2745 bis 3375	15
217 bis 343	7	3376 bis 4096	16
344 bis 512	8	4097 bis 4913	17
513 bis 729	9	4914 bis 5832	18
730 bis 1000	10	5833 bis 6859	19
1001 bis 1331	11	6860 oder mehr	20

Aus einem Behälterinhalt über 5 t darf eine Einzelprobe als repräsentative Probe entnommen werden, wenn Gewißheit besteht, daß das Prüfgut an sich oder durch vorhergehendes intensives Mischen homogen ist. Dies ist vor allem dann nicht der Fall, wenn der Behälterinhalt aus nichtmischbaren Komponenten oder solchen unterschiedlicher Eigenschaften besteht oder Temperaturunterschiede oder starke Abweichungen von der Einfülltemperatur aufweist. In diesen Fällen sind Durchschnittsproben nach folgenden Bedingungen zu entnehmen:

a) Befindet sich das Prüfgut in einem stehenden Zylinder, so muß die Durchschnittsprobe aus einer Mischung von je einem Volumenteil Ober- (Mitte des oberen Drittels), Mittel- (Mitte der Gesamthöhe) und Unterschichtprobe (Mitte des unteren Drittels) bestehen;

b) Befindet sich das Prüfgut in einem liegenden Zylinder, so muß die Durchschnittsprobe aus einer Mischung von Einzelproben gleichen Volumens nach den Angaben in Tab. 59/2 bestehen.

Scheinen die jeweils entnommenen Einzelproben nicht von übereinstimmender Beschaffenheit zu sein, ist ihre Verwendung zum Mischen einer Durchschnittsprobe nicht zulässig. Ist die Gesamtmenge in mehreren Großbehältern untergebracht, so ist aus jedem Behälter gesondert eine Durchschnittsprobe zu erstellen.

Proben, die mit einem Schöpfer aus dem Haupt- oder Nebenstrom eines auslaufenden Behälters gezogen werden, gelten als repräsentativ.

Die entnommenen Einzelproben sollen zweckmäßig im Laboratorium zu einer Sammel- oder Durchschnittsprobe gemischt werden. Die Probe wird dann auf vier Gefäße verteilt, die etwa 1 kg aufnehmen sollen. Als Behälter dienen sorgfältig gereinigte und trockene Gefäße mit dichten Verschlüssen. Die Verwendung

Tabelle 59/2. Bedingungen für die aus liegenden zylindrischen Behältern zu entnehmenden Einzelproben. Nach DIN 51750, Blatt 1

Füllhöhe des Behälters in % des Behälterdurchmessers	Höhe über dem Boden, in der die Einzelproben zu entnehmen sind, in % des Behälterdurchmessers			Volumenanteil der Einzelproben in % der Durchschnittsprobe		
	Oberschicht	Mittelschicht	Unterschicht	Oberschicht	Mittelschicht	Unterschicht
100	80	50	20	30	40	30
90	75	50	20	30	40	30
80	70	50	20	20	50	30
70	—	50	20	—	60	40
60	—	50	20	—	50	50
50	—	40	20	—	40	60
40	—	—	20	—	—	100
30	—	—	15	—	—	100
20	—	—	10	—	—	100
10	—	—	5	—	—	100

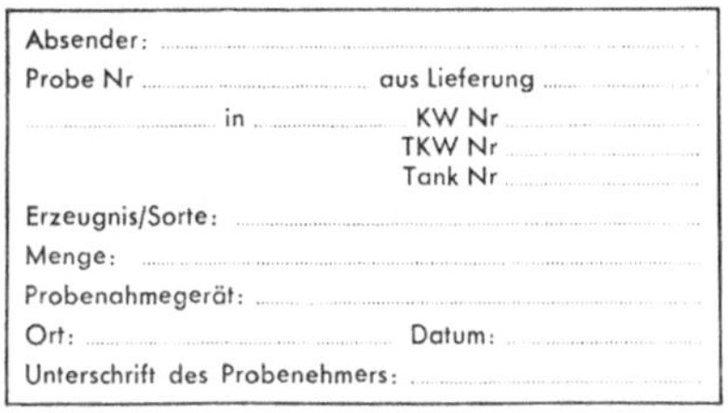
Absender: ...
Probe Nr ... aus Lieferung ...
... in ... KW Nr ...
TKW Nr ...
Tank Nr ...
Erzeugnis/Sorte: ...
Menge: ...
Probenahmegerät: ...
Ort: ... Datum: ...
Unterschrift des Probenehmers: ...

Abb. 59/1. Anhängekarte für Probengefäße nach DIN 51750, Blatt 1.

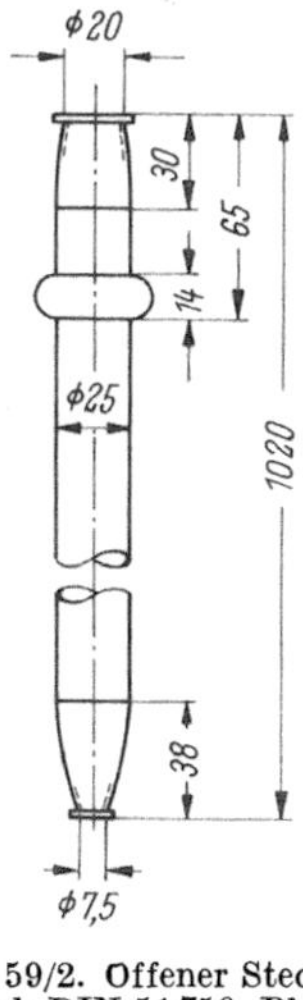

Abb. 59/2. Offener Stechheber nach DIN 51750, Blatt 2.

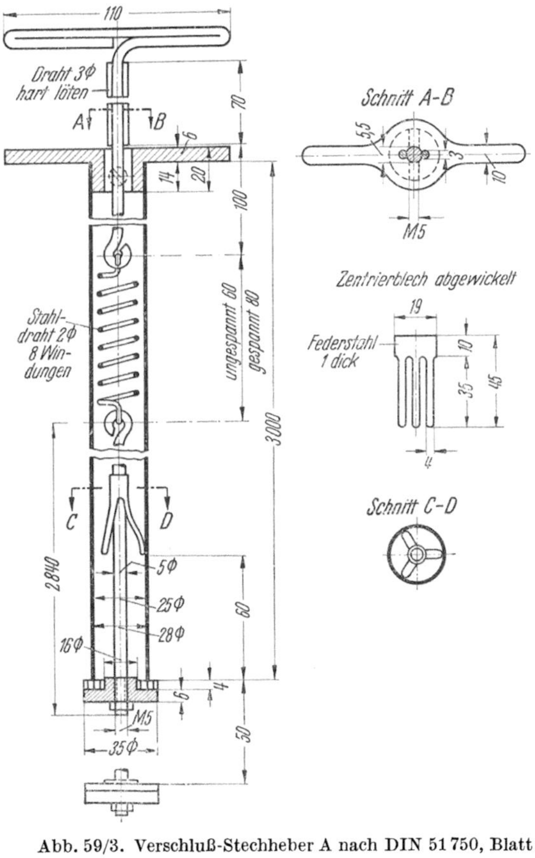

Abb. 59/3. Verschluß-Stechheber A nach DIN 51750, Blatt 2.

von Kunststoffflaschen ist nicht ratsam. Die Behälter sind unmittelbar nach der Füllung zu verschließen. Es sind neue Korkstopfen oder eingeschliffene Glasstopfen zu verwenden. Als Anhängekarten für Probengefäße werden Karten nach dem Muster in Abb. 59/1 verwendet.

59.2 Die Probenahmegeräte[1]

Die verwendeten Probenahmegeräte richten sich nach der Art und Größe der Behälter sowie nach der Art des Prüfgutes und der zu entnehmenden Probemenge. Für Proben von Mineralölerzeugnissen der Gefahrenklassen A I und A II nach DIN 51755 dürfen nur funkensichere Geräte, also Tauchflasche oder Tauchbombe, verwendet werden. Die Probenahmegeräte müssen sauber und trocken sein.

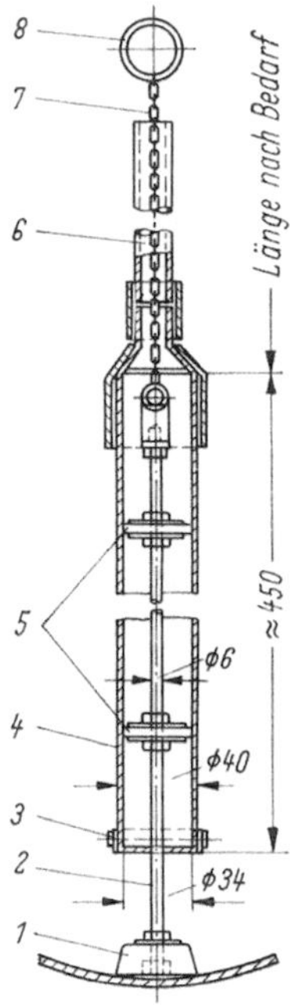

Abb. 59/4. Verschluß-Stechheber B nach DIN 51750, Blatt 2.

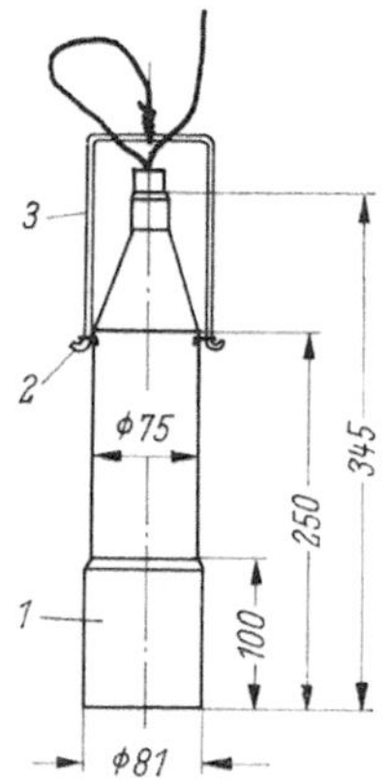

Abb. 59/5. Tauchflasche nach DIN 51750, Blatt 2. *1* Bleimantel, 3 mm stark, *2* Halter aus Kupferdraht, *3* Drahtgriff aus Kupferdraht.

Der offene Stechheber nach Abb. 59/2 ist ein Rohr von 20 bis 30 mm lichter Weite. Das Rohr ist oben und unten kegelförmig verengt. Der Verschluß-Stechheber A (Abb. 59/3) ist ein Rohr *1*, an dessen oberem Ende sich ein durch Heben und Drehen um 90° feststellbarer Handgriff *2* befindet, der durch Zugfeder *3* und Zwischenstück *4* mit der Verschlußscheibe *5* des unteren Endes verbunden ist. Die Zugfeder sorgt dafür, daß der Verschluß-Stechheber beim Feststellen des Handgriffes vollständig abgedichtet ist. Der Verschluß-Stechheber B (Abb. 59/4) besteht aus dem Probenahmezylinder *4* mit Schutzring *3* und der nach Bedarf zu ergänzenden Rohrverlängerung *6*, dem inneren Gestänge *2* mit den zur Führung und Abdichtung dienenden beiden scheibenförmigen Kolben *5*, dem konischen Verschlußstopfen *1* und der Zugkette *7* mit Zugring *8*.

Die Tauchflasche ist entweder eine Flasche aus nichtfunkenziehendem Metall (Abb. 59/5) oder eine Glasflasche in einem metallischen Trägergestell. Die Flasche wird an einer Schnur bis zu der gewünschten Tiefe versenkt. Die Tauchbombe (Abb. 59/6) besteht aus nicht funkenziehendem Metall, sie ist an einer Senkkette befestigt. Eine Ventilschnur dient zum Öffnen des Ventils.

[1] Über die Bezugsquellen gibt Auskunft: DIN-Bezugsquellen für normgerechte Erzeugnisse im DNA, 1 Berlin 30, Burggrafenstr. 4–7.

Probeflaschen für Flüssiggase nach Abb. 59/7a und b sind aus nichtrostendem Stahl angefertigt. Für 1 kg Flüssiggas muß ein Volumen von 2,35 l zur Verfügung stehen. Probeflasche A 1 ist mit Sicherheitsventil ausgerüstet. Probeflasche B 1

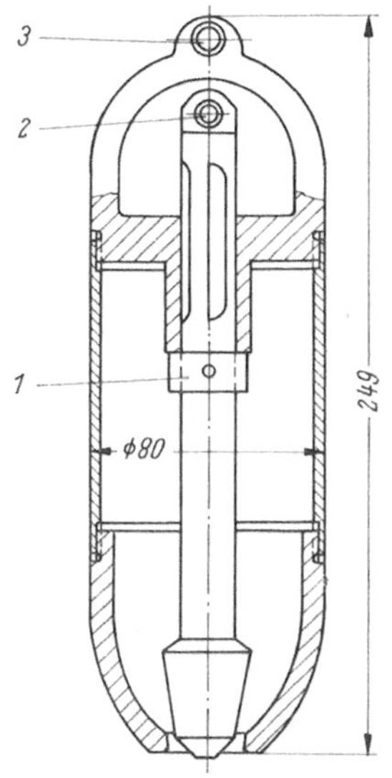

Abb. 59/6. Tauchbombe nach DIN 51 750, Blatt 2. *1* Ventil-Spindel, *2* Bohrung für Ventil-Zugschnur, *3* Bohrung für Senkkette.

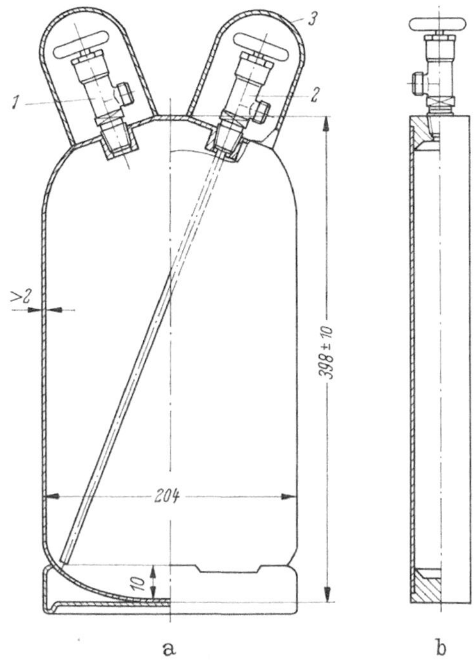

Abb. 59/7. a) Probeflasche A 1. *1* Sicherheitsventil, *2* Tauchrohrventil, *3* Schutzkappe; b) Probeflasche B1. Beide nach DIN 51 610.

dient in erster Linie der Entnahme von kleinen Flüssigkeits-Teilmengen aus der Probeflasche A 1. Die Fülldaten sind folgende:

		A 1	B 1
Rauminhalt, mindestens	l	7,4	0,6
Zulässiges Füllgewicht, höchstens, für Propan	kg	3,1	0,25
für Butan	kg	3,6	0,29
Prüfdruck (1 bar = 1,02 kp/cm²)	bar	30	30

59.3 Vorbereitung und Durchführung der Probenahme von Mineralölen

Prüfgut mit geringer Kältebeständigkeit ist vor der Probenahme auf 10 °C über dem Fließpunkt nach DIN 51 597 zu erwärmen. Ausgeschiedenes Wasser ist nach Möglichkeit abzulassen und mengenmäßig zu erfassen. Fässer, aus denen eine abgesetzte wäßrige Schicht nicht entfernt werden kann, werden vor der Probenahme mindestens eine halbe Stunde lang auf einer 20 cm hohen Unterlage schräg gelegt, damit Wasser und Schmutz sich sammeln können. Die Einzelprobe wird dann aus der Schicht über dem Bodensatz entnommen. Im übrigen muß der Inhalt von Fässern und anderen Kleingebinden vor der Probenahme gut durchgemischt werden.

Zur Entnahme von Einzelproben aus kleineren Gebinden wird der offene Stechheber bis zur vorgesehenen Tiefe eingeführt, wobei die obere Öffnung verschlossen bleibt. Nach Freigabe der Öffnung füllt sich der Heber. Anschließend wird er mit verschlossener oberer Öffnung vorsichtig herausgezogen und in ein Aufnahmegefäß entleert.

Zur Entnahme von Schichtproben aus größeren Behältern werden Verschlußstechheber und Tauchflaschen benutzt. Der Stechheber A wird geschlossen bis zur vorgesehenen Tiefe in die Flüssigkeit eingeführt, hier kurze Zeit geöffnet und geschlossen wieder herausgezogen. Der Stechheber B wird vor dem Eintauchen so eingestellt, daß der untere Kolben den Probenahmezylinder noch verschließt. Bei Schichtproben wird das Einbringen der Flüssigkeit und das Verschließen des Zylinders durch Anheben des Verschlußstopfens erreicht. Bei Bodenproben drückt man nach einer geringen Wartezeit den Zylinder vorsichtig auf den Verschlußstopfen. Tauchflasche und Tauchbombe werden vorzugsweise bei großen Behältern angewendet. Nach Absenken in die gewünschte Tiefe werden die Verschlüsse gelöst, die Probe kann einfließen und anschließend gehoben werden, wobei die Tauchbombe wieder geschlossen wird.

Zur Entnahme einer alle Schichten erfassenden Probe wird ein verschlossenes Tauchgerät bis auf den Boden des Behälters hinabgelassen und nach Öffnen des Verschlusses so gleichmäßig durch die gesamte Schicht nach oben gezogen, daß das Probenahmegerät beim Austreten aus der Flüssigkeitsoberfläche mindestens zu $^3/_4$, jedoch nicht vollständig gefüllt ist. Wird für den gleichen Zweck der Stechheber A verwendet, so wird das Gerät geöffnet und langsam bis zum Boden des Behälters eingeführt. Nach einigen Sekunden wird es geschlossen und aus dem Behälter entfernt.

Aus strömenden Flüssigkeiten wird entweder aus dem Hauptstrom in gleichen Zeitabständen durch einen Schöpfer, der durch den gesamten Querschnitt des Auslaufstrahls geführt wird, eine Probe entnommen und in einen Sammelbehälter gebracht, oder es wird vom Hauptstrom durch einen Ablaßhahn ein dauernd fließender Nebenstrom in gleichbleibendem Mengenverhältnis in ein Aufnahmegefäß abgeleitet.

59.4 Probenahme von Flüssiggasen

Die Probenahme von Flüssiggas ist in DIN 51610 festgelegt.

Bei Flüssiggasen wird zur Entnahme aus Behältern und Flaschen die größere Probeflasche A 1 verwendet, aus der für Analysenzwecke die kleinere Flasche B 1 abgefüllt wird. Jede Probenahme soll immer aus der flüssigen Phase vorgenommen werden.

Die Probeflasche A 1 wird mit dem Tauchrohrventil über ein Verbindungsstück (Rohrschlange aus korrosionsbeständigem Stahl oder entsprechender Füllschlauch mit elektrisch leitender Ummantelung) an das Abfüllorgan des Behälters angeschlossen. Durch Öffnen des Behälter- und des Flaschenventils wird die Probeflasche mit etwa der Hälfte der beabsichtigten Füllmenge beschickt, wobei das andere Flaschenventil zum Herausspülen der Luft kurz zu öffnen ist. Nach Lösen der Verbindung wird die Probeflasche durch kräftiges Schütteln und Drehen gespült und der Inhalt anschließend verworfen. Nachdem dies mindestens dreimal durchgeführt worden ist, zieht man die endgültige Probe über das Tauchrohrventil. Hierbei bleibt das zweite Flaschenventil zunächst geschlossen; erst gegen Ende des Füllvorganges wird es vorsichtig geöffnet, bis Flüssiggas in flüssiger Form austritt. Durch die vollständige Füllung mit Flüssiggas werden die letzten Spuren Luft aus der Probeflasche entfernt. Aus Sicherheitsgründen ist dann sofort genügend flüssiges Gas über das Tauchrohrventil abzulassen und unverzüglich durch Wägung auf einer geeigneten, zuverlässigen Waage sicherzustellen, daß das zulässige Füllgewicht nicht überschritten wird. Wird die Flasche nicht sofort entleert, so ist an der Untersuchungsstelle eine Kontrollwägung durchzuführen.

Die Probeflasche B 1 muß, da sie nur mit einem Ventil ausgerüstet ist, vor dem Füllen evakuiert und u. U. auf unter −20 °C gekühlt werden. Sie wird dann durch ein Verbindungsstück an das Tauchrohrventil der Probeflasche A 1 angeschlossen, wobei die Überwurfmutter zunächst noch gelockert bleibt. Das Ventil der Probeflasche A 1 wird für kurze Zeit geöffnet und so die in der Verbindung befindliche Luft mit dem austretenden Flüssiggas herausgespült. Dann wird die Überwurfmutter fest angezogen und die Probeflasche durch Öffnen der Ventile zunächst mit etwa der Hälfte der beabsichtigten Füllmenge beschickt. Die Flasche wird wie zuvor durch mindestens dreimaliges Spülen mit Flüssiggas gereinigt. Dann erst wird die Flasche endgültig gefüllt. Aus Sicherheitsgründen ist die Flasche unverzüglich mit einer geeigneten, zuverlässigen Waage zu wägen und bei nach unten gerichtetem Ventil gegebenenfalls so viel flüssiges Gas abzulassen, daß das zulässige Füllgewicht nicht überschritten wird. Sollte die Flasche dann nicht sofort entleert werden, so ist vor der Untersuchung eine Kontrollwägung durchzuführen.

Literatur zu 59

Zerbe, C.: Mineralöle und verwandte Produkte. 2. Aufl., Berlin, Heidelberg, New York: Springer 1969.

60. Gasförmige Brennstoffe

Von den in DIN 1340 „Brennbare technische Gase (Brenngase)“ zusammengestellten gasförmigen Brennstoffen werden in der Hüttenindustrie im wesentlichen die aus festen Brennstoffen erzeugten Gase (Schwelgas, Verkokungsgas, Hochofengichtgas, Generatorgas und Wassergas), in zunehmendem Umfang aber auch Naturgas (Erdgas), Raffinerierestgas und Flüssiggas verwendet.

Zur Ermittlung der brenntechnischen Eigenschaften (Brennwert, Heizwert, theoretischer Luftbedarf u. a.) oder zur Beurteilung des Betriebszustandes bestimmter Anlagen sind Untersuchungen erforderlich, denen eine Probenahme vorausgeht. DIN 51853 „Prüfung von gasförmigen Brennstoffen, Schutz- und Verbrennungsgasen; Probenahme“ ist für diese Arbeit richtungweisend. Die Probenahme von Flüssiggas wird in DIN 51610 und hier im Kap. 59, Flüssige Brennstoffe, behandelt.

Da Gase im allgemeinen nicht sichtbar sind, läßt sich die Probe äußerlich nicht mit dem geprobten Gut vergleichen. Inhomogenität ist nicht sofort erkennbar. Selbst das Eindringen von Falschluft in die Probe kann unbemerkt bleiben. Daraus ergeben sich für die Wahl der Probenahmestelle, für die Ausstattung der Probenahmeapparatur und deren Bedienung einige wichtige Gesichtspunkte.

60.1 Probenentnahme

Probenahmestelle. Jede Probenahme sollte an einer Stelle erfolgen, die gewährleistet, daß ein brauchbares Meßergebnis mit geringstem Aufwand erhalten wird. Die übersichtlichsten Verhältnisse findet man an Förderleitungen. Die Probenahmestelle soll einfach zu erreichen und gut kenntlich gemacht sein. Wo die erste Bedingung nicht erfüllt werden kann, empfiehlt sich für die Anbringung einer Probenahmestelle ein Nebenschluß mit schneller Strömung.

Das Probenahmerohr wird im allgemeinen bis zu $^1/_3$ des Rohrradius senkrecht in die Leitung eingeführt (Abb. 60/1a). Durch Abwinkeln mit der Strömung (Abb. 60/1b) kann erreicht werden, daß grobe Staub- oder Nebelteilchen bei der Probenahme nicht erfaßt werden; durch Abwinkeln gegen die Strömung (Abb. 60/1c) gelingt bei angepaßter Entnahmegeschwindigkeit eine annähernd vollständige Erfassung von Staub und Nebel.

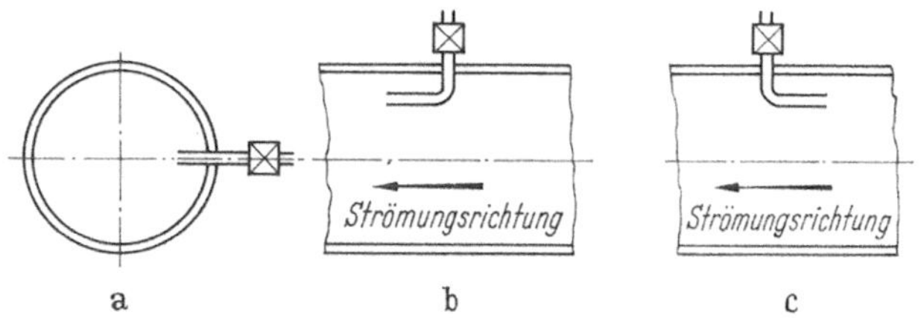

Abb. 60/1. Probenahmestutzen an Förderleitungen
a) gerade (Querschnitt); b) gewinkelt in Strömungsrichtung (Aufsicht); c) gewinkelt gegen Strömungsrichtung (Aufsicht).

Das gilt für weitgehend laminare Strömungsbereiche, also in sicherer Entfernung von Krümmern und anderen strömungsändernden Einbauten. Bei turbulenter Pfropfenströmung kann Homogenität des Gases vorausgesetzt werden — sieht man von der unmittelbaren Wandnähe ab —, wenn das Gas bereits einen Weg von mehr als 5 Rohrdurchmessern zurückgelegt hat und die Probenahmestelle mindestens 3 Rohrdurchmesser vom nächsten Winkel (Krümmer) entfernt ist.

Wesentlich unübersichtlicher sind die Verhältnisse in Anlagen, für die weder zeitlich noch örtlich ein gleichbleibender Zustand vorliegt. Die genaue Kenntnis der Vorgänge in der Anlage ist erforderlich, um beurteilen zu können, wieviele Proben in welchen zeitlichen Abständen und an welchen charakteristischen Punkten gezogen werden müssen, um hinreichend sicher den jeweiligen Betriebszustand zu erfassen. Überwiegend wird man dabei mit Entnahmesonden arbeiten und spezielle Probenahmeprogramme mit angepaßten Auswerteverfahren aufstellen. Als Beispiel zeigt Abb. 60/2 eine Probenahmeanordnung an einem Schachtofen.

Vorbereitung zur Probenahme. In vielen Fällen eignet sich der Zustand des Gases nicht ohne weiteres zur Entnahme einer Probe. Druckminderer oder Pumpen können notwendig sein, wenn der Förderdruck zu hoch bzw. zu niedrig ist. Kühler und Kondensatabscheider werden zur Probenahme heißer, dampfhaltiger Gase erforderlich. Staubteilchen und Nebeltröpfchen stören viele Untersuchungen und müssen häufig in geeigneten Abscheidern und Filtern entfernt werden. Gilt aber die Untersuchung gerade diesen Gasverunreinigungen, so muß mit sehr viel Sorgfalt versucht werden, wirklich alles zu erfassen. Dazu sollte die Gasströmung durch die Probenahme möglichst nicht verändert werden (geschwindigkeitsgleiche Absaugung).

Arten der Probenahme. Von *direkter* Probenahme spricht man, wenn unmittelbar am Ort der Probenahme die gewünschte Untersuchung oder mindestens deren erster Schritt erfolgt. Weitere Arbeiten, z. B. an einer Absorptionslösung, können dann zu anderer Zeit an anderem Ort (Labor) ausgeführt werden.

Wird zwischen Probenahme und Untersuchung ein Sammel- oder Transportgefäß benutzt, so handelt es sich um *indirekte* Probenahme. Diese birgt einige Fehlermöglichkeiten, die vor allem bei Spurenanalysen zu beachten sind, indem sich die Probe während der Aufbewahrung im Gefäß verändern kann.

Von *Moment-* oder *Stichproben,* die praktisch momentan gezogen werden und der raschen Information über augenblickliche Verhältnisse dienen, unterscheidet man *Langzeitproben,* bei denen die Probenahme zeitlich ausgedehnt wird, um zu einem langfristigen Mittel zu kommen. Statistische Auswertung vieler Stichproben bietet die Möglichkeit zur eingehenden Beurteilung der Gasqualität.

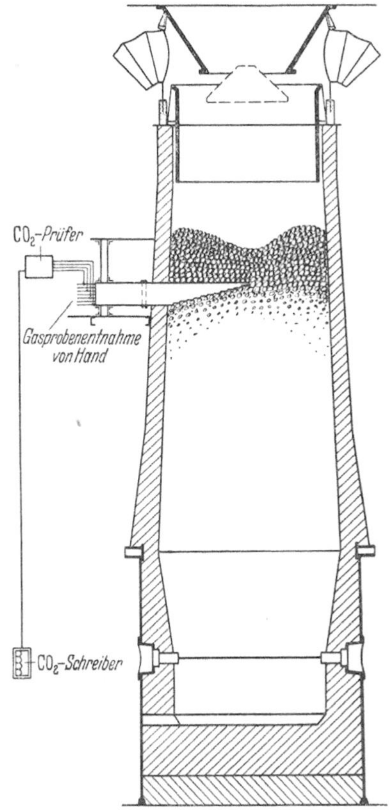

Abb. 60/2. Anordnung der Gasentnahmerohre am Schachtofen.

60.2 Probenahmegeräte

Bei direkter Probenahme an einer festgelegten Stelle, an der das Gas bei normaler Temperatur und leichtem Überdruck ansteht, ist der Aufwand an Gerät am geringsten. Es bedarf nur eines Hahnes zum Verschließen des Entnahmestutzens und einer möglichst kurzen Verbindung zur Meß- bzw. Bestimmungsapparatur. Der Hahn ist u. U. gegen unbefugte Eingriffe zu sichern und mit einer Nummer oder Benennung zu versehen. Das Material der Verbindungsleitung wählt man nach den jeweiligen Gegebenheiten. Glas bietet den Vorteil, durchsichtig und völlig indifferent zu sein; als Nachteil steht dem die Bruchgefahr gegenüber. Schläuche aus Gummi oder Kunststoff sind beweglich und schnell in jeder Länge verfügbar, sie sind jedoch nicht allen Gasen gegenüber beständig (Quellung durch Benzol) und undicht (Wasserstoffdiffusion). Metallische Werkstoffe neigen zur Korrosion; die Korrosionsprodukte können Strömungsbehinderungen und auch katalytische Veränderungen bewirken.

Bei *Unterdruck* oder nicht ausreichendem Überdruck werden Saugpumpen erforderlich, die der Meßapparatur bei direkter Probenahme oder dem Entnahmegefäß bei indirekter Probenahme nachgeschaltet werden müssen. Bei derartiger Arbeitsweise ist die Dichtheitsprüfung vor der Probenahme von größter Bedeutung, denn eingesaugte Falschluft macht nicht nur das Meßergebnis unbrauchbar, sondern gefährdet durch Explosionsgefahr das ausführende Personal. Ferner ist durch ein U-Rohr oder ähnliche Einrichtungen eine Überwachung des Unterdrucks zu empfehlen, wenn die Pumpenleistung stärkere Evakuierung (z. B. bei Verstopfungen) ermöglicht, als die Apparatur verträgt.

Druckminderer sorgen bei höherem *Überdruck* für geeigneten Druck zur Probenahme. Auch hier ist eine Druckkontrolle zu empfehlen. Wird nur über ein Drosselventil entspannt, muß die Apparatur über eine Abtauchung vor Überdruck bei Verstopfungen geschützt werden.

Die *Abkühlung* heißer Gase beginnt bei der Verwendung von Entnahmesonden bereits im gewissen Umfang in der Sonde. Mit der Temperaturveränderung ergibt sich bei vielen Gasen eine Gleichgewichtsverschiebung. Bei Kenntnis der Gleichgewichtskonstanten und unter der Voraussetzung, daß Gleichgewicht vorgelegen hat, läßt sich die wahre Zusammensetzung im heißen Gas rechnerisch aus der Analyse der abgekühlten Probe ermitteln. Andernfalls muß versucht werden, durch schnelle Entnahme mit katalytisch unwirksamem Material (Quarz, Keramik) die Probe abzuschrecken, so daß die Zusammensetzung im heißen Zustand unverändert erhalten bleibt.

Als Kühlermaterial finden Kupfer und Glas häufig Anwendung; während bei Glas die Empfindlichkeit gegenüber mechanischen Einflüssen als Nachteil zu nennen ist, wird Kupfer durch einzelne Begleitstoffe mancher Gase angegriffen. Bei fest installierten Kupferkühlern mit Kondensatanfall ist zu beachten, daß Korrosion durch Elementbildung an unedleren Metallen erwartet werden muß. Kondensate werden in einfachen Fallen aufgefangen und gegebenenfalls gesondert untersucht, denn lösliche Gasbegleitstoffe können in beachtlichem Umfang vom Kondensat ausgewaschen werden.

Wie bei der Wahl von Pumpen, Kühlern, Kondensatabscheidern und anderen Hilfsapparaturen kann auch für Staub- und Nebelfilter keine allgemeine Richtlinie angegeben werden. Im einfachsten Fall nimmt man eine Waschflasche, die locker mit Watte, Glas- oder Asbestwolle ausgefüllt wird. Wo solche Maßnahmen nicht ausreichen, wird man auf die vielfältigen Angebote des Handels zurückgreifen.

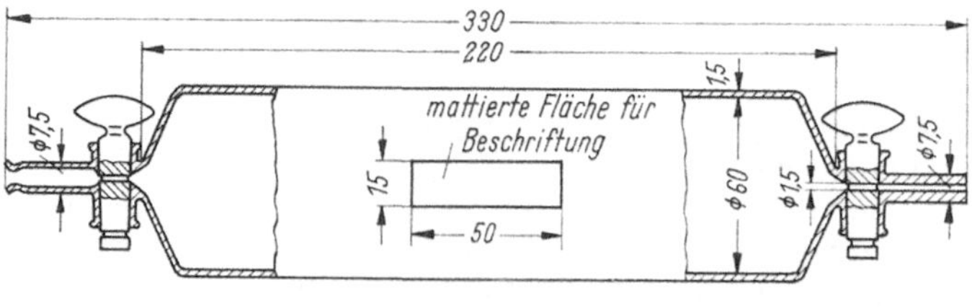

Abb. 60/3. Gasproberohr aus Glas, Größe 2 (500 ml).

Gassammel- oder *Transportgefäße* sind für indirekte Probenahme erforderlich. Weit verbreitet sind die in Abb. 60/3 dargestellten Proberohre aus Glas. Im allgemeinen werden sie blasenfrei mit Wasser gefüllt, und das ausfließende Wasser saugt dann die Gasprobe ein, bzw. das Gas drückt das Wasser aus dem Probenahmegefäß heraus. Damit Gasbestandteile nicht in größerem Umfang im Wasser gelöst werden, kann man auch mit einigen Tropfen Salzsäure versetzte Kochsalzlösungen (10%) anwenden. Ferner lassen sich die Gefäße auf wenige Torr evakuieren und saugen dann die Probe selbst an. Schließlich kann die Probenahme auch durch längeres Durchspülen erfolgen. Die Hähne sollen schlierenfrei gefettet sein und das Gefäß möglichst mit leichtem Überdruck gefüllt werden, so daß der Empfänger eine Gewähr für eine unverfälschte Probe hat.

Werden für Untersuchungen größere Probemengen gebraucht, wird man entweder auf größere Gefäße angewiesen sein, oder man kann, sofern hoher Druck vorliegt,

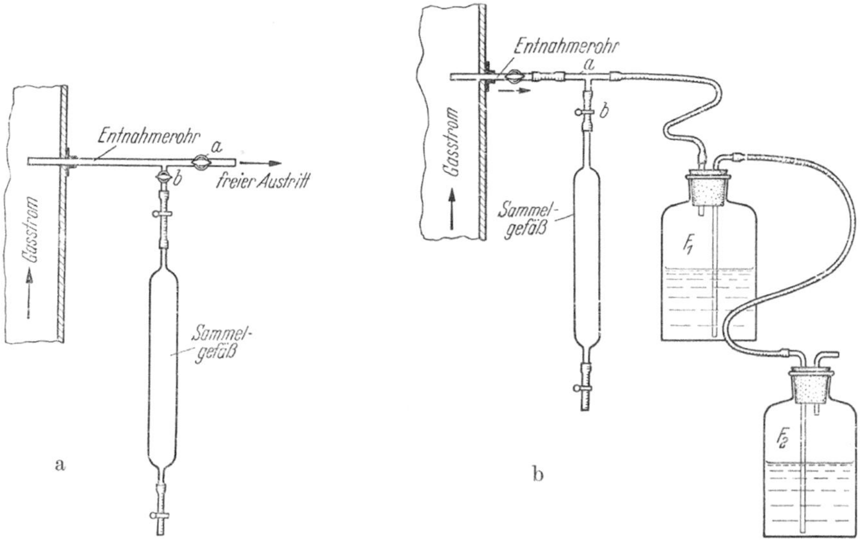

Abb. 60/4. Entnahme von Gasproben aus Rohrleitungen.
a unter Druck; b bei Unterdruck.

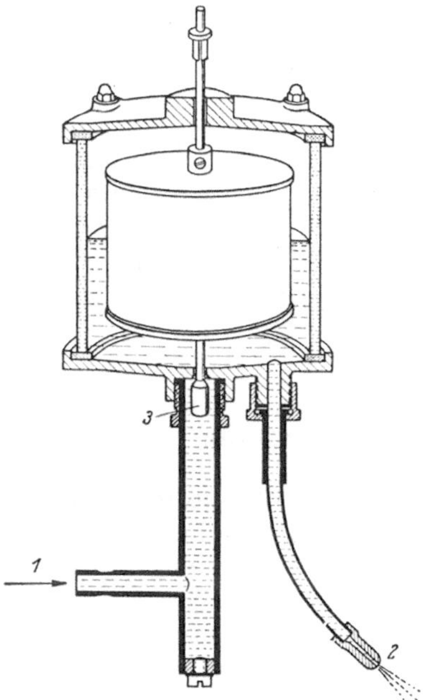

Abb. 60/5. Ablaufregler für Gasproben-Aspiratoren nach Plenz.

Druckflaschen oder Druckrohre, meist aus Edelstahl, verwenden. Im Niederdruckbereich benutzt man sogenannte *Aspiratoren* (Abb. 60/4a und b), die als Transportgefäße bis zu 100 l fassen können. Größere Aspiratoren werden als Gassammelgefäße für Durchschnittsproben stationär betrieben. Trockenaspiratoren konnten sich allgemein noch nicht durchsetzen, weil der Kunststoffbalg zur Porosität neigt, einzelne Gaskomponenten aufnimmt und nach Wechsel der Gasart auch wieder abgibt. Es ergeben sich hierbei im allgemeinen größere Veränderungen der Probe als bei der Probenahme mit wassergefüllten Aspiratoren. Die im Sperrwasser gelösten Mengen werden häufig überschätzt. Es ist darauf zu achten, daß beim Einziehen der Probe Turbulenz vermieden wird, daß das Wasser völlig abläuft und nicht während des Transports Gelegenheit zum Auswaschen des Gases hat. Ferner können Schlammablagerungen (Korrosionsprodukte, Kesselstein) oder Bakterienwachstum vor allem bei stationären Aspiratoren Anlaß zu Veränderungen der gezogenen Proben sein.

Wird ein Aspirator oder ein System von Aspiratoren zur Entnahme von Langzeitproben eingesetzt, so ist der Wasserauslauf mit einem Regler (Abb. 60/5) zu versehen, damit unabhängig vom Niveau zeitlich gleichbleibende Mengen Wasser ablaufen bzw. Gas eingesaugt wird. Es ist möglich, den Wasserauslauf mit der Gasmenge des strömenden Gases zu koppeln und damit zu einem genauen Mittelwert der Probe zu kommen. Praktisch bieten sich damit aber nur unwesentliche Vorteile, die den notwendigen Aufwand nicht rechtfertigen.

Es kann über die Probenahme gasförmiger Brennstoffe keine allgemeine Regel angegeben werden. Die Vielfalt der Entnahmebedingungen und der Untersuchungsziele erfordert kritische Entscheidungen, die auch gänzlich außerhalb des aufgezeigten Rahmens liegen können.

61. Feuerfeste Baustoffe

Inhaltsverzeichnis

61.1 Definition der feuerfesten Baustoffe

Keramische Rohstoffe. Massen und Werkstoffe werden als „feuerfest" bezeichnet, wenn ihr Segerkegelfallpunkt, bestimmt nach DIN 51063, mindestens dem des kleinen Segerkegels 17 (vorgebrannt) 150/h, entsprechend ISO 150 (mittlerer Kegelfallpunkt 1500 °C) entspricht[1].

Keramische Rohstoffe, Massen und Werkstoffe werden als „hochfeuerfest" bezeichnet, wenn ihr Segerkegelfallpunkt, bestimmt nach DIN 51063, mindestens dem des kleinen Segerkegels 37/150/h, entsprechend ISO/R 183 (mittlerer Kegelfallpunkt 1830 °C) entspricht[2].

---

[1] Der kleine Segerkegel 17 entspricht etwa den Kegeln Orton 16/17, Poulenc 17 und Harrison 18.
[2] Der kleine Segerkegel 37 entspricht etwa den Kegeln Orton 37, Poulenc 37 und Harrison 38/39.

61.2 Einteilung der feuerfesten Baustoffe

DIN 1061 (1941) ist außer Kraft gesetzt. Neuere Vorschläge zur Aufteilung der feuerfesten Baustoffe sind in Veröffentlichungen der ISO (International Organization for Standardization) enthalten, und zwar unter den Titeln: „Classification of dense refractory products“ in der ISO Recommandation R 1109 (1969); „Shaped insulating refractory products — Classification“ im International Standard ISO 2245 — 1972 (E); „Refractory materials, Classification of prepared unshaped materials (dense and insulating)“ in der ISO Recommandation R 1927 (1971).

Die Aufteilung der feuerfesten Erzeugnisse stellt den Versuch dar, unter Berücksichtigung der Empfehlungen der ISO feuerfeste Rohstoffe und Erzeugnisse nach zwei Kriterien zu charakterisieren: nach ihrem Bearbeitungszustand vor Verlassen des Feuerfestwerkes und nach ihrer chemischen und mineralogischen Zusammensetzung. Es muß aber darauf hingewiesen werden, daß durch die Möglichkeit des Auftretens neuer Gesichtspunkte sowohl von der Rohstoffseite als auch von der Verarbeitungstechnik her diese Aufteilung noch stark im Fluß ist.

Die feuerfesten Baustoffe, Rohstoffe und Erzeugnisse werden unterteilt in:

1. Rohstoffe für tonerdereiche Erzeugnisse, Schamotteerzeugnisse, saure Schamotteerzeugnisse, Tondinas-Erzeugnisse, Silikaerzeugnisse, basische Erzeugnisse (Magnesit-, Magnesit-Chrom-, Chrommagnesit-, Chromit-, Forsterit- und Dolomiterzeugnisse), Sondererzeugnisse. Chemische Zusammensetzung und mineralogischer Aufbau in Anlehnung an die Gruppen der technologischen Klassifikation für feuerfeste Steine (s. u.).

2. Mahlgut aus Rohstoffen nach 1.

3. Massen, Mörtel und Kitte. Diese werden nach folgenden Gesichtspunkten unterteilt und benannt:

- nach dem Verwendungszweck
- nach dem chemischen und mineralogischen Aufbau der Bestandteile
- nach der Art der Erhärtung bzw. der Art der Zusatzstoffe

a) Unterteilung und Benennung nach dem Verwendungszweck

Massen

Massen zum Anstreichen. Anstrichmassen werden mit Flüssigkeit (meist Wasser) versetzt, in dünnen Schichten verstrichen oder von Hand oder maschinell aufgespritzt;

Massen zum Neubau und zur Reparatur (Baumassen und Reparaturmassen).

Stampfmassen. Vor der Verwendung lose bis krümelige Massen, die im allgemeinen in trockenem Zustand angeliefert werden. Die Massen werden bei der Verarbeitung durch Stampfen von Hand — häufig jedoch mit mechanischen Geräten — verdichtet.

Plastische Massen. Verarbeitungsfertige plastische Massen, die ungeformt oder vorgeformt geliefert werden. Die Verarbeitung erfolgt durch Verformung von Hand oder mit einem mechanischen Stampfgerät.

Spritz- und Anwurfmassen. Spritz- und Anwurfmassen sind lose Massen, die meist in trockenem bis krümeligem Zustand angeliefert werden. Sie werden mit einer Flüssigkeit (meist Wasser) versetzt und von Hand aufgebracht oder mit einem mechanischen Gerät angeworfen.

Betone. Betone sind vor der Verwendung lose Massen, die einen Zement enthalten und hydraulisch erhärten. Sie werden nach Zusatz von Wasser in mehr oder weniger dickflüssiger Form durch Gießen, Schütten und Vibrieren oder Schleudern (Anwerfen) verarbeitet.

Mörtel, Kitte

Diese Materialien dienen zum Verlegen von feuerfesten Steinen und zum Versiegeln des Mauerwerkes. Sie werden mit der Kelle und dem Glätter verarbeitet oder in einigen Fällen durch Eingießen in die Fugen oder Eintauchen des zu vermauernden Stücks. Im allgemeinen werden Mörtel in trockenem Zustand angeliefert und Kitte in direkt verwendungsfähiger Form.

b) Unterteilung und Benennung nach der Art der Erhärtung bzw. der Art der Zusatzstoffe

Die Erhärtung kann erfolgen durch

- keramische Bindung, keramisches Erhärten beim Brennen (z. B. Zusatz von Ton);
- hydraulische Bindung; hydraulisches Erhärten bei Raumtemperatur (z. B. Zusatz von Tonerdezement);
- chemisch-mineralogische oder organo-mineralische Bindung, chemische Reaktion bei Raumtemperatur (lufterhärtend), z. B. Äthylsilikat, oder erhöhter Temperatur (hitzeerhärtend), z. B. saures Aluminiumphosphat;
- organische Bindung, Verfestigen oder Erhärten bei Raumtemperatur, z. B. Sulfitlauge, Teer.

c) Unterteilung und Benennung nach dem chemischen und mineralogischen Aufbau der Bestandteile

Die Aufteilung entspricht den wichtigen Gruppen der technologischen Klassifikation für feuerfeste Steine und für Feuerleichtsteine.

Dichte Steine. Die dichten Steine werden wiederum unterteilt und benannt nach chemischer Analyse und mineralogischem Aufbau der Rohstoffe in:

Tonerdereiche Erzeugnisse — Gruppe I	
	$Al_2O_3 \geqq 56\%$
Tonerdereiche Erzeugnisse — Gruppe II	
	$Al_2O_3 \geqq 45$ bis 56%
Schamotteerzeugnisse	$Al_2O_3 \geqq 30$ bis 45%
saure Schamotteerzeugnisse	$Al_2O_3 \geqq 10$ bis 30%
	$SiO_2 < 85\%$
Tondinas-Erzeugnisse	$SiO_2 \geqq 85$ bis 93%
Silika-Erzeugnisse	$SiO_2 \geqq 93\%$
Magnesit-Erzeugnisse	$MgO \geqq 80\%$
Magnesit-Chrom-Erzeugnisse	$MgO \geqq 55$ bis 80%
Chrommagnesit-Erzeugnisse	$MgO \geqq 25$ bis 55%
Chromit-Erzeugnisse	$Cr_2O_3 \geqq 25\%$
	$MgO < 25\%$

Forsterit-Erzeugnisse
Dolomit-Erzeugnisse
Sondererzeugnisse auf Basis Kohlenstoff, Graphit, Zirkoniumsilikat, Zirkoniumoxid, Siliciumcarbid usw.

Feuerleichtsteine. Ihre Unterteilung und Benennung beruht auf den wichtigsten Gruppen der Klassifikation für dichte Steine:

Tonerdereiche Erzeugnisse
Schamotte- und saure Schamotteerzeugnisse
Silikaerzeugnisse
Basische Erzeugnisse
Sondererzeugnisse
Die weitere Aufteilung der tonerdereichen Schamotte- und sauren Schamotteerzeugnisse erfolgt nach zwei Gesichtspunkten:

1. der Temperatur, bei der das Erzeugnis beim Nachschwinden nicht mehr als 2% lineare Längenänderung aufweist (Aufteilung in 6 Klassen),
2. dem Raumgewicht (Aufteilung in 6 Klassen).

Nach den Grenzwerten der jeweiligen Merkmale unterteilt, ergibt sich folgende Klassifikation:

Gruppen-Nr.	Temperatur, bei der das Erzeugnis nicht mehr als 2% lineare Längenänderung aufweisen darf °C	Maximaler Wert des Raumgewichtes kg/dm³
110	1100	0,65
125	1250	0,75
140	1400	0,85
150	1500	0,95
160	1600	1,15
170	1700	1,35

Die Grenzwerte für die bei den Gruppen angegebenen Temperaturen (lineare Längenänderung der Erzeugnisse im Laborversuch) entsprechen nicht unbedingt den maximalen Verwendungstemperaturen, denn das Verhalten der Erzeugnisse im Betrieb hängt nicht nur von der Temperatur, sondern auch von anderen Einflüssen bei der Verwendung ab.

61.3 Probenahme von Rohstoffen

Die Probenahme von keramischen Rohstoffen im Steinbruch oder in der Grube soll durch DIN 51061 Blatt 1 geregelt werden. Diese Norm ist aber über das Stadium der Vorbereitung noch nicht hinausgekommen; demzufolge empfiehlt sich, nach den Richtlinien des Deutschen Normenausschusses für die Probenahme von natürlichen Gesteinen in DIN 52101 (1965) vorzugehen.

Über die Probenahme aus Schiffen siehe 2.5, aus Waggons 2.6 und vom Lager 2.2.

Der Normentwurf DIN 51061 Blatt 2 (1959) „Prüfung keramischer Roh- und Werkstoffe, Probenahme von Rohstoffen und Massen" ist aus dem Verkehr gezogen. Die Herstellung von Analysenproben bei der Prüfung von keramischen Roh- und Werkstoffen behandelt DIN 51062 (1961) „Prüfung keramischer Roh- und Werkstoffe, Herstellung und Trocknung von Proben für chemische Analysen". Diese Norm geht nicht auf die Sonderheiten bei der Probenahme von Tonen ein, die nachstehend behandelt werden.

61.3.1 Rohton

Der Rohton ist ein durch Verwitterung entstandenes kieselsäure- und tonerdehaltiges Produkt, etwa der Zusammensetzung $Al_2O_3 \cdot 2\,SiO_2 \cdot 2\,H_2O$. Wenn er durch atmosphärische Einwirkung oder von unten her durch Verwitterung unter dem Einfluß von gasförmigen oder flüssigen Agenzien mit oder ohne Luftzutritt bzw. Druck entstanden ist, befindet er sich auf primärer Lagerstätte; er kann aber auch durch Wind und Wasser nach einer sekundären Lagerstätte verlagert worden sein. Liegt er auf primärer Lagerstätte vor, so ist er mit Sand oder Kies, also den Komponenten des Muttergesteins oder diesem selbst verunreinigt. Im anderen Falle kann er durch Stoffe, die in Wasser gelöst oder suspendiert dem Ton zugeführt und dort abgelagert wurden, nicht selten auch durch organische Stoffe verunreinigt sein.

Daraus folgt, daß die Probenahme von Rohton besondere Sorgfalt erfordert und daß sich der Probenehmer vor der Probenahme über die Beschaffenheit des Probegutes genau zu unterrichten hat. Er muß feststellen, ob der Ton weich oder plastisch, fett oder mager, feucht oder trocken, rein oder mit fremdem Material durchsetzt ist. Ferner ist zu beachten, ob er als Schollen- oder Bröckelton vorliegt, ob er verschiedenfarbig geschichtet ist usw. Je nach Befund ist die Probenahme so zu gestalten, daß entweder die Einzelprobe in geschätztem Verhältnis der äußeren Eigenschaften genommen wird oder die verschiedenen Stellen für sich geprobt und zum Schluß in vorliegendem Verhältnis zu einer Sammelprobe zusammengestellt werden.

Bei weichen und plastischen Tonen kann für die Probenentnahme ein Rohr oder Löffelbohrer aus rostfreiem Material angewendet werden. Man entnimmt nach den oben geschilderten Gesichtspunkten Tonschollen von der Ladung und schichtet sie auf einer sauberen Eisenplatte zu einem Kegel. Das Gewicht dieser Sammelprobe soll 0,1 bis 1% der Lieferung betragen. Aus dem Kegel werden an den in der Abb. 61/1 bezeichneten Stellen mit dem Probenstecher 10 bis 20 kg entnommen. Man kann auch mit einem rostfreien Messer an den verschiedenen Stellen Stücke ausschneiden, so daß die Sammelprobe etwa 20 kg beträgt.

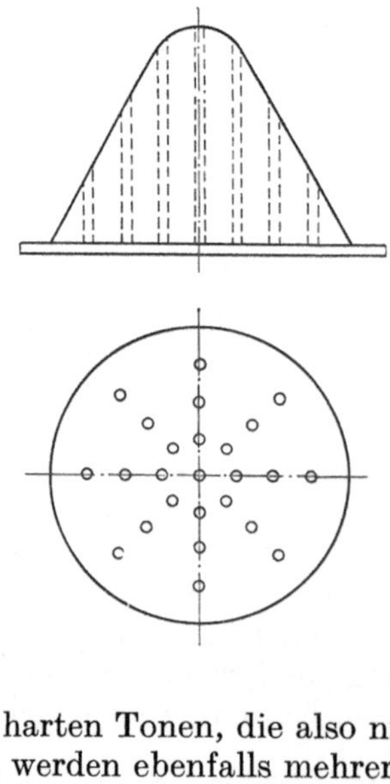

Abb. 61/1. Schema für die Entnahme von Stecherproben aus einem Tonhaufen.

Von trockenen, harten Tonen, die also nicht mit einem Probenstecher durchbohrt werden können, werden ebenfalls mehrere Probenschollen entnommen. Von jeder Scholle werden dann mit einem Hammer sowohl von der Oberfläche als auch aus dem Innern zwei bis vier Stücke von etwa Faustgröße herausgeschlagen. Auch hier sollen die Menge der Probenschollen 0,1 bis 1%, je nach Größe und Einheitlichkeit der Lieferung, und das Gewicht der herausgeschlagenen Stücke 10 bis 20 kg betragen.

Die weitere Verarbeitung ist dann bei allen Tonen die gleiche. Sie werden bei 105 °C vorgetrocknet, auf einer Zerkleinerungsplatte ausgebreitet und, wenn Material für physikalische Prüfungen gebraucht wird, zunächst vorsichtig zerdrückt bzw. zerschnitzelt. Beim Zerdrücken und Unterteilen ist zu beachten, daß man, solange der Anteil für die physikalische Prüfung noch nicht abgetrennt ist, keine Sandkörner zerkleinern darf, da sonst die Ergebnisse dieser Analyse verfälscht werden. Der zerdrückte bzw. bei Weichton zerschnitzelte Ton wird zu einem kegelförmigen Haufen aufgeschüttet, der Haufen dann abgeplattet, wiederholt umgesetzt und geviertelt, bis etwa 1,5 kg übrigbleiben.

Aus dieser Sammelprobe zieht man, nachdem sie flach ausgebreitet worden ist, eine Durchschnittsprobe von etwa 100 g für die physikalische Prüfung, indem man mit einem kleinen Probenlöffel an den verschiedensten Stellen jeweils 1 bis 2 g entnimmt. In einer Reibschale werden diese 100 g Probegut mit der Hand oder mit einem Pistill, das einen Gummischuh trägt, zerdrückt und vorsichtig gerieben, bis sie völlig durch ein Sieb von 0,5 mm Maschenweite gehen.

Nach der Entnahme des Anteils für die physikalische Prüfung wird der gesamte Rest von 1,4 kg auf der Stampfplatte oder in Mörsermühlen wie bei Erzen zerkleinert und so lange unterteilt, bis etwa 120 g übrigbleiben, die anschließend im Mörser oder in der Reibschale so weit zerrieben werden, bis das Pulver vollständig durch ein Sieb von 0,20 mm Maschenweite geht.

Das Zerkleinern von korundhaltigem Material darf hierbei nur in aus Korund herausgearbeiteten Schalen mit entsprechenden Pistillen geschehen.

Zur Bestimmung der Grubenfeuchtigkeit bei Tonen in der Lagerstätte wird eine der wie oben gezogenen und unterteilten Proben gewogen, in einem Trockenschrank bei 105 °C bis zur Gewichtskonstanz (etwa 48 h) getrocknet und zurückgewogen. Bei weichen Tonen ist die Probe durch Schnitzeln vorher zu zerkleinern.

61.3.2 Ungeformte Erzeugnisse

Bei der Probenahme ist zu berücksichtigen, daß Rohstoffe und Massen zur Entmischung neigen.

Die für die Prüfung als Sammelprobe oder Durchschnittsprobe zu entnehmende Probemenge richtet sich nach dem Kornaufbau des zu prüfenden Gutes und nach dem Umfang des Lagers, der Liefermenge oder des Lieferanteils, die zu beurteilen sind. Die Einzelproben sind für Massen und Schüttgüter mit Korngrößenanteilen bis höchstens 20 mm hinsichtlich Menge und Anzahl nach Tab. 61/1 zu entnehmen.

Tabelle 61/1. Probenentnahme bei Massen und Schüttgütern mit Korngrößen bis 20 mm

Menge des zu prüfenden Gutes t	Größe der Sammelprobe %	Anzahl der Einzelproben, mindestens
bis 1	2	3
über 1 bis 10	1 bis 0,5	7
über 10 bis 40	0,5 bis 0,2	11
über 40 bis 100	0,2 bis 0,1	15
über 100	0,1	21

Für Haufwerk mit Korngrößenanteilen über 20 mm und für grobstückiges Probegut sind Menge und Anzahl der Einzelproben entsprechend zu erhöhen. Jede Einzelprobe muß mindestens das zehnfache Gewicht des größten Korns haben.

Von *in Bewegung befindlichem Schüttgut* werden gleich große Einzelproben in gleichen Zeitabständen während der gesamten Dauer der Bewegung entnommen.

Die Einzelproben werden zur Sammelprobe, die gleich der Durchschnittsprobe ist, vereinigt.

Für die besonders schwierige Probenahme *aus lagerndem Schüttgut* sind die Einzelproben zur Erlangung einer Durchschnittsprobe an möglichst zahlreichen wechselnden Stellen verschiedener Tiefe zu entnehmen. Die Einzelproben werden zur Sammelprobe, die gleich der Durchschnittsprobe ist, vereinigt.

Die Probenahme *aus Säcken und Behältern* bedingt ein anderes Verfahren. Hier werden Säcke und Behälter als Einzelproben entnommen, die zur Erlangung einer Sammelprobe als Durchschnittsprobe vereinigt werden. Die Anzahl der als Einzelprobe zu entnehmenden Säcke oder Behälter ist aus Tab. 61/2 abzulesen. Die

Tabelle 61/2. Probenentnahme bei Schüttgut in Säcken und Behältern

Gesamtzahl der Säcke oder Behälter	Anzahl der zu entnehmenden Säcke oder Behälter
1	1
2 und 3	2
4 bis 10	3
11 bis 40	4
41 bis 100	5
über 100	6

entnommenen Säcke oder Behälter sind auf einem sauberen glatten Boden an zugfreiem Ort zu einem Haufen auszuschütten. Die Sammelprobe wird durch wiederholtes Umschaufeln nach dem Kegelverfahren durchgemischt und — mit dem Riffelteiler oder anderweitig — verjüngt.

61.3.3 Aufschlämmungen

Der Inhalt der nach Tab. 61/2 entnommenen Behälter wird bei jedem Behälter einzeln sorgfältig durchgemischt, bis kein Bodensatz mehr vorhanden ist. Aus jedem Behälter wird eine etwa gleich große Einzelprobe entnommen. Die Einzelproben werden zu einer Durchschnittsprobe vereinigt, die der aus Tab. 61/1 ermittelten Menge entspricht. Diese Vorschrift gilt vornehmlich für Kitte.

61.3.4 Nichtschüttfähige Massen

Aus jedem der nach Tab. 61/2 ausgewählten Behälter wird eine etwa gleich große Einzelprobe entnommen. Die Einzelproben werden zu einer Durchschnittsprobe vereinigt, die der aus Tab. 61/1 ermittelten Menge entspricht.

61.4 Herstellung von Analysenproben

Zur Gewinnung einer Analysenprobe nach DIN 51062 (1961) ist die entnommene Durchschnittsprobe auf eine Korngröße von höchstens 1 mm im Stahlmörser vorzuzerkleinern, wenn für das jeweilige Analysenverfahren nichts anderes vorgeschrieben ist. Das vom Stahlmörser stammende Eisen wird nach dem Zerkleinern mit einem Magneten entfernt. Bei Stoffen, bei denen es auf eine sehr genaue Bestimmung des Eisengehaltes ankommt, z. B. bei Rohstoffen für die Glasindustrie, ist das Zerkleinern im Kupfer- oder Bronzemörser vorzunehmen. Man kann auch so verfahren, daß die Hälfte der Durchschnittsprobe im Stahlmörser, die andere lediglich für die Eisenbestimmung dienende Hälfte in einem Mörser aus

Sinterkorund vorzerkleinert wird. Nach Verjüngen werden Probemengen von etwa 30 g entnommen. Wenn nichts anderes vorgeschrieben ist, wird die Probe in einer Achat- oder Korundschale bis auf eine Korngröße von höchstens 0,06 mm zur Analysenprobe fein gerieben. Die Trocknung der Analysenprobe erfolgt im geöffneten Wägeglas bei 110 °C bis zur Gewichtskonstanz. Sie wird im gut verschlossenen Wägeglas im Exsikkator über Blaugel aufbewahrt.

61.5 Probenahme teergebundener Massen, Mörtel und Kitte

Die teergebundenen Massen, Mörtel und Kitte nehmen unter den ungeformten Erzeugnissen eine Sonderstellung ein, weil bei ihnen die übliche Unterteilung und Zerkleinerung der gezogenen Probe nicht einwandfrei möglich ist. Im allgemeinen geht man hier so vor, daß man an verschiedenen Stellen der Lieferung mindestens faustgroße Stücke entnimmt, diese zu einem flachen, runden Kuchen von etwa 5 kg Gewicht zusammendrückt und nun an vier oder mehr einander gegenüberliegenden Stellen schmale Streifen (Sektoren) herausschneidet. Eine weitere Zerkleinerung und Unterteilung findet nicht statt.

Wird eine größere Genauigkeit für die Feststellung des Verhältnisses von Teer zu feuerfestem Werkstoff verlangt oder machen sonstige Umstände eine Erfassung des wahren Durchschnittes notwendig, so ist eine entsprechend große Probe zu entnehmen.

61.6 Probenahme geformter Erzeugnisse

61.6.1 Feuerfeste Steine

Für alle Gruppen der feuerfesten Steine gelten die Vorschriften in DIN 51061, Blatt 3 (1972) „Prüfung keramischer Roh- und Werkstoffe, Probenahme feuerfester Steine" (bezüglich teergebundener Steine s. 61.6.2). Die Norm weist darauf hin, daß zwischen Hersteller und Abnehmer auch andere Prüf- und Auswertungsvereinbarungen als die in der Norm enthaltenen getroffen werden können.

Die *Vorbereitung der Proben* für die Analyse wird nach den Vorschriften in DIN 51062 (1961) wie folgt vorgenommen: Von den als Durchschnittsprobe entnommenen Probestücken (z. B. Steinen oder Steinhälften) wird nach Entfernen der Oberflächenhaut je nach Größe des Probestückes ein entsprechendes scheibenförmiges, möglichst über den Querschnitt reichendes Stück von 200 bis 500 g abgesägt oder abgeschlagen. Die weitere Behandlung dieser Proben (Feinzerkleinerung der Laboratoriumsprobe und Trocknen der Analysenprobe) erfolgt nach DIN 51062 wie unter 61.3.2 angegeben.

61.6.2 Teergebundene feuerfeste Steine

Das nachstehend beschriebene Verfahren der Probenahme gilt für grüne und getemperte teergebundene Steine. Unter getemperten teergebundenen Steinen werden solche Steine verstanden, die einer Wärmebehandlung bis höchstens 800 °C unterzogen werden. Die Probenahme erfolgt nach DIN 51061 Blatt 3.

Aus der Mitte des Steines werden, wenn möglich senkrecht zur Verschleißrichtung, eine oder, falls notwendig, zwei unmittelbar nebeneinanderliegende Scheiben von rd. 50 mm Dicke trocken herausgeschnitten (s. Abb. 61/2a). Aus dem Kern der Scheibe, d. h. mindestens 15 mm vom Rand entfernt (s. Abb. 61/2b) werden in Verschleißrichtung Zylinder von 50 mm Durchmesser und 50 mm Höhe, bei Probestücken mit freiem CaO trocken, herausgebohrt. Ist die Verschleißrichtung der

Steine nicht bekannt, muß die Lage der Probekörper besonders angegeben werden.

In einigen Fällen, z. B. zur Ermittlung des Temperungsgrades, kann es aufschlußreich sein, Untersuchungen getrennt nach Steinrand und Steinkern durchzuführen. Entsprechend Abb. 61/2b wird dann vom Steinrand eine Scheibe von 15 mm Dicke abgetrennt und von dieser die ursprüngliche Oberflächenschicht des Steines in einer Dicke von 2 mm verworfen. Wird das Prüfgut aus dem Steinrand entnommen, so ist dies zu vermerken.

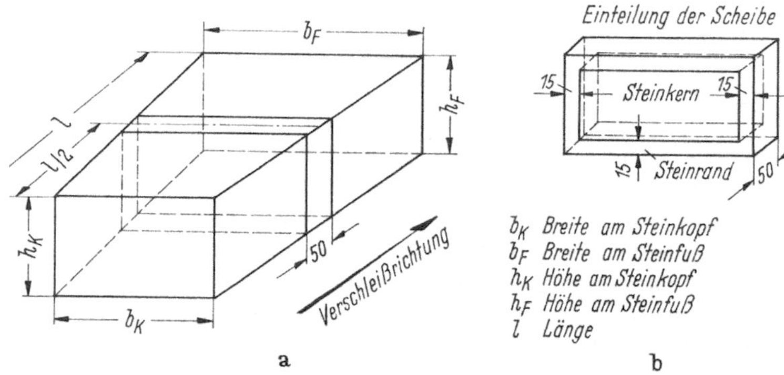

Abb. 61/2. Einteilung des Steines.

Für die Kennzeichnung der teergebundenen feuerfesten Steine sind neben den allgemein für feuerfeste Steine üblichen Eigenschaften einige spezifische bestimmend, wie z. B. der Teergehalt des Steines, der Kohlenstoffgehalt des unlöslichen und verkokten Bindemittels und der Temperungsgrad des Steines. Über die Prüfmethoden geben die „Richtlinien für die Prüfung von teergebundenen (pechgebundenen) feuerfesten Steinen", erarbeitet vom Werkstoffausschuß des Vereins Deutscher Eisenhüttenleute, Unterausschuß für feuerfeste Steine, Arbeitskreis Prüfung von Konvertersteinen, Auskunft. Diese Richtlinien tragen noch provisorischen Charakter.

62. Technische Gase und Abgase

Allgemeines

Soweit es sich nicht um brennbare technische Gase handelt, deren Probenahme im Kap. 60 beschrieben wird, können auf Hüttenwerken teils als Reaktionsgas, teils als Schutzgas folgende Gase zum Einsatz kommen:

im verflüssigten Zustand: Ammoniak, Kohlendioxid, Chlor, Schwefeldioxid, Sauerstoff, Stickstoff und Argon;

in komprimiertem Zustand: Luft, Sauerstoff, Stickstoff, Wasserstoff und Argon.

Als Abgase sind überwiegend Gemische von Luft mit Kohlendioxid oder Chlorwasserstoff bzw. Chlor oder Schwefeldioxid anzusehen. Da die Zusammensetzung dieser Gase je nach ihrer Gewinnungsart und je nach den betrieblichen Vorgängen starken Schwankungen unterliegt, ist eine zeitweilige oder laufende Untersuchung erforderlich, die wiederum eine geeignete Probenahme voraussetzt.

Die Orte der Probenentnahme beim Produktionsgang solcher Gase richten sich dabei im wesentlichen nach dem Zweck, dem die Analyse dienen soll, z. B. der Feststellung aller Bestandteile in Gestalt einer Vollanalyse oder der Feststellung nur bestimmter Bestandteile wie Luft oder Feuchtigkeit, Schwefeltrioxid u. a. m.

62.1 Technische Gase

62.1.1 Entnahme von normalen und komprimierten Gasen

Die Probenahme erfolgt durch Probenentnahmestutzen aus den Leitungen hinter den Gaserzeugungsanlagen oder aus den Vorratsbehältern. Diese sind an Stellen anzubringen, an denen eine Probenentnahme leicht möglich ist, das heißt an solchen,

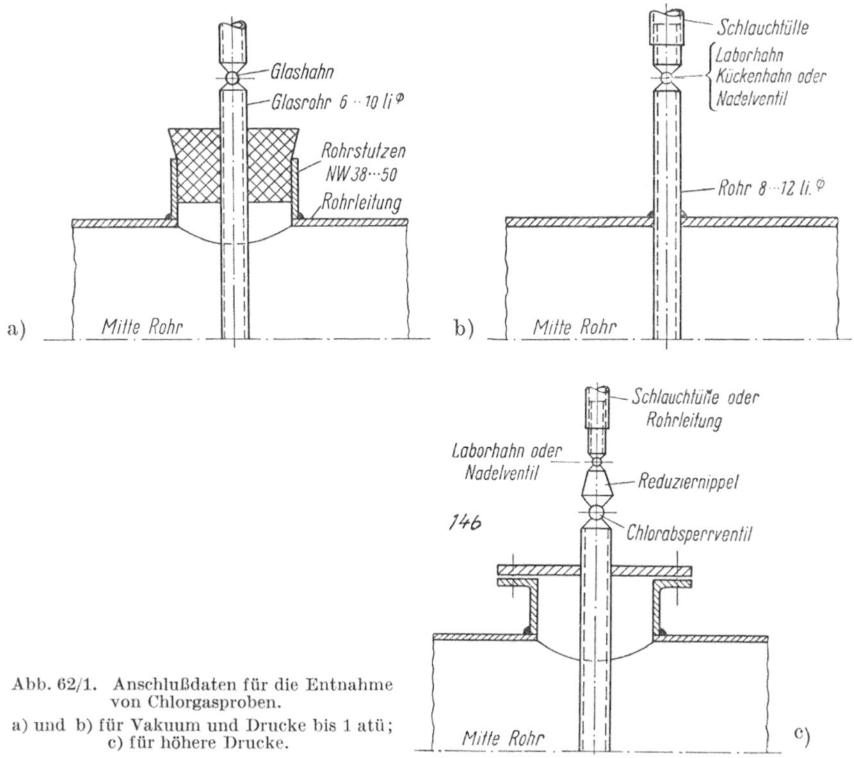

Abb. 62/1. Anschlußdaten für die Entnahme von Chlorgasproben.
a) und b) für Vakuum und Drucke bis 1 atü; c) für höhere Drucke.

an denen günstige Temperatur-, Druck- und Strömungsverhältnisse vorliegen. Niedrige und hohe Temperaturen, Vakuum und hohe Drucke sowie Stellen hoher Turbulenz erschweren die Entnahme und bedingen komplizierte Probestutzen und Armaturen. An den Entnahmestellen sollen keine toten Räume bestehen und die Strömung des Gases hinreichend laminar sein. Die Ausführung der Stutzen für die Probenentnahme richtet sich nach den Betriebsverhältnissen. Der in Abb. 62/1 angegebene Stutzen für Chlor ist auch für andere Gase brauchbar.

Ausführung für Vakuum und Drucke bis 1 atü (Abb. 62/1a und b). Auf die Rohrleitung wird ein Stutzen NW 32 bis NW 50 aufgeschweißt. In diesen Stutzen wird ein Gummistopfen mit einem Glasrohr von 6 bis 10 mm lichter Weite eingedreht, das durch einen Glashahn abgeschlossen ist. Das Glasrohr reicht bis zur Mitte der Rohrleitung. Oder es wird in die Rohrleitung ein Rohr NW 6 bis NW 12 eingeschweißt. Der Abschluß des Rohres erfolgt durch einen Gashahn oder ein Nadelventil. An die Absperrvorrichtung schließt sich die Schlauchtülle mit dem Ableitungsrohr an. Das Entnahmerohr reicht bis zur Mitte der Rohrleitung.

Ausführung für höhere Drucke (Abb. 62/1c). Auf die Rohrleitung wird an der Entnahmestelle ein Stutzen NW 50 mit Flansch aufgeschweißt. Auf den Flansch wird ein Deckel geschraubt, in den ein Rohr NW 15 eingeschweißt ist, das bis zur Mitte der Rohrleitung reicht. Der Abschluß erfolgt durch ein Absperrventil NW 15 zur Reduzierung des Betriebsdruckes. Nach einem Zwischenstück schließt sich das Entnahmeventil (Gashahn oder Nadelventil) an. Alle Rohrleitungen zur Entnahme sollen zur Vermeidung unnötiger toter Räume möglichst kurz sein.

62.1.2 Entnahme von verflüssigten Gasen

Flüssige Gase werden gewöhnlich in Druckflaschen, Straßentankwagen oder Kesselwagen versandt und in Vorratsbehältern gelagert. Bei der Probenahme ist zu beachten, daß der über der Flüssigkeit im Druck- oder Sammelgefäß befindliche

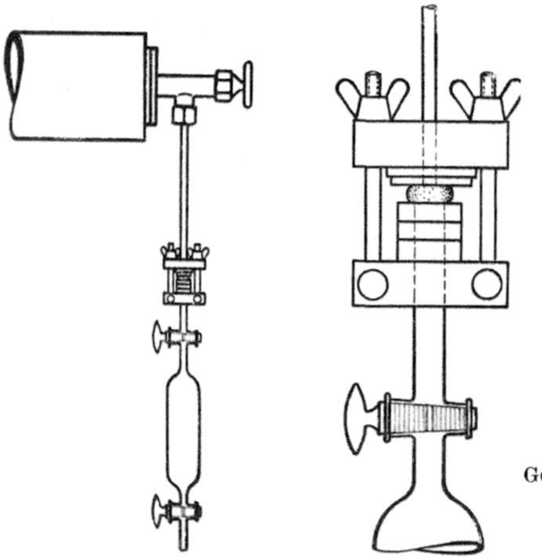

Abb. 62/2.
Gerät für die Entnahme verflüssigter Gase.

Raum mit Gas gefüllt ist, dessen Zusammensetzung nicht mit der der flüssigen Phase übereinstimmt. Die Entnahmestelle muß so angebracht sein, daß die Probenentnahme aus der flüssigen Phase erfolgt. *Druckflaschen* werden in die horizontale Lage mit dem Auslaufstutzen nach unten gebracht. Als Beispiel sei die Entnahme einer Probe verflüssigten Ammoniaks nach Bunte-Eitner beschrieben: Die Probe wird in einer mit zwei Hähnen versehenen Pipette von etwa 75 ml Inhalt unter Druck aufgefangen (Abb. 62.2). Man schraubt an den Stutzen des Druckflaschenventils durch eine Überwurfmutter ein Messingrohr an. Am freien Ende des letzteren befinden sich eine Messingscheibe und ein Dichtungsring aus Leder oder Gummi. Die Druckpipette besitzt am Eintrittsrohr einen Glaswulst, der durch eine Zwinge mit Flügelschrauben gegen die Dichtungsscheibe des Messingrohres gepreßt wird.

Man wägt zuerst die leere Pipette und stellt dann die Verbindung mit der hochgestellten Druckflasche her. Darauf verdrängt man die Luft durch gasförmiges Ammoniak, legt die Druckflasche waagerecht, füllt die Pipette bis zu $^2/_3$ ihres Inhaltes mit flüssigem Ammoniak und wägt nochmals.

In ähnlicher Weise erfolgt auch die Probenahme verflüssigter Gase aus *Kesselwagen*. Als Beispiel sei hier die von Schwefeldioxid angeführt: An den Auslaßstutzen des Kesselwagens wird mittels einer Bleileitung eine leer gewogene Bunte-Eitner-Pipette angeflanscht. Zunächst sind beide Hähne der Pipette geöffnet.

Nach Durchspülen mit etwa 1 l flüssigem Schwefeldioxid wird der untere Hahn geschlossen, worauf sich die Pipette mit flüssigem Schwefeldioxid zu füllen beginnt. Enthält sie ungefähr 150 bis 200 g, so wird der Einlaßhahn zugedreht, die Pipette gewogen und ihr Inhalt der weiteren Untersuchung zugeführt.

62.2 Abgase (Emission)

Die Probenahme erfolgt bei Abgasen zur Ermittlung des Feststoffanteils und der Gaszusammensetzung.

62.2.1 Entnahme von Proben zur Staubbestimmung

Die Möglichkeit des Einsatzes registrierender Staubmeßgeräte [1] wird von Düwel [2] ausführlich beschrieben. In der Praxis hat sich eine allgemein anwendbare Probenahmetechnik eingeführt. Hierbei wird ein Teilstrom mittels Sonde entnommen und der Staub auf Filtern, die der Staubart entsprechend gewählt werden müssen, niedergeschlagen. Um Taupunktsunterschreitung zu vermeiden, muß die Filterkammer ggf. beheizt werden. Wesentlich für die Richtigkeit der Probenahme ist eine geschwindigkeitsgleiche Teilstromentnahme [3, 4]; über eine gewisse Einschränkung der Bedeutung geschwindigkeitsgleicher Absaugung [5]. Die Messung der Strömungsgeschwindigkeit hierzu erfolgt üblicherweise mit einem Strömungsmesser (Anemometer). Für die Wahl des Gerätes ist ausschlaggebend, ob es sich um heiße oder nasse Gase bzw. Abluft handelt. Man verwendet üblicherweise ein Flügelradanemometer oder Staurohre mit direkter Anzeige in Meter je Sekunde.

Die abgesaugte Menge, ausgedrückt in m^3/h, bedarf ferner einer Korrektur durch den Widerstandsbeiwert der Sonde. Bei gutgefertigten glatten Absaugsonden liegt der notwendige Zuschlag bei etwa 10 bis 20% der Absauggeschwindigkeit [6].

Bei der Messung von Emissionen aus Hallen, d. h. der aus Dachluken abstreichenden Abluft, ist es besonders schwierig, die Strömungsgeschwindigkeit an den Austrittsöffnungen zu erfassen. Sie ändert sich mit den Witterungsverhältnissen oder den Betriebsgegebenheiten in der Halle oft kurzfristig. Bei Änderung der Strömungsgeschwindigkeit muß die Absaugung entsprechend reguliert werden. Einen einigermaßen zuverlässigen Durchschnittswert erhält man nur durch Messungen auf statistischer Basis, d. h. es muß eine größere Anzahl von Einzelmessungen über einen entsprechenden Zeitraum durchgeführt werden.

Eng beieinanderliegende Produktionsstätten können Überlagerungen der Verunreinigungen zur Folge haben. Dieser Möglichkeit muß bei der Wahl der Probenahmestelle Rechnung getragen werden. Änderungen der Windverhältnisse während einer Messung müssen sinngemäß registriert und ggf. bei der Beurteilung des Meßergebnisses berücksichtigt werden.

62.2.2 Entnahme von Proben zur Ermittlung der Gaszusammensetzung

Bei Emissionsmessungen müssen neben dem Staubgehalt auch gasförmige Verunreinigungen bestimmt werden. Schädliche Fluoride können sowohl staub- als auch gasförmig in einem Gasstrom vorliegen. Die in Abb. 62/3 gezeigte Apparatur zur Probenentnahme berücksichtigt beide Möglichkeiten. Hinter der Staubabscheidungskammer *2* folgen Waschflaschen *3*, die mit geeigneten Absorptionslösungen gefüllt sind. Zu den einzelnen Teilen der Apparatur ist folgendes zu bemerken:

Das Kopfende mit der Öffnung der Absaugsonde (*1*) muß auswechselbar, d.h. aufschraubbar sein. Entsprechend den zu erwartenden Strömungsgeschwindigkeiten ist ein Düsensatz mit verschiedenen Öffnungsdurchmessern erforderlich. Die Sonden sollen innen und außen möglichst glatt sein und keine scharfen Kanten aufweisen, um den Widerstandsbeiwert möglichst gering zu halten.

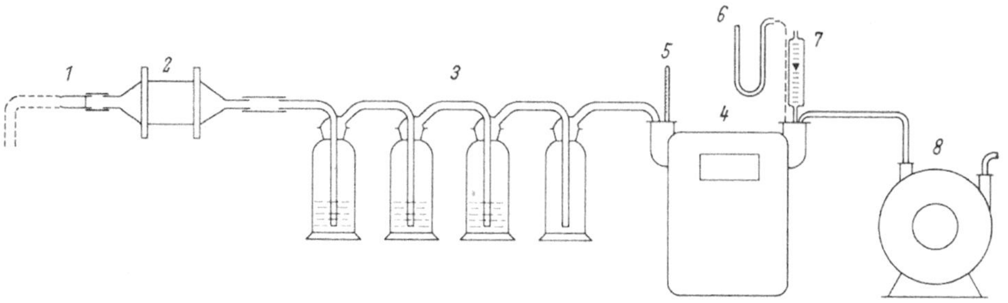

Abb. 62/3. Apparatur zur Probenahme staub- und gasförmiger Luftverunreinigungen bei Emissionsmessungen. *1* Ansaugsonde, *2* Staubsammelkammer, *3* Waschflaschen, *4* Gasmengenmesser, *5* Thermometer, *6* Manometer, *7* Rotamesser, *8* Pumpe.

Als *Staubsammelkammer* (*2*) empfiehlt sich ein Gerät, Bauart Lurgi-Wärmestelle, Düsseldorf, VdEM, in welches die Filter eingelegt werden. Können Taupunktsunterschreitungen eintreten, muß für die Staubsammelkammer und Sonde eine Heizung vorgesehen werden. Wenn gasförmige Verunreinigungen bestimmt werden sollen, muß die Möglichkeit chemischer Reaktion dieser Verbindungen mit der Innenauskleidung der Staubsammelkammer ausgeschlossen werden. Eine Standardausführung des Gerätes mit Aluminiumauskleidung eignet sich z.B. nicht für die Bestimmung von Fluorwasserstoff. Soweit die Temperatur es zuläßt, verwendet man Kunststoffgehäuse. Die Fehlermöglichkeit einer ungewollten Absorption ist auf jeden Fall zu überprüfen, ebenso die Möglichkeit adsorptiver Bindung gasförmiger Komponenten am abgeschiedenen Staub. Dies trifft besonders für Schwefeldioxid zu [7]. Die Wahl der Filter hängt praktisch von der Korngröße des Staubes ab, sofern nicht der zu kontrollierende Staubgehalt auf ein bestimmtes Filter bezogen wird.

Für die Absorption der gasförmigen Verunreinigungen werden *Fritten-Waschflaschen* (*3*) der Porenweite G0 verwendet. Fritten mit kleineren Poren erhöhen unnötig den Widerstand. Eine leere Sicherheitswaschflasche zur Abscheidung mitgerissener Absorptionslösung wird nachgeschaltet. Bei der Verwendung von Waschflaschen mit Kapillarrohren (Impingern) ist Vorsicht geboten, da die Absorption bei höheren Gehalten meist unvollständig ist. Der Inhalt sämtlicher Waschflaschen, die bei sauren Gasen mit peroxidhaltigen schwachen Laugen oder Sodalösung, bei alkalischen Abgasen mit verdünnten Säuren gefüllt sind, wird in einen Meßkolben überführt und aufgefüllt. Diese Lösungen sind sofort in Kunststoffflaschen umzufüllen.

Als *Gasmengenmesser* (*4*) können Zähler in der Leistungsspanne bis etwa 3 m^3/h verwendet werden. Bevorzugt werden solche trockener Bauart, die auch amtlich geeicht zu erhalten sind. Die zusätzliche Verwendung eines Rotameters, das eine rasche Anpassung der Absauggeschwindigkeit an die Strömungsgeschwindigkeit erlaubt, hat sich gut bewährt. Zur *Absaugung* verwendet man Membranpumpen (*8*) mit Leistungen im Bereich bis zu 3 m^3/h.

Unumgängliche Rohrverbindungen sind möglichst kurz aus Kunststoffschlauch herzustellen. Vor Beginn der Probenentnahme verschließt man den Sondenkopf mit einem Stopfen und stellt die Pumpe an. Zeigt die Gasuhr keine fließende Gasmenge an, ist die Apparatur dicht. Zur Bestimmung gasförmiger Verunreinigungen besteht die Möglichkeit des Einsatzes diskontinuierlich bzw. registrierend kontinuierlich arbeitender Meßgeräte. (Über die z. Z. auf dem Markt befindlichen Geräte sowie über die für eine richtige Probenentnahme notwendigen Voraussetzungen siehe [8]).

Literatur zu 62

1 Verein Deutscher Ingenieure (Hrsg.): Richtlinie 2031, Feinheitsbestimmung an technischen Stäuben (1962) S. 5. Richtlinie 2066, Staubmessungen in strömenden Gasen (Entwurf 1974).
2 Düwel, L.: Neuester Stand der Entwicklung von Kontrollmeßgeräten zur Dauerüberwachung von Staubmeßgeräten. Staub 28 (1968) 119.
3 Wiemer, P.: Die geschwindigkeitsgleiche Teilstromentnahme bei Staubmessungen in strömenden Gasen. TÜV 1 (1960) 121ff.
4 Berner, J.; Janott, H.: Ein modifiziertes Standard-Staubmeßgerät und seine praktische Anwendung bei Hochtemperaturprozessen und Industrieabfallverbrennungsanlagen. Wasser, Luft, Betrieb 11 (1967) 204ff.
5 Rüping, G.: Die Bedeutung geschwindigkeitsgleicher Absaugung bei der Staubstrommessung mittels Entnahmesonde. Staub 28 (1968) 137.
6 Walter, E.: Zur Problematik der Entnahmesonden und der Teilstromentnahme für die Staubgehaltsbestimmung in strömenden Gasen. Staub Heft 53 (1957) 880ff.
7 Baum, F.; Reichardt, I.: Meßfehler bei der Staubgehaltsbestimmung in Abgasen durch Adsorption von Schwefel an Meßfiltern. Staub 27 (1967) 392.
8 Thoenes, H. W.; Guse, W.: Neuester Stand der Entwicklung von Kontrollmeßgeräten zur Dauerüberwachung von Gasemissionen. Staub 28 (1968) 128.

63. Wasser und Abwasser

Inhaltsverzeichnis

Allgemeines

Die richtige Entnahme von Wasserproben muß sich dem Verwendungszweck des Wassers unter Beachtung der örtlichen Verhältnisse anpassen. Die Probenahme von Wässern erstreckt sich auf natürliche Wasservorkommen sowie auf innerbetriebliche Kontrollen von Kühlwasser, Kesselspeisewasser oder Kesselwasser und außerdem auf die Abwässer.

63.1 Zusammensetzung der natürlichen Wasservorkommen

Auf die Zusammensetzung der natürlichen Wasservorkommen hat die nähere und weitere Umgebung der Entnahmestelle einen großen Einfluß. Abgesehen von der Möglichkeit der Verunreinigung durch nicht ordnungsgemäße Fassung der Quelle oder des Brunnens oder durch Einsickern von Schmutzwässern, kann auch die Art der Bewirtschaftung des Bodens von Einfluß sein. Darüber hinaus spielt der geologische Aufbau des Einzugsgebietes eine große Rolle, wobei künstliche Eingriffe in Form von Ausbaggerungen und Haldenaufschüttungen ebenfalls zu beachten sind. Von nicht geringer Bedeutung ist auch die Beanspruchung und die Ergiebigkeit einer Wasserstelle. Durch zu starkes Absinken des Grundwasserspiegels kann oft der Zustrom des Wassers so beschleunigt werden, daß die natürliche Filtration zu rasch erfolgt und daher nur noch wenig wirksam ist. Ganz allgemein muß auch darauf hingewiesen werden, daß man für die Beurteilung irgendwelcher Verhältnisse nicht *eine* Probe allein heranziehen soll. Die Beobachtungen sollen sich vielmehr über eine Reihe von Probenahmen erstrecken, die unter den verschiedensten Einflüssen durchgeführt worden sind. So sagt z. B. eine einzelne Untersuchung eines Vorfluters praktisch überhaupt nichts aus, und dies trifft wohl in all den anderen Fällen der Wasseruntersuchung mehr oder weniger ebenfalls zu.

63.2 Gefäße zur Probenentnahme

Zur Probenahme sind saubere, farblose Glasflaschen mit eingeschliffenem Glasstopfen aus Jenaer Glas zu verwenden, da sie im Gegensatz zu normalen Glasflaschen keine Härtebildner abgeben. Allerdings sollen die Proben bis zur Untersuchung auch darin nicht wochenlang stehenbleiben. Muß Glas ganz vermieden werden (bei Kieselsäure in der Probe), so hat man Probengefäße aus Metall oder Kunststoff zu verwenden (Flaschen aus nichtrostendem Stahl, Silber, Polyvinyl-

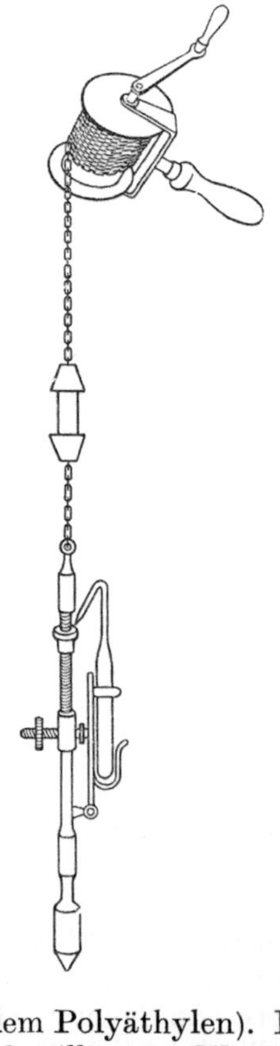

Abb. 63/1. Abschlaggerät nach Sclavo-Czadlewski.

chlorid und vor allem Polyäthylen). Die Probenflaschen sind sorgfältig, am besten mit Seesand und destilliertem Wasser, zu reinigen und mit destilliertem Wasser ausgiebig nachzuspülen. Säuren und Laugen sind zu vermeiden, da sie hartnäckig an Glaswänden adsorbiert und später langsam an die Probe abgegeben werden.

Für die bakteriologische Untersuchung müssen die Gefäße steril sein. Man bringt sie nach gründlichem Reinigen und Ausspülen mit destilliertem Wasser in den Sterilisationsschrank und beläßt sie dort 1 h bei 160 °C. Der mit sterilisierte Glasstopfen wird nach dem Erkalten so aufgesetzt, daß die Schliffflähe nicht mit der Hand berührt wird. Bei frei abfließendem Wasser kann die Probe in einem sterilen Reagenzglas, das mit sterilisierter Watte verschlossen wird, entnommen werden.

Für die Entnahme aus größeren Tiefen wird der Abschlagapparat nach Sclavo-Czadlewski (Abb. 63/1) verwendet. Das Probengefäß besteht aus einer beschwerten, oben zu einer Kapillare umgebogenen, durch Erhitzen luftleer gemachten Röhre. Die Kapillare wird durch ein Fallgewicht in der gewünschten Tiefe zerschlagen, so daß das Wasser einströmen kann. Nach dem Füllen wird das Röhrchen hochgezogen und die offene Spitze mit steriler Watte umwunden.

Die *Menge* des zu entnehmenden Wassers hängt von dem Umfang und der Methode der geplanten Untersuchung ab. Werden photometrische Verfahren benutzt, so genügt im allgemeinen eine Menge von 0,5 bis 1 l völlig. Für Spurenuntersuchungen im ppb-Bereich werden bis zu 10 l benötigt. Für quantitative Ermittlungen in Kondensaten kann eine Probemenge bis zu 10 l erforderlich sein. Für die meisten physikalisch-chemischen und biologischen Untersuchungen, ferner für die Bestimmung von gelösten Gasen, sofern ihre Bestimmung nicht am Entnahmeort erfolgt, von leicht veränderlichen Anionen und Kationen, z. B. Sulfiten, Sulfiden, Nitriten, zweiwertigem Eisen und zweiwertigem Mangan sowie Phenolen u. a., sind gesonderte Proben in entsprechend vorbereiteten Gefäßen zu entnehmen. Die Untersuchung selbst soll möglichst kurz nach der Entnahme erfolgen. Ist dies nicht durchführbar, so muß man die Möglichkeit einer chemischen Veränderung berücksichtigen.

Eine nähere Beschreibung der für die Probenentnahme von Wässern notwendigen Voraussetzungen sowie über die Art der Durchführung im Einzelfall bringen die Veröffentlichungen [1] und [2].

63.3 Probenahme von Brauch- und Trinkwasser (Grund-, Quell- und Oberflächenwasser)

Je nach Herkunft des Wassers und Art der Entnahmestelle (Bohrlöcher, Brunnen, Quellfassungen, Pumpen, Druckleitungen, Behälter, Seen, Talsperren, Wasserläufe, Wasseraufbereitungsanlagen usw.) sind die Vorschriften für die Probenahme verschieden. Die Auswahl muß dem sachverständigen Probenehmer überlassen bleiben und muß im Untersuchungsbericht kurz angegeben werden. Bei der Probenahme ist besonders darauf zu achten, daß zufällige Verunreinigungen vermieden werden.

Bei Wasser, das als Grundwasser durch Pumpen gehoben oder in Druckleitungen zu den Verbraucherstellen geführt wird, entfernt man durch 2 min langes, langsames und gleichmäßiges Abpumpen bzw. Ablaufenlassen an einer vielgebrauchten Zapfstelle altes Wasser, welches in dem Rohrsystem gestanden hat. Bei flachen Brunnen darf der abgesetzte Schlamm nicht aufgewirbelt und mit herausbefördert werden. Bei der Untersuchung neuer oder längere Zeit unbenutzter Brunnen ist ein zweistündiges Abpumpen vor der Probenahme erforderlich.

Soll geprüft werden, ob das Wasser mit dem Werkstoff der Rohre reagiert, z. B. bei der Bestimmung von Blei in Leitungswasser, so ist Wasser zu entnehmen, das längere Zeit, am besten über Nacht, in den Rohren gestanden hat. In diesem Fall sammelt man die ersten aus der Leitung ausfließenden Anteile.

Von Quellwasser werden zu verschiedenen Zeiten Einzelproben entnommen, deren Zusammensetzung vom Klima (Niederschläge, Trockenheit) abhängig ist. Der Wasserspiegel der Quelle darf vor der Probenahme weder angestaut noch abgesenkt werden. Bei Entnahme aus fließenden Gewässern, auch bei sog. uferfiltriertem Wasser, ändert sich die Zusammensetzung mit der Veränderung des Klimas.

Bei der Probenahme aus fließenden Gewässern sowie aus Behältern, Seen oder Talsperren kann außer einer Entnahme von der Oberfläche auch eine solche aus bestimmter Tiefe infrage kommen, wofür besonders Tauchvorrichtungen benutzt werden, die den Eintritt des Wassers in die Gefäße erst in der gewünschten Tiefe zulassen. Die Entscheidung, ob die Wasserprobe bei der Entnahme filtriert werden soll oder nicht, ist von der Natur der ungelösten Stoffe, von der Problemstellung und mitunter von dem Aufbereitungsgang abhängig. So ist besonders darauf zu achten, ob beispielsweise Eisen und Mangan sich nachträglich ausgeschieden haben oder ob diese Verunreinigungen bereits als Schlamm- und mineralische Beimengungen im ursprünglichen Wasser enthalten sind. In solchen Fällen werden zwei

Abb. 63/2. Entnahmeflasche für die Sauerstoffbestimmung von Wasser.

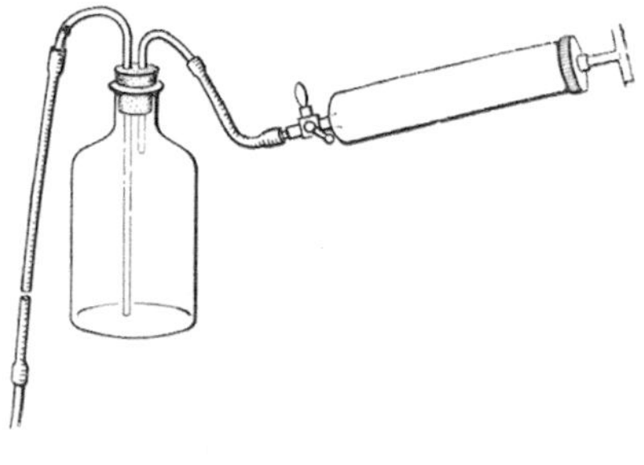

Abb. 63/3. Pumpgerät für die Entnahme von Wasserproben.

Proben entnommen, von denen man die eine durch ein Faltenfilter oder, wenn nachträglich der Kaliumpermanganatverbrauch bestimmt werden soll, durch eine Glasfritte filtriert. Bei hohem Eisen- und/oder Mangangehalt wird die zweite Probe mit Salz- oder Schwefelsäure angesäuert, so daß sich keine Oxidhydrate bis zur Untersuchung der Probe an der Flaschenwand abscheiden können.

Das Einfüllen des Wassers in die Probenflaschen erfolgt mittels Trichter, dessen Stiel mit einem bis auf den Flaschengrund reichenden Schlauch versehen ist. Aus dem Wasserhahn oder dem Ende des Pumpenrohres läßt man in den Trichter so viel Wasser zufließen, daß er stets gefüllt bleibt, und das Wasser so lange zulaufen, bis es über den Flaschenhals überläuft und der Inhalt sich mehrmals erneuert hat.

Auf diese Art und Weise ist es auch möglich, eine Probe für die Bestimmung von gelösten Gasen zu entnehmen, wie Sauerstoff und freies Kohlendioxid, wobei das Wasser beim Einfüllen nicht mit der Luft in Berührung kommen darf.

Für die *Sauerstoffbestimmung* in Wasser entnimmt man, sofern nicht automatische Messung erfolgt, eine gesonderte Probe und benutzt dazu besondere Entnahmeflaschen aus Glas von etwa 250 ml Inhalt (Abb. 63/2). Bestimmt man den Sauerstoff nicht nach Winkler auf titrimetrischem Wege, sondern colorimetrisch oder photometrisch, so genügen 100 ml und weniger, selbst für sehr niedrige Gehalte, wie sie in Kesselspeisewasser vorkommen. Da für die Sauerstoffbestimmung der Gesamtinhalt der Probenflasche für die Berechnung maßgebend ist, muß er durch Auswägen ermittelt werden.

Das Füllen der Probenflaschen erfolgt, wie vorher angegeben, durch Ein- und Überlaufenlassen. Ist der Inhalt des Probengefäßes einige Male erneuert worden, so zieht man den Schlauch, ohne daß der Wasserzulauf abgestellt wird, langsam heraus. Dann gibt man sofort die Reagenzien, Mangan(II)-chlorid und Natronlauge, mittels Injektorspritze mit langer Kanüle zu und verschließt die Flasche mit dem Glasstopfen. Wird die Probe nicht gleich an Ort und Stelle untersucht, so erfolgt der Weitertransport in einem größeren Gefäß unter Wasser.

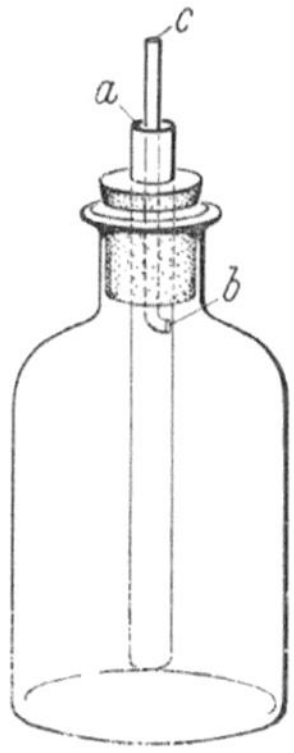

Abb. 63/4. Füllrohr für die Entnahme von Wasserproben (nach Merkel).

Aus Schachtbrunnen, Behältern, stehenden und fließenden Gewässern können die Proben mit Entnahmeflaschen und Füllrohr oder mit Entnahmeapparaten (Abb. 63/3) entnommen werden. Eine Füllrohreinrichtung nach Merkel [3] (Abb. 63/4) besteht aus einer Metallröhre, die bis zum Boden der Entnahmeflasche reicht. In diese ist eine zweite dünne Röhre eingesetzt, deren untere Öffnung durch die Wandung der ersten geführt ist und unterhalb des Flaschenstopfens mündet. Während das Wasser einströmt, entweicht die Luft durch das innere Rohr, ohne daß eine Berührung mit dem Wasser stattfindet. Will man eine Wasserprobe aus bestimmter Tiefe entnehmen, so stülpt man über das Füllrohr mit Hilfe eines Gummischlauches eine Glaskappe, die man nach Erreichen der gewünschten Tiefe mit einem Fallgewicht zerschlägt. Um Luftaufnahme zu vermeiden, schaltet man eine Probenflasche mit einer zweiten größeren Flasche so zusammen, daß beim Untertauchen die aus der Probenflasche austretende Luft durch die zweite Flasche entweichen muß. Zwei weitere Apparate, die gleichzeitig die Entnahme für die bakteriologische Untersuchung erlauben, werden von Spitta und Imhoff [4] angegeben.

Bei der Entnahme von Proben zur Sauerstoffbestimmung ist für die Berechnung des Befundes auch die Angabe der Wassertemperatur nötig.

Für die *Bestimmung des freien Kohlendioxids* wird die Probe unter denselben Vorsichtsmaßnahmen entnommen wie für die Sauerstoffbestimmung und zweckmäßig auch gleich an Ort und Stelle titriert.

Dasselbe gilt für Proben zur *Bestimmung von Schwefelwasserstoff*. Ist dieser in einem Wasser enthalten, so ist es sauerstofffrei, und es muß darauf geachtet werden, daß es nicht mit Luft in Berührung kommt. Den Schwefelwasserstoff setzt man mit Cadmiumacetat zu Cadmiumsulfid oder mit Zinkacetat zu Zinksulfid an Ort und Stelle um.

Bei der Probenahme für die Bestimmung von gelösten Gasen kann als Probenahmegerät auch die sog. Gasmaus (s. Abb. 60/4) verwendet werden. Kunststoffflaschen sind zu vermeiden, da sie unter Umständen gasdurchlässig sind. Auf keinen Fall dürfen für die Sauerstoffbestimmung neue Kunststoffflaschen gebraucht werden.

Die Entnahme von Proben bei der Trinkwasseraufbereitung muß hinter jedem einzelnen Filter erfolgen, um so die Wirkungsweise jedes Filters zu kontrollieren. Zwischen der Entnahme von Roh- und Reinwasser ist ein zeitlicher Abstand, entsprechend der Durchlaufgeschwindigkeit, zu wählen. Bei gechlortem Wasser erfolgt die Probenahme dann einmal hinter der Stelle der Chlorzugabe, zum anderen unter Umständen auch an einer anderen Stelle, die möglichst weit von der Zugabestelle entfernt liegt.

63.4 Probenahme von Kühlwasser, Kesselspeisewasser, Kesselwasser und Dampf

Die Aufbereitung des Wassers für Kühl- und Kesselspeisezwecke erfordert eine Reihe von Arbeitsgängen, die mit einer laufenden Untersuchung verbunden sind. Die Probenahme bei Kühlwässern weicht von der üblichen Wasserprobenahme nicht ab. Dagegen ist bei der Aufbereitung des Wassers für Kesselspeisezwecke die Anzahl der Probenahmen durch die betrieblichen Einrichtungen bedingt. Bei Entnahme von kaltem Druckwasser sind keine weiteren Vorsichtsmaßregeln zu beachten. Laufende Proben müssen auch bei einer Flockung entnommen werden, wobei auf eine gute Durchmischung zu achten ist. Bei der Fällungsenthärtung bzw. Vorenthärtung zur Herabsetzung der Carbonathärte ist eine Probenahme in gewissen Zeitabständen notwendig.

Bei vorgewärmtem Speisewasser und grundsätzlich bei heißen Wässern muß die Probe unter Zwischenschaltung eines *Kühlers* entnommen werden. Dies gilt auch für die Entnahme von Kesselspeisewasserdampf und gegebenenfalls für Kondensatproben. An den Stellen, die laufend kontrolliert werden sollen, wird ein Ventil eingebaut und daran eine Kühlschlange aus nichtrostendem Stahl angeschlossen. Am Ende der Kühlschlange befindet sich wiederum ein Ventil zur Durchflußregelung. Der Durchgang durch die Schlange erfolgt von unten nach oben, so daß sich keine Gasblase festsetzen kann. Die Schlange ist so bemessen, daß sie den gesamten Druck aufnehmen kann. Die Probenahme über Kühler soll sich über 10 bis 20 min erstrecken. Erfolgt die Probenahme zur Spurenbestimmung, z. B. von Eisen, Kieselsäure oder Kupfer, so dürfen Hähne der Entnahmeapparatur etwa 1 h vor der Probenahme nicht mehr bewegt werden.

Bei der Probenahme zur Bestimmung von Eisen ist wichtig, daß der Sondenkopf nicht bündig an der Rohrwand liegt, da sich das Eisen(II)-oxid an der Rohrwand anreichert und dadurch zu hohe Werte gefunden werden. Bei größeren Kesselanlagen, vor allem Hochdruckkesseln, die eine laufende Kontrolle erfordern, läßt man durch diese Probenentnahmestelle dauernd einen dünnen Strahl laufen, besonders wenn Proben für die Ermittlung des Sauerstoffgehaltes oder, bei Benutzung eines chemischen Entgasungsmittels, Proben zur Bestimmung des Überschusses gezogen werden. Besonders wichtig ist die Probenentnahmestelle hinter der Speisepumpe. Bei der Spurenbestimmung von Metallen und Siliciumdioxid ist auf die Wahl und Vorbereitung der Probenahmegefäße besonders zu achten. Kommt Hydrazin zum Einsatz, muß bei der Kupferbestimmung die Komplexbildung durch Ammoniak beachtet werden.

Für die Untersuchung von *Kondensaten* ist unter Umständen die Entnahme einer größeren Probemenge bis zu 20 l erforderlich, die nachher auf ein kleines Volumen einzudampfen ist. Bei der Enthärtung oder bei der Entsalzung eines Kühl- bzw. Speisewassers mit Austauscher muß die Qualität laufend überwacht werden. Bei den Austauschfiltern ist meistens eine kleine Probenentnahmestelle eingebaut, durch die dauernd ein dünner Strahl läuft, der den Betriebszustand eines solchen Filters jederzeit zu kontrollieren erlaubt.

Die Probenahme kann auch mechanisch erfolgen, indem auf einem Drehtisch in bestimmten Zeitabständen Proben entnommen werden. Unter Umständen kann das Wasser aus der Probenentnahmestelle einem selbsttätigen Meß- und Schreibgerät zugeleitet werden. Eine automatische Überwachung erfolgt bei einer Vollentsalzung durch einen Leitfähigkeitsmesser. Die Kontrolle des pH-Wertes dürfte heute fast allgemein durch ein automatisches Schreibgerät vorgenommen werden.

Auch im *Kesselbetrieb* selbst geschieht die Überwachung, beispielsweise des Salzgehaltes im Dampf und Kondensat sowie des pH-Wertes, automatisch. Das Wasser wird einem dauernd laufenden Kühler entnommen und dann fortlaufend durch registrierende Leitfähigkeitsmesser bzw. pH-Messung kontrolliert. Die Kontrolle für die Entgasung eines Speisewassers kann heute durch elektrochemische, selbstschreibende Geräte erfolgen, die so eingerichtet sind, daß sie den Restsauerstoffgehalt anzeigen oder, wenn zusätzlich ein chemisches Entgasungsmittel gebraucht wird, dessen Überschuß registrieren.

Für die Entnahme von Dampfproben muß die Geschwindigkeit des Dampfes im Probenahmerohr ebenso groß sein wie diejenige des Dampfes im Hauptrohr, aus dem der Dampf entnommen wird. Sie wird bei fest eingebauten Kühlern und ihrer Sonde durch die Weite der Düse der Entnahmesonde reguliert. Die Menge der zu entnehmenden Probe ergibt sich aus der Kühlleistung des Kühlers, in welchem das Dampfkondensat niedergeschlagen werden soll. Das aus nichtrostendem Stahl oder einer entsprechenden Legierung zu wählende Probenentnahmerohr muß an der dem Dampf zugekehrten Seite von innen nach außen angeschärft sein, damit eine Entmischung vermieden wird. Es muß mit seiner Öffnung der Strömung entgegengerichtet und nach der Probenahme abwärts gerichtet sein. Läßt sich eine Probenentnahme aus waagerecht liegenden Rohren nicht umgehen, so wird die Probenentnahmestelle etwas unterhalb der Rohrmittelachse gelegt, weil sich das Wasser nicht gleichmäßig im Dampfstrom verteilt.

Die Wahl der Einbaustelle des an die Dampfleitung anzuschließenden Kühlers richtet sich nach dem Zweck der beabsichtigten Prüfung. So wird man zur Feststellung der Beschaffenheit des den Turbinen zugeführten Dampfes die Meßstelle hinter den Überhitzer legen, da dann die Berücksichtigung der etwa im Überhitzer festgehaltenen Salzbestandteile (überwiegend Natriumsulfat) nicht erforderlich ist. Will man aber das „Wassermitreißen" eines Kessels nachprüfen, so muß die Entnahmeeinrichtung schon vor dem Überhitzer angebracht werden.

Während im erstgenannten Fall das Entnahmerohr in die weite Heißdampfleitung eingeführt wird, muß man im zweiten Falle mit Rücksicht auf die verhältnismäßig engen Überhitzerrohre ein entsprechend engeres Entnahmerohr wählen. Gemäß den „Regeln für Abnahmeversuche an Dampfkesseln" soll die lichte Weite der Entnahmerohre jedoch mindestens noch 10 mm betragen.

Rechenbeispiel für die Bemessung eines Probenahmekühlers und der Entnahmerohre: Hat ein Kühler 0,1 m^2 Kühlschlangenfläche, die in Kühlwasser mit einer mittleren Temperatur von 40 °C eintaucht, so werden bei 100 °C mittleren Temperaturunterschied etwa 3 l Kondensat je Minute niedergeschlagen und auf 60 °C abgekühlt. Diese Menge entspricht etwa $^1/_{15}$ der durch ein Dampfrohr von 76 bis

83 mm Durchmesser strömenden Dampfmenge. Daher muß der Querschnitt des Hauptdampfrohres zu dem des Probenentnahmerohres im Verhältnis 15:1 stehen. Hieraus ergeben sich für die Probenentnahmerohre folgende Durchmesser:

bei einer Entnahme von l/min:	3	2	1
Durchmesser des Entnahmerohres in mm:	19	15,6	11

Die Probenahme des *Kesselwassers* erfolgt ebenfalls über einen Kühler, um ein Verdampfen von Wasser und damit eine Abweichung vom Originalsalzgehalt zu vermeiden. Eine ausführliche Darstellung der hier nur in knapper Form möglichen Hinweise findet sich im Buch „Analysenverfahren für den Kraftwerksbetrieb" im Kapitel „Probenahme" [5].

63.5 Probenahme von Abwasser und Vorfluter

Die Zusammensetzung eines Abwassers ist in der Regel erheblichen Schwankungen unterworfen. Es muß zunächst festgestellt werden, ob das Abwasser ständig über die Zeit verteilt oder periodisch abfließt und ob es die Zusammensetzung im Laufe des Tages ändert. Fließt das Wasser über 24 h verteilt gleichmäßig ab, wird es im allgemeinen genügen, alle 2 h eine Probe mit möglichst starker Wasserbewegung zu entnehmen. Ändert sich die Zusammensetzung im Laufe des Tages sehr stark oder ist der Ablauf unregelmäßig, so wird in entsprechenden kleineren Zeitabständen eine Probe genommen, unter Umständen vier- bis sechsmal je Stunde. Aus den Einzelproben wird dann eine Durchschnittsprobe zusammengestellt.

Die Proben können auch mit einer *mechanischen Vorrichtung* entnommen werden (s. a. Kap. 64). In der Praxis findet der Dauerprobenehmer nach Sander vielfach Anwendung [6, 7]. Diese Art der Probenahme ist besonders dort angebracht, wo stärkere Schwankungen in der Zusammensetzung der Verunreinigungen möglich sind. Um ein klares Bild von der Abwassersituation zu erhalten, sollte die kontinuierliche Probenahme über 24 h ausgedehnt werden.

Für die Beurteilung eines Abwassers muß unter Umständen auch die Untersuchung des *Vorfluters* mit herangezogen werden. In diesem Falle werden oberhalb und unterhalb der Einmündungsstelle Proben entnommen, wobei die unterhalb gelegene Entnahmestelle dort gewählt werden muß, wo schon eine gründliche Vermischung stattgefunden hat. Zweckmäßig wird man zur Feststellung der durchschnittlichen Zusammensetzung in einem Fließquerschnitt mehrere Proben über den gesamten Querschnitt, gegebenenfalls auch in verschiedenen Tiefen entnehmen und diese dann durch Mischen zu einer Probe vereinigen. Dabei sind selbstverständlich Luft- und Wassertemperatur sowie Wasserführung zu beachten.

Bei *Abwasser-Reinigungsanlagen* ist die Entnahme sog. korrespondierender Proben, d. h. Proben desselben Wassers in verschiedenen Stufen der Behandlung, wichtig. Hierzu muß die Zeit, die das Wasser zum Durchfließen der Anlage oder ihrer einzelnen Teile benötigt, berechnet oder durch Versuche mit Farbstoff, Korkmehl, Tonaufschlämmungen oder Geschwindigkeitsmessern bestimmt werden.

Bei der Entnahme von schlammführenden Wässern ist auf genaue Erfassung der ungelösten, absetzbaren Stoffe zu achten. Mit zersetzlichen, organischen Stoffen beladene Abwässer dürfen nicht länger als 6 h bis zur Analyse stehen, damit bis zur Untersuchung keine Veränderungen durch Fäulnis und andere biologische Vorgänge eintreten. Sie müssen kühlgehalten oder mit bestimmten Zusätzen *konserviert* werden. Man füllt dazu von jeder Probe drei Flaschen ab, von denen nach der Füllung die eine mit 2 ml Chloroform, die zweite mit 2 bis 4 ml 25proz. Schwefelsäure je Liter Wasser versetzt wird, während die dritte Flasche ohne Zusatz bleibt. Die mit Schwefelsäure versetzte Probe dient zur Bestimmung des

Kaliumpermanganatverbrauchs des organisch gebundenen Stickstoffs und des Ammoniums. Die chloroformhaltige Probe ist zur Ermittlung des Abdampfrückstandes, der ungelösten Stoffe, der Nitrate und Nitrite bestimmt. In der Originalprobe werden dann Chlorid und Sulfat bestimmt und gegebenenfalls die Prüfungen der Fäulnisfähigkeit, Sauerstoffzehrung und dergleichen vorgenommen. Es wird sich nicht vermeiden lassen, daß der Nachweis und meist auch die Bestimmung von Stoffen wie Nitriten, freiem Chlor, schwefliger Säure, Cyanverbindungen und Schwefelwasserstoff in den Proben direkt an Ort und Stelle durchgeführt werden. Sind *Phenole* zu bestimmen, so sind bei der Probenahme zur Vermeidung von Verlusten sofort etwa 3 g Natriumhydroxid je Liter zuzugeben. Die Flaschen sind so zu füllen, daß keine Luftblase darin verbleibt. Für diesen Zweck eignen sich Polyäthylenflaschen ausgezeichnet. Das Wasser kann dann, ohne wesentliche Verluste an Phenolen zu erleiden, innerhalb von 48 h im Laboratorium untersucht werden.

63.6 Probenahme für bakteriologische und biologische Untersuchungen

Die bakteriologische Untersuchung des Wassers hat zum Ziel, die Zugänglichkeit der künstlichen oder natürlichen Filtration oder der Sterilisation zu überprüfen. In besonderen Fällen wird auch nach Krankheitserregern oder bestimmten Bakterien gesucht. Akzessorische Keime, deren Vorhandensein durch Zufall bedingt ist, sollen deshalb durch richtige Wahl der Entnahmestelle ausgeschlossen werden. Im allgemeinen wird das Laboratorium eines Hüttenwerkes mit solchen Aufgaben nicht belastet sein. Es werden deshalb an dieser Stelle nur in ganz knapper Form einige Hinweise gegeben.

Wer sich mit der Probenahme für bakteriologische und biologische Untersuchungen beschäftigen muß, findet im Buch von K. Höll [1], Teil 2, in den Ausführungen von H. Peter, S. 281ff., bzw. von D. Lüdemann, S. 347ff., und der dabei zitierten Literatur genügend Anleitung.

Da *Zentralbrunnen* auch von benachbarten Flüssen Wasserzufluß erhalten können, ist auch dort eine bakteriologische Überprüfung erforderlich. Der Brunnen soll

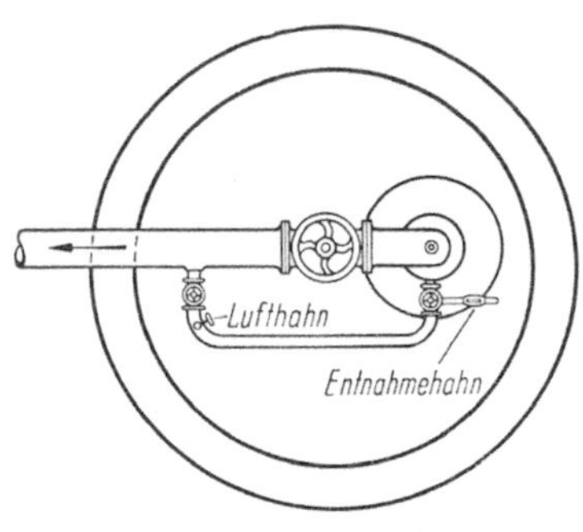

Abb. 63/5. Entnahmerohr (nach Reichle).

vor der Probenahme in der gleichen Weise, wie er sonst beansprucht wird, längere Zeit abgepumpt werden. Dann wird eine Probe des Wassers an der nächsten Zapfstelle oder unmittelbar aus dem Brunnen mit Hilfe eines Abschlaggerätes entnommen. Die Entnahmestelle soll dicht neben oder unter dem Saugkorb der Pumpe liegen. Dadurch wird die Hereinnahme sowohl der zahlreichen Bakterien der oberen Wasserschichten als auch der Bakterien des Bodenschlammes vermieden. Sind mehrere Brunnen an einem Hauptstrang angeschlossen und soll jeder einzelne Brunnen geprüft werden, so empfiehlt es sich, ein Entnahmerohr nach Reichle (Abb. 63/5) in dem Saugrohr jedes Brunnens anzubringen. Dieses Entnahmerohr steht über zwei Absperrhähnchen mit dem Saugrohr in Verbindung und ist mit einem Entnahmehahn und einem Lufthahn ausgestattet. Das Entnahmerohr wird normalerweise von Wasser durchflossen. Kurz vor der Probenentnahme werden die Absperrhähne geschlossen.

Quellwasser soll unmittelbar dort, wo es zutage tritt, geprobt werden. Dabei ist zu beachten, daß nicht Bakterien aus dem Bodenschlamm, aus Oberflächenwässern oder von Pflanzen mit in die Probe gelangen. Zweckmäßigerweise wird man vor der Probenahme die Quelle ausputzen und das Wasser frei abfließen lassen. Einige Tage danach kann die Probe gezogen werden.

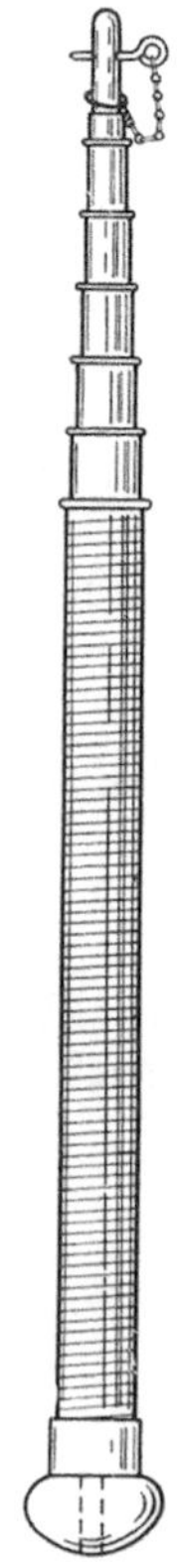

Abb. 63/6. Ausziehstock.

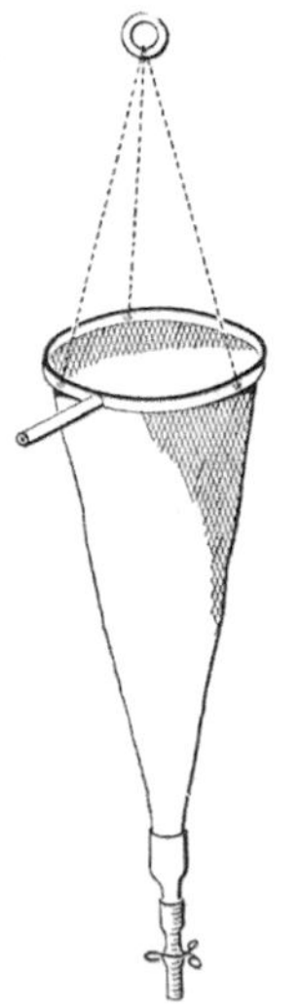

Abb. 63/7. Planktonnetz.

Für die Entnahme aus *Seen* und *Flüssen* können keine verbindlichen Vorschriften gegeben werden. Hier sind meist größere Reihenuntersuchungen erforderlich, die den Ortsverhältnissen und dem verfolgten Zweck Rechnung tragen müssen. Bei der Entnahme selbst ist jede Verunreinigung des Wassers zu vermeiden. Die Mündung der Entnahmegefäße darf während des Öffnens, Füllens und Verschließens nicht mit den Fingern berührt werden. Zapfhähne und Pumpenrohre werden gereinigt und mit Spiritus abgeflammt, bis das Wasser verdampft ist. Dann läßt man das Wasser 20 min ablaufen und entnimmt anschließend bei gleicher Hahnstellung die Probe. Bei der Füllung von Hand unter Wasser soll die Bewegung so erfolgen, daß das Wasser vom Entnahmegefäß zur Hand strömt. Auf die Notwendigkeit, nicht zugehörige Bakterien von der Probenahme auszuschließen, ist bereits hingewiesen worden. Um zu verhindern, daß ein Absterben oder Vermehren der Bakterien in der entnommenen Probe eintritt, ist die Untersuchung möglichst an Ort und Stelle einzuleiten. Ist ein Weitertransport der Proben erforderlich, so muß er unter Eiskühlung vorgenommen werden. Bei gechlorten Wässern kann man die weitere Wirkung des Chlors durch Zusatz eines Tropfens steriler Natriumthiosulfatlösung unterbinden.

Die *biologische Untersuchung* erstreckt sich auf die im Wasser treibenden lebenden Körper (Plankton), die am Ufer der Oberflächengewässer und am Grunde befindlichen Organismen sowie auf den Schlamm. Zur Entnahme der Proben für diese Untersuchung sind besondere Geräte vorgesehen. Allen gemeinsam ist der Ausziehstock (Abb. 63/6), mit dem eine Senkreihe von 1,2 bis 2 m geprobt werden kann. Er besteht aus ineinandergeschobenen Messingrohren, an deren Ende die verschiedenen Entnahmegeräte befestigt werden können.

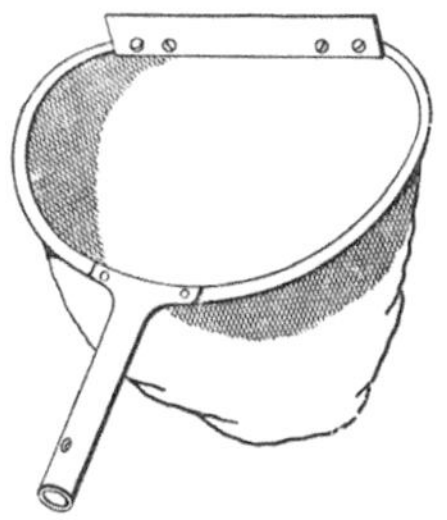

Abb. 63/8. Pfahlkratzer.

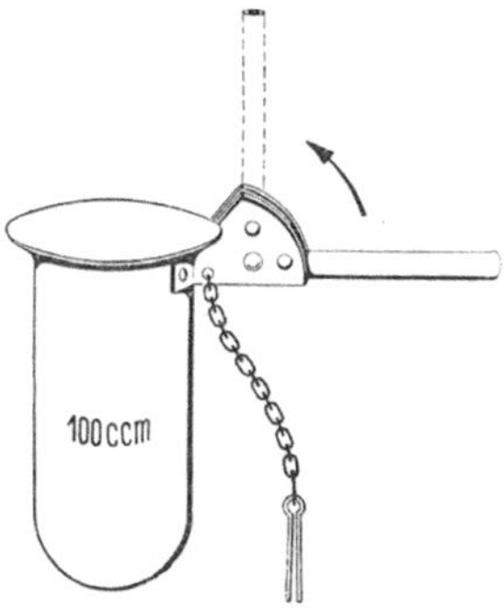

Abb. 63/9. Schlammbecher.

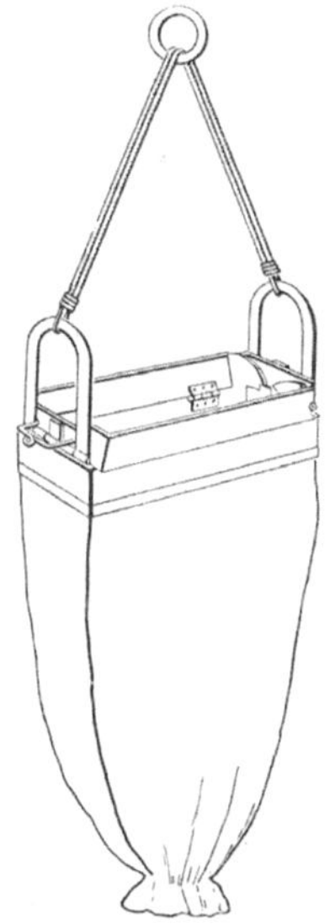

Abb. 63/10. Dretsche.

Zur Erfassung der im Wasser treibenden lebenden Körper (Plankton) wird am Ausziehstock das Planktonnetz (Abb. 63/7) befestigt. Die Planktonnetze werden aus Kunststoffgaze mit durchschnittlich 50 µm Maschenweite hergestellt. Spezialausführungen haben Maschenweiten von nur 10 µm [1, S. 356]. Am unteren Ende läuft das Netz in einen kleinen Messingeimer aus, der mit einem Quetschhahnverschluß versehen ist. Vor jeder Untersuchung ist das Netz mit planktonfreiem Wasser gut durchzuspülen. Dann wird das Netz kürzere oder längere Zeit, je nach Planktongehalt, durch das Wasser hin- und herbewegt. Für quantitative Bestimmungen in Rohwasser werden 50 l Wasser geschöpft und durch das Netz gegossen. Für die gleiche Bestimmung in Reinwasser wird empfohlen, bis zu 1 m^3 durchzusieben. Zwecks Entleerung des Fanges läßt man das letzte Wasser aus dem Netz unter leichtem Schütteln auslaufen, im Eimer verbleibt eine konzentrierte Planktonaufschwemmung. Man hält dann ein geöffnetes Planktonglas unter die Öffnung des Quetschhahnes und läßt die Suspension in das Glas einfließen. Sofern eine geringe Wassermenge genügt, verwendet man Schöpfflaschen verschiedener Art [1, S. 354/55].

Zur Erfassung von am Ufer festsitzenden Organismen dienen Pfahlkratzer verschiedener Ausführung (s. z. B. Abb. 63/8), die auch am Ausziehstock befestigt werden. Mit der scharfen Metallschneide am Vorderende des Netzbeutels werden die Organismen abgeschabt, so daß sie in den Beutel fallen.

Für flache Gewässer genügt der kleine Schlammbecher (Abb. 63/9) zur *Bodenschlammentnahme,* für tiefere Gewässer wird eine sogenannte Dretsche (Abb. 63/10) verwendet. Die Dretsche wird am Boden entlanggezogen. Der damit heraufgeholte Schlamm wird in einem flachen Sieb von 1,0 bzw. 0,5 mm Maschenweite durch wiederholtes Eintauchen in Wasser von Erdteilchen befreit, bis das gröbere Material, wie Schnecken, Schlammwürmer u. a., zurückbleibt.

Literatur zu 63

1 Höll, K.: Wasser. 4. Aufl., S. 12ff. Berlin: de Gruyter 1968.
2 Handbuch der Lebensmittelchemie. Hrsg. von L. Acker u. a. Band VIII, Teil 1 und 2. Analyse von Wasser und Luft. Berlin-Heidelberg-New York: Springer 1969.
3 Merkel: Chem.-Ztg. 22 (1930) 213.
4 Ohlmüller, W.: Untersuchung und Beurteilung des Wassers und Abwassers. 5. Aufl. neu bearb. v. O. Spitta. Berlin: Springer 1931.
5 Analysenverfahren für den Kraftwerksbetrieb. Hrsg. vom Verein der Großkesselbesitzer. Essen: Vulkan-Verlag Dr. W. Claasen. S. 73ff.
6 Schmidt-Ries, H.: Zur Methodik kurzfristiger und langfristiger Kontrollen von Abwässern. Wasser, Luft, Betrieb (1969) 1–3.
7 Goebgen, H. G.: Messen und automatische Probenahme in der Abwasserkontrolle. Wasser, Luft, Betrieb (1968) 540.

64. Laugen, Beizbäder und galvanische Bäder

Die für ein einwandfreies Arbeiten in naßmetallurgischen Betrieben, Beizereien und Galvanisieranstalten notwendigen Kontrollanalysen verlangen eine nicht immer leicht durchzuführende exakte Probenahme aus den verschiedenen Salzlösungen. Die Entnahme von Stichproben erfolgt meist mit Stechhebern, Schöpfkellen oder direkt mit Plastikflaschen, die in die Flüssigkeiten getaucht werden. In jedem Falle ist vor der Entnahme der Probe mit einem Schöpfgefäß oder einer geeigneten Vorrichtung für eine gründliche Durchmischung zu sorgen. Bei heißen, hochkonzentrierten Salzlösungen ist beim Abkühlen mit Salzausscheidungen zu rechnen, so daß es notwendig werden kann, die Proben in Vorlagen geeigneter Zusammensetzung aufzufangen, die Fällungen vermeiden. Werden solche Lösungen verdünnt, ist eine gewichtsmäßige Verdünnung einer volumenmäßigen vorzuziehen, weil infolge Elektrostriktion Volumenkontraktionen auftreten können. Die Probenahme muß sich in jedem Falle in Art und Umfang dem gewünschten Zweck und den örtlichen Verhältnissen anpassen. Bei Laugen, die wie bei Zinkammoniumchloridlaugen mit Gehalten an Eisen(II)-Salzen und Eisen(III)-hydroxid-Flocken anfallen, kann es notwendig sein, die Probe unter Stickstoff oder Kohlensäure zu ziehen. Bei Laugen, die z. B. freies Chlor enthalten, kann das Ausgasen der Probe durch Auffangen in einem geeigneten Plastikbeutel praktisch vermieden werden.

Für die *Entnahme und Aufbewahrung der Proben* haben sich neben Geräten aus Glas solche aus Kunststoff gut bewährt. Außer den Vorteilen wie Bruchfestigkeit und Resistenz gegenüber den meisten mineralischen Säuren und Laugen sind gegebenenfalls Gasdurchlässigkeit, Wechselwirkungen von Lösung und Kunststoff sowie die Temperaturbeständigkeit zu berücksichtigen.

Für die Probenentnahme von Laugen, die bei kontinuierlichen Prozessen, wie z. B. bei der Verarbeitung von Schwefelkiesabbränden, bei Elektrolysen und Beizereien, wo größere Mengen von Salzlösungen von zeitlich schwankender Zusammensetzung anfallen, empfiehlt sich die *automatische Probenentnahme.*

Der in Abb. 64/1 gezeigte automatische Flüssigkeitsprobenehmer ist auf der Duisburger Kupferhütte entwickelt worden und hat sich in längerer Betriebszeit gut bewährt. Das Gerät arbeitet nach dem Heberprinzip. Vom Zulauf wird durch Teiltrichter ein Teil für die Probe entnommen und der Überlauf zurückgeführt.

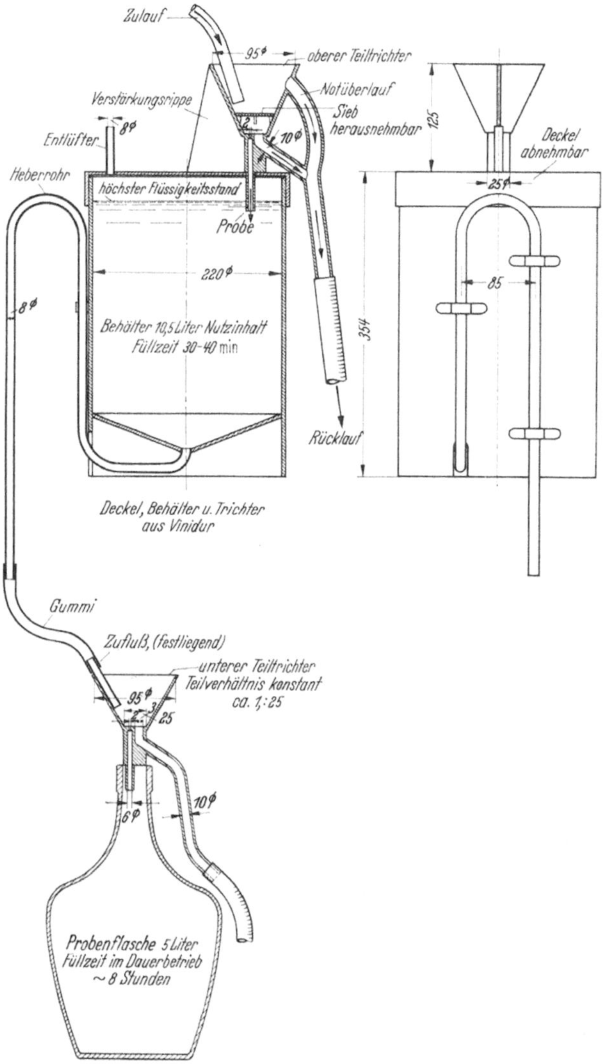

Abb. 64/1. Vorrichtung zur automatischen Probenahme von Salzlösungen.

Die Probe wird in dem Vorratsbehälter gesammelt und fließt nach dem Erreichen der Höhe des Heberrohrbogens in einen weiteren Teiltrichter, in dem wiederum ein Teilstrom als eigentliche Probe in eine Probenflasche mit Wasser- oder Säurevorlage abgeleitet wird.

Sollen Proben entnommen werden, die geringere Kurzzeitschwankungen zeigen, so kann ein anderes Gerät (Abb. 64/2) benutzt werden.

Die zu probende Lauge fließt in einen Becher, der durch eine geeignete Aufhängung von einem bestimmten Füllungszustand an umkippt und seinen Inhalt in den Überlauf entleert. Während des Kippvorganges läuft die Flüssigkeit über die als Rinne ausgebildete Wand des Kippgefäßes in den Probenablauf. Ein unter der Rinne angebrachtes Kontergewicht sorgt dafür, daß der Becher nach der Entleerung in die Ausgangslage zurückkehrt.

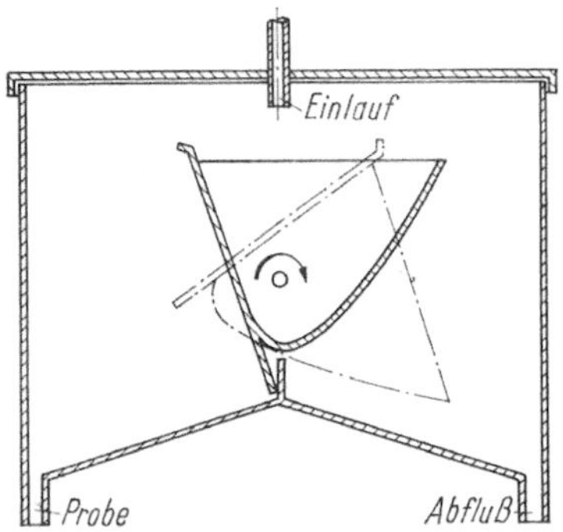

Abb. 64/2. Gerät zur Entnahme von Proben aus Laugen bei geringeren Kurzzeitschwankungen.

Das Teilen von Flüssigkeitsprobeströmen kann in verschiedener Weise erfolgen. Neben sogenannten Teiltrichtern, die mehrere oftmals verschieden dimensionierte Abläufe haben, kann die gleichmäßige Verteilung der Flüssigkeiten durch eingelegte Siebe verbessert werden. Gleichzeitig werden Feststoffteilchen, welche die Ausläufe verstopfen können, ferngehalten.

Beim Versand von Probenflaschen ist neben den allgemeinen den Inhalt kennzeichnenden Angaben auch die Verdünnung zu vermerken. Die Angaben sind von Fall zu Fall verschieden. Sie sollten jedoch so gehalten sein, daß neben der Beurteilung der Qualität im Falle der Betriebsüberwachung Aussagen über die den Betrieb interessierenden Daten möglich sind.

65. Anhang

65.1 Tabellen zur Umrechnung von Maßeinheiten

der Commonwealth-Staaten (Com.) und der USA in das metrische System und umgekehrt

A) *Handelsgewichte*

In den letzten Jahrzehnten hat sich die Verwendung der Gewichtseinheiten des metrischen Systems — also g, kg und metr. Tonne — international immer weiter durchgesetzt. Daneben werden jedoch auch die alten, früher in den USA bzw. im Commonwealth allgemein verwendeten Einheiten — in erster Linie ounce, pound und short bzw. long ton — weiter benutzt, weshalb die nachfolgend angeführten Umrechnungsfaktoren auch weiterhin von Bedeutung sind.

1. *Für den allgemeinen Gebrauch: „Avoirdupois-Gewichte", Kurzbezeichnung av*

Gewichtseinheit		Umrechnung			
Abkürzung	Bezeichnung	*in* metr. Einheit	Multiplik.-Faktor	*von* metr. Einheit	Multiplik.-Faktor
lg. t.	long ton	t	1,0160	t	0,9842
sh. t.	short ton	t	0,9072	t	1,1023
lb.	pound (av)	g	453,5924	g	0,002205
oz.	ounce (av)	g	28,3495	g	0,03527

2. *Edelmetalle: „Troy-Gewichte", Kurzbezeichnung tr*

Abkürzung	Bezeichnung	*in* metr. Einheit	Multiplik.-Faktor	*von* metr. Einheit	Multiplik.-Faktor
lb.	pound (tr)	g	373,2418	g	0,002679
oz.	ounce (tr)	g	31,1035	g	0,032151
gr.	grain	g	0,0648	g	15,4324

Umrechnung von Gehaltsangaben bei edelmetallhaltigen Produkten.

Gehaltsangabe		*in* metr. Einheit		*von* metr. Einheit	
Bezeichnung	gebräuchlich in	g/t	%	g/t	0,01% (!)
ounce per long ton	Com.	30,612	0,00306	0,03266	3,266
ounce per short ton	USA	34,286	0,0034286	0,029166	2,9166
ounce per metr. ton	Com. u. USA	31,1035	0,00311035	0,03215	3,215

B) *Längenmaße*

Längenmaß		Umrechnung			
Abkürzung	Bezeichnung	*in* metr. Einheit	Multiplik.-Faktor	*von* metr. Einheit	Multiplik.-Faktor
in.	inch	cm	2,54	cm	0,3937
ft.	foot	cm	30,48	cm	0,0328
yd.	yard	m	0,9144	m	1,0936
mi.	mile statute	km	1,6093	km	0,62137

C) *Flächenmaße*

Flächenmaß		Umrechnung			
Abkürzung	Bezeichnung	*in* metr. Einheit	Multiplik.-Faktor	*von* metr. Einheit	Multiplik.-Faktor
sq. in.	square inch	cm^2	6,4516	cm^2	0,1550
sq. ft.	square foot	cm^2	929,03	cm^2	0,0010764
sq. yd.	square yard	m^2	0,8361	m^2	1,1960
A	acre	km^2	0,004047	km^2	247,11
sq. mile	square mile (in USA auch „section")	km^2	2,5899	km^2	0,3861

D) *Raummaße*

Raummaß		Umrechnung			
Abkürzung	Bezeichnung	*in* metr. Einheit	Multiplik.-Faktor	*von* metr. Einheit	Multiplik.-Faktor
cu. in.	cubic inch	cm^3	16,387	cm^3	0,06102
cu. ft.	cubic foot	dm^3	28,317	dm^3	0,035314
cu. yd.	cubic yard	dm^3	764,55	dm^3	0,0013079
T. R.	register ton	m^3	2,8317	m^3	0,3531
—	shipping ton (Com.)	m^3	1,1894	m^3	0,8408
—	shipping ton (USA), auch ocean oder freight ton	m^3	1,1327	m^3	0,88286

E) *Umrechnungsformel für Thermometergrade*

	°Celsius	° Fahrenheit	° Réaumur
n° Celsius (°C)	n	$32 + 1{,}8\,n$	$0{,}8\,n$
n° Fahrenheit (°F)	$0{,}555\,(n - 32)$	n	$0{,}444\,(n - 32)$
n° Réaumur (°R)	$1{,}25\,n$	$32 + 2{,}25\,n$	n

65.2 Auswahl gebräuchlicher Abkürzungen von Handelsbezeichnungen im englischen Sprachgebiet[1]

a. a.	always afloat	nicht aufliegend
asst'd.	assorted	sortiert
A. T.	assay ton	Probiertonne
av. (g.)	average	(im) Durchschnitt
av. wt.	avoirdupois weight	Avoirdupois-Gewicht
Bhn	Brinell-hardness number	Brinell-Härte
B/L (oder BI.)	bill of lading	Konossement
BSR	Basic Service Charge	Anlieferungsgebühr
B. T. u.	Board of Trade unit	(brit.) Handelsamt-Einheit
c	carat	Karat
caf	coût, assurance, fret (Franz.)	Kosten, Versicherung, Fracht
c. a. f.	cost and freight	Kosten und Fracht (zu Lasten des Verkäufers)
c. a. f. landed	—	Kosten und Fracht einschließlich Kosten für Löschung, Leichterung und Verbringen an Land (zu Lasten des Verkäufers)
c. a. i.	cost and insurance	Kosten und Versicherung
c./i.	certificate of insurance	Versicherungspolice
cif (oder c. i. f.)	cost, insurance, freight	Kosten, Versicherung, Fracht (zu Lasten des Verkäufers)
cifc	cost, insurance, freight, commission	Kosten, Versicherung, Fracht, Vertreterprovision (zu Lasten des Verkäufers)
cifci	cost, insurance, freight, interest, commission	Kosten, Versicherung, Fracht, Vertreterprovision, Zinsen (die bis zur Zahlung auflaufen) (zu Lasten des Verkäufers)
cif landed	—	entspricht c. a. f. landed (s. d.)
c. l.	car load	Waggonladung
cons't.	consignment	Sendung
C/P	Charter Party	Frachtvertrag

[1] Ergänzte Zusammenstellung nach Lenk-Börner, Technisches Fachwörterbuch der Grundstoffindustrie, 1. Teil Englisch—Deutsch, Göttingen: Verlag Vandenhoeck & Ruprecht, 1949.

cp (oder c. p.)	chemical (ly) pure	chemisch rein
c. t. l.	constructive total loss	Totalverlust
D	density	Dichte
d	depth	Tiefe
deg.	degree	Grad
dft.	draft (USA)	Gutgewicht
doz.	dozen	Dutzend
d. w.	deadweight	totes Gewicht, Eigengewicht
dy	delivery	Lieferung
e. a. o. e.	errors and omission excepted	Irrtümer und Auslassungen vorbehalten
e. e.	errors excepted	Irrtümer vorbehalten
ex. (oder exd.)	examined	geprüft, untersucht
f. a. s.	free along side ship	frei längsseit des Schiffes
FCL	Full Container Load	BSR bezahlt, Hausentladung erlaubt
f. d.	free delivery	frei Haus
f.o.	free orders	frei Orders
f.o. b.	free on board	frei an Bord, frei Hafen
f.o. r.	free on rail	frei Bahn, frei Waggon
f.o. s.	free on ship	frei Schiff
f.o. t.	free on truck	frei Lkw
f.o. w.	free open water	sofort nach Schiffahrtseröffnung
f.p. a.	free of particular average	frei von Teilschaden
frt.	freight	Fracht
G. A.	General Average	Große Havarie
g. s. w.	gross shipping weight	Brutto-Versandgewicht
i. b.	in bond	unter Zollverschluß
ins.	insurance	Versicherung
I. W. T.	inland waterways transportation	Transport durch Binnenschiffahrt
K	carat	Karat
LCL	Less (than full) Container Load	BSR nicht bezahlt, Kaientladung
l. c. l.	less car load	Stückgutsendung
l. t. c. l.	less than car load	keine volle Ladung, nicht ausgenutzter Laderaum
m. a. b.	mise a bord	Bordlieferung
Mi.	mischmetal	Mischmetall (Seltene Erden)
M/R	mate's receipt	Verladungsbescheinigung
naabsa	not always afloat but safe aground	evt. aufliegend, aber auf sicherem Grund
n. wt.	net weight	Netto-Gewicht
O	order	Auftrag
o/a	on account (of)	auf Rechnung (von)
o. r.	owner's risk	auf Gefahr des Eigners
pcls.	parcels	Pakete, Stückgüter
pkg.	package	Emballage, Verpackung
R (oder Ry)	railroad, railway	Eisenbahn
rept.	receipt	Eingang (von Waren)
s. a.	safe aground	auf sicherem Hafengrund
s. g. (oder sp. gr.)	specific gravity	Spezifisches Gewicht
s. p. d.	steamer pays duty	Dampfer zahlt die Abgaben
thro/B/L	through bill of lading	Durchkonossement
tonn.	tonnage	Tonnage, Tonnengehalt
Tr.	trustee	Bevollmächtigter
W	total weight	Gesamtgewicht
w. a.	with average	mit Beschädigung
W/B.	way bill	Versandanzeige
w. g.	weight garanteed	garantiertes Gewicht
w/m	weight or measurement	Gewicht oder Maß

65.3 Gegenüberstellung deutscher und einiger ausländischer Normen für Prüfsiebgewebe[1]

Bundesrepublik Deutschland		Vereinigte Staaten von Amerika						Großbritannien			Frankreich		Niederlande		UdSSR
DIN 4188, Bl. 1 (1969)		ASTM-E-11-61 1961			Tyler 1966			BS 410: 1962 1962			NF-X II-501 1938		N 480 1952		GOST 3584-53
w	*d*	Nr.	*w*	*d*	mesh/inch	*w*	*d*	mesh/inch	*w*	*d*	*w*	*d*	*w*	*d*	*w*
0,02	0,02														
0,022	0,022														
0,025	0,025														
0,028	0,025														
0,032	0,028														
0,036	0,03														
		400	0,037	0,025	400	0,037	0,025								
0,04	0,032										0,04	0,03			0,04
		325	0,044	0,03	325	0,044	0,035								
0,045	0,032							350	0,045	0,028					0,045
0,05	0,036										0,05	0,037	0,05	0,046	0,05
		270	0,053	0,037	270	0,053	0,041	300	0,053	0,032					
0,056	0,04														0,056
													0,06	0,045	
0,063	0,045	230	0,063	0,044	250	0,063	0,041	240	0,063	0,043	0,063	0,046			0,063
0,071	0,05														0,071
		200	0,074	0,053	200	0,074	0,053								
								200	0,075	0,052			0,075	0,055	
0,08	0,056										0,08	0,057			0,08
		170	0,088	0,064	170	0,088	0,061								
0,09	0,063							170	0,09	0,059			0,09	0,07	0,09
0,1	0,071										0,1	0,07			0,1
		140	0,105	0,076	150	0,104	0,065	150	0,105	0,064			0,105	0,08	
0,112	0,08														0,112
0,125	0,09	120	0,125	0,091	115	0,124	0,097	120	0,125	0,087	0,125	0,085	0,125	0,09	0,125

[1] Es bedeuten: *w* die lichte Maschenweite in mm, *d* den Drahtdurchmesser in mm. In der ersten Spalte sind die Maschenweiten der Hauptreihe nach DIN 4188, Blatt 1 gegenüber der Nebenreihe durch **Fettdruck** hervorgehoben.
Die ASTM-Prüfsiebreihe benummert bis Nr. $3^1/_2$ die einzelnen Prüfsiebe und setzt für die größeren Maschenweiten die Angabe der lichten Maschenweite in engl. Zoll fort. So verfährt auch die Tyler-Reihe für die lichten Maschenweiten größer als $2^1/_2$ mesh/inch.

Bundesrepublik Deutschland		Vereinigte Staaten von Amerika						Großbritannien			Frankreich		Niederlande		UdSSR
DIN 4188, Bl. 1 (1969)		ASTM-E-11-61 1961			Tyler 1966			BS 410: 1962 1962			NF-X II-501 1938		N 480 1952		GOST 3584-53
w	*d*	Nr.	*w*	*d*	mesh/inch	*w*	*d*	mesh/inch	*w*	*d*	*w*	*d*	*w*	*d*	*w*
0,14	0,1														0,14
		100	0,149	0,11	100	0,147	0,107								
								100	0,15	0,104			0,15	0,11	
0,16	0,112										0,16	0,107			0,16
		80	0,177	0,131	80	0,175	0,143						0,175	0,11	
0,18	0,125							85	0,18	0,119					0,18
0,2	0,14										0,2	0,129			0,2
		70	0,21	0,152	65	0,208	0,182	72	0,21	0,143			0,21	0,16	
0,224	0,16														0,224
0,25	0,16	60	0,25	0,18	60	0,246	0,177	60	0,25	0,173	0,25	0,156	0,25	0,17	0,25
0,28	0,18														0,28
		50	0,297	0,215	48	0,295	0,234								
								52	0,3	0,188			0,3	0,21	
0,315	0,2										0,315	0,19			0,315
					42	0,351	0,254						0,35	0,23	
0,355	0,22	45	0,354	0,247				44	0,355	0,222					0,355
0,4	0,25										0,4	0,23			0,4
		40	0,420	0,29	35	0,417	0,310	36	0,42	0,286			0,42	0,28	
0,45	0,25														0,45
0,5	0,32	35	0,5	0,34	32	0,495	0,299	30	0,5	0,347	0,5	0,28	0,5	0,31	0,5
0,56	0,36														0,56
		30	0,595	0,39	28	0,589	0,318								
								25	0,6	0,416			0,6	0,4	
0,63	0,4										0,63	0,33			0,63
		25	0,707	0,45	24	0,701	0,358								0,7
0,71	0,45							22	0,71	0,445			0,71	0,45	
0,8	0,45										0,8	0,4			0,8
		20	0,841	0,51	20	0,84	0,43	18	0,85	0,561			0,85	0,45	
0,9	0,5														0,9
1	0,56	18	1,0	0,58	16	0,991	0,597	16	1,0	0,588	1,0	0,47			1,0

Bundesrepublik Deutschland		Vereinigte Staaten von Amerika						Großbritannien			Frankreich		Niederlande		UdSSR
DIN 4188, Bl. 1 (1969)		ASTM-E-11-61 1961			Tyler 1966			BS 410: 1962 1962			NF-X II-501 1938		N 480 1952		GOST 3584-53
w	*d*	Nr.	*w*	*d*	mesh/inch	*w*	*d*	mesh/inch	*w*	*d*	*w*	*d*	*w*	*d*	*w*
1,12	0,56														
					14	1,168	0,653								
		16	1,19	0,65											
								14	1,2	0,614					
1,25	0,63										1,25	0,55			1,25
1,4	0,71	14	1,41	0,725	12	1,397	0,72	12	1,4	0,717					
1,6	0,8										1,6	0,44			1,6
		12	1,68	0,81	10	1,651	0,869	10	1,68	0,86					
1,8	0,8														
2	0,9	10	2,0	0,9	9	1,981	0,849	8	2,0	0,988	2,0	0,74			2,0
		8	2,38	1,0	8	2,38	0,813								
2,24	0,9														
2,5	1										2,5	0,83			2,5
2,8	1,12				7	2,794	0,833								
		7	2,83	1,1											
3,15	1,25										3,15	0,93			
		6	3,36	1,23	6	3,327	0,914	5	3,35	1,73					
3,55	1,25														
4	1,4	5	4,0	1,37	5	3,962	1,118	4	4,0	2,00	4,0	1,0			
4,5	1,4														
		4	4,76	1,54	4	4,699	1,65								
5	1,6										5,0	1,04			
5,6	1,6	$3^1/_2$	5,66	1,68	$3^1/_2$	5,613	1,643								
6,3	1,8	¼ in.	6,35	1,82											
		0,265 in	6,73	1,87	3	6,68	1,778								
7,1	1,8														
8	2	$^5/_{16}$ in	8,0	2,07	2½	7,925	2,235								
9	2,2														
		$^3/_8$ in	9,51	2,27	0,371 in										
10	2,5														
11,2	2,5	$^7/_{16}$ in	11,2	2,45	0,441 in										

Bundesrepublik Deutschland		Vereinigte Staaten von Amerika						Großbritannien			Frankreich		Niederlande		UdSSR
DIN 4188, Bl. 1 (1969)		ASTM-E-11-61 1961			Tyler 1966			BS 410: 1962 1962			NF-X II-501 1938		N 480 1952		GOST 3584-53
w	*d*	Nr.	*w*	*d*	mesh/inch	*w*	*d*	mesh/inch	*w*	*d*	*w*	*d*	*w*	*d*	*w*
12,5	2,5														
		1/2 in	12,7	2,67											
		0,53 in	13,5	2,75	0,525 in										
16	3,2	5/8 in	16,0	3,0	0,624 in										
18	3,2														
		3/4 in	19,0	3,3	0,742 in										
20	3,2														
22,4	3,6														
		7/8 in	22,6	3,5	0,883 in										
25	3,6														
		1 in	25,4	3,8											
		1,06 in	26,9	3,9	1,05 in										
28	3,6														
31,5	4														
		1,25 in	32,0	4,23											
35,5	4														
		1,5 in	38,1	4,59											
40	4,5														
45	4,5														
		1,75 in	45,3	4,85											
50	5														
		2 in	50,8	5,05											
		2,12 in	53,8	5,15											
56	5														
63	5,6														
		2,5 in	64,0	5,5											
71	5,6														
		3 in	76,1	5,8											
80	6,3														
90	6,3														
		3,5 in	90,5	6,08											
100	6,3														
		4 in	101,6	6,3											
		4,24 in	107,6	6,4											
125	8														

65.4 Beispiel für die tabellarische Erfassung einer Siebanalyse (Protokoll Prüfsiebung)

(s. a. Tabelle 1.5/2 und Abb. 1.5/13)

Prüfgut: *Kalkstein*
Herkunft: *Kalksteinwerk A-dorf*
Feuchtigkeit: *1,8%*
Schüttdichte: *1,6 kg/dm³*
Dichte: *2,7 g/cm³*
Kornform: *vorwiegend kantig, teils flach*
sonstige Eigenschaften: *keine*

Neigung
zu agglomerieren: *nein*
sich elektrostatisch aufzuladen: *nein*
sich in den Maschen festzusetzen: *nein*
Vorbehandlung des Prüfgutes:
getrocknet bei: *106 °C = 3 h*

Prüfsiebung: *Nr. 456*
Datum: *6. 12. 1973*
Raumtemperatur: *20 °C*
relative Luftfeuchtigkeit: *68%*
Die Prüfsiebung erfolgte:
1. *trocken*
2. von Hand: *ja*
3. mit Prüfsiebmaschine: *nein*
   Fabrikat: –
   Typ: –
4. *mit Prüfsieben nach DIN 4188, Bl.* 1, *Ausgabe 1969*
   Gewebe-Material: *Messing*
   Siebform: *rund*
   Siebgröße: *210 mm ⌀*

Ausführung
Einwaage an Prüfgut: *5644,7 g*
Dauer der Prüfsiebung (nur bei maschineller Prüfsiebung): –
Anwendung von Siebhilfen: *ja*
Art der Siebhilfen: *Haarpinsel*

Ergebnis:

Kornklasse Maschenweite mm	Rückstand auf den Sieben g	%	Rückstand Summe %	Siebhilfen
über *31,5*	*28,2*	*0,5*	*0,5*	
31,5 –20	*169,3*	*3,0*	*3,5*	
20 –10	*987,4*	*17,5*	*21,0*	
10 – 3,6	*1145,4*	*20,3*	*41,3*	
6,3 – 3,15	*1393,7*	*24,7*	*66,0*	
3,15 – 1	*1263,9*	*22,4*	*88,4*	
1 – 0,5	*349,8*	*6,2*	*94,6*	
0,5 – 0,315	*135,4*	*2,4*	*97,0*	
0,315– 0,1	*112,8*	*2,0*	*99,0*	*Haarpinsel*
unter *0,1*	*56,4*	*1,0*	*100,0*	
	5642,4	*100,0*		

Probe-Verlust beim Sieben: *5644,7 – 5642,4 = 2,3 g = 0,04%*
Auswertung im RRSB-Körnungsnetz: *d' = 6,6 mm* *n = 1,09*

Die Prüfsiebung wurde durchgeführt von

(Unterschrift)

65.5 Tabellenwerte für die Integralgrenzen der *t*-Verteilung

(Nach U. Graf, H.-J. Henning u. K. Stange: Formeln und Tabellen der mathematischen Statistik, 2. Aufl., Berlin/Heidelberg/New York: Springer 1966)

Integralgrenzen der *t*-Verteilung in Abhängigkeit vom Freiheitsgrad n und der statistischen Sicherheit S%

Freiheitsgrad n	Statistische Sicherheit $S =$			Freiheitsgrad n	Statistische Sicherheit $S =$		
	95%	99%	99,9%		95%	99%	99,9%
1	12,71	63,66	636,62	26	2,056	2,779	3,707
2	4,30	9,92	31,60	27	2,052	2,771	3,690
3	3,18	5,84	12,94	28	2,048	2,763	3,674
4	2,78	4,60	8,61	29	2,045	2,756	3,659
5	2,57	4,03	6,86	30	2,042	2,750	3,646
6	2,45	3,71	5,96	35	2,030	2,724	3,592
7	2,37	3,50	5,41	40	2,021	2,704	3,551
8	2,31	3,36	5,04	45	2,014	2,689	3,521
9	2,26	3,25	4,78	50	2,008	2,678	3,496
10	2,23	3,17	4,59	60	2,000	2,660	3,460
11	2,20	3,11	4,44	70	1,994	2,648	3,435
12	2,18	3,06	4,32	80	1,990	2,638	3,416
13	2,16	3,01	4,22	90	1,987	2,631	3,402
14	2,15	2,98	4,14	100	1,984	2,626	3,390
15	2,13	2,95	4,07	120	1,980	2,617	3,373
16	2,12	2,92	4,02	140	1,977	2,611	3,361
17	2,11	2,90	3,96	160	1,975	2,607	3,352
18	2,10	2,88	3,92	180	1,973	2,603	3,346
19	2,09	2,86	3,88	200	1,972	2,601	3,340
20	2,09	2,85	3,85	300	1,968	2,592	3,324
21	2,080	2,831	3,819	400	1,966	2,588	3,315
22	2,074	2,819	3,792	500	1,965	2,586	3,310
23	2,069	2,807	3,767	1000	1,962	2,581	3,300
24	2,064	2,797	3,745	∞	1,960	2,576	3,291
25	2,060	2,787	3,725				

65.6 Tabellenwerte für die Integralgrenzen der F-Verteilung

(Nach U. Graf, H.-J. Henning u. K. Stange: Formeln und Tabellen der mathematischen Statistik, 2. Aufl., Berlin/Heidelberg/New York: Springer 1966).

Integralgrenzen der F-Verteilung für die statistische Sicherheit $S = 95\%$ in Abhängigkeit von den Freiheitsgraden n_1 und n_2

	n_1									
n_2	1	2	3	4	5	6	8	12	24	∞
1	161,4	199,5	215,7	224,6	230,2	234,0	238,9	243,9	249,0	254,3
2	18,51	19,00	19,16	19,25	19,30	19,33	19,37	19,41	19,45	19,50
3	10,13	9,55	9,28	9,12	9,01	8,94	8,84	8,74	8,64	8,53
4	7,71	6,94	6,59	6,39	6,26	6,16	6,04	5,91	5,77	5,63
5	6,61	5,79	5,41	5,19	5,05	4,95	4,82	4,68	4,53	4,36
6	5,99	5,14	4,76	4,53	4,39	4,28	4,15	4,00	3,84	3,67
7	5,59	4,74	4,35	4,12	3,97	3,87	3,73	3,57	3,41	3,23
8	5,32	4,46	4,07	3,84	3,69	3,58	3,44	3,28	3,12	2,93
9	5,12	4,26	3,86	3,63	3,48	3,37	3,23	3,07	2,90	2,71
10	4,96	4,10	3,71	3,48	3,33	3,22	3,07	2,91	2,74	2,54
11	4,84	3,98	3,59	3,36	3,20	3,09	2,95	2,79	2,61	2,40
12	4,75	3,88	3,49	3,26	3,11	3,00	2,85	2,69	2,50	2,30
13	4,67	3,80	3,41	3,18	3,02	2,92	2,77	2,60	2,42	2,21
14	4,60	3,74	3,34	3,11	2,96	2,85	2,70	2,53	2,35	2,13
15	4,54	3,68	3,29	3,06	2,90	2,79	2,64	2,48	2,29	2,07
16	4,49	3,63	3,24	3,01	2,85	2,74	2,59	2,42	2,24	2,01
17	4,45	3,59	3,20	2,96	2,81	2,70	2,55	2,38	2,19	1,96
18	4,41	3,55	3,16	2,93	2,77	2,66	2,51	2,34	2,15	1,92
19	4,38	3,52	3,13	2,90	2,74	2,63	2,48	2,31	2,11	1,88
20	4,35	3,49	3,10	2,87	2,71	2,60	2,45	2,28	2,08	1,84
21	4,32	3,47	3,07	2,84	2,68	2,57	2,42	2,25	2,05	1,81
22	4,30	3,44	3,05	2,82	2,66	2,55	2,40	2,23	2,03	1,78
23	4,28	3,42	3,03	2,80	2,64	2,53	2,38	2,20	2,00	1,76
24	4,26	3,40	3,01	2,78	2,62	2,51	2,36	2,18	1,98	1,73
25	4,24	3,38	2,99	2,76	2,60	2,49	2,34	2,16	1,96	1,71
26	4,22	3,37	2,98	2,74	2,59	2,47	2,32	2,15	1,95	1,69
27	4,21	3,35	2,96	2,73	2,57	2,46	2,30	2,13	1,93	1,67
28	4,20	3,34	2,95	2,71	2,56	2,44	2,29	2,12	1,91	1,65
29	4,18	3,33	2,93	2,70	2,54	2,43	2,28	2,10	1,90	1,64
30	4,17	3,32	2,92	2,69	2,53	2,42	2,27	2,09	1,89	1,62
40	4,08	3,23	2,84	2,61	2,45	2,34	2,18	2,00	1,79	1,51
60	4,00	3,15	2,76	2,52	2,37	2,25	2,10	1,92	1,70	1,39
120	3,92	3,07	2,68	2,45	2,29	2,17	2,02	1,83	1,61	1,25
∞	3,84	2,99	2,60	2,37	2,21	2,10	1,94	1,75	1,52	1,00

65.7 Tabelle von Zufallszahlen 1 bis 250

42	147	190	87	99	132	57	213	139	214
246	170	194	50	115	48	113	91	158	186
166	79	12	133	197	226	5	97	140	3
126	230	229	39	143	60	219	199	198	179
183	25	8	221	35	196	223	95	75	247
4	100	116	169	98	84	108	58	237	62
28	82	215	44	234	144	110	232	86	228
47	210	16	40	151	127	109	59	68	148
76	206	32	187	114	177	31	216	181	204
53	150	120	231	101	34	240	17	41	24
162	167	172	65	92	235	244	2	193	135
236	38	202	23	128	88	153	156	209	54
71	9	217	19	26	78	184	208	200	136
49	241	104	112	248	105	21	188	238	36
64	146	163	205	142	174	131	212	6	185
14	130	80	66	141	103	239	63	10	175
224	73	67	178	165	125	55	15	107	249
155	119	168	18	11	138	250	93	191	69
152	37	160	192	222	56	164	106	225	129
149	171	51	182	33	242	90	29	157	77
203	61	13	145	233	7	52	189	30	134
102	96	20	207	211	161	1	121	173	70
72	43	201	159	154	27	245	122	85	227
137	94	45	176	22	111	220	81	195	46
83	74	118	89	117	218	123	243	124	180

65.8 Muster für Probenahmeprotokolle

Ortsangabe

Verwiegungs-Protokoll

zu Auftrags-Nummer: ....

Bei der unparteiischen Probenahme folgender Partie:

....

....

Empfänger: ....

wurde auch das Verwiegen genannter Sendung kontrolliert. Es wird bestätigt, daß die Sendung folgende Gesamtgewichte aufweist:

Brutto: .... **kg**
Tara: .... **kg**
Netto: .... **kg**

Die Ausfertigung des Protokolls erfolgt in 3 Exemplaren.

Firma:

....

Der Probenehmer:

....

Datum: ....

Protokoll

Material: ....

Lieferfirma: ....

Abschluß der: ....

Nr.: .... vom: ....

Datum der Lieferung: .... Partie-Nr.: ....

Anlieferung		Gewicht des Empfangswerks						
Wag.-Nr.	Frachtbriefgewicht kg	Brutto kg	Tara kg	Netto kg	Nässe %	Nässe kg	Trockengewicht kg	

Bemerkungen zur Probenahme

Datum: ....

Vertreter der Lieferfirma

Stempel des Empfangswerks
Vertreter des Empfangswerks

....

Analyse:

Firma:

Gewichtsaufstellung und Probenahme-Protokoll
Weight List and Sampling Certificate

Partie Nr. .... Kontrakt Nr. .... Material: ....
Parcel No. Contract No. Material:

per .... Ankunft in...: .... Ankunft am Werk: ....
per Arrival in...: Arrival at Works:

Lieferant: ....
Supplier:

Kontrahent: ....
Contracting Party:

Los Nr. Lot Nr.	Waggon-Nr.	Brutto Gross kg	Tara Tare kg	Netto Net kg	Nässe Moisture %	Nässe Moisture kg	Berechnungs-Gewicht Settlement Weight kg

Sachverzeichnis

721/7/75 V/12/6

721/7/75 V/12/6

GPSR Compliance

The European Union's (EU) General Product Safety Regulation (GPSR) is a set of rules that requires consumer products to be safe and our obligations to ensure this.

If you have any concerns about our products, you can contact us on ProductSafety@springernature.com

In case Publisher is established outside the EU, the EU authorized representative is:

Springer Nature Customer Service Center GmbH
Europaplatz 3
69115 Heidelberg, Germany

Batch number: 10620881

Printed by Printforce, the Netherlands